JN432568

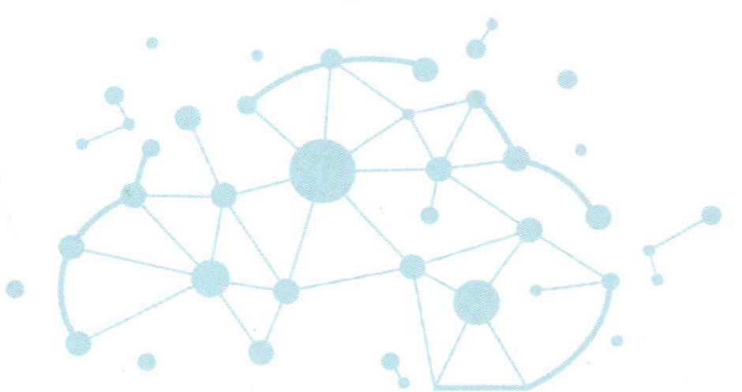

Photogrammetry for DIGITAL TWIN

디지털 트윈을 위한

드론 사진측량

이강원 · 손호웅 · 김태훈 · 김시로 · 김영희

도서출판
구미서관

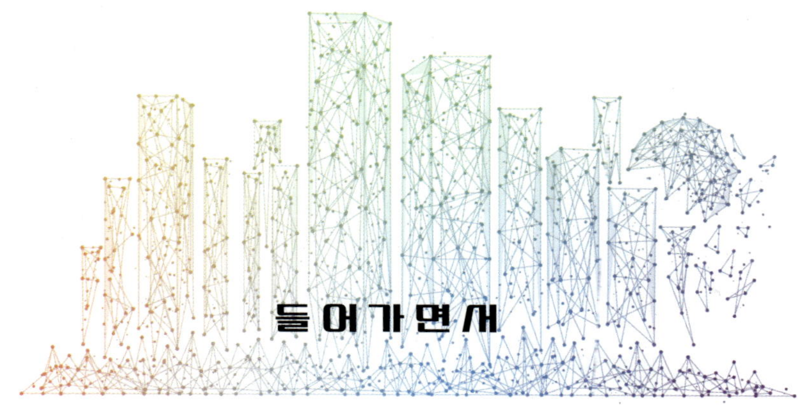

우리는 왜 글을 쓰고, 기록을 남기는 것일까? 독일 작가 유디트 샬란스키(Judith Schalansky)[1)]는 「잃어버린 것들의 목록(An Inventory of Losses)」에서 "모든 것이 끝날 수 있다는 생각과, 끝나지 않을 수도 있다는 생각 중 어느 쪽이 더 두려운가?"라는 철학적 질문을 던지고 있습니다[2)]. 이 질문은 단순한 철학적 성찰의 차원을 넘어, 소멸해 가는 존재들 앞에서 우리가 왜 기록하고 보존하려는 근원적 충동을 갖게 되는지를 되돌아보게 합니다. 기록이란 궁극적으로 언젠가 마주하게 될 상실에 대한 본능적 대응이며, 영원히 남기려는 거대한 야망이라기보다는 잊혀짐에 저항하는 섬세한 몸짓에 가깝다고 할 수 있습니다. 샬란스키는 "글쓰기는 아무것도 되돌려주지 못하지만, 모든 것을 다시 경험하게 만들 수 있다"고 언급하였는데, 이는 글이 사라진 것을 물리적으로 복원할 수는 없을지라도, 언어와 상상력은 사라진 것을 다시 불러내어, 감각의 차원에서 되살리는 마법 같은 힘을 내포하고 있음을 의미합니다.

그렇기에 우리는 기록을 통해 한때 존재했던 것들의 미세한 온기와 흔적을 되살리고자 하는 것입니다. 이러한 행위는 마치 시간의 흐름을 잠시 멈추게 하는 작은 마법과도 같으며, 모든 것이 덧없이 사라진다는 사실을 인지하면서도 현재의 순간을 포착하여 보존하려는 인간 특유의 시도라 할 수 있습니다. 그러나 모든 것을 무차별적으로 저장한다고 해서, 그 의미까지 함께 보존되는 것은 아닙니다. 단순한 데이터의 축적은 결국 혼돈스럽고 무의미한 정보의 더미로 전락할 위험성을 내포하고 있습니다. 따라서 진정으

---

1) 유디트 샬란스키(Judith Schalansky) : 독일의 여성 작가이자 책(Book) 디자이너, 출판인이다. 1980년 (旧동독의) 그라이프스발트(Greifswald)에서 태어났으며, 예술사와 커뮤니케이션 디자인을 전공했다. 세계적으로 성공을 거둔 베스트셀러 '머나먼 섬들의 지도(Atlas of Remote Islands)'와 소설 '기린은 왜 목이 길까?(The Giraffe's Neck)'를 비롯한 작품들이 20개 이상의 언어로 번역되었으며, 다수의 상을 수상했다. 그녀의 이름을 딴 "소행성 95247 샬란스키(Asteroid 95247 Schalansky)"는 2011년에 명명되었다.

2) This book, like all others, springs from the desire to have something survive, to bring the past into the present, to call to mind the forgotten, to give voice to the silenced, and to mourn the lost. Writing cannot bring anything back, but it can enable everything to be experienced. Hence this volume is as much about seeking as finding, as much about losing as gaining, and gives a sense that the difference between presence and absence is perhaps marginal, as long as there is memory. (출처 : 유디트 샬란스키의 「잃어버린 것들의 목록」 중에서, Jackie Smith 英譯)

로 중요한 것은 무엇을 남길 것인가, 그리고 어떻게 기억할 것인가에 대한 분별력 있는 통찰과 접근 방식입니다. 글쓰기와 기록이라는 행위는 단순한 정보의 저장이 아니라, 유한한 시간 속에서 우리가 무엇을 소중히 여기는지를 명확히 드러내는 선택적 행위이며, 동시에 인간이 이 세계에 존재했다는 침묵의 증거이기도 합니다.

20세기의 탁월한 철학자 발터 벤야민(Walter Benjamin)[3]은 「기술복제 시대의 예술작품[4]」에서 예술작품이 지닌 고유한 "아우라(Aura)"가 현대 기술의 발전과 함께 쇠퇴한다고 분석했습니다. 아우라란 원본이 지닌 일회적 존재감과 권위, 그리고 역사적·문화적 맥락 속에서 형성된 특별한 생명력을 의미하는데, 사진 기술과 영화 등 기계적 복제 매체의 등장은 작품이 갖는 이러한 고유한 현존성(presence)을 약화시켰다고 그는 주장했습니다. 벤야민의 표현을 빌리자면 "기계복제 시대에 쇠퇴하는 것은 예술작품의 아우라"인 것입니다. 그러나 주목할 점은 아우라의 붕괴가 반드시 문화적 퇴보나 예술적 가치의 상실만을 의미하지는 않는다는 사실입니다. 복제 기술의 혁신적 발전은 예술과 기록물을 소수 특권층의 전유물에서 대중의 영역으로 확장하는 해방적 효과를 가져왔습니다. 실제로 사진술의 진보로 인해 예술의 전시 가치가 크게 향상되어 보다 많은 사람이 이미지에 자유롭게 접근할 수 있게 되었고, 이는 예술의 민주화와 문화적 향유의 확산으로 이어졌다고 평가받고 있습니다. 즉, 한 시대의 기술은 기억과 예술의 경험을 보다 광범위한 대중과 공유할 수 있는 새로운 환경을 조성함으로써, 문화적 접근성이라는 또 다른 차원의 가치를 창출한 것입니다.

오늘날 드론을 활용한 사진측량(Photogrammetry)과 디지털 트윈(Digital Twin) 기술은 이러한 기록과 복제 기술의 계보를 이어받으면서도, 전례 없는 정밀도와 확장성을 통해 기

---

3) 발터 벤야민(Walter Benjamin, 1892-1940) : 독일의 철학자, 문화 비평가, 수필가로서 20세기 사상에 지대한 영향을 미쳤다. 베를린의 유대인 가정에서 태어났다. 프라이부르크 대학교, 베를린 대학교, 뮌헨 대학교에서 수학하였으며, 1919년 베른 대학교에서 「독일 낭만주의의 예술 비평 개념」으로 박사학위를 취득하였다. 그의 주요 사상은 예술작품의 '아우라', 근대성 비판, 역사철학 등 다양한 분야에 걸쳐 있다. 대표작으로는 「기술복제시대의 예술작품」, 「역사의 개념에 대하여」 등이 있다. 나치의 박해를 피해 망명 생활을 하던 중, 1940년 스페인 국경에서 자살로 생을 마감했다. 그의 사상은 사후에 더욱 주목받아 현대 문화이론과 매체 철학에 큰 영향을 미치고 있다.

4) 「기술복제 시대의 예술작품(The Work of Art in the Age of Mechanical Reproduction)」 : 산업기술 발달이 예술에 미친 영향을 분석한 독일 철학자 발터 벤야민의 중요한 논문이다. 벤야민은 사진 기술의 발달로 예술작품의 '아우라(원작이 갖는 신비로운 유일성)'가 붕괴하였다고 설명한다. 그러나 이러한 변화는 부정적인 현상이 아니라 오히려 예술의 민주화를 가져왔다. 소수만이 접근할 수 있었던 종교적·제의적 가치에서 대중적인 전시 가치로 변화한 것이다. 사진 기술은 또한 회화를 단순한 재현의 의무에서 해방시켜 인상주의와 같은 새로운 예술 사조의 등장에 영향을 주었다. 한편, 철도의 발달은 끊임없이 변화하는 풍경에 관한 관심을 불러일으켜 영상 장비 개발의 원동력이 되었다. 머레이(1887년), 에디슨(1891년), 뤼미에르 형제(1895년)로 이어지는 기술 발전은 영상 예술의 새로운 시대를 열었다. (출처 : 위키피디아)

록의 새로운 지평을 열어가고 있습니다. 사진측량이란 다양한 각도에서 촬영된 다수의 사진, 즉 이미지로부터 물체나 공간의 3차원 구조를 정교하게 재구성하는 기술적 방법론으로서, 여러 장의 이미지 데이터를 기반으로 실제 물리적 대상을 가상 공간에 입체적으로 복원합니다. 디지털 트윈은 이렇게 구축된 가상 모델을 통해 현실 세계의 완벽한 쌍둥이를 디지털 환경 속에 구현하는 혁신적 개념입니다. 현재 디지털 트윈 기술은 스마트 시티를 위시한 수많은 산업 분야에서 가상 모델 구현의 핵심 요소로 급부상하고 있으며, 인공지능(AI, Artificial Intelligence)을 통한 예측 분석과 사물인터넷(IoT, Internet of Things)을 통한 실시간 데이터 연계를 통해 도시와 공장의 운영 방식은 물론, 교육 현장의 학습 체계까지도 근본적으로 변화시키고 있습니다. 산업용 드론으로 수집된 방대한 시각 데이터와 센서 정보를 통해 도시 경관이나 건축물·시설물·문화유산 등의 현재 모습을 있는 그대로 정밀하게 복제하는 것이 가능해진 것입니다. 이렇게 생성된 도시·건축물·시설물·문화유산 등의 디지털 트윈은 개별 건물이나 시설물의 미시적 차원부터 도시 전체의 거시적 차원에 이르기까지, 현실의 완벽한 복제본으로서 가상 공간에 영구적으로 보존됩니다. 그 결과, 우리는 기존의 평면적 지도나 도면으로는 담아내기 어려웠던 입체적이고 생생한 "디지털 기록"을 획득하게 되었습니다. 예컨대 역사적 가치가 있는 문화유산을 고해상도 사진 및 라이다(LiDAR: Light Detection And Ranging) 센서로 정밀하게 스캔하여 기록해 두면, 훗날 원본이 훼손되거나 소실되는 불행한 상황이 발생하더라도 디지털 데이터를 바탕으로 원형에 가까운 복원이 가능해집니다. 또한, 복제된 가상 도시는 지진이나 홍수 등의 자연재해부터 새로운 도시계획 도입의 효과에 이르기까지, 다양한 시나리오를 사전에 시뮬레이션해 볼 수 있는 안전한 예측과 실험의 장으로 활용될 수 있습니다. 이처럼 드론과 디지털 트윈 기술은 단순한 측량 도구의 차원을 넘어, 기억의 보존과 미래 예측을 위한 현대적 기술 장치로서 그 역할을 확장해 나가고 있습니다.

궁극적으로 이러한 첨단 기술의 발전 배경에는 보다 나은 인간의 삶이라는 본질적 목적이 자리하고 있습니다. 예를 들어 스마트 시티 구축 과정에서 디지털 트윈의 도입은 도시를 보다 효율적이고 안전하게 관리하기 위한 실용적 필요성에서 출발하지만, 그 궁극적 결과물은 단순한 기술적 편의성을 넘어서는 인문학적 가치와 의미를 내포하고 있습니다.

우리가 현재를 기록하고 복제하는 궁극적인 목적은 단순한 정보의 저장을 넘어서, 그 안에 내포된 의미와 가치를 미래 세대에게 온전하게 계승하고자 하는 데 있습니다. 글쓰기에서 시작하여 사진, 라이다, 드론에 이르는 모든 기록 행위는 본질적으로 인간을 위한, 인간에 의한 기억의 창조와 계승 과정이라 할 수 있습니다. 우리가 진정으로 잃고 싶지 않은 것은 물리적 사물 그 자체보다도, 그것에 깃든 이야기와 시간의 흐름, 그리고 존재의 고유한 의미일 것입니다. 따라서 아무리 발전된 기술이라 할지라도, 그것을 인간 중심적 가치와 연결하려는 철학적 사유와 통찰이 무엇보다 중요합니다. 수백 테라바이트(Terabyte, TB)에 달하는 방대한 데이터를 처리하는 디지털 트윈 시스템도 그 궁극적 가치를 결정짓는 것은 결국 인간이 부여하는 의미와 활용 방식입니다.

첨단 기술로 구현된 가상 세계는 현실을 비추는 투명한 거울과도 같아서, 그 속을 들여다보는 우리는 자연스럽게 자기 모습과 선택을 성찰하게 됩니다. 디지털 트윈에 정교하게 재현된 도시·건축물·시설물·문화유산 등은 현재 우리의 결정이 미래에 어떤 영향을 미칠지를 가시적으로 보여주는 동시에, 우리가 무엇을 소중히 여기고 후대에 전승할 것인가에 대한 근본적인 질문을 던지고 있습니다. 「디지털 트윈을 위한 드론 사진측량(Photogrammetry for Digital Twin)」은 이러한 기술적·철학적 질문들을 깊이 성찰하며 집필하였습니다. 이 책은 드론 사진측량의 기술적 원리와 디지털 트윈 구축의 실무적 방법론을 체계적으로 설명하면서도, 그 저변에 흐르는 기록의 의미와 존재에 대한 인문학적 성찰을 함께 담아내고자 노력하였습니다.

「디지털 트윈을 위한 드론 사진측량」은 4차 산업혁명이라는 거대한 패러다임의 전환기 속에서, 공간정보 기술의 혁신적 진화와 디지털 트윈의 실제적 구현 방식을 다룬 종합적인 기술 안내서이자 학술적 기록물입니다. 총 6개의 장과 부록으로 구성되어 있으며, 이론적·개념적 배경부터 첨단 소프트웨어를 활용한 실습 과정까지, 드론을 활용한 사진측량 기법을 중심으로 디지털 트윈을 구축하는 전체 과정을 체계적으로 정리하고자 노력하였습니다. 저자들은 이 책을 통해 독자 여러분께 첨단 기술의 실무적 활용법은 물론, 디지털 시대의 기록과 재현이 갖는 심층적 의미에 대한 깊은 사유를 함께 전달하고자 하였습니다.

제1장 : 4차 산업혁명과 디지털 트윈에서는 산업혁명의 역사적 전개와 시대적 맥락을 바탕으로, 4차 산업혁명의 핵심적인 특징과 기술적 기반을 종합적으로 살펴보았습니다. 특히 디지털 세계와 물리적 세계가 유기적으로 융합되는 '사이버-물리 시스템(CPS, Cyber-Physical System)'의 개념을 중심축으로 삼아, 인공지능(AI), 사물인터넷(IoT), 빅데이터, 로봇공학 등의 혁신 기술이 산업, 사회, 일상생활의 전 영역에서 어떻게 상호 연결되고 융합되고 있는지를 심도 있게 분석하였습니다. 특히, 우리 사회가 주목할 만한 사례로 소개된 일본의 「i-Construction 2.0」 정책은 심각한 인구 감소와 노동력 부족 문제에 대응하기 위한 대표적인 스마트 건설 전략으로서, 디지털 트윈을 활용한 건설 현장의 혁

신적 변화를 보여주는 핵심 사례로서 상세히 분석하고자 하였습니다. 이 장은 빠르게 진화하는 기술 혁신이 사회 구조와 정책의 방향성에 어떤 본질적인 변화를 불러오는지를 이해하기 위한 이론적 틀과 깊이 있는 관점을 제시하고자 하였습니다.

제2장 : 드론산업은 급성장하고 있는 드론산업의 현재 상황과 미래 전망을 다양한 각도에서 심층적으로 조망하고 있습니다. 국내 드론산업은 혁신적인 스타트업과 기술력 있는 중소기업을 중심으로 꾸준한 성장세를 보이고 있으나, 평균 매출 규모와 사업의 지속 가능성 측면에서 여전히 구조적·제도적·재정적 한계에 직면하고 있는 실정입니다. 반면, 세계 드론시장은 기술 집약적 대기업들의 활발한 연구개발 투자와 전략적 인수합병을 통해 급속하게 재편되고 있으며, AAM(Advanced Air Mobility, 첨단 항공 모빌리티) 산업과의 유기적 연계도 가속화되는 추세입니다. 여기서는, 일반 상용 드론뿐만 아니라, 군사용 특수 드론까지 포괄적으로 다루며, 특히 군사·안보 분야에서 드론 기술이 정보 수집, 감시·정찰, 정밀 타격에 이르는 전 영역에서 핵심적인 전략 자산으로 급부상하고 있는 현상을 구체적인 사례 분석을 통해 면밀히 검토하고자 하였습니다. 따라서 이 장(Chapter)에서는 드론 기술의 사회적·경제적·지정학적 파급력을 종합적으로 이해하는 데 필수적인 통찰을 제공하고자 하였습니다.

제3장 : 드론 사진측량 이론 및 기초 기술은 드론을 이용한 사진측량(Photogrammetry) 기술의 이론적 기초와 핵심 원리를 체계적으로 설명하고자 하였습니다. 사진측량은 단순한 이미지 수집 작업이 아니라, 사진에 담긴 시각적 정보로부터 정확한 측량 데이터를 추출하여 대상의 정밀한 3차원 모델을 과학적으로 구축하는 첨단 기술 분야입니다. 여기서는, 사진측량의 핵심 알고리즘으로 SIFT(Scale-Invariant Feature Transform)를 상세히 소개하고 있습니다. SIFT는 이미지의 회전, 크기 변화, 조명 조건의 변화 등에도 불변하는 고유한 특징점을 효과적으로 추출하는 혁신적 기법으로서, 객체 인식, 이미지 정합(image matching), 3D 재구성(reconstruction) 등의 필수적인 기술적 기반으로 널리 활용되고 있습니다. 또한 드론의 유형별 특성(고정익, 회전익, VTOL), 카메라 해상도, 센서 성능과 같은 하드웨어적 요소들이 최종 데이터의 품질과 정확도에 어떤 결정적 영향을 미치는지를 설명하며, 고품질 공간정보 수집을 위한 최적의 기술적 조건과 요구사항들을 상세하게 해설하고 있습니다.

제4장 : 드론 촬영의 실무 절차에서는 실제 현장에서의 드론 촬영을 위한 체계적인 사전 준비 절차와 실행 과정이 구체적으로 서술하였습니다. 먼저, 국내 항공법규와 촬영허가 체계에 대한 포괄적인 검토를 통해, 합법적이고 안전한 비행계획 수립 및 잠재적

위험 요소 회피를 위한 법적·제도적 절차를 상세히 안내하였습니다. 이어서, 실제 촬영 경로를 설정할 때 반드시 고려해야 할 핵심 변수들인 GSD(Ground Sampling Distance, 지상 표본 거리), 중복도(Overlap), 비행 고도, 촬영 속도 등의 기술적 기준과 최적화 방안을 심도 있게 설명하고, 이러한 변수들을 자동 비행 소프트웨어와 어떻게 효과적으로 연계하여 설정할 수 있는지도 구체적으로 안내하고 있습니다. 마지막으로 실제 촬영 작업에 앞서 반드시 철저히 점검해야 할 드론 기체 상태, 카메라 설정, 센서 캘리브레이션, 배터리 충전 상태 등의 필수 준비 항목들을 체계적인 체크리스트(check-list) 형태로 정리함으로써, 현장에서 발생할 수 있는 데이터 수집 과정의 오류와 문제점을 사전에 효과적으로 방지할 수 있도록 실질적인 지침을 제공하고 있습니다.

제5장 : 드론 사진측량 소프트웨어와 자료처리에서는 드론을 통해 수집된 방대한 양의 고해상도 사진 데이터를 고정밀 지리정보 시스템(GIS) 및 사실적인 3차원 모델로 변환하는 전문적인 자료처리 과정과 워크플로우(Work-flow)를 집중적으로 다루고 있습니다. 이 과정의 핵심 워크플로우는 크게 세 가지 주요 단계로 체계화할 수 있습니다.

① 초기 처리 단계(Initial Processing) : 개별 사진들의 정밀한 공간적 정렬(alignment), 지상 기준점(GCP, Ground Control Points) 연계, 카메라 캘리브레이션 보정, 항공삼각측량(AT, Aerial Triangulation)을 순차적으로 수행하여 전체 데이터셋(data-set)의 공간적 일관성과 측량학적 정확도를 확보합니다.

② 점군 및 메쉬 생성 단계 : 정확하게 정합된 이미지 데이터로부터 고밀도 점군(Dense Point Cloud)을 생성하고, 이를 기반으로 하여 세밀한 3D 메쉬 구조와 사실적인 텍스처를 체계적으로 구축합니다.

③ 응용 데이터 생성 단계 : 수치표면모델(DSM, Digital Surface Model), 정사영상(Orthophoto), 등고선도(Contour Map) 등 다양한 최종 데이터 산출물을 생성하여 실측 분석과 의사결정 과정에 효과적으로 활용합니다.

이러한 처리 과정에 활용되는 대표적인 전문 소프트웨어로는 Pix4Dmapper, Pix4Dmatic, DJI Terra, iTwin Capture Modeler, Agisoft Metashape 등이 있으며, 본 장에서는 각 소프트웨어의 알고리즘 특성과 처리 방식의 차이점, 그리고 적용할 수 있는 최적의 활용 범위에 대한 심층적인 비교 분석도 함께 설명하였습니다. 독자들은 이 장의 내용을 통해 실질적인 데이터 처리 역량과 전문 소프트웨어 운용 능력을 효과적으로 습득할 수 있을 것입니다.

제6장 : 디지털 트윈 및 3D 현실 구현은 드론 사진측량을 통해 생성된 고정밀 데이터를 기반으로, 실제 디지털 트윈 환경에서의 다양한 시각화 기법과 분석 도구들을 심층적

으로 다루고 있습니다. Unreal Engine, Unity Engine, Twinmotion과 같은 세계적으로 검증된 3D 시각화 도구들을 상세히 소개하며, 이러한 첨단 소프트웨어 플랫폼들이 어떻게 복잡한 공간 데이터를 실시간으로 정교하게 표현하고, 사용자와 상호작용이 가능한 인터랙티브(interactive)한 디지털 복제 세계를 구현해 내는지를 구체적인 사례와 함께 상세히 설명하였습니다. 특히, 스마트 건설 현장 관리, 도시 인프라 시뮬레이션, 자연재해 대응 시나리오와 같은 실질적인 응용 사례들을 심도 있게 분석함으로써, 디지털 트윈 기술이 단순한 3D 시각화의 차원을 넘어 미래 예측, 다변량 분석, 시스템 최적화의 핵심 도구로 빠르게 진화하고 있음을 강조하고 있습니다.

부록은 본문에서 다룬 이론적 개념과 기술적 방법론을 실제로 적용하고 응용할 수 있도록 다양한 보조 자료와 참고 정보를 체계적으로 제공하고 있습니다. "실습 데이터 구성" 섹션에서는 실제 학습 및 실습에 활용할 수 있는 고품질 드론 촬영 이미지, 정밀 GCP 좌표값, 수치표고모델(DEM, Digital Elevation Model) 데이터 등을 포함하는 종합적인 예제 데이터셋을 제공하며, 이는 본문에서 소개된 다양한 소프트웨어 환경과 원활하게 연동하여 활용할 수 있도록 최적화되어 있습니다. "법적 규정 및 지침" 섹션에서는 「무인비행장치 이용 공공측량 작업지침」, 「드론지적측량규정」 등 국내의 주요 법규와 제도적 기준을 상세히 수록하여, 실무 현장에서의 법적 적합성과 안전성을 최대한 확보할 수 있도록 하였습니다. 또한, 핵심 이론의 심층적 이해를 돕기 위해 "에피폴라 기하학(Epipolar Geometry)", "SIFT(Scale-Invariant Feature Transform)", "SfM(Structure from Motion)" 등의 고급 이론적 개념을 체계적으로 정리하여, 3D 복원 과정의 수학적·알고리즘적 기반에 대한 이해를 강화하고자 하였습니다. 이러한 이론적 개념들은 실제 측량 데이터의 정확도와 정합성 확보에 결정적인 역할을 하며, 이론과 실습 사이의 유기적 연계와 통합적 이해를 촉진하는 데 큰 도움이 될 것입니다.

이 책의 저자들은 드론 사진측량과 디지털 트윈 기술을 처음 접하는 독자들에게는 이해하기 쉽고 실용적인 학습의 길잡이가 되어주기를 바라며, 관련 분야의 전문가와 연구자들에게는 기술을 실제로 구현하고 다양한 방식으로 활용할 수 있도록 깊이 있는 통찰과 실무적인 지침을 제공하길 기대하고 있습니다. 궁극적으로 이 책은 드론이라는 첨단 기술 매개체를 통해 우리가 물리적 현실을 어떻게 디지털 언어로 기록하고, 나아가 그것을 어떻게 가상의 세계로 확장해 새로운 가치를 창출할 수 있는지에 대한 깊이 있는 성찰의 기회를 제공하고자 합니다.

오늘날 기술은 그 어느 때보다 빠른 속도로 발전하고 있으며, 디지털 트윈과 드론 사진측량 기술 역시 계속해서 진화하고 있습니다. 이러한 변화의 흐름 속에서 이 책이 다루는 이론과 방법론은 단순한 기술 설명서를 넘어서, 디지털 시대의 공간정보를 이해하고 실질적으로 활용하는 데 꼭 필요한 통찰을 제공하고자 노력하였습니다. 저자들은 독자 여러분이 이 책을 통해 단순히 기술을 익히는 데 그치지 않고, 나아가 이러한 기술들이 우리가 세상을 바라보고 기록하는 방식에 어떤 변화를 불러오고 있는지에 대해 보다 깊이 있는 시각을 갖게 되기를 진심으로 바라고 있습니다.

디지털 트윈이 지향하는 가장 궁극적인 목표는 물리 세계와 디지털 세계 사이의 경계를 허물고, 이 두 세계가 서로 소통하고 긴밀히 연결되며 함께 확장되는 새로운 현실을 만들어 가는 데 있습니다. 이러한 비전(vision) 안에서 드론 사진측량은 두 세계를 이어주는 핵심적인 연결 고리로서 중요한 역할을 담당하고 있습니다. 이 책이 여러분의 학문적·실무적 여정에 든든한 길잡이가 되어주기를 바라며, 나아가 여러분의 창의적인 시도와 혁신적인 실험을 통해 디지털 트윈의 가능성이 더욱 다채롭고 풍성하게 펼쳐지기를 진심으로 기대합니다.

이 책이 세상의 빛을 볼 수 있었던 것은 무엇보다도 따뜻한 격려와 지지로 함께 해준 주변의 분들, 그리고 묵묵히 곁을 지켜준 가족들의 성원 덕분입니다. 특히, 지난 40여 년간 깊이 있는 전문 서적을 꾸준히 출간해 오며, 학문적 신뢰를 쌓아온 '구미서관'의 임정대 대표님과 임직원 여러분께 진심 어린 감사의 마음을 전합니다. 아울러, 꼼꼼하고 세심한 편집을 통해 원고가 책이라는 완성된 형태로 독자 여러분을 만날 수 있도록 애써주신 이연선 팀장님의 노고에도 깊이 감사드립니다.

비록 최선을 다해 집필하였으나, 책의 내용 중에 미흡하거나 오류가 있는 부분이 있다면 너그럽게 조언해 주시길 바랍니다. 여러분의 소중한 의견을 겸허히 수용하여 향후 더 나은 실무 중심의 개정증보판으로 보답하고자 합니다. 이 책이 다양한 분야에서 일하시는 독자 여러분께 작게나마 도움이 되기를 바라며, 새로운 지식의 여정에 작지만 의미 있는 이정표가 되기를 진심으로 기원합니다.

감사합니다.

2025. 4.

저자 일동

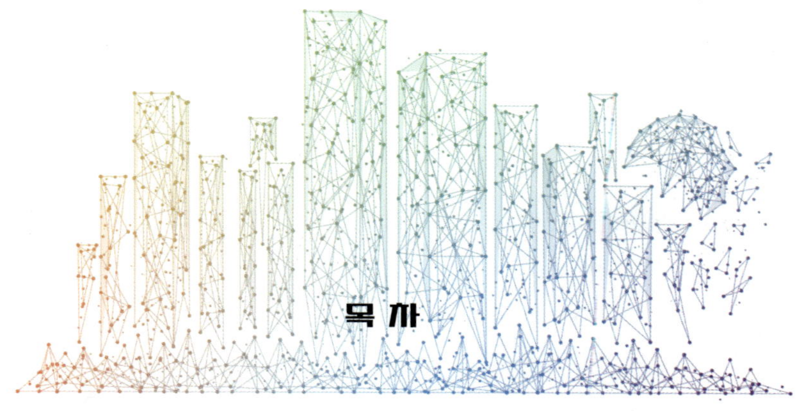
목 차

PHOTOGRAMMETRY
FOR DIGITAL TWIN

Chapter 1

4차 산업혁명과 디지털 트윈

4차 산업혁명과 디지털 트윈

1. 산업혁명과 4차 산업혁명의 의미

산업혁명은 인류의 생산성과 생활 수준 향상을 위한 기술적 도전과 혁신의 역사다. 18세기 후반 1차 산업혁명에서는 증기기관과 기계화가 제조업 성장을 이끌었으며, 2차 산업혁명에서는 전기 도입과 대량생산 체제가 확립되었다. 3차 산업혁명은 디지털 혁명으로, 컴퓨터와 정보통신기술(ICT)이 산업을 주도했다. 이제 우리는 4차 산업혁명 시대에 접어들었다. 이는 디지털 세계와 물리적 세계의 융합(Cyber-Physical System, CPS)으로 기존 산업을 혁신하고 새로운 패러다임을 창출하는 과정이다. 인공지능(AI), 사물인터넷(IoT), 빅데이터(Big Data), 로봇공학(Robotics) 등 최첨단 기술이 융합되며, 제조업뿐만 아니라 건설, 의료, 교육 등 다양한 분야에서 스마트 사회로의 전환이 가속화되고 있다.

2. i-Construction 2.0

일본은 저출산과 고령화로 인한 인구 감소 문제에 직면하고 있다. 일본 국립사회보장·인구문제연구소에 따르면, 2040년까지 생산 가능 인구가 약 20% 감소할 전망이다. 이는 경제 전반에 영향을 미치며, 특히 건설 산업의 인력 부족을 심화시킬 것으로 예상된다. 이를 해결하기 위해 일본 정부는 2024년 i-Construction 2.0 전략을 발표하고 시행에 나섰다. 이 전략은 정보통신기술(ICT)을 활용해 설계, 시공, 관리의 효율성을 높이고, 인력 투입을 최소화하는 스마트 건설 정책이다. i-Construction 2.0에서는 BIM/CIM(Building/Construction Information Modeling), 드론, AI, 자동화 기술 등을 적극 활용하며, 특히 디지털 트윈(Digital Twin)을 도입해 시뮬레이션과 실시간 데이터 분석이 가능하도록 설계되었다. 이를 통해 건설 산업의 생산성과 품질이 크게 향상될 것으로 기대된다.

3. 인공지능

인공지능(AI)은 1950년대부터 연구가 시작되었으며, 컴퓨터 기술 발전과 함께 빠르게 진화했다. 초기 AI는 규칙 기반 시스템(Rule-based System)으로 특정 작업을 자동화했으나, 최근 딥러닝(Deep Learning)과 신경망 기술(Neural Networks)의 발전으로 자연어 처리(NLP), 컴퓨터 비전(Computer Vision), 자율주행(Autonomous Driving) 등 다양한 분야에서 성과를 내고 있다. 오늘날 AI는 추천 시스템, 음성 비서, 챗봇 등 일상에서 쉽게 접할 수 있는 서비스뿐만 아니라, 산업 전반에서 혁신을 주도하는 핵심 기술이 되었다. 특히 디지털 트윈과 AI의 결합은 실시간 시뮬레이션과 예측 유지보수(Predictive Maintenance) 기능을 제공해 시스템 운영 효율성을 높인다. 또한 AI는 콘텐츠 제작 생산성을 극대화한다. 블로그 기사나 제품 설명 같은 텍스트를 자동 생성할 수 있으며, 이미지와 비디오 콘텐츠 제작에도 활용된다. 이로 인해 증강현실(AR), 가상현실(VR), 디지털 트윈(Digital Twin) 모델링이 더욱 쉬워지고, 일관된 품질 유지도 가능해졌다.

1. 산업혁명과 4차산업혁명의 의미

산업혁명(Industrial Revolution)은 인류 역사상 가장 중요한 전환점 중 하나로 손꼽힌다. 단순히 물건을 더 많이 만드는 것을 넘어, 생산 방식과 사회구조 자체를 근본적으로 뒤바꿔 놓았기 때문이다. 그리고 지금, 우리는 4차 산업혁명(Fourth Industrial Revolution)이라는 또 다른 거대한 변화의 물결에 직면하고 있다.

4차 산업혁명이 무엇을 의미하는지, 그리고 앞으로 우리 사회에 어떤 영향을 미칠지 제대로 이해하기 위해서는 산업혁명이 왜 일어났는지 그 역사적 맥락을 깊이 있게 살펴볼 필요가 있다.

산업혁명은 18세기 중반에서 19세기 초반, 즉 1760년에서 1820년 사이에 영국에서 시작된 혁신적인 기술 발전과 제조 공정의 전환, 그리고 이에 따른 사회·경제적 변화를 일컫는다(출처: 위키피디아).

"산업혁명(Industrial Revolution)"이라는 용어는 1844년, 독일의 사회주의 철학자이자 경제학자인 프리드리히 엥겔스(Friedrich Engels; 1820 ~ 1895)가 저서 "잉글랜드 노동계급의 상황[1)]"에서 처음 사용하였다. 이후, 영국의 역사학자이자 아널드 토인비(Arnold Joseph Toynbee, 1889 ~ 1975)가 1884년 발표한 "18세기 영국 산업혁명 강의[2)]"를 통해 이를 보다 구체화하였다.

토인비는 18세기 후반부터 19세기 초반에 걸쳐 영국에서 발생한 급격한 경제적·사회적 변화를 설명하기 위해 이 용어를 사용하였다. 증기기관의 발명, 공장 제도의 확산, 도시화의 가속화 등 당시의 변화들은 이전과 비교할 수 없을 정도로 생산성을 비약적으로 향상시켰으며, 이는 결국 사회 전반에 걸쳐 중대한 변화를 초래하였다.

---

1) "잉글랜드 노동계급의 상황"(The Condition of the Working Class in England) : 엥겔스가 1845년에 발표한 빅토리아 시대 잉글랜드(영국)의 산업노동자 계층에 대한 연구서이다. 엥겔스가 제1차 산업혁명의 핵심지였던 맨체스터에 체류하던 1842년~1844년 중에 집필되었다. 따라서 엥겔스가 직접 관찰한 당대 사회상에 대한 상세한 보고서이다(출처 : 위키피디아).

2) "18세기 영국 산업혁명 강의"(Lectures on the Industrial Revolution of the Eighteenth Century in England)는 아놀드 토인비(Arnold Toynbee)가 1881년 가을부터 1882년 여름 사이에 진행한 강의를 정리한 책이다. 토인비는 1760년경 본격화된 인클로저(enclosure, 공유지의 사유화)를 중심으로 영국 사회가 어떻게 변화했는지를 설명하며, 이러한 변화가 초래한 문제들에 대한 해답을 찾고자 했다. 특히 그의 주요 관심사는 산업혁명으로 인해 어려운 처지에 놓인 노동자들의 삶을 개선하는 것이었다.
인클로저(enclosure)는 토지 소유권을 명확히 하기 위해 담장을 쌓는 것으로서, 공유지 사용을 부정하고 배타적인 사적 소유권을 확립하는 과정이다. 역사적으로 15-16세기에는 양 사육을, 18-19세기에는 농작물 생산을 목적으로 두 차례에 걸쳐 진행되었다. 이는 사적 재산권의 발전이 역사적 필연임을 상징적으로 보여주는 사건이다.
책에서는 산업혁명의 결과를 다각도로 조명하기 위해 통계뿐만 아니라 당시 사회를 묘사한 기사, 기고문, 소설, 수필, 자서전 등의 다양한 자료를 활용했다. 또한 애덤 스미스(Adam Smith), 맬서스(Thomas Malthus), 리카도(David Ricardo) 등 주요 경제학자들의 이론과 산업혁명의 관계를 분석하고, 나아가 칼 마르크스(Karl Marx), 헨리 조지(Henry George) 등이 이를 어떻게 해석했는지도 소개하며 자신의 평가를 덧붙였다.

따라서 산업혁명이라는 용어는 단순히 경제적인 변화만을 의미하는 것이 아니라, 기술, 사회, 문화 등 다양한 측면에서 일어난 총체적인 변화를 포괄하는 개념이라고 할 수 있다. 그리고 이러한 산업혁명의 역사를 이해하는 것은, 현재 우리가 마주하고 있는 4차 산업혁명을 제대로 이해하고 미래를 준비하는 데 필수적인 과정이다.

혁명(Revolution)이란 단순히 작은 변화가 아니라, 기존의 질서와 시스템을 근본적으로 뒤엎는 거대한 변화를 의미한다. 마치 댐이 무너져 둑 너머의 풍경을 완전히 바꾸는 것처럼, 혁명은 정치, 사회, 경제 등 다양한 영역에서 이전과는 전혀 다른 새로운 시대를 열어젖히는 힘을 가지고 있다.

혁명은 한 사회의 패러다임(paradigm)을 근본적으로 바꾼다. 이전까지 당연하게 여겨졌던 가치관, 제도, 관습이 더 이상 유효하지 않게 되면서, 사회 구성원들은 새로운 질서와 시스템에 적응해야 한다. 이러한 변화는 때로 혼란과 갈등을 일으키기도 하지만, 장기적으로는 사회의 발전과 진보(Progress)를 이끄는 원동력이 되기도 한다.

산업혁명(Industrial Revolution): 생산성 혁신의 역사

산업혁명은 인류 역사에 큰 획을 그은 사건이다. 산업혁명은 생산성(Productivity)의 혁신을 통해 인간의 삶과 사회 구조를 근본적으로 변화시켰다.

생산성(Productivity)이란, 투입(Input) 대비 산출(Output)의 효율성을 나타내는 지표이다. 즉, 얼마나 적은 노력과 자원을 투입하여 얼마나 많은 결과를 얻어낼 수 있는지를 보여주는 것이다.

인류는 예로부터 생산성을 높이기 위해 끊임없이 노력해 왔다. 돌도끼를 만들고, 불을 사용하고, 바퀴를 발명하는 등 끊임없는 기술 발전은 모두 생산성을 향상시키기 위한 노력이었다.

산업혁명은 이러한 생산성 향상의 노력이 폭발적으로 나타난 시기이다. 증기기관, 방적기, 역직기 등 새로운 기계들이 발명되면서, 이전에는 상상할 수 없었던 규모의 생산이 가능해졌다. 이는 단순히 물건을 더 많이 만들 수 있게 된 것을 넘어, 경제 구조, 사회 시스템, 심지어 인간의 삶의 방식까지 완전히 바꾸는 혁명적인 변화를 가져왔다.

산업혁명은 단순한 기술 발전을 넘어, 사회 전체의 구조를 바꾸는 거대한 힘을 가진 혁명이다. 앞으로 다가올 미래에도 끊임없이 새로운 기술 혁명이 일어날 것이며, 이러한 혁명은 우리의 삶을 더욱 풍요롭게 만들어 줄 것이다. 그러나 동시에 사회적 불평등 심화, 환경 문제 등 새로운 과제도 안겨줄 수 있다. 따라서 우리는 기술 혁명의 긍정적인 측면을 극대화하고 부정적인 측면을 최소화하기 위한 노력을 게을리해서는 안 될 것이다.

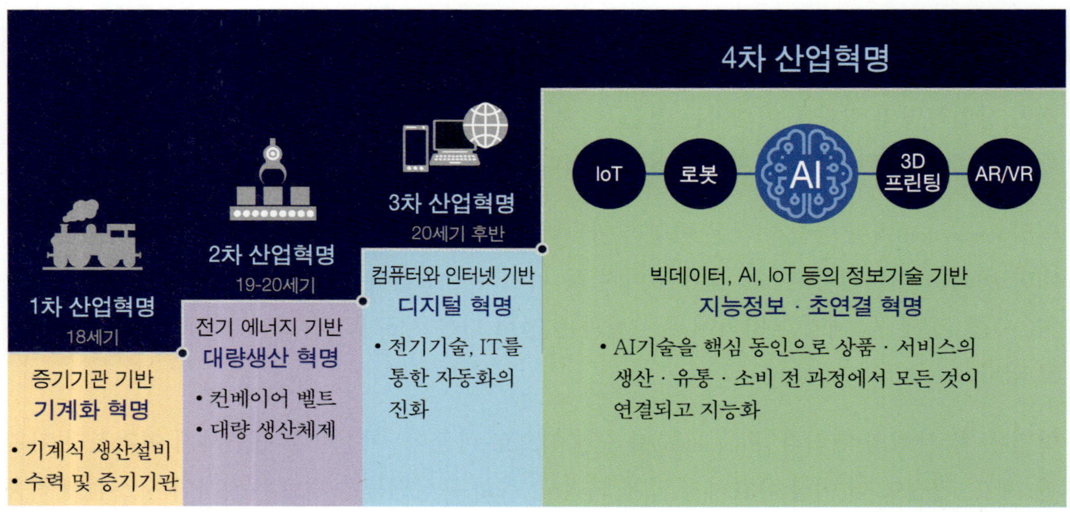

1차 산업혁명(18세기 후반) : 증기기관과 기계화의 시대

1차 산업혁명은 18세기 후반, 영국에서 시작되었다. 이 시대를 정의하는 핵심 키워드는 바로 증기기관(Steam Engine)과 기계화(Mechanization)이다. 제임스 와트(James Watt)가 개량한 증기기관은 석탄을 에너지원으로 활용하여 기계를 움직이는 혁신적인 동력이 되었다.

이전까지는 주로 인력이나 동물의 힘에 의존했던 생산 방식이 증기기관의 등장으로 완전히 바뀌면서 기계화(Mechanization)가 이루어졌고, 이는 곧 대량 생산(Mass Production)의 시대를 열었다. 특히 섬유 산업에서 기계식 방적기(Spinning Jenny)와 역직기(Power Loom)가 도입되면서 생산 효율성이 획기적으로 향상되었다.

1차 산업혁명은 농업 중심 사회에서 공업 중심 사회로의 근본적인 전환을 가져왔다. 농촌 인구가 일자리를 찾아 도시로 몰려들면서 도시화(Urbanization)가 급속하게 진행되었고, 이는 새로운 사회 계층의 형성, 열악한 노동 환경 문제 등 다양한 사회적 변화를 야기했다. 또한, 철도와 선박의 발달은 교통과 물류 시스템에 혁신을 가져와 세계 경제의 연결성을 강화했다.

2차 산업혁명(19세기 후반~20세기 초) : 전기와 대량 생산의 황금기

2차 산업혁명은 19세기 후반부터 20세기 초까지, 전기와 내연기관(Internal Combustion Engine)의 등장으로 특징지어진다. 1차 산업혁명에 이어, 생산 시스템은 더욱 정교해졌고, 자동차, 철강, 화학 산업이 폭발적으로 성장했다.

헨리 포드(Henry Ford)가 도입한 컨베이어 벨트 시스템(Conveyor Belt System)은 포드주의 (Fordism)라는 새로운 생산 방식을 탄생시키며 대량생산의 상징이 되었다. 포드주의는 생산 과정을 표준화

(Standardization)하고 분업화(Division of Labor) 함으로써, 생산성을 극대화했다.

전기의 보급은 공장뿐만 아니라, 가정에도 혁명적인 변화를 가져왔다. 전기 모터의 도입으로 기계의 효율성이 크게 향상되었고, 전등의 보급은 인간의 생활 패턴 자체를 바꾸었다. 또한, 철도와 전신(Telegraph)의 발달은 정보와 물자의 이동을 더욱 빠르고 효율적으로 만들어 주었다.

3차 산업혁명(20세기 후반) : 디지털 혁명의 시작

3차 산업혁명은 20세기 후반, 컴퓨터와 인터넷(Internet)의 보급으로 시작되었다. 이 시기의 핵심은 바로 디지털 기술의 발전이다. 컴퓨터의 등장은 데이터 처리와 정보 관리를 혁신적으로 개선했고, 인터넷의 보급은 정보의 공유와 소통 방식을 근본적으로 바꾸었다. 이로 인해 생산 과정에서 자동화(Automation)와 정보기술(Information Technology, IT)이 핵심적인 역할을 하게 되었다.

3차 산업혁명은 정보화 사회(Information Society)의 도래를 알렸다. 소프트웨어, 반도체, 통신기술 산업이 급성장하며 새로운 산업들이 등장했고, 글로벌화(Globalization)가 가속화되면서 세계 경제의 구조가 변화했다.

4차 산업혁명: 디지털과 현실의 경계를 허물다

4차 산업혁명(Fourth Industrial Revolution)은 디지털 기술, 인공지능(AI), 사물인터넷(IoT), 빅데이터(Big Data), 로봇공학(Robotics) 등 첨단 기술의 융합으로 특징지어진다. 이는 단순히 새로운 기술의 등장을 넘어, 기존의 산업 구조를 근본적으로 변화시키는 혁신을 의미한다.

4차 산업혁명이라는 용어는 세계경제포럼(WEF, World Economic Forum)의 창립자이자 회장인 클라우스 슈밥(Klaus Schwab)[3)]이 2016년 자신의 저서 “The Fourth Industrial Revolution”에서 처음 제시했다. 슈밥은 디지털 기술, 생물학, 물리학의 융합이 기존의 산업 구조를 근본적으로 변화시킬 것이라고 예측했다. 그는 4차 산업혁명이 단순히 기술의 진보를 넘어, 인간의 삶과 사회 전반에 걸쳐 파괴적 변화를 가져올 것이라고 강조했다.

---

3) 클라우스 슈밥(Klaus Schwab) : 스위스 세계경제포럼의 창립자이자 회장. 1938년 독일의 라벤스부르크에서 태어났다. 프리부르 대학교(University of Fribourg)에서 경제학 박사, 스위스 연방공과대학교(Swiss Federal Institute of Technology)에서 공학 박사, 하버드대학교 케네디 공공 정책 대학원에서 행정학 석사 학위를 받았다. 1972년 제네바 대학교에 최연소 교수로 임용된 바 있다. 클라우스 슈밥은 학자이자 기업가, 정치인으로 활동했던 독특한 이력을 갖고 있으며, 지난 45년간 세계 경제 발전에 헌신하고 국제 분쟁 해결에 노력해왔다. 1971년 클라우스 슈밥이 창립한 세계경제포럼은 스위스 제네바에 본부를 둔 민관협력을 위한 국제기구다. 세계경제포럼은 전 세계에 걸쳐 비즈니스, 정부, 시민사회까지 다양한 이해 그룹의 리더들이 세계의 상황을 개선시키기 위해 함께 공동의 의무를 다 할 수 있도록 포괄적이고 통합적인 플랫폼 역할을 한다. 포럼의 방향성은 1971년 클라우스 슈밥이 창시한 다중이해관계자 이론(multistakeholder theory)에서 파생되었고, 이로 인해 사회 참여자 누구에게나 신뢰를 주는 국제기구로 거듭날 수 있었으며, 다양한 협력과 국제적 이니셔티브를 통해 세계 각국의 조정 및 화합을 이끌어왔다.

슈밥이 이 개념을 제시한 배경에는 2000년대 초반부터 급속히 발전한 디지털 기술과 글로벌화의 가속화가 있었다. 특히 스마트폰의 보급, 클라우드 컴퓨팅의 확산, 빅데이터 분석 기술의 발전은 새로운 산업 패러다임을 예고했다. 또한, 2008년 글로벌 금융 위기 이후 세계 경제의 구조적 변화가 필요하다는 인식이 확산되며, 4차 산업혁명은 이러한 변화를 주도할 핵심 동력으로 주목받았다.

4차 산업혁명의 핵심 개념 중 하나는 스마트 팩토리(Smart Factory)다. 스마트 팩토리는 생산 과정 전반에 걸쳐 자동화와 데이터 분석을 통해 효율성을 극대화하는 공장을 의미한다. IoT 기술을 통해 기계와 장비가 서로 연결되고, 실시간 데이터를 수집·분석하여 생산 과정을 최적화한다. 또한, 인공지능(AI)은 예측 유지보수(Predictive Maintenance)와 품질 관리(Quality Control)에서 혁신적인 역할을 한다.

이러한 변화는 단순히 제조업(2차 산업)의 혁신을 넘어, 서비스업(3차 산업)과 정보 산업(4차 산업)의 경계를 허물며 새로운 비즈니스 모델을 창출하고 있다. 예를 들어, 제조업체는 제품을 판매하는 것뿐만 아니라, 제품의 사용 데이터를 분석해 고객에게 맞춤형 서비스를 제공하는 '제품서비스 시스템(Product Service System)'을 구축하고 있다.

산업혁명이 가져온 사회적 변화

산업혁명은 단순히 기술적인 변화만을 가져온 것이 아니다. 생산 방식의 변화는 일자리 구조, 사회 계층(Social Class), 문화적 패턴까지 사회 전반의 모습을 송두리째 바꾸는 거대한 힘을 지니고 있다.

1차 산업혁명은 농촌 인구의 도시 집중(Urban Concentration)을 촉진했고, 2차 산업혁명은 노동자 계층의 형성을 가속화했다. 3차 산업혁명은 정보 기술(IT)의 발전으로 웹 개발자, 데이터 과학자 등 새로운 직업군을 탄생시켰으며, 4차 산업혁명은 인공지능과 자동화로 인해 일자리의 본질을 다시 한번 변화시키고 있다.

4차 산업혁명은 우리에게 엄청난 기회를 제공하는 동시에 새로운 도전을 안겨주고 있다. 한편으로는 생산성(Productivity)과 효율성(Efficiency)이 극대화되어 경제적 성장을 이끌 수 있지만, 다른 한편으로는 자동화와 인공지능으로 인한 일자리 감소와 사회적 불평등이 심화될 수 있다는 우려도 있다. 세계경제포럼(World Economic Forum, WEF)은 2020년에 발표한 보고서에서 "4차 산업혁명으로 인해 2025년까지 전 세계적으로 8,500만 개의 일자리가 사라질 수 있다"고 예측한 바 있다. 그러나 동시에 "새로운 기술과 산업의 발전으로 9,700만 개의 새로운 일자리가 창출될 수 있다"고 전망하며, 4차 산업혁명이 가져올 긍정적인 측면도 강조했다.

산업혁명과 사회발전지수(SPI)

인류 역사의 거대한 흐름 속에서 사회 발전의 속도와 그 근본적인 한계를 탐구하는 이언 모리스(Ian Morris, 1960-현재) 교수의 저서 "Why The West Rules—For Now"(왜 서양이 지배하는가-지금)는 현대 문명이 이룩한 눈부신 발전의 원동력을 이해하기 위한 새로운 관점을 제시하고 있다. 모리스 교수는 사회 발전이 견고한 기반 위에서 이루어지며, 그 기반이 마련되면 발전 속도는 기하급수적으로 빨라진다고 설명하고 있다. 이는 원시 인류가 돌도끼를 제작하는 데 수백만 년을 소요한 반면, 돌도끼에서 철제 검(劍)으로의 발전에는 불과 천 년도 채 걸리지 않았다는 사실에서 명확히 드러난다. 더욱이 철제 검에서 총기로의 도약은 3천 년 이내에 이루어졌다.

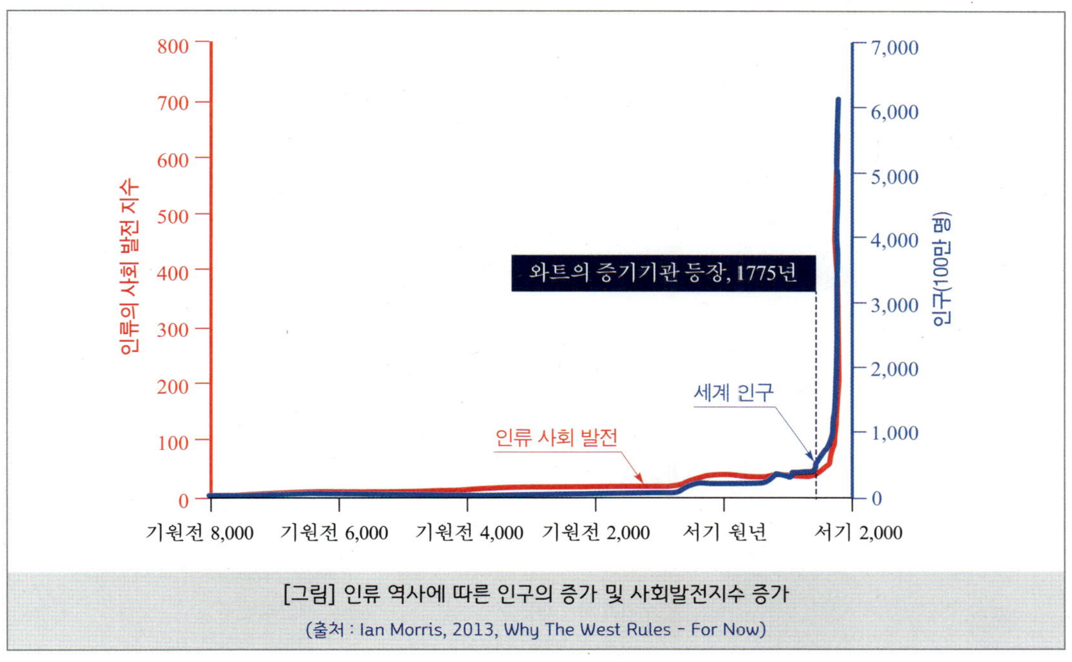

[그림] 인류 역사에 따른 인구의 증가 및 사회발전지수 증가
(출처 : Ian Morris, 2013, Why The West Rules - For Now)

이처럼 발전 속도가 점차 가속화되는 현상은 사회가 어떻게 역동적으로 성장하는지를 보여주는 단적인 예시다. 1775년, 제임스 와트(James Watt)의 증기기관 발명은 산업혁명의 불을 지피며, 인류 문명의 발전 속도를 혁명적으로 변화시켰다. 위의 그림에서 볼 수 있듯이 산업혁명의 시작과 더불어 사회발전지수(SPI, Social Development Index)가 가파르게 상승하기 시작했다. 사회발전지수는 국가의 사회 발전 수준을 측정하는 데 있어 국내총생산(GDP)의 한계를 보완하기 위해 고안된 것으로서, 이는 GDP만으로는 인류, 사회, 환경 개선에 대한 모든 정보를 포괄할 수 없기 때문이다. 사회발전지수(Social Progress Index)는 인간의 기본 욕구(Basic Needs), 웰빙(Foundations of Wellbeing), 기회(Opportunity)라는 세 가지 핵심 부문과 12가지 구성 요소를 통해 사회 발전 수준을 종합적으로 측정하는 지표다.

특히, 주목할 점은 사회 발전의 '벽'(wall)이라는 개념이다. 농업 사회는 본질적으로 일정 수준 이상의 발전을 이루기 어려웠으며, 이러한 한계를 극복하지 못한 사회는 필연적으로 정체를 겪었다. 로마 제국은 사회발전지수(SPI) 40에 도달했지만, 그 벽을 넘지 못하고 쇠퇴의 길을 걸었다. 이후 중국의 송(宋), 명(明), 청(淸) 왕조와 인도의 무굴 제국(Mughal Empire) 역시 유사한 수준에 도달했으나, 마찬가지로 벽을 넘지 못하고 쇠락하거나 멸망의 운명을 맞이했다.

그러나 18세기 산업혁명의 도래와 함께, 인류 역사상 최초로 이 벽을 돌파한 사회가 등장했다. 산업혁명은 인류 사회의 발전을 비약적으로 가속하며, 마치 제동 장치 없는 기관차처럼 발전의 속도를 더욱 높여갔다. 스마트폰의 등장이 촉발한 변화와 마찬가지로, 오늘날 우리는 인공지능, 자율주행차 등 혁신적인 기술이 우리의 삶을 빠르게 변화시키는 시대를 살아가고 있다.

참고 사회발전지수 SPI

사회발전조사기구(Social Progress Imperative)는 사람들의 삶의 질을 향상시키고, 정부 및 시민 사회의 사회발전 지원을 사명으로 하는 비영리 단체다. 이 기구는 사회발전 수준을 평가할 때 국내총생산(GDP)만을 기준 삼을 경우, 사회, 인류, 그리고 환경 개선에 대한 중요한 정보를 놓칠 수 있다는 점을 강조한다.

이러한 맥락에서 사회발전지수(Social Progress Index, SPI)는 경제 지표와는 별개로 국가가 시민의 사회적·환경적 필요를 얼마나 충족하고 있는지를 측정한다. 이 지수는 인간의 기본 욕구(Basic Human Needs), 웰빙 기반(Foundations of Well-being), 기회의 제공(Opportunity)이라는 세 가지 핵심 영역으로 나뉘며, 12개 중분류와 54개 세부 지표를 통해 국가별 성과를 상대적으로 평가한다.

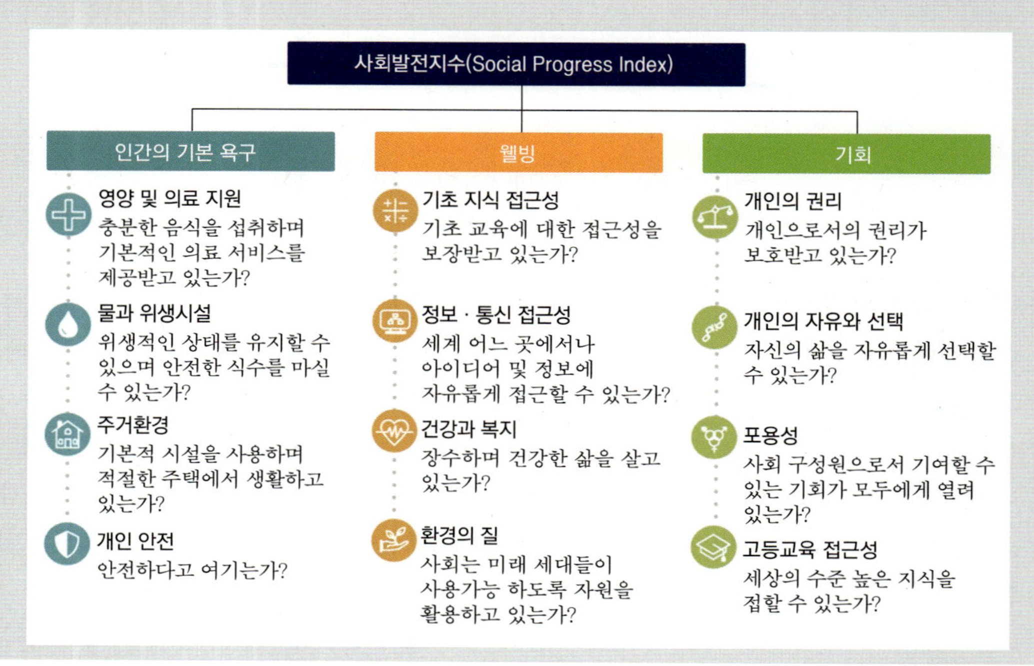

사회발전지수(SPI)의 가장 두드러진 특징은 경제적 변수를 배제한다는 점이다. SPI는 GDP나 소득 수준과 같은 경제적 지표 대신 사회적·환경적 성과(outcome)를 기준으로 국가의 성과를 평가한다. 이는 경제 발전이 반드시 사회적 발전(Progress, 진보)으로 이어지지 않는다는 것을 보여준다. 또 하나의 특징은 성과지표의 활용이다. 가능한 경우 직접적인 성과를 측정하며, 데이터가 부족할 경우 대리 지표(proxies)를 사용해 최대한 정확하게 성과를 반영한다. 이러한 방법론은 매사추세츠공과대학(MIT) 연구진과의 협력을 통해 개발된 것으로서, 국가 간 성과를 효과적으로 비교할 수 있도록 설계되었다.

2020년 세계 평균 SPI는 64.24점으로 나타났으며, 한국은 86.47점을 기록하며 169개국 중 17위를 차지했다. 이는 한국이 전반적인 사회적 발전에서 높은 수준에 있음을 보여준다. 다만, SPI는 경제적 성과와 무관하게 사회 복지와 환경적 지속 가능성, 개인 권리와 자유, 포용과 평등을 보다 객관적으로 측정하는 데 중점을 두고 있다.

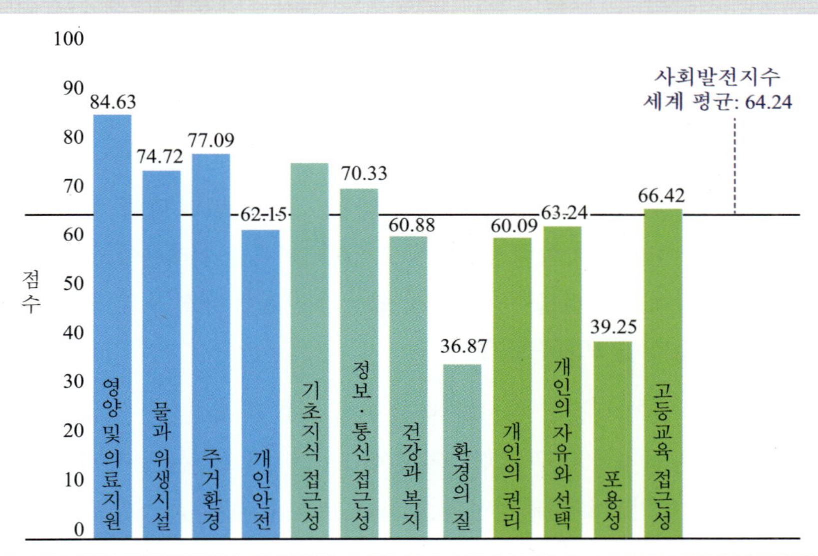

[그림] 2020 전 세계 사회발전지수(SPI)

(출처 : 사회발전조사기구, Social Progress Imperative, https://www.socialprogress.org/)

산업혁명은 인류의 생산성을 높이기 위한 끊임없는 노력의 결과물이다. 1차부터 4차 산업혁명까지, 각 시대는 고유의 기술적 혁신과 사회적 변화를 가져왔다. 4차 산업혁명은 단순히 새로운 기술의 등장이 아니라, 기존의 모든 산업을 혁신하고 새로운 패러다임을 창출하는 과정이다. 이제 우리는 이 거대한 변화의 물결 속에서 어떻게 적응하고 발전할 것인지 고민해야 할 때이다.

산업혁명은 끝나지 않은 여정(Journey)이다. 인류는 여전히 생산성을 높이기 위해 새로운 기술을 탐구하고, 더 나은 미래를 위해 노력하고 있으며, 4차 산업혁명은 그 여정의 새로운 장을 열고 있다.

2. i-Construction 2.0

건설산업은 전 세계적으로 다른 산업분야에 비해 상대적으로 낮은 생산성과 디지털화 수준을 보이고 있다. 그러나 최근 4차 산업혁명의 등장, 건설 프로젝트의 대형화 및 복잡화, 그리고 생산성과 안전성 향상에 대한 요구 등 다양한 대내외적인 환경 변화가 일어나면서, 스마트 건설기술(Smart Construction Technology)을 통해 산업의 디지털화가 가속화되고 있다. 이를 통해 건설산업은 산업 패러다임 전환을 목표로 하고 있다.

스마트 건설기술은 기존의 전통적인 건설기술에 로봇(Robots), 인공지능(AI), 사물인터넷(IoT) 등의 첨단 장비와 디지털 기술을 결합하여, 기존의 재래식 장비를 기반으로 한 인력 중심의 시공 방식을 자동화된 장비 기반의 무인화 시공으로 변화시키고 있다. 또한, 아날로그 방식의 현장관리에서 디지털 방식의 사업관리로의 혁신을 추구하고 있다.

그러나 스마트 건설기술은 여전히 높은 초기 투자 비용, 인적 자원의 한계, 문화적인 저항 등으로 현장 적용에 있어서 여러 가지 한계점을 지니고 있다. 이러한 어려움에도 불구하고, 스마트 건설기술의 도입은 점차적으로 건설업의 생산성 향상과 안전성 개선에 기여하고 있으며, 앞으로도 지속적인 발전 가능성을 보여주고 있다.

2016년, 일본은 건설산업의 생산성 혁신과 품질·안전 확보를 목표로 i-Construction을 발표한 바 있다. 당시 일본은 급격한 인구 고령화와 건설 노동력 감소라는 문제에 직면하고 있었으며, 이를 해결하기 위한 방안으로 디지털전환(DX: Digital Transformation), 스마트 건설기술 및 건설 ICT 기술 도입을 적극 추진하였다. i-Construction은 생산성 혁명 프로젝트를 통해 2025년까지 건설 현장의 생산성을 20% 향상시키기 위한 목표를 설정한 바 있다.

i-Construction[4]의 핵심 내용은 다음과 같다.

- ICT 기술 활용 : 드론 등을 활용한 3차원 측량, 건설 중장비와 ICT기술을 접목한 자동화 시공, BIM/CIM[5] 플랫폼 기반 검사 등을 통한 건설 현장의 디지털 전환 가속화
- 토공 자동화 : 토공 분야에 ICT 기술을 우선 적용하여 생산성 향상 도모
- 기술 기준 마련 : 스마트 기술 및 건설 ICT 기술 활용을 위한 기술 기준 마련 및 공공 발주 사업에 해당 기술을 반영하여 산업 내 빠른 기술 확산 유도

---

4) 国土交通省, https://www.mlit.go.jp/tec/i-construction/

5) BIM : Building Information Modeling(빌딩 정보 모델링)CIM : Construction Information Modeling/Management(건설 정보 모델링 및 관리)- 일본에서는 BIM/CIM을 병행하여 사용함.- BIM은 건물이나 기타 건설 자산과 관련한 의사 결정을 지원하기 위해 추출, 교환, 네트워크화할 수 있는 파일들로서, 현재는 물, 전기, 가스, 통신 시설, 도로, 다리, 터널 등의 계획, 설계, 건설, 운영, 관리 등에 사용된다.

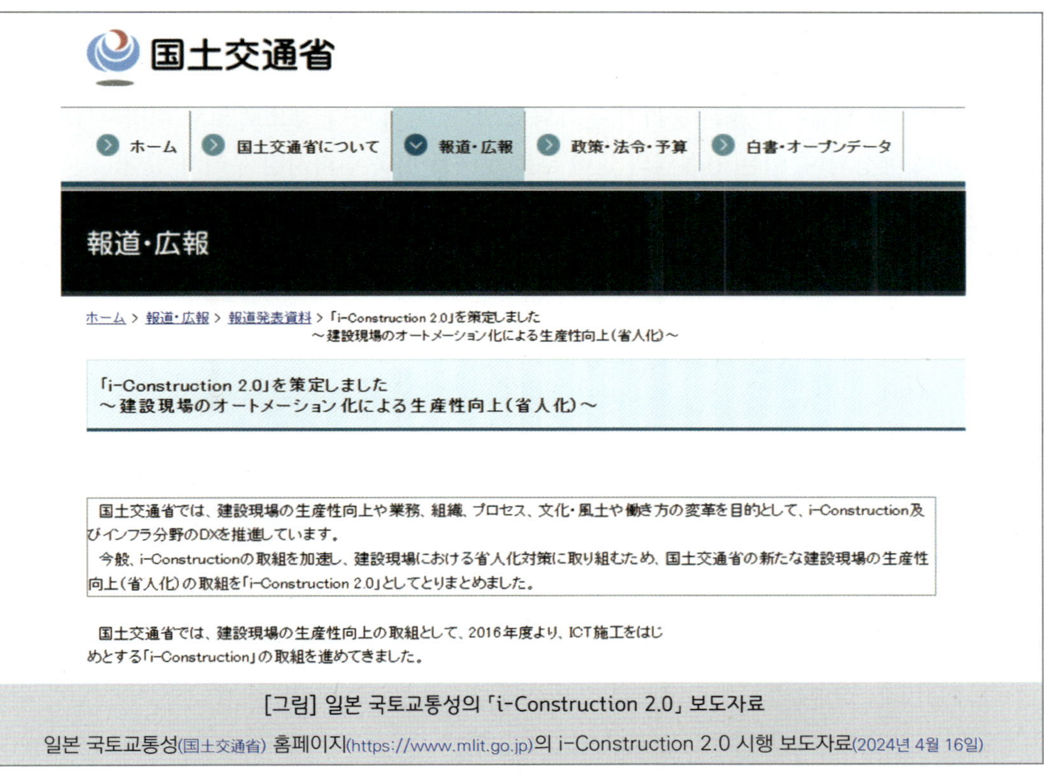

[그림] 일본 국토교통성의「i-Construction 2.0」보도자료

일본 국토교통성(国土交通省) 홈페이지(https://www.mlit.go.jp)의 i-Construction 2.0 시행 보도자료(2024년 4월 16일)

i-Construction을 발표하고 8년이 지난 2024년 4월, 일본은「i-Construction 2.0[6]」을 발표하며 스마트건설 고도화를 위한 새로운 도약을 선언하였다. i-Construction 2.0[7]은 인구 감소와 노령화가 심화되는 상황에서 지속 가능한 인프라 구축을 위한 필수 전략을 목표로 하고 있으며, 단순히 인력을 확보하는 데 그치지 않고, 스마트건설을 통해 투입 인력을 최소화하는 방향으로 나아가고 있다.

일본의 사회간접자본(SOC) 상황과 건설 산업의 과제

1. 생산 연령 인구의 감소 및 고령화

2023년 4월, 일본 국립사회보장·인구문제연구소는『일본의 장래추계 인구(5년 추계)』를 발표했으며, 이에 따르면 일본의 총 인구는 50년 후 현재의 70%로 감소하고, 65세 이상의 고령 인구는 약 40%에 이를 것으로 예측되었다. 또한, 2040년까지 생산 연령 인구는 20%가량 감소

6) 国土交通省 報道発表資料,「i-Construction 2.0」を策定しました ~建設現場のオートメーション化による生産性向上(省人化), https://www.mlit.go.jp/report/press/kanbo08_hh_001085.html

7) i-Construction 2.0은 2016년에 나온 1.0을 고도화한 정책이다. i-Construction 1.0이 정보통신기술(ICT) 전면 활용을 통한 작업 효율화, 생산성 향상이 중심이었다면, i-Construction 2.0은 시공에 사람의 개입을 최소화하는 자동화 · 무인화 · 탈현장화하는 것에 초점이 맞춰졌다.

할 것으로 전망된다. 최근 20년 동안 일본의 취업자는 급속히 고령화가 진행되었고, 특히 건설업의 경우 55세 이상의 취업자 비율이 전체 산업 평균보다 높은 수준으로 증가하고 있다. 반면, 29세 이하 취업자 비율은 증가가 둔화되고 있다. 이에 따라 앞으로 고령 취업자들의 대규모 퇴직이 예상되며, 이는 건설업의 인력 부족 문제를 더욱 심화시킬 우려가 있다.

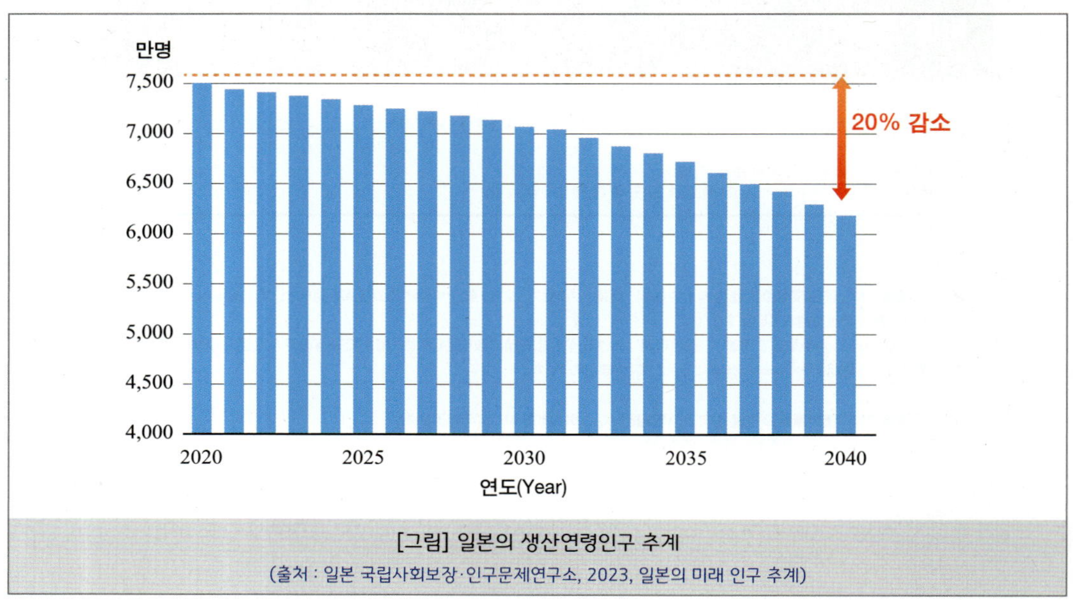

[그림] 일본의 생산연령인구 추계

(출처 : 일본 국립사회보장·인구문제연구소, 2023, 일본의 미래 인구 추계)

2. 재해의 강도(强度, Intensity)와 발생 빈도 증가

일본은 지형, 지질, 기상 등 다양한 자연 조건으로 인해 지진, 태풍, 강우 및 폭설에 의한 수해와 산사태 등 심각한 자연 재해의 영향을 받고 있다. 최근 이러한 재해가 더욱 빈번하고 강도가 커지고 있다. 이에 따라 인프라 정비와 일상적인 점검, 유지보수를 통해 재해를 미리 예방하는 것뿐만 아니라, 재해 발생 시 신속히 복구 작업을 진행하여 피해를 최소화하고, 지역 주민들의 생활을 빠르게 정상화하는 것이 매우 중요한 과제가 되었다. 인구가 감소하는 상황에서도, 지역을 지키는 역할을 다하는 신속한 복구와 부흥[8)]이 요구되고 있다.

3. 인프라의 노후화

일본은 고도 경제성장기 동안 집중적으로 인프라를 정비하였으나, 이제 그 인프라의 노후화

---

8) 부흥: 일본에서는 자연재해로 피해를 입은 지역의 외형적인 복구뿐만 아니라, 취약 계층이 다시 생활할 수 있도록 질적인 개선을 강조하는 '재해부흥'이라는 이념이 법으로 제정되어 있다. 특히, 「재해대책기본법」을 통해 재해 복구뿐만 아니라, 국가와 지방자치단체의 부흥 역할과 기능을 명확히 규정하고 있다. 이 법에서 정의하는 부흥은 단순한 복구를 넘어, 개량복구(improved restoration)와 창조적 복구(creative reconstruction) 등을 포함하여, 국토, 구조물, 경제, 문화, 산업, 노동 환경, 지역사회, 시민의 생명과 재산 등 다양한 분야에서 신속하게 피해를 회복하고, 이를 재생 및 활성화하는 것을 목표로 한다.

가 심각한 문제로 떠오르고 있다. 앞으로 건설된 지 50년 이상 된 시설의 비율은 더욱 증가할 것으로 예상되고 있다. 특히, 지방자치단체에서는 토목 분야의 직원 수가 줄어들고 있으며, 일부 지역에서는 기술직 직원이 아예 배치되지 않거나 부족한 상황이다. 이로 인해 인프라 유지보수 인력이 부족하여 효율적인 관리와 갱신이 어려운 상황이다. 따라서 예방적 보전(Preventive Maintenance)을 중심으로 한 인프라 유지보수 체계로의 전환이 필요하며, 이를 통해 인프라를 체계적으로 유지관리하고 갱신해 나가는 것이 중요하다.

4. DX(Digital Transformation, 디지털 전환)의 본격화

세계적으로 ICT(정보통신기술) 기기의 보급이 확대되면서 AI(인공지능), 5G, 클라우드 등 혁신적인 기술들이 발전하고 사회 전반에 적용되고 있다. 이에 따라 사람들의 생활과 경제활동 방식도 근본적으로 변화하고 있다. 그러나 인프라 관련 데이터는 여전히 산재(散在)해 있으며, 이를 다른 데이터들(인구, 물류, 기상 등)과 연계하여 새로운 가치를 창출하는 데에는 한계가 있다. 현재, 사회간접자본(SOC)의 정비 및 유지관리 단계에서 3D 데이터나 ICT의 활용이 진행되고 있지만, 향후 건설산업의 생산능력 확보를 위해서는 새로운 기술의 활용과 데이터 활용을 더욱 강화하는 것이 필요하다.

생인화(省人化; Labor Saving): 건설 산업의 새로운 패러다임

앞서 언급한 바와 같이 일본은 인구감소와 고령화로 인한 건설업계의 인력 부족 문제를 해결하기 위해 i-Construction 2.0을 본격 추진하고 있다. 핵심 전략 중 하나인 '생인화(省人化, Labor Saving)'는 건설 현장에서 작업에 필요한 인력 수를 줄이는 동시에 생산성을 높이는 데 중점을 둔 혁신적인 접근 방식이다.

'생인화'(Labor Saving : 낭비를 제거하여 적은 인원으로 작업을 가능하게 하는 활동)는 단순히 인력을 감축하는 것을 넘어, 기술과 시스템을 활용해 작업 효율을 극대화하고, 안전성을 향상시키는 것을 목표로 한다. 이를 위해 일본 건설업계는 다음과 같은 전략을 도입하고 있다.

- 생산성을 고려한 설계 : 공정과정부터 효율성을 높이는 설계 적용.
- 공장 생산 확대 : 현장 작업량을 줄이기 위해 공장 생산을 활용한 부품 제작 강화.
- 작업 표준화 : 작업 절차를 단순화하고 반복 가능한 방식으로 최적화.
- 자동화 기술 도입 : 로봇, 드론, AI 등 첨단 기술을 건설 과정에 적용.
- 건설 기계화 촉진 : 건설 장비의 무인화 및 원격 제어 기술 도입.

i-Construction 2.0에서 일본은 2040년까지 건설 현장 투입 인력 30% 감축 또는 생산성 1.5배 향상이라는 구체적인 목표를 설정했다. 이를 위해 일본 정부는 5년[단기], 10년[중기], 15년[장

기] 단위의 체계적인 수행 계획을 수립했다.

계획에는 자동 시공 시스템 구축, 현장 문서화의 디지털 전환(paperless), 원격 관리 및 무인 건설 현장 실현이 포함된다. 궁극적으로 완전 자동화된 건설 현장을 조성하는 것을 목표로 하며, 이는 안전성을 대폭 향상시키고 현장 작업자의 부담을 줄이는 데 기여할 것으로 보인다.

일본 정부는 '생인화'가 단순히 인력 절감을 넘어 건설 산업의 생산성 혁신과 안전성 확보라는 두 가지 목표를 동시에 달성할 것으로 기대하고 있으며, 이를 통해 인구 감소 시대에도 안정적인 국가 기반 시설 관리와 지속 가능한 경제 발전을 실현하겠다는 것이다.

우리나라도 출산율의 극심한 저하에 따른 국가 차원의 심각한 인구감소 문제가 제기되고 있으며, 이로 인해 2040년까지 생산가능인구가 15% 감소할 것으로 예상된다. 일본의 생산가능인구 20% 감소보다는 나은 상황이라고 볼 수도 있지만, 절대적인 인구는 2040년 일본의 생산연령인구가 약 6,200만명인데 비해 우리나라는 약 2,900만명으로서 일본의 절반에도 못 미치는 47% 수준이다.

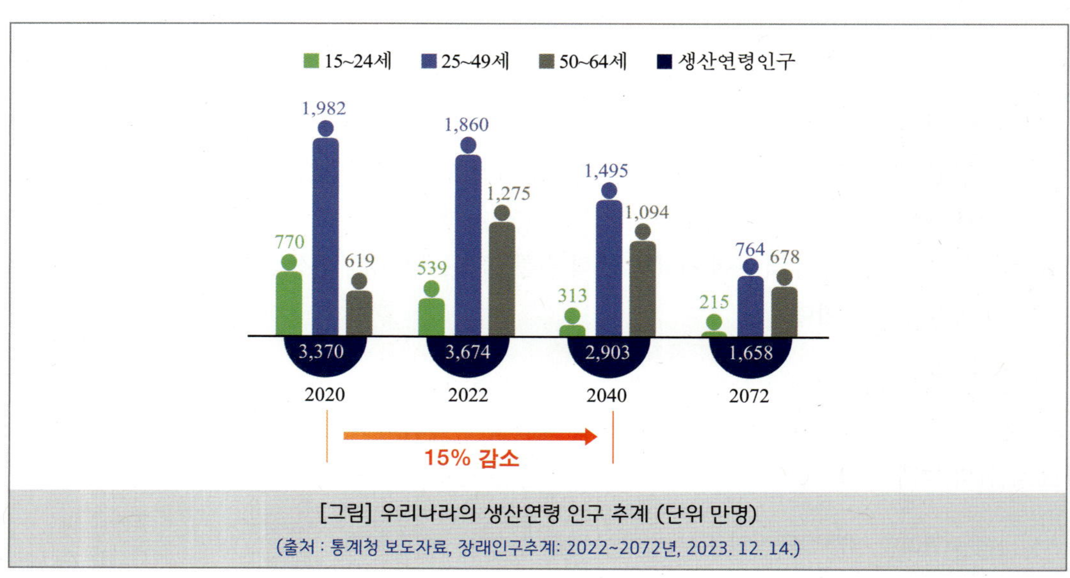

[그림] 우리나라의 생산연령 인구 추계 (단위 만명)
(출처 : 통계청 보도자료, 장래인구추계: 2022~2072년, 2023. 12. 14.)

우리나라는 2000년을 기점으로 전체 인구 중 65세 이상 고령 인구 비율이 7%를 넘어서면서 '고령화 사회(Aging Society)'에 본격적으로 진입하였다. 이후 고령 인구의 지속적인 증가에 따라 2018년에는 65세 이상 인구 비율이 14%를 초과함으로써, '고령사회(Aged Society)' 단계에 도달하였다. 이러한 변화는 선진국들이 통상 수십 년에 걸쳐 겪는 고령화 과정을 우리나라가 매우 단기간에 압축적으로 경험하고 있다는 점에서 주목된다.

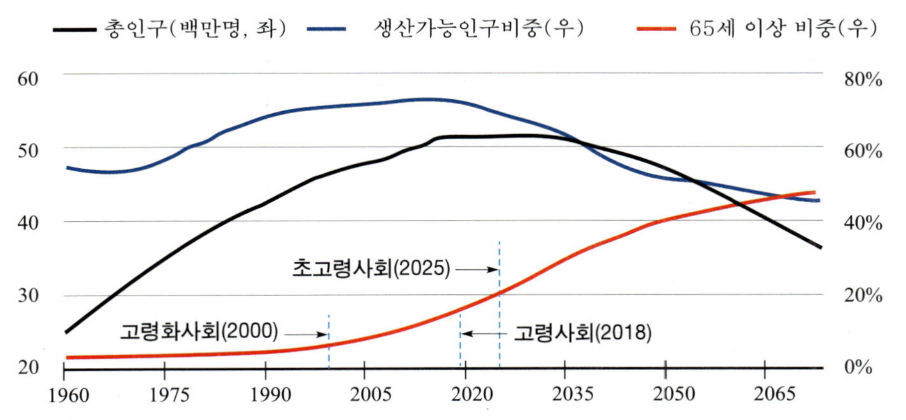

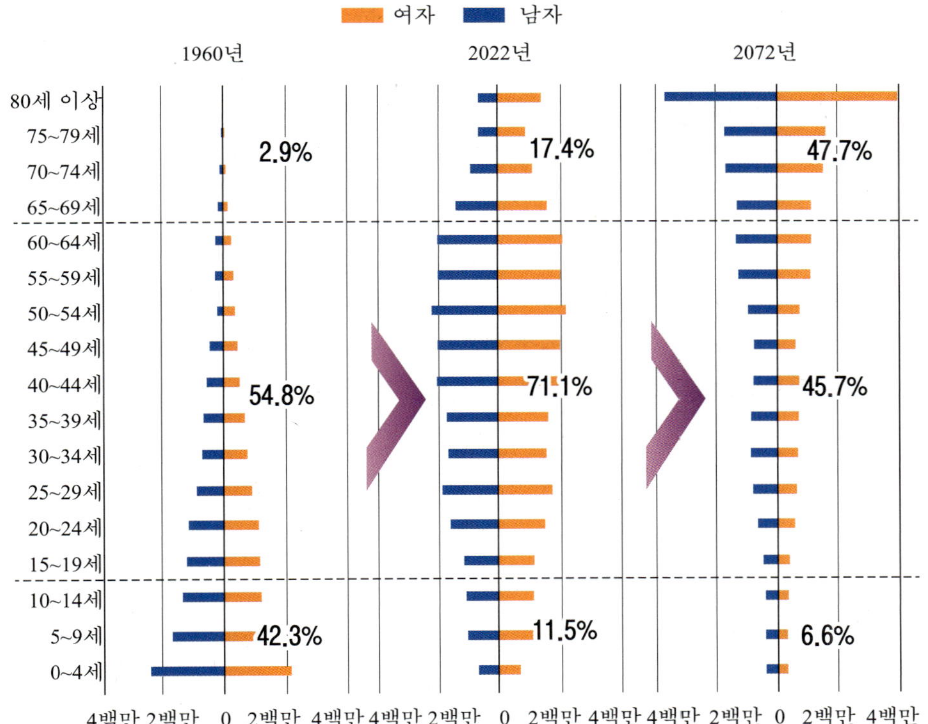

[그림] 우리나라의 장래 인구 추계

우리나라는 2000년 '고령화 사회(Aging Society)'에 진입하였으며, 2018년에는 '고령사회(Aged Society)'로 전환되었다. 이후 불과 5년 만인 2025년에는 매우 빠른 속도로 '초고령 사회(Super-Aged Society)'에 진입하였다. 이러한 인구 고령화 추세가 지속될 경우, 2072년에는 전체 인구의 절반 이상이 65세 이상인 '극고령 사회(Ultra-Aged Society)'에 도달할 것으로 전망된다.

(출처 : 통계청 및 NH투자증권 100세시대연구소, 2022~2072년, 2023. 12. 14.)

더욱이 불과 5년 후인 2025년에는 고령 인구 비율이 20%를 돌파하면서, 우리나라는 '초고령 사회(Super-Aged Society)'로 빠르게 전환되었다. 이 같은 급속한 고령화는 세계적으로도 유례를 찾기 어려운 수준이며, 저출산과 맞물려 인구 구조의 전반적인 불균형을 초래하고 있다. 특히 생산가능인구(15~64세)의 비중이 급감함에 따라, 경제활동 인구의 감소와 소비력 위축, 기업의 인력난 심화 등 심각한 경제적 파급효과가 예상된다.

이러한 추세가 장기적으로 지속될 경우, 2072년에는 전체 인구의 거의 절반이 65세 이상인 '극고령 사회(Ultra-Aged Society)'에 도달할 가능성이 매우 높다. 이는 단순히 인구 구조의 변화에 그치지 않고, 국가의 사회 복지 체계 전반에 걸쳐 심대한 부담을 가중시키는 요인이 된다. 연금·의료·돌봄 서비스 등의 복지 재정 지출은 급증하는 반면, 이를 뒷받침할 젊은 세대의 인구는 급감하게 되어, 세대 간 조세·부담의 형평성과 공정성 문제 또한 첨예하게 대두될 것으로 보인다.

한편, 고령 인구의 사회적 고립, 노년 빈곤, 건강 격차 문제 등도 중장기적으로 더 심화될 것으로 우려되며, 이에 대한 대응 전략이 시급하다. 따라서 인구 고령화는 단순한 통계적 현상이 아닌, 국가 전반의 지속가능성과 직결되는 구조적 도전 과제로 인식되어야 하며, 이에 대응하기 위한 종합적이고 장기적인 사회·경제 정책의 마련이 필수적이다.

인프라의 노후화

일본과 한국을 비롯한 여러 국가들이 도로, 터널, 상하수도, 항만 등 주요 인프라의 급격한 노후화 문제에 직면하고 있다. 다음의 그림에서 볼 수 있듯이 일본의 경우 2040년 기준으로 50년 이상 된 인프라 시설물의 비중이 급격히 증가할 것으로 예상되고 있다.

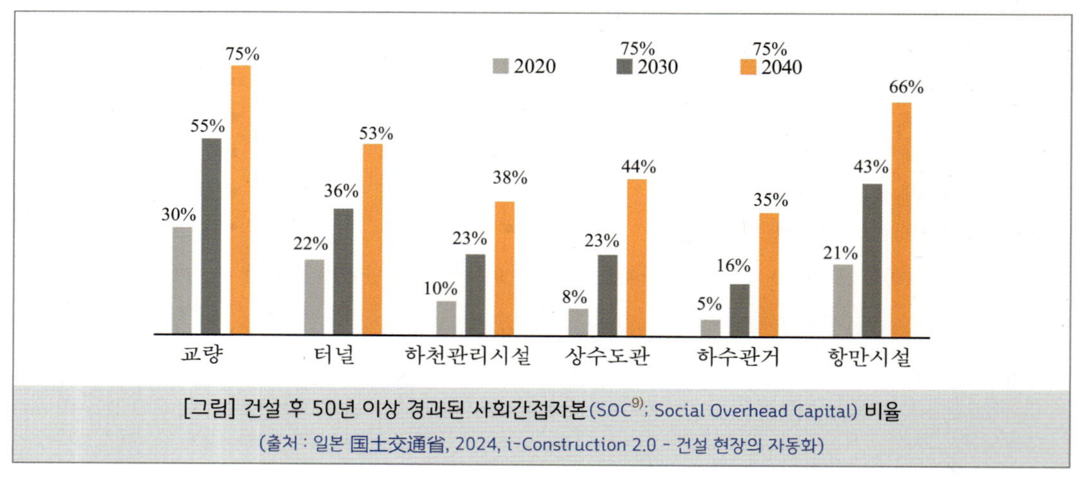

[그림] 건설 후 50년 이상 경과된 사회간접자본(SOC[9]); Social Overhead Capital) 비율
(출처 : 일본 国土交通省, 2024, i-Construction 2.0 - 건설 현장의 자동화)

9) 사회간접자본은 경제 활동의 기반이 되는 사회 시설을 의미하며, 도로, 철도, 항만, 공항, 상하수도, 통신 시설 등이 이에 속한다. 즉, SOC는 사회 발전을 위한 필수적인 기반 시설을 의미하며, 경제 성장과 국민 삶의 질 향상에 중요한 역할을 한다.

이러한 문제를 해결하기 위해 일본은 'i-Construction 2.0'을 통해 스마트 기술을 활용한 효율적인 인프라 정비 및 유지 관리 전략을 추진하고 있다. 이는 노후 인프라의 상태를 보다 정확하게 진단하고 예측 유지보수를 통해 안전성을 확보하며, 시설물의 수명을 연장하는 것을 목표로 하고 있다.

한국도 이와 비슷한 상황에 직면해 있다. 다음의 그림과 같이 국토교통부가 2020년부터 2023년까지 전국의 인프라를 대상으로 실시한 조사[10]에 따르면, 도로, 철도, 항만, 공항, 수도, 전기, 가스, 통신 등 주요 기반 시설 15종이 급속히 노후화되고 있는 것으로 나타났다. 특히 조사 결과에 따르면 건설된 지 20년 이상 경과한 시설물은 51.2%에 해당하는 196,325개였고, 30년 이상 경과한 시설물은 25.2%인 96,753개로 집계되었다. 이 중 저수지의 노후화 비율은 무려 96.5%에 달했고, 통신설비와 댐 역시 각각 64.4%, 44.9%의 비율로 심각한 노후화 상태를 보이고 있다.

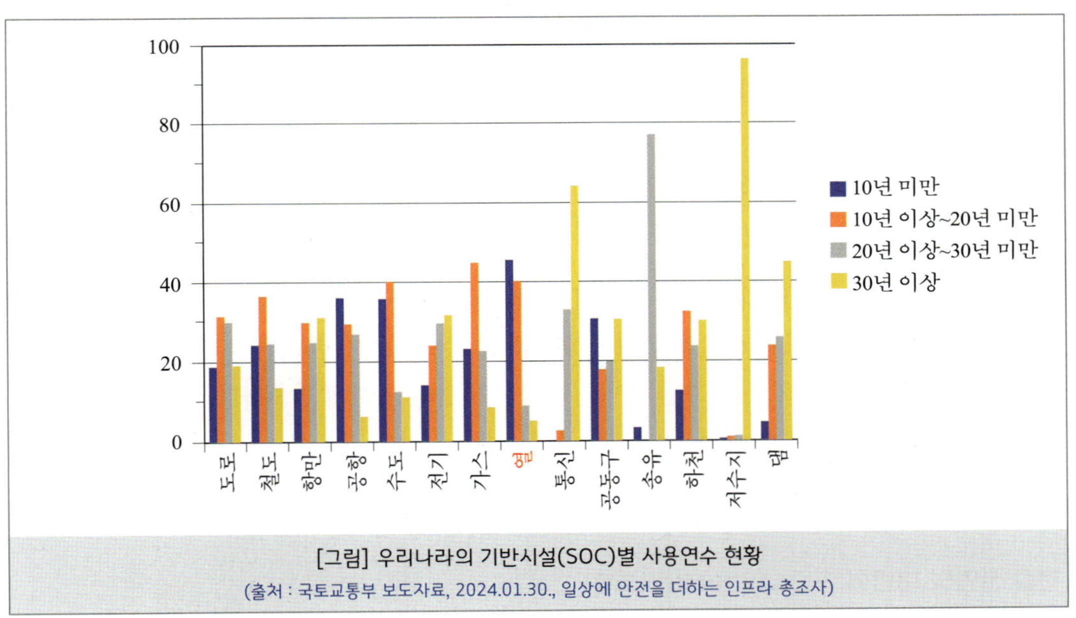

[그림] 우리나라의 기반시설(SOC)별 사용연수 현황

(출처 : 국토교통부 보도자료, 2024.01.30., 일상에 안전을 더하는 인프라 총조사)

[표] 기반시설별 사용연수 비율(%) 현황

구분	10년 미만	10년 이상 ~ 20년 미만	20년 이상 ~ 30년 미만	30년 이상
도로	19.20	31.60	30.20	19.10
철도	24.80	36.70	24.70	13.80
항만	13.70	30.00	24.90	31.50
공항	36.50	29.50	27.20	6.80

10) 국토교통부 보도자료, 2024.01.30., 일상에 안전을 더하는 인프라 총조사

수도	36.10	39.70	13.00	11.10
전기	14.40	23.90	29.80	31.90
가스	23.40	45.10	22.70	8.80
열 공급	45.60	39.80	9.20	5.30
통신	0.00	2.80	32.90	64.40
공동구	30.80	17.90	20.50	30.80
송유	3.80	0.00	76.90	19.20
하천	13.10	32.50	24.10	30.20
저수지	0.80	1.20	1.50	96.50
댐	5.10	23.90	26.10	44.90

[참고] 비율 = 사용연수별 시설물 계 / 사용연수 조사현황 × 100%

(출처 : 국토교통부 보도자료, 2024.01.30., 일상에 안전을 더하는 인프라 총조사)

2040년이 되면 50년 이상 된 인프라의 비중이 55%에 이를 것으로 예측되면서, 한국은 이제 노후 인프라 문제를 더 이상 미룰 수 없는 상황에 놓였다. 이에 따라, 정부와 관련 기관들은 선제적인 정비와 관리 방안을 모색하며, 스마트 기술을 적극 도입하고 있다. 스마트건설 기술을 통해 시설물의 상태를 실시간으로 모니터링하고, 고장이나 문제가 발생하기 전에 예방적인 조치를 취하는 것이 앞으로의 핵심 과제가 될 것이다.

스마트건설을 통한 인프라의 현대화는 국민의 안전을 확보하고, 경제 성장의 기반을 다지는 필수적인 전략이다. 노후화된 시설을 교체하거나 보수하는 데 있어 단순히 수리를 반복하는 방식이 아닌, 데이터를 기반으로 한 효율적이고 예측적인 관리가 이제 필요하다. 이러한 변화는 국민 생활의 안전성을 더하는 것뿐만 아니라 사회 전체의 지속 가능성을 보장하는 중요한 열쇠가 될 것이다.

건설 산업의 대변혁: i-Construction 2.0

일본 정부가 발표한 'i-Construction 2.0 추진전략'에 따르면, 2040년까지 건설 현장에 투입되는 인력을 30% 줄이고 생산성을 1.5배 향상시키겠다는 목표를 제시했다. 이는 일본 사회가 직면한 심각한 인구 감소 문제와 밀접하게 관련되어 있다. 전문가들은 2040년까지 생산가능인구가 20% 감소할 것으로 예측하며, 이에 따라 건설 산업의 구조적인 변화가 불가피하다고 보고 있다.

i-Construction 2.0의 핵심은 '생인화(省人化)', 즉 인력 절감과 동시에 효율을 극대화하는 데 있다. 투입 인력을 줄이는 대신, 생산성을 높여 업계의 전반적인 경쟁력을 강화하겠다는 것이다. 이를 위해 건설 현장의 안전성 확보와 함께 건설 기술의 완전 자동화를 목표로 두고 있다. 건설 현장의 위험 요소를 줄이기 위해 원격 및 자동화 시공 방식을 도입하여, 지진과 같은 재해에 대

한 사전 예방부터 복구 과정까지 안전하게 수행하는 시스템 구축을 목표로 한다.

특히, '무인화'와 '탈현장화'는 건설 현장의 인력 의존도를 최소화하고, 기술을 통해 인간의 역할을 대체하는 것이 핵심이다. 정부는 이러한 과정을 통해 현장의 안전을 최대한 확보하고, 위험한 작업 환경에서의 사고 발생률을 획기적으로 줄이겠다는 의지를 보이고 있다. 이러한 기술의 발전은 전통적인 건설 현장의 모습에서 벗어나, 완전히 새로운 패러다임의 건설 산업으로의 전환을 의미한다.

일본은 건설 현장의 완전 자동화 목표를 위해 2040년까지 건설 현장의 100% 자동화를 달성함으로써, 인간의 직접적인 개입 없이도 원격 제어와 자동화 기술로 모든 건설 공정을 수행할 수 있는 기반을 마련하려고 한다. 이러한 변화는 건설 산업의 효율성을 높일 뿐만 아니라, 인구 감소로 인한 인력 부족 문제를 해결하고, 재해 예방 및 현장 안전을 보장하는 중요한 전환점이 될 것이다.

i-Construction 2.0이 성공적으로 추진되면 일본 건설 산업의 경쟁력이 크게 향상될 것으로 예상된다. 생산성이 1.5배로 증가하면 일본 건설사들이 국제적으로 경쟁력을 갖출 수 있는 기반이 마련되며, 첨단 기술을 통한 안전성 확보는 건설 현장 노동자의 안전을 보장하는 데 중요한 역할을 할 것이다.

[그림] Cat Command 원격 스테이션[11)]
(출처: 캐터필러재팬 웹사이트)

[그림] 5G를 활용한 건설장비 원격 조종[12)]
(출처: 히타치 건설기계 웹사이트)

11) https://www.cat.com/ja_JP/news/machine-press-releases/
12) https://digital-construction.jp/news/97

건설 현장의 자동화·무인화·탈현장화 달성을 위한 세부목표

세부 목표	방안	내용
시공 자동화	현장 자동 시공 환경 정비	자동 시공을 위한 안전 규칙 마련
		건설 기계·장비의 자동·원격 시공을 위한 기반 마련 (공통 기계·장비 제어 프로그램, 토공 지원 오픈 플랫폼)
	원격 시공 기술 보급 촉진	재해 대응 및 복구 공사 수행을 위한 원격 시공 기술 보급
	실시간 시공 데이터 공유 플랫폼 마련	건설 기계·장비 데이터의 실시간·양방향 수집·공유 플랫폼
	ICT 시공 원칙화 (토공, 준설공 등)	토공 및 준설공사 등 사업 발주 시 발주자가 ICT 기술 반영
데이터 연계 자동화 (디지털화/Paperless)	BIM/CIM 기반 건설 생애주기 데이터 연계	• 수량 데이터 산출을 통한 적산(품셈)시스템 연계(적산, 설계 변경 등) • 시공단계 건설 기계·장비 운용 및 공장 제작 과정에 활용
	3차원 모델 표준화 및 계약도서화	3차원 표준화 모델 기반 2차원 도면 연동(데이터 포함)
	디지털트윈 기반 현장 작업 효율화	• BIM/CIM 기반 4D 모델 구축 및 시뮬레이션 수행 • 디지털트윈·AR·VR을 활용한 현장 작업 효율화
	시공 데이터 활용 효율화 (발주자)	시공 불량이나 하자 발생 시 발주자의 과거 사례 및 데이터 검색 지원을 위한 국토교통성 전자 납품·관리시스템 고도화
	페이퍼리스(Paperless)	공공공사 정보공유시스템 고도화를 통한 시공관리 관련 정보(공정, 품질, 도면, 사진 등)의 공유
시공관리 자동화 (원격관리·탈현장화)	디지털화 기반 원격 감독·검사	현장 품질 등 감독·검사 디지털화(카메라 등 사용)
	로봇 기반 원격 점검·검사	로봇 자동·원격 조작을 통한 재해 현장 점검·검토
	고속 네트워크 환경 조성	3차원 모델 등 대용량 데이터 공유 환경 조성
	프리캐스트 활용 기반 마련	프리캐스트 규격 및 기술 표준화, 최적화 등 기준 마련
	기타 첨단기술 활용	드론, AI 등 첨단기술 활용을 통한 탈현장화 달성

(출처 : 이광표, 2024, 일본 스마트건설 고도화(i-Construction 2.0) 내용과 시사점, 건설동향브리핑, 제962호(2024.06.21), 6-10)

세부 목표 및 방안을 위한 로드맵을 단기(향후 5년), 중기(향후 6-10년), 장기(향후 11-15년)로 수립하고 단계별로 추진 예정이며, 2040년까지 원격·자동 시공 환경을 마련하고, i-Construction 2.0 추진 목표인 건설 현장의 완전 무인화를 달성하고자 함.

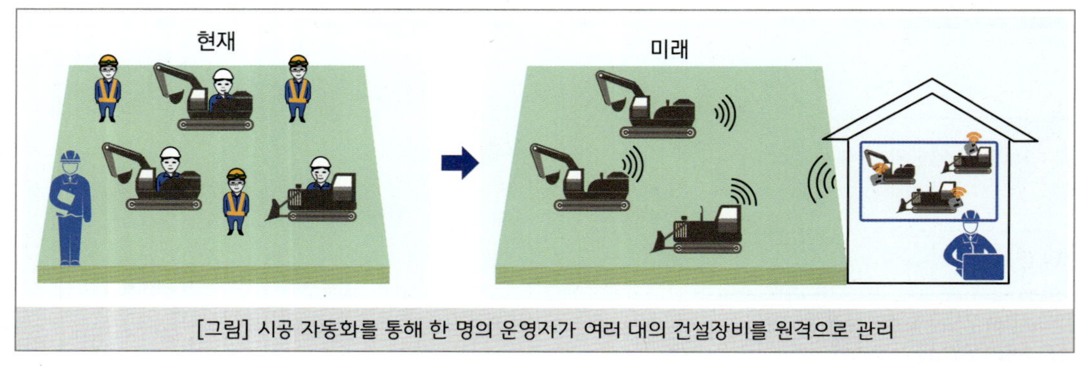

[그림] 시공 자동화를 통해 한 명의 운영자가 여러 대의 건설장비를 원격으로 관리

인구 감소 및 고령화

다음의 "주요국 65세 이상 인구 비중" 도표는 일본 총무성 통계국에서 발표한 자료로서, 일본의 "경로의 날[13]"을 기념하여 2024년 기준 주요국들의 65세 이상 인구 비중을 보여준다. 해당 도표에 따르면, 전 세계 65세 이상 인구의 평균 비중은 10.2%로 나타났다. 이는 고령화 사회의 글로벌 추세를 반영하며, 국가별로 고령 인구 비중의 차이가 있음을 보여주고 있다.

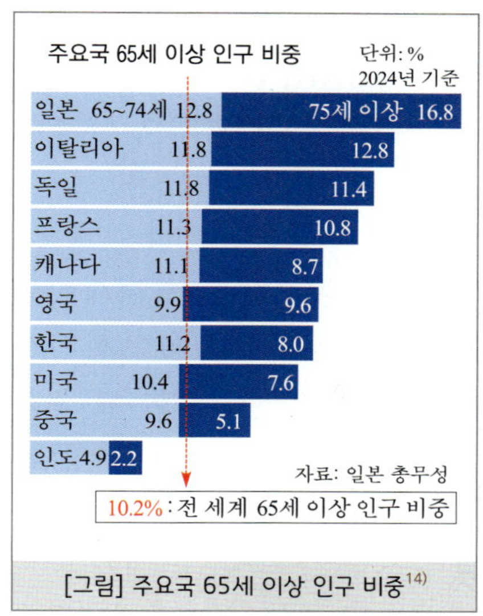

[그림] 주요국 65세 이상 인구 비중[14]

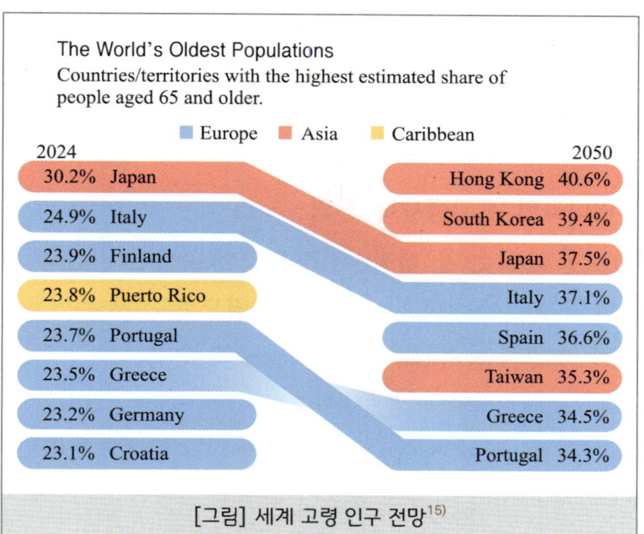

[그림] 세계 고령 인구 전망[15]

[표] 주요국 65세 이상 인구 비중

국가	65~74세 비율	75세 이상 비율	65세 이상 총비율
일본	12.5%	16.8%	29.3%
이탈리아	11.8%	12.8%	24.6%
독일	11.8%	11.4%	23.2%
프랑스	11.3%	10.8%	22.1%
캐나다	11.1%	8.7%	19.8%
영국	9.9%	9.6%	19.5%
한국	11.2%	8.0%	19.2%
미국	10.4%	7.6%	18.0%
중국	9.6%	5.1%	14.7%
인도	4.9%	2.2%	7.1%

※ 65세 이상 인구의 전 세계 평균 비율은 10.2%이다. (출처 : 일본 총무성 통계국)

13) (일본) 경로의 날(敬老の日) : 매년 9월 셋째 월요일이다. 2024년은 경로의 날이 9월 16일이었다.
14) 출처 : 統計トピックス No.142, 統計からみた我が国の高齢者 (통계 토픽 No.142, 통계로 본 우리나라의 고령자), 総務省統計局, 2024.09.16.
15) 출처 : 유엔 인구국(UN Population Division)

일본은 세계에서 가장 빠르게 고령화가 진행되고 있는 국가 중 하나로, 전체 인구의 약 29.3%가 이미 65세 이상이다(16.8%는 특히 초고령층인 75세 이상). 이는 일본 사회 전반에 심각한 영향을 미치고 있으며, 특히 건설업과 같은 육체노동이 필요한 산업에서는 인력 부족 등 다음과 같은 문제들이 대두되고 있다. 건설업은 육체적으로 힘든 직종으로, 젊은 세대의 유입이 줄어들고 고령 노동자의 비율이 증가하면서 심각한 노동력 부족을 겪고 있다. 한편, 고령 노동자는 신체적 한계로 인해 생산성이 낮아질 수 있으며, 이는 공기(공사 기간) 지연이나 비용 상승으로 이어질 수 있다. 또한 나이가 많은 노동자들은 부상이나 사고의 위험이 커지며, 이는 안전사고 문제를 악화시킬 수 있다.

우리나라의 '초고령사회' 진입

2024년 12월 23일, 행정안전부 발표에 따르면, 다음의 좌측 그림과 같이 우리나라의 65세 이상 주민등록 인구는 총 1,024만 4,550명으로, 전체 주민등록 인구(5,122만 1,286명)의 20.0%를 차지하며 '초고령 사회'(super-aged society, 65세 이상 인구 비중 20% 이상)로 진입했다. 이는 2017년 '고령사회'(aging society, 65세 이상 인구 비중 14% 이상)로 진입한 지 불과 7년 만의 일이며, 2000년 '고령화 사회'(aging society, 65세 이상 인구 비중 7% 이상)로 진입한 지 24년 만의 변화이다.
65세 이상 인구 비율은 남성이 17.8%, 여성이 22.2%로 여성이 더 높은 비중을 차지하고 있다. 권역별로는 수도권의 고령 인구 비중이 17.7%인 반면, 비수도권은 22.4%로 비수도권의 고령화 속도가 수도권을 크게 앞섰다. 특히, 전라남도의 고령 인구 비중은 27.18%로 전국에서 가장 높은 수준을 기록했으며, 세종특별자치시는 가장 낮은 수준을 보였다.

다음의 우측 그림과 같이 통계청의 전망에 따르면 2025년부터 고령 인구 비중이 매년 약 1%p씩 증가해, 2035년에는 전체 인구의 30%를 넘어서고, 2050년에는 40%에 도달할 것으로 예상된다. 이는 대한민국이 세계에서 가장 빠르게 고령화가 진행되는 국가로 자리잡게 되는 것을 의미한다. 전문가들은 이러한 추세가 지속될 경우, 20년 안에 세계 최대 노인 국가로 기록될 가능성이 크다고 경고하고 있다.

현재 우리나라는 세계 최저 수준의 출산율과 빠른 고령화를 동시에 겪고 있다. 이로 인해 노동력의 감소와 생산성 약화, 경제 성장률 둔화 등 다양한 사회 · 경제적 문제가 대두되고 있다. 젊은 층의 경제활동인구 감소는 장기적으로 국가 경제의 지속 가능성을 위협하고 있으며, 국민연금과 건강보험 등 사회보장 제도의 재정 안정성도 위협받고 있다.

국민연금공단의 분석에 따르면 국민연금의 수급자가 급증하면서 기금을 부담하는 가입자 수가 감소하고 있어, 2055년에는 국민연금 재정이 바닥을 드러낼 가능성이 있다. 이와 더불어 고령화에 따른 의료비 증가로 인해 건강보험 재정의 안정성도 위협받고 있다.

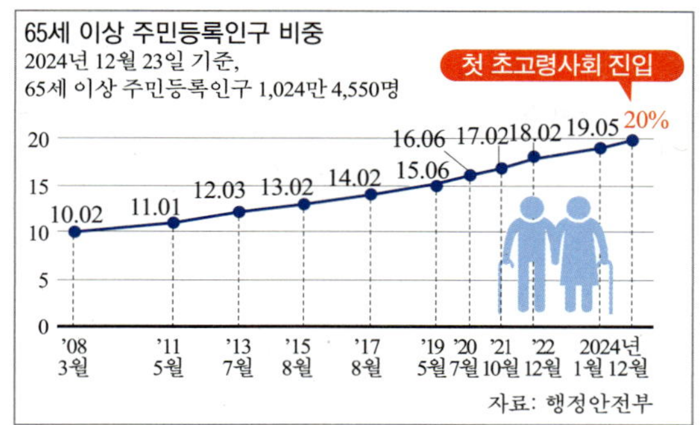

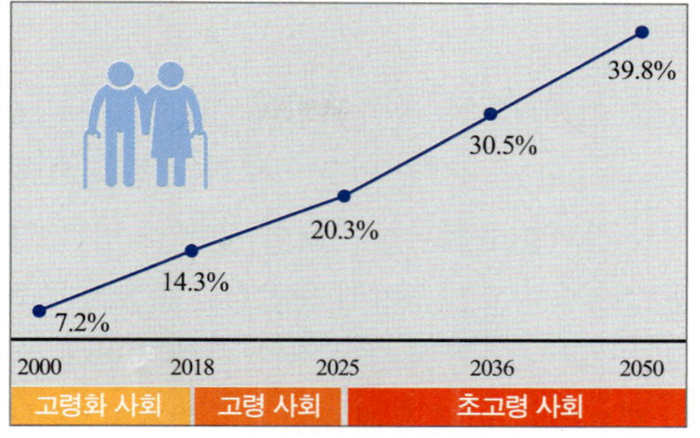

한편, 유엔 인구국(UN Population Division)의 "세계 고령 인구 전망" 보고서에 따르면, 출산율의 지속적인 하락과 기대수명의 증가는 고령화 현상을 더욱 가속화하고 있다. 우리나라는 이미 세계에서 가장 빠른 고령화 속도를 보이는 국가 중 하나로, 2050년에는 전체 인구의 약 40%가 65세 이상에 해당할 것으로 전망된다. 이는 국민 10명 중 4명이 고령층이 되는 상황을 의미하며, 이러한 급격한 변화는 경제, 사회, 문화 전반에 걸쳐 심각한 영향을 미칠 것으로 보인다. 특히, 노동력 감소, 복지 예산 부담 증가, 세대 간 갈등 등 다양한 사회적 과제가 예상되며, 이를 해결하기 위한 선제적 정책과 사회적 합의가 요구된다.

중국은 현재 65세 이상 인구가 14.7%이다. 상대적으로 낮은 출산율과 엄격한 한 자녀 정책으로 인해 빠르게 고령화가 진행되고 있다. 중국은 대규모 인구를 바탕으로 한 경제 성장을 이뤘지만, 고령화로 인해 경제 성장이 둔화할 위험이 크다. 저임금 노동력을 바탕으로 한 제조업 중심 경제 모델이 더 이상 지속 가능하지 않으며, 노동력 부족과 임금 상승으로 인해 경쟁력이 약화될 수 있다. 중국은 아직 충분히 발달한 사회 복지 시스템을 갖추지 못했기 때문에 급격한 고령화에 따른 의료 및 연금 시스템 부재가 큰 문제로 대두될 수 있다.

일본, 한국, 중국 모두 빠르게 고령화가 진행되면서 사회적·경제적 문제가 발생하고 있으며, 특히 일본은 건설업 등에서 심각한 노동력 부족 문제를 겪고 있다. 한국과 중국 역시 노동력 감소와 복지 부담 증가 등의 문제에 직면해 있으며, 이를 해결하기 위한 정책적 대응이 시급한 상황이다.

위의 "세계 고령 인구 전망" 그림은 유엔 인구국(UN Population Division)의 자료를 정리한 것으로, 65세 이상 인구가 향후 30년간 두 배로 증가하여 2050년에는 16억 명에 달할 것으로 전망된다. 특히, 아시아가 이러한 추세를 주도하고 있다. 2050년까지 홍콩, 한국, 일본이 65세 이상 인구 비율에서 세계 최고 수준을 기록할 것으로 예측된다. 현재 최고령 국가로 잘 알려진 일본 외에도, 다른 아시아 국가들은 지난 수십 년간 급격히 향상된 기대수명으로 인해 중대한 인구 구조 변화를 겪고 있다. 2050년경에는 홍콩, 한국, 일본의 65세 이상 인구 비율이 약 40%에 달할 것으로 예상된다. 이는 현재 선진국 지역의 노인 인구 비율이 20% 초반대인 것과 비교하면 현저한 차이다.

유엔 경제사회국(UN Department for Economic and Social Affairs)은 2023년 세계사회보고서(World Social Report)를 통해 "인구 고령화는 우리 시대를 정의하는 세계적 추세"라고 밝히며, 이를 "도전과 기회를 동반하는 주요한 과제"로 평가했다. 고령화 사회의 주요 과제는 증가하는 노인 인구의 소비 수요를 경제가 뒷받침할 수 있도록 하는 것이다. 이를 위해 법정 은퇴 연령 상향 조정, 고령자의 노동 참여 장벽 제거, 생애 전반에 걸친 교육·의료·취업 기회의 공평한 접근성 보장 등이 필요하다. 이를 통해 노년기의 경제적 안정성을 높일 수 있을 것으로 전망된다. 인구 구조 변화 단계에 있는 국가들은 고령화 사회가 직면할 문제들을 효과적으로 관리하기 위해 선제적으로 계획을 수립하고 적절한 조치를 실행할 필요가 있다.

참고 한국 인구 감소와 사회적 위기 직면

테슬라 최고경영자 일론 머스크는 2024년 10월 29일 사우디아라비아에서 열린 미래투자이니셔티브(FII, Future Investment Initiative) 포럼에서 인류가 직면한 가장 심각한 위협 중 하나로 인공지능(AI)을 꼽으며, 동시에 '세계 인구 붕괴'가 더 큰 장기적 위협이 될 수 있다고 경고했다. 머스크는 "단기적으로는 AI가 인류에 가장 심각한 위협이지만, 장기적으로 봤을 때는 인구 붕괴가 더 큰 위협이다. 우리가 사람을 만들지 못하면 더는 인류도 없을 것이고, 그 어떤 정책도 무의미해진다"고 강조했다. 특히, 일론 머스크는 한국과 홍콩을 예로 들며 빠른 속도의 인구 붕괴를 지적하며, 현재 출산율이 유지될 경우, 몇 세대 후 한국 인구는 현재의 6% 수준으로 감소할 것이라고 우려를 표명했다.

한국의 인구 감소, 지역별 차별화된 영향

한국의 인구 감소는 단순한 숫자 이상의 의미를 가진다. 통계청과 여러 기관의 전망에 따르면, 한국의 총인구는 2020년 대비 2050년까지 약 8.6% 감소하여 약 4,700만 명에 도달할 것으로 예상된다. 그러나 이러한 예측은 비교적 낙관적인 시나리오에 기반한 것이며, 출산율과 기대수명을 비관적으로 가정할 경우 2050년에는 인구가 4,300만 명 수준으로 16% 이상 감소할 가능성도 있다.

지역별로는 경기, 세종, 제주, 충남 등 일부 지역에서 인구 증가가 예상되지만, 나머지 13개 시도에서는 인구 감소가 불가피할 것으로 보인다. 특히 울산, 대구, 부산 등 일부 지역은 인구 감소율이 25%를 초과할 것으로 예측되며, 서울 또한 인구가 27.7% 감소할 것으로 예상된다. 이는 서울의 인구가 현재보다 4분의 1 이상 줄어들 가능성이 있다는 의미다.

급속한 고령화와 중위 연령 상승

출산율의 하락과 기대수명의 증가는 고령화 현상을 더욱 가속화하고 있다. 한국은 이미 세계에서 가장 빠른 고령화 속도를 보이는 국가 중 하나이며, 2050년에는 전체 인구 중 65세 이상 인구가 약 40%에 달할 것으로 보인다. 이는 전체 국민 10명 중 4명이 고령층이라는 의미로, 심각한 사회적 변화를 예고하고 있다.

고령화의 심화로 인해 한국의 중위 연령(median age)도 크게 상승할 전망이다. 2020년 한국의 중위 연령은 43.7세였으나, 2050년에는 57.9세에 이를 것으로 예상된다. 전남의 경우 2020년 중위 연령이 48.5세로 가장 높았으며, 2050년에는 64.5세까지 상승할 것으로 보인다. 이와 같은 급격한 중위 연령 상승은 한국 사회가 겪게 될 노동력 부족과 경제적 부담을 시사한다.

생산 연령 인구의 감소와 경제적 영향

생산 연령 인구(working-age population)의 감소는 한국 경제에 있어 또 다른 위협 요소로 작용하고 있다. 생산 연령 인구는 일반적으로 15세에서 64세까지를 의미하며, 2050년까지 현재 대비 35% 이상 감소하여 약 2,400만 명 수준에 이를 것으로 전망된다. 이는 경제 활동 가능 인구가 급격히 줄어들어 경제 성장에 큰 장애물이 될 수 있음을 의미한다. 특히 울산, 대구, 부산 등 지역에서는 생산 연령 인구 감소율이 50%에 이를 것으로 예상되며, 반면 세종은 인구 유입으로 인해 오히려 생산 연령 인구가 약 50% 증가할 것으로 보인다. 이러한 변화는 각 지역별 경제적 활력과 고령화 대응 능력에 큰 차이를 야기할 수 있다.

한국의 출산율 감소와 고령화 문제는 단순한 미래의 문제가 아닌 현재의 위기로 다루어져야 하며, 이는 사회 복지 시스템과 경제 구조 전반에 걸쳐 대대적인 변화를 요구하고 있다. 머스크의 경고처럼 출산율 문제는 더 이상 미룰 수 없는 당면 과제이다. 이를 해결하기 위해서는 다각적인 노력이 필요하며, 다음과 같은 방안을 고려해 볼 수 있다. 현재의 위기를 극복하기 위해서는 정부뿐만 아니라 기업, 지역 사회, 그리고 개인 모두의 협력이 요구된다. 머스크의 경고가 주는 의미는 단순한 경고를 넘어서, 우리 사회가 빠르게 변해가는 인구 구조에 대응해 지금 행동해야 한다는 강력한 메시지이다.

3. 인공지능

3-1 4차 산업혁명의 특징

4차 산업혁명은 단순한 기술의 진보나 자동화의 고도화를 넘어, 인간의 삶과 사고방식, 사회 시스템, 그리고 산업 구조 전반을 근본적으로 재편하는 거대한 문명적 전환이라 할 수 있다. 이 혁명의 본질은 디지털(Digital), 물리적(Physical), 생물학적(Biological) 영역 간의 경계가 점차 사라지고, 이질적이던 시스템들이 하나의 통합된 지능형 네트워크로 융합되는 데 있다. 이러한 총체적 융합은 '초지능(Hyper-Intelligence)', '초연결(Hyper-Connectivity)', '초융합(Hyper-Convergence)'이라는 이른바 3H로 요약될 수 있으며, 이는 다양한 산업 분야에서 급진적이고도 불가역적인 변화를 야기하고 있다.

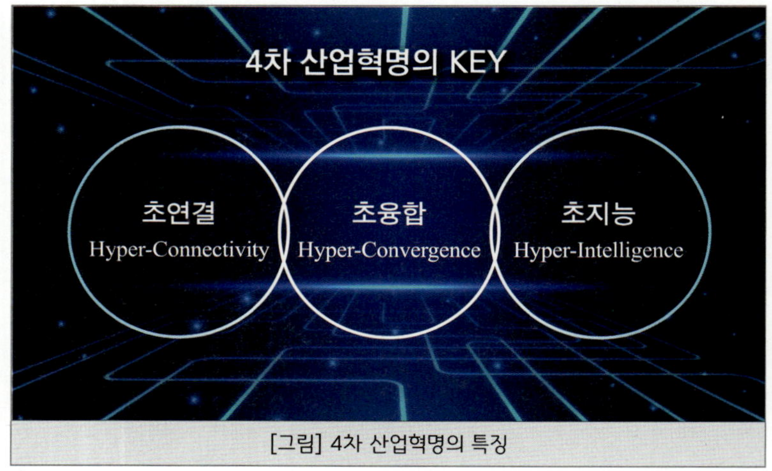

[그림] 4차 산업혁명의 특징

이러한 변화를 기술적으로 뒷받침하는 핵심 생태계가 바로 AICBM이다. AICBM은 인공지능(Artificial Intelligence), 사물인터넷(Internet of Things), 클라우드 컴퓨팅(Cloud Computing), 빅데이터(Big Data), 모바일(Mobile)의 약자로 구성되며, 4차 산업혁명의 심장부를 이루는 기술 축이라 할 수 있다. 이 다섯 요소는 각각 독립된 기능을 가지면서도 상호 연계되어, 하나의 유기적 생태계를 형성한다. 예컨대, IoT 센서에서 실시간으로 수집된 대규모 데이터는 클라우드 인프라에 저장되며, 빅데이터 분석 기술을 통해 의미 있는 패턴으로 가공된 후, 모바일 플랫폼을 통해 사용자에게 맞춤형 서비스로 제공된다. 이 전 과정을 통합하고 조율하는 중심축에 바로 인공지능이 존재한다.

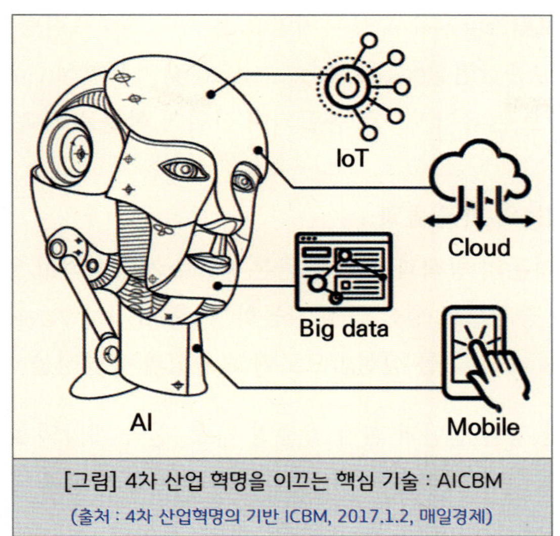

[그림] 4차 산업 혁명을 이끄는 핵심 기술 : AICBM
(출처 : 4차 산업혁명의 기반 ICBM, 2017.1.2, 매일경제)

• 인공지능(AI) : 4차 산업혁명의 두뇌이자 동력

인공지능은 단순한 자동화 도구를 넘어, 4차 산업혁명의 전 과정을 지능적으로 설계하고 주도하는 두뇌(brain) 역할을 수행한다. 기계학습(Machine Learning, ML)과 심층학습(Deep Learning, DL) 기술은 AI로 하여금 데이터를 학습하고, 스스로 진화하며, 과거에는 불가능했던 수준의 복잡한 의사결정과 예측을 가능케 한다. 이러한 AI의 능력은 단순히 속도나 효율의 개선을 넘어, 산업과 사회 전반의 문제 해결 방식 자체를 혁신적으로 변화시키는 기폭제가 된다.

특히, 생성형 인공지능(Generative AI, GAI)의 등장 이후, AI는 단순 반복 업무를 넘어 창의성과 감성을 요구하는 예술, 콘텐츠 제작, 설계 등의 영역에까지 깊숙이 침투하고 있으며, 인간의 사고 보조 도구로서 협업(Co-AI)의 가능성을 열어가고 있다. 인간의 한계를 보완하고 때로는 그 이상의 결과를 창출해내는 AI는 이제 단순한 기술이 아니라 산업 혁신의 지평을 확장시키는 존재로 자리매김하고 있다.

• 사물인터넷(IoT) : 물리 세계와 디지털 세계의 실시간 연결

사물인터넷은 현실 세계의 객체들을 센서와 네트워크를 통해 디지털 세계로 연결시켜, 실시간 데이터의 흐름을 생성하는 통로 역할을 한다. 이는 스마트 시티, 스마트 팩토리, 스마트 홈 등 지능형 인프라로 발전되며, AI는 이로부터 수집된 방대한 데이터를 분석해 통찰(insight)을 도출하고, 예측 기반의 의사결정을 가능하게 한다. 결국 IoT는 현실 세계를 실시간으로 디지털화함으로써, 인간이 눈으로 보지 못하던 패턴과 연계를 파악하고 문제를 선제적으로 해결할 수 있는 가능성을 열어준다.

이 외에도 빅데이터, 로보틱스(Robotics), 블록체인(Blockchain), 3D 프린팅(3D Printing), 바이오테크놀로지(Bio-Technology, BT), 증강현실(Augmented Reality, AR) 및 가상현실(Virtual Reality, VR) 등 다양한 기술들이 AICBM을 중심으로 유기적으로 융합되며 산업의 혁신을 가속화하고 있다.

산업 전반에 걸친 인공지능의 파급 효과

AI는 산업 전 분야에서 기존의 방식과 규칙을 근본적으로 재구성하고 있다. 예를 들어, 제조업에서는 스마트 팩토리를 중심으로 생산 공정 자동화, 예측 유지보수(Predictive Maintenance), 공급망 최적화(Supply Chain Optimization)를 실현함으로써 효율성과 유연성을 극대화하고 있다.

의료 산업에서는 AI 기반 정밀 진단과 환자 맞춤형 치료, 신약 개발의 효율화가 이뤄지고 있으며, 복잡한 의료 데이터를 분석하여 질병의 조기 예측과 치료 방향을 제시하는 역할까지 수행한다. 금융 분야에서는 자동화된 투자 포트폴리오 관리, 실시간 리스크 분석, 고도화된 사기 탐지 시스템을 통해 보다 정교하고 안전한 금융 서비스를 구현하고 있다. 교통 및 물류 산업에서는 자율주행차(Autonomous Vehicles), 최적 경로 분석, 수요 예측 기반의 물류 자동화가 현실화되며, 전체 산업 효율성을 한 차원 끌어올리고 있다.

향후 사회는 인간과 인공지능이 협력하여 창의성과 문제 해결력을 증폭시키는 '공진화(Co-Evolution)'의 국면으로 진입할 것이다. 특히, 산업 간 경계가 무의미해지는 '산업 간 융합 혁신(Cross-Industry Innovation)'과, 인간의 감성과 AI의 데이터 기반 판단이 결합된 새로운 협업 모델이 등장할 것이다. 이 과정에서 AI는 단순한 도구를 넘어, 인간의 파트너로서 자율성과 창조성을 확장하는 핵심 축이 될 것이다.

3-2 인공지능의 정의

인공지능(Artificial Intelligence, AI)은 사람의 지능을 모방하여 사람이 하는 것과 같이 복잡한 일을 할 수 있는 기계를 만드는 것을 말한다. 즉, 인공지능은 인간의 지능이 가진 여러 기능을 기계에 구현하려는 과학적·기술적 접근이다. 단순히 기계가 계산하거나 정해진 작업을 반복 수행하는 수준을 넘어서, 스스로 생각하고 판단하며 복잡한 상황에서도 인간처럼 유연하게 대응할 수 있는 시스템을 만드는 것이 핵심 목표다.

다시 말해, 인공지능이란 사람이 하는 지적인 활동을 기계가 수행할 수 있도록 만드는 기술과 연구의 영역이다. 여기서 말하는 지적인 활동(intellectual/cognitive activity)이란, 정보를 학습하고, 논리적으로 추론하며, 복잡한 문제를 해결하거나 사람의 언어를 자연스럽게 이해하는 능력과 같은 것들이다. 이러한 능력을 기계에 부여함으로써, 단순히 명령을 수행하는 도구 수준을 넘어, 마치 스스로 생각하고 판단하며 행동하는 존재처럼 기능하도록 만드는 것이 인공지능이 지향하는 궁극적인 목표다.

인공지능'이라는 용어는 1956년 미국 다트머스(Dartmouth)에서 열린 여름 워크숍[16)]에서 처음 제안되었다. 당시 존 매카시(John McCarthy)는 인공지능[17)]을 "지능적인 기계를 만드는 과학이자 공학(the science and engineering of making intelligent machines)"이라고 정의하였다. 이 회의는 이후 인공지능 연구의 기초를 마련한 상징적 사건으로 기록되며, 현대 AI의 출발점으로 간주된다.

[그림] 존 매카시의 인공지능 정의 : 인텔리전트한 기계를 만드는 과학과 공학
(출처 : Father of Artificial Intelligence, 2020.7.12, AnalytixLabs)

그러나, '지능적 기계(intelligent machine)'란 개념은 그 정의부터가 여전히 모호하다. 이는 인간 지능 자체에 대한 명확한 이해가 부족한 가운데, 이를 기계적으로 모사하려는 시도이기 때문이다. 인공지능 분야의 대표적인 교과서인 "Artificial Intelligence: A Modern Approach[18)]"는 인공지능을 다음의 표와 같이 4가지 관점에서 정의하고 있다.

16) 다트머스 워크숍 : 인공 지능에 관한 Dartmouth Summer Research Project는 1956년, 뉴햄프셔주 해노버에 있는 다트머스 대학교에서 개최된 여름 워크숍으로서, 인공 지능 분야의 창시 행사로 널리 알려져 있다. 이 워크숍은 "AI 헌법회의"로도 불린다. 이 프로젝트의 4명의 주최자인 클로드 섀넌(Claude Shannon), 존 매카시(John McCarthy), 나다니엘 로체스터(Nathaniel Rochester), 마빈 민스키(Marvin Minsky)는 AI의 창시자로 여겨진다.

17) 1950년대 초반에는 "사고 기계" 분야에 사이버네틱스, 오토마타 이론, 복합 정보 처리 등 다양한 이름이 있었다. 이름의 다양성은 개념적 방향의 다양성을 시사한다.
1955년, 당시 다트머스 대학교의 수학과 조교수였던 존 매카시(John McCarthy)는 생각하는 기계에 대한 아이디어를 명확히 하고 발전시키기 위한 모임을 조직하기로 결정했다. 그는 이 새로운 분야에 '인공지능(Artificial Intelligence)'이라는 이름을 붙였다. 그가 이 이름을 선택한 이유 중 하나는 중립성 때문이었다. 좁은 의미의 오토마타 이론에 초점을 맞추지 않고, 아날로그 피드백에 지나치게 집중했던 사이버네틱스를 피했기 때문이다.

18) Russell, Stuart J., Norvig, Peter, 2016, Artificial Intelligence: A Modern Approach, Pearson

[표] 인공지능의 네 가지 접근 방식

인간처럼 생각하는 (Thinking Humanly)
컴퓨터가 인간처럼 생각하도록 하는 새로운 시도
인간처럼 행동하는 (Acting Humanly)
인간이 수행할 때 지능이 필요한 기능을 기계가 수행하도록 만드는 기술
이상적으로 생각하는 (Thinking Rationally)
지각, 추론, 행동을 가능하게 하는 계산에 대한 연구
이상적으로 행동하는 (Acting Rationally)
지능적인 에이전트를 설계하는 연구

[그림] Artificial Intelligence: A Modern Approach 책 표지

(출처: Russell & Norvig, 2016, Artificial Intelligence: A Modern Approach 4th Ed., Pearson)

위의 표에서 알 수 있듯이, 인공지능(AI)을 정의하는 철학적·기술적 접근 방식은 단일한 틀에 얽매이지 않고 다각도의 시각에서 논의될 수 있음을 의미한다. 연구자마다 인간의 사고와 행동을 그대로 모방하려는 방향(Thinking and Acting like Humans)에 초점을 맞출지, 혹은 보다 이성적이고 최적화된 결과를 도출하는 이상적인 에이전트(Acting Rationally)[19]를 구현하려 할지에 따라 AI의 목표와 연구 방향은 달라진다. 즉, AI는 그 본질을 '인간의 복잡한 인지 활동을 그대로 반영하는 것'과 '논리적 최적화를 위한 도구' 사이에서 끊임없이 균형을 모색하고 있는 셈이다.

더욱이, 인공지능의 정의와 범위는 시간의 흐름에 따라 유연하게 변화해왔다. 초기에는 최첨단 기술로 여겨졌던 OCR(Optical Character Recognition, 문자인식), 검색 엔진, 기계 번역, 체스 프로그램 등 많은 응용 분야가 한때는 AI의 첨병으로서 주목받았으나, 점차 상용화되어 일상 속에 스며들면서 단순한 기술적 도구로 인식되곤 한다. 이러한 현상을 'AI 효과[20](AI Effect)'라고 표현하는데, 이는 '아직 구현되지 않은 것만이 인공지능'이라는 인식에서 비롯된다. 다시 말해, 어떤 기술이 성공적으로 상용화되어 우리의 생활에 자연스럽게 녹아들면, 그 기술은 더 이상 혁신적인 AI로 분류되지 않고 평범한 도구로 치부되는 경향이 있다.

---

19) 에이전트(agent) : 인공지능에서 환경을 인식하고, 그에 따라 적절한 행동을 선택하여 수행하는 주체를 의미한다. 쉽게 말해, 주어진 목표를 달성하기 위해 주변 상황을 감지하고 판단하여 스스로 행동하는 존재라 할 수 있다. AI에서 말하는 '에이전트'는 꼭 사람이 아니어도 되며, 소프트웨어든 하드웨어든 간에 자율적 판단과 행동 능력을 가진 시스템 전체를 포괄하는 개념이다. 즉, "이상적인 에이전트"란 주어진 목표를 가장 효과적으로 달성하기 위해 논리적, 계산적으로 최선의 판단과 행동을 수행하는 지능적 시스템을 뜻한다.

20) AI효과(AI effect) : 인공지능은 아직까지 실현되지 않은 모든 것(AI is anything that has not been done yet)이라 정의하고 있다(출처: 위키피디아).

이처럼 인공지능은 끊임없는 기술 발전과 사회적 수용 과정에서 그 범위와 의미가 재정의되며, 연구와 응용 분야 모두에서 지속적인 재고가 이루어지고 있다. 이러한 변화는 AI가 단순히 한 분야의 혁신을 넘어서, 인간 사고의 본질과 그 한계를 탐구하고 재정립하는 데 기여하고 있음을 보여준다.

3-3 모라벡의 역설(Moravec's Paradox)

> *"It is comparatively easy to make computers exhibit adult level performance on intelligence tests or playing checkers, and difficult or impossible to give them the skills of a one-year-old when it comes to perception and mobility."*
>
> *"지능 테스트나 체커 게임에서는 컴퓨터가 성인 수준의 성능을 비교적 쉽게 보일 수 있지만, 인지와 움직임에 있어서 한 살배기 아이의 능력을 구현하는 것은 매우 어렵거나 불가능하다."*
>
> – 한스 모라벡(Hans Moravec)

즉, "인간에게는 너무도 쉽고 자연스러운 일이, 컴퓨터에게는 가장 어렵고 까다롭다. 반대로 인간에게 가장 복잡하고 어려운 지적 작업은 컴퓨터에게 비교적 단순하게 여겨진다"는 뜻이다.

이러한 역설적인 현상은 1980년대 초, 미국 카네기 멜론 대학교(Carnegie Mellon University)의 로봇공학자 한스 모라벡(Hans Moravec)에 의해 처음 제기되었다. 이 개념은 이후 마빈 민스키(Marvin Minsky), 로드니 브룩스(Rodney Brooks) 등 인공지능(AI) 및 로보틱스(Robotics) 분야의 선구자들에게 널리 공감되며 확산되었다.

모라벡의 역설은 본질적으로, 컴퓨터는 체스(Chess), 수학 문제 풀이, 논리적 추론(logical reasoning)처럼 구조화된 형식(formalized)의 과업에서는 인간을 능가할 수 있지만, 직관(intuition), 감각 정보처리(sensory processing), 주변 환경 인식(environmental perception), 신체 움직임 제어(motor control) 등 비형식적이고 생물학적으로 복잡한 작업에서는 AI가 분명한 한계를 보이는데, 그 이유는 다음 세 가지 관점에서 이해할 수 있다.

1. 인간의 감각과 운동 능력은 수억 년에 걸친 생물학적 진화를 통해 매우 정교하고 복합적으로 최적화되어 왔다. 반면, 수학적 사고나 논리적 추론과 같은 고차원적 지적 능력은 문명 발달과 함께 불과 수천 년 전부터 나타난, 상대적으로 '신생(newly emerged)'된 능력이다. 이 때문에 컴퓨터는 고차원적인 이성적 사고를 알고리즘으로 모방하는 데는 비교적 성공을 거두고 있지만, 감각 통합(sensory integration)이나 운동 제어처럼 생물학적 시스템의 복잡한 상호작

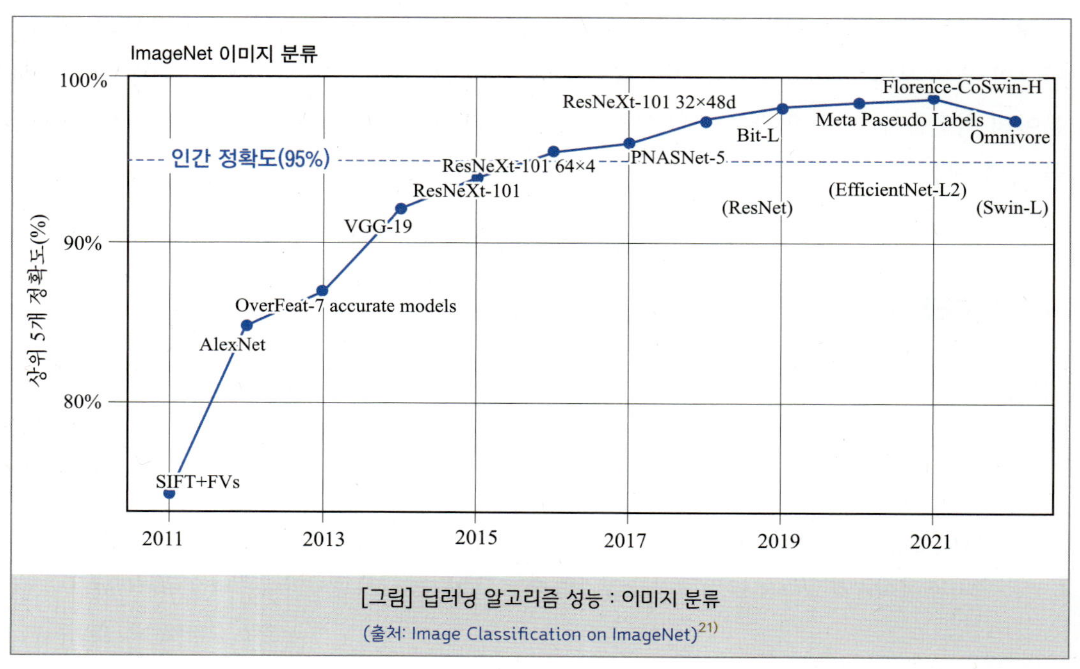

[그림] 딥러닝 알고리즘 성능 : 이미지 분류

(출처: Image Classification on ImageNet)[21]

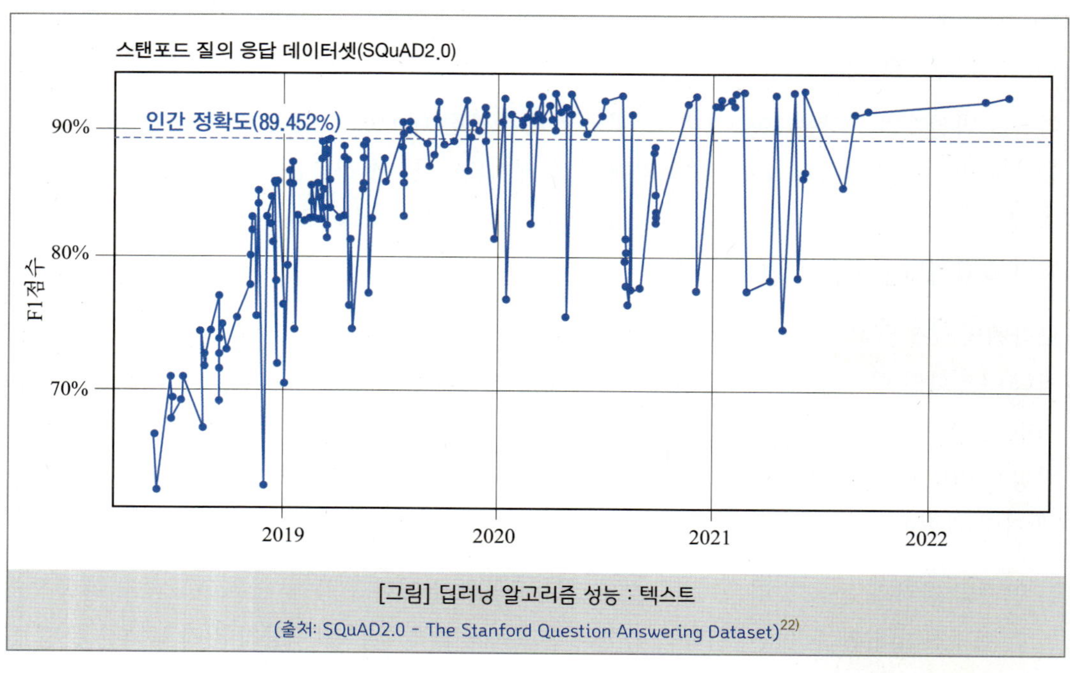

[그림] 딥러닝 알고리즘 성능 : 텍스트

(출처: SQuAD2.0 - The Stanford Question Answering Dataset)[22]

21) https://paperswithcode.com/sota/image-classification-on-imagenet

22) https://rajpurkar.github.io/SQuAD-explorer/

용을 필요로 하는 작업은 모사하기가 매우 어렵다.

2. 체스 게임과 같은 작업은 명확한 규칙(rule-based)과 구조화된 입력값(structured input)을 기반으로 하므로 컴퓨터에게 유리한 분야다. 그러나 음성 인식, 보행, 물체 인식 등 현실 세계에서의 과업은 센서 데이터의 다양성, 환경적 노이즈(noise), 문맥(context) 정보를 함께 고려해야 하며, 매우 비정형적(unstructured)이고 모호성(ambiguity)이 높은 특성을 지닌다. 컴퓨터는 이러한 비형식적 데이터를 이해하고 처리하는 데 본질적인 제약이 따른다.

3. 인간은 걷기, 사물 인식, 균형 잡기 같은 행동을 의식적인 노력 없이 자동적으로 수행한다. 이는 생후 수년간의 반복 학습과 경험을 통해 무의식적으로 체화(embodied knowledge)된 결과이며, 대부분 언어적 또는 수식적으로 설명하기 어렵다. 이러한 '체화된 지식(embodied knowledge)'은 인간의 신체와 환경 사이의 긴밀한 상호작용을 통해 형성되므로, 이를 컴퓨터가 모방하거나 학습하기는 매우 어렵다.

인공지능과 모라벡의 역설

모라벡의 역설은 인공지능의 능력과 한계를 이해하는 데 핵심적인 통찰을 제공하는 출발점이다. 예를 들어, 오늘날 AI는 체스, 바둑(Go), 수학 문제 풀이, 논리 기반 퀴즈 등과 같이 형식 논리(formal logic)에 기반한 영역에서는 이미 인간을 능가하는 성과를 보여주고 있다. 그러나, 자율주행 자동차의 보행자 인식, 감정 분석(emotion recognition), 자연어 대화(conversational AI), 상황 맥락 판단(contextual reasoning) 등 예외가 많고 비형식적인 상황에서는 여전히 오류 가능성이 크고 신뢰도가 낮다.

이는 AI가 규칙 기반의 정형화된 데이터(structured data)에는 탁월하지만, 현실 세계의 복잡성과 불확실성, 예외 상황이 많은 환경에서는 뚜렷한 약점을 보인다는 것을 의미한다. 모라벡의 역설은 이러한 AI의 비대칭적 성능을 설명하는 중요한 개념일 뿐만 아니라, 인공지능이 앞으로 극복해야 할 기술적 과제를 통찰하고, 그 한계와 가능성을 조망하는 데 필수적인 이론적 기반이다.

3-4 인공지능의 역사

인공지능(Artificial Intelligence, AI)의 역사는 우리가 흔히 생각하는 것보다 훨씬 더 깊고 오래되었다. 컴퓨터와 인터넷의 역사를 넘어, AI의 여정은 현대 기술의 근간을 이루는 핵심적인 부분이다. 오늘날 우리가 사용하는 ChatGPT조차도 이 거대한 AI 발전의 흐름 속에서 작은 일부에 불과하다. AI의 역사를 이해하는 것은 단순히 기술의 발전 과정을 아는 것을 넘어서, 인간의 지능을 모방하고자 하는 꿈이 어떻게 현실화 되었는지를 탐구하는 여정이다.

AI의 역사는 수 세기에 걸쳐 위대한 사상가들이 이어 온 혁신의 연속이라고 할 수 있다. 각 세대의 선구자들은 이전 세대의 업적을 바탕으로 새로운 아이디어를 발전시켰고, 이는 오늘날 우리가 경험하는 AI 기술의 기초가 되었다. 여기서는 과거부터 현재까지 AI 발전 과정을 이해하기 위해 주요 인물들을 살펴보도록 하겠다.

1. **찰스 배비지**(Charles Babbage; 1791-1871) : 19세기 영국의 수학자이자 컴퓨터 과학의 선구자로서, 현대 컴퓨팅의 기초를 마련한 인물이다. 그는 1837년에 '해석 엔진(Analytical Engine)'[23]을 설계하여 최초의 기계식 컴퓨터 개념을 제시했다. 이 해석 엔진은 당시로서는 혁신적인 개념이었으며, 이후 모든 컴퓨터 설계의 기반이 되었다.

2. **에이다 러브레이스**(Ada Lovelace; 1815-1852) : 영국의 여성 수학자로서, 컴퓨터 프로그래밍의 개념을 처음으로 제시하였는데, 찰스 배비지의 해석 엔진에 대한 노트에서 기계가 단순히 숫자를 계산하는 것을 넘어, 다양한 조작을 할 수 있다는 가능성을 제시했다. 그녀의 아이디

---

23) 해석 엔진(Analytical Engine)은 1837년 찰스 배비지가 설계한 단순한 계산기를 넘어서는 최초의 범용 기계식 컴퓨터로 간주된다. 이 기계는 프로그래밍이 가능하고 다양한 연산을 수행할 수 있는 범용성을 갖추고 있었다. 찰스 배비지(Charles Babbage)의 이 아이디어는 당시로서는 너무 앞서 있어 실제로 제작되지는 못했지만, 컴퓨터 과학의 발전에 중요한 개념적 기여를 했다. 찰스 배비지의 이러한 선구적인 작업은 그를 "컴퓨터의 아버지"로 불리게 만들었으며, 그의 비전은 현대 컴퓨팅 기술의 발전에 지속적인 영감을 제공하고 있다.

- 주요 특징
  - 프로그래밍 가능: 천공 카드를 통해 프로그램과 데이터를 입력
  - 조건부 분기: 데이터에 따라 다른 명령으로 건너뛸 수 있는 의사결정 능력을 갖춤
  - 루프와 조건문: 현대 프로그래밍 언어와 유사한 제어 구조
  - 대규모 메모리: 1,000개의 50자리 숫자를 저장할 수 있는 용량을 갖춤

[그림] 해석 엔진(Analytical Engine) (출처 : 위키피디아)

어는 컴퓨터가 오늘날처럼 다양한 작업을 수행할 수 있는 기초적인 아이디어로, 후대 연구자들에게 큰 영감을 주었다.

3. **앨런 튜링**(Alan Turing; 1912-1954) : 현대 컴퓨터 과학의 아버지로 불리며, 에이다 러브레이스의 아이디어를 실현하기 위한 방법을 연구했다. 기계가 지능적으로 행동할 수 있는지 평가하기 위해 '튜링 테스트(Turing Test)'를 고안했으며, 이는 인공지능 연구의 중요한 기준이 되었다. 그의 연구는 컴퓨터가 인간의 사고 과정을 모방할 수 있다는 가능성을 열어주었다.

[그림] 봄베(Bombe) (출처 : 위키피디아)

제2차세계대전 중 독일의 에니그마 암호를 해독하기 위해 앨런 튜링이 개발한 전기기계 장치. 1940년 3월 18일에 가동을 시작하였으며, 연합국의 암호 해독에 중요한 이정표가 되었다. 사진은 영국 컴퓨팅 박물관(The National Museum of Computing)에 전시된 봄베 복제품이다.

4. **프랭크 로젠블랫**(Frank Rosenblatt; 1928-1971) : 미국의 신경생물학자이다. 튜링의 연구에서 큰 영향을 받아 최초의 인공지능 이론인 퍼셉트론(Perceptron)을 1958년 개발했다. 퍼셉트론은 컴퓨터가 패턴을 인식하고 '학습'할 수 있다는 것을 실증적으로 보여준 초기 신경망 모델로, 이후 신경망 연구의 중요한 초석이 되었다. 이 모델은 이후의 AI 연구에 있어 매우 중요한 역할을 하였다. 마빈 민스키(Marvin Minsky; 1927-2016)와 프랭크 로젠블랫은 기호주의(민스키)와 연결주의(로젠블랫)라는 상반된 접근 방식으로 서로 경쟁하였다.

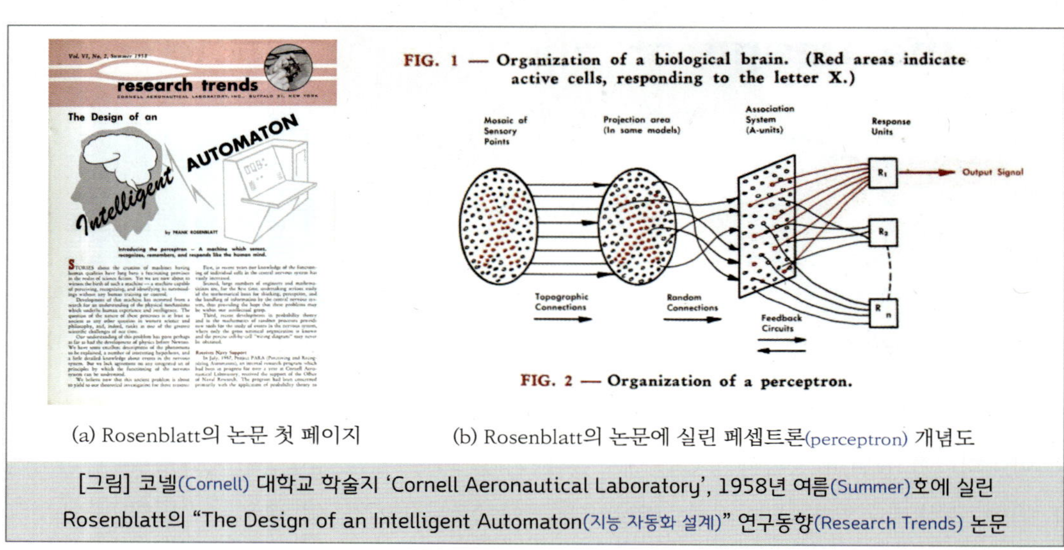

(a) Rosenblatt의 논문 첫 페이지

(b) Rosenblatt의 논문에 실린 퍼셉트론(perceptron) 개념도

[그림] 코넬(Cornell) 대학교 학술지 'Cornell Aeronautical Laboratory', 1958년 여름(Summer)호에 실린 Rosenblatt의 "The Design of an Intelligent Automaton(지능 자동화 설계)" 연구동향(Research Trends) 논문

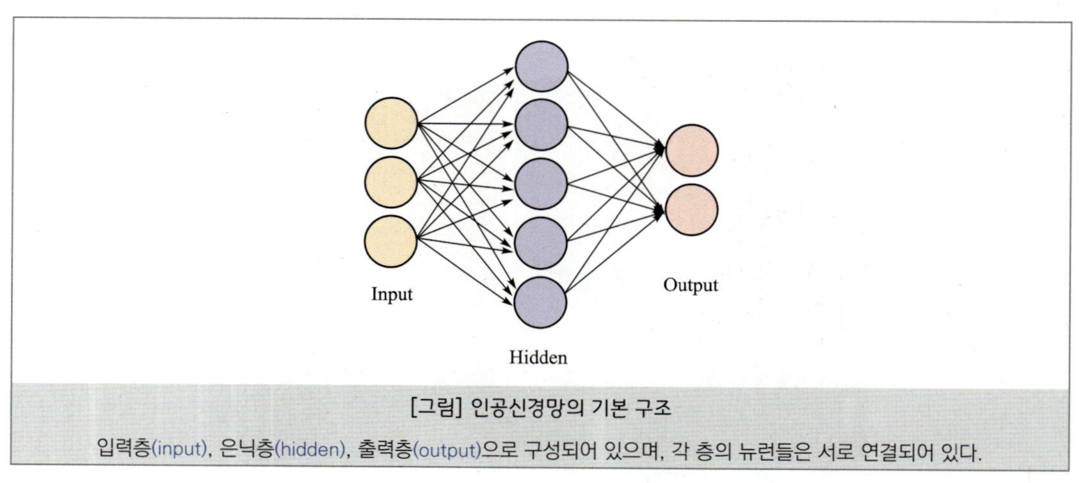

[그림] 인공신경망의 기본 구조

입력층(input), 은닉층(hidden), 출력층(output)으로 구성되어 있으며, 각 층의 뉴런들은 서로 연결되어 있다.

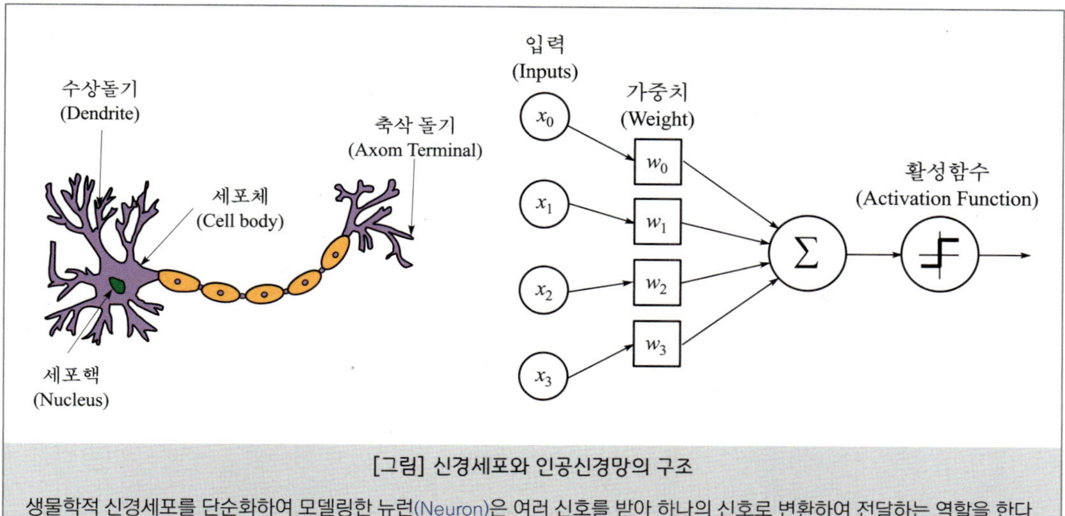

[그림] 신경세포와 인공신경망의 구조

생물학적 신경세포를 단순화하여 모델링한 뉴런(Neuron)은 여러 신호를 받아 하나의 신호로 변환하여 전달하는 역할을 한다. 출력 전에 활성 함수(activation function)를 적용하여 비선형 특성을 추가할 수 있다.

5. **데이비드 러멜하트**(David Rumelhart; 1942-2011) : 로젠블랫의 아이디어에서 영감을 받아 '병렬분산처리(PDP; Parallel Distributed Processing) 모델'을 개발하여, 인지과학과 AI 분야에 큰 영향을 미쳤다. 그의 연구는 현대 딥러닝의 기초를 형성했으며, 인간의 인지 과정을 모델링하고 이해하는 데 있어 중요한 진전을 이루었다.

참고 병렬분산처리 모델(PDP 모델)

맥클랜드(James McClelland), 러멜하트(David Rumelhart) 등이 주장하였으며, 신경망 모델(neural network model)이라고도 한다. 인공신경망(artificial neural network; ANN)에 주목했던 연결주의(connectionism) 계통의 이론 중 하나이다.

PDP 모델은 기억이 노드(node)과 link(연결)로 구성된다고 가정한다. 각 노드는 개별 신경요소를 의미하는데, 어떤 노드가 다른 노드로 계속적으로 연결되는 과정을 활성화 확산이라 한다.

인지과정(정보처리 과정)이 순차적(계열적, 단계적)으로 이루어진다고 보는 '정보처리 모델'과 달리, '병렬분산처리 모델'은 신경요소 간의 활성화 패턴의 상호작용을 강조하여 인지처리과정이 순차적(계열적)이라기보다는 병렬적(동시적)으로 활성화된다고 설명한다. 즉, '정보처리 모델형'에서는 인지적 정보처리 과정이 한 번에 하나씩 이루어진다고 보지만, '병렬분산처리모델'은 질적으로 다양한 여러 인지적 정보처리 과정이 동시에 수행된다고 본다.

6. **제프리 힌턴**(Geoffrey Everest Hinton, 1947.12.6.~현재) : 영국 태생의 캐나다 국적을 지닌 컴퓨터 과학자이자 인지심리학자로서, 현대 인공지능(AI), 특히 딥러닝[24](Deep Learning, DL)의 토대를 세운 핵심 인물로 손꼽힌다. 그의 학문적 여정은 인지과학에서 출발하였으나, 곧 인간 지능의 기제(機制, mechanism)를 모사하고자 인공신경망 연구로 방향을 전환하였다.

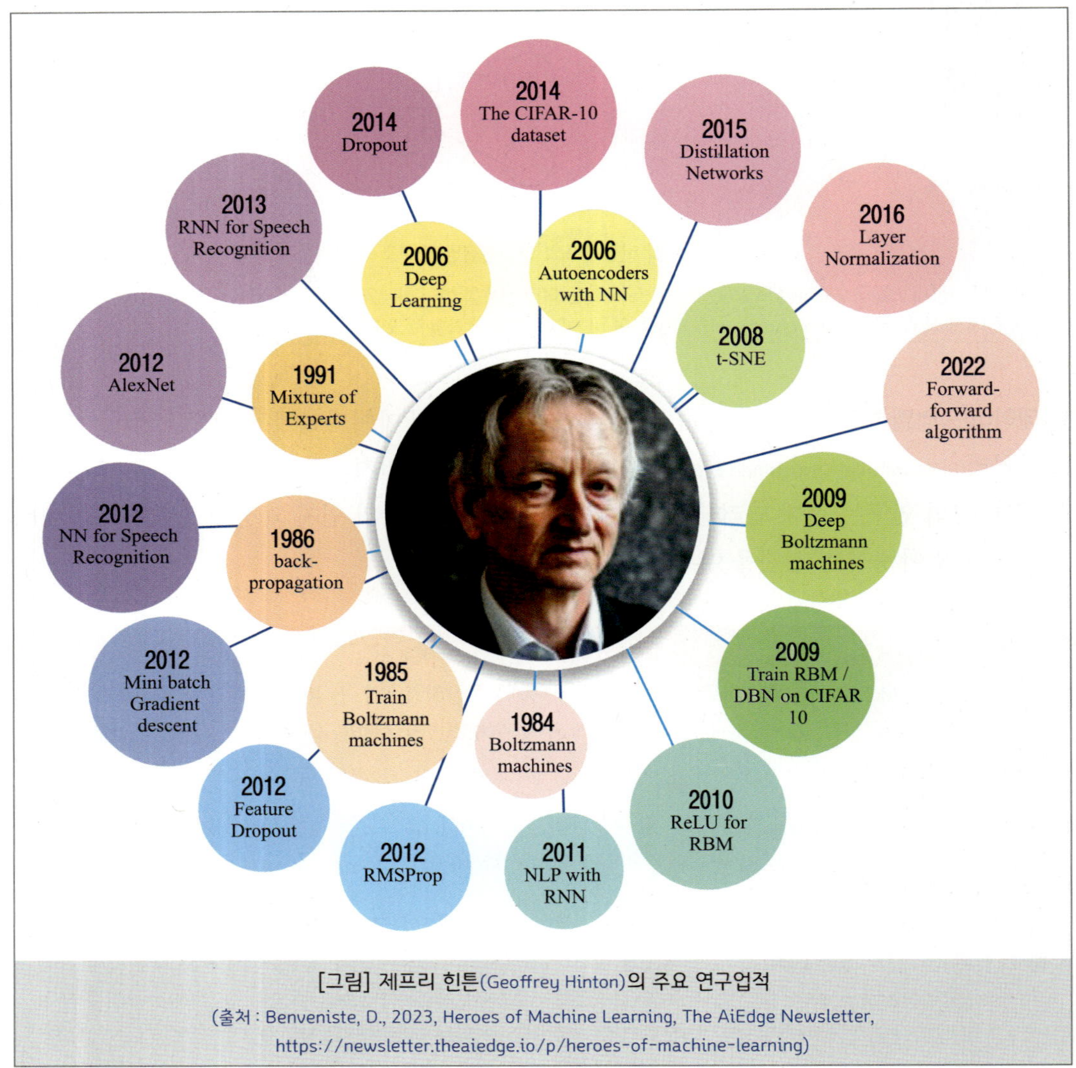

[그림] 제프리 힌튼(Geoffrey Hinton)의 주요 연구업적

(출처 : Benveniste, D., 2023, Heroes of Machine Learning, The AiEdge Newsletter, https://newsletter.theaiedge.io/p/heroes-of-machine-learning)

24) 딥러닝(Deep Learning) : 사람의 뇌를 모방한 인공신경망을 깊고 복잡하게 쌓아올려 데이터를 학습하는 인공지능 기술. 음성 인식, 이미지 분류, 자연어 처리 등에 널리 사용됨.

위의 그림은 힌튼의 주요 연구업적을 정리한 것이다. 힌턴이 AI 분야에 기여한 가장 혁신적인 성과 중 하나는 '다층 퍼셉트론[25](Multi-Layer Perceptron, MLP)'의 학습을 가능하게 한 '역전파 알고리즘[26](back-propagation algorithm)'의 재조명과 보급이다. 이 알고리즘은 1986년 데이비드 럼멜하트(David E. Rumelhart), 로널드 윌리엄스(Ronald J. Williams)와 함께 발표한 논문을 통해 전 세계에 널리 알려졌으며, '심층 신경망[27](Deep Neural Networks, DNN)'의 학습을 실용적으로 가능케 한 결정적인 계기가 되었다.

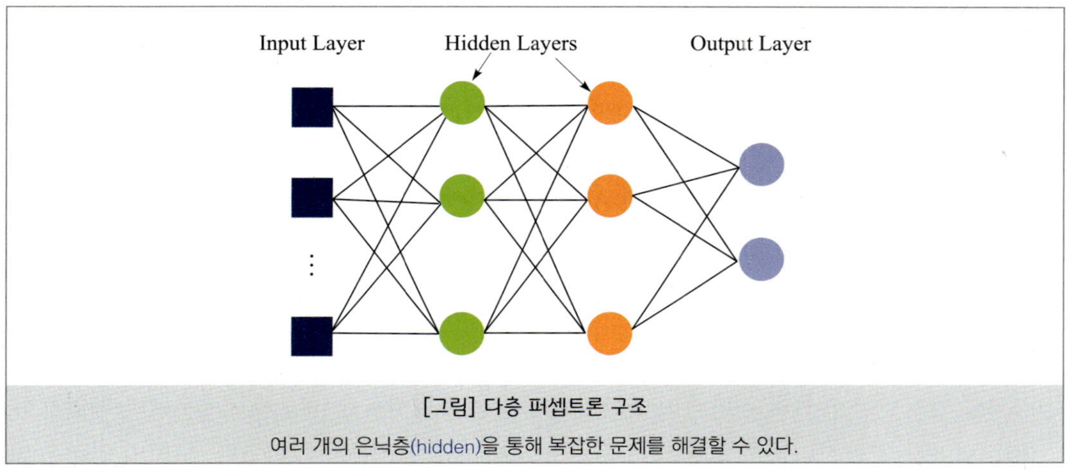

[그림] 다층 퍼셉트론 구조

여러 개의 은닉층(hidden)을 통해 복잡한 문제를 해결할 수 있다.

역전파(back-propagation)는 출력층에서 계산된 오차를 기반으로 네트워크의 각 가중치(weight)를 연쇄 법칙(chain rule)을 통해 입력층 방향으로 전파하며, '경사하강법[28](gradient descent)에 따라 가중치를 미세 조정함으로써 학습이 이루어지도록 설계되었다. 이 알고리즘은 현재 ChatGPT와 같은 '대규모 언어 모델[29](Large Language Model, LLM)'의 핵심 학습 메커니즘으로 활용되고 있다.

또 다른 대표적인 업적으로는 '볼츠만 머신(Boltzmann Machines)'의 개발이 있다. 이는 확률론적 생성 모델로서, 열역학의 개념을 도입하여 에너지 함수에 기반한 상태 공간 탐색을 수행

25) 다층 퍼셉트론(Multilayer Perceptron, MLP) : 입력층, 하나 이상의 은닉층(hidden layer), 출력층으로 구성된 기본적인 신경망 구조. 각 층은 뉴런(Neuron) 단위로 구성되며, 정보를 층층이 전달하면서 복잡한 패턴을 학습함.

26) 역전파 알고리즘(Backpropagation Algorithm) : 신경망 학습 시, 출력값과 정답의 차이를 계산해 그 오차를 입력 방향으로 되돌려 보내며, 가중치를 조정하는 방법. 학습의 핵심 메커니즘.

27) 심층 신경망(Deep Neural Network, DNN) : 은닉층이 여러 개인 신경망으로서, 복잡하고 추상적인 정보를 표현하고 학습할 수 있는 딥러닝 모델의 핵심 구조.

28) 경사하강법(Gradient Descent) : 오차를 줄이기 위해 함수의 기울기를 따라 조금씩 가중치를 조정해 나가는 최적화 기법. 신경망이 보다 나은 예측을 하도록 돕는 역할.

29) 대규모 언어 모델(Large Language Model, LLM) : 방대한 양의 텍스트 데이터를 학습해 언어를 이해하고 생성할 수 있는 AI 모델. GPT, Claude 등이 대표적이며, 문장 생성, 번역, 요약 등 다양한 작업에 활용됨.

한다. 힌턴은 테런스 세즈노브스키(Terrence Sejnowski)와 함께 1985년에 이 모델을 제안했으며, 이는 이후 '제한 볼츠만 머신(Restricted Boltzmann Machines, RBM)'으로 발전하였다. RBM은 가시층[30](visible layer)과 은닉층[31](hidden layer) 사이의 연결만을 허용하여 학습을 보다 효율적으로 수행할 수 있도록 하였고, 데이터의 잠재적 특징(latent features)을 효과적으로 추출하는 데 사용된다.

이러한 기술들을 바탕으로 힌턴은 '심층 신뢰 신경망[32](Deep Belief Networks, DBN)'이라는 아키텍처를 고안하였다. DBN은 RBM을 층층이 쌓아올린 형태로서, 각 층을 '비지도 학습(unsupervised learning)' 방식으로 사전학습(pretraining)한 후, 전체 네트워크를 '지도 학습(supervised learning)' 방식으로 미세 조정(fine-tuning)하는 구조로 학습이 이루어진다. 이 방식은 심층 구조에서 발생하는 '기울기 소실 문제[33](vanishing gradient problem)'를 완화하며, 2010년대 초반까지 이미지 인식, 음성 인식 등 다양한 AI 응용 분야에서 매우 강력한 성능을 발휘했다. 이러한 일련의 연구들은 딥러닝이 단순한 이론적 모델을 넘어 실제 산업 및 사회 전반에 걸쳐 활용될 수 있도록 하는 데 결정적인 기여를 하였다.

힌턴은 2018년, 얀 르쿤(Yann LeCun), 요슈아 벤지오(Yoshua Bengio)와 함께 딥러닝 분야에서의 공로를 인정받아 컴퓨터 과학의 노벨상이라 불리는 튜링상(A.M. Turing Award)을 수상하였으며, 2024년에는 인공지능의 기초를 닦은 공로로 노벨 물리학상을 수상하였다. 힌턴의 업적은 오늘날 인공지능 기술이 다양한 분야에서 핵심 기술로 자리잡게 만든 원동력이라 할 수 있다.

이러한 선구자들의 노력과 혁신 덕분에 오늘날 우리는 ChatGPT와 같은 놀라운 AI 기술을 경험할 수 있다. AI의 역사는 계속해서 새로운 장을 써 내려가고 있으며, 앞으로 더욱 놀라운 발전이 이루어질 것이다. AI의 발전은 인간의 사고를 모방하고 이를 더욱 발전시키기 위한 끊임없는 도전의 역사이다.

---

30) 가시층(Visible Layer) : 신경망 모델에서 외부 입력 데이터가 들어오는 입력층.
예: 이미지나 텍스트 데이터를 받아들이는 부분.

31) 은닉층(Hidden Layer) : 입력과 출력 사이에 위치하며, 입력된 정보를 내부적으로 가공하고 특징을 추출하는 층. 사용자가 직접 보지는 않지만, 학습의 핵심 역할을 담당함.

32) 심층 신뢰 신경망(Deep Belief Network, DBN) : 여러 개의 제한 볼츠만 머신(RBM)을 쌓아 만든 딥러닝 구조. 먼저 비지도 학습으로 각 층을 학습한 뒤, 지도 학습으로 전체 네트워크를 미세 조정함.

33) 기울기 소실 문제(Vanishing Gradient Problem) : 신경망이 깊어질수록 역전파 과정에서 전달되는 오차 신호(기울기)가 작아져 가중치가 제대로 업데이트되지 않는 문제. 학습이 멈추는 주요 원인 중 하나.

3-5 기호주의와 연결주의: 인간 지능을 바라보는 철학적 관점

기호주의(Symbolism)와 연결주의(Connectionism)는 인공지능(Artificial Intelligence)과 인지과학(Cognitive Science) 분야에서, 인간의 지능이 어떻게 작동하는지를 이해하고 이를 기술로 구현하려는 시도에서 출발한 두 가지 대표적인 이론적·철학적 관점이다. 이 두 이론은 인간이 생각하고 배우는 과정을 어떻게 설명할 수 있을지, 서로 다른 해석을 내놓으며, 인공지능 개발 방향에 큰 영향을 주었다.

기호주의는 인간의 사고가 논리적인 기호나 규칙의 조작으로 이루어진다고 보며, 이를 바탕으로 복잡한 문제를 해결하는 시스템을 설계한다. 반면, 연결주의는 인간 두뇌의 신경망 구조에서 영감을 받아, 뇌처럼 작동하는 인공신경망을 통해 학습과 인식을 실현하려 한다. 즉, 두 이론은 인간 지능을 이해하고 모방하기 위한 서로 다른 접근법이며, 각각 고유한 방식으로 인공지능 기술의 발전을 이끌어 왔다.

I. 기호주의(Symbolism 또는 Algorithmic AI)

기호주의는 인간의 사고가 언어, 수학, 논리와 같은 형식 언어(formal language)의 규칙에 따라 작동한다는 전제에 기반한 이론으로서, 인간 지능을 기호(symbol)들의 조작 및 처리 과정으로 설명하고자 한다. 1950년대와 1960년대를 거치며 고전적 인공지능(Classical AI)의 핵심 이론으로 자리 잡았고, 초기 AI 시스템 개발에 깊은 기반을 제공하였다.

기호주의 인공지능(Symbolic AI 또는 Algorithmic AI)은 지식을 기호(symbol)의 형태로 명시적으로 표현하고, 그 기호들을 조작할 수 있는 규칙(rule)들과 함께 시스템에 내장하는 방식이다. 이러한 방식은 기호 간의 관계를 논리적으로 분석하거나 설명하는 데 유리하며, '약한 AI(Weak AI)' 시스템을 연구하고 평가하는 데 있어 더 엄밀한 접근을 가능하게 해준다. 그러나 이러한 기호 기반 모델이 실제 인간의 두뇌 작동 방식과 일치한다는 과학적 증거는 없다. 인간의 뇌가 명시적인 기호 체계로 프로그래밍되어 있다는 증거는 현재까지 존재하지 않는다(Hanssen, A. B., & Nichele, S., 2019[34]).

이러한 접근법은 인간의 인지 능력을 명시적이고 체계적인 규칙 기반 시스템으로 환원할 수 있다고 믿는다. 예를 들어, 어떤 문제를 해결하기 위해 '만약 A라면 B를 하라'와 같은 규칙을 정의하고, 이러한 규칙들을 논리적으로 결합해 추론을 전개해 나가는 것이다. 대표적인 학자인

34) Hanssen, A. B., & Nichele, S., 2019, Ethics of artificial intelligence demarcations. In: Nordic Artificial Intelligence Research and Development: Third Symposium of the Norwegian AI Society, NAIS 2019, Trondheim, Norway, May 27-28, 2019, Proceedings 3. Springer International Publishing, 2019. p. 133-142.

앨런 뉴웰[35](Allen Newell)과 허버트 사이먼[36](Herbert A. Simon)은 이러한 철학에 따라 '기호 처리 모델(symbolic processing model)'을 제안하였고, 이를 실제 시스템으로 구현한 General Problem Solver(GPS)를 통해 인간의 문제 해결 과정을 시뮬레이션하였다.

또한 '인공지능(Artificial Intelligence)'이라는 용어를 처음 제안한 존 맥카시[37](John McCarthy)는 기호주의에 기반한 프로그래밍 언어인 LISP를 개발함으로써, AI의 기술적 구현에 결정적인 기여를 하였다. 이후 등장한 전문가 시스템인 MYCIN, 자연어 처리 시스템인 SHRDLU 등은 기호주의의 응용 가능성을 잘 보여주는 대표적인 예다.

기호주의의 주요 특징

- 명시적 규칙 기반의 추론 메커니즘 : 사람이 정의한 논리 규칙과 절차를 기반으로 문제를 해결하는 구조를 지닌다.
- 구조화된 지식 표현 체계 : 지식을 명제 논리, 트리 구조, 프레임, 의미 네트워크(semantic network) 등의 형식으로 정형화하여 표현한다.
- 논리 중심의 연역적 사고 : 기호들을 조합하여 논리적으로 새로운 결론을 도출하는 연역적 추론 능력을 강조한다.

기호주의는 특히 수학적 명제, 법률 논리, 전문가 시스템 구축 등 명확하고 구조화된 문제를 다루는 데 강점을 보였지만, 비정형적이거나 복잡성이 높은 현실 세계의 문제를 다루는 데 있어 유연성의 부족이라는 비판을 피하기는 어려웠다.

II. 연결주의(Connectionism)

연결주의는 인간 지능을 이해하는 관점을 생물학적 뇌의 구조에서 출발하며, 인간의 사고와 학습은 뇌 속의 수많은 뉴런(neuron, 신경망)들이 서로 복잡하게 연결되고 상호작용함으로써 발현된다고 본다. 이러한 생물학적 통찰을 기반으로, 연결주의는 인공 신경망(Artificial Neural Networks,

---

35) 앨런 뉴웰 (Allen Newell, 1927-1992) : 미국의 컴퓨터 과학자로, 인공지능(AI)의 선구자 중 한 명이다. 허버트 사이먼과 함께 1975년 튜링상을 수상했으며, 인간 인지 심리학과 문제 해결 과정에 대한 연구로 유명하다. 초기 AI 프로그램인 "Logic Theorist"와 "General Problem Solver"를 개발했고, 정보처리 언어(IPL)를 공동 설계했다.

36) 허버트 사이먼 (Herbert A. Simon, 1916-2001) : 미국의 경제학자이자 컴퓨터 과학자로서, 조직 내 의사결정 이론인 "제한된 합리성"과 "만족화(satisficing)" 개념을 제안했다. 1975년 튜링상과 1978년 노벨 경제학상을 수상했으며, AI와 인지 과학의 발전에 크게 기여했다. 특히 초기 AI 프로그램 개발과 복잡계 연구에서 중요한 역할을 했다.

37) 존 맥카시 (John McCarthy, 1927-2011) : 미국의 컴퓨터 과학자로서, "인공지능(AI)"이라는 용어를 처음 제안한 인물이다. 1958년 프로그래밍 언어 Lisp를 발명했으며, MIT와 스탠퍼드 대학에서 AI 연구소를 설립해 AI 발전에 중추적 역할을 했다. 또한 시간 공유 시스템(time-sharing) 개념을 제안하여 컴퓨팅 자원의 효율적 활용을 도모했다.

ANN)이라는 형태로 컴퓨터 시스템에 이를 모사하고자 했다.

연결주의 인공지능(Connectionist AI)은 수많은 유닛(unit, 일반적으로 인공 뉴런)들이 서로 연결된 대규모 네트워크를 구성하여 정보를 분산적으로 인코딩하고 처리하는 방식을 따른다. 이 방식은 생물학적으로 보다 타당한(brain-plausible) 모델로 간주되며, 인간 신경망 구조를 모사하고자 한다는 점에서 생물학적 신경계와 유사한 특성을 갖는다. 다만, 연결주의 모델은 일반적으로 막대한 양의 데이터와 고성능 연산 자원을 필요로 한다는 한계가 있다(Hanssen, A. B., & Nichele, S., 2019)[38].

가장 초기의 연결주의 모델은 1943년 워렌 맥컬럭[39](Warren McCulloch)과 월터 피츠[40](Walter Pitts)에 의해 제안되었으며, 이는 수학적으로 단순한 뉴런의 동작 원리를 설명한 최초의 인공 뉴런 모델로 평가된다. 이후 1980년대에 이르러 데이비드 럼멜하트[41](David Rumelhart)와 제프리 힌턴[42](Geoffrey Hinton) 등이 역전파 알고리즘(Backpropagation Algorithm)을 개발함으로써, 다층 신경망(multi-layer neural networks)의 학습이 가능해졌고, 이를 계기로 연결주의는 실질적인 도약기를 맞이하게 되었다.

연결주의는 특히 방대한 양의 데이터로부터 자동으로 학습하며, 추상적 개념을 유추해 내고, 불확실하거나 모호한 상황에서도 유연하게 대응할 수 있다는 점에서 기호주의와는 뚜렷한 차별성을 지닌다. 이러한 특성은 이미지 인식, 음성 인식, 자연어 처리 등 비정형 데이터가 중심이 되는 문제 영역에서 더욱 두드러진다.

연결주의 특징

- 분산적 지식 표현 구조 : 지식은 뉴런(neuron, 신경망) 간 연결의 강도인 가중치(weight)에 분산되어 저장되며, 특정 위치에 정형화된 형태로 저장되지 않는다.
- 자동화된 학습 메커니즘 : 명시적 규칙 없이 데이터 기반으로 스스로 학습하고, 반복적 훈련을 통

38) Hanssen, A. B., & Nichele, S., 2019, Ethics of artificial intelligence demarcations. In: Nordic Artificial Intelligence Research and Development: Third Symposium of the Norwegian AI Society, NAIS 2019, Trondheim, Norway, May 27-28, 2019, Proceedings 3. Springer International Publishing, 2019. p. 133-142.

39) 워렌 맥컬럭(Warren McCulloch, 1898-1969) : 미국의 신경생리학자이자 정신과 의사로서, 인공지능과 신경망 이론의 기초를 마련한 학자이다. 월터 피츠와 함께 "맥컬럭-피츠 뉴런" 모델을 제안하여 신경망의 수학적 기초를 세웠다. 이는 현대 인공지능의 핵심인 뉴럴 네트워크 연구의 토대가 되었다.

40) 월터 피츠(Walter Pitts, 1923-1969) : 미국의 수학자로, 워렌 맥컬럭과 함께 신경망 모델인 "맥컬럭-피츠 뉴런"을 개발했다. 이 모델은 생물학적 뉴런의 동작을 수학적으로 모사하며, 초기 인공지능 및 기계 학습 연구에 큰 영향을 미쳤다.

41) 데이비드 럼멜하트(David Rumelhart, 1942-2011) : 미국의 심리학자로서, 연결주의(connectionism)와 병렬 분산 처리(parallel distributed processing) 이론으로 유명하다. 역전파(backpropagation) 알고리즘을 활용한 다층 신경망 학습 연구로 알려져 있으며, 이는 현대 딥러닝 기술의 기반이 되었다.

42) 제프리 힌턴(Geoffrey Hinton, 1947-) : 캐나다의 컴퓨터 과학자이자 심리학자로서, 딥러닝(deep learning)의 선구자이다. 역전파 알고리즘과 볼츠만 머신(Boltzmann machine)을 개발하며 AI 분야를 혁신적으로 발전시켰다. 그의 연구는 이미지 및 음성 인식 등 다양한 응용 분야에서 큰 영향을 미쳤으며, 2024년 노벨 물리학상을 수상했다.

해 일반화 성능을 향상시킨다.

- 병렬적이고 확률적인 처리 방식 : 수많은 노드(node)들이 동시에 작동하며 확률적 가중치를 조정해가며 출력 값을 도출한다.

연결주의는 특히 최근 몇 년 동안 딥러닝의 발전과 함께 큰 주목을 받았다. 연결주의 모델은 이미지 인식, 자연어 처리, 음성 인식 등 다양한 AI 응용 분야에서 탁월한 성능을 보여주었고, 인간 수준의 인공지능 구현에 중요한 역할을 하고 있다.

기호주의와 연결주의의 역사적 전개

- 1950~1970년대 : 기호주의가 인공지능 연구의 주류 이론으로 자리 잡았고, 전문가 시스템과 규칙 기반 추론 시스템이 활발히 개발되었다. 그러나 인간처럼 직관적이고 유연한 사고를 모사하기에는 한계가 있었다.
- 1980년대 중반 : 연결주의의 르네상스. 역전파 알고리즘의 도입으로 다층 신경망 학습이 가능해지며, AI의 새로운 패러다임으로 부상하였다. 이때부터 연결주의는 패턴 인식과 같은 분야에서 강력한 성능을 보이며 주목받기 시작했다.
- 1990~2000년대 : 데이터 기반 접근의 중요성이 대두되면서, 기호주의는 특정 분야에서 한정적으로 활용되고, 연결주의가 실용 영역에서 더욱 주목받기 시작하였다.
- 2010년대 이후 : 딥러닝(Deep Learning, 심층학습)의 폭발적인 발전과 함께 연결주의는 AI 기술의 중심적 원리로 자리매김하였으며, Google DeepMind의 AlphaGo, OpenAI의 GPT 시리즈 등에서 그 진가를 입증하였다.

기호주의와 연결주의의 차이점

기호주의는 지능을 명확한 규칙과 기호 처리를 통해 설명하며, 인간의 사고 과정을 논리적이고 형식화된 기호 시스템으로 보고, 문제 해결의 과정도 이러한 규칙적 사고에 기반한다고 여긴다. 한편, 연결주의는 지능을 병렬적이고 분산된 처리 방식으로 설명하며, 신경망의 연결을 통해 학습하고 발달한다고 주장한다. 기호주의는 상징적 처리에 집중하는 반면, 연결주의는 학습과 경험을 통한 지능적 행동을 강조한다.

기호주의는 초기 인공지능 연구의 기초가 되었으며, 특히 지식 표현과 추론 시스템에 중요한 영향을 미쳤다. 그러나 복잡한 현실 문제를 해결하는 데 한계가 있었고, 연결주의는 이러한 한계를 극복할 수 있는 대안으로 떠올랐다. 연결주의는 신경망을 통해 패턴 인식과 예측을 잘 처리할 수 있으며, 특히 딥러닝 분야에서 그 중요성이 강조되고 있다.

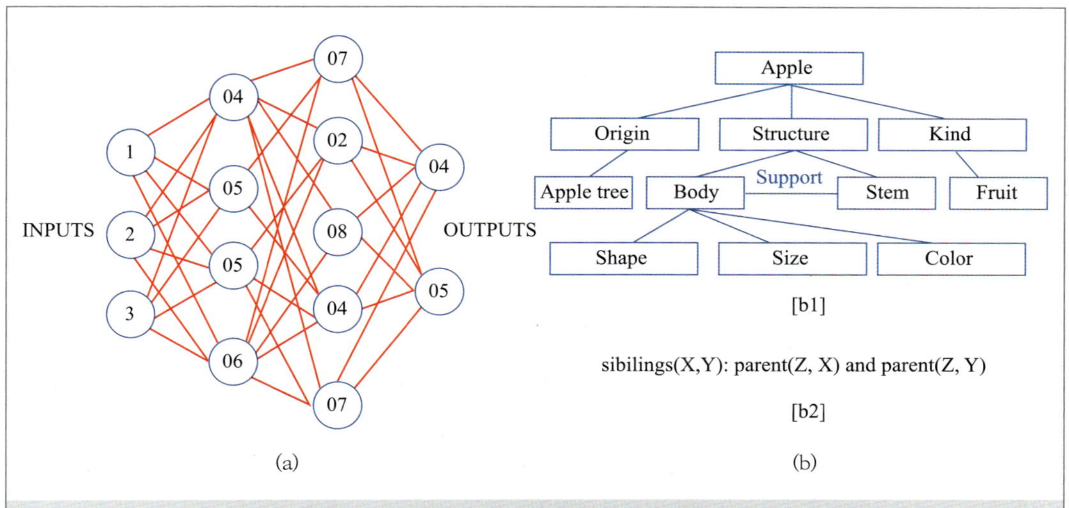

[그림] 연결주의와 기호주의 방식 비교

(a) 연결주의(Connectionist) 방식의 정보 표현 방식. 이 구조에서는 정보가 뉴런(Neuron, 파란색 노드) 간의 시냅스(Synapse, 빨간색 선)를 통해 분산적으로 표현된다. 각 시냅스는 학습을 통해 강화되거나 약화되며, 이러한 연결 패턴이 곧 지식을 구성한다.
(b) 기호주의(Symbolic) 방식의 두 가지 예시. (b1) : 계층 구조(Tree Structure)를 활용한 지식 표현 방식으로, 추론 과정이나 개념 간 위계 관계를 시각화하는 데 적합하다. (b2) : 논리식(Logic Expression)을 통해 개념 간 관계를 형식적으로 기술하는 예시이며, 명확한 규칙 기반 추론이 가능한 구조이다.

(출처 : Hanssen, A. B., & Nichele, S., 2019, Ethics of artificial intelligence demarcations. In: Nordic Artificial Intelligence Research and Development: Third Symposium of the Norwegian AI Society, NAIS 2019, Trondheim, Norway, May 27-28, 2019, Proceedings 3. Springer International Publishing, 2019. p. 133-142.

항목	기호주의(Symbolism)	연결주의(Connectionism)
지식 표현	명시적 기호(논리, 규칙, 구조)	연결 가중치로 분산 표현
학습 방식	사람이 규칙 정의	데이터 기반 자동 학습
처리 구조	논리 기반 추론	통계 기반 추론
대표 분야	전문가 시스템, 계획, 추론	음성/이미지 인식, 자연어 처리
한계점	유연성 부족, 대규모 학습 불가	해석 어려움, 지식 명시화 부족

기호주의는 인공지능이라는 분야의 기초를 세운 초기 이론으로서, 인간의 이성적 사고를 구조화하고 이를 컴퓨터 알고리즘으로 구현하려는 시도에 큰 영향을 끼쳤다. 하지만 현실 세계는 반드시 논리적이거나 명시적이지 않기 때문에, 이론의 확장성과 실용성 측면에서 일정한 한계를 노출하게 되었다.

이러한 맥락에서 연결주의는 생물학적 신경망 구조를 차용하여, 학습 기반의 지능적 행동을 모사함으로써 보다 유연하고 강건한 AI 시스템 구현을 가능하게 하였다. 특히 2010년대 이후 데이터와 계산 자원의 급격한 증가와 함께 연결주의는 사실상 현대 AI 기술의 표준이 되었고, 복잡한 현실 문제를 해결하는 데 있어 더욱 강력한 도구로 활용되고 있다.

3-6 인공지능(AI), 머신러닝(ML), 딥러닝(DL)의 계층적 구조와 개념 정리

인공지능[43](Artificial Intelligence, AI)은 인간의 지적 능력을 모방하거나 이를 능가할 수 있도록 설계된 컴퓨터 시스템을 의미하며, 가장 포괄적인 개념이다. 즉, AI는 인간처럼 학습하고, 추론하며, 문제를 해결하고, 언어를 이해하거나 시각 정보를 처리할 수 있는 기계를 구현하려는 광범위한 기술 영역을 포괄한다.

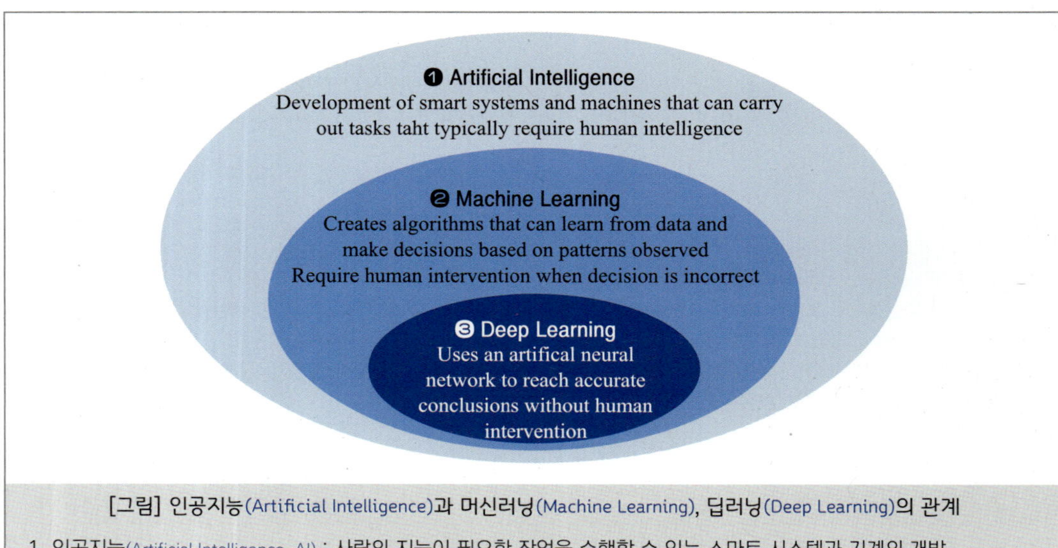

[그림] 인공지능(Artificial Intelligence)과 머신러닝(Machine Learning), 딥러닝(Deep Learning)의 관계

1. 인공지능(Artificial Intelligence, AI) : 사람의 지능이 필요한 작업을 수행할 수 있는 스마트 시스템과 기계의 개발
2. 머신러닝(Machine Learning, 기계학습) : 데이터에서 패턴을 학습해 결정을 내리는 알고리즘. 잘못된 결정 시 인간의 개입이 필요함
3. 딥러닝(Deep Learning, 심층학습) : 인공신경망을 활용해 인간의 개입 없이도 정확한 결론에 도달하는 기술

이러한 인공지능을 구현하는 다양한 방법 중 대표적인 접근법이 바로 머신러닝[44](Machine Learning/ML, 기계학습)이다. 머신러닝은 명시적인 프로그래밍 없이 데이터로부터 컴퓨터가 스스로 패턴을 학습하도록 하는 알고리즘적 체계를 의미한다. 이는 인공지능을 실현하기 위한 핵심 기술로, 기계가 경험을 통해 성능을 향상시킬 수 있도록 한다.

머신러닝의 하위 개념으로는 딥러닝[45](Deep Learning/DL, 심층학습)이 있다. 딥러닝은 다층 구조를 갖는 인공신경망[46](Artificial Neural Network, ANN)을 기반으로 하는 학습 방식으로, 인간 두뇌의 뉴

---

43) AI (Artificial Intelligence) : 인간의 인지 기능을 기계에 부여하는 기술. 판단, 추론, 학습, 자연어 처리 등 지능적 행동을 포함한다.
44) Machine Learning(기계 학습) : 명시적 규칙이 아닌, 데이터를 기반으로 모델이 스스로 학습하는 알고리즘.
예: 의사결정 트리, SVM, K-NN 등.
45) Deep Learning(심층 학습) : 다층의 인공신경망을 통해 대규모 데이터를 처리하고 고차원의 패턴을 자동으로 학습하는 기술.
예: CNN, RNN, Transformer 등.
46) Artificial Neural Network(인공신경망) : 인간의 뇌에서 착안한 구조로, 입력층(Input layer), 은닉층(Hidden layers), 출력층(Out-

런 연결 구조에서 영감을 얻은 기술이다. 딥러닝은 특히 복잡하고 비정형적인 데이터[47](예: 이미지, 음성, 텍스트 등)를 처리하는 데 탁월한 성능을 보이며, 특징(feature) 추출부터 분류까지 모든 과정을 기계가 자동으로 수행한다는 점에서 기존의 머신러닝과 구별된다.

I. 머신러닝(Machine Learning, 기계학습)

인공지능(Artificial Intelligence, AI) 분야 내에서도 비교적 명확한 정의를 갖는 머신러닝은, 컴퓨터가 명시적인 프로그래밍 없이도 데이터를 통해 스스로 학습하고 판단하는 능력을 갖추도록 하는 기술이다. 다시 말해, 머신러닝은 컴퓨터가 사람처럼 데이터를 보고 스스로 학습할 수 있도록 만드는 기술이다. 원래 컴퓨터는 사람이 직접 '무엇을 어떻게 하라'고 정확히 지시하는 방식으로 움직인다. 예를 들어, 두 숫자를 더하라고 하면 "A + B를 계산하라"고 직접 코드로 써야 한다. 그러나 머신러닝은 다르다. 컴퓨터가 직접 데이터를 보고, 규칙을 찾고, 그 규칙을 바탕으로 새로운 문제를 해결하는 방식이다.

머신러닝이라는 용어는 1959년 아서 사무엘(Arthur Samuel)이 처음 사용하였으며, 그는 이를 "명시적으로 프로그램되지 않아도 컴퓨터가 학습할 수 있도록 하는 연구 분야[48]"라고 정의하였다. 이는 규칙 기반 프로그래밍과는 달리, 입력과 결과를 바탕으로 중간의 규칙(조건 B)을 기계가 스스로 도출해내는 접근법을 의미한다.

이후 1998년, 카네기 멜론 대학의 톰 미첼(Tom Mitchell)은 머신러닝을 보다 수학적으로 정의하였다. 즉, "어떤 작업 T(Task)에 대해, 경험 E(Experience)를 통해 성능 척도 P(Performance measure)로 측정한 결과가 향상된다면, 해당 프로그램은 학습하고 있다고 말할 수 있다[49]."

예를 들어, 필기체 문자를 인식하는 경우, 작업 T는 손글씨 인식, 성능 P는 필기체 인식의 정확도(accuracy), 경험 E는 정답이 표시된 필기체 문자의 입력(정답이 라벨된 손글씨 이미지 데이터)이 될 것이다. 정답이 주어진 필기체 데이터를 반복적으로 학습함으로써, 인식 정확도가 높아진다면, 이

---

put layer)으로 구성된다. 각 층은 여러 개의 노드(Neuron)로 이루어져 있으며, 이 노드들은 서로 연결되어 있어 정보를 전달하고 처리한다.

47) 비정형 데이터(非定型 데이터, Unstructured Data) : 정해진 형식이나 구조 없이 저장되는 데이터를 말한다. 다시 말해, 관계형 데이터베이스(RDBMS)처럼 행과 열의 구조로 정형화되어 있지 않은 정보를 의미한다. 대부분의 실제 데이터가 이 비정형 데이터 범주에 해당되며, 전체 데이터의 약 80~90%가 비정형으로 추정된다.
예 : ① 이메일, 소셜 미디어 게시글, 블로그, 뉴스 기사, 보고서, 메모 등의 텍스트 데이터, ② 이미지, 오디오, 동영상, CCTV 기록 등의 미디어 데이터, ③ PDF, Word, PowerPoint 등의 문서파일, ④ 자율주행 센서 로그, 기기 상태 메시지, 네트워크 로그 등의 IoT센서 데이터, ⑤ 웹페이지 HTML, 웹 크롤링 데이터 등의 웹 데이터

48) Field of study that gives computers the ability to learn without being explicitly programmed.

49) A computer program is said to learn from experience E with respect to some task T and some performance measure P, if its performance on T, as measured by P, improves with experience E.

프로그램은 머신러닝 방식으로 학습한 것이라 볼 수 있다.

머신러닝의 개념과 특성

머신러닝은 데이터를 기반으로 통계적 패턴이나 규칙을 스스로 학습하여, 예측(Prediction), 분류(Classification), 의사결정(Decision Making) 등의 과업을 자동으로 수행하게 한다. 이는 인공지능의 핵심 하위 분야 중 하나로서, 기존의 규칙 기반 방식보다 유연하고 적응적인 기능을 제공한다. 머신러닝의 핵심 특성은 다음과 같이 요약할 수 있다. 즉,

- 데이터 중심 : 인간이 직접 작성하는 규칙 대신, 데이터를 기반으로 모델이 스스로 규칙을 찾아낸다.
- 특징(feature) 추출의 중요성 : 입력 데이터를 정제하고 의미 있는 특징을 선정하는 전처리 과정이 성능에 큰 영향을 미친다.
- 비교적 적은 데이터로도 학습 가능 : 대규모 데이터가 필요한 딥러닝과 달리, 적은 양의 데이터로도 유용한 모델을 만들 수 있다.
- CPU 기반의 학습 가능 : 고성능 GPU가 필수는 아니며, 일반적인 컴퓨터 환경에서도 적용 가능하다.

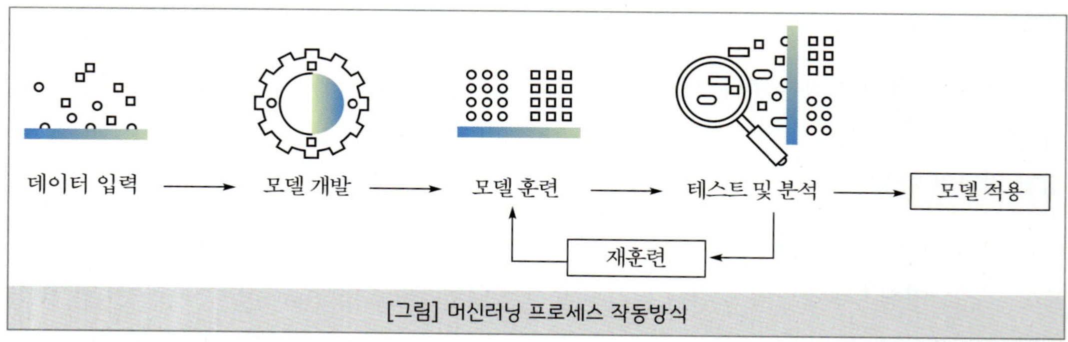

[그림] 머신러닝 프로세스 작동방식

머신러닝의 주요 알고리즘

머신러닝은 다양한 알고리즘을 활용하여 학습을 수행한다. 다음은 대표적인 알고리즘으로서, 구조가 단순하고 결과 해석이 용이하다는 장점이 있으며, 선형적 관계가 강한 문제에 특히 효과적이다.

- 의사결정 트리(Decision Tree) : 트리 구조를 통해 조건에 따라 데이터를 분류한다.
- 서포트 벡터 머신(Support Vector Machine, SVM) : 데이터 간의 경계를 최대한 멀리 두는 결정 경계를 학습한다.

- 나이브 베이즈(Naive Bayes) : 확률 기반 분류기로서, 조건부 확률을 활용하여 빠른 분류가 가능하다.
- k-최근접 이웃(k-Nearest Neighbors, k-NN) : 주어진 데이터와 가장 가까운 k개의 데이터를 참조하여 분류한다.

머신러닝의 주요 활용 분야

목적	내용
예측과 분류	고객 이탈 예측, 이메일 스팸 필터링 등
패턴 인식	이미지 내 객체 인식, 음성/얼굴 인식 등
자동화 및 최적화	제조 공정 자동화, 물류 스케줄링 최적화 등
의사결정 지원	의료 진단, 주식 거래 전략, 마케팅 캠페인 등
자연어 처리(NLP)	챗봇, 기계번역, 음성 인식 등 인간 언어를 이해하고 처리

머신러닝의 분류(학습 유형)

머신러닝(Machine Learning, 기계학습)은 다수의 파라미터로 구성된 모델을 기반으로 하며, 주어진 데이터를 통해 이러한 파라미터들을 최적화하는 과정을 '학습(Learning)'이라고 정의한다. 머신러닝은 학습 문제의 형태에 따라 지도 학습(Supervised Learning), 비지도 학습(Unsupervised Learning), 그리고 강화학습(Reinforcement Learning)의 3가지 방식으로 구분된다. 다시 말해, 머신러닝은 학습의 방식에 따라 크게 세 가지 유형으로 나뉘며, 각각은 데이터의 구성 방식과 학습 목표에 따라 서로 다른 접근 방식을 취한다.

- 지도학습(Supervised Learning)은 정답(label)이 있는 데이터를 기반으로 모델을 학습시키는 방식으로서, 입력값에 대한 정답이 미리 주어진 상태에서 두 값 사이의 관계를 찾아내는 것이 핵심이다. 예를 들어, 손글씨 숫자 이미지와 그에 해당하는 숫자 라벨을 함께 제공하여 모델이 숫자를 분류할 수 있도록 학습시키거나, 고객 이탈 여부를 예측하는 데 활용된다.
- 비지도 학습(Unsupervised Learning)은 정답 없이 오직 입력 데이터만을 이용하여 학습하는 방식이다. 이 경우 모델은 데이터 속에 숨어 있는 패턴이나 구조를 스스로 찾아내야 한다. 대표적으로는 고객의 특성을 바탕으로 자연스럽게 비슷한 사람들끼리 묶는 클러스터링(Clustering)이나, 고차원 데이터를 저차원으로 줄이는 '차원 축소(PCA)[50]' 기법이 있다.

---

50) PCA: Principal Component Analysis의 약자이며, 주성분 분석이라고 한다. PCA는 고차원 데이터를 보다 낮은 차원으로 차원 축소(Dimensionality Reduction)할 때, 사용하는 대표적인 비지도 학습 기법이다. 데이터 내에 존재하는 여러 변수들 중에서 가장 큰 분산(variation)을 설명하는 축(=주성분, principal component)을 찾아, 데이터를 가장 잘 표현할 수 있는 새로운 좌표계로 변환하는 방식이다. 이 과정은 (1) 데이터 시각화를 위한 축소 (예: 100차원 → 2차원), (2) 노이즈 제거, (3) 중복된 정보 제거, (4) 계산 효율 향상 등의 목적에서 사용된다. 즉, PCA는 데이터 구조를 최대한 보존하면서 복잡도를 줄이는 데 유용한 도구다.

• 강화학습(Reinforcement Learning)은 학습 주체가 환경과 끊임없이 상호작용하며 시행착오를 거쳐 최적의 행동 방식을 스스로 익혀나가는 학습 방식이다. 이 과정에서는 정답이 명시적으로 주어지지 않으며, 대신 특정한 행동을 취했을 때 얻게 되는 보상(Reward)을 통해 학습이 진행된다. 예를 들어, 게임 인공지능이 점수를 최대화하기 위해 다양한 전략을 시도하며 학습하거나, 자율주행 시스템이 다양한 주행 상황 속에서 적절한 판단을 내리기 위한 의사결정 전략을 스스로 습득하는 데 활용된다.

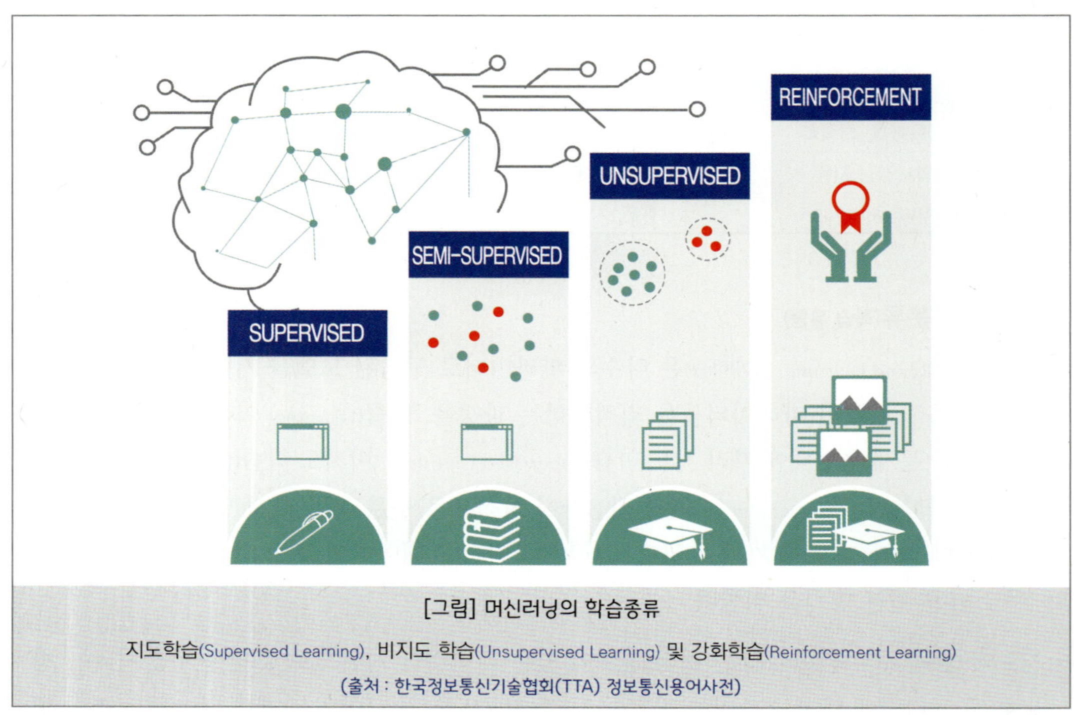

[그림] 머신러닝의 학습종류

지도학습(Supervised Learning), 비지도 학습(Unsupervised Learning) 및 강화학습(Reinforcement Learning)

(출처 : 한국정보통신기술협회(TTA) 정보통신용어사전)

II. 딥러닝(Deep Learning, 심층학습)

딥러닝은 인간의 뇌 구조를 모방한 인공신경망(Artificial Neural Network, ANN)을 기반으로 하는 머신러닝(Machine Learning)의 한 분야로서, 방대한 양의 데이터를 바탕으로 복잡하고 고차원적인 문제를 자동으로 학습하고 해결할 수 있도록 설계된 기술이다.

딥러닝의 개념은 1980년대에 이미 제시되었으나, 초기에는 데이터 부족과 연산 자원의 한계로 인해 제한적인 성공에 그쳤다. 1990년대에 이르러 합성곱 신경망(CNN)이 제안되었고, 2006년에는 제프리 힌튼(Geoffrey Hinton)이 심층 신뢰 신경망(Deep Belief Network) 학습 알고리즘을 발표하면서 학계의 주목을 받기 시작했다. 이후 GPU의 발전과 빅데이터의 등장, 정교한 최적화 기법들이 더해지며 딥러닝은 비약적인 발전을 이루었고, 오늘날 컴퓨터 비전, 자연어 처리, 생성 AI 등 거의 모든 인공지능 분야의 중심 기술로 자리 잡고 있다.

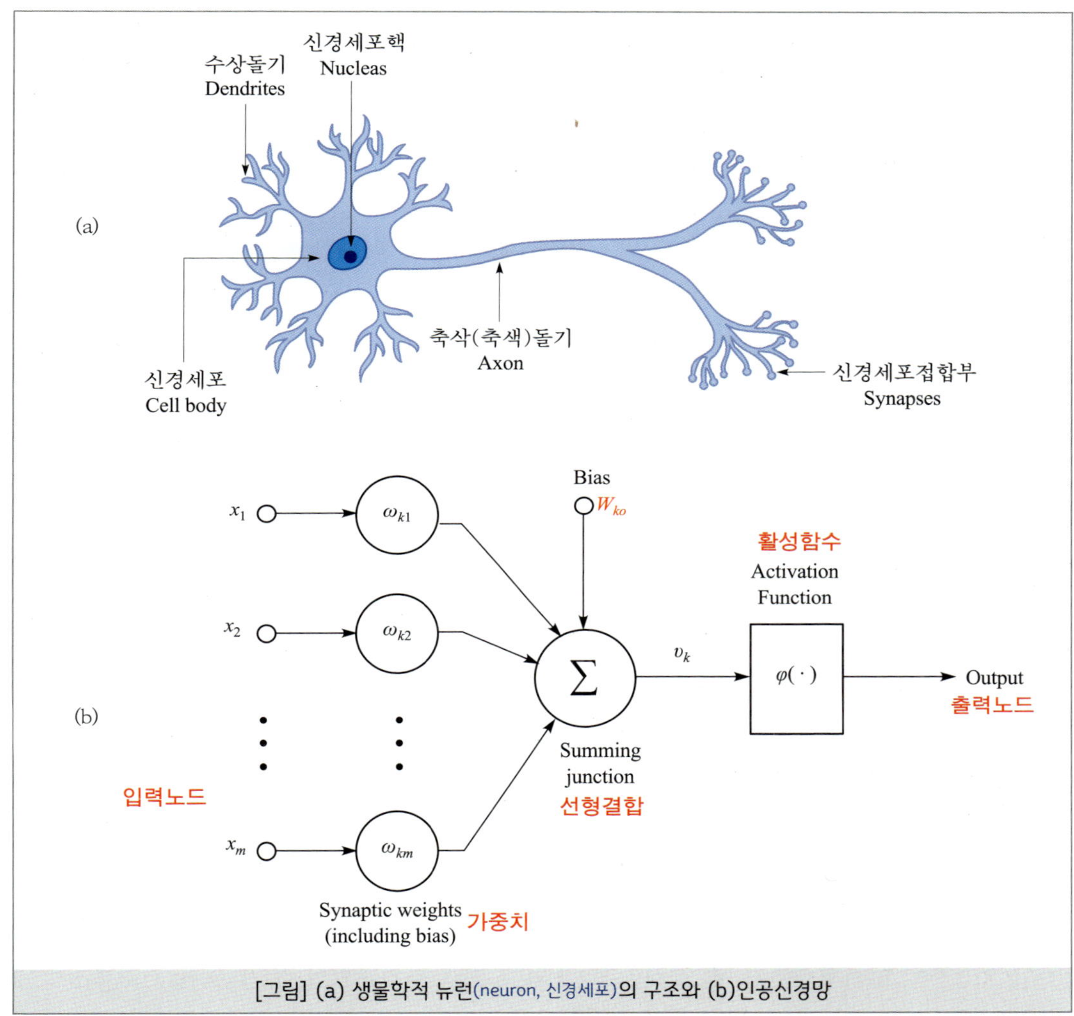

[그림] (a) 생물학적 뉴런(neuron, 신경세포)의 구조와 (b)인공신경망

딥러닝이 '심층학습(深層學習)'이라고 불리는 이유는, 입력층과 출력층 사이에 다수의 은닉층(hidden layers)을 쌓은 다층 구조를 갖기 때문이다. 이러한 깊은 계층 구조는 단순한 선형 모델보다 훨씬 복잡한 함수와 관계를 표현할 수 있으며, 이를 통해 딥러닝은 이미지 인식, 음성 인식, 자연어 처리 등 다양한 분야에서 탁월한 성능을 보이고 있다.

딥러닝은 인간의 뇌 속 신경세포(뉴런, Neuron)들의 연결 구조에서 착안하여 고안된 개념이다. 인간의 뇌는 약 1,000억 개의 뉴런이 100조 개 이상의 시냅스(synapse)를 통해 서로 긴밀히 연결되어 있으며, 이를 통해 다양한 자극을 병렬적으로 처리한다.

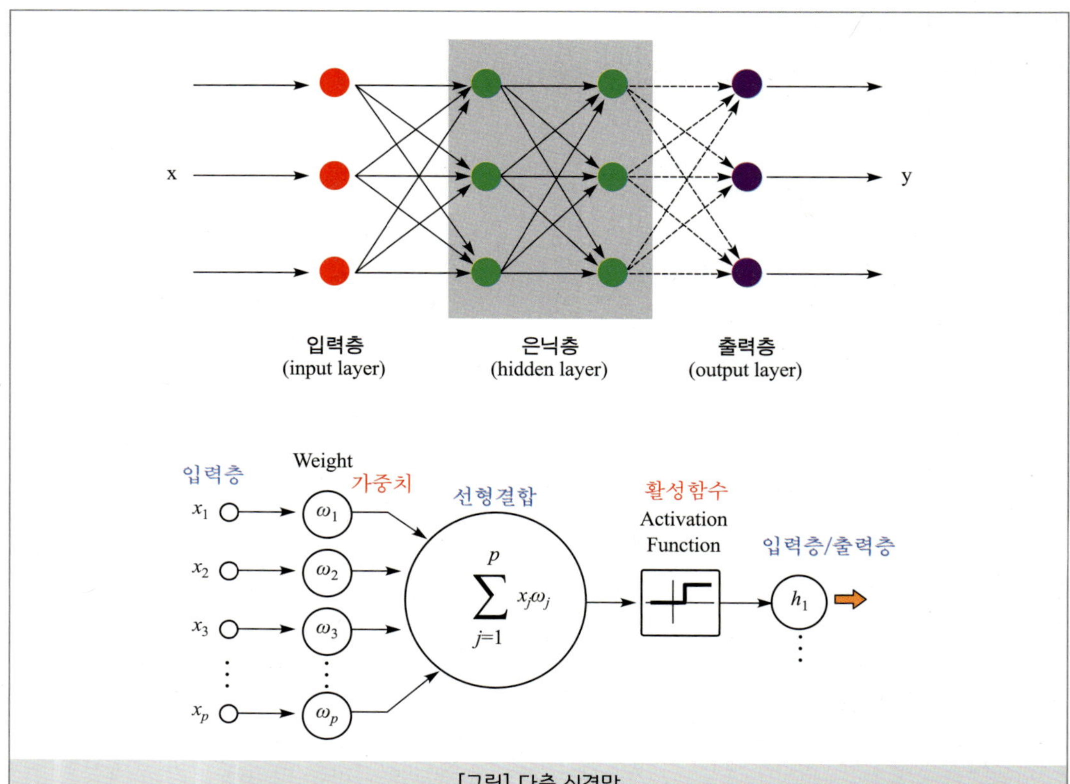

[그림] 다층 신경망

- 입력층(input layer) : 입력변수에 대응되는 노드로 구성, 노드의 수는 입력변수의 개수
- 은닉층(hidden layer) : 입력층으로부터 전달되는 변수값들의 선형결합을 비선형함수(활성화함수)로 처리, 출력층 또는 다른 은닉층에 전달하는 역할
- 출력층(output layer) : 출력변수에 대응되는 노드, 분류모형에서는 클래스의 수 만큼의 출력노드가 생성
- 활성함수(activation function) : 입력노드 혹은 은닉노드의 값에서 그 다음의 은닉층에 있는 노드값을 대응시키는 함수

각 뉴런은 수상돌기(Dendrite)를 통해 다른 뉴런으로부터 입력 신호를 받고, 일정 기준 이상의 신호가 누적되면 축삭돌기(Axon)를 통해 다른 뉴런에 출력을 전달한다. 이때 신호가 전달되는 지점이 바로 시냅스로서, 뉴런 간 연결을 실질적으로 담당한다. 딥러닝의 인공신경망은 이러한 생물학적 구조를 수학적 모델로 구현한 것이다.

딥러닝(Deep Learning)은 머신러닝(Machine Learning)의 하위 분야로서, 인간의 뇌 구조를 모방한 인공신경망(Artificial Neural Network, ANN)을 기반으로 복잡한 데이터를 학습하고 고차원적인 분석과 예측을 가능하게 하는 기술이다.

딥러닝은 여러 개의 은닉층(hidden layer)으로 구성된 인공 신경망을 활용한다. 은닉층의 수가 많아질수록 '깊다(deep)'라고 표현하며, 이러한 깊은 계층 구조는 얕은 구조에 비해 훨씬 더 복잡한 함수를 효과적으로 표현할 수 있다. 이러한 구조는 인간 뇌의 신경 회로망을 모사한 것으로, 심층 기계 학습(deep learning)은 문제를 해결하기 위해 스스로 필요한 특징을 찾아내고 이를 적절하게 표현하는 학습 능력이 매우 뛰어나다. 그 결과, 사진에서의 개체 인식, 기계 번역, 바둑과 같은 고난도 분야에서 기존의 기계 학습 모델을 능가하는 성능을 보여준다.

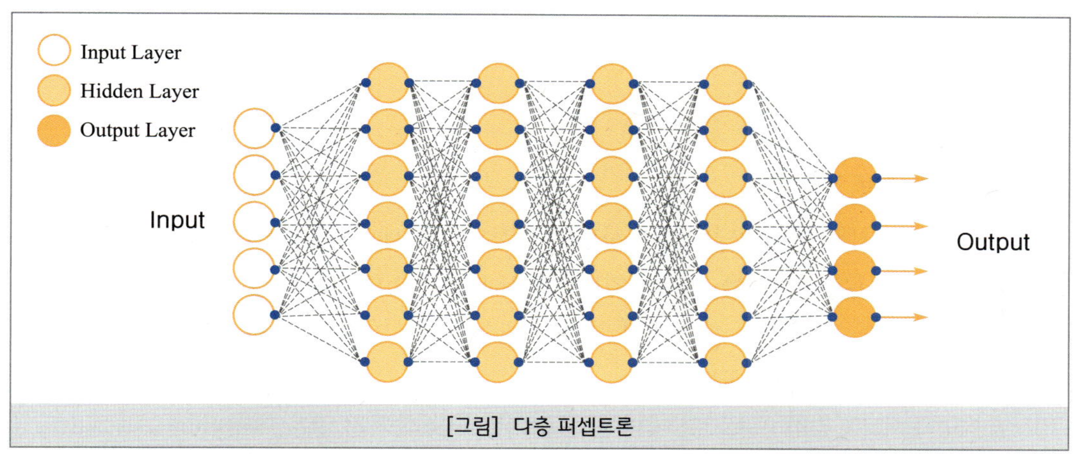

[그림] 다층 퍼셉트론

딥러닝의 핵심 구조는 다층 퍼셉트론(Multi-layer Perceptron, MLP)으로 대표되는 심층 신경망(Deep Neural Network, DNN)이다. 이 구조는 다음과 같은 세 가지 층으로 구성된다.

- 입력층(Input Layer) : 외부 데이터를 받아들이는 층
- 은닉층(Hidden Layers) : 입력 정보를 처리하고 특징을 추출하는 다수의 계층
- 출력층(Output Layer) : 최종 결과를 출력하는 층

딥러닝은 은닉층이 깊고 복잡할수록 보다 정교하고 고차원적인 문제를 해결할 수 있다. 각 은닉층은 이전 층의 출력을 입력으로 받아, 내부적으로 가중치(weight)와 편향(bias)을 적용한 뒤, 활성화 함수(activation function)를 통해 비선형적인 관계를 학습한다.

이러한 계층적 구조는 데이터로부터 저수준의 특징부터 고수준의 추상적 개념까지 점진적으로 학습하며, 이를 '표현 학습[51](Representation Learning)'이라고 한다. 표현 학습은 원시(raw) 데이터를 보다 의미 있는 방식으로 재구성하거나 추상화하여, 기계가 이해하고 처리하기 쉬운 형태의 표현(feature representation)을 스스로 학습하는 방법론이다. 기존 머신러닝에서는 사람이 사전에 정의한 특징(feature)을 바탕으로 학습이 이루어졌다면, 표현 학습은 이러한 특징을 기계가 데이터로부터 직접 자동으로 학습한다는 점에서 차별화된다.

51) 표현 학습(Representation Learning) : 원시 데이터를 보다 의미 있는 형태로 자동 추출하여, 사람이 직접 특징을 설계하지 않아도 기계가 스스로 학습 가능한 구조로 바꾸는 기술. 주로 딥러닝에서 여러 은닉층을 통해 계층적 특징을 학습할 때 사용됨.

예를 들어, 이미지 인식에서는 픽셀값을 그대로 사용하는 것이 아니라, 딥러닝 모델이 여러 계층을 거치며 가장자리, 윤곽선, 질감, 형태 등 점점 더 추상적인 특징을 계층적으로 학습하게 된다. 이러한 과정을 통해 모델은 단순한 입력값 이상의 고차원적 의미 구조를 스스로 획득하게 되며, 이를 통해 더욱 일반화된 예측과 분류가 가능해진다. 표현 학습은 특히 딥러닝의 핵심 개념으로, 복잡하고 비정형적인 데이터에서 유의미한 패턴과 구조를 효과적으로 학습하는 데 결정적인 역할을 한다.

딥러닝의 주요 특징

- 자동 특징 추출 : 기존 머신러닝에서는 사람이 수작업으로 데이터를 가공하고 특징을 추출해야 했지만, 딥러닝은 데이터를 그대로 입력해도 내부적으로 중요한 특징을 스스로 학습한다.
- 대용량 데이터 학습 : 딥러닝은 데이터의 양이 많을수록 성능이 더 좋아지며, 방대한 데이터를 처리할 수 있는 능력이 탁월하다.
- 비정형 데이터 처리에 강함 : 텍스트, 이미지, 음성처럼 구조화되지 않은 데이터(Unstructured Data)를 효과적으로 학습한다.
- 고성능 연산 자원 필요 : 복잡한 계산이 많아 일반 CPU만으로는 처리 속도가 제한되며, GPU나 TPU와 같은 병렬처리 기반의 고성능 연산 장치가 필요하다.
- 해석 난이도 : 딥러닝 모델은 '블랙박스[52)](Black Box)'로 불릴 만큼 내부 작동 원리를 직관적으로 해석하기 어려운 구조를 지닌다.

딥러닝의 대표적인 모델

딥러닝에는 다양한 구조의 신경망 아키텍처가 있으며, 각 모델은 데이터의 성격이나 문제 유형에 따라 선택된다.

- 인공신경망(ANN) : 가장 기본적인 신경망 구조로서, 숫자 인식이나 간단한 예측 문제에 사용된다.

---

52) 블랙박스(Black Box)라는 표현은 딥러닝 모델의 내부 작동 과정을 사용자가 명확히 이해하거나 설명하기 어렵다는 점을 비유적으로 나타낸 용어이다. 즉, 입력(input)을 넣으면 출력(output)이 나오긴 하지만, 그 사이 모델이 내부적으로 어떤 논리나 과정을 통해 결론에 도달했는지 구체적으로 알기 어렵다는 뜻이다. 이 때문에 딥러닝 모델은 마치 안이 보이지 않는 상자(black box)처럼 해석 불가능하거나 불투명한 구조로 인식된다. 이러한 블랙박스 특성은 다음과 같은 이유에서 비롯된다.

(1) 딥러닝은 수많은 가중치(weight)와 편향(bias), 비선형 활성화 함수를 사용하는 복잡한 구조를 가지며, 그 계산 과정은 계층마다 수천에서 수백만 개의 연산으로 이루어진다.

(2) 모델이 학습한 수많은 내부 파라미터는 직관적으로 이해하거나 사람이 해석하기 어려운 수학적 표현으로 구성되어 있다.

(3) 특히 깊은 신경망에서는 각 은닉층이 무엇을 '의미'하고 있는지 명확히 설명하기 어렵기 때문에, 왜 특정한 결과가 나왔는지 판단하거나 오류의 원인을 추적하기가 쉽지 않다.

이러한 이유로 딥러닝은 뛰어난 예측 성능을 보이면서도, 결정 과정에 대한 설명 가능성(Explainability)이나 투명성(Transparency) 면에서는 전통적인 기계학습 모델보다 약하다는 지적을 받는다. 최근에는 이를 극복하기 위한 연구 분야로 "설명 가능한 인공지능(XAI, Explainable AI)"이 활발히 진행되고 있다.

- 합성곱 신경망(CNN, Convolutional Neural Network) : 이미지나 영상과 같은 2차원 데이터 처리에 특화된 구조로, 객체 인식, 얼굴 인식 등에 널리 쓰인다.
- 순환 신경망(RNN) : 시간에 따라 변하는 순차적 데이터를 처리하는 데 적합하며, 음성 인식, 기계 번역, 시계열 예측 등에 활용된다.
- 생성적 적대 신경망(GAN) : 가짜 데이터를 생성하는 생성자(Generator)와 이를 판별하는 판별자(Discriminator)가 경쟁하며 학습한다. 예: 가짜 이미지 생성.
- 변환기(Transformer) : 문장의 전체 구조를 동시에 고려하여 문맥을 이해하며 처리하는 구조로, 최신 자연어 처리(NLP) 분야에서 핵심 기술로 사용된다. 예: BERT, GPT 등.

딥러닝의 활용 분야

딥러닝은 다양한 산업과 과학 분야에서 활용되고 있으며, 대표적인 예시는 다음과 같다.

- 이미지 처리 : 얼굴 인식, 의료 영상 분석, 자율주행 차량의 객체 탐지 등
- 자연어 처리(NLP) : 번역기, 챗봇, 문서 요약, 감정 분석
- 음성 인식 및 합성 : 스마트 스피커, 음성 비서, 자동 자막 생성
- 과학 및 산업 응용 : 물리 시뮬레이션, 신약 개발 등 복잡한 데이터 기반 문제 해결
- 생성 AI 분야 : 예술 창작, 음악 작곡, 이미지 생성, 딥페이크 등

III. 머신러닝과 딥러닝 비교

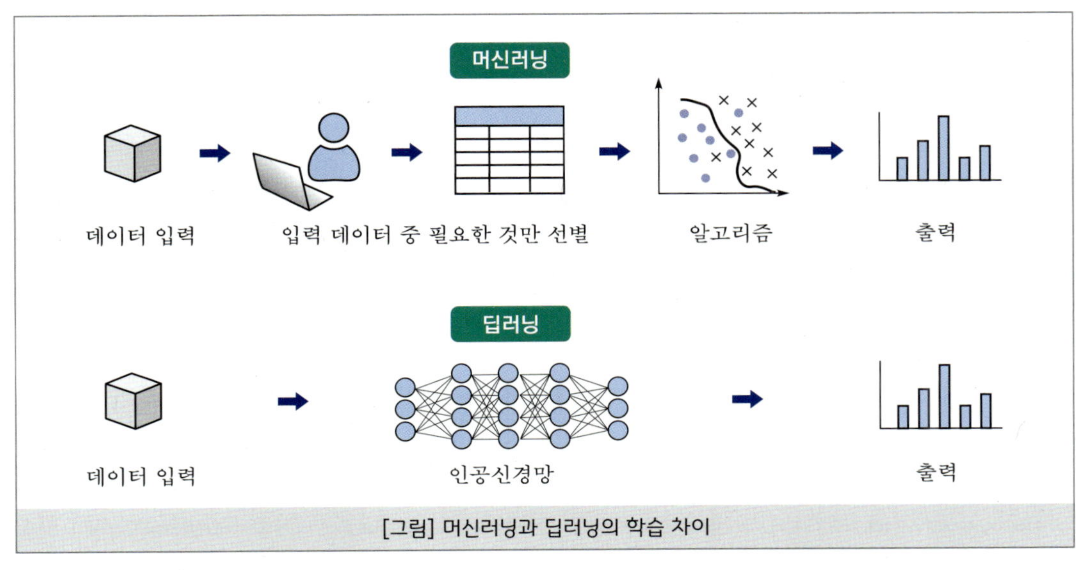

[그림] 머신러닝과 딥러닝의 학습 차이

구분	머신러닝 (Machine Learning, ML)	딥러닝 (Deep Learning, DL)
개념	데이터를 기반으로 패턴을 학습하고 통계적 규칙을 이용해 예측 및 분류를 수행하는 방법론	인공신경망을 활용해 스스로 특징을 학습하고 의사결정을 수행하는 머신러닝의 하위 분야
특징 추출	사람이 데이터를 전처리하고 특징을 수동으로 추출	모델이 특징을 자동으로 추출하므로 인간의 개입이 최소화됨
데이터 요구	비교적 적은 양의 데이터로도 학습 가능, 데이터 정제가 중요	대량의 데이터가 필요하며, 데이터의 품질과 양이 성능에 큰 영향을 미침
자원 요구	일반 CPU 환경에서도 동작 가능	고성능 GPU나 TPU가 필요하며, 연산 자원이 많이 필요함
모델 복잡도	간단하고 해석이 쉬운 모델 사용 (예: 결정 트리, SVM, 나이브 베이즈 등)	복잡한 신경망 구조 사용, 설명이 어려운 경우가 많음 (예: CNN, RNN, GAN 등)
응용 분야	이메일 스팸 분류, 금융 사기 탐지, 추천 시스템 등	이미지 및 음성 인식, 자연어 처리, 자율주행, 의료 진단 등 복잡한 문제에 높은 성능을 보임

3-7 생성형 인공지능

초기 통계 모델과 마르코프 체인

생성형 인공지능(Generative AI, GenAI 또는 GAI)[53)]은 그 기원이 1950년대 후반까지 거슬러 올라간다. 초기에는 머신러닝(Machine Learning; ML) 기술과 함께 새로운 데이터를 생성하려는 연구가 시작되었으며, 대표적으로 러시아의 수학자 안드레이 마르코프(Andrey Markov)가 제안한 마르코프 체인(Markov Chain)과 같은 확률 모델이 활용되었다.

마르코프 체인은 특정 시점에서의 상태만을 기반으로 미래 상태를 예측하는 확률 모델로서, 마르코프 성질(Markov Property)을 가진 이산적(discrete) 확률 과정이다. 이는 현재 상태가 과거 상태와 무관하게 결정된다는 개념으로서, 미래 상태는 오직 현재 상태에만 의존한다. 예를 들어, 기상 데이터에서 "오늘 습도가 x %이므로, 내일 비가 올 확률은 y %"라는 방식으로 예측하는 것이 마르코프 체인의 대표적인 적용 사례다.

마르코프 체인은 이후 다양한 분야에서 활용되었으며, 자연어 처리(Natural Language Processing, NLP) 초기 연구에도 중요한 역할을 했다. 특히 텍스트 데이터를 분석하고 특정 단어가 등장할

53) Generative AI(생성형 AI)는 학습한 데이터로 새로운 이미지, 음성, 텍스트 등 콘텐츠를 만들어 낼 수 있는 인공지능이다. 약자(略字)로 GenAI 또는 GAI를 쓴다. 이 책에서는 AGI와 혼돈을 피하기 위해 GenAI로 쓴다.
AGI는 '인공 일반지능(Artificial General Intelligence)'을 일컫는다. 사람의 명령 없이도 인간의 지능 수준을 뛰어넘어 자율적으로 판단할 수 있다.

확률을 계산하여 문장을 예측하는 방식이 적용되었으며, 이는 후에 생성형 AI의 기초 모델 개발에도 영향을 미쳤다.

자연어 처리와 초기 생성형 AI의 발전

생성형 AI의 초기 발전에 기여한 또 다른 중요한 연구는 1960년대 조셉 바이젠바움[54](Joseph Weizenbaum)이 개발한 ELIZA였다. ELIZA[55]는 세계 최초의 자연어 처리(NLP) 기반 대화형 프로그램으로, 사용자의 입력을 분석하고 사전에 설정된 규칙을 따라 응답을 생성하는 방식이었다. 비록 정교한 이해 능력은 부족했지만, 이 기술은 인간과 컴퓨터 간의 자연스러운 상호작용 가능성을 제시하며 이후 AI 챗봇(Chatbot) 개발의 토대를 마련했다.

이후 AI 연구는 더욱 발전하였고, 2010년대에 들어서면서 딥러닝(Deep Learning) 기술과 신경망(Neural Network) 기반의 AI 모델이 도입되며 생성형 AI는 급격한 진화를 이루게 된다.

생성형 AI의 도약: GAN과 트랜스포머의 등장

2014년, 이안 굿펠로우(Ian Goodfellow)가 제안한 적대적 생성 신경망(Generative Adversarial Networks, GANs)은 생성형 AI 기술에 획기적인 전환점을 제공했다. GAN은 생성자(Generator)와 판별자(Discriminator)라는 두 개의 신경망을 서로 경쟁시키는 구조를 갖추고 있다. 생성자는 점점 더 현실적인 데이터를 만들어 내고, 판별자는 실제 데이터와 생성된 데이터를 구별하려 하면서 모델이 점점 정교해지는 방식이다.

GANs는 처음에는 이미지 생성에 주로 활용되었지만, 이후 음악, 비디오, 텍스트 생성까지 응용 범위를 확장하며 생성형 AI 기술의 핵심 요소로 자리 잡았다. 특히 딥페이크(Deepfake) 기술과 AI 기반 예술 창작에서 GAN의 역할이 두드러지게 나타났다.

2017년에는 구글(Google)의 연구진이 발표한 트랜스포머[56](Transformer) 아키텍처가 생성형 AI 발

---

54) 조지프 바이젠바움(Joseph Weizenbaum, 1923-2008) : 독일계 미국인 컴퓨터 과학자이며, MIT의 교수였다.

55) ELIZA는 유명한 문학 작품에 등장하는 인물에서 따온 이름으로서, 조지 버나드 쇼(George Bernard Shaw)의 희곡 "피그말리온(Pygmalion)"에 등장하는 엘리자 둘리틀(Eliza Doolittle)이라는 인물에서 유래한 이름이다. 이 캐릭터는 무례하고 교육받지 못한 인물로 시작하지만, 언어와 대화의 훈련을 통해 점차 변모하게 된다. 바이젠바움은 ELIZA 프로그램이 언어를 사용해 사람들과 상호작용하는 모습을 이 캐릭터와 유사하다고 보았기 때문에 이 이름을 붙인 것이다.

56) 트랜스포머(Transformer) 아키텍처 : 트랜스포머는 2017년 구글(Google) 연구팀이 제안한 신경망 아키텍처로, 자연어 처리(NLP) 분야에서혁명적인 변화를 가져왔다. 기존의 순환 신경망(RNN, Recurrent Neural Network)이나 장·단기 기억 네트워크(LSTM, Long Short-Term Memory)와 달리, 트랜스포머는 병렬 처리(Parallel Processing)가 가능하고, 어텐션 메커니즘(Attention Mechanism)을 핵심으로 사용한다.
트랜스포머는 어텐션 메커니즘과 병렬 처리를 통해 기존 모델의 한계를 극복한 혁신적인 아키텍처로서, BERT, GPT와 같은 현대 AI 모델의 기반이 되었으며, 자연어 처리와 생성형 AI의 발전을 이끌었다. 주요 특징은 다음과 같다.
1. 어텐션 메커니즘(Attention Mechanism) : 입력 데이터의 모든 부분을 동시에 고려하며, 중요한 부분에 보다 집중(Attention)할 수 있도록 설계되었다. 예를 들어, "나는 사과를 먹었다"라는 문장에서 "먹었다"라는 동사는 "사과"와 보다 강한 관계를 가

전을 가속화했다. 트랜스포머는 기존의 순환 신경망(RNN)이나 장·단기 기억 네트워크(LSTM)와 비교해 병렬 연산이 가능하며, 문맥을 보다 깊이 이해할 수 있는 어텐션 메커니즘[57](Attention Mechanism)을 도입했다. 이를 기반으로 개발된 BERT[58](Bidirectional Encoder Representations from Transformers)와 GPT[59](Generative Pre-trained Transformer) 시리즈는 자연어 처리와 텍스트 생성에서 뛰어난 성능을 발휘하며 AI 기술의 패러다임을 바꿨다. 2018년 발표된 GPT는 AI 기반 자연어 생성의 발전을 가속하였으며, 2020년 발표된 GPT-3는 1750억 개의 매개변수를 가진 거대 모델로서, 사람과 유사한 수준의 텍스트 생성이 가능해졌다. 그리고 2023년 발표된 GPT-4는 멀티모달(Multi-modal) 기능을 추가하여 텍스트뿐만 아니라 이미지까지 처리할 수 있는 AI로 진화했다.

이러한 발전은 ChatGPT와 같은 응용 프로그램을 통해 실생활에 널리 활용되고 있으며, 다양한 산업에서 AI 기반 솔루션을 제공하는 데 기여하고 있다. 오늘날 생성형 AI(GenAI)는 신경망을 기반으로 데이터 세트의 패턴을 학습하고, 이를 바탕으로 자연스럽고 독창적인 콘텐츠를 생성하는 것에 중점을 두고 있다. GenAI의 활용 분야는 빠르게 확장되며, 이메일 자동 생성, 비디오 제작, 애플리케이션 개발 등 다양한 형태로 적용되고 있다.

지며, 어텐션 메커니즘은 이를 자동으로 학습한다.

2. 인코더-디코더 구조(Encoder-Decoder Structure) : 트랜스포머는 크게 인코더(Encoder)와 디코더(Decoder)로 구성된다. 이 구조는 기계 번역, 텍스트 생성 등에 적합하다.
   - 인코더 : 입력 데이터(예: 문장)를 벡터 형태로 변환하고 문맥을 이해한다.
   - 디코더 : 인코더가 이해한 문맥을 바탕으로 출력(예: 번역된 문장)을 생성한다.
3. 병렬 처리(Parallel Processing) : RNN이나 LSTM은 순차적으로 데이터를 처리해야 해서 느린 반면, 트랜스포머는 모든 입력을 동시에 처리할 수 있어 학습 속도가 빠르다.
4. 스케일링 가능성(Scalability) : 트랜스포머는 모델의 크기와 데이터 양을 늘릴수록 성능이 향상된다. 이는 GPT나 BERT와 같은 대규모 언어 모델의 기반이 되었다.

활용 분야는 다음과 같다.

1. 자연어 처리(NLP) : 기계 번역, 텍스트 생성, 질문 응답, 텍스트 요약 등
2. 생성형 AI: GPT 시리즈를 통해 인간과 유사한 텍스트 생성
3. 멀티모달(Multimodal) AI: 텍스트뿐만 아니라 이미지, 음성 등 다양한 데이터 처리

57) 어텐션 메커니즘(Attention Mechanism) : 어텐션 메커니즘은 입력 데이터의 중요한 부분에 "집중"하는 기술로, 기계 번역, 텍스트 생성 등에서 문맥을 더 깊이 이해하는 데 사용된다. 기존 모델이 모든 입력을 동일하게 처리하던 방식과 달리, 어텐션은 특정 단어나 문장의 관계에 가중치를 부여해 더 정확한 예측을 가능하게 한다. 이는 특히 긴 문장이나 복잡한 데이터에서 유용하며, 트랜스포머(Transformer) 아키텍처의 핵심 요소로 자리 잡았다.

58) BERT(Bidirectional Encoder Representations from Transformers) : BERT는 트랜스포머의 인코더(Encoder)를 기반으로 한 모델로, 텍스트를 양방향(Bidirectional)으로 분석한다. 기존 모델이 단방향(왼쪽에서 오른쪽 또는 오른쪽에서 왼쪽)으로만 문맥을 이해하던 것과 달리, BERT는 문장의 앞뒤 문맥을 동시에 고려해 더 정확한 의미를 파악한다. 이는 질문 응답, 텍스트 분류, 개체명 인식 등 다양한 자연어 처리(NLP) 작업에서 뛰어난 성능을 보이며, AI 언어 모델의 발전에 큰 기여를 했다.

59) GPT(Generative Pre-trained Transformer) : GPT는 트랜스포머의 디코더(Decoder)를 기반으로 한 생성형 모델로서, 대규모 텍스트 데이터를 사전 학습한 후 다양한 작업에 적용할 수 있다. GPT는 단방향(왼쪽에서 오른쪽)으로 문맥을 이해하며, 다음 단어를 예측하는 방식으로 텍스트를 생성한다. GPT 시리즈는 GPT-1, GPT-2, GPT-3, GPT-4로 발전하며, 점점 더 큰 규모와 정교한 생성 능력을 갖추게 되었다. 특히 GPT-3는 1750억 개의 매개변수를 가진 거대 모델로, 인간과 유사한 수준의 텍스트 생성이 가능해졌으며, GPT-4는 멀티모달 기능을 추가해 텍스트뿐만 아니라 이미지도 처리할 수 있게 되었다.

생성형 AI는 단순한 데이터 분석을 넘어, 인간과 유사한 수준의 창의적이고 자율적인 콘텐츠 생성을 가능하게 하며, 다양한 산업에 혁신을 불러오고 있다. 신경망 기반 AI 모델의 지속적인 발전과 새로운 알고리즘의 도입으로, 앞으로 생성형 AI의 영향력은 더욱 커질 것으로 전망된다. 앞으로도 AI가 창출할 혁신과 가능성은 무궁무진하며, 이를 어떻게 활용하느냐에 따라 인류의 미래가 더욱 풍요롭고 발전된 방향으로 나아갈 것이다.

생성형 AI의 작동 방식

생성형 AI는 신경망(Neural Network)과 머신러닝(Machine Learning, ML) 기술을 기반으로 작동하며, 제공된 프롬프트(Prompt)를 바탕으로 새로운 콘텐츠를 생성하는 능력을 갖춘다. 이 AI가 효과적으로 동작하려면 방대한 양의 데이터 세트를 활용한 정교한 훈련 과정이 필수적이다. AI는 광범위하고 상세한 데이터를 학습하여 패턴을 이해하고 분석하는 과정을 거친다. 이 데이터는 텍스트, 이미지, 코드 등 다양한 형태로 제공되며, AI는 이를 통해 콘텐츠 생성에 필요한 규칙과 특징을 습득한다. 이후 학습한 내용을 바탕으로 새로운 콘텐츠를 생성하며, 지속적으로 입력되는 데이터를 통해 매개변수(Parameter)를 미세 조정하여 성능을 향상시킨다.

초기의 생성형 AI는 특정 도구와 API, 복잡한 코딩 기술이 필수적이었으나, 최근 기술 발전으로 인해 사용자 경험이 대폭 개선되었다. 현대의 생성형 AI는 간단한 자연어 명령만으로도 유연하게 응답하며, 사용자는 생성된 콘텐츠에 대한 피드백을 제공함으로써 AI의 응답 스타일, 어조, 반복 여부 등을 조정할 수 있다.

생성형 AI와 인공지능(AI)

최근 들어 인공지능(AI)과 생성형 AI(Generative AI, GAI)를 동일한 개념으로 인식하는 경향이 있다. 이는 현대의 챗봇(Chatbot)이나 이미지 생성 도구 대부분이 생성형 AI 기술을 기반으로 하고 있기 때문인데, 사실 AI와 생성형 AI는 분명한 차이를 지닌다.

AI는 인간의 지능을 필요로 하는 다양한 작업을 수행할 수 있도록 설계된 기술의 총칭이다. AI는 자연어 처리(Natural Language Processing, NLP), 컴퓨터 비전(Computer Vision), 의사결정 알고리즘(Decision-Making Algorithm) 등 여러 분야에서 활용되며, 데이터를 분석하고 예측하는 역할을 한다. 예를 들어, 자율주행차의 경로 설정, 고객 서비스 자동화, 금융 데이터 분석 등 우리의 삶 속 곳곳에서 AI 기술이 적용되고 있다.

반면, 생성형 AI는 '생성(Generation)'에 중점을 둔 AI의 한 분야로, 단순히 데이터를 분석하는 것을 넘어 기존 데이터의 패턴을 학습하여 새로운 콘텐츠를 창조하는 데 초점을 맞춘다. 이는 텍스트, 이미지, 음악 등 창의성이 필요한 콘텐츠를 자동으로 생성할 수 있는 능력을 의미한다. 예를 들어, 대화형 AI가 자연스럽고 맥락에 맞는 답변을 생성하거나, 이미지 생성 AI가 단순한 설명만으로도 정교한 그림을 창조하는 것이 대표적인 사례다.

요약하자면, AI는 데이터를 분석하고 의사결정을 지원하는 포괄적인 기술이며, 생성형 AI는 콘텐츠 생성에 특화된 하위 분야다. 즉, 모든 생성형 AI는 AI의 일종이지만, 모든 AI가 생성형 AI는 아니다. 이러한 차이를 이해함으로써 AI 기술의 적용 범위와 발전 방향을 보다 명확하게 파악할 수 있다.

최근 소프트웨어 및 애플리케이션 개발에서 생성형 인공지능(Generative AI, GenAI)가 핵심 기술로 자리 잡고 있다. GenAI는 코드 생성 자동화, 창의성 증대, 그리고 개발 속도의 가속화를 통해 소프트웨어 개발에 혁신적인 변화를 가져오고 있다. 개발자들은 GenAI를 활용해 보다 창의적이고 혁신적인 솔루션을 빠르게 구현하며, 사용자 인터페이스(UI) 설계, 코드 생성, 유효성 검증 등의 과정에서 업무를 간소화하고 있다. 이는 빠른 프로토타이핑(Prototyping)과 혁신적인 기능 개발을 가능하게 한다.

GenAI의 가장 큰 강점 중 하나는 반복적인 개발 작업을 줄이고, 개발자들이 창의적인 문제 해결과와 핵심 프로젝트에 집중할 수 있도록 한다는 것이다. 이는 개발자가 보다 중요한 작업에 시간과 에너지를 투자할 수 있게 하며, 전체적인 소프트웨어 개발 프로세스의 생산성을 향상시키게 된다.

3-8 인공지능(AI) 기술의 현재와 미래 전망

인공지능(Artificial Intelligence, AI)은 오늘날 가장 역동적으로 발전하는 기술 중 하나로서, 사회 전반에 걸쳐 혁신의 촉매 역할을 수행하고 있다. 특히 최근 몇 년 사이 AI 기술은 비약적인 진보를 이루며, 산업과 일상 속으로 깊숙이 스며들고 있다. 이러한 변화는 단순한 기술의 발전을 넘어, 인간의 삶과 사고방식, 그리고 조직의 운영 방식 자체를 재정의하고 있다.

2024년 인공지능 하이프 사이클(Hype Cycle)

> 다음은 2024년 인공지능 하이프 사이클(Hype Cycle)에 관한 Gartner의 분석을 중심으로 정리한 것이다.
>
> (출처: Afraz Jaffri, 2024, Explore Beyond GenAI on the 2024 Hype Cycle for Artificial Intelligence, Gartner)

가트너(Gartner)가 발표한 「2024년 인공지능 하이프 사이클(Hype Cycle for Artificial Intelligence)」에 따르면, 생성형 AI(Generative AI, GenAI)는 인공지능 분야에서 가장 큰 주목을 받고 있다.

그러나 많은 조직(기업)들이 생성형 AI에 대해 가졌던 높은 기대에도 불구하고, 아직 실질적인 비즈니스 가치를 충분히 실현하지 못하고 있다. 이처럼 과도한 관심은 AI 리더들이 실제로 효과적인 활용 사례를 식별하는 데 혼란을 초래하고, 오히려 복잡성을 키우며 실패 가능성을 높이는 요인이 되기도 한다. 따라서 기업들은 생성형 AI에만 몰두하기보다는, 가트너 하이프 사이클에서 제시된 다양한 AI 기술들을 균형 있게 검토하고, 보다 실용적이고 지속 가능한 혁신 전략을 수립할 필요가 있다.

가트너는 또한 AI 프로젝트의 규모와 범위가 확대됨에 따라, 기술적인 논의에만 초점을 맞출 것이 아니라 거버넌스, 위험 소유권(Risk Ownership), 안전성(Safety), 기술 부채(Technical Debt) 완화와 같은 비기술적 요소에도 충분한 주의를 기울여야 한다고 조언하고 있다. 특히, 데이터 거버넌스(Data Governance)는 AI 도입에 있어 가장 큰 장애물 중 하나로 꼽히며, 기업이 사용하는 훈련 데이터가 정확하고 완전하며 편향되지 않고, 향후 배포 시나리오를 적절히 반영하도록 관리하는 것이 매우 중요하다. 아울러 AI가 점차 기업 프로세스의 더 큰 부분을 차지하게 됨에 따라, 비즈니스 윤리 및 데이터 프라이버시(Data Privacy) 관련 법규에 대한 규제와 감시도 더욱 강화될 것으로 보인다.

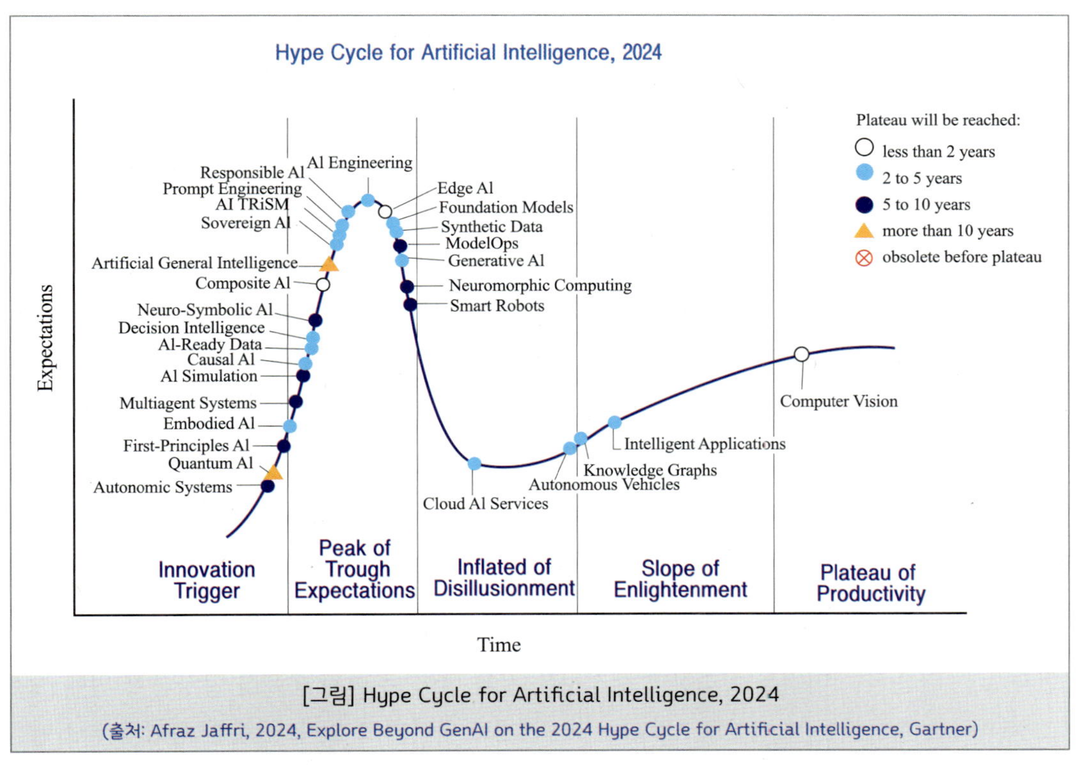

[그림] Hype Cycle for Artificial Intelligence, 2024

(출처: Afraz Jaffri, 2024, Explore Beyond GenAI on the 2024 Hype Cycle for Artificial Intelligence, Gartner)

한편, 미래 AI 아키텍처의 핵심 기반으로서 '복합 AI(Composite AI)'가 새롭게 부상하고 있다. 복합 AI는 머신 러닝(Machine Learning, ML), 자연어 처리(Natural Language Processing, NLP), 지식 그래프(Knowledge Graph) 등 다양한 AI 기법을 결합해, 보다 유연하고 확장 가능한 솔루션을 구현하는 접근 방식이다. 이 방식은 단일 기술에 의존하지 않기 때문에 복잡한 환경에서도 더 높은 정확도로 예측, 의사 결정, 자동화가 가능하다. 예를 들어, 규칙 기반(Rule-based) 시스템과 머신 러닝을 결합하면 비정형 데이터(Unstructured Data)를 더욱 효과적으로 처리할 수 있어, 다양한 데이터셋으로부터 더 깊이 있는 통찰을 얻을 수 있다.

2024년 하이프 사이클에서 특히 주목해야 할 2가지 기술은 AI 엔지니어링(AI Engineering)과 지식 그래프(Knowledge Graphs)다. AI 엔지니어링은 데이터 운영(DataOps), 모델 운영(ModelOps), 개발 운영(DevOps) 등의 접근 방식을 통해 생성형 AI를 포함한 AI 시스템을 대규모로 안정적으로 배포할 수 있도록 구조화된 프레임워크를 제공한다. 지식 그래프는 물리적 및 디지털 세계에 존재하는 정보를 기계가 이해할 수 있는 구조로 표현함으로써, 복잡한 관계를 직관적으로 시각화하고, 신뢰 가능한 논리와 설명 가능한 추론(Explainable Inference)을 가능하게 만든다.

결론적으로, 기업들은 생성형 AI에 대한 과도한 열풍에 휩쓸리기보다는, 다양한 AI 혁신 기술들을 균형 있게 탐색하고, 기술적 요소뿐 아니라 비기술적 요소까지 폭넓게 고려한 전략적 접근을 통해 AI 도입의 복잡성을 효과적으로 관리해야 한다. 이를 통해서만이 실질적인 비즈니스 가치를 창출할 수 있을 것이다.

AI 기술의 발전 단계

엔비디아(NVIDIA)의 CEO 젠슨 황(Jensen Huang)이 제시한 관점에 따르면, AI 기술은 뚜렷한 발전 단계를 거쳐왔다. 2012년 이미지 인식 분야에서 혁신을 일으킨 AlexNet을 시작으로, 인지 AI(Perception AI) 단계에서는 음성, 이미지 등 데이터를 인식하고 이해하는 능력이 고도화되었다. 이는 의료 분야의 X-ray, MRI 판독 보조 등 다양한 영역에서 활용되며 AI의 가능성을 입증했다.

이후 등장한 생성형 AI(Generative AI)는 AI 발전의 새로운 지평을 열었다. ChatGPT, DALL·E 등 생성형 모델들은 텍스트, 이미지, 영상 등 콘텐츠를 자율적으로 생성함으로써, 디지털 마케팅, 콘텐츠 제작, 예술 창작 영역에 새로운 가능성을 열었다. 이는 인간의 창의성을 보완하거나 증폭시키는 도구로서 AI의 진화를 상징한다.

현재 AI는 단순히 데이터를 처리하고 생성하는 것을 넘어, 주어진 목표를 달성하기 위해 스스로 계획하고 행동하는 에이전트 AI(Agentic AI) 단계로 나아가고 있다. 단순한 응답형 시스템을 넘어, 목표를 인식하고 계획을 수립하며 도구를 활용해 자율적으로 행동하는 능동형 AI로 발전하고 있다. 이는 단순 지식 전달을 넘어서, '작업 수행자(Task Executor)'로서의 AI 가능성을 보여준다. 궁극적으로는 실제 물리적 세계와 상호작용하며 작업을 수행하는 물리적 AI(Physical AI)로의 진화가 전망된다.

물리적 AI(Physical AI)는 향후 로봇, 드론, 자율주행 시스템 등 실제 물리적 환경에서 작동하는 AI 기술로 진화할 것으로 전망된다. 이는 AI가 단순한 소프트웨어를 넘어, 현실 세계와 상호작용하는 존재로 확장됨을 의미한다.

기술의 진보: 트랜스포머와 대규모 모델

AI 기술의 비약적 발전에는 2017년 구글이 발표한 논문 "Attention is All You Need[60]" 가 소개한 트랜스포머(Transformer) 아키텍처의 등장이 결정적인 역할을 했다. 이 구조는 어텐션 메커니즘(Attention Mechanism)을 통해 입력 시퀀스 내 각 요소 간의 관계를 동적으로 파악하고, 문맥 정보를 정교하게 반영한다. 이로 인해 GPT(Generative Pre-trained Transformer) 계열의 대규모 언어 모델(Large Language Models, LLM) 개발이 촉진되었고, 자연어 처리(Natural Language Processing, NLP) 분야에 획기적인 진보를 가져왔다.

참고 트랜스포머 요약

- **트랜스포머**(Transformer) : 2017년 Google 연구팀이 "Attention is All You Need" 논문에서 소개한 딥러닝 아키텍처로서, 시퀀스 내 모든 요소 간의 관계를 동시에 고려하여 문맥을 정교하게 반영하는 딥러닝 구조.
- **트랜스포머 어텐션**(Transformer Attention) : 중요한 정보에 '집중(attend)'하게 하여 의미 있는 표현을 강화.
- **GPT의 등장** : 대규모 사전학습(pretraining) 기반의 언어 모델이 일반적인 언어 처리 작업을 범용적으로 수행할 수 있는 토대를 마련함.

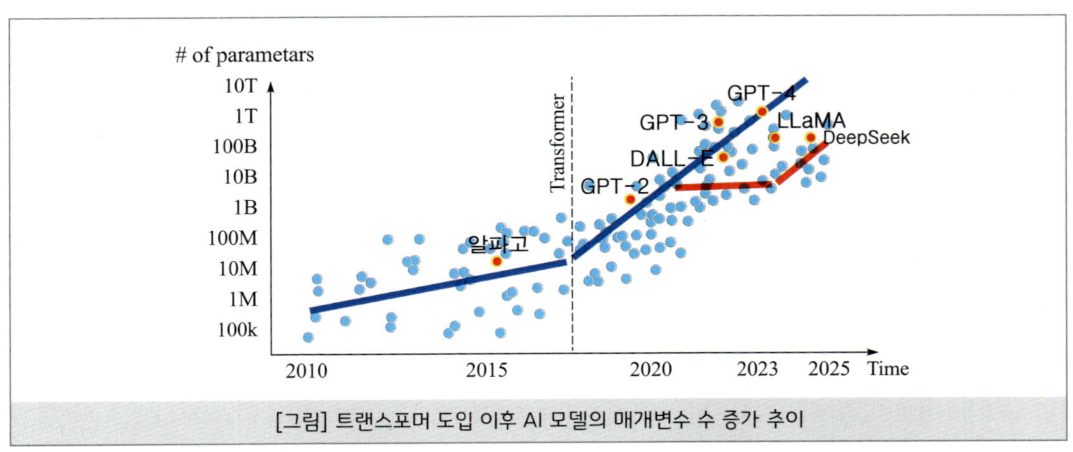

[그림] 트랜스포머 도입 이후 AI 모델의 매개변수 수 증가 추이

60) Vaswani, A., et. al, , 2017, Attention is all you need. Advances in neural information processing systems, 30. 논문 제목 "Attention is All You Need"는 비틀즈의 노래 "All You Need is Love"를 패러디한 것이다.

AI 기술은 이제 모델의 크기 경쟁을 넘어, 효율성(Efficiency)과 접근성(Accessibility), 자율성(Agency)을 중심으로 진화하고 있다.

- Test-Time Scaling[61] : 모델 재학습 없이 추론 시 사고의 깊이를 확장하여 성능을 향상시키는 기법. AI가 단순히 응답하는 것이 아니라, 스스로 정보를 탐색하고 논리적으로 검증하는 능력을 지닌다.
- Mixture of Experts(MoE) : 2024년 등장한 DeepSeek 모델은 6,710억 개의 파라미터를 가진 초대형 모델임에도 불구하고, 일부 전문가 노드만 활성화하는 구조로 효율성을 확보했다.
- 오픈소스 AI 모델 : Meta의 LLaMA 시리즈를 비롯한 다양한 오픈소스 모델들은 연구자와 개발자들에게 AI 기술의 민주화를 실현시키고 있다.

기존 AI는 입력된 데이터에 반응하는 '도구'였다면, 앞으로는 목표(goal)를 달성하기 위해 스스로 판단하고 행동하는 '에이전트(Agent)'로 진화하고 있다. 이른바 AI Agent는 작업 계획 수립, 도구 선택, 실행 피드백 등 일련의 의사결정 전 과정을 자율적으로 수행하며, 복잡한 실세계 문제 해결에 있어 중요한 열쇠가 되고 있다. 현재 AI 연구는 다음과 같은 주요 방향에 초점을 맞추고 있다.

- 자기 지도학습(Self-supervised Learning) : 라벨링 없는 대규모 데이터로부터 스스로 의미 있는 표현을 학습하여, 데이터 활용 효율을 극대화하는 방식이다.
- 강화학습(Reinforcement Learning) 고도화 : 시뮬레이션과 시행착오를 통해 자율적 문제 해결 역량을 향상시키는 기술. 로봇 제어, 전략 게임, 재무 모델링 등에 응용된다.
- 소규모 데이터 학습(Few-shot/Zero-shot Learning) : 데이터가 적거나 전무한 상황에서도 높은 일반화 성능을 발휘하도록 설계된 학습 프레임워크이다.
- 설명가능한 AI(Explainable AI, XAI) : 모델의 판단 근거를 명확히 제시함으로써, 투명성과 신뢰성을 확보하고, 인공지능의 윤리적 활용 기반을 마련하는 연구이다.

---

61) Test-Time Scaling : AI 모델을 새롭게 다시 학습시키지 않고도, 추론(Inference) 단계에서 사고의 깊이를 조절하여 성능을 향상시키는 기법이다. 즉, 질문이나 문제를 받았을 때, AI가 보다 오래 고민하고, 다양한 정보를 탐색하거나 스스로 여러 판단을 시도하면서, 보다 정교한 답을 내도록 돕는 방식이다. 예를 들어, 평소에는 빠르게 정답을 내던 AI가, Test-Time Scaling을 적용하면 같은 질문에 대해 보다 풍부한 문맥을 고려하거나 추가 연산을 수행하여, 보다 정확하고 신뢰도 높은 응답을 제공할 수 있게 된다. 이러한 방식은 추론 시간에는 유연성을 높이고, 학습 단계의 부담은 줄이면서도 성능을 개선할 수 있어 최근 AI 모델의 효율성과 활용성을 높이는 중요한 연구 주제로 떠오르고 있다.

인공지능 기술은 트랜스포머 구조의 도입 이후 비약적인 진화를 거듭하며, 단순한 도구에서 자율적 사고와 행동을 수행하는 존재로 전환되고 있다. 생성형 AI는 이미 콘텐츠 생성 및 산업 자동화에 있어 변화를 주도하고 있으며, 앞으로 등장할 에이전트형 AI와 물리적 AI는 사회구조와 인간의 역할에 대한 근본적인 재정의를 요구하게 될 것이다. AI는 단지 기술이 아니라, 인류가 직면한 복합적 문제를 해결하고 새로운 가치를 창출하는 미래 사회의 핵심 파트너로 자리매김하고 있다.

Chapter 2

드론산업

1. 국내 드론산업

국내 드론산업은 지속적인 성장세를 이어가고 있으나, 열악한 경영 환경과 다양한 한계가 여전히 존재하고 있다. 항공안전기술원(KIAST)의 「2024 드론산업 실태조사 보고서」에 따르면, 2023년 12월 기준 국내 드론 사업체 수는 총 6,835개로 조사되었으며, 이 중 제작업체는 608개, 활용업체는 6,227개로 집계되었다. 2023년 드론 업체들의 총 매출액은 1조 993억 원으로 기록되었으며, 업체당 평균 매출액은 약 1.6억 원으로 분석되었다. 이는 업체 수가 증가했음에도 불구하고, 2022년 대비 2023년 업체당 평균 매출액이 오히려 4.2% 감소했음을 의미한다. 더욱이, 국내 중소기업 평균 매출액(3.9억 원)과 비교했을 때 상당히 낮은 수준을 보이고 있어, 여전히 다수의 국내 드론 관련 기업들이 어려운 경영 환경 속에서 생존을 모색하고 있음을 시사한다.

2. 세계 드론시장

세계 드론시장은 기술 혁신과 투자 확대를 중심으로 빠르게 성장하고 있으며, 첨단항공모빌리티(AAM, Advanced Air Mobility) 관련 기업들의 적극적인 기술 개발과 함께 경쟁이 심화되고 있다. 2024년 기준, 전 세계에서 상장된 드론 기업은 총 25개이며, 미국 7개, 중국·인도 각 2~3개, 캐나다 2개가 포함되어 있다. 최근 시장 통합 및 인수합병(M&A)이 활발하게 진행되면서, 기업들은 기술력 확보와 생존 전략 마련에 집중하고 있는 모습이다. 예를 들어, Airbus Helicopters는 Aerovel을 인수하여 Flexrotor 드론 기술을 확보하였으며, Shield AI는 Sentient Vision Systems와의 통합을 통해 정찰 및 감시 기술을 강화하였다. 반면, 스웨덴의 Aerit과 미국의 PrecisionHawk 등은 자금난으로 인해 시장에서 퇴출되었으며, 이에 따라 중소기업의 진입 장벽이 높아지고 시장 다양성 위기가 심화되고 있는 상황이다.

3. 군용 드론시장

군용 드론시장은 빠르게 성장하며 현대 군사 전략의 핵심 도구로 자리매김하고 있다. 기존에는 미국과 이스라엘이 군용 드론시장을 주도했으나, 최근 터키와 이란이 적극적으로 시장에 진입하면서 경쟁이 더욱 치열해지는 양상을 보이고 있다. 현재 전 세계 80개국 이상이 무장용 및 감시용 군용 드론을 운용하고 있으며, 특히 저비용 민간 드론의 군사적 활용이 증가하면서, 비용 절감과 성능 최적화를 위한 기술 개발이 가속화되고 있다. 이러한 흐름은 군사 작전의 효율성을 극대화할 뿐만 아니라, 군용 드론의 개발 및 배치 전략이 각국의 국방 역량과 직접적으로 연결되고 있음을 시사한다.

1. 국내 드론산업

드론의 산업적 확장과 미래 전망

드론은 단순한 군사적 용도를 넘어 다양한 산업 분야에서 그 활용 범위를 넓혀가고 있다. 농업 분야에서는 드론 기술이 이미 농작물 건강 상태 분석, 정밀 농약 살포 등의 혁신을 이루고 있으며, 재난 대응 분야에서는 재난 현장 탐색, 구조 활동 지원을 통해 인명 피해를 최소화하는 데 기여하고 있다. 건설업에서는 드론을 활용한 3D 매핑 및 정밀 측량 기술이 공정의 효율성을 극대화하고 있으며, 물류 산업에서는 드론 배송 시스템이 실험 단계를 넘어 본격적인 상용화를 앞두고 있다.

방재 분야에서도 드론의 역할은 점점 확대되고 있다. 화산 감시, 산불 예방, 지진 피해 평가 등에서 인간의 물리적 접근 한계를 극복하며, 재난 발생 시 신속하고 정밀한 데이터를 제공함으로써 대응 역량을 획기적으로 향상시키고 있다. 환경 분야에서도 드론의 활용 가치는 높아지고 있다. 초정밀 대기 질 측정망 구축을 통해 미세먼지 배출원을 추적하는 등 환경 감시 체계를 강화할 수 있으며, 해양 환경에서는 기름 유출 사고 대응 시 신속한 상황 평가 및 오염 제어가 가능해진다. 더 나아가, 우주 탐사 분야에서는 드론이 화성 탐사로봇의 운영을 지원하며, 인류의 과학적 도전을 실현하는 핵심 기술로 자리매김할 것으로 기대된다.

다가오는 미래 도시에서는 드론이 핵심 이동 수단으로 자리 잡을 전망이다. 특히, 도심항공(Urban Air Mobility, UAM) 시스템이 교통 혼잡을 완화하는 동시에 응급 서비스의 신속성을 극대화하는 데 중요한 역할을 하게 될 것이다.

드론 기술 발전이 이끄는 사회적 변화

드론 기술의 발전은 단순한 기술적 혁신을 넘어 사회 전반의 패러다임 변화를 주도할 것이다. 드론은 점점 우리의 일상에 깊숙이 스며들어 새로운 산업과 서비스를 창출하며, 이는 곧 경제 성장과 일자리 창출로 이어질 것이다. 또한, 드론의 국제적 확산은 국제 협력과 규제 체계 정비의 필요성을 증대시키며, 이를 바탕으로 글로벌 표준 및 규범이 수립될 것으로 예상된다.

드론은 단순한 비행 장치를 넘어 디지털 트윈(Digital Twin) 기술과 결합하여 가상과 현실을 연결하는 핵심 매개체로 진화하고 있다. 이를 통해 도시 공간의 실시간 디지털화가 가능해지고, 인공지능(AI)과의 융합을 통해 예측 정확도를 극대화할 수 있다. 나아가, 양자 통신 기술이 적용될 경우, 더욱 높은 수준의 자율성과 보안성을 확보한 미래형 드론 시스템이 구현될 전망이다. 이러한 혁신이 원활하게 정착하기 위해서는 법·제도의 정비, 윤리적 프레임워크 구축, 시민 수용성 제고 등 사회적 합의가 필수적으로 이루어져야 하며, 이는 드론 기술 발전과의 조화를 이루는 중요한 과제가 될 것이다.

궁극적으로 드론은 인간의 물리적 한계를 극복하고, 지속 가능한 미래를 구축하는 데 기여하는 핵심 인프라로 자리매김할 것이다. 이는 단순한 산업적 효율성의 향상을 넘어, 인류의 삶의 질을 근본적으로 재정의하는 기술 혁명의 서막으로 평가받기에 충분하다.

1-1 드론의 정의와 분류

영국 옥스퍼드 사전은 드론을 "원격 조종이 가능한 항공기 또는 미사일"(An aircraft or missile that is remotely controlled)로 정의하고 있다. 이는 무인항공기와 미사일을 포괄하는 광범위한 개념을 내포하고 있다. 한편, 우리 나라의 「드론 활용의 촉진 및 기반조성에 관한 법률(드론법)」 제2조 제1호[1)]에서는 드론을 조종자가 탑승하지 아니한 상태로 항행할 수 있는 무인비행장치, 무인항공기 및 원격·자동·자율 방식에 따라 항행하는 비행체로 정의하고 있다.

드론의 정의

드론(Drone)은 무인 항공기(UAV, Unmanned Aerial Vehicle), 무인항공기 시스템(UAS, Unmanned Aircraft System), 원격 조종 항공기(RPA, Remotely piloted Aircraft), 원격 조종 항공기 시스템(RPAS, Remotely piloted Aircraft System), 자율 무인 항공기(Autonomous Aircraft) 등 다양한 이름으로 불리고 있으며, 일반적으로 탑승한 조종사(Pilot)가 없는 비행체를 지칭하는 용어이다.

우리나라에서는 드론을 「항공안전법」에서는 초경량비행장치[2)], 「드론 활용의 촉진 및 기반 조성에 관한 법률(드론법)」에서는 드론[3)]을 조종자가 탑승하지 않은 '무인비행장치'와 '무인항공기'

---

1) 드론 : 조종자가 탑승하지 아니한 상태로 항행할 수 있는 비행체로서 국토교통부령으로 정하는 기준을 충족하는 다음의 기기를 말한다.
가. 「항공안전법」 제2조제3호에 따른 무인비행장치
나. 「항공안전법」 제2조제6호에 따른 무인항공기
다. 그 밖에 원격 · 자동 · 자율 등 국토교통부령으로 정하는 방식에 따라 항행하는 비행체
(출처 : 「드론 활용의 촉진 및 기반조성에 관한 법률(드론법)」 제2조 제1호)

2) 「항공안전법」 제2조 제3호 : "초경량비행장치"란 항공기와 경량항공기 외에 공기의 반작용으로 뜰 수 있는 장치로서 자체중량, 좌석 수 등 국토교통부령으로 정하는 기준에 해당하는 동력비행장치, 행글라이더, 패러글라이더, 기구류 및 무인비행장치 등을 말한다.

3) 「드론 활용의 촉진 및 기반조성에 관한 법률(드론법)」 제2조 제1호 : "드론"이란 조종자가 탑승하지 아니한 상태로 항행할 수 있는 비행체로서 국토교통부령으로 정하는 기준을 충족하는 다음 각 목의 어느 하나에 해당하는 기기를 말한다.
가. 「항공안전법」 제2조제3호에 따른 무인비행장치
나. 「항공안전법」 제2조제6호에 따른 무인항공기
다. 그 밖에 원격 · 자동 · 자율 등 국토교통부령으로 정하는 방식에 따라 항행하는 비행체

를 모두 포괄하여 지칭하고 있다. 한편, 「군용항공기 비행안전성 인증에 관한 법률 시행규칙(군용기인증법 시행규칙)」에서는 최대이륙중량(MTOW, Maximum Take-Off Weight) 25kg 초과를 무인비행기[4] 기준으로 명시하였다.

「드론 활용의 촉진 및 기반 조성에 관한 법률(드론법)」에서 광범위하게 정의된 '드론'이라는 용어는 조종자가 탑승하지 아니한 상태로 항행할 수 있는 비행체(제2조 제1호)뿐만 아니라, 그 밖에 원격 · 자동 · 자율 등 국토교통부령으로 정하는 방식에 따라 항행하는 비행체(제2조 제1호 다목)를 포함함으로써, 군사용뿐만 아니라 과학의 발전, 미래 교통수단과의 연계성 등에 바탕을 두고, 개념을 확대해 나가는 데 적합한 것으로 보인다.

드론의 분류

드론을 분류하는 방법에는 MTOW(최대 이륙 중량)를 기준으로 5개의 그룹을 사용하는 미국 육군의 분류 방법과 NATO STANAG 4670을 근간으로 ClassI, Ⅱ, Ⅲ의 3개의 그룹으로 분류하는 방법이 있다. 미군의 경우 표에서 보는 바와 같이 중량, 속도 및 운용 고도에 따라 다섯 개의 그룹을 사용하고 있다[5].

[표] 미 육군의 드론 분류

구분	중량(kg)	속도(m/s)	운용 고도(m)	주요 모델
Group 1: micro/mini UAS	~9	50 이하	지상 고도 370m 이하	RQ-11 Raven DJI MAVIC, Enterprise Dual
Group 2: small tactical	10~ 25	51~ 130	지상 고도 1,100m 이하	Scan Eagle, SKY-09Ps
Group 3: tactical	26~600	51~ 130	해발 고도 5,500m 이하	Shahed, RQ-7B Shadow

4) 「군용항공기 비행안전성 인증에 관한 법률 시행규칙」 제1조의2(무인항공기의 기준) : 「군용항공기 비행안전성 인증에 관한 법률 시행령」(이하 "영"이라 한다) 제1조의2 제1호에서 "최대이륙중량, 자체중량 등 국방부령으로 정하는 기준"이란 다음 각 호의 구분에 따른 기준을 말한다.
1. 무인비행기 또는 무인회전익항공기: 다음 각 목의 어느 하나에 해당하는 기준을 충족할 것
가. 최대이륙중량이 25킬로그램을 초과할 것
나. 무장하거나 무장을 하기 위한 장치가 있을 것
다. 탄약 · 유류 운송을 위한 장치가 있을 것

5) UAS 그룹 1과 2는 일반적으로 소형 무인 항공 시스템(sUAS)으로 알려져 있다. sUAS는 그룹 3, 4, 5의 UAS보다 레이더 단면적이 작다. 통합 공중 및 미사일 방어(AMD) 능력은 더 큰 UAS(그룹3, 4,5)에 효과적으로 대응할 수 있다. 방공 체계 자산은 소형 UAS를 추적, 식별, 무력화시키는 데, 어려움을 겪는다. 낮은 레이더 단면적은 아군의 조기 경보 및 탐지 능력을 약화시킨다. 발사 및 회수에서 단일 인원 또는 소규모 팀에 의한 비포장 지역에서 진행되는 sUAS는 이러한 활동을 탐지하기 어렵게 만든다. 기술 능력의 발전은 조작자 상호 작용 없이도 sUAS의 사용을 가능하게 할 수 있다.(Counter-Unmanned Aircraft System, ATP 3-01.81, Headquarters Department of the Army, Washington, DC, August 2023)

Group 4: Strategic or theater	600 이상	구분 없음	해발 고도 5,500m 이하	MQ-1C Gray Eagle, MQ-1A/B, Predator, Forpost
Group 5: Strategic	600 이상	구분 없음	해발 고도 5,500m 이상	RQ-4 Global Hawk, MQ-9 Reaper, Wing Loong II

NATO는 STANAG 4670%을 근간으로 드론을 ClassI, Ⅱ, Ⅲ의 3개의 그룹으로 분류하고 있다. NATO의 분류는 드론의 최대 이륙 중량(MTOW)를 기준으로 600kg 이상과 150kg 이하로 구분하고 이를 다시 운용 고도와 용도 등으로 세분화하고 있다.

[표] NATO의 드론 분류

구분	최대 이륙 중량	운용 고도	비고
Class II	>600kg	~ 65,000ft	Strategic/National, Strike/Combat
		~ 65,000ft	Strategic/National, HALE
		~ 45,000ft MSL	MSL : Mean Sea Level(2E) Operational/Theater, MALE
Class II	150kg~600kg	~ 18,000ft AGL	Tactical Formation
Class I[6]	<150kg	~ 5,000ft AGL	Tactical Unit, Small (>15kg)
		~ 3,000ft AGL	Tactical Subunit, Mini (< 15kg)
		~ 200ft AGL	Tactical Subunit, Micro (66J)

우리나라에서는 '**KS W 9000**[7]'에 다음의 표와 같이 드론을 분류하고 있다. '**KS W 9000 : 2016**'은 무인 항공기 시스템 관련 한국산업표준이다. 이 표준은 '무인 항공기 시스템(UAS)'의 용어 및 분류에 대하여 규정한다. 이 표준은 '무인 항공기 시스템(UAS)'에 관한 다른 표준, 기술기준, 안전 및 운항 관련 문서 작성에 적용 가능하다.

항공법에서는 유인 비행체를 '항공기', '경량항공기' 및 '초경량비행장치'로 구분하고 있다. 이 표준에서는 이에 대응하는 '무인 비행체(UAV 또는 RPA)'를 각각 '대형 무인항공기', '중형 무인항공기' 및 '무인동력비행장치'라 정의한다. '무인 항공기 시스템(UAS 또는 RPAS)'은 '대형 무인항공기', '중형 무인항공기' 및 '무인동력비행장치' 등 무인비행체(UAV 또는 RPA)에 통제체계(원격 조종

6) Class 1의 비고에서 66J는 66 Joule을 의미한다. 이 도표에서는 드론이 충돌할 때 전달할 수 있는 최대에너지가 66 Joule 이하일 때 상당한 수준의 인명이나 재산 피해를 끼칠 가능성이 낮다고 간주하므로, 위험한 탑재물(폭발물, 독성물질, 생물학적 요소 등)을 운용할 수 있는 능력이 없다면 항공안전성, 훈련 등을 위해 분류할 필요가 없는 것으로 판단하는 것이다.
충돌시 전달할 수 있는 최대에너지 계산은 $E=\frac{1}{2}mv^2$로 계산된다. 일반적으로 1kg의 드론이 11.49m/s, 즉 시속 41.4 km의 속도로 충돌했을 때 약 66 Joule의 에너지가 발생한다.

7) KS W 9000은 현행 우리나라 항공법의 항공기의 분류와 무인 동력 비행 장치에 대한 규정, 그리고 ISO 등 국제기구에서 정한 무인 항공기 시스템의 분류와 정의 등을 기초로, 좀 더 세분화하여 제정되었으며, 이륙 중량, 운용 고도, 조종 방식, 이착륙 방식 등 다양한 항목에 따른 분류가 제시되어 있다.(국방기술진흥연구소, 미래국방 2030기술전략, 2022.3.)

장치, 데이터 령크 등) 및 지원장비 등을 합쳐서 일컫는 말이다. 보통의 경우 '무인기' 또는 '무인항공기'라 함은 '무인 항공기 시스템'을 일컫는 것으로 본다.

[표] KS W 9000에 의한 드론 분류

구분	대분류	세분류		최대이륙중량
최대이륙	대형 무인항공기	-		600kg 초과
	중형 무인항공기	-		150kg ~ 600kg
	무인 동력비행장치	중소형 무인 동력 비행 장치 (Light UAV)		25kg ~ 150kg (자체 중량)
		소형 무인 동력 비행 장치 (Small UAV)		2kg ~ 25kg
		초소형 무인 동력 비행 장치 (Micro UAV)		2kg 이하
운용고도	분류	상승한도	분류	상승한도
	저고도 무인 비행체	~ 0.15km	고고도 무인 비행체	~ 20km
	중고도 무인 비행체	~ 14km	성층권 무인 비행체	~ 50km
이착륙 방식	분류		특징	
	수직 이착륙 무인비행체		회전익, 틸트로터, 꼬리 이착륙형	
	활주 이착륙 무인비행체		고정익, 틸트로터, 글라이더형	
	보조 장치 이착륙 무인 비행체		발사대이착륙, 손으로 던지는 방식	
조종방식	무선전파 조종 무인 비행체, 인공위성 통신 조종 무인 비행체, 통신망 조종 무인 비행체, 유선 조종 무인 비행체			

우리나라의 드론 분류 및 조종자격

「항공안전법 시행규칙」(2025년 5월 14일 시행)에서 기존의 무인비행기(Unmanned Fixed-Wing Aircraft), 무인헬리콥터(Unmanned Helicopter), 무인멀티콥터(Unmanned Multicopter) 외에도 무인수직이착륙기(Unmanned Vertical Take-Off and Landing Aircraft)가 추가되었다. 「항공안전법 시행규칙」에서는 무인비행장치의 세부 유형을 보다 구체적으로 정의하기 위해 무인수직이착륙기를 포함한 다양한 비행체를 무인동력비행장치(Unmanned Powered Aircraft)로 포괄적으로 정의하였다. 이에 따라, 개정된 법령에서는 다음과 같이 명시되었다. "무인비행기, 무인헬리콥터, 무인멀티콥터, 무인수직이착륙기를 무인동력비행장치로 정의한다."

[개정 전]	[개정 후 / 시행일: 시행 2025. 5. 14]
[「항공안전법 시행규칙」 제5조 5호 가목] 무인동력비행장치 : 연료의 중량을 제외한 자체중량이 150kg 이하인 무인비행기, 무인헬리콥터 또는 무인멀티콥터	[「항공안전법 시행규칙」 제5조 5호 가목] 무인동력비행장치 : 연료의 중량을 제외한 자체중량이 150kg 이하인 무인비행기, 무인헬리콥터, 무인멀티콥터 또는 무인수직이착륙기

무인동력비행장치(드론)는 무게(최대이륙중량)에 따라 다음과 같이 분류되며, 분류기준에 따라 비행경력, 학과시험, 실기시험 등의 조종자격 취득 조건이 달라진다. 최대이륙중량(Maximum Takeoff Weight, MTOW)은 드론의 이륙 시 허용되는 최대중량으로서 자체중량 뿐만 아니라 연료 무게 등도 포함한다.

[표] 무인동력비행장치의 구분

구분	1종	2종	3종	4종
드론의 무게	최대이륙중량 25kg 초과 ~ 자체중량 150kg 이하	최대이륙중량 7kg 초과 ~ 25kg 이하	최대이륙중량 2kg 초과 ~ 7kg 이하	최대이륙중량 250g 초과 ~ 2kg 이하

참고 「항공안전법」의 비행체 분류

「항공안전법」에 따르면, 비행체는 "항공기", "경량항공기", "초경량비행장치"로 세분화할 수 있다.

1. "항공기[8](Aircraft)"란 공기의 반작용으로 비행할 수 있는 기기를 지칭하며, 최대이륙중량과 좌석 수 등 국토교통부령에서 정하는 기준에 부합하는 아래의 기기와 그 외 대통령령으로 규정된 기기를 포함한다.

[표] 항공기의 구분 및 기준[9]

구분	기준 내용
비행기 및 헬리콥터	가. 사람이 탑승하는 경우 1) 최대이륙중량이 600kg을 초과할 것 2) 조종사 좌석을 포함한 탑승좌석 수가 1개 이상일 것 3) 동력을 일으키는 기계장치(발동기)가 1개 이상일 것 나. 사람이 탑승하지 아니하고, 원격조종 등의 방법으로 비행하는 경우 1) 연료의 중량을 제외한 자체중량이 150kg을 초과할 것 2) 발동기가 1개 이상일 것
비행선	가. 사람이 탑승하는 경우 1) 발동기가 1개 이상일 것 2) 조종사 좌석을 포함한 탑승좌석 수가 1개 이상일 것 나. 사람이 탑승하지 아니하고 원격조종 등의 방법으로 비행하는 경우 1) 발동기가 1개 이상일 것 2) 연료의 중량을 제외한 자체중량이 180kg을 초과하거나, 비행선의 길이가 20m를 초과 할 것
활공기	자체중량이 70kg을 초과할 것

8) 「항공안전법」제2조 제1호
9) 「항공안전법 시행규칙」제2조

참고 최대이륙중량과 자체중량

- 최대이륙중량 : 항공기가 이륙함에 있어서 설계상 또는 운영상의 한계를 벗어나지 않는 한도 내에서 최대 적재 가능한 중량이다.
- 자체중량 : 연료, 장비(비행과 관련 없고 탈부착 및 적재가능한 것: 탈착되는 짐벌 및 카메라, 약제, 낙하산, 에어백, 구명환 등), 화물, 승객 등을 포함하지 않은 항공기의 중량이다. 단, 무인동력비행장치(드론)는 배터리 무게를 포함한다.

2. "경량항공기[10](Light Aircraft)"란 항공기 외의 비행체 중 공기의 반작용을 이용하여 비행할 수 있는 기기를 지칭한다.

[표] 경량항공기 기준[11]

구분	기준 내용
비행기(Airplane) 헬리콥터(Helicopter) 자이로플레인(Gyroplane) 동력패러슈트(Powered Parachute)	1. 최대이륙중량이 600kg 이하일 것 2. 최대 실속속도[12] 또는 최소 정상비행속도가 45노트[13] 이하일 것 3. 조종사 좌석을 포함한 탑승 좌석이 2개 이하일 것 4. 단발 왕복발동기[14] 또는 전기모터[15]를 장착할 것 5. 조종석은 여압[16]이 되지 아니할 것 6. 비행 중에 프로펠러의 각도를 조정할 수 없을 것 7. 고정된 착륙장치가 있을 것.

3. "초경량비행장치[17](Ultra-light Vehicle)"는 항공기와 경량항공기 외에 공기의 반작용으로 뜰 수 있는 장치로서, 자체중량, 좌석 수 등 국토교통부령으로 정하는 기준에 해당하는 동력비행장치, 행글라이더, 패러글라이더, 기구류 및 무인비행장치 등을 말한다.

---

10) 「항공안전법」제2조 제2호

11) 「항공안전법 시행규칙」제4조

12) 실속 속도(失速速度, stall speed) : 비행기를 띄우는 양력이 급격히 떨어지는 실속(失速) 현상이 발생할 수 있는 속도로 정의 할수 있다.실속 속도는 비행기의 날개가 더 이상 충분한 양력을 생성하지 못하는 최저 비행 도를 의미한다. 이 속도보다 낮은 속도에서는 실속(失速, stall) 현상이 발생할 수 있다. 실속은 다음과 같은 특징을 가진다.
① 양력 감소(Loss of lift) : 비행기를 띄우는 양력(揚力, lift)이 급격히 떨어진다.
② 조종성 상실(Loss of control) : 조종사가 항공기에 대한 제어력을 잃을 수 있다.
③ 고도 손실(Loss of altitude) : 충분한 양력이 생성되지 않아 항공기가 고도를 잃을 수 있다.
실속 속도는 ①항공기의 무게, ②날개의 형상, ③대기 밀도, ④받음각(Angle of attack) 등의 영향을 받는다.

13) 45노트(knots) = 83 km/h

14) "단발 왕복발동기"는 항공기에 사용되는 엔진의 한 종류로, 다음과 같은 특징을 가진다.
- 단발(單發, single-engine) : 하나의 엔진만을 사용한다는 의미이다.
- 왕복 발동기(reciprocating engine) : 피스톤 엔진(piston engine)이라고도 불리는 엔진 방식을 말한다.
단발 엔진은 쌍발 엔진(twin-engine)에 비해 다음과 같은 특징이 있다.
즉, ① 보다 가볍고 단순한 구조를 가지며, ② 연료 효율성(fuel efficiency)이 높고 유지보수(maintenance)가 상대적으로 간단하다. 그러나 엔진 고장 시 안전성 면에서는 쌍발 엔진에 비해 불리할 수 있다.

15) 전기모터 : 전기 공급원으로부터 충전받은 전기에너지 또는 수소를 사용하여 발생시킨 전기에너지를 동력원으로 사용하는 것을 말한다.

16) 여압 : 기내 공기 압력을 지상과 가깝게 조절 · 유지하는 것을 말한다.

17) 「항공안전법」제2조 제3호

[표] 초경량비행장치 종류

구분	기준 내용
동력비행장치	• 동력을 이용하는 것으로서 다음의 기준을 모두 충족하는 고정익 비행장치 - 탑승자, 연료 및 비상용 장비의 중량을 제외한 자체중량이 115kg 이하일 것 - 연료의 탑재량이 19리터 이하일 것 - 좌석이 1개일 것
행글라이더	• 탑승자 및 비상용 장비의 중량을 제외한 자체 중량이 70kg 이하로서 체중이동, 타면조종 등의 방법으로 조종하는 비행장치
패러글라이더	• 탑승자 및 비상용 장비의 중량을 제외한 자체중량이 70kg 이하로서 날개에 부착된 줄을 이용하여 조종하는 비행장치
기구류	• 기체의 성질·온도차 등을 이용하는 다음의 비행장치 - 유인자유기구 - 무인자유기구[18] - 계류식(繫留式)기구
무인비행장치 (드론)	• 사람이 탑승하지 않는 것으로서 다음의 비행장치 - **무인동력비행장치** : 연료의 중량을 제외한 자체중량이 150kg 이하인 무인비행기, 무인헬리콥터, 무인멀티콥터, 무인수직이착륙기 - **무인비행선** : 연료의 중량을 제외한 자체중량이 180kg 이하이고 길이가 20m 이하인 무인비행선
회전익 비행장치	• 동력비행장치의 요건을 갖춘 헬리콥터 또는 자이로플레인
동력 패러글라이더	• 패러글라이더에 추진력을 얻는 장치를 부착한 다음의 어느 하나에 해당하는 비행장치 - 착륙장치가 없는 비행장치 - 착륙장치가 있는 것으로서 동력비행장치의 요건을 갖춘 비행장치
낙하산류	• 항력(抗力)을 발생시켜 대기(大氣) 중을 낙하하는 사람 또는 물체의 속도를 느리게 하는 비행장치
그 밖의 비행장치	• 자체중량[19] 150kg 이하의 초경량비행장치

국가별 드론 개념의 법제화 현황

미래 사회에서 핵심적인 역할을 수행할 드론은 시대, 국가, 기관, 그리고 인용 기관의 목적에 따라 개념과 명칭에서 상당한 차이를 보인다. 드론은 처음에 공군기나 미사일 연습 사격의 표적용 장비로 개발되었으며, 현재는 일반인들에게 무인 항공기 전체를 의미하는 용어로 사용되고 있다.

드론의 핵심 개념은 크게 '무인'과 '항공기'로 구분할 수 있다. 「항공안전법」과 그 시행규칙에서

18) 기구 외부에 2kg 이상의 물건을 매달고 비행하는 것만 해당한다.
19) 연료·배터리 등의 동력원 및 탑승자 무게 제외

도 드론의 정의를 명확히 규정하고 있는데, 「항공안전법」 제2조 제3호에 따르면 드론이란 초경량비행장치 중 사람이 탑승하지 않는 것으로, 연료의 중량을 제외한 자체 중량이 150kg 이하인 무인비행기, 무인헬리콥터, 또는 무인멀티콥터 등의 무인 동력비행장치를 의미한다.

더불어 「항공안전법 시행규칙」 제5조에서는 무인비행장치를 사람이 탑승하지 않는 무인 동력비행장치와 무인비행선을 포함하는 개념으로 정의하고 있다. 이러한 법적 정의는 드론 기술의 발전과 산업적 활용이 확대되는 상황에서 드론의 사용 목적과 기준을 명확히 구분하고 관리하기 위한 제도적 기반을 제공하고 있다.

1. 한국

우리나라에서 드론의 개념은 「항공안전법」과 그 시행규칙에 의해 정의되고 있다. 특히 「항공사업법 시행규칙」 제6조(법 제2조 제23호)에서는 농약 살포, 사진 촬영 등 국토교통부령으로 정한 무인비행장치의 사업 범위를 구체적으로 규정하고 있다.

드론 관련 규정은 2016년 7월에 중요한 변화를 맞이했다. 기존에는 기체 중량 12kg 이하의 드론만이 비행 승인 및 기체 검사 면제를 받을 수 있었으나, 이 기준이 25kg 이하로 확대되면서 보다 많은 드론이 규제의 적용 대상에서 제외되었다.

또한, 초기에는 드론 사업의 범위가 농업, 촬영, 관측 등 일부 분야로 제한되었으나, 개정된 규정에 따라 국민의 안전과 안보를 저해하지 않는 모든 분야로 사업이 가능해지면서 드론산업의 활용 범위가 대폭 확대되었다. 이러한 변화는 드론 기술의 발전과 함께 다양한 산업에서 드론을 적극적으로 활용할 수 있는 기반을 마련하게 되었다.

2. 미국

미국 연방 항공청(FAA: Federal Aviation Administration)은 무인항공기를 '조종사가 탑승하지 않은 상태에서 공중 비행을 목적으로 사용되는 장치'로 정의하며, '원격 조종 또는 자율 조종을 통해 시계 범위 밖(Beyond Visual Line of Sight, BVLOS) 비행이 가능한 민간용 비행기[20]로, 스포츠나 취미 목적으로 운용되지 않으며, 승객이나 승무원을 운송하지 않는 비행기'로 규정하고 있다.

또한 '탑승 조종사가 없는 모든 종류의 비행기, 헬리콥터, 비행선, 그리고 전이양력 항공기'를 포함한다고 명시하고 있다. 이러한 정의에 따르면, 취미로 날리는 무선조종 모형 항공기는 무인항공기의 범주에 포함되지 않는다. 한편, 아직 개발 초기 단계에 있는 미래 도시에 사

---

20) An aircraft operated without the possibility of direct human intervention from within or on the aircraft, and used for the purpose of aerial flight, which is remotely controlled or autonomously controlled beyond visual line of sight, and is not used for sport or recreational purposes, and does not carry passengers or crew

용될 사람을 운송하는 무인 교통용 항공기도 현재의 정의상 무인항공기에 해당하지 않는다고 볼 수 있다. 이와 같이 FAA의 정의는 상업적, 비상업적 용도의 비행 장치를 구분하여 관리하기 위해 명확한 기준을 제시하고 있다.

미국 연방항공청은 2009년 4월 항공규정제정위원회(ARC: Aviation Rule-making Committee)에서 소형 무인항공기 시스템이 안전하게 국가공역 체계에 통합할 수 있음을 제안하였고, 드론의 민간 활용도와 경제효과를 포함한 드론의 다양한 가능성에 대한 기대가 높아짐에 따라 2012년 2월에 공용 및 민간 드론의 '국가공역 체계'로의 통합을 위한 기본계획수립, 시범프로그램 운영, 북극에서의 무인비행시스템의 사용 등에 대한 규정을 담은 '연방항공청 현대화 및 개혁법(FAA Modernization & Reform Act of 2012)'을 제정하였다.

상업용 무인기에 대한 사회적 공감대가 형성되고, 기존의 드론에 대한 규정작업과 기존의 법률적 근거에 의하여 연방항공청은 미 교통부(US DOT)와 함께 2015년 2월 15일 상업용 소형 무인항공기 시장 활성화를 위한 목적으로 '미국 소형 무인항공시스템의 운영과 자격증명에 관한 규정'을 고시하였다. 규정에는 규칙제정의 배경, 상황/기종별 적용 가능성, 개념정의, 운영규정과 운영자격, 등록과 표시, 관리감독 및 규정 제정시 비용과 편익 등에 대한 내용을 주골자로 하고 있다. 2015년 10월에는 아마존, 인텔 등 사업자를 포함하여 관련 단체, 담당 공무원 등 총 26개 기관이 차여하는 태스크포스를 구성하고 규제에 대한 회의와 수정안 작업을 수행했다.

또한 연방항공청은 연방항공법 일반을 다루는 14 CFR에 Part 107를 추가하는 방식으로 상업용(취미용은 제외) 드론 운영 규칙인 '소형 무인항공기 규정(The Small unmanned Aircraft Regulations/Rules)'을 발표했으며, 여기에는 운항제한(Operational Limitations), 조종사 자격증명과 책임(Operator Certification & Responsibilities), 항공기 요구조건(Aircraft Requirements) 및 모형항공기(Model Aircraft) 등이 주요 조항들로 포함되어 있다.

3. 유럽연합

유럽연합(EU)의 통일된 드론 규제 법률은 현재까지 없으며, 상업용과 비상업용으로 드론을 구분하여 규제하고 있다. 유럽연합 소속 국가 중 영국, 프랑스, 독일 등은 개별적인 관련법을 제정해 시행중에 있다. 150kg 이상의 민간 드론의 경우에는 유럽 항공안전청(EASA : European Aviation Safety Agency)이 'Regulation(EC) No.216/208'에 따라 항공기와 동일한 규정을 적용받도록 규제하지만, 150kg이하의 경우에는 EU회원국 각국의 항공청에서 규제를 한다.

유럽연합 회원국들은 드론에 대한 보편적인 원칙(질량에 따른 구분, 가동 및 고도제한)은 따르지만 규제의 범위와 내용 및 세부 사항은 나라에 맞게 적용하고 있다. 2014년 4월 유럽위원회에서 민간용 드론의 개발을 지원하는 전략을 발표했고, 2014년 9월에는 드론산업을 육성하기 위한 '비전2020'을 발표해 드론을 3가지 영역(저위험군, 중위험군 및 고위험군)으로 구분해 규제를 차별화하였다. 2015년에는 A-NPA(Advance Notice of Proposed Amendment 2015-10)을 발표하여 드론의 무게와 상관없이 위험정도에 따라 3가지 항목으로 분류하였고; 드론산업과 일자리문제, 드론의 제조와 비행, 안전성, 개인정보와 데이터 보호 등의 법적 문제 및 환경 보호 등의 문제에 대한 방안 등을 제시했다.

영국 민간항공청(CAA: Civil Aviation Authority)의 무인항공기에 대한 규정은 '조종사(human pilot)가 탑승하지 않으며 설계 또는 개조된 항공기로써 원격 조종이나 자율적인 작동모드로 운용된다'(An aircraft which is designed or modified to be operated without a human pilot on board, and which is operated either remotely or in an autonomous mode)고 하고 있다. 2015년 1월 25일 무인항공기에 관한 개정작업이 있었고, ANO(Aviation Navigation Order) 2009를 개정하여 중량 20kg 이하의 무인항공기의 경우 유인항공기에 적용되는 규제를 면하고 상대적으로 손쉬운 운영허가를 받게 했다. 무인항공기는 육안가시선을 넘어서는 비행은 금지하였으며, 허가를 받은 경우라도 통제구역, 제한구역 및 공항교통구역에서는 비행을 금지하였다.

독일의 경우, 항공법 제 1조에 의하면 드론의 사용이 스포츠 또는 여가의 목적일 경우에는 모형항공기로 적용되며 이러한 목적이 아닐 때에는 항공기로 간주한다고 규정하고 있다. 항공교통명령 제19조에 의해 무인항공기 드론은 원격조종자가 드론을 광학 도구없이 볼 수 있고 분명히 인식할 수 있는 가시거리 내에서 운행되어야 하며, 드론의 전체 중량은 25kg을 초과해서는 안된다고 규정되어 있다.

미 국방장관실(OSD: Office of the Secretary of Defense)이 발간한 무인항공기 로드맵(UAV Roadmap)에서는 '조종사를 태우지 않고, 공기역학적 힘에 의해 부양하며 자율적으로 또는 원격조정으로 비행을 하며, 무기 또는 일반화물을 실을 수 있는 일회용 또는 재사용할 수 있는 동력비행체를 말한다'(A powered, aerial vehicle that does not carry a human operator, uses aerodynamic forces to provide vehicle lift, can fly autonomously or be piloted remotely, can be expendable or recoverable, and can carry a lethal or nonlethal payload)고 정의되어 있다. 다만, 여기에는 탄도 비행체, 준탄도비행체, 순항미사일, 포, 발사체 등은 무인항공기로 간주되지 않는다고 규정되어 있다.

세계 항공업체의 정책과 질서를 총괄하는 UN 산하기구인 국제민간항공기구(ICAO: International Civil Aviation Organization)에서는 드론을 '조종사 탑승하지 않고 비행하는 항공기와 그와 결합된 요소를 포함한 시스템, UAS(Unmanned Aerial System)'이라는 설명과 여기에는 비행체, 임무장비, 지상통제장비, 데이터 링크, 지상 지원체계 등을 모두 포함한 개념을 사용한다. 이와 함께 2011년도부터는 드론을 '비행시 조종사의 간섭이 없는 무인항공기'로 규정하며, 원격 조정 항공기 시스템(RPAS)으로 정의하였다. RPAS는 원격조종 항공기시스템으로 원격조정항공기(RPA)와 지상의 통제소, 항공기와 지상 통제소간의 데이터 링크 등 원격조종사가 무인비행기를 관리하는 시스템인 원격조종스테이션(remote pilot station)을 포함한다.

1-2 드론 관련 국내 법과 제도

항공안전법 시행규칙 개정 : 전기 동력 초경량비행장치 기준 신설

국토교통부는 항공안전법 시행규칙 개정(2025년 5월 14일 시행)을 통해 초경량비행장치 및 무인비행장치의 안전 관리 체계를 한층 강화하고, 기술 발전을 반영한 새로운 기준을 도입하였다. 이번 개정에서는 특히, 초경량비행장치 중 동력원이 전기모터인 동력비행장치의 기준을 새롭게 신설하였다. 이는 현행 법률상 배터리를 사용하여 동력을 얻는 무인동력비행장치의 자체중량 측정 기준이 명확하지 않다는 점을 보완하기 위한 조치로, 앞으로는 자체중량 산정 시 배터리 무게를 포함하도록 명확히 규정하였다. 또한, 무인비행장치의 분류에 무인수직이착륙기(Unmanned Vertical Take-Off and Landing Aircraft)를 신설하면서, 개정안에 반영하였다.

1. **전기 동력비행장치** : 개정안의 주요 내용 중 하나는 전기모터를 동력원으로 사용하는 초경량비행장치에 대해 기존의 연료 탑재량 제한 규정을 적용하지 않도록 한 점이다. 현행 규정에서는 동력비행장치의 연료 탑재량이 19리터(*l*) 이하이어야 한다는 제한이 있었으나, 이번 개정을 통해 전기모터 기반의 비행장치에 대해서는 이 조건을 제외하도록 명확히 규정하였다.

   이에 따라, 개정된 항공안전법 시행규칙 제5조 제1호에는 다음과 같은 단서 조항이 추가되었다. "다만, 동력원이 전기모터인 동력비행장치에 대해서는 나목(연료의 탑재량이 19리터(*l*) 이하일 것)을 적용하지 아니한다." 이번 조치는 전기동력 기반 드론의 특성을 고려하여, 기존 내연기관 기반 비행장치와 차별화된 관리 기준을 마련하기 위한 것이다.

[개정 전]	[개정 후 / 시행일: 시행 2025. 5. 14.]
[「항공안전법 시행규칙」 제5조 제1호] **동력비행장치** : 동력을 이용하는 것으로서 다음 각 목의 기준을 모두 충족하는 고정익비행장치	[「항공안전법 시행규칙」 제5조 제1호] **동력비행장치** : 동력을 이용하는 것으로서 다음 각 목의 기준을 모두 충족하는 고정익비행장치. 다만, 전기모터에 의한 동력을 이용하는 경우에는 나목은 적용하지 않는다.

[「항공안전법 시행규칙」 제5조 제6호]	[「항공안전법 시행규칙」 제5조 제6호]
회전익비행장치 : 제1호 각 목의 동력비행장치의 요건을 갖춘 헬리콥터 또는 자이로플레인	**회전익비행장치** : 제1호 각 목(전기모터에 의한 동력을 이용하는 경우에는 같은 호 나목은 제외한다)의 동력비행장치의 요건을 갖춘 헬리콥터 또는 자이로플레인
[「항공안전법 시행규칙」 제5조 제6호] **동력패러글라이더** : 패러글라이더에 추진력을 얻는 장치를 부착한 다음 각 목의 어느 하나에 해당하는 비행장치 가. 착륙장치가 없는 비행장치 나. 착륙장치가 있는 것으로서 제1호 각 목의 동력비행장치의 요건을 갖춘 비행장치	[「항공안전법 시행규칙」 제5조 제6호] **동력패러글라이더** : 패러글라이더에 추진력을 얻는 장치를 부착한 다음 각 목의 어느 하나에 해당하는 비행장치 가. 착륙장치가 없는 비행장치 나. 착륙장치가 있는 것으로서 제1호 각 목(전기모터에 의한 동력을 이용하는 경우에는 같은 호 나목은 제외한다)의 동력비행장치의 요건을 갖춘 비행장치

2. **자체중량에 배터리 중량 포함 명시** : 전기 배터리를 사용하는 무인동력비행장치의 자체중량 측정 방식에 대한 명확한 기준을 마련하기 위해, 개정된 규정에서는 배터리 무게를 자체중량에 포함하도록 수정하였다. 구체적으로, 기존 항공안전법 시행규칙 제5조 제1호 가목에서 "자체중량이 115kg"이라는 표현을 "자체중량[배터리의 전원(電源)을 이용하는 초경량비행장치의 경우에는 배터리의 중량을 포함한다.]이 115kg" 으로 개정하였다. 이는 기존의 모호했던 해석을 정리하고, 배터리를 포함한 상태에서의 실질적인 중량을 관리함으로써, 전기 동력 항공기의 안전성을 보다 체계적으로 확보하려는 조치이다.

[개정 전]	[개정 후 / 시행일: 시행 2025. 5. 14.]
[「항공안전법 시행규칙」 제5조 1호 가목] 탑승자, 연료 및 비상용 장비의 중량을 제외한 자체중량이 115kg 이하일 것	[「항공안전법 시행규칙」 제5조 1호 가목] 탑승자, 연료 및 비상용 장비의 중량을 제외한 자체중량[배터리의 전원(電源)을 이용하는 초경량비행장치의 경우에는 배터리의 중량을 포함한다.]이 115kg 이하일 것

3. **무인수직이착륙기 추가** : 이번 개정안에서 무인비행장치의 분류에도 변화가 이루어졌다. 기존의 무인비행기(Unmanned Fixed-Wing Aircraft), 무인헬리콥터(Unmanned Helicopter), 무인멀티콥터(Unmanned Multicopter) 외에도, 무인수직이착륙기(Unmanned Vertical Take-Off and Landing Aircraft)를 추가함으로써, 보다 다양한 형태의 무인비행장치를 항공안전법 시행규칙 내에서 정의할 수 있도록 하였다. 이에 따라, 개정된 제5조 제5호 가목의 내용은 다음과 같다.

"150kg 이하인 무인비행기, 무인헬리콥터, 무인멀티콥터 또는 무인수직이착륙기"

무인수직이착륙기는 무인멀티콥터와 (고정익)무인비행기의 장점을 결합한 형태로서, 수직 이착륙이 가능하면서도 수평 비행이 가능한 기체를 의미한다. 이러한 항공기 유형이 법적 정의에 포함됨에 따라, 향후 관련 기술의 발전과 산업 확장에도 긍정적인 영향을 미칠 것이다.

[개정 전]	[개정 후 / 시행일: 시행 2025. 5. 14]
[「항공안전법 시행규칙」 제5조 5호 가목] 무인동력비행장치 : 연료의 중량을 제외한 자체중량이 150kg 이하인 무인비행기, 무인헬리콥터 또는 무인멀티콥터	[「항공안전법 시행규칙」 제5조 5호 가목] 무인동력비행장치 : 연료의 중량을 제외한 자체중량이 150kg 이하인 무인비행기, 무인헬리콥터, 무인멀티콥터 또는 무인수직이착륙기

4. **무인동력비행장치의 정의 확대** : 개정안에서는 무인비행장치의 세부 유형을 보다 구체적으로 정의하기 위해 무인수직이착륙기를 포함한 다양한 비행체를 무인동력비행장치(Unmanned Powered Aircraft)로 포괄적으로 정의하였다. 이에 따라, 개정된 법령에서는 다음과 같이 명시되었다.

"무인비행기, 무인헬리콥터, 무인멀티콥터, 무인수직이착륙기를 무인동력비행장치로 정의한다."

이번 조치는 항공기술의 발전과 함께 점차 다양해지고 있는 무인항공기(UAV, Unmanned Aerial Vehicle) 시스템을 포괄적으로 관리할 수 있도록 법률적 기반을 정비한 것이다.

[개정 전]	[개정 후 / 시행일: 시행 2025. 5. 14.]
「항공안전법 시행규칙」 제305조(초경량비행장치 안전성인증 대상 등) ① 법 제124조 전단에서 "동력비행장치 등 국토교통부령으로 정하는 초경량비행장치"란 다음 각 호의 어느 하나에 해당하는 초경량비행장치를 말한다. 1. 동력비행장치 2. 행글라이더, 패러글라이더 및 낙하산류 3. 기구류 4. 다음 각 목의 어느 하나에 해당하는 무인비행장치 가. 제5조제5호가목에 따른 무인비행기, 무인 헬리콥터 또는 무인멀티콥터 중에서 최대 이륙중량이 25kg을 초과하는 것 나. 제5조제5호나목에 따른 무인비행선 중에서 연료의 중량을 제외한 자체중량이 12kg을 초과하거나 길이가 7m를 초과하는 것 5. 회전익비행장치 6. 동력패러글라이더	「항공안전법 시행규칙」 제305조(초경량비행장치 안전성인증 대상 등) ① 법 제124조 전단에서 "동력비행장치 등 국토교통부령으로 정하는 초경량비행장치"란 다음 각 호의 어느 하나에 해당하는 초경량비행장치를 말한다. 1. 동력비행장치 2. 행글라이더, 패러글라이더 및 낙하산류 3. 기구류 4. 다음 각 목의 어느 하나에 해당하는 무인비행장치 가. 제5조제5호가목에 따른 무인동력비행장치 중에서 최대이륙중량이 25kg을 초과하는 것 나. 제5조제5호나목에 따른 무인비행선 중에서 연료의 중량을 제외한 자체중량이 12kg을 초과하거나 길이가 7m를 초과하는 것 5. 회전익비행장치 6. 동력패러글라이더

참고 「항공안전법 시행규칙」제5조(초경량비행장치의 기준)

[개정 전]	[개정 후 / 시행일: 2025. 5. 14.]
「항공안전법」 제2조제3호에서 "자체중량, 좌석 수 등 국토교통부령으로 정하는 기준에 해당하는 동력비행장치, 행글라이더, 패러글라이더, 기구류 및 무인비행장치 등"이란 다음 각 호의 기준을 충족하는 동력비행장치, 행글라이더, 패러글라이더, 기구류, 무인비행장치, 회전익비행장치, 동력패러글라이더 및 낙하산류 등을 말한다.	「항공안전법」 제2조제3호에서 "자체중량, 좌석 수 등 국토교통부령으로 정하는 기준에 해당하는 동력비행장치, 행글라이더, 패러글라이더, 기구류 및 무인비행장치 등"이란 다음 각 호의 기준을 충족하는 동력비행장치, 행글라이더, 패러글라이더, 기구류, 무인비행장치, 회전익비행장치, 동력패러글라이더 및 낙하산류 등을 말한다.
1. **동력비행장치** : 동력을 이용하는 것으로서 다음 각 목의 기준을 모두 충족하는 고정익비행장치 가. 탑승자, 연료 및 비상용 장비의 중량을 제외한 자체중량이 115kg 이하일 것 나. 연료의 탑재량이 19리터 이하일 것 다. 좌석이 1개일 것	1. **동력비행장치** : 동력을 이용하는 것으로서 다음 각 목의 기준을 모두 충족하는 고정익비행장치. 다만, 전기모터에 의한 동력을 이용하는 경우에는 나목은 적용하지 않는다. 가. 탑승자, 연료 및 비상용 장비의 중량을 제외한 자체중량[배터리의 전원(電源)을 이용하는 초경량비행장치의 경우에는 배터리의 중량을 포함한다.]이 115kg 이하일 것 나. 연료의 탑재량이 19리터 이하일 것 다. 좌석이 1개일 것
2. **행글라이더** : 탑승자 및 비상용 장비의 중량을 제외한 자체중량이 70kg 이하로서 체중이동, 타면조종 등의 방법으로 조종하는 비행장치	2. **행글라이더** : 탑승자 및 비상용 장비의 중량을 제외한 자체중량이 70kg 이하로서 체중이동, 타면조종 등의 방법으로 조종하는 비행장치
3. **패러글라이더** : 탑승자 및 비상용 장비의 중량을 제외한 자체중량이 70kg 이하로서 날개에 부착된 줄을 이용하여 조종하는 비행장치	3. **패러글라이더** : 탑승자 및 비상용 장비의 중량을 제외한 자체중량이 70kg 이하로서 날개에 부착된 줄을 이용하여 조종하는 비행장치
4. **기구류** : 기체의 성질 · 온도차 등을 이용하는 다음 각 목의 비행장치 가. 유인자유기구 나. 무인자유기구(기구 외부에 2kg 이상의 물건을 매달고 비행하는 것만 해당한다. 이하 같다) 다. 계류식(繫留式)기구	4. **기구류**: 기체의 성질·온도차 등을 이용하는 다음 각 목의 비행장치 가. 유인자유기구 나. 무인자유기구(기구 외부에 2kg 이상의 물건을 매달고 비행하는 것만 해당한다. 이하 같다) 다. 계류식(繫留式)기구
5. **무인비행장치** : 사람이 탑승하지 아니하는 것으로서 다음 각 목의 비행장치 가. 무인동력비행장치: 연료의 중량을 제외한 자체중량이 150kg 이하인 무인비행기, 무인헬리콥터 또는 무인멀티콥터 나. 무인비행선: 연료의 중량을 제외한 자체중량이 180kg 이하이고 길이가 20m 이하인 무인비행선	5. **무인비행장치** : 사람이 탑승하지 아니하는 것으로서 다음 각 목의 비행장치 가. 무인동력비행장치: 연료의 중량을 제외한 자체중량이 150kg 이하인 무인비행기, 무인헬리콥터, 무인멀티콥터 또는 무인수직이착륙기 나. 무인비행선: 연료의 중량을 제외한 자체중량이 180kg 이하이고 길이가 20m 이하인 무인비행선
6. **회전익비행장치** : 제1호 각 목의 동력비행장치의 요건을 갖춘 헬리콥터 또는 자이로플레인	6. **회전익비행장치** : 제1호 각 목(전기모터에 의한 동력을 이용하는 경우에는 같은 호 나목은 제외한다)의 동력비행장치의 요건을 갖춘 헬리콥터 또는 자이로플레인

7. **동력패러글라이더** : 패러글라이더에 추진력을 얻는 장치를 부착한 다음 각 목의 어느 하나에 해당하는 비행장치 가. 착륙장치가 없는 비행장치 나. 착륙장치가 있는 것으로서 제1호 각 목의 동력비행장치의 요건을 갖춘 비행장치	7. **동력패러글라이더** : 패러글라이더에 추진력을 얻는 장치를 부착한 다음 각 목의 어느 하나에 해당하는 비행장치 가. 착륙장치가 없는 비행장치 나. 착륙장치가 있는 것으로서 제1호 각 목(전기모터에 의한 동력을 이용하는 경우에는 같은 호 나목은 제외한다)의 동력비행장치의 요건을 갖춘 비행장치
8. **낙하산류** : 항력(抗力)을 발생시켜 대기(大氣) 중을 낙하하는 사람 또는 물체의 속도를 느리게 하는 비행장치	8. **낙하산류** : 항력(抗力)을 발생시켜 대기(大氣) 중을 낙하하는 사람 또는 물체의 속도를 느리게 하는 비행장치
9. 그 밖에 국토교통부장관이 종류, 크기, 중량, 용도 등을 고려하여 정하여 고시하는 비행장치	9. 그 밖에 국토교통부장관이 종류, 크기, 중량, 용도 등을 고려하여 정하여 고시하는 비행장치

국토교통부 소관 드론 관련 법령 현황

드론 운용과 관련하여 국토교통부가 관할하는 법령은 다양한 영역에 걸쳐 적용되고 있다. 현재 드론 관련 주요 법령으로는 「드론 활용의 촉진 및 기반 조성에 관한 법률」(약칭: 드론법), 「항공안전법」, 「항공사업법」, 「공항시설법」, 「항공·철도사고조사에 관한 법」 등이 있으며, 이를 통해 드론의 안전한 운용 및 활용 촉진을 위한 법적 근거가 마련되어 있다.

[표] 국토부 소관 드론 관련 법령

법령	주요 내용
항공안전법	• 드론과 관련하여 드론 기체신고, 조종자 증명, 안전성 인증, 전문교육기관 지정, 초경량비행 장치 사용사업에 대한 안전개선 명령, 비행승인 및 특별비행 승인 등 준수사항을 규정함 • 군용 및 경찰용 · 세관용 무인비행장치와 관련 업무에 종사하는 사람에 대해 미적용
항공사업법	• 「항공사업법」에 따라 초경량비행장치를 항공기 대여업, 초경량비행장치 사용사업, 항공레저 스포츠사업에 사용하는 경우를 제외하고 영리목적으로 사용하지 못하도록 규정 • 초경량비행장치사용사업 정의 및 등록, 보험 가입 의무, 초경량비행장치 사용사업의 사업개선 명령 등에 대해 규정
공항시설법	• 비행승인을 받지 않은 드론이 공항 · 비행장에 무단으로 접근하거나 침입할 경우, 퇴치, 추락, 포획 등 항공안전에 필요한 조치를 할 수 있게 규정함
항공 · 철도 사고조사에 관한 법률	• 초경량비행장치(드론)의 사고 발생 통보, 사고조사 개시 및 수행, 사고조사 종결시 사고 조사 보고서의 작성* 등에 대해 규정 ※ 자료제출 요구내용 : 소유자, 제작자, 탑승자, 항공사고등의 현장에서 구조 활동을 한 자 그 밖의 관계인에 대한 항공사고 등 관련보고 또는 자료

타 부처 소관 드론 관련 법령 현황

드론 운용과 관련된 법령은 국토교통부의 관할 법률뿐만 아니라 타 부처에서 제정한 법률에도 포함되어 있다. 주요 법령으로는 「전파법」, 「개인정보 보호법」, 「군사기지 및 군사시설 보호법」 등이 있으며, 이는 드론 운용 과정에서 발생할 수 있는 공공 안전 및 개인 권익 침해 문제를 방지하는 중요한 역할을 수행하고 있다. 전파법은 드론의 통신 및 주파수 이용과 관련된 사항을 규정하며, 개인정보 보호법은 드론을 이용한 촬영 및 감시 활동이 개인의 사생활을 침해하지 않도록 엄격한 규제를 마련하고 있다. 또한, 군사기지 및 군사시설 보호법은 국가 안보와 직결되는 군사시설 주변에서의 드론 운용을 제한하여 안보 위협을 방지하는 역할을 한다.

[표] 타부처 소관 드론 관련 주요 법령

법령	주요 내용
전파법	• 전자파 장해를 주거나 전자파로부터 영향을 받는 기자재를 제조 또는 판매하거나 수입하려는 자는 해당 기자재에 대해 적합인증, 적합등록, 잠정인증을 받아야 함 • 기자재의 시험 및 조사결과, 전자파 인체보호기준 초과 시 개선, 시정, 수거, 파기 등을 규정함
개인정보보호법	• 이동형 영상정보처리기기를 활용한 촬영 관련 규정 신설, 사업자 대상 영상 촬영 시 준수원칙 제시(사전 공지 등) • 드론을 활용한 업무 목적 영상 촬영 시 해당 사업자가 준수해야 하는 촬영사실 표시방법 등을 규정
군사기지 및 군사시설 보호법	• 보호구역 및 비행 안전 구역에 해당될 경우, 군용항공기를 제외한 항공기의 이 · 착륙 및 상공비행 등을 제한하고 있음
농업기계화 촉진법	• 무인항공기(무인헬기, 멀티콥터)를 농업기계 범위에 포함 • 농업용 드론의 경우, 항공안전법에 따른 안전성 인증과 농업기계화 촉진법에 따른 농업기계의 검정 신청 및 검사를 일원화(2018년 이후)
군용항공기 비행안전성 인증에 관한 법률	• 군용 · 경찰용 · 세관용 항공기의 감항인증에 적용함을 규정 • 항공안전법에 따른 안전성 인증을 받은 초경량비행장치(드론)를 군용항공기로 사용하는 경우, 이 법에 따라 감항인증을 받은 것으로 간주
기타 유관 법률	• 드론분야 선제적 규제혁파 로드맵 2.0('23.6.)에 의하면 소음 · 진동관리법, 전파법, 전기사업법, 전기통신사업법, 개인정보보호법, 정보통신망법, 우편법, 건축법, 응급의료에 관한 법률 등이 관련이 있음 • 제1차 생활물류서비스산업 발전기본계획('22~'26)에 의거 생활물류서비스산업발전법 개정 으로 생활물류운송수단에 드론 추가 • 드론전력을 활용한 작전 및 그 지원에 관한 업무를 관장하기 위하여 창설된 국방부장관 소속의 드론작전사령부 관련 드론작전사령부령('23.6.27.) 제정

드론 관련 행정규칙 현황

드론 운용과 관련된 행정규칙은 총 18개로 조사되었으며, 그 주요 내용은 초경량비행장치의 기술기준과 조종자 및 교육기관에 대한 기준을 포함하고 있다. 이는 국토교통부가 소관하는 행정규칙에 해당하며, 드론을 안전하게 운용하기 위한 필수적인 규정을 담고 있다. 이 외에도 무인비행장치를 소유하거나 운용하는 과정에서 필요한 세부적인 운용 규정과 지침이 마련되어 있어, 드론의 법적 운용 기준이 더욱 명확하게 정립되고 있다.

소관 부처	행정규칙명	행정규칙 종류
국토교통부	무인비행장치 특별비행을 위한 안전기준 및 승인절차에 관한 기준	국토교통부고시
국토교통부	초경량비행장치 기술기준	국토교통부고시
국토교통부	무인비행장치 조종자의 자격 및 전문교육기관 지정기준	국토교통부고시
국토교통부	드론지적측량규정	국토교통부예규
국토교통부	무인비행장치 측량 작업규정	국토지리정보원고시
국토교통부	초경량비행장치 신고요령	지방항공청 (서울 · 부산 · 제주)
산업통상자원부	무인동력비행장치 및 지게차의 연료용 용기의 제조 및 검사 기준에 관한 기준	산업통상자원부고시
농림축산식품부	국립농산물품질관리원 무인비행장치 운영규정	국립농산물품질관리원 고시
농림축산식품부	농촌진흥청 무인비행장치 운용지침	농촌진흥원예규
해양수산부	서해어업관리단 무인비행장치 운영지침	서해어업관리단예규
해양수산부	남해어업관리단 무인비행장치 운영지침	남해어업관리단예규
해양수산부	해양수산부 무인비행장치 운용지침	해양수산부훈령
경찰청	경찰 무인비행장치 운용규칙	경찰청훈령
관세청	관세청 무인비행장치 운용에 관한 훈령	관세청훈령
관세청	관세청 장비 · 감시정 등 관리 운용에 관한 훈령	관세청훈령
산림청	산림 무인비행장치 운용 지침	산림청지침
소방청	소방 무인비행장치 운용 규정	소방청훈령
해양경찰청	해양경찰 무인비행장치 운용 및 관리에 관한 규칙	해양경찰청훈령

※ 이 책은 디지털 트윈을 위한 드론 사진측량을 지향하고 있다. 따라서 드론 및 사진측량과 직·간접적인 관련이 있는 「무인비행장치 측량 작업규정」 및 「드론 지적측량 규정」에 대한 이해는 필요하기에 부록에 전문을 실었으니, 참고하기 바란다.

드론 관련 지자체 법 현황

드론과 관련하여 각 지방자치단체에서 제정한 조례 및 관련 규정은 총 128건에 이르며, 이 중 조례가 93건, 시행규칙이 1건, 훈령이 32건, 예규가 2건을 차지하고 있다. 특히, 지방자치단체에서 제정한 93건의 드론 관련 조례는 대부분 드론의 활용 촉진과 드론산업의 육성 및 재정적 지원과 관련된 내용을 포함하고 있다. 예를 들어, 서울특별시에서 2021년 5월 20일에 제정한 「드론산업의 육성 및 지원에 관한 조례」는 서울 지역 내 드론산업의 기반을 조성하고, 경쟁력을 강화하기 위한 다양한 육성 및 지원 방안을 규정하고 있다.

1-3 국내 드론산업 동향

> 국내 드론산업의 현황에 대한 심도 있는 이해를 돕기 위해, 본 글에서는 항공안전기술원(KIAST, Korea Institute of Aviation Safety Technology)이 발간한 「2023 드론산업 실태조사 보고서」 및 「2024 드론산업 실태조사 보고서」의 내용을 중심으로 정리하였다.
> 해당 보고서는 드론산업의 활용 촉진과 기반 조성을 목적으로 작성된 것으로, 「드론 활용의 촉진 및 기반조성에 관한 법률」 제6조 및 「드론 활용의 촉진 및 기반조성에 관한 법률 시행령」 제4조에 근거하여 매년 시행되는 산업 현황 조사와 분석 결과를 반영하고 있다.

국내 드론산업이 지속적인 성장세를 보이고 있음에도 불구하고, 여전히 열악한 경영 환경에 직면해 있다는 분석이 제기되었다. 항공안전기술원(KIAST, Korea Institute of Aviation Safety Technology)이 발간한 「2023 드론산업 실태조사 보고서」에 따르면, 2022년 기준 국내 드론 관련 업체 수는 총 5,867개로 집계되었다. 이 중 드론 제작업체는 584개, 활용업체는 5,283개로 나타났다.

한편, 「2024 드론산업 실태조사 보고서」에 따르면, 2023년 12월 기준 국내 드론 사업체 수는 총 6,835개로 조사되었으며, 이 중 제작업체는 608개, 활용업체는 6,227개로 집계되었다. 이는 2022년 5,867개 업체에서 2023년 6,835개 업체로 16.5% 증가한 수치이다. 특히 드론 제작업체는 4.1% 증가한 반면, 활용업체는 약 17.9% 증가하며 더욱 가파른 성장세를 보였다.

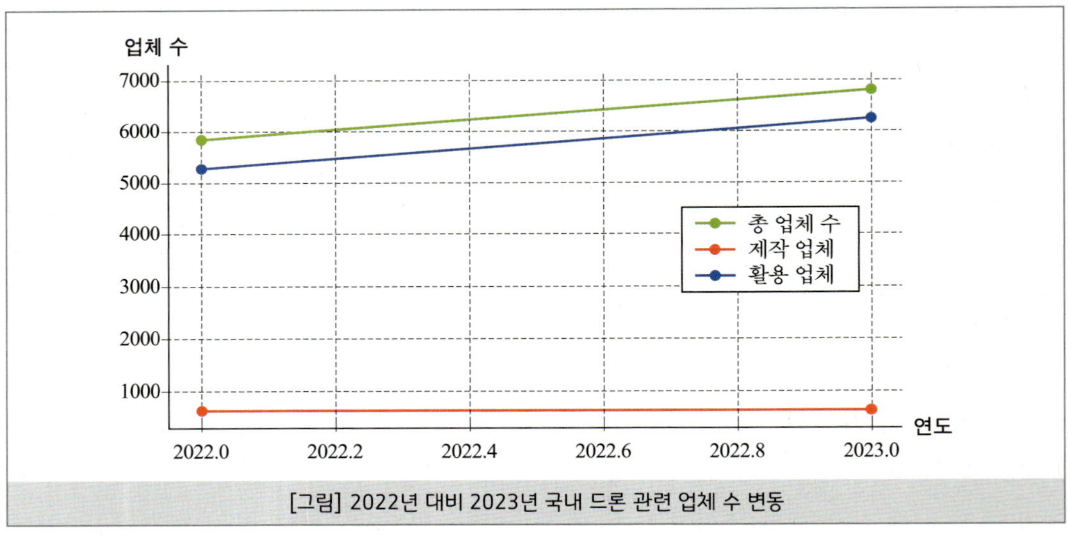

[그림] 2022년 대비 2023년 국내 드론 관련 업체 수 변동

2022년 국내 드론 업체들의 총 매출액은 약 9,804억 원으로서, 전년 대비 16.6% 증가한 것으로 나타났다. 세부적으로 살펴보면, 제작업체의 매출액은 6,021억 원, 활용업체의 매출액은 3,783억 원을 기록하였다. 그러나 업체당 평균 매출액은 약 1.67억 원으로, 이는 국내 중소기업의 평균 매출액인 약 3.9억 원과 비교할 때 상당히 낮은 수준이다. 이러한 수치는 다수의 드론 관련

업체들이 여전히 열악한 경영 환경에 처해 있음을 보여준다.

한편, 2023년 드론 업체들의 총 매출액은 1조 993억 원으로 집계되었으며, 업체당 평균 매출액은 약 1.6억 원으로 분석되었다. 이는 업체 수의 증가에도 불구하고, 2022년 대비 2023년의 업체당 매출액이 오히려 약 4.2% 감소했음을 의미한다.

[표] 국내 드론산업 평균 매출액 및 전체 매출액 규모 (단위 : 개소, 백만원)

구분	2021			2022			2023		
	업체수	평균	합계	업체수	평균	합계	업체수	평균	합계
제작분야	345	1,020	351,961	584	1,031	602,104	608	647	393,548
활용분야	4,649	105	488,658	5,283	72	378,273	6,227	113	705,733
합계	4,994	168	840,619	5,867	167	980,377	6,835	161	1,099,281

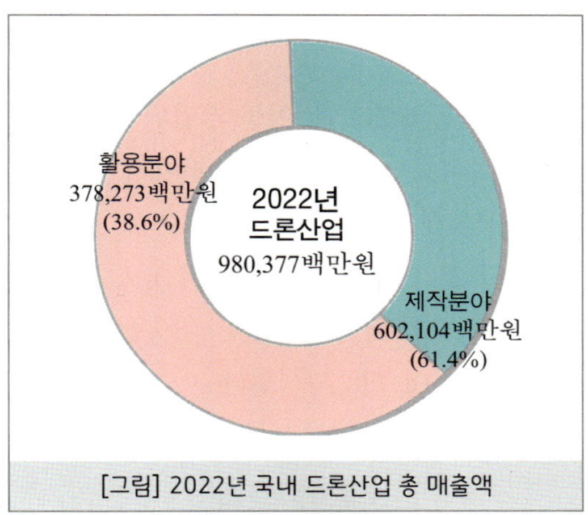

[그림] 2022년 국내 드론산업 총 매출액

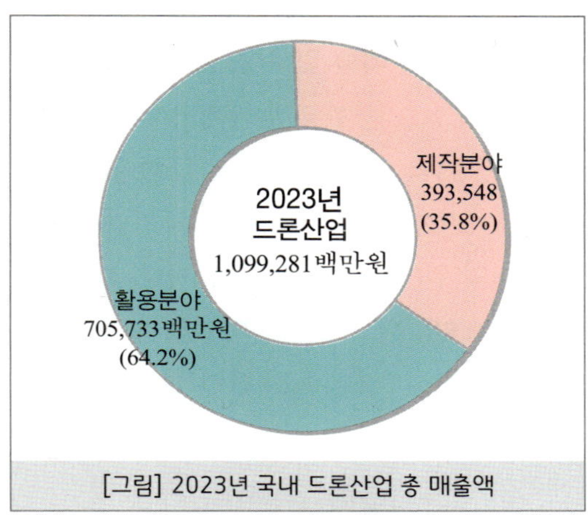

[그림] 2023년 국내 드론산업 총 매출액

드론 제작 분야 매출 현황

드론 제작업의 경우, 2022년 매출액은 6,021억 원으로 전년 대비 큰 폭의 성장을 기록하였으나, 업체당 평균 매출액은 10.3억 원으로 나타났다. 이는 국내 제조업 중소기업의 평균 매출액인 약 12.4억 원 대비 80% 수준에 불과하여, 드론 제작 분야의 경쟁력 강화를 위한 지속적인 노력이 필요함을 시사한다.

2023년 드론 제작업체의 총 매출 규모는 3,935억 원으로 추정되며, 세부적으로 하드웨어 분야가 2,301억 원(58.5%), 소프트웨어 분야가 1,634억 원(41.5%)을 차지하였다. 하드웨어 매출의 구성은 완제품 1,669억 원, 부품 490억 원, 기타 142억 원으로 나타났다. 이러한 수치는 2022년 대비 2023년 드론 제작 분야의 매출이 34.6% 감소했음을 보여주며, 이에 따른 산업적 대응과 지원 방안이 필요함을 시사하고 있다.

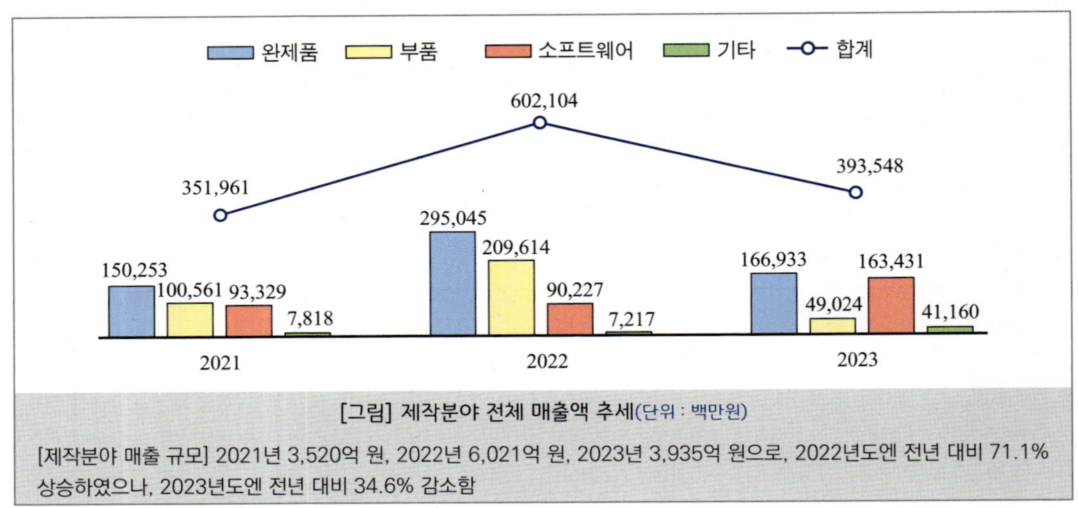

[그림] 제작분야 전체 매출액 추세(단위 : 백만원)

[제작분야 매출 규모] 2021년 3,520억 원, 2022년 6,021억 원, 2023년 3,935억 원으로, 2022년도엔 전년 대비 71.1% 상승하였으나, 2023년도엔 전년 대비 34.6% 감소함

드론 활용 분야 매출 및 기업 분포 현황

2022년 기준 드론 활용 분야에서는 총 5,283개의 기업이 활동하였으며, 이들 기업의 총 매출액은 약 3,783억 원으로 추산된다. 활용 분야별 매출액을 살펴보면, '측량·탐사' 분야가 1,025억 원(27.1%)으로 가장 큰 비중을 차지하였으며, 이어서 '촬영·레저' 1,015억 원(26.8%), '농업·방제' 894억 원(23.6%), '교육 및 기타' 849억 원(22.4%) 순으로 나타났다. 활용업체의 평균 매출액은 약 0.7억 원으로 분석되었으며, 특히 '교육 및 기타' 분야의 매출액이 높은 이유는 유통 판매 및 안티드론(Anti-drone) 관련 업체들의 높은 매출에 기인한 것으로 해석된다.

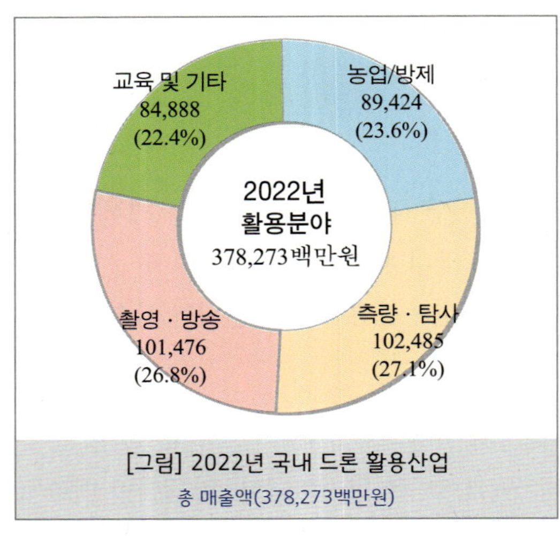

[그림] 2022년 국내 드론 활용산업

총 매출액(378,273백만원)

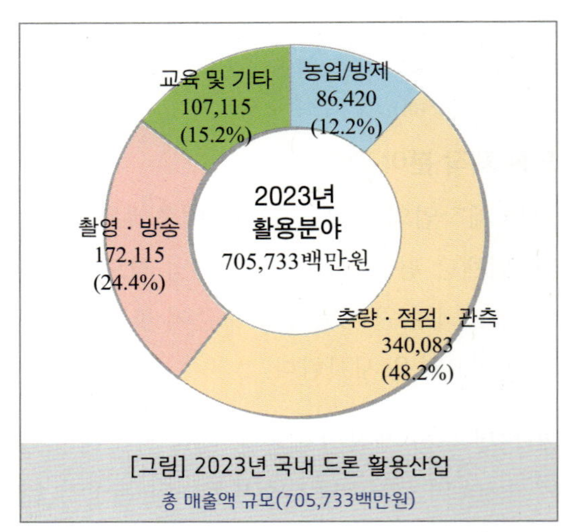

[그림] 2023년 국내 드론 활용산업

총 매출액 규모(705,733백만원)

한편, 2023년에는 활용업체 수가 총 6,227개로 증가하였으며, 총 매출액은 7,057억 원으로 추정된다. 세부적으로 살펴보면, '측량·점검·관측' 분야가 3,401억 원(48.2%)으로 가장 높은 비중

을 차지하였으며, '촬영·방송' 1,721억 원(24.4%), '교육 및 기타' 1,071억 원(15.2%), '농업·방제' 864억 원(12.2%) 순으로 나타났다. 활용업체의 평균 매출액은 약 1.13억 원으로, 2022년 대비 61.4% 증가한 것으로 분석되었다.

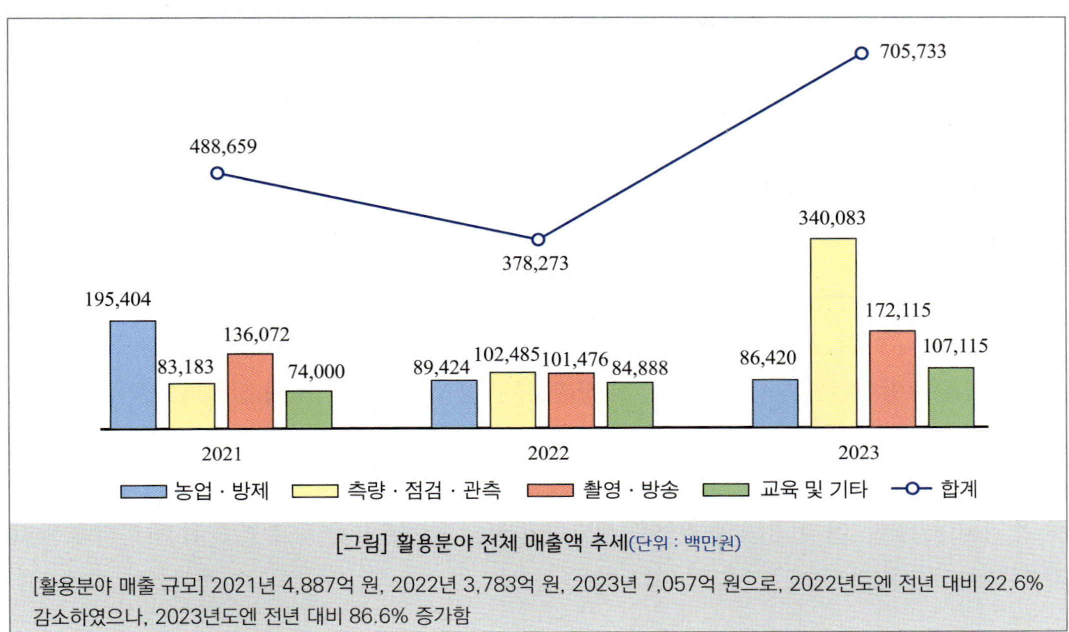

[그림] 활용분야 전체 매출액 추세(단위 : 백만원)

[활용분야 매출 규모] 2021년 4,887억 원, 2022년 3,783억 원, 2023년 7,057억 원으로, 2022년도엔 전년 대비 22.6% 감소하였으나, 2023년도엔 전년 대비 86.6% 증가함

드론을 활용하는 기업 중 국산 드론을 사용하는 업체는 191개, 외국산 드론을 사용하는 업체는 648개, 국산과 외국산을 병행하여 활용하는 업체는 92개로 조사되었다. 외국산 드론을 활용하는 주된 이유를 살펴보면, '가격 대비 성능 우수'(38.1%)가 가장 높은 비율을 차지하였으며, 이어서 '대체할 만한 국산품 없음'(35.8%), '확보 용이'(17.4%) 등의 순으로 나타났다.

활용 분야 업체의 권역별 분포를 살펴보면, 전체 6,227개 업체 중 36.1%에 해당하는 2,248개가 수도권에 집중되어 있으며, 23.1%인 1,440개가 경상권에 위치한 것으로 나타났다. 지역별 분포를 보면, 경기도가 1,167개로 가장 많았으며, 이어 서울 909개, 전남 639개, 경북 463개 순으로 집계되었다.

이러한 드론 업체의 지역적 불균형 및 재정적 상황을 개선하기 위해서는 드론산업의 경쟁력 강화를 위한 정책적 지원과 기업들의 자구 노력이 필요하다. 특히, 드론 활용 분야의 다양화와 고도화를 통해 새로운 시장을 개척하고, 제작 분야에서는 기술 혁신을 통해 제품의 품질과 성능을 향상시켜야 할 것이다.

1-4 국내 드론 자격증 현황

드론과 자격

드론 자격을 관리하는 기관은 국가자격을 담당하는 기관과 민간자격 등록기관으로 구분된다. 현재 국가자격을 관리하는 기관은 한국교통안전공단 단 한 곳뿐이며, 이에 반해 민간자격 등록기관은 총 316개가 운영되고 있다.

[표] 자격 관리기관 현황 (단위 : 개)

구분	국가자격 등록기관	민간자격 등록기관
자격관리 기관 현황	1	316

(출처 : 한국교통안전공단 및 민간자격정보서비스(Private Qualifications Information, PQI))

국가자격은 중앙행정기관의 장(주무부처 장관)이 관련 법령에 근거하여 신설하고 이를 체계적으로 관리·운영하는 자격을 의미한다. 이러한 국가자격 제도는 교육·훈련과의 연계를 강화하여 산업계의 수요를 충족시키고, 평생학습 체계를 확립하며, 능력 중심 사회를 정착시키는 방향으로 운영된다. 또한, 자격 간의 호환성을 제고하고 국제적으로 통용될 수 있도록 체계적인 관리가 이루어지고 있다.

한편, 국방 분야에서 활용되는 드론 자격은 별도로 관리되며, 국방부가 소관하고 시행하는 무인기 관련 국가전문자격으로는 두 가지가 존재한다. 즉, 국방무인기조종사와 수중 무인기 조작사 자격으로서, 이는 군사적 목적에 특화된 전문적인 운용 능력을 평가하고 인증하는 국가자격이다.

참고 국가자격

국가자격이란 중앙행정기관의 장(주무부장관)이 법령에 따라 신설하여 관리·운영하는 자격을 의미한다. 이는 교육훈련과의 연계를 강화하고, 산업계의 수요에 부응하며, 평생학습과 능력 중심 사회의 정착에 기여하는 것을 기본 방향으로 삼아 운영된다. 또한, 자격 간의 호환성을 높이고 국제적 통용성을 확보하는 데 중점을 두어 체계적으로 관리된다.

(1) 국가자격이 신설 및 운영되는 주요 분야
- 국가자격은 다음과 같은 분야에서 신설·운영된다.
- 국민의 생명, 건강 및 안전에 직결되는 분야
- 국방, 치안, 교육 및 국가 기간산업 등 공익과 직접적으로 연관되는 분야
- 자격 취득 수요가 적어 민간자격으로 운영하기 어려운 분야
- 그 밖에 국가가 필요하다고 인정하는 분야

(2) 국가자격의 유형

국가자격은 크게 다음과 같은 유형으로 구분된다.

- 개별법 국가자격 : 특정 법률에 의해 규정되는 자격으로, 경량항공기 조종사, 항공기관사, 항공정비사, 항공장구관리사, 군항공교통관제사 등이 이에 해당한다.
- 국가기술자격법 및 기술법에 따른 국가자격 : 항공기술사, 공항기술사 등과 같이 기술 분야의 전문성을 인증하는 자격이 이에 포함된다.

드론 조종자격 현황

드론 조종자격이란 「항공안전법」 제125조(초경량비행장치 조종자 증명 등)에 근거하여, 초경량비행장치의 종류별 자격 기준 및 시험 절차·방법에 따라 한국교통안전공단에서 발급하는 국가 공인의 조종자 증명을 의미한다.

무인비행장치 조종자의 자격 및 전문교육기관 지정기준 일부개정고시안 행정예고

1. 개정이유 및 주요내용

초경량비행장치 중 무인동력비행장치의 범위에 고정익과 회전익의 비행특성을 모두 갖고 있는 무인수직이착륙기가 포함되도록 「항공안전법 시행규칙」 이 개정(국토교통부령 제1405호, 2024. 11. 13. 개정, 2025. 5. 14. 시행)됨에 따라 무인수직이착륙기에 대한 조종자격을 추가

[그림] 무인수직이착륙기의 조종자격 추가 행정예고 일부

초경량비행장치 중 무인동력비행장치의 범위에 무인수직이착륙기(Vertical Take-Off and Landing, VTOL)가 포함되도록 「항공안전법 시행규칙」이 개정됨(국토교통부령 제1405호, 2024년 11월 13일 개정, 2025년 5월 14일 시행)에 따라, 무인수직이착륙기에 대한 조종자격이 추가되었다. 이에 따라 드론 조종자격은 기체의 종류에 따라 무인비행기(Unmanned Aircraft), 무인헬리콥터(Unmanned Helicopter), 무인멀티콥터(Unmanned Multicopter), 무인비행선(Unmanned Airship), 무인수직이착륙기(Unmanned VTOL)의 총 5가지로 구분된다.

[표] 드론 조종자격 현황

구분	초경량비행장치 조종자
조종 기체	초경량비행장치
기체 종류	동력비행장치, 회전익비행장치, 유인자유기구(자가용/사업용), 동력패러글라이더, 패러글라이더, 행글라이더, 낙하산류 무인비행기, 무인헬리콥터, 무인멀티콥터, 무인비행선, 무인수직이착륙기

최근 드론의 성능이 비약적으로 향상되고, 국민 생활 속에서 드론 활용이 확대됨에 따라 관련 법령이 정비되었다. 이에 따라 「항공안전법 시행규칙」 제306조(초경량비행장치의 조종자 증명 등)에 근거하여 드론 조종자격은 다음의 표와 같이 최대이륙중량 기준으로 4종으로 세분화되어 관리되고 있다.

[표] 드론 분류 기준 관련 법령

구분	개정 전(2021.3.1. 이전 시행)	개정 후(2021.3.1. 이후 시행)
분류 기준	• 무게기준(자체중량) - 12kg 초과, 150kg 이하	• 무게기준(최대이륙중량) - 1종 : 25kg 초과, 자체중량 150kg 이하 - 2종 : 7kg 초과, 25kg 이하 - 3종 : 2kg 초과, 7kg 이하 - 4종 : 250g 초과, 2kg 이하
자격증명 필요 여부	• 사업용 : 필요 • 비사업용 : 불필요	• 사업용 : 필요 • 비사업용 : 필요

조종자 증명대상	최대이륙중량 기준				
	250g 이하 (완구용)	250g 초과 2kg 이하	2kg 초과 7kg 이하	7kg 초과 25kg 이하	25kg 초과[21]
무인동력비행장치	×	4종	3종	2종	1종

드론을 비행하려면 드론 기체의 최대이륙중량에 적합한 조종자 증명을 취득해야 하며, 조종자격을 취득하기 위한 응시 기준은 기체의 종류 및 무게에 따라 상이하다. 또한, 응시 가능한 최소 연령 역시 자격별로 차이가 있다.

다음의 드론 기체 최대이륙중량에 해당하는 드론을 운용하려는 사람은, 해당 드론의 조종을 위해 「항공안전법」 제125조 제1항, 제166조 제2항, 「항공안전법 시행규칙」 제306조 제1항 제4호, 「무인비행장치 조종자의 자격 및 전문교육기관 지정기준」 제4조에 근거한 드론 조종자 증명을 반드시 취득해야 한다.

21) 자체중량 150kg 이하

[표] 드론 조종자격 기본 응시요건

종류	등급	응시 기준	연령
무인 비행기	1종	해당 종류 총 비행경력 20시간 (2종 무인비행기 자격소지자 15시간 이상, 3종 무인비행기 자격소지자 17시간 이상)	14세 이상
	2종	1종 또는 2종 무인비행기 비행시간 10시간 (3종 무인비행기 자격소지자 7시간 이상)	
	3종	1종/2종/3종 무인비행기 중 비행시간 6시간	
	4종	해당 종류 온라인 교육과정 이수로 대체	10세 이상
무인 헬리콥터	1종	해당종류 총 비행경력 20시간 (2종 무인헬리콥터 자격소지자 15시간 이상, 3종 무인헬리콥터 자격소지자 17시간 이상, 1종 무인멀티콥터 자격소지자 10시간 이상)	14세 이상
	2종	1종 또는 2종 무인헬리콥터 비행시간 10시간 (3종 무인비행기 자격소지자 7시간 이상, 2종 무인멀티콥터 자격소지자 5시간 이상)	
	3종	1종/2종/3종 무인헬리콥터 중 비행시간 6시간 (3종 무인멀티콥터 자격소지자 3시간 이상)	
	4종	해당 종류 온라인 교육과정 이수로 대체	10세 이상
무인 멀티콥터	1종	해당종류 총 비행경력 20시간 (2종 무인멀티콥터 자격소지자 15시간 이상, 3종 무인멀티콥터 자격소지자 17시간 이상, 1종 무인헬리콥터 자격소지자 10시간 이상)	14세 이상
	2종	1종 또는 2종 무인멀티콥터 비행시간 10시간 (3종 무인멀티콥터 자격소지자 7시간 이상, 2종 무인헬리콥터 자격소지자 5시간 이상)	
	3종	1종/2종/3종 무인멀티콥터 중 비행시간 6시간 (3종 무인헬리콥터 자격소지자 3시간 이상)	
	4종	해당 종류 온라인 교육과정 이수로 대체	10세 이상
무인 비행선		해당종류 총 비행경력 20시간 (초경량 비행장치 사용 사업으로 등록된 12kg 초과 무인 비행장치 비행경력)	14세 이상

※ 「항공안전법 시행규칙」(2025년 5월 14일 시행)에서 무인동력비행장치에 무인 수직이착륙기가 추가됨에 따라 무인수직이착륙기 조종자격이 추가될 예정임.

연도별 드론 조종자격 취득현황

2023년 12월 기준, 드론 조종자 증명(1~3종) 누적 취득 건수는 총 127,809건에 이르며, 온라인 자격(4종) 누적 취득 건수는 총 384,049건으로 집계되었다. 이를 합산한 전체 드론 조종자 증명 누적 취득 건수는 총 511,858건에 달한다.

드론 실명제 도입 및 안전관리 강화를 위한 조종자격 제도 개편에 따라 자격 체계가 더욱 세분화되었으며, 이에 따라 2021년 4월부터 온라인 교육을 통한 4종 자격 취득이 가능해지면서 4종 자격 취득 건수가 급격히 증가하여 총 384,049건이 발급되었다.

[표] 연도별 드론 조종자격 취득현황(1~4종) (단위 : 건)

구분	~2018	2019	2020	2021	2022	2023	합계
자격 발급건수	17,348	14,827	13,672	166,142	149,908	149,961	511,858

(출처: 한국교통안전공단)

연도별 조종자격 취득 추이를 살펴보면, 2021년까지 지속적인 증가세를 보였으나, 2022년에는 취득자 수가 감소하였고, 2023년에는 2022년과 유사한 수준을 유지하는 경향을 나타냈다. 2023년 12월 기준, 1~3종 드론 조종자 증명 누적 취득 건수는 총 127,809건이며, 이는 무인비행기, 무인헬리콥터, 무인멀티콥터, 무인비행선의 조종 자격 취득 건수를 모두 포함한 수치이다.

기체 종류별로 살펴보면,

- 무인멀티콥터 조종자 증명 취득 건수는 123,326건으로 전체(1~3종)의 약 96%를 차지하며, 가장 높은 비율을 보였다.
- 무인헬리콥터 조종자 증명 취득 건수는 2,874건,
- 무인비행기 조종자 증명 취득 건수는 1,535건,
- 무인비행선 조종자 증명 취득 건수는 74건으로 나타났다.

[표] 드론 조종자격 연도별 취득현황 (단위 : 건)

구분			~ 2018	2019	2020	2021	2022	2023	합계
조종자격	무인비행선		32	30	2	2	3	5	74
	1~3종	무인비행기	67	14	28	977	224	225	1,535
		무인헬리콥터	1,821	70	68	471	221	223	2,874
		무인멀티콥터	15,428	14,713	13,574	26,746	26,253	26,612	123,326
소계			17,348	14,827	13,672	28,196	26,701	27,065	127,809
4종			-	-	-	137,946	123,207	122,896	384,049
합계			17,348	14,827	13,672	166,142	149,908	149,961	511,858

(출처: 한국교통안전공단)

기체 종류별 드론 조종자 증명 취득 현황

기체별 조종자 증명 취득 현황을 보다 구체적으로 살펴보면,

- 무인멀티콥터 조종자 증명 취득자: 393,537명(76.9%)으로 가장 높은 비중을 차지하였다.
- 무인헬리콥터 조종자 증명 취득자: 59,237명(11.6%)
- 무인비행기 조종자 증명 취득자: 59,010명(11.5%)
- 무인비행선 조종자 증명 취득자: 74명(0.0%)

세부적으로 자격 등급별 취득 현황을 살펴보면,

- 무인비행기의 경우, 4종(57,475명), 3종(991명), 2종(277명), 1종(267명) 순으로 조종자격을 취득하였으며,
- 무인헬리콥터의 경우, 4종(56,363명), 1종(2,330명), 3종(512명), 2종(32명) 순으로 자격을 취득하였다.
- 무인멀티콥터는 4종(270,211명), 1종(97,644명), 3종(18,095명), 2종(7,587명) 순으로 조종 자격이 발급되었다.
- 무인비행선의 경우, 자격 구분이 따로 없으며, 2023년까지 총 74명이 조종자격을 취득한 것으로 나타났다.

[표] 드론 조종자격 취득현황 (단위 : 건)

구분	1종	2종	3종	4종	합계
무인비행선	-	74	-	-	74
무인비행기	267	277	991	57,475	59,010
무인헬리콥터	2,330	32	512	56,363	59,237
무인멀티콥터	97,644	7,587	18,095	270,211	393,537
합 계	-	-	-	-	511,858

(출처: 한국교통안전공단)

1-5 국내 드론 등록 현황

국토교통부와 한국교통안전공단(TS)이 발표한 자료에 따르면, 2025년 4월 말 기준 국내에 사용 등록된 드론은 총 67,902대로 집계되었다. 이는 2024년 말 기준인 64,863대에 비해 약 3,000여 대가 증가한 수치로, 불과 4개월 만에 약 4.5%의 증가율을 기록한 것이다.

특히, 주목할 점은 드론 보급 속도의 가파른 상승세다. 2017년까지만 해도 국내 드론 등록 수는 2,226대에 불과했지만, 8년 사이 약 2,952%에 달하는 폭발적인 증가율을 기록하며 30배 이

상으로 늘어났다. 세부 연도별 추이를 살펴보면, 2020년 16,159대, 2021년 31,314대, 2022년 41,694대, 2023년 52,387대로 매년 꾸준한 두 자릿수 성장세를 이어왔다. 최근 3년간의 수치를 평균해 보면, 매월 약 1,000대 이상의 신규 드론이 등록된 셈이다.

드론 유형별 분포에서도 현재 국내 시장의 주류 흐름을 확인할 수 있다. 2025년 4월 기준 등록된 드론 가운데, 무인멀티콥터가 약 59,000대로 전체의 89.7%를 차지하고 있으며, 무인비행기는 7.4%, 무인헬리콥터는 2.8%, 무인비행선은 0.1% 수준으로 나타났다.

활용 목적에 따라 분류해 보면, 전체 드론의 62.8%에 해당하는 42,627대는 사업용으로 등록되어 있으며, 나머지 25,275대는 취미·레저용 등 비사업용으로 사용되고 있다.

이러한 수치는 국내 드론산업이 단순한 기술 확산 단계를 넘어, 산업 전반으로의 급속한 확장 국면에 접어들었음을 보여준다. 과거에는 드론이 특정 전문가 집단이나 국방·측량 등 일부 산업에만 한정되어 활용되었다면, 현재는 농업, 건설, 물류, 환경 모니터링, 행정, 교육, 영상 콘텐츠 제작은 물론, 일상생활 영역에 이르기까지 그 활용 범위가 빠르게 넓어지고 있다. 드론은 이제 스마트 시티 구현의 핵심 도구이자, 디지털 전환 시대를 이끄는 자산으로 자리잡고 있다. 국내 드론 보급의 지속적인 증가는 기술 생태계 전반의 변화뿐 아니라, 신산업 창출과 제도 개선을 견인할 중대한 동력이 될 것이다.

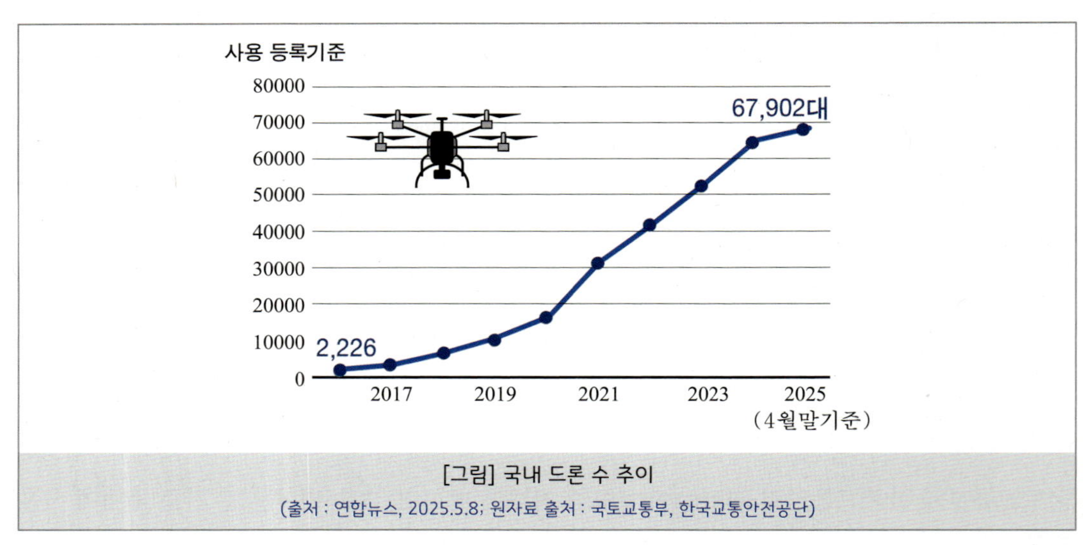

[그림] 국내 드론 수 추이

(출처 : 연합뉴스, 2025.5.8; 원자료 출처 : 국토교통부, 한국교통안전공단)

2. 세계 드론시장

2-1 세계 드론산업 현황과 전망

글로벌 드론시장, 2030년까지 연평균 7.1% 성장 전망

드론산업이 향후 10년간 눈부신 성장을 이어갈 것으로 전망된다. 독일의 드론시장 전문 조사 기관인 드론 인더스트리 인사이트(Drone Industry Insight, DII)의 '드론시장 보고서 2023-2030'(Drone Market Report 2023-2030)에 따르면, 2022년 세계 상업용 드론시장 규모는 약 274억 달러(한화 약 33조 원)로 평가되었으며, 2030년까지 연평균 성장률 7.1%를 기록하며 약 516억 달러(한화 약 62조 원) 규모로 확대될 것으로 보인다. 상업용 드론시장은 기술 발전에 따라 활용 분야가 확대되면서 점유율이 증가할 것으로 예상되며, 레저용 시장 수요는 연도별로 일정할 것으로 전망된다.

[표] 세계 드론시장 전망 (단위 : 억달러)

구분	2022	2023	2024	2025	2026	2027	2028	2029	2030
상업용	274	306	333	355	382	415	448	481	516
레저용	30	30	31	31	31	31	30	30	30
전체	304	336	364	386	413	446	478	511	546

(출처 : Drone Industry Insight(DII), 'Drone Market Report 2023-2030')

특히 하드웨어, 소프트웨어, 서비스 분야에서 두드러진 성장이 예고되며, 각 분야별로 다른 성장률이 예상된다. 2030년까지 하드웨어 분야는 비행 성능과 제조 기술 향상 덕분에 연평균 성장률 9.3%를 기록할 것으로 보이며, 소프트웨어는 드론 데이터 분석과 관리 시스템 수요 증가로 인해 6.3% 성장할 전망이다. 2030년 하드웨어 시장은 90억 달러(한화 약 11조 원), 소프트웨어는 19억 달러(한화 약 2조 3천억 원), 서비스 시장은 407억 달러(한화 약 49조 원)로 확장될 것으로 예상된다. 서비스 분야는 2022년 기준 약 222억 달러(한화 약 27조 원)였으며, 2030년까지 약 407억 달러 규모로 연평균 7.5%의 성장을 보일 것으로 전망된다.

드론의 활용 분야 중 화물 운송이 특히 큰 주목을 받고 있다. 비가시권 운항 기술 및 비행 성능의 발전에 힘입어 화물 운송 시장은 2030년까지 가장 높은 성장률인 15.7%를 기록할 것으로 예상된다. 이러한 기술과 비행 성능의 발전에 힘입어 중동, 아프리카, 남미 시장의 급성장이 두드러질 것으로 보이며, 국내 기업들도 이러한 지역에 진출하는 방안을 적극 검토할 필요가 있다. 중동과 아프리카는 풍부한 천연자원과 정부의 기술 투자 확대가 특징이며, 남미는 농업 및 물류 수요 증가가 주요 성장 동력원이다. 국내 기업들은 현지 파트너와의 협력, 규제 대응, 현지화 전략 등을 통해 효과적으로 접근할 수 있을 것이다. 이들 지역의 드론시장은 연평균 성장률이 각각 중동 및 아프리카는 16.6%, 남미는 11.5%로 나타나며, 글로벌 시장 확대에 주요한 기여를 할 것으로 전망된다.

[표] 세계지역별 드론시장 성장률 (2022~2030)

구분	하드웨어	스프트웨어	서비스
아시아	7.3%	4.4%	6.0%
유럽	8.3%	7.8%	9.2%
북미	5.7%	3.5%	5.0%
남미	11.9%	11.1%	12.1%
중동·아프리카	16.4%	14.4%	16.4%
오세아니아	8.3%	7.9%	9.9%

(출처 : Drone Industry Insight(DII), 'Drone Market Report 2023-2030')

특히, 드론의 상업적 활용 분야에서는 에너지, 건설, 농업이 주요 시장을 차지하고 있다. 2023년 기준으로 에너지 분야는 약 46.6억 달러(한화 약 5조 6천억 원) 규모로 가장 크며, 2030년에는 74.3억 달러(한화 약 9조 원)로 성장할 것으로 예상된다. 건설 분야 역시 45억 달러(한화 약 5조 4천억 원)에서 62.3억 달러(한화 약 7조 5천억 원)로 성장할 전망이며, 농업 분야는 57억 달러(한화 약 6조 8천억 원) 규모에 이를 것으로 보인다. 드론을 활용한 배송 서비스는 비가시권 운항 기술과 비행 성능 향상에 힘입어 15.7%의 최고 성장률을 기록하며, 새로운 시장으로 급부상할 것으로 기대되고 있다.

[표] 세계 상업용 드론 활용분야별 규모(2023~2030) (단위 : 억달러)

구분	2023	2024	2025	2026	2027	2028	2029	2030	CAGR (2023 ~ 2030)
에너지	46.6	50.3	53.3	56.8	61.2	65.5	69.9	74.3	6.9%
건설	45.0	47.7	49.6	51.9	54.9	57.5	60.0	62.3	4.8%
농업	32.7	35.7	38.2	41.2	45.0	48.8	52.8	56.9	8.2%
공공 응급서비스	24.5	27.3	29.9	32.9	36.7	40.5	44.6	49.0	10.4%
배송	20.0	23.7	27.4	31.7	37.0	42.6	48.8	55.5	15.7%
교통 인프라	19.2	20.9	22.2	23.9	26.0	28.0	30.2	32.5	7.8%
부동산	16.4	17.6	18.6	19.8	21.3	22.7	24.2	25.7	6.6%
안전 · 보안	15.7	17.5	19.2	21.1	23.5	26.0	28.7	31.5	10.5%
헬스 케어	14.9	15.5	15.9	16.3	16.9	17.3	17.5	17.6	9.3%
교육	14.3	15.2	15.9	16.7	17.8	18.7	19.7	20.6	5.3%
방송	14.1	15.6	16.8	18.3	20.2	22.1	24.1	26.3	2.4%
맵핑	11.9	13.1	14.0	15.2	16.6	18.1	19.6	21.1	8.5%
예술	11.5	12.2	12.6	13.2	13.9	14.5	15.0	15.5	4.4%
공공 행정	8.8	9.4	9.8	10.3	10.9	11.5	12.0	12.5	5.1%

보험	6.0	6.4	6.7	7.0	7.5	8.0	8.5	9.0	5.8%
통신	3.0	3.2	3.3	3.4	3.5	3.7	3.8	3.8	3.6%
폐기물 · 오염	1.1	1.2	1.2	1.3	1.3	1.4	1.4	1.5	4.5%

이러한 글로벌 시장의 변화를 반영하여 국내에서는 비가시권 비행 및 고중량 운송을 지원하기 위한 법적 개선과 인프라 확충이 필요하다. 또한, 드론의 유망 분야로 꼽히는 배송, 관광 및 레저, 시설 점검, 안티드론 기술 등 다양한 활용 가능성에 대해 해외 당국의 정책과 법, 제도를 함께 조사하고 대응 전략을 마련해야 한다. 예를 들어, 미국의 연방항공청(FAA)은 비가시권 비행 승인을 위한 규제를 완화하고 있으며, 영국은 드론 배송 시범 사업을 통해 법적 인프라를 구축하고 있다. 이러한 국가별 사례를 바탕으로 국내 정책 개선 방향을 구체화할 필요가 있다.

2-2 드론 주식시장 현황

> 다음은 드론산업 전문 분석기관인 Drone Industry Insights(Droneii)의 2024.10.17, "글로벌 드론 주식시장"에 관한 보고서를 발췌, 요약한 것이다.

AAM(Advanced Air Mobility, 첨단항공모빌리티)과 드론 기업들은 현재 시장의 불확실성 속에서 기술 혁신과 투자자 신뢰 확보를 위한 노력을 이어가고 있다. 시가총액의 변화는 기업의 성과와 투자 심리를 반영하며, 규제 안정성과 기술적 발전이 중요한 변수로 작용하고 있다. 앞으로도 드론시장의 합병과 경쟁 심화는 지속될 전망이며, 기업들의 전략적 행보가 주목된다.

드론 주식시장 현황

글로벌 상업용 드론 주식시장이 빠르게 진화하고 있다. 독일의 드론산업 전문 분석기관인 Drone Industry Insights(https://droneii.com/)는 "상업용 드론 주식"을 Amazon과 같은 대형기업이나 록히드 마틴(Lockheed Martin), 노스롭 그루먼(Northrop Grumman) 같은 군사 중심 기업을 제외한 순수 드론 및 첨단항공모빌리티(AAM) 관련 기업으로 한정했다.

2024년 기준 '드론 주식' 리스트에는 총 25개 상장 기업이 포함됐다. 이 중 12개 기업은 드론 제조사로, 드론산업의 주도적 역할을 하고 있다. 그 뒤를 이어 eVTOL(수직이착륙 드론) 제조사가 포함된 AAM 관련 기업이 6개이며, 나머지는 드론 서비스 제공사나 지주회사다.

드론 주식의 글로벌 분포

지리적으로는 미국이 여전히 드론산업의 중심으로 자리잡고 있다. 리스트에 오른 미국 기업은

7개로 가장 많다. 중국과 인도는 각각 2개와 3개 기업이 포함되어 드론산업의 신흥 강자로 떠오르고 있다. 또한 캐나다에서도 2개 기업이 상장되어 있다.

이외에도 남아메리카와 호주에서도 상장된 드론 기업이 있지만, 아프리카, 중동(이스라엘 제외), 그리고 동남아시아에는 아직 상장된 드론 기업이 존재하지 않는다. 이들 지역에서 최초의 상장 드론 기업이 누가 될지 귀추가 주목된다.

드론 주식과 ETF 현황

드론 주식시장에서 Aeronautics와 Astro Aerospace는 상장 폐지되었으며, Airobotics와 Drone Aviation Corp는 다른 기업에 인수됐다. 또한, 2023년 논란이 되었던 "드론 ETF"도 시장에서 퇴출되었다.

드론산업과 관련된 주식의 흐름을 추적하는 지수(Index)로는 "S&P Kensho Drones Index (KDRONE)"가 있다. 해당 지수는 드론산업에 집중하는 기업과 관련 공급망에 속한 기업을 포함한다. 다만, 드론산업 외에도 '해양 드론(Marine Drones)'과 센서, 하드웨어, 소프트웨어와 같은 다양한 요소를 포함해 범위가 확장된 상태다.

2024년 8월 30일 기준, 해당 지수에는 총 19개 기업이 포함되었으며, 이 중 17개는 미국, 1개는 중국, 그리고 1개는 이스라엘 기업이다.

이외에도 항공 모빌리티에 관심이 있는 투자자라면 "S&P Kensho Advanced Transport Systems Index(KATS)" 및 "S&P Kensho Smart Transportation Index(KMOVE)"를 주목할 만하다. 특히 KMOVE는 현재 ETF 형태로 거래되며, 가격은 약 28.40달러(약 41,000원) 수준이다.

미래를 이끌 잠재적 상장 기업

현재 드론 주식시장은 끊임없이 변화하고 있으며, 신생 기업들의 등장이 기대된다. 예를 들어 "Garuda Aerospace"와 "Pablo Air"는 상장을 준비 중이며, "Volocopter"와 "Alto Haps"와 같은 기업들도 향후 상장을 재시도할 가능성이 있다. 이들 기업의 등장 여부에 따라 첨단항공모빌리티(AAM) 및 드론 주식시장의 지형이 크게 바뀔 수 있다.

상업용 드론시장은 무한한 가능성과 동시에 많은 도전과제에 직면해 있다. 시가총액 변동성은 드론산업의 잠재력을 반영하는 동시에 불확실성을 보여준다. 업계 전문가와 투자자 모두 새로운 기업의 등장을 주시하며 미래 시장 재편에 대한 기대감을 키우고 있다.

첨단항공모빌리티(AAM) 기업 시가총액 동향

2024년 첨단항공모빌리티(AAM, Advanced Air Mobility) 기업들의 시가총액 보고서는 엇갈린 성과를 보였다. "Archer"와 "Joby Aviation"은 각각 5억 600만 달러(약 728억원)와 7억 3,400만 달러(약 1,056억원)의 하락세를 기록했다. "Vertical Aerospace"와 "Lilium" 역시 부진한 성과를 보이며 투자자 신뢰 확보에 어려움을 겪고 있다.

AAM 기업들의 이러한 하락세는 규제 문제와 연구개발(R&D) 지속성 같은 장애물을 극복해야 하는 신규 기업들의 고충을 반영한다. 특히 기업이 약속한 성과를 달성하지 못하거나 기대치를 충족하지 못할 경우, 투자자 및 주주들의 부정적 심리가 직접적인 원인으로 작용한다.

반면, 중국의 "Ehang"은 시장에서 가장 탄탄한 입지를 보이며, 기업 중 유일하게 수익을 내는 기업으로 평가된다. 그러나 이항의 수익은 중국 내수 시장에 국한된 활동에서 비롯된 점을 감안해야 한다.

AAM 기업의 대부분은 미국에 기반을 두고 있으며, "Archer"와 "Joby Aviation"이 선두를 달리고 있다. 유럽과 브라질에서도 일부 기업이 활동하며 지리적 확산을 보이지만, 여전히 불안정한 시장 환경은 투자 신뢰가 규제 명확성과 기술 혁신에 크게 의존하고 있음을 보여준다.

드론 기업 시가총액 동향

드론시장 역시 성장과 후퇴가 혼재된 모습을 보이고 있다. "AeroVironment"는 22억 8,000만 달러(약 3,270억원)의 시가총액 상승을 기록하며 투자자들의 긍정적인 신뢰를 반영했다. 반면, "Nordic Unmanned"와 "Parrot"은 하락세를 보이며, 시장 심리나 운영 성과에서 고전을 하고 있다.

긍정적인 성과를 보인 기업으로는 "Red Cat Holdings"와 "JOUAV"가 있다. 이들은 시장 내 입지 강화를 위한 전략을 통해 투자자 신뢰를 높이고 있다.

드론시장의 주요 트렌드는 통합(Consolidation)과 분산(Fragmentation)의 균형이다. 통합은 "Volatus"와 "Drone Delivery Canada"가 합병을 통해 현재의 "Volatus Aerospace"로 성장한 사례이다. 반면, 인도, 일본, 호주와 같은 지역에서는 여전히 새로운 중소기업들이 등장하며 시장 경쟁이 심화되고 있다. 이는 드론산업이 높은 경쟁과 다양한 시장 참여자들로 구성되어 있음을 시사한다.

드론시장의 합병 심화 : 혁신과 다양성 위협

> 다음은 Drone Industry Insights에 2025년 1월 27일 게재된 Hendrik Boedecker의 기사 "Why the current drone market consolidation is too severe to ignore"를 발췌, 정리한 것이다.

최근 드론산업은 급격한 시장 통합(Market Consolidation)으로 큰 변화를 겪고 있다. 규제, 경제적 압박, 지리정치적 요인 등이 복합적으로 작용하며, 기업들은 생존을 위한 전략적 재편에 나서고 있다. 이는 드론산업만의 현상이 아닌 전 산업적 흐름의 일부로서, 초기 성장기를 지나 이제는 실질적인 재편 단계에 접어들었다. 그러나 이러한 통합은 시장의 다양성과 혁신을 위협하며, 특히 중소기업의 시장 진입을 더욱 어렵게 만들고 있다.

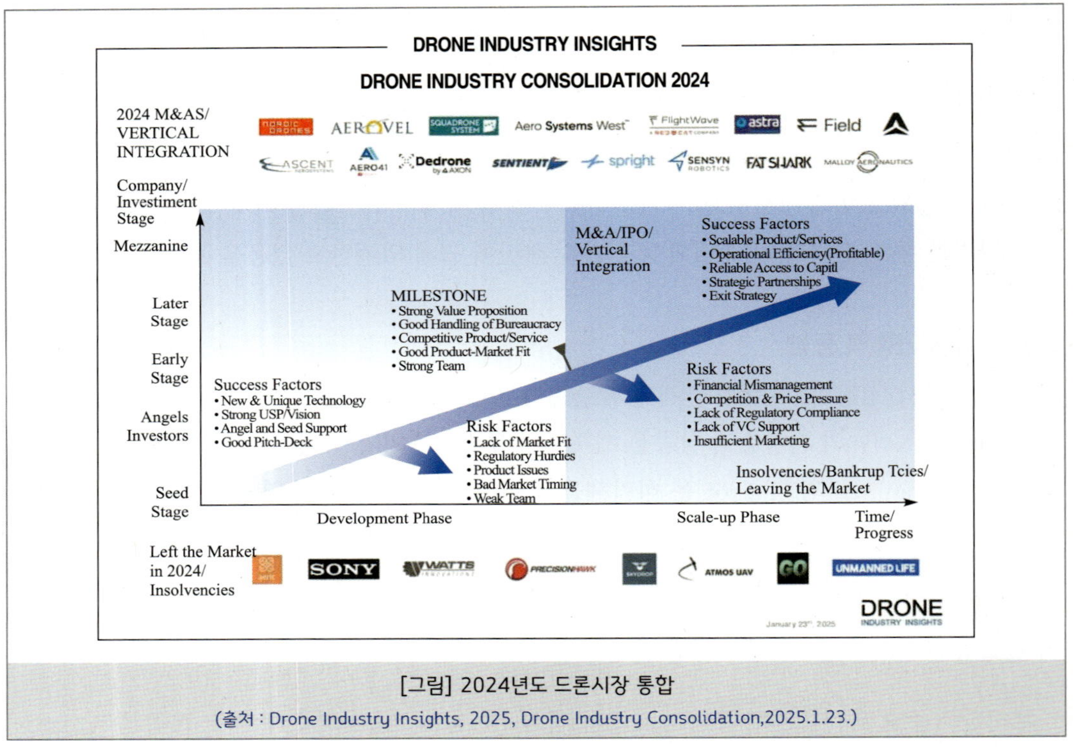

[그림] 2024년도 드론시장 통합

(출처 : Drone Industry Insights, 2025, Drone Industry Consolidation,2025.1.23.)

드론시장의 통합은 크게 두 가지 형태로 나타난다. 첫째는 기업 간 인수합병(Mergers and Acquisitions, M&A)을 통한 수직 통합(Vertical Integration)이다. 둘째는 시장 이탈(Market Exit)로서, 이는 기업의 파산 또는 사업 철수를 포함한다.

2024년 들어 주요 드론 기업들은 전략적 인수합병을 통해 기술 역량을 강화하고 있다. 예를 들어, Airbus Helicopters는 Aerovel을 인수해 Flexrotor 드론 기술을 확보했다. 이 드론은 최대 25kg의 발사 중량과 12~14시간의 비행 지속력을 자랑하며, 에어버스의 전술 무인 시스템 포트

폴리오를 강화했다.

또한, Robinson Helicopter Company는 Ascent AeroSystems를 인수해 무인 항공기 시장에 진출했다. 이는 전통적인 헬리콥터 제조사와 드론 기술 제공자 간의 융합이 가속화되고 있음을 보여준다.

한편, AI 기술을 결합한 전략적 인수도 두드러진다. Shield AI는 Sentient Vision Systems를 인수해 자사의 Hivemind AI 파일럿과 Sentient의 ViDAR 시스템을 통합하여, 정찰 및 감시(ISR, Intelligence, Surveillance, Reconnaissance) 솔루션을 강화했다.

그러나 모든 인수합병이 전략적 확장만을 위한 것은 아니다. 일부는 기업 생존을 위한 필수적 선택이었다. 프랑스의 드론 제조사 Delair는 Squadrone System을 인수했는데, 이는 Squadrone이 문을 닫기 전 마지막 생명줄이었다. Delair는 이를 통해 드론 군집 기술(Drone Swarm) 역량을 확보했다.

인수합병 외에도, 시장 이탈은 드론산업의 통합을 가속화하는 주요 요인이다. 2024년 들어 여러 유명 드론 기업들이 운영 어려움을 겪으며 시장에서 퇴출되었다.

스웨덴의 드론 배송 기업 Aerit는 추가 자금 조달에 실패한 뒤 2024년 5월 파산 신청을 했다. 이는 드론 배송 분야에서 기술적 준비는 되었으나 수익성 확보가 여전히 어려운 현실을 보여준다.

미국의 PrecisionHawk와 Skydrop(구 Flirtey)도 문을 닫았다. 두 기업은 각각 1억 3천만 달러 이상의 투자를 유치했으나, 시장 기대에 부응하지 못했다. 이 외에도 영국의 Unmanned Life와 네덜란드의 ATMOS UAV도 사업을 중단하며, 기업용 및 측량 분야에서의 공백을 남겼다.

Sony도 Airpeak S1 드론 프로그램을 중단하고, 2025년 3월까지 판매를 종료할 예정이다. 소니의 강력한 브랜드와 기술력에도 불구하고, 전문 드론시장에서의 경쟁은 이미 자리 잡은 제조사들에게 밀린 것이다.

이러한 시장 통합은 드론산업의 다양성과 혁신을 심각하게 위협한다. 특히, 특정 틈새(Niche) 시장을 위한 제품과 서비스가 줄어들면서, 시장의 "유전자 다양성[22](Genetic Pool)"이 얇아지고 있

---

22) 유전자 다양성(Genetic Pool) : 생물학에서 한 종(種) 내에 존재하는 모든 유전적 다양성을 의미한다. 유전적 다양성은 종의 생존과 진화에 중요한 역할을 하며, 환경 변화나 질병 등에 적응할 수 있는 능력을 제공한다. "시장의 유전자 풀"은 해당 산업 내에 존재하는 다양한 제품, 서비스, 기술, 비즈니스 모델, 혁신 아이디어 등을 의미한다. 이러한 다양성은 시장의 건강과 지속 가능성을 유지하는 데 중요한 역할을 한다.
드론산업에서 "유전자 풀"이 얇아진다는 것은, 시장 통합으로 인해 다양한 중소기업이나 스타트업이 사라지면서 제품과 서비스의 다양성이 줄어들고, 특정 틈새 시장을 위한 혁신적인 솔루션이 사라지는 현상을 의미한다. 예를 들어, 특정 산업(예: 농업, 인프라 점검, 배송 등)을 위한 맞춤형 드론 솔루션이 줄어들면, 해당 산업의 요구를 충족시키기 어려워진다.

다. 이는 단순히 "적자생존(Survival of the Fittest)"의 문제가 아니다. 규제 장벽, 지리정치적 변화, 경제 불황, 높은 R&D 비용 등 다양한 요인이 기업들을 시장에서 퇴출시키고 있다.

결과적으로, 주요 기업들이 시장을 장악하면서 중소기업의 진입 장벽은 더욱 높아졌다. 이는 혁신과 제품 다양성을 저해하며, 특정 공급자에 대한 의존도를 높여 시장을 지리정치적 격변에 더 취약하게 만든다.

드론산업은 초기 벤처 캐피털과 낙관적 시장 전망에 힘입어 성장했던 시기를 지나, 이제는 보다 현실적인 도전에 직면해 있다. 특히, 국방 분야로의 투자 확대와 규제 장벽은 상업용 드론 기업들에게 큰 부담으로 작용하고 있다.

기업들은 정부 부처 및 기술 파트너와의 협력을 강화하고, 시장 정보를 철저히 분석해 실행 가능한 비즈니스 모델을 구축해야 한다. 또한, 기술 개발에 있어서도 현실적인 접근이 필요하다. 과도한 자율성(Autonomy) 주장은 신뢰를 잃을 뿐만 아니라 투자자들의 신뢰를 떨어뜨릴 수 있다. 드론산업의 미래는 기술 혁신과 현실적인 비즈니스 전략의 균형에 달려 있다. 시장 통합이 계속되는 가운데, 기업들은 생존을 위해 더욱 전략적이고 유연한 접근이 필요하다.

상업용 드론산업, 10년 투자 흐름 속 위기와 전환점

> 다음은 Drone Industry Insights에 2025년 4월 14일 게재된 Hendrik Boedecker의 "Commercial Drone Funding – A Challenging Phase of Market Realignment"를 발췌, 정리한 것이다.

지난 10여 년간 상업용 드론산업의 투자 흐름을 추적해 온 결과, 상업용 드론시장이 여전히 '자금 조달'이라는 근본적인 과제를 안고 있음을 확인할 수 있다. 자율적인 시장 확장을 가로막는 규제 장벽 속에서, 외부 투자는 기업의 존속과 성장을 가능하게 하는 핵심 동력이 되고 있다.

2021년을 정점으로 드론산업에 대한 투자는 가파른 하락세에 접어들었다. 2022년 투자 규모는 30억 4천만 달러에 달했지만, 2023년에는 17억 달러로 무려 43%가 줄었고, 2024년에는 다시 54% 감소한 8억 2천만 달러로 추락했다. 이러한 급격한 변화는 기술 수명 주기의 부침을 도식화한 '가트너 하이프 사이클(Gartner Hype Cycle)'과 매우 유사한 흐름을 보여주고 있다. 전문가들은 현재 드론산업이 바로 그 사이클의 '환멸의 계곡(Trough of Disillusionment)'에 진입한 것으로 보고 있다.

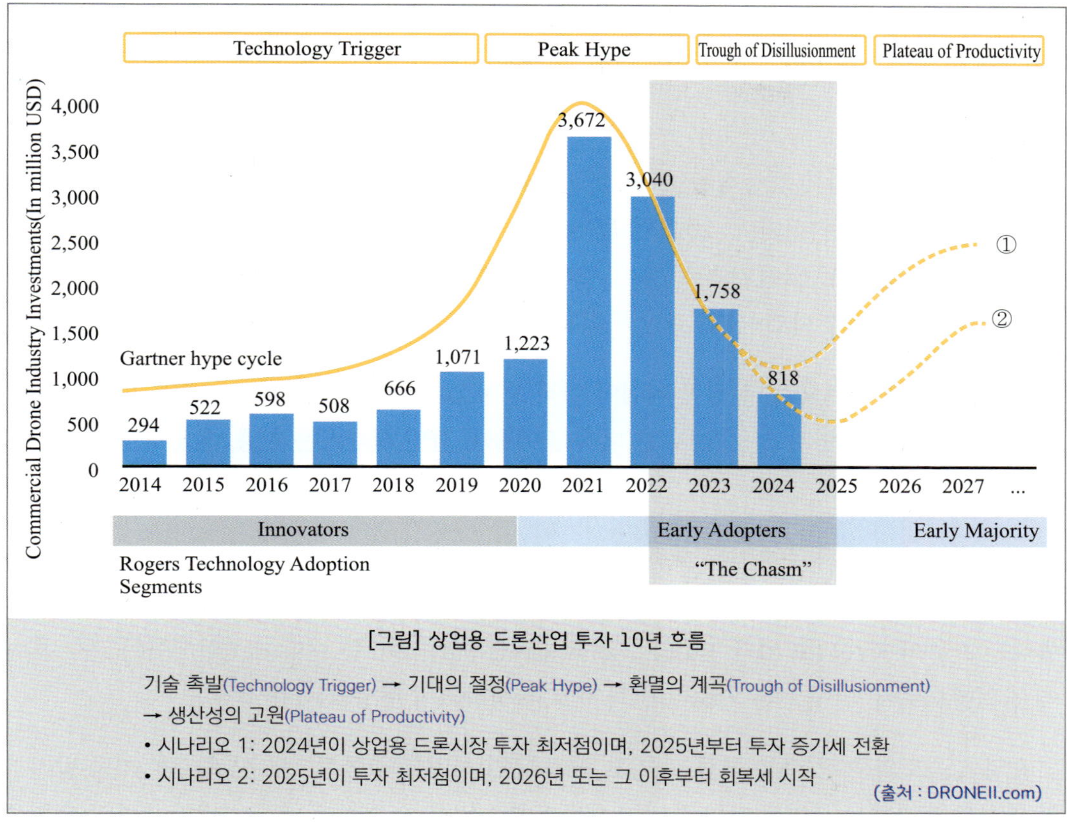

[그림] 상업용 드론산업 투자 10년 흐름

기술 촉발(Technology Trigger) → 기대의 절정(Peak Hype) → 환멸의 계곡(Trough of Disillusionment) → 생산성의 고원(Plateau of Productivity)

- 시나리오 1: 2024년이 상업용 드론시장 투자 최저점이며, 2025년부터 투자 증가세 전환
- 시나리오 2: 2025년이 투자 최저점이며, 2026년 또는 그 이후부터 회복세 시작

(출처 : DRONEII.com)

실제로 설문조사에 따르면, 업계 관계자들이 꼽은 가장 큰 도전 과제 중 '자금 조달'의 순위가 전년도 8위에서 올해 4위로 상승했다. 이는 업계 전반의 자금 유동성 악화와 긴장감을 방증한다.

가트너의 사이클 이론과 함께, 기술의 확산 과정을 설명하는 로저스의 확산 이론(Rogers' Diffusion Theory)을 적용해보면, 드론시장은 아직 '초기 채택자(Early Adopters)' 단계에 머물러 있음을 알 수 있다. 보다 광범위한 수요층인 '초기 다수층(Early Majority)'의 본격적인 참여는 아직 시작되지 않았으며, 이는 기술 수용의 폭과 시장 안정성 모두가 미완의 상태임을 시사한다.

현재는 흔히 '캐즘[23](Chasm)'이라 불리는, 초기 수용자와 대중 수용자 사이의 간극을 넘어야 하는 "상업화 단절 시기"이다. 이 시기를 통과하는 과정에서 기업들은 시장 재편이라는 도전에 직

---

23) Chasm(캐즘) : 경제학 및 기술 확산 이론에서, 신기술이나 제품이 시장에 도입될 때, 초기 수용자(Early Adopters)와 초기 다수층(Early Majority) 사이에 존재하는 수요 단절 구간을 의미한다. 이 구간에서는 기술에 대한 열정적인 수용층을 넘어, 보다 실용적이고 보수적인 대중 시장으로 확산되기 위한 신뢰성, 안정성, 시장 검증 등이 요구된다. 많은 혁신 기업들이 이 단계에서 실패하거나 정체를 겪으며, 이를 성공적으로 극복하지 못할 경우 기술 상용화에 실패할 수 있다. 즉, 캐즘은 혁신이 시장 주류로 확산되기 전 반드시 넘어야 할 '상업화의 단절 지점'이다.

면한다. 인수합병(M&A), 사업 방향 전환, 그리고 일부 기업의 도산은 피할 수 없는 수순이며, 고금리·규제·수요 부진이라는 삼중고에 더해, 미개척 시장의 존재는 또 다른 생존 변수로 작용하고 있다.

향후 투자 흐름의 회복 가능성은 두 가지 시나리오로 나뉜다. 첫 번째 시나리오는, 2024년이 투자 저점이었다는 분석이다. 2025년 들어 Meteomatics(2,200만 달러), Hidden Level(1억 달러), BRINC(7,500만 달러) 등 굵직한 투자 유치 사례가 등장하며, 자금 회복의 신호가 감지되고 있다. 이러한 흐름이 지속된다면, 산업 전반의 회복세가 본격화될 수 있다.

반면, 두 번째 시나리오는, 진정한 저점이 아직 오지 않았다는 관점이다. 2025년 역시 자금 경색과 구조조정이 이어지고, 기업 수는 더욱 줄어들며 산업 생태계는 한층 더 압축될 가능성도 존재한다.

이러한 전환기 속에서 주목되는 흐름은 방위산업과의 연계다. 우크라이나 및 이스라엘 등에서의 분쟁 이후, 군용 드론 수요는 폭발적으로 증가했고, 민간 드론 기업들이 방산 시장으로 눈을 돌리는 흐름이 확산되고 있다. Bosch, Continental, Motorola 등 대형 제조업체들이 군수 분야에 진입함으로써, 민군 겸용 기술 기반의 새로운 성장축이 형성되는 양상이다.

기술의 성숙도와 시장 수용 곡선, 그리고 자금 유입 시기를 종합적으로 살펴보면, 기술 발전과 투자 흐름의 관계는 우연이 아닌 분명한 상관관계로 읽힌다. 기술에 대한 기대감이 자금 유입을 촉발하고, 수요 지연과 규제는 다시 자금의 이탈을 낳는, 명확한 패턴이 반복되고 있다. 결국, 이 시점에서 중요한 것은 '전략'이다. 규제 완화가 단기간에 실현되기 어려운 만큼, 기업들은 자금 여건과 시장 현실에 맞춘 실행력 있는 생존 로드맵을 마련해야 한다. 위기 속 기회는 언제나 존재하며, 지금이야말로 그 기회를 잡기 위한 치밀한 준비가 필요한 시점이다.

참고 미국의 DJI 드론 금지 논란과 드론산업에 미칠 영향

최근 미국에서 중국산 드론, 특히 DJI 드론에 대한 금지 법안이 활발히 논의되고 있다. 미국 의회에서는 DJI 드론이 국가 안보에 위협이 될 수 있다는 우려를 바탕으로 다양한 법안을 검토해 왔다. 그러나 2024년 12월 18일, 미국 상원이 2025년 회계연도 국방수권법(NDAA)을 최종 통과시켰으며, 해당 법안에는 DJI 드론의 즉각적인 판매 금지를 명시한 조항이 포함되지 않았다. 다만, DJI 및 다른 중국 드론 제조업체들은 1년 이내에 미국 국가 안보 기관으로부터 승인(Clearance)을 받아야 하며, 이를 통과하지 못할 경우 FCC(연방통신위원회)의 금지 목록에 추가될 가능성이 있다.

미국 정부는 DJI 드론이 중국 정부와 연계되어 민감한 데이터를 유출할 가능성이 있다는 의혹을 제기하고 있다. 이러한 우려로 인해 2024년 6월, 미 하원은 '중국 공산당 드론 대응법(Countering CCP Drones Act)'을 217대 199의 표결로 통과시켰다. 이 법안은 DJI를 FCC 금지 목록에 추가하여 미국 내에서 새로운 모델의 판매를 금지하는 내용을 포함하고 있다. 다만, 기존 DJI 드론의 사용 자체는 금지되지 않았으며, 액세서리와 소프트웨어 업데이트의 지속 여부는 향후 추가적인 논의를 통해 결정될 예정이다.

DJI는 이에 대해 강력히 반발하고 있다. DJI는 자사의 드론이 국가 안보에 위협이 되지 않으며, 제품이 중국 정부와 직접적인 연관이 없다고 주장하고 있다. 또한, DJI는 세계에서 가장 엄격한 보안 검증을 받는 드론 제조업체 중 하나이며, 지금까지 진행된 여러 차례의 조사에서도 DJI가 중국 정부에 데이터를 제공했다는 명확한 증거는 발견되지 않았다. DJI는 이러한 의혹을 해소하기 위해 미국 규제 기관과 협력할 준비가 되어 있으며, 향후 1년 동안 국가 안보 승인을 받기 위해 최선을 다할 것이라고 밝혔다.

드론산업 전문가들은 DJI 드론의 판매 금지가 현실화될 경우 미국의 드론 생태계에 상당한 혼란을 초래할 것이라고 경고하고 있다. 현재 미국 시장에서 DJI 드론이 차지하는 점유율은 압도적이며, 대체 가능한 미국산 드론 제조업체들은 아직 DJI 수준의 기술력과 가격 경쟁력을 확보하지 못하고 있다. DJI 드론이 시장에서 퇴출될 경우 많은 드론 운영업체, 농업 기업, 촬영 전문가, 공공 안전 기관 등이 심각한 영향을 받을 것으로 예상된다. 특히, 플로리다주 등 일부 주에서는 DJI 드론이 실종자 수색, 화재 진압, 구조 작업 등 공공 안전 활동에서 중요한 역할을 하고 있어, 대체 드론 부족 시 공공 안전에 큰 위협이 될 수 있다는 우려가 제기되고 있다.

미국 내 일부 드론 제조업체들은 이번 규제가 미국 드론산업을 육성할 기회가 될 것으로 기대하고 있다. DJI의 빈자리를 미국 기업들이 채울 수 있다면 장기적으로는 미국 드론산업이 경쟁력을 갖출 수 있다는 주장이다. 그러나 현실적으로 DJI와 같은 수준의 기술력을 확보하고 생산 역량을 확충하는 데는 상당한 시간이 필요할 것으로 보인다. 현재 DJI가 제공하는 고급 센서 기술, 안정적인 비행 성능, 가격 경쟁력을 갖춘 제품을 미국 기업들이 단기간 내에 대체하기는 어려운 상황이다.

한편, 이번 NDAA 통과로 인해 DJI는 즉각적인 금지를 피했지만, 앞으로 1년 동안 국가 안보 승인을 받아야 하는 과제를 안게 되었다. DJI가 이를 통과하지 못할 경우, 2026년부터는 미국 내에서 DJI 드론의 판매가 전면 중단될 수도 있다. 이에 따라 DJI는 향후 1년간 미국 정부와 적극 협력하며, 국가 안보 우려를 불식시키기 위한 다양한 조치를 취할 것으로 예상된다. 이는 단순히 DJI 한 기업의 문제가 아니라, 글로벌 드론산업 전반에 영향을 미치는 중요한 사안이다.

미국 정부가 국가 안보를 이유로 DJI 드론을 규제할 경우, 다른 국가들도 유사한 조치를 고려할 가능성이 있으며, 이는 국제 드론시장에 미치는 파급 효과가 클 것으로 예상된다. 또한, 이번 규제가 중국과 미국 간 기술 패권 경쟁의 일환으로 해석되면서 향후 무역 분쟁으로 확산될 가능성도 배제할 수 없다. 드론산업보호연합(Drone Advocacy Alliance) 등 업계 단체들은 DJI 드론 금지에 대한 반대 입장을 표명하며, 정책 입안자들에게 합리적인 규제 접근법을 요구하고 있다.

3. 군용 드론시장

다음은 Laure Colin의 "Military Drones: Current Trends in the Market[24)]"을 중심으로 다양한 군용 드론시장 동향에 관한 분석을 통합, 편역한 것이다.

군용 드론시장, 급성장과 새로운 도전에 직면

- 군용 드론시장은 현재 급속한 성장세를 보이고 있으며, 군사 분야에서의 강력한 수요가 이러한 성장을 주도하고 있다. 이와 더불어 시장 구도에도 중요한 변화가 일어나고 있다.
- 오랫동안 미국과 이스라엘이 지배해 온 군용 드론시장에 최근 터키와 이란 같은 새로운 국가들이 적극적으로 진입하면서 경쟁이 치열해지고 있다. 현재 80개국 이상이 무장용(armed) 또는 감시용(surveillance) 군용 드론을 보유하고 있는 것으로 추정되며, 이는 군사 전략에서 드론의 중요성이 증가하고 있음을 시사한다.
- 주목할 만한 점은 대량 생산된 저비용 민간 드론이 군용으로 전환되기 쉬운 특성 때문에, 이러한 "기술의 상호 교차" 활용이 군용 드론시장 성장의 주요 동력으로 자리 잡고 있다. 민간 기술을 활용한 드론의 군사적 응용은 군용 드론의 비용 절감과 성능 최적화를 가져오고 있다.
- 드론 기술의 급속한 발전은 자율 운용, 통신 연결성, 사이버 보안 등 새로운 도전 과제를 제기하고 있다. 이러한 발전은 기존의 군사 강국[25)](traditional military powers), 지역 강국[26)](regional powers), 그리고 신흥 군사 강자[27)](emerging military actors)들이 군용 드론시장에 진입하는 것을 촉진하고 있다.
- 제품군의 확대와 용도의 다양화가 가속화되면서, 군(軍)은 민간 제작업체가 제공하는 자원을 점점 보다 많이 활용하고 있으며, 이러한 경향은 앞으로도 계속될 것으로 예상되며, 군용 드론시장은 더욱 다양화되고 경쟁이 치열해질 것으로 예상된다.

급성장하는 군용 드론시장

군용 및 민간 드론시장이 급격히 성장하고 있다. 2015년 40억 달러(약 5조 6,132억원) 규모였던 세계 드론시장은 현재 폭발적으로 확대 중이다. 2017년 미국 상원 보고서[28)]에 따르면, 이 시장은

---

24) Laure Colin, 2022, Military drones: current trends in the market, Polytechnique insights, Institut Polytechnique de Paris, 2022.10.11, https://www.polytechnique-insights.com/en/columns/geopolitics/military-drones-current-trends-in-the-market/#note-content-1

25) 기존의 군사 강국 : 글로벌 군사적 우위를 오랫동안 유지해 온 국가들을 의미한다(예: 미국, 러시아, 중국 등).

26) 지역 강국 : 특정 지역에서 강력한 군사적 영향력을 가진 국가들을 의미한다(예: 터키, 이스라엘 등).

27) 신흥 군사 강자 : 특정 지역에서 강력한 군사적 영향력을 가진 국가들을 의미한다(예 : 이란, 인도 등).

28) Senate Report 116-268, Committee on Homeland Security and Governmental Affairs, 2020.

2025년까지 140억 달러(약 19조 6,462억원)에 도달할 것으로 전망되었으며, 전문 기관들은 2028년까지 연평균 14.4%의 성장률을 기록해 시장 규모가 720억 달러(약 100조 9,320억원)에 이를 것으로 예상하고 있다.

이와 같은 성장은 군용 드론 수요의 급증에 크게 기인한다. 드론은 감시, 공격, 수송 등 다양한 군사적 용도로 활용되며, 그 중요성이 점차 증대되고 있다. 현재 수많은 정부와 무장 단체들이 대규모 및 소규모 드론 기술 개발에 적극적으로 참여하고 있으며, 드론을 군사 프로젝트에 통합하기 위해 노력하고 있다. NATO는 군용 드론을 다음과 같이 다양한 유형으로 구분하고, 운영하고 있다.

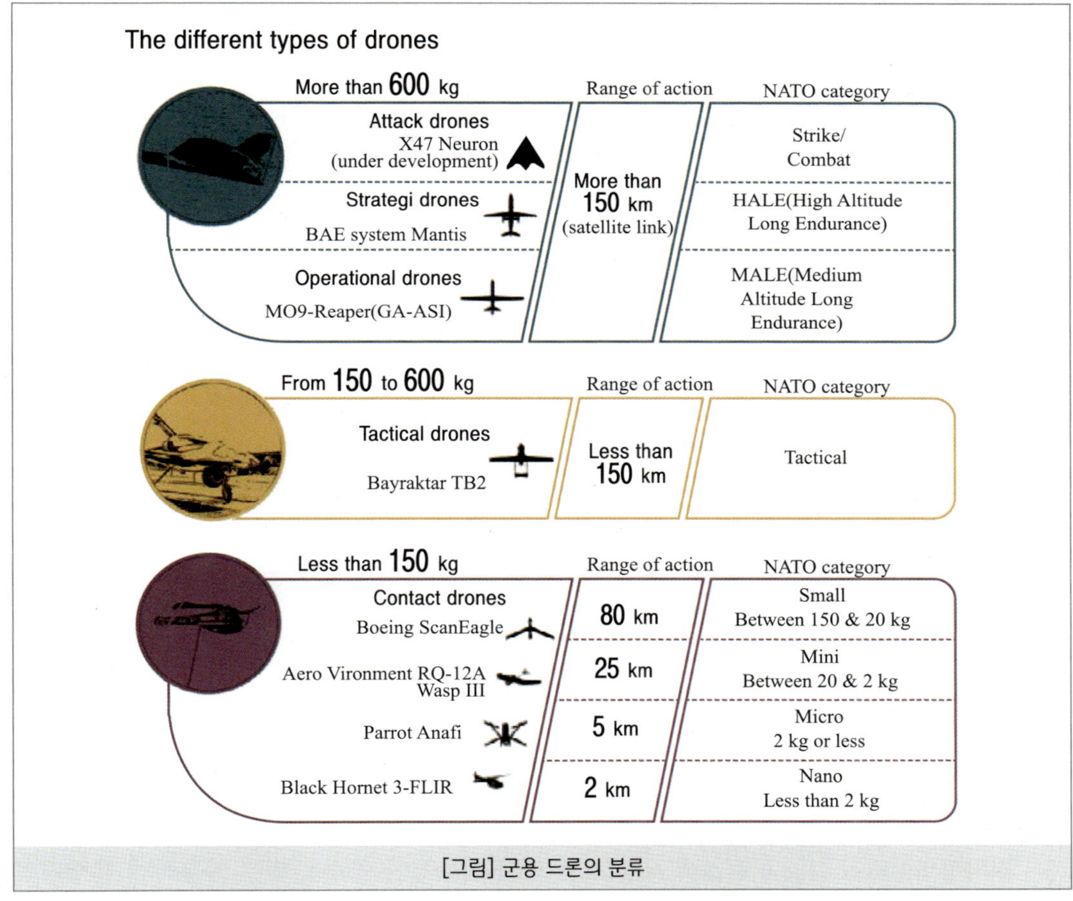

[그림] 군용 드론의 분류

전술적 및 시장적 측면에서 군용 드론시장에서 가장 중요한 부문 중 하나는 MALE(Medium Altitude Long Endurance; 중고도 장기체공) 드론이다. 초기에는 미국의 제너럴 아토믹스(General Atomics)가 개발한 프레데터(Predator)가 이 시장을 독점했지만, 이후 리퍼(Reaper)로 점차 대체되면서 MALE 드론시장의 성장을 이끌어 왔다. 미국은 약 360대의 프레데터를 자국 군에 공급했고, 300대 이상의 리퍼를 추가로 납품하며 자국은 물론 동맹국들에게도 폭넓게 지원하고 있다. 미국의 주요 동맹국들 역시 수십 대의 이 모델들을 도입해 활용 중이다.

미국과 함께 오랜 기간 이 분야를 주도해 온 또 다른 국가는 이스라엘이다. 이스라엘 항공우주산업(IAI; Israel Aerospace Industries)은 1990년대에 헌터(Hunter)를 개발해 주목받았으며, 1999년 파리 에어쇼에서 헤론(Heron)을 선보이며 시장의 리더십을 강화했다. 헤론은 2000년대 중반부터 이스라엘군에 배치되었으며, 프랑스에서는 EADS에 의해 하팡(Harfang)이라는 이름으로 수출되어 운용되고 있다.

유럽은 MALE UAV 시장에서 고객이자 제작업체로서의 존재감을 크게 드러내지 못하고 있다. 유럽 항공우주 기업인 EADS가 추진한 탈라리온(Talarion) 프로젝트는 2010년대 초반 자금 부족으로 인해 중단되었고, 이후 새로운 MALE UAV 개발 프로젝트 역시 여러 어려움에 직면해 있다. 유럽 주요 국가들이 MALE 드론시장에서 의미 있는 자리를 차지하기 위해 더 많은 투자와 기술 개발이 필요한 상황이다.

MALE 드론 부문에서는 현재까지 미국과 이스라엘이 기술적 우위를 유지하고 있다. 이러한 우위는 군사 작전에서 장기간 공중에서 체공(long endurance)할 수 있는 능력과 정밀 타격(precision strike)의 중요성을 고려할 때 더욱 두드러진다. 미국과 이스라엘의 MALE 드론 기술은 이들 국가가 군사적 역량(military capability)을 강화하고, 전장(戰場; Battlefield) 환경에서 중요한 이점을 확보하는 데 핵심적인 역할을 하고 있음을 잘 보여준다.

각국 군대의 교리(tenets)에 따라 치명적 사용이 허가되기도 하는데, 2010년대부터 전투용 드론 사용이 급증하고 있다. 미국과 이스라엘의 첨단 항공기와 더불어, 터키는 유명한 바이락타르 TB2를 출시했다. 바이카르가 개발한 TB2는 2007년 출시된 감시용 드론의 후속 모델로, 2014년 첫 비행에 성공했고 2015년 12월 무장되었다.

군용 드론시장의 새로운 제작업체들

터키의 바이락타르(Bayraktar) 드론은 미국의 리퍼(Reaper) 드론에 비해 4분의 1 수준인 500만 달러의 비용으로 제공되는 '저비용' 군용 드론이다. 이 드론은 캐나다의 L3Harris WESCAM MX-15D 전자광학(electro-optical) 시스템 등 파트너 국가들의 첨단 기술을 일부 차용하여 제작되었다. 그러나 나고르노-카라바흐(Nagorno-Karabakh) 제2차 전쟁에 이 드론이 사용되면서, 캐나다는 해당 시스템의 수출을 금지하는 조치를 취했다.

바이락타르는 장갑차량을 무력화할 수 있는 4개의 지능형 레이저 유도 무기(Intelligent Laser-Guided Munitions)를 탑재할 수 있으며, 시리아와 리비아 등 다양한 전장(戰場; Battlefield)에서 실전 배치되어 그 성능을 입증했다. 특히 우크라이나에서는 약 20여 대가 투입되어 키예프군이 모스크바군의 장갑차 우위를 무너뜨리는 데 중요한 기여를 하였다. 이러한 전장 경험은 바이락타르 드론이 현대전에서 중요한 역할을 수행할 수 있음을 잘 보여주며, 전술적 유연성과 저렴한 비용을 바탕으로 전장에서의 효과성을 증명한 사례라 할 수 있다.

터키 외에도 이란은 HESA Shahed-129 MALE 드론과 치명적인 미사일을 장착한 스텔스 기능을 가진(stealthy) 전익기[29](全翼機; flying wing)라 불리는 Shahed-191을 보유한 주요 국가이다. 러시아는 2022년 우크라이나 사용을 위해 이 UAV를 주문한 것으로 알려졌다. 러시아뿐만 아니라 인도, 남아프리카공화국, 파키스탄, 중국도 자체 드론을 제작하고 있으며, 중국의 Wing Loong과 CaiHong은 다른 국가에 판매되고 있다.

[그림] Northrop Grumman B-21 Raider

참고 Flying Wing

- Flying Wing는 "전익기(全翼機)"라고 번역된다. "전익기"는 꼬리가 없는 고정익 항공기로, 동체와 날개가 하나로 통합된 형상을 의미한다. "비행익기"라는 표현을 사용하는 경우도 있지만, "전익기"가 보다 일반적이다.
- Flying Wing은 꼬리 날개가 없는(tail-less) 고정익 항공기로서, 독립된 동체(fuselage) 형태 구조가 없으며, 조종사, 탑재물(payload), 연료, 그리고 장비들이 주익(main wing) 내부에 배치된다.
- "날개-동체 혼합형"(Blended Wing Body) 항공기나 "양력 생성 동체"(Lifting Body) 항공기처럼 동체가 있고 명확한 날개가 없는 기체 등도 기술적 측면에서 비공식적으로 Flying Wing이라 불리는 경우가 있다.
- Flying Wing 항공기는 이론적으로 고정익 항공기 중 가장 낮은 항력(lowest-drag)을 가진 설계 구성으로 평가받지만, 안정화 표면(stabilizing surfaces)과 제어면(control surfaces)이 부족하기 때문에, 전형적인 Flying Wing 형태는 불안정하고 조종하기 어려운 문제가 있다.
- 1980년대에 스텔스 기술(stealth technology)에 대한 가능성으로 관심이 높아졌으며, Northrop Grumman B-2 Spirit 스텔스 폭격기 개발로 이어졌다.

29) 플라잉 윙(Flying wing) : 항공기 전체가 날개 형상을 이루는 항공기이다. 즉, 동체와 날개가 일체화된 구조로, 꼬리 날개 등이 작거나 없는 경우가 많다. 기체 전체를 통해 양력을 발생시키기 때문에 장거리 비행에 적합하다. 전익기, 비행익기, 또는 가오리 형태의 날개라고도 불린다.
공기역학적으로 유리한 형상으로 인해 비행 효율이 높아 장거리 이동에 적합하며, 동체가 별도로 존재하지 않기 때문에 허용 중량이 증가하여 항공기에 탑재할 수 있는 무기의 최대 중량(폭장량, bomb load 또는 payload capacity)이 증가하는 장점이 있다. 반면, 직진 비행에 비해 회전 제어가 어렵다는 단점이 있다. 그러나 현대의 컴퓨터 기반 비행 제어 기술의 발전으로 이러한 단점이 상당 부분 극복되었으며, 이로 인해 무인 스텔스기 등의 설계에 널리 활용되고 있다.

참고 Blended Wing Body(BWB)

- Blended Wing Body(BWB) : "날개-동체 일체형" 또는 "날개-동체 혼합형"이라 불린다.
- Blended Body(혼합형 동체), Hybrid Wing Body(HWB; 날개-동체 혼합형) 혹은 Lifting Aerofoil Fuselage (양력발생 날개형 동체)라고도 한다.
- BWB 디자인은 날개와 동체 사이에 명확한 경계선이 없는 고정익 항공기이다. 항공기는 날개와 동체 구조가 구분되지만, BWB는 매끄럽게 연결되어 있어 경계선이 없다.
- 독립된 동체(fuselage) 형태가 없는 '플라잉 윙'(flying wing)과 독립된 날개 형태가 없는 '양력형 동체'(lifting body)와는 대조가 된다.
- BWB(Blended Wing Body)는 꼬리날개가 있을 수도 있고 없을 수도 있다.
- BWB의 장점은 날개-동체 접합부의 표면 저항을 감소시키는 것이고, 동체가 날개 역할을 하여 항공기 전체가 양력을 생성할 수 있으므로, 날개의 크기와 항력을 줄일 수 있다.

유럽은 MALE 전투 드론을 제작하지 않고 있다. 독일은 2018년 MALE 드론 도입을 결정했을 때, 이스라엘의 Heron TP를 선택했고 2022년 무장하기로 결정했다. 그러나 유럽 국가들, 주로 프랑스와 영국, 독일과 이탈리아 공급업체들이 감시 및 정보 수집용 전술 드론의 다양한 모델을 개발했다.

현재 프랑스, 독일, 스페인, 이탈리아를 대표하여 OCCAR(Organisation for Joint Armament Cooperation; 공동무기협력기구)가 미래 유럽 MALE UAV를 개발 중이다. Airbus Defence and Space와 주요 파트너사인 Dassault Aviation, Leonardo, Space SAU가 프랑스의 Reaper 드론을 점진적으로 대체할 미래의 "유로 드론"을 생산하고 있다.

80개국 이상이 모든 유형(감시용 및 무장)의 군용 드론을 보유하고 있는 것으로 알려져 있다. 지난 2년간 사우디아라비아, UAE, 이라크, 나이지리아를 포함한 15개국 이상이 드론 공격을 수행했다.

활용이 주도하는 혁신: 군용 드론시장의 새로운 트렌드

드론 기술은 원래 군사적 목적을 위해 개발되었지만, 현재 시장의 성장은 민간 드론이 주도하고 있다. 프랑스 기업 파롯(Parrot)의 아나피(Anafi) 드론이 그 대표적인 사례로, 이와 같은 전문가용 및 소비자용 드론의 성능이 날로 향상되며 다양한 민간 및 상업적 용도로 활용되고 있다.

특히 "즉시 구매 가능한(available off-the-shelf)" 저가 드론(개당 3,000~100,000유로)은 군사적 용도로 쉽게 전환될 수 있어, 헤즈볼라나 이슬람국가(IS)와 같은 무장 단체(non-state armed groups)들은 상업용 드론을 개조하여 전장에서의 전술적 우위를 추구하고 있으며, 이러한 사례는 군사적 대응의 새로운 과제로 떠오르고 있다.

민간 및 군수 시장의 역동성, 보안 및 감시 분야에서 개발된 민간 기술(광학[photonics], 광전자

[optronics], 인공지능[AI], 이미지 분석[image analysis], 각종 센서)의 통합, 그리고 운송 분야의 자율주행 기술 발전으로 인해 다양한 산업 분야의 기업들이 이러한 성장하는 산업에 투자하고 있다.

순수 군수 시장과 민간 시장은 이중 용도 기술(dual-use technology) 접근법을 통해 융합되고 있다. 예를 들어, 야간 투시 분야의 선두 주자인 프랑스 기업 포토니스(Photonis)는 드론에 장착 가능한 마이크로 큐브(micro-cube) 형태의 카메라를 제작하고 있는데, 주요 시장은 국방이지만, 민간 보안시장에도 큰 관심을 보이고 있다.

드론의 급속한 발전은 자율 운용(autonomous operation), 연결성(connectivity), 이기종 군집에서의 드론과 로봇 간 협력(drone and robot collaboration in heterogeneous swarms), 그리고 이에 필수적인 사이버 보안(cybersecurity) 등 새로운 과제를 안겨주고 있다.

민간과 군용 드론의 교차점에 있는 매우 활발한 분야 중 하나는 '무인항공시스템 대응(Countering Unmanned Aerial Systems; CUAS)' 기술이다. 브라질 기업 네거(Neger)의 드론컨트롤(DroneControl), 프랑스 T-OPS의 드론버스터(DroneBuster), 헝가리 BHE 본 헝가리 일렉트로닉스(BHE Bonn Hungary Electronics)의 BXDD 시스템 등이 대표적인 예이다.

소형화(miniaturization)와 다양한 기술의 통합으로 드론 기술의 혁신 가능성이 크게 확대되고 있다. 30년 전만 해도 드론은 단순히 원격 조종되는 무인 항공기에 불과했지만, 현재는 그 성능과 용도가 크게 발전했다. 예를 들어, 2021년 미 해병대가 테스트한 호주 스타트업 디펜텍스(DefendTex)의 드론40(Drone40)은 40mm 유탄을 탑재하고, 최대 20km 거리에서 목표물에 투하할 수 있는 소형 드론으로서, 군사 작전에서의 활용도를 한층 높였다.

드론 기술은 초기 군사적 목적에서 출발했지만, 이후 민간 부문으로 확장되며 농업, 재난 구조, 물류, 촬영, 건설 등 다양한 응용 분야에서 활용되고 있다. 이러한 민간 부문의 드론 발전은 단순히 군용 기술의 확장에 그치지 않고, 새로운 기술적 혁신과 대량 생산 체계를 통해 비용 절감과 사용의 용이성 등의 장점을 제공한다. 다시 군용 분야로 돌아온 드론은 이러한 민간 기술의 혁신적인 기술과 접근법을 적용받아, 이전보다 훨씬 효율적이고 최적화된 군사용 무인 항공기로 진화하고 있다.

군용 드론의 진화 과정에서, 다양한 국가와 기업 간의 치열한 경쟁은 가격을 낮추고 사용을 간편하게 만들었으며, 민간 부문에서 입증된 다목적 기능과 안정성을 군사 작전에 그대로 적용할 수 있게 되었다. 결과적으로 드론은 군용 및 민간 부문을 넘나들며 지속적인 기술적 피드백을 통해 최적화된 효율성과 다목적성을 갖춘 무인 플랫폼으로 자리 잡아가고 있으며, 이는 현대 군사작전에서 드론의 역할이 점점 더 중요해지고 있음을 시사한다.

Chapter 3

드론 사진측량 자료처리

1. 드론 사진측량

2018년 3월 30일, 국토교통부는 드론이 공공측량의 공식 도구로 인정받았음을 발표한 바 있다. 이는 「공공측량 작업규정」에 근거하며, 드론의 제도적 활용을 통해 현대적이고 효율적인 측량 방식을 도입했다는 점에서 큰 전환점이 되었다. 사진측량은 사진 이미지와 전자기 방사 데이터를 통해 대상의 크기, 위치, 형태를 파악하는 기술이다. 최근 드론과 항공기가 건설, 도시계획, 환경 분야에서 공간 데이터 수집에 많이 활용되고 있다. 다만, 원본 이미지는 왜곡과 기울어짐 현상이 발생할 수 있어, 이를 3D 모델, 정사영상(Orthophoto) 및 수치표면모델(DSM) 등으로 보정하는 과정이 필요하다.

2. SIFT 알고리즘

드론 이미지는 드론 기체의 특성 상, 각각의 이미지의 크기 및 회전 등이 일관성이 없이 임의로 촬영된다. SIFT(Scale-Invariant Feature Transform)는 이미지의 크기나 회전에도 동일한 특징을 찾는 컴퓨터 비전 알고리즘이다. 데이비드 로우(David Lowe) 교수가 2004년에 발표한 이 기술은 객체 인식(object recognition), 이미지 매칭(image matching) 등에서 널리 사용된다. SIFT는 딥러닝과 AI 모델 학습에서도 이미지 내 고유한 특징을 추출해 활용되며, 컴퓨터 비전 연구에 필수적인 기술로 자리 잡았다. SIFT 알고리즘의 4단계는 다음과 같다.

1. 스케일 공간 구축 : 여러 해상도의 이미지를 생성해 다양한 크기의 특징을 찾는다.
2. 특징점 위치 결정 : 중요한 특징점만 남기고 노이즈를 제거한다.
3. 방향 할당 : 각 특징점에 방향을 부여해 회전 불변성을 확보한다.
4. 특징점 기술자 생성 : 고유한 벡터를 만들어 이미지 매칭 과정에서 비교한다.

3. 드론 사진측량을 위한 해상도

드론 사진측량의 주요 장점은 크게 비용 효율성, 고해상도 시각 정보 제공, 다양한 활용성으로 요약할 수 있다. 이러한 장점은 건설, 도시계획, 재난 관리, 환경 모니터링, 시설물 점검, 문화유산 보존 등 다양한 분야에서 드론이 폭넓게 사용될 수 있도록 만든다.

드론은 고정익(Fixed Wing), 회전익(Rotary Wing), 수직이착륙(VTOL, Vertical Take-Off and Landing) 드론으로 분류된다. 이미지 해상도(Resolution)는 드론 촬영에서 이미지 품질을 결정하는 핵심 요소다. 해상도는 드론에 탑재된 카메라의 성능에 따라 달라지며, 고해상도 이미지는 지형과 건물의 작은 디테일까지 정확히 표현할 수 있어 정사영상(Orthophoto)과 3D 모델링의 품질을 크게 향상시킨다. 이처럼 드론과 카메라 선택은 드론 사진측량의 결과 품질에 큰 영향을 미친다. 측량 목적에 맞는 드론 기체와 카메라 해상도를 고려하여 최적의 장비를 선택하는 것이 정확한 데이터 수집의 핵심이다.

1. 드론 사진측량

2018년 3월 30일, 국토교통부는 드론이 공공측량의 주요 도구로 법적 지위를 획득했다는 내용의 보도자료를 발표한 바 있다. 이는 「공공측량 작업규정」 제50조의2(무인비행장치측량)에 명시된 「무인비행장치 이용 공공측량 작업지침」(현재 「무인비행장치 측량 작업규정」)으로 출발하여 현재는 「공공측량 작업규정」 제76조에 명시된 "무인비행장치를 이용한 측량은 국토지리정보원장이 고시한 「무인비행장치 측량 작업규정」을 적용한다"는 조항에 기반을 두고 있다. 이는 무인비행장치(드론)가 다양한 분야에서 활용되고 있고, 측량 관련 기술이 발전되는 등 환경이 나날이 변화되고 있는 점을 감안, 이러한 환경변화에 대응하기 위해 무인비행장치를 공공측량에 이용할 수 있도록 한 것이다. 이 조항은 드론이 공공측량 분야에서 정식으로 활용될 수 있는 제도적 장치를 마련한 것으로, 공공의 이해와 안전을 고려한 효율적이고 현대적인 측량 방식을 도입하는 중요한 전환점이 되었다.

국토교통부	보 도 자 료		
내 삶을 바꾸는 도시재생 뉴딜 로드맵	배포일시	2018. 3. 30.(금) / 총 6매(본문2)	
담당부서: 국토지리정보원 공간영상과	담 당 자	• 이부영 과장, 황병철 사무관, 류준하 주무관 • ☎ (031) 210-2604, 2670, 2674	
보 도 일 시	2018년 4월 2일(월) 석간부터 보도하여 주시기 바랍니다. ※ 통신·방송·인터넷은 4.2(월) 06:00 이후 보도 가능		

드론 측량 길 열렸다. '국토부, 드론을 이용한 공공측량 시행'

- 드론 공공측량 제도화 완료, 연간 300여억 원 규모 시장 형성 예상 -

□ **공공의 이해나 안전**과 밀접한 관련이 있는 측량인 **공공측량**에 **드론이 본격적으로 활용**될 수 있는 길이 열렸다.

ㅇ **국토교통부**(장관 김현미)는 드론 공공측량 제도화를 마무리하여 드론을 이용한 **공공측량 제도**를 3월 30일부터 본격적으로 **시행했다**고 밝혔다.

□ **공공측량**은 국민의 안전과 공공시설 관리 등에 필요한 측량성과의 정확성을 확보할 수 있도록 **엄격한 작업기준으로 품질을 관리**하며 **다른 측량의 기초로 활용할 수 있는 측량**으로,

ㅇ 이번 공공측량분야에 드론 도입은 **드론을 이용한 측량 성과가 공신력 있는 측량결과**로 인정받을 수 있는 **제도적 기반**이 **마련된** 것에 의의가 있다.

□ 국토교통부 **국토지리정보원**은 그간 각종 **시범사업**을 통해 드론 영상을 기반으로 영상지도, 수치지도 등 **공간정보의 제작기준을 마련**하고 **측량 정확도를 점검**하여 드론 측량 도입을 추진하여 왔으며,

ㅇ 드론 측량 신기술 도입을 통해 공공수요를 창출하여 **드론산업과 공간정보 활성화에 기여함**과 동시에 엄격한 품질관리를 통해 **공공측량의 신뢰성을 유지**할 수 있는 **작업기준**과 **성과심사기준**을 마련하였다.

- 1 -

[그림] 국토교통부 보도자료, 2018.3.30.,
드론 측량 길 열렸다. "국토부, 드론을 이용한 공공측량 시행"

「무인비행장치 측량 작업규정」 제2조 제2호에 따르면, "무인비행장치 측량"은 무인비행장치, 즉 드론으로 촬영된 항공사진 등을 이용하여 정사영상, 수치표면모델 및 수치지형도 등을 제작하는 일련의 과정을 뜻한다. 이 규정은 드론을 활용한 측량 작업의 기술적 범위와 절차를 명확히 규정하고 있어, 공공기관은 물론 민간 분야에서도 드론 측량 도입을 촉진시켰다.

「무인비행장치 측량 작업규정」이 제정된 이유는 무인비행장치 측량의 적용범위를 공공측량에서 기본측량 및 일반측량에서도 적용할 수 있도록 확대하고, 노선측량 및 토공량 계산을 추가하여 건설현장 등 일반측량에서 무인비행장치 측량이 활성화될 수 있도록 지원하기 위함이다.

드론 사진측량은 기존의 지상 측량 방식보다 빠르고 효율적으로 넓은 지역을 측정할 수 있다는 장점이 있다. 특히, 접근이 어려운 지형이나 자연재해로 파손된 지역에서도 안전하게 데이터를 수집할 수 있어 그 활용 가치는 매우 높다. 이러한 제도적 변화는 드론 기술이 단순한 취미나 상업적 도구에서 벗어나, 공공의 이해와 밀접하게 연결된 분야로 확장되는 계기를 마련했다. 결과적으로, 드론 측량은 4차 산업혁명 시대에 발맞춰 국토 관리, 도시 계획, 재난 복구 등 다양한 공공 분야에서 핵심적인 역할을 담당하고 있다.

사진측량

사진측량(Photogrammetry)은 사진을 활용해 대상의 형태, 크기, 위치를 파악하고 측정하는 기법으로, 최근 첨단 기술과 결합해 공간 정보를 효율적으로 수집하는 핵심 도구로 부상하고 있다. '미국 사진측량 및 원격탐사 학회'(ASPRS; American Society for Photogrammetry and Remote Sensing)는 사진측량[1)]을 "물리적 객체와 환경에 대한 신뢰할 수 있는 정보를 사진 이미지 및 '전자기 방사 이미지[2)]' 패턴을 기록, 측정, 해석하는 과정을 통해 얻는 과학적 기술"로 정의하였다. 즉, 사진측량은 대상체에 대한 정보를 사진 이미지 및 전자기 이미지 패턴 등을 통해 수집(촬영)하여 해석하는 기술인 것이다.

최근 드론과 항공기를 활용한 사진 촬영이 다양한 산업 분야에서 쓰이고 있다. 특히 건설, 도시

1) Photogrammetry : the art, science, and technology of obtaining reliable information about physical objects and the environment through processes of recording, measuring, and interpreting photographic images and patterns of recorded radiant electromagnetic energy and other phenomena.

2) 기록된 복사 전자기 에너지(recorded radiant electromagnetic energy) : 물체가 방출하거나 반사하는 전자기 에너지를 기록한 것을 의미한다. 즉, 우리가 빛이나 열과 같은 형태로 느낄 수 있는 전자기 에너지를 사진이나 센서 장치를 통해 포착하는 과정이라고 할 수 있다. 예를 들어, 카메라가 찍은 사진은 눈에 보이는 가시광선이라는 전자기 에너지를 기록한 것이다. 이와 마찬가지로 드론이나 인공위성 같은 장비들은 가시광선분 아니라 적외선, 자외선 등 사람이 눈으로 직접 볼 수 없는 다양한 전자기 파장의 정보를 기록할 수 있다. 이 기록된 정보는 물체의 위치, 형태, 물성 등의 다양한 특징을 파악하는 데 사용된다. 다시 말해, 기록된 복사 전자기 에너지는 물체에서 나오는 빛이나 열 등을 기록하여 분석하는 것으로서, 이를 통해 물체의 성질이나 상태에 대한 정보를 얻는 과정이다.

계획, 환경 분야에서는 고해상도 항공 이미지를 통해 공간 데이터를 수집하고 분석하는 사례가 늘어나고 있다. 그러나 카메라의 위치와 방향에 따라 원본 사진은 지형의 기복이나 건물의 형태가 왜곡되기 때문에, 이를 그대로 측량 도구로 사용하기에는 근본적인 한계가 있다. 즉, 드론이나 항공기에서 얻은 이미지는 촬영 각도, 렌즈의 특성, 지형의 복잡성 등 여러 요인으로 인해 원본 상태로는 정확한 공간 정보를 확보하기 어렵다. 예를 들어, 건물들이 이미지에서 기울어져 보이거나 실제 크기보다 크거나 작게 나타나는 경우가 발생한다. 이는 측량의 신뢰성을 저해하는 주요 요소다.

이러한 문제를 해결하기 위해서는 원본 사진에 대한 보정 작업이 필요하다. 이러한 보정 작업은 주로 사진측량 기술을 통해 이루어지며, 왜곡된 원본 사진을 수직 방향으로 재구성한 정사영상(Orthophoto)을 생성해 정확한 공간 데이터를 확보한다. 정사영상은 신뢰할 수 있는 측량과 지도 제작 결과를 제공한다.

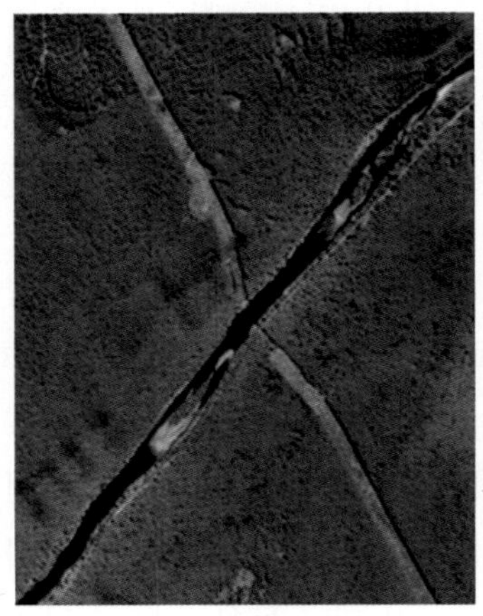

(a) 항공사진(aerial photograph)

(b) 정사영상(orthophoto)

[그림] 정사보정(Orthorectification)

정사영상은 지형의 기복 등에 의한 왜곡이 제거된 영상이다. 정사영상의 특징은 일정한 축척(scale)을 유지한다는 것과 평면 지도처럼 보이며, 모든 지점이 지면 위에서 직접 위를 보고 찍은 것처럼 표현된다. 즉, 모든 광학 축이 지면에 대해 수직을 이루는 형태로 촬영된 것과 같다. 오른쪽의 항공사진에서는 도로가 굽어져(bend) 보이지만, 우측 영상영상에서는 실제 모습에 근접하게 도로가 펴져(straight) 있다.

(출처 : PennState 대학교, https://www.e-education.psu.edu/natureofgeoinfo/c6_p15.html)

- **항공사진측량** : 대공표지 설치, 항공사진촬영, 지상기준점측량, 항공삼각측량, 세부도화 등을 포함하여 수치지형도 제작용 도화원도 및 도화파일이 제작되기까지의 과정이다(「항공사진측량 작업 및 성과에 관한 규정」 제2조 제4호).
- **무인비행장치 측량** : 무인비행장치로 촬영된 무인비행장치항공사진 등을 이용하여 정사영상, 수치표면모델 및 수치지형도 등을 제작하는 과정을 말한다. (「무인비행장치 측량 작업규정」 제2조 제2호).

사진측량은 또한 여러 대의 카메라를 사용하여 다양한 각도와 방향에서 촬영한 이미지를 활용해, 3차원 정보를 가진 점군(點群; point cloud)을 생성하는 방식도 포함한다. 이러한 점군 데이터는 특정 지점 간의 거리뿐만 아니라 면적과 부피를 측정하는 데에도 활용될 수 있어 매우 유용하다. 이를 통해 복잡한 지형이나 구조물의 상세한 공간 정보를 얻을 수 있으며, 정밀한 분석과 측량을 가능하게 하는 중요한 기술적 기반이 된다.

사진측량을 수행하기 위해서는 몇 가지 필수적인 개념을 이해해야 하는데, 이 가운데 '내부 표정(Interior Orientation)'과 '외부 표정(Exterior Orientation)'은 중요한 개념이다.

내부 표정: 카메라의 기하학적 특성 파악

- **내부표정** : 촬영 당시 광속의 기하상태를 재현하는 작업으로 기준점 위치, 렌즈의 왜곡, 사진의 초점거리와 사진의 주점을 결정하고 부가적으로 사진의 오차를 보정하여 사진좌표의 정확도를 향상시키는 것이다(「항공사진측량 작업 및 성과에 관한 규정」 제9호).

카메라는 기본적으로 렌즈와 센서로 구성된다. 렌즈를 통해 들어온 빛을 센서(CCD나 CMOS 등)가 감지해 디지털 신호나 사진으로 변환하는 구조다. 렌즈와 센서의 정확한 위치 관계를 파악하는 과정을 '내부 표정(內部表正; Interior Orientation)'이라 한다. 렌즈의 중심을 '카메라의 투영 중심(Perspective Center)' 또는 '렌즈 중심'이라 부르며, 이 중심을 통과하는 수직 빛이 센서에 닿는 지점을 '주점(主點; Principal Point)'이라 한다. 주점과 렌즈 중심 간의 거리는 '주점 거리(Focal Length)'라고 한다.

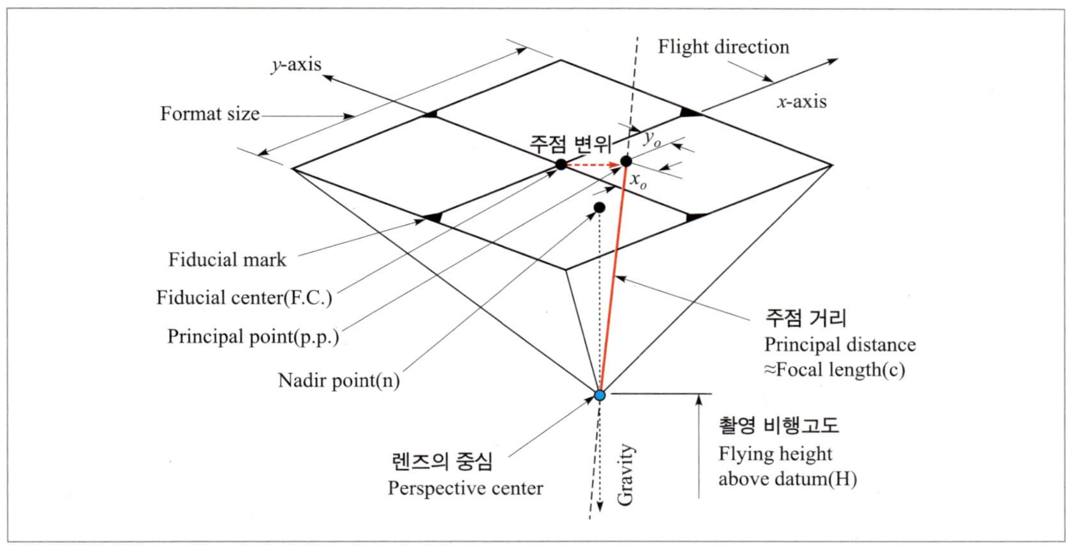

이론적으로 주점은 사진의 중심에 위치해야 하지만, 실제로는 미세하게 벗어나는 경우가 많으며 이를 '주점 변위(Principal Point Offset)'라고 한다. 모든 렌즈는 어느 정도의 왜곡이 발생하며, 대표적인 것이 '방사 왜곡(Radial Distortion)'으로서, 렌즈 중심에서 멀어질수록 왜곡이 커지며, 사진의 직선이 휘어 보이는 현상이 발생한다. 이러한 왜곡을 보정해 직선을 다시 직선으로 보이도록 하는 과정이 '방사 왜곡 보정'이다. '접선 왜곡(Tangential Distortion)'은 카메라 제조·조립 과정에서 카메라 렌즈와 이미지 센서(CCD, CMOS)의 수평이 맞지 않거나 렌즈 자체의 센터링(centering)이 맞지 않아서 발생하는 왜곡으로서 타원형 형태로 왜곡 분포가 달라진다. 한편, '편심 왜곡(Decentering Distortion)'이라는 비대칭적인 왜곡도 발생할 수 있으며, 복합 렌즈간 광축 불일치에 의해 발생하며, 방사성분과 그에 수직인 성분으로 나뉜다.

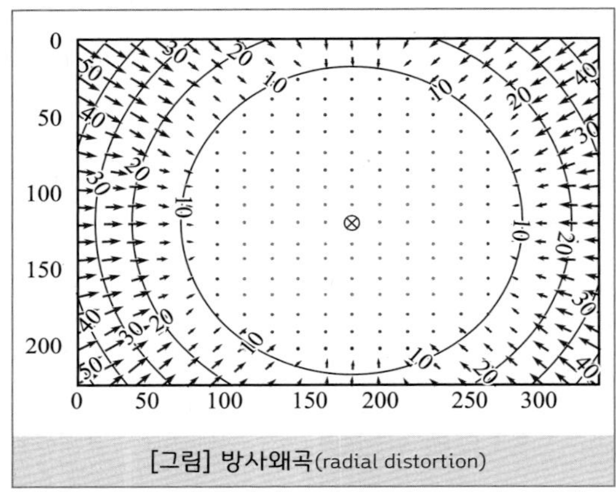

[그림] 방사왜곡(radial distortion)

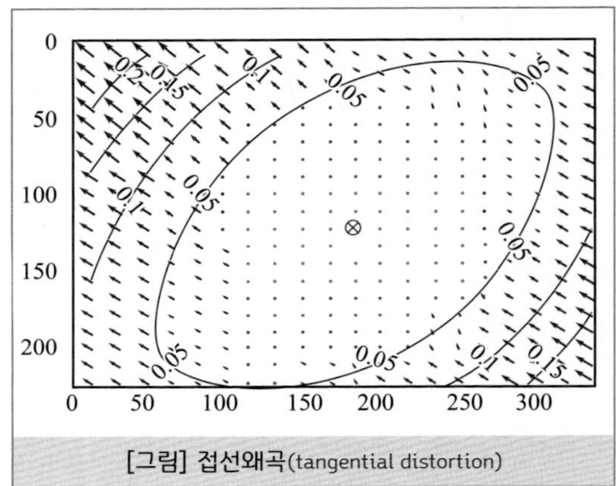

[그림] 접선왜곡(tangential distortion)

내부 표정은 실험실(Lab)에서 이루어지거나 현장(On-site)에서 수행된다. 실험실에서는 타겟을 부착한 칼리브레이션 사이트를 조성해 타겟들의 정확한 위치를 측정해 내부 표정 요소들을 구한다. 현장에서는 실제 드론을 이용해 촬영한 영상으로부터 내부 표정을 진행한다. 최근에는 촬영과 동시에 내부 및 외부 표정을 통합해 처리하는 방식이 주로 사용되며, 이를 통해 촬영의 효율성을 크게 향상시킬 수 있다.

외부 표정: 카메라의 위치와 자세 파악

내부 표정이 카메라 내부의 요소들을 다룬다면, 외부 표정은 촬영 당시 카메라의 위치와 자세를 파악하는 과정이다. 항공기 및 드론이 비행 중일 때, 비행 방향인 X축 방향의 회전을 롤(Roll; ω), Y축 방향의 회전을 피치(Pitch; ϕ), Z축 방향의 회전을 요(Yaw; κ)라 한다.

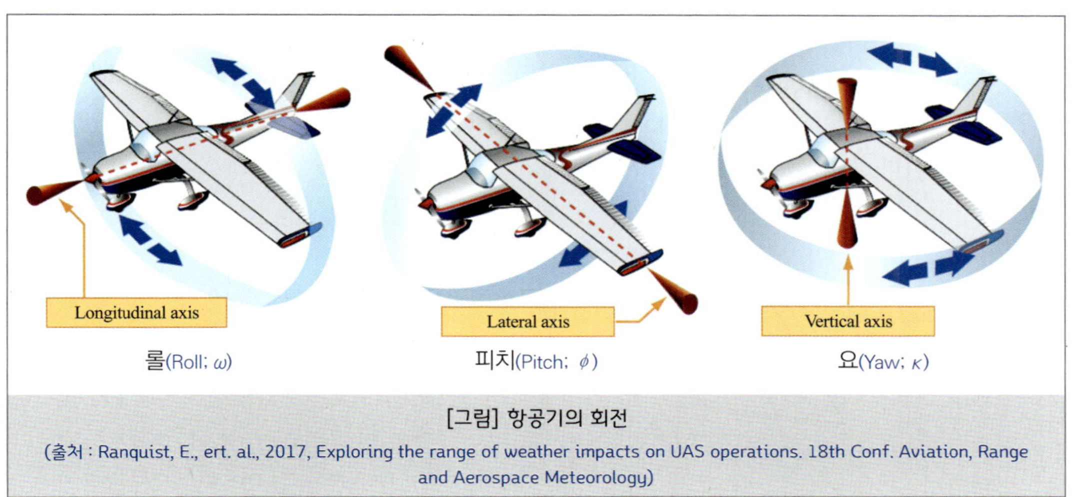

[그림] 항공기의 회전
(출처 : Ranquist, E., ert. al., 2017, Exploring the range of weather impacts on UAS operations. 18th Conf. Aviation, Range and Aerospace Meteorology)

외부 표정은 크게 '상호 표정(Relative Orientation)'과 '절대 표정(Absolute Orientation)'의 두 단계로 나뉜다. 상호 표정은 한 장의 사진을 기준으로 나머지 사진들의 상대적인 위치와 자세를 계산하는 과정이다. 각 사진에 찍힌 공통된 점, 즉 특징점을 '접합점(Tie Point)'이라 하는데, 이러한 점들을 통해 여러 장의 사진을 상대적으로 결합할 수 있다. 절대 표정은 지상 기준점(GCP; Ground Control Point)을 활용해 사진들의 위치를 실제 좌표계에 맞추는 것이다.

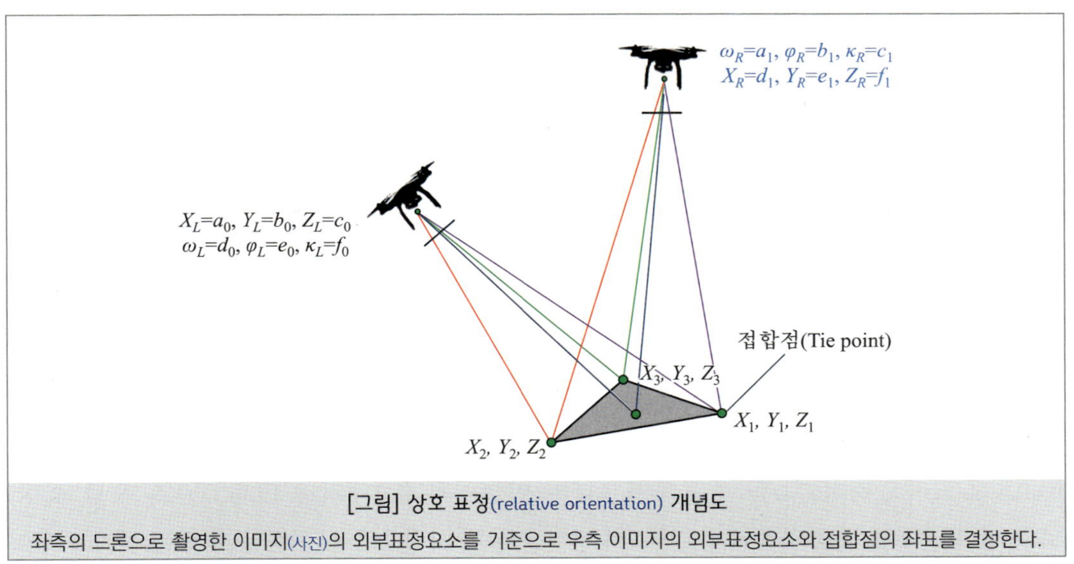

[그림] 상호 표정(relative orientation) 개념도
좌측의 드론으로 촬영한 이미지(사진)의 외부표정요소를 기준으로 우측 이미지의 외부표정요소와 접합점의 좌표를 결정한다.

상호 표정은 '공선 조건식(Collinearity Condition)'을 이론적 배경으로 하는데, 다음의 그림에서 렌즈의 중심(L), 사진점(a) 그리고 지상점(A)가 일직선상에 놓여 있다는 조건을 수식으로 나타낸 것으로, 이를 통해 각 사진의 위치와 자세를 결정하고 최종적으로 사진을 맞춰 전체적인 공간 정보를 복원한다.

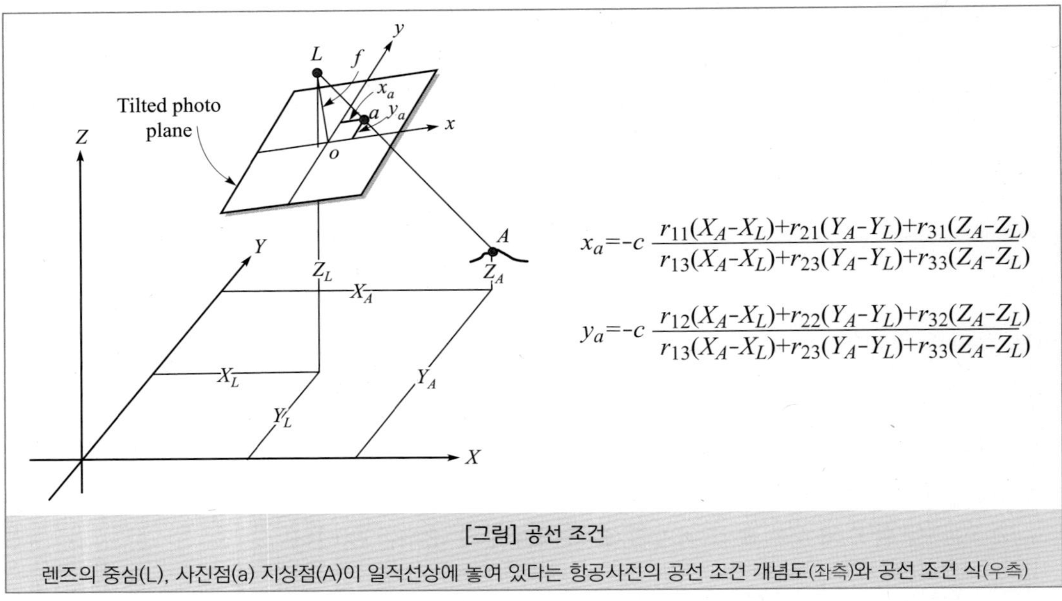

[그림] 공선 조건

렌즈의 중심(L), 사진점(a) 지상점(A)이 일직선상에 놓여 있다는 항공사진의 공선 조건 개념도(좌측)와 공선 조건 식(우측)

드론으로 촬영된 사진들이 각기 다른 위치와 자세에서 촬영되었기 때문에, 이러한 위치와 자세를 이동, 회전, 확대해 하나의 통합된 모델로 만드는 것이 절대 표정의 역할이다.

$$\begin{bmatrix} X_G \\ Y_G \\ Z_G \end{bmatrix} = \begin{bmatrix} X_T \\ Y_T \\ Z_T \end{bmatrix} + S \ R(\Omega, \Phi, \mathrm{K}) \begin{bmatrix} X_M \\ Y_M \\ Z_M \end{bmatrix}$$

절대좌표 이동 축척 회전 상호표정 좌표

위의 식과 같이 상호 표정된 모델을 실제 좌표계와 맞추기 위해 평행 이동(Translation), 회전(Rotation), 그리고 축척(Scale)의 변환이 필요하며, 이를 통해 총 7개의 요소(X_T, Y_T, Z_T, S, Ω, Φ, K)로 구성된 절대 표정을 완성하게 된다. 이 과정을 통해 사진측량을 수행할 수 있는 최소 조건이 충족되며, 기지점 2개를 이용하여 미지점의 좌표를 측량하는 '공간 전방교회(space Intersection)'를 통해 측량 작업이 진행된다. 공간 전방 교회는 이미 좌표를 알고 있는 두 지점(삼각점을 포함한 기지점)을 기준으로, GNSS, 토탈스테이션 같은 기기를 사용해 미지의 점의 좌표를 측정하는 방식이다. 사진측량에서는 이 과정을 연속된 두 장의 사진을 이용해 수행하며, 이는 기존의 지상 측량 방식보다 효율적인 장점이 있다.

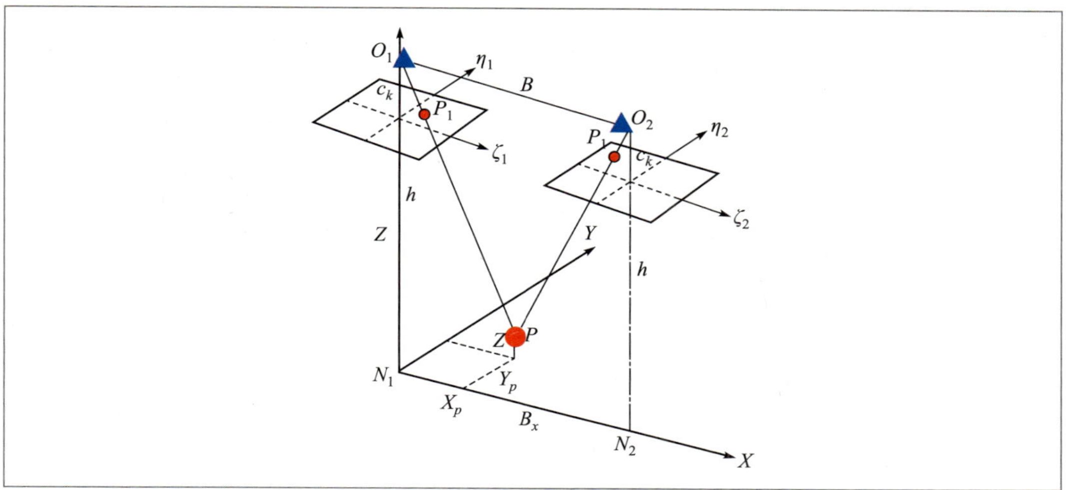

사진측량에서는 수천만 개의 포인트들이 사진에 찍혀 있어 이를 통해 지상의 미지점을 한꺼번에 계산할 수 있다. 최근 Pix4Dmatic, iTwin Capture Modeler(구 ContextCapture) 및 DJI Terra 등을 포함한 사진측량 자료처리 소프트웨어들은 이러한 사진측량의 이론을 바탕으로 SFM(Structure from Motion) 기술을 활용해 사진측량 과정을 자동화하고 있다. 이러한 소프트웨어를 사용하면 점(point) 단위의 측량뿐만 아니라, 항공사진을 통해 정사영상(Orthophoto)을 생성하고, 지도까지 제작할 수 있다.

- **상호표정** : 세부도화 시 한 모델을 이루는 좌우사진에서 나오는 광속이 촬영면상에 이루는 종시차를 소거하여 목표 지형지물의 상대위치를 맞추는 작업이다(「항공사진측량 작업 및 성과에 관한 규정」 제2조 제10호).
- **절대표정** : 축척을 정확히 맞추고 표고를 정확하게 맞추는 과정이다(「항공사진측량 작업 및 성과에 관한 규정」 제2조 제11호).
- **지상기준점**(GCP, Ground Control Point) : 영상좌표계와 지도좌표계 사이의 좌표변환식을 구하기 위해 지상에 설치한 기준점이다(「항공사진측량 작업 및 성과에 관한 규정」 제2조 제5호).

SFM

SFM(Structure from Motion)은 기존의 사진측량에서 여러 과정을 하나로 통합하여 자동화한다. 즉, 내부 및 외부 표정을 모두 자동으로 수행하는 강력한 '블랙박스' 기능을 제공한다. 전통적인 사진측량에서는 작업자가 두 장의 사진에서 공통적인 특징점(tie points)을 수동으로 추출해야 했지만, SFM은 이 모든 과정을 자동으로 처리한다.

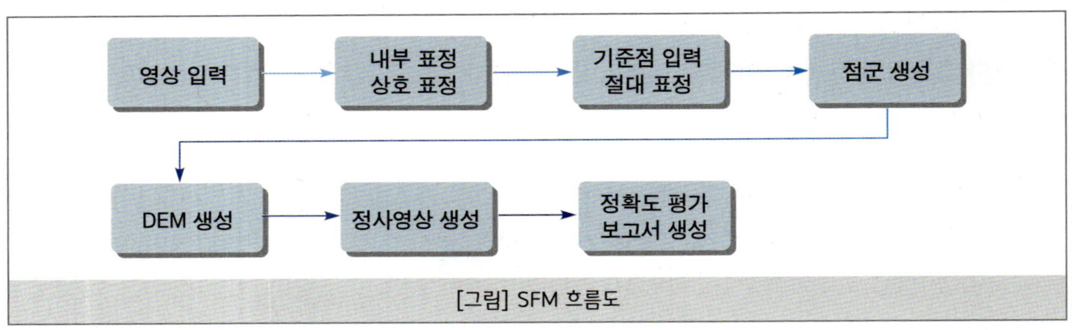

[그림] SFM 흐름도

SFM의 첫 번째 단계는 건물의 모서리나 그림자와 같은 이미지에서 특징점(feature points)을 추출하는 것이다. 기존 사진측량 방법에서는 상호 및 내부 표정을 위해 여섯 개의 타이 포인트(tie points) 만으로 충분했지만, SFM은 자동으로 수천에서 수만 개의 특징점을 추출한다. 연속된 사진 간에 대응되는 점들을 찾는 과정을 일반적으로 '이미지 매칭(image matching)' 또는 '공액점(conjugate points)' 또는 '동일점'이라고 한다. 사진측량에서 동일점은 두 개의 입체 사진(스테레오 이미지)에서 동일한 실제 지상 점을 나타내는 대응점이다.

[그림] 특징점 추출

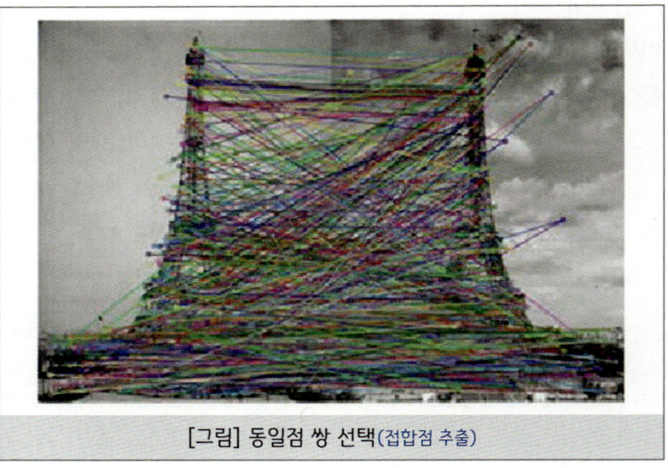
[그림] 동일점 쌍 선택(접합점 추출)

동일점(tie point) 쌍이 자동으로 추출되면 컴퓨터는 공선 조건식을 사용하여 상호 표정을 수행한다. SFM은 상호 표정과 내부 표정을 동시에 수행하여 이 과정을 통합된 형태로 처리한다. 이를 위해 공선 조건식이 사용되며, 이 공선 조건식에는 주점 거리(principal distance, C), 주점 변위(principal point displacement), 렌즈 왜곡(lens distortion)과 같은 내부 표정 요소들도 포함된다. 즉, SFM은 내부 표정, 타이 포인트 추출, 카메라의 위치와 자세 등을 동시에 계산하는데, SFM의 강점은 이러한 모든 과정을 완전히 자동화한다는 점에 있다.

SFM은 특징점을 추출하는 과정에서 오류가 발생할 수 있으며, 이는 상호 및 내부 표정에 오류를 초래할 수 있다. 이러한 오류들은 일반적으로 큰 영향을 미치지 않지만, 오류 포인트를 제거하고 재계산함으로써 보다 정확한 결과를 얻을 수 있다.

SFM 소프트웨어는 “High” 또는 “Low”와 같은 정확도 설정을 조정할 수 있다. 높은 정확도 설정은 처리 시간이 오래 걸리며, 낮은 정확도는 처리 속도가 빠르다. 그러나 항상 “High” 설정이 더 나은 품질을 제공하지는 않는다. 지나치게 많은 타이 포인트가 추출되면, 오히려 오류 포인트도 증가할 수 있으므로, 일반적으로 소프트웨어들은 중간 정도의 정확도를 기본 설정으로 사용한다.

절대 표정을 수행하려면 지상기준점(GCP, Ground Control Po ints)들을 UTM 좌표, TM 좌표, 또는 경위도 좌표와 같은 실제 지상 좌표로 변환해야 한다. 드론 매핑을 시작하기 전에 지상기준점을 설정하고, GNSS 측량을 통해 실제 좌표를 측정하여, 자료처리 단계에서 입력한다.

지상 기준점(GCP)은 여러 형태를 취할 수 있다. 일반적으로 흑백 정사각형 대공표지를 주로 사용하지만, 최근에는 소프트웨어 제작사에서 제공하는 AprilTag 등의 마커를 사용하여 위치와 방향의 좌표를 자동으로 추출하는 방법도 도입되어 오류를 줄이고 편의성을 향상시키고 있다.

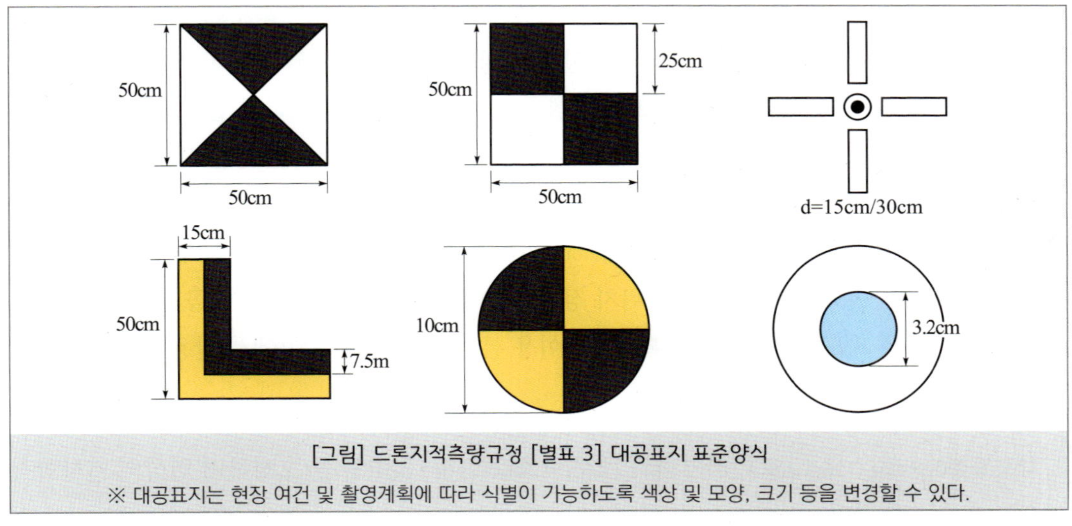

[그림] 드론지적측량규정 [별표 3] 대공표지 표준양식

※ 대공표지는 현장 여건 및 촬영계획에 따라 식별이 가능하도록 색상 및 모양, 크기 등을 변경할 수 있다.

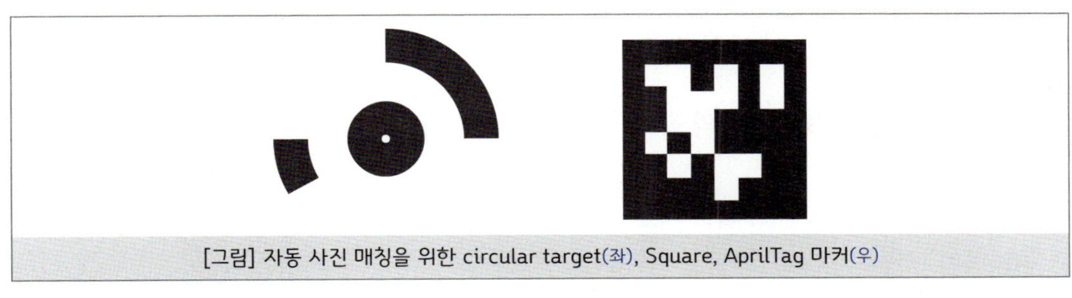

[그림] 자동 사진 매칭을 위한 circular target(좌), Square, AprilTag 마커(우)

GNSS 기술의 발전으로 드론에 장착된 GNSS의 성능도 크게 향상되었다. 예를 들어, RTK(Real-Time Kinematic) 드론은 실시간으로 위치를 측정하여 수 cm의 정확도를 가질 수 있다. 이러한 RTK 드론으로 촬영한 사진의 EXIF 데이터에는 GNSS 좌표뿐만 아니라 촬영 당시의 자세 정보도 포함되어 있어 추가적인 상대 또는 절대 표정 없이도 외부 표정 데이터를 사용할 수 있다. 그러나 이러한 데이터가 항상 완벽한 것은 아니기 때문에, 소프트웨어는 사진 간의 위치와 자세를 조정하여 오류를 보정하는 상호 표정을 여전히 사용한다. 조정된 외부 표정 값은 전방 교회(forward resection)를 통해 점군을 생성하고, 지상 점들의 좌표(X, Y, Z)를 계산한다. 이렇게 생성된 점군은 수백만에서 수억 개의 점들로 구성되며, 각 점은 자체 좌표 데이터를 포함한다.

점군(點群; point-cloud)에서 각 점의 좌표를 개별적으로 확인할 수 있다. 이러한 점들을 연결하면 폴리라인(polyline)이 형성되고, 이를 확장하여 폴리곤(polygon)으로 만들 수 있다. 소프트웨어를 통해 길이, 면적, 부피 등의 측정이 가능해지며, 이를 통해 항공 사진측량의 주요 목표를 상당 부분 달성할 수 있다. 또한, 점군을 이용해 메쉬(mesh)나 타일 모델(tiled model, 지형 데이터를 타일 형식으로 분할하여 3D 지형을 효율적으로 표현하는 모델)을 생성하여 포인트 간의 빈 공간을 삼각형으로 채우고 텍스처를 입히면, 시각적인 표현이 향상되어 치수 측정이 더욱 용이하다.

일반적인 사진은 중심투영 방식을 사용하여 촬영되므로, 건물이나 지형이 왜곡되어 나타날 수 있다. 이러한 왜곡을 보정하고 지도의 일정한 스케일과 정확한 위치를 유지하기 위해 정사투영 과정을 거치게 된다. 정사투영은 수치표고모델(DEM: Digital Elevation Model)과 같은 지형 정보를 활용하여 원근 투영으로 촬영된 영상을 지도 투영(Map Projection)으로 변환하는 작업이다. 이렇게 보정된 영상을 정사영상이라 하며, 이러한 정사영상들을 결합하여 넓은 지역을 커버하는 정사 모자이크를 생성한다. 즉, 정사영상(Orthophoto)은 항공사진이나 위성영상에서 발생하는 기하학적 왜곡을 보정하여 지표면의 정확한 위치 정보를 제공하는 고해상도의 지리공간 데이터다. 이러한 정사영상은 지도 제작, 도시 계획, 토지 이용 분석 등 다양한 분야에서 활용된다.

앞서 살펴본 바와 같이 정사영상의 제작 과정은 다음과 같은 단계로 이루어진다.

1. 내부표정(Interior Orientation) : 카메라의 내부 요소(초점 거리, 주점 등)를 보정하여 영상의 기하학적 왜곡을 최소화한다.
2. 외부표정(Exterior Orientation) : 촬영 시 카메라의 위치와 자세를 결정하여 영상을 지상 좌표계와 연계한다.
3. 수치표고모델(DEM) 활용 : 지형의 높이 정보를 포함한 DEM을 사용하여 지형으로 인한 왜곡을 보정한다.
4. 정사투영(Orthorectification) : 위의 정보를 종합하여 원근 투영된 영상을 정사 투영된 영상으로 변환한다.

5. 모자이크 및 편집 : 여러 정사영상을 결합하고 색상 및 밝기 조정을 통해 이음새 없는 통합 영상을 생성한다.

지형 모델 : DEM, DTM, DSM, 그리고 DOM

공간정보와 지리정보시스템(GIS), 그리고 드론이나 항공기 기반의 원격탐사(RS, Remote Sensing) 기술은 복잡한 지형을 수치적으로 정밀하게 표현할 수 있는 다양한 지형 모델을 활용하고 있다. 핵심적인 4가지 모델이 바로 DEM(Digital Elevation Model), DTM(Digital Terrain Model), DSM(Digital Surface Model), 그리고 DOM(Digital Orthophoto Map)이다.

이들은 모두 '지표면의 형태'를 정량적으로 표현한다는 공통점을 가지고 있지만, 각 모델이 담고 있는 대상, 표현 방식, 활용 목적은 서로 다르다. 따라서 이 개념들을 정확하게 이해하고 구분할 수 있어야, 목적에 맞는 지형 정보를 선택하고 올바르게 활용할 수 있다.

참고 DEM, DTM 및 DSM의 정의

- **수치표면모델**(DSM: Digital Surface Model) : 수치표면자료를 이용하여 격자형태로 제작한 지형모형을 말한다(「무인비행장치 측량 작업규정」 제2조 10호).
- **수치지면자료**(Digital Terrain Data) : 수치표면자료에서 인공지물 및 식생 등과 같이 표면의 높이가 지면의 높이와 다른 지표 피복물에 해당하는 점자료를 제거한 점자료를 말한다(「무인비행장치 측량 작업규정」 제2조 11호).
- **수치표고모델**(DEM: Digital Elevation Model) : 수치지면자료(또는 불규칙삼각망자료)를 이용하여 격자형태로 제작한 지표모형를 말한다(「무인비행장치 측량 작업규정」 제2조 12호).

참고 「드론지적측량규정」 제2조(용어의 정의)

7. "정사영상"이란 중심투영에 의하여 취득된 영상의 지형 · 지물 등에 대한 정사편위수정을 실시한 영상을 말한다.

1. DEM(Digital Elevation Model, 수치표고모델)

DEM은 가장 기본적인 지형 고도 모델로, 특정 지역의 지표면 고도를 격자(Raster) 형태로 수치화한 데이터이다. 일반적으로 수목, 건물, 구조물 등 지표면 위의 모든 객체를 제외한 '맨땅(Bare Earth)'의 고도만을 포함한다. 각 격자(Cell)는 단일 고도값을 가지고 있으며, "이 위치의 해발고도는 얼마인가?"라는 정보를 담고 있는 셈이다. DEM은 고도만을 정량화한 순수한 고도 정보이기 때문에, 다양한 지형 분석의 기초자료로 널리 활용된다. 예를 들어, 유역 추출, 경사 · 방위 분석, 수문 모형화, 토양 침식 분석, 기본 지도 제작 등에서 활용되며, 위성이나 항공사진, LiDAR 등을 활용하여 생성된다. DEM은 기본적인 지형 형상을 파악하는 데 매우 유용하다. 그러나 지형의 급격한 변화나 세밀한 구조까지는 담기 어렵다는 한계가 있다.

2. DTM(Digital Terrain Model, 수치지면모델)

DTM은 DEM보다 한층 정교한 지형 표현을 제공하는 모델이다. DEM이 단순히 지표 고도만을 격자 형태로 표현한다면, DTM은 절단선(Break Line)[3], 능선, 계곡선, 지반의 굴곡 등과 같은 지형의 불연속적인 구조 요소까지 함께 표현하는 정밀한 모델이다.

DTM 역시 건물, 나무, 다리 등 지표 위의 인공 구조물이나 식생을 모두 제거한 '지표면(Bare Earth)'만의 고도를 표현하지만, 고도 값 외에도 공간 구조적 정보를 보완함으로써 더욱 입체적이고 사실적인 지형 분석이 가능하다. 또한, DTM은 불규칙 삼각망(TIN: Triangulated Irregular Network) 구조나 등고선(Contour) 형태로도 구현되며, 이러한 구조는 특히 지형의 급격한 변화가 많은 지역에서 더욱 유리하다. DTM은 도로 설계, 절토 및 성토 계획, 하천 정비, 사면 안정 분석 등 토목 설계와 엔지니어링 분야에서 매우 중요하게 활용된다. 또한 DOM 제작 시 기준이 되는 고도값으로 사용되며, 지형 기복에 따른 왜곡을 정사보정하는 데 핵심적인 역할을 한다.

3. DSM(Digital Surface Model, 수치표면모델)

DSM은 지형의 '표면'을 표현하는 모델로, 지표면뿐만 아니라 그 위에 존재하는 모든 구조물과 자연물의 최상단 높이를 포함한다. 여기에는 건축물, 교량, 나무, 송전탑, 차량 등 시야에 보이는 모든 요소가 포함되며, 하늘에서 내려다보았을 때 눈에 보이는 것들의 전체 높이 정보를 담고 있다고 보면 된다.

도시 지역에서는 건물의 옥상 높이까지, 산림 지역에서는 수관(canopy, 樹冠), 즉 나뭇가지와 잎이 무성하게 덮여 있는 층의 높이까지 포함되므로, 현실과 가장 가까운 '표면 형태'를 재현할 수 있다. DSM은 항공 LiDAR, 드론 촬영, 항공사진측량 등의 점군(Point Cloud) 데이터로부터 생성되며, 다양한 분석에 활용된다. 대표적으로는 도시 가시성 분석(Line-of-Sight), 스카이라인 분석, 항공 시뮬레이션, 일조권 평가, 소방 드론 시나리오 작성 등에서 필수적이다. DSM을 기반으로 한 정사영상인 TDOM(True Digital Orthophoto Map)은 기복 변위 없이 건물의 실제 상단 모습까지 반영할 수 있지만, 그림자 및 가려짐(occlusion), 영상 투영의 비동기성(asynchronous displacement) 등으로 인해 완벽한 구현은 기술적으로 까다롭다.

---

3) 절단선(Break Line) : 지형 모델링에서 중요한 개념으로, 지표면의 급격한 고도 변화가 발생하는 경계를 정의하는 선형 요소를 의미한다. 이는 지형의 자연적 특징(능선, 계곡, 절벽 등)이나 인공 구조물(도로 경계, 둑, 절개지 등)에서 높이 변화가 뚜렷한 지점을 정확하게 표현하는 데 사용된다.

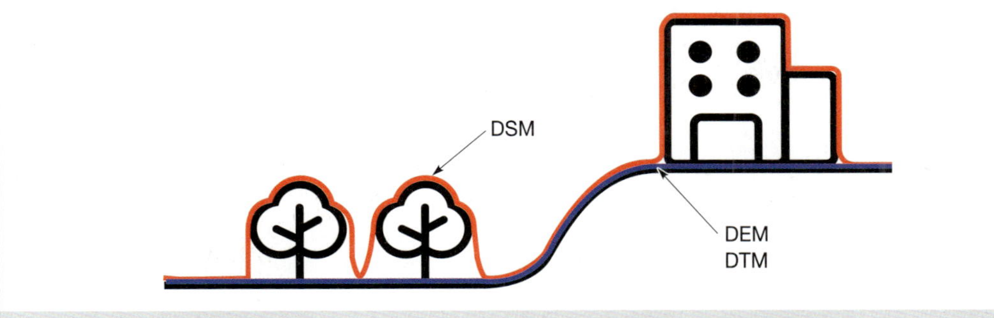

[그림] DTM, DEM 및 DSM

(출처 : Vegard J. Løwe, 2024, Comparing DEM, DSM and DTM, Atlas Blog, https://atlas.co/blog/comparing-dem-dsm-and-dtm/)

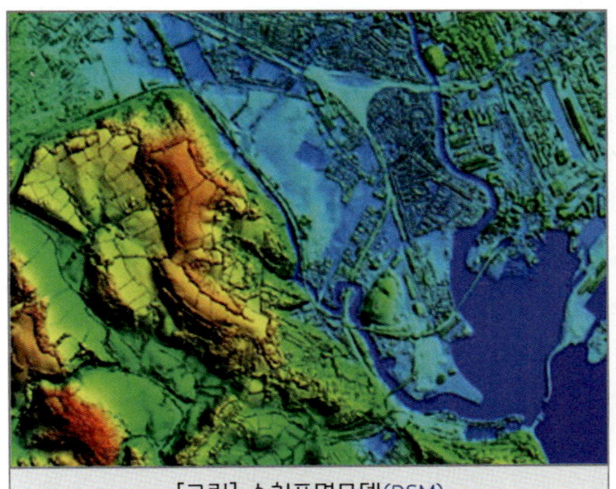

[그림] 수치표면모델(DSM)

DSM = 지표면(DEM) + (도로+건물+식생 등)

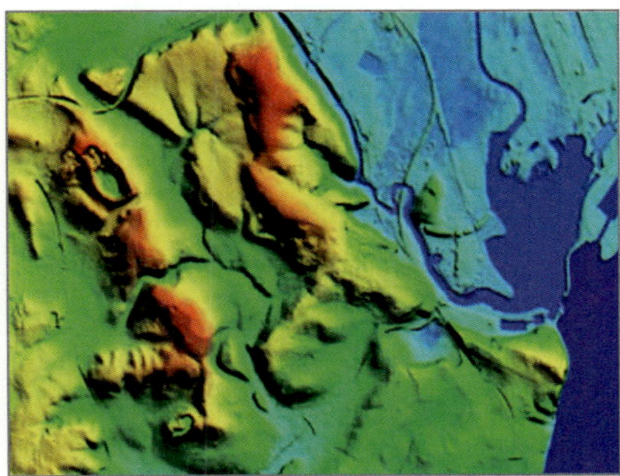

[그림] 수치표고모델(DEM)

DEM = DSM - (도로+건물+식생 등 인공물)

참고 디지털 트윈과 스마트시티 구축에서 DSM의 중요성

DSM(Digital Surface Model, 수치표면모델)은 지형뿐만 아니라 지표면 위에 존재하는 모든 구조물(건물, 교량, 도로, 수목 등)의 높이와 형태를 포함하는 3차원 데이터를 의미하며, 디지털 트윈 및 스마트시티 구축의 기초 인프라로 매우 중요한 역할을 한다. DSM은 도시 공간의 정밀한 표현을 가능하게 하며, 다양한 시뮬레이션 및 정책 결정에 활용되는 핵심 공간정보 자료이다.

1. 3D 스마트 도시 모델링의 기반

DSM은 실제 도시 공간을 입체적으로 재현하는 데 필수적인 데이터로, 건축물의 외형과 수목, 교량, 도로 등의 공간적 형상과 높낮이를 정밀하게 반영한다. 이를 바탕으로 생성된 3차원 도시 모델(3D City Model)은 디지털 트윈의 시각화와 분석에 있어 기본적인 틀을 제공한다.

- 활용 예시 : 도시 가시성 분석(View-shed analysis), 일조권 분석(Solar Access Analysis), 바람 흐름 및 미기후(微氣候) 시뮬레이션 등 풍환경 예측

2. 도시계획 및 인프라 설계 시뮬레이션

DSM을 활용하면 도시 구조물의 높이, 위치, 밀도를 정량적으로 파악할 수 있어 도시계획 수립에 있어 과학적 근거를 제공한다. 건축물의 고도 제한 검토, 경관 보호구역 설정, 통풍로 계획 수립 등과 같은 공간 정책을 데이터 기반으로 시뮬레이션할 수 있다.

- 활용 예시: 신도시 개발 및 재개발 구역 타당성 평가, 교통 인프라 배치 및 고도 차이 반영한 도로 계획 등

3. 재난 대응 및 도시 안전관리

DSM은 고도 기반의 공간 분석을 통해 다양한 재난 시나리오를 신속하게 시뮬레이션할 수 있게 해준다. 지형과 구조물의 높이를 고려한 분석은 재난 대응의 정밀도를 높이며, 사전 예방적 도시 안전관리에 핵심 도구로 활용된다.

- 활용 예시: 홍수 범람 가능 지역 예측(Flood Modeling), 구조물 붕괴 위험 구역 및 낙석 위험 분석, 대기 확산 모델 기반 미세먼지 이동 경로 추정, 화재 확산 시뮬레이션 등

4. 스마트 인프라 및 IoT 기반 도시운영

디지털 트윈 상에서 DSM은 IoT 센서, CCTV, 통신장비, 환경 모니터링 장비 등의 공간적 배치 및 최적화를 위한 기준 데이터로 활용된다. 구조물의 높이와 위치를 반영하여 시야 확보, 통신 음영지역 제거 등 기술적 타당성을 사전에 검토할 수 있다.

- 활용 예시: CCTV 및 지능형 관제 카메라 최적 위치 설계, 태양광 패널 설치를 위한 일사량 및 음영 분석 등

5. 환경 영향 및 생태계 분석

DSM은 도시 환경의 물리적 구조를 기반으로 다양한 환경 영향을 시뮬레이션하는 데 필수적인 입력자료다. 특히 소음, 조도, 대기 확산, 생태적 영향 등 물리적 인자들의 이동·전파 경로를 현실적으로 예측할 수 있게 해준다.

- 활용 예시: 미세먼지 및 대기오염원 확산 경로 분석, 소음 전달 경로 및 방음벽 배치 검토, 도시 녹지 및 수목 분포에 따른 미기후 및 생태계 영향 평가 등

4. DOM(Digital Orthophoto Map, 수치 정사영상 지도)

항공사진이나 위성영상을 바탕으로 제작된 고해상도 영상 지도이다. 이는 단순한 사진 이미지가 아니라, 지형의 기복, 카메라 렌즈의 중심 투영 특성, 촬영 각도 등의 영향으로 발생하는 기하학적 왜곡(Geometric Distortion)을 제거하고, 마치 모든 픽셀을 직하방(直下方, nadir)에서 바라본 것처럼 보정(Orthorectification)된 영상이다. 즉, 일반적인 항공사진에서는 건물이나 지형이 기울어져 보이지만, DOM은 이러한 왜곡이 제거되어 마치 위에서 수직으로 내려다본 것처럼 모든 지형 요소가 정렬되어 있어 지도처럼 사용할 수 있는 이미지다.

특히, 드론 사진측량(Drone Photogrammetry)으로 취득한 다수의 중첩 이미지들을 결합하여 제작되는 정사영상(Orthomosaic)은 대표적인 DOM으로서, 고정밀 위치정보와 영상정보를 동시에 제공한다.

DOM은 영상의 모든 지점이 정확한 위치 좌표(x, y)를 갖기 때문에 지도처럼 활용할 수 있다. 따라서 지도 제작, 토지 이용 분석, 도시 계획, 공간 변화 탐지, 재난 대응, 문화재 보존 등 다

양한 분야에서 광범위하게 사용된다. 또한 RGB 영상 정보와 정확한 위치정보를 동시에 제공하기 때문에, 육안으로 쉽게 해석할 수 있으면서도 정량적인 공간분석까지 가능한 매우 강력한 공간정보 자료로 활용된다.

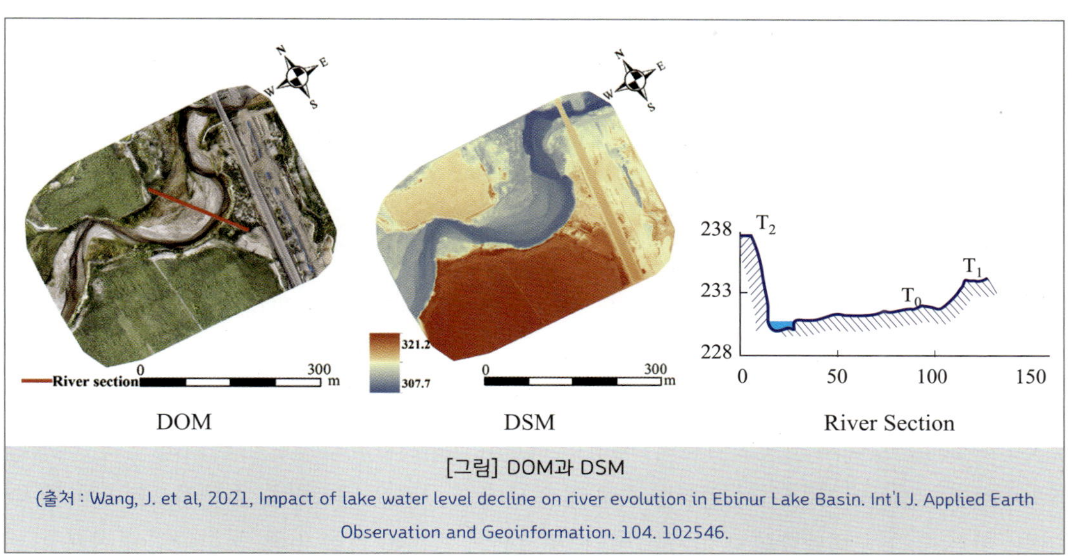

[그림] DOM과 DSM

(출처 : Wang, J. et al, 2021, Impact of lake water level decline on river evolution in Ebinur Lake Basin. Int'l J. Applied Earth Observation and Geoinformation. 104. 102546.

2. SIFT 알고리즘

- 다음의 SIFT 알고리즘에 관한 글은 다소 전문적인 지식이 필요할 수 있다. 따라서 이 부분의 내용은 다음 섹션으로 넘어가도 이 책의 흐름을 이해하는 데는 큰 지장이 없다.
- 다음의 SIFT 알고리즘에 관한 글은 독자의 이해를 돕기 위해 최대한 요약·정리하여 실었다. 이를 위해 다양한 참고문헌을 활용하였으며, 특히 다음의 자료를 많이 참조하였다.
  ① 이강원, 손호웅, 2020, 드론(무인기) 원격탐사 사진측량 (제2판), 구미서관
  ② 웹 사이트 Analytics Vidhya에 2024.10.24. 실린 Aishwarya Singh의 "What is SIFT Algorithm?" (https://www.analyticsvidhya.com/blog/2019/10/detailed-guide-powerful-sift-technique-image-matching-python/)
  ③ 유혁균, 정종문, 2019, 국방용 다중 영상분석 증강현실 알고리즘 선택 기술, J. of Internet Computing and Services(JICS), 20(4), 55-61.
- SIFT 알고리즘에 관한 보다 자세한 내용은 이 책의 부록 5,6,7에 실었으니 참고하기 바란다.

다음 사진들은 세계적으로 유명한 프랑스 파리의 에펠탑(Eiffel Tower)을 촬영한 것들이다. 각 사진은 다양한 각도에서 촬영되었으며, 배경도 다르고 다른 대상(object)도 포함되어 있다. 에펠탑의 이미지가 기울어져 있거나 일부만 확대된 경우에도 사람은 에펠탑을 순간적으로 알아챌 수 있다. 이는 우리가 에펠탑의 이미지를 여러 번 접했기 때문에 기억 속에 그 "특징"이 쉽게 떠오르며, 이미지의 크기나 각도가 달라져도 자연스럽게 동일한 물체로 인식할 수 있기 때문이다.

[그림] 프랑스 파리 마르스 광장(Champ de Mars)에 있는 에펠탑(Eiffel Tower; Tour Eiffel) 사진

에펠탑은 프랑스의 구스타프 에펠(Gustave Eiffel; 1832-1923)이 설계하였으며, 1887년에 착공하여 1889년에 완성된 높이가 324m인 격자형 철골 타워(wrought-iron lattice tower)이다.

그러나 기계(컴퓨터)에게 위와 같은 일을 시키는 것은 엄청난 도전적인 과제이다. 기계는 이미지의 각도나 크기를 변경하면, 동일한 물체인 것을 알아내기 어렵다. 그러나 최근의 컴퓨터는 성능이 매우 좋아졌고, 인간인 우리가 기계(컴퓨터)를 가르쳐 거의 인간 수준으로 이미지를 식별할 수 있도록 만들 수 있게 되었다.

최근 컴퓨터 비전(Computer Vision) 기술의 발전과 함께, 이미지 내의 특징을 정확하게 추출하고 분석하는 기술이 중요한 연구 분야로 자리 잡고 있다. 특징점을 추출하기 위한 SIFT, SURF, BRISK, ORB, FAST[4] 등 다양한 기법들이 있다. 이러한 기술 중 하나로 널리 사용되는 것이 SIFT(Scale-Invariant Feature Transform; 스케일 불변 특징 변환) 알고리즘이다. SIFT는 나온 지 20년이 넘었음에도 여전히 많이 사용되고 있는 기법으로서 여기서는 SIFT를 중심으로 설명하고자 한다.

2-1 SIFT 알고리즘 소개

최근 컴퓨터 비전(Computer Vision) 기술의 급속한 발전으로 인해, 이미지 내 특징을 정확히 추출하고 분석하는 기술이 중요한 연구 분야로 자리 잡았다. 이러한 기술 중 하나로 널리 사용되는 것이 SIFT(Scale-Invariant Feature Transform; 스케일 불변 특징 변환)이다. SIFT는 다양한 크기와 방향에서도 일정한 특징을 찾는 데 매우 유용하며, 컴퓨터 비전에서 객체 인식, 이미지 매칭, 장면 인식 등 여러 응용 분야에서 중요한 역할을 한다.

SIFT[5] 알고리즘은 캐나다의 데이비드 로우[6]교수가 2004년에 처음 소개한 기술로서, 이미지의 크기나 방향이 변해도 일정하게 유지되는 특징점을 찾아내는 데 초점을 맞추고 있다.

다음의 그림처럼 에펠탑을 촬영한 사진(이미지)들이 서로 크기가 다르거나 회전된 경우에도 SIFT 알고리즘은 동일한 특징을 인식할 수 있다. 이처럼 SIFT 특징은 크기와 방향에 대해 불변적(scale and rotation invariant)이라는 강력한 특성을 갖는다.

4) Kim, Jong-ho, et al., 2016, A Panorama Image Generation Method Using FAST Algorithm, J. of the Korea Inst. of Information and Communication Eng., vol. 20, no. 3, pp. 630-638.

5) Lowe, D.G., 2004, Distinctive Image Features from Scale-Invariant Keypoints, Int'l J. of Computer Vision, 60 (2): 91-110.

6) 데이비드 로우(David Lowe) 교수는 현재 브리티시 컬럼비아 대학교(Univ. of British Columbia) 명예 교수이며, 구글의 선임연구원으로 활동하고 있다. 로우 교수는 컴퓨터 비전 분야를 연구하였으며, 이미지 특징점 검출과 설명에 있어 널리 사용되는 알고리즘 중 하나인 SIFT 알고리즘을 개발했다.

Smaller Image of Eiffel Tower

Rotated Image of Eiffel Tower

[그림] 다양한 각도, 크기의 에펠탑 사진

SIFT 알고리즘이 추출하는 특징점(feature points 또는 key-points)은 이미지 내에서 크기와 회전에 독립적이며, 이를 통해 이미지 매칭, 객체 탐지(object detection), 장면 인식(scene recognition) 등의 다양한 응용에서 활용된다. 또한, 이러한 특징점들은 AI 모델 학습 시, 이미지의 고유한 특징으로 사용될 수 있어, 딥러닝과 컴퓨터 비전 연구에 크게 기여하고 있다.

여기서는 이러한 특징점이 어떻게 식별되는지, 그리고 크기 및 회전에 불변하게 만들기 위해 어떤 기술이 사용되는지, 특징점 추출 과정의 4단계를 간단히 살펴보겠다.

① 스케일 공간(Scale Space) 구축 : 이미지의 특징을 크기에 독립적으로 추출하기 위해 스케일 공간을 만든다. 이 단계는 다양한 크기의 특징을 찾기 위해 이미지에서 여러 해상도를 생성하고, 이를 분석하는 과정이다.

② 특징점 위치 결정(Keypoint Localization) : 적절한 특징점을 선택하여, 각 스케일에서 극대값과 극소값을 찾아내고, 노이즈에 민감한 점을 제거해 중요한 특징점만을 남긴다.

③ 방향 할당(Orientation Assignment) : 각 특징점에 방향을 할당하여 회전에 불변한 특징을 유지하여, 이미지가 회전된 경우에도 동일한 특징점으로 인식될 수 있게 된다.

④ 특징점 기술자(記述子 또는 敍述子; Keypoint Descriptor) : 각 특징점에 대해 고유한 지문(finger-print) 역할을 하는 벡터를 생성하는데, 이미지 매칭 과정에서 두 이미지 간의 유사성을 비교하는 데 사용된다.

이러한 SIFT 알고리즘의 단계들은 객체 인식(object recognition), 영상 스티칭(image stitching) 등 여러 컴퓨터 비전 응용에서 매우 유용하게 사용된다. 특히, 이미지가 회전되거나 크기가 변화하더라도 일관되게 특징을 추출할 수 있어 많은 연구자와 개발자들이 주목하고 있다.

I. 스케일 공간(Scale Space) 구축

이미지의 특징점(feature point)을 추출하기 위해서는 가장 먼저 노이즈(noise)를 줄이고 중요한 정보만 남기는 작업이 필요하다. 이를 위해 사용하는 방법이 바로 '가우시안 블러[7]'(Gaussian blur)이다.

가우시안 블러는 이미지의 각 픽셀값이 주변 픽셀들과 함께 계산되면서 노이즈(noise)를 줄여주는 필터링 기법이다. 다음 그림은 가우시안 블러를 적용하기 전과 후의 이미지 예시로서, 블러링 후에는 텍스처와 세부적인 디테일이 사라지고, 주로 형상과 윤곽선만 남아 중요한 특징을 보다 잘 볼 수 있게 되었다.

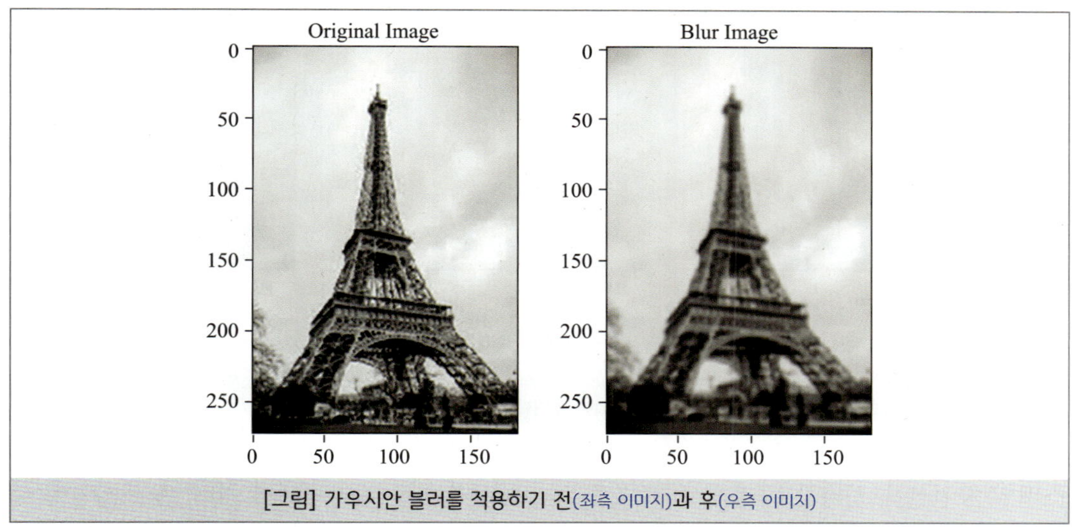

[그림] 가우시안 블러를 적용하기 전(좌측 이미지)과 후(우측 이미지)

이처럼 가우시안 블러는 이미지에서 노이즈를 성공적으로 제거하여 중요한 특징을 강조하는 역할을 한다. 여기서, 중요한 점은 이렇게 추출된 특징들이 '스케일 불변'이어야 한다는 것이다. '스케일 불변'은 이미지의 크기가 변하더라도 동일한 특징을 찾을 수 있어야 한다는 의미이다. 이를 위해 SIFT 알고리즘에서는 '스케일 공간(scale space)'을 생성하게 된다.

---

7) 블러(blur) : 흐릿하고 어스름한 상태를 뜻하는 단어로서, 사진을 찍었을 때 피사체가 뒷 배경과 섞여 흐릿하게 번져보이는 현상이다.

스케일 공간은 원본 이미지를 다양한 스케일(크기)로 변환한 이미지들의 집합(a collection of images having different scales)으로 구성된다. 다음 그림과 같이, 원본 이미지의 스케일을 절반으로 줄인 새로운 이미지들을 만들고, 각각의 이미지에 대해 가우시안 블러를 적용하여 여러 스케일에서의 특징을 추출한다. 이렇게 하면 이미지의 크기가 변해도 중요한 특징을 안정적으로 검출할 수 있다.

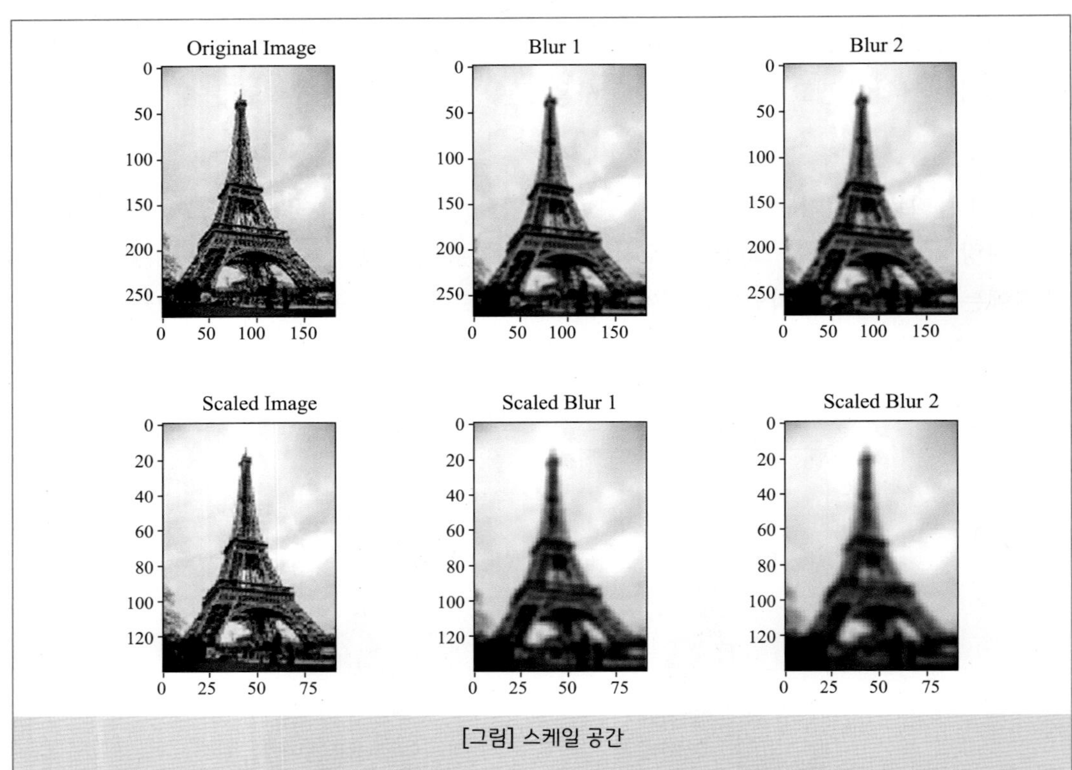

[그림] 스케일 공간

그림의 예시에서 스케일 공간은 '원본 이미지'(original image: 275, 183)의 '스케일을 절반으로 줄인 새로운 이미지'(scaled image: 138, 92)들을 만들고, 각각의 이미지에 대해 가우시안 블러를 적용한 이미지들의 집합이다.

스케일 공간을 구성하는 과정에서 '옥타브'(Octave)는 동일한 이미지에서 여러 번 스케일을 줄이며 생성된 이미지 집합을 의미한다. 즉, 한 옥타브 내에서 영상은 가우시안 블러 연산을 통해 점점 흐려진다. 이를 통해 이미지의 다양한 크기에서 특징점을 찾아낼 수 있으며, 결과적으로 SIFT 알고리즘은 이미지의 스케일 변화에도 강인한 성능을 발휘하게 된다.

영상의 스케일 공간은 원본 영상의 서로 다른 스케일에서 가우시안 블러링의 합성곱(convolution) 연산을 통해 생성되는 함수 $L(x, y, s)$으로서, 수학적으로 가우스 연산자와 영상의 합성곱으로 표현된다. 연산의 결과는 흐린 이미지이다.

$$L(x, y, \sigma) = G(x, y, \sigma) * I(x, y, \sigma)$$

SIFT 알고리즘은 이미지의 다양한 해상도에서 특징점을 검출하기 위해 여러 옥타브와 블러 단계를 사용한다. 이를 통해 스케일 변화와 회전에 강인한 특징점을 얻을 수 있다. 특징점의 안정적인 검출을 위한 이상적인 설정은 네 개의 옥타브와 옥타브당 다섯 개의 블러 이미지를 사용하는 것이 좋다.

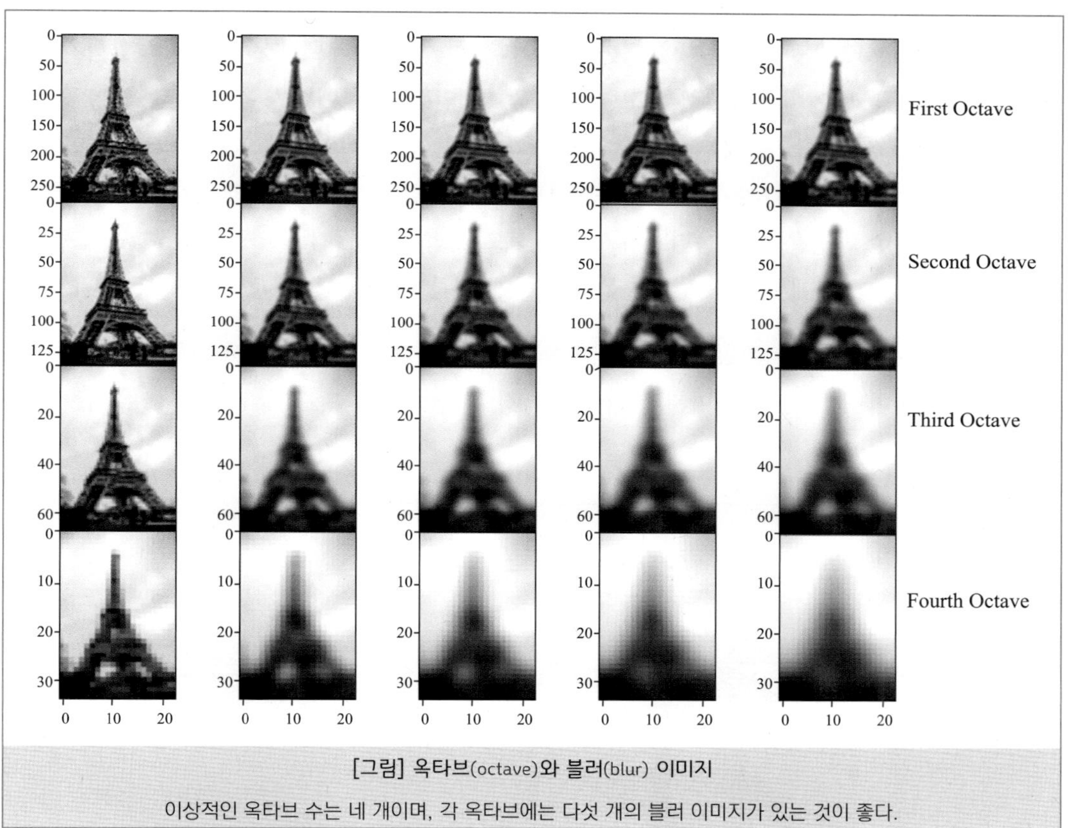

[그림] 옥타브(octave)와 블러(blur) 이미지

이상적인 옥타브 수는 네 개이며, 각 옥타브에는 다섯 개의 블러 이미지가 있는 것이 좋다.

가우시안 차분(Difference of Gaussian, DoG)

가우시안 차분 기법은 이미지에서 중요한 특징을 더 뚜렷하게 만드는 데 사용하는 알고리즘이다. 이를 구현하기 위해 먼저 여러 개의 스케일(scale; σ)로 이미지를 생성한 뒤, 각 스케일에서 가우시안 블러(Gaussian blur)를 적용하여 노이즈를 줄이는 과정을 거친다. 이후, 이 블러 처리된 이미지들을 활용해 DoG를 계산함으로써 특징을 강조하게 된다.

구체적으로 가우시안 차분은 동일한 이미지에 대해 두 가지 다른 강도로 가우시안 블러를 적용한 뒤, 보다 적게 블러 처리된 이미지에서 좀 더 많이 블러 처리된 이미지를 빼는 방식으로 특징을 강화한다. 이러한 과정을 통해 이미지의 가장자리(에지·edge)와 같은 중요한 특징들이 더욱 두드러지며, 불필요한 저주파 성분들은 줄어들어 보다 명확한 시각적 정보를 얻게 된다.

DoG는 스케일 공간(scale space)에서 동일한 스케일의 각 옥타브(octave)에 생성된 이미지들 사이에서 진행된다. 즉, 동일한 스케일의 한 옥타브에서 여러 개의 가우시안 블러가 적용된 이미지들이 있다면, 인접한 두 이미지 간의 차분을 계산해 새로운 이미지 세트를 생성하는 방식이다. 이렇게 만들어진 DoG 이미지들은 원본 이미지의 특징들이 두드러지게 된다.

다음은 DoG가 어떻게 구현되는지에 대한 그림이다. 첫 번째 옥타브를 기준으로 설명하자면, 5개의 가우시안 블러 이미지들이 있다고 가정했을 때, 인접한 두 이미지 간의 차분을 통해 총 4개의 DoG 이미지를 얻을 수 있다. 이러한 DoG 이미지는 원본 이미지에서 눈에 띄지 않던 특징들을 부각시켜 준다. 여기서는 첫 번째 옥타브만 예로 들었지만, 동일한 과정이 모든 옥타브에 적용된다. 이러한 과정은 모든 옥타브에서 반복적으로 적용되며, 각 옥타브의 DoG 이미지들은 이미지의 다중 스케일에서 특징점 검출을 가능하게 해준다.

이러한 결과는 가장자리(에지·edge)나 모서리(코너·corner)와 같은 중요한 특징점들이 더욱 명확하게 드러나도록 하며, 이후의 이미지 분석이나 특징 추출(feature extraction) 과정에서 유리한 정보를 제공한다.

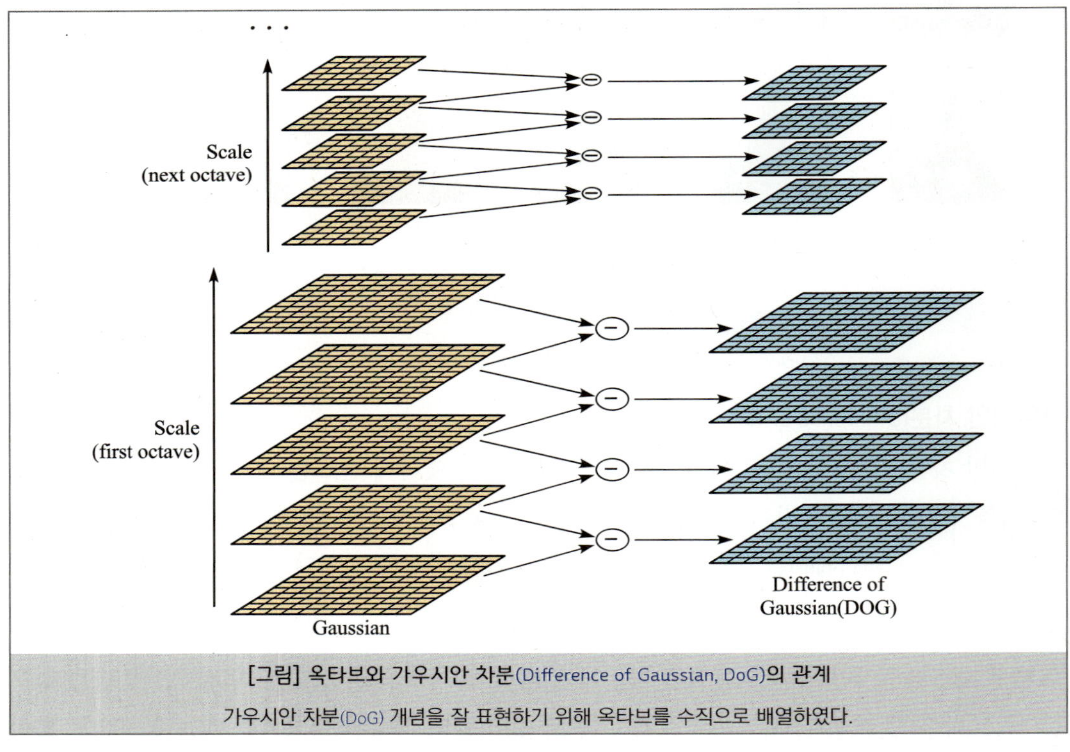

[그림] 옥타브와 가우시안 차분(Difference of Gaussian, DoG)의 관계

가우시안 차분(DoG) 개념을 잘 표현하기 위해 옥타브를 수직으로 배열하였다.

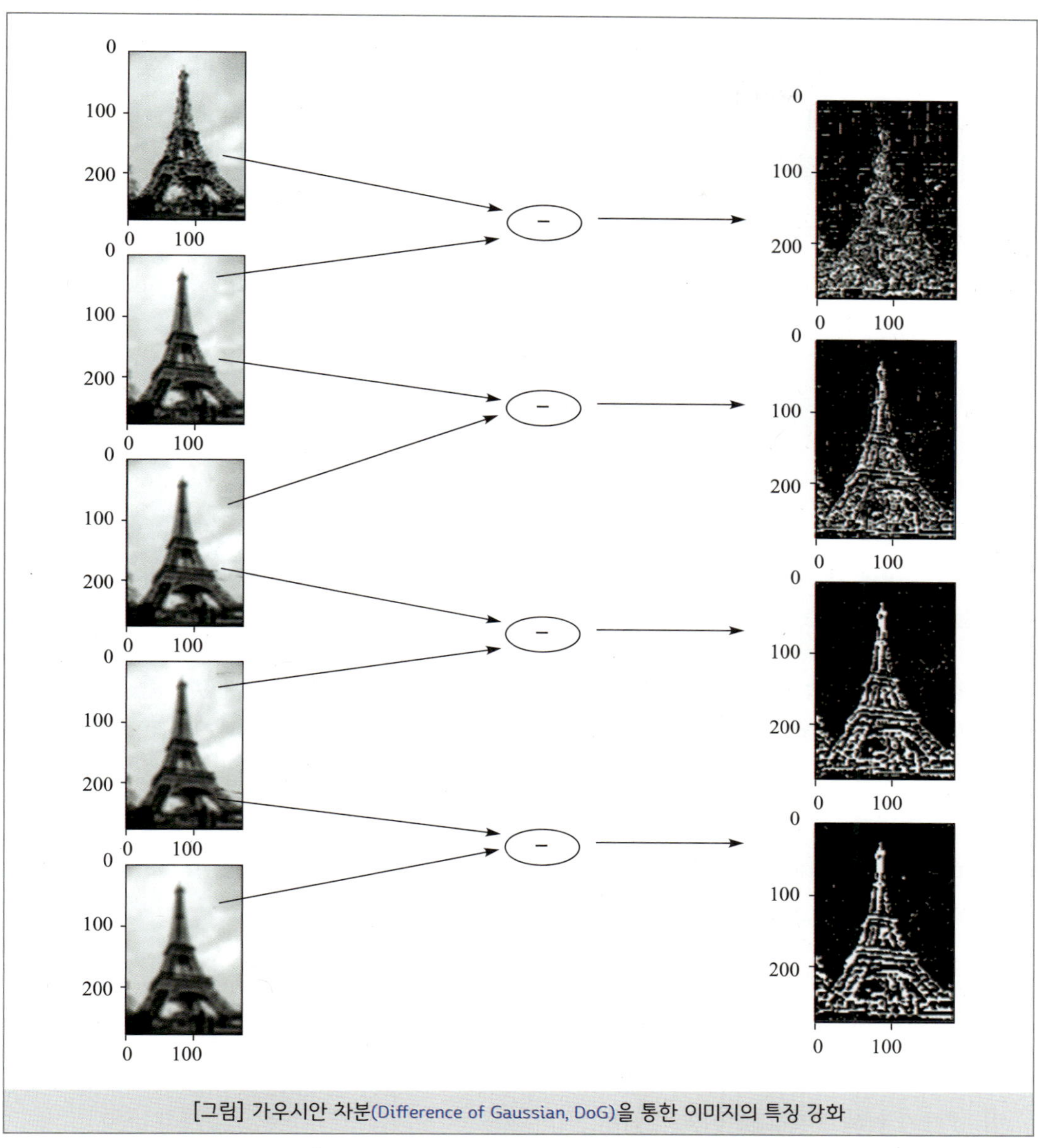

[그림] 가우시안 차분(Difference of Gaussian, DoG)을 통한 이미지의 특징 강화

II. 특징점 위치 결정(Keypoint Localization)

DOG 이미지가 생성되면, 다음 단계는 이미지에서 중요한 특징점을 찾아서 특징 매칭에 사용할 수 있도록 하는 것으로서, 이미지에서 지역 최대값과 최소값을 찾는 것이다. 이 부분은 두 단계로 나뉜다. 즉,

① 지역 최대값 및 최소값(local maxima and minima) 찾기

② 낮은 대비의 특징점 제거(remove low contrast keypoints) 및 특징점 선택

(1) **지역 최대값과 최소값**(local maxima and minima) **찾기**

지역의 최대값과 최소값을 찾기 위해 이미지의 각 픽셀을 확인하고 주변 픽셀들과 비교한다. 여기서, '주변 픽셀'이라 함은 해당 이미지의 주변 픽셀뿐만 아니라, 같은 옥타브의 이전 블러 이미지와 다음의 블러 이미지에 있는 9개의 픽셀도 포함한다.

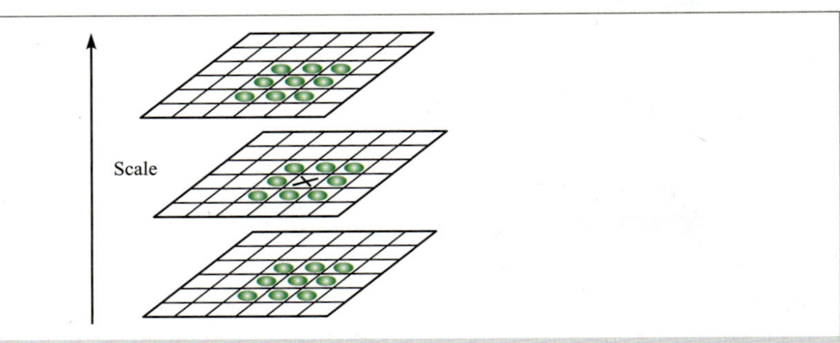

[그림] 지역 최대값과 최소값 찾기

임의의 선정된 픽셀(x 표시)을 이전, 현재, 다음의 블러 이미지의 동일 픽셀 주변 픽셀(녹색)과 비교하여 지역 최대값 또는 최소값인지 판단한다.

즉, 각 픽셀값은 총 26개의 다른 픽셀값과 비교되어 그 픽셀이 지역 최대값 또는 최소값인지 판단된다. 예를 들어, 오른쪽 그림에서는 첫 번째 옥타브에서 세 개의 블러 이미지를 가지고 있다. x로 표시된 픽셀은 주변 픽셀(녹색)들과 비교되고, 주변보다 높거나 낮은 경우에 특징점으로 선택된다. 이러한 과정을 통해 이미지를 대표하고 스케일에 불변한 특징점을 갖게 되었다. 다음으로는 이러한 특징점들이 이미지의 특징을 가장 잘 대표할 수 있는지 확인하기 위해 마지막 검사를 수행하게 된다.

(2) **특징점 선택**(keypoint selection)

지금까지의 과정을 통해 스케일에 불변한(scale invariant) 특징점을 성공적으로 찾아냈다. 그러나 일부 특징점은 잡음(noise)에 약할 수 있으므로, 이미지의 특징을 가장 잘 나타내는 특징점만 남기기 위해 최종 확인이 필요하다.

이를 위해, 우리는 대비가 낮은(low contrast) 특징점이나 이미지 가장자리(edge)에 너무 가까이 위치한 특징점을 제거한다. 대비가 낮은 특징점을 처리하기 위해 각 특징점에 대해 2차 테일러 급수[8](Taylor series)를 계산하여, 결과값이 0.03보다 작은 경우에는 해당 특징점을 제거한다.

---

8) 테일러 급수(Taylor series) 또는 테일러 전개(Taylor expansion)는 함수 f(x)를 근사 다항함수로 표현하는 것을 말한다.
즉, $P_n(x)=f(a)+f'(a)(x-a)+\frac{f'(a)}{2!}(x-a)^2+$

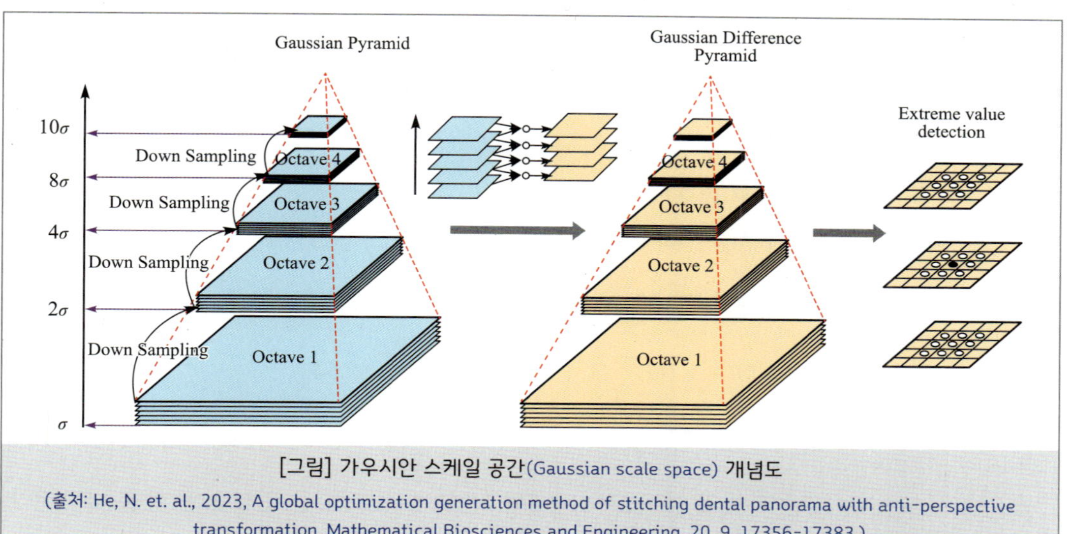

[그림] 가우시안 스케일 공간(Gaussian scale space) 개념도

(출처: He, N. et. al., 2023, A global optimization generation method of stitching dental panorama with anti-perspective transformation, Mathematical Biosciences and Engineering, 20, 9, 17356-17383.)

이미지 가장자리(edge) 등, 위치가 좋지 않은 특징점은 노이즈에도 취약할 수 있다. 이를 확인하기 위해 2차 헤시안 행렬[9](Hessian matrix)을 사용하여 이러한 특징점을 식별한다. 대비 테스트와 가장자리 테스트를 통해 불안정한 특징점을 모두 제거한 후, 다음 과정에서 회전 불변성을 부여하기 위해 방향 값을 할당하게 된다.

III. 방향 할당(Orientation Assignment)

이미지의 안정적인 특징점을 검출하고, 각 특징점에 회전 불변성을 부여하기 위해 방향 할당 (Orientation Assignment) 단계가 필요하다. 이 단계에서는 다음의 2단계로 구성된다. 즉,

① 크기 및 방향 계산

② 크기와 방향에 대한 히스토그램 생성

35	40	41	45	50
40	40	42	46	52
42	46	50	55	55
48	52	56	58	60
56	60	65	70	75

[그림] 화소의 밝기값

(1) 크기 및 방향 계산(Magnitude and Orientation Calculation)

다음 그림의 빨간색으로 표시된 특정 픽셀에 대해 크기와 방향을 구한다고 가정하자.

9) Hessian matrix는 함수의 이차 미분(second derivative)을 나타낸다. 즉, Hessian은 함수의 곡률(curvature) 특성을 나타내는 행렬이다. 다변수 함수를 최적화하기 위해 극점(극대, 극소)을 찾기 위해서는 먼저 그 함수의 일차 미분인 gradient가 0이 되는 지점(critical point)을 찾는다. 이렇게 찾은 critical point가 극대인지 극소인지 saddle point(변곡점)인지 구분하기 위해서는 이차 미분값을 이용해야 하며, 이때 Hessian을 사용한다.

화소 밝기의 크기 및 방향을 계산하기에 앞서, 우선 x 및 y 방향의 기울기(gradient)를 계산한다. 위의 그림에서 빨간색으로 표시된 픽셀의 경우, 픽셀 주변의 밝깃값으로부터 다음과 같이 기울기를 구할 수 있다. 즉

- x 방향의 기울기, G_x = 55와 46의 차이 = 9
- y 방향의 기울기, G_y = 56과 42의 차이 = 14

기울기 값을 구한 후, 다음의 공식을 사용해 크기와 방향을 구할 수 있다. 즉,

- 크기(Magnitude) $M = \sqrt{(G_x^2+G_y^2)} = \sqrt{(9^2+14^2)} = 16.64$
- 방향(Orientation) $\Phi = \tan^{-1}\dfrac{G_y}{G_x} = atan(1.55) \ = 57.17°$

크기(Magnitude)는 해당 픽셀의 강도를 나타내며, 방향(Orientation)은 강도의 방향을 나타낸다. 이제 픽셀에 대한 크기와 방향 값을 가지고 있으므로 이를 바탕으로 히스토그램(histogram)을 생성할 수 있다.

(2) 크기 및 방향의 히스토그램 생성

히스토그램의 x축은 각도 값 구간(bin)이 있다. 위의 예제를 반영한 다음 그림의 경우, 0-9°, 10-19°, 20-29°등 360도까지 10° 간격으로 구간을 나누었다. 위의 예제에서 방향(Φ)이 57°이므로, 이는 여섯 번째 구간에 해당하며, 여섯 번째 구간의 픽셀 크기(M)는 16.64이다. 이러한 과정을 특징점 주변의 모든 픽셀에 대해 반복하여, 다음 그림과 같은 히스토그램을 얻을 수 있다.

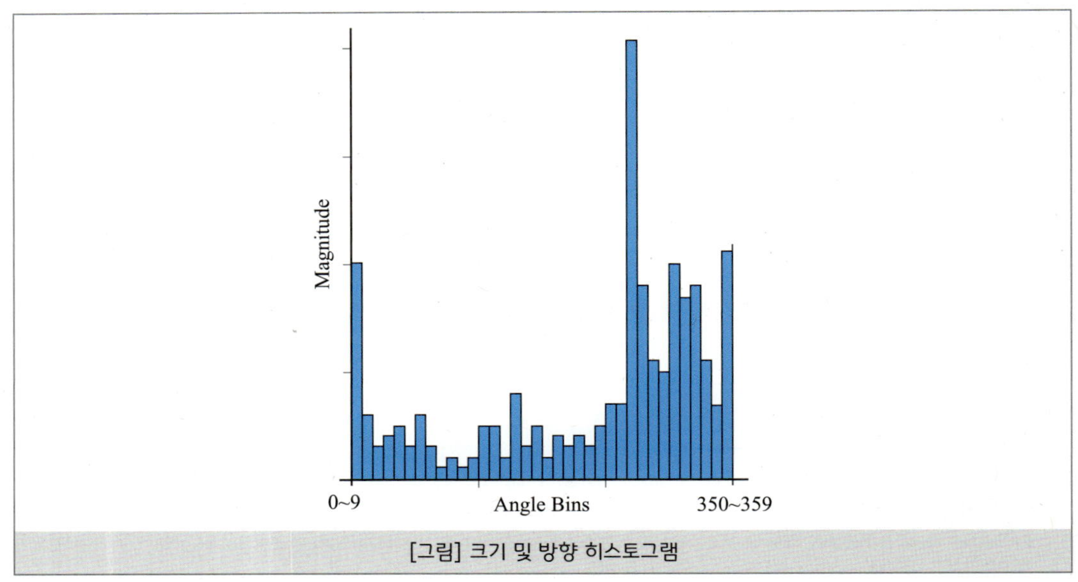

[그림] 크기 및 방향 히스토그램

예제 그림과 같이 히스토그램의 특정 지점에서 피크(peak)가 발생하는데, 피크가 발생하는 구간이 해당 특징점의 방향이 된다. 만약 히스토그램에서 또 다른 피크가 80-100% 정도의 강도로 나타나면, 또 다른 특징점이 생성되는데, 이 특징점은 원래 사용된 특징점과 같은 크기와 스케일을 가진다. 방향은 새로운 피크가 나타난 구간의 각도로 설정된다. 이러한 이유로 이 과정에서 특징점의 수가 늘어날 수 있다.

IV. 특징점 기술자(記述子 또는 敍述子 ; Keypoint Descriptor)

지금까지 스케일(크기) 불변적이고 회전 불변적인 안정적인 특징점을 생성했다. 이제 이 특징점에 대해 고유한 '기술자(記述子 또는 서술자·敍述子; descriptor)'를 생성해야 한다. 기술자는 주변 픽셀, 이들의 방향, 크기를 사용하여 생성되는 고유한 지문(finger-print)과 같은 역할을 한다. 또한 주변 픽셀을 사용하기 때문에, 이 기술자(descriptor)는 이미지의 조명이나 밝기에 대해 어느 정도 불변성을 가진다.

먼저, 특징점을 중심으로 16×16 크기의 영역을 취한다. 16×16 블록(block)은 다시 4×4 서브 블록(sub-block)으로 나누어지며, 각 서브 블록마다 크기와 방향을 사용해 히스토그램을 생성한다.

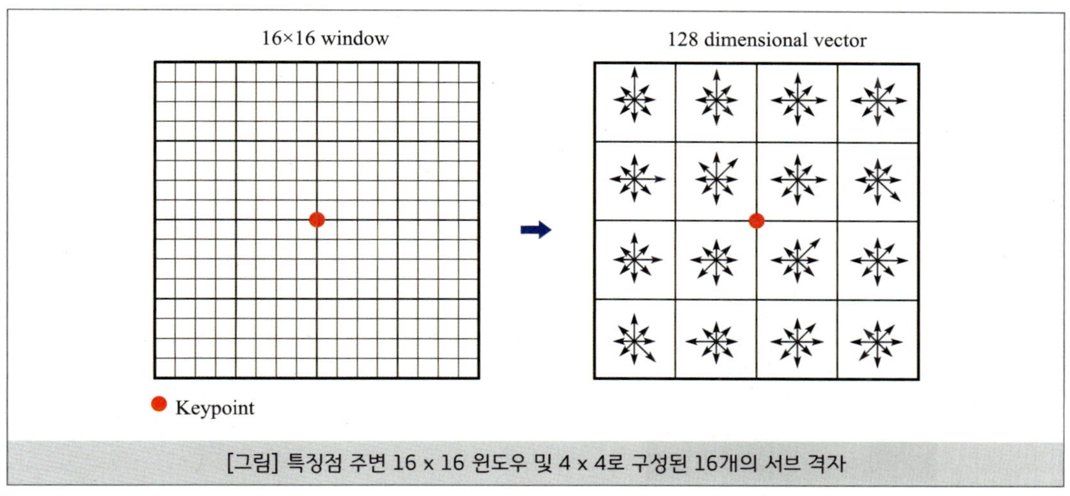

[그림] 특징점 주변 16 x 16 윈도우 및 4 x 4로 구성된 16개의 서브 격자

이 단계에서는 기존 10° 간격 총 36개 구간 대신 구간 간격을 넓혀 총 8개만 사용한다. 각 서브 블록에서 방향을 8개의 구간으로 표현한 히스토그램이 생성된다. 각 화살표는 8개의 구간을 나타내며, 화살표의 길이는 크기를 정의한다. 따라서 특징점마다 총 128개의 구간 값을 가지게 된다.

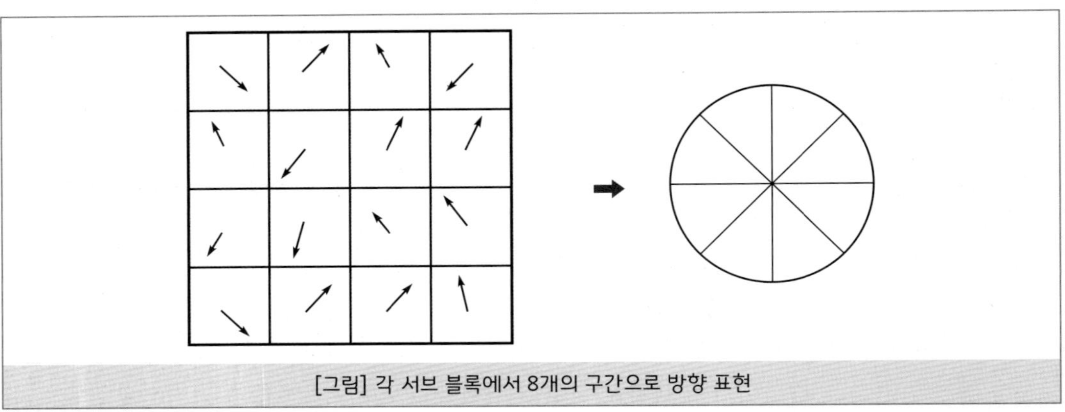

[그림] 각 서브 블록에서 8개의 구간으로 방향 표현

특징점 매칭(Feature Matching)

다음은 SIFT 알고리즘을 적용하여 이미지 매칭을 시도한 예제로서, 두 장의 다른 각도, 크기로 촬영된 에펠탑 사진이다. 두 영상 사이의 특징점들은 가장 근접한 주변(neighbors)을 식별하여 매칭시킨다. 그러나 어떤 경우에는 두 번째로 가까운 매칭이 첫 번째 매칭보다 더 유사할 수 있는데, 이것은 노이즈나 다른 이유로 발생할 수 있는 현상이다. 이러한 경우, 가장 가까운 매칭의 거리에 대한 두 번째로 가까운 매칭 거리의 비율을 이용한다. 일반적으로 0.8보다 크면 해당 매칭은 제외한다.

[그림] 각도, 크기로 촬영된 두 장의 에펠탑 사진

다음 그림은 위의 예제에서 좌측 에펠탑 사진에서 찾은 특징점 일부 및 두 장의 사진의 특징점 매칭을 보여주고 있다.

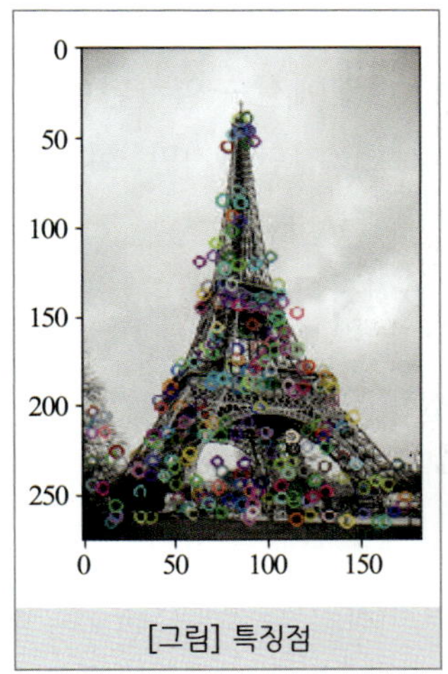

[그림] 특징점

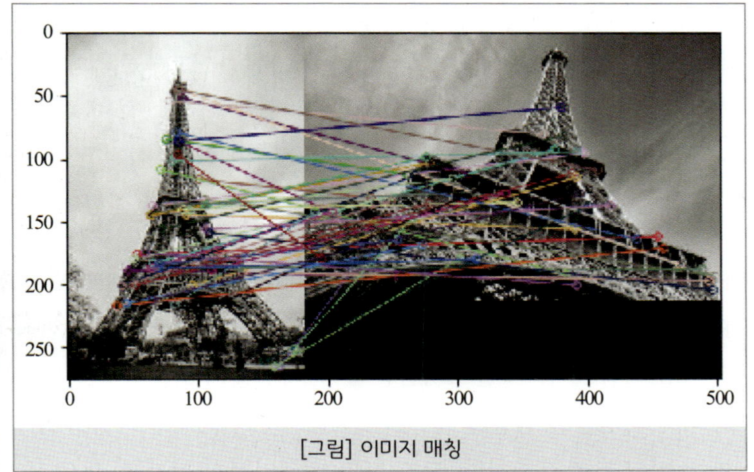

[그림] 이미지 매칭

특징점 추출을 위한 다양한 알고리즘들

앞서 설명한 특징점을 추출하기 위한 SIFT[10] 알고리즘은 캐나다의 데이비드 로우 교수가 2004년에 처음 소개한 기술로서, SIFT가 소개된 지 20여년이 되었음에도 여전히 많이 사용되고 있는 기법이다.

이미지 분석에서 특징점(key-point/feature point)은 이미지의 고유한 정보를 나타내는 중요한 요소로서, 다양한 비전(vision) 응용 프로그램에서 사용된다. 이미지 특징점 검출은 이미지 간의 정합(matching), 인식(recognition), 추적(tracking) 등 여러 컴퓨터 비전(computer vision) 작업에서 필수적인 단계이다. 이미지 간의 유사성을 비교하거나 대상 객체를 추적하는 등의 문제를 해결하기 위해서는, 이미지를 구성하는 각 요소를 세밀하게 분석하고, 이를 수학적 표현으로 변환하는 과정이 필요하다. 이러한 과정에서 특징점을 효과적으로 추출하는 것이 매우 중요하며, 이를 통해 이미지의 여러 정보를 명확히 파악하고, 변화에 강건한(robust) 처리가 가능해진다.

특징점 추출을 위한 알고리즘에는 SIFT뿐만 아니라, SURF, BRISK, ORB, FAST 등 다양한 기법들이 존재하며, 이들은 각각의 특성에 따라 다른 용도로 활용될 수 있다. 다음은 이러한 알고리즘들에 대한 간단한 설명과 특징이다.

- Harris Corner Detection(해리스 코너 검출)

  해리스 코너 검출 알고리즘은 이미지에서 특징점을 찾는 가장 기본적인 방법 중 하나이다. 이 알고리즘의 핵심 아이디어는 이미지 내 여러 방향으로 경계선(엣지, edge)이 교차하는 지점을

10) Lowe, D.G., 2004, Distinctive Image Features from Scale-Invariant Keypoints, Int'l J. of Computer Vision, 60 (2): 91-110.

찾는 것으로써, 이러한 지점이 바로 이미지의 코너(corner), 즉 모서리 부분이다. 특징점으로써 코너는 이미지의 밝기 변화가 뚜렷하게 나타나는 부분으로, 다양한 시점에서도 일관된 결과를 얻을 수 있어 객체 인식에 매우 유용하다. 해리스 코너 검출은 빠르고 간단하지만, 회전이나 크기 변화에 약한 단점이 있어 사용 목적에 따라 적절한 후처리가 필요하다.

- 장단점 : 단순하고 빠른 연산이 가능하지만, 크기나 회전에 대한 불변성이 부족하다.

• **FAST** (Features from Accelerated Segment Test; 가속화된 세그먼트 테스트 특징점)

FAST 알고리즘은 해리스 알고리즘의 단점을 개선하여 특징점을 빠르게 탐지할 수 있도록 만든 알고리즘이다. 이 알고리즘은 주변 픽셀들의 밝기 변화를 검사하여 관심점을 정의하며, 신속하게 특징점을 검출할 수 있다. 특히 실시간(real-time) 응용에 적합한 FAST 알고리즘은 회전에는 비교적 강건하지만, 크기 변화에는 여전히 한계를 가진다.

- 장단점 : 실시간 처리가 가능할 정도로 매우 빠르지만, 크기 불변성은 부족하다.

• **SIFT** (Scale-Invariant Feature Transform; 스케일 불변 특징 변환)

SIFT 알고리즘은 이미지에서 크기나 회전이 변해도 영향을 받지 않는 특징점을 탐지하는 방법이다. 이 알고리즘은 이미지를 작은 지역적(local) 특징 벡터들의 모음으로 변환하며, 이러한 벡터들은 크기나 회전 변화에도 불변성을 유지한다. SIFT 알고리즘은 크게 4단계로 구성된다. 즉, 스케일 공간 극값 탐지(Scale-Space Extrema Detection), 특징점 위치 선정(Keypoint Localization), 방향 할당(Orientation Assignment), 그리고 특징점 서술자 생성(Keypoint Descriptor Generation)으로 구성된다. 이러한 단계들은 이미지의 다양한 변형에도 안정적인 특징점 서술자를 만들어 내기 때문에, 이미지 매칭이나 객체 인식 등에 널리 사용된다.

- 장단점 : 크기와 회전에 불변하며 정확도가 높지만, 계산 시간이 비교적 오래 걸린다.

• **SURF** (Speeded-Up Robust Features; 속도 향상 강건 특징점)

SURF[11] 알고리즘은 SIFT의 구조를 기본으로 하여 속도 향상에 중점을 둔 알고리즘이다. SIFT의 정교한 계산 과정을 단순화하여 처리 속도를 대폭 개선하였기 때문에, 대용량 이미지 처리나 실시간 응용에 매우 적합하다. SURF는 Haar 파형 필터[12](Haar Wavelet Filter)를 사용하여 이미지의 특징을 추출하며, 빠르고 강력한 성능을 제공한다. 그러나 SIFT에 비해 정확도는 다소

---

11) H. Bay, A. Ess, T. Tuytelaars, and L. Van Gool, 2008, Speeded-up robust features (SURF), Computer Vision and Image Understanding, Vol. 110, No. 3, pp. 346-359.

12) Haar 파형 필터 : 이미지의 밝기 변화를 빠르게 계산하는 데 효과적이며, 필터의 단순 구조 덕분에 계산 속도가 매우 빠르다. 이는 SURF 알고리즘이 SIFT에 비해 훨씬 빠르게 동작할 수 있는 이유 중 하나이다. Haar 필터는 특정한 위치에서의 이미지 밝기 변화를 강하게 검출할 수 있도록 고안되어, 이미지 특징점의 방향을 계산하고, 이를 통해 스케일과 회전에 강건한 서술자를 생성하는 중요한 도구로 사용된다.

낮을 수 있다.

- 장단점 : SIFT보다 빠르게 처리되며, 크기와 회전에 강건하지만, 정확도는 다소 떨어질 수 있다.

• BRISK (Binary Robust Invariant Scalable Keypoints; 이진 강건 스케일 불변 특징점)

BRISK 알고리즘은 이미지 내의 특징점 서술(敍述 또는 기술·記述; description)을 제공하며, ORB 알고리즘의 개발에 영감을 주었다. BRISK는 이미지의 특징점을 이진 서술자로 나타내기 때문에, 계산 효율성이 높고 메모리 사용량이 적다. SIFT와 유사한 분포의 특징점을 검출하면서도 효율적인 계산이 가능하여, 자원 제한이 있는 시스템에서도 적합하게 사용될 수 있다.

- 장단점 : 계산 효율성이 뛰어나며 이진 서술자를 사용해 자원 절감이 가능하지만, 정확도는 SIFT보다는 낮을 수 있다.

• ORB (Oriented FAST and Rotated BRIEF; 방향성 FAST와 회전된 BRIEF)

ORB[13] 알고리즘은 SIFT와 SURF의 대안으로 개발된 알고리즘으로, 크기와 회전 변화에 강한 특징점 탐지와 서술을 제공한다. ORB는 FAST 알고리즘의 빠른 특징점 검출 특성과 BRIEF의 이진 서술자 특성을 결합하였다. ORB는 특히 노이즈(noise)와 아핀 변환[14](affine transformations)에 견디는 특징을 가지며, 효율적이면서도 강력한 성능을 자랑한다. 이에 따라 이미지 정합 및 추적에 있어서 좋은 성능을 보여 실시간 비전 응용에서 널리 사용되고 있다.

- 장단점 : SIFT 및 SURF의 대안으로 빠르고 강력한 특징점 검출이 가능하며, 회전과 크기 변형에도 강건하지만, 특정 응용에서는 정밀도가 부족할 수 있다.

• 알고리즘 흐름도

다음은 앞서 설명한 SIFT 알고리즘을 중심으로, SURF, BRISK, ORB 등의 알고리즘 흐름도(flow-chart)를 정리한 것으로서, 각 알고리즘의 처리 순서 및 특징들을 이해하는 데 도움이 될 것이다.

13) E. Rublee, V. Rabaud, K. Konolige, and G. Bradski, 2011, ORB: An efficient alternative to SIFT or SURF, Int'l conf. on Computer Vision, IEEE, pp. 2564-2571, Nov. 2011.

14) Klein, F. (1893). Comparative considerations on recent geometric research. Mathematische Annalen, 43(1), 63-100. 아핀 변환(Affine Transformations)는 컴퓨터 비전 및 이미지 처리 분야에서 널리 사용되는 중요한 기하학적 변환 중 하나이다. 아핀 변환은 두 이미지나 공간 간의 기하학적 관계를 정의하며, 이를 통해 이미지의 모양을 변형시키거나 정합하는 데 사용된다. 이 변환은 선형 변환과 평행 이동을 결합하여 이미지를 크기 변경, 회전, 반사, 평행 이동 및 전단(shear) 등의 기하학적 변형을 수행한다. 아핀 변환은 이미지 정합(matching), 물체 인식(object recognition), 이미지 복원(image restoration) 등에서 이미지의 변형된 상태를 복구하거나 비교하는 데 사용된다. 특히, 물체가 서로 다른 시점에서 촬영되었을 때 해당 물체의 동일성 파악 및 특징점 추적에 사용되기도 한다.

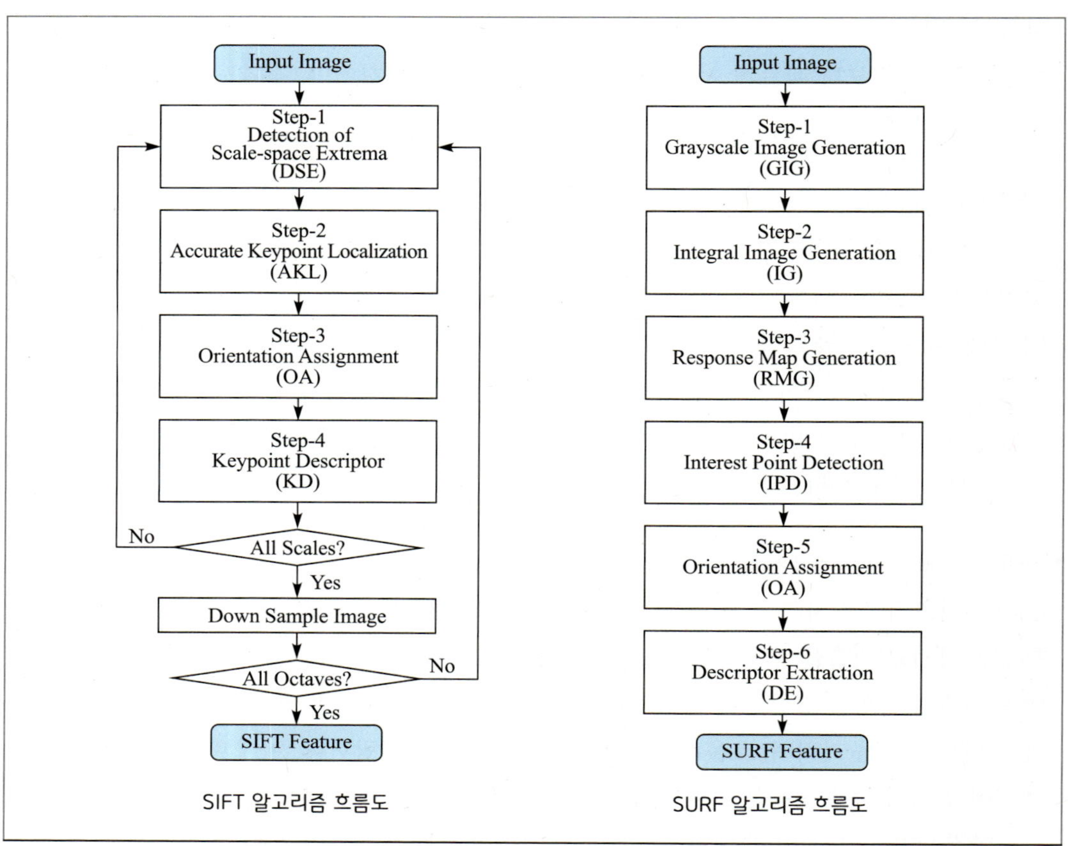

SIFT 알고리즘 흐름도

SURF 알고리즘 흐름도

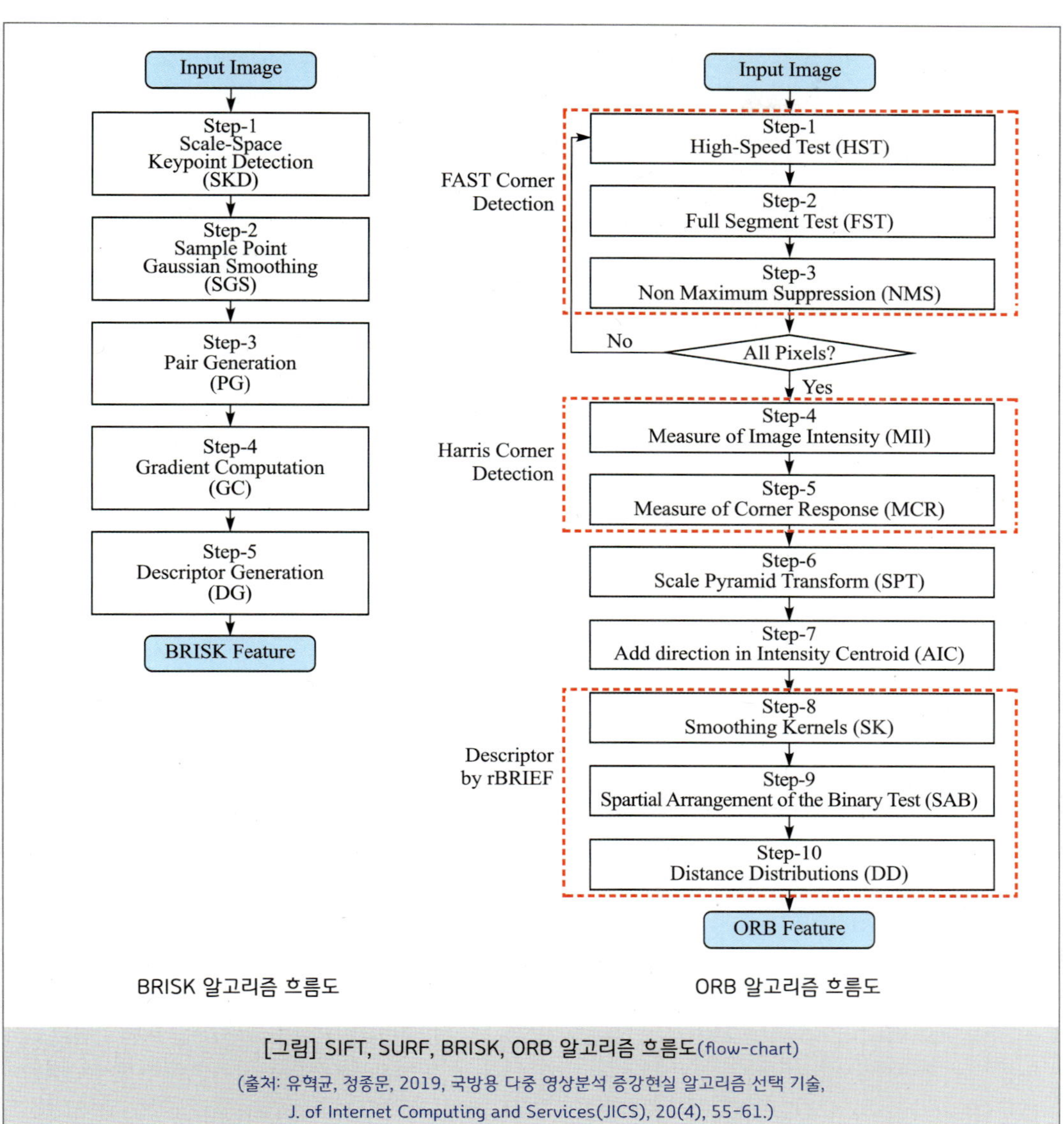

[그림] SIFT, SURF, BRISK, ORB 알고리즘 흐름도(flow-chart)

(출처: 유혁균, 정종문, 2019, 국방용 다중 영상분석 증강현실 알고리즘 선택 기술, J. of Internet Computing and Services(JICS), 20(4), 55-61.)

참고 알고리즘 성능비교

다음의 그림(a)는 각 알고리즘에 따른 특징점 검출(탐지; detection), 특징점 기술(description), 매칭(matching)에 소요되는 시간과 총 시간을 비교한 것이다. 도표를 보면, 영상처리 시 SIFT 알고리즘이 가장 많은 시간이 소요되는 반면, ORB 알고리즘은 가장 빠른 처리속도를 보이는 것으로 나타났다.

그림(b)는 각기 다른 조건에서 이미지가 처리되는 견고성(robust)을 분석한 결과를 나타낸다. SIFT 알고리즘은 다양한 조건에서도 가장 견고하게 영상을 처리할 수 있으며, ORB와 BRISK 알고리즘은 SIFT와 SURF에 비해 상대적으로 낮은 견고성을 보인다.

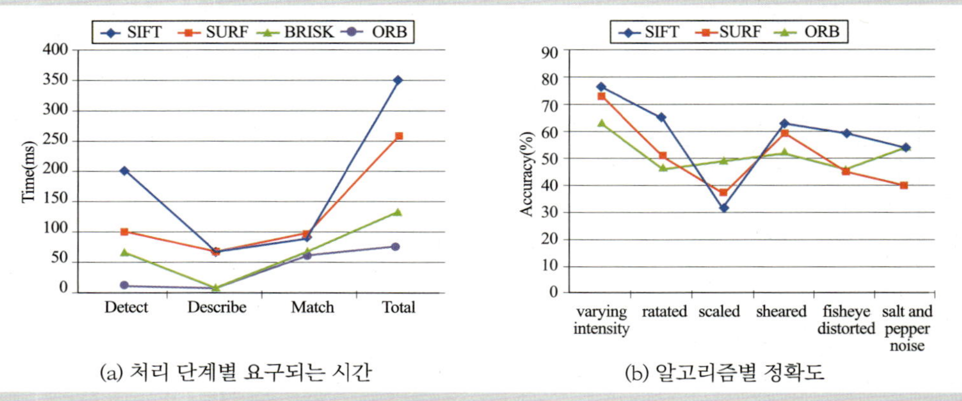

(a) 처리 단계별 요구되는 시간

(b) 알고리즘별 정확도

[그림] 알고리즘에 따른 성능비교[15)]

다양한 상황(환경)에서는 때로는 신속한 영상처리가 요구될 수 있고, 때로는 높은 정확도의 영상처리가 필요할 수 있다. 견고성은 다소 떨어지지만 실시간으로 영상을 빠르게 처리해야 하는 경우(예: 표적 획득)에는 ORB 알고리즘이 적합하며, 충분한 시간이 주어진 상황에서 정확한 영상획득 및 처리가 필요한 경우에는 SIFT 알고리즘이 적절한 것으로 평가된다.

참고 SIFT 알고리즘 요약

- SIFT(Scale-Invariant Feature Transform; 스케일 불변 특징 변환)는 이미지 매칭(image matching)을 위한 강력한 기법으로, 이미지에서 스케일(크기·scale), 회전(rotation), 그리고 아핀 왜곡(affine distortion) 등에 대해 불변적인 특징점(features)을 식별하고 매칭한다. 이 기법은 이미지 매칭, 객체 인식(object recognition), 3D 재구성(3D reconstruction) 등 컴퓨터 비전(computer vision) 응용 분야에서 널리 사용되고 있다.
- SIFT 기법은 서로 다른 스케일을 가진 이미지의 '스케일 공간'(scale space)을 생성한 후, 가우시안 차분(Difference of Gaussian, DoG) 방법을 사용하여 특징점(keypoints)을 식별한다. 또한 각 특징점에 대해 특징 기술자(記述子; 敍述子, descriptors)를 계산하여, 이를 특징 매칭(feature matching)과 객체 인식에 활용할 수 있다.
- 이러한 특징 기술자(descriptors)들은 이미지를 효과적으로 설명할 수 있는 벡터(vector)로서, 서로 다른 이미지 간에 공통된 특징점을 찾아냄으로써 이미지 간 매칭 성능을 높이는 데 기여한다.
- SIFT는 다양한 변형 조건에서도 강인한 성능을 발휘하기 때문에, 정확한 이미지 분석(image analysis)과 인식이 요구되는 여러 컴퓨터 비전 과제에서 중요한 도구로 사용되고 있다.

15) 출처: 유혁균, 정종문, 2019, 국방용 다중 영상분석 증강현실 알고리즘 선택 기술, J. of Internet Computing and Services(JICS), 20(4), 55-61.

3. 드론 사진측량을 위한 해상도

3-1 지상표본거리(GSD)

「드론지적측량규정」 제2조 제10호[16]에서는 지상표본거리(GSD, Ground Sample Distance)를 각 화소(Pixel)가 표현하는 X, Y 지상거리로 정의하고 있다. 즉, GSD란 디지털 사진의 개별 화소가 실제 지상에서 나타내는 거리(X, Y)를 의미하며, 이는 측량의 정밀도를 결정짓는 중요한 요소로 작용한다.

드론을 이용한 항공 촬영에서 GSD는 한 픽셀이 나타내는 실제 지상의 크기를 의미한다. 예를 들어, 다음의 그림과 같이 Phantom 4 RTK 드론을 활용하여 고도 30m에서 지상기준점(GCP, Ground Control Point)을 촬영한 이미지를 분석했을 때, 확대된 이미지에서 한 픽셀이 실제 지상에서 약 0.82cm 크기의 정사각형을 나타낸다면, 이 값이 바로 해당 촬영에서의 GSD가 된다.

[그림] 지상표본거리(GSD)

(출처 : Wawrzyn, D., What is Ground Sample Distance and How Does it Affect Your Drone Data?, Propeller Aero, https://www.propelleraero.com/blog/ground-sample-distance-gsd-calculate-drone-data/)

16) "지상표본거리(GSD, Ground Sample Distance)"라 함은 각 화소(Pixel)가 나타내는 X, Y 지상거리를 말한다.

GSD가 측량 정확도에 미치는 영향

GSD의 크기에 따라 이미지의 해상도가 결정되며, 이는 측량 데이터의 정밀도에 직접적인 영향을 미친다. GSD 값이 작을수록(즉, 픽셀 크기가 작을수록) 보다 높은 해상도를 확보할 수 있어 정밀한 세부 정보까지 식별이 가능하다. 반대로 GSD 값이 클수록(즉, 픽셀 크기가 클수록) 이미지 해상도가 낮아지고 세부 표현력이 감소하게 된다. 따라서 GSD는 드론을 활용한 측량, 지형 매핑, 구조물 점검 등 다양한 분야에서 데이터의 품질과 정확도를 결정짓는 핵심적인 요소이다.

드론을 활용한 측량에서 GSD는 다음과 같은 주요 측면에서 영향을 미친다.

1. **해상도 및 정확도 향상**
   GSD 값이 낮을수록 픽셀이 담당하는 지상의 영역이 좁아지므로 보다 높은 해상도의 영상을 확보할 수 있다. 예를 들어, GSD가 1cm 이하로 유지되면 건물 외벽의 미세한 균열이나 지붕 타일의 상태까지도 선명하게 식별할 수 있다.

2. **촬영 비행고도와 GSD 관계**
   드론의 촬영 비행고도가 증가할수록 동일한 카메라를 사용하더라도 GSD 값이 증가한다. 이는 드론이 높은 고도에서 넓은 범위를 촬영하면서 개별 픽셀이 담당하는 지상의 크기가 커지기 때문이다. 따라서 고도가 높을수록 해상도가 저하되고 측량의 정밀도가 낮아질 수 있으므로, 촬영 목적에 맞춰 적절한 촬영 비행고도를 설정하는 것이 중요하다.

3. **지형 변화에 따른 GSD 영향**
   측량 지역의 지형이 평탄할 경우 일정한 GSD 값을 어느정도 유지할 수 있다. 그러나 산악 지대나 지형 변화가 심한 지역에서는 드론의 고도 변화에 따라 GSD가 달라질 수 있으며, 이로 인해 측량 정확도에 차이가 발생할 수 있다. 따라서 이러한 지역에서 정확한 측량을 수행하기 위해서는 지형에 따라 적절한 촬영 비행고도를 조정하는 것이 필수적이다.

GSD 계산 방법

GSD(Ground Sampling Distance, 지상 표본 거리)는 카메라 센서의 크기, 이미지 해상도, 초점 거리, 촬영 비행고도 등의 다양한 요소에 의해 결정된다. 무인항공기를 이용한 촬영에서 얻어진 사진의 해상도는 카메라의 이미지 센서가 처리하는 개별 화소(Pixel)가 실제 지면에서 차지하는 크기로 정의되며, 이는 비행고도(H)와 센서의 초점 거리(f)의 비율을 이용하여 계산할 수 있다.

즉, 공간 해상도(GSD)는 다음의 그림과 같이 촬영 비행고도(H), 카메라 센서의 초점 거리(Focal Length, f), 픽셀 크기(Pixel Size, PS), 그리고 시야각(Field of View, FOV) 등의 기하학적 관계에 따라 정해지는 비례식을 통해 산출된다. 이러한 관계를 통해 특정 비행 조건에서 개별 픽셀이 실제 지상에서 나타내는 거리 값을 구할 수 있다.

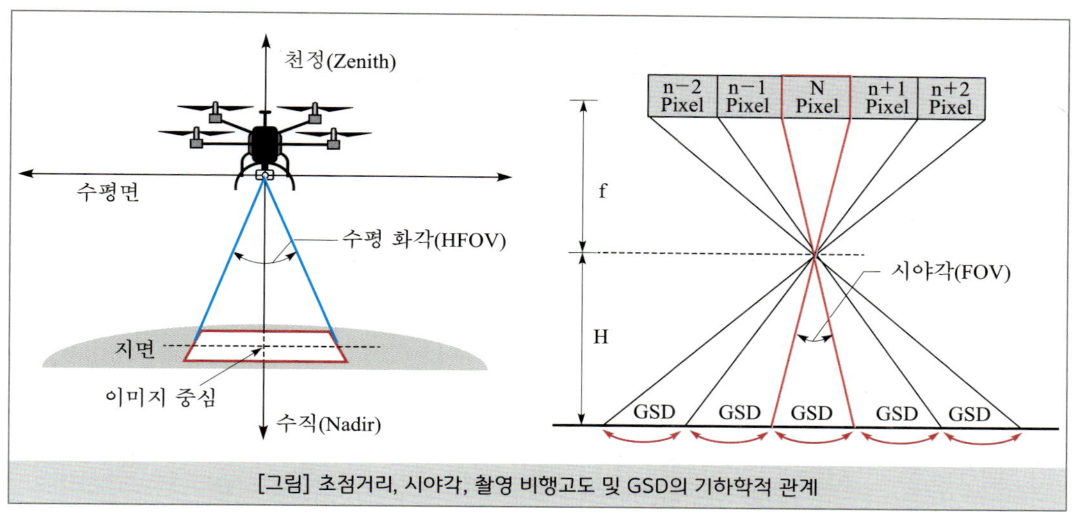

[그림] 초점거리, 시야각, 촬영 비행고도 및 GSD의 기하학적 관계

$$H\,(\text{촬영 비행고도}) : f\,(\text{초점거리}) = GSD : pixel\ size$$

$$GSD = \frac{H\,(\text{촬영 비행고도}) \times pixel\ size}{f\,(\text{초점거리})}$$

여기서, PS(Pixel Size)는 카메라 센서의 개별 화소 크기를 의미한다. 일반적으로 센서나 이미지의 크기는 일반적으로 직사각형 형태를 이루고 있으므로, 보다 구체적으로는 다음과 같이 수평(가로)과 수직(세로)으로 구분하여 계산할 수 있으며, 이에 따른 GSD의 단위는 [cm/px]로 표현된다.

$$GSD_h = \frac{\text{촬영 비행고도}(H)[\text{cm}] \times \text{센서 가로길이}[\text{cm}]}{\text{초점거리}(f)[\text{cm}] \times \text{이미지 가로길이}[\text{px}]}$$

$$GSD_w = \frac{\text{촬영 비행고도}(H)[\text{cm}] \times \text{센서 넓이}[\text{cm}]}{\text{초점거리}(f)[\text{cm}] \times \text{이미지 가로길이}[\text{px}]}$$

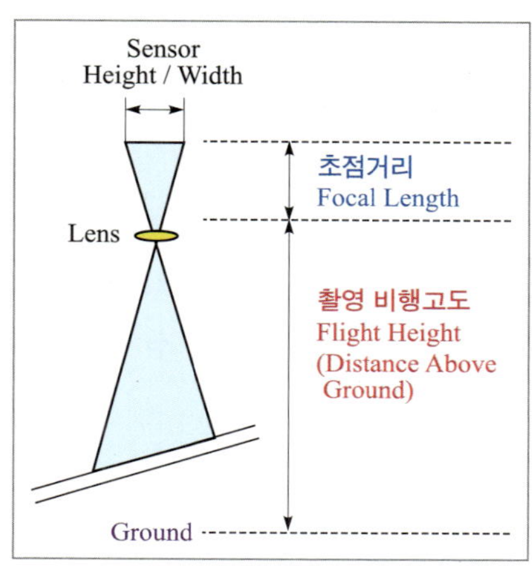

참고 GSD 계산 예제

다음과 같은 카메라 및 비행 정보를 가정해 보자.

1. 이미지 해상도 • 너비: 5,472px • 높이: 3,078px
2. 센서 크기 • 너비: 13.2mm(=1.32cm) • 높이: 8mm(=0.8cm)
3. 카메라 초점 거리(f) : 8.8mm(=0.88cm)
4. 촬영 비행고도(H) : 80m(=8,000cm)

$$GSD_h = \frac{8000 \times 0.8}{0.88 \times 3078} = 2.19$$

$$GSD_w = \frac{8000 \times 1.32}{0.88 \times 5472} = 2.36$$

지상표본거리(GSD)는 최대값을 기준으로 하므로, GSD=2.36cm이다. 즉, 이 드론의 카메라로 촬영된 이미지의 한 픽셀은 실제 지상에서 약 2.36cm를 나타낸다.

참고 DJI Zenmuse P1 카메라 센서 및 이미지 제원

- 제품명 : ZENMUSE P1
- 카메라 크기 : 198x166x129 mm
- 카메라 무게 : 800g
- 초점 거리 : f/2.8-f/16
- 센서 크기 : 35.9x24.0 mm (full frame)
- 유효 화소수 : 45 MP
- 화소 크기 : 4.4 um
- 이미지 크기 : 8,192×5,460(≈45 MP)

GSD를 활용한 드론 촬영비행 계획

GSD를 최적화하기 위해서는 드론의 촬영비행 계획을 체계적으로 수립해야 한다. 이를 위해 고려해야 할 사항은 다음과 같다.

1. 촬영 비행고도의 결정

원하는 GSD 값을 충족하기 위해 적절한 촬영 비행고도를 설정해야 한다. 예를 들어, 1cm GSD를 유지하려면 드론의 촬영 비행고도를 낮춰야 한다. 5cm GSD가 허용되는 경우, 보다 높은 고도에서 촬영할 수 있다. 정밀한 측량이 필요한 경우, 가능한 낮은 GSD 값을 유지하는 것이 필수적이다.

2. 카메라 매개변수의 최적화

드론에 장착된 카메라의 센서 크기, 초점 거리, 해상도를 고려하여 최적의 촬영 조건을 설정해야 한다. 예를 들어, 고해상도 센서를 사용하면 동일한 GSD에서도 보다 선명한 이미지를 획득할 수 있으며, 초점 거리가 긴 렌즈를 사용하면 보다 낮은 GSD를 유지할 수 있다.

3. 측량 정확도 조정

정밀한 측량을 위해서는 낮은 GSD를 유지하는 것이 중요하며, 이를 위해 드론의 촬영비행 경로를 설계할 때 촬영 간격을 촘촘하게 설정하고, 중첩(overlap) 비율을 최적화해야 한다. 일반적으로 지형 기복이 크거나 고층 건물이 존재하는 지역에서는 촬영 진행방향(종중복, Forward Overlap) 85% 이상, 인접 촬영 경로(횡중복, Side Overlap) 80% 이상의 중첩 비율을 적용하는 것이 바람직하다.

참고 무인비행장치항공사진 촬영계획(「무인비행장치 측량 작업규정」 제13조)

제13조(촬영계획)

① 촬영계획은 요구 정밀도, 사용 장비, 지형 형상, 기상여건 등을 고려하여 수립한다.

② 중복도는 촬영 진행방향(종방향)으로 65% 이상, 인접코스(횡방향) 간에는 60% 이상으로 하며, 지형의 기복이 크거나 고층 건물이 존재하는 경우에는 촬영 진행방향으로 85% 이상, 인접 코스간에는 80% 이상으로 촬영하여야 한다.

구분	평탄한 저지대 지역	매칭점이 부족하거나 높이차가 있는 지역	높이차가 크거나, 고층 건물이 있는 지역
촬영 방향 중복도(종중복도)	65% 이상	75% 이상	85% 이상
인접 코스 중복도(횡중복도)	60% 이상	70% 이상	80% 이상

③ 무인비행장치항공사진의 지상표본거리(GSD)는 측량시행자와 협의하여 결정하되, 「항공사진측량 작업규정」의 축척별 지상표본거리 이내 이어야 한다.

④ 촬영대상면적, 촬영고도, 중복도, 비행코스 및 카메라의 기본정보를 무인비행장치 전용 촬영계획 프로그램에 입력하여 이론적인 지상표본거리, 촬영 소요시간, 사진 매수 등의 정보를 확인한다.

4. 지형 변화를 고려한 비행 계획 수립

측량 지역이 평탄할 경우 GSD를 일정하게 유지할 수 있지만, 산악 지형이나 도심 지역과 같이 지형 변화가 큰 환경에서는 드론이 자동 고도 조절 기능을 활용하도록 설정하여 GSD 변화를 최소화해야 한다. 이를 통해 측량 정확도를 높이고, 데이터의 일관성을 유지할 수 있다.

3-2 시각적 해상도와 선명도

영상의 시각적 해상도 검정은 「항공사진측량 작업 및 성과에 관한 규정」 제14조 제2항[17]에서 규정하고 있는 바와 같이, 공간 해상도 검정을 위해 항공사진에 촬영된 분석 도형의 시각적 해상도(l) 및 영상의 선명도(c)를 검토하는 절차를 의미한다. 일반적으로 공간 해상도를 분석하기 위한 도형으로는 지멘스 스타(Siemens Star) 도형이 활용된다.

지멘스 스타 도형은 중심을 기준으로 32개의 흑백 선을 부채꼴 형태로 배열한 구조를 가지며, 일반적으로 외부 직경이 2m인 원형 도형으로 제작된다. 이러한 도형을 이용하여 촬영된 영상의 해상도를 평가함으로써, 촬영 시스템의 공간 해상도를 정량적으로 검정할 수 있다.

[그림] 공간해상도 분석 도형
(지멘스 스타, Simens Star)

[표] 공간해상도 분석 도형 설치기준

GSD 크기	직경	내부 흑백선쌍 갯수
GSD > 10cm (해상도 낮음)	4m	16개
GSD ≤ 10cm (해상도 높음)	2m	16개

시각적 해상도(Ground Resolved Distance; GRD)

시각적 해상도(GRD, l)은 지멘스 스타(Siemens Star) 또는 스포크 타겟(Spoke Target) 도형이 촬영된 영상에서 도출되며, 다음과 같은 요소를 이용하여 계산된다.

- 지멘스 스타 도형의 전체 직경(D)
- 중심부에서 흐릿해지는 경계 부분까지의 직경(d)
- 흑백선의 개수(n)

17) 「항공사진측량 작업 및 성과에 관한 규정」 제14조(검정)

① 검정은 검정장을 이용하여 카메라의 공간해상도와 방사해상도, 위치정확도의 평가 및 이상 유무를 검사하는 것을 말한다.

② 공간해상도 검정은 항공사진에 촬영된 분석도형의 시각적 해상도(l)와 영상의 선명도(c)를 검정하는 것을 말하며, 영상의 선명도가 1.1 이하이어야 한다.

$$\text{시각적 해상도,}\quad l = \frac{\pi \times \text{직경비}\left(\frac{\text{내부직경}(d)}{\text{외부직경}(D)}\right)}{\text{흑백선 수}(n)} \times \text{실제외부직경}$$

$$\text{영상의 선명도,}\quad c = \frac{\text{시각적해상도}(l)}{\text{지상표본거리}(GSD)}$$

이를 바탕으로, GRD는 다음의 수식을 통해 계산된다. 즉,

$$GRD(l) = f(D, d, N) = \frac{\pi \times \text{직경비}(\frac{\text{내부직경}(d)}{\text{외부직경}(D)})}{\text{흑백선 수}(n)} \times \text{실제외부직경}$$

위의 식에서 볼 수 있듯이, GRD 값은 중심부에서 흐릿해지는 원 내부의 직경(d)에 비례하며, 지멘스 스타 도형의 흑백선 개수(n)에 반비례함을 알 수 있다. 따라서, GRD 값이 작을수록 더 높은 해상도를 의미하며, 이는 더욱 정밀한 세부 정보를 확보할 수 있음을 뜻한다.

영상의 선명도(Sharpness, c)

영상의 선명도(c)는 「항공사진측량 작업 및 성과에 관한 규정」 제14조 제2항에서 정의하는 바와 같이 다음과 같이 계산된다.

$$c = f(GRD, GSD) = \frac{\text{시각적 해상도}(l)}{\text{지상표본거리}(GSD)} = \frac{GRD}{GSD}$$

즉, 영상의 선명도는 시각적 해상도(GRD, l)와 지상표본거리(GSD)의 비(比, ration)로 정의되며, 해당 지표는 촬영된 영상에서 식별 가능한 최소 개체의 픽셀 크기로 해석할 수 있다. 다시 말해, 선명도 값이 높을수록 영상 내의 개체들이 보다 명확하게 구별될 수 있으며, 이는 측량 및 분석의 정밀도를 높이는 중요한 요소로 작용한다. 영상의 선명도는 1.1 이하가 되어야 한다.

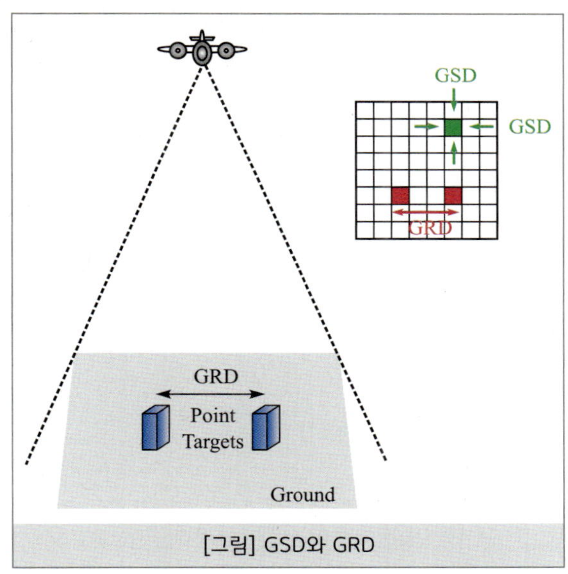

[그림] GSD와 GRD

참고 지상표본거리(GSD), 시각적 해상도(GRD), 영상의 선명도(Sharpness)

- GSD(지상표본거리)가 작을수록 정밀한 측량이 가능하다.
- GRD(시각적 해상도)가 작을수록 작은 물체까지 구별할 수 있다.
- Sharpness(선명도)가 높을수록 영상이 더욱 선명하다.

참고 공간해상도 분석방법

• 실제 외부 직경

- 공간해상도 검증을 위해서 검정장에 설치된 시각적 해상도 분석 도형의 실제 직경을 미터(m) 단위로 기록한다.
- 예시 : 2m 또는 4m

• (평균) 직경비(내부 직경(d)/외부 직경(D))

- 영상의 공간해상도 분석을 위하여 촬영한 시각적 해상도 분석 도형의 내부 직경과 외부 직경의 비를 소수 3자리까지 기록한다. 다음 그림에서 외부 직경은 D로 나타낼 수 있고 내부 직경은 d로 나타낼 수 있다.
- 시각적 해상도 분석을 위해 검정장에 설치한 분석 도형의 개수가 여러 개일 경우 직경비의 평균값을 표시한다.
- 예시 : 시각적 해상도 분석 도형을 촬영한 영상을 이용하여 외부직경(D)과 내부직경(d)을 관측하여 각각 29.62와 13.32가 나왔을 경우 직경비는 0.450이 된다.

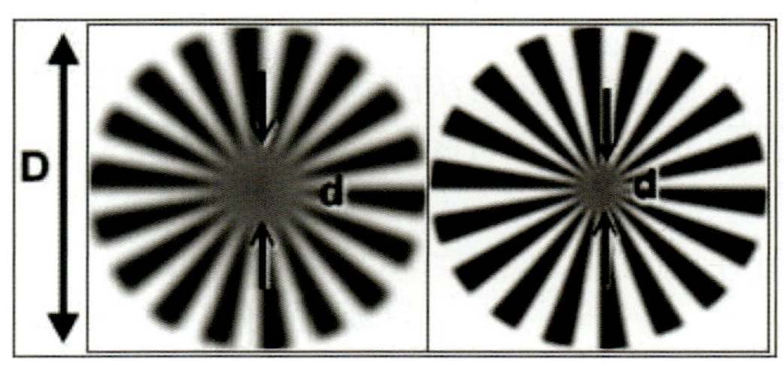

[그림] 외부직경(D)과 내부직경(d) 관측방법

[그림] 관측예시

• 흑백선 수

- 검정장에 설치된 분석 도형의 흑백선의 개수를 숫자로 표시한다.

• 시각적 지상해상도

- 영상의 시각적 지상해상도(l) 분석을 위하여 다음의 식을 적용하여 결과를 산출하고 단위는 cm 단위로 표기하며 소수 1자리까지 표시한다.

$$l = \frac{\pi \times \text{직경비}\left(\frac{\text{내부직경}(d)}{\text{외부직경}(D)}\right)}{\text{흑백선 수}(n)} \times \text{실제외부직경}$$

- 검정장에 설치한 분석 도형의 개수가 여러 개일 경우 평균직경비를 이용하여 평균 시각적 지상해상도를 산출한다.
- 예시 : 직경비가 0.450이고 흑백선의 개수가 32이며 실제외부직경이 2m일 경우 시각적 해상도(l)는 8.8cm이다.

$$l = \frac{\pi \times 0.450}{32} \times 2\text{m} = 8.8\text{cm}$$

- 영상의 선명도
  - 영상의 선명도는 시각적 해상도(l)/지상표본거리(GSD)의 비로 나타내고, 단위는 cm 단위로 표기하며 소수 2자리까지 표시한다.
  - 영상의 선명도는 1.1 이하가 되어야 한다.
  - 예시 : 시각적 해상도(l)가 8.8cm이고 GSD가 10cm 일 경우, 영상의 선명도는 0.88이다.

(출처 : 「항공사진측량 작업 및 성과에 관한 규정」제12조 [별지 제1호서식] 항공사진측량용 카메라 검정 검사표)

참고 실습용 드론 이미지 데이터

드론 사진측량 자료 처리를 위한 실습용 드론 촬영은 충청북도 청주시 흥덕구 오송읍에 위치한 오송국민체육센터 및 그 주변 지역에서 진행되었다. 실습을 위한 드론 촬영은 비행고도를 80m로 설정하여 수행되었으며, 총 108장의 이미지가 획득되었다.
영상의 해상도를 측정하기 위해 지멘스타(Siemens Star)를 설치하였으며, 이를 활용하여 지상표본거리(Ground Sample Distance, GSD), 시각적 해상도(Geometric Resolution Distance, GRD), 영상의 선명도(Sharpness)와 관련된 분석이 이루어졌다. 보다 구체적인 분석 내용은, 이 책의 제4장 6절, "드론 사진측량 실습자료 현장"에서 상세히 다루고 있으므로 참고하기 바란다.

3-3 드론 매핑을 위한 최적의 셔터 속도 설정

드론을 활용한 매핑(Drone Mapping) 작업에서 선명하고 정밀한 이미지를 확보하는 것은 데이터의 품질을 결정짓는 핵심적인 요소 중 하나이다. 그러나 촬영된 이미지에서 움직임에 기인한 블러(Motion Blur)가 발생하는 경우가 있으며, 이는 단순히 셔터 속도를 증가시키는 것만으로도 비교적 쉽게 해결할 수 있는 문제이다. 따라서, 여기서는 드론 매핑을 수행할 때 적절한 셔터 속도를 설정하는 방법과 이와 관련하여 반드시 고려해야 할 주요 요소들에 대해 살펴보고자 한다.

노출 삼각형(Exposure Triangle)과 셔터 속도

사진에서 적정한 노출(EXP, Exposure)을 맞추기 위해서는, 카메라의 세 가지 핵심 설정을 정교하게 조정해야 한다.

- 셔터 속도(Shutter Speed) : 카메라 센서가 빛에 노출되는 시간을 결정하는 요소로서, 셔터 속도가 느려질수록 이미지가 흔들리거나 흐려질 가능성이 커진다. 반면, 셔터 속도가 빠르면 움직임을 정지된 상태로 포착할 수 있어 더욱 선명한 이미지를 얻을 수 있다.

- 조리개(Aperture) : 렌즈의 개방 크기를 조절함으로써, 들어오는 빛의 양을 조정하는 역할을 하며, 동시에 피사계 심도(Depth of Field, DoF)에도 영향을 미친다. 피사계 심도란 촬영된 이미지에서 초점이 맞는 범위를 의미하는데, 조리개를 조이면(조리개 값이 높아지면) 피사계 심도가 깊어

지고, 조리개를 개방하면(조리개 값이 낮아지면) 피사계 심도가 얕아져 특정 피사체에 초점을 맞출 수 있다.

- ISO[18] 감도(ISO Sensitivity) : 카메라 센서의 빛 감도를 조절하는 요소로, 이를 조정함으로써 이미지의 밝기를 높이거나 낮출 수 있다. 일반적으로 조리개와 셔터 속도의 조합만으로 원하는 밝기를 확보하기 어려운 경우, 특히 저조도(Low-light) 환경에서는 ISO 값을 높여 이미지의 노출을 보정할 수 있다. 그러나 ISO 값을 과도하게 높이면 이미지에 그레인[19](Grain) 또는 노이즈(Noise)가 증가하여 품질이 저하될 수 있으므로, 가급적 낮은 값을 유지하는 것이 바람직하다.

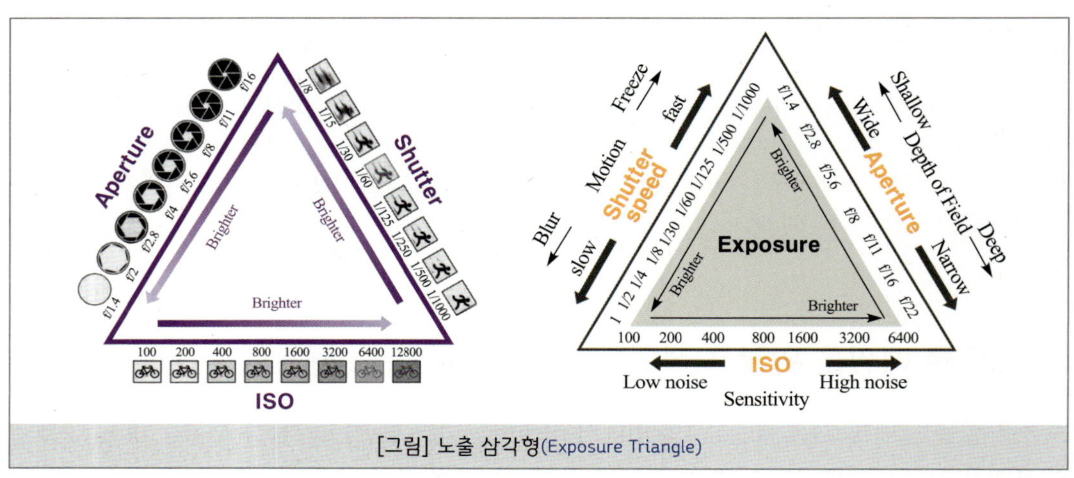

[그림] 노출 삼각형(Exposure Triangle)

이 요소들은 각각 부가적인 효과를 지니고 있다. 예를 들어, 조리개(Aperture)를 넓게 개방하면 초점이 맞는 범위, 즉 피사계 심도(Depth of Field)가 좁아지게 되고, 반대로 조리개를 조이면 초점이 맞는 범위가 깊어지면서 보다 넓은 영역이 선명하게 촬영된다.

ISO 값을 높이면 빛을 감지하는 카메라 센서의 감도가 증가하여 어두운 환경에서도 촬영이 가능하지만, 그에 따라 노이즈(Noise)가 증가하여 이미지 품질이 저하될 가능성이 높아진다. 또한, 셔터 속도(Shutter Speed)가 빠르면 피사체의 움직임을 정지된 상태로 선명하게 담을 수 있지만, 반대로 셔터 속도가 느려지면 피사체가 움직이는 동안 빛이 지속적으로 센서에 기록되면서 블

18) ISO : International Organization for Standardization(국제표준화기구)의 약어이지만, 사진에서 사용되는 ISO는 원래 필름 감도를 표준화한 값에서 유래한 개념이다.

19) 그레인(Grain) : 필름 사진에서 나타나는 미세한 입자감(노이즈)으로서, 필름의 감광 물질인 은염(Silver Halide, 銀鹽; 빛에 반응하여 이미지를 형성하는 감광 물질) 입자가 보이는 현상을 의미한다. ISO 감도가 높은 필름을 사용할수록 그레인이 더 뚜렷하게 나타납니다.
디지털 사진에서는 디지털 노이즈(Digital Noise)라는 개념이 이에 해당하며, 센서의 감도를 높이기 위해 ISO 값을 올릴 때 나타나는 불규칙한 점이나 색상의 왜곡을 포함한다. 디지털 노이즈는 특히 저조도 환경에서 ISO를 높일 때 더욱 뚜렷하게 나타나며, 이미지의 부드러움을 감소시키고 세부 묘사를 해칠 수 있다.

러(Blur) 효과가 발생할 수 있다. 일반적인 사진 촬영에서는 이러한 요소들을 조합하여 다양한 예술적 효과를 연출하는 데 활용되지만, 드론 매핑(Drone Mapping) 데이터 수집에서는 가장 선명하고 정확한 결과를 확보하는 것이 핵심이므로, 셔터 속도를 최적화하는 것이 무엇보다 중요하다.

[그림] 조리개 조절에 의한 심도 변화

[그림] 셔터 속도(Shutter Speed)에 움직임 포착 조절

(좌) 셔터 속도가 빠르면 움직임을 정지된 상태로 담을 수 있고, (우) 느리면 블러(Blur) 효과가 나타난다.

매핑을 위한 최적의 셔터 속도

드론을 활용한 매핑에서 선명한 이미지를 얻기 위해서는 셔터 속도를 최대한 높게 설정하되, ISO 값이 과도하게 증가하여 노이즈가 발생하지 않도록 균형을 맞추는 것이 이상적이다. 다행히, 대부분의 카메라는 "셔터 우선 모드(Shutter Priority)" 기능을 제공하는데, 이를 활용하면 사용자가 특정 셔터 속도를 고정하고, 카메라가 자동으로 조리개(Aperture)와 ISO 값을 조정하여 적절한 노출을 유지할 수 있도록 설정할 수 있다.

드론 모델에 따라 적정한 셔터 속도는 다소 차이가 있지만, DJI 매빅 3 엔터프라이즈(Mavic 3 Enterprise, M3E)의 경우 최소 1/1,000초(1,000) 이상의 셔터 속도를 유지하는 것이 바람직하다. 특별한 환경적 제약이 없는 한, 1/800초 이하의 셔터 속도 설정은 피하는 것이 좋다. M3E는 기계식 셔터(Mechanical Shutter)를 채택하고 있어 블러 현상을 줄이는 데 유리하지만, 일부 전자식 셔터(Electronic Shutter)를 사용하는 드론의 경우, 보다 빠른 셔터 속도를 설정해야 선명한 이미지를 확보할 수 있다.

DJI Pilot 2에서 셔터 속도 설정하는 방법

DJI 드론을 이용하여 매핑 작업을 수행하는 경우, DJI Pilot 2 애플리케이션을 통해 다음과 같은 방식으로 셔터 속도를 설정할 수 있다.

1. 매핑 작업을 시작할 때, 대부분의 사용자가 빠르게 넘기는 두 번째 설정 화면에서 카메라 모드(Camera Mode) 항목을 확인한다.
2. 카메라 모드를 S(Shutter Priority Mode, 셔터 우선 모드)로 변경한다.
3. 원하는 셔터 속도를 선택하면, 카메라가 자동으로 나머지 설정(조리개 및 ISO)을 조정하여 적절한 노출을 맞춘다.

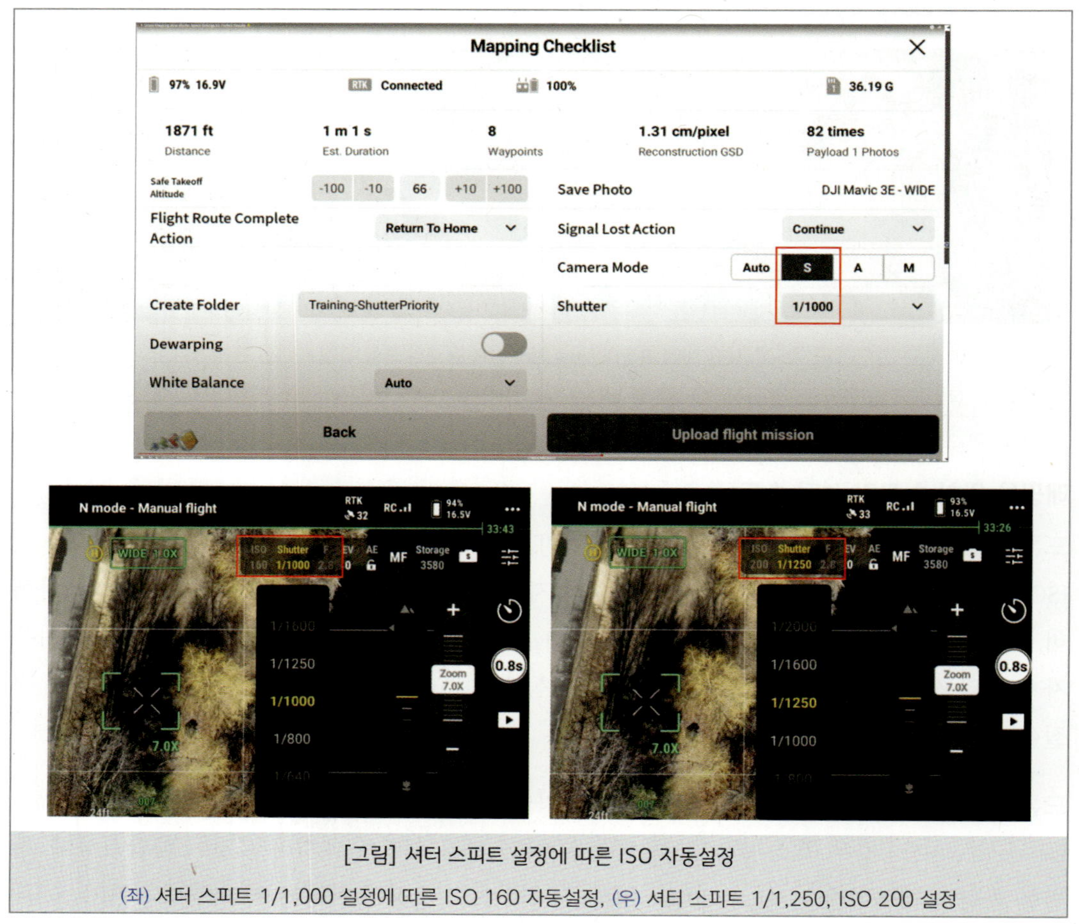

[그림] 셔터 스피트 설정에 따른 ISO 자동설정

(좌) 셔터 스피트 1/1,000 설정에 따른 ISO 160 자동설정, (우) 셔터 스피트 1/1,250, ISO 200 설정

비행 중에는 노출 설정이 회색으로 비활성화되므로, 만약 셔터 속도를 변경해야 한다면 미션을 일시 정지(Pause)한 후, 설정을 조정해야 한다. 조정이 끝난 뒤, 다시 미션을 재개하면 된다.

셔터 속도 테스트 결과

다양한 셔터 속도에서 촬영한 결과를 비교한 결과, 다음의 그림과 같이 1/1,000초(1,000) 및 1/1,250초(1,250)에서는 매우 선명한 이미지 확보가 가능했다. 반면, 1/50초(50)로 촬영된 이미지에서는 심각한 모션 블러(Motion Blur)가 발생한 것이 확인되었다.

만약 불가피하게 1/50초와 같이 낮은 셔터 속도를 설정해야 하는 상황이라면, 드론을 비행 중에 촬영하지 않고 반드시 정지한 상태에서 촬영해야 한다. 즉, 드론이 이동하는 동안 촬영하면 블러가 심하게 나타나므로, 정확한 이미지 수집을 위해서는 비행을 멈춘 후 촬영하는 것이 바람직하다.

기타 이미지 품질에 영향을 미치는 요소

셔터 속도뿐만 아니라, 드론 매핑을 수행할 때 이미지 품질에 영향을 미치는 다양한 요소들이 존재한다. 이를 철저히 고려하여 조정하면 보다 선명하고 정밀한 데이터를 확보할 수 있다.

- 촬영 비행고도 : 드론의 촬영 비행고도(Flight Altitude)가 높아지면, 카메라가 보다 넓은 영역을 한 번에 촬영하게 된다. 이러한 경우, 개별 픽셀의 움직임이 상대적으로 줄어들어 결과적으로 블러(Blur) 발생 가능성이 감소할 수 있다. 즉, 피사체(지면)와의 거리가 멀어질수록 상대적으로 블러가 덜 발생하는 경향이 있다. 따라서, 상황에 따라 적절한 비행고도를 설정하는 것이 중요하다.

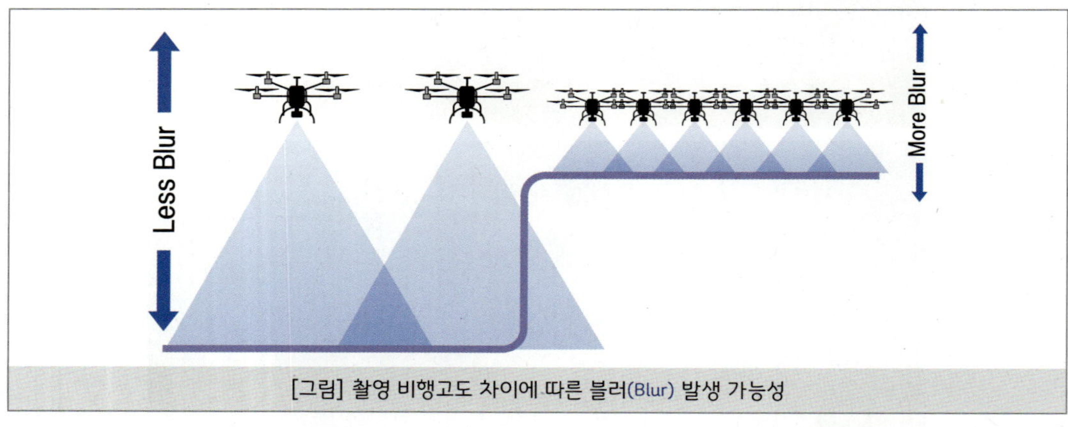

[그림] 촬영 비행고도 차이에 따른 블러(Blur) 발생 가능성

- 촬영 비행속도 : 드론의 촬영 비행속도(Flight Speed)가 빠르면 상대적으로 블러가 발생할 확률이 높아진다. 특히 저고도에서 빠르게 이동하면서 촬영할 경우, 피사체가 카메라 센서를 지나가는 속도가 증가하여 모션 블러(Motion Blur)가 더욱 두드러질 수 있다. 이러한 문제를 방지하기 위해서는 필요에 따라 촬영 비행속도를 줄이고, 일정한 속도를 유지하면서 촬영하는 것이 바람직하다.
- ND 필터 : ND[20](Neutral Density) 필터는 카메라 렌즈로 유입되는 빛의 양을 감소시키는 역할을

---

20) ND 필터(Neutral Density Filter) : 카메라로 들어오는 빛의 양을 줄이는 역할을 하는 필터로서, 주로 밝은 환경에서 셔터 속도를 느리게 조정하여 자연스러운 모션 블러(Motion Blur) 효과를 얻는 데 사용된다. 이는 영화 촬영이나 풍경 사진에서 흔히 활용되지만, 드론 매핑에서는 선명한 사진이 중요하므로 ND 필터를 사용하지 않는 것이 좋다. ND 필터를 사용하면 강제적으로 셔터 속도를 낮춰야 하므로, 매핑 작업에서는 불필요한 블러(Blur)가 발생할 가능성이 있다.

하며, 일반적으로 예술적인 효과를 내거나 특정 노출 설정을 유지할 때 유용하게 활용된다. 그러나 드론 매핑(Drone Mapping)에서는 가능한 한 선명한 이미지를 확보하는 것이 최우선 과제이므로, ND 필터를 사용하면 불필요하게 셔터 속도를 낮추는 결과를 초래할 수 있다. 따라서 매핑 작업에서는 ND 필터를 사용하지 않는 것이 더욱 효과적인 선택이 될 수 있다.

참고 블러(Blur)

사진에서 블러(Blur)란 이미지의 일부 또는 전체가 흐릿하거나 선명하지 않은 상태를 의미한다. 블러는 다음과 같은 이유로 발생할 수 있다.

- 카메라 흔들림 : 느린 셔터 속도로 촬영할 때 카메라가 흔들리면 전체 이미지가 흐려질 수 있다.
- 피사체 움직임 : 셔터 속도가 느릴 때 피사체가 움직이면 모션 블러가 발생한다.
- 초점 문제 : 카메라가 피사체에 정확히 초점을 맞추지 못하면 디포커스(De-focus) 블러가 발생한다.
- 얕은 피사계 심도 : 조리개를 크게 열어 촬영하면 초점이 맞지 않은 부분이 흐려진다.
- 렌즈 품질 : 저품질 렌즈나 더러운 렌즈는 선명하지 않은 이미지를 만들 수 있다.
- 높은 ISO : 매우 높은 ISO 설정은 노이즈를 증가시켜 이미지가 흐릿해 보일 수 있다.

카메라 흔들림

피사체 움직임

초점 문제

피사계 심도

[그림] 블러(Blur) 발생 원인

(출처 : Landwer-Johan, K., What Causes a Blurry Photo and How To Avoid These Problems, www.kevinlj.com)

블러는 때로는 의도적으로 사용되어 특정 시각적 효과를 만들거나, 주요 피사체에 주의를 집중시키는 데 활용되기도 한다. 그러나 사진측량의 경우, 선명하고 깨끗한 이미지를 얻기 위해 블러를 최소화하는 것이 목표이다.

[그림] 시각적 효과를 위한 블러 처리

※ 디블러링(De-bluring)과 언블러링(Un-bluring)

- **디블러링** : 모션 블러 또는 디포커스 블러와 같은 특정 유형의 블러로 인해 발생하는 이미지의 흐릿함이나 왜곡을 제거하는 프로세스를 의미한다. 디블러링의 목표는 원본의 선명한 이미지를 최대한 복구하는 것으로서, 디블러링 기술에는 블러 커널 또는 블러의 수학적 표현을 분석하고 이를 사용하여 블러를 취소하는 작업을 포함한다.
- **언블러링** : 블러의 원인에 관계없이 이미지의 선명도나 선명도를 향상시키는 일반적인 과정을 의미한다. 흐림 제거 기술에는 특정 유형의 블러를 취소하는 것을 특별히 목표로 하지 않더라도 이미지의 전반적인 시각적 품질을 향상시키는 선명화, 대비 향상 등을 포함한다.

드론 매핑에서 최적의 셔터 속도(Optimal Shutter Speed)를 설정하는 것은 데이터 품질에 결정적인 영향을 미친다. 가장 이상적인 방법은 셔터 우선 모드(Shutter Priority Mode, S 모드)를 활용하여 셔터 속도를 1/1,000초 이상으로 설정하는 것이다. 또한, 필요에 따라 드론의 비행고도와 속도를 조정하여 블러를 최소화하는 전략을 병행하는 것이 바람직하다.

특히, 저조도(Low-light) 환경에서는 드론이 이동하면서 촬영하기보다 정지촬영 기능(Stationary Capture)을 활용하는 것이 보다 선명한 데이터를 얻는 효과적인 해결책이 될 수 있다. 정확하고 고품질의 데이터를 수집하기 위해서는 지속적인 테스트와 최적화 과정이 필수적이며, 경험이 쌓이면, 특정 환경에 적합한 설정을 자연스럽게 조정할 수 있게 될 것이다.

3-4 드론 사진측량을 위한 카메라

항공사진측량(Aerial Photogrammetry)은 사진 영상을 수집, 측정, 해석하는 과정을 통해 물리적 환경과 대상에 대한 신뢰할 수 있는 정보를 획득하는 과학적 방법이다. 이는 항공기나 드론을 이용하여 지표면을 정밀하게 측량하는 과정으로서, 최근 기술 발전과 드론의 보급, 인공지능(AI) 및 머신러닝(Machine Learning)의 도입으로 인해, 보다 효율적이고 정밀한 데이터 수집 및 분석이 가능해졌다. 과거에는 유인 항공기를 이용한 측량이 주류를 이루었으나, 드론의 발전과 고성능 카메라의 탑재로 인해 누구나 손쉽게 고품질 데이터를 획득할 수 있는 시대가 열렸다.

AI 기반 이미지 처리 및 분석 기술이 접목되면서 데이터 처리 속도가 향상되었고, 보다 정밀한 해석이 가능해졌다. 이를 통해 드론을 활용한 사진측량은 비용 절감과 효율성을 높이며, 신속하고 정확한 데이터 수집 및 분석이 가능해졌다.

사진측량과 3D 공간 데이터 생성

사진측량(Photogrammetry)은 항공기나 드론을 통해 촬영한 영상을 바탕으로 공간 데이터를 생성하는 기술이다. 이를 통해 지형도(Topographic Maps), 3D 모델(3D Models), 정사영상(Orthophotos) 등 다양한 형태의 공간 데이터를 제작할 수 있다. 측량 과정에서 기하학적 원리를 활용하여 영상 내 피사체의 정확한 위치와 크기를 분석하며, 이를 기반으로 3차원 형상을 정밀하게 복원한다.

드론을 이용한 사진측량은 조사 대상 지역을 일정한 경로로 비행하며, 다수의 고해상도 이미지를 촬영하는 방식으로 진행된다. 촬영된 이미지들은 일정한 중복도(Overlap)를 유지하도록 설계되며, 동일 지점을 여러 각도에서 촬영함으로써 깊이(Depth) 정보를 확보할 수 있다. 이러한 원리는 인간의 두 눈이 입체감을 인지하는 방식과 유사하며, 이를 통해 3D 지도 및 점군(點群, Point

Cloud)을 생성하게 된다.

3D 점군 데이터는 단순한 평면적 정보가 아니라 높이, 질감(Texture), 형태(Shape), 색상(Color) 등 다양한 요소를 포함하며, 이를 활용하여 정밀한 분석이 가능해진다. 이러한 기술적 발전은 측량, 도시 계획, 환경 모니터링, 문화재 복원 등 여러 분야에서 유용하게 활용되고 있다.

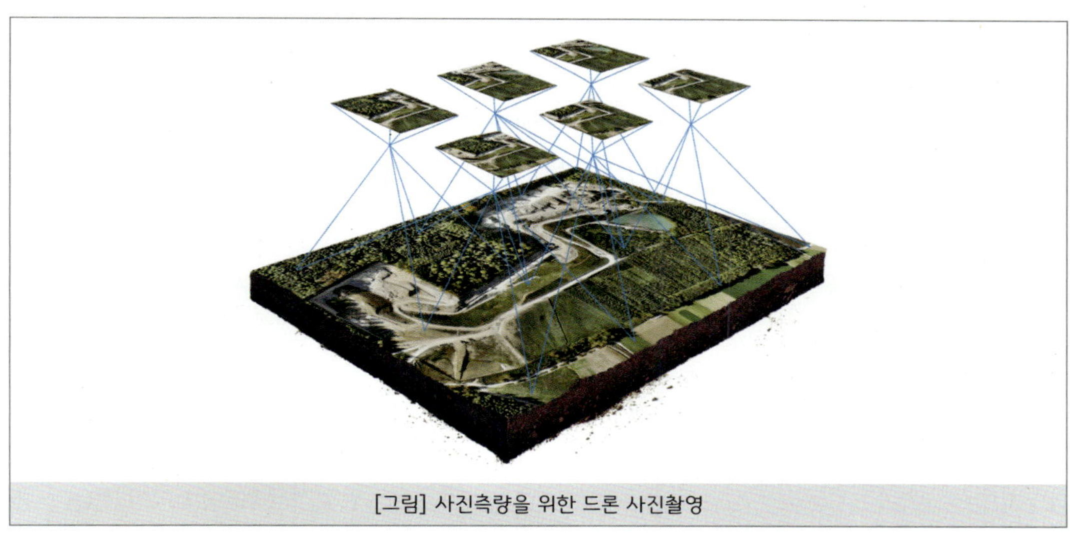

[그림] 사진측량을 위한 드론 사진촬영

드론 사진측량의 장점

드론 사진측량 기술은 전통적인 측량 방식에 비해 다음과 같은 여러 가지 장점을 가지고 있다.

- 비용 효율성(Cost-Effectiveness)

  드론과 카메라를 이용한 사진측량 시스템은 기존 유인 항공기 측량이나 라이다(LiDAR) 시스템보다 경제적이다. 따라서 다양한 프로젝트에서 보다 비용 효율적인 대안으로 활용될 수 있다.

- 고해상도 시각적 정보(High-Resolution Visual Data)

  사진측량 기법은 고해상도의 시각적 데이터를 제공하여, 3D 모델링 및 지형 분석에서 높은 정확도를 보장한다.

- 유연성(Flexibility)과 적용 분야의 다양성

  드론 사진측량은 환경 모니터링(Environmental Monitoring), 도시 계획(Urban Planning), 시설물 점검(Inspection), 식생(植生, Vegetation) 관리, 재난 대응(Disaster Management), 문화유산(Cultural Heritage) 보존과 관리 등 다양한 분야에서 활용될 수 있으며, 프로젝트의 특성에 맞게 유연하게 조정할 수 있다.

드론 사진측량의 한계

사진측량 기법이 많은 장점을 지니고 있음에도 불구하고, 몇 가지 한계점이 있다.

- 제한된 투과성(Limited Penetration)

  라이다(LiDAR)와 달리, 사진측량 방식은 초목이나 장애물을 투과할 수 없다. 따라서 나무가 우거진 지역에서는 지면을 정확하게 측량하는 데 한계가 있다.

- 정확도의 가변성(Accuracy Variability)

  촬영된 영상의 품질, 카메라 보정(Camera Calibration), 촬영 이미지의 중복도(Overlap) 등에 따라 데이터 정확도가 달라질 수 있다. 따라서 측량 계획 단계에서 철저한 사전 검토와 정밀한 촬영이 필수적이다.

참고 LiDAR(Light Detection and Ranging)

LiDAR(라이다, Light Detection and Ranging)는 레이저 펄스를 이용하여 거리를 정확하게 측정하는 원격탐사 기술로서, 방출된 빛(Laser)이 물체에 반사되어 돌아오는 시간을 측정하여 거리를 계산한다. LiDAR는 매초 수천-수만개의 레이저 빔을 다양한 방향으로 발사하여 지면이나 대상체에서 반사된 빛을 기록하고, 이 정보를 바탕으로 지형, 식생, 구조물 등을 정밀하게 3차원 모델로 구축할 수 있다.

[그림] LiDAR 스캐닝

일반적으로 LiDAR 시스템은 크고 많은 전력을 소비하며, 주로 항공기나 차량 등에 탑재, 사용되었지만, 최근 라이다 기술의 발전으로 드론에 탑재할 수 있는 경량화된 LiDAR가 개발되었다. 이에 따라 산림, 도시 계획, 측량 등 다양한 응용 분야에서 경제적인 사용이 가능해졌으며, 접근하기 어려운 지역이나 넓은 지역에서도 빠르고 상세한 지형 정보를 수집할 수 있게 되었다.

라이다는 사진측량과 비교했을 때 투과성(penetarion)의 장점이 있다. 즉, 라이다는 나무 잎 및 숲을 투과하여 지면의 데이터를 수집하는 데 강점을 보인다. 카메라가 가시광선에 의존하는 반면, 라이다는 레이저 펄스를 이용하기 때문에 조도가 낮은 환경이나 숲이 울창한 지역에서도 보다 정확한 모델을 생성할 수 있다.

LIDAR와 사진측량: 상호 보완적인 기술

드론 기술이 발전함에 따라, LIDAR와 사진측량은 정밀한 지형 데이터를 수집하는 주요 방법으로 자리잡고 있다. 이 두 기술의 핵심적인 차이는 각 기술이 가진 강점과 약점에 있으며, 이를 이해함으로써 두 기술이 상호 보완하며 효과적으로 활용될 수 있다. LIDAR는 두꺼운 식생을 뚫고 지표 정보를 제공하는 능력을 갖춘 기술을 제공하는 반면, 사진측량은 생동감 있고 사실적인 이미지를 제공한다.

> **LIDAR와 사진측량의 정확도 비교**
> LIDAR와 사진측량을 이용한 드론 측량 모두 센티미터 수준의 높은 정확도를 제공할 수 있지만, 각 방법에 따른 차이점이 있다. 대부분의 차이점은 환경적인 요인에서 비롯되며, 수직 및 수평 정확도에서 차이가 있다.
>
> • 수평 및 수직 정확도
> 사진측량은 수평 정확도에서 1 cm 수준까지 우수한 성능을 제공하지만, 주로 수직(Nadir)으로 촬영되기 때문에 수직 정확도는 절반에서 1/3 수준 떨어질 수 있다. 경사(Oblique) 카메라 등을 이용하면 보다 높은 정확도와 세부 정보를 얻을 수 있지만, 여전히 LIDAR에 비해 정확도가 다소 부족할 수 있다.
> 반면, LIDAR는 수평 정확도와 수직 정확도 모두 2 cm 수준까지 도달할 수 있다. 이는 LIDAR가 지형이나 조명 상태에 영향을 적게 받기 때문이다. 실제로 LIDAR 데이터를 야간에도 수집할 수 있는 것이 큰 장점이다.
>
> • 정확한 데이터 수집을 위한 최적의 환경
> 사진측량에서는 지형이 다소 복잡한 개방된 지역이 이상적이다. 지나치게 험준한 지역에서는 그림자와 노이즈가 발생할 수 있으므로, 필요한 세부 사항을 개별적으로 평가해야 한다.
> LIDAR는 복잡하고 험준한 지형에서 더 뛰어난 성능을 발휘하며, 식생이 있는 경우에도 나무 잎이나 나무 가지 사이로 빈 공간이 있으면, 비교적 정확한 데이터를 얻을 수 있다.
>
> (출처 : Emily Loosli, 2024, LIDAR vs. photogrammetry: what sensor to choose for a given application, Wingtra, https://wingtra.com/drone-photogrammetry-vs-lidar/)

수직 및 경사 사진측량

드론을 이용한 항공사진측량은 촬영 방식에 따라 크게 수직 사진측량(Vertical Photogrammetry)과 경사 사진측량(Oblique Photogrammetry)으로 구분할 수 있다.

• 수직 사진측량
드론이 지면과 수직(Nadir) 방향으로 영상을 촬영하는 방식으로서, 정사영상(Orthophoto) 제작과 같은 정밀한 지도 제작에 활용된다. 주로 지형도 제작, 토지 이용 분석, 도시 홍수 위험 평가 등에 활용된다. 예를 들어, 고해상도 지형도를 기반으로, 홍수 위험 지역을 분석하고 배수 패턴 등을 예측, 설계할 수 있다.

• 경사 사진측량
드론이 여러 각도에서 촬영하여 건물과 지형을 보다 입체적으로 표현하는 방식이다. 다양한 시점에서 촬영한 이미지를 결합하여 정밀한 3D 모델을 생성하는 데 유용하다. 문화유산 보존, 도시 계획, 시설물 점검 등 고해상도 3D 모델이 필요한 분야에서 폭넓게 활용된다.

항공 사진측량의 높은 정확도를 위한 주요 요소

항공사진측량에서 높은 정확도와 정밀도를 확보하기 위해 반드시 고려해야 할 요소들이 있다. 첫 번째로 중요한 요소는 카메라와 렌즈의 보정(Calibration)으로서, 이는 최근 대부분의 경우 소프트웨어를 활용하여 수행되며, 카메라의 광학적 왜곡을 최소화하고 보다 신뢰할 수 있는 데이터를 획득하는 데 필수적이다. 이를 위해서는 카메라 장비에 대한 정기적인 유지보수와 점검이 이루어져야 하며, 이러한 지속적인 관리 과정을 통해 촬영된 데이터의 일관성과 신뢰성을 유지할 수 있다.

참고 항공 사진측량에서의 이미지 중복도(Overlap)의 중요성

항공 사진측량에서 이미지 중복도(Imagery Overlap)는 고품질 데이터를 확보하는 데 필수적인 요소이다. 이미지 중복도란 특정 지역을 촬영할 때 여러 장의 사진이 서로 겹치는 정도를 의미하며, 이를 최적화하면 보다 정밀한 3D 모델을 생성할 수 있다. 즉, 이미지 중복은 항공 사진측량에서 데이터의 신뢰성과 정확성을 결정짓는 중요한 요소이다.

이미지 중복도는 고밀도 점군(Dense Point Cloud)을 생성하는 데 중요한 역할을 한다. 동일한 지역을 여러 각도에서 촬영함으로써, 각 지점이 다양한 시점(View Point)에서 캡처되며, 이를 통해 사진측량 소프트웨어는 점의 위치를 보다 정확하게 항공삼각측량(AT, Aerial Triangulation)할 수 있다. 그 결과, 더욱 정밀하고 세밀한 지형 모델이 구축된다.

또한, 이미지 중복은 폐색 현상(Occlusion)과 그림자(Shadow) 문제를 완화하는 데 기여할수 있다. 동일한 지역을 여러 번 촬영하면, 특정 물체가 가려지거나 그림자에 의해 정보가 손실될 가능성이 줄어든다. 이는 도시 계획, 토지 측량, 재난 대응, 환경 모니터링 등 다양한 분야에서 보다 신뢰할 수 있는 데이터를 제공하는 중요한 요소가 된다.

이미지 중복과 특징점 매칭

이미지 중복은 특징점 매칭(Feature Matching)을 강화하는 역할도 한다. 예를 들어, 화소(PixElement)의 참조점 관리자(Reference Point Manager)를 활용하면, 중복된 이미지 간의 동일한 지점을 찾아 자동으로 정렬할 수 있다. 이러한 정렬 과정은 최종 3D 모델의 정밀도를 높일 뿐만 아니라, LiDAR 데이터나 기준점(Control Points) 등 다양한 데이터 소스와의 융합도 가능하다. 즉, 이미지 중복은 단순한 기술적 요소를 넘어 항공 사진측량의 자료처리 핵심 요소라고 할 수 있다. 고품질의 공간 데이터를 수집하는 기반이 되며, 이를 통해 다양한 산업에서 보다 정확한 의사결정을 내릴 수 있다.

이미지 중복의 주요 유형

항공 사진측량에서는 종중복과 횡중복 두 가지 개념이 있으며, 이를 조합하여 최적의 데이터 수집 환경을 조성할 수 있다.

1. **종중복**(End overlap 또는 Forward overlap) : 비행 진행방향으로 연속 촬영된 이미지 간의 중복 정도를 의미한다. 일반적으로 65%~85% 이상의 종중복을 유지하는 것이 권장된다. 이는 각 이미지가 앞뒤의 이미지와 최소 65%~85% 이상 중복하도록 설정하는 것을 의미한다.

2. **횡중복**(Side Overlap) : 비행 경로의 측면 방향(좌우 방향)으로 촬영된 이미지 간의 중복 정도를 의미한다. 종중복과 마찬가지로 60%~80% 이상의 횡중복이 일반적으로 권장된다. 횡중복이 충분하면 가림 현상과 그림자 문제를 최소화할 수 있으며, 더욱 균일한 데이터 수집이 가능해진다.

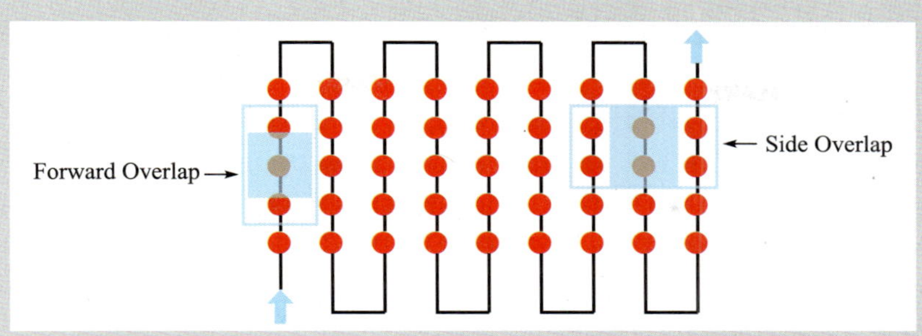

[그림] 종중복(Forward Overlap)과 횡중복(Side Overlap)

각각의 빨간색 원은 드론 사진측량 비행 경로에서 촬영된 사진을 나타낸다. 임무를 계획할 때는 종중복(Forward Overlap)과 횡중복(Side Overlap)을 고려해야 한다.

3. 총중복(Total Overlap) : 종중복과 횡중복을 모두 고려한 전체적인 중복률을 의미한다. 일반적으로 80%~90%의 총중복을 유지하는 것이 이상적이다. 높은 총중복률을 적용하면 보다 촘촘한 데이터 수집이 가능하며, 최적의 3D 모델을 구축할 수 있다.

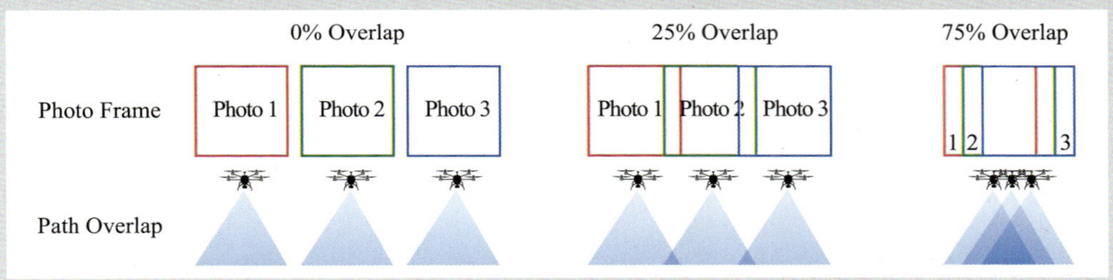

(출처 : PixElement, 2024, Importance of Imagery Overlap in Aerial Photogrammetry)

다음으로 중요한 요소는 촬영된 영상(사진)의 중복도(Overlap)이다. 항공사진측량에서 중복도는 3D 재구성의 정밀도를 결정짓는 핵심 요소로서, 촬영 방향에 따라 종중복(overlap 또는 end-lap)과 횡중복(side-lap)으로 구분된다. 일반적으로 평탄한 지역에서는 촬영 진행 방향의 중복도(종중복)는 최소 65% 이상, 인접 비행 코스 간의 중복도(횡중복)는 60% 이상으로 설정하는 것이 권장된다. 그러나 지형의 기복이 심하거나 고층 건물이 밀집한 지역에서는 보다 높은 중복도가 요구되며, 이에 따라 종중복을 85% 이상, 횡중복을 80% 이상으로 확보하는 것이 바람직하다.

[표] 드론 항공사진 촬영 중복도

구 분	평탄한 저지대 지역	매칭점이 부족하거나 높이차가 있는 지역	높이차가 크거나, 고층 건물이 있는 지역
촬영 방향 중복도	65% 이상	75% 이상	85% 이상
인접 코스 중복도	60% 이상	70% 이상	80% 이상

(출처 : 「무인비행장치 측량 작업규정」 제13조 제2항)

참고 중복도(Overlap)에 영향을 미치는 요소

지형, 지물의 균질

지형의 특성은 드론 매핑을 위한 적절한 중복도를 결정하는 데 중요한 요소이다. 농경지, 넓은 수면(large water bodies), 눈 덮인 지역, 사막, 울창한 숲과 같은 균일한 지형(homogeneous landscapes)은 독특한 특징이 부족하여, 사진측량(photogrammetry) 소프트웨어가 이미지 간 연결점인 특징점, 즉 타이포인트(tie points)를 식별하는 데 어려움이 있다. 타이포인트는 정밀한 2D 지도 및 3D 모델을 생성하는 데 필수적인 요소이므로, 이러한 균일한 지형에서는 높은 중복도를 설정해야 한다. 중복도를 증가시키면 보다 많은 이미지에서 참조 데이터를 확보할 수 있어, 타이포인트를 보다 정확하게 생성할 수 있다.

반면, 도시 환경이나 다양한 지질 형성이 존재하는 지역과 같이 특징적인 요소가 많은 지형에서는 보다 많은 시각적 참조점이 제공되므로, 균일한 지형보다 중복도를 다소 줄일 수 있다. 특히 건물이 밀집한 도시 지역에서는 건물 사이의 시야를 확보하기 위해 중복도를 증가시켜야 할 수도 있다.

지형 기복(Terrain Relief)

조사 지역 내에 기복이 심한 지형이 있거나, 높은 건물이 존재할 경우 중복도를 높일 필요가 있다. 지형의 고점(high points)에서는 본래 설정한 중복도가 감소하여 데이터의 공백이 발생할 수 있기 때문이다. 일부 드론 비행 계획 소프트웨어는 '지형 인식(Terrain Awareness)' 기능을 탑재하고 있어, 지도 데이터를 기반으로 드론의 촬영 비행고도를 자동 조정하여 이러한 지형 변화를 반영할 수 있다.

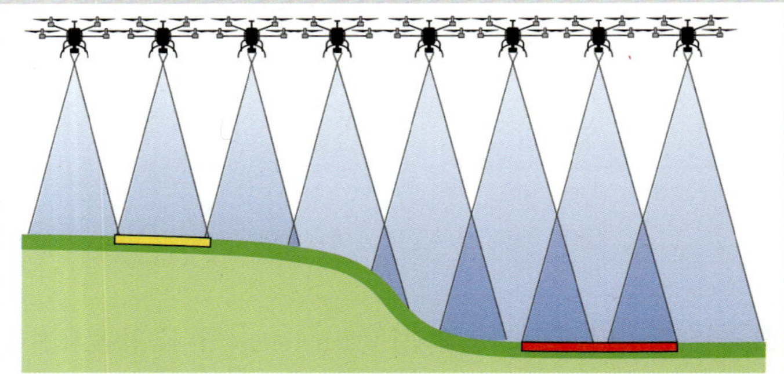

[그림] 촬영 비행고도 변화에 따른 중복도 변화

환경적 요인

조명 및 기상 조건과 같은 환경적 요인도 중복도 설정에 영향을 미친다. 양호한 조명 조건에서는 이미지의 품질이 개선되며, 타이포인트를 식별하는 데 도움이 된다. 반대로 흐린 날씨나 저조도(low-light) 환경에서는 가시성이 저하되므로, 데이터의 정확도를 보장하기 위해 중복도를 높이는 것이 필요할 수 있다.

또한, 촬영 방식에 있어서 수직 촬영뿐만 아니라 경사 촬영 시에도 촬영 영역의 외곽을 고려한 여백(out-reach) 확보가 중요한 요소로 작용한다. 일반적으로 여백은 촬영 비행고도만큼 설정하는 것이 바람직하며, 이는 경계 영역에서 발생할 수 있는 왜곡을 줄이고 3D 재구성 과정에서 보다 정밀한 모델을 생성할 수 있다. 특히, 경사(oblique) 촬영의 경우, 촬영 각도와 촬영 비행고도의 변화가 크기 때문에 여백을 충분히 확보하는 것이 더욱 중요하며, 이를 통해 모델의 경계 및 외곽 부분에서 발생할 수 있는 정보의 결손을 방지하고 전체적인 데이터의 일관성과 신뢰성을 높일 수 있다.

한편, 지상 기준점(Ground Control Points, GCP)의 활용은 항공사진측량 모델의 정밀도를 크게 향상시키는 중요한 요소이다. GCP는 촬영된 영상과 실제 지형 간의 정확한 대응 관계를 설정함으로써 모델의 위치적 정확도를 개선하는 데 결정적인 역할을 한다. 보다 신뢰도 높은 정확도 평가를 위해서는 기준점을 단순히 하나의 용도로 사용하는 것이 아니라, 절대 표정용과 정확도 평가용으로 구분하여 운용하는 것이 바람직하다. 만약 동일한 기준점을 두 가지 용도로 사용하게 되면, 소프트웨어에서 지나치게 정밀한 결과를 산출할 수 있어 평가의 신뢰성을 저하시킬 우려가 있다. 이에 따라, 정확도 평가를 위해서는 별도로 설정된 검사점(CP; Check Point)을 활용하는 것이 보다 객관적이고 현실적인 평가 결과를 얻는 데 효과적이며, 이는 최종 결과의 품질을 향상시키는 데, 큰 도움이 된다.

드론 촬영 프로젝트에서는 검사점(CP)을 활용한 평가 결과를 제출하는 것이 데이터의 정확성을 객관적으로 검증하는 가장 신뢰할 만한 방법이다. 검사점은 절대 표정 과정에서는 사용되지 않고, 오직 정확도 평가의 목적으로만 활용되므로, 이를 통해 측량 데이터의 신뢰성을 보다 확실하게 입증할 수 있으며, 최종적으로 보다 정밀한 측량 결과를 확보할 수 있다.

3-5 해상도

최근 드론을 활용한 촬영 기법과 사진측량(Photogrammetry) 기술이 비약적으로 발전하면서, 고화질 이미지의 중요성이 그 어느 때보다도 강조되고 있다. 이러한 이미지의 품질을 결정짓는 핵심 요소 중 하나가 바로 '해상도'(resolution)이며, 이는 촬영된 영상 및 사진의 선명도와 디테일(detail, 세부 표현력)을 좌우하는 중요한 기준이 된다.

해상도는 일반적으로 가로와 세로의 픽셀 수로 표현된다. 디지털 이미지를 구성하는 픽셀은 해상도란 기본적으로 이미지를 구성하는 픽셀(pixel) 또는 화소(畫素)의 수를 의미하며, 이는 이미지의 정밀도를 결정하는 요소이다. 해상도는 일반적으로 가로와 세로의 픽셀 수로 표현되며, 픽셀은 이미지 내에서 매우 작은 사각형 형태의 점으로 이루어져 있다. 픽셀의 수가 많을수록, 즉 해상도가 높을수록 더욱 정밀하고 세부적인 표현이 가능해지며, 이는 이미지의 품질을 향상시키는 결정적인 요소가 된다. 특히, 드론을 이용한 항공 촬영에서 해상도는 지형이나 건축물과 같은 객체의 작은 디테일까지도 정확하게 표현하는 데 필수적인 역할을 하며, 결과적으로 정사영상(Orthophoto) 및 3D 모델링의 완성도를 크게 향상시킨다.

다음 그림을 통해 해상도 차이에 따른 이미지 표현의 변화를 보다 명확하게 확인할 수 있다.

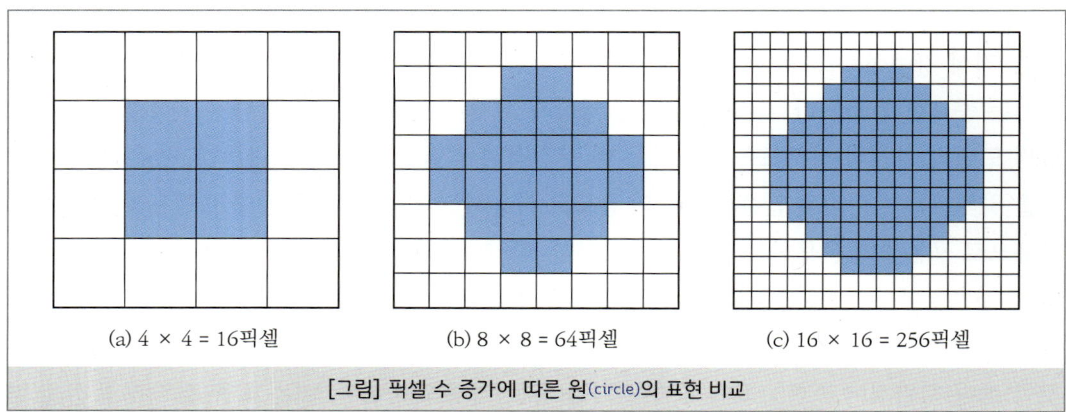

[그림] 픽셀 수 증가에 따른 원(circle)의 표현 비교

위의 예시에서 볼 수 있듯이, 해상도가 낮은 경우 이미지의 표현이 단순해지고 세부적인 디테일을 재현하는 것이 어려워진다. 반면, 해상도가 높아질수록 이미지의 표현이 더욱 섬세하고 자연스러워지며, 이는 정사영상 및 3D 모델링과 같은 최종 결과물의 품질을 결정짓는 중요한 요인이다. 따라서 촬영된 이미지의 해상도는 결과물의 정밀도와 직결되며, 특히 정밀한 측량이나 분석을 수행할 때 그 중요성이 더욱 부각된다.

다음의 사진과 표는 청주시 "오송 국민체육센터[21]"를 DJI Mavic 3 [M3E] RTK 드론을 이용해 촬영한 사진에 포함된 이미지 파일 형식, 즉 EXIF(Exchangeable Image File Format; 교환 이미지 파일 형식) 데이터를 정리한 것이다. 해당 사진의 해상도는 3,956 × 5,280 픽셀로서, 총 20,887,680 픽셀, 즉 약 20MP(2천만 화소)에 해당하며, 위치정보 또한 포함되어 있다.

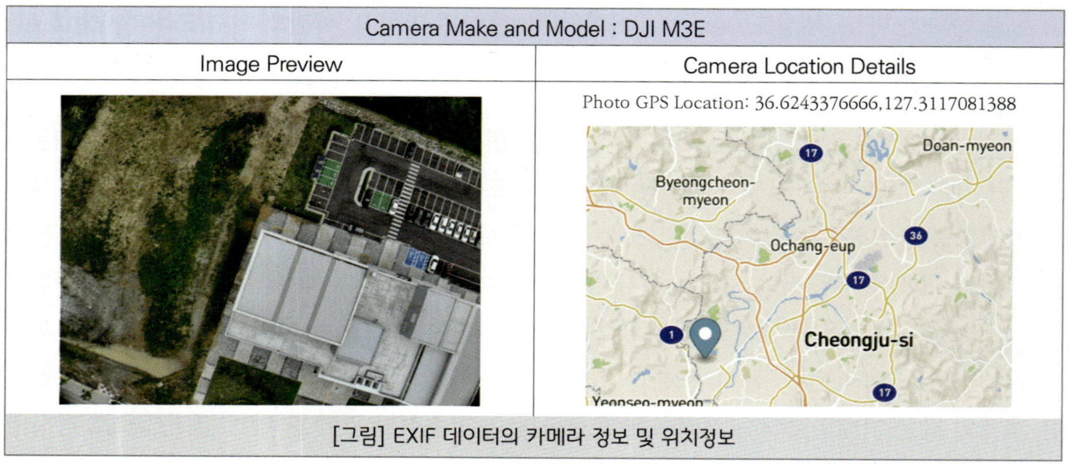

Camera Make and Model : DJI M3E	
Image Preview	Camera Location Details
	Photo GPS Location: 36.6243376666,127.3117081388

[그림] EXIF 데이터의 카메라 정보 및 위치정보

21) 충북 청주시 흥덕구 오송읍 봉산리 770, http://www.oschsu.com/

[표] EXIF 데이터 사례

Make	DJI	Pixel XDimension	5,280
Model	M3E	Pixel YDimension	3,956
Orientation	top-left	File Source	DSC
X Resolution	72	Scene Type	A directly photographed image
Y Resolution	72	Exposure Mode	Auto exposure
Resolution Unit	inches	White Balance	Auto white balance
DateTime	2024:07:11 10:21:53	Exposure Mode	Auto exposure
YCbCr Positioning	co-sited	White Balance	Auto white balance
Exif IFD Pointer	260	Focal Length In 35mm Film	24
GPS Info IFD Pointer	734	Scene Capture	Standard
ExposureTime	1/1600	Serial Number	1581F5FHB229F00201VK
F Number	f/2.8	Lens Specification	0.24-0.24 mm f/11
ISO Speed Ratings	100	GPS Latitude Ref	North latitude
Date Time Original	2024:07:11 10:21:53	GPS Latitude	36.62433766666667
Date Time Digitized	2024:07:11 10:21:53	PS Longitude Ref	East longitude
Shutter Speed	1/1600	GPS Longitude	127.31170813888889
Aperture	2.80	GPS Altitude Ref	Sea level
Max Aperture Value	2.80	GPS Altitude	169.826 m
Light Source	Daylight	GPS Time Stamp	01:22:14
Flash	Flash did not fire	GPS Status	Measurement in progress
Focal Length	12.29 mm	GPS Map Datum	WGS-84
Color Space	sRGB	GPS Date Stamp	2024:07:11

참고 EXIF 데이터 : 디지털 사진의 정보

디지털 사진을 찍을 때, 카메라는 단순히 이미지(image)만 기록하는 것이 아니다. 사진 속에는 그 순간의 촬영 정보를 담고 있는 'EXIF(Exchangeable Image File Format)' 데이터가 함께 저장된다. EXIF 데이터는 사진의 품질을 분석하거나 촬영 환경을 이해하는 데 유용한 중요한 정보를 제공하는데, 이를 통해 사진에 대한 다양한 분석과 평가를 할 수 있다.

EXIF 데이터에는 여러 가지 정보가 포함되어 있다. 가장 기본적인 정보는 사진이 찍힌 날짜와 시간으로서, 이를 통해 특정 사진이 언제 촬영되었는지 정확히 알 수 있으며, 사진 관리에 중요한 역할을 한다. 또한 위치정보(GPS 정보)도 포함될 수 있는데, 이를 통해 사진이 촬영된 위치를 지도에서 확인할 수 있어 장소와 관련된 자료 수집에도 매우 유용하다.

촬영 당시의 카메라 설정도 EXIF 데이터에 포함된다. 예를 들어, ISO 감도, 조리개 값(F-stop), 셔터 속도와 같은 정보들은 사진의 품질에 큰 영향을 미치는 요소들이다. 이를 통해 사용자는 사진을 어떻게 촬영했는지, 또는 어떤 설정이 최적의 결과를 도출했는지 분석할 수 있다. 또한, 렌즈 정보, 화이트 밸런스 설정, 플래시 사용 여부와 같은 세부적인 정보도 EXIF 데이터에 기록된다.

EXIF 데이터는 단순한 부가 정보가 아닌, 사진 관련 정보를 이해하는 데 필수적인 요소이다. 이를 통해 촬영 당시의 상황과 기술적 설정을 정확히 파악할 수 있으며, 사진 분석에 활용될 수 있다.

사진의 해상도는 일반적으로 가로 및 세로 방향의 픽셀 수로 표현된다. 예를 들어, 3,000 × 2,000 픽셀의 해상도를 가진 사진은 가로 방향으로 3,000픽셀, 세로 방향으로 2,000픽셀로 구성되어 있다. 이러한 해상도 표기는 이미지의 전체 픽셀 수를 나타내며, 이는 이미지의 선명도와 세부 표현력을 결정하는 중요한 요소이다.

참고 동영상의 해상도

동영상의 해상도 역시 가로 및 세로 방향의 픽셀 수로 표기된다. 그러나 동영상 해상도는 일반적으로 특정 명칭으로 불리며, 이는 해당 해상도의 표준을 나타낸다.

- HD(High Definition) : 1,280 × 720 픽셀
- Full HD: 1,920 × 1,080 픽셀
- 2K: 2,048 × 1,080 픽셀
- 4K UHD(Ultra High Definition) : 3,840 × 2,160 픽셀
- 8K UHD : 7,680 × 4,320 픽셀

이러한 명칭은 동영상의 해상도를 간략하게 표현하는 데 사용된다. 예를 들어, 1920 × 1080 픽셀의 해상도를 가진 동영상은 'Full HD'라고 불리며, 이는 가로 방향으로 1,920픽셀, 세로 방향으로 1,080픽셀로 구성되어 있음을 의미한다.

해상도가 높을수록 드론 촬영의 결과물은 더욱 세밀하고 신뢰할 수 있는 정보를 제공할 수 있으며, 이는 곧 정사영상 및 3D 모델링의 품질을 결정하는 중요한 요소이다. 해상도가 낮은 이미지는 디테일이 부족하여 결과물의 품질을 저하시킬 수 있으며, 이는 궁극적으로 작업의 효율성에도 부정적인 영향을 미칠 수 있다. 따라서 드론을 활용한 측량 및 영상 촬영 과정에서는 해상도를 신중하게 고려하여 고품질의 이미지를 획득하는 것이 무엇보다 중요하다.

3-6 이미지 센서

디지털 카메라(DSC, Digital Still Camera)에서 이미징 매체는 일반적으로 디지털 이미지 센서인 CCD(Charge-Coupled Device)와 CMOS(Complementary Metal-Oxide-Semiconductor) 센서이다. 이 두 가지 주요 이미지 센서 기술은 1960년대 후반에 동시에 개발되었으며, 빛의 입자인 광자가 원자에 흡수되어 전자를 방출하는 '광전 효과(photoelectric effect)'를 기반으로 한다. 광전 효과에 의해 생성된 전자는 반도체 물질 내에 전하를 발생시키며, 이 전하를 이용해 빛의 강도와 색상을 측정한다. 이러한 역할을 하는 영역을 '포토다이오드(photo-diode)'라고 하며, 이미지 센서 표면에는 수많은 포토다이오드가 배열되어 있다.

CCD와 CMOS의 비교

CMOS 센서의 발전 이후, CCD와 CMOS의 차이는 명확하게 드러나기 시작했다. CCD 센서는 여전히 머신 비전(Machine Vision), 천문학, 그리고 현미경 카메라와 같은 일부 고급 응용 분야에서 사용되고 있지만, 일반 소비자용 및 상업용 카메라 시장에서는 CMOS 센서가 거의 모든 영역을 차지하고 있다. 이는 CMOS 기술이 빠른 속도와 낮은 전력 소비, 보다 향상된 노이즈 특성, 그리고 상대적으로 저렴한 비용을 제공할 수 있었기 때문이다.

CCD(Charge-Coupled Device) 센서의 한계는 주로 행 또는 열 단위로 전하를 판독하는 방식에서 기인하며, 이에 따라 프레임 속도가 제한된다. 반면, CMOS 센서는 각 픽셀을 개별적으로 판독할 수 있어 보다 빠른 프레임 속도를 구현할 수 있으며, 드론의 고속 영상 촬영에 적합하다. CMOS 센서의 이러한 특성 덕분에 드론은 공중에서 실시간으로 고해상도 이미지를 촬영하고, 이를 통해 정밀한 지형 정보를 얻는 등 여러 새로운 가능성을 열어가고 있다.

CMOS(Complementary Metal-Oxide-Semiconductor) 센서는 2015년 이후 기술적으로 크게 발전하면서 CCD 센서를 뛰어넘었기 때문에, 이제 두 센서를 비교하는 것은 의미가 크지 않다. 과거에는 용도에 따라 CCD와 CMOS 중 적절한 센서를 선택해야 했지만, 현재는 CCD 센서의 개발이 중단되었기 때문에, 더 이상 선택의 고민이 필요하지 않다. CMOS 센서는 빠른 처리 속도, 높은 해상도, 낮은 전력 소비, 개선된 노이즈 성능, 우수한 양자 효율 및 색 재현력 등의 강점을 바탕으로, 과거 CCD 센서가 주로 사용되던 영역까지 점차 확대되고 있다.

구분	CCD	CMOS
접근 방식	캐스케이딩 커패시터	트랜지스터에 연결된 포토다이오드
검출기 신호 유형	전자 패킷	전압
칩 출력	아날로그 신호	디지털
이미지 품질	높음	보통 ~ 높음
전력 소비	보통 ~ 높음	낮음
비용	보통	볼륨이 낮음
속도	보통	높음
동적 범위	높음	보통
양자 효율	높음	보통 ~ 높음

초기 CCD(Charge-Coupled Device) 센서는 뛰어난 이미지 품질과 낮은 노이즈 특성으로 주목받았으며, 전문 카메라와 고해상도 영상 촬영에 주로 사용되었다. CCD 센서의 핵심 장점은 포토다이오드(photo-diode)에서 생성된 전자가 일련의 커패시터(capacitor)를 통해 증폭되는 방식으로 동작하기 때문에, 광흡수 영역(optical absorption area)이 넓고, 노이즈 억제 성능이 뛰어나다는 점이다.

반면, CMOS(Complementary Metal-Oxide-Semiconductor) 센서는 트랜지스터(Transistor)와 포토다이오드가 함께 배치된 구조로 이루어져 있어, 각 픽셀(pixel)이 독립적으로 동작할 수 있다. 이로 인해 전력 효율이 높고 보다 빠른 데이터 판독이 가능하다는 특징이 있다. 초기 CMOS 센서는 상대적으로 높은 노이즈로 인해 화질 면에서 CCD에 비해 단점이 있었지만, 저렴한 제조 비용과 보다 높은 에너지 효율성 덕분에 점차 시장에서 주목받게 되었다.

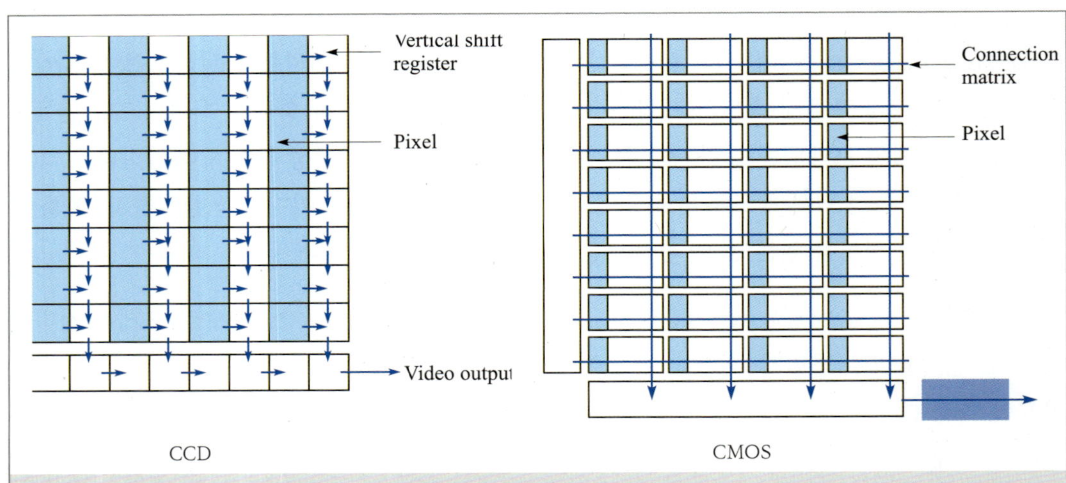

[그림] CCD와 CMOS 구조 개념도

CCD 센서는 행 단위 또는 열 단위 판독으로 인해 판독 속도가 제한되지만, CMOS 센서는 아키텍처 덕분에 훨씬 더 빠른 프레임 속도를 구현할 수 있다. CCD 센서처럼 전하를 이동시킬 필요 없이 각 픽셀을 개별적으로 판독한다. 즉, 이미지 정보를 훨씬 빠르게 판독할 수 있다.

(출처 : René von Fintel, 2015, WHITE PAPER : Moderne CMOS-Kameras als Ersatz für CCD-Kameras, www.baslerweb.com)

CMOS 센서의 혁신적 진화

시간이 지나면서 반도체 제조 기술이 크게 개선되었다. 2015년, 소니는 CCD 센서의 단종을 발표하며, CMOS 센서가 이미지 센서 시장에서 사실상 표준으로 자리 잡았음을 보여주었다. 이러한 발전은 CMOS 센서의 픽셀 크기를 줄이고, 온칩(on-chip) 디지털 신호 처리를 통해 CCD 센서와 동등한 수준의 이미지 품질을 구현할 수 있게 만들었다. 이에 따라 CMOS 센서는 저전력, 고해상도 이미징을 구현하는 데 필수적인 요소로 자리 잡았고, 스마트폰의 소형 카메라부터 고속 비디오카메라, 그리고 드론 카메라에 이르기까지 광범위하게 활용되고 있다.

드론 촬영의 경우, 고해상도의 선명한 영상이 필요하며, 동시에 배터리 효율을 극대화해야 한다. CMOS 센서는 이러한 요구 사항을 충족시키는 핵심 부품으로서, 화질, 색감, 노이즈 억제 등의 측면에서 중요한 역할을 한다. 또한 CMOS 기술은 다양한 신호 처리와 아날로그-디지털 변환기를 온칩으로 통합할 수 있어, 드론의 촬영 장비가 더욱 소형화되고 경량화되는 데 크게 기여하고 있다. 덕분에 오늘날의 드론 카메라는 고해상도 이미지를 더 빠르게, 더 효율적으로 촬영할 수 있게 되었다.

카메라와 눈

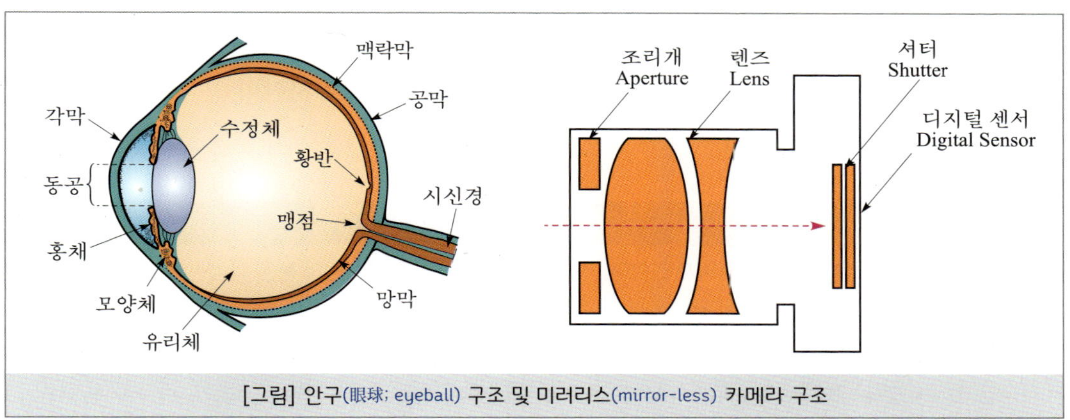

[그림] 안구(眼球; eyeball) 구조 및 미러리스(mirror-less) 카메라 구조

눈(Eye)은 빛을 받아들이고 이를 뇌에서 해석하여 우리가 사물을 인식할 수 있도록 하는 역할을 한다. 이 과정에서 홍채(iris)는 조리개의 역할을 하여 눈으로 들어오는 빛의 양을 조절하며, 수정체(lens)는 빛의 경로를 조절하여 초점을 맞춘다. 이렇게 조절된 빛은 눈의 뒤쪽에 위치한 빛에 민감한 조직인 망막(retina)에 도달하여 상(像, image)을 형성한다. 망막에는 다양한 빛을 감지하는 시각 세포들이 밀집해 있으며, 이들은 빛의 강도와 색상을 분석하여 전기 신호로 변환한다. 변환된 신호는 시신경(視神經, optic nerve)을 통해 뇌로 전달되며, 뇌는 이를 해석하여 우리가 보고 있는 사물의 형태와 색을 인식할 수 있도록 한다.

카메라는 이러한 눈의 원리를 모방하여 작동하는 장치이다. 빛이 카메라의 렌즈(lens)에 도달하면, 렌즈 내부의 요소들이 빛을 조절하여 초점을 맞추는 역할을 한다. 이때, 카메라의 조리개(aperture)는 홍채와 마찬가지로 렌즈를 통해 들어오는 빛의 양을 조절하는 기능을 수행한다. 조절된 빛은 카메라 내부의 빛을 감지하는 표면에 도달하게 되며, 과거에는 필름(film)이 이 역할을 담당했지만, 오늘날에는 CCD 및 CMOS 등의 이미지 센서(image sensor)가 그 역할을 대신한다. 이미지 센서는 빛을 감지한 후 이를 전기 신호로 변환하며, 변환된 신호는 카메라의 회로(circuitry)를 통해 분석 및 보정 과정을 거친 후 디지털 이미지로 저장된다.

눈과 카메라의 또 다른 공통점은 빛을 받아들여 형성된 영상이 처음에는 '거꾸로 된 상태'(inverted image)로 나타난다는 점이다. 이는 눈과 카메라 렌즈가 모두 볼록(convex) 구조로 되어 있기 때문이다. 볼록 렌즈는 빛이 통과할 때 굴절을 일으켜, 망막이나 이미지 센서에 맺히는 상이 상하가 뒤집힌 형태가 된다.

그러나 인간의 뇌는 이를 자동으로 보정하여 우리가 정상적인 방향으로 사물을 볼 수 있도록 한다. 이는 뇌가 우리가 살아가면서 경험을 통해 사물의 올바른 형태를 학습하고, 이를 기준으로 시각 정보를 재해석하기 때문이다. 반면, 디지털 카메라는 전자 회로와 소프트웨어를 활용하여 이러한 보정을 수행한다. 이미지 센서에서 받아들인 신호는 카메라 내부의 디지털 이미지 프로세서(Digital Image Processor)를 통해 분석되며, 이를 통해 최종적으로 사람이 인식할 수 있는 올바른 방향의 영상이 출력된다.

참고 눈의 구조

눈은 위의 그림과 같은 구조로 이루어져 있으며, 이러한 조절 과정을 통해 사람의 눈은 다양한 거리의 물체를 선명하게 볼 수 있다.

1. **공막**(Sclera) : 공막은 안구의 가장 바깥쪽을 둘러싸고 있는 흰색의 막으로, 눈의 형태를 유지하고 내부 구조를 보호하는 역할을 한다.
2. **각막**(Cornea) : 각막은 공막의 일부가 투명하게 변한 구조로, 안구의 앞쪽에 위치하며 외부에서 들어오는 빛을 굴절시켜 눈 속으로 전달하는 역할을 한다. 또한, 외부 자극으로부터 안구를 보호하는 기능도 수행한다.
3. **망막**(Retina) : 망막은 안구의 가장 안쪽에 위치한 얇은 신경막으로, 빛을 감지하는 시세포(Photoreceptor cells)가 분포해 있어 시각 정보를 받아들이는 역할을 한다. 망막은 기능에 따라 황반(Macula)과 맹점(Blind Spot)으로 구분된다.
   - 황반: 망막에서 시세포가 밀집되어 있는 부분으로, 가장 선명한 상(image)이 맺히는 곳이다.
   - 맹점. 따라서 이 영역에서는 상이 형성되지 않는다.
4. **홍채**(Iris)**와 섬모체**(Ciliary Body)
   - 홍채 : 색소를 함유하고 있어 눈동자의 색을 결정하며, 동공(Pupil)의 크기를 조절하여 눈에 들어오는 빛의 양을 조절한다.
   - 섬모체 : 홍채와 연결된 구조로, 섬모체 근육(Ciliary Muscle)이 수축과 이완을 반복하면서 수정체(Lens)의 두께를 조절하여 초점을 맞추는 기능을 한다.
5. **수정체**(Lens) : 수정체는 탄력성이 있는 볼록 렌즈(Convex Lens) 모양의 구조로, 빛을 굴절시켜 망막에 정확한 상이 맺히도록 조절하는 역할을 한다.
   - 가까운 물체를 볼 때: 섬모체 근육이 수축하여 수정체가 두꺼워지며, 빛을 더 많이 굴절시킨다.
   - 먼 물체를 볼 때: 섬모체 근육이 이완하여 수정체가 얇아지며, 빛의 굴절이 줄어든다.

이처럼 눈과 카메라는 기본적인 작동 원리에서 많은 유사점을 가지고 있으며, 카메라는 인간의 시각 시스템을 모방하여 발전해 온 기술이라고 볼 수 있다. 드론 촬영에서는 이러한 이미지 센서의 성능이 영상의 품질을 결정짓는 핵심 요소로 작용하며, 이는 측량, 지형 분석, 구조물 점검 등 다양한 응용 분야에서 필수적인 역할을 한다.

이미지 센서 크기의 중요성

카메라의 성능은 단순히 화소 수만으로 평가되지 않는다. 가장 중요한 요소 중 하나는 바로 카메라 센서의 크기이다. 스마트폰 카메라가 1억 화소를 지원한다고 해도, DSLR이나 미러리스와 같은 고성능 카메라를 완전히 대체하기 어려운 이유가 여기에 있다. 화소 수가 아무리 높더라도, 센서의 크기가 작다면 충분한 빛을 받아들이기 어렵기 때문이다.

센서 크기의 중요성은 크게 두 가지 측면에서 설명될 수 있다. 첫째, 빛을 수집하는 역할을 하는 '마이크로 렌즈(micro lens)'의 크기와 관련이 있다. 센서가 작아지면 마이크로 렌즈의 크기도 작아지며, 이에 따라 빛을 효율적으로 수집하는 능력이 저하되고 왜곡이 발생할 가능성이 커진다. 둘째, 픽셀 간의 간격인 '픽셀 피치(pixel pitch)'가 넓을수록 화질이 향상된다는 점이다. 픽셀 피치가 좁을 경우, 인접한 픽셀 간의 전자기적 간섭으로 인해 이미지 품질이 저하될 수 있다. 따라서, 센서 크기가 클수록 화질이 개선되는 것이다.

CMOS 센서는 카메라와 드론에서 이미지 품질을 결정짓는 중요한 요소이며, 그 크기가 클수록 더 많은 빛을 흡수할 수 있어 보다 우수한 화질을 구현할 수 있다. 특히, CMOS 센서의 크기가 클 경우 더 많은 빛을 수용(受容, Absorption)할 수 있어 더욱 선명하고 정밀한 이미지를 얻을 수 있으며, 이는 고해상도 이미지가 요구되는 분야에서 핵심적인 요소로 작용한다.

'풀프레임(Full Frame)' CMOS 센서는 전통적인 35mm 아날로그 필름의 크기(35.8×23.9mm)와 동일하다. 한때 CMOS 센서의 최대 크기로 여겨졌던 풀프레임 센서는 기술의 발전과 함께 '미디엄 포맷(Medium Format)' 센서와 같은 보다 대형 센서의 등장으로, 그 기준이 확장되었다. 미디엄 포맷 센서는 상업용 사진, 고해상도 풍경 사진, 드론 사진측량 등에서 뛰어난 성능을 발휘하며, 세밀한 디테일 표현과 넓은 다이내믹 레인지(dynamic range)를 제공함으로써 사진촬영 전문가 및 사진측량 전문기관의 높은 요구를 충족시키고 있다.

참고 표준 렌즈(Standard Lens)

풀프레임(35mm 필름 크기 CMOS) 기준에서 표준 렌즈는 50mm이다. 이는 35mm 필름의 대각선(약 50mm) 길이와 동일한 초점 거리를 가지기 때문이다. 그러나, 풀프레임보다 작은 CMOS를 사용하는 크롭 바디(Crop Body)의 경우, 센서의 크기가 작아지면서 대각선 길이도 짧아지므로, 이에 따라 크롭 바디의 표준 렌즈는 30mm가 된다. 즉, 카메라의 센서 크기에 따라 표준 렌즈의 초점 거리도 달라지며, 필름 카메라나 풀프레임 DSLR에서는 50mm가 표준 렌즈로, 크롭 바디 카메라에서는 30mm가 표준 렌즈로 간주된다.

크롭 바디와 센서 크기의 관계

풀프레임(Full Frame) 바디[22](body; 카메라)는 이미지 품질을 극대화하기 위해 설계된 카메라 본체이며, 각 제조사는 자사의 센서 크기를 풀프레임과 비교하여 성능을 설명한다. 이에 비해 보다 작은 센서를 탑재한 카메라는 '크롭 바디(Crop Body)'로 분류되며, 이는 보다 컴팩트한 장비에서 활용될 수 있도록 고안된 것이다.

'크롭 바디(Crop Body)'는 센서 크기가 작아지는 만큼 카메라 본체가 더욱 컴팩트해지고 무게도 가벼워지는 장점이 있다. 대표적인 크롭 바디 센서로는 소니(Sony), 니콘(Nikon), 펜탁스(Pentax)에서 사용하는 APS-C 센서가 있으며, 이는 풀프레임보다 약 1.5배 작은 크기이다. 한편, 캐논(Canon)의 EOS 시리즈는 약 1.6배 작은 APS-C 센서를, EOS Mark 시리즈는 풀프레임보다 약 1.3배 작은 APS-H 센서를 사용한다.

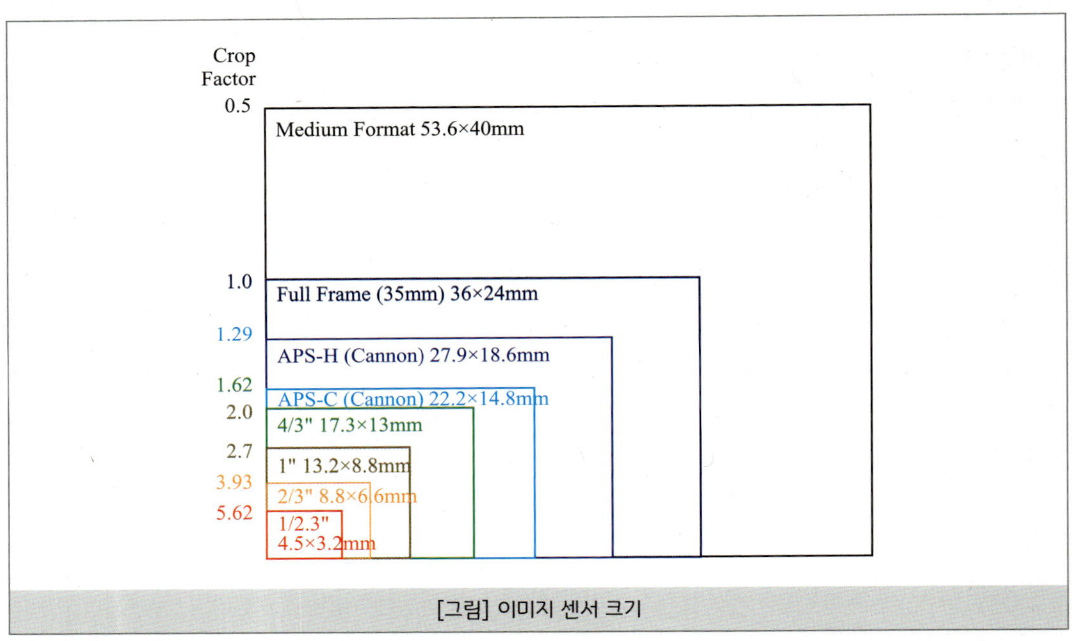

[그림] 이미지 센서 크기

디지털 기기의 소형화와 경량화가 가속화되면서, CMOS 센서의 크기 역시 작아지고 있다. 특히, 드론과 스마트폰 카메라에서 이러한 소형 CMOS 센서는 핵심적인 역할을 담당한다. 드론 카메라의 경우, 일반적으로 센서 크기를 인치(inch) 단위로 표기하며, 숫자가 클수록 센서의 크기가 커짐을 의미한다. 예를 들어, DJI 스파크(Spark), 매빅 에어(Mavic Air), 매빅 프로(Mavic Pro) 등의 드론은 1/2.3인치 크기의 센서를 사용한다. 반면, 팬텀 4 프로(Phantom 4 Pro)는 1인치 센서를,

22) '바디(Body)'는 이러한 센서를 탑재한 카메라 본체를 의미한다.

매빅 3 엔터프라이즈(Mavic 3 Enterprise)는 4/3인치 센서를 탑재하며, 2,000만 화소(20 MP)의 고해상도 이미지를 제공한다. 또한, Matrice 300 및 350 RTK 모델은 Zenmuse P1 카메라를 지원하며, 35.9×24mm(풀프레임) 크기의 CMOS 센서[유효 픽셀: 4,500만 화소(45 MP), 픽셀 크기: 4.4 μm]를 탑재하여 다양한 촬영 요구를 충족시키고 있다.

센서 크기와 촬영 범위

드론 카메라에서 CMOS 센서 크기가 커지면 다양한 이점을 얻을 수 있다. 첫째, 높은 해상도뿐만 아니라 더욱 넓은 화각(Field of View, FOV)을 확보할 수 있으며, 아웃포커싱(Bokeh) 효과가 더욱 부드럽게 구현된다. 둘째, 영상 촬영 시 노이즈 감소 효과가 뛰어나 보다 선명하고 디테일한(세밀한) 이미지를 얻을 수 있다. 센서 크기가 커질수록 더 많은 빛을 받아들일 수 있으며, 이는 사진의 심도[23](深度, Depth of Field)와 계조[24](階調: gradation) 표현을 더욱 풍부하게 만든다. 또한, 픽셀 간 간섭이 줄어들어 노이즈가 감소하며, 이는 고화질 이미지에서 필수적인 요소로 작용한다.

센서 크기가 클수록 촬영할 수 있는 범위 또한 넓어진다. 물론, 렌즈의 초점 거리와 조리개 값도 화각에 영향을 미치지만, 동일한 조건이라면 센서 크기가 클수록 보다 넓은 영역을 포착할 수 있다. 작은 센서에서는 포착되지 않는 주변부의 빛까지 수용할 수 있어, 더욱 풍부하고 디테일한[25](Detail-oriented) 이미지를 구현할 수 있다.

결과적으로, 센서 크기는 단순한 화질 개선뿐만 아니라 촬영 방식과 결과물의 품질에도 직접적인 영향을 미치는 중요한 요소이며, 특히 드론 촬영, 항공 사진측량, 고해상도 영상 촬영 등 다양한 분야에서 핵심적인 역할을 한다.

이미지 센서와 화각

카메라의 화각(畫角, Field of View, FOV)은 사진이나 영상을 촬영할 때 핵심적인 개념으로서, 광학기기인 카메라가 한 번에 포착할 수 있는 장면의 범위를 의미한다. 특히, 드론에 탑재된 카메라에서는 화각이 곧 드론이 한 번에 시야에 담을 수 있는 공간의 범위를 결정짓는다. 즉, 화각이란 렌즈가 담아낼 수 있는 장면의 넓이를 뜻하며, 이를 통해 드론이 촬영 시 얼마나 넓은 배경을 포

---

23) 심도 : 초점이 맞는 깊이, 즉 '초점이 맞는 범위'이다. 보통 사진에서 말하는 '피사계 심도'라고 한다. 렌즈를 수동으로 조작할 수 있으므로, 초점이 맞는 범위를 DSLR 카메라 등은 조정이 가능하다. 렌즈의 조리개, 초점 거리를 변경하면 심도의 변화가 생긴다.

24) 계조 : 제일 어두운 부분(Shadow)으로부터 제일 밝은 부분(Highlight)까지의 농도 단계를 말하며, 어두운 부분과 밝은 부분이 존재하는 동시에 중간 농도가 풍부하면 "계조가 좋다"라고 하거나 풍부하다고 한다. 즉, 계조가 풍부하다는 말은 색 재현의 단계가 아주 세밀해서 더 자연스럽고 사실에 가깝다는 의미가 된다.

25) '디테일한'은 이미지의 세부 묘사가 정확하고, 미세한 요소들이 잘 표현된다는 것을 의미한다.

착할 수 있는지를 가늠할 수 있다.

화각은 크게 세 가지 유형으로 구분된다. 즉, 수평 화각(Horizontal FOV), 수직 화각(Vertical FOV), 그리고 대각선 화각(Diagonal FOV) 이다.

- 수평 화각(Horizontal FOV) : 렌즈가 좌우 방향으로 포착할 수 있는 시야의 각도를 의미하며, 가로로 펼쳐진 장면의 넓이를 결정한다. 수평 화각이 넓을수록 보다 많은 장면을 한 번에 담을 수 있어, 풍경 사진이나 단체 사진처럼 넓은 공간을 촬영하는 데 유리하다.
- 수직 화각(Vertical FOV) : 카메라가 상하 방향으로 포착할 수 있는 범위를 나타내며, 특히 높은 빌딩이나 수직 구조물을 촬영할 때 중요한 역할을 한다.
- 대각선 화각(Diagonal FOV) : 렌즈가 대각선 방향으로 포착할 수 있는 최대 범위를 의미하며, 사진 전체를 아우르는 시야의 가장 넓은 기준이 된다.

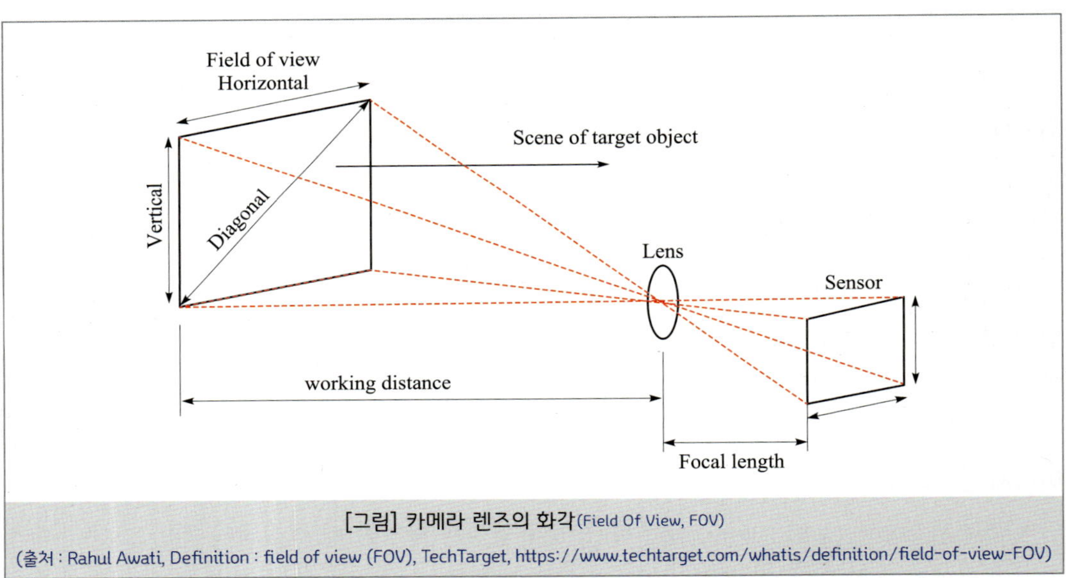

[그림] 카메라 렌즈의 화각(Field Of View, FOV)
(출처 : Rahul Awati, Definition : field of view (FOV), TechTarget, https://www.techtarget.com/whatis/definition/field-of-view-FOV)

화각은 렌즈의 초점 거리(focal length) 와 밀접한 연관이 있다. 초점 거리가 짧으면 화각이 넓어져 '광각 렌즈(Wide-angle Lens)'라 부르며, 이 렌즈는 한 번에 넓은 장면을 담을 수 있는 장점이 있다. 반면, 초점 거리가 길면 화각이 좁아지며 특정 대상을 더욱 가까이에서 크게 촬영할 수 있는데, 이를 '망원 렌즈(협각 렌즈; Telephoto Lens)'라고 한다.

- 광각 렌즈(Wide-angle Lens) : 넓은 화각을 제공하여 한 번에 많은 장면을 포착할 수 있으며, 풍경 촬영 및 공간감을 강조하는 데 유용하다. 주변 환경을 강조하며, 장면에 확장감을 부여한다.

인테리어 촬영이나 풍경 사진에서 활용되며, 좁은 공간에서도 넓은 장면을 담을 수 있어 유용하다.

• 망원 렌즈(Telephoto Lens) : 좁은 화각을 가지지만, 먼 거리의 대상을 선명하고 크게 포착할 수 있어 특정 피사체를 강조하는 촬영에서 효과적이다. 먼 거리의 대상을 확대하여 촬영할 수 있어, 스포츠 경기에서 선수들을 포착하거나 야생 동물 관찰과 같은 특수한 촬영 환경에서 널리 활용된다.

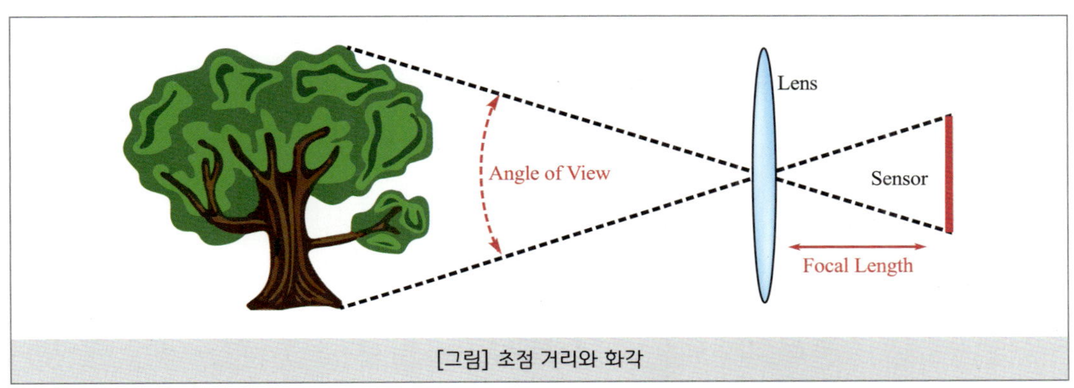

[그림] 초점 거리와 화각

카메라의 화각은 인간의 시야와도 비교될 수 있다. 일반적으로 사람의 눈은 약 120도 의 시야각을 가지며, 이 중 초점을 명확하게 맞출 수 있는 범위는 약 60도 정도이다. 광각 렌즈는 인간의 시야보다 넓은 영역을 포착할 수 있어, 웅장한 풍경을 강조하거나 좁은 공간에서도 넓은 느낌을 주는 데 유리하다. 반면, 망원 렌즈는 사람의 시야보다 훨씬 좁은 영역을 더욱 확대하여 세밀하게 담아낼 수 있어, 원거리 촬영에서 장점을 가진다.

참고 초점 거리와 화각

드론 촬영 시 초점 거리(focal length)와 화각(Field of View, FOV)의 관계에 대한 오해가 자주 발생한다. 대표적인 오해는 초점 거리가 길어질수록 드론의 비행고도가 높아지며, 촬영할 수 있는 영역이 확대된다는 것이다. 또는 초점 거리가 길수록 촬영 범위가 넓어져 작업 효율이 증가한다는 잘못된 인식도 있다.

그러나 실제로는 초점 거리가 길어질수록 화각이 좁아지고, 초점 거리가 짧아질수록 화각이 넓어진다. 즉, 초점 거리가 길수록 한 번에 촬영할 수 있는 범위는 감소하며, 동일한 면적을 촬영하기 위해서는 드론의 촬영 비행고도를 높여야 한다. 반대로 초점 거리가 짧으면 넓은 범위를 한 번에 촬영할 수 있어, 낮은 고도에서도 보다 넓은 지역을 포착할 수 있다.

초점 거리와 촬영 고도의 관계

이미지 센서 크기와 해상도가 동일한 경우, 초점 거리의 변화는 촬영 고도에 직접적인 영향을 미친다. 초점 거리가 긴 렌즈를 사용하면 동일한 면적을 촬영하기 위해 보다 높은 고도로 비행해야 하며, 이는 초점 거리가 길수록 화각이 좁아지기 때문이다. 따라서 촬영 면적과 촬영 비행 고도를 설정할 때, 초점 거리(focal length)와 화각(Field of View, FOV)의 관계를 정확히 이해하는 것이 중요하다.

- 초점 거리가 긴 렌즈 : 화각이 좁아지며, 같은 지표 면적을 촬영하기 위해 보다 높은 고도가 필요하다.
- 초점 거리가 짧은 렌즈 : 화각이 넓어지고, 낮은 고도에서도 광범위한 지역을 담을 수 있다.

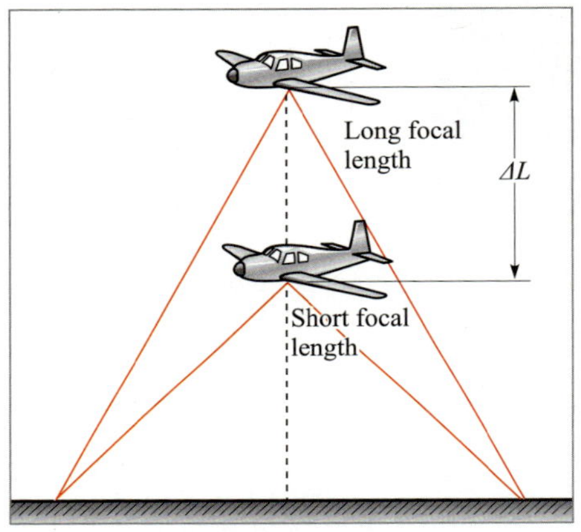

이러한 원리를 이해하는 것은 촬영 목적에 맞는 적절한 초점 거리와 화각을 선택하는 데 있어 필수적인 요소이다.

초점 거리와 화각

아래 그림은 초점 거리(Focal Length)가 화각'(FOV; Field of View 또는 시야각, Angle of View)에 미치는 영향을 나타낸다. 35mm 필름 기준으로 '초점 거리'(f, mm)와 '화각'(FOV; Field of View)에 따라서 렌즈를 초광각, 광각, 표준, 망원, 초망원으로 세분해서 구분한 것이다.

아래의 그림은 카메라 렌즈의 초점 거리(Focal Length)가 화각(FOV; Field of View, 또는 시야각, Angle of View)에 미치는 영향을 시각적으로 나타낸다. 이는 35mm 필름을 기준으로 초점 거리(f, mm)와 화각(FOV)의 관계에 따라 렌즈를 초광각(Ultra Wide), 광각(Wide Angle), 표준(Normal), 망원(Telephoto), 초망원(Super Telephoto) 등으로 세분하여 구분한 것이다.

카메라 렌즈의 초점 거리는 화각에 직접적인 영향을 미친다. 초점 거리가 짧을수록 넓은 화각을 제공하며, 반대로 초점 거리가 길어질수록 화각이 좁아지고 피사체가 더욱 크게 확대되는 특징이 있다. 이러한 특성에 따라 렌즈는 그 용도와 특성에 따라 여러 범주로 구분된다. 일반적으로 이러한 분류는 35mm 필름 또는 풀프레임(Full-frame) 센서를 기준으로 이루어진다.

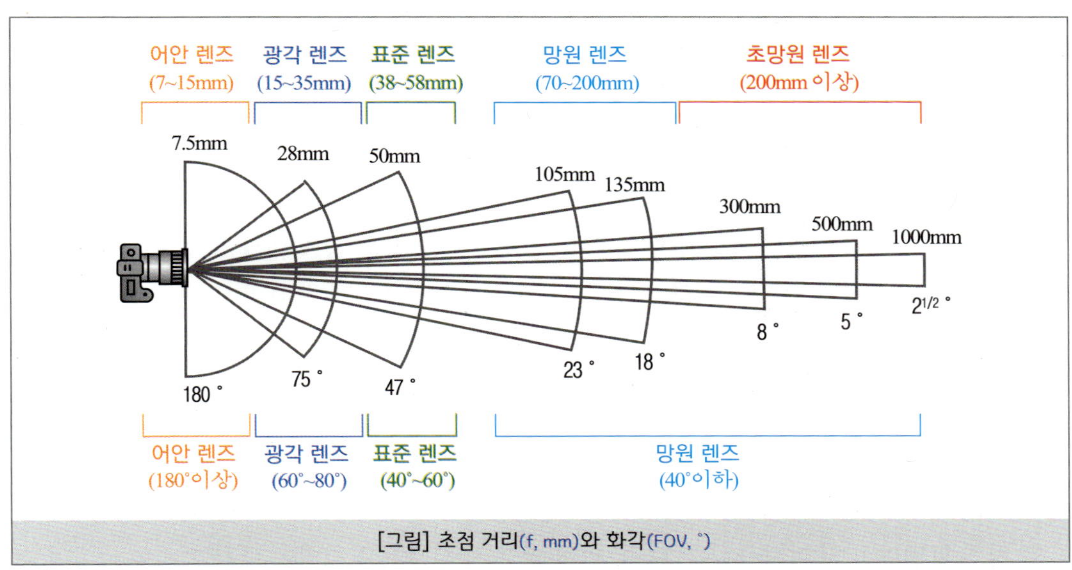

[그림] 초점 거리(f, mm)와 화각(FOV, °)

렌즈 종류	초점 거리(mm)	화각(°)	주요 용도
어안 (Fisheye)	8~16mm	180° 이상	강한 왜곡 효과, 둥근 이미지 표현 가능, 천체, 예술적 연출
초광각 (Ultra Wide)	16~24mm	100° 이상	원근감 강조, 넓은 시야 확보,풍경, 건축, 인테리어, 다큐멘터리
광각 (Wide Angle)	15∽35mm	60°~80°	풍경, 스냅, 실내 촬영
표준 (Normal)	38∽58mm	46°	인물, 거리, 음식, 제품
망원 (Telephoto)	70∽200mm	30°~10°	인물, 공연, 스포츠
초망원 (Super Telephoto)	200mm 이상	10° 이하	스포츠, 야생동물, 천체 촬영

이처럼 렌즈의 초점 거리와 화각은 촬영 결과물에 큰 영향을 미치므로, 촬영 목적과 환경을 고려하여 적절한 렌즈를 선택하는 것이 무엇보다 중요하다.

1. 어안 렌즈(Fisheye Lens)

어안 렌즈는 초광각 렌즈보다도 극단적인 화각을 제공하는 특수한 렌즈로, 직선이 휘어지는 강한 왜곡(Distortion)이 발생하는 것이 특징이다. 특히 이미지의 중심부를 제외한 주변부가 둥글게 휘어지는 특성을 보이며, 이를 통해 독특한 원근감과 극적인 느낌을 연출할 수 있다. 이러한 성질로 인해 어안 렌즈는 VR 콘텐츠 제작, 스케이트보드 영상 촬영, 천체 촬영 등에서 자주 활용된다.

2. 초광각 렌즈(Ultra Wide Lens)

초광각 렌즈는 초점 거리가 매우 짧아 극도로 넓은 화각을 제공하는 것이 특징이다. 이로 인해 한 장의 사진에 더 넓은 장면을 담을 수 있으며, 풍경 사진, 건축 사진, 실내 촬영, 다큐멘터리 사진 등의 분야에서 폭넓게 활용된다. 특히 넓은 공간을 한 프레임 안에 효과적으로 담을 수 있다는 장점이 있지만, 건축 촬영 시 수직선이 휘어지는 배럴 왜곡(Barrel Distortion)이 발생할 수 있으므로, 이러한 점을 고려한 촬영 기법이 필요하다.

3. 광각 렌즈(Wide Angle Lens)

광각 렌즈는 표준 렌즈보다 넓은 화각을 제공하며, 일반적으로 풍경 사진, 거리 스냅, 실내 공간 촬영 등에 적합하다. 배경과 환경을 강조하기 좋은 특성을 갖고 있어 스토리텔링이 필요한 사진 촬영에서 자주 사용된다. 다만, 인물 촬영 시 피사체를 가까이 배치할 경우 얼굴이 길어지거나 비율이 왜곡될 가능성이 있으므로, 신중한 구도 설정이 필요하다. 또한 근거리에서 촬영할 경우 왜곡이 발생할 수 있어, 이를 보완할 수 있는 촬영 기법을 익히는 것이 중요하다.

4. 표준 렌즈(Normal Lens)

표준 렌즈는 35mm 환산 초점 거리가 50mm 내외로, 인간의 시야와 유사한 화각을 제공하는 것이 특징이다. 이는 자연스러운 원근감을 유지하면서도 다양한 촬영에 활용될 수 있는 장점을 지닌다. 특히, 인물 촬영, 거리 사진, 음식 및 제품 촬영 등 여러 분야에서 균형 잡힌 구도를 제공하며, 선명한 화질과 왜곡이 거의 없는 자연스러운 결과물을 얻을 수 있다.

5. 망원 렌즈(Telephoto Lens)

망원 렌즈는 멀리 있는 피사체를 가깝게 당겨 촬영할 수 있도록 설계된 렌즈로, 주로 인물 촬영, 야외 행사, 공연 촬영 등에 활용된다. 초점 거리가 길수록 피사체와 배경의 분리가 더욱 뚜렷해지며, 배경이 부드럽게 흐려지는 아웃포커싱[26](Out-Focusing Effect) 효과가 더욱 강하게

26) 아웃포커싱 효과 : 초점이 맞지 않은 배경이나 전경을 흐리게 처리하여 피사체를 더욱 도드라지게 만드는 효과를 의미한다. 이는 주로 망원 렌즈나 밝은 조리개(F/1.2~F/2.8)를 사용하는 렌즈에서 두드러지게 나타난다. 아웃포커싱의 강도는 피사계 심도(Depth of Field, DoF)와 직접적으로 연결되며, 이를 조절함으로써 원하는 아웃포커싱 효과를 얻을 수 있다.

나타난다. 이러한 특성을 활용하면 피사체를 더욱 강조하는 촬영이 가능하다.

6. 초망원 렌즈(Super Telephoto Lens)

초망원 렌즈는 극도로 먼 거리에 있는 피사체를 클로즈업할 수 있는 렌즈로, 주로 스포츠 경기, 야생 동물 촬영, 천체 촬영 등의 분야에서 필수적으로 사용된다. 초점 거리가 길어질수록 카메라 흔들림(Shake)에 더욱 민감해지므로, 삼각대 사용이나 이미지 안정화 기술(Image Stabilization, IS)을 적극 활용하는 것이 필수적이다.

다음 그림은 초점 거리에 따른 화각의 차이를 예시로 보여주고 있다.

[그림] 초점 거리와 화각

(출처 : Wright, D., 2024, Understanding Focal Length and Angle of View, Great Big Photography World, https://greatbigphotographyworld.com/understanding-focal-length/)

렌즈의 선택은 단순히 초점 거리와 화각의 차이에 그치는 것이 아니라, 촬영 목적과 환경에 맞춰 신중하게 결정해야 한다. 각 렌즈의 특성을 이해하고 적절하게 활용한다면, 보다 창의적이고 효과적인 결과물을 얻을 수 있다.

경사 카메라와 초점 거리

초점 거리는 드론의 비행 효율성과 무관하다고 생각하는 경우가 많다. 이러한 견해는 수직 사진 촬영(vertical photography)에서는 어느 정도 타당할 수 있으나, 초점 거리가 길어질수록 드론이 보다 높은 고도로 비행해야 하므로 에너지를 더 많이 소비하게 된다. 이에 따라 비행시간이 단축되고, 결과적으로 전체적인 비행 효율성이 감소하게 된다.

드론 촬영의 효율성에 중대한 영향을 미치는 요소 중 하나는 카메라 렌즈의 초점 거리(focal length)와 촬영 각도(angle)이다. 특히, 경사 카메라(oblique camera)를 사용할 경우, 이러한 요소들은 촬영비행 경로 및 촬영 면적(coverage)에 밀접한 영향을 미친다. 경사 카메라는 지면을 약 45° 각도로 촬영하도록 설계되어 있으므로, 효과적인 이미지 데이터를 확보하기 위해서는 드론의 비행 경로를 보다 바깥쪽으로 확장할 필요가 있다.

경사 카메라의 촬영 각도는 렌즈의 중심선(optical axis)을 기준으로 직각 이등변 삼각형을 형성한다. 드론의 비행 자세를 고려하지 않고 단순히 촬영비행 계획을 수립하는 경우, 촬영비행 경로가 외부로 확장되는 거리는 일반적으로 드론의 촬영 비행고도와 동일해야 한다. 이때 가장 중요한 요소 중 하나가 바로 카메라 렌즈의 초점 거리이다. 긴 초점 거리의 렌즈를 사용할 경우, 촬영을 위해 촬영비행 경로를 더욱 확장해야 하므로 추가적인 에너지 소모가 불가피하다. 반면, 짧은 초점 거리의 렌즈는 상대적으로 넓은 영역을 효율적으로 촬영할 수 있으므로 촬영비행 경로를 덜 확장해도 동일한 커버리지를 확보할 수 있다. 즉, 동일한 촬영 범위를 유지한다는 가정하에, 짧은 초점 거리의 렌즈가 긴 초점 거리의 렌즈보다 더욱 효율적인 촬영을 가능하게 하며, 이는 결과적으로 드론의 촬영비행 시간 연장 및 비용 절감으로 이어진다.

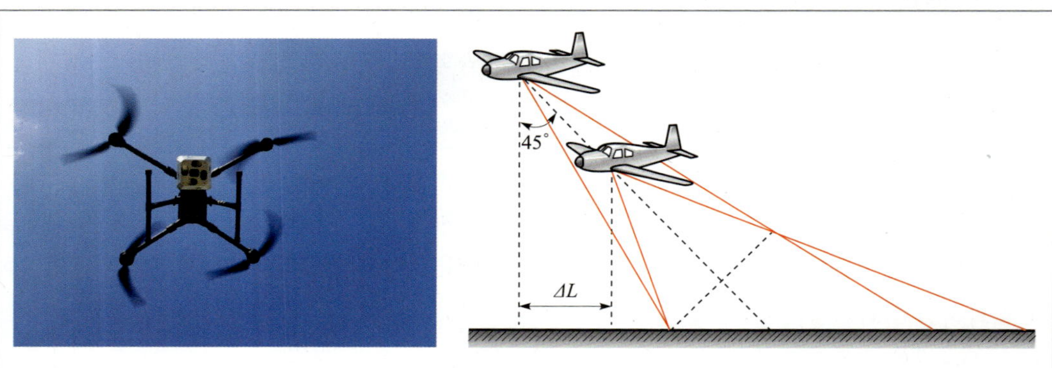

[그림] (좌) 경사 카메라, (우) 촬영 각도

경사 카메라(Oblique Camera)는 하나의 수직 렌즈와 45° 각도로 경사진 네 개의 렌즈로 이루어진 구조를 갖추고 있으며, 이를 통해 총 다섯 개의 방향을 동시에 촬영할 수 있는 특성을 지닌다. 본 사진의 경사 카메라는 Riebo사의 DG4M 모델로서, 한 번의 촬영으로 다섯 개의 방향에서 촬영된 이미지를 획득할 수 있다. 각 이미지의 해상도는 약 4,200만(42 MP) 화소에 달하여, 정밀한 데이터 수집과 고품질의 영상 제공이 가능하다.

드론을 활용한 지적 측량(cadastral surveying)이나 평지에서의 데이터 수집 작업에서 효율성을 극대화하기 위해서는 카메라의 선택이 매우 중요하다. 작업 환경에 따라 최적의 카메라 유형이 달라질 수 있는데, 평지에서 수행되는 단순한 지적 측량 작업의 경우, 하프 프레임(half-frame) 경사 카메라를 사용하는 것이 효율적인 선택이 될 수 있다. 하프 프레임 카메라는 경량이며 운용이 용이하여 드론의 촬영비행 시간을 최적화하는 데 유리하며, 간단한 지형 정보를 신속하게 수집할 수 있는 장점을 지닌다.

특히, 미디엄 포맷 카메라는 대규모 프로젝트에서 탁월한 성능을 발휘할 수 있다. 대형 센서를 탑재하여 더욱 높은 해상도와 넓은 다이내믹 레인지(dynamic range)를 제공하므로, 도심의 고층 건물이나 복잡한 지형에서의 세부적인 데이터 수집에 매우 적합하다. 이러한 특성으로 인해 대규모 도시 프로젝트나 복잡한 지형을 대상으로 하는 경우에는 풀프레임 또는 미디엄 포맷 카메라의 활용이 가장 적절한 선택이 될 것이다.

밝기와 f-stop

f-stop 값은 렌즈의 조리개 크기를 나타내며, 촬영된 이미지의 밝기와 심도(Depth of Field)에 직접적인 영향을 미친다. 조리개(Aperture)는 렌즈를 통해 들어오는 빛의 양을 조절하는 역할을 하며, f-stop 값이 낮을수록 조리개가 더욱 개방되어 더 많은 빛이 카메라 센서로 유입된다. 이는 저조도 환경에서도 보다 밝고 선명한 이미지를 얻을 수 있도록 하며, 특히 야간 촬영이나 조명이 부족한 환경에서 결정적인 역할을 한다.

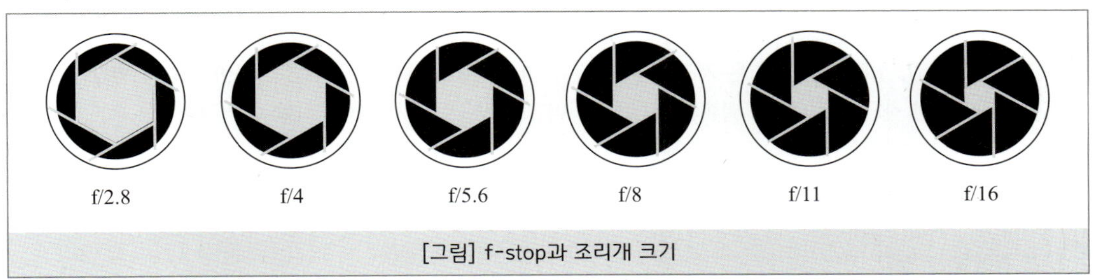

[그림] f-stop과 조리개 크기

또한, f-stop 값은 심도에도 영향을 미친다. 낮은 f-stop 값은 얕은 심도를 제공하여 피사체를 강조하고 배경을 자연스럽게 흐리게 만들어 보다 예술적인 효과를 연출할 수 있다. 반대로, 높은 f-stop 값은 심도가 깊어지면서 배경까지 선명하게 포착할 수 있도록 한다. 이러한 특성으로 인해 f-stop 값의 설정은 촬영 목적과 환경에 따라 신중하게 조절되어야 하며, 드론 촬영에서는 조명 조건과 피사체의 특징을 고려한 선택이 필수적이다. f-stop 값이 낮을수록 조리개가 크게 열려 더 많은 빛을 받아들일 수 있어, 저조도 환경에서도 밝고 균형 잡힌 이미지를 얻는 데 유리하다.

[그림] f-stop에 따른 심도 변화

Mavic 3 Enterprise RTK는 f/2.8의 조리개 값으로 설계되어 있어, 저조도 환경에서도 탁월한 성능을 발휘한다. 이는 야간 촬영이나 터널과 같은 어두운 작업 환경에서 특히 유용하다. 반면, M300 RTK와 M350 RTK는 보다 높은 f-stop 값을 제공하며, 조리개 조절 기능을 통해 다양한 촬영 조건에 유연하게 대응할 수 있도록 설계되어 있다.

참고 감도(Sensitivity)와 다이내믹 레인지(Dynamic Range)

인간의 눈과 디지털 카메라는 모두 탁월한 감도와 넓은 다이내믹 레인지(dynamic range)를 갖추고 있으며, 각각 고유한 방식으로 다양한 조명 조건에 적응한다. 인간의 눈은 약 10~14 스톱(f-stops)의 다이내믹 레인지를 감지할 수 있으며, 이는 DSLR(Digital Single-Lens Reflex Camera, 디지털 일안반사식 카메라)와 유사한 수준이다. 그러나 빛의 변화에 대한 적응성과 감도의 조절 능력에서는 인간의 눈이 카메라보다 훨씬 뛰어나다.

인간의 눈의 감도와 조절 능력

눈의 감도는 주변 조명 환경에 따라 크게 변화한다. 밝은 낮에는 ISO 감도(ISO speed) 환산 값이 약 1에서 1,000 사이로 추정되며, 실내 조명과 같은 저조도 환경에서는 16,000 수준까지 올라간다. 극한의 야간 환경에서는 ISO 800,000에 해당하는 감도를 발휘할 수 있어, 미약한 빛만으로도 사물을 인식할 수 있다.

이러한 뛰어난 적응력은 망막(retina)에 존재하는 간상세포(rod cells)와 원추세포(cone cells) 덕분이다. 원추세포는 밝은 환경에서 색을 감지하고 선명한 시각 정보를 제공하는 반면, 간상세포는 어두운 환경에서 활성화되어 빛의 세기를 감지하는 역할을 한다. 두 세포가 협력하여 눈은 밝은 대낮부터 어두운 밤까지 다양한 조명 조건에서 빠르게 적응할 수 있다.

디지털 카메라의 다이내믹 레인지와 한계

디지털 SLR 카메라는 넓은 광 강도 범위에서 촬영할 수 있도록 설계되었지만, 인간의 눈과 비교하면 감도와 적응성에서 다소 제한적이다. 최신 카메라 기술과 이미지 처리 알고리즘을 활용하면 매우 뛰어난 사진을 촬영할 수 있지만, 여전히 극단적인 명암 대비에서는 한계를 보인다.

예를 들어, 한낮의 강한 햇빛과 깊은 그림자가 공존하는 장면에서는 카메라가 한 번의 촬영으로 모든 영역의 디테일을 포착하기 어렵다. 밝은 부분이 과노출(overexposure)되거나, 어두운 부분이 저노출(underexposure)되어 디테일이 손실될 수 있다.

이를 보완하기 위해 HDR(High Dynamic Range) 촬영 기법이 활용된다. HDR 촬영은 서로 다른 노출 값(exposure value, EV)으로 촬영한 여러 장의 이미지를 합성하여 밝은 영역과 어두운 영역을 모두 균형 있게 표현할 수 있도록 한다. 또한, 카메라는 장노출(long exposure) 촬영을 활용하여 인간의 눈이 밤에 적응하는 방식과 유사하게 더 많은 빛을 수집함으로써 저조도 환경에서도 선명한 이미지를 구현할 수 있다.

짐벌과 비행 안정성

짐벌(Gimbal)은 축(axis)의 개수에 따라 2축 짐벌과 3축 짐벌 등으로 구분된다. 여기서, 축의 방향은 드론의 진행 방향을 x축으로 설정했을 때를 기준으로 설명할 수 있다. 2축 짐벌은 피칭(Pitching, x축을 기준으로 드론의 앞뒤 움직임)과 롤링(Rolling, y축을 기준으로 드론의 좌우 기울기)을 보정하는 기능을 제공하며, 주로 저가형 드론에 사용된다. 기본적인 안정화에는 충분하지만, 드론이 좌우로 회전할 때(요잉, Yawing, z축을 기준으로 드론의 회전) 화면 흔들림을 완벽히 잡아내지는 못한다.

반면, 3축 짐벌은 피칭, 롤링, 요잉을 모두 보정하여, 전방위적인 안정성을 확보할 수 있다. 이로 인해 3축 짐벌은 고화질 영상 촬영과 같이 더욱 높은 안정성이 요구되는 작업에서 필수적으로 사용되며, 산업용 드론에서도 널리 채택되고 있다.

짐벌을 사용하면 다음과 같이 카메라의 방향을 정밀하게 조정할 수 있다.

1. 틸트(Tilt) 촬영 기법 : 틸트[27]는 카메라의 위치를 고정한 상태에서 앵글만 위아래로 이동시키는 촬영 방식이다. 카메라의 위치를 고정하고 렌즈를 위로 향하거나(Tilt Up) 아래로 향하는(Tilt Down) 촬영기법으로서, 틸팅(Tilting)이라 한다.

2. 팬(Pan) 촬영 기법 : 팬[28]은 "파노라마 같은 뷰잉(Panoramic viewing)"에서 유래한 용어로서, 카메라의 위치는 고정한 채 좌우로 이동하며 풍경을 촬영하는 방식이다. 카메라의 위치를 고정하고 렌즈를 좌로 향하거나(Pan Left, PL) 우로 향하는 촬영기법(Pan Right, PR)으로서, 패닝(Panning)이라 한다.

3. 롤(Roll) 촬영 기법 : 롤[29]은 카메라가 좌우로 기울어지는 촬영 방식이다. 카메라의 렌즈를 회전시켜 화면이 반시계 반향으로 돌거나(Roll Left, RL) 시계반향으로 돌리는 촬영기법(Roll Right, RR)으로서, 롤링(Rolling)이라 한다. 흔히, 영화 촬영에서 극적인 장면을 연출할 때 사용되며, 드론 촬영에서도 독특한 시각적 효과를 부여할 수 있다.

27) 피치(Pitch) : 카메라가 위아래로 움직이는 것을 "끄덕끄덕"하는 동작에 비유할 수 있다.
28) 요(Yaw) : 카메라가 좌우로 회전하는 것을 "도리도리"하는 동작에 비유할 수 있다.
29) 롤(Roll) : 카메라가 좌우로 기울어지는 촬영 방식으로, "갸우뚱"하는 동작과 유사하다.

짐벌은 드론 카메라의 성능을 극대화하는 핵심 부품으로, 촬영 품질을 결정짓는 중요한 역할을 한다. 그 역할은 크게 세 가지로 구분할 수 있다.

1. 진동 방지 및 안정화 : 드론이 비행하는 동안 바람, 기체의 움직임 등 외부 환경 요인으로 인해 발생하는 진동을 최소화한다. 이로 인해 더욱 부드러운 영상을 촬영할 수 있으며, 특히 고속 비행이나 강풍 속 촬영 시에도 흔들림 없는 결과물을 확보할 수 있다.

2. 부드러운 화면 이동 : 짐벌은 카메라가 자연스럽게 움직일 수 있도록 돕는다. 이를 통해 드론이 움직이더라도 카메라 시선이 부드럽게 유지되며, 사진측량(Photogrammetry), 다큐멘터리, 영화 제작 등에서도 끊김 없는 자연스러운 영상 촬영이 가능하다.
   - DJI Mavic 3 Enterprise RTK의 3축 짐벌은 다음과 같은 기계적 범위를 가진다.
     - 틸트(Tilt) : -135°~100°
     - 롤(Roll) : -45°~45°
     - 팬(Pan) : -27°~27°
   - M300 RTK 및 M350 RTK에 장착된 DJI Zenmuse P1 카메라의 3축 짐벌 기계적 범위
     - 틸트(Tilt) : -130°~+40°
     - 롤(Roll) : -55°~+55°
     - 팬(Pan) : ±320°

3. 카메라 각도 조절 : 비행 중에도 조종기의 명령에 따라 카메라 각도를 자유롭게 조절할 수 있다. 이를 활용하면 특정 피사체를 지속적으로 추적하거나, 다양한 각도에서 촬영하여 더욱 다채로운 영상을 얻을 수 있다. 이러한 기능은 구조 작업, 시설 점검, 인프라 모니터링과 같은 산업 현장에서 특정 지점을 정확하게 기록하고 관찰하는 데 매우 유용하다.

짐벌은 드론 촬영의 품질을 결정짓는 중요한 요소로, 진동 방지, 부드러운 화면 이동, 카메라 각도 조절 등의 기능을 통해 촬영 안정성을 극대화한다. 특히, 3축 짐벌은 고품질 영상 촬영과 정밀한 데이터 수집이 요구되는 환경에서 필수적인 장치로서, 다양한 산업 분야에서 그 활용성이 확대되고 있다.

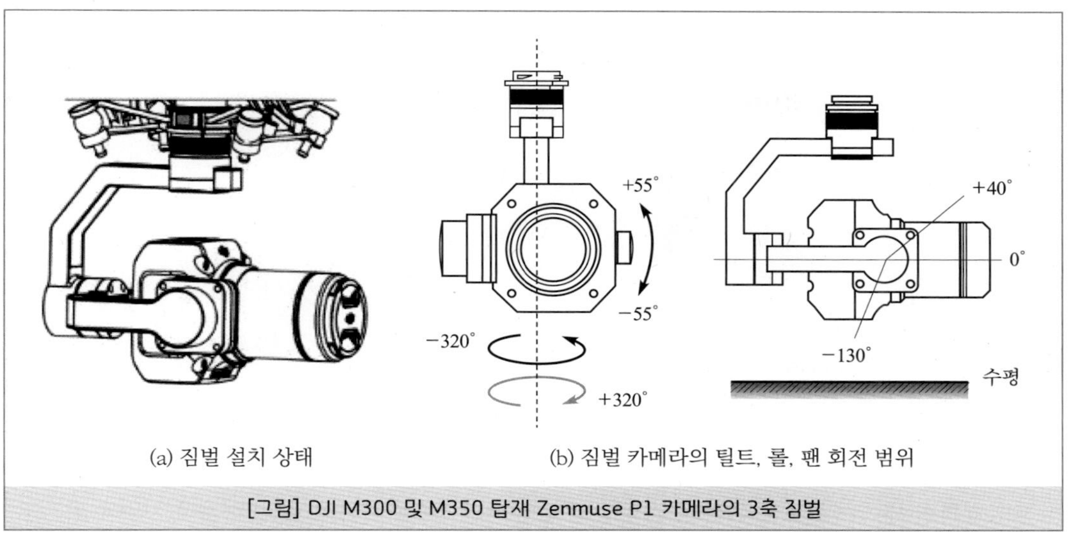

(a) 짐벌 설치 상태

(b) 짐벌 카메라의 틸트, 롤, 팬 회전 범위

[그림] DJI M300 및 M350 탑재 Zenmuse P1 카메라의 3축 짐벌

Chapter 4
드론 촬영

드론 촬영

4장은 정확한 데이터 확보를 위한 필수 과정인 드론 사진측량을 위한 촬영 절차 가이드이다. 최근 드론(Drone)을 활용한 사진측량(Photogrammetry) 기술이 급속도로 발전하면서 건설, 도시 계획, 환경 모니터링 등 다양한 분야에서 적극적으로 활용되고 있다. 기존의 항공기 기반 지상측량보다 비용과 시간이 절감되는 동시에, 고해상도의 공간정보를 효율적으로 수집할 수 있어 많은 관심을 받고 있다. 그러나, 성공적인 드론 사진측량을 위해서는 체계적인 사전 준비와 철저한 절차가 필수적이다. 이에 따라 드론 촬영을 안전하고 효과적으로 수행하기 위한 다섯 가지 주요 단계를 살펴본다.

1. 드론 촬영을 위한 사전 법적 준비 절차

드론 촬영을 진행하기 전, 반드시 관련 법적 요건을 검토하고 필요한 허가를 확보해야 한다. 국내에서는 드론 촬영비행을 위해 촬영비행 계획서 제출, 비행 금지 구역(Fly Restriction Zone) 확인, 필요 시 관계 기관의 승인 절차를 거쳐야 한다. 이는 불필요한 법적 문제를 방지하고 안전한 비행을 보장하기 위한 중요한 절차다.
특히, DJI는 자체적인 지오펜싱(Geo-Fencing) 시스템을 운영하여 전 세계 공항 주변 등 특정 지역에서 드론 운용을 제한하고 있다. 따라서 GEO 구역에서 드론 비행 및 촬영을 계획하는 조종자는 국내법에 따른 비행 승인과 항공촬영 신청뿐만 아니라, DJI의 GEO '잠금 해제(Unlocking)' 절차를 반드시 수행해야 한다. 이를 간과할 경우 비행이 제한될 수 있으므로, 철저한 사전 준비가 필요하다.

2. 드론 사진측량을 위한 사전 비행경로 설정

효율적인 데이터 수집을 위해서는 촬영할 지역을 명확히 정의하고, 최적의 촬영비행경로를 계획해야 한다. 촬영비행경로 설계 시 중복도(Overlap), 지상 해상도(GSD, Ground Sampling Distance), 촬영 비행고도, 드론 기체와 카메라 사양 등을 고려해야 한다. 자동 비행 소프트웨어를 활용하면 정밀한 비행경로 설정이 가능하며, 데이터 수집의 일관성을 유지할 수 있다.
또한, 특정 지역에서 측량 데이터를 반복적으로 수집해야 할 경우 동일한 촬영비행경로를 유지하는 것이 중요하다. 이를 위해 미리 설정된 미션을 저장하고 활용할 수 있는 기능이 있는 소프트웨어를 사용하는 것이 바람직하다.

3. RTK 드론을 위한 네트워크 RTK 연결 방법

RTK(Real-Time Kinematic) 드론은 실시간 GNSS(Global Navigation Satellite System) 위치 보정 신호를 활용하여 사진측량의 정확도를 크게 향상시킬 수 있다. 이를 위해서는 네트워크 RTK(Network RTK) 시스템을 활용하여 드론을 보정 신호에 연결해야 한다.

RTK 모드를 활성화한 후, 기준국(Base Station) 데이터를 수신하면 위치 정보의 오차를 최소화할 수 있으며, 이를 통해 고정밀 측량 데이터를 확보할 수 있다.

4. 드론 사진측량을 위한 촬영 조건과 준수 사항

고품질의 측량 데이터를 확보하기 위해서는 촬영 환경과 장비 설정을 철저히 관리해야 한다. 특히 공공 측량 및 정밀 지도 제작, 3D 모델링 등에서는 기상 조건, 촬영비행경로, 카메라 설정 등이 중요한 요인으로 작용한다.

- 기상 조건 확인 : 바람이 강한 날이나 흐린 날에는 촬영이 어렵고 데이터 품질이 저하될 수 있으므로, 맑고 바람이 적은 날을 선택해야 한다.
- 카메라 설정 최적화 : ISO, 셔터 속도(Shutter Speed), 초점거리(Focal Length), 화이트 밸런스(White Balance) 등을 최적의 상태로 조정해야 한다.
- 촬영비행 패턴 유지 : 일관된 촬영비행 패턴을 유지하여 촬영 이미지 간 중복도를 확보하고, 분석 및 정합 과정에서 오류를 최소화해야 한다.

5. 드론 사진측량을 위한 드론 및 카메라 선택

드론 사진측량의 성공 여부는 기체와 카메라의 성능에 크게 좌우된다. 고해상도 이미지를 촬영할 수 있는 드론을 선택하는 것이 중요하며, 일반적으로 측량용 드론은 다음과 같은 성능 기준을 충족해야 한다.

- 안정적인 이·착륙 및 자동 복귀 기능 : 배터리 부족 시 자동 복귀(Return-to-Home) 기능이 필수적이다.
- 고해상도 촬영 가능 : 최소 20MP 이상의 카메라를 탑재해야 하며, 풀프레임(Full-Frame) 센서가 적용된 모델이 보다 정밀한 데이터를 수집할 수 있다.
- GNSS 보정 기능 지원 : RTK 또는 PPK 기능이 내장된 모델이 정밀 측량에 적합하다.
- 장시간 비행 가능 : 효율적인 데이터 수집을 위해 30분 이상의 비행 시간을 제공하는 모델이 유리하다.

6. 드론 사진측량 실습 및 데이터 분석

본격적인 드론 사진측량 실습을 위해, 본 책에서는 충청북도 청주시 흥덕구 오송읍에 위치한 오송국민체육센터 및 그 주변 지역을 촬영 대상으로 선정하였다. 현장에서 진행된 실습 과정에서는 데이터 수집부터 처리까지의 전 과정을 다루었으며, 촬영된 이미지가 어떻게 분석되고 활용되는지를 상세히 설명한다. 또한, 각종 변수에 따른 촬영 결과의 차이를 비교 분석하여, 보다 정밀한 측량 데이터를 확보하기 위한 팁과 노하우를 제공한다.

1. 드론 촬영비행 승인 및 사진촬영 신청

1-1 드론 촬영을 위한 사전 법적 준비 절차

최근 드론(Drone)을 활용한 영상 촬영과 항공사진 작업이 다양한 산업 분야에서 각광받고 있다. 그러나 드론을 이용한 촬영 활동은 단순히 비행 기술만이 아니라, 관련 법적 절차를 철저히 준수해야 합법적인 비행이 가능하다. 안전한 드론 운용과 촬영을 위해서는 비행 승인(Flight Approval), 항공 촬영 신청, 개인정보보호법 준수, 그리고 GEO 구역 잠금 해제(Unlocking GEO Zone Restrictions) 등 여러 가지 법적 절차를 사전에 이행해야 한다. 이러한 절차를 무시할 경우 법적 제재를 받을 수 있으므로 각 단계에 대한 철저한 준비가 필요하다.

I. 드론 촬영비행 승인 및 항공촬영 신청

참고 비행승인 및 촬영신청

「드론지적측량규정」 제6조(비행승인 및 촬영신청)

드론조종자는 「항공안전법」 제127조 및「군사기지 및 군사시설 보호법」 제10조에 따라 관할 지방항공청장과 관할부대장 등에게 비행승인 및 촬영허가를 받아야 한다. 다만, 비행제한 구역이 아닌 개활지 등 촬영금지 시설이 명백하게 없는 곳의 촬영일 경우는 제외한다.

드론의 활용이 급속도로 확대됨에 따라, 상업적 용도와 취미적 용도로 드론을 운용하는 이들이 지속적으로 증가하고 있다. 이와 같은 드론 사용의 증가로 인해, 촬영비행 가능한 공역과 비행 승인의 여부에 대해 많은 사람들이 관심을 가지게 되었으며, 특히 법적 요구 사항을 명확히 이해하지 못해 자칫 불법 비행의 위험에 노출될 가능성이 높아지고 있다.

우리나라는 항공안전법에 따라 특정 조건하의 드론 비행에 대해 엄격한 규제를 두고 있으며, 이를 준수하지 않을 경우 안전사고 발생의 우려와 더불어 법적 처벌에 이를 수 있다. 이러한 규제는 공중(空中; airspace)과 지상(地上; ground)의 안전을 최우선으로 하는 항공 정책의 일환으로, 드론 조종자는 비행 전 필수적인 정보 숙지와 절차 준수가 요구된다. 즉, 드론 비행에 앞서 관련 법규를 철저히 이해하고, 이를 기반으로 필요한 모든 행정적 절차를 사전에 완료하는 것이 중요하다.

비행 승인 대상

비행 승인이 필요한 경우는 크게 세 가지로 나뉜다.

• 최대이륙중량(Maximum Take-off Weight, MTOW) 25kg 초과 드론
• 고도 150m 이상 비행
• 관제권(Control Zone) 및 비행금지구역(No-Fly Zone) 내 비행

이 조건 중 하나라도 해당되는 경우, 드론 비행자는 사전에 반드시 관련 기관으로부터 비행 승인을 받아야 한다. 비행 승인 없이 규정을 위반할 경우, 과태료 부과의 대상이 될 수 있다.

비행 승인 없이 가능한 공역

비행 승인이 필요하지 않은 초경량비행장치 공역인 UA(Ultra-light Aircraft) 공역은 전국적으로 총 32개 지역에 지정되어 있으며, 이들 공역에서는 비교적 자유롭게 드론 비행이 가능하다. 대표적인 UA 공역은 양평[UA9], 시화[UA19], 고흥[UA22], 대전[UA41] 등이 있으며, 대부분 지상 150m(500피트) 고도까지 비행이 허용된다.

[주] 공공데이터포털(www.data.go.kr)의 "국토교통부_항공레저_초경량비행장치공역" 데이터 참조
https://www.data.go.kr/data/15061946/fileData.do?recommendDataYn=Y

이 외에도 최대이륙중량 25kg 이하의 무인동력비행장치, 즉 드론은 관제권 및 비행금지 공역을 제외한 지역에서 고도 150m 미만으로 비행할 경우 비행 승인이 필요 없다.

관제권 및 비행금지구역

드론 비행이 원칙적으로 금지되는 공역은 다음과 같다.

• 비행금지구역 : 휴전선 인근[P518], 서울 강북지역[P-73] 등
• 관제권[1)] : 공항 반경 9.3km(5 NM[2)]) 이내의 지역
• 원자력 발전시설 주변 : 고리[3)]/새울[4)]원전[P61], 월성[5)]원전[P62], 한빛[6)]원전[P63], 한울[7)]원전

---

1) 관제권(Control Zone) : 계기비행 항공기가 이착륙하는 공항 주위에 설정되는 공역으로 공항중심(ARP)으로부터 반경 5NM 내에 있는 원통구역과 계기출발 및 도착절차를 포함하는 공역
   - 수평범위 : 비행장 또는 공항 반경 5NM
   - 수직범위 : 지표면으로부터 3,000ft ~ 5,000ft
2) NM(nautical mile; 해리·海里) : 길이(거리)의 단위로서, 국제단위계에는 속하지 않지만, 해양 및 항공 분야에서 많이 사용되며, 국제법과 조약, 특히 영해를 정하는 데 자주 사용된다. 단위는 nautical mile을 줄여 NM으로 표기한다. 1929년에 국제수로국에서 정의한 1 해리의 길이는 위도 45°에서 위도 1'에 해당하는 길이로서 1,852m이다. 즉, 1 NM = 1.852km.
   한편, 1 노트(knot; kn)는 1시간 동안 1해리를 간 속력이다.
3) 부산광역시 기장군 장안읍 해맞이로
4) 울산광역시 울주군 서생면 해맞이로
5) 경북 경주시 양남면 동해안로
6) 전남 영광군 홍농읍 홍농로
7) 경북 울진군 북면 울진북로

[P64], 대전광역시 원자력연구원[8][P65] 등의 반경 18.5km 이내의 지역

- 고도 150m 이상의 모든 지역
- 인구밀집지역 상공(「항공안전법 시행규칙」 제310조 제1항 제2호[9])

참고 통제 공역

공역 항공교통의 안전을 위하여 항공기의 비행을 금지하거나 제한할 필요가 있는 공역

- **비행금지구역**(P, Prohibited Area)
  안전, 국방상, 그 밖의 이유로 항공기의 비행을 금지하는 공역
  예) P73A, P73B, P518, P518W, P518E 등
- **비행제한구역**(R, Restricted Area)
  항공사격 · 대공사격 등으로 인한 위험으로부터 항공기의 안전을 보호하거나 그 밖의 이유로 비행 허가를 받지 않은 항공기의 비행을 제한하는 공역
  예) R74, R107 등
- **초경량비행장치 비행제한구역**(URA, Ultralight Vehicle Restricted Area)
  초경량비행장치의 비행안전을 확보하기 위하여 초경량비행장치의 비행활동에 대한 제한이 필요한 공역
  예) 초경량비행장치비행구역(UA) 구역 외 전 지역

비행금지 구역에서의 비행은 안전, 국방상, 그 밖의 이유로 항공기의 비행을 금지하는 공역이므로, 특별한 주의가 필요하다. 예를 들어, 원자력 발전시설 반경 3.7km(A구역) 내에서는 합동참모본부의 승인이 필요하며, 3.7km~18.5km(B구역)는 지방항공청의 승인을 받아야 한다. 이러한 규정을 위반할 경우 중대한 법적 제재를 받을 수 있다.

---

8) 대전광역시 유성구 대덕대로

9) 제310조(초경량비행장치 조종자의 준수사항) ① 초경량비행장치 조종자는 법 제129조 제1항에 따라 다음 행위를 해서는 안 된다.
2. 주거지역, 상업지역 등 인구가 밀집된 지역이나 그 밖에 사람이 많이 모인 장소의 상공에서 인명 또는 재산에 위험을 초래할 우려가 있는 방법으로 비행하는 행위

비행 가능 공역 확인 방법

드론 비행자는 사전에 비행 가능 공역 및 규제를 스마트폰 및 PC 앱(Application)인 "드론 원스톱 민원 포털서비스"(https://drone.onestop.go.kr)에서 확인할 수 있다. 드론 비행 전 스마트폰 어플 또는 홈페이지를 통해 다음의 사항을 확인할 수 있다.

구분	내용
드론 원스톱 민원 포털서비스 (drone.onestop.go.kr)	드론 관련 전국 비행금지구역 등 공역 현황 및 각종 민원신청(비행신청, 촬영신청 포함) 및 확인

반드시 드론 원스톱 정보를 미리 확인하여, 비행 승인 및 촬영 신청이 필요한 경우에는 민원 신청을 진행해야 한다. 민원 신청을 하기 전에 먼저 공역 확인이 필요하다. 공역에는 비행 금지 공역, 비행 제한 공역, 관제권 등 다양한 공역이 존재한다. 따라서 비행 승인이 필요한 공역과 그렇지 않은 공역을 확인하는 작업이 필요하다.

확인하는 방법은 다음의 그림과 같이 "드론 원스톱 민원 포털서비스" 화면에서 "비행 계획 / 비행가능 지역 검색" 메뉴창의 "지도로 확인하기"를 클릭하여, 드론 비행 및 촬영하고자 하는 지역의 공역 상황을 확인할 필요가 있다.

[그림] "드론 원스톱 민원 포털서비스" 초기화면
(출처: https://drone.onestop.go.kr/)

다음 그림과 같이 지역이 검색 가능한 지도 페이지가 나오면, 공역과 지역, 구역이 어떻게 설정되어 있는지 볼 수 있다. 마우스 휠을 사용하여 지도를 확대해 볼 수 있다. 수도권과 인천, 경기도 지역을 보면 빨간색으로 빗금이 있는 부분은 금지 공역이며, 초록색으로 서울을 감싸고 있는 구역은 제한 구역이다. 대표적으로 인천공항과 김포공항은 관제권이 설정되어 있다. 만약 드론 비행을 하려는 목적지가 금지, 제한, 관제권에 해당된다면 반드시 사전에 비행 승인과 촬영 신청을 진행해야 한다. 그렇지 않은 일반 공역은 조종자 준수 사항만 맞춘다면 비행 승인 없이 비행이 가능하다.

비행 승인 여부를 자세히 확인하는 방법은 왼쪽 하단의 주소 검색을 통해 가능하다. 검색된 지역이 비행 승인이 필요한 지역은 관할 기관 비행 승인이 필요하다는 안내가 나온다. 반대로, 일반 공역을 클릭하면 비행 승인이 불필요하다고 나온다. 조종자 준수 사항을 준수해 달라는 내용이 기재되어 있으며, 이를 클릭하면 주간, 고도 150m 미만, 최대 이륙 중량 25kg 이하의 무인동력 비행 장치는 비행 승인 없이 비행이 가능하다는 안내가 나온다.

[그림] 우리나라의 비행가능 공역, 관제권 및 비행금지구역 현황

(출처 : 드론 원스톱 민원 포털서비스)

공역을 확인한 후 비행 승인이 필요하지 않다면 촬영 신청만 해도 된다.

항공촬영

이전에는 드론을 이용한 항공촬영을 위해 별도의 허가 절차를 반드시 거쳐야 했다. 특히, 대부분의 항공촬영 대상 지역이 군부대의 관할 범위에 속하는 경우가 많아, 전국 어디에서든 촬영 전에 허가를 받는 것이 필수적이었다. 예를 들어, 산, 강, 바다, 공원, 학교 운동장과 같은 국토 전역에 대해 드론을 이용해 촬영하고자 할 경우, 사전 허가가 요구되었으며, 이는 촬영의 복잡성을 증가시키고 드론 운용자들에게 상당한 행정적 부담을 주었다.

신성장 산업인 드론 개발·생산 및 드론 활용 사업에 필수적으로 수반되는 항공 촬영에 대한 허가제도는 드론산업의 성장 저해 요인이라는 지적이 꾸준히 제기됐다. 드론 보급이 증가해 취미용 드론으로 항공 촬영하는 개인이 늘어나면서 국민 불편 민원도 이어졌다. 이에 따라 2022년 12월 1일부로 드론 항공촬영과 관련된 「항공촬영 지침서」의 법령이 대폭 개정되었는데, 가장 중요한 변화는 기존의 '허가제'에서 '신청제'로의 전환이다. 개정된 규정에 따르면, 촬영하고자 하는 지역에 군사시설 등 촬영 금지시설이 포함되지 않은 경우 별도의 신청 절차 없이도 촬영이 가능하게 되었다.

드론을 이용한 항공촬영을 계획하는 사람이라면, 촬영금지 구역이 명백히 없는 개활지(Open Field)를 제외하고는 반드시 촬영 지역에 금지 시설이 포함되어 있는지 여부를 확인해야 한다. 국방부는 '드론 원스톱 민원서비스'를 통해 항공촬영 신청을 접수하고 있으며, 촬영 금지시설이 없는 지역에 대해서는 별도의 신청 없이도 촬영을 허용하고 있다. 만약 촬영신청을 통하여 촬영 금지시설이 포함되지 않았음을 확인받은 경우, 해당 확인서는 1년 동안 유효하다. 이는 과거에 촬영 허가가 한 달 동안만 유효했던 것과 비교할 때, 드론 운용자들의 행정적 부담을 크게 줄여주는 조치이다.

이번 개정의 핵심은 군사 시설이나 국가 보안 시설이 포함되지 않은 지역에 대해서는 촬영 신청 없이도 자유롭게 촬영할 수 있다는 점이다. 다만, 촬영한 영상이나 사진에 군사 시설이나 국가 주요 시설이 포함되어 문제가 발생할 경우, 그 법적 책임은 전적으로 촬영 신청자, 즉 개인이나 업체에게 있다. 따라서 촬영 전에 해당 지역의 상황을 철저히 확인하는 것이 매우 중요하다.

'드론 원스톱 민원서비스'에서는 드론 비행 가능 구역에 대한 지도를 제공하지만, 군부대나 국가 주요 시설의 구체적인 위치는 제공하지 않기 때문에, 불확실한 경우에는 촬영 신청을 통해 안전을 도모하는 것이 바람직하다. 즉, 드론을 이용해 촬영하려는 지역에 군부대나 국가 주요 시설 유무가 확실하지 않을 경우, 촬영 신청을 통해 불필요한 법적 위험을 회피하는 것이 안전하다.

한편, 사유지, 해수욕장, 국립공원, 문화재, 대통령실, 교도소, 군부대, 국가중요시설 등의 특별 관리 지역에 대해서는 여전히 소유자나 관리기관과의 사전 협의가 필수적이다. 예를 들어, 경주의 첨성대나 국립공원인 속리산 같은 경우, 이번 법령 개정과는 무관하게 개인(취미) 목적의 드론 촬영이 허용되지 않는다. 이는 「문화유산의 보존 및 활용에 관한 법률」(문화유산법) 및 「자연공원법」 등 관련 법에 의해 특정 기관의 요청에 따라 촬영이 허가되는 경우에만 가능하기 때문이다. 따라서 사유지, 국립공원, 문화유산 및 특정 관리 대상 지역에서는 드론 비행 및 촬영을 위해 반드시 관계기관의 허가를 받아야 한다.

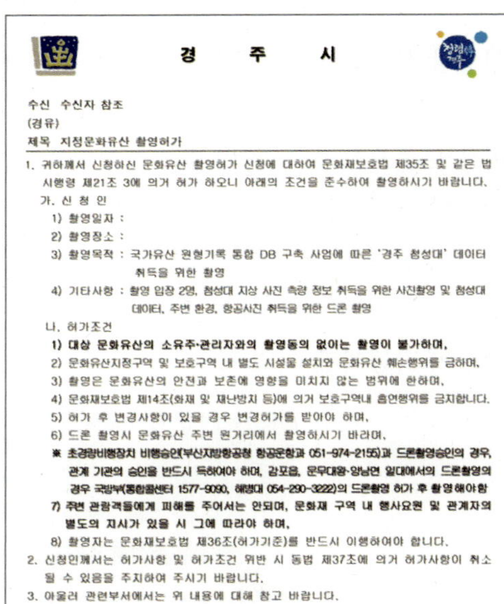

경 주 시

수신 수신자 참조
(경유)
제목 지정문화유산 촬영허가

1. 귀하께서 신청하신 문화유산 촬영허가 신청에 대하여 문화재보호법 제35조 및 같은 법 시행령 제21조 3에 의거 허가 하오니 아래의 조건을 준수하여 촬영하시기 바랍니다.
   가. 신 청 인
      1) 촬영일자 :
      2) 촬영장소 :
      3) 촬영목적 : 국가유산 원형기록 통합 DB 구축 사업에 따른 '경주 첨성대' 데이터 취득을 위한 촬영
      4) 기타사항 : 촬영 입장 2명, 첨성대 지상 사진 측량 정보 취득을 위한 사진촬영 및 첨성대 데이터, 주변 환경, 항공사진 취득을 위한 드론 촬영
   나. 허가조건
      1) 대상 문화유산의 소유주·관리자와의 촬영동의 없이는 촬영이 불가하며,
      2) 문화유산지정구역 및 보호구역 내 별도 시설물 설치와 문화유산 훼손행위를 금하며,
      3) 촬영은 문화유산의 안전과 보존에 영향을 미치지 않는 범위에 한하며,
      4) 문화재보호법 제14조(화재 및 재난방지 등)에 의거 보호구역내 흡연행위를 금지합니다.
      5) 허가 후 변경사항이 있을 경우 변경허가를 받아야 하며,
      6) 드론 촬영시 문화유산 주변 원거리에서 촬영하시기 바라며,
      ※ 초경량비행장치 비행승인(부산지방항공청 항공운항과 051-974-2155)과 드론촬영승인의 경우, 관계 기관의 승인을 반드시 득하여야 하며, 감포읍, 문무대왕·양남면 일대에서의 드론촬영의 경우 국방부(통합콜센터 1577-9090, 해병대 054-290-3222)의 드론촬영 허가 후 촬영해야함
      7) 주변 관람객들에게 피해를 주어서는 안되며, 문화재 구역 내 행사요원 및 관계자의 별도의 지시가 있을 시 그에 따라야 하며,
      8) 촬영자는 문화재보호법 제36조(허가기준)를 반드시 이행하여야 합니다.
2. 신청인께서는 허가사항 및 허가조건 위반 시 동법 제37조에 의거 허가사항이 취소될 수 있음을 주지하여 주시기 바랍니다.
3. 아울러 관련부서에서는 위 내용에 대해 참고 바랍니다.

이와 같이 개정된 드론 항공촬영 규정은 드론 운용자들이 보다 유연하게 비행 및 촬영을 할 수 있도록 하여, 과거의 복잡하고 반복적인 허가 절차를 간소화하는 데 크게 기여하고 있다. 그러나 촬영 과정에서 발생할 수 있는 법적 책임은 온전히 운용자에게 귀속되므로, 관련 법령을 준수하고 안전한 촬영을 위해 각별한 주의가 요구된다.

참고 항공사진 촬영

항공사진 촬영의 허가권자는 국방부 장관이며, 구체적인 업무는 국방정보본부 보안암호정책과에서 담당한다. 국방부는 촬영 목적과 보안상의 위해성을 검토한 후 허가 여부를 결정한다. 특히, 공공기관이나 신문방송사가 촬영을 진행할 경우에는 대행업체가 아닌 해당 기관이 직접 신청해야 하며, 일반 기업의 경우에도 발주처가 직접 신청하는 것이 원칙이다. 다만, 촬영업체가 대신 신청할 경우 계약서 등 관련 서류를 첨부해야 한다.

군사 기지나 군사 시설에 대한 항공촬영은 원칙적으로 금지되어 있으며, 이는 국방부의 「항공촬영 지침서」 제6조와 「군사기지 및 군사시설보호법」 제9조에 명시되어 있다. 촬영 금지 구역에는 국가보안시설, 군사보안시설, 비행장(Airfields), 군항(Naval Bases), 유도탄 기지(Missile Bases) 및 기타 국가 안보와 관련된 군수산업시설 등이 포함된다. 이러한 규정을 위반할 경우 중대한 법적 처벌을 받을 수 있으므로 주의가 요구된다.

드론 촬영, 특별 관리구역 확인 필수

최근 드론 활용이 활발해지면서 항공 촬영에 대한 관심도 높아지고 있다. 그러나 모든 지역에서 자유롭게 드론을 운용할 수 있는 것은 아니다. 촬영 금지구역이나 특별관리 지역에서는 반드시 사전 확인과 허가 절차를 거쳐야 한다. 이에 따라 정부는 '드론 원스톱 민원서비스'를 통해 드론 비행 및 촬영 가능 지역을 보다 쉽게 확인할 수 있도록 개선했다.

기본적으로 '드론 원스톱 민원서비스'를 이용하면 항공 촬영 신청을 통해 촬영 금지시설이 없는 지역에서는 드론 촬영이 가능하다. 그러나 일부 지역은 비행 승인 여부와 관계없이 별도의 촬영 허가 절차가 필요하다. 예를 들어, 사유지, 해수욕장, 국립공원, 문화재 보호구역, 대통령실, 교도소, 군부대, 국가중요시설 등은 특별관리 지역으로 지정되어 있으며, 해당 지역에서 드론을 띄우기 위해서는 반드시 소유자나 관리기관과 사전 협의를 거쳐야 한다. 비행 승인이 필요 없는 지역이라 하더라도 촬영 자체가 제한될 수 있기 때문에 이에 대한 철저한 확인이 필요하다.

최근 '드론 원스톱 민원서비스'가 개선되면서, 국립공원이나 문화유산 보호구역과 같은 특별 관리 지역을 보다 쉽게 확인할 수 있게 되었다. 다음 그림과 같이 '드론 원스톱 민원서비스'의 "비행계획/비행가능 지역 검색" 항목을 이용하면 지도상에서 드론 운용 가능 여부를 실시간으로 확인할 수 있다.

예를 들어, 경주의 월성(月城) 지역에 지정된 '문화유산 보호구역'이나 경주 단석산(斷石山) 국립공원의 '국립자연공원'은 드론 비행 승인이 필요 없는 지역이다. 그러나 이곳에서 촬영을 하려면 관계기관의 허가를 반드시 받아야 한다.

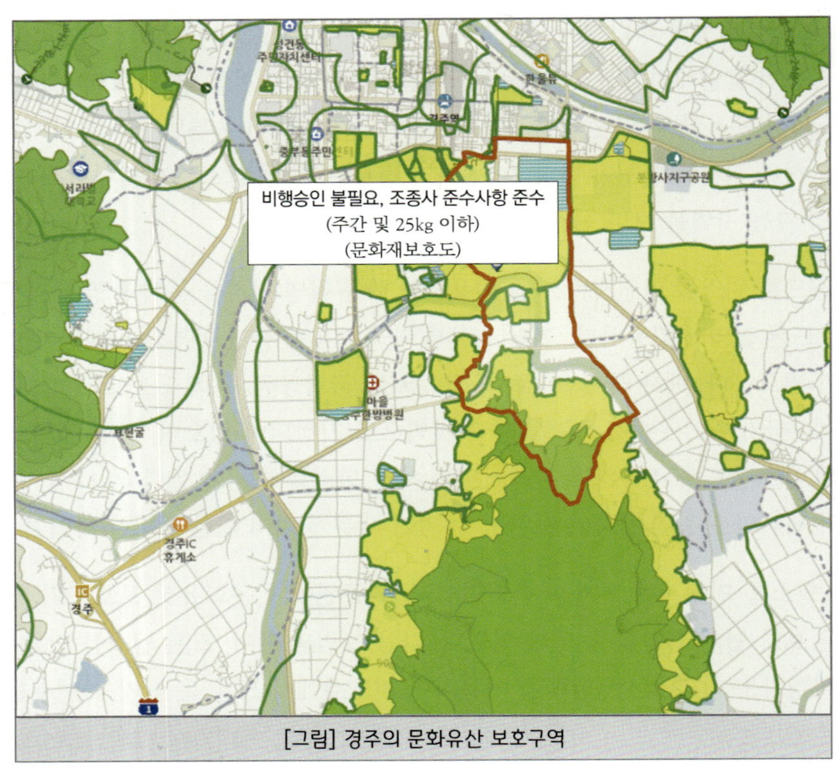

[그림] 경주의 문화유산 보호구역

[그림] 경주 단석산(斷石山) 국립자연공원

다음 그림은 관계기관의 촬영허가가 필요한 지역의 '안내사항'이다. 이처럼 드론 비행이 가능한 지역이라도 촬영이 제한될 수 있기 때문에, 사전에 촬영 허가 절차를 정확히 숙지하는 것이 중요하다.

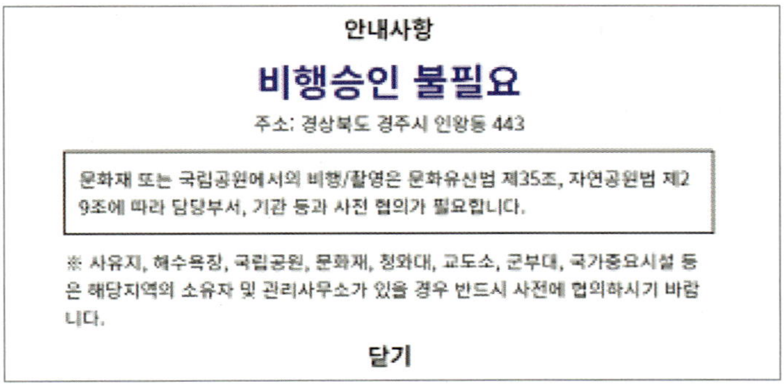

안내사항

비행승인 불필요

주소: 경상북도 경주시 인왕동 443

문화재 또는 국립공원에서의 비행/촬영은 문화유산법 제35조, 자연공원법 제29조에 따라 담당부서, 기관 등과 사전 협의가 필요합니다.

※ 사유지, 해수욕장, 국립공원, 문화재, 청와대, 교도소, 군부대, 국가중요시설 등은 해당지역의 소유자 및 관리사무소가 있을 경우 반드시 사전에 협의하시기 바랍니다.

닫기

비행/촬영 원스톱 신청

일반적으로 비행승인 절차는 신청 후 약 3일(휴일 제외)이 소요되며, 항공촬영 처리기간은 4일(휴일 제외)이 필요하므로, 충분한 여유를 두고 신청하는 것이 중요하다. 비행승인 완료 여부는 사이트를 통해 확인 가능하며, 승인 후에는 반드시 허가 조건을 준수하여 비행을 진행해야 한다. 드론 비행 및 촬영 허가의 유효기간은 최대 1년이다.

비행 승인과 항공 촬영을 각각 따로 신청하기보다는, 두 가지를 동시에 진행하는 것이 더 효율적이다. 이를 위해 "드론 원스톱 민원 서비스" 화면에서 "민원 신청" 메뉴로 이동한 뒤, "비행/촬영 원스톱 신청"을 선택하면 된다.

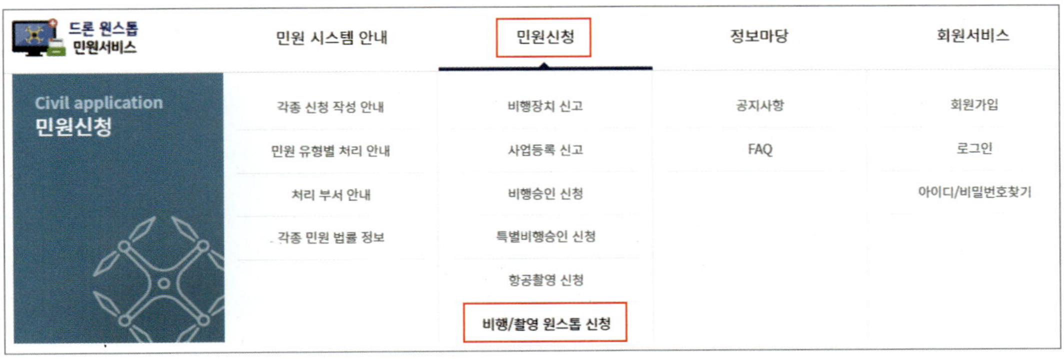

드론 원스톱 민원서비스

민원 시스템 안내	민원신청	정보마당	회원서비스
각종 신청 작성 안내	비행장치 신고	공지사항	회원가입
민원 유형별 처리 안내	사업등록 신고	FAQ	로그인
처리 부서 안내	비행승인 신청		아이디/비밀번호찾기
각종 민원 법률 정보	특별비행승인 신청		
	항공촬영 신청		
	비행/촬영 원스톱 신청		

Civil application
민원신청

"비행승인 대상 사전 확인 항목" 창이 나오며, 주어진 조건 중 하나라도 해당하면 비행 승인 대상 신청으로 나온다. 예를 들어, 최대 이륙 중량이 25kg 초과, 고도가 150m 이상, 관제권 및 비행 제한 구역 등에서 비행하는 경우는 반드시 사전에 비행 승인을 받아야 한다.

"항공촬영 신청 안내"에 관한 내용도 확인해야 한다. 항공촬영 신청을 할 때는 촬영 금지 시설이 있는지 여부에 대한 안내를 받을 수 있다. 촬영 금지 시설이 명백하게 없는 경우에는 자유롭게 촬영할 수 있다. 촬영 금지 시설이 촬영될 경우 법적 책임은 촬영을 진행한 개인이나 업체에 있음을 유의해야 한다.

비행/촬영 원스톱 신청 페이지에서는 다음의 그림과 같이 신청인, 비행계획, 비행장치, 조종자 등을 입력하고, 첨부파일을 업로드하여야 한다. 끝으로 개인정보 제공 동의란에 동의를 하고 접수 버튼을 클릭하면 민원 신청이 완료된다. 신청 후에는 마이페이지에서 신청 이력을 확인하여 추가 사항이나 보안 사항이 없는지 반드시 확인해야 한다.

비행/촬영 원스톱 신청

비행승인 처리기간 3일(휴일제외)
항공촬영 처리기간 4일(휴일제외)

비행불러오기 | 접수(처리)부서별 연락처

신청인 | 최근 입력정보

성명*	홍길동	생년월일*	
전화번호*	010-1234-5678	유선번호	02-135-2468
팩스번호			
구분*	개인 촬영업체 관공서	기관(단체)명	
주소*	주소검색		

비행계획 | 비행구역 설정

비행기간*	~ ※ 기간은 항공안전법 시행규칙 제308조에 부합하는 경우 최대 12개월까지 가능합니다.(서울지역 제외)		
촬영기간*	~ ※ 항공촬영 신청에 대한 확인의 유효기간은 최대 1년입니다.(항공촬영 지침서 제5조)		
비행목적*	항공측량	비행방식*	자동비행
기타(선택입력)			
비행구역*	※ 비행계획 구역이 군관련 공역인 경우 처리기간이 5일 소요될 수 있습니다. ※ 여러 구역을 등록할 경우 대표 구역 한 곳만 표시됩니다.		
	주소	오른쪽 상단의 '비행구역 설정' 버튼을 클릭해주세요.	
	좌표		
	반경(m) / 고도(m)	/	
	순항고도(ft) / 항속(Km)	/	
알림사항			

※ 사유지, 해수욕장, 국립공원, 문화재, 청와대 등은 해당지역의 소유자 및 관리사무소가 있을 경우 사전에 협의하시기 바랍니다.

비행장치		※ 최대이륙중량 2kg 미만 비영리 용도는 신고번호를 입력안하셔도 됩니다. ※ 장치 정보를 입력하고 반드시 "추가"를 해야 합니다.	
종류*	무인멀티콥터 ▼	신고번호	신고번호
모델명*	M300	용도*	비영리 영리
제작자*	DJI	운용유형*	비연구용 연구용
규격*	가로X세로X높이 (예: 100X100X100)	자체중량*	▼
소유자*		전화번호*	
촬영구분*	청사진 시각 동영상	사진용도	사진측량
촬영장비 명칭·종류*			
안전성인증서번호 / 유효만료기간	/ ~ 인증번호 불러오기		
보험가입유무	미가입 가입	상세설명	
제작번호*	드론의 시리얼번호를 입력해주세요.(보통 배터리 부분에 있습니다.)		

첨부파일	※ 해당서류 미첨부시 신청서가 보완요구되니 반드시 첨부바랍니다.		
첨부파일 (비행승인) (다수일 경우 압축하여 첨부)	초경량비행장치 사진	파일선택	파일 업로드
	초경량비행장치 제원및성능표	파일선택	파일 업로드
	초경량비행장치 신고증명서	파일선택	파일 업로드
	초경량비행장치 안전성인증	파일선택	파일 업로드
	조종자증명 (1~3종: 앞뒷면, 4종: 수료증 첨부)	파일선택	파일 업로드
	보험가입증명서	파일선택	파일 업로드
	초경량비행장치 사용사업등록증 외 기타 첨부파일 (압축파일)	파일선택	파일 업로드
첨부파일 (항공촬영)	첨부파일	파일선택	파일 업로드

비행 승인이 필요하지 않은 공역에서도 승인 필요

비행 승인이 필요하지 않은 공역에서도 보안 및 시설물의 안전 문제로 관리 주체의 승인이 필요할 수 있다. 예를 들어, 사유지, 해수욕장, 국립공원, 문화재, 청와대, 교도소, 군부대, 국가중요시설 등에서는 별도의 협의나 승인이 필요할 수 있다. 또한, 박물관이나 미술관 같은 곳에서도 관리자의 사전 허락이 필요하다.

비행 승인과 드론 무게

드론 비행에 대해 많은 사람들이 오해하기 쉬운 부분은 드론의 무게와 비행 승인 필요성의 관계이다. 250g 미만의 드론은 조종자격증이 필요 없기 때문에 많은 사람들이 특별한 제한 없이 비행할 수 있다고 생각할 수 있지만, 이는 잘못된 정보이다.

비행하려는 장소가 비행금지구역, 관제권, 또는 고도 150m 이상이라면 드론의 무게와 상관없이 반드시 비행 승인 및 항공촬영 허가를 받아야 한다. 즉, 완구용 드론처럼 작은 드론이라도 이러한 구역에서 비행하려면 사전에 필요한 절차를 거쳐 승인을 받아야 한다. 따라서 드론의 무게가 가볍다고 해서 모든 공역에서 자유롭게 비행할 수 있는 것은 아니며, 규제에 따라 철저히 준수해야 할 필요가 있다.

비행 승인 없이 비행할 경우의 처벌

비행 승인 없이 드론을 비행할 경우 과태료가 부과된다. 1차 위반 시 100만 원, 2차 위반 시 150만 원, 3차 위반 시 200만 원의 과태료가 부과되며, 승인 범위를 벗어난 비행에도 동일한 처벌이 적용된다. 따라서 드론 비행자는 법적 절차를 준수하여 안전하고 합법적으로 드론을 운용하는 것이 중요하다.

드론 관련 최신 법규 및 변경 사항

드론 비행과 관련된 최신 법규나 규제 변경 사항을 주기적으로 확인하는 것은 안전하고 합법적인 드론 운용을 위해 매우 중요하다. 이를 위해 다음과 같은 방법을 활용할 수 있다.

- 드론정보포털 이용 : 국토교통부에서 운영하는 "드론정보포털"(https://droneportal.or.kr/)은 드론 관련 정책, 법령, 비행 정보 등을 종합적으로 제공한다. 특히 드론 비행과 관련된 최신 소식과 공지사항을 확인할 수 있어 유용하다.
- 드론 원스톱 민원 포털서비스(https://drone.onestop.go.kr) 활용 : 드론 비행 승인 신청, 비행 가능 지역 확인 등 드론 운용에 필요한 다양한 서비스를 제공하며, 최신 공지사항을 통해 법규 변경 사항을 확인할 수 있다.
- 국가법령정보센터 활용 : 법제처에서 운영하는 국가법령정보센터는 최신 법령 정보를 제공한다. 드론 관련 법인 「항공안전법」, 「드론 활용의 촉진 및 기반조성에 관한 법률」 등의 최신 개정 내용을 확인할 수 있다.

드론은 그 자체로 혁신적인 기술이지만, 그 활용에 있어서는 안전과 법적 책임을 다하는 것이 필수적이다. 사전에 충분한 정보를 숙지하고 적법한 절차를 통해 비행을 계획한다면 더욱 안전하고 즐거운 드론 경험을 할 수 있을 것이다.

특별 비행 승인

최근 드론 기술이 빠르게 발전하면서 다양한 상업 및 공공 목적의 활용이 증가하고 있다. 이에 따라 「항공안전법」 제129조 제5항에 명시된 드론 특별 비행 승인이 드론 운용자들에게 중요한 사안으로 부각되고 있다. 특별 비행 승인은 주로 야간 비행이나 육안으로 확인할 수 없는 범위에서 비행할 경우 요구되며, "드론 원스톱 민원 포털서비스"를 통해 신청할 수 있다.

야간 비행은 일몰 이후와 일출 이전에 해당하며, 이러한 비행은 기본적인 안전을 위협할 가능성이 있어 특별한 승인이 필요하다. 드론 특별 비행 승인의 목적은 공공의 안전을 확보하고 비행의 위험을 최소화하기 위함이다. 주로 야간 비행, 산불 감시, 실종자 수색, 구조 작업, 영화 촬영, 건축 현장 점검 등 다양한 상황에서 사용된다. 이러한 상황들은 대부분 육안으로 드론을 관찰하기 어려운 조건에서 이루어지기 때문에 정확한 승인 절차를 통해 안전성을 강화하는 것이 필수적이다.

특히, 실종자 수색과 구조 작업의 경우 신속한 대응이 요구되며, 드론은 이를 지원할 수 있는 유용한 수단으로 주목받고 있다. 드론의 열화상 카메라와 고해상도 카메라 기술은 야간에도 사람을 탐지하고 구조 활동을 지원하는 데 큰 기여를 할 수 있다. 또한 영화나 광고 촬영의 경우, 고난도 장면을 연출하기 위해 일반적으로 접근이 어려운 각도나 시간대에 비행해야 할 필요가 있다. 이러한 비행도 특별 비행 승인을 통해 안전하게 이루어진다.

이와 같은 특별 비행 승인을 위해서는 철저한 비행 계획과 안전 대책이 요구된다. 비행 경로, 예상 기상 조건, 주변 환경 등에 대한 면밀한 검토가 필수적이며, 이를 통해 비행 중 발생할 수 있는 위험을 최소화할 수 있다.

[표] 드론 특별승인 절차

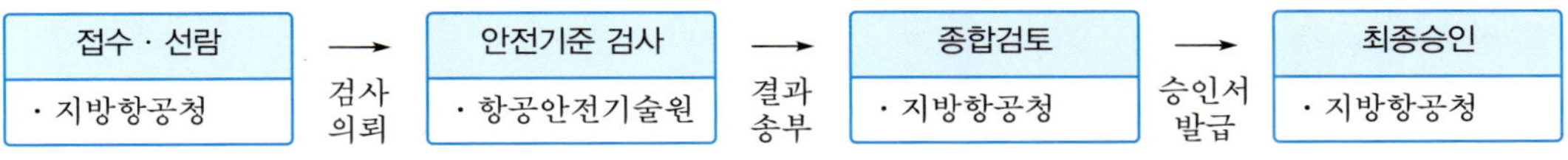

1-2 개인정보보호법

본 내용은 2023년 개정된 개인정보 보호법 및 시행령에 대한 "개인정보 보호법 및 시행령 개정사항 안내"(개인정보보호위원회, 2023. 12. 29.)를 바탕으로 편집, 작성하였다.

개인정보보호위원회[10]는 2023년 9월 15일부터 개정된 『개인정보 보호법』 및 후속 시행령을 통해 디지털 시대에 부합하는 개인정보 보호 체계를 새롭게 구축하였다. 이번 개정안은 정보주체의 권리를 실질적으로 보장하는 동시에 기존의 온라인과 오프라인으로 구분되었던 개인정보 처리 기준을 통합하여, 디지털 환경에 적합한 법적 근거를 마련하였다는 점에서 중요한 의의를 지닌다. 특히 이번 개정은 정보기술의 발전과 사회적 요구를 반영하여, 기존 법령의 한계를 극복하고자 하는 포괄적인 개혁의 일환으로 평가받고 있다.

개인정보보호위원회 보도자료

보도시점 2023. 9. 5.(화) 11:00 배포 2023. 9. 4.(월) 10:30

전면 개정 개인정보 보호법, 9월 15일 시행

- 개정 개인정보 보호법 후속 시행령 개정안 국무회의 의결(9.5.(화))
- 달라지는 내용이 많아 현장에서 꼼꼼하게 확인 필요

개인정보보호위원회(위원장 고학수, 이하 '개인정보위')는 **9월 5일 국무회의**에서 **「개인정보 보호법」 시행령 개정안**이 **의결**됨에 따라 지난 3월 14일 공포된 **「개인정보 보호법」 과 후속 개정 시행령**이 **9월 15일부터 시행**된다고 밝혔다.

이번 「개인정보 보호법」 과 후속 시행령 개정으로 국민의 개인정보를 처리하는 과정에서 **준수해야 할 사항**에 **많은 변화**가 예상되므로 **기업·공공기관 등 개인정보처리자**는 **개정사항**을 꼼꼼하게 **확인**해야 한다.

9월 15일 시행되는 개정법에는 정보주체인 **국민의 권리는 실질적으로 보장**하면서 **온라인-오프라인**으로 이원화되어 있는 **개인정보 처리 기준을 디지털 환경에 맞게 일원화**하는 등 그동안 각 계에서 논의되어 온 다양한 내용이 포함되어 있다.

첫째, 국민의 권익 보호가 보다 실질적으로 이루어질 수 있도록 **정비**하였다.

① 긴급 구조 등 **국민의 급박한 생명·신체·재산의 이익**을 **보호***하기 위해 필요하거나, **메르스·코로나19 등 공공의 안전**을 위해 개인정보를 수집·이용·제공해야 할 경우에는 **우선하여 조치**할 수 있도록 하되, 이 경우에도 **개인정보 안전조치 등은 적용**되도록 하였다.

둘째, 영상정보·온-오프라인 이원화된 규제 등은 **현장의 규제 개선 요청**을 반영하여 **개선**하였다.

① 드론·자율주행차 등 **이동형 영상정보처리기기**를 통해 **업무를 목적**으로 **영상정보를 촬영**하는 경우 **안내판, 소리** 등을 통해 **촬영 사실을 충분히 알린 경우**에는 정보주체가 **거부의사를 표시하지 않는 한 촬영이** 가능하도록 하였다.

② 또한, **온라인-오프라인**으로 **이원화**되어 각각 다른 기준을 적용하고 있는 규정들은 **'동일행위 동일규제 원칙'**에 따라 모든 **개인정보처리자**가 **동일한 기준**을 적용받도록 정비하였다.

※ ①개인정보 이용·제공 내역 통지, ②14세 미만 아동의 개인정보 수집, ③개인정보 유출 등의 신고·통지, ④개인정보의 안전조치 기준, ⑤과징금·과태료·형벌 등 제재

셋째, 공공분야에서 개인정보가 안전하게 처리될 수 있도록 **안전성 확보 조치 등을 강화**하였다.

국민의 개인정보가 대규모로 관리되고 있는 **주요 공공시스템 운영기관**에 대하여 접속기록 분석·점검, 공공시스템별 관리책임자 지정, 공공시스템에 권한없이 접근한 사실이 확인된 경우 통지 등 **안전성 확보 조치를 강화**하였다.

※ 「공공부문 개인정보 유출 방지대책」('22.7.14. 관계부처 합동) 이행

넷째, 국제 기준(글로벌 스탠다드)을 반영하여 개인정보의 **국외 이전 요건**을 **다양화**하고 **과징금 제도**를 **개편**하였다.

① 우리나라와 **동등한 수준**으로 **개인정보를 보호**하고 있는 **국가** 또는 **개인정보 보호 인증** 등을 받은 **기업**으로의 **국외 이전**이 가능하도록 요건을 **다양화**하고, 법을 위반하는 등의 사유가 있는 경우 **국외 이전 중지명령**이 가능하도록 하였다.

[그림] 개인정보 보호법 전면 개정안 보도자료(2023.09.15)

10) 개인정보보호위원회(Personal Information Protection Commission; https://www.pipc.go.kr/) : 개인정보의 처리와 보호에 관한 사안을 독립적으로 수행하기 위해 설립된 합의제 중앙행정기관이다. 개인정보보호위원회 위원은 총 9명으로 구성되며, 대통령이 임명 또는 위촉한다. 개인정보보호위원회는 개인정보 보호와 관련된 법령 개선, 정책·제도·계획 수립·집행, 권리침해에 대한 조사·처분, 고충처리·권리구제 및 분쟁조정, 국제기구 및 외국의 개인정보 보호기구와의 교류·협력, 법령·정책·제도·실태 등의 조사·연구, 교육, 홍보, 기술개발의 지원·보급 및 전문인력의 양성 등에 대한 업무를 수행한다(「개인정보 보호법」 제7조의8).

특히, 이번 개정에서 주목할 만한 특징은 드론이나 자율주행차와 같은 이동형 영상정보처리기기에 관한 개인정보 처리 기준을 새롭게 정립한 것이다. 이동형 영상정보처리기기를 이용하여 개인정보를 수집하는 경우, 기존에는 정보주체의 명확한 사전 동의를 필수적으로 요구하는 '옵트인'(Opt-in) 방식을 채택하였으나, 이번 개정안을 통해서는 '고지 후 동의 거부'(옵트아웃, Opt-out) 방식의 도입이 가능해졌다. 이는 특히 드론이나 자율주행차 등 기술적 발전 속도가 빠른 환경에서 실효성 있는 규제를 가능하게 하며, 업무 효율성을 높이고 기술적 유연성을 보장하기 위한 조치로 이해된다.

참고 개인정보 처리를 위한 동의 방식

- **옵트인**(Opt-in) : 정보주체, 즉 개인정보 당사자로부터 수집, 이용, 제공에 대한 동의를 먼저 받아야만 개인정보를 처리할 수 있는 방식이다. 이는 사전에 정보주체의 명시적인 동의를 통해 개인정보의 수집과 활용에 대한 통제권을 정보주체에게 부여하는 가장 강력한 방식이다.
- **옵트아웃**(Opt-out) : 정보주체의 사전 동의 없이도 개인정보를 수집, 이용한 후, 정보주체가 거부 의사를 명확히 밝힐 경우에만 해당 개인정보 활용을 중지하는 방식이다. 이는 개인정보 활용의 편리성을 높이는 방식으로, 정보주체의 권리 보장을 위해 명확한 고지와 거부권 행사 절차가 필수적이다.

개정된 법령에 따르면, 촬영 사실에 대한 명확한 고지는 이동형 영상정보처리기기 운영에 있어 필수적인 요건으로 규정되었다. 예를 들어, 드론을 활용한 촬영 시 안내판 설치, 음성 방송 등을 통해 촬영 사실을 명확히 고지해야 하며, 정보주체가 명시적으로 거부 의사를 밝히지 않는 경우 별도의 동의 없이 촬영이 가능하도록 허용하였다. 이러한 개정은 정보주체의 권리를 보장하면서도 이동형 영상정보처리기기의 활용도를 극대화하기 위한 법적 틀을 마련한 것으로 평가할 수 있다. 그러나 일부 전문가들은 옵트아웃 방식이 정보주체의 권리를 충분히 보장하지 못할 가능성에 대해 우려를 표명하고 있으며, 이에 대한 지속적인 모니터링과 보완 조치가 필요할 것으로 보인다.

동의 없이도 드론 촬영 가능...개인정보보호법 개정안 15일부터 시행

구조 골든타임 놓치지 않도록...위급시 개인정보 제공 및 이용 요건 완화

2023.09.05

김직동 개인정보보호위원회 개인정보 보호 정책과장이 4일 오전 서울 종로구 정부서울청사에서 가진 기자간담회에서 오는 9월 15일 시행하는 전면 개정 개인정보 보호법에 관해 설명하고 있다. /연합뉴스

앞으로 촬영 대상이 거부의사를 밝히지 않는 한 동의 절차 없이도 드론·자율주행차 등 이동형 영상정보처리기기를 이용한 업무 목적의 촬영이 가능해진다.

개인정보보호위원회는 오는 15일부터 이같은 내용의 개인정보 보호법과 후속 개정 시행령이 시행된다고 밝혔다. 산업 현장의 규제 개선 요청을 반영한 것이다.

단 개인정보 주체가 촬영을 거부할 수 있도록 촬영 전광판이나 음성 안내 등으로 촬영 사실을 충분히 알려야 한다. 드론을 이용한 항공촬영 등 알기 쉽게 촬영 사실을 고지하기 어려운 경우에는 개인정보위가 구축한 인터넷 사이트를 통해 공지하는 방법으로 알려야 한다.

드론 촬영 시, 촬영 사실을 알리기 위해 불빛, 소리, 안내판 등을 활용하도록 권장하고 있으나, 드론 촬영의 특성상 일반적으로 정보주체가 촬영 사실을 인지하기 어렵다. 이를 보완하기 위해 개인정보보호위원회는 보다 체계적인 공지 시스템을 마련하였다. 즉, 드론 촬영에 대한 공지 사항을 개인정보보호위원회가 운영하는 공식 인터넷 사이트(www.privacy.go.kr)를 통해 제공함으로써, 정보주체가 언제든지 촬영 사실을 확인할 수 있는 환경을 조성하였다. 공지 사항에는 드론 촬영의 목적, 촬영 범위, 관리 책임자의 연락처 등의 내용이 포함되며, 이는 정보주체의 알 권리를 보장하는 중요한 역할을 한다.

이번 개정안은 디지털 시대의 기술 발전과 개인정보 보호 간 균형을 맞추기 위한 중요한 전환점이다. 정보 주체의 권리를 보장하는 동시에, 영상정보 수집 과정에서 효율성과 투명성을 강화하려는 방향성을 담고 있으며, 이동형 영상정보처리기기의 활용성을 높이며 사회적 신뢰를 유지할 수 있는 장치를 마련함으로써, 개인정보 보호와 기술 혁신 간의 조화를 이루기 위한 노력이 담겨 있다.

드론촬영사실 공지

1. 개인정보보호위원회의 "개인정보 포털"(https://www.privacy.go.kr/) 사이트로 이동한다.
   상단의 "기업·공공 서비스" 메뉴를 클릭하여 이동한다.

2. 다음의 그림과 같이 좌측 메뉴에서 "드론 촬영사실 공지"의 "제도 및 신청방법 안내"를 선택한다.

3. "제도 및 신청방법 안내" 창에서 "드론촬영사실 신청"으로 들어가 "본인확인" 후, "드론촬영사실 신청"을 클릭한다.

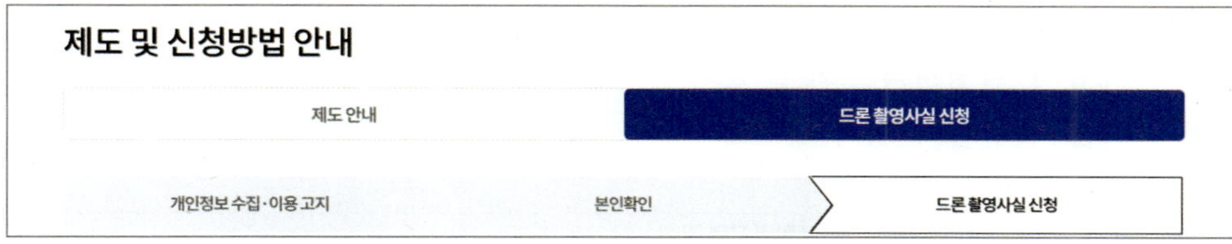

4. "드론촬영사실 신청" 창에서 "신청인" 및 "촬영계획" 입력한 후, 하단의 "신청하기"를 클릭하여 신청을 완료한다.

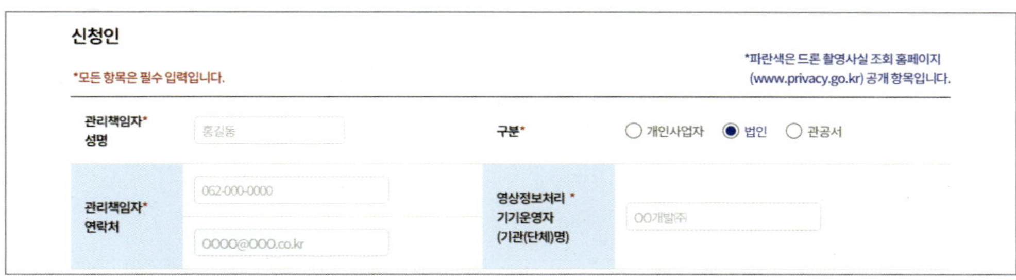

촬영지역 조회

"개인정보 포털" 사이트 상단의 "기업·공공 서비스" 메뉴창에서 다음의 그림과 같이 "드론촬영사실 공지" 메뉴의 "촬영지역 조회"를 선택하여 신청 확인은 물론 같은 촬영지역에서의 다른 기관의 촬영계획도 확인할 수 있다.

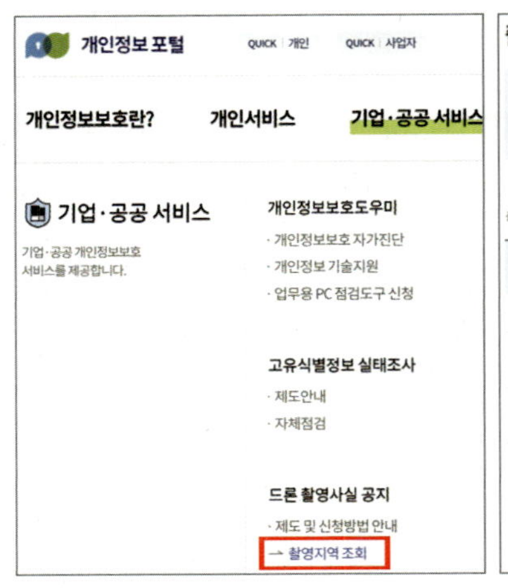

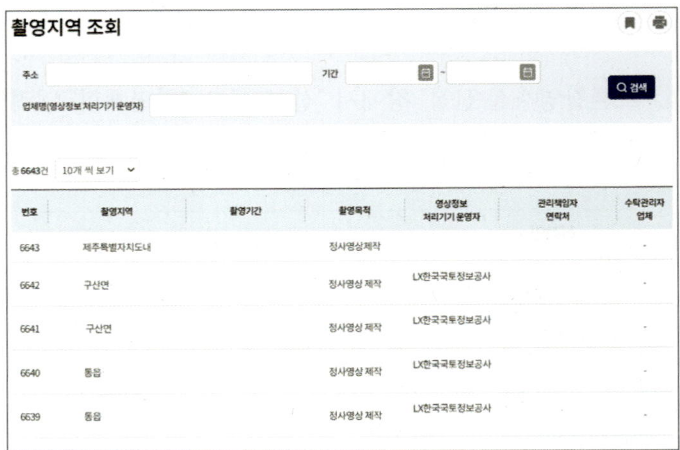

번호	촬영지역	촬영기간	촬영목적	영상정보 처리기기 운영자	관리책임자 연락처	수탁관리자 업체
6643	제주특별자치도내		정사영상제작			-
6642	구산면		정사영상 제작	LX한국국토정보공사		-
6641	구산면		정사영상 제작	LX한국국토정보공사		-
6640	동읍		정사영상 제작	LX한국국토정보공사		-
6639	동읍		정사영상 제작	LX한국국토정보공사		-

1-3 DJI의 지오펜싱, GEO 구역

DJI는 전 세계 공항 주변을 중심으로 자체 구축한 지오펜싱(Geo-Fencing) 시스템인 'GEO 구역(Zone)'을 설정하여 드론 운용을 제한해 왔다. 그러나 유럽에서는 2024년 1월부터 일부 EU 국가와 영국을 포함해 지오펜싱 제한 해제 정책이 시행되었으며, 미국에서는 2025년 1월 13일부터 동일한 정책이 본격 적용되었다.

이번 정책 변화로 유럽과 미국에서는 기존의 비행 제한 구역(Restricted Zones, No-Fly Zones)이 '경고 강화 구역(Enhanced Warning Zones)'으로 전환되었다. 이에 따라 DJI 시스템이 자동으로 비행을 차단하던 기존 방식에서 벗어나, 사용자에게 경고 메시지만 제공되고 Unlock(잠금 해제) 절차 없이도 비행이 가능하게 되었다. 이로 인해 비행 여부에 대한 최종 판단과 법적 책임은 '조종자'(Pilot in Command)에게 전적으로 부여된다.

한편, DJI는 이번 개편을 통해 '미국 연방항공청'(FAA, Federal Aviation Administration)의 공역 데이터를 기반으로 FlySafe(안전비행) 시스템을 전면 업그레이드하였으며, 이를 통해 사용자들은 최신의 비행 제한 정보를 실시간으로 확인할 수 있게 되었다.

현재, 한국은 이러한 GEO 구역 해제 정책의 적용 대상에 포함되지 않아, 여전히 DJI의 기존 지오펜싱 시스템에 따라 비행이 제한되고 있다. 그러나 가까운 시일 내에 한국 역시 지오펜싱 제한 해제 정책이 적용될 가능성이 있는 것으로 보인다.

비행 금지 및 제한 공역에서의 드론 비행 규제

드론의 활용이 일상화됨에 따라 공역 내 드론 비행에 대한 규정과 절차는 중요한 사회적 이슈로 자리 잡고 있다. 특히 비행 금지 및 제한 공역에서 드론을 운용하고자 할 경우, 이에 따른 엄격한 법적 규제와 절차를 반드시 준수해야 한다.

비행 금지 및 제한 공역에서 드론을 운용하려면 반드시 사전 비행 승인을 받아야 한다. 이는 「항공안전법」 제127조 제2항에 따라 명확히 규정되어 있으며, 이를 위반할 경우 법적 제재를 받을 수 있다. 특히 군사 기지나 군사 시설을 대상으로 한 드론 촬영은 엄격히 금지되며, 이는 「항공촬영 지침서」 제6조 제1항 및 「군사기지 및 군사시설 보호법」 제9조 제1항에 명시되어 있다.

드론 운용자는 비행 계획을 수립할 때 해당 지역이 비행 금지 및 제한 공역에 해당하는지 면밀히 검토해야 하며, 관련 기관의 허가 절차를 철저히 준수해야 한다. 또한, 비행 예정지에 촬영 금지 시설이 포함되어 있는지 사전 확인 후, 이에 따른 항공촬영 신청을 진행하는 것이 필수적이다. 이는 공역 내 안전을 보장하고 국가 안보를 지키기 위한 필수적인 절차이다.

비행 승인 절차 및 드론 원스톱 민원서비스 활용

비행 승인과 관련한 정보는 '드론 원스톱 민원서비스'(https://drone.onestop.go.kr)를 통해 손쉽게 확인할 수 있다. 이 서비스는 전국의 비행금지구역(No-Fly Zones), 관제권(Control Zones) 등 비행 관련 공역 현황을 실시간 제공하며, 비행 승인 신청 및 결과 확인까지 원스톱으로 처리할 수 있도록 운영되고 있다. 일반적인 비행 승인 신청의 처리 기간은 3일(휴일 제외)이며, 조종자는 이를 고려하여 사전에 충분한 준비 기간을 확보해야 한다.

항공촬영 규정

드론을 이용한 항공촬영을 계획할 경우, 촬영 대상 지역에 촬영금지 시설이 포함되어 있는지 철저히 검토해야 한다. 촬영 금지 시설이 없는 지역에서는 별도의 신청 없이 자유롭게 촬영할 수 있으나, 촬영된 영상이나 사진에 군사 시설이나 국가 주요 시설이 포함될 경우 법적 책임은 전적으로 촬영 신청자에게 있다. 따라서 촬영 전에 해당 지역의 법적 요건을 철저히 확인하는 것이 중요하며, 만약 드론 촬영 지역에 군부대, 국가 주요 시설 등의 포함 여부가 불확실하다면 '드론 원스톱 민원서비스'(https://drone.onestop.go.kr)를 통해 항공촬영 신청 절차를 진행하는 것이 바람직하다. 항공촬영 신청의 일반적인 처리 기간은 4일(휴일 제외)이다.

DJI의 지오펜싱(Geo-Fencing) 시스템

DJI는 드론의 안전한 운용을 위해 전 세계적으로 공항 주변에 지오펜싱[11](geo-fencing) 기술을 도입해 왔다. 이 시스템은 공항 및 특정 제한 구역에서 DJI 드론의 비행을 자동으로 제한하며, 이러한 지역에서 드론을 운용하려면 GEO '잠금 해제(Unlocking)' 절차를 별도로 신청해야 한다. 이는 국내 법에 따른 비행 승인 및 항공촬영 승인과는 별개로 진행되는 절차로서, DJI 드론을 활용하는 경우 이러한 추가 조치가 필요하였다.

DJI의 지오펜싱

DJI는 비행 안전과 공공의 보호를 위해 'GEO(Geospatial Environment Online)' 시스템을 기반으로 지오펜싱(geo-fencing) 기술을 도입하고 있다. DJI의 GEO(Geospatial Environment Online) 시스템은 다양한 데이터 소스(Data Sources)를 결합하여 드론의 비행이 제한되거나 금지되는 지역에 대한 정보를 제공하는 역할을 한다. 특히, 국가적으로 중요한 인프라를 보호하기 위해 주로 공항(Airports)을 중심으로 '경고 강화구역(Enhanced Warning Zones)' 등이 지정된다. 해당 구역에 드론이 접근할 경우, 비행이 자동으로 차단되거나 경고 메시지가 드론 조종자에게 전달된다.

GEO의 목적은 단순히 드론의 비행을 통제하기 위한 것이 아니다. 주요 목적은 공공 안전을 확보하고 항공 교통 관제 시스템과의 충돌을 방지하기 위함이다. 특히 공항 근처에서의 드론 사

---

11) 지오펜싱(geo-fencing) : 특정 지리적 영역을 가상으로 정의하고, 해당 구역에 기반한 제한이나 경고 시스템을 설정하는 기술이다. 즉, '지리적 울타리'를 형성하여 드론, 차량, 모바일 장치와 같은 특정 기기가 해당 구역에 진입하거나 이탈할 때 경고하거나 자동으로 제한할 수 있는 기능을 제공한다.
지오펜싱은 GNSS, RFID, Wi-Fi 등의 기술을 활용해 특정 위치에 가상 경계를 설정한다. 이러한 경계를 통해 설정된 구역 내에서 특정 행동이나 규칙을 적용할 수 있게 된다. 예를 들어, 드론의 경우 비행 금지구역에서 자동으로 비행이 제한되거나, 스마트폰을 통해 특정 위치로의 출입이 감지될 때 알림을 제공할 수 있다.

고는 항공기 사고로 이어질 수 있는 만큼, DJI의 GEO는 공항 주변 구역을 가장 강력하게 제어하는 특징이 있다.

DJI는 2013년부터 공항 주변의 드론 비행 안전을 강화하고 유인 항공기를 보호하기 위해 지오펜싱 기술을 개발해 왔으며, 2019년 2월 28일, 보다 강화된 지오펜싱 시스템인 'GEO 2.0'을 출시했다. 이 지오펜싱 시스템은 DJI의 드론 운영 시스템에 통합되어 있으며, 주기적인 펌웨어 업데이트를 통해 최신 버전을 유지할 수 있다.

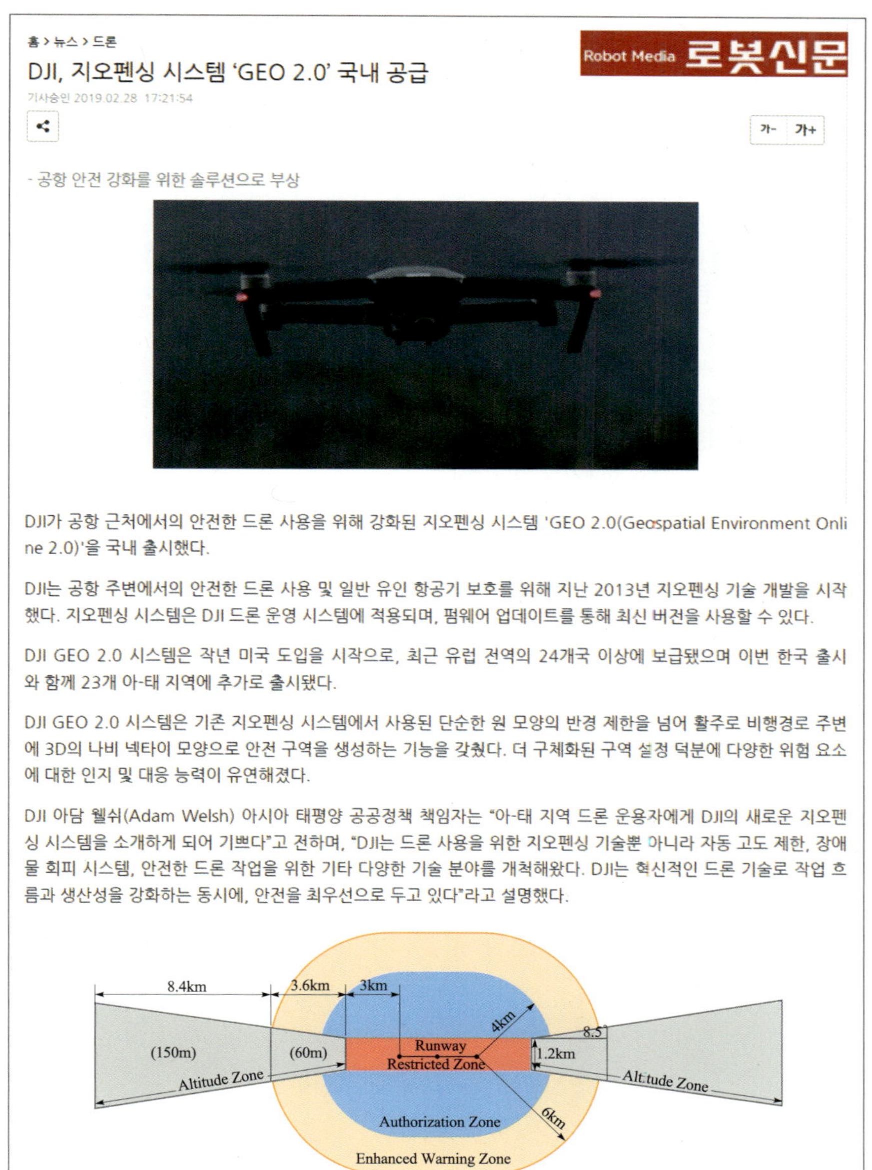

홈 > 뉴스 > 드론

Robot Media 로봇신문

DJI, 지오펜싱 시스템 'GEO 2.0' 국내 공급

기사승인 2019.02.28 17:21:54

가- 가+

- 공항 안전 강화를 위한 솔루션으로 부상

DJI가 공항 근처에서의 안전한 드론 사용을 위해 강화된 지오펜싱 시스템 'GEO 2.0(Geospatial Environment Online 2.0)'을 국내 출시했다.

DJI는 공항 주변에서의 안전한 드론 사용 및 일반 유인 항공기 보호를 위해 지난 2013년 지오펜싱 기술 개발을 시작했다. 지오펜싱 시스템은 DJI 드론 운영 시스템에 적용되며, 펌웨어 업데이트를 통해 최신 버전을 사용할 수 있다.

DJI GEO 2.0 시스템은 작년 미국 도입을 시작으로, 최근 유럽 전역의 24개국 이상에 보급됐으며 이번 한국 출시와 함께 23개 아-태 지역에 추가로 출시됐다.

DJI GEO 2.0 시스템은 기존 지오펜싱 시스템에서 사용된 단순한 원 모양의 반경 제한을 넘어 활주로 비행경로 주변에 3D의 나비 넥타이 모양으로 안전 구역을 생성하는 기능을 갖췄다. 더 구체화된 구역 설정 덕분에 다양한 위험 요소에 대한 인지 및 대응 능력이 유연해졌다.

DJI 아담 웰쉬(Adam Welsh) 아시아 태평양 공공정책 책임자는 "아-태 지역 드론 운용자에게 DJI의 새로운 지오펜싱 시스템을 소개하게 되어 기쁘다"고 전하며, "DJI는 드론 사용을 위한 지오펜싱 기술뿐 아니라 자동 고도 제한, 장애물 회피 시스템, 안전한 드론 작업을 위한 기타 다양한 기술 분야를 개척해왔다. DJI는 혁신적인 드론 기술로 작업 흐름과 생산성을 강화하는 동시에, 안전을 최우선으로 두고 있다"라고 설명했다.

GEO 시스템의 주요 개선점 중 하나는 기존의 단순한 원형 반경 제한을 넘어서, 활주로 및 그 주변 비행 경로에 맞춰 3차원 '나비 넥타이'(bow-tie) 형태의 정밀한 안전 구역을 설정한 것이다. 이러한 개선을 통해 위험 요소에 대한 인식과 대응 능력이 더욱 유연하고 세밀하게 강화되었다.

DJI의 GEO(Geospatial Environment Online) 시스템은 사용자에게 비행이 제한될 수 있는 지역에 대한 최신 공역 정보를 제공하는 공간정보 시스템으로서, 최신 공역정보, 비행 경고 및 제한 지침뿐만 아니라, 특정 지역에 대한 사용자의 "잠금 해제"(unlocking) 등을 통해 사용자는 책임감 있게 비행 계획을 수립할 수 있다. 이 시스템은 2013년에 도입된 1세대 비행 금지 구역 시스템(No-Fly Zone System)을 대체하여, 보다 현대적이고 정밀한 공역 관리 기능을 제공한다.

참고 GEO(Geospatial Environment Online) 시스템

DJI의 GEO 시스템은 비행 안전을 보장하고 무인 항공기(UAV)가 제한된 공역에서 비행하는 것을 방지하기 위해 설계된 "글로벌 공역(空域; Air Space) 관리" 솔루션이다. 이 시스템은 비행 안전과 제한 사항에 대한 실시간 정보를 제공하며, '제한구역'(Restricted Zones), '고도 제한구역'(Altitude Zones), '허가구역'(Authorization Zones), '경고구역'(Warning Zones), '경고 강화구역'(Enhanced Warning Zones) 등 다양한 구역을 설정하여 공역 안전을 효과적으로 관리한다.

DJI의 GEO 시스템은 전 세계의 공역 데이터를 반영하고 있지만, 모든 국가의 현지 법률 및 규정과 반드시 일치하는 것은 아니다. 따라서 사용자는 비행 계획 수립 시 현지의 모든 법적 및 규제 요건을 면밀히 검토하는 것이 중요하다. 비행 계획을 최종적으로 수립하기 전에, 사용자는 https://fly-safe.dji.com/home 사이트에 접속하여 DJI의 최신 비행 구역 정보를 확인하는 것이 중요하다.

DJI 안전비행(FlySafe) 시스템[12)]

DJI의 GEO 시스템에서 설정한 비행구역은 각 나라에서 법적으로 정한 비행제한 구역과는 별개이다. 우리 나라의 경우, 관제권 9.3km까지는 법적으로 비행제한구역으로 설정되어 있으며, 이 구역 내에서 비행하려면 "드론 원스톱 민원서비스"(https://drone.onestop.go.kr)에서 비행 승인 및 촬영허가를 받아야만 한다.

DJI 드론으로 비행 및 촬영을 할 경우에는 관제권으로부터 반경 15km가 GEO 구역(제한구역, 허가구역, 고도 제한구역, 경고 강화구역 포함)으로서, DJI의 "안전비행(FLYSAFE)" (https://fly-safe.dji.com/home)를 통해 GEO 구역 확인을 확인할 필요가 있다.

12) https://fly-safe.dji.com/home

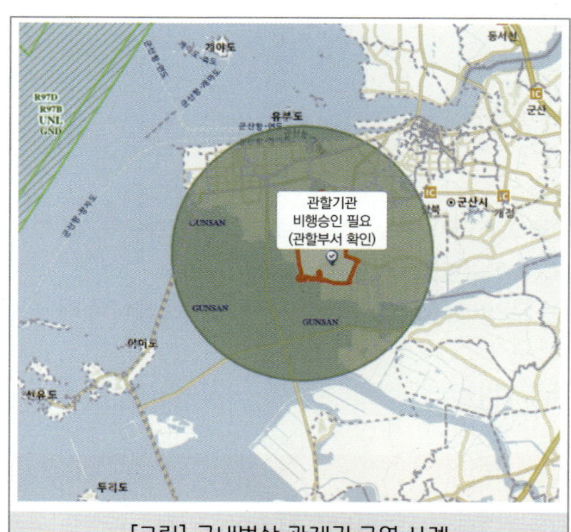

[그림] 국내법상 관제권 구역 사례

군산 비행장(관제권)으로부터 9.3km이내는 비행금지 구역이다.

[그림] DJI GEO 구역 사례

군산 비행장(Kunsan Air Base)으로부터 반경 15km가 GEO 구역이다. 군산 비행장을 중심으로 제한구역(빨간색), 허가구역(파란색), 고도 제한구역(회색), 경고 강화구역(주황색) 등이 색상으로 구분, 설정되어 있다.

관제권(Control Zone)은 계기비행 항공기가 이착륙하는 공항 주위에 설정되는 공역으로서, 공항 중심(ARP; Airport Reference Point)으로부터 반경 5NM[13](≈ 9.3km) 내에 있는 원통구역과 계기출발 및 도착절차를 포함하는 공역으로서 비행제한구역이다. 관할 지방항공청의 승인 없이 해당 구역에서 드론을 비행할 경우, 항공안전법에 따라 최대 500만원 이하의 벌금이 부과될 수 있어 주의가 필요하다. 불법 드론은 이착륙하는 항공기와 충돌 위험이 있기 때문에 항공 보안에 큰 위협이 될 수 있다.

참고 초경량비행장치 비행승인

「항공안전법」제127조

① 국토교통부장관은 초경량비행장치의 비행안전을 위하여 필요하다고 인정하는 경우에는 초경량비행장치의 비행을 제한하는 공역(초경량비행장치 비행제한공역)을 지정하여 고시할 수 있다.

② 동력비행장치 등 국토교통부령으로 정하는 초경량비행장치를 사용하여 국토교통부장관이 고시하는 초경량비행장치 비행제한공역에서 비행하려는 사람은 국토교통부령으로 정하는 바에 따라 미리 국토교통부장관으로부터 비행승인을 받아야 한다.

③ 제2항에 따른 비행승인 대상이 아닌 경우라 하더라도 다음 각 호의 어느 하나에 해당하는 경우에는 제2항의

13) NM(nautical mile; 해리·海里) : 길이(거리)의 단위로서, 국제단위계에는 속하지 않지만, 해양 및 항공 분야에서 많이 사용되며, 국제법과 조약, 특히 영해를 정하는 데 자주 사용된다. 단위는 nautical mile을 줄여 NM 또는 nmi로 표기한다. 1929년에 국제수로국에서 정의한 1 해리의 길이는 위도 45°에서 위도 1'에 해당하는 길이로서 1,852m와 같다. 즉, 1nm = 1.852km. 한편, 1 노트(knot; kn)는 1시간 동안 1해리를 간 속력이다.

절차에 따라 국토교통부장관의 비행승인을 받아야 한다.

1. 국토교통부령으로 정하는 고도 이상에서 비행하는 경우
2. 관제공역 · 통제공역 · 주의공역 중 관제권 등 국토교통부령으로 정하는 구역에서 비행하는 경우

「항공안전법 시행규칙」제308조

① 항공안전법 제127조 제2항 본문에서 "동력비행장치 등 국토교통부령으로 정하는 초경량비행장치"란 제5조에 따른 초경량비행장치를 말한다. 다만, 다음에 해당하는 초경량비행장치는 제외한다.

3. 「항공사업법 시행규칙」 제6조제2항제1호에 사용하는 무인비행장치로서 다음 각 목의 어느 하나에 해당하는 무인비행장치

가. 관제권, 비행금지구역 및 비행제한구역 외의 공역에서 비행하는 무인비행장치

참고 비행 금지행위

「공항시설법」제56조

① 누구든지 국토교통부장관, 사업시행자등 또는 항행안전시설설치자등의 허가 없이 착륙대, 유도로(誘導路), 계류장(繫留場), 격납고(格納庫) 또는 항행안전시설이 설치된 지역에 출입해서는 아니 된다.

② 누구든지 활주로, 유도로 등 그 밖에 국토교통부령으로 정하는 공항시설 · 비행장시설 또는 항행안전시설을 파손하거나 이들의 기능을 해칠 우려가 있는 행위를 해서는 아니 된다.

이러한 국내법에 따른 비행승인 및 촬영허가 신청과는 별도로 DJI 드론 사용자는 DJI의 "안전비행(FLYSAFE)" 사이트(https://fly-safe.dji.com/home)에서 GEO 구역 정보를 확인할 수 있다. 이와 함께, 제한된 구역에서 비행을 시도하려면 "잠금 해제"(Unlock) 절차를 통해 DJI 시스템에서 승인을 받아야 한다.

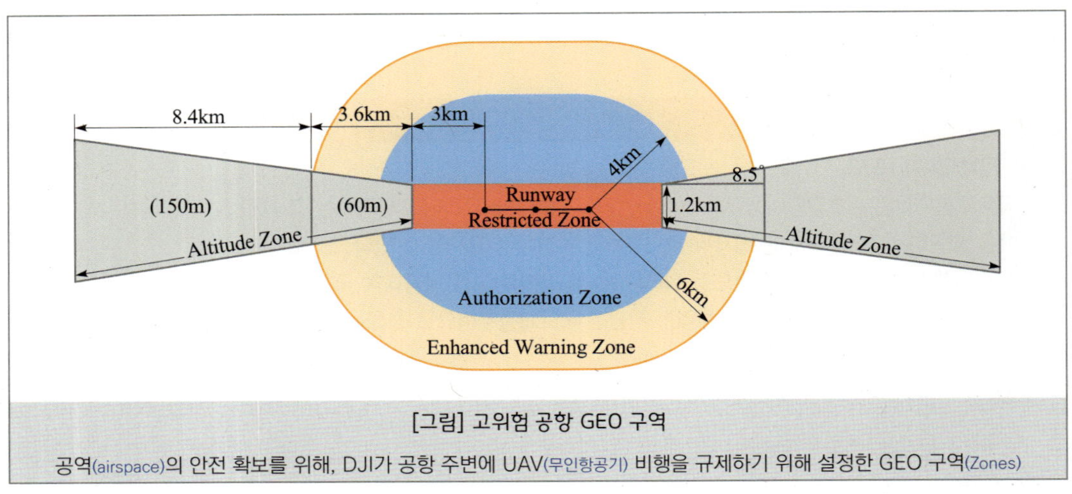

[그림] 고위험 공항 GEO 구역

공역(airspace)의 안전 확보를 위해, DJI가 공항 주변에 UAV(무인항공기) 비행을 규제하기 위해 설정한 GEO 구역(Zones)

[표] GEO 구역 정보

구분		내용
(적갈색 원)	Restricted Zone 제한 구역	지도상에서 빨간색으로 표시되며, 사용자에게 알림 메시지가 표시되고 비행은 금지된다.
(회색 원)	Altitude Zones 고도 제한 구역	지도에 회색으로 표시된다. 이 지역에서 비행 시, 사용자는 DJI 앱에서 경고 메시지를 받거나 구역에 따른 60m, 150m 등의 비행고도제한이 적용된다. 고도 제한 구역 내에서 비행하는 경우, 기체 고도가 제한된다.
(파란색 원)	Authorization Zones 허가 구역	지도에 파란색으로 표시된다. 이 구역은 활주로 양 끝에 반경 4km의 반원 형태와 중간부가 직사각형으로 연결된 타원 형태의 지역을 형성한다. 사용자에게 경고 메시지가 표시되며, 기본 설정으로 비행이 제한된다. 허가된 사용자는 DJI 인증을 사용해 "잠금 해제"를 진행할 수 있다.
(주황색 원)	Enhanced Warning Zone 경고 강화 구역	이 구역은 '승인 구역'(Authorization Zone)의 경계로부터 2km 바깥으로 확장된 타원 형태의 지역이다. 기체가 경고 강화 구역으로 비행하면 사용자에게 비행 경로를 확인하라는 알림 메시지가 표시된다.
(노란색 원)	Warning Zone 경고 구역	지도에 표시되지 않을 수 있으며, 사용자에게 경고 메시지가 표시된다. 기체가 경고 구역 안으로 비행하면 경고가 표시된다.

(출처: https://fly-safe.dji.com/nfz/nfz-query)

일반적으로 국내의 공항(空港·airport) 및 군(軍)비행장(Air Base)은 제한구역(Restricted Zone), 고도 제한구역(Altitude Zone), 허가구역(Authorization Zone), 경고 강화구역(Enhanced Warning Zone) 등 4개의 구역으로 설정되어 있다.

비행장의 활주로 방향 3km, 폭 1.2km 구역은 (비행) "제한 구역"(Restricted Zone)으로 지정되어 있다. 이 구역에서는 드론 비행이 절대적으로 금지되어 있으며, "자가 잠금 해제"(Self-Unlock) 기능으로는 이 구역의 비행 제한을 해제할 수 없다. 이 구역에서 드론 비행을 하려면 국내 기관의 승인을 먼저 받아야 하며, 승인 서류를 DJI에 제출하여 잠금(lock)을 해제해야 한다.

일반 사용자의 경우, 이러한 구역에서 비행을 시도할 일은 매우 드물기 때문에 크게 문제가 되지는 않는다. 그러나 드론 비행이 필요한 특수한 상황에서는 관련 승인 절차를 반드시 따를 필요가 있다.

일반 사용자에게 있어 관심 구역은 반경 약 4km의 파란색 영역(허가 구역·Authorization Zone)과 회색 영역(고도 제한 구역·Altitude Zone)이다.

- 파란색 영역(허가 구역: Authorization Zones) : 이 구역은 국내법상 비행제한구역에 해당하지만, 특정 조건을 충족하면 비행이 허용될 수 있는 구역이다. 사용자는 비행 승인을 "드론 원스톱 민

원서비스"(https://drone.onestop.go.kr)를 통해 먼저 받아야 한다. 비행 승인을 받은 후, DJI 홈페이지를 통해 "잠금 해제" 절차를 거치면 해당 구역에서 비행이 가능하다.

- 회색 영역(고도 제한 구역, Altitude Zone) : 활주로 방향 양쪽에 위치한 구역으로, 고도 제한이 적용되는 구역으로서, 비행기가 이착륙할 때 고도를 낮추어 공항에 진입하는 경로로 설정된 공간이다. 이 때문에 해당 구역은 공항에서 약 15km까지 매우 넓게 설정되어 있으며, 거리별로 60m, 150m 등으로 고도 제한이 차별화되어 있다. 사용자는 고도 제한을 준수하며 비행해야 하며, 고도를 초과하는 비행은 엄격히 금지되어 있다. 이는 항공기와의 충돌 위험을 줄이기 위해 설정된 중요한 안전 조치이다.

특히, 국내법상의 관제권(9.3km)보다 넓게 설정되어 있으므로 이 영역에서의 드론비행은 각별한 주의가 필요하다. 사용자는 비행하고자 하는 지역이 관제권에 해당하는 경우, 비행 승인을 "드론 원스톱 민원서비스"(https://drone.onestop.go.kr)를 통해 먼저 받아야 한다. 비행 승인을 받은 후, DJI 홈페이지를 통해 "잠금 해제" 절차를 거치면 해당 구역에서 비행이 가능하다.

다음은 각 구역에서 특이 사항을 정리한 것이니, 참고 바란다.

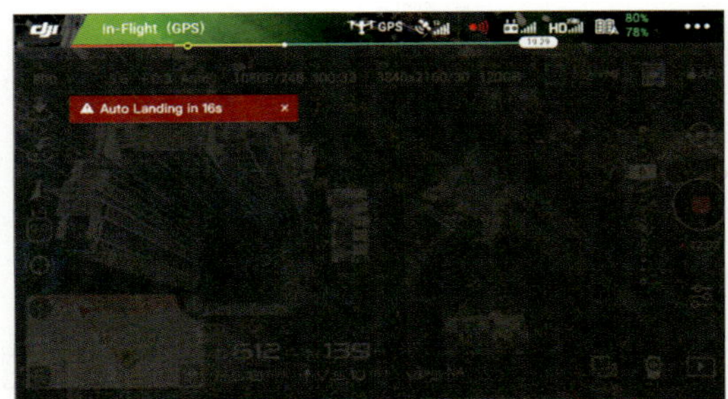

제한 구역(Restricted Zone)

드론은 "제한 구역" 내에서 이륙이 불가능하다. 드론이 "제한 구역" 경계에 접근하게 되면 자동으로 속도를 줄이며, 제자리에 착륙한다. 만약 드론이 GPS 신호 없이 제한 구역에 진입하게 될 경우, GPS 신호를 다시 획득하면 자동 착륙 절차가 시작된다.

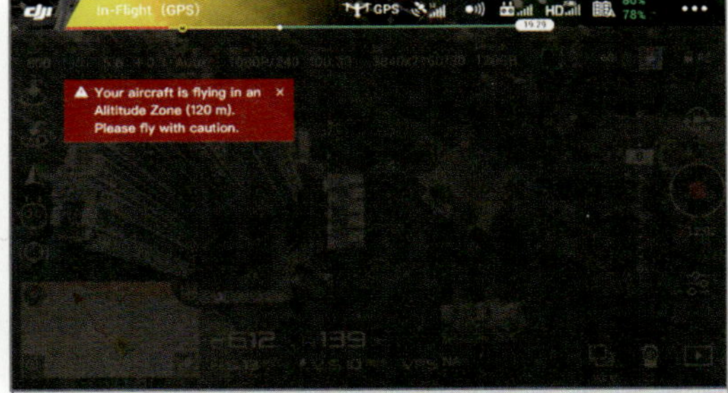

고도 제한 구역(Altitude Zone)

드론이 "고도 제한 구역"에서 설정된 고도 제한선(Altitude Ceiling)을 초과하는 고도로 접근할 경우, 자동으로 속도가 줄어들며 제자리 비행을 한다. 반면, 제한된 고도 이하로 접근할 경우, 해당 구역 내에서는 고도 제한선 이상으로 비행할 수 없다.
또한 드론이 GPS 신호 없이 "고도 제한 구역"에 진입한 경우, GPS 신호를 다시 획득하면 자동 착륙 절차가 진행된다.

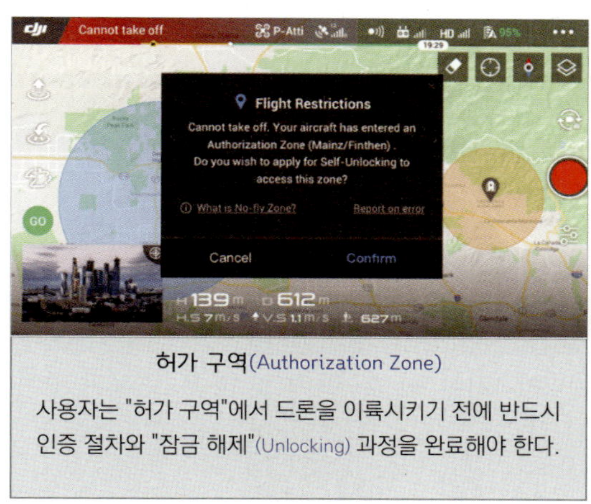

허가 구역(Authorization Zone)

사용자는 "허가 구역"에서 드론을 이륙시키기 전에 반드시 인증 절차와 "잠금 해제"(Unlocking) 과정을 완료해야 한다.

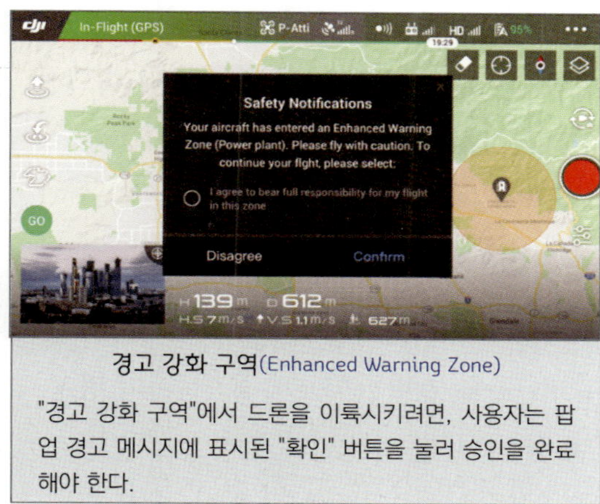

경고 강화 구역(Enhanced Warning Zone)

"경고 강화 구역"에서 드론을 이륙시키려면, 사용자는 팝업 경고 메시지에 표시된 "확인" 버튼을 눌러 승인을 완료해야 한다.

GEO 구역 정보 확인

여기에서는 드론 촬영 지역의 사례로 수원화성을 중심으로 설명하고자 한다. DJI 드론 사용자는 우선 DJI의 "안전비행(FLYSAFE)" 사이트(https://fly-safe.dji.com/home)에 접속하여, 드론을 비행하고자 하는 지역의 "GEO 구역 정보"를 확인하는 절차를 반드시 거쳐야 한다.

아래의 그림과 같이, "GEO 구역 정보" 메뉴를 클릭한 후, "GEO 구역 지도"에서 촬영하고자 하는 수원화성 지역으로 이동하면, 수원비행장을 중심으로 형성된 GEO 구역을 한눈에 확인할 수 있다. 이를 통해, 수원화성이 "경고 강화 구역"(Enhanced Warning Zone)과 허가 구역(Authorization Zone)에 걸쳐 있음을 확인할 수 있다.

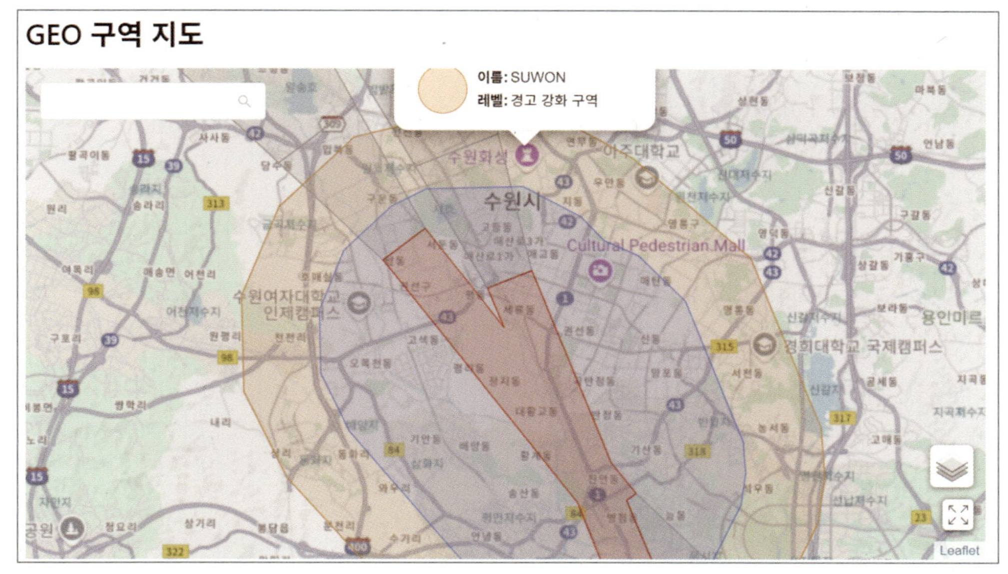

잠금 해제 요청

위와 같이 수원화성의 "GEO 구역"을 확인한 후, DJI의 "안전비행(FLYSAFE)" 사이트(https://fly-safe.dji.com/home)에서 다음과 같이 "잠금 해제 요청"을 선택, 클릭한다.

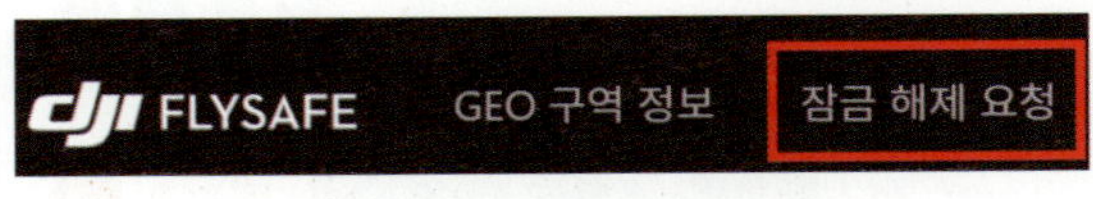

"잠금 해제 요청" 창으로 들어온 후, 우선 좌측 매뉴의 "배경 인증", "기기 관리", "파일럿 관리" 등을 입력한다. "배경 인증"의 경우, 조종자의 "기본 정보" 입력 및 다음 그림과 같은 "요청 범위"를 안내받게 된다.

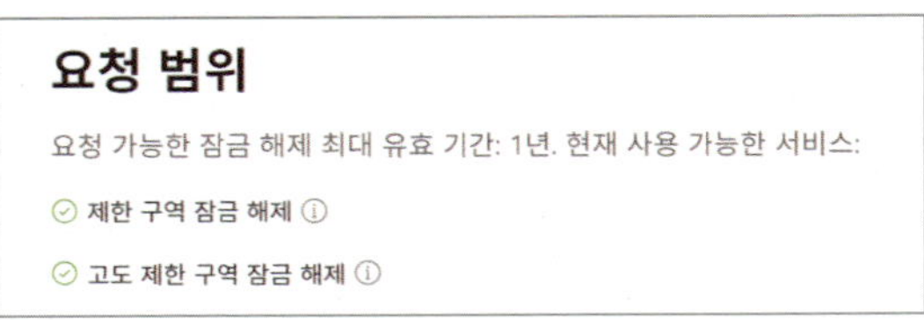

좌측 메뉴의 "기본 정보"를 입력한 후, 다음의 그림과 같이 "+ 새로운 잠금 해제 요청"을 클릭한다.

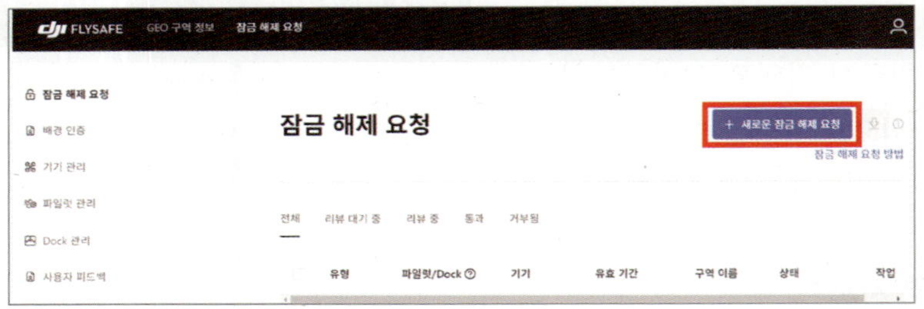

"+ 새로운 잠금 해제 요청"을 클릭하면, 다음과 같이 "잠금 해제 유형 선택" 메뉴 창이 나온다.

"맞춤형 잠금 해제"는 지도에 원 또는 다각형을 그리고 잠금 해제 적용을 하기 위한 것이고, "구역 잠금 해제"는 GEO 구역 선택 및 잠금 해제 적용을 위한 것이다. 유형 선택은 앞서 설명한 수원화성에 대한 "GEO 구역 정보"를 바탕으로 선택하면 된다.

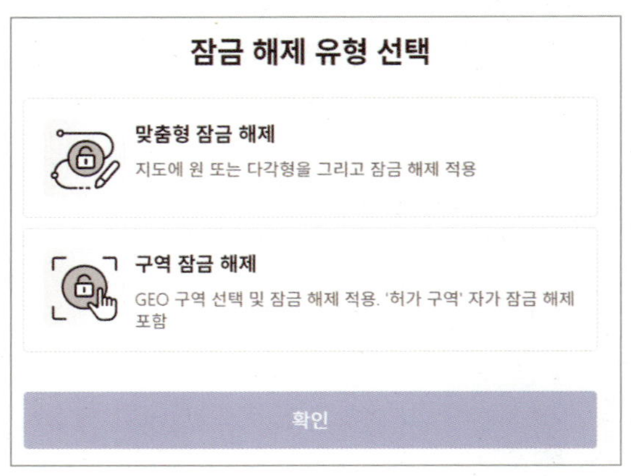

- 맞춤형 잠금 해제 : 드론 촬영하고자 하는 지역을 다각형 또는 원형으로 그린다. 기간은 최대 1년까지 가능하다.

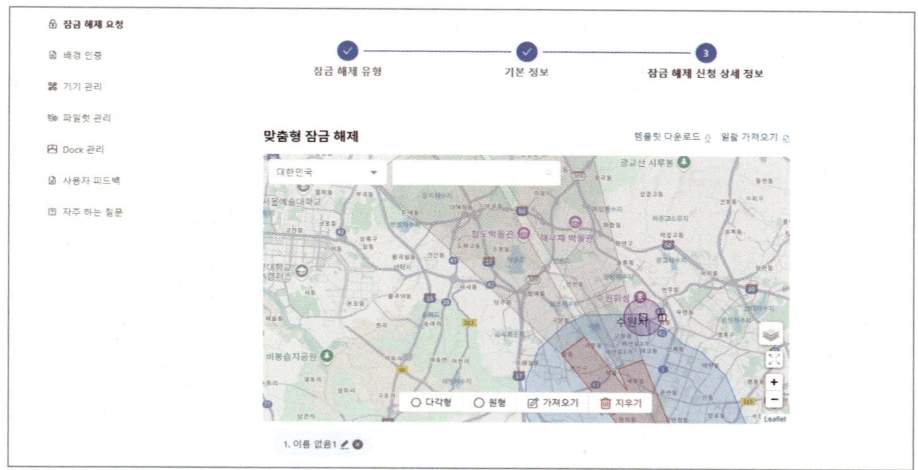

- 구역 잠금 해제 : 다음의 "구역 잠금해제"의 예제는 수원비행장의 파란색의 "허가 구역"(Authorization Zone)을 선택하여 잠금 해제를 요청한 것으로서, 유효기한은 최대 3일이다. 그 이후에는 다시 "잠금"(lock)이 걸리게 되므로, 3일 이상 비행이 필요한 경우에는 번거롭지만 계속 신청을 해야 한다.

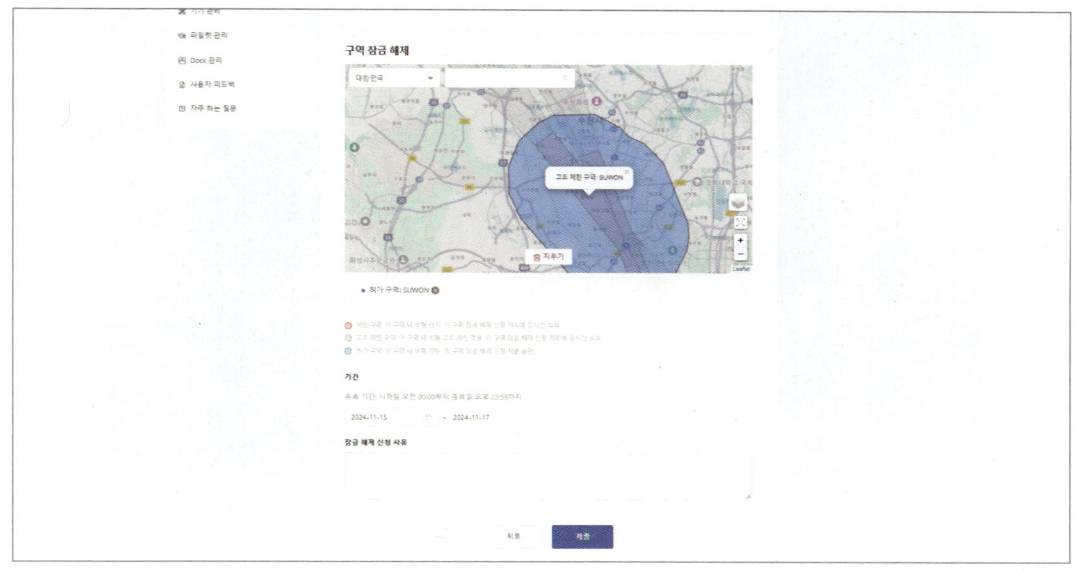

위의 잠금 해제 요청을 하면 DJI의 "안전비행(FLYSAFE)" 사이트(https://fly-safe.dji.com/home)에서 다음과 같이 "잠금 해제 요청"에서 통과 여부를 확인 할 수 있다.

FLYSAFE GEO 구역 정보 잠금 해제 요청

잠금 해제 요청 / 배경 인증 / 기기 관리 / 파일럿 관리 / Dock 관리 / 사용자 피드백 / 자주 하는 질문

잠금 해제 요청

+ 새로운 잠금 해제 요청

잠금 해제 요청 방법

전체 리뷰 대기 중 리뷰 중 통과 거부됨

유형	파일럿/Dock	기기	유효 기간	구역 이름	상태	작업
구역 잠금 해제	[illegible]	DJI Mavic 3E/3T/3M 1581F5FHB229F00201VK	2024.11.15-2024.11.17	허가 구역: SUWON	통과	보기
구역 잠금 해제	[illegible]	DJI Mavic 3E/3T/3M 1581F5FHB229F00201VK	2024.11.14-2024.11.16	허가 구역: Cheongju International Airport	통과	보기
구역 잠금 해제	[illegible]	11VKF7D00201L3	2024.06.02-2024.06.04	허가 구역: Cheongju International Airport	통과	보기
구역 잠금 해제	[illegible]	11VKF7D00201L3	2024.01.25-2024.01.27	허가 구역: SEONGMU	통과	보기
구역 잠금 해제	[illegible]	11VKF7D00201L3	2022.03.11-2022.03.13	허가 구역: Cheongju International Airport	통과	보기
맞춤형 잠금 해제	[illegible]	11VKF7D00201L3	2022.01.27-2022.02.25	SK1	거부됨	보기
구역 잠금 해제	[illegible]	11VKF7D00	2022.01.27-	고도 제한 구역: Cheongju	거부됨	보기

조종기에서 확인 및 비행

잠금 해제 요청에서 통과가 되면 곧바로 조종기에서 다음과 같이 확인할 수 있으며, 즉시 해당 지역에서의 드론 비행이 가능하다.

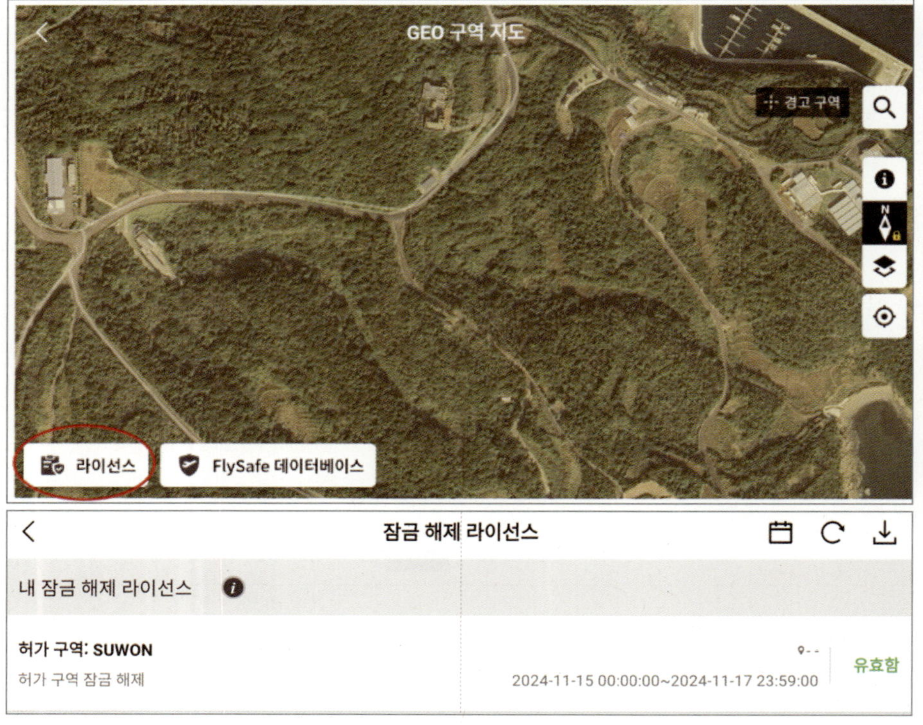

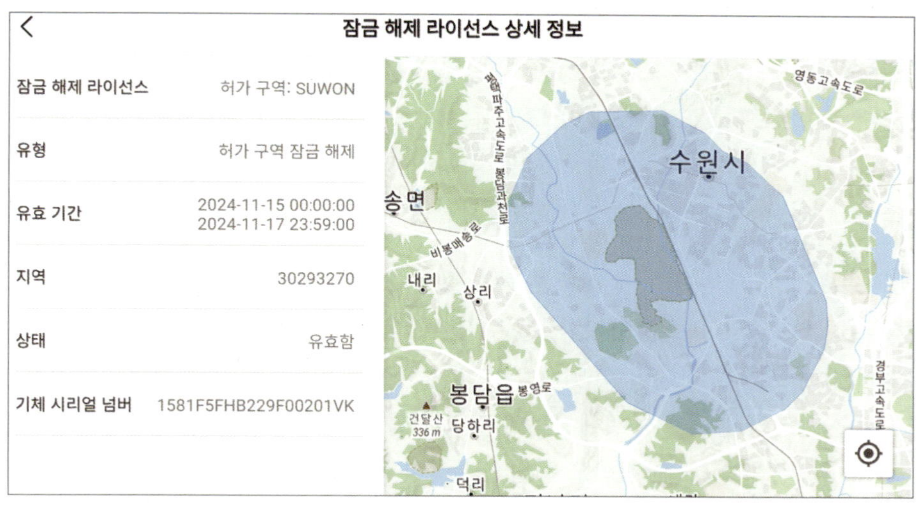

드론 비행을 계획하는 사용자들은 DJI 드론의 GEO 구역 잠금 해제와 관련된 규정을 준수하지 않을 경우, 법적 제재를 받을 수 있는 점에 주의해야 한다. 특히, "자가 잠금 해제"(Self-Unlocking) 기능은 제한 구역과 맞춤형 잠금 해제를 제외하고는 국내법상 승인 서류가 필요하지 않아, 무분별한 사용이 이루어질 수 있다. 그러나 잠금 해제를 통해 비행금지 공역에서 '드론 원스탑 민원 서비스'의 허가 없이 비행하는 경우 법적 제재를 받을 수 있으므로 주의해야 한다.

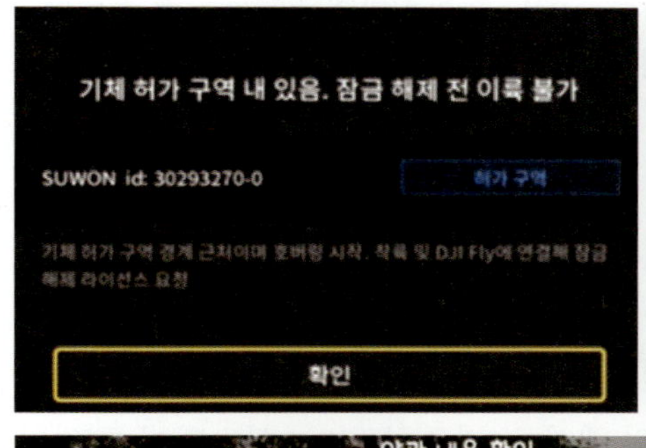

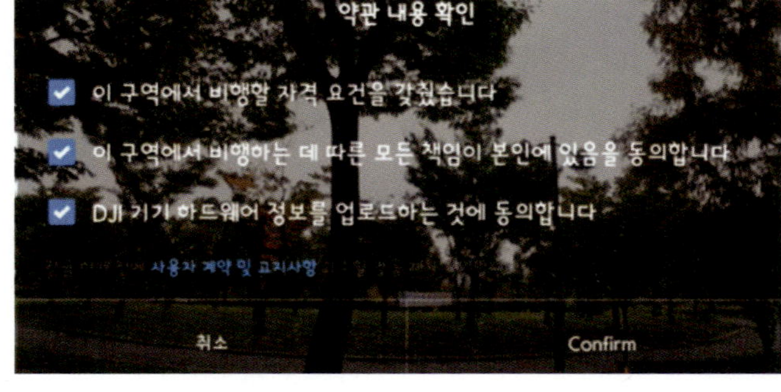

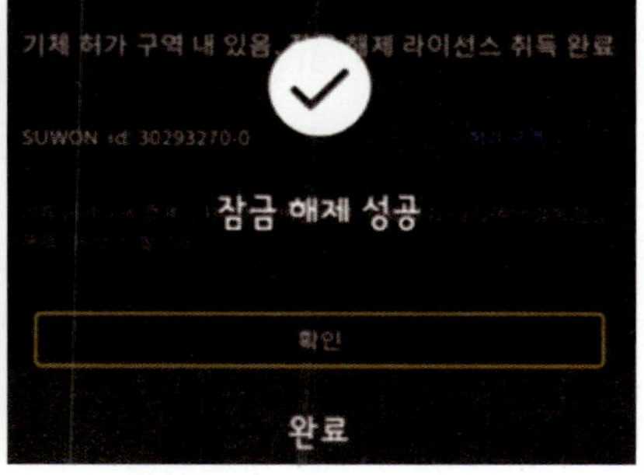

드론 비행 전 해당 구역이 비행 허가를 요구하는지 철저히 확인하는 것은 드론 사용자의 책임이다. 국내 규정에 따라 필요한 모든 신청 및 승인 절차를 완료해야만 비로소 안전한 비행이 보장된다. 안전을 위한 또 다른 조치로, DJI 드론에는 기종에 따라 유인 항공기 탐지 경고 시스템인 DJI AirSense 기능이 탑재되어 있다. 이를 활성화하면 비행 중 발생할 수 있는 항공기와의 충돌 위험을 줄이고, 전반적인 안전성을 크게 향상시킬 수 있다.

한편, 최근 주요 국내 대형 공항에는 드론 탐지 장비가 이미 도입되었거나 곧 도입될 예정으로, 이를 통해 무허가 드론 비행은 즉시 탐지될 수 있다. 제한 구역에서 허가 없이 드론을 비행할 경우 탐지되어 법적 조치가 취해질 수 있으므로, 사용자들은 이를 반드시 인지해야 한다. 드론 비행의 편리함을 안전하게 즐기기 위해서는 관련 법규를 철저히 준수하고 적법한 절차를 통해 허가를 받는 것이 필수적이다. 안전하고 책임 있는 드론 사용은 모두의 안전을 지키는 중요한 요소임을 항상 유념해야 한다.

참고 DJI AirSense

ADS-B 송수신기가 장착된 항공기는 위치, 비행경로, 속도, 고도 등의 비행 정보를 지속해서 방송한다. DJI AirSense 기술이 통합된 DJI 기체는 10km 반경 내에서 1090ES 또는 UAT 표준을 준수하는 ADS-B 송수신기로부터 전송되는 비행 정보를 수신할 수 있다.

DJI AirSense는 수신된 비행 정보를 바탕으로 주변 유인 항공기의 위치, 고도, 방향, 속도를 분석하여 파악하며, 주변 유인 항공기와 충돌할 가능성을 실시간으로 계산하기 위해 이를 DJI 기체의 현재 위치, 고도, 방향, 속도와 비교한다. 이에 따라 DJI AirSense는 위험 수준에 따라 DJI Pilot 2에 경고 메시지를 표시한다. DJI AirSense는 특별한 상황에서 특정 유인 항공기의 접근이 감지될 때만 경고 메시지를 전송한다. 기체를 항상 가시권 내에서 비행하며, 비행 안전을 위해 항상 주의를 하기 바란다.

DJI, FlySafe 및 Geofencing 정책 변경

DJI는 2025년부터 미국과 유럽을 중심으로 새로운 안전비행(FlySafe) 및 지오펜싱(Geofencing) 정책을 공식 발표하고 시행에 들어갔다. 이번 정책 변화의 핵심은, 기존처럼 DJI 시스템이 특정 공역에서 자동으로 비행을 차단하는 방식에서 벗어나, 조종자(Pilot in Command)에게 비행 가능 여부 판단과 책임을 직접 부여하는 자율 중심 구조로 전환된 점이다.

기존에는 공항 등 민감 지역을 포함한 제한 구역(Restricted Zones 또는 No-Fly Zones)에서 DJI의 시스템이 자동으로 드론의 이륙 또는 비행을 차단했다. 그러나 새로운 정책이 적용된 이후에는 이러한 지역이 '경고 강화 구역(Enhanced Warning Zones)'으로 변경되어, DJI 앱(Pilot 2 등)을 통해 사용자에게 시각적 경고만 제공되며, Unlock(잠금 해제) 절차 없이도 비행이 가능하게 되었다. 이로 인해 조종자는 비행 규정을 충분히 숙지한 상태에서 스스로의 판단에 따라 비행을 결정해야 하며,

그에 따른 모든 법적 책임 역시 전적으로 조종자에게 귀속된다.

이와 함께 DJI는 FlySafe 시스템과 GEO 시스템 전반을 개편하였다. 기존에는 DJI 자체적으로 구축한 비행 제한 데이터베이스를 바탕으로 공역 제어가 이루어졌으나, 이번 업데이트를 통해 미국 연방항공청(FAA: Federal Aviation Administration)의 공역 데이터를 직접 반영하는 방식으로 전환되었다. 이에 따라 DJI의 제한 구역 정보는 FAA의 공식 규정과 보다 정밀하게 일치하게 되었으며, 향후 더 일관성 있는 국제 기준에 기반한 운용이 가능해지게 되었다. 이번 정책은 2024년부터 유럽연합(EU)에서 선제적으로 도입된 유사한 정책 흐름을 반영한 것으로, 향후 전 세계적으로 통일된 지오펜싱 정책 표준 구축을 목표로 하고 있다.

JANUARY 18, 2025

DJI FlySafe & Geo Zones: DJI Drops Geofencing [New for 2025]

UPDATE: DJI Drops Geofencing Restrictions

As of January 13, 2025, DJI will no longer automatically prevent its drones from being flown in restricted areas.

Instead, pilots will see that they are flying in *Enhanced Warning Zones*—previously called *Restricted Zones*, in which geofencing prevented flying. But now pilots will have the option to fly there or not, putting the responsibility of compliance on the individual drone pilot.

[그림] Drone Pilot Ground School의 "DJI, 2025년부터 지오펜싱 해제" 관련 보도자료
(출처 : https://www.dronepilotgroundschool.com/dji-unlocking-geofence/#1)

FlySafe 데이터베이스 업데이트 방식 변경

정책 개편과 더불어 DJI는 FlySafe 데이터베이스 업데이트 방식을 사용자 중심 방식으로 전환하였다. 기존에는 특정 제한 구역에서 드론을 비행하기 위해 DJI에 Unlock 요청을 제출하고, 일정 승인 절차를 거친 뒤 잠금 해제 코드를 부여받아야 했다. 그러나 이번 업데이트 이후 이러한 과정은 폐지되었으며, 사용자는 DJI Pilot 2 애플리케이션 내에서 직접 FlySafe 데이터베이스를 업데이트해야 한다.

다만, 이 과정이 사용자에게 직관적으로 다가오지 않아 실제 현장에서 어려움을 겪는 사례가 증가하고 있다. 이에 따라 FlySafe 데이터베이스를 효과적으로 업데이트하는 절차는 다음과 같다.

※ Pilot 2에서 FlySafe(안전비행) 데이터베이스(Database) 업데이트 방법

1. 조종기(Controller) 인터넷 연결
   • 안정적인 Wi-Fi 또는 모바일 네트워크에 연결되어 있는지 확인
2. Pilot 2 애플리케이션 실행
   • 앱을 실행하고, 좌측 상단 프로필 아이콘 아래의 주황색 화살표 표시(업데이트 알림)를 확인
3. FlySafe Database 메뉴 접근
   • 화면 하단으로 스크롤하여 "FlySafe Database" 버튼 클릭
4. 업데이트 확인
   • 우측 상단의 "Check for Updates(업데이트 확인)" 버튼 선택
5. 업데이트 진행
   • 업데이트가 필요할 경우, 관련 메시지가 표시되며
   "Update(업데이트)" → "Update Now(지금 업데이트)"를 차례로 선택
6. 업데이트 완료
   • 다운로드가 완료되면 "OK" 버튼을 클릭하여 프로세스 마무리

2. 드론 사진측량을 위한 사전 비행경로 설정

드론 사진측량(Drone Photogrammetry)은 지형 분석, 건설 현장 모니터링, 3D 모델링 및 다양한 산업 분야에서 정밀한 데이터를 수집하기 위해 사용된다. 그러나 이러한 작업은 단순히 드론을 수동 조정하여 사진을 촬영하는 것만으로는 높은 정확도를 보장할 수 없다.

드론 사진측량의 성공 여부는 사전 비행경로 설정과 관련된 다양한 요소를 얼마나 정확하게 설정하고 관리하느냐에 달려 있다. 즉, 비행경로 설정은 드론 기체 선정 및 카메라의 세부 설정, 촬영 고도(Flight Altitude), 지상 해상도(GSD, Ground Sampling Distance, 지상표본거리), 종중복도(End-lap) 및 횡중복도(Side-lap)와 같은 핵심 요소들을 종합적으로 고려해 이루어진다. 이러한 요소들을 반영하기 위해서는 자동 임무 비행(Auto Mission Flight) 소프트웨어를 사용해야 가능하며, 이를 통해 정밀하고 일관된 데이터를 수집할 수 있다. 따라서 드론 사진측량에서 경로 설정은 단순한 비행 경로 계획이 아니라, 데이터의 품질과 촬영 결과의 정확성을 좌우하는 핵심적인 작업이다.

참고 드론의 자동항법 비행

「무인비행장치 측량 작업규정」 제6조(사용장비 및 성능기준)

① 1. 무인비행장치는 계획한 노선에 따른 안전한 이·착륙과 자동운항 또는 반자동 운항이 가능하여야 한다.

제14조(촬영비행 및 촬영)

① 3. 계획촬영 코스로부터의 수평 또는 수직이탈이 가능한 최소화 되도록 한다.

4. 무인비행장치는 설정된 비행계획에 따라 자동으로 비행함을 원칙으로 한다.

2-1 구글어스(Google Earth)를 활용한 촬영영역 만들기

드론을 이용한 정사영상(Orthophoto) 및 DSM(Digital Surface Model, 수치표면모델) 등의 제작은 촬영 전, 정확한 관심영역(AOI; Area of Interest)을 설정하는 것이 필수적이다. 사전에 Google Earth에서 AOI(관시영역)를 정의하면, 드론 임무 비행 소프트웨어에 해당 영역의 KML(Keyhole Markup Language) 파일을 불러와 촬영 여백(Out-reach), 중복도(Overlap) 및 촬영 방향 등의 파라미터를 보다 정밀하게 설정할 수 있다. 한편, 자료 처리 시 불필요한 영역을 배제하여 처리 시간을 단축시키는 등 다양한 장점이 있다.

Google Earth 실행 및 관심지역 검색

- 실행 : 다음의 좌측 그림과 같이 바탕화면에 있는 Google Earth 바로가기를 클릭하여 프로그램을 실행한다.

• 검색 : 우측 그림의 빨간색 박스로 표시된 것과 같이, 상단의 검색창에 "오송국민체육센터" 등의 관심지역의 명칭을 입력하면, 해당 지역의 위성 영상이 화면에 나타난다.

※ 위성 영상은 최신 정보로 갱신되지 않을 수 있으므로, 현장 상황과의 차이가 있을 수 있다.

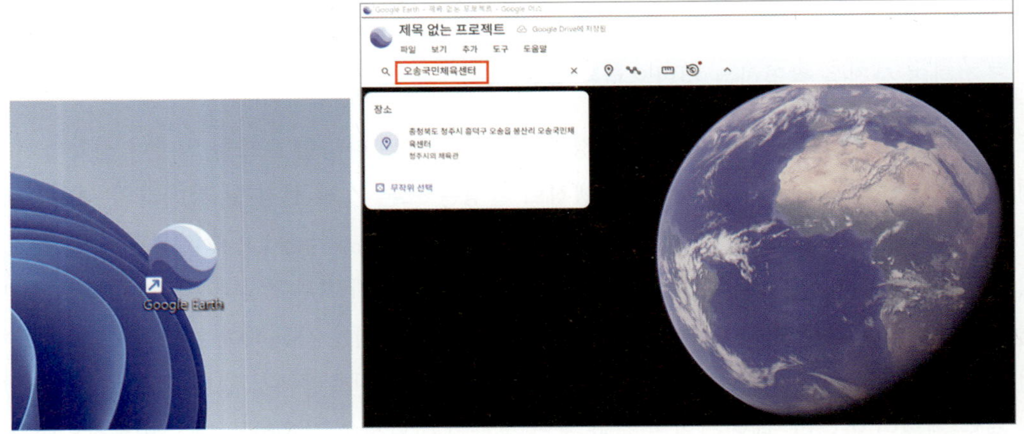

다음 그림은 오송국민체육센터와 인근 지역의 인공위성 영상을 보여준다. 이 영상에서는 오송국민체육센터가 건설 중인 것으로 나타나지만, 실제로는 공사가 이미 완료되었으며, 2024년 5월 29일 개관식을 치르고, 2024년 6월부터 본격적인 운영을 시작하였다. 이러한 영상의 불일치는 인공위성 영상이 아직 최신 상태로 갱신되지 않았기 때문이다.

본 지역을 선정한 이유는 앞서 언급한 바와 같이 드론 비행 승인 및 촬영 신청이 필요 없는 지역임과 동시에 관제권역에도 포함되지 않기 때문이다. 아울러, 오송국민체육센터와 인접한 고등

학교 예정부지가 아직 개발되지 않은 상태로 남아 있어, 정사영상 및 3D 모델 제작 등에 유리한 조건을 제공하며, 촬영 면적이 실습 자료로 활용하기에 적합한 장소라는 점도 중요한 선정 이유로 작용하였다.

관심영역 설정

관심영역을 설정하기 위해 다음의 그림과 같이 다각형 아이콘을 클릭한다.

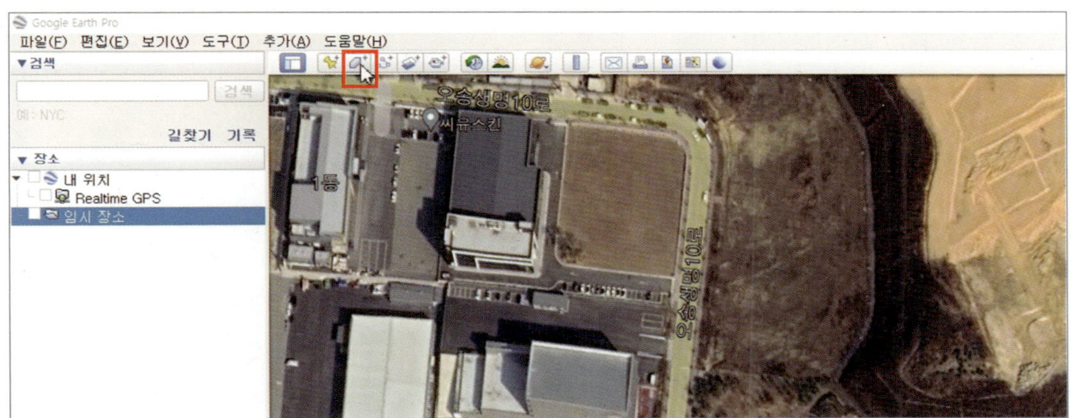

다음의 그림과 같이 "새 다각형(New Polygon)" 팝업 창에서 관심영역의 이름(예: "Osong")을 입력한다.

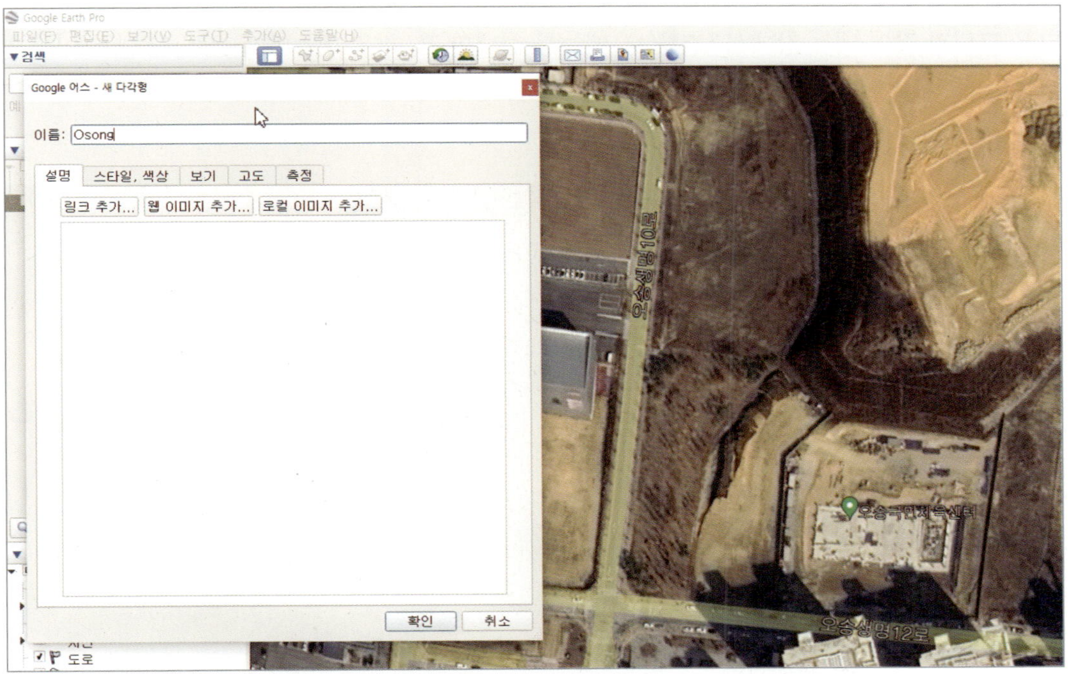

다음 그림과 같이, 관심영역 다각형의 선 색상, 폭(굵기) 및 윤곽선만 그릴지 또는 다각형 내부를 채울지 등을 결정한 후, 매뉴 창 하단의 '확인' 버튼을 클릭한다. 이후, 화면에 표시된 위성영상을 면밀히 관찰하면서 관심영역의 꼭지점을 차례로 지정하면, 그림과 같이 관심영역이 형성된다.

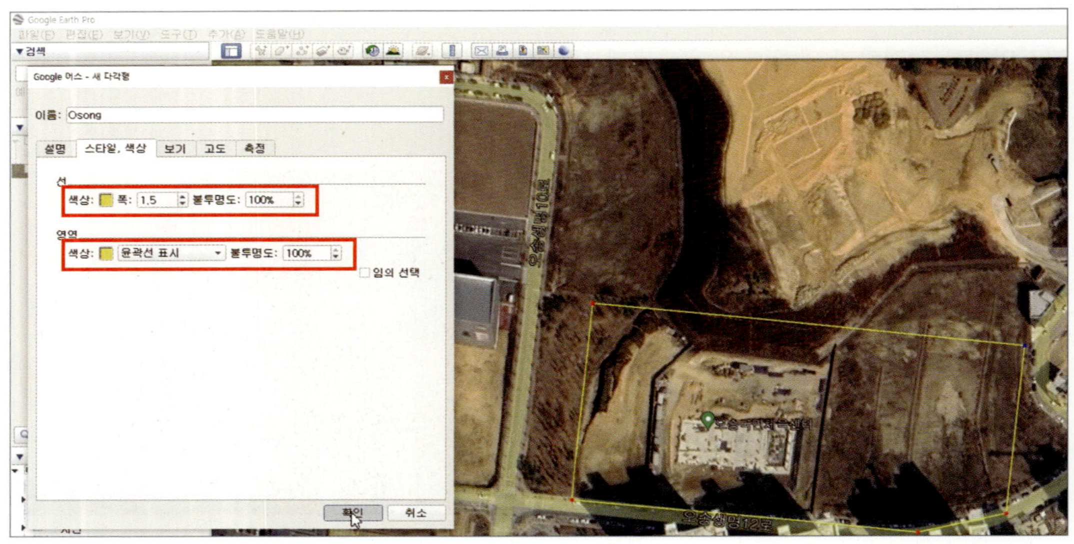

관심영역 저장하기

작성된 관심영역은 GNSS 좌표로 구성되어 있으므로, 이 좌표 정보를 파일로 저장하기 위하여, 다음 그림과 같이 매뉴 창에서 '추가(A)' 메뉴를 선택한 후, 하위 메뉴에서 '장소를 다른 이름으로 저장'을 클릭한다.

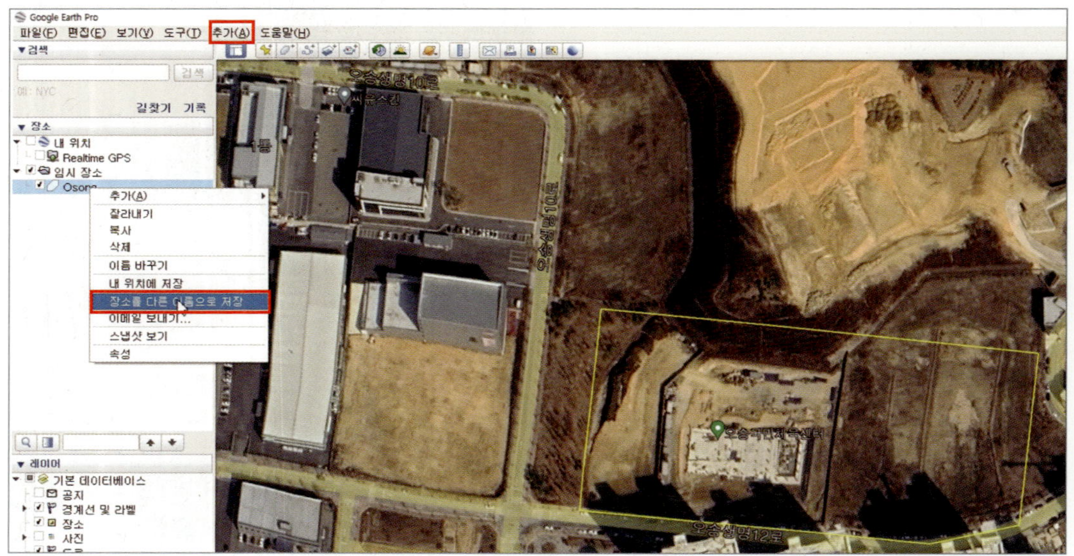

이어서, 다음 그림에서 보듯이 관심영역은 KML 형식으로 저장한다.

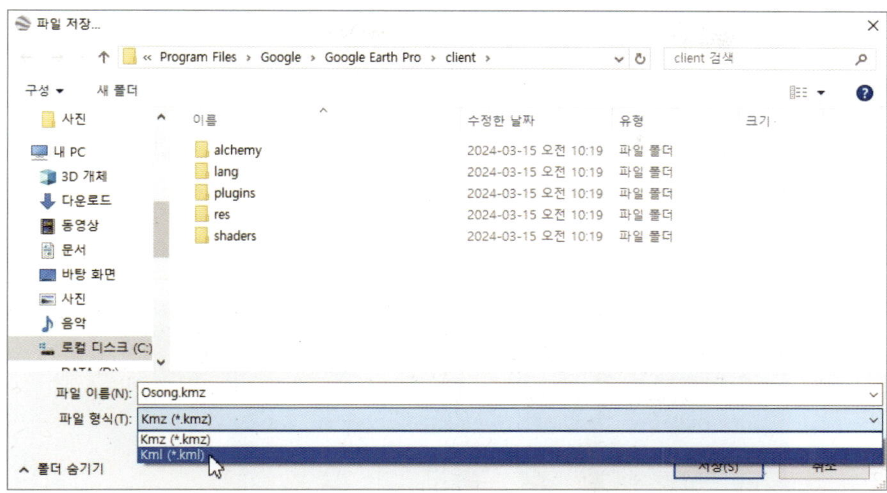

참고 KML과 KMZ: 지리 공간 데이터의 표준 형식

KML(Keyhole Markup Language)과 KMZ(KML Zipped)는 지리 공간 데이터를 표현하기 위한 표준 파일 형식으로, 다양한 GIS(Geographic Information System, 지리정보시스템) 응용 프로그램에서 폭넓게 활용되고 있다. 이 형식들은 위치 기반 정보를 시각화하고 공유하는 데 특화된 기능을 지니고 있으며, 환경 모니터링, 문화재 관리, 도시 계획 등 여러 분야에서 꾸준히 활용되고 있다.

KML은 2001년 Keyhole, Inc.에서 'Keyhole Earth Viewer' 전용 형식으로 처음 개발되었으며, 이후 2004년 구글이 Keyhole을 인수하면서 Google Earth에 통합되었다. 2008년에는 OGC(Open Geospatial Consortium, 개방형 공간정보 컨소시엄)의 국제 표준으로 채택되어, 전 세계적으로 인정받는 지리 공간 데이터 형식으로 자리매김하였다.

KML 기술적 의의

1. 개방형 표준(Open Standard) : XML 기반으로 설계되어 다양한 플랫폼 간의 호환성을 가진다.
2. 시각화 강화(Enhanced Visualization) : 3D 모델링과 실시간 데이터 연동이 가능하여 복잡한 지리 공간데이터를 효과적으로 시각화할 수 있다.
3. 크로스플랫폼 지원(Cross-Platform Support) : 데스크톱(구글 어스)부터 모바일 애플리케이션에 이르기까지 통합 지원된다.

KMZ의 기능

KMZ는 KML 파일을 ZIP 형식으로 압축한 파일(.kmz)로서, 최대 10:1의 압축률을 제공한다. KMZ 파일은 반드시 하나의 기본 KML 파일(doc.kml)을 포함하며, 이미지나 텍스처와 같은 지원 파일을 함께 패키징할 수 있다. 이로 인해 KMZ는 대용량 파일이나 멀티미디어 리소스를 포함할 때, 특히 유용하며, 단일 파일로 패키징되어 이메일 전송 등 자료 공유에 용이하다.

KML과 KMZ는 각각의 특징에 따라 사용 사례가 달라진다. 예를 들어, KML은 10KB 미만의 간단한 파일이나 코드 수정이 필요할 때 적합하여 텍스트 편집기로 즉시 수정할 수 있는 장점을 지닌 반면, KMZ는 대용량 파일이나 멀티미디어 리소스를 포함할 때 효과적이나, 압축 해제 후 작업이 추가로 요구된다. 두 형식 모두 Google Earth, Google Maps, QGIS, ArcGIS 등 다양한 플랫폼에서 호환되어 폭넓은 활용성을 보인다.

다음 그림은 'Osong.kml' 파일을 구글 어스에 불러온 후의 구글 어스 화면을 보여주며, 이를 통해 사용자는 저장된 관심영역 정보를 손쉽게 확인하고 활용할 수 있다.

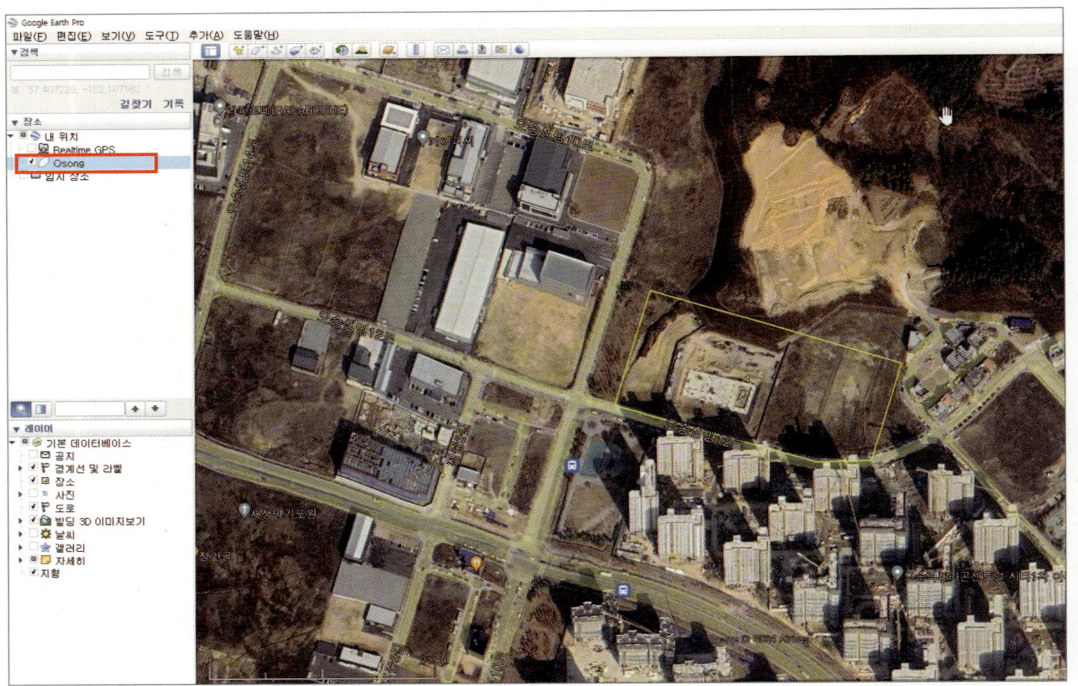

2-2 Pix4Dcapture Pro

드론 기술이 비약적으로 발전하면서 건설, 농업, 측량, 광업 등 다양한 산업에서 드론을 활용한 데이터 수집이 필수적인 요소로 자리 잡고 있다. 이러한 흐름 속에서 스위스 기반의 글로벌 소프트웨어 기업 PIX4D가 개발한 PIX4Dcapture Pro는 드론 매핑 및 데이터 수집을 위한 최적의 솔루션으로 주목받고 있다.

PIX4D

Pix4D S.A.는 2011년 스위스 로잔(Lausanne)에서 설립된 이래, 드론 및 지상 기반의 사진측량(Photogrammetry) 기술을 전문적으로 개발해 온 기업이다. 정밀한 2D 및 3D 매핑 솔루션을 제공하며, 다양한 산업 분야에서 혁신적인 기술을 선보이고 있다. PIX4Dcapture Pro는 이러한 기술력을 집약한 소프트웨어로서, 드론을 활용한 데이터 수집을 더욱 정밀하고 효율적으로 수행할 수 있도록 설계되었다.

PIX4Dcapture Pro는 PIX4D의 대표적인 제품인 PIX4Dmapper의 성공을 바탕으로 탄생하였다. 2011년 출시된 PIX4Dmapper는 드론으로 촬영한 이미지를 정밀한 2D 지도 및 3D 모델로 변환하는 소프트웨어로 주목받았다. 이후, 2015년에는 사용자가 현장에서 데이터를 보다 쉽게 수집할 수 있도록 PIX4Dcapture를 개발하였으며, 2018년에는 더욱 발전된 기능과 향상된 사용자 경험을 제공하는 PIX4Dcapture Pro를 출시하며 드론 매핑 시장을 선도해 왔다.

PIX4Dcapture Pro의 주요 특징

PIX4Dcapture Pro는 드론을 활용한 데이터 수집을 위한 최적의 도구로, 다음과 같은 주요 특징을 가지고 있다.

1. 직관적인 사용자 인터페이스(User Interface)

PIX4Dcapture Pro는 초보자부터 전문가까지 쉽게 활용할 수 있도록 설계된 직관적인 사용자 인터페이스(UI, User Interface)를 제공한다. 드론 선택, 미션 설정, 데이터 수집 등 모든 과정을 간단하고 명확하게 구성하여 사용자의 편의성을 극대화했다.

2. 다양한 미션 옵션

드론을 활용한 정밀한 데이터 수집을 위해 다양한 미션 옵션을 제공한다.

- 그리드 미션(Grid Mission) : 특정 지역을 체계적으로 촬영하여 2D 정사영상(Orthomosaic) 및 3D 모델링 데이터를 수집할 수 있도록 지원한다.
- 실린더 미션(Cylinder Mission) : 건물, 타워 등의 원통형 구조물을 효과적으로 촬영할 수 있도록 설계되었다.
- 폴리곤 미션(Polygon Mission) : 불규칙한 형태의 지역을 정밀하게 촬영할 수 있도록 지원한다.
- 비행 전 점검(Pre-flight Check) : 미션 실행 전에 드론 상태, 배터리, GPS 신호 등을 자동으로 점검하여 안전한 비행을 보장한다.

3. 고급 설정 옵션

사용자는 촬영 비행고도(Flight Height), 중복도(Overlap), 카메라 각도(Camera Angle), 드론 속도(Speed) 등의 다양한 고급 설정을 조정할 수 있다. Single Grid(단일격자) 및 Double Grid(이중격자) 비행 옵션을 활용하여 2D 및 3D 데이터 수집을 보다 정밀하게 수행할 수 있다.

4. 실시간 모니터링

드론의 실시간 위치, 배터리 잔량, 저장 용량, 위성 신호 개수 등의 정보를 모니터링할 수 있으며, 미션 진행 상황을 실시간으로 확인하고 필요 시 즉각 조정할 수 있다.

5. 다양한 드론 호환성

PIX4Dcapture Pro는 DJI, Parrot, Autel 등 주요 드론 제조사의 제품과 호환되며, 특히 DJI 팬텀(Phantom), 매빅(Mavic), 매트리스(Matrice) 시리즈와의 연동성이 뛰어난 것으로 평가받고 있다.

참고 Pix4Dcapture와 Pix4Dcapture Pro의 차이점

PIX4Dcapture Pro는 PIX4Dcapture 임무 비행 앱의 후속 버전이다. 두 애플리케이션은 다음과 같은 측면에서 차이가 있다.

1. **드론 모델 호환성** : PIX4Dcapture Pro는 Parrot과 DJI의 최신 드론 모델과 호환되며, PIX4Dcapture는 더 이상 지원되지 않는 구형 드론 모델과 호환된다.
2. **기능 차이** : PIX4Dcapture Pro와 PIX4Dcapture는 일부 공통 기능을 공유하지만, 서로 다른 고유 기능도 있다.
3. **라이선스 모델** : PIX4Dcapture는 모든 Pix4D 계정 사용자에게 개방되어 있는 반면, PIX4Dcapture Pro는 Discovery와 Professional 두 가지 버전으로 제공된다. Discovery 버전은 모든 Pix4D 계정 사용자에게 제공되며, Professional 버전은 유효한 Pix4D 라이선스 소지자에게만 사용할 수 있다.

구분	항목	PIX4Dcapture	PIX4Dcapture Pro
드론 모델	DJI M300 RTK	×	✓
	DJI Mavic 3E	×	✓
	DJI Mavic 3T	×	✓
	Parrot Anafi Ai	×	✓
미션 및 자산 유형 (Mission and asset types)	수직 자산(Cylinder) 비행경로	×	✓
	통신 타워(Cell Tower) 비행경로	×	✓
	송전탑(Transmission Tower) 비행경로	×	✓
기능	Terrain awareness	×	✓
	실시간 위치 보정(Network RTK)	×	✓
	미션 플래너(Mission Planner) 연동	×	✓
	다국어 지원(Multi-language Support)	×	✓

출처 : Pix4D Documentation, https://support.pix4d.com/hc/en-us/articles/10593122920733

PIX4D는 지속적인 연구 개발을 통해 PIX4Dcapture Pro의 기능을 확장하고 있으며, 최근에는 인공지능(AI) 및 머신러닝(Machine Learning, 기계학습) 기술을 적용하여 데이터 처리 속도와 정확성을 더욱 높이고 있다. 또한, 클라우드 기반 협업 도구를 개발하여 팀 단위 프로젝트의 효율성을 극대화하는 등 사용자 경험을 지속적으로 개선하고 있다.

PIX4Dcapture Pro는 드론을 활용한 데이터 수집 및 매핑 분야에서 혁신적인 솔루션을 제공하는 소프트웨어로 자리 잡고 있다. 직관적인 인터페이스, 다양한 미션 옵션, 고급 설정 기능, 실시간 모니터링 기능 등 차별화된 기능을 갖춘 이 소프트웨어는 건설, 농업, 측량, 광업 등 다양한 산업 분야에서 필수적인 도구로 활용되고 있다.

참고 PIX4Dcapture Pro

드론을 활용한 2D 및 3D 매핑과 모델링이 점점 중요해지는 가운데, 전문적인 항공 데이터 수집을 돕는 PIX4Dcapture Pro가 많은 관심을 받고 있다. 이 앱은 iOS 및 Android 운영 체제에서 사용할 수 있으며, 태블릿과 모바일 기기에서도 사용할 수 있다. 한편, RTK(Real-Time Kinematic) 기능을 지원하여 보다 정밀한 측량 작업이 가능하다.

PIX4Dcapture Pro는 기존 PIX4Dcapture 앱의 후속 제품으로서, 다양한 기능적 차이를 가지고 있다. 보다 직관적인 인터페이스와 고급 기능을 제공하며, 확장성이 뛰어난 비행 계획 솔루션을 제공한다.

지원되는 비행 미션 종류

이 앱은 Grid(격자), Orbit(궤도), Cylinder(실린더) 미션을 기본적으로 제공한다. 이를 통해 건물, 구조물, 지형 등을 다양한 방식으로 촬영할 수 있으며, 산업별 맞춤형 데이터 수집이 가능하다.

특화된 시설물(인프라) 점검 기능

PIX4Dcapture Pro는 특히 무선 기지국(Cell Tower) 및 송전탑(Transmission Tower) 점검 기능을 지원한다.

(1) 무선 기지국 점검(Cell Tower Asset)

3D 모델링 및 시각적 점검을 위한 Helix(나선형), Orbit(궤도), Cylinder(실린더), Single vertical(단일 수직), Underneath orbit(하부 궤도), Orbit line of sight(궤도 가시선), Manual images(수동 촬영) 등의 미션이 있다.

(2) 송전탑 점검(Transmission Tower Asset)

Orbit(궤도), Single vertical(단일 수직), Underneath orbit(하부 궤도), Manual images(수동 촬영) 미션을 통해 송전탑을 효과적으로 분석할 수 있다.

카메라 설정 가능 여부

PIX4Dcapture Pro에서는 화이트 밸런스(WB)와 노출 값(EV)를 수동으로 조정할 수 있으며, 추천 설정값도 제공된다. 그러나 초점과 셔터 속도는 자동으로 조정되어 최적의 3D 모델을 생성할 수 있도록 한다.

호환되는 드론 및 RTK 지원 모델

PIX4Dcapture Pro는 다양한 드론과 호환되며, 특히 RTK 기능을 지원하는 모델은 다음과 같다.

- DJI Mavic 3E - DJI Mavic 3T - DJI Matrice 300 RTK - DJI Phantom 4 RTK (SDK 조종기 필요)

PIX4Dcapture Pro의 그리드 미션(Grid Mission) 활용

PIX4Dcapture Pro는 드론을 활용한 정밀한 2D 지도 제작 및 3D 모델링을 위한 전문적인 비행 미션 계획 애플리케이션입니다. 그 중에서도 그리드 미션(Grid Mission) 기능은 특정 지역을 체계적으로 촬영하여 고품질의 데이터를 수집하는 데 핵심적인 역할을 한다. 여기서는 Single Grid(단일 격자)와 Double Grid(이중 격자) 미션의 활용 방법을 중심으로, PIX4Dcapture Pro의 설치부터 데이터 확인까지의 과정을 단계별로 설명하고자 한다.

PIX4Dcapture Pro 설치 및 기본 설정

1. 앱 설치 및 드론 연결

① 스마트폰이나 태블릿에 PIX4Dcapture Pro를 설치한다.

② 우측 그림과 같이 앱을 실행한 후, 드론과 기기를 연결한다.

2. 드론 선택

① 다음의 그림과 같이 좌측 상단의 드론 선택 메뉴에서 사용할 드론 모델을 선택한다.

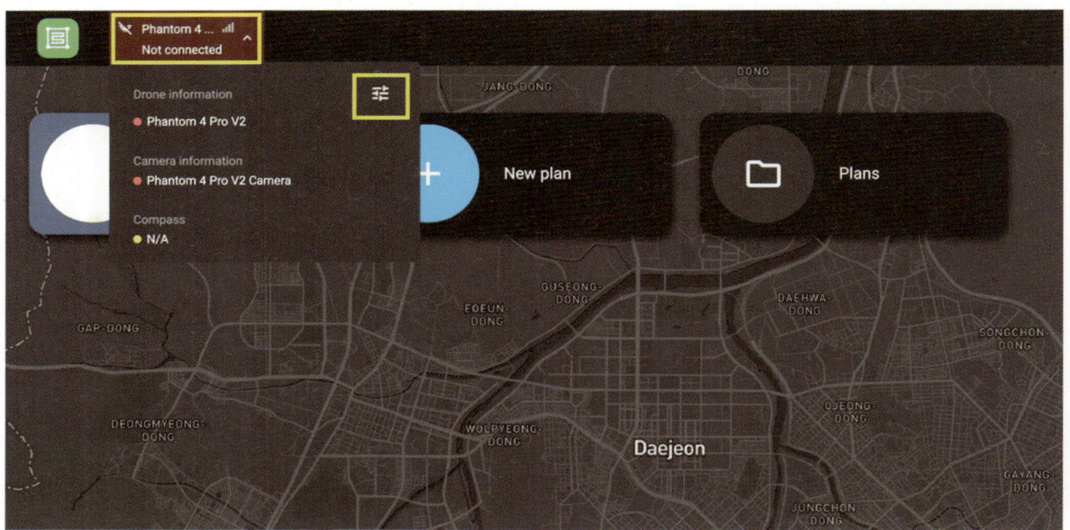

② 다음의 그림에서 사용할 모델을 선택한 후, 우측 상단의 ×를 클릭하여 드론 선택을 완료한다.

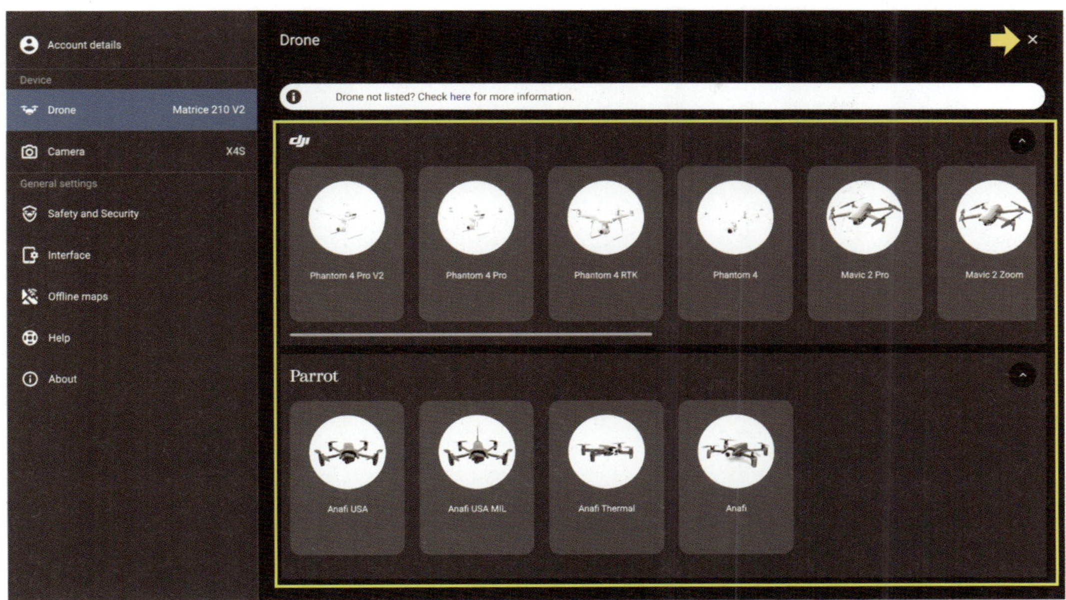

참고

PIX4Dcapture Pro는 다음의 드론 모델을 지원한다.

dji			Parrot
Mavic	Phantom	Matrice	Anafi
Mavic 3E Mavic 3T Mavic 2 Pro Mavic 2 Zoom	Phantom 4 Pro V2 Phantom 4 Pro Phantom 4 RTK Phantom 4	Matrice 300 RTK Matrice 200 Series V2 Matrice 200 Series	Anafi AI Anafi USA Anafi Thermal Anafi

3. 미션 선택

① 다음의 그림과 같이 임무비행을 시작하기 위하여, 메인 화면에서 'New Plan'을 선택한다.

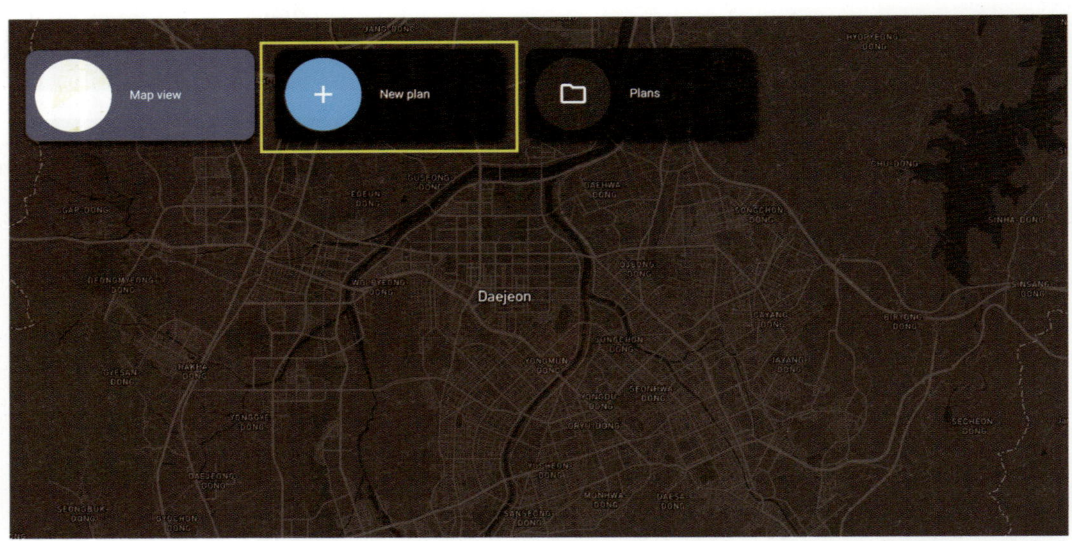

② 다음 그림은 "New Plan"(새 계획) 메뉴창의 모습이다. 여기서 Generic missions(일반 임무) 및 Asset types(자산 유형)을 선택한다.

(1) Generic missions(일반 임무) : 정사영상 및 DSM 제작을 위한 Grid(격자) 비행방식과 하천, 철도 등과 같은 선형 구조물 및 지형을 매핑하기 위한 Corridor(회랑) 비행방식, 3D 모델 구축을 위한 Orbit(궤도) 방식의 비행방식을 포함하고 있다.

- Grid(격자) : 2D 지도 제작을 위한 단일격자 방식과 3D 모델 생성을 위한 이중격자 방식 포함
- Corridor(회랑) : 선형 경로를 따라가는 매핑(Linear path mapping)
- Orbit(궤도) : 단일 3D 모델을 위한 촬영

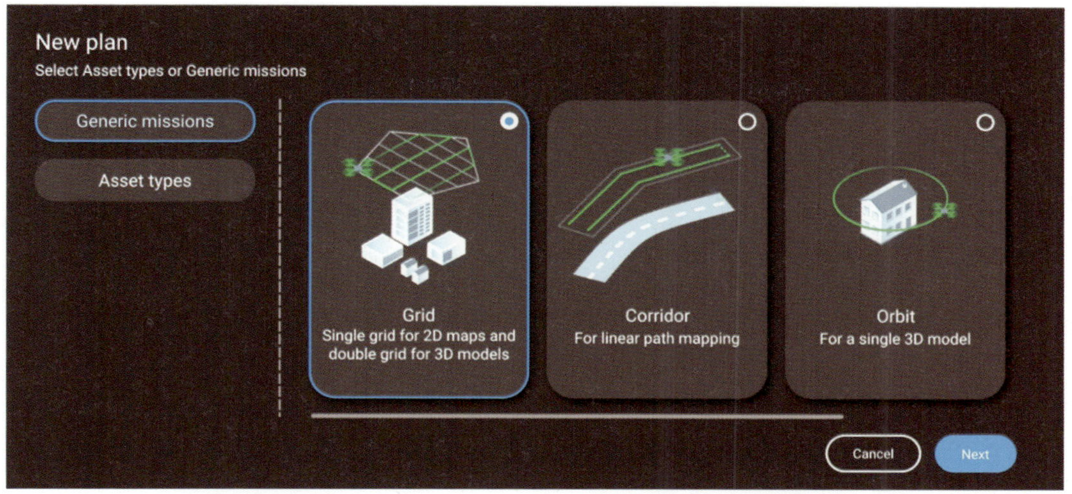

(2) Asset types(자산 유형) : Pix4Dcapture Pro의 'Asset types' 옵션에는 다음과 같은 옵션이 있다. 각 자산 유형은 해당 구조물의 효율적인 데이터 수집을 위해 특화된 비행 경로와 촬영 방식을 제공한다.

- Cell Tower(셀 타워) : 셀(Cell) 타워는 이동통신 기지국의 주요 안테나와 기둥(타워) 구조물을 포함하는 무선 송신탑으로서, 이 옵션은 무선 송신탑의 3D 모델링과 시각적 검사를 위한 최적화된 비행 계획을 제공한다.
- Transmission Tower(송전탑) : 이 옵션은 송전탑의 3D 모델링과 시각적 검사를 위한 최적화된 비행 계획을 제공한다.

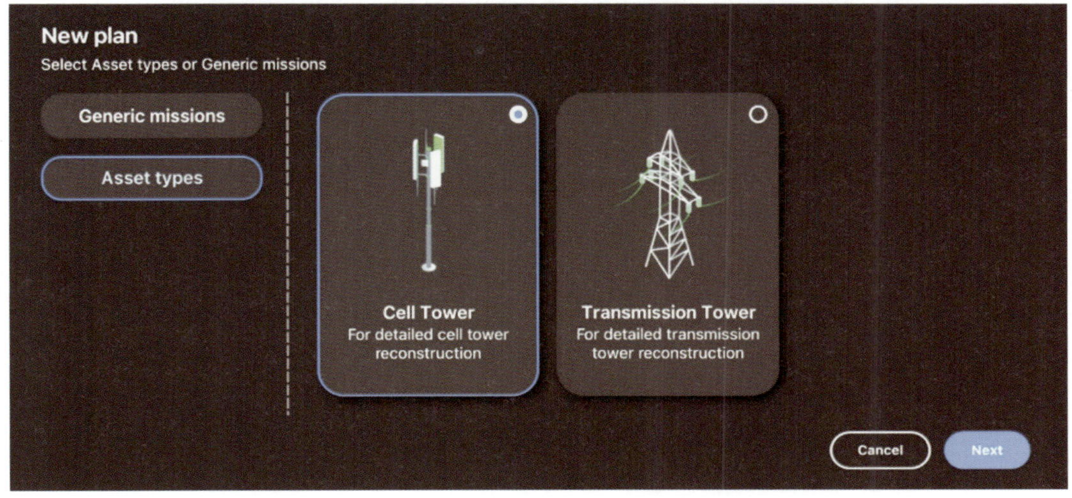

여기서는 정사영상 및 DSM 제작을 위한 것이므로, Generic missions(일반 임무)의 Grid(격자) 임무 비행방식을 선택한 후, "Next"(다음)을 클릭한다.

Grid Mission 설정

Grid(격자) 비행을 선택하면 다음의 화면이 나오는데, 이것은 비행구역을 그리는 방법을 설명한 것이다. 즉, 모서리 점을 이동하여(Move point), 격자 형태를 직접 수정이 가능하며, 여러 점을 병합하여 삭제(Merge points)할 수 있다. 즉, 필요 없는 점 제거로 경로 단순화를 할 수 있다. 한편, 길게 누르고 회전하여 비행 방향 변경(Press and rotate)하여 드론의 촬영 방향을 조정하여 최적의 비행경로를 설정할 수 있다.

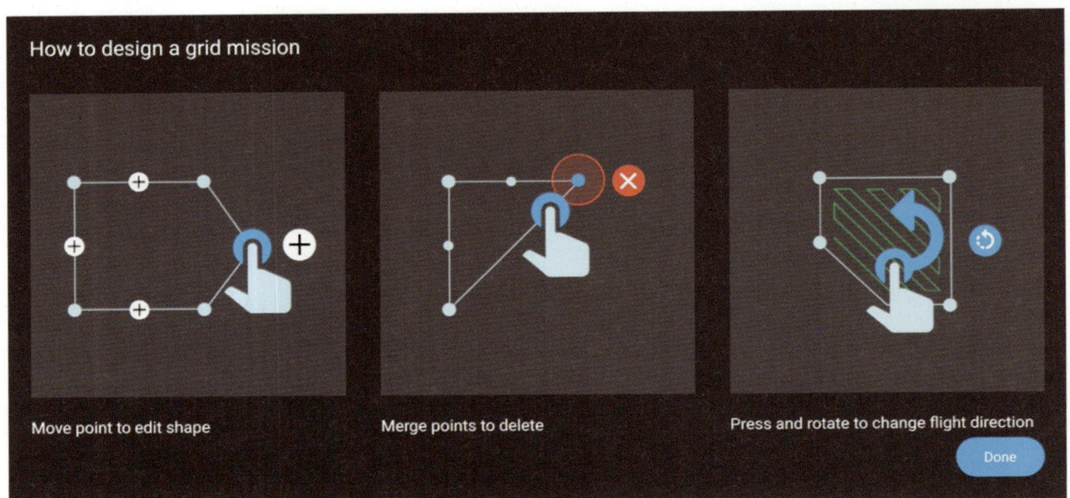

참고 Pix4Dcapture Pro에서 격자(Grid) 임무 설계 방법

Pix4Dcapture Pro에서는 격자(Grid) 임무를 설계할 때 사용자가 직접 임무 영역을 수정하고 비행 방향을 조정할 수 있다.

1. Move point to edit shape(모서리 점을 이동하여 모양 편집)
   모서리 또는 꼭지점(Point) 이동을 통한 영역 편집으로서, 지도 화면에서 비행할 영역을 지정하면, 그 영역의 모서리에 편집 가능한 점(포인트)이 생성된다. 이 점을 드래그하여 이동하면 격자의 범위와 형태를 자유롭게 조정할 수 있다. 이를 통해 특정 지형이나 구조물을 포함하거나 제외하도록 경계를 맞출 수 있다.

2. Merge points to delete(여러 점을 병합하여 삭제)
   여러 점을 병합하여 삭제하는 것으로서, 편집 과정에서 불필요한 점들이 많거나, 세밀한 조정이 필요 없을 경우 점을 병합하여 삭제할 수 있다. 인접한 점들을 하나로 합치면, 격자의 모양이 간단해지고 불필요한 영역을 줄일 수 있습니다.

3. Press and rotate to change flight direction(길게 누르고 회전하여 비행 방향 변경)
   화면을 누르고 회전하여 비행 방향 변경하는 것으로서, 기본적으로 격자 임무는 드론이 한 방향으로 일정한 간격을 두고 왕복 비행하도록 설정된다. 그러나 지형이나 촬영 목적에 따라 비행 방향을 변경할 필요가 있을 수 있다. 화면을 길게 누른 상태에서 회전하면 비행 경로의 방향을 조정할 수 있다.

그리드 미션은 지형을 격자형태로 촬영하기 위한 기능으로서, Single Grid(단일 격자)와 Double Grid(이중 격자)로 구분된다.

참고 Single Grid와 Double Grid

1. Single Grid(단일 격자)
   - 단일 방향으로 촬영해 2D 정사영상 제작에 적합
   - 주로 지형의 평면적인 데이터 수집에 사용
   - 토지 측량, 농업 모니터링, 건설 현장 조사 등

2. Double Grid(이중 격자)
   - 양방향 촬영을 통한 3D 모델링에 필요한 데이터 수집
   - 입체적인 구조물이나 지형의 세부적인 정보 수집에 필수
   - 건축물 3D 모델링, 고고학 유적지 조사, 도시 계획 등

다음 그림은 고도 변화에 따른 비행시간 및 비행경로의 간격 변화를 보여주고 있다. 종중복(Front Overlap) 및 횡중복(Side Overlap) 모두 80%로 설정하였다. 한편, 수직(Nadir) 촬영을 하므로 카메라 각도(Camera Angle)는 -90°로 설정하였다.

비행고도가 50m일 때는 비행시간이 6분 24초, 100m일 때는 2분 59초, 150m일 때는 2분 24초가 소요되는 것을 알 수 있다.

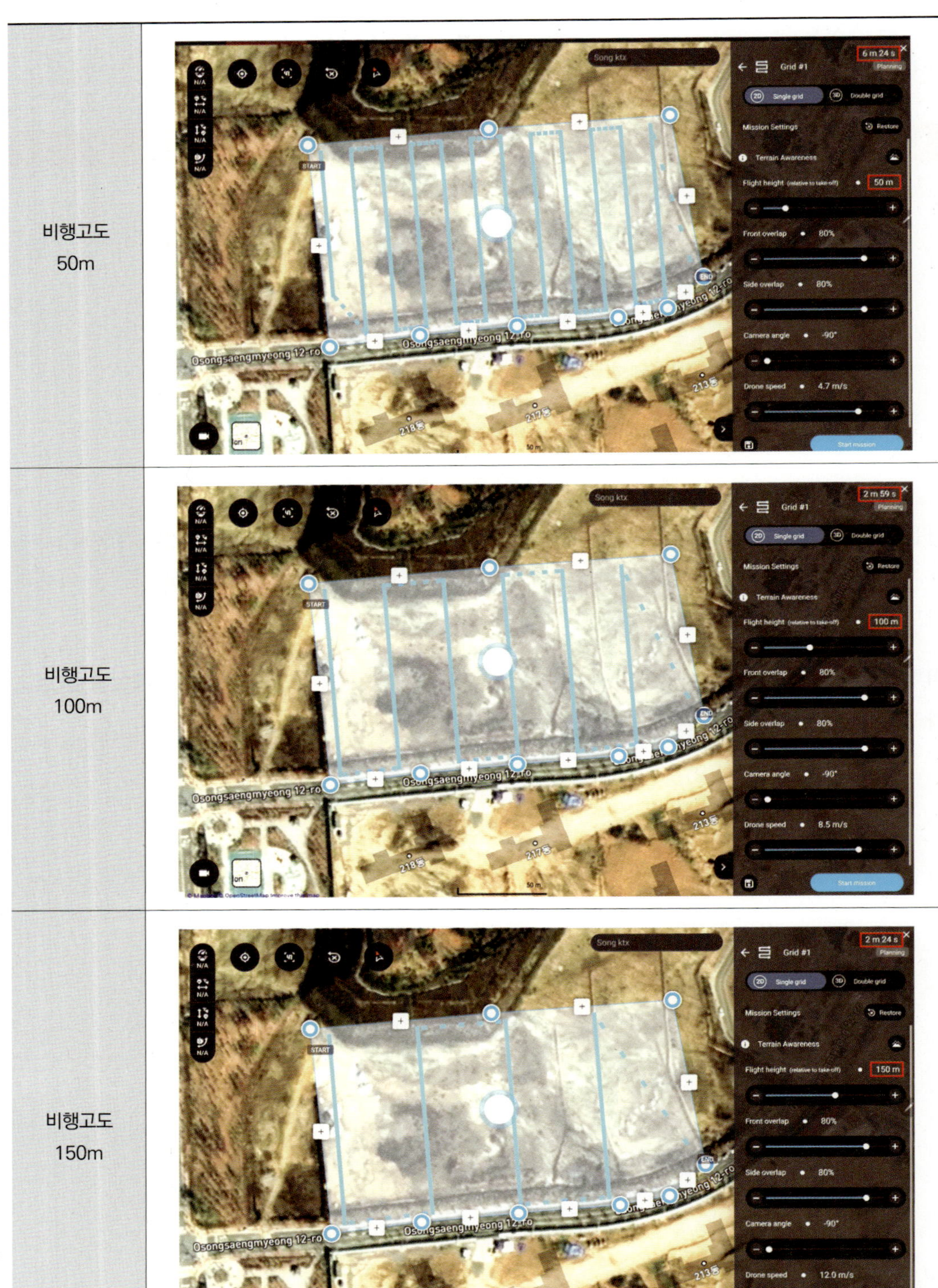

비행고도
50m
6 m 24 s
Grid #1
Single grid
Double grid
Mission Settings
Restore
Terrain Awareness
Flight height
50 m
Front overlap 80%
Side overlap 80%
Camera angle -90°
Drone speed 4.7 m/s
Start mission
비행고도
100m
2 m 59 s
Grid #1
Single grid
Double grid
Mission Settings
Restore
Terrain Awareness
Flight height
100 m
Front overlap 80%
Side overlap 80%
Camera angle -90°
Drone speed 8.5 m/s
Start mission
비행고도
150m
2 m 24 s
Grid #1
Single grid
Double grid
Mission Settings
Restore
Terrain Awareness
Flight height
150 m
Front overlap 80%
Side overlap 80%
Camera angle -90°
Drone speed 12.0 m/s
Start mission

다음 그림은 중복도 변화에 따른 비행시간 및 비행경로의 간격 변화를 보여주고 있다. 비행고도가 100m로 고정된 상태에서 종중복(Front Overlap) 및 횡중복(Side Overlap) 모두 80% 및 70%로 설정하였을 때, 중복도가 80%일 때는 비행시간이 2분 59초, 80%일 때는 2분이 소요되는 것을 알 수 있다. 비행경로의 간격 변화도 크게 나타나는 것으로 볼 수 있다.

비행고도 100m 중복도 80%	
비행고도 100m 중복도 70%	

1. Single Grid(단일 격자)

① 용도 : 한 방향으로 비행하며 지형을 촬영하는 방식으로, 주로 2D 정사영상을 제작할 때 사용된다.

② 설정 방법

- 촬영 범위 지정 : 지도 상에서 드론이 촬영할 영역을 지정한다.
- 촬영 비행고도(Flight Height) : 예를 들어, 100m로 설정한다.
- 중복도 설정 - 종중복(Front Overlap) : 80%
  - 횡중복(Side Overlap) : 80%
- 카메라 각도(Camera Angle) : -90°로 설정하여 수직 촬영을 진행한다.
- 드론 속도(Drone Speed) : 일반적으로 최대 속도의 60%에서 100% 사이로 설정한다.

2. Double Grid(이중 격자)

① 용도 : 양방향으로 비행하며 촬영하는 방식으로, 3D 모델링을 위한 데이터 수집에 적합하다.

② 설정 방법

- 촬영 범위 지정 : Single Grid와 동일하게 지도 상에서 영역을 지정한다.
- 촬영 비행고도(Flight Height) : Single Grid와 동일하거나 필요에 따라 조정한다.
- 중복도 설정 - 종중복(Front Overlap) : 80%
  - 횡중복(Side Overlap) : 80%
- 카메라 각도(Camera Angle) : -70°로 설정하여 경사 촬영을 진행한다.
- 드론 속도(Drone Speed) : Single Grid와 동일하게 설정한다.

미션 실행 및 모니터링

1. 미션 시작

① 설정을 완료한 후, 'Start Mission'을 선택한다.

② 드론이 자동으로 이륙하여 미션을 수행한다.

2. 실시간 모니터링

- 화면 상단에는 비행 시간, 촬영 면적, GSD(Ground Sampling Distance) 등의 미션 요약 정보가 표시된다.
- 드론의 배터리 잔량, 저장 용량, GPS 신호 강도 등의 상태 정보도 확인할 수 있다.
- 화면에는 드론의 실시간 위치와 비행 경로가 표시되어 작업 진행 상황을 쉽게 모니터링 할 수 있다.

미션 완료 및 데이터 확인

드론이 미션을 완료하면, 자동으로 홈 포인트(Home Point)로 복귀한다. 촬영된 데이터는 PIX4D-mapper나 PIX4Dmatic 등의 소프트웨어를 통해 정사영상 또는 3D 모델로 처리할 수 있다.

참고 추가 기능 및 팁

- **지도 모드 전환** : 화면 하단의 아이콘을 통해 위성 지도(Satellite Map)와 거리 지도(Road Map)를 전환할 수 있다.
- **미션 리셋** : 설정을 초기화하려면 상단의 리셋 아이콘을 사용한다.
- **드론 상태 모니터링** : 화면 좌측에는 드론의 속도, 홈 포인트까지의 거리, 고도, 카메라 각도 등이 실시간으로 표시된다.

2-3 DJI Pilot 2

DJI

DJI(DaJiang Innovations)는 2006년에 설립된 세계 최대의 드론 및 항공 사진측량 기술 기업이다. 중국 심천(深圳, 선전)에 본사를 두고 있으며, 소비자용, 산업용, 전문가용 드론 및 카메라 기술 분야에서 혁신적인 제품을 선보이고 있다. DJI는 Phantom, Mavic, Matrice 시리즈 등을 통해 드론시장을 선도하며, 항공 촬영, 농업, 검사, 측량, 공공 안전 등 다양한 산업 분야에서 활용되고 있다. 특히, DJI의 제품은 높은 정밀도, 사용자 친화적 인터페이스, 그리고 강력한 소프트웨어 통합으로 유명하다.

DJI Pilot 및 DJI Pilot 2

DJI Pilot은 DJI의 전문가용 드론 플랫폼인 Matrice 시리즈(예: Matrice 300, Matrice 350 RTK) 및 Mavic 3 Enterprise와 같은 드론을 제어하기 위해 개발된 애플리케이션이다. 초기 버전은 2018년경에 출시되었으며, 드론 운영자가 복잡한 임무를 계획하고 실행할 수 있도록 설계되었다. 이후 2020년대 초반에 DJI Pilot 2가 출시되며, 더욱 향상된 기능과 사용자 경험을 제공하게 되었다. DJI Pilot 2는 기존의 DJI Pilot을 대체하며, 고급 임무 계획(Mission Planning), 실시간 데이터 수집, 그리고 다양한 페이로드(Payload)와의 호환성을 강화했다. 특히, 산업용 드론 운영에 필요한 정밀한 제어와 데이터 분석 기능을 제공하여, 측량, 검사, 매핑 등의 작업에 최적화되어 있다.

DJI Pilot 2의 임무 비행(Mission Planning) 특징

DJI Pilot 2는 드론 운영자가 복잡한 임무를 쉽게 계획하고 실행할 수 있도록 설계된 고급 소프트웨어이다. 이 애플리케이션은 특히 산업용 드론 운영에 필요한 정밀한 제어와 데이터 수집 기능을 제공하며, 다음과 같은 주요 기능과 특장점을 가지고 있다.

1. 고급 임무 계획(Mission Plan4ning)

DJI Pilot 2는 사용자가 드론의 비행 경로를 세밀하게 계획할 수 있도록 다양한 임무 모드를 제공한다. 주요 임무 모드로는 영역 매핑(Area Mapping), 선형 경로(Linear Path), 웨이포인트(Waypoint) 설정 등이 있다. 영역 매핑은 특정 지역의 2D 또는 3D 지도를 생성하기 위해 사용되며, 선형 경로는 하천, 도로, 고수부지 등 선형 구조물을 따라 데이터를 수집할 때 유용하다. 웨이포인트 설정은 특정 지점을 순차적으로 방문하며 데이터를 수집하는 방식으로, 반복적인 작업에 적합하다.

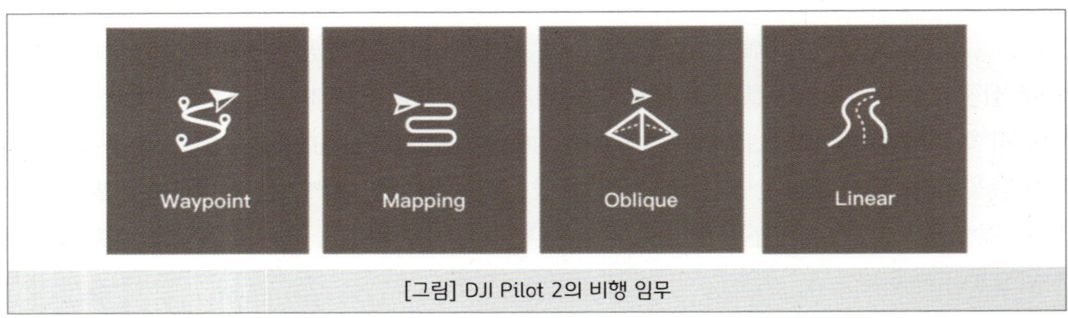

[그림] DJI Pilot 2의 비행 임무

2. 실시간 지형 추적(Real-Time Terrain Follow)

Mavic 3 Enterprise와 같은 드론은 실시간 지형 추적 기능을 지원한다. 이 기능은 드론이 지형의 높이 변화를 감지하고, 일정한 고도(AGL, Above Ground Level)를 유지하며 비행할 수 있도록 한다. 이를 통해 복잡한 지형에서도 안정적인 데이터 수집이 가능하며, 특히 산악 지역이나 고도 변화가 심한 지역에서 유용하다. 또한, DSM(Digital Surface Model) 파일을 사용하여 지형 데이터를 미리 로드하면, 보다 정확한 지형 추적이 가능하다.

3. 스마트 경사(Smart Oblique) 촬영 기능

3D 매핑을 위해 스마트 오블리크 기능을 사용하면, 드론이 여러 각도에서 사진을 자동으로 촬영한다. 이 기능은 건물, 구조물, 또는 지형의 3D 모델을 생성할 때 매우 유용하며, 기존의 단일 각도 촬영보다 보다 정확한 데이터를 제공한다. 스마트 오블리크를 활성화하면, 드론이 종횡으로 비행하며 다각도의 이미지를 수집하므로, 후처리 소프트웨어를 통해 고품질의 3D 모델을 생성할 수 있다.

4. KML/KMZ 파일 지원

사용자는 컴퓨터에서 구글어스(Google Earth) 등을 통해 KML/KMZ 파일을 생성하여 DJI Pilot 2로 가져올 수 있다. 이를 통해 복잡한 비행 경로를 미리 설계하고, 드론에 업로드하여 실행할 수 있다. 이 기능은 대규모 프로젝트나 반복적인 작업에서 특히 유용하며, 비행 경로의 정확성과 효율성을 높여준다.

5. 고도 최적화(Altitude Optimization)

드론이 임무를 완료한 후, 매핑 지역의 중앙으로 이동하여 고도 정확도를 높이는 최적화 과정을 수행한다. 이 기능은 Z값(고도 데이터)의 정확성을 높이는 데 도움을 주며, 특히 정밀한 측량 작업에서 필수적이다. 고도 최적화를 활성화하면, 드론이 추가적인 이미지를 촬영하여 고도 데이터의 오차를 최소화한다.

6. 다양한 카메라 설정

DJI Pilot 2는 Zenmuse P1, H20T 등 다양한 페이로드(Payload)와 호환된다. 사용자는 카메라 각도, GSD(Ground Sampling Distance, 지상표본거리), 촬영 간격 등을 세부적으로 설정할 수 있다. GSD는 지상표본거리로서, 해상도를 결정하는 중요한 요소이다. 일반적으로 1.5cm GSD는 120m 고도에서 달성 가능하며, 고해상도 데이터가 필요한 작업에 적합하다.

고도 모드

DJI Pilot 2는 다양한 고도 모드를 제공하여, 사용자가 작업 환경에 맞는 최적의 비행고도를 설정할 수 있도록 한다. 각 고도의 특징은 다음과 같다.

1. ALT(Above Launch Point) : 이륙 지점을 기준으로 한 상대 고도이다. 드론이 이륙한 지점의 고도를 0m로 설정하고, 이 기준으로 비행고도를 결정한다.
   ALT는 이륙 지점과 작업 지역의 고도 차이가 크지 않을 때 유용하다. 예를 들어, 평지에서 드론을 이륙시켜 인근 지역을 매핑할 때 적합하다. 설정이 간단하며, 이륙 지점을 기준으로 한 상대적인 고도이므로, 작업 지역의 고도 변화가 크지 않을 경우 편리하다.

2. AGL(Above Ground Level) : 지면을 기준으로 한 고도이다. 드론이 비행 중 지형의 높이 변화를 감지하여, 지면으로부터 일정한 고도를 유지한다.
   AGL은 산악 지역 및 고수부지 등 지형의 고도 변화가 심한 지역에서 작업할 때 유용하다. DSM(Digital Surface Model) 파일을 사용하면, 더욱 정확한 지형 추적이 가능하다. 지형의 높이 변화에 따라 드론의 고도를 자동으로 조정하므로, 복잡한 지형에서도 안정적인 데이터 수집이 가능하다.

3. ASL(Above Sea Level) : 해수면을 기준으로 한 고도이다. 해수면을 0m로 설정하고, 이 기준으로 비행고도를 결정한다.

ASL은 해수면을 기준으로 한 고도 데이터가 필요한 작업(예: 해양 조사, 해안가 매핑)에 적합하다. 해수면을 기준으로 한 절대적인 고도이므로, 해양 또는 해안가 작업에서 유용하다.

임무비행(Mission Planning) 절차

1. 경로 생성

- DJI Pilot 2를 실행한 후, 오른쪽 상단의 플러스(+) 버튼을 눌러 새로운 임무를 생성한다.
- 경로는 다음의 좌측 그림과 같이 조종기에서 직접 생성하거나, 좌측 그림과 같이 컴퓨터에서 KML/KMZ 파일로 내보낸 후 가져올 수 있다. 여기서는 이전의 구글어스에서 관심영역(AOI)으로 설정한 “Osong.kml” 파일을 가져온다.

2. 영역 경로 설정

- 2D 또는 3D 매핑을 위해 영역 경로를 선택한다.
- 지도에서 매핑할 영역을 지정하고, 드론 모델(예: Matrice 300 RTK, Mavic 3 Enterprise) 및 페이로드(예: Zenmuse P1)를 선택한다. 본 예제에서는 Mavic 3 Enterprise(M3E)를 사용하여 정사영상, DSM 등의 제작을 위해 수직으로 사진 촬영하였다.
- GSD(Ground Sampling Distance, 지상표본거리)를 설정하여 원하는 해상도를 조정한다. 일반적으로 3.0cm 이내의 GSD는 100m 고도 내외에서 달성 가능하다.

3. 고도 모드 설정

- ALT(Above Launch Point) : 이륙 지점을 기준으로 한 상대 고도
- AGL(Above Ground Level) : 지면을 기준으로 한 고도. 지형 추적 시 사용
- ASL(Above Sea Level) : 해수면을 기준으로 한 고도

다음의 그림은 비행 영역 안에서의 고도 변화에 따른 GSD의 변화를 보여주고 있다. 정사영상, DSM 등의 제작을 위해 "정사 수집", 즉 수직으로 사진 촬영하며, 상대 이륙지점 고도(ALT) 80m일 때, GSD는 2.15 cm/pixel로 나왔으며, ALT 100m일 때, GSD는 2.69 cm/pixel로 나왔다.

참고로 상대 이륙지점 고도(ALT, Above Launch Point)는 이륙 지점을 기준으로 한 상대 고도이다. 드론이 이륙한 지점의 고도를 0m로 설정하고, 이 기준으로 비행고도를 결정한다. ALT는 이륙 지점과 작업 지역의 고도 차이가 크지 않을 때 유용하다. 예를 들어, 평지에서 드론을 이륙시켜 인근 지역을 매핑할 때 적합하다.

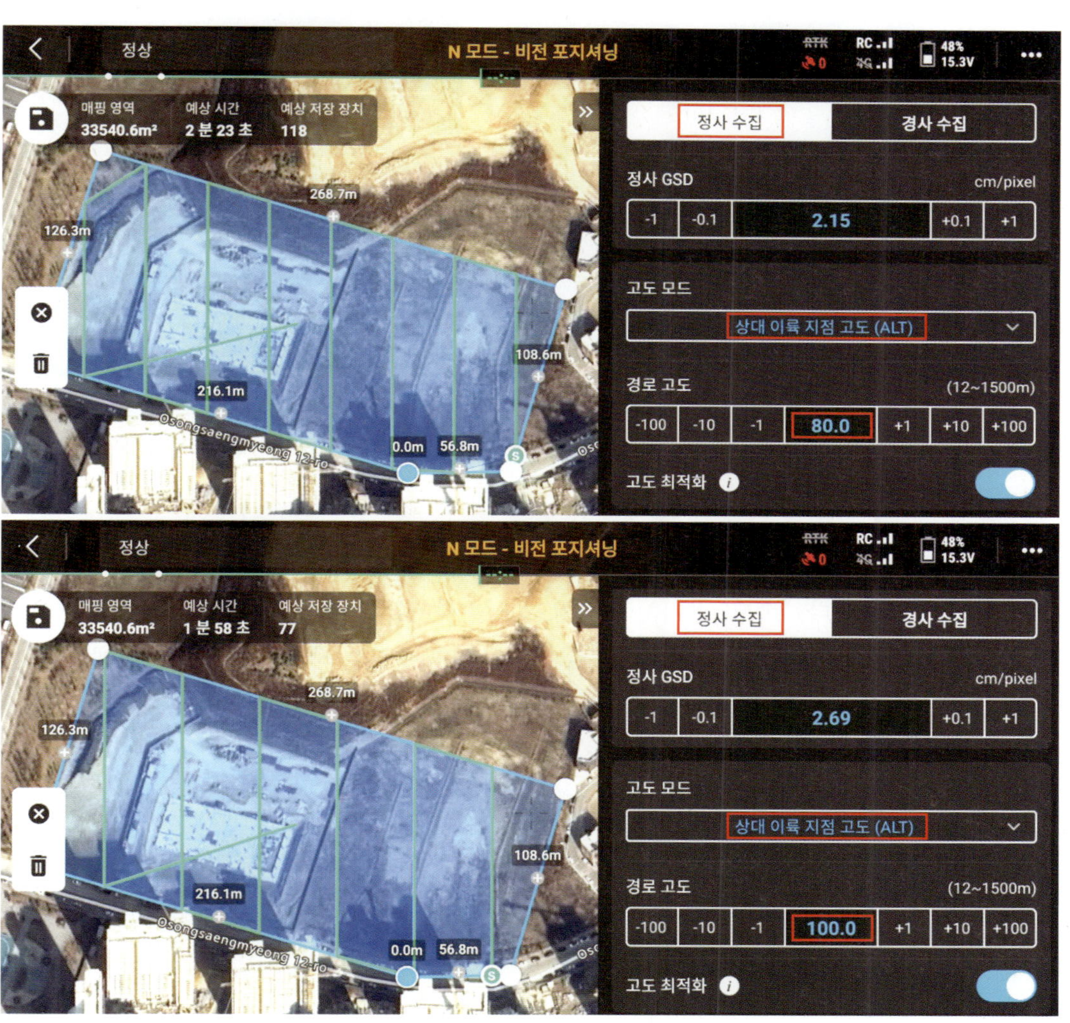

다음의 그림은 "안전한 이륙 고도" 설정에 관한 것이다. 이륙 후 기체(드론)는 이륙 지점을 기준으로 안전한 이륙 고도까지 상승한 다음 비행경로의 시작 지점으로 비행한다. 안전한 이륙 고도는 기체가 이륙하기 전에 비행 임무를 실행할 때만 적용된다. 기체가 이륙 후 비행 임무를 시작하면 안전 이륙 고도가 적용되지 않는다.

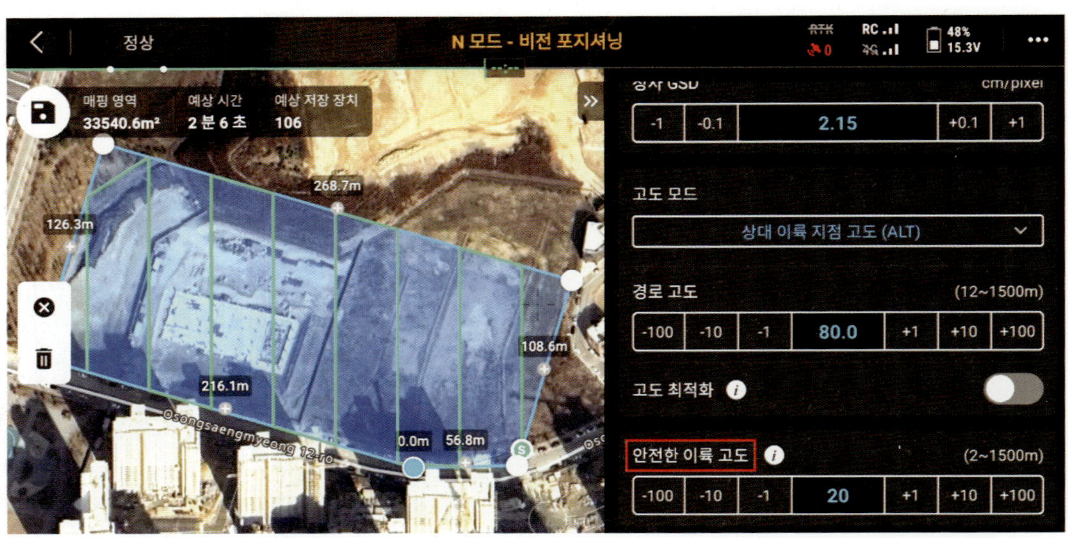

다음 그림은 드론의 비행속도를 10m/s로 설정한 다음 코스각을 변경하면서 비행경로를 점검하는 과정을 보여주고 있다.

DJI Pilot 2의 속도 및 코스각(Course Angle) 설정은 항공기 비행경로와 작업 효율성을 최적화하는 데, 필수적인 기능이다. "속도"는 기체의 비행 속도를 제어할 때 사용하며, 0.1 m/s부터 15 m/s까지 0.1 단위로 설정, 가능하다. 일반적으로 드론의 비행 속도는 작업의 성격과 환경에 따라 다음과 같이 구분된다. 고정밀 매핑이나 장애물이 많은 복잡한 환경에서는 0.1~5 m/s의 저속이 사용되며, 일반적인 측량 작업이나 넓은 지역의 영상 촬영 시에는 5~10 m/s의 중속이 적합한다. 한편, 긴 구간의 선형 인프라를 검사할 때는 10~15 m/s의 고속이 효율적이다. 이러한 속도 설정은 작업의 정확도와 효율성을 최적화하는 데 중요한 역할을 한다. 참고로 풍속이 12 m/s를 초과할 경우, 속도를 낮춰 기체 안전성을 확보해야 한다.

"코스각"(Course Angle) 설정은 비행경로의 방향을 결정하며, 지형이나 작업 목적에 맞춰 경로를 최적화한다. 이 설정은 0°부터 359°까지 1° 단위로 조정할 수 있으며, 코스각을 조절함으로써 드론의 비행 패턴을 정밀하게 제어하고, 다양한 환경과 작업 요구사항에 맞는 최적의 비행 경로를 설계할 수 있다.

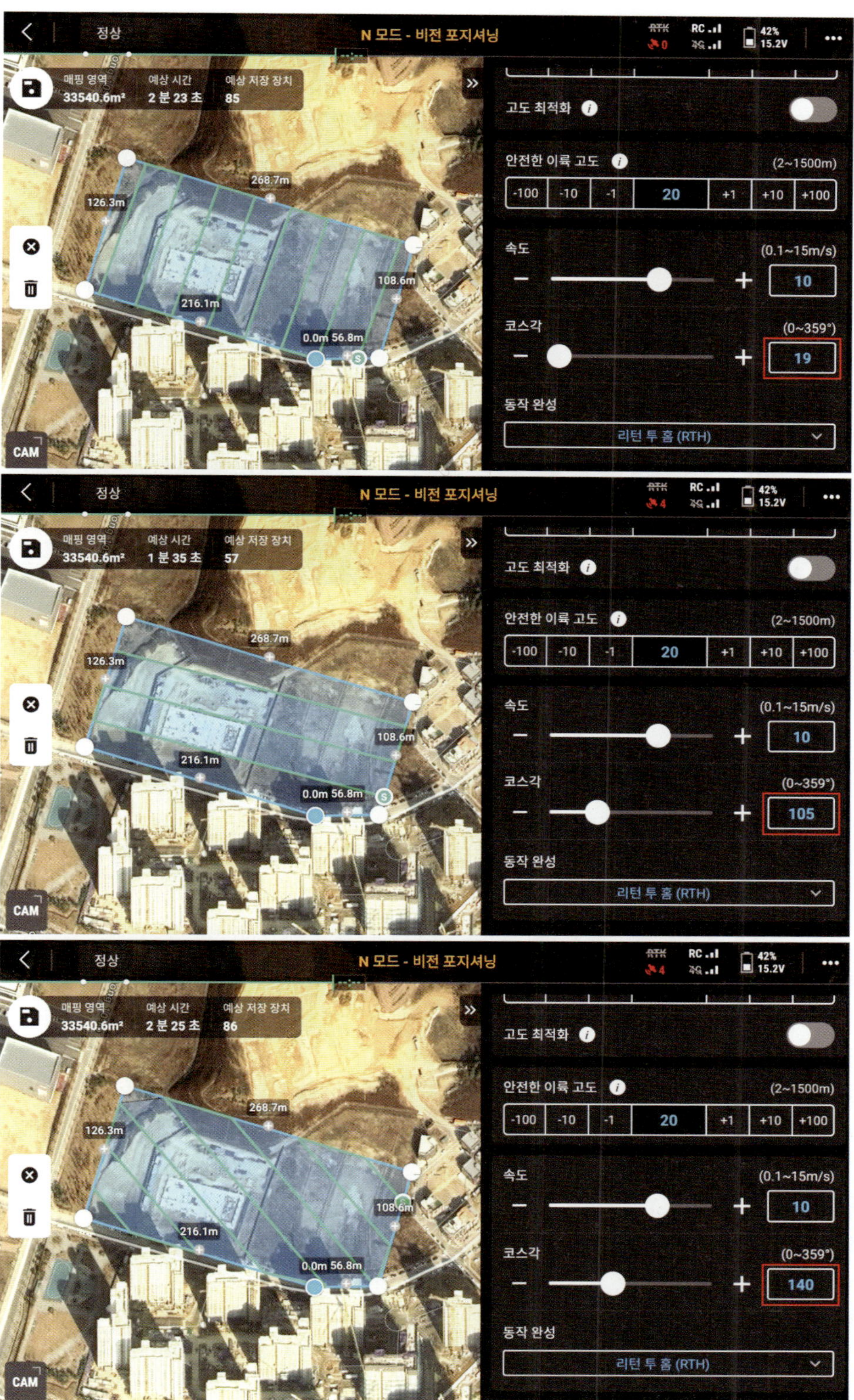
정상
N 모드 - 비전 포지셔닝
RTK
RC
42%
15.2V
매핑 영역
33540.6m²
예상 시간
2 분 23 초
예상 저장 장치
85
268.7m
126.3m
108.6m
216.1m
0.0m 56.8m
CAM
고도 최적화
안전한 이륙 고도
(2~1500m)
-100
-10
-1
20
+1
+10
+100
속도
(0.1~15m/s)
10
코스각
(0~359°)
19
동작 완성
리턴 투 홈 (RTH)
정상
N 모드 - 비전 포지셔닝
매핑 영역
33540.6m²
예상 시간
1 분 35 초
예상 저장 장치
57
268.7m
126.3m
108.6m
216.1m
0.0m 56.8m
CAM
고도 최적화
안전한 이륙 고도
(2~1500m)
-100
-10
-1
20
+1
+10
+100
속도
(0.1~15m/s)
10
코스각
(0~359°)
105
동작 완성
리턴 투 홈 (RTH)
정상
N 모드 - 비전 포지셔닝
매핑 영역
33540.6m²
예상 시간
2 분 25 초
예상 저장 장치
86
268.7m
126.3m
108.6m
216.1m
0.0m 56.8m
CAM
고도 최적화
안전한 이륙 고도
(2~1500m)
-100
-10
-1
20
+1
+10
+100
속도
(0.1~15m/s)
10
코스각
(0~359°)
140
동작 완성
리턴 투 홈 (RTH)

다음 그림은 "고급 설정"으로서, "대상 표면에서 이륙 지점까지" 옵션과 중복도(Overlap)과 관련이 있는 종붕복, 횡중복 및 여백(Out-reach, Margin) 등을 조정한다.

참고 DJI Pilot 2의 고급 설정(Advanced Settings)

DJI Pilot 2의 고급 설정은 항공 측량 및 매핑 작업의 정밀도를 극대화하는 핵심 설정이다.

1. 대상 표면에서 이륙 지점까지(Target Surface to Takeoff Point) [-200~1500m]
   이 설정은 이륙 지점과 작업 대상 지형의 고도 차이를 보정한다. 기본값은 0m이며, 대부분의 평탄한 지형에서는 조정이 불필요하다.
   [예] 건물 옥상(이륙 지점)과 지상(대상 표면)의 고도 차이가 10m일 경우, -10m로 설정한다.

2. 측면 오버랩 비율(Side Overlap Ratio) [10~90%]
   횡중복으로서, 인접 비행 경로 간 사진의 수평 중복도를 나타낸다. 일반적인 매핑 작업에서는 70~75%를 적용한다. 중복도가 높을수록 비행경로 밀도가 증가하여 데이터 품질의 향상을 기대할 수 있으나, 이미지의 증가로 인해 작업 시간이 증가한다.

3. 전방 오버랩 비율(Frontal Overlap Ratio) [10~90%]
   종중복으로서, 단일 비행 경로 내 사진의 진행 방향 중복도를 의미한다. 일반적인 매핑 작업에서는 80%가 적합하다. 중복도가 높을수록 비행경로 밀도가 증가하여 데이터 품질의 향상을 기대할 수 있으나, 이미지의 증가로 인해 작업 시간이 증가한다.

4. 여백(Out-reach, Margin) [0~100m]
   측량 영역 외곽에 추가 촬영 범위를 설정하는 것으로서, 일반적으로 비행고도에 대한 비율로 결정되며, 중복도와 함께 고려한다. 대부분의 일반적인 매핑 작업에는 비행고도의 10-15%가 적합하다. 복잡한 지형이나 높은 정확도가 요구되는 프로젝트에는 비행고도의 20-25%가 권장된다.
   여백 설정은 경계 영역의 데이터 품질 향상, 중복도 부족으로 인한 오류 감소, 후처리 과정에서의 유연성 증가 등의 장점이 있다. 그러나 과도한 여백은 불필요한 데이터 수집과 처리 시간 증가를 초래할 수 있다.

한편, "고급 설정"에는 "사진 모드"가 있는데, 즉 시간 인터벌 촬영 및 거리 인터벌 촬영의 사진 촬영 방법을 설정할 수 있다.

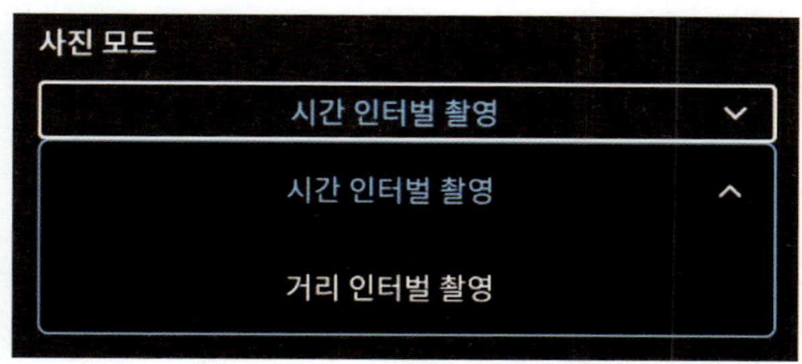

참고 DJI Pilot 2 고급 설정(Advanced Settings)의 사진 모드(Photo Mode)

DJI Pilot 2의 고급 촬영 설정에서 "시간 인터벌 촬영"(Interval Shooting / Timed Shot)과 "거리 인터벌 촬영"(Distance-based Shooting)은 각기 다른 환경과 작업 목적에 최적화된 기능을 제공한다.

1. 시간 인터벌 촬영(Interval Shooting / Timed Shot)
   지정된 시간 간격마다 자동으로 사진을 촬영한다. 풍속이 강할 경우, 드론의 실제 비행 속도 변동으로 인해 이미지 중복도 불균형이 발생 가능성이 있다. 최소 인터벌은 기종에 따라 0.7초(DJI Mavic 3M)부터 지원되며, 환경 조건에 따른 세밀한 간격 조정이 필수적이다.

2. 거리 인터벌 촬영(Distance-based Shooting)
   지정된 거리 간격(예: 10m)마다 위치 기반으로 사진을 촬영한다. 풍속 영향에 무관하게 일정한 중복도 유지로 포토그래메트리 정확도가 향상된다. 한편, 매핑 영역을 벗어나지 않도록 경계 오버슈트 방지를 위한 경로 최적화가 가능하다.

다음 그림은 고도 모드를 AGL(Above Ground Level)로 변경한 모습이다. AGL은 지면을 기준으로 한 고도로서, 드론이 비행 중 지형의 높이 변화를 감지하여, 지면으로부터 일정한 고도를 유지한다. 지형의 높이 변화에 따라 드론의 고도를 자동으로 조정하므로, 복잡한 지형에서도 안정적인 데이터 수집이 가능하다.

AGL은 지형의 고도 변화가 심한 지역에서 작업하므로, DSM(Digital Surface Model) 파일을 사용하면, 더욱 정확한 지형 추적이 가능하다. 다음 그림은 "DSM 파일"에서 파일을 가져오기 위한 것이다.

다음 그림은 DSM 파일, 즉 지형데이터의 다운로드를 마친 상태의 모습이다.

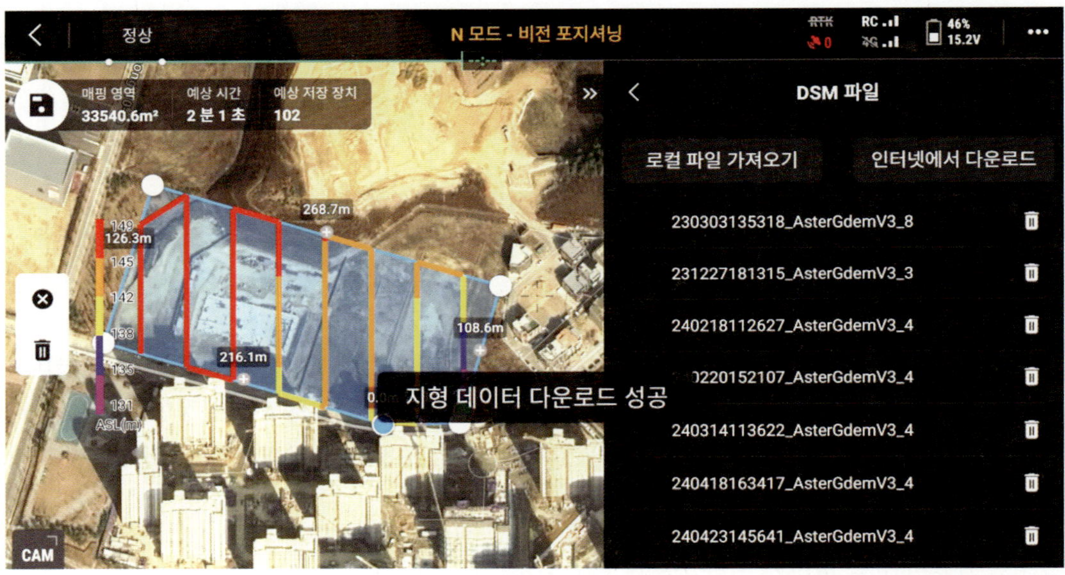

다음의 그림은 고도 모드를 AGL(Above Ground Level), 즉 지면을 기준으로 한 고도로 선택한 상태이다. AGL 고도 모드는 드론이 비행 중, 지형의 높이 변화를 감지하여, 지면으로부터 일정한 고도를 유지하도록 하는 "지형 팔로우 고도"(Terrain Following)를 적용한다. 여기서는 지면의 변화에 관계없이 지면으로부터 80m의 일정한 고도를 유지하도록 하도록 설정했으며, "안전한 이륙 고도"는 20m로 설정하였다. 이것은 이륙 후 드론이 이륙 지점을 기준으로 안전한 이륙 고도까지 상승한 다음 비행경로의 시작 지점으로 비행한다.

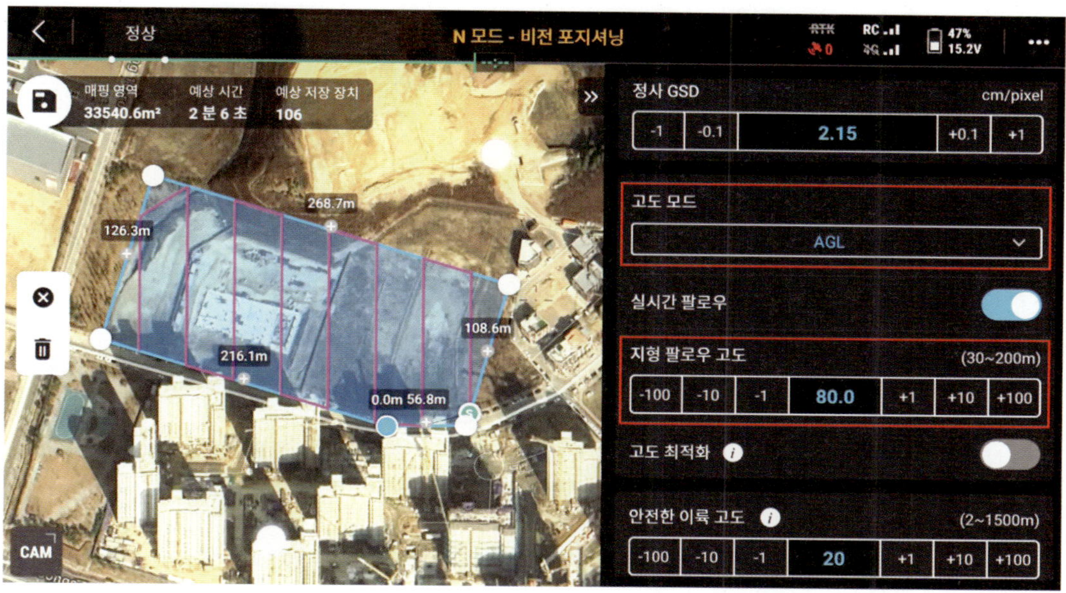

다음 그림은 DJI Pilot 2의 비행 설정 중 "제어" 옵션에 관한 것으로서, 홈포인트 설정, 다중 비행 모드 활성화, 그리고 비행 모드 선택 등 중요한 옵션들이 있다. 여기서는 홈포인트 설정 활성화, 다중 비행 모드 활성화, 그리고 비행 모드는 T/N/S 중, T 모드(Tripod 모드)를 선택한다. T 모드는 N 모드를 기반으로 하며, 보다 안정적이고 정밀한 제어가 가능해 정사영상 제작 등을 위한 촬영에 적합하며, 기체를 쉽게 제어할 수 있도록 설계되었다.

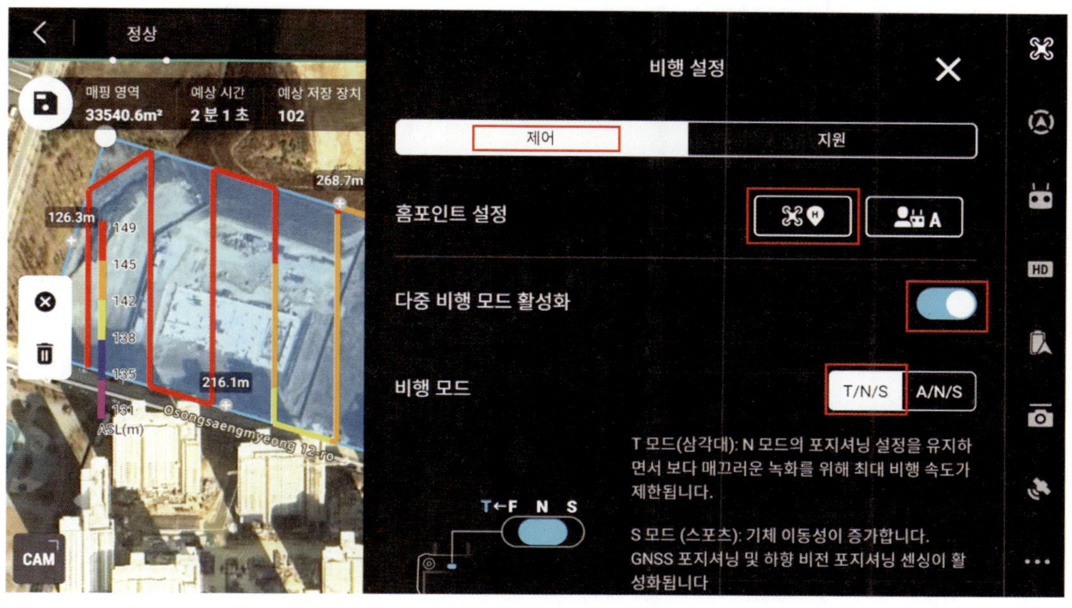

참고 DJI Pilot 2의 비행 설정 중 "제어" 옵션

DJI Pilot 2의 비행 설정 중 제어 섹션에는 홈포인트 설정, 다중 비행 모드 활성화, 그리고 비행 모드 선택 등 중요한 옵션들이 있다.

1. **홈포인트 설정** : 홈포인트(Home Point)는 기체가 리턴 투 홈(RTH) 기능을 실행할 때 돌아오는 위치다. 일반적으로 이륙 시 GNSS 신호가 강할 때 자동으로 기록된다. DJI Pilot 2는 홈포인트가 설정되면 즉시 음성 알림을 제공한다.
2. **다중 비행 모드 활성화** : 다중 비행 모드를 활성화하면 여러 비행 모드 간 전환이 가능해진다. 이 기능을 켜야 네비게이션 모드(N 모드)에서 다른 모드로 전환할 수 있다.
3. **비행 모드** : DJI Pilot 2에서는 주로 세 가지 비행 모드를 제공하고 있다. 각 모드는 특정 상황과 요구사항에 맞게 설계되어 있으므로, 비행 목적과 환경에 따라 적절한 모드를 선택하는 것이 중요하다.
   - N 모드(Navigation 모드) : 기본 비행 모드로서, GNSS와 비전 시스템을 활용하여 안정적인 호버링과 비행을 제공한다. 이 모드에서는 장애물 감지 및 회피 기능이 활성화되며, 때로는 P 모드(Positioning mode)로도 표시될 수 있다.
   - S 모드(Sports 모드) : 기체의 민첩성과 최대 속도가 증가한다. 그러나 장애물 감지 기능이 비활성화되므로 주의가 필요하다. 이 모드에서는 최대 비행 속도가 보다 높아진다.
   - T 모드(Tripod 모드) : N 모드를 기반으로 하지만 비행 속도가 제한된다. 이 모드는 보다 안정적이고 정밀한 제어가 가능해 촬영에 적합하며, 기체를 쉽게 제어할 수 있도록 설계되었다.

※ GNSS 기능은 완전히 끌 수 없으며, GNSS 신호가 없을 때 기체는 자동으로 ATTI(Attitude) 모드로 전환된다. ATTI 모드는 DJI Pilot 2 앱에서 별도로 활성화할 수 있는 고급 모드이다.

다음은 "정밀 위치 설정" 옵션으로서, 일반적으로 "RTK 포지셔닝", "포지셔닝 정확도 유지 모드"를 활성화 하고, "RTK 서비스 유형 선택"은 사용자 정의 네트워크를 선택한다.

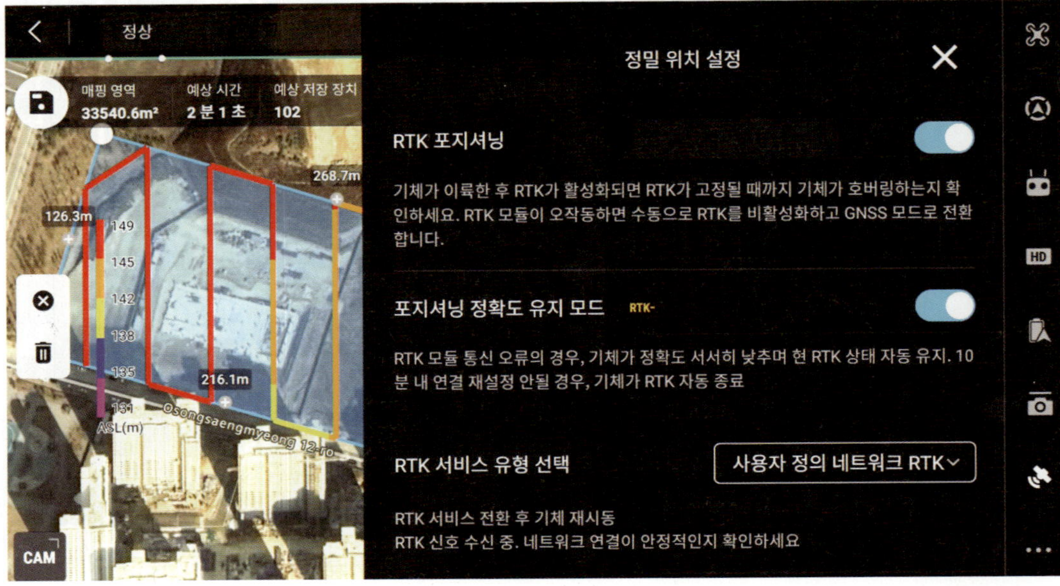

참고 DJI Pilot 2의 정밀 위치 설정 옵션

DJI Pilot 2의 정밀 위치 설정 섹션에서 RTK 관련 기능은 측량 및 매핑 작업의 정확도를 보장하는 데 필수적이다.

1. **RTK 포지셔닝 옵션** : RTK(Real-Time Kinematic)는 위성 신호와 기준국 데이터를 결합해 센티미터 단위의 정밀 위치 정보를 제공한다.
2. **포지셔닝 정확도 유지 모드** : RTK 통신 장애 발생 시 점진적으로 GNSS 정확도로 전환하며 안전성을 확보한다.
   - 통신 오류 대응: RTK 신호 불안정 시 기체는 서서히 정확도를 낮추며 최대 10분간 연결 재설정 시도
   - 자동 종료: 10분 내 복구 실패 시 RTK 기능 자동 종료 및 GNSS 모드 유지
3. **RTK 서비스 유형 선택** : DJI Pilot 2에서는 다양한 RTK 소스를 구성할 수 있다.

서비스 유형	설명
D-RTK 2 모바일	현장 설치형 기준국 사용, ±1cm 수평 정확도
네트워크 RTK	외부 NTRIP 서비스 활용, 사용자 정의 설정 가능
사용자 정의 네트워크	NTRIP 호스트/포트 입력, 인증 정보 설정

스마트 오블리크 활성화

DJI Pilot 2의 스마트 오블리크(Smart Oblique) 즉, 경사촬영 기능을 활성화함으로써 3D 매핑 작업의 정밀도를 극대화할 수 있다. 이 기능은 다중 각도 촬영 알고리즘을 통해 대상물의 전방·후방·측면을 포괄적으로 커버하며, 단일 비행으로 최대 5개의 독립적인 비행 경로를 자동 생성할 수 있다. 각 경로마다 짐벌의 피치 각도를 -45°에서 90°까지 동적 조절하며, 구조물의 상층부와 기복 있는 지형의 디테일까지 캡처함으로써, 후속 사진측량(Photogrammetry) 자료처리 시 무결성 있는 3D 모델 구축이 가능하다.

비행 경로 확인 및 실행

비행 경로 검증 및 실행 단계에서는 실시간 지형 추적(Real-Time Terrain Follow) 기능을 활성화하는 것이 좋다. 이는 DSM(Digital Surface Model) 데이터와 연동되어 지형 고도 변화에 맞춰 자동으로 비행고도를 재계산하며, 사용자가 설정한 측면/전방 오버랩 비율(70-80%)을 준수할 수 있다. 경로 시뮬레이션 모드에서 각 웨이포인트의 예상 촬영 시퀀스를 3D 맵 뷰로 확인한 후, RTK FIX 상태에서만 임무 실행을 권장한다. 드론은 자동 이륙 후 경로 편차 없이 데이터 수집을 수행하며, 비정상적인 풍속(12m/s 초과) 또는 배터리 잔량(20% 미만) 감지 시 즉시 안전 복귀 프로토콜을 실행한다.

데이터 저장 및 분석

수집된 데이터는 exFAT 형식의 microSD 카드에 타임스탬프와 GEO 태깅 정보와 함께 저장된다. 주행 거리 기반의 파일 분할 시스템이 적용되어, 대용량 데이터셋(100GB 이상) 처리 시에도 무결성을 보장하며, DJI Terra 또는 Pix4Dmapper와의 원클릭 연동 기능을 통해 실시간 정사영상 생성이 가능하다. 특히 메타데이터에는 촬영 각도, GNSS 정확도(±1cm), 기체 자세 정보(롤·피치·요 축)가 상세히 기록되어, 후처리 과정에서의 오차 보정 작업 효율성을 개선할 수 있다.

이러한 고도화된 워크플로우는 DJI Pilot 2가 단순한 비행 제어 앱을 넘어 종단간(end-to-end) 측량 솔루션으로 진화했음을 보여준다. 사용자는 직관적인 터치 인터페이스로 복잡한 그리드 패턴 설계부터 다중 센서 동기화(라이다·가시광·열화상)까지 단일 플랫폼에서 관리할 수 있으며, 클라우드 기반의 FlightHub 2와의 원활한 연동을 통해 대규모 팀 협업 환경에서도 데이터 무결성과 작업 투명성을 유지할 수 있다. 산업용 드론 기술의 패러다임을 혁신하는 이 시스템은 인프라 검사부터 환경 모니터링에 이르기까지 다양한 분야에서 데이터 기반 판단을 돕는 핵심 도구로 자리잡고 있다.

3. DJI 드론 RTK 설정

RTK 드론을 위한 네트워크 RTK 연결 방법

본 내용은 RTK 드론을 사용할 때, 드론의 RTK 기능을 네트워크 RTK에 연결하여 GNSS 위치 보정 신호를 받아 드론 이미지의 위치 정확도를 향상시키는 방법에 대해 다루고 있다.
대부분의 사용자는 RTK 드론을 이용한 사진측량을 수행할 때 네트워크 RTK에 연결하여 활용하기 때문에, 이 내용을 건너뛰어도 큰 문제가 되지 않는다. 그러나 일부 사용자는 RTK 드론과 네트워크 RTK를 연결하는 방법을 정확히 알지 못하거나, RTK 드론을 사용하면서도, GCP(지상기준점)를 활용한 항공삼각측량만을 수행하며 네트워크 RTK를 활용하지 않는 경우가 있다.
이러한 경우, 네트워크 RTK의 필요성을 충분히 이해하지 못한 상태에서 드론을 운용하게 되어 측량 정확도가 저하될 위험이 있다. 따라서 본 내용에서는 RTK 드론과 네트워크 RTK의 올바른 연결 방법을 설명하고, 이를 통해 보다 정확한 측량 결과를 얻을 수 있도록 안내하고자 한다.

최근 드론 기술의 비약적 발전과 더불어 정밀한 위치 데이터를 요구하는 작업이 증가함에 따라 실시간 이동 측위(Real-Time Kinematic, RTK) 기술의 중요성이 더욱 부각되고 있다. 특히 측량(Surveying), 농업, 건설 등 다양한 산업 분야에서 RTK 기능을 탑재한 드론의 활용이 활발히 이루어지고 있다.

RTK는 위성항법시스템(Global Navigation Satellite System, GNSS)으로부터 수신한 위성항법 신호를 실시간으로 보정하여 센티미터(cm) 단위의 정밀한 위치 데이터를 제공하는 기술이다. 일반적인 GNSS 시스템은 대개 수 미터(m) 수준의 오차를 수반하는 반면, RTK를 적용하면 오차 범위를 획기적으로 감소시킬 수 있어 고도의 정밀도를 요구하는 작업 수행이 가능하다.

특히, DJI의 대표적인 산업용 드론인 Mavic 3 Enterprise [M3E] RTK, Matrice 300 [M300] RTK, Matrice 350 [M350] RTK, Matrice 4 [M4] RTK 등은 RTK 기능을 기본적으로 지원하여, 보다 정밀한 측량 및 매핑(Surveying & Mapping) 작업을 수행할 수 있도록 설계되었다. RTK 기능을 활용하기 위해서는 일반적으로 RTK 스테이션(Base Station)을 구축해야 하지만, 국토지리정보원(NGII, National Geographic Information Institute)에서 제공하는 VRS(Virtual Reference Station, 가상기준국) 서비스를 이용하면 별도의 RTK 스테이션 없이도 RTK 기능을 활성화할 수 있다.

최근 드론 사진측량(Aerial Photogrammetry) 분야에서는 RTK-GNSS 기술이 기존 GPS보다 훨씬 높은 정밀도를 제공한다는 연구 결과가 지속적으로 발표되고 있다. RTK-GNSS는 실시간 보정(Real-Time Correction)을 통해 1~2cm 수준의 오차 범위를 달성할 수 있으며, 이는 기존 GPS의 수 미터 단위 오차를 현저히 감소시키는 것으로 나타났다.

전통적인 GPS 시스템은 근본적으로 오차가 발생할 수밖에 없는 구조적 한계를 갖고 있다. 그러나 RTK-GNSS는 기준국(Base Station)과의 실시간 데이터 교환(Real-Time Data Exchange) 또는 국토지리정보원에서 제공하는 보정 신호(Correction Signal)를 활용하여 오차를 보정함으로써, 정밀한 위치 측정이 가능하다. 이에 따라 RTK-GNSS 기술이 적용된 드론 사진측량은 드론 영상(Aerial Imagery)의 위치 정확도(Positional Accuracy)를 획기적으로 향상시키는 것으로 분석되었다(Zhang et al., 2017).

RTK-GNSS의 가장 큰 특징은 드론이 비행하는 동안 실시간으로 위치 데이터를 보정하고 이를 즉각 적용(Real-Time Processing & Application)하는 점이다. 즉, 드론이 촬영한 이미지가 정확한 좌표값과 함께 즉시 저장되므로, 후처리 작이 대폭 줄어든다. 이를 통해 현장에서 바로 고정밀 데이터를 확보할 수 있으며, 업무의 효율성이 획기적으로 증대된다.

또한, RTK-GNSS 기술의 도입은 지상기준점(Ground Control Point, GCP) 설치 작업을 최소화할 수 있는 중요한 이점을 제공한다. 기존의 사진측량 기법에서는 고정밀 좌표를 확보하기 위해 GCP를 조사지역(Survey Area)에 고르게 배치해야 했으나, RTK-GNSS를 적용할 경우 이러한 요구가 현저히 감소한다. 일부 연구에서는 GCP 설치에 소요되는 시간이 기존 대비 200~300% 단축될 수 있다는 분석도 제시되고 있다.

DJI RTK 드론을 사용한 여러 연구에서 RTK 기술이 GCP만을 사용하는 것보다 항공삼각측량의 정확도를 크게 향상시키는 것으로 나타났다. RTK는 실시간 보정, GCP 수 감소, 수직 정확도 향상 등의 장점을 제공하여 보다 효율적이고 정확한 측량 결과를 얻을 수 있게 해준다.

GCP와 RTK Drone의 정확도(Accuracy)에 관한 연구에서 GCP만 사용했을 때보다 RTK를 사용했을 때 수평 정확도가 더 빠르게 향상되었다. 3개의 GCP만으로도 7cm 이내로 정확도를 보였으며, GCP 수를 늘리면서 정확도도 점차 개선되었으나, RTK 사용 시 보다 나은 결과를 보였다.

참고 GCP와 RTK Drone의 정확도(Accuracy) 비교

최근 드론을 활용한 측량 기술이 빠르게 발전하면서, 지상기준점(GCP, Ground Control Point)과 실시간 이동 측위(RTK, Real-Time Kinematic) 기술 간의 정확도 비교에 대한 관심이 높아지고 있다. 다음은 다양한 조건에서 드론 측량의 정확도를 비교한 실험 결과이다. (출처: The 3rd Dimension[14], 2023, YouTube : GCP vs RTK Drone Accuracy)

14) The 3rd Dimension : 비영리 단체로서, 측량(Surveying) 및 지리공간 데이터 캡처 및 처리에 대한 무료 교육을 제공하고 있다. 채널 세정보 : www.youtube.com/@The3rdDimensionSurveying

비교 시험 개요

100 에이커(약 0.4km², 약 40헥타르) 규모의 지역을 대상으로, 지형적 고도 차이가 약 50m인 지역에서 16개의 GCP를 설치하고, RTK-GNSS를 활용해 각 지점의 위치를 정밀하게 측정하였으며, DJI Mavic 3 Enterprise [M3E] 드론을 이용해 해당 지역을 촬영하고, GCP와 RTK를 각각 활용해 정확도를 비교했다.

GCP와 RTK의 정확도 비교

1. GCP를 사용한 경우, 수평 정확도는 3개의 GCP만으로도 7cm 이내로 높은 정확도를 보였으며, GCP 수를 늘리면서 수직 정확도도 점차 개선되었다. 특히 10개의 GCP를 사용했을 때 수직 정확도는 약 3cm 수준으로 안정화되었다.

GCP Only		
GCP 갯수	수평 위치 오차	수직 위치 오차
3	0.069	0.698
4	0.035	0.452
5	0.029	0.131
6	0.033	0.124
10	0.027	0.036
15	0.028	0.033

Error vs GCPs Used
(No RTK)
0.800
0.700
0.600
0.500
0.400
0.300
0.200
0.100
0.000
3 4 5 6 10 15
Hz Error Vert Error

2. RTK 기술만을 사용한 경우, GCP를 전혀 사용하지 않아도 수평 정확도는 2cm, 수직 정확도는 3cm 이내로 우수한 결과를 보였다. 여기에 GCP를 추가해도 정확도가 크게 개선되지 않았으며, 오히려 일부 경우에는 정확도가 약간 하락하는 현상도 관찰되었다.

GCP with RTK		
GCP 갯수	수평 위치 오차	수직 위치 오차
0	0.013	0.019
0	0.029	0.032
0	0.019	0.027
1	0.021	0.023
5	0.023	0.026

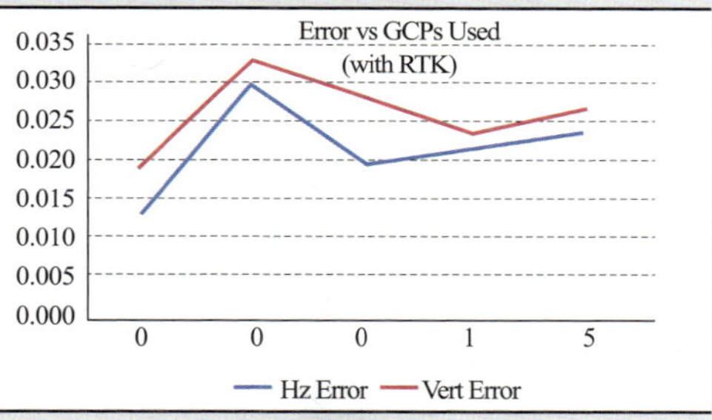

3. RTK 연결 중단 시 정확도 변화

   RTK 연결이 중단된 상황을 시뮬레이션하기 위해, 드론 비행 중 약 15%의 이미지에 대해 RTK 신호를 차단했다. 그 결과, 연결이 끊긴 구간에서도 수직 정확도는 최대 61mm(6.1cm) 이내로 유지되었으며, 이는 예상보다 높은 정확도를 보여주었다.

결론 및 시사점

RTK 기술만으로도 GCP를 사용한 경우와 동등한 수준의 정확도를 달성할 수 있었다. 특히, RTK 기술은 GCP 설치에 소요되는 시간과 비용을 절감할 수 있어, 대규모 측량 작업에서 효율적인 대안이 될 수 있다. 다만, 수직 정확도가 중요한 작업의 경우, GCP를 추가로 사용하는 것이 안전할 수 있다.

RTK(Real-Time Kinematic, 실시간 이동측위) 기술이 빠르게 발전하고 있지만, RTK 단독 보다는 드론 측량에서는 일반적으로 RTK와 GCP(Ground Control Points, 지상기준점)를 함께 진행하는 경우가 많다. 이는 다양한 현장 변수와 예측할 수 없는 환경적 요인을 고려하여 보다 정확하고 신뢰할 수 있는 측량 결과를 얻기 위한 필수적인 과정으로 여겨지고 있다.

특히, RTK 드론만 사용했을 때 3cm 이상의 오차가 발생하는 경우, 조사 지역 내에 GCP를 고르게 배치하면 오차를 절반인 1.5cm 이내로 줄일 수 있다는 연구 결과가 보고되고 있다. 이는 적은 오차 범위 내에서 보다 정밀한 데이터를 확보할 수 있음을 보여준다.

2D 측량에서는 RTK 드론이 제공하는 데이터가 비교적 안정적인 반면, 3D 매핑에서는 수직 위치의 정확도가 특히 중요하다. 3D 매핑에서는 평면 좌표보다 정밀한 수직 데이터가 필요하며, 이는 경사면이나 복잡한 지형에서 더욱 두드러진다. 실제로 경사 지역에서 RTK 드론만 사용할 경우보다 GCP를 함께 활용했을 때, 오차가 10배 이상 감소한 사례가 보고된 바 있다. 즉, RTK 드론의 데이터에 GCP를 추가하면 측량 결과의 신뢰도를 크게 향상시킬 수 있다.

이처럼 RTK-GNSS 기술은 드론을 활용한 측량 및 매핑 작업에서 정확성(Accuracy), 효율성(Efficiency), 생산성(Productivity)을 극대화하는 핵심 기술로 자리 잡고 있으며, 앞으로 더욱 다양한 분야에서 필수적인 요소로 활용될 전망이다.

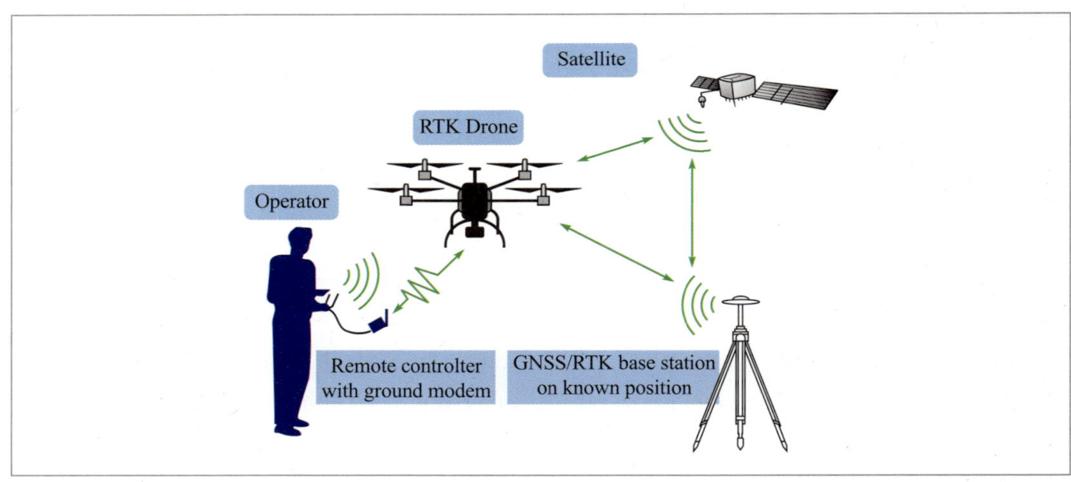

참고 RTK와 PPK

위성 기반 측량 기술이 비약적으로 발전함에 따라, 고정밀 GNSS(Global Navigation Satellite System, 위성 측량 시스템) 측량 방식으로 RTK(Real-Time Kinematic, 실시간 이동 측위) 방식과 PPK(Post-Processed Kinematic, 사후 처리 이동 측위) 방식이 널리 활용되고 있다. 두 방식은 모두 센티미터(cm) 단위의 높은 측량 정확도를 제공하지만, 데이터 처리 방식과 적용 환경에서 차이가 있다.

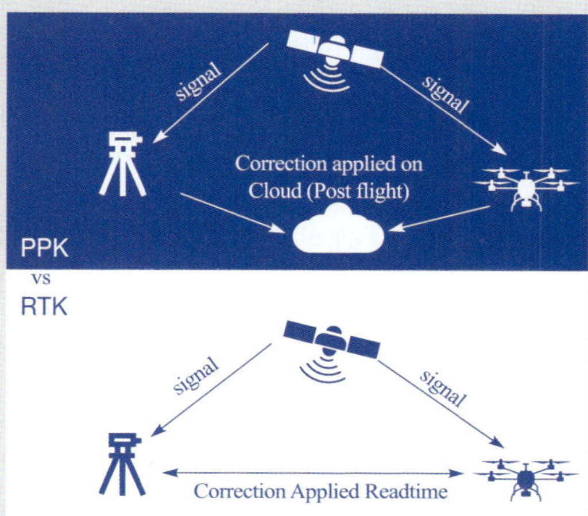

- RTK(Real-Time Kinematic) : 실시간 위치 보정 측량 방식

  RTK 방식은 실시간으로 위치 보정 데이터를 처리하는 측량 기법으로, 기준국(Base Station)과 이동국(Rover) 간의 실시간 데이터 링크를 통해 즉각적인 오차 보정이 이루어진다. 이를 통해 현장에서 곧바로 정밀한 측량 결과를 얻을 수 있다.

  RTK 방식은 특히 개방된 지역에서 효과적으로 작동하며, 신호 방해(Interference)가 적은 환경에서 높은 정확도를 유지할 수 있다. 이 방식의 가장 큰 장점은 즉각적인 결과 확인이 가능하다는 점으로, 드론 측량, 건설 현장 관리, 정밀 농업 등 실시간 데이터 활용이 중요한 산업분야에서 널리 사용된다.

  그러나 지속적인 데이터 링크 유지가 필수적이기 때문에, 네트워크 연결이 불안정한 지역에서는 성능이 저하될 수 있다. 따라서 넓고 개방된 지역에서 신속한 측량이 필요한 경우 RTK 방식이 적합하다.

- PPK(Post-Processed Kinematic) : 사후 위치 보정 측량 방식

  PPK 방식은 실시간 보정이 아닌 사후 처리(Post-Processing) 방식을 적용하는 측량 기법이다. 측량을 완료한 후, 저장된 GNSS 데이터를 기준국의 데이터와 비교·보정(Post-Correction)하여 최종적인 측량 값을 도출한다. 이 방식은 실시간 데이터 링크가 필요하지 않으며, 네트워크 연결이 제한적인 환경에서도 높은 정확도를 유지할 수 있다.

  PPK 방식의 가장 큰 장점은 복잡한 지형이나 신호 방해가 심한 환경에서도 안정적인 측량이 가능하다는 점이다. 실시간 데이터 통신에 의존하지 않기 때문에 하드웨어 구성에서 더 유연하며, 측량 데이터의 신뢰성을 극대화할 수 있다.

  다만, 데이터를 현장에서 즉시 확인할 수 없으며, 추가적인 후처리 시간이 필요하다는 점은 단점으로 작용할 수 있다. 그러나 신호 장애가 많은 도심 지역이나 숲이 우거진 지역(Forested Areas)처럼 복잡한 환경에서는 PPK 방식이 더욱 신뢰할 수 있는 선택이 될 가능성이 크다. 또한, 데이터 링크 유지가 어려운 원격 지역(Remote Areas)에서는 PPK 방식이 더 실용적이다.

네트워크 RTK 드론

RTK(Real-Time Kinematic, 실시간 이동측위) 기술은 위성항법 시스템(GNSS, Global Navigation Satellite System) 신호의 오차를 실시간으로 보정하여 위치 정확도를 획기적으로 향상시키는 첨단 기술이다. 일반적인 GNSS 수신기(GNSS Receiver)는 위성으로부터 수신한 신호를 기반으로 위치를 측정하지만, 이 과정에서 전리층(Ionosphere) 및 대류권(Troposphere)의 간섭(Interference), 신호의 다중경로(Multi-path) 등의 요인으로 인해 수 미터(m) 단위의 오차(Positioning Error)가 발생할 수 있다. RTK는 이러한 오차를 정밀하게 보정하기 위해 고정된 기준국(Base Station)과 이동국(Rover)을 함께 운용하여, 센티미터(cm) 단위의 높은 위치 정확도를 구현하는 역할을 한다.

전통적인 RTK 시스템은 고정형 RTK 스테이션을 설치한 후 이동국과 실시간으로 데이터를 주고받는 방식을 채택한다. 그러나 최근에는 인터넷 기반 RTK 보정 데이터 전송 기술인 VRS(Virtual Reference Station, 가상기준국)를 활용함으로써, 별도의 RTK 스테이션 없이도 RTK 기능을 운용할 수 있다. 이는 국토지리정보원(NGII, National Geographic Information Institute)에서 제공하는 VRS 서비스를 이용하여 RTK 보정 데이터를 실시간으로 수신하는 방식으로서, 추가적인 장비 없이도 보다 간편하고 효율적으로 RTK 기능을 활용할 수 있는 장점을 갖는다. 즉, 국토지리정보원이 기준국(Base Station)이 되며, RTK 드론이 이동국(rover) 역할을 하는 것이다.

참고 D-RTK를 활용한 RTK 드론

DJI의 'D-RTK 3'는 GPS, BEIDOU, GLONASS, Galileo 등 5개 주요 위성항법시스템의 19개 주파수 대역 신호를 동시에 수신할 수 있다. 이를 통해 센티미터 수준의 고정밀 포지셔닝이 가능하며, 여러 대의 드론에 동시에 보정 데이터를 제공할 수 있다. 한편, D-RTK 3는 기준국(Base Station), 릴레이 스테이션(Relay Station), 이동국(Rover) 등 세 가지 모드를 지원한다. 특히, 이동국(Rover) 모드에서는 DJI Enterprise 앱과 연동하여 지상기준점 좌표를 쉽게 측정할 수 있어 측량 작업의 효율성을 높일 수 있다.

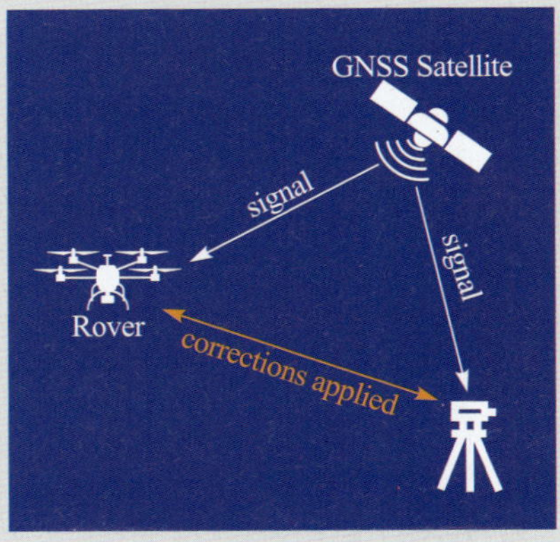

앞서 RTK와 PPK의 비교에서 살펴본와 같이 네트워크 RTK 방식은 지속적인 데이터 링크 유지가 필수적이기 때문에, 네트워크 연결이 불안정한 지역에서는 성능이 저하될 수 있다. RTK(실시간 이동 측위, Real-Time Kinematic) 방식은 네트워크 RTK(Network RTK)와 차별화된 장점이 있다. 네트워크 RTK는 지속적인 데이터 링크 유지가 필수적이지만, D-RTK 장비를 사용하면 인터넷 연결이 불안정한 지역에서도 안정적인 측량이 가능하다. 이러한 특성 덕분에 넓고 개방된 지역에서의 신속한 측량이 요구될 경우, D-RTK 3를 활용한 RTK 방식이 적합한 대안이 될 수 있다.

또한, DJI는 독자적인 PPP(Precise Point Positioning, 정밀 위치 측정) 솔루션을 통해 네트워크 환경이 열악한 지역에서도 높은 수준의 정밀한 포지셔닝을 제공한다. 이는 전통적인 네트워크 RTK 방식이 갖는 한계를 보완하는 중요한 요소이다. D-RTK 3는 DJI의 O4 ENT(Enterprise) 영상 전송 기술을 탑재해 최대 15km 거리에서 안정적인 데이터 송수신이 가능하다. 이를 통해 넓은 측량 지역에서도 드론과 D-RTK 장비 간 통신이 원활하게 이루어지며, 측량 작업의 효율성과 정확도를 더욱 높일 수 있다.

네트워크 RTK 기능 활용을 위한 준비

RTK 기능을 활용하기 위해서는 다음과 같은 필수 장비 및 준비물이 필요하다.

1. DJI 드론(Mavic 3 Enterprise [M3E] RTK, Matrice 300 [M300] RTK, Matrice 350 [M350] RTK, Matrice 4 [M4] RTK 등)
   - RTK 기능이 내장된 드론을 사용해야 하며, 모델에 따라 RTK 기능이 기본적으로 탑재되어 있거나, 별도의 모듈을 추가로 장착해야 할 수 있다.

2. RTK 모듈
   - 일부 모델(예: Mavic 3 시리즈)의 경우, 외장형 RTK 모듈이 필요하다. 해당 모듈을 장착해야만 RTK 기능을 활성화할 수 있으므로, 사용 기종에 적합한 RTK 모듈을 준비해야 한다.

3. 네트워크 RTK 아이디
   - 국토지리정보원(NGII, National Geographic Information Institute)에서 제공하는 네트워크 RTK 서비스를 이용하기 위해서는 사전에 네트워크 RTK 아이디를 발급받아야 한다. 해당 아이디를 통해 실시간 RTK 보정 데이터를 수신할 수 있으며, 이를 기반으로 정확한 위치 측정이 가능해진다.

국토지리정보원 접속

먼저, 아래 그림과 같이 국토지리정보원 홈페이지(https://www.ngii.go.kr)에 접속한다. 이후, 화면 상단 우측의 메뉴 바(Menu Bar)에서 다음 절차를 따른다.

• 회원가입이 되어 있지 않은 경우 : "회원가입" 버튼을 클릭하여 신규 회원가입을 진행한다.
• 이미 회원가입이 완료된 경우 : "회원 들어가기" 버튼을 클릭하여 로그인한다.

회원가입은 무료로 제공되며, 가입 절차는 다음과 같다.

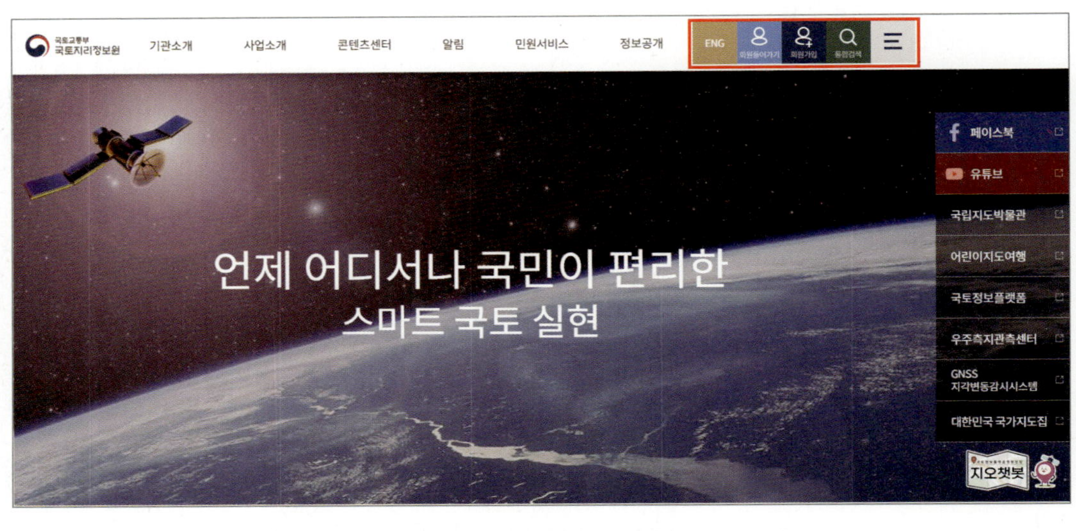

국토정보플렛폼 접속

국토지리정보원 회원가입을 완료한 후, 국토지리정보원 홈페이지에 접속하면, 우측 그림에서 빨간색 박스로 표시한 것처럼, 화면 상단의 메뉴 바(Menu Bar)가 변경된다. 이제, 화면 우측의 노란색 박스로 표시한 "국토정보플랫폼"을 클릭하여, 국토정보플랫폼 웹사이트(https://map.ngii.go.kr/)로 이동한다.

네트워크 RTK 서비스 접속

국토정보플랫폼 사이트에 접속한 후, 화면 상단 메뉴에서 아래 그림과 같이 "공간정보"를 클릭한다. 이후, 하위 메뉴(Sub-menu)에서 "위성기준점"을 선택한다.

국토정보플랫폼

국토정보맵	공간정보	자료실	지원서비스
통합지도검색	지도정보	지도자료	업무지원
국토통계지도	위성기준점	근대측량자료	오픈API
북한지도	국가수직기준연계	대한민국 국가지도집	민원서비스
역사지도	독도공간정보	지리지 및 지명유래집	공간정보융합활용
정밀도로지도	극지공간정보	국토조사 보고서	기준점 정보공유
사용자참여지도	국토변화정보	지명사전	검색제한 항공사진
	바로e맵	공간정보 용어사전	긴급 공간정보
	국가관심지점정보		
	역사지도정보		
	국토위성정보		
	건물높이공간정보		

다음으로, 국토정보플랫폼 좌측 메뉴 바에서 "위성기준점" 항목의 하위 옵션에서 "위성기준점 서비스"를 클릭한다. 이어서 "네트워크RTK서비스(Network RTK Service)"를 선택하여 해당 서비스 페이지로 이동한다.

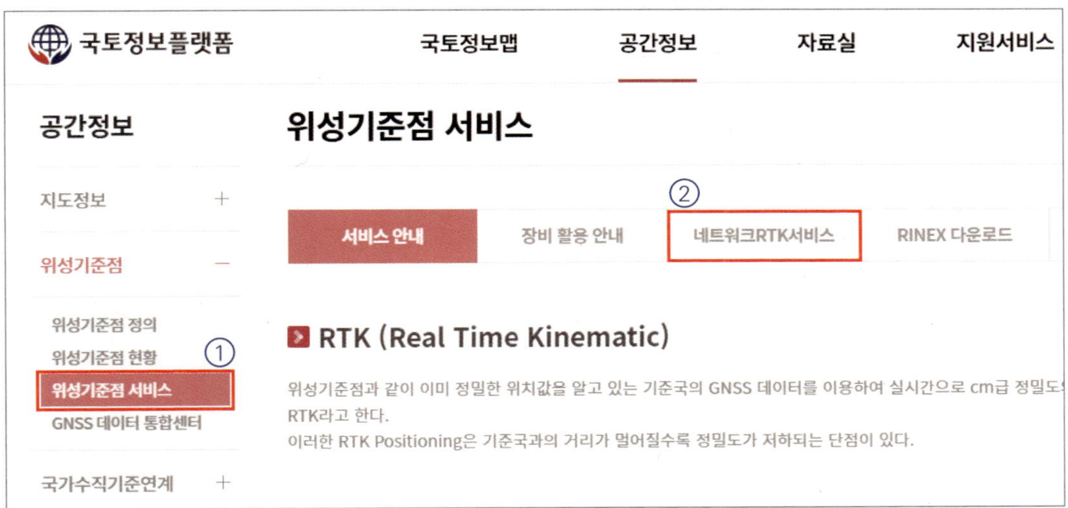

네트워크 RTK 서비스에 접속할 경우, 우선적으로 회원가입 절차를 완료해야 한다. 다음의 좌측 그림과 같이 "일반 로그인" 버튼을 클릭한 후, 우측 그림과 같이 "회원가입" 항목을 선택하여 가입 절차를 진행한다. 만약 이미 회원가입이 완료된 상태라면, "회원 들어가기 " 버튼을 클릭하여 로그인할 수 있다.

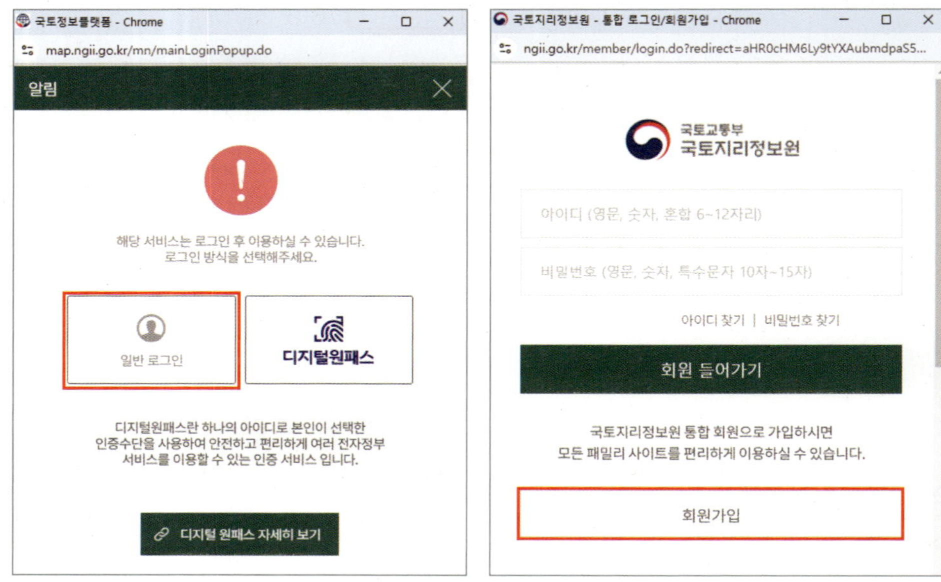

이후, 아래 그림과 같이 "네트워크 RTK ID"를 생성하고, 등록하는 과정을 진행하게 된다.

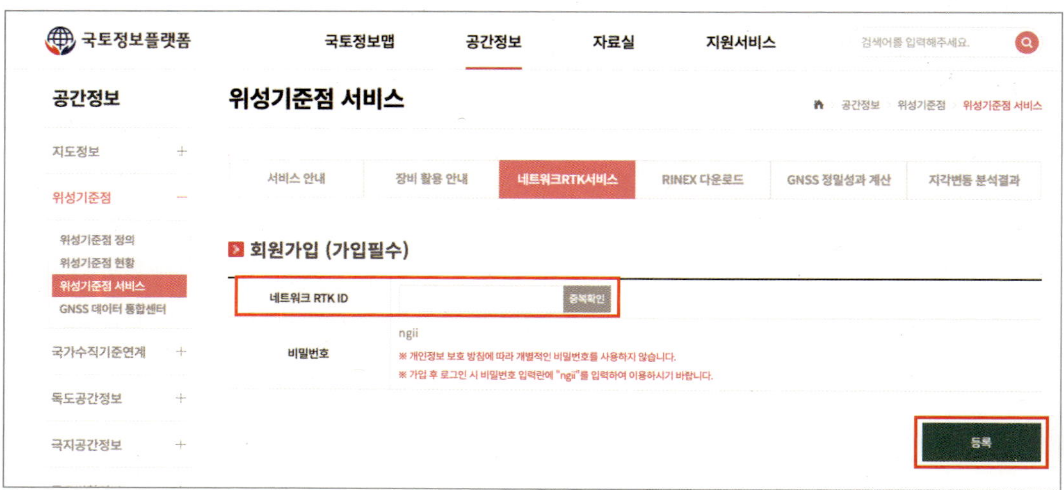

회원가입 및 ID 신청이 정상적으로 완료되면, 다음 그림과 같이 VRS 접속 정보를 제공받게 된다. 이 정보에는 아이디(ID), 비밀번호(Password), 포트 번호(Port Number), 마운트 포인트(Mount Point) 등이 포함되며, 이는 네트워크 RTK 서비스에 접속하기 위한 필수 정보다.

이용절차 및 접속방법

- 위성기준점 서비스 사용방법
* VRS, FKP 서비스 : 공공측량, 일반측량, 지적측량 시 이용
* SSR 서비스 : 드론·차량 등 이동체 측위 및 SSR 수신가능 저가형 수신기 전용

서비스명	VRS		FKP	SSR
접속경로	RTS1.ngii.go.kr	RTS2.ngii.go.kr	RTS2.ngii.go.kr	RTS2.ngii.go.kr
포트	2101			
아이디	개인별 아이디			
비밀번호	ngii			
마운트 포인트	VRS-CMRx VRS-RTCM23 VRS-RTCM31 VRS-RTCM34 RTK-RTCM32	VRS-RTCM31 VRS-RTCM32	FKP-RTCM31	SSR-SSRG
주의사항	2018.3.30. 공공측량 작업규정 개정에 따라 공공측량 성과심사에 사용가능 시스템 동시접속, 1200명 제한. Single RTK(RTK-RTCM32)은 공공측량작업용으로 부적합, 관련규정 검토 중	2018.3.30. 공공측량 작업규정 개정에 따라 공공측량 성과심사에 사용가능. Multi-GNSS 지원. 사용자수 무제한.	2018.3.30. 공공측량 작업규정 개정에 따라 공공측량 성과심사에 사용가능.	드론·차량 등 이동체 측위 및 SSR 수신가능 저가형 수신기 전용.

원활한 접속을 위해 제공된 정보를 정확하게 기록하고, "이용 절차 및 접속 방법"을 충분히 숙지하는 것이 중요하다. 다음은 위의 접속 예제이다.

- **접속경로** : RTS1.ngii.go.kr 또는 RTS2.ngii.go.kr
- **포트** : 2101
- **비밀번호** : ngii
- **마운트점** : VRS-RTCM31 또는 RS-RTCM32

드론 조종기와 네트워크 RTK 연결하기

RTK 모듈이 정상적으로 연결된 상태에서, 먼저 드론과 조종기(RC Controller)의 전원을 켠다. 이후, 조종기를 Wi-Fi 네트워크 또는 스마트폰 테더링(Tethering)을 통해 인터넷에 연결해야 한다. 조종기에서 아래 그림과 같이 무선 데이터 연결(Wireless Data Connection) 설정을 클릭하여 인터넷이 정상적으로 연결되었는지 확인한다.

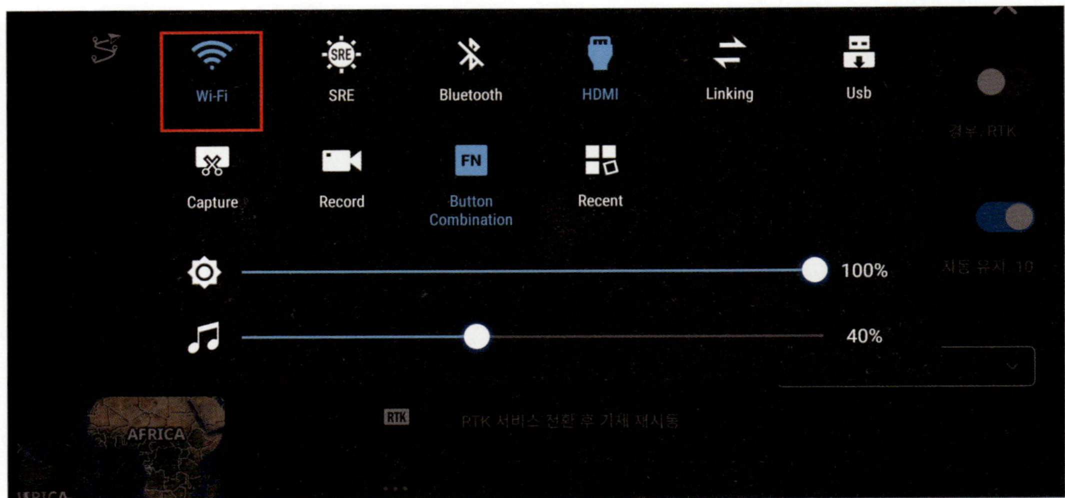

이후, DJI Pilot 2 애플리케이션을 실행하고, 다음 그림과 같이 카메라 화면의 우측 상단에 위치한 "더보기" 설정 아이콘을 선택한 후, "RTK 설정" 메뉴로 이동한다.

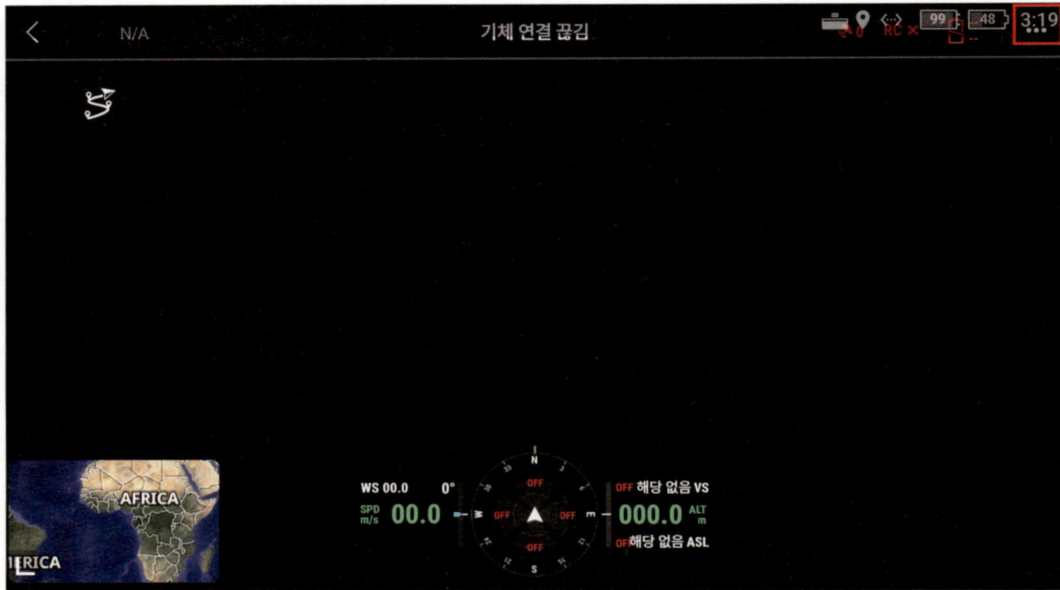

다음 그림과 같이 RTK 탭에서 "RTK 포지셔닝" 및 "포지셔닝 정확도 유지 모드" 등을 활성화 한다.

- RTK 포지셔닝 : RTK 활성화 시, RTK 교정 완료까지 기체 호버링 필요. RTK 모듈 오류일 경우, RTK 수동으로 비활성화 후 GPS 모드로 전환 필요
- 포지셔닝 정확도 유지 모드 : RTK 모듈 통신 오류의 경우, 기체가 정확도 서서히 낮추며 현 RTK 상태 자동 유지. 10분 내 연결 재설정 안될 경우, 기체가 RTK 자동 종료

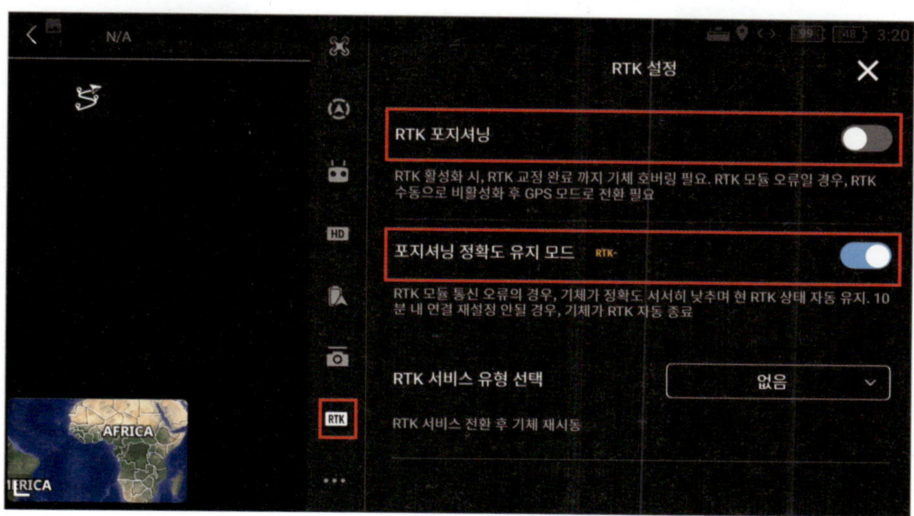

한편, 다음 그림과 같이 "RTK 서비스 유형 선택" 항목에서 "사용자 정의 네트워크 RTK(Custom Network RTK)"를 선택한다.

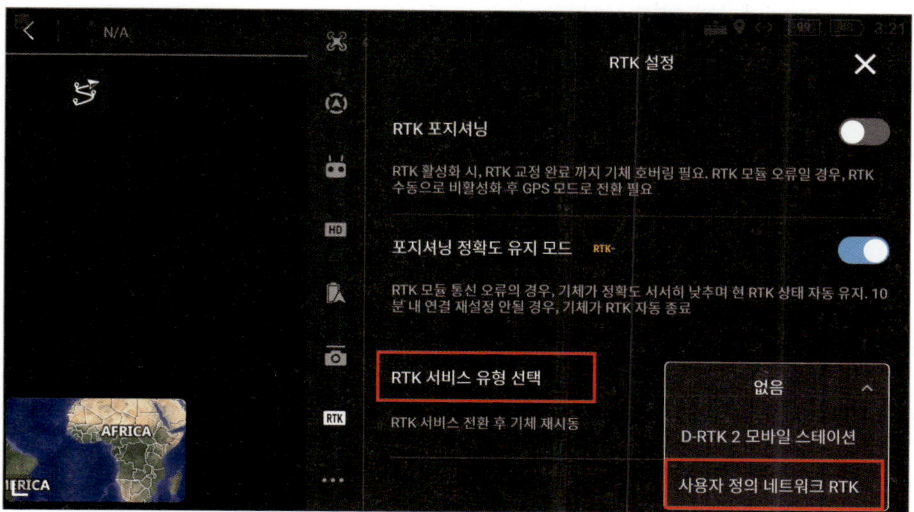

다음의 그림과 같이 "RTK 서비스 전환 후 기체 재시동" 팝업창이 나타나면, "확인" 버튼을 클릭하여 변경 사항을 적용한다.

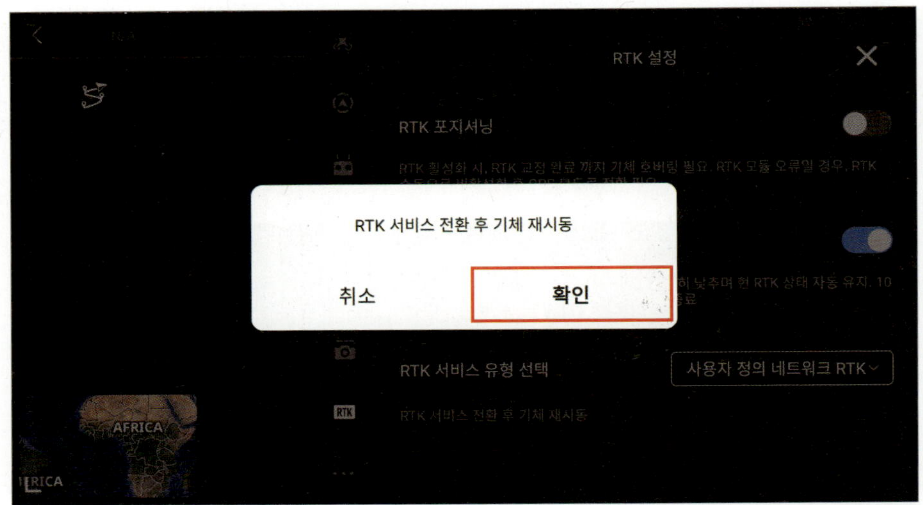

다음 그림과 같이 앞서 회원가입 시 제공받은 RTK 정보를 입력한다. 사용자(User) 항목에는 국토지리정보원 네트워크 RTK에서 제공한 아이디(ID)를 입력해야 한다. 비밀번호(Password)는 ngii로 설정되어 있다. 모든 필수 정보를 입력한 후, 설정을 완료하면 된다.

예: 호스트: RTS2.ngii.go.kr
포트: 2101
사용자 이름: 아이디(ID)
비밀번호: ngii
마운트 포인트: VRS-RTCM31

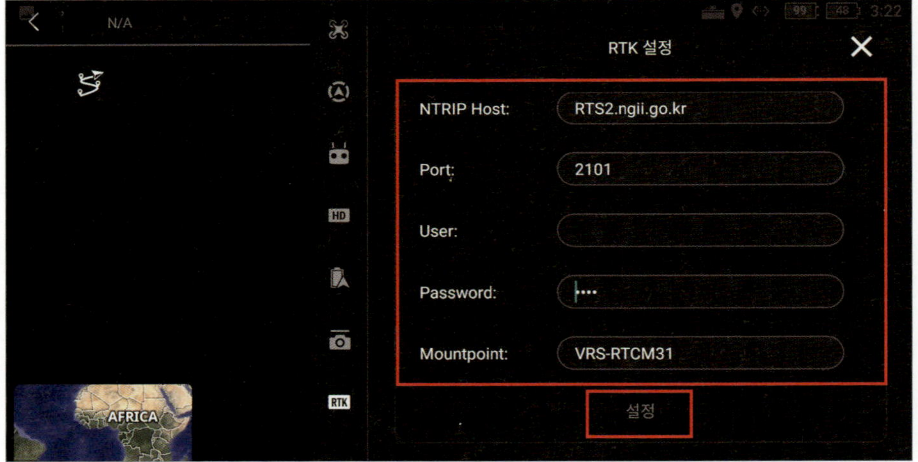

위 정보를 올바르게 입력한 후 설정을 완료하면, 드론이 RTK 신호를 수신하기 시작한다. 이후, 다음 그림과 같이 화면에서 RTK "Fix(고정)" 상태가 확인되면 RTK 설정이 성공적으로 적용된 것이다.

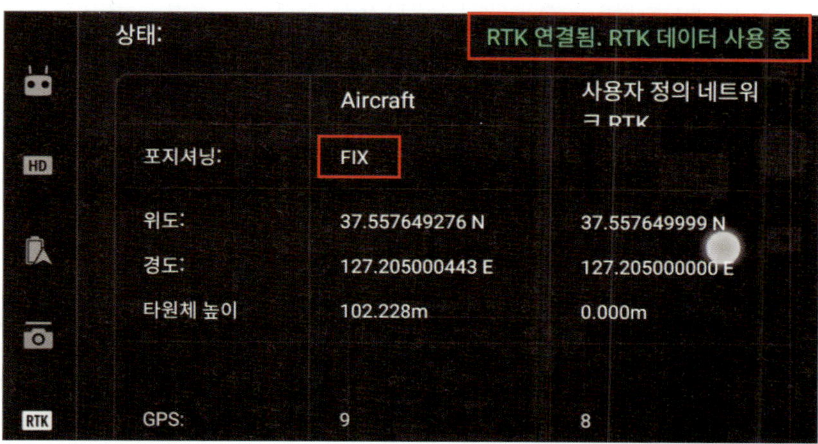

RTK 사용 시 유의사항

1. 야외에서 설정 진행(Perform Setup Outdoors)

   RTK 기능은 GPS 신호를 원활하게 수신할 수 있는 환경에서만 정상적으로 동작하므로, 반드시 장애물이 없는 개방된 야외에서 설정을 진행해야 한다.

2. 조종기의 인터넷 연결 확인(Ensure Controller's Internet Connectivity)

   네트워크 RTK 서비스(VRS)는 인터넷을 통해 보정 데이터를 실시간으로 수신하므로, 조종기가 안정적으로 인터넷에 연결되어 있어야 한다. 연결 상태가 불안정하면 RTK 데이터 수신이 원활하지 않을 수 있다.

3. 입력 정보 확인(Verify Input Information)

   VRS 접속을 위해 입력하는 아이디(ID), 비밀번호(Password), 마운트 포인트(Mount Point) 등의 정보를 정확히 기입해야 한다. 특히, 대소문자를 구별하여 입력하는 것이 중요하며, 오타가 있을 경우 RTK 연결이 정상적으로 이루어지지 않을 수 있다.

4. RTK 설정을 마친 후에도, 드론을 운용하기 전 RTK 상태를 반드시 확인해야 한다. 특히, RTK Fix 상태가 유지되지 않는 경우, 신호 수신 상태를 점검하고 인터넷 연결 및 입력 정보를 다시 검토하는 것이 필요하다.

5. 네트워크 RTK 서비스(VRS)를 사용하면 비행 중 실시간으로 고정밀 데이터를 제공받을 수 있지만, 네트워크 상태에 따라 신호가 불안정해질 수 있으므로, 예비 측위 방식(예: PPK, Base RTK)을 함께 고려하는 것도 좋은 방법이다.

4. 드론 사진측량을 위한 촬영 조건과 준수사항

최근 드론을 활용한 사진측량(Photogrammetry)이 다양한 분야에서 활발히 활용되면서, 고품질의 데이터를 확보하기 위해 촬영 조건과 장비 성능 기준의 엄격한 준수가 요구되고 있다. 특히, 공공 측량 및 정밀 지도 제작, 3D 모델링을 위한 항공 촬영에서는 기상조건, 비행경로, 카메라 설정 등 세부적인 요소들이 결과의 정확성을 결정짓는 중요한 요인으로 작용한다. 이에 따라 드론 사진측량을 수행할 때 반드시 고려해야 할 촬영 조건과 권장 사항을 살펴본다.

I. 드론 사진측량을 위한 작업계획 수립

최근 드론을 활용한 사진측량(Photogrammetry)이 건설, 국토조사, 환경 모니터링, 문화재 복원 등 다양한 분야에서 활용되면서 작업계획 수립의 중요성이 더욱 강조되고 있다. 드론 사진측량은 고정밀 공간정보를 확보하는 작업으로, 사전 계획을 철저히 수립하지 않으면 데이터의 신뢰성이 낮아질 뿐만 아니라 안전사고 발생 가능성도 커질 수 있다. 이에 따라, 드론을 활용하여 사진측량을 수행하려는 자는 반드시 측량 대상 지역을 포함한 작업구역(Operational Area)을 설정하고, 안전하고 효율적인 촬영을 위한 계획을 수립해야 한다. 특히, 비행금지구역(No-Fly Zone) 또는 보안규정 등에 따라 작업구역 전체를 촬영할 수 없는 경우에는 일부 구역만을 촬영하는 대안도 고려해야 한다.

드론 사진측량은 빠르고 효율적인 데이터 수집이 가능하다는 장점이 있지만, 안전성과 데이터 정밀도를 보장하기 위해 철저한 사전 계획이 필요하다. 사전 현장답사를 통해 비행경로를 최적화하고, 기상 및 환경적 요소를 고려하여 촬영계획을 수립해야 한다. 또한, 비행 중 발생할 수 있는 위험 요소를 최소화하기 위해 이·착륙 지점, 비상착륙 계획, 기체 상태 모니터링 등을 철저히 점검해야 한다. 특히, 공공측량이나 대규모 프로젝트의 경우, 관련 기관과 협의하여 촬영 범위 및 중복도를 조정하고, 법적 규제를 준수하는 것이 필수적이다. 드론 기술이 발전하면서 사진측량의 활용 범위도 넓어지고 있지만, 보다 신뢰성 높은 데이터를 확보하기 위해서는 체계적인 작업계획 수립이 선행되어야 한다. 정밀한 촬영 계획과 철저한 사전 점검을 통해 보다 효율적이고 안전한 드론 사진측량을 수행할 수 있을 것이다.

현장 확인 요소

드론 조종자는 사진측량 작업계획을 수립하기 전, 사전 현장답사를 통해 작업환경을 철저히 점검해야 한다. 이를 통해 예기치 않은 변수로 인한 문제를 사전에 예방하고, 원활한 촬영을 보장할 수 있다. 주요 확인 사항은 다음과 같다.

- 작업구역 내 항공기 및 드론의 운용 여부 : 해당 지역에서 비행 중인 유인 항공기 및 타 드론의 운영 현황을 확인하여 충돌 위험을 최소화해야 한다.
- 산업현장, 화재, 고전압 케이블, 고밀도 무선 전송 등 위험요소 : 공사장, 발전소, 고압 전선, 전자기 간섭이 심한 구역 등 드론 운항에 영향을 미칠 수 있는 위험 요소를 점검해야 한다.
- 장애물(전선, 철탑, 고층건물 등) : 드론의 비행경로 상에 존재하는 장애물을 파악하여 충돌을 방지할 수 있도록 비행경로를 조정해야 한다.
- 사생활 침해 요소 : 개인 주택, 학교, 병원 등 사생활 보호가 필요한 지역이 포함되지 않도록 비행경로를 설정해야 한다.
- 촬영일에 작업구역에서 예정된 단체행사 및 활동 여부 : 시위, 공연, 스포츠 경기 등 대규모 인원이 모이는 행사 일정과 중복되지 않도록 계획을 조정해야 한다.
- 군사기지 및 국가보안시설 등 특별제한구역 : 군사시설 및 보안구역에서의 촬영은 법적 규제를 받을 수 있으므로, 관련 기관과 사전 협의가 필요하다.
- 드론의 이·착륙 및 비상착륙 장소 : 비행 전 안전한 이·착륙 지점(Takeoff and Landing Zone) 과 긴급 상황 발생 시 착륙할 수 있는 비상장소를 확보해야 한다.
- 출입허가가 필요한 토지 및 건물 : 개인 소유지나 제한 구역에 접근이 필요한 경우, 사전에 허가를 받아야 한다.
- 풍향, 풍속, 온도, 습도, 강수 등 기상조건 확인 : 드론의 안전한 비행을 위해 기상 데이터를 확인하고, 강풍 및 악천후 발생 시 촬영 일정을 조정해야 한다.
- 그 밖의 현장 특이사항 : 현장에서 발견될 수 있는 예상치 못한 변수(야생동물 서식지, 교통량 등)를 고려하여 촬영 계획을 조정해야 한다.

중복도 및 지상표본거리(GSD)를 고려한 촬영 계획 수립

촬영 계획은 요구되는 데이터의 정밀도, 사용 장비, 지형 형상, 기상 조건 등을 종합적으로 고려하여 수립해야 한다. 특히, 촬영된 이미지의 정확도를 결정하는 핵심 요소인 중복도(Overlap)와 지상표본거리(GSD, Ground Sampling Distance)를 신중하게 설정해야 한다.

1. 중복도(Overlap) 설정 기준

중복도는 촬영된 이미지들이 서로 겹치는 비율을 의미하며, 정밀한 3D 모델을 생성하기 위해 적절하게 조정해야 한다. 기본적으로 촬영 진행 방향의 중복도(종중복)는 65% 이상, 인접 비행

경로 간 중복도(횡중복)는 60% 이상이 요구된다. 그러나 지형의 기복이 크거나 고층 건물이 많은 지역에서는 보다 높은 중복도가 필요하다. 이러한 경우, 촬영 진행 방향의 중복도는 85% 이상, 인접 비행 경로 간 중복도는 80% 이상으로 설정해야 한다.

구분	평탄한 저지대 지역	매칭점이 부족하거나 높이치가 있는 지역	높이치가 크거나, 고층 건물이 있는 지역
촬영 방향 중복도	65% 이상	75% 이상	85% 이상
인접 코스 중복도	60% 이상	70% 이상	80% 이상

중복도는 최종 성과물의 정밀도와 작업 난이도에 따라 조정할 수 있으며, 필요에 따라 측량 시행자와 협의하여 변경할 수 있다. 다만, 공공측량 작업에서는 중복도를 조정할 경우 반드시 작업계획서에 이를 반영해야 한다.

2. 지상표본거리(GSD) 설정

지상표본거리(GSD, Ground Sampling Distance)는 한 픽셀이 실제 지상에서 표현하는 크기를 의미하며, 측량 목적에 따라 적절한 해상도를 설정해야 한다. GSD 값은 측량 시행자와 협의하여 결정하되, 「항공사진측량 작업규정」에서 규정된 축척별 GSD 기준을 준수해야 한다. 촬영 대상 면적, 촬영 고도, 카메라 해상도 등의 요소를 종합적으로 고려한 후, 무인비행장치 전용 촬영계획 프로그램에 입력하면 이론적인 GSD 값뿐만 아니라 촬영 소요 시간과 예상 촬영 사진 매수를 사전에 계산할 수 있다. 드론조종자는 지상표본거리를 지적재조사 측량의 경우 3cm, 그 외 지적측량의 경우 5cm 이내로 설정[15]하고, 촬영 소요시간, 사진 매수 등의 정보를 사전에 확인하여야 한다.

참고 무인비행장치 측량을 위한 촬영 계획

「무인비행장치 측량 작업규정」 제13조(촬영계획)

① 촬영계획은 요구 정밀도, 사용 장비, 지형 형상, 기상여건 등을 고려하여 수립한다.

② 중복도는 촬영 진행방향으로 65% 이상, 인접코스 간에는 60% 이상으로 하며, 지형의 기복이 크거나 고층 건물이 존재하는 경우에는 촬영 진행방향으로 85% 이상, 인접 코스간에는 80% 이상으로 촬영하여야 한다.

구분	평탄한 저지대 지역	매칭점이 부족하거나 높이치가 있는 지역	높이치가 크거나, 고층 건물이 있는 지역
촬영 방향 중복도	65% 이상	75% 이상	85% 이상
인접 코스 중복도	60% 이상	70% 이상	80% 이상

15) 「드론지적측량규정」 제11조(드론영상 촬영) ① 드론조종자는 드론영상 전용 프로그램의 지상표본거리를 지적재조사측량의 경우 0.03m, 그 외 지적측량의 경우 0.05m 이내로 설정하고, 촬영 소요시간, 사진 매수 등의 정보를 사전에 확인하여야 한다.

③ 무인비행장치항공사진의 지상표본거리(GSD)는 측량시행자와 협의하여 결정하되, 「항공사진측량 작업규정」의 축척별 지상표본거리 이내 이어야 한다.

④ 촬영대상면적, 촬영고도, 중복도, 비행코스 및 카메라의 기본정보를 무인비행장치 전용 촬영계획 프로그램에 입력하여 이론적인 지상표본거리, 촬영 소요시간, 사진 매수 등의 정보를 확인한다.

⑤ 최종성과물이나 작업 난이도에 따라 측량시행자와 협의하여 중복도를 다르게 할 수 있다. 다만, 공공측량 시 중복도를 다르게 할 경우에는 작업계획서에 반영되어야 한다.

참고 드론 지적측량을 위한 작업 계획

「드론지적측량규정」 제5조(작업계획 수립 등)

① 지적측량 및 지적재조사측량을 위해 드론을 활용하려는 자는 측량대상지역이 포함되도록 작업구역 설정 및 계획을 수립하여야 한다. 다만 비행금지구역 또는 보안규정 등으로 작업구역 전체를 촬영하지 못할 경우에는 그 일부 구역을 촬영할 수 있다.

② 드론조종자는 작업계획을 수립하는 경우 사전에 현장답사 등을 실시하여 다음 각 호의 사항을 확인하여야 한다.

1. 작업구역 내 다른 항공기 및 드론의 운용
2. 산업현장, 화재, 고전압 케이블, 고밀도 무선 전송 등과 관련된 위험요소
3. 장애물(전선, 철탑, 고층건물 등)
4. 사생활 침해 요소
5. 촬영일에 작업구역에서 예정된 단체행사 및 활동 등
6. 군사기지 및 군사시설, 국가보안시설 등 특별제한구역
7. 드론의 이 · 착륙 및 비상착륙 장소
8. 출입허가가 필요한 토지 및 건물
9. 풍향, 풍속, 온도, 습도, 강수 등 기상조건
10. 그 밖에 현장의 특이사항 등

③ 제1항에 따른 작업계획은 다음 각 호의 사항을 포함한 별지 제1호서식 드론 촬영계획서에 따라 수립하여야 한다.

1. 작업의 목적, 기간, 장소, 이 · 착륙장소
2. 조종자 및 부조종자의 소속, 직위(직급), 자격, 성명
3. 비행기체 및 카메라의 제원
4. 비행기체의 속도
5. 영상촬영의 고도 및 횟수, 중복도
6. 지상기준점, 검사점의 배치 등

■ 드론지적측량규정 [별지 제1호서식]

드론 촬영 계획서

목 적		조종자	구분	소속	직위/직급	자격	성명
일 시			주조종자				
			부조종자				
장 소				이·착륙 장소			

비행기체 제원		[ ]고정익 [ ]회전익 [ ]하이브리드	속도		카메라 제원		
촬영고도	m	촬영횟수	회	중복도	종	%	
					횡	%	

지상기준점(GCP) 및 검사점 배치	
지상기준점	검사점

측량계획 (안)	
직접 측량지역(T/S 등)	드론 측량지역(현황추출)

210mm×297mm[백상지(80g/m²)]

촬영 비행의 조건

드론을 이용한 사진측량은 다양한 분야에서 정밀 데이터 확보를 위한 핵심 기술로 자리 잡고 있다. 그러나, 촬영 과정에서 기상 조건이나 비행 계획을 소홀히 하면 영상의 품질 저하, 측량 정확도 감소, 후처리 과정에서의 오류 발생 등의 문제가 발생할 수 있다. 따라서, 촬영 전 기상 조건을 철저히 확인하고, 태양 고도 및 비행 경로를 정밀하게 계획하며, 중복도를 충분히 확보하는 것이 중요하다. 이를 통해 최상의 품질을 유지할 수 있으며, 궁극적으로 정확하고 신뢰할 수 있는 측량 데이터 구축이 가능해진다.

1. 최적의 기상 조건

드론을 이용한 항공사진 촬영은 시계(視界, Visibility)가 양호한 날씨에서 수행하는 것이 원칙이다. 구름의 그림자가 촬영된 영상에 영향을 미치지 않도록 맑은 날을 선택하는 것이 가장 이상적이다. 이는 영상의 품질을 저하시키는 주요 원인 중 하나인 광량 변화를 방지하고, 후처리 단계에서의 색 보정 및 영상정합 작업을 보다 원활하게 수행할 수 있도록 하기 위함이다.

2. 태양 고도[16)](Solar Elevation) 고려

촬영 시 태양의 위치는 영상 품질에 상당한 영향을 미치는 요소 중 하나다. 이에 따라 태양 고도는 산악 지형에서는 최소 30° 이상, 평지에서는 25° 이상일 때 촬영을 진행해야 하는 것이 좋다. 특히, 험준한 산악 지역에서는 지형의 기복이 심하여 음영부(陰影部, Shadow Area)가 발생할 가능성이 크므로, 피사체의 명암 대비가 너무 크지 않도록 적절한 태양 고도에서 촬영을 계획해야 한다. 이러한 기준을 준수함으로써 지형의 세부적인 형태가 명확하게 촬영되며, DEM 제작 시 원본 영상의 왜곡을 최소화할 수 있다.

3. 촬영비행경로 유지

드론 사진측량의 정확도를 높이기 위해서는 계획된 촬영 코스에서의 비행 오차, 즉 수평 이탈(Horizontal Deviation) 및 수직 이탈(Vertical Deviation)을 최소화한다. 이는 영상의 지상 해상도(GSD: Ground Sample Distance)를 일정하게 유지하고, 후처리 과정에서 모자이크 영상(Stitched Image)의 정합 오차를 줄이는 데 기여한다.

4. 노출 시간(Exposure Time)과 촬영 환경 조정

촬영 시 노출 시간은 계절, 시간대, 기상 상태, 드론의 비행 속도, 그리고 카메라의 진동 여부 등을 종합적으로 고려하여 설정해야 한다. 일반적으로 촬영 비행속도가 빠를수록 셔터 속도

16) 「항공사진측량 작업 및 성과에 관한 규정」 제18조(촬영비행조건) ② 촬영비행은 태양고도가 산지에서는 30° 평지에서는 25° 이상일 때 행하며 험준한 지형에서는 음영부에 관계없이 영상이 잘 나타나는 태양고도의 시간에 행하여야 한다.

를 높여야 하며, 적절한 조리개(Aperture) 값과 ISO 감도 설정을 통해 선명도를 유지하는 것이 중요하다. 또한, 광량이 충분한 조건에서 촬영하더라도, 드론의 진동이 존재할 경우 모션 블러(Motion Blur)가 발생할 수 있으므로 진동 방지 장치(Gimbal Stabilization)가 포함된 고성능 드론 및 카메라를 사용하는 것이 바람직하다.

5. 카메라 설치 각도 및 촬영 범위 확보

촬영 시 카메라는 가능한 한 연직(Nadir) 방향을 유지하는 것이 원칙이다. 이는 측량 정확도를 유지하고, 정사영상(Orthophoto) 제작 시 데이터 변형을 방지하기 위한 조치다. 아울러, 촬영 범위 설정 시 각 촬영 코스의 시작점과 종료점에서 최소 2매 이상의 사진이 촬영 지역 외곽을 포함하도록 여유를 두어 촬영해야 한다. 이를 통해, 후처리 단계에서 영상 간의 정합 오류를 줄이고, 필요한 경우 추가적인 보정 작업을 수행할 수 있도록 한다.

참고 무인비행장치 측량을 위한 촬영비행 및 촬영

「무인비행장치 측량 작업규정」 제14조(촬영비행 및 촬영)

① 촬영비행은 다음 각 호에 의한다.

1. 촬영비행은 시계가 양호하고 구름의 그림자가 사진에 나타나지 않는 맑은 날씨에 하는 것을 원칙으로 한다.
2. 촬영비행은 계획촬영고도에서 가급적 일정한 높이로 직선이 되도록 한다.
3. 계획촬영 코스로부터의 수평 또는 수직이탈이 가능한 최소화 되도록 한다.
4. 무인비행장치는 설정된 비행계획에 따라 자동으로 비행함을 원칙으로 한다.

② 촬영은 다음 각 호에 의한다.

1. 노출시간은 촬영계절, 촬영시간대, 기상, 비행속도, 카메라의 진동 등을 감안하여 선명도가 유지되도록 설정하여야 한다.
2. 카메라는 가능한 연직방향으로 향하여 촬영함을 원칙으로 한다.
3. 매 코스의 시점과 종점에서 사진은 최소한 2매 이상 촬영지역 밖에 있어야 하며, 대상지역을 완전히 포함하도록 여유분을 두어 사진을 촬영하여야 한다.

참고 비행기를 활용한 항공사진측량을 위한 비행 조건

「항공사진측량 작업 및 성과에 관한 규정」 제18조(촬영비행조건)

① 촬영비행은 시정이 양호하고 구름 및 구름의 그림자가 사진에 나타나지 않도록 맑은 날씨에 하는 것을 원칙으로 한다.

② 촬영비행은 태양고도가 산지에서는 30° 평지에서는 25°이상일 때 행하며 험준한 지형에서는 음영부에 관계없이 영상이 잘 나타나는 태양고도의 시간에 행하여야 한다.

③ 촬영비행은 예정 촬영고도에서 가급적 일정한 높이로 직선이 되도록 한다.

④ 계획촬영 코스로부터 수평이탈은 계획촬영 고도의 15% 이내로 한정하고, 계획촬영 고도로부터의 수직이탈은 계획촬영 고도의 5% 이내로 한다. 다만, 사진축척이 1/5,000 이상일 경우에는 수직이탈 10% 이내로 할 수 있다.

참고 비행고도 : 지상고도(AGL) 비행방식 및 해발고도(AMSL) 비행방식

- 드론사진측량을 위한 드론(무인비행장치)은 설정된 비행계획에 따라 자동으로 비행함을 원칙으로 한다.
- 비행고도 즉, 촬영고도는 「무인비행장치 측량 작업규정」 제14조제1항제2호에서 "촬영비행은 계획 촬영 고도에서 가급적 일정한 높이로 직선이 되도록 한다"고 규정되어 있으나, 기복이 심한 산지에서는 일정 높이로 직선 비행으로 촬영할 경우에는 지면과의 높이차가 지속적으로 차이가 나게 되고 해상도도 수시로 변하는 문제점이 있다.
- 촬영비행은 계획촬영고도에서 가급적 일정한 높이로 직선이 되도록 일반적으로 제시하고 있다. 항공안전법상 드론의 최대비행고도는 150m이기 때문에 지형 기복의 영향을 크게 받게 된다. 즉 드론사진측량의 성과가 산지 등 지형의 기복이 심한 지역에서는 지상표본거리(GSD)의 편차가 심하게 나타날 수 있으므로, 지표로부터의 높이가 일정하게 유지하는 지상고도(AGL; Above Ground Level) 비행이 필요하므로, 드론사진측량 성과의 요구조건을 검토하여 지상고도 비행을 적용할 수 있다.
- 항공사진측량에서는 일반적으로 지형의 기복보다 매우 높은 고도에서 항공기로 촬영하기 때문에 촬영 비행고도는 가급적 일정한 높이로 직선이 되도록 추천하고 있다. 즉 해발고도를 기준으로 일정한 높이의 직선이 되는 해발고도(AMSL; Above mean sea level) 비행을 하도록 하고 있다.

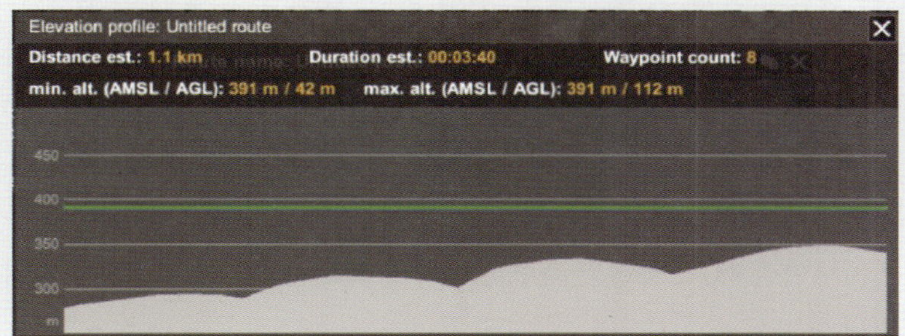

[그림] 해발고도(AMSL) 비행

해발고도(AMSL) 비행은 해수면으로부터 일정한 높이(고도)로 비행하는 방법이다. 위의 그림은 해수면으로부터 391m의 일정한 고도로 비행하는 해발고도(AMSL) 비행의 예제로서, 비행고도(녹색선)가 해수면으로부터는 동일한 높이인 391m를 유지하지만 지면으로부터의 고도는 최대 112m, 최소 42m로 차이를 보인다.

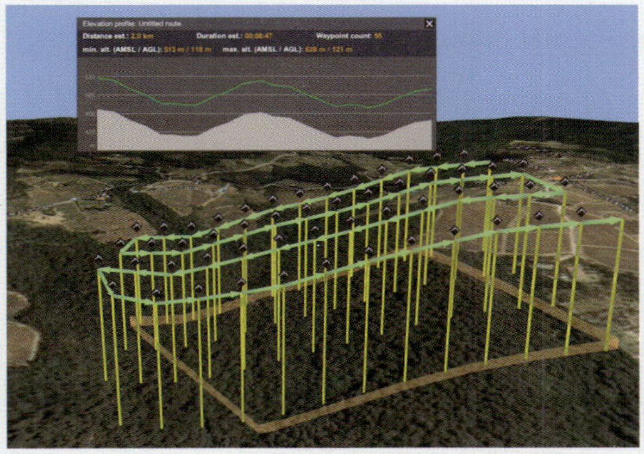

[그림] 지상고도(AGL) 비행

지상고도(AGL) 비행은 지면으로부터 일정한 높이(고도)로 비행하는 방법이다. 그림은 지면으로부터 120m의 일정한 고도로 비행하도록 원래 계획되었으나, 드론탑재 GNSS및 기압계의 오차에 의해 지면으로부터 최대 121m, 최소 118m로 비행하여 120m에 매우 가까운 비행한 것으로 보여주고 있다. 이 경우 해발고도는 최대 626m, 최소 513m의 큰 차이를 보이는데 이것은 산의 지형기복의 차이가 큰 것을 의미한다.

재촬영 기준

드론을 활용한 사진측량은 높은 정밀도를 요구하는 분야로서, 촬영된 영상의 품질과 중복도(Overlap) 확보 여부가 성과물의 정확성에 직접적인 영향을 미친다. 그러나 촬영 과정에서 발생할 수 있는 다양한 변수로 인해 일정 수준 이상의 품질을 확보하지 못한 경우에는 재촬영이 필요하다. 특히, 중복도 부족, 영상 품질 저하, 지형 정보 판독 불가 등의 문제가 발생할 경우 즉각적인 조치가 요구된다.

드론 사진측량은 영상의 품질, 중복도 확보, 환경 조건, 촬영 고도 및 GSD 설정 등 다양한 요소들이 유기적으로 맞물려야 정확한 결과물을 도출할 수 있다. 따라서, 촬영 과정에서 발생할 수 있는 변수들을 면밀히 분석하고, 필요 시 즉각적인 재촬영을 수행하는 것이 중요하다.
특히, 촬영 전 철저한 비행 계획을 수립하고, 카메라 설정을 최적화하며, 촬영 후 즉각적인 데이터 검토를 통해 오류 여부를 조기에 발견하는 것이 가장 효과적인 품질 관리 방법이다. 이러한 사전 대비가 이루어질 때, 고품질의 측량 데이터를 확보할 수 있으며, 후속 작업의 정확도 역시 보장할 수 있다.

한편, 촬영 고도와 지상 표본 거리(GSD; Ground Sample Distance)의 설정 역시 데이터의 정밀도를 결정짓는 중요한 요소로 작용한다. 이에 따라, 드론 사진측량에서 필수적으로 고려해야 할 재촬영이 필요한 경우, 고려해야 할 기준 등은 다음과 같다.

1. 중복도(Overlap) 부족으로 인한 측량 오류 가능성

드론 사진측량에서는 각 사진이 일정 부분 중첩되도록 촬영하여 영상 간의 정합(Alignment)을 원활하게 하고, 3D 모델링이나 정사영상(Orthophoto) 제작 시 데이터 손실을 최소화하는 것이 필수적이다. 일반적으로 진행 방향 중복도(종중복)는 65% 이상, 인접 코스 간 중복도(횡중복)는 60% 이상이 권장된다.
그러나 촬영 중 강한 바람이나 드론의 오차로 인해 계획된 중복도가 확보되지 않는 경우, 측량 성과물의 정합도가 저하되거나 지형 모델 생성 시 왜곡이 발생할 가능성이 높아진다. 이러한 경우, 해당 구역에 대해 추가적인 촬영을 진행해야 하며, 필요 시 중복도를 80% 이상으로 높여 촬영하는 것도 하나의 해결책이 될 수 있다.

2. 영상 품질 저하로 인한 데이터 활용성 저하

드론 촬영 시 노출 부족(Underexposure), 과다 노출(Overexposure), 블러링(Blurring) 등의 문제가 발생할 경우, 촬영된 영상의 활용성이 급격히 떨어진다. 이러한 문제는 주로 광량(光量, 빛의 양) 조절 실패, 카메라 흔들림(Motion Blur), 드론의 불안정한 자세로 인한 초점 오류 등으로 인해 발생한다. 이를 방지하기 위해서는 촬영 시 셔터 속도(Shutter Speed), 조리개(Aperture) 값, ISO 감도 등을 최적화하여 조정해야 하며, 필요 시 ND 필터(Neutral Density Filter)를 활용하여 빛의 양을 조절하는 것이 효과적이다. 그러나 이러한 조치에도 불구하고 영상의 품질이 요구 수준을 충족하지 못하는 경우에는 동일한 조건에서 재촬영을 진행해야 한다.

3. 환경적 요인으로 인한 지형 정보 판독 불가

드론 사진측량은 지형의 구조를 명확하게 기록하고 해석하는 것이 주요 목적이다. 그러나 적설(積雪, Snow Accumulation), 홍수(Flooding) 등의 기상 환경 요인으로 인해 지형의 실질적인 형상을 확인할 수 없는 경우에는 해당 데이터가 측량 작업에 활용되기 어렵다. 예를 들어, 강설량이 많아 지형의 표면이 눈으로 덮였거나, 홍수로 인해 지표면이 수면 아래로 잠긴 경우, 기존 지형과 완전히 다른 모습으로 촬영될 수 있어 데이터의 신뢰성이 저하된다. 이 경우, 환경 조건이 개선될 때까지 촬영을 연기한 후, 지형이 정상적으로 드러난 상태에서 재촬영을 진행하는 것이 바람직하다.

4. 후속 작업 및 정확도 확보를 위한 추가 촬영 필요

그 외에도 촬영된 영상이 측량 결과물의 정확성을 저하시킬 가능성이 있다고 판단되는 경우, 후속 작업의 품질을 보장하기 위해 추가 촬영이 필요할 수 있다.

- 카메라의 내부 보정값(Calibration Data)이 부족하여 영상의 왜곡 보정이 불완전한 경우
- 영상 간 색 균형(Color Balance)이 크게 차이가 나서 정사영상 제작 시 보정이 어려운 경우
- 지형의 특성상 기존 촬영 방식으로는 사각지대(Blind Spot)가 발생하는 경우

참고 무인비행장치 측량을 위한 재촬영

「무인비행장치 측량 작업규정」 제15조(재촬영)

① 다음 각 호에 해당하는 경우에는 재촬영하여야 한다.

1. 촬영대상지역에 제13조의 중복도로 촬영되지 않은 지역이 존재하여 측량성과의 제작에 지장을 줄 가능성이 있는 경우
2. 촬영 시 노출의 과소, 블러링(Blurring) 등으로 무인비행장치항공사진이 선명하지 못하여 후속작업에 지장이 있는 경우
3. 적설 또는 홍수로 인하여 지형을 구별할 수 없어 수치도화 또는 벡터화에 지장이 있는 경우
4. 기타 후속작업 및 정확도에 지장이 있다고 인정되는 경우

무인비행장치 항공사진 촬영 성과물

드론을 활용한 사진측량(Photogrammetry)이 지적 측량 및 공공측량 분야에서 중요한 데이터 수집 수단으로 자리 잡으면서, 촬영된 항공사진의 체계적인 관리와 품질관리의 중요성이 강조되고 있다. 정확한 측량 성과물을 도출하기 위해서는 촬영 데이터의 조직적인 정리와 검증된 품질관리 절차를 통해 오차를 최소화하고, 결과의 신뢰성을 확보하는 것이 필수적이다. 드론을 활용한 공공측량의 표준화를 위해 「무인비행장치 측량 작업규정」에서는 촬영된 데이터와 관련 문서를 다음과 같이 체계적으로 관리할 것을 명시하고 있다.

1. 무인비행장치 항공사진

항공사진측량에서 가장 중요한 기본 데이터는 드론을 통해 촬영된 원본 사진(Raw Images)과 후처리(Post-Processing)된 사진 데이터다. 이 데이터는 위치 정보(GNSS 좌표), 촬영 고도, 촬영 시점의 기상 상태 등과 함께 저장되며, 정사영상(Orthophoto), 수치표면모델(DSM: Digital Surface Model), 수치표고모델(DEM: Digital Elevation Model) 등의 최종 성과물을 제작하는 데 활용된다.

2. 촬영기록부

촬영기록부는 촬영 당시의 환경 및 기체의 상태를 상세히 기록한 문서로, 데이터의 신뢰성을 검증하는 데 필수적인 자료다. 주요 기록 항목은 다음과 같다.

- 촬영 일시: 각 촬영이 이루어진 정확한 시간 기록
- 촬영 장소: 측량 대상 지역의 좌표 및 상세 위치 정보
- 기체 상태: 드론의 배터리 상태, GNSS 신호 강도, 센서 데이터 등
- 기상 조건: 바람의 세기, 온도, 습도, 일조량 등

이러한 정보를 바탕으로 촬영 당시의 조건을 재현하거나, 동일한 환경에서 추가 촬영이 필요할 경우 참고 자료로 활용할 수 있다.

3. 촬영코스별(Flight Route) 검사표

촬영된 영상이 계획된 경로를 정확히 준수하였는지, 중복도(Overlap)와 지상해상도(GSD: Ground Sample Distance)가 기준에 맞게 촬영되었는지를 점검한 보고서다. 이 검사표를 통해 비행 경로 이탈 여부, 노출 부족(Underexposure) 또는 과다 노출(Overexposure) 문제, 블러링(Blurring) 발생 여부 등을 평가할 수 있다. 또한, 정확한 사진측량 성과물을 확보하기 위해 사전 설정된 촬영 고도, 중복도, 해상도 등의 기준을 충족했는지 검증하는 과정도 포함된다.

4. 기타 성과 확인에 필요한 자료

무인항공사진측량 결과를 보다 신뢰성 있게 검증하기 위해 촬영 영상 외에도 다양한 보조 자료가 요구된다. 예를 들어, 지상기준점(GCP: Ground Control Points)의 좌표 데이터, 후처리 과정에서 사용된 보정 데이터, 정사영상 제작 시 적용된 파라미터 설정값 등이 포함될 수 있다.

참고 무인비행장치 측량을 위한 성과

「무인비행장치 측량 작업규정」 제16조(성과 등) 무인비행장치항공사진 촬영 결과는 다음 각 호와 같이 정리한다.

1. 무인비행장치항공사진
2. 촬영기록부 〈별표 3〉
3. 촬영코스별 검사표 〈별표 4〉
4. 그밖에 성과 확인에 필요한 자료

참고 제출 성과품 예시

- 촬영 후 제출해야 할 성과품은 각 용도에 따라 달리하며, 이외 필요시 추가 자료를 제출할 수 있다.
- 성과품의 파일형식 및 좌표계는 일반적으로 다음의 표와 같다.

[표] 성과품의 파일 형식과 좌표계

종류	파일형식	좌표계
원본사진	.jpg, .tif	WGS 84 경위도 (EPSG:4326)
정사영상	.tif	GRS80 서부원점 (EPSG:5185) GRS80 중부원점 (EPSG:5186) GRS80 동부원점 (EPSG:5187) GRS80 동해원점 (EPSG:5188)
수치표고모델	.tif	
포인트 클라우드 데이터	.las	

II. 드론 관리 요령

무인비행장치의 운용자 지정

① 운용부서의 장은 원활한 임무수행 및 비행안전을 위하여 운용자 등을 지정한다.

② 조종자 및 부조종자로 지정되는 자는 초경량비행장치 조종자 증명을 받은 자여야 한다.

③ 운용자의 업무범위는 다음과 같다.

1. 조종자 : 무인비행장치의 조종, 촬영영상 분석, 비행장치 및 특수장비 점검·유지관리
2. 부조종자 : 무인비행장치의 조종, 조종자에 대한 보조, 촬영영상 분석, 비행장치 및 특수장비 점검·유지관리

무인비행장치의 등록 및 신고

① 관리부서의 장은 보유 또는 신규 장비에 대하여 관리번호를 부여하고 서식에 따라 총괄부서의 장에게 신고하여야 한다.

② 관리부서 또는 운용부서의 장은 무인비행장치 식별이 가능하도록 부여된 관리번호 및 다음의 사항을 장비에 표시해야 한다.

1. 기관명칭: 기체 앞면 및 아랫면에 소속 기관명칭 표시
2. 운용부서 및 연락처: 기체 뒷면

③ 관리부서의 장은 「항공안전법」 제122조제1항에 따라 무인비행장치를 국토교통부장관에게 신고하고 신고번호를 부여받아야 한다.

④ 관리부서장은 무인비행장치가 멸실되었거나 해체 등으로 더 이상 활용할 수 없는 경우에는 「항공안전법」 제123조제4항에 그 사유가 발생한 날부터 15일 이내에 국토교통부장관에게 말소신고를 하여야 한다.

보험의 가입

관리부서의 장은 무인비행장치를 운용하기 전 「항공사업법」제70조제4항에 따른 보험 또는 공제에 가입하여야 한다.

사전 조사

① 프로젝트 담당자 및 조종자는 무인비행장치의 안전한 운용을 위하여 비행금지구역, 비행제한 구역, 비행장애요인 등 필요한 사항을 연 1회 이상 정기적으로 조사하여야 한다.

② 담당자 및 조종자는 조사와 관련하여 관리부서의 장에게 적극적으로 협조하여야 한다.

비행 전 확인사항

① 기체 작동 및 파손 여부를 점검한다.

② 모터 회전 점검 후 이물질을 확인하고 제거한다.

③ 날개 및 프로펠러는 결함 여부를 확인하고 수리 또는 사전 조치한다.

④ 모뎀, 송수신기, 안테나를 사전 점검한다.

⑤ 윈디(Windy) 및 UAV Forecast 등의 어플리케이션 등을 이용하여 기상 상황은 물론 지구자기장 지수(Kp) 및 교란 등을 확인한다. 풍속이 8~10m/s 이상이거나 자기장 지수가 5 이상일 경우 비행을 자제한다.

⑥ 카메라 및 메모리카드는 파손 및 균열상태를 확인하고 이물질을 제거하며, 비행제어 프로그램에서 카메라 설정이 완료되었는지 확인 후 비행한다.

⑦ GNSS의 신호가 7개 이상 수신되는지 확인하여야 하며, 수신되는 위성의 수가 7개 이상이어도 위성신호가 FIXED 상태가 아닐 경우 비행하지 않는다.

⑧ 완충된 배터리만 사용하여야 하며, 충전상태 및 전압을 확인한다.

⑨ 일반적인 드론 배터리 작동온도 범위는 -10~40℃이며, 특히 동절기에는 사고 예방을 위하여 비행가능 시간을 보수적으로 조정하여 비행계획을 수립한다.

⑩ 드론이 견디지 못하는 풍속 이상이거나 고온, 눈, 비가 올 때에는 비행 중 드론의 손상 및 오작동이 발생할 수 있으므로 비행을 하지 않는다(한계풍속 : 8~10m/s).

[표] 드론 사진측량 작업절차

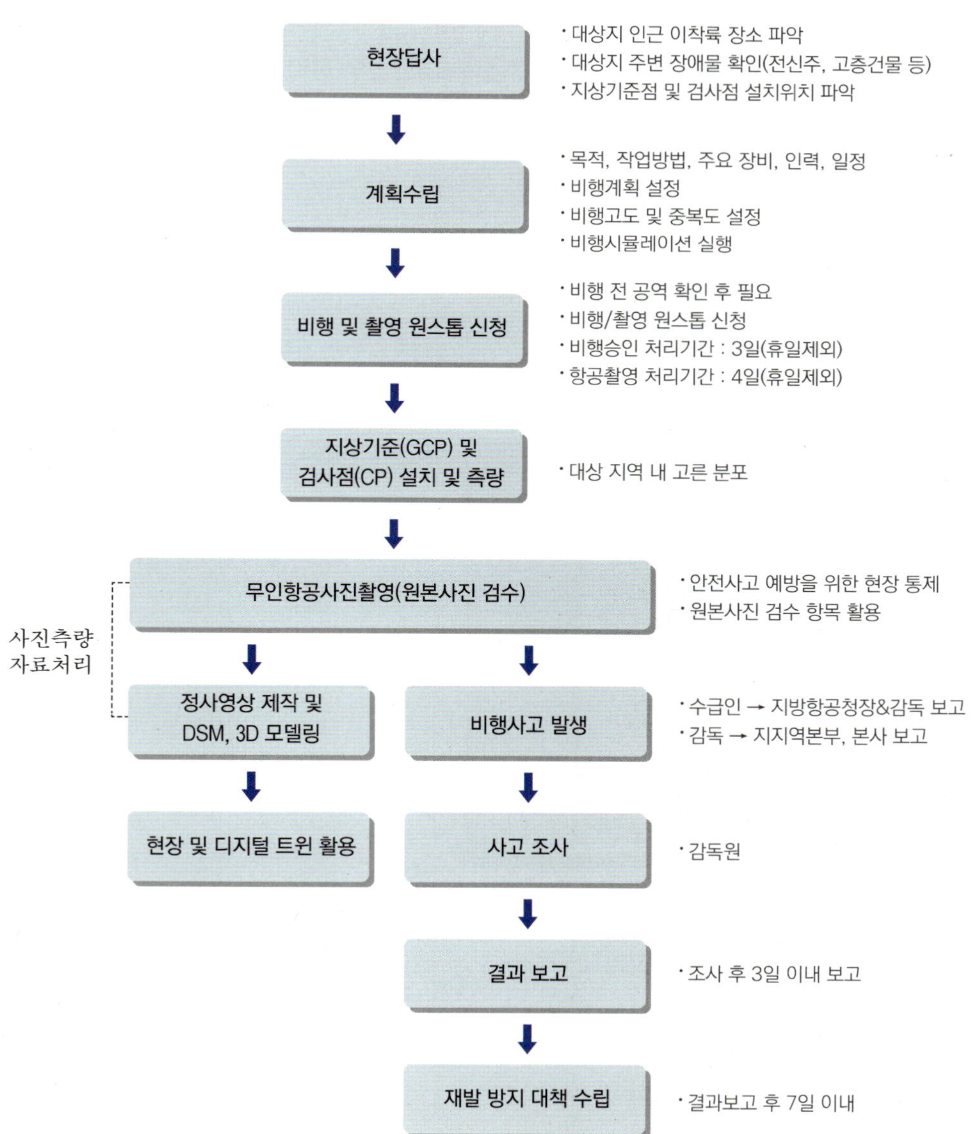

4. 드론 촬영

참고 드론 비행지역의 기상상황 등 비행조건 확인

드론 촬영 지역의 기상 및 지자기 상황은 윈디(Windy), UAV Forecast 등의 스마트폰 애플리케이션을 활용하여 확인할 수 있다. 특히 UAV Forecast는 비행금지 구역 및 관제권과 같은 공역 정보는 물론, 날씨, 일몰 · 일출 시간, 기온, 풍향 · 풍속, 시정 거리(Visibility), GNSS 위성 수, 지자기 지수(Kp Index) 등의 종합적인 정보를 제공한다. 이를 바탕으로 현재 시점에서 드론 비행이 가능한지 여부와 비행 가능 시간을 예측할 수 있다.

1. 기상 조건

드론은 풍속에 큰 영향을 받으며, 특히 기체의 크기가 작을수록 바람의 영향을 더욱 크게 받는다. 일반적으로 풍속이 8~10m/s 이상일 경우, 비행을 자제하는 것이 바람직하다. 강한 바람은 드론의 조종 안정성을 저하시킬 뿐만 아니라 배터리 소모를 가속화하여 사고 위험을 증가시킬 수 있다.

2. 지자기 지수(Kp Index)

지구 자기장의 교란 정도를 나타내는 Kp 지수가 5 이상일 경우, 전력망, 위성, 통신 시스템에 장애가 발생할 가능성이 높아지므로 각별한 주의가 필요하다. 이는 드론 기체의 각종 센서 및 내비게이션 시스템에 영향을 미쳐 오류를 유발할 수 있기 때문이다. 따라서 비행 전 반드시 UAV Forecast 등을 이용하여 Kp 지수를 확인하고, 높은 수치가 예측될 경우 비행을 피하는 것이 바람직하다.

3. GNSS 위성 수

드론의 위치 정확도를 높이기 위해서는 충분한 GNSS 위성 신호를 확보하는 것이 중요하다. 일반적으로 드론 비행 시 최소 8~12개 이상의 위성 신호를 확보하는 것이 권장된다. 특히 GPS, GLONASS, Galileo, BeiDou 등의 위성을 동시에 활용할 수 있는 듀얼 수신기를 탑재한 드론의 경우, 30개 이상의 위성 신호를 수신할 수 있어 더욱 안정적인 비행이 가능하다.

[그림] Windy의 기상 관련 정보

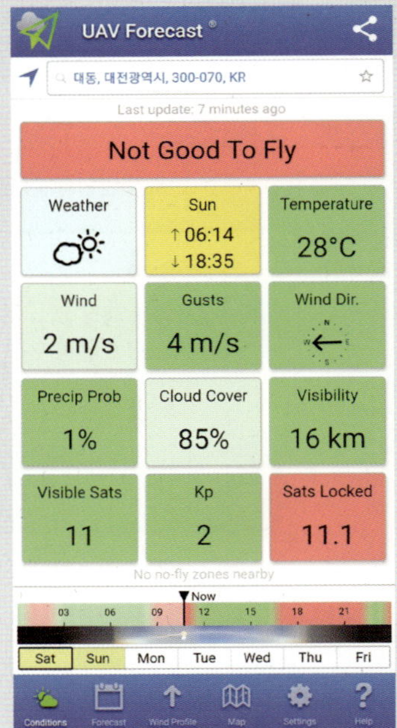

[그림] UAV Forecast의 드론 비행관련 각종 정보

비행제한 사항 검토

① 프로젝트 담당자 또는 조종자는 다음의 어느 하나에 해당하는 경우 비행을 제한할 수 있다.

1. 무인비행장치의 안전을 위협하는 요소가 있는 경우
2. 풍속이 초속 8~10m/s 이상인 때
3. 수평시정 150m 이하인 때
4. 비행 지역에 기상특보(태풍, 풍랑, 강풍 등)가 발령되었을 때
5. 지구자기장 지수가 5이상인 때

② 조종자는 무인비행장치 운용 시 결함 또는 기상상황, 운용환경 등의 사유로 비행이 어렵다고 판단될 경우에는 즉시 비행을 중단하고 프로젝트 담당자 에게 보고하여야 한다. 단, 프로젝트 담당자가 조종자를 겸하는 경우에는 운용부서의 장에게 보고한다.

비행 중 체크사항

(1) 비행 중 GNSS 신호 수신상태를 확인한다.

(2) 비행 중 강풍이 불거나 비, 눈이 오면 비상착륙 또는 복귀명령을 실행하여 착륙한다.

(3) 고온에서 비행 시 오작동 할 수 있으므로, 온도가 안전범위를 초과하면 즉시 착륙하여 열을 식혀준다.

(4) 비행 중 카메라가 정상적으로 작동하는지 확인하여야 하며, 메모리 카드, 용량, 사진 매수 등을 점검한다.

(5) 아래와 같은 상황 발생 시 드론을 즉각 착륙시켜야 한다.

① 비행 중 GNSS 신호가 약하거나 불량하여 위치를 파악할 수 없는 경우
② 배터리 잔량이 충분하지 않아 이착륙지로 되돌아 올 수 없는 경우
③ 배터리 소모가 급격하게 발생하는 경우
④ 비행 중 기상의 변경으로 눈, 비가 오거나 풍속이 급격하게 증가하는 경우
⑤ 드론의 온도가 급격하게 상승하여 내구성에 문제가 발생하는 경우
⑥ 카메라 메모리 카드나 전원 공급이 불량하여 촬영할 수 없는 경우
⑦ 기체 자체의 결함으로 내구성에 문제가 발생하는 경우
⑧ 기타 외부간섭(항공기, 비행중인 타 드론, 조류 등)에 의한 충돌발생 가능성이 있는 경우

비행 후 절차

① 기체, 모터, 날개, 프로펠러의 파손, 작동 여부를 점검하고 즉각 수리 또는 교체한다.

② 모뎀, 송수신기, 카메라, GNSS 안테나를 점검한다

③ 배터리 연결케이블 단선 및 부식, 커넥터 손상유무를 확인하고, 이상이 발견된 배터리는 즉

각 폐기처분한다.

④ 사용한 배터리는 완충된 상태나 방전된 상태로 장기간 보관하면 배터리의 손상을 초래하므로 비행후에는 모두 50~70% 정도로 충전 및 방전하여 보관한다.

⑤ 프로젝트 담당자 또는 조종자는 무인비행장치 비행 종료 후 별도의 서식에 따라 비행기록부를 작성하여 프로젝트 담당자에게 제출하고, 이를 보관하여야 한다.

조종자 준수사항

조종자는 무인비행장치 비행 시 「항공안전법 시행규칙」 제310조 및 다음의 사항을 준수하여야 한다. 다만, 제1호부터 제4호의 경우 「항공안전법」에 따른 국토교통부장관의 승인을 받거나 「항공안전법 시행규칙」 제313조의2(국가기관 등 무인비행장치의 긴급비행)를 적용할 수 있는 경우에는 예외로 할 수 있다.

1. 비행장 반경 9.3km 및 비행금지구역 내에서는 비행을 금지한다.
2. 무인비행장치 기체의 고도는 최대 150m로 제한한다.
3. 일몰 후부터 일출 전까지의 야간에는 비행하지 않는다.
4. 비·눈·안개 등으로 인해 목표물을 육안으로 식별할 수 없는 상황에서는 비행하지 않는다.
5. 조종자는 장애물, 사람, 건물, 공공시설 등으로부터 충분한 안전거리를 확보하여 비행하도록 하여야 한다.
6. 조종자는 무인비행장치를 육안으로 식별하여 미리 안전사고를 예방하기 위해 노력하고 비행 중에는 항상 사고에 주의하여 비행한다.
7. 음주비행은 금지한다.

무인비행장치 촬영의 허가 등

① 프로젝트 담당자 또는 조종자는 무인비행장치를 사용하여 항공사진을 촬영하고자 할 때에는 촬영 4일 전까지 드론 비행/촬영 원스톱 신청을 한다.

② 무인비행에 따른 관제권 지역 및 공역별 관할기관은 "드론 원스탑" 민원서비스 정보통신망에 게재된 처리부서 안내를 따르고, 비행금지구역, 관제권에서 비행하거나 그 밖의 일반 공역에서 비행고도 150m 이상으로 무인비행장치의 비행을 하려는 자는 「항공안전법」 제127조 및 「항공안전법 시행규칙」 제308조에 따라 관할 지방항공청장에게 비행 승인을 받아야 한다.

③ 무인비행장치의 비행승인은 1회 비행에 대한 승인을 원칙으로 한다. 다만, 동일지역에서 반복적으로 이루어지는 비행에 대하여는 6개월의 범위에서 비행기간을 명시하여 신청할 수 있다.

④ 비행승인 신청은 드론 원스탑 민원서비스 정보통신망을 이용하거나 초경량비행장치 비행승인신청서를 작성하여 제출할 수 있다.

⑤ 관리부서 및 운용부서의 장은 무인비행장치의 비행 및 항공사진 촬영이 예정되어 있는 경우 소속기관의 장의 승인을 받은 후 해당기관에 신청하여야 한다.

자료의 보관

① 무인비행장치를 이용하여 취득한 모든 기록물은 운용부서에서 관리·보관하고 별도의 서식에 따라 기록물 관리대장에 정리한다.

② 프로젝트 담당자 또는 조종자는 무인비행장치 및 특수장비를 이용하여 취득한 모든 영상자료에 대하여 서식에 따라 관리한다.

보안규정

프로젝트 담당자 또는 조종자는 다음의 관련 규정 및 지침에 따라 보안규정을 준수해야 한다.

1. 국가공간정보 기본법령(국토교통부)
2. 해양수산 분야 드론 보안대책(해양수산부)
3. 보안업무규정(국가정보원)
4. 그 외 국가·공공기관의 드론 도입·운용 관련 정보보안 권고사항

개인정보관리

무인비행장치 취득정보가 「개인정보 보호법」 제2조제1호에 따른 개인정보 또는 「위치정보의 보호 및 이용 등에 관한 법률」 제2조제 2호에 따른 개인위치 정보 등 개인의 공적·사적 생활과 관련된 정보에 해당하거나 이를 포함하는 경우 해당 법률에서 정하는 바에 따라 타인의 자유와 권리를 침해하지 않도록 하여야 한다.

무인비행장치 장비 관리

• 관리의무

무인비행장치 책임담당자는 주기적으로 장비를 점검하고 장비의 유지·관리를 철저히 하여야 한다.

• 정기점검 및 유지관리

① 무인비행장치 책임담당자는 무인비행장치 기체에 대하여 별도의 서식에 따라 관리대장에 기록·관리하여야 한다.

② 무인비행장치 책임담당자는 다음 항목에 따라 무인비행장치를 점검하고, 별도의 서식에 따라 무인비행장치 점검일지를 작성하여야 한다.

1. 일일점검 : 비행 당일 최초 비행 이전과 마지막 비행 이후에 실시하는 점검
2. 월간점검 : 제작사 정비 매뉴얼에 따라 매월 1회 실시하는 점검
3. 수시점검 : 무인비행장치를 정비·수리하거나 부품을 교체한 때 실시하는 성능점검
4. 특별점검 : 자체정비가 불가능할 경우 전문 인력과 점검 장비를 갖춘 외부업체에 의뢰하는 점검

③ 점검 후 정비·수리 등 조치가 필요할 경우 운용부서의 장은 관리부서의 장에게 즉시 필요한 조치를 취할 것을 요청하여야 한다.

④ 무인비행장치 책임담당자는 정비·수리 등 조치를 하고 난 뒤 반드시 시험비행을 실시하고 그 내역을 별도의 서식에 기록하여야 한다.

⑤ 무인비행장치 책임담당자는 반기별로 기체 보관상태, 예비부품 확보 여부 및 운용실태 등 종합 점검을 하여야 한다.

• 고장·분실 등

① 프로젝트 담당자 또는 조종자는 무인비행장치의 고장·분실이 발생한 경우 별도의 서식에 따른 보고서를 무인비행장치 책임담당자에게 제출하고, 무인비행장치 고장 및 분실내역 대장에 이를 기록하여야 한다.

② 무인비행장치 책임담당자는 고장의 경우 기체를 수리하고 그 내역을 서식에 따라 관리하여야 한다.

③ 무인비행장치 책임담당자는 분실의 경우 분실지역 수색 등 합당한 조치를 하여야 한다.

④ 고장의 수리 또는 분실장비의 회수가 어려운 경우에는 불용처리한다.

• **불용 등** : 무인비행장치 책임담당자는 무인비행장치가 내용연수 경과, 파손 또는 분실 등의 사유로 사용할 수 없게 된 경우에는 그 사항을 관리부서의 장에게 보고하여야 한다.

사고의 보고

① 무인비행장치 책임담당자는 무인비행장치 운용 중 그로 인한 사고, 인적·물적 피해 등이 발생한 때에는 필요한 조치를 취하고, 즉시 별도의 서식의 무인비행장치 사고 발생 보고서를 작성하여 관리부서의 장에게 보고하여야 한다.

② 무인비행장치 책임담당자는 보고받은 무인비행장치 사고 발생 보고서를 소속기관의 장에게 보고하여야 한다.

③ 소속기관의 장은 무인비행장치 책임담당자로부터 보고받은 무인비행장치 사고발생 보고서

를 「항공안전법 시행규칙」제312조에 따라 다음의 사항을 관할 지방항공청장에게 통보하여야 한다. 필요시 해양경찰청·소방청(119), 보험사 등에도 통보(신고)하여야 한다.

참고 드론의 안전관리

「드론지적측량규정」 제7조(안전관리)

① 지적측량 및 지적재조사측량에 활용하는 드론은 다음 각 호에 따라 관리하여야 한다.

1. 드론 및 배터리의 보관, 충전, 사용 등 제조사의 주의사항 준수
2. 드론의 위성신호와 지상제어장치에 관여하는 기기 및 소프트웨어, 인증, 통신, 비행, 암호, 자료보호 등 외부 보안 위협에 관한 대응 및 조치
3. 드론 기체를 정비하였을 경우 별지 제2호서식에 따른 드론 기체 정비일지 작성

② 드론조종자는「항공안전법」 제129조에 따른 초경량비행장치 조종자 등의 준수사항을 지켜야 한다.

③ 드론 비행 중 기체이상, 기상악화 등 돌발 및 비상 상황이 발생할 경우 즉시 비상 착륙하여야 한다.

④ 드론 운영 중에 사고가 발생하였을 때는 인명구호 및 사고수습 등을 위한 조치를 신속히 하고, 「항공안전법」 제129조제3항에 따라 관할 지방항공청장에게 사고 내용을 지체없이 통보하여야 한다.

⑤ 드론조종자는 드론 비행에 따른 안전을 위해 별지 제3호서식 드론 안전점검 체크리스트에 따라 점검을 실시하여야 한다.

■ 드론지적측량규정 [별지 제2호서식]

드론 기체 정비일지

<table>
<tr><td colspan="4">드 론 명</td></tr>
<tr><td>기체기종</td><td></td><td>기체번호</td><td></td></tr>
<tr><td>정비일자</td><td></td><td>보유기관</td><td></td></tr>
<tr><td>정 비 자</td><td></td><td>확 인 자</td><td></td></tr>
<tr><td colspan="3">확 인 내 용</td><td>확 인 유 무</td></tr>
<tr><td colspan="3">드론 및 배터리의 보관, 충전, 사용 등 제조사의 주의사항 준수 여부</td><td></td></tr>
<tr><td colspan="3">드론의 위성신호와 지상제어장치에 관여하는 기기 및 소프트웨어, 인증,
통신, 비행, 암호, 자료보호 등 외부 보안 위협에 관한 내용</td><td></td></tr>
</table>

<table>
<tr><td colspan="3">정 비 내 용</td></tr>
<tr><td>정비사유</td><td>정비항목</td><td>정비내용 요약</td></tr>
<tr><td rowspan="5">[ ] 일반
[ ] 연간정비
[ ] 사고
[ ] 부품결함
[ ] 기타</td><td>엔진부</td><td></td></tr>
<tr><td>기체부</td><td></td></tr>
<tr><td>배터리</td><td></td></tr>
<tr><td>수신기</td><td></td></tr>
<tr><td>기타</td><td></td></tr>
<tr><td>상세내용</td><td colspan="2">- 부 품 명

- 수 량

- 조치사항

- 조치사유</td></tr>
<tr><td colspan="3">기 타</td></tr>
</table>

- 특이사항

- 후속조치 사항

210mm×297mm[백상지(80g/m²)]

■ 드론지적측량규정 [별지 제3호서식]

드론 안전점검 체크리스트

영 역	항 목	내 용	결과확인
비행 전 점검	비행공역	관제권(공항 반경 9.3㎞) 등 드론 비행제한공역 확인	[ ]유 [ ]무
	기상확인	강풍 등 악기상 여부 확인(풍향·풍속 등)	[ ]유 [ ]무
	주변 안전 확인	인구밀집장소 상공 회피	[ ]유 [ ]무
		이·착륙 장소 선정	[ ]유 [ ]무
		기체와의 안전거리 10m 이상 이격	[ ]유 [ ]무
		보행자 등 주변 인원 및 장애물 확인	[ ]유 [ ]무
		전파방해요소 점검	[ ]유 [ ]무
		비행 중인 항공기 및 드론 육안 확인	[ ]유 [ ]무
	기체	프로펠러 및 모터의 장착·결속상태와 파손 확인	[ ]유 [ ]무
		부품별 크랙 및 휨, 파손여부 확인	[ ]유 [ ]무
		라디오 모뎀(송수신기) 단자, 케이블 상태 확인	[ ]유 [ ]무
	카메라	카메라 배터리 삽입 및 잔여량 확인	[ ]유 [ ]무
		카메라 렌즈 파손, 균열, 이물질 여부 확인	[ ]유 [ ]무
		카메라 저장매체 상태 확인(SD카드 장착)	[ ]유 [ ]무
		카메라 동작점검 확인	[ ]유 [ ]무
	배터리	배터리 장착·결속상태 확인	[ ]유 [ ]무
		배터리 충전상태 확인	[ ]유 [ ]무
		예비용 배터리 준비 확인	[ ]유 [ ]무
	전원	기체 및 관제시스템 전원 작동 확인	[ ]유 [ ]무
	통신상태	기체와 관제시스템간 통신상태	[ ]유 [ ]무
		GPS 신호 수신상태 확인	[ ]유 [ ]무
	동작점검	조작명령에 따른 모터 및 프로펠러의 정상 동작 확인	[ ]유 [ ]무
	조종자	조종자와 부조종자의 건강상태 확인	[ ]유 [ ]무
		안전 비행 절차 숙지여부	[ ]유 [ ]무
비행 중 점검	비행확인	설정된 경로대로 비행하는지 확인	[ ]유 [ ]무
		관제사(부조종사)와 의사소통을 통해 비행체 상태 확인	[ ]유 [ ]무
	비상절차	비상착륙지 선정	[ ]유 [ ]무
		비행 중 비상상황발생 시 행동요령 숙지	[ ]유 [ ]무
비행 후 점검	기체	프로펠러 및 모터의 파손 확인	[ ]유 [ ]무
		부품별 크랙 및 휨, 파손여부 확인	[ ]유 [ ]무
		기체 점검 및 청소	[ ]유 [ ]무
		로그파일(비행경로, 위치값) 추출	[ ]유 [ ]무
	카메라	비행미션 사진매수와 촬영매수 일치 확인	[ ]유 [ ]무
		촬영파일 추출	[ ]유 [ ]무
	배터리	보관 및 밸런스 모드 확인(개당 전압 25.1~25.2V)	[ ]유 [ ]무
		스웰링(과도하게 부푸는 경우)현상 확인	[ ]유 [ ]무

210mm×297mm[백상지(80g/m^2)]

III. 조종자 준수사항

드론 기술이 발전함에 따라 드론을 활용한 촬영, 측량, 배송, 감시 등 다양한 산업이 성장하고 있다. 하지만 드론의 무분별한 사용으로 인해 안전사고의 위험도 함께 증가하고 있다. 이에 따라 드론 조종자는 관련 법규를 준수하고, 안전한 비행을 위한 필수 수칙을 철저히 지켜야 한다.

드론 비행 시 준수해야 할 조종자의 의무사항은 인명과 재산을 보호하고, 항공질서를 유지하며, 공역(空域) 안전을 확보하는 데 목적이 있다. 다음은 드론 조종자가 반드시 준수해야 할 주요 사항들이다.

- **낙하물 투하 금지** : 드론을 이용하여 물체를 떨어뜨리는 행위는 인명과 재산에 심각한 위험을 초래할 수 있다. 따라서 어떤 경우에도 낙하물을 투하하는 행위는 엄격히 금지된다. 이는 사람이 많은 도심 지역이나 행사장뿐만 아니라, 자연환경 및 산업 시설이 밀집한 지역에서도 동일하게 적용된다.

- **사람이 밀집한 지역에서 위험한 비행 금지** : 인구가 밀집된 도심 지역이나 행사장 등에서 인명 또는 재산에 위험을 초래할 우려가 있는 방식으로 드론을 비행하는 행위는 법적으로 제한된다. 이는 돌발 상황으로 인해 드론이 추락하거나, 조종 불능 상태가 되어 사고로 이어질 가능성을 방지하기 위함이다. 특히, 스포츠 경기장, 공연장, 대규모 집회 장소 등 사람이 운집한 상공에서의 비행은 예상치 못한 사고를 초래할 수 있어 더욱 주의가 필요하다.

- **비행 제한공역 및 비행 금지구역에서 무단 비행 금지** : 드론 조종자는 비행제한공역(Flight Restriction Zone), 관제권(Control Zone), 비행금지구역(Prohibited Airspace)에서 비행할 경우 사전에 승인을 받아야 한다. 그러나 다음의 경우에는 비행 승인 대상에서 제외된다. 관제권, 비행금지구역이 아닌 지역에서 무인비행기, 무인헬리콥터, 무인멀티콥터 중 최대이륙중량 25kg 이하이고, 최저 비행고도(150m) 미만으로 비행하는 경우 지방항공청의 별도 허가 없이 운용할 수 있다. 이는 소형 드론을 이용한 저고도 비행의 경우 공역 안전에 미치는 영향이 상대적으로 적기 때문이다. 하지만 여전히 기상 상태와 주변 환경을 고려한 안전한 비행이 요구된다.

- **기상 조건이 불량할 경우 비행 금지** : 드론 비행 시 조종자는 지상 목표물을 육안으로 확인할 수 있어야 한다. 안개가 짙거나 강한 바람, 폭우, 눈 등으로 인해 가시거리가 현저히 감소한 상태에서의 비행은 조종자의 시야 확보가 어려워 안전사고로 이어질 가능성이 크다. 따라서 안개로 인해 지상 목표물을 육안으로 식별할 수 없는 상태에서의 비행은 금지되며, 모든 비행은 조종자가 드론의 위치를 명확하게 파악할 수 있는 기상 조건에서 수행해야 한다.

- **야간 비행 금지** : 일몰 후부터 일출 전까지의 야간 비행(Night Flight)은 드론 조종자의 시야 확보

가 어려워 충돌 및 추락 사고로 이어질 가능성이 높다. 야간 비행이 필요할 경우, 관련 기관의 별도 허가를 받아야 하며, 강력한 항공등(Anti-Collision Light) 및 비행경로 표시 장비를 갖추어야 한다.

- **음주 및 약물 복용 상태에서의 비행 금지** : 드론 조종자는 비행 전 음주 및 약물 복용을 절대 금지해야 하며, 조종 능력을 저하시킬 수 있는 모든 비정상적인 상태에서의 비행을 삼가야 한다. 음주 상태에서 드론을 조종할 경우, 항공기 조종사와 마찬가지로 법적 처벌을 받을 수 있다. 이는 음주 비행이 판단력 저하 및 반응 속도 둔화를 초래하여 돌발 상황 발생 시 적절한 대응을 어렵게 하기 때문이다.
- **항공기 및 초경량비행장치에 대한 진로 양보 의무** : 드론은 항공기(Aircraft), 경량항공기(Light Aircraft), 무동력 초경량비행장치(Ultralight Aircraft)와 같은 유인 항공기보다 낮은 우선순위를 가진다. 따라서 드론 조종자는 항공기와 충돌 위험이 있는 경우 반드시 진로를 양보해야 한다. 항공기의 접근이 감지될 경우, 즉시 비행을 중단하고 착륙해야 하며, 비행 전 해당 공역에서 항공기 운항 여부를 확인하는 것이 중요하다.
- **육안으로 확인할 수 없는 범위에서 비행 금지** : 드론 조종자는 항상 비행 중인 드론을 육안으로 확인할 수 있는 상태(Visual Line of Sight, VLOS)에서 조종해야 한다. FPV(First-Person View) 고글이나 모니터를 통해 원격 조종하는 경우라도, 반드시 보조 조종자가 육안으로 드론을 감시할 수 있어야 하며, 드론이 수풀이나 장애물 뒤로 사라지는 등의 상황이 발생하지 않도록 주의해야 한다.

참고 무인비행장치 측량을 위한 사업자 및 조종자 준수사항

「무인비행장치 측량 작업규정」 제5조(사업자 및 조종자 준수사항)

무인비행장치 측량을 수행하려는 사업자 및 조종자는 「항공안전법」 및 「항공사업법」을 준수하여야 한다.

참고 초경량비행장치(드론) 조종자의 준수사항

① 초경량비행장치 조종자는 다음의 어느 하나에 해당하는 행위를 해서는 안된다.

1. 인명이나 재산에 위험을 초래할 우려가 있는 낙하물을 투하(投下)하는 행위
2. 주거지역, 상업지역 등 인구가 밀집된 지역이나 그 밖에 사람이 많이 모인 장소의 상공에서 인명 또는 재산에 위험을 초래할 우려가 있는 방법으로 비행하는 행위

2의2. 사람 또는 건축물이 밀집된 지역의 상공에서 건축물과 충돌할 우려가 있는 방법으로 근접하여 비행하는 행위

3. 관제공역 · 통제공역 · 주의공역에서 비행하는 행위. 다만, 다음의 행위는 제외한다.
   가. 군사목적으로 사용되는 초경량비행장치를 비행하는 행위
   나. 다음의 비행장치를 관제권 또는 비행금지구역이 아닌 곳에서 최저비행고도(150m) 미만의 고도에서 비행하는 행위 : 무인비행기, 무인헬리콥터 또는 무인멀티콥터 중 최대이륙중량이 25kg 이하인 것

4. 안개 등으로 인하여 지상목표물을 육안으로 식별할 수 없는 상태에서 비행하는 행위
5. 비행시정 및 구름으로부터의 거리기준을 위반하여 비행하는 행위
6. 일몰 후부터 일출 전까지의 야간에 비행하는 행위.
7. 주류, 마약류 또는 환각물질 등(이하 "주류 등")의 영향으로 조종업무를 정상적으로 수행할 수 없는 상태에서 조종하는 행위 또는 비행 중 주류 등을 섭취하거나 사용하는 행위
9. 그 밖에 비정상적인 방법으로 비행하는 행위

② 초경량비행장치 조종자는 항공기 또는 경량항공기를 육안으로 식별하여 미리 피할 수 있도록 주의하여 비행하여야 한다.

③ 동력을 이용하는 초경량비행장치 조종자는 모든 항공기, 경량항공기 및 동력을 이용하지 아니하는 초경량비행장치에 대하여 진로를 양보하여야 한다.

④ 무인비행장치 조종자는 해당 무인비행장치를 육안으로 확인할 수 있는 범위에서 조종하여야 한다.

(출처: 「항공안전법 시행규칙」 제310조)

[표] 초경량비행장치(드론) 조종자 준수사항

가시거리 범위 외 비행 금지		음주비행금지		비행 중 낙하물 투하 금지	
	초경량비행장치 조종자는 항공기 또는 경량 항공기를 육안으로 식별하여 미리 피할 수 있도록 주의		조종 업무를 정상적으로 수행할 수 없는 상태에서 조종하는 행위 또는 비행 중 주류 등 섭취하거나 사용 금지		인명이나 재산에 위험을 초래할 우려가 있는 낙하물 투하 금지
유인항공기 접근 시 회피		**인구밀집 상공 위험한 비행 금지**		**장치에 소유자 정보 기재**	
	초경량비행장치 조종자는 모든 항공기, 경량항공기 및 동력을 이용하지 아니하는 초경량비행장치에 대하여 진로 양보		인구가 밀집된 지역이나 그 밖에 사람이 많이 모인 장소의 상공에서 위험한 비행 금지		사고나 분실물에 대비하여 소유자 이름 및 연락처 기재
야간비행 금지		**고도 150m 이상 비행 금지**		**비행금지구역, 관제권 비행 금지**	
	일몰 후부터 일출 전까지 야간시간 비행 금지	150M	지면 · 수면 또는 구조물 최상단기준, 150m 이상 고도에서 비행해야 할 경우 지방항공청 또는 국방부 허가 필요		■ 비행금지구역 - 대통령실 인근/중심(P73A)으로부터 3.8km, - 서울 강북 대통령실 인근/중심(P73B)으로부터 8km, - 휴전선 부근(P518) - 원전 중심으로부터 18.6km (P61,P62,P63, P64,P65) ■ 관제권 - 비행장 공항 참조점(ARP)으로부터 9.3km 이내

5. 드론 및 카메라

드론 사진측량을 위한 드론의 필수 성능 기준

최근 드론을 활용한 사진측량(Photogrammetry) 기술이 다양한 분야에서 널리 활용되고 있다. 건설, 토목, 지리정보시스템(GIS), 환경 모니터링, 문화재 복원 등에서 드론을 이용한 정밀한 공간 데이터 취득이 필수적이기 때문이다. 이에 따라, 드론이 사진측량 작업을 수행하기 위한 필수적인 기능과 성능 기준이 중요하게 다뤄지고 있다.

드론을 이용한 사진측량은 점점 더 정교하고 안전한 방향으로 발전하고 있으며, 이에 따라 드론의 성능 기준도 더욱 엄격해지고 있다. 안전한 이·착륙, 자동 복귀, 실시간 모니터링, 고해상도 촬영, 내구성 확보 등 다양한 요소를 고려하여 적합한 드론을 선택하는 것이 성공적인 사진측량 작업의 핵심이다.

1. 안전한 이·착륙과 자동운항 기능

드론 사진측량 작업의 특성상, 일정한 경로를 따라 자동으로 비행하며 데이터를 취득해야 한다. 따라서 드론은 미리 설정된 촬영비행 경로(Flight Path)에 따라 안정적으로 이륙(Take-off)하고 착륙(Landing)할 수 있어야 한다. 또한, 비행 중 조종자의 개입 없이 자동운항(Auto Flight) 또는 반자동운항(Semi-Auto Flight)이 가능해야 하며, 비상시 수동 조작(Manual Control)도 용이해야 한다.

특히, 촬영 대상 지역이 험지(산악 지역, 강가, 해안 등)일 경우, 정밀한 자동운항 기능이 필수적이다. 이를 위해 고급 비행제어 시스템(Advanced Flight Control System)과 GNSS(Global Navigation Satellite System, 위성항법시스템) 기반의 정밀 위치 추적 기능이 적용된 드론이 요구된다.

2. 사고 발생 시 자동 복귀 기능(Fail-Safe Return to Home)

드론 운항 중에는 예기치 못한 돌발 상황이 발생할 수 있다. 배터리 방전, 신호 손실, 기체 결함 등이 대표적인 위험 요소다. 이러한 상황에서 드론은 비행을 지속하면 추락 위험이 커질 수 있기 때문에, 자동 복귀(Return to Home, RTH) 기능을 통해 안전한 착륙 지점으로 귀환해야 한다.

자동 복귀 기능은 GPS와 IMU(Inertial Measurement Unit, 관성항법장치) 센서를 활용하여 드론이 이륙한 위치 또는 조종자가 설정한 지점으로 안전하게 되돌아오도록 한다. 또한, 최신 드론은 장애물 회피 기능(Obstacle Avoidance)까지 탑재하여 복귀 과정에서 충돌 위험을 줄일 수 있다.

3. 실시간 기체 상태 모니터링(Real-Time Flight Monitoring)

사진측량 작업의 성공 여부는 드론이 안정적으로 비행하고 있는지 실시간으로 모니터링하는 데 달려 있다. 드론 운항 중 기체의 상태를 확인할 수 있어야 하며, 이를 위해 원격 조종장치(Remote Controller)나 지상통제소(Ground Control Station, GCS)에서 드론의 핵심 데이터를 실시간으로 모니터링할 수 있어야 한다.

모니터링 대상에는 배터리 잔량(Battery Level), GPS 신호 강도, 풍속 및 기체 속도, 비행고도, 기체 온도 등이 포함된다. 또한, 이상 발생 시 조종자에게 즉시 경고(Alert) 메시지를 보내는 기능이 필요하다.

4. 고해상도 사진 촬영 및 안정적인 데이터 저장

드론 사진측량의 목적은 고정밀 데이터를 확보하는 것이므로, 장착된 카메라의 성능도 매우 중요하다. 사진측량용 드론은 고해상도(High-Resolution) 카메라를 탑재하고 있어야 하며, 촬영된 이미지의 왜곡을 최소화하기 위해 짐벌(Gimbal) 시스템을 적용해 흔들림 없는 촬영이 가능해야 한다.

또한, 수집된 데이터는 신뢰성을 유지하기 위해 즉시 저장 및 백업할 수 있어야 하며, 일부 드론은 실시간 클라우드 업로드(Real-Time Cloud Upload) 기능을 지원하기도 한다. 이를 통해 데이터를 안전하게 보호하고, 추후 정밀한 3D 모델링 및 공간 분석에 활용할 수 있다.

5. 환경 적응력 및 내구성

드론은 다양한 환경에서 운항해야 하므로, 외부 기상 조건에 대한 내구성도 중요한 요소다. 강한 바람, 비, 눈, 높은 습도 등 악조건에서도 정상적으로 작동할 수 있도록 방수·방진 기능(Waterproof & Dustproof)이 적용되어야 하며, -20℃~50℃ 등 극한의 온도에서도 안정적인 성능을 발휘할 수 있어야 한다.

특히, 장시간 비행이 요구되는 사진측량 작업에서는 효율적인 배터리 관리 시스템(Smart Battery Management System)이 필수적이며, 한 번 충전으로 오랜 시간 비행할 수 있는 고효율 배터리가 요구된다.

앞으로 드론 사진측량 기술은 인공지능(AI) 기반의 자율비행, 머신러닝(Machine Learning)을 활용한 자동 영상 분석, 5G 기반 실시간 데이터 전송 등의 혁신적인 기술과 결합될 전망이다. 특히, LiDAR(Light Detection and Ranging) 센서와의 결합을 통해 보다 정밀한 3D 데이터 획득이 시도되고 있다.

참고 드론 사진측량을 위한 드론의 성능 기준

「무인비행장치 측량 작업규정」 제6조(사용장비 및 성능기준)

① 무인비행장치는 본 고시에 의한 성과품을 안전하게 취득할 수 있도록 다음의 성능을 갖추어야 한다.

1. 무인비행장치는 계획한 노선에 따른 안전한 이·착륙과 자동운항 또는 반자동 운항이 가능하여야 한다.
2. 무인비행장치는 기체의 이상 발생 등 사고의 위험이 있을 때 자동으로 귀환할 수 있어야 한다.
3. 무인비행장치는 운항 중 기체의 상태를 실시간으로 모니터링할 수 있어야 한다.

드론 사진측량을 위한 카메라 성능 기준

최근 드론을 이용한 사진측량(Photogrammetry) 기술은 전통적인 비행기를 활용한 항공지상측량 방식보다 시간과 비용을 절감할 수 있으며, 고해상도의 공간 정보를 효율적으로 수집할 수 있는 장점이 있다. 그러나 정확한 측량 성과를 확보하기 위해서는 드론에 탑재되는 카메라의 성능이 중요한 역할을 한다. 사진측량용 드론 카메라는 단순한 영상 촬영 장비가 아니라, 정확한 공간 데이터를 획득하기 위한 정밀한 센서로 기능해야 한다. 이에 따라, 드론 사진측량을 위한 카메라는 다음과 같은 성능 기준을 충족해야 한다.

1. 촬영 환경에 최적화된 노출 및 감도 조절 기능

드론 카메라는 촬영 환경에 따라 적절한 노출(Exposure)을 설정할 수 있어야 하며, 이를 위해 다음과 같은 기능을 지원해야 한다.

- 노출시간/셔터속도(Shutter Speed) : 빠르게 이동하는 드론에서 흔들림 없는 이미지를 확보하기 위해 적절한 셔터 속도를 조절할 수 있어야 한다.
- 조리개(Aperture) : 광량을 조절하여 최적의 사진 품질을 유지할 수 있어야 한다.
- ISO 감도 : 저조도 환경에서도 노이즈를 최소화하면서 선명한 사진을 얻을 수 있도록 감도를 설정할 수 있어야 한다.

이러한 설정은 자동 또는 수동으로 조정 가능해야 하며, 일정한 품질의 데이터를 확보하기 위해 사전에 최적화된 값으로 고정할 수도 있다.

2. 초점거리 및 촬영 정보 확인 기능

드론 사진측량에서는 카메라의 초점거리(Focal Length)와 노출시간/셔터속도(Shutter Speed) 등의 메타데이터를 확인하는 것이 중요하다. 이러한 정보는 후처리 단계에서 영상 정합과 3D 모델링의 정밀도를 높이는 데 필수적이다. 특히, 초점거리는 지상 해상도(GSD, Ground Sampling Distance, 지상표본거리)와 직접적으로 관련이 있으며, 이를 정확히 기록하고 관리해야 신뢰도 높은 측량 성과를 얻을 수 있다.

3. 이미지 센서 크기 및 해상도 확인 가능 여부

드론 사진측량의 정밀도를 결정하는 또 다른 중요한 요소는 카메라의 이미지 센서(Image Sensor) 크기와 픽셀 해상도(Pixel Resolution)이다.

- 이미지 센서 크기 : 센서 크기가 클수록 보다 많은 광량(光量, 빛의 양)을 받아들이고, 해상도가 높은 이미지를 생성할 수 있어 측량 정밀도가 향상된다.
- 픽셀 수 : 영상의 해상도를 결정하는 중요한 요소로, 일정한 지상 해상도를 유지하기 위해 필요한 최소 해상도를 충족해야 한다.

따라서, 드론 카메라는 촬영된 영상의 이미지 센서 크기와 픽셀 해상도를 확인할 수 있어야 하며, 이를 기반으로 정확한 공간 데이터를 산출해야 한다.

4. 단초점 렌즈(Fixed Focal Length Lens) 사용

드론 사진측량에서는 단초점 렌즈 사용을 원칙으로 한다. 줌렌즈(Zoom Lens)는 초점거리가 변할 수 있어 촬영 중 왜곡이 발생할 가능성이 높기 때문에, 측량 작업에서는 가급적 사용을 지양한다. 단초점 렌즈는 초점거리가 일정하여, 이미지의 기하학적 왜곡(Geometric Distortion)을 최소화할 수 있으며, 후처리 과정에서 보다 정확한 측량 결과를 얻을 수 있다.

5. 수치지형도 제작을 위한 카메라 보정 원칙

정확한 측량 성과를 확보하기 위해서는 드론에 탑재된 카메라의 광학적 특성을 분석하고 보정하는 과정이 필요하다. 특히, 수치지형도 및 정사영상(Orthophoto) 제작을 위한 카메라는 다음의 보정 절차를 준수해야 한다.

- 카메라 왜곡보정(Camera Calibration) 수행 : 공식적인 측정 및 보정을 거친 검정된 카메라를 사용하는 것이 원칙이다. 이는 렌즈의 왜곡과 센서의 보정값을 반영하여 보다 정확한 결과를 산출할 수 있도록 하기 위함이다.
- 자체검정(Self-Calibration) 허용 : 다만, 측량 목적 달성에 지장이 없는 경우, 촬영된 영상에서 자체적으로 보정값을 산출하는 자체검정 방식을 사용할 수도 있다. 이 방법은 필드에서 빠르게 적용할 수 있는 장점이 있지만, 보정의 정확도를 확보하기 위해 충분한 검증이 필요하다.

드론 사진측량의 성공 여부는 카메라의 성능과 직결된다. 따라서, 측량 목적에 적합한 드론 카메라를 선택할 때는 다음과 같은 기준을 고려해야 한다.

- 고해상도 센서 : 1인치 이상 크기의 CMOS 센서 및 20MP 이상의 해상도 권장
- 정밀한 렌즈 : 기하학적 왜곡이 적은 단초점 렌즈 사용

- 최적의 셔터 속도 : 1/1,000초 이상의 셔터 속도 지원
- 촬영 메타데이터 기록 : 초점거리, 노출정보, GPS 좌표 등 자동 저장 기능
- 정확한 보정 데이터 확보 : 자체검정(Self-Calibration) 또는 공식 검정을 거친 렌즈 사용

참고 드론 사진측량을 위한 디지털카메라의 최소 성능 기준

「무인비행장치 측량 작업규정」 제6조(사용장비 및 성능기준)

② 무인비행장치에 탑재된 디지털카메라는 최소한 다음의 성능을 갖추어야 한다.

1. 노출시간, 조리개 개방시간, ISO 감도를 촬영에 적합하도록 설정할 수 있거나, 설정되어 있어야 한다.
2. 초점거리 및 노출시간 등의 정보를 확인할 수 있어야 한다.
3. 카메라의 이미지 센서 크기와 영상의 픽셀 수를 확인할 수 있어야 한다.
4. 카메라의 렌즈는 단초점렌즈의 이용을 원칙으로 한다.

③ 수치지형도 제작을 위한 디지털 카메라는 별도의 카메라 왜곡보정(검정)을 수행한 것을 사용하는 것을 원칙으로 한다. 다만, 측량목적 달성에 지장이 없는 경우 측량시행자와 협의하여 자체검정(Self-Calibration)방법으로 산출된 보정값을 이용할 수 있다.

5-1 드론

I. 드론 사진측량을 위한 드론 및 카메라의 성능 기준

드론 사진측량을 위한 드론의 필수 성능 기준

최근 드론을 활용한 사진측량(Photogrammetry) 기술이 다양한 분야에서 널리 활용되고 있다. 건설, 토목, 지리정보시스템(GIS), 환경 모니터링, 문화재 복원 등에서 드론을 이용한 정밀한 공간 데이터 취득이 필수적이기 때문이다. 이에 따라, 드론이 사진측량 작업을 수행하기 위한 필수적인 기능과 성능 기준이 중요하게 다뤄지고 있다.

드론을 이용한 사진측량은 점점 더 정교하고 안전한 방향으로 발전하고 있으며, 이에 따라 드론의 성능 기준도 더욱 엄격해지고 있다. 안전한 이·착륙, 자동 복귀, 실시간 모니터링, 고해상도 촬영, 내구성 확보 등 다양한 요소를 고려하여 적합한 드론을 선택하는 것이 성공적인 사진측량 작업의 핵심이다.

1. 안전한 이·착륙과 자동운항 기능

드론 사진측량 작업의 특성상, 일정한 경로를 따라 자동으로 비행하며 데이터를 취득해야 한다. 따라서 드론은 미리 설정된 촬영비행 경로(Flight Path)에 따라 안정적으로 이륙(Take-off)하고 착륙(Landing)할 수 있어야 한다. 또한, 비행 중 조종자의 개입 없이 자동운항(Auto Flight) 또

는 반자동운항(Semi-Auto Flight)이 가능해야 하며, 비상시 수동 조작(Manual Control)도 용이해야 한다.

특히, 촬영 대상 지역이 험지(산악 지역, 강가, 해안 등)일 경우, 정밀한 자동운항 기능이 필수적이다. 이를 위해 고급 비행제어 시스템(Advanced Flight Control System)과 GNSS(Global Navigation Satellite System, 위성항법시스템) 기반의 정밀 위치 추적 기능이 적용된 드론이 요구된다.

2. 사고 발생 시 자동 복귀 기능(Fail-Safe Return to Home)

드론 운항 중에는 예기치 못한 돌발 상황이 발생할 수 있다. 배터리 방전, 신호 손실, 기체 결함 등이 대표적인 위험 요소다. 이러한 상황에서 드론은 비행을 지속하면 추락 위험이 커질 수 있기 때문에, 자동 복귀(Return to Home, RTH) 기능을 통해 안전한 착륙 지점으로 귀환해야 한다.

자동 복귀 기능은 GPS와 IMU(Inertial Measurement Unit, 관성항법장치) 센서를 활용하여 드론이 이륙한 위치 또는 조종자가 설정한 지점으로 안전하게 되돌아오도록 한다. 또한, 최신 드론은 장애물 회피 기능(Obstacle Avoidance)까지 탑재하여 복귀 과정에서 충돌 위험을 줄일 수 있다.

3. 실시간 기체 상태 모니터링(Real-Time Flight Monitoring)

사진측량 작업의 성공 여부는 드론이 안정적으로 비행하고 있는지 실시간으로 모니터링하는데 달려 있다. 드론 운항 중 기체의 상태를 확인할 수 있어야 하며, 이를 위해 원격 조종장치(Remote Controller)나 지상통제소(Ground Control Station, GCS)에서 드론의 핵심 데이터를 실시간으로 모니터링할 수 있어야 한다.

모니터링 대상에는 배터리 잔량(Battery Level), GPS 신호 강도, 풍속 및 기체 속도, 비행고도, 기체 온도 등이 포함된다. 또한, 이상 발생 시 조종자에게 즉시 경고(Alert) 메시지를 보내는 기능이 필요하다.

4. 고해상도 사진 촬영 및 안정적인 데이터 저장

드론 사진측량의 목적은 고정밀 데이터를 확보하는 것이므로, 장착된 카메라의 성능도 매우 중요하다. 사진측량용 드론은 고해상도(High-Resolution) 카메라를 탑재하고 있어야 하며, 촬영된 이미지의 왜곡을 최소화하기 위해 짐벌(Gimbal) 시스템을 적용해 흔들림 없는 촬영이 가능해야 한다.

또한, 수집된 데이터는 신뢰성을 유지하기 위해 즉시 저장 및 백업할 수 있어야 하며, 일부 드론은 실시간 클라우드 업로드(Real-Time Cloud Upload) 기능을 지원하기도 한다. 이를 통해 데이터를 안전하게 보호하고, 추후 정밀한 3D 모델링 및 공간 분석에 활용할 수 있다.

5. 환경 적응력 및 내구성

드론은 다양한 환경에서 운항해야 하므로, 외부 기상 조건에 대한 내구성도 중요한 요소다. 강한 바람, 비, 눈, 높은 습도 등 악조건에서도 정상적으로 작동할 수 있도록 방수·방진 기능(Waterproof & Dustproof)이 적용되어야 하며, -20℃~50℃ 등 극한의 온도에서도 안정적인 성능을 발휘할 수 있어야 한다.

특히, 장시간 비행이 요구되는 사진측량 작업에서는 효율적인 배터리 관리 시스템(Smart Battery Management System)이 필수적이며, 한 번 충전으로 오랜 시간 비행할 수 있는 고효율 배터리가 요구된다.

앞으로 드론 사진측량 기술은 인공지능(AI) 기반의 자율비행, 머신러닝(Machine Learning)을 활용한 자동 영상 분석, 5G 기반 실시간 데이터 전송 등의 혁신적인 기술과 결합될 전망이다. 특히, LiDAR(Light Detection and Ranging) 센서와의 결합을 통해 보다 정밀한 3D 데이터 획득이 시도되고 있다.

참고 드론 사진측량을 위한 드론의 성능 기준

「무인비행장치 측량 작업규정」 제6조(사용장비 및 성능기준)

① 무인비행장치는 본 고시에 의한 성과품을 안전하게 취득할 수 있도록 다음의 성능을 갖추어야 한다.

1. 무인비행장치는 계획한 노선에 따른 안전한 이·착륙과 자동운항 또는 반자동 운항이 가능하여야 한다.
2. 무인비행장치는 기체의 이상 발생 등 사고의 위험이 있을 때 자동으로 귀환할 수 있어야 한다.
3. 무인비행장치는 운항 중 기체의 상태를 실시간으로 모니터링할 수 있어야 한다.

드론

드론을 활용한 항공사진측량에서 중요한 요소 중 하나는 적절한 드론 기체의 선택이다. 일반적으로 드론은 날개의 형태에 따라 크게 고정익 드론(Fixed wing drone)과 회전익 드론(Rotary wing drone)으로 구분되며, 최근에는 이 두 가지 형태를 결합한 수직이착륙 드론[17](VTOL, Vertical Take-off and Landing)도 중요한 항공측량 도구로 활용되는 추세이다.

개정된 「항공안전법 시행규칙」(2025년 5월 14일 시행)에서는 기존에 정의된 무인비행기, 무인헬리콥터, 무인멀티콥터 외에도 무인수직이착륙기가 공식적으로 추가되었다. 아울러, 무인비행장

17) 수직이착륙 드론을 강조하기 위해 "전기 수직이착륙기"(eVTOL, electric Vertical Take-off and Landing aircraft)로 부르는 경우도 있다.

치의 세부 유형을 보다 구체적으로 정의하고자, 무인수직이착륙기를 포함한 다양한 형태의 비행체를 '무인동력비행장치'라는 포괄적인 개념 아래 규정하였다.

참고 「항공안전법 시행규칙」에서의 무인동력비행장치 정의

무인동력비행장치 : 연료의 중량을 제외한 자체중량이 150kg 이하인 무인비행기, 무인헬리콥터, 무인멀티콥터 또는 무인수직이착륙기(「항공안전법 시행규칙」 제5조 1호 가목)

고정익 드론은 비행기와 유사한 형태의 고정된 날개를 지닌 기체로, 항공기의 날개 단면 형상(에어포일, Airfoil)을 활용하여 양력(Lift)을 발생시킴으로써, 장시간 안정적인 비행이 가능하다. 이는 기체가 전진하면서 날개를 통해 생성되는 양력으로 비행을 지속하는 방식이므로, 에너지 효율이 뛰어나며 장거리 비행에 매우 적합하다. 그러나 고정익 드론은 이륙과 착륙을 위해 일정한 크기의 활주로 또는 개방된 공간이 요구된다는 점에서 운용상의 제약이 따른다. 특히, 이러한 드론은 '제자리 비행'(Hovering)이 불가능하므로, 정밀한 위치 고정이 필요한 임무 수행에는 한계가 있다. 그럼에도 불구하고, 광범위한 지역을 한 번에 촬영하고자 하는 대규모 지형 조사, 농업 분야 등의 활용 사례에서는 고정익 드론이 탁월한 성능을 보여준다. 한편, 고정익 구조상 충분한 양력을 확보하기 위해 날개 면적이 커지게 되며, 이는 기체의 크기를 증가시키는 요인이 된다. 이로 인해 탑재 가능한 중량이 제한될 수 있어, 고해상도 카메라나 정밀 측량 장비를 장착하는 데 있어 일부 제약이 따를 수 있다.

회전익 드론은 헬리콥터와 유사한 원리로 동작하는 드론으로서, 모터에 연결된 프로펠러(Propeller)를 회전시켜 추력을 발생시킨다. 각각의 이웃한 로터(Rotor)는 서로 반대 방향으로 회전하며 균형을 유지하고 양력을 생성하여 비행을 지속한다. 이러한 비행 방식 덕분에 회전익 드론은 자유로운 방향 전환이 가능하며, 특히 '제자리 비행'(Hovering)이 가능하다는 점에서 큰 장점을 가진다. 따라서 활주로가 필요하지 않으며, 좁은 공간에서도 손쉽게 이착륙이 가능하므로 매우 높은 비행 안정성을 제공한다. 그러나 프로펠러의 지속적인 회전을 위해 많은 에너지가 소모되므로, 배터리 효율성이 상대적으로 낮으며, 이에 따라 비행 가능 시간이 짧고 임무 수행 반경이 제한된다는 단점이 있다.

이러한 회전익 드론의 비행 거리 및 임무 수행 반경의 한계를 극복하기 위해, 최근에는 여러 대의 드론이 협력하여 장시간 운용할 수 있는 '군집 드론'(Swarm Drone) 기술이 활발하게 연구되고 있다. 군집 드론의 협력 방식은 다양한 모델로 구현되는데, 예를 들어 여러 대의 드론이 순환근무 형태로 교대 비행하며 장시간 임무를 지속하는 방식, 편대 비행을 통해 각 드론이 개별적으로 작업을 수행하면서도 전체적인 조율이 이루어지는 방식, 혹은 순환 방식과 편대 방식을 결합하여 최적의 운용 효율을 확보하는 방식 등이 있다. 또한, 배터리가 소모된 드론은 자동으로 드론 스테이션(Drone Station)으로 복귀하여 충전과 유지보수를 수행한 후 다시 임무에 투입됨으로써, 회전익 드론의 실질적인 운용 시간이 늘어나고 있다.

DJI Mavic 3 Enterprise	DJI Matrice 350 RTK
• 자체 중량(배터리, 프로펠러 포함) : 915 g • 최대 이륙 중량(무게) : 1,050 g • 크기(펼쳤을 때, 프로펠러미장착) : 347.5 × 283 × 107.7 mm (L × W × H) • 최대 비행시간 : 45분	• 자체 중량(짐벌 및 배터리 포함) : 약 6.47 kg • 최대 이륙 중량 : 9.2 kg • 최대 탑재(Payload) 중량 : 2.7 kg • 크기(펼쳤을 때, 프로펠러 제외) : 810 × 670 × 430 mm (L × W × H) • 최대 비행시간 : 55분

회전익 드론은 일반적으로 '멀티콥터'(Multi-copter)라고도 불리며, 로터의 개수에 따라 다양한 유형으로 분류된다. 대표적인 예로는 바이콥터(Bicopter: 2개의 로터), 트리콥터(Tricopter: 3개의 로터), 쿼드콥터(Quadcopter: 4개의 로터), 헥사콥터(Hexacopter: 6개의 로터), 옥토콥터(Octocopter: 8개의 로터) 등이 있다. 특히, 드론 사진측량, 정밀 농업, 산업용 드론 분야에서는 쿼드콥터와 헥사콥터가 주로 사용되며, 안정적인 비행 성능과 우수한 임무 수행 능력으로 높은 평가를 받고 있다.

수직 이착륙 드론(VTOL, Vertical Take-Off and Landing)은 고정익 드론과 회전익 드론의 장점을 결합한 형태로서, 두 기체의 기능을 효과적으로 융합한 고성능 드론이다. VTOL 드론은 이착륙 시에는 회전익 모드로 작동하여 좁은 공간에서도 운용할 수 있으며, 이륙 후에는 고정익 모드로 전환하여 장거리 비행이 가능하도록 설계되었다. 특히, 회전익 모드에서는 수직 이착륙이 가능하여 산악지형과 같은 복잡한 환경에서도 운영이 용이하며, 고정익 모드에서는 비행 효율성이 높아져 장거리 비행을 효과적으로 수행할 수 있다. 이러한 특성 덕분에 VTOL 드론은 회전익 드론의 기동성과 고정익 드론의 장거리 비행 능력을 동시에 활용할 수 있어 다양한 환경에서 우수한 성능을 제공한다.

다만, VTOL 드론은 두 가지 비행 방식을 결합한 구조적 특성으로 인해 설계가 복잡하며, 이에 따른 제조 비용 및 유지보수 비용이 상대적으로 높은 단점이다. 그럼에도 불구하고, 이러한 드론의 유연성과 성능은 다양한 산업 및 연구 분야에서 점차 중요한 역할을 하며, 항공측량, 국토 모니터링, 재난 대응 등 다방면에서 지속적으로 활용 범위를 넓혀가고 있다.

Trinity Pro (Quantum Systems)	WingtraOne GEN II
• 최대 이륙 중량 : 5.75 kg • 최대 탑재(Payload) 중량 : 1 kg • 날개 길이 : 2.394 m • 보관 케이스 크기 : 1002 × 830 × 270 mm(L × W × H) • 최대 비행시간 : 90분	• 자체 중량(배터리 포함) : 3.7 kg • 최대 이륙 중량 : 4.5 kg • 최대 탑재(Payload) 중량 : 800 g • 날개 길이 : 1.25 m • 크기 : 125 × 68 × 12 cm(L × W × H) • 최대 비행시간 : 59분

[표] 드론 유형 비교

구분	회전익 드론	고정익 드론	수직 이착륙기(VTOL)
비행 원리	로터의 회전으로 양력과 균형 발생	고정된 날개로 양력을 발생, 전진 비행	회전익 모드로 이착륙 후, 고정익 모드 전환
비행 시간	30분 내외 ※ 배터리 기술의 발전으로 1시간 가까이 비행 가능한 기체도 있음	60분 이상	60분 내외
비행 거리	단거리 (약 1-2km)	장거리 (약 50km 이상)	중간 (10-20km)
페이로드 (Payload)	비교적 높음	낮음	중간
장점	• 좁은 공간에서의 수직 이착륙 가능 • 호버링 가능 • 높은 비행 안정성	• 장시간 비행 가능 • 넓은 지역 커버 • 높은 에너지 효율	• 수직 이착륙 및 장거리 비행 가능 • 회전익과 고정익의 장점 결합
단점	• 제한된 비행 시간 • 비교적 작은 비행 가능 범위	• 호버링 불가능 • 개방된 공간 필요 • 제한된 운용 환경	• 복잡한 구조 • 높은 제조 및 유지보수 비용

II. DJI 산업용 드론

DJI 드론

세계 드론시장의 선도 기업인 DJI(大疆创新[18], Da-Jiang Innovations)는 다양한 산업 분야에 최적화된 고성능 드론을 통해 혁신을 이어가고 있다. 본사는 중국 선전(深圳)에 위치하고 있으며, 2006년 프랭크 왕[19](Frank Wang, 王陶)이 설립한 DJI는 그동안 드론 기술을 통해 사진촬영은 물론, 운송, 공공 안전, 농업, 인프라 점검, 건설 및 공간 정보 수집 등 다양한 산업 분야에서 필수적인 도구로 자리 잡았다.

2023년 기준으로 DJI는 민간 드론시장에서 약 79%의 점유율을 차지하며 압도적인 1위를 유지하고 있다. 이러한 성공은 DJI의 지속적인 기술 혁신과 제품 다양화 전략의 결과로 볼 수 있다. 최신 모델에서는 인공지능(AI) 기반의 장애물 회피 시스템, 더욱 정밀한 카메라 모듈, 비행 안정성을 크게 향상시키는 소프트웨어 기능 등 다양한 혁신적 요소들이 추가되었다. 이를 통해 드론은 취미에서 전문적 산업 도구로 더욱 널리 사용되고 있다.

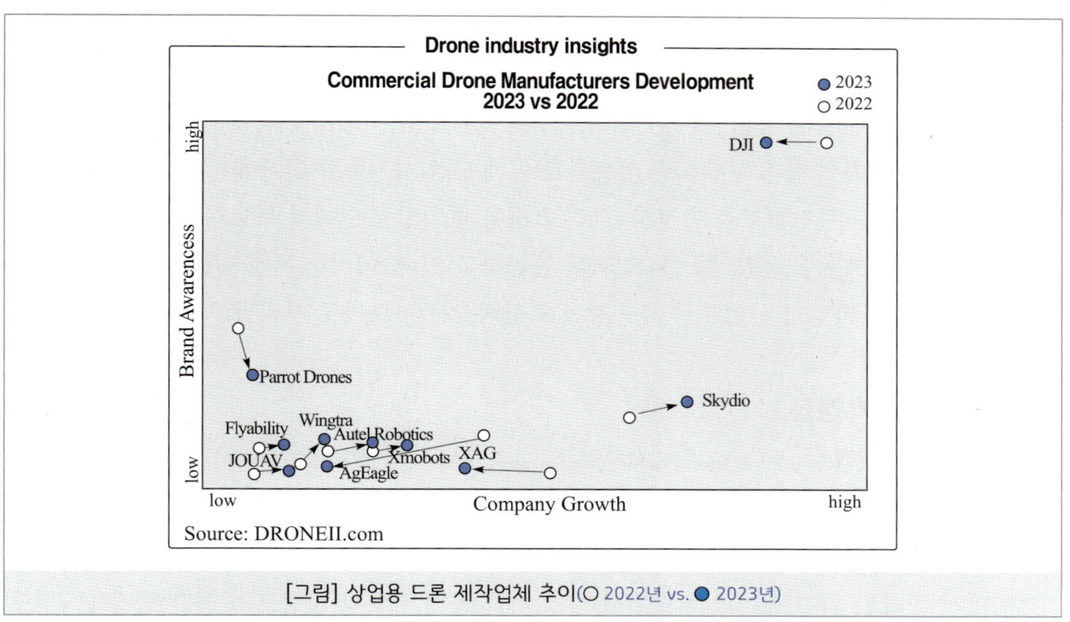

[그림] 상업용 드론 제작업체 추이(○ 2022년 vs. ● 2023년)

18) 大(dà) : 크다; 疆 (jiāng) : 경계, 넓은 지역; 创 (chuàng) : 창조하다; 新 (xīn) : 새롭다, 혁신적이다.
大疆创新: "광대한 지역에서 혁신을 창출하다"라는 뜻으로서, "기술적으로 한계를 넘어서 혁신을 창조하는 기업"이라는 의미를 담고 있다.

19) 프랭크 왕(Frank Wang, 王陶)은 DJI의 창업자이자 CEO로서, 상업용 및 소비자용 드론 업계의 선도자로 평가받고 있다. 1980년 중국 항저우에서 태어난 프랭크 왕은 홍콩 과학기술대학교에서 전자공학을 공부했으며, 그곳에서 드론 기술을 개발하기 시작했다. 2006년 홍콩에서 DJI를 창립한 이후, 드론 기술을 혁신적으로 발전시켜 상업용 드론을 본격적으로 대중화하는 데 큰 기여를 했다. 특히 드론의 안정성, 자동화, 고해상도 카메라 통합, LiDAR 등 첨단 기술을 바탕으로, 다양한 산업 분야에서 실질적인 활용이 가능하도록 발전시켰다. DJI는 전 세계 드론시장의 70% 이상의 점유율을 차지하며 업계를 선도하고 있다.

독일의 드론산업 분석 그룹인 'Drone Industry Insights'(DII)에 따르면, DJI는 2023년 드론 제조업체 순위에서 여전히 1위 자리를 굳건히 지키고 있다. 미국과 유럽의 드론 제조업체들이 DJI를 추격하고 있지만, 아직까지 DJI의 독주를 막기에는 역부족인 상황이다. 미국의 Skydio, 프랑스의 Parrot, 중국의 Autel Robotics 등이 경쟁에 뛰어들고 있지만, DJI는 여전히 미국 소비자 드론시장에서 약 70%의 점유율을 차지하고 있으며, 다른 경쟁 업체들은 각각 4% 이하의 점유율에 머물고 있다.

미국 정부의 규제와 시장 접근 제약에도 불구하고 DJI는 꾸준히 시장 점유율을 유지하며, 특히 미국 내 공공 안전 및 농업 분야에서 중요한 역할을 담당하고 있다. 이와 같은 점유율 수치는 DJI가 미국에서도 경쟁 우위를 확고히 유지하고 있음을 보여주는 것이다.

산업용 드론 중에서도 DJI 드론이 특별히 선택되는 이유는 여러 가지가 있다. 우선, DJI 드론은 높은 정밀도와 안정성을 바탕으로 지형 측량 및 공간 정보 수집에 최적화되어 있다. GNSS-RTK(Real-Time Kinematic) 기능을 통해 매우 정확한 위치 데이터를 제공하며, 이는 공간 정보 작업에서 중요한 요소이다. 또한, DJI 드론은 사용 편의성을 극대화한 설계로 빠른 설치와 간편한 조작을 가능하게 하여 현장에서의 작업 시간을 단축할 수 있다.

Mavic 3 Enterprise(M3E), Matrice 300 RTK(M300 RTK), Matrice 350 RTK(M350 RTK) 등의 산업용 드론 솔루션은 각각의 장점과 뛰어난 성능으로 인해 드론 사진측량 분야에서 큰 인기를 얻고 있다. 이들 드론은 높은 정밀도와 안정성, 그리고 사용 편의성 측면에서 독보적이며, 전문 소프트웨어와의 완벽한 호환을 통해 최상의 결과를 제공하고 있다. 이러한 특성 덕분에 DJI는 많은 공간 정보 전문가와 다양한 산업부문 사용자에게 신뢰받는 파트너로 자리잡고 있다.

DJI 산업용 드론의 장점

- **고정밀 측위 시스템**(High-Precision Positioning System) : Mavic 3E와 Matrice 시리즈는 모두 RTK(-Real-Time Kinematic) 기능을 제공하여 위치 정밀도를 극대화한다. 이를 통해 매우 정밀한 위치 정보를 필요로 하는 공간 정보 작업에서 큰 장점을 제공한다. 예를 들어, 토목 공학이나 도시 계획에서 정확한 위치 데이터는 필수적이며, 이를 통해 정확한 지형도와 공간 모델을 구축할 수 있다. 이러한 높은 정밀도는 산업용 드론 사용 시 프로젝트의 품질과 정확성을 크게 향상시키는 중요한 요소이다.

- **높은 효율성과 다양한 적용 가능성**(High Efficiency and Versatility) : DJI의 산업용 드론은 다양한 센서와 카메라를 탑재하여 2D 및 3D 모델링 작업에서 높은 효율성을 자랑한다. 특히, L1 LiDAR 센서와 P1 카메라의 조합을 통해 목적에 맞는 다양한 데이터를 수집할 수 있어, 복잡한 지형의

분석이나 인프라 구조의 점검을 보다 효율적으로 수행할 수 있다. 이는 데이터 수집과 처리 과정의 시간을 단축시키며, 작업의 생산성을 극대화하는 데 큰 도움을 주고있다.

- **우수한 휴대성과 사용 편의성**(Portability and Ease of Use) : Mavic 3E는 소형이면서도 가벼운 디자인으로 현장에서 빠르게 사용할 수 있으며, 이동이 매우 간편하다. 특히 복잡한 환경에서 쉽게 운용할 수 있고, 현장에서의 빠른 배치와 철수가 가능하여 응급 상황이나 시간에 민감한 작업에서도 뛰어난 유연성을 제공한다. 이러한 사용 편의성은 다양한 현장에서 드론을 효과적으로 활용하는 데 중요한 역할을 한다.

II-1. DJI Mavic 3 Enterprise

DJI Mavic 3 Enterprise[M3E]는 스마트 드론 기술의 집약체로서, 정밀한 비행 성능과 효율적인 데이터 수집 능력을 갖춘 장비이다. 가볍고 휴대성이 뛰어나 다양한 환경에서 쉽게 운용할 수 있으며, 최대 45분의 비행시간을 제공하여 폭넓은 작업 범위를 지원한다. 특히, 측량 및 시설물 점검과 같은 전문 분야에서 활용도가 높아, 생산성과 효율성을 극대화할 수 있는 솔루션이다.

DJI의 Mavic 3 Enterprise(M3E) 드론은 첨단 고정밀 드론으로서, 드론 측량과 시설물 점검용으로 최적화된 모델이다. 이 드론은 20MP 4/3 CMOS 광각 카메라와 기계식(mechanical) 셔터를 장착해 뛰어난 해상도와 정밀도를 가지며, 대형 픽셀 크기를 통해 더욱 선명한 이미지 품질을 제공한다. 또한, 12MP 망원 카메라는 최대 56배 하이브리드 줌 기능을 지원해 정밀 검사가 필요한 작업에서 유용하다.

[그림] DJI Mavic 3 Enterprise RTK

[그림] DJI Mavic 3 Enterprise

915g의 가벼운 기체와 컴팩트한 디자인으로 설계된 M3E는 휴대성과 편의성을 극대화하여 작업 현장에서 신속한 배치가 가능하다. 45분의 비행시간(RTK 모듈 사용 시 42분)은 더 긴 작업 시간을 지원하며, 현장 작업의 효율성을 한층 높인다. 전방위 장애물 감지와 고급 복귀 기능이 추가되어 안전성과 안정성을 한층 강화했다. M3E는 고급 사양의 DJI RC Pro Enterprise 스마트 컨트롤러와 호환되며, 고휘도의 화면을 통해 다양한 환경에서 편리한 조작이 가능하다. RTK 모듈, 스피커, D-RTK 2 모바일 스테이션과 같은 추가 액세서리를 통해 정밀 측량 및 확장된 기능을 지원한다.

정밀 측량을 위한 페이로드(Payload)

M3E는 광각 카메라와 망원 카메라를 모두 갖춘 듀얼 카메라 시스템으로 설계되었다. 4/3 CMOS 센서를 장착한 광각 카메라는 20MP 해상도를 제공하며, 대형 픽셀 크기와 0.7초의 촬영 간격을 통해 효율성을 높였다. 또한, 기계식(mechanical) 셔터를 통해 고속 이동 중에도 흔들림 없는 이미지를 촬영할 수 있다. 망원 카메라는 ½인치 CMOS 센서와 12MP 해상도를 제공하며, 162mm의 초점 거리와 56배 하이브리드 줌 기능으로 세밀한 디테일까지 포착할 수 있다.

RTK 모듈을 추가한 M3E RTK는 cm 수준의 정밀한 위치 데이터를 제공한다. 이 시스템은 복잡한 환경에서도 신뢰할 수 있는 정밀한 결과를 보장하며, 넓은 개방 공간에서 장애물 간섭 없이 최적의 측량 작업이 가능하도록 설계되었다. 특히 RTK 모듈은 초정밀 측위가 필요한 엔지니어링, 건설, 농업 및 토지 측량 분야에서 강력한 도구로 활용될 수 있다.

드론 매핑 솔루션

M3E는 향상된 카메라와 45분의 비행시간을 통해 기존 DJI 드론 대비 높은 작업 효율성을 가진다. 특히, DJI Phantom 4 RTK 대비 8배 이상 효율적으로 데이터를 수집할 수 있으며, 5cm GSD(지상표본거리)로 2.25km² 면적의 정사영상을 생성할 수 있어 더욱 넓은 범위의 작업이 가능하다. 한편, 100W 충전 허브를 통해 배터리를 빠르게 충전할 수 있어 작업 지속성을 확보할 수 있다.

장애물 감지 기능

M3E는 전방위 장애물 감지 기능(APAS 5.0)을 통해 비행 중 사각지대 없는 안전성을 확보할 수 있으며, DJI 03 Enterprise 전송 기술로 최대 8km의 안정적인 제어 범위와 1080p/30fps의 라이브 영상을 지원할 수 있다. 또한, ADS-B 신호를 수신하는 DJI AirSense 기능으로 주변 항공기 상황을 파악할 수 있으며, 고급 복귀 기능으로 최적의 경로를 계산해 드론이 안전하게 복귀할 수 있다.

M3E 기체 제원

항목	사양	
무게	Mavic 3E : 915 g	Mavic 3T : 920 g
최대 이륙 중량	1,050 g	
크기	접었을 때 : 221 × 96.3 × 90.3 mm	펼쳤을 때 : 347.5 × 283 × 107.7 mm
최대 비행 시간	45분 (무풍 조건)	
최대 비행 속도	일반 모드 : 54 km/h	스포츠 모드 : 75.6 km/h
최대 내풍성	43.2 km/h	
전송 기술	DJI O3 Enterprise	
최대 전송 범위	15 km (FCC 지역)	
작동 온도 범위	-10°C ~ +40°C	

II-2. DJI MATRICE 4

산업용으로 정교하게 설계된 최상위(Flagship) 모델의 컴팩트한 인텔리전트 다중 센서 드론 시리즈, DJI Matrice 4 시리즈가 새롭게 선보였다. 이 시리즈는 Matrice 4T와 Matrice 4E로 구성되어 있으며, 스마트 감지(Intelligent Sensing), 레이저 거리 측정기(Laser Rangefinder)를 활용한 정밀 측정 등 최첨단 기능이 적용되었다. 보다 정밀하게 개선된 감지 시스템과 AI 기반의 고급 항법 기술이 조화를 이루어, 한층 더 안전하면서도 안정적인 비행 성능을 발휘할 수 있도록 설계되었다.

또한, Matrice 4 시리즈는 액세서리 역시 더욱 강화되어 다양한 산업 분야에서 실용성을 극대화하였다. Matrice 4T는 전력 설비 점검, 비상 대응(Emergency Response), 공공 안전(Public Safety), 삼림 관리 등 다양한 전문 분야에서 탁월한 성능을 제공하며, Matrice 4E는 측량 및 매핑(Surveying & Mapping), 건설, 광업 등 지리 공간(Geospatial) 관련 업무에서 정밀한 데이터 수집과 분석을 수행하는 데 최적화된 기체로 설계되었다.

DJI MATRICE 4T　　DJI MATRICE 4E

4. 드론 촬영

AI를 통한 인텔리전트 작업

내장된 AI 모델이 수색 및 구조 작업이나 일상적인 비행 중 차량, 선박, 피사체를 감지한다. 다른 모델로 전환하여 AI 적용 시나리오를 확장할 수도 있다. 고해상도 격자선 사진과 강력한 추적 기능도 제공한다.

1. 스마트 작업을 위한 AI 기능

내장된(Embedded) AI 모델은 수색 및 구조(Search and Rescue) 작업뿐만 아니라 일상적인 비행 중에도 차량, 선박, 피사체(Subjects)를 정밀하게 감지할 수 있도록 설계되었다. 또한, 필요에 따라 다른 AI 모델로 전환할 수 있어 다양한 환경과 작업에서 AI 기술을 폭넓게 활용할 수 있다. 이와 함께, 고해상도 격자사진(High-Resolution Grid Photos)과 고급 추적기능(Advanced Tracking Capabilities)이 적용되어 정밀한 감시 및 분석 작업을 수행하는 데 효과적이다.

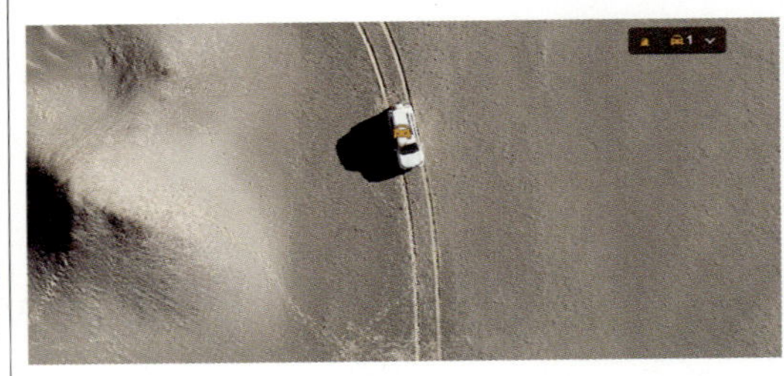

2. 레이저 거리측정기를 통한 정밀 측정

레이저 거리 측정기(Laser Rangefinder)를 활용하면 실시간으로 정밀한 거리 측정이 가능하며, 직관적인 조작을 통해 다양한 작업을 수행할 수 있다. 핀 포인트(Pinpointing), 선 그리기, 영역 계산 등의 기능을 이용하여 점검 대상의 위치를 정확하게 표시하거나, 산불 발생 시 영향을 받는 면적을 빠르게 파악하는 등의 정밀 분석이 가능하다. 더 나아가, DJI Pilot QR 코드 및 FlightHub 2를 통해 작업 데이터를 공유할 수 있어, 관련 인력 간의 협업을 강화하고 워크플로(Workflow)의 효율성을 높일 수 있다.

3. 관찰 범위 기록

DJI Pilot 2는 카메라 프레임(Camera Frame)의 중심 위치를 기반으로 관찰된 지상 영역을 강조하여 표시할 수 있다. 이 기능을 활용하면, 측량된 지역을 지도에 시각적으로 명확하게 나타낼 수 있으며, 특히 뚜렷한 랜드마크가 부족한 산악 지형과 같은 복잡한 환경에서도 효과적으로 순찰 및 구조 작업을 수행할 수 있다. 이를 통해, 현장 작업자의 상황 인식을 향상시키고, 보다 정밀한 모니터링과 의사 결정을 가능하게 한다.

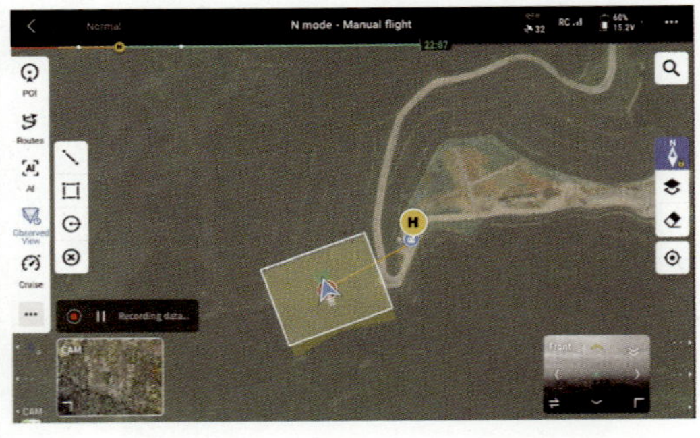

인텔리전트 비행

1. 크루즈(Cruise)

조종 스틱을 지속적으로 조작하지 않아도, 지정된 방향으로 드론을 효율적으로 운항할 수 있어 장거리 비행(Long-Distance Flight)을 보다 손쉽게 수행할 수 있다. 이를 통해 조종자의 부담을 줄이면서도 부드럽고 안정적인 비행을 유지할 수 있도록 설계되었다.

2. FlyTo

비상 상황이나 재해 발생 시, 조종자의 개입 없이도 드론이 주변 환경을 실시간으로 분석하여 비행 경로 및 속도를 자동으로 조정하며, 지정된 목표 지점(Target Location)에 신속하게 도달할 수 있다. 이 기능은 긴급 대응 및 구조 작업에서 보다 정밀하고 즉각적인 대응을 가능하게 한다.

3. 스마트 트랙

정확한 피사체 포지셔닝(Precise Subject Positioning)과 자동 줌 조정을 통해, 여러 피사체 간의 원활한 전환이 가능하다. 또한, 피사체가 일시적으로 장애물에 의해 가려지는 경우에도 AI 기반의 자동 재인식(Auto Reacquisition) 기능을 활용하여 지속적으로 추적할 수 있어, 감시 및 탐색 작업에서 높은 신뢰성을 제공한다.

4. POI (Point of Interest)

지정된 영역(Target Area) 주위를 일정한 경로로 비행하며, 연속적인 관찰 및 건물 3D 모델링을 수행할 수 있다. 이를 통해 정밀한 고정 지점(Fixed-Point) 관찰이 가능하며, 구조물의 디지털화 및 공간 분석 작업의 효율성을 크게 향상시키는 데 기여한다.

장거리에서도 디테일이 살아나는 선명한 비전

1. 향상된 미디엄 망원 렌즈 효과

Matrice 4 시리즈에는 미디엄 망원 카메라(Medium Telephoto Camera)가 탑재되어 중거리 점검(Inspection) 작업에서 활용성이 더욱 확장되었다. 전선이나 교량(Bridges) 점검 시, 약 10m 거리에서도 미세한 나사 및 균열(Cracks)을 정밀하게 감지할 수 있으며, 변전소에서 계측 장비의 데이터 판독 또한 더욱 선명하게 수행할 수 있다.

2. 초고해상도 망원 렌즈 효과

Matrice 4 시리즈의 망원 카메라(Telephoto Camera)는 48MP 해상도를 통해 이미지의 선명도를 획기적으로 향상시켰다. 이를 통해 최대 250m 거리에서도 신호 및 기타 세부 정보를 정밀하게 포착할 수 있어 장거리 감시(Long-Range Surveillance)와 정밀한 데이터 수집에 적합하다.

3. 전경 안정화로 망원 사진 이미지 촬영(Foreground Stabilization for Telephoto Imaging)

업그레이드된 망원 안정화 시스템(Telephoto Stabilization System)이 적용되어, 10배 이상의 줌(Zoom)으로 촬영할 때도 피사체가 선명하게 유지될 수 있도록 설계되었다. 특히 공공 안전 및 시설물 점검(Inspection)과 같은 프로젝트에서 피사체의 디테일을 보다 명확하게 식별할 수 있어 고해상도 데이터 수집이 더욱 효율적이다.

4. 선명한 전자 디헤이즈[20](Advanced Electronic Dehaze)

전자 디헤이즈 기능은 스모그(Smog)나 높은 대기 습도(Atmospheric Humidity)로 인해 발생하는 뿌연 이미지(Hazy Images)를 효과적으로 개선하는 역할을 한다. 세 가지 모드[낮음, 중간, 높음]를 제공하여 촬영 환경과 작업 요구 사항에 맞게 설정할 수 있으며, 이를 통해 흐린 대기 조건에서도 더욱 선명하고 명확한 영상을 확보할 수 있다.

20) 디헤이즈(Dehaze) : 헤이즈(Haze)를 제거하는 기능으로서, 안개나 연무로 인한 희부연한 사진을 좀 더 선명하게 만드는 기능이다. Haze는 연무, 실안개 및 시야를 가리는 희부연 것을 뜻한다.

간편하고 빠른 정밀 매핑

1. 고속 0.5초 인터벌 촬영

Matrice 4E 광각 카메라(Wide-Angle Camera)는 수직(Nadir) 사진 및 경사 사진(Oblique Photography) 촬영 모드에서 0.5초 간격의 고속 촬영을 수행할 수 있도록 설계되었다. 이를 통해 다양한 각도에서 빠르고 정밀한 드론 사진측량이 가능하다. 또한, 최대 21m/s 속도로 매핑(Mapping) 비행을 수행할 수 있어, 데이터 수집 과정의 효율성이 비약적으로 향상된다.

2. 다방향(Multi-Directional) 촬영으로 효율성 극대화

1. 5방향 경사 촬영 (Five-Directional Oblique Photography)	2. 3방향 정사 촬영 (Three-Directional Orthophoto Capture)

Matrice 4 시리즈는 새로운 5방향 경사 촬영 기능을 활용하여, 짐벌이 측량 대상 영역에 따라 자동으로 최적의 각도로 회전하며 촬영을 수행할 수 있도록 설계되었다. 이를 통해, 한 번의 비행으로 이전 모델보다 더 다양한 장면을 포착할 수 있으며, 소형 드론을 활용한 경사(Oblique) 사진 촬영의 효율성을 더욱 극대화할 수 있다.	Matrice 4E는 3방향 정사 촬영을 수행할 수 있어, 수직 촬영과 동시에 측면 촬영을 병행하여 횡 중복도를 최소화할 수 있다. 이를 통해, 단 한 번의 비행으로 약 2.8km² 규모의 매핑 데이터를 수집할 수 있으며, 고도 최적화를 위한 추가적인 비행 경로 설정 없이도 높은 정밀도의 데이터를 확보할 수 있다. 특히, DJI Terra를 활용하면, 품질을 유지하면서도 더욱 높은 수준의 재구성(Reconstruction) 효율성을 실현할 수 있다.

DJI Matrice 4와 Mavic 3E 기체 사양 비교

사양	DJI Matrice 4E	DJI Mavic 3E
기체		
이륙 무게 (프로펠러 포함)	1,219 g	915 g
최대 이륙 무게 (표준 프로펠러)	1,420 g	1,050 g
크기	접었을 때 (프로펠러 제외) : 260.6 × 113.7 × 138.4 mm (L × W × H) 펼쳤을 때 (프로펠러 제외) : 307.0 × 387.5 × 149.5 mm (L × W × H)	접었을 때 (프로펠러 제외) : 221 × 96.3 × 90.3 mm (L × W × H) 펼쳤을 때 (프로펠러 제외) : 347.5 × 283 × 107.7 mm (L × W × H)
축간거리	438.8 mm	380.1 mm
최대 상승 속도	10 m/s (N 모드)10 m/s (S 모드)	6 m/s (N 모드)8 m/s (S 모드)
최대 하강 속도	8 m/s (N 모드)8 m/s (S 모드)	6 m/s (N 모드)6 m/s (S 모드)
내풍 가능 최대 풍속	12 m/s	12 m/s
최대 이륙 가능 고도	6,000 m (페이로드 미장착)	6,000 m (페이로드 미장착)
최대 비행시간	49분 (내장 RTK 모듈)	43분 (RTK 모듈 부착)
GNSS	GPS+Galileo+BeiDou+GLONASS	GPS+Galileo+BeiDou+GLONASS

DJI Matrice 4 동영상 전송 시스템

항목	내용
동영상 전송 시스템	O4 Enterprise
라이브 뷰 품질	조종기: 1080p/30fps
작동 주파수	2.400~2.4835 GHz 2.400~2.4835 GHz 5.725~5.850 GHz 5.150~5.250 GHz (CE)
최대 전송 거리 (장애물과 간섭이 없을 시)	25 km (FCC) 12 km (CE) 12 km (SRRC) 12 km (MIC)

최대 전송 거리 (간섭 포함)	최대 전송 거리 (간섭 포함) 강한 간섭-도심 (약 1.5~5 km) 중간 간섭-교외 (약 5~15 km) 미세 간섭-교외/해변 (약 15~25 km)
지연율	130 ms
안테나	8개 안테나, 2T4R

참고 OccuSync 3 vs. OccuSync 4 성능 및 제원 비교

항목	OccuSync 3 (O3 Enterprise)	OccuSync 4 (O4 Enterprise)
최대 전송 거리	최대 15km (FCC 기준)	최대 25km (FCC 기준)
전송 대역폭	10MB/s	20MB/s (Mavic 3 Enterprise 대비 2배)
안테나 시스템	4 안테나 시스템	8 안테나 시스템 (하이게인 적용)
주파수 대역	2.4GHz, 5.8GHz	2.4GHz, 5.8GHz (향상된 대역폭)
지연 시간 (Latency)	약 120ms	약 90ms (향상된 실시간 전송)
신호 간섭 저항	기본적인 신호 간섭 방어	AI 기반의 신호 간섭 저감 기술 적용
비디오 스트리밍	1080p @ 30fps	1080p @ 60fps (더욱 선명한 실시간 영상)
멀티링크 연결	최대 4대 기기 동시 연결	최대 6대 기기 동시 연결

OccuSync 4(O4) 시스템은 더 긴 전송 거리, 향상된 데이터 전송 속도, 낮은 지연 시간, 더 높은 신호 안정성을 제공하여 드론 비행 중 실시간 영상 전송의 품질을 획기적으로 향상시킨다. 특히 하이게인 안테나와 AI 기반 간섭 저감 기술이 적용되어 복잡한 환경에서도 강력한 신호 연결을 유지할 수 있다.

III. DJI Matrice 350 RTK

2020년, DJI 엔터프라이즈 솔루션(DJI Enterprise Solutions)은 공공 안전(Public Safety), 시설 점검(Inspection), 측량(Surveying), 매핑(Mapping) 등 다양한 산업 분야에서 활용할 수 있도록 설계된 플

래그십(Flagship) 드론 플랫폼인 Matrice 350 RTK(M350 RTK)를 출시하며 산업용 드론시장의 새로운 기준을 제시했다.

M350 RTK는 뛰어난 방수·방진 성능, 더욱 강력해진 전송 시스템(Transmission System), 비행 시간의 대폭 개선, 업그레이드된 장애물 회피 시스템, 나이트 비전(Night Vision) 기능, 그리고 멀티 페이로드 호환성을 갖춘 고성능 드론이다. 주요 특징은 다음과 같다.

- IP55 방수·방진 등급을 획득하여 악천후 속에서도 안정적인 임무 수행 가능
- 최대 55분 비행 시간을 제공하여 장시간 연속 작업 가능
- DJI 및 타사 페이로드와의 폭넓은 호환성을 통해 다양한 산업 응용 가능
- 6방향 감지 및 포지셔닝 시스템을 통해 더욱 정밀하고 안전한 비행 구현
- O3 엔터프라이즈 전송 시스템을 통한 최대 20km의 안정적인 데이터 전송 지원
- 듀얼 조종 모드를 지원하여 팀 단위의 협업이 더욱 원활하게 진행 가능

M350 RTK는 새로운 DJI RC Plus 조종기(Remote Controller) 및 스마트 배터리 충전 스테이션(Smart Battery Charging Station)과 함께 제공되어 사용자 편의성과 업무 효율성을 극대화한다. 이 조합은 산업용 드론의 가능성을 더욱 확장하며, 험난한 지형과 극한의 기후에서도 안정적인 운용을 가능하게 한다. 특히, DJI RC Plus는 견고한 구조와 직관적인 조작 인터페이스를 갖추어 비나 혹한 등의 악조건 속에서도 최상의 성능을 발휘한다. 터치스크린 기반의 UI와 측면 버튼, 다이얼(Dial)을 활용하면 DJI Pilot 2 앱의 다양한 제어 기능에 빠르고 직관적으로 접근할 수 있어 업무의 효율성과 정밀도를 동시에 높일 수 있다.

M350 RTK의 배터리 시스템은 완전히 새롭게 설계되어 비행 효율성이 극대화되었다. 핫 스왑 배터리(Hot-Swappable Battery) 기능이 적용되어 드론의 전원을 끄지 않고도 배터리 교체가 가능하므로, 작업을 중단할 필요 없이 연속 비행을 수행할 수 있다. 새롭게 설계된 충전 스테이션(Charging Station)에는 비행 대기 모드(Ready-to-Fly Mode)와 보관 모드(Storage Mode)가 추가되어 배터리의 수명을 대폭 연장할 수 있으며, 배터리 충전 횟수(Charging Cycle)도 최대 400회까지 가능해져 운영 비용 절감 효과가 더욱 커졌다.

비행 중 안전성은 산업용 드론 운용에서 가장 중요한 요소 중 하나다. M350 RTK는 강화된 6방향 장애물 감지 시스템과 밀리미터파 레이더(Millimeter-Wave Radar)를 탑재하여 작은 장애물도 탐지할 수 있으며, 이를 통해 높은 정밀도를 요구하는 점검 임무에서도 안전한 비행을 보장한다. 추가적으로, 암(Arm) 잠금 감지 기능이 새롭게 도입되어 일반적인 작업뿐만 아니라 긴급 상황에서도 안전성을 극대화할 수 있도록 설계되었다.

 M350 RTK는 DJI의 다양한 페이로드를 지원하며, 타사 페이로드와의 호환성도 대폭 향상되었

다. 고해상도 카메라, 열화상 카메라, LiDAR 센서 등 다양한 모듈을 장착하여 특정 목적에 최적화된 맞춤형 솔루션을 구성할 수 있다. 이러한 확장성을 바탕으로 M350 RTK는 다음과 같은 분야에서 효율성을 극대화할 수 있다.

- 건설 현장 : 실시간 진행 상황 모니터링
- 태양광 발전소 : 열화상 카메라를 활용한 점검 및 유지보수
- 교량 및 고층 건물 안전 점검 : 구조물의 결함 탐지 및 평가
- 재난 대응 및 구조 작업 : 열화상 카메라와 나이트 비전을 활용한 야간 수색 및 구조

특히, H20 시리즈 카메라와 함께 사용하면 줌(Zoom) 사양에 따라 다양한 거리에서 타겟의 디테일을 정밀하게 촬영할 수 있으며, 라이브 임무 녹화(Live Mission Recording) 및 AI 기반 현장 확인(AI On-Site Inspection) 기능을 활용하면 자동화된 패턴으로 일관된 데이터 수집이 가능하다. 야간에도 M350 RTK는 업그레이드된 나이트 비전 FPV 카메라를 통해 원활한 임무 수행이 가능하다. 특히, H20N 스타라이트 나이트 비전 카메라(H20N Starlight Night Vision Camera)는 열화상 카메라(Thermal Imaging Camera)와 나이트 비전 카메라(Night Vision Camera)의 이미지를 동시에 비교하며 세부사항을 더욱 정밀하게 확인할 수 있어 야간 작업에서도 뛰어난 성능을 발휘한다.

M350 RTK는 DJI FlightHub 2와 실시간으로 연결되어 PinPoint, 선(Line), 표면(Surface) 등의 라이브 주석(Live Annotation)을 추가할 수 있다. 이를 통해 팀원 간 효과적인 소통이 가능하며, 다른 플랫폼과의 데이터 공유도 빠르게 이루어져 공대지 합동 작업(Air-to-Ground Coordination)에서 최상의 시너지를 발휘할 수 있다. 또한, DJI L1/P1 페이로드(Payloads)와 함께 사용하면 M350 RTK는 더욱 정밀한 측량 및 매핑 작업을 수행할 수 있으며, 다양한 비행 경로를 지원하여 데이터 수집의 정확성과 일관성을 한층 높일 수 있다.

참고 DJI Matrice 350 RTK의 장애물 회피 기술과 기존 모델 M300 RTK의 차이점

M300 RTK와 M350 RTK 모두 뛰어난 장애물 회피 기술을 제공하지만, M350 RTK는 보다 강화된 6방향 장애물 감지 시스템과 밀리파 레이더(Millimeter-Wave Radar)를 탑재하고 있어 더욱 정교하고 민감한 장애물 회피 기능을 가진다.

- M300 RTK : 전방, 후방, 좌우 및 상하 방향의 광학 센서(Optical Sensors)를 사용하여 장애물을 감지한다. 적외선 센서와 시각 센서(Visual Sensors)가 주요 감지 역할을 한다. 상대적으로 작은 물체나 좁은 전선 같은 복잡한 장애물 감지에는 제한적이다.
- M350 RTK : 기존 광학 및 적외선 센서 외에 밀리파 레이더(Millimeter-Wave Radar)를 추가로 탑재해 미세한 장애물(Small Obstacles)도 감지할 수 있다. 전선, 나뭇가지 같은 작은 장애물도 탐지 가능하며, 비나 먼지가 많은 환경에서도 성능 저하 없이 안정적으로 작동한다. 향상된 지능형 회피 알고리즘(Intelligent Evasion Algorithms)을 통해 더욱 안전한 비행을 제공한다.

참고 DJI M350 RTK와 FlightHub 2와의 통합에 의한 팀워크 강화

DJI FlightHub 2는 실시간 정보 공유와 팀 협업을 위한 클라우드 기반 운영 플랫폼으로, 팀 간의 소통과 데이터 관리의 새로운 기준을 제공한다.

1. 실시간 임무 모니터링 및 데이터 공유
   - 라이브 주석(Live Annotation) 기능을 통해 PinPoint, 선(Line), 표면(Surface) 정보를 실시간으로 표시할 수 있다.
   - 모든 팀원이 같은 정보를 공유하며 정확한 의사소통이 가능해진다.
2. 원거리 팀 협업(Remote Team Collaboration)
   - 드론과 지상팀 간의 데이터 전송이 원활해져 공대지(空對地, Air-to-Ground) 협력이 보다 효과적으로 이루어진다.
   - 실시간 비디오 피드를 다른 장비와 공유할 수 있어 현장 밖에서도 빠르게 의사 결정을 내릴 수 있다.
3. 다양한 플랫폼과의 통합 및 호환성
   - 타사 플랫폼(Third-Party Platforms)과의 통합이 가능해 데이터 공유와 분석이 더욱 쉬워진다.
   - 예를 들어, 건설, 구조, 측량 팀이 통합 보고서(Integrated Reports)를 신속하게 생성할 수 있다.

Matrice 350 RTK 기체 사양 요약

항목	내용	
크기	펼쳤을 때 (프로펠러 제외) : 810×670×430 mm (L×W×H) 접었을 때 (프로펠러 포함) : 430×420×430 mm (L×W×H)	
대각선 측정 거리	895 mm	
무게	배터리 제외 : 약 3.77 kg, 배터리 2개 포함 : 약 6.47 kg	
최대 페이로드	960 g	
최대 이륙 무게	9.2 kg	
작동 주파수	2.4000~2.4835 GHz, 5.150~5.250 GHz(CE: 5.170~5.250 GHz), 5.725~5.850 GHz	
호버링 정확도	수직: ±0.1 m (비전 포지셔닝 포함) ±0.5 m (GNSS 포지셔닝 포함) ±0.1 m (RTK 포지셔닝 포함)	수평: ±0.3 m (비전 포지셔닝 포함) ±1.5 m (GNSS 포지셔닝 포함) ±0.1 m (RTK 포지셔닝 포함)
RTK 포지셔닝 정확도 (RTK FIX 사용 시)	1 cm + 1 ppm (수평) 1.5 cm + 1 ppm (수직)	
최대 각속도	피치: 300°/s, 요: 100°/s	
최대 피치각	30°	
최대 상승 속도	6 m/s	
최대 하강 속도	수직 : 5 m/s 틸트 : 7 m/s	
최대 수평 속도	23 m/s	
최고 비행고도	5000 m	
내용 가능 최대 풍속	12 m/s	

최대 비행시간	55분
지원 DJI 짐벌	Zemnuse H20, Zemnuse H20T, Zemnuse H20N, Zemnuse P1, Zemnuse L1
IP 등급	IP55
GNSS	GPS+GLONASS+BelDou+Galileo

O3 Enterprise

항목	내용
안테나	4개 동영상 전송 안테나, 2T4R
최대 전송 거리 (장애물과 간섭이 없을 시)	20km (FCC) 8 km (CE/SRRC/MIC)
최대 전송 거리 (간섭이 있을 시)	• 낮은 간섭 및 건물에 의한 방해: 약 0~0.5 km • 낮은 간섭 및 나무에 의한 방해: 약 0.5~3 km • 강한 간섭 및 방해물 없음: 도시 환경, 약 1.5~3 km • 중간 간섭 및 방해물 있음: 교외 환경, 약 3~9 km • 낮은 간섭 및 방해물 없음: 교외 환경, 약 9~20 km

Wi-Fi	
프로토콜	Wi-Fi 6
작동 주파수	2.4000~2.4835 GHz, 5.150~5.250 GHz, 5.725~5.850 GHz

5-2 카메라

I. 드론 사진측량을 위한 카메라

드론 사진측량을 위한 탑재 카메라의 성능 기준

드론을 활용한 항공사진측량의 성과는 탑재된 카메라의 성능에 의해 결정된다. 따라서 촬영 환경에 최적화된 노출 조정 기능을 갖추고, 표준 측량 기준을 충족하는 촬영 정보 제공, 고해상도 이미지 확보, 글로벌 셔터(Global Shutter) 기반의 정밀한 렌즈 사용, 그리고 카메라 보정을 통한 왜곡 최소화가 반드시 이루어져야 한다.

즉, 드론을 활용한 항공사진측량의 최종 성과물은 촬영된 영상의 품질에 의해 좌우되므로, 탑재되는 디지털 카메라는 일정한 성능 기준을 충족해야 한다. 이를 위해 드론 카메라는 촬영 환경에 따라 최적의 설정을 조정할 수 있는 기능을 갖추어야 하며, 촬영된 데이터를 체계적으로 기록하고 검증할 수 있어야 한다. 또한, 고해상도 영상 촬영이 가능한 고성능 센서와 렌즈를 장착하여 측량의 정밀도를 극대화해야 한다.

고정밀 측량을 수행하기 위해서는 반드시 검정된 글로벌 셔터 카메라를 탑재해야 하며, 촬영된 영상의 정확도를 유지하기 위한 철저한 품질관리가 요구된다. 이러한 기준을 충족할 경우, 촬영된 항공사진은 다양한 공간정보 구축 및 분석 작업에서 신뢰할 수 있는 정밀한 데이터로 활용될 수 있다.

1. 촬영 설정 조정 기능

카메라는 촬영 환경에 따라 노출 시간/셔터 속도(Shutter Speed), 조리개(Aperture), ISO 감도 등을 조절할 수 있어야 하며, 최적의 화질을 유지하기 위한 다양한 설정이 가능해야 한다. 이러한 기능을 통해 조명이 부족한 환경에서도 적절한 노출 값을 설정하고, 피사체의 선명도를 높여 고해상도 데이터를 확보할 수 있다. 또한, 자동 노출(Auto Exposure)과 수동 노출(Manual Exposure) 설정이 모두 가능해야 하며, 특정 측량 기준에 맞춰 일관된 촬영 품질을 유지할 수 있도록 사전 설정이 가능해야 한다.

2. 촬영 정보 확인 기능

드론에 탑재된 카메라는 촬영된 영상의 초점 거리(Focal Length), 노출 시간/셔터 속도(Shutter Speed), ISO 감도 등 다양한 촬영 정보를 메타데이터(EXIF 정보)로 저장하고 제공할 수 있어야 한다. 이러한 촬영 정보는 후처리 과정에서 영상의 정확도를 검증하고, 표준 측량 기준을 충족하는지 분석하는 데 중요한 역할을 한다. 특히, 각 촬영 이미지가 GPS 좌표 및 기울기 정보(IMU Data) 등을 포함할 경우, 영상의 기하학적 정확도를 보다 정밀하게 분석할 수 있으며, 자동 영상 정합 및 3D 모델링 작업의 신뢰도를 높일 수 있다.

3. 센서 크기 및 해상도 기준

드론에 탑재된 카메라는 최소한 이미지 센서(Image Sensor) 크기와 영상의 픽셀 수(Pixel Resolution)를 확인할 수 있어야 하며, 원본 데이터를 고해상도로 제공할 수 있어야 한다.
특히, 픽셀 크기와 초점 거리(Focal Length)의 조합을 통해 지상표본거리(GSD, Ground Sampling Distance)를 일정 수준 이하로 유지할 수 있도록 설계되어야 한다.

- 센서 크기 : 큰 센서를 사용할수록 더 많은 빛을 받아들일 수 있어 노이즈를 줄이고, 보다 선명한 촬영 결과를 얻을 수 있다.
- 해상도 : 최소 20MP 이상의 해상도를 갖춘 카메라가 요구되며, 고정밀 측량의 경우 45MP 이상의 고해상도 카메라를 활용하는 것이 바람직하다.
- 픽셀 크기와 초점 거리 : GSD를 최적화하기 위해 픽셀 크기와 초점 거리를 적절하게 조합하여 촬영해야 하며, 지형에 따른 고도 조정을 통해 균일한 해상도를 유지해야 한다.

이러한 기준을 충족할 경우, 촬영된 항공사진은 3D 모델링, 정사영상 제작, 수치지형도 작성 등의 고정밀 작업에 활용될 수 있다.

4. 렌즈의 특성 및 유형

드론 사진측량에서는 글로벌 셔터(Global Shutter) 방식을 적용한 단초점 렌즈를 사용하는 것이 원칙이다.

- 글로벌 셔터(Global Shutter) : 고속 이동하는 드론에서 촬영 시 발생할 수 있는 롤링 셔터 왜곡(Rolling Shutter Distortion)을 방지한다. 모든 픽셀이 동시에 노출되기 때문에 움직이는 피사체를 왜곡 없이 촬영할 수 있어 항공사진측량과 같은 정밀 작업에 필수적이다.
- 단초점 렌즈(Prime Lens) : 초점 거리가 고정되어 있어 영상의 기하학적 왜곡을 최소화할 수 있다. 줌 렌즈(Zoom Lens)는 초점 거리가 변동될 수 있어 측량용 항공사진 촬영에는 적합하지 않다.

고정된 초점 거리로 촬영할 경우, 후처리 과정에서 영상 간 정합이 용이하며, 보다 신뢰성 높은 데이터를 확보할 수 있다. 따라서 드론 사진측량을 위한 카메라는 광학적 선명도(Optical Clarity)가 뛰어난 단초점 렌즈와 글로벌 셔터 방식을 채택한 고정밀 카메라를 탑재해야 한다.

5. 카메라 왜곡 보정

정밀한 수치지형도 제작을 위해서는 드론에 탑재된 카메라가 반드시 별도의 왜곡 보정(Camera Calibration)을 거친 제품이어야 한다.

- 공식적인 카메라 검정(Calibration) : 렌즈의 광학적 왜곡을 정밀하게 분석하고 보정한 카메라를 사용해야 한다. 이를 통해 배럴 왜곡(Barrel Distortion), 핀쿠션 왜곡(Pincushion Distortion) 등 기하학적 오류를 최소화할 수 있다.
- 자체 검정(Self-Calibration) 허용 : 공공측량 시행자의 승인 하에 자체 검정 방식으로 보정값을 산출하여 활용할 수도 있다. 이 방법은 현장에서 빠르게 적용할 수 있는 장점이 있지만, 검정된 카메라를 사용하는 것보다 정확도가 다소 낮을 수 있다.

참고 무인비행장치 측량을 위한 사용장비 및 성능기준

「무인비행장치 측량 작업규정」 제6조(사용장비 및 성능기준)

② 무인비행장치에 탑재된 디지털카메라는 최소한 다음의 성능을 갖추어야 한다.

1. 노출시간, 조리개 개방시간, ISO 감도를 촬영에 적합하도록 설정할 수 있거나, 설정되어 있어야 한다.
2. 초점거리 및 노출시간 등의 정보를 확인할 수 있어야 한다.
3. 카메라의 이미지 센서 크기와 영상의 픽셀 수를 확인할 수 있어야 한다.

4. 카메라의 렌즈는 단초점렌즈의 이용을 원칙으로 한다.

③ 수치지형도 제작을 위한 디지털 카메라는 별도의 카메라 왜곡보정(검정)을 수행한 것을 사용하는 것을 원칙으로 한다. 다만, 측량목적 달성에 지장이 없는 경우 측량시행자와 협의하여 자체검정(Self-Calibration)방법으로 산출된 보정값을 이용할 수 있다.

II. DJI 산업용 드론의 카메라

II-1. DJI Zenmuse P1 카메라

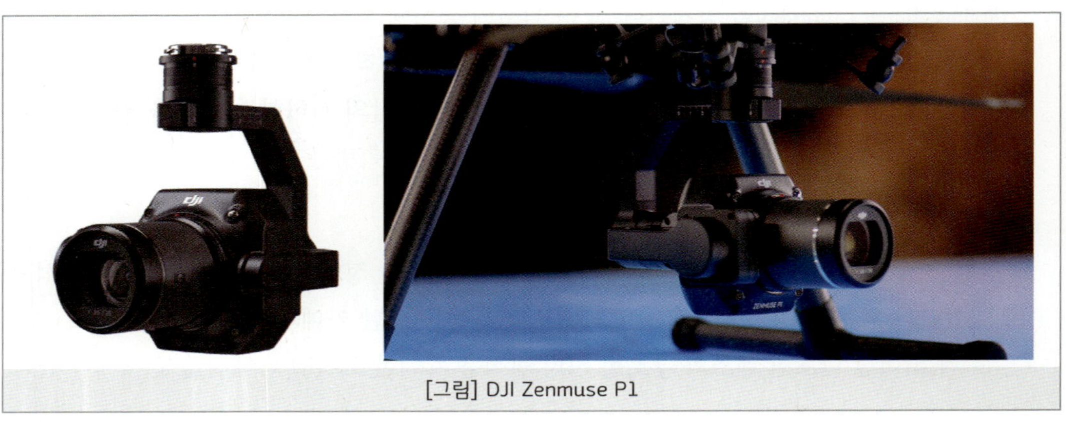

[그림] DJI Zenmuse P1

최근 DJI에서 선보인 Zenmuse P1 카메라는 항공 측량(Aerial Surveying) 분야에서 획기적인 전환점을 가져왔다. Zenmuse P1은 DJI의 최초 항공측량 전용 카메라로서, 풀프레임 센서(Full-frame Sensor)와 3축 짐벌(Gimbal)을 결합하여 높은 정확도와 효율성을 제공한다. 특히, 지리적 정보를 정밀하게 디지털화하는 과정에서 필수적인 장비로 평가받고 있으며, 항공측량 업계의 새로운 기준을 세울 것으로 주목받고 있다.

항공 측량은 일반적으로 드론을 이용해 사전 설정된 비행경로를 따라 비행하면서 지면의 이미지를 촬영하고, 이를 3D 모델링 소프트웨어에서 해당 지역의 3D 모델을 생성하는 과정으로 이루어진다. 이러한 3D 모델은 위치 좌표, 거리, 면적, 물체의 부피 등을 정밀하게 측정하는 데 사용된다. 이 과정에서 고성능 카메라는 정확도와 효율성의 핵심 요소로서, Zenmuse P1은 기존 모델 대비 월등한 성능을 가지고 있다.

Zenmuse P1은 36mm × 24mm 크기의 풀프레임 센서를 탑재하고 있다. 이는 DJI Phantom 4 RTK에 탑재된 1인치 센서보다 약 7배 큰 크기로서, 단일 비행경로에서 보다 넓은 영역을 촬영할 수 있다. P1의 유효 해상도(Effective Resolution)는 45메가픽셀(MP, Megapixel)로서, Phantom 4 RTK의 20메가픽셀 카메라보다 약 2.25배 큰 이미지를 제공한다. 이는 동일한 해상도를 유지하면서도 더 짧은 비행경로로 작업을 완료할 수 있다는 것을 의미한다.

항공 측량 작업은 야외에서 진행되는 만큼 조명 조건에 큰 영향을 받을 수 있다. 특히, 빛이 부족한 저조도 환경에서는 많은 카메라와 드론이 원하는 품질의 이미지를 촬영하는 데 어려움을 겪곤 한다. 그러나 Zenmuse P1은 4.4μm의 큰 픽셀 크기를 통해 낮은 조명에서도 우수한 이미지 품질을 유지할 수 있다. 이는 신호 대 잡음비(SNR, Signal-to-Noise Ratio)를 향상시키고, 넓은 다이내믹 레인지(Dynamic Range)를 제공하여, 어두운 환경에서도 정확한 데이터를 수집할 수 있게 한다.

Zenmuse P1은 8K 해상도 이미지를 촬영할 수 있는 고성능 렌즈를 탑재하고 있다. 35mm 렌즈 기준으로 프레임 중앙부의 MTF[21](Modulation Transfer Function, 변조 전달 함수) 값은 0.95 이상, 가장자리 부분도 0.9 이상의 값을 유지한다. 이는 렌즈가 항공측량과 같은 정밀 작업에 최적화되어 있다는 것을 보여준다. 또한, P1은 리프 셔터(Central Leaf Shutter)를 사용하여, 고속 비행 시 발생할 수 있는 왜곡 현상인 젤리 효과(Jello Effect)를 최소화할 수 있다.

참고 포컬 플레인 셔터(Focal Plane Shutter)와 리프 셔터(Leaf Shutter)

카메라 기술은 눈부신 발전을 거듭해 왔다. 디지털 시대인 오늘날에도 사진의 핵심 요소인 셔터(Shutter)는 여전히 중요한 역할을 하고 있다. 셔터는 카메라 렌즈를 통해 들어오는 빛을 조절해 사진을 찍을 때, 이미지 센서에 얼마나 오랫동안 빛이 닿을지를 결정한다. 현재 사용되는 대표적인 셔터 시스템은 포컬 플레인 셔터(Focal Plane Shutter)와 리프 셔터(Leaf Shutter) 두 가지다. 각 셔터는 서로 다른 특성과 장점을 지니고 있으며, 이를 잘 이해하는 것은 사진을 더욱 창의적이고 정확하게 표현하는 데 도움이 된다.

- **포컬 플레인 셔터**(Focal Plane Shutter) : 빠른 속도를 자랑하는 기술의 집약체
  포컬 플레인 셔터는 DSLR(Digital Single-Lens Reflex)과 미러리스(Mirrorless) 카메라에서 흔히 사용되는 방식이다. 이 셔터는 이미지 센서 바로 앞에 위치해 있으며, 다수의 금속막이 상하 또는 좌우로 움직이며 셔터가 열리고 닫히는 구조다. 최근의 카메라들은 수직 이동 방식을 채택하여 더욱 빠른 셔터 속도를 구현할 수 있다. 이 셔터의 가장 큰 장점은 초고속 셔터 속도다. 최신 모델은 최대 1/8,000초에 이르는 속도를 제공한다. 이러한 속도는 밝은 환경에서 대구경 렌즈(Large Aperture Lens)를 사용해 얕은 심도(Shallow Depth of Field)를 유지하며 배경을 흐릿하게 만드는 사진을 촬영할 때 특히 유용하다.
  그러나 포컬 플레인 셔터에는 단점도 있는데, 플래시 동조 속도가 비교적 낮아 플래시 싱크로 속도(Flash Sync Speed)가 대부분 1/125초 정도로 제한된다. 또한 복잡한 구조로 인해 내구성이 다소 낮을 수 있으며, 고속 촬영 시 왜곡 현상(Rolling Shutter Effect)이 발생할 가능성도 있다.

---

21) MTF(Modulation Transfer Function, 변조 전달 함수) : 렌즈의 성능을 평가하는 데 사용되는 매개변수다. 이미지가 선명하게 보이도록 하려면 해상도와 대비 둘 다 필요하다. 즉, 해상도는 디테일을 보여주는 능력이고 대비는 밝은 부분과 어두운 부분을 구별하는 능력이다. 해상도가 높더라도 대비가 낮으면 샘플의 디테일을 명확하게 보여주는 능력이 떨어진다. 고품질 광학 장치는 보다 높은 주파수(즉, 높은 해상도)에서 보다 많은 대비를 보여주므로, 이미징 시스템을 설계할 때 광학 장치에서 이 능력을 측정하는 것이 중요하다. MTF를 통해 이 능력을 측정할 수 있다. 즉, MTF는 공간 주파수(해상도)를 사용하여 샘플의 대비를 이미지로 보여주는 렌즈의 능력을 측정한다.

- **리프 셔터(Leaf Shutter)** : 모든 속도에서 플래시 동조의 자유

  리프 셔터는 주로 중형 카메라(Medium Format Camera)와 대형 카메라(Large Format Camera)에서 사용되며, 렌즈 내부에 셔터가 내장되어 있는 것이 특징이다. 리프 셔터는 원형 금속판이 꽃잎(Leaf)처럼 열리고 닫히는 방식으로 동작하며, 이러한 구조 덕분에 셔터가 열리는 순간 전체 이미지 센서에 고르게 빛이 닿는다.

  리프 셔터의 가장 큰 장점은 플래시 동조(Flash Synchronization)가 모든 셔터 속도에서 가능하다는 점이다. 셔터가 항상 완전히 열리는 구조이기 때문에, 어떤 속도에서도 플래시와 완벽하게 동기화할 수 있다. 이러한 특성은 스튜디오 촬영이나 야외 촬영에서 조명 장비를 활용할 때 매우 유리하다. 다만, 리프 셔터는 최고 셔터 속도가 상대적으로 느리며, 렌즈마다 셔터가 내장되어 있어 렌즈의 가격이 높아질 수 있다. 이러한 점 때문에 주로 고급 장비에서 사용되며, 가격과 휴대성에서 다소 제약이 따를 수 있다.

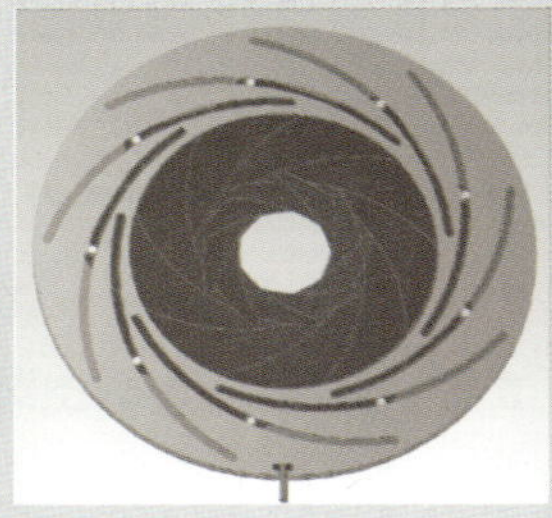

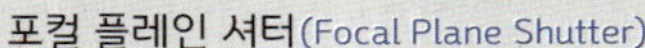

포컬 플레인 셔터(Focal Plane Shutter)

리프 셔터(Leaf Shutter)

기존의 항공 측량 작업에서는 높은 정확도를 얻기 위해 많은 수의 지상기준점(Ground Control Point, GCP)을 설치해야 했다. 그러나 Zenmuse P1은 DJI Matrice 300 RTK 드론과 함께 사용될 때 GCP 없이도 센티미터 단위의 정밀도를 제공할 수 있으므로, 지상기준점(GCP) 설치 수량을 줄일 수 있다. 이는 RTK 모듈과 위치 동기화 시스템(Position Synchronization System, HOMS Sync 2.0)의 기술적 발전에 따른 것이다.

Zenmuse P1은 Matrice 300 RTK 드론과 함께 사용시, 스마트 경사 촬영(Smart Oblique Capture) 기능을 제공한다. 이 기능은 한 번의 비행으로 5개의 서로 다른 방향에서 사진을 촬영할 수 있게 하며, 하루 최대 7.5 km²의 영역을 촬영할 수 있으며, 측량 지역의 가장자리에서만 필요한 사진을 촬영하여 후처리 작업의 효율성을 20~50% 향상시킬 수 있다.

실제 현장 테스트 결과, Zenmuse P1은 Phantom 4 RTK보다 약 4.7배 빠른 속도로 작업을 완료할 수 있었다. 예를 들어, 동일한 측량지역을 측정하는 데 Phantom 4 RTK는 약 26분 15초가 소요된 반면, Zenmuse P1은 5분 34초 만에 작업을 완료할 수 있었다. 한편, Phantom 4 RTK가 동일한 결과를 얻기 위해 472장의 사진을 촬영한 것과 비교해, Zenmuse P1은 단 97장의 사진만으로 동일한 결과를 얻을 수 있었다. 이는 작업 속도와 데이터 처리 측면에서 P1의 우수한 성능을 보여준다.

45MP 풀프레임 센서

Zenmuse P1은 45MP CMOS 풀프레임(Full-frame) 센서를 탑재해 고해상도의 이미지를 생성한다. 4.4μm 픽셀 크기와 0.7초 촬영 간격은 저조도(저조도) 환경에서도 선명한 이미지를 촬영할 수 있는 성능을 보장한다. 이 센서는 위치와 자세 보정 기술과 결합되어 cm 단위의 정확도를 실현하며, 측량과 지형 분석 작업에서 안정적인 데이터 수집이 가능하다.

TimeSync 2.0 기술은 카메라, 비행 컨트롤러, RTK 모듈, 짐벌 간의 동기화를 마이크로초 단위로 유지한다. 이를 통해 데이터의 일관성과 정확도를 확보하며, 24mm, 35mm, 50mm 고정 초점 렌즈와 호환되어 다양한 작업 환경에 적합한 옵션을 제공한다.

기계식 글로벌 셔터

Zenmuse P1에는 기계식 글로벌 셔터가 탑재되어 있다. 글로벌 셔터는 사진 촬영 시 센서의 모든 픽셀이 동시에 이미지를 캡처하는 방식이다. 이는 고속으로 이동하는 물체나 드론의 이동 중에도 왜곡 없는 선명한 이미지를 생성하는 데 필수적이다. 특히, Zenmuse P1의 기계식 글로벌 셔터는 1/2000초의 빠른 셔터 속도를 지원해, 흔들림이나 블러 현상을 완전히 제거하고 고정밀 데이터를 안정적으로 수집할 수 있다.

글로벌 셔터는 기존의 롤링 셔터와 중요한 차이를 가진다. 롤링 셔터는 센서의 픽셀을 한 줄씩 순차적으로 읽는 방식으로 작동한다. 이로 인해, 드론이 비행 중이거나 고속으로 움직이는 물체를 촬영할 경우 왜곡 현상이 발생할 수 있다. 예를 들어, 건축물의 직선이 비뚤어지거나, 빠르게 움직이는 물체가 비정상적으로 늘어나거나 휘어진 형태로 촬영될 수 있다. 이러한 왜곡은 정확한 데이터를 필요로 하는 측량 작업에서는 치명적이다.

반면, 글로벌 셔터는 모든 픽셀이 동시에 데이터를 촬영하므로, 센서에 입력되는 모든 이미지가 정확하게 유지된다. 이 기술은 특히 드론 항공 촬영이나 움직임이 많은 환경에서 높은 정밀도를 요구하는 작업에서 강력한 장점을 제공한다. Zenmuse P1에 적용된 기계식 글로벌 셔터는 이러한 기술적 장점을 통해 왜곡 없는 이미지를 안정적으로 수집할 수 있는 플랫폼을 구현한다.

스마트 경사 촬영

Zenmuse P1은 스마트 경사 촬영(Smart Oblique Capture) 기술을 활용하여 단일 비행으로 다양한 각도에서 데이터를 수집할 수 있다. 짐벌이 자동으로 회전해 필요한 각도의 이미지를 촬영하며, 비행 경로의 가장자리에서는 필수 사진만 촬영하여 데이터 양을 최적화한다. 이러한 프로세스는 후처리 작업 시간을 최대 50%까지 단축하며, 불필요한 데이터 생성이 최소화된다.

다양한 성과물(Output)

Zenmuse P1은 고해상도의 2D 정사영상(Orthomosaic)과 3D 모델링 데이터를 생성한다. 정사영상은 중대형 지역의 측량 작업에 적합하며, 3D 데이터는 도시 계획, 건축 복원, 지질 조사 등 다양한 분야에서 활용된다. 특히 스마트 시티(Smart City) 설계, 문화재 보존, 수자원 관리 등의 고정밀 작업에서도 세밀한 텍스처와 구조 복원이 가능하다.

[표] DJI Zenmuse P1 카메라 주요 제원

항목	사양
센서	35.9 × 24 mm 풀프레임
유효 화소수	45MP
픽셀 크기	4.4 μm
렌즈	DJI DL 24/35/50mm F2.8 LS ASPH
셔터 속도	기계식: 1/2000-1/8초, 전자식: 1/8000-8초
ISO 범위	사진: 100-25600, 비디오: 100-3200
사진 해상도	8192 × 5460 (3:2)
비디오 해상도	3840 × 2160 (16:9) @ 60fps
저장 매체	SD 카드(최대 128GB, UHS-1 등급 이상)
무게	약 800g
작동 온도	-20°C ~ 50°C

II-2. DJI Mavic 3 Enterprise 카메라

DJI Mavic 3 Enterprise[M3E]는 스마트 드론 기술의 집약체로서, 정밀한 비행 성능과 효율적인 데이터 수집 능력을 갖춘 장비이다. 가볍고 휴대성이 뛰어나 다양한 환경에서 쉽게 운용할 수 있으며, 최대 45분의 비행시간을 제공하여 폭넓은 작업 범위를 지원한다. 특히, 측량 및 시설물 점검과 같은 전문 분야에서 활용도가 높아, 생산성과 효율성을 극대화할 수 있는 솔루션이다.

[그림] DJI Mavic 3 Enterprise RTK

정밀 측량 장비의 새로운 기준 제시

DJI의 Mavic 3 Enterprise(M3E) 드론은 첨단 고정밀 드론으로서, 드론 측량과 시설물 점검용으로 최적화된 모델이다. 이 드론은 20MP 4/3 CMOS 광각 카메라와 기계식(mechanical) 셔터를 장착해 뛰어난 해상도와 정밀도를 가지며, 대형 픽셀 크기를 통해 더욱 선명한 이미지 품질을 제공한다. 또한, 12MP 망원 카메라는 최대 56배 하이브리드 줌 기능을 지원해 정밀 검사가 필요한 작업에서 유용하다.

915g의 가벼운 기체와 컴팩트한 디자인으로 설계된 M3E는 휴대성과 편의성을 극대화하여 작업 현장에서 신속한 배치가 가능하다. 45분의 비행시간(RTK 모듈 사용 시 42분)은 더 긴 작업 시간을 지원하며, 현장 작업의 효율성을 한층 높인다. 전방위 장애물 감지와 고급 복귀 기능이 추가되어 안전성(Safety)과 안정성(Stability)을 한층 강화했다. M3E는 고급 사양의 DJI RC Pro Enterprise 스마트 컨트롤러와 호환되며, 고휘도의 화면을 통해 다양한 환경에서 편리한 조작이 가능하다. RTK 모듈, 스피커, D-RTK 2 모바일 스테이션과 같은 추가 액세서리를 통해 정밀 측량 및 확장된 기능을 지원한다.

정밀 측량을 위한 페이로드(Payload)

M3E는 광각 카메라와 망원 카메라를 모두 갖춘 듀얼 카메라 시스템으로 설계되었다. 4/3 CMOS 센서를 장착한 광각 카메라는 20MP 해상도를 제공하며, 대형 픽셀 크기와 0.7초의 촬영 간격을 통해 효율성을 높였다. 또한, 기계식(mechanical) 셔터를 통해 고속 이동 중에도 흔들림 없는 이미지를 촬영할 수 있다. 망원 카메라는 ½인치 CMOS 센서와 12MP 해상도를 제공하며, 162mm의 초점 거리와 56배 하이브리드 줌 기능으로 세밀한 디테일까지 포착할 수 있다.

RTK 모듈을 추가한 M3E RTK는 cm 수준의 정밀한 위치 데이터를 제공한다. 이 시스템은 복잡한 환경에서도 신뢰할 수 있는 정밀한 결과를 보장하며, 넓은 개방 공간에서 장애물 간섭 없이 최적의 측량 작업이 가능하도록 설계되었다. 특히 RTK 모듈은 초정밀 측위가 필요한 엔지니어링, 건설, 농업 및 토지 측량 분야에서 강력한 도구로 활용될 수 있다.

드론 매핑 솔루션

M3E는 향상된 카메라와 45분의 비행시간을 통해 기존 DJI 드론 대비 높은 작업 효율성을 가진다. 특히, DJI Phantom 4 RTK 대비 8배 이상 효율적으로 데이터를 수집할 수 있으며, 5cm GSD(지상표본거리)로 2.25km² 면적의 정사영상을 생성할 수 있어 더욱 넓은 범위의 작업이 가능하다. 한편, 100W 충전 허브를 통해 배터리를 빠르게 충전할 수 있어 작업 지속성을 확보할 수 있다.

M3E 카메라 제원

항목	사양	
센서	4/3 CMOS 유효 화소수 : 20 MP	
렌즈	FOV : 84° 등가 초점 거리 : 24 mm 조리개 : f/2.8-f/11 초점 : 1 m - ∞	
ISO 범위	100-6400	
셔터 속도	전자 셔터 : 8-1/8,000 s	기계 셔터 : 8-1/2,000 s
최대 이미지 크기	5,280×3,956	
비디오 해상도	4K : 3,840×2,160@30fps	FHD : 1,920×1,080@30fps

II-3. DJI Matrice 4 Enterprise 카메라

DJI Matrice 4 시리즈는 단순히 드론의 진화를 넘어, "지능형 비행의 시대"(The Age of Intelligent Flight)라는 새로운 비전을 실현한다. 이 비전은 기존의 비행 방식을 뛰어넘어 향상된 온보드(On-board) 컴퓨팅 성능과 혁신적인 AI 기술의 결합을 통해 구현되었으며, 정밀한 작업 수행 능력과 신뢰성을 동시에 갖추고 있다.

M4 시리즈의 E 및 T 모델은 모두 AI 기반 지능형(Intelligent Operations with AI) 기능을 탑재하고 있어, 복잡한 임무도 자동화된 시스템을 통해 효율적으로 수행할 수 있다. 특히, T 버전의 열화상 모드는 저조도 환경에서 탁월한 성능을 발휘하며, 어두운 환경에서 수행해야 하는 수색 및 구조(Search and Rescue) 작업과 시설 점검 등 여러 분야에서 뛰어난 활용성을 가진다.

한편, M4 시리즈는 신속하고 안정적인 작업환경을 제공하는 데 중점을 두었다. 고해상도 카메라와 안정적인 영상전송 기술은 선명하고 명료한 시야(Crystal Clear Vision)를 보장하며, 정밀 매핑 기능도 크게 개선되어 2D 및 3D 매핑 작업의 효율성을 한층 높였다. 이러한 향상된 기능은 다양한 분야에서 드론의 활용 가능성을 더욱 넓혀준다.

카메라(Cameras)

• 열화상 센서(Thermal Sensor)

M4 시리즈는 640x512 해상도의 열화상 센서를 탑재하고 있으며, 초고해상도(Ultra High Resolution) 모드에서는 최대 1,280x1,024 해상도를 지원해 더욱 세밀한 데이터 수집이 가능하다.

• 3개의 카메라 시스템

광각, 3배 줌, 7배 줌 카메라 구성을 갖추고 있으며, 3배 줌 카메라는 48MP의 고해상도를 제공한다. 연속 줌(Continuous Zoom) 기능을 통해 부드러운 줌인과 줌아웃이 가능하며, 약 230m 거리에서도 차량 번호판을 쉽게 식별할 수 있다.

• 전자 디헤이징 및 야간 촬영 기능

전자 디헤이징(Electronic Dehazing) 기능은 안개가 낀 날씨에도 뛰어난 시야를 확보할 수 있게 하며, 저조도 촬영 모드는 센서가 더 많은 빛을 받아들여 어두운 환경에서도 선명한 영상을 촬영할 수 있도록 돕는다.

• 레이저 거리 측정기(Laser Rangefinder)

피사체와의 거리를 정확하게 측정해 안정적인 촬영을 지원한다.

4. M4E의 매핑(Mapping)

M4E는 최대 21m/s의 비행 속도로 넓은 지역을 효율적으로 커버하며, 다양한 매핑 모드를 지원한다. 스마트 3D 캡처(Smart 3D Capture) 기능은 복잡한 3차원 모델링 작업을 자동화하고 정밀한 데이터 수집을 가능하게 한다.

• 기계식 셔터(Mechanical Shutter)

왜곡 없는 고품질 이미지를 촬영할 수 있으며, 0.5초의 짧은 촬영 간격으로 빠르게 데이터를 수집할 수 있다.

• 스마트 3D 캡처(Smart 3D Capture)

현장을 빠르게 비행하며 저해상도 포인트 클라우드(Point Cloud)를 생성한 후, 지정된 영역을 3차원으로 정밀하게 촬영할 수 있도록 자동 비행 경로를 생성한다.

5. 소프트웨어(Software)

DJI는 M4 시리즈와 함께 다양한 소프트웨어 패키지를 제공한다. DJI Matrice 4 시리즈는 최첨단 기술과 뛰어난 소프트웨어의 융합으로 다방면에서 활용될 수 있는 강력한 도구로 자리 잡고 있다. 공공 안전, 건설 현장, 전력선 검사, 싱크홀 조사에 이르기까지, M4 시리즈는 각 분야에서 효율성과 정밀성을 크게 향상시킨다.

- DJI Pilot 2 : 드론 조종 및 설정 변경
- DJI FlightHub 2 : 드론 관리 및 협업 플랫폼
- DJI Terra : 매핑 데이터 처리 및 분석

- DJI Modify : 3D 모델 데이터 편집
- Thermal Analysis Tool : 열화상 데이터 분석

DJI MATRICE 4T DJI MATRICE 4E

카메라 종류	DJI MATRICE 4T	DJI MATRICE 4E
광각 카메라	1/1.3" CMOS, 48MP 유효픽셀 f/1.7, 환산 초점거리 : 24 mm • 롤링(Rolling) 셔터	4/3 CMOS, 20MP 유효픽셀 f/2.8-f/11, 환산 초점거리 : 24 mm • 기계식(Global) 셔터
미디엄 망원 카메라	1/1.3" CMOS, 48MP 유효픽셀 f/2.8, 환산 초점거리 : 70 mm	1/1.3" CMOS, 48MP 유효픽셀 f/2.8, 환산 초점 거리 : 70 mm
망원 카메라	1/1.5" CMOS, 48MP 유효픽셀 f/2.8, 환산 초점거리 : 168 mm	1/1.5" CMOS, 48MP 유효픽셀 f/2.8, 환산 초점거리 : 168 mm
레이저 거리측정기	측정 범위 : 1,800 m(1 Hz) 경사 입사범위(1:5 경사거리) : 600 m (1Hz) 사각지대: 1m 범위 정확도(m) : ± (0.2 + 0.0015 × D)	측정 범위 : 1,800 m(1 Hz) 경사 입사범위(1:5 경사 거리) : 600 m (1Hz) 사각지대 : 1 m 범위 정확도(m) : ± (0.2 + 0.0015 × D)
적외선 열화상 카메라	해상도 640 ×512, f/1.0 환산 초점거리 : 53 mm 비냉각식 산화바나듐(VOx) 마이크로볼로미터 고해상도 모드 지원	
NIR 보조등	FOV: 6°, 조사 거리 : 100 m	

2. DJI Matrice 4 시리즈 카메라

항목	기종 및 부품	내용
이미지 센서	DJI Matrice 4T	광각: 1/1.3" CMOS, 유효 픽셀: 48 MP 미디엄 망원: 1/1.3" CMOS, 유효 픽셀: 48 MP 망원: 1/1.5" CMOS, 유효 픽셀: 48 MP
	DJI Matrice 4E	광각: 4/3" CMOS, 유효 픽셀: 20 MP 미디엄 망원: 1/1.3" CMOS, 유효 픽셀: 48 MP 망원: 1/1.5" CMOS, 유효 픽셀: 48 MP
렌즈	DJI Matrice 4E 광각	FOV: 84° 환산 초점 거리: 24 mm 조리개: f/2.8 ~ f/11 포커스: 1 m ~ ∞
	DJI Matrice 4E 미디엄 망원 카메라	FOV: 35° 환산 초점 거리: 70 mm 조리개: f/2.8 포커스: 3 m ~ ∞
	DJI Matrice 4E 망원 카메라	FOV: 15° 환산 초점 거리: 168 mm 조리개: f/2.8 포커스: 3 m ~ ∞
ISO	Matrice 4E	광각 카메라: ISO 100~ISO 204,800 미디엄 망원: ISO 100~ISO 409,600 망원: ISO 100~ISO 409,600
최대 이미지 크기	Matrice 4E	광각: 5,280 × 3,956 미디엄 망원: 8,064 × 6,048 망원: 8,192 × 6,144
최소 사진 인터벌	DJI Matrice 4T	0.7 초
	DJI Matrice 4E	0.5 초
스틸 사진 모드	DJI Matrice 4E 광각	단일 촬영: 20 MP 스마트 촬영: 20 MP
	DJI Matrice 4E미디엄 망원 카메라	단일 촬영: 12 MP/48 MP 스마트 촬영: 12 MP
	DJI Matrice 4E망원 카메라	단일 촬영: 12 MP/48 MP 스마트 촬영: 12 MP
동영상 코덱 및 해상도	코딩 형식	H.264/H.265
	코딩 방식	CBR, VBR
	해상도	4K: 3840 × 2160@30fps FHD: 1920 × 1080@30fps
디지털 줌	망원	16x (112x 하이브리드 줌)

III. Riebo Camera

리보 테크놀로지(Chengdu Riebo Technology Co. Ltd., 成都睿铂科技有限责任公司)는 2015년 중국 쓰촨성(四川省) 청두(成都)에 설립된 중국 최대의 드론 카메라(Aerial Photography Camera) 제조업체이다.

현재 200여명의 직원이 근무하고 있으며, 그중 35%가 기술 엔지니어로 구성된 첨단 기술 기업으로서, 지형공간 데이터 획득(Data Acquisition) 시스템을 위한 하드웨어 개발, 생산, 판매뿐만 아니라 데이터 수집, 처리 및 응용 서비스까지 포괄하는 종합 솔루션을 제공하고 있다.

리보는 광학(Optics), 위성항법 및 관성항법(Inertial Navigation), 사진측량(Photogrammetry), 공간 데이터 처리(Spatial Data Processing) 등 다양한 핵심 기술력을 보유하고 있으며, 이를 기반으로 높은 신뢰도를 구축해 왔다. 특히, 5방향 카메라를 활용한 경사사진 촬영(Oblique Photography) 분야에서 독보적인 기술력을 갖추고 있으며, 이로 인해 업계에서 높은 평가를 받고 있다. 또한, 하프프레임(Half-frame), 풀프레임(Full-frame), 중형 포맷(Medium-format)의 정사사진 카메라(Orthophotography Camera) 및 경사사진 카메라(Oblique Photography Camera) 등 다양한 용도의 드론 사진 카메라를 생산하고 있으며, 지속적인 기술 혁신을 통해 제품군을 확대하고 있다.

리보 테크놀로지의 창립자이자 대표이사인 양룬(Mr. Yang Run, 杨润)은 2010년, 드론 기술에 대한 깊은 열정과 관심을 바탕으로, 석·박사 연구원들과 함께 중국 서남교통대학교(SWJUT)와 청두과학기술대학교(CDUT)에서 UAV(드론) 연구팀을 결성했다.

2013년, 항공사진(Aerial Photography) 산업이 급속히 성장하면서 업계에 많은 인재와 자본이 유입되었고, 이에 따라 리보는 기술적 난이도가 높은 시장을 공략하기 위해 시장 세분화(Segmentation) 전략을 선택했다. 특히, 항공 매핑(Aerial Mapping)은 비행 플랫폼(Flight Platform), 페이로드(Payload), 데이터 처리(Data Processing) 등에서 높은 수준의 기술력이 요구되는 분야였기 때문에, 리보는 이러한 전문성을 바탕으로 차별화된 경쟁력을 확보하며 드론 매핑(Aerial Mapping) 서비스를 본격적으로 시작하게 되었다.

2015년에는 기존 2D 드론 매핑의 한계를 극복하고 보다 정밀하고 고해상도의 공간정보 구축을 실현하기 위해, 3D 드론 매핑(3D Aerial Mapping) 및 경사사진 기술(Oblique Photography Technology) 개발에 집중했다.

2016년, 리보는 세계 최초로 자체 개발한 소형 5렌즈 경사사진 카메라 S2를 출시하며 큰 주목을 받았다. S2는 무게가 1.2kg으로 기존 경쟁 제품보다 55% 가벼운 설계를 적용하여, 멀티콥터 드론(Multi-rotor Drone)에 장착해도 부담 없이 장시간 운용할 수 있도록 제작되었다. 이러한 혁신적인 설계 덕분에 S2는 드론측량(Aerial Survey) 분야에서 뛰어난 활용성을 제공하며, 다양한 산업에서 널리 사용되고 있다.

2023년, 리보 테크놀로지는 글로벌 시장 확장을 위한 장기적인 전략의 일환으로, 기존 사명인 Rainpoo를 Riebo로 변경했다. 이를 통해 전 세계 고객들이 보다 직관적으로 인식할 수 있는 브랜드 아이덴티티를 구축하고, 글로벌 시장에서의 영향력을 더욱 강화할 수 있도록 했다. 브랜드 변경은 리보의 지속적인 성장, 기술 혁신, 글로벌 진출을 향한 확고한 의지를 반영하는 중요한 전환점이 되었다.

현재, 리보 테크놀로지는 지형공간 정보(Geospatial Information), 데이터 수집 및 후처리(Post-processing) 애플리케이션 분야에서 글로벌 선도 기업으로 자리매김하고 있다.

[그림] Riebo사 고해상도의 카메라

III-1. R10Pros : 중형 포맷 고정밀 드론 사진측량 카메라

R10Pros는 Riebo사의 차세대 중형 포맷(Medium Format) 고정밀 항공측량 카메라이다. 본 장비는 최고 사양의 경량이며, 뛰어난 안정성과 높은 정밀도를 가지고 있다. 분리형 짐벌은 DJI 드론 및 기타 멀티콥터뿐만 아니라 다양한 고정익 드론에도 호환이 가능하여 다목적으로 사용할 수 있으며, 뛰어난 호환성과 편의성을 제공하며, 카메라 비용을 절감할 수 있다.

[그림] R10Pros 카메라

주요 특징

- 중형 포맷(Medium Format) 카메라와 고해상도 센서를 탑재하여 보다 향상된 성능 제공
- 자체 개발한 광학 렌즈로 높은 정밀도와 안정성 확보
- 안정적인 3축 짐벌 장착으로 우수한 성과물 제공
- 0.36초 간격 고속 촬영을 통해 고해상도 사진 촬영 가능, 다양한 작업 환경에 대응
- 작동 온도 -30°C ~ 65°C의 뛰어난 환경 적응성 제공, 다양한 지역의 작동 요구사항 충족
- 카메라가 태양 방향을 향할 때도 최소화된 렌즈 눈부심으로 최적의 촬영 성능 유지
- 다양한 카메라 파라미터 조정으로 날씨 변화에 대응
- 분리형 상부 마운트 디자인으로 다양한 드론에 장착 가능
- GPS/RTK 데이터를 이미지에 실시간으로 기록, 데이터 전처리 불필요
- 불량 픽셀 보정 기능 추가로 이미지 품질 개선
- 실시간 사진 미리보기 기능 추가, 작업 중 이상 여부를 직관적으로 확인하여 비효율적인 추가 비행 방지
- 카메라 시간 동기화 기능 지원으로 사용자 지정 시간대 설정 및 사진 정보에 삽입 가능
- Skyscanner 전처리 소프트웨어 탑재로 온라인 펌웨어 업그레이드 및 이미지 내보내기
- AeroMap 비행 계획 소프트웨어 탑재로 다양한 시나리오에 맞춘 비행 계획 효율성 향상

주 0.36초 간격 고속 촬영

넓은 지역을 빠르게 촬영해야 하는 상황에서 중요한 역할을 한다. 드론이 빠르게 비행하는 경우에도 이미지 간 중복도(overlap)을 유지하며 고해상도 데이터를 수집할 수 있다.

0.36초의 짧은 촬영 간격은 이미지 누락을 방지하고 데이터의 일관성을 확보할 수 있다. 특히, 중복도 증가함에 따라 정사 사진(orthophoto) 제작 시, 보다 높은 정밀도를 제공하고 3D 모델링에서 세부 표현이 향상된다.

참고 디지털 카메라의 이미지 센서 크기

디지털 카메라의 '이미지 센서(Image Sensor)'는 필름 카메라의 필름 역할을 대신하며, 그 크기에 따라 사진의 품질과 카메라의 성능이 크게 좌우된다. 과거 필름 카메라에서는 35mm, 120mm 등 다양한 필름 크기가 사용되었으나, 디지털 시대에는 APS-C, 포서즈(Four Thirds), 풀프레임(Full Frame), 미디엄 포맷 센서(Medium Format, 중형) 등 다양한 이미지 센서 크기가 등장했다.

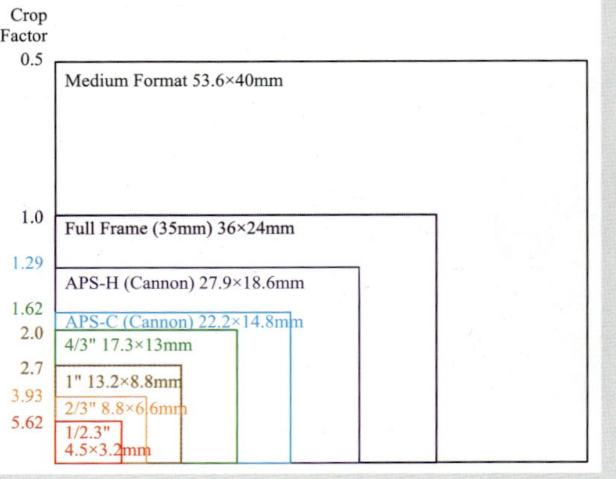

이미지 센서의 크기는 카메라의 디자인, 크기, 성능 등에 직접적인 영향을 미친다. 센서가 클수록 더 많은 빛을 받아들일 수 있어 저조도 환경에서의 성능이 향상되며, 노이즈 감소와 동적 범위(dynamic range) 확장을 통해 더욱 선명하고 디테일한 이미지를 생성할 수 있다. 또한, 큰 센서는 얕은 심도(shallow depth of field)를 제공하여 배경 흐림 효과를 극대화할 수 있다.

특히 풀프레임(Full-Frame) 센서는 100% 시야율(viewfinder coverage)을 제공하는 뷰파인더를 통해 촬영자가 보는 장면을 그대로 담아낼 수 있어 촬영 시 집중도를 높인다. 이러한 이유로 최고 품질의 이미지를 추구하는 전문 사진가들은 일반적으로 풀프레임 바디를 선호한다. 또한, 풀프레임 카메라는 렌즈의 초점 거리를 그대로 활용할 수 있어 렌즈의 최대 장점을 살릴 수 있다.

이미지 센서의 크기는 디지털 카메라의 성능과 사진 품질에 직접적인 영향을 미치는 핵심 요소다. 따라서 카메라를 선택할 때 자신의 촬영 목적과 스타일에 맞는 센서 크기를 고려하는 것이 중요하다.

참고 중형 포맷 센서(Medium Format Sensor)

중형 포맷 센서는 풀프레임(Full Frame) 센서보다 큰 크기를 가지기 때문에 다음과 같이 사진 품질과 표현력에 긍정적인 영향을 미친다.

1. 향상된 이미지 품질 및 해상도
   중형 포맷 센서는 풀프레임 센서보다 면적이 넓어 더 많은 픽셀을 수용할 수 있다. 이는 고해상도의 이미지를 생성하며, 뛰어난 디테일을 표현할 수 있다.
2. 우수한 다이내믹 레인지(Dynamic Range)
   보다 큰 센서는 빛을 받아들이는 용량이 증가하여, 밝은 부분과 어두운 부분 모두에서 더 많은 디테일을 포착할 수 있다. 이는 사진의 명암 대비를 풍부하게 표현하며, 노출 보정의 폭을 넓혀준다.
3. 얕은 심도 표현 및 보케 효과
   중형 포맷 센서는 동일한 조리개 값에서도 풀프레임보다 얕은 심도를 제공할 수 있다. 이는 피사체를 더욱 부각시키고, 부드러운 배경 흐림을 통해 완성도 높은 이미지를 연출하는 데 유리하다.
4. 색상 정확도 및 깊이
   보다 큰 픽셀 크기와 센서 면적은 색상 정보를 더욱 정확하고 풍부하게 기록할 수 있어, 자연스러운 색 재현과 깊이 있는 이미지를 제공한다.

[표] R10Pros 제원

모델명 : R10Pros		제작사 : 중국 Riebo
기본 사양 Basic Parameters	무게(Weight)	≤355g (without gimbal)
		≤844g (with gimbal)
	크기(Dimension)	75.6×69.6×116mm (without gimbal)
		185.6×121.4×165mm (with gimbal)
	저장 용량(Storage)	256GB
	데이터 다운로드 속도 (Data download speed)	≥300MB/S
센서 파라미터 Sensor Parameters	총 화소 수(Total Pixels)	102MP
	센서 크기(Sensor Size)	43.8mm×32.8mm
광학 파라미터 Optical Parameters	초점 거리(Focal Lengths)	50mm
	최단 초점 거리 (Nearest Focusing Distance)	25m
	렌즈 조리개(Lens Aperture)	F5.6
	ISC(Image Stabilization Control, 영상 안정화 제어)	100~6,400
	셔터(Shutter)	1/100s~1/2,000s
기능 파라미터 Functional Parameters	전원 공급 방식 (Power Supply Mode)	Skyport/DC(12V-27V)/Custom
	최소 노출 간격 (Minimum Exposure Interval)	0.36s (Standard and fine mode)
	조정 방법 (Adjustment method)	RC/Serial Port/Network Port/USB
	트리거 방식 (Trigger method)	Skyport/Low-level/Serial Port/Network Port
운용 파라미터 Operational Parameters	작동 온도 (Working Temperature)	-30℃~65℃
	작동 습도 (Working Humidity)	≤40℃ 95%RH
기타	경로 계획 (Route Planning)	AeroMap
	데이터 다운로드 (Data Download)	Skyscanner
	비디오 녹화(Video Record)	4K@30FPS

Skyscanner와 AeroMap 소프트웨어

구분	Skyscanner	AeroMap
주요 목적	데이터 전처리 및 펌웨어 관리	항공 비행 계획 및 경로 최적화
기능	- 온라인 펌웨어 업그레이드 - 항공 이미지 내보내기	- 비행 경로 계획 - 다양한 비행 시나리오 지원
활용 사례	드론 장비 유지 및 데이터 관리	드론을 이용한 정사사진 촬영 및 측량 작업

III-2. DG4P 경사 카메라

DG4P Oblique Camera는 Riebo의 풀프레임(Full-Frame) 기반의 고정밀 5방향 렌즈를 갖춘 드론측량 카메라로서, 차세대 기술을 도입하여 개발되었다. 장비는 경량화와 안정성이 뛰어나며 높은 정밀도를 제공한다. DJI 드론을 비롯한 다양한 멀티로터(Multi-Rotor) 드론은 물론 고정익(Fixed-Wing) 드론 모두 호환되어 다양한 작업 환경에서 사용할 수 있다. 탁월한 호환성과 편의성을 제공한다.

Riebo Technology의 5방향 카메라(Oblique Camera)인 DG4P 카메라는 고해상도 항공 촬영과 정밀한 데이터 수집을 위해 설계된 강력한 장비로, 다음과 같은 다양한 첨단 기술이 적용되었다.

- MLS 셔터(Multi-Layer Shutter, 다층 셔터)와 글로벌 기계식 셔터(Global Mechanical Shutter) 탑재
  DG4P는 다층 셔터(MLS) 기술을 활용하여 촬영 시 잔상(Motion Blur)을 최소화하고, 글로벌 기계식 셔터를 통해 왜곡 없는 고품질 이미지를 확보할 수 있다. 또한, 셔터 내구성이 50만 회 이상으로 설계되어 장기간 안정적인 촬영이 가능하다.

- 자가 진단 및 자체 복구 기능(Self-Diagnosis and Auto-Repair) 내장
  카메라는 작동 시, 자동으로 하드웨어 및 소프트웨어 상태를 점검하고, 문제가 감지될 경우 자가 복구 절차를 수행하여 안정적인 작동을 유지할 수 있도록 설계되었다. 이를 통해 사용자는 보다 신뢰성 높은 장비 운용이 가능하다.

- 최소 노출 시간 1초, 고속 데이터 수집 가능
  최소 1초의 노출 시간을 지원하며, 데이터 수집 시 최대 15m/s의 비행 속도에서도 정밀한 촬영이 가능하다. 이는 고속 비행을 요구하는 광범위한 매핑 작업에서도 높은 정확도를 유지할 수 있다.

- 1080P 실시간 이미지 전송 기능 및 정사 렌즈(Ortho Lens)
  정사 렌즈를 사용하여 촬영된 이미지는 왜곡이 최소화된 고품질 데이터를 제공하며, 1080P 해상도의 실시간 영상 전송 기능을 갖추고 있어 촬영 현장의 상황을 원격으로 관찰할 수 있다.

- 실시간 데이터 전송(Real-Time Data Transmission)
  촬영한 데이터를 즉시 지상 관제 시스템이나 저장 장치로 전송할 수 있는 기능이 포함되어 있어, 후처리 시간을 줄이고 효율적인 데이터 관리가 가능하다.

- Skyscanner 전처리 소프트웨어 내장
  Skyscanner 소프트웨어를 통해 온라인 펌웨어 업그레이드가 가능하며, 촬영된 항공 이미지를 간편하게 내보낼 수 있다. 이를 통해 장비를 항상 최신 상태로 유지하고, 데이터 처리 과정을 더욱 간소화할 수 있다.

- AeroMap 경로 계획 소프트웨어
  다양한 촬영 목적과 환경에 맞춘 비행경로 설정이 가능하며, 이를 통해 최적의 항공 촬영 계획을 수립할 수 있다. 이를 통해 보다 효율적이고 체계적인 데이터 수집이 가능하다.

이와 같은 기술적 특징을 갖춘 DG4P 카메라는 정밀 드론 데이터 수집과 고품질 이미지 촬영을 위한 최적의 솔루션으로 자리 잡고 있다.

[그림] DG4P 경사 카메라

[그림] 고정밀 5방향 렌즈를 갖춘 경사 카메라

DG4P 카메라는 한번 촬영(Shot)으로 5방향(전,후,좌,우,수직 방향)의 이미지(사진)를 얻을 수 있다.
전,후,좌,우 방향 이미지에서는 대상체의 측면이 촬영되었음을 확인할 수 있다.
(촬영장소 : 신탄진 휴게소, 카메라 : DG4P Oblique Camera, 촬영 고도 : 80m)

주요 특징

1. 풀프레임(Full-frame) 고해상도 센서 : 보다 넓은 촬영 영역에서 뛰어난 이미지 품질과 높은 성능을 제공하며, 보다 정밀한 데이터를 확보할 수 있다.
2. 자체 개발 광학 렌즈 : 촬영 시 왜곡을 최소화하고 높은 정밀도와 안정성을 보장하여 오랜 작업에서도 우수한 성과물을 제공한다.
3. 0.5초 인터벌 고속 촬영 : 대규모 지역이나 빠른 작업 환경에서도 원활하게 데이터 수집이 가능하여 다양한 작업 시나리오에 효과적으로 대응할 수 있다.
4. 작동 온도 범위 : -40°C에서 65°C로 극한의 저온 및 고온 환경에서도 안정적으로 작동할 수 있어 다양한 지역과 기후 조건에서의 운영 요구사항을 충족할 수 있다.
5. 최적화된 렌즈 눈부심 방지 기능 : 강한 직사광선이 비치는 날씨에서도 이미지 품질을 유지하며 안정적으로 촬영할 수 있다.
6. 다중 카메라 매개변수 조정(Multiple camera parameters) : 사용자가 필요에 따라 다양한 촬영 설정을 자유롭게 변경할 수 있어 날씨 변화에 보다 유연하게 대응할 수 있다.
7. 탈착식 상부 마운트 : 다양한 유형의 드론에 손쉽게 장착 및 해체가 가능하여 다양한 작업환경에 맞게 유연하게 활용할 수 있다.
8. GPS/RTK 위치 및 자세 데이터 : 실시간 지오태깅(Geotagging) 지원을 통해 촬영한 이미지에 정확한 위치 및 자세 정보를 자동으로 기록할 수 있어 데이터 사전 처리가 불필요하다.
9. 온라인 펌웨어 다운로드 : 장비를 항상 최신 버전으로 유지할 수 있으며, 펌웨어 업그레이드 시간을 대폭 단축하여 작업 효율을 높일 수 있다.
10. 불량 픽셀 보정 기능 : 촬영 이미지의 불량 픽셀을 자동으로 보정함으로써 최상의 이미지 품질을 제공한다.
11. 카메라 시간 동기화 : 사용자가 원하는 로컬 시간대를 설정하고 이를 이미지 데이터에 임베딩할 수 있어 시간 정보를 정밀하게 관리할 수 있다.
12. 실시간 이미지 미리보기 : 작업자가 촬영 중 발생할 수 있는 이상 상황이나 오류를 직관적으로 확인하고 신속하게 대응할 수 있다.
13. 5방향 카메라의 실시간 비디오 전송 : 최대 4K 해상도로 고화질 영상을 실시간으로 확인할 수 있어 촬영 상태를 즉각적으로 모니터링할 수 있다.
14. Skyscanner 전처리 소프트웨어 : 펌웨어 업그레이드 및 드론 이미지를 간편하게 내보낼 수 있어 작업 흐름을 효율적으로 관리할 수 있다.

15. AeroMap 경로 계획 소프트웨어 : 다양한 비행 계획에 맞는 비행 경로를 계획할 수 있어 드론 촬영 임무를 보다 체계적이고 효율적으로 수행할 수 있다.

[표] 멀티콥터(Multi-Copter) 드론 탑재 DG4M 촬영 성과

지상표본거리(지상 해상도) GSD (cm/px)	1.5	2.0	3.0	4.0
촬영 고도 Height (m)	132	175	263	350
비행당 촬영 사진 수 Photos per sortie	6,280	4,755	3,095	1,865
비행당 촬영 면적 Area per sortie (km²)	0.5	0.65	0.93	1.3

[표] 고정익(Fixed-Wing) 드론 탑재 DG4M 촬영 성과

지상표본거리(지상 해상도) GSD (cm/px)	2.0	3.0	4.0	5.0
촬영 고도 Height (m)	175	263	350	438
비행당 촬영 사진 수 Photos per sortie	30,250	21,250	16,600	13,200
비행당 촬영 면적 Area per sortie (km²)	4.4	6.9	9.6	12

[표] DG4P 제원

모델명 : R10Pros		제작사 : 중국 Riebo
기본 사양 Basic Parameters	무게(Weight)	970g
	크기(Dimension)	145×145×114 mm
	최소 노출 간격(Minimum Exposure Interval)	1s
	셔터 속도(Shutter Speed)	1/100~1/2,000s
	ISO 감도(ISO)	100~1,600
	시간 동기화(Time Sync)	80μs
	노출 피드백 정확도(Exposure Feedback Accuracy)	50μs
센서 파라미터 Sensor Parameters	저장 용량(Storage)	640GB×2
	총 화소 수(Total Pixels)	225 MP (각 렌즈 : 45MP)
	화소 크기(Pixel Size)	4.44.4μm
	해상도(Resolution)	8,192×5,468
	센서 갯수(No. of Sensors)	5개
광학 파라미터 Optical Parameters	센서 크기(Sensor Size)	36mm×24mm
	초점거리(Focal Length)	40mm(Ortho)/56mm(Oblique)
	경사 렌즈 각도(Oblique Lens Angle)	45°
	렌즈 배열(Lens Layout)	Parallel
	최단 초점 거리(Minimum Focusing Distance)	10m
	조리개(Aperture)	F5.6
	화각(FOV)	수직: 48.46°(H), 33.40°(V) 경사: 35.64°(H), 24.19°(V)
적응 파라미터[22] (Adaptation Parameter)	전원 공급(Supply Voltage)	DC (12V~27V)
	평균 소비 전력(Average Power Consumption)	66.3W
	최대 소비 전력(Peak Power Consumption)	74.4W
	전원 인터페이스(Power Interface)	Skyport/DC/Customized
	트리거(Trigger)	Skyport/Low Level/Serial Port
	파라미터 설정 모드(Parameter Setting Mode)	Remote Controller/Serial Port
	댐핑 방식(Damping Method)	Damping Ball
	데이터 전송(Data Transferring)	External High-speed Transfer
환경 적응성 (Environmental Adaptability)	작동 온도(Operating Temperature)	-40℃~65℃
	작동 습도(Operating Humidity)	40℃ 93%RH
기타	데이터 전처리(Data Preprocessing)	Skyscanner
	경로 계획(Route Planning)	AeroMap Pro
	비디오 녹화(Video Record)	4K@30FPS

22) 적응 파라미터 : 카메라가 외부 환경 변화에 따라 조정할 수 있는 설정 또는 동작 요소이다. 예를 들어, 공급 전원, 셔터 속도 등과 같은 요소가 포함될 수 있다.

참고 댐핑 방식(Damping Method)

댐핑(Damping)은 물체의 진동이나 충격을 줄이거나 제어하기 위해 사용하는 기술적 방법을 말한다. 카메라와 같은 정밀 기기에서 댐핑 방식은 특히 중요하다.

목적

1. 진동 감소 : 드론 카메라의 경우 비행 중 발생하는 진동이 이미지 품질에 영향을 미칠 수 있다. 댐핑은 이러한 진동을 줄여 카메라가 안정적인 이미지를 촬영할 수 있도록 한다.
2. 충격 완화 : 갑작스러운 움직임이나 충격(예: 착륙 시)을 흡수하여 장비가 손상되지 않도록 보호한다.
3. 정확도 향상 : 진동이 줄어들면 촬영 중 흔들림이 감소하고, 시간 동기화 및 초점 맞추기가 보다 정밀해진다.

댐핑 방식의 종류

1. 기계적 댐핑 : 물리적인 스프링이나 고무 패드 같은 장치를 사용하여 진동을 흡수하거나 분산하는 방식이다. (예: 짐벌의 고무 댐퍼)
2. 전자기적 댐핑 : 전자석의 힘을 이용하여 진동을 제어하는 방식으로서, 정밀도가 높은 시스템에서 사용된다. (예: 자석 기반의 모터 시스템)
3. 유체 댐핑 : 오일, 젤 등의 유체를 사용하여 진동을 완화한다. (예: 유압 댐핑 시스템)
4. 소프트웨어 기반 댐핑 : 진동 데이터를 센서를 통해 분석하고 소프트웨어 알고리즘으로 보정하는 방식이다. (예: 이미지 흔들림 보정)

드론 카메라에서 댐핑 방식의 중요성

드론은 공중에서 지속적으로 진동하고 불규칙한 비행을 하기 때문에 댐핑 방식이 적절하지 않으면 다음과 같은 문제가 발생할 수 있다, 즉, 이미지나 영상의 흐림(Blur), 데이터 정확도 저하, 장비의 마모와 손상 등이 발생할 수 있다.

III-3. SF10 : 시설물 점검용 카메라

시설물 점검(Inspection) 기술이 빠르게 발전하면서, 기존의 육안점검(Visual Inspection) 방식의 한계를 극복하기 위한 첨단 솔루션들이 개발, 적용되고 있다. SF10 카메라는 Riebo사의 시설물 점검을 위해 설계된 중형 포맷(Medium Format)의 고해상도 카메라로, 기존 점검 방식에서 발생하는 문제를 해결하며 새로운 표준을 제시하고 있다.

[그림] SF10 카메라

드론 카메라 및 산업용 점검(Inspection) 시스템 개발 업체인 Riebo가 최근 고해상도 촬영이 가능한 중형 포맷(Medium-Format)의 드론 탑재 점검용 카메라 SF10을 선보였다. SF10 카메라는 산업 현장에서의 정밀한 점검과 모니터링을 목적으로 개발된 제품으로서, 시설물 점검 관련 분야에서 활용되고 있다.

고해상도 중형 포맷 센서

SF10은 1억 200만 화소(102MP)의 초고해상도 이미지 센서(Image Sensor)를 탑재한 중형 포맷 카메라로서, 36.1mm × 29.4mm 크기의 CMOS 글로벌 셔터(Global Shutter) 센서를 장착하고 있다. 이를 통해 한 번의 촬영만으로 넓은 지역을 고해상도로 기록할 수 있으며, 특히 도로, 철도, 전력 시설, 대형 건축물 등 시설물 점검(Infrastructure Inspection) 작업에 효과적으로 활용하고 있다.

120mm 망원 렌즈와 레이저 보조 초점 기능

SF10은 120mm 망원 렌즈(Telephoto Lens)를 기본 장착하고 있어, 안전한 거리에서 촬영을 진행하면서도 정밀한 데이터를 수집할 수 있도록 설계되었다. 즉, 사람이 직접 접근하기 어려운 송전선, 고층 건물 외벽, 대형 교량 등을 점검하는 경우, 카메라가 먼 거리에서도 디테일을 놓치지 않고 선명한 이미지를 캡처할 수 있다.

또한, 레이저 거리 측정 모듈(Laser Range Finder Module)이 내장되어 있어, 레이저 보조 초점(Laser-Assisted Focusing) 기능을 통해 피사체까지의 거리를 실시간으로 계산하고, 빠르게 초점을 맞출 수 있다. 일반적인 자동 초점(Auto Focus) 방식의 카메라가 빛의 양이나 환경적 요인에 영향을 받는 반면, SF10은 레이저를 활용해 보다 정확한 거리 측정을 수행하고, 복잡한 환경에서도 신속하게 초점을 조절하는 것이 가능하다.

3축 짐벌 탑재

카메라가 장착된 드론이 공중에서 흔들리거나 바람의 영향을 받을 경우, 촬영 이미지가 흐려지거나 왜곡되는 현상이 발생할 수 있다. 이를 방지하기 위해 SF10에는 자체 개발한 3축 짐벌(Gimbal)이 탑재되어 있다.

3축 짐벌은 드론이 비행 중 기울어지거나 빠른 속도로 이동할 때에도 카메라의 위치를 안정적으로 유지할 수 있도록 해준다. 즉, 수직축(Pitch), 수평축(Roll), 회전축(Yaw)에서 흔들림을 보정하는 역할을 하기 때문에, 흔들림 없는 안정적인 이미지를 확보할 수 있다.

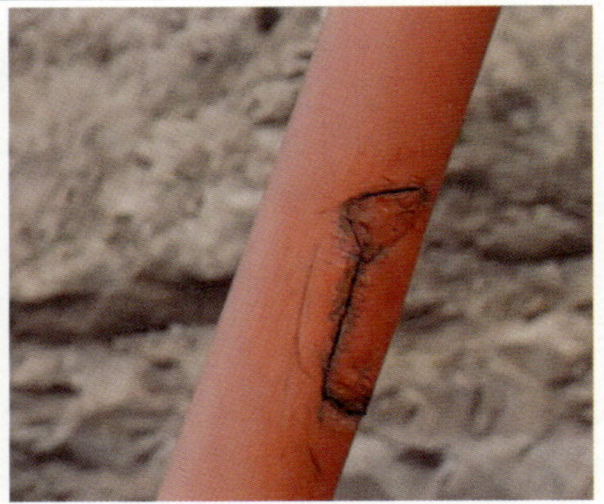

[그림] SF10을 활용한 교량의 와이어(Wire) 및 강재 점검

드론의 다양한 비행 환경에서도 점검 대상인 교량의 와이어(Wire) 및 강재에 초점이 맞춰져, 이미지 왜곡없이 교량의 상태를 확인할 수 있다.

한편, 렌즈 눈부심(Glare) 방지 최적화 기능이 추가되어 있어서, 카메라가 태양을 직접 바라보는 환경에서도 불필요한 빛 번짐이나 플레어(Flare) 현상을 최소화하여 선명한 결과물을 얻을 수 있다. 이는 정오나 역광(Backlight) 환경에서도 균일한 품질의 이미지를 촬영할 수 있도록 한다. SF10 카메라는 시설물 점검 분야에서 기술적 진보를 이룬 제품으로 평가받고 있다. 고해상도 영상 데이터, 디지털 트윈 기술과의 연계, AI 기반 결함 분석 등 다양한 기능을 통해 기존 점검 방식의 한계를 극복하며, 안전하고 효율적인 유지보수 작업을 가능하게 한다. 이러한 기술적 장점들은 교량, 댐, 터널, 고층 건물 등 다양한 구조물의 점검 작업에 있어 새로운 기준을 제시하고 있으며, 새로운 시설물 관리 패러다임을 제시한 것으로 평가받고 있다.

1. SF10 카메라의 주요 특징

SF10 카메라는 시설물 점검을 위해 특화된 중형 포맷(Medium Format) CMOS 센서를 기반으로 개발되었으며, 1억 2백만 화소(102MP)의 유효 화소를 제공한다. 이 고해상도 기술은 점검 대상의 아주 작은 결함까지도 정확하게 식별할 수 있는 뛰어난 성능을 발휘한다. 예를 들어, 콘크리트 구조물에서 흔히 발생하는 균열이나 파손과 같은 미세한 문제를 확인하는 데 있어 SF10 카메라의 정밀도는 매우 중요한 역할을 한다. 특히 최대 공간 해상도가 0.1mm에 이르는 이 카메라는, 기존의 점검 방식으로는 확인하기 어려운 미세 결함까지 검출할 수 있어서, 점검 작업의 수준을 한 차원 높이고 있다.

[그림] (a) 대전 육교의 모습, (b) SF10 카메라를 활용한 디지털 트윈 및 (c-d) 결함 탐지

대전 육교 : 1969년에 경부고속도로 일부로 건설된 '대전 육교'는 아치 형태의 대형 교량으로서, 대전 대덕구 비래동에 위치하고 있다. 길이 201m, 폭 21.4m, 높이 35m 규모이다. 교량의 노후화와 경부고속도로 선형화로 1999년 폐쇄됐다. 2020년 6월, 근대 산업화의 상징성과 아치 교량으로서 우수한 건축미를 인정받아 "고속도로 1호 문화재(국가등록문화재 제783호)"로 지정됐다.

[그림] 철도 레일 점검

[그림] 댐 안전점검을 위한 (좌)드론 촬영 비행 루트 및 (우)댐 안전점검 모습

2. 다양한 환경에서 최적의 성능

SF10 카메라는 다양한 조명 조건에서도 최상의 결과를 제공할 수 있도록 설계되었다. 특히, 교량 하부처럼 어두운 환경에서도 고품질의 점검 이미지를 촬영할 수 있는 특화된 이미지 알고리즘을 제공한다. 카메라의 초점 거리는 120mm로, 장초점 설계 덕분에 드론과 점검 대상 간의 안전 거리를 유지하면서도 높은 해상도의 이미지를 수집할 수 있다. 이는 복잡한 구조물을 점검할 때 비행 안전성을 보장하는 중요한 기술적 장점으로 평가된다.

3. 최적화된 데이터 수집과 관리

SF10 카메라는 단순히 데이터를 수집하는 데 그치지 않고, 데이터 품질을 보장하기 위한 다양한 기술적 장치를 포함하고 있다. RTK/GPS 기반의 실시간 보정 계산을 통해 촬영된 이미지는 정확한 위치 정보가 EXIF 메타데이터에 포함되어 저장된다. 이를 통해 후속 데이터 처리 과정에서 불필요한 작업을 줄이고, 점검 효율성을 높인다.

SF10 카메라는 Riebo가 독자적으로 개발한 지능형 점검 관리 플랫폼과 완벽히 호환된다. 즉, 드론이 수집한 점검 데이터를 3D 모델 상에 정확하게 매핑하여 결함의 위치와 유형을 시각적으로 표시한다. 특히, AI 기반 결함 분류(Classification) 기능을 통해 콘크리트 및 강재의 균열, 변형, 부식 등 다양한 결함 유형을 자동으로 식별할 수 있다. 이 AI 시스템은 90% 이상의 높은 정확도를 제공하며, 이를 통해 수작업으로 이루어지던 데이터 검토 시간을 크게 단축시키고, 효율성을 극대화한다. 결과적으로 점검 과정에서의 인적 오류를 줄이고 데이터의 신뢰성을 높이는 데 기여한다.

4. 디지털 트윈 기술과의 연계

SF10 카메라는 디지털 트윈(Digital Twin) 기술과의 연계를 통해 더욱 강력한 분석 도구로 자리 잡고 있다. 디지털 트윈 기술은 점검 대상을 가상 공간에서 재현해 시설물 상태를 실시간으로 모니터링하고, 문제 발생 전 예방 조치를 가능하게 한다. SF10 카메라로 수집된 데이터는 디지털 트윈 모델과 결합되어 시설물의 구조적 문제를 시각적으로 분석하고 관리할 수 있다.

5. 경제성과 효율성을 겸비한 솔루션

Riebo의 드론 점검 솔루션은 DJI M300RTK 및 DJI M350RTK 드론 플랫폼과 호환되며, 한 명의 작업자가 드론, 카메라, 데이터 수집 장비를 활용하여 고효율 점검 작업을 수행할 수 있다. 이는 점검 인력과 장비에 대한 의존도를 낮추고, 운영 비용을 절감하는 데 크게 기여한다. 또한, SF10 카메라의 데이터는 Word, PDF, Excel 등 다양한 형식의 점검 보고서로 출력할 수 있어 유지보수 의사결정을 지원하는 데 최적화되어 있다.

[표] SF10 카메라 제원

구분	항목	제원
기본 사양 Basic Parameters	무게(짐벌 포함)	약 1.5 kg
	크기	136mm×135mm×93mm
	최소 노출 간격(Minimum Exposure Interval)	0.36s
	셔터 속도(Shutter Speed)	1/100~1/2,000s
	ISO 감도(ISO)	100~6,400
	저장 용량(Storage)	256G2
센서 파라미터 Sensor Parameters	총 화소 수(Total Pixels)	102MP(1억 2백만 화소)
	화소 크기(Pixel Size)	3.76μm×3.76μm
	해상도(Resolution)	11,648×8,736
	렌즈 갯수(No. of Lens)	1Pcs
	센서 크기(Sensor Size)	43.8mm×32.8mm
광학 파라미터 Optical Parameters	초점거리(Focal Length)	120mm
	레이저 측정 거리(Laser Range Finder; LRF)	약 70m
	초점 방식(Focal Method)	Auto Focus/ Manual Focus
	최단 초점 거리(Minimum Focusing Distance)	3m
	조리개(Aperture)	F5.6
	화각(FOV)	20.69°(H), 15.56° (V)
적응 파라미터 Adaptation Parameter	전원 공급(Supply Voltage)	DC (12V~27V)
	전원 인터페이스(Power Interface)	Custom
	트리거(Trigger)	Skyport/ Low-level/ Serial
	파라미터 설정 모드(Parameter Setting Mode)	RC/ Serial
	데이터 전송(Data Transferring)	TF Card
환경 적응성 Environmental Adaptability	작동 온도(Operating Temperature)	-20℃~65℃
	작동 습도(Operating Humidity)	≤40℃ 5%RH
기타	경로 계획(Route Planning)	Aeroinspection
	결함 화소 보정(Bad Pixel Correction)	supported
	밝기 보정(Brightness Calibration)	supported
	실시간 RTK 보정(Real-time RTK Calibration)	supported
	실시간 이미지 뷰(Real-time Image Preview)	supported
	비디오 녹화(Video Record)	4K 30FPS

6. 드론 사진측량 실습자료 현장 및 수집 데이터 분석

드론 사진촬영 지역

드론 사진측량 자료 처리를 위한 실습용 드론 사진 촬영은 충청북도 청주시 흥덕구 오송읍에 위치한 오송국민체육센터 및 그 주변 지역에서 이루어졌다. 오송국민체육센터[23)]는 오송생명과학단지[24)](五松生命科學團地) 내에 조성된 체육시설로서, 지역 주민들에게 다양한 체육활동의 기회를 마련하며 생활 체육 활성화를 목적으로 2024년 5월 1일 공식 개장한 공간이다. 오송생명과학단지는 2010년 충청북도 청주시 흥덕구 오송읍에 조성된 국내 최초의 바이오산업 특화 단지로서, 기업체와 대학, 연구소뿐만 아니라 식품의약품안전처 및 질병관리청과 같은 국책기관이 유기적으로 연계되어 인력 양성, 연구 개발, 인·허가, 제조 및 판매 등 바이오산업 전반을 지원하는 복합 연구 단지로 조성되었다.

[그림] 오송국민체육센터 (출처 : 오송국민체육센터 홈페이지)

23) 오송 국민체육센터 : [지번] 충청북도 청주시 흥덕구 오송읍 봉산리 770
[도로명] 충청북도 청주시 흥덕구 오송읍 오송생명12로 130

24) 오송생명과학단지(五松生命科學團地) : 충북 청주시 흥덕구 오송읍에 2010년 조성된 생명과학단지이다. 국내 최초로 기업체와 대학, 연구소 및 식품의약품안전처, 질병관리청 등의 국책기관이 연계되어 인력양성 및 연구개발, 인·허가, 제조, 판매에 이르기까지 모든 과정을 지원하도록 집적되었으며, 바이오 산업 전문 단지로서 정부가 보건의료 및 생명과학기술 분야를 국가전략 사업으로 육성하기 위해 추진한 것이다.

이와 같은 배경 속에서 오송국민체육센터는 택지개발 과정에서 비교적 넓은 개활지를 확보하고 있으며, 접근성이 뛰어나면서도 인구 밀도가 낮아 드론 비행 및 촬영을 수행하기에 적합한 환경을 갖추고 있다. 특히, 해당 체육시설이 개장한 지 얼마 지나지 않은 시점이므로, 2025년 1월 1일 기준으로 국내 위성지도에서는 여전히 나대지(裸垈地)로 표시되고 있다. 이러한 다양한 요소를 종합적으로 고려했을 때, 오송국민체육센터와 그 인근 지역은 드론 사진측량 실습을 진행하기에 최적의 장소로 판단되었다.

[그림] 국내 위성지도 상의 '오송국민체육센터' 인근 부지 현황 (네이버 지도, 2025.1.1. 현재)

[그림] 드론으로 150m 고도에서 촬영한 '오송국민체육센터' 인근 부지 현황 (2024.11.10 현재)

해당 지역을 실습 장소로 선정한 이유는 다음과 같다. 우선, 오송국민체육센터는 단일 건물과 더불어 주차장 및 주차선이 명확하게 표시되어 있어, 사진측량 결과물을 분석하고 활용하는 데 적합한 조건을 갖추고 있다. 또한, 인근 건설 예정부지에는 성토된 흙더미가 자리하고 있어, 사진측량을 통한 지형 변화를 연구하기에 유용한 자료를 제공할 수 있다. 무엇보다도, 해당 지역은 비행승인이 필요하지 않은 비행구역에 포함되며, 군부대나 기타 제한 구역이 존재하지 않아 별도의 촬영허가 없이도 자유로운 드론 비행 및 촬영이 가능하다는 점에서 실습에 적합한 환경이라 할 수 있다. 이러한 여러 조건을 종합적으로 고려했을 때, 본 실습을 수행하기에 이상적인 장소로 선정되었다.

[그림] 촬영지역의 비행구역 구분 (출처 : 드론원스톱 민원서비스)

오송국민체육센터 인근 지역은 비행 승인이 불필요한 지역이며, 군부대 등의 민감 시설이 없어 별도의 촬영 신청이 필요하지 않다.

드론 사진촬영

드론 사진측량 실습을 위한 촬영은 아래 그림에서 확인할 수 있는 지역에서 진행되었으며, 비행고도는 80m로 설정되었다. 촬영 방식으로는 격자(Grid) 비행을 적용하여 일정한 간격으로 항공 영상을 수집하는 방식을 활용하였으며, 촬영 일정은 2024년 7월 15일 한여름 오전 11시경으로, 일조량이 충분한 시점에 맞춰 작업이 이루어졌다. 다만, 한여름 정오 무렵에 촬영이 진행된 영향으로 이미지가 다소 밝게 촬영되었으며, 지상기준점 및 검사점의 이미지 해상도가 상대적으로 낮게 촬영되었음을 밝힌다.

이번 드론 촬영은 자료처리에 소요되는 시간을 최대한 단축하면서도, 촬영 대상 요소를 가능한 한 많이 포함할 수 있도록 신중하게 계획되었으며, 그 결과 총 108장의 이미지가 획득되었다. 촬영된 이미지 샘플은 구글 드라이브(Google Drive)에 저장되어 있으며, 해당 이미지의 다운로드 방법은 이 책의 **부록 1**에서 확인할 수 있다.

[그림] 드론촬영 지역의 정사영상

[그림] 드론촬영을 위한 비행 루트

박스(box)는 촬영 면적을 의미하며, 빨간 색의 점은 촬영위치를 표시한다.

[그림] 드론 사진측량 실습을 위한 드론 촬영 이미지(108장)

한편, 지상기준점(GCP; Ground Control Point)과 검사점(CP; Check Point)은 촬영 지역 내에서 다음 그림에 나타난 바와 같이 배치하였다. 여기서 지상기준점(GCP)은 드론으로 촬영된 영상 좌표계를 지도 좌표계로 변환하기 위해 지상에 설치된 기준점을 의미하며, 검사점(CP)은 드론 영상의 정확도를 검증하기 위해 설치된 표식점이다. 한편, 영상의 해상도를 측정하기 위해 SS는 지멘스타(Siemens Star)를 설치하였다.

또한, 지상기준점(GCP; Ground Control Point)과 검사점(CP; Check Point)은 촬영 지역 내에서 아래 그림과 같이 배치되었다. 지상기준점(GCP)은 드론으로 촬영한 영상의 좌표계를 지도 좌표계로 변환하기 위해 지상에 설치된 기준점으로서, 영상의 위치 정확도를 확보하는 데 중요한 역할을 한다. 반면, 검사점(CP)은 사진측량 결과물의 정확도를 검증하는 목적으로 활용되는 표식점으로서, 측량 성과의 신뢰도를 평가하는 데 필수적인 요소이다. 또한, 촬영 영상의 해상도를 정밀하게 분석하기 위해 Siemens Star(지멘스타)를 설치하여 평가를 진행하였다.

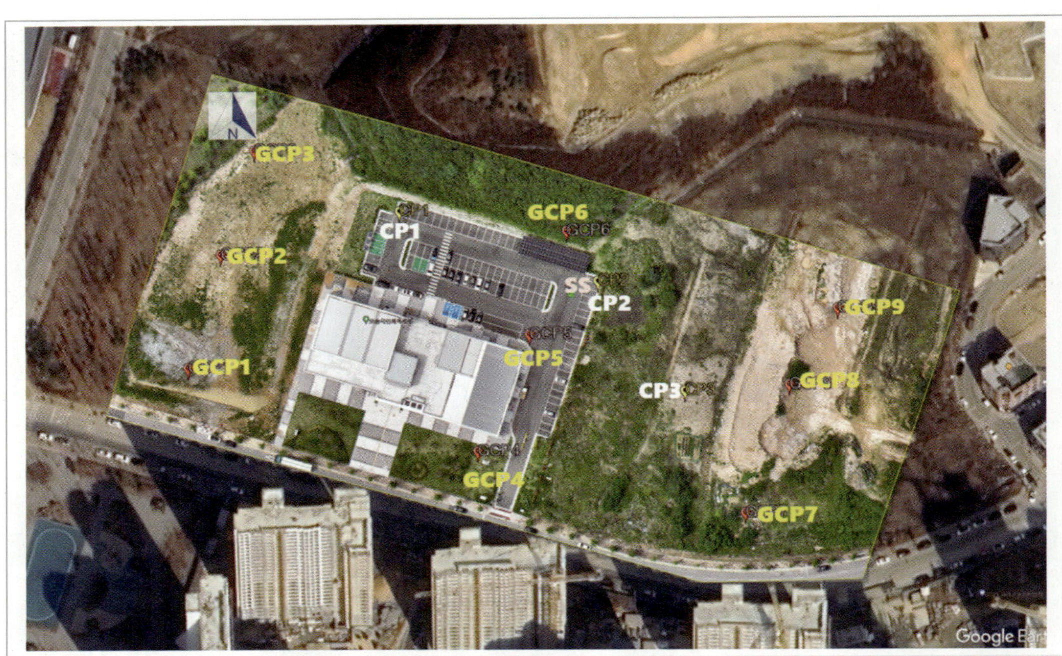

[그림] 드론 촬영 지역에 설치된 지상기준점 및 검사점 위치

GCP는 지상기준점(Ground Control Point), CP는 검사점(Check Point)을 의미한다. SS는 지멘스타(Siemens Star)로서 영상의 해상도를 측정하기 위해 설치한 것으로서, 이 책에서는 지상기준점으로도 사용하였다.

[그림] 지상기준점(GCP)

[그림] 검사점(CP)

[그림] 지멘스타(Siemens Star)

측량 분야에서는 위치와 고도의 정확성을 확보하기 위해 3차원 데이터를 항공삼각측량(Aerial Triangulation) 기법을 통해 취득한다. 이 과정에서 지상기준점 성과를 기준으로 드론 영상의 사진좌표(Photo Coordinates)를 지상좌표(Ground Coordinates)로 변환하는 작업이 필요하다. 이를 위해 지상기준점 측량을 수행하여 절대좌표(Absolute Coordinates)로 변환하는 작업을 진행한다. 지상기준점 측량은 항공삼각측량과 같은 정밀 측량 작업에 필요한 기준점 성과를 얻기 위해 현장에서 실시하는 지상 측량을 말한다(「무인비행장치 측량 작업규정」 제2조 제5항 및 제6항). 무인비행

장치(Unmanned Aerial Vehicle, UAV)를 활용하여 생성된 정사영상(Orthophoto)과 수치표면모델(DSM; Digital Surface Model)의 위치 정확도는 지상기준점의 수와 그 배치 위치에 따라 상이하게 나타날 수 있다.

사진측량 분야에서는 위치 및 고도의 정확성을 확보하기 위해 3차원 데이터를 항공삼각측량(Aerial Triangulation) 기법을 통해 취득하는 것이 일반적이다. 이 과정에서 지상기준점 성과를 기준으로 드론 영상에서 추출된 사진좌표(Photo Coordinates)를 실제 지상좌표(Ground Coordinates)로 변환하는 작업이 요구된다. 이를 위해 지상기준점 측량이 이루어지며, 이를 통해 드론 영상의 절대좌표(Absolute Coordinates) 변환을 위한 기준점을 확보할 수 있다. 지상기준점 측량은 항공삼각측량과 같은 정밀 측량 과정에서 필수적으로 수행되는 현장 측량작업이며, 「무인비행장치 측량 작업규정」 제2조 제5항 및 제6항에 근거하여 실시된다.

드론을 이용해 제작된 정사영상(Orthophoto) 및 수치표면모델(DSM; Digital Surface Model)의 위치 정확도는 지상기준점의 개수와 배치 방식에 따라 차이가 발생할 수 있다. 이에 따라, 지상기준점과 검사점의 데이터는 아래 표에 정리되어 있으며, 점의 조서는 구글 드라이브에서 내려받을 수 있다. **부록 1**에 점의 조서 pdf 파일을 다운로드 받을 수 있는 방법을 기술하였으며, **부록 2**에 점의 조서를 정리하였다.

[표] 지상기준점(GCP)과 검사점(CP)의 측량 좌표

순번	구분	N(m)	E(m)	Z(m)	Lat(위도)	Long(경도)
1	GCP1	447351.794	227832.305	65.747	36-37-26.51977	127-18-50.69988
2	GCP2	447386.223	227846.102	67.155	36-37-27.63534	127-18-51.25971
3	GCP3	447419.972	227867.256	68.151	36-37-28.72807	127-18-52.11559
4	GCP4	447316.728	227931.967	64.633	36-37-25.37160	127-18-54.70679
5	GCP5	447358.644	227945.221	64.817	36-37-26.73012	127-18-55.24576
6	GCP6	447391.550	227963.705	66.309	36-37-27.79577	127-18-55.99407
7	GCP7	447291.548	228024.496	62.257	36-37-24.54488	127-18-58.42786
8	GCP8	447337.605	228039.595	63.306	36-37-26.03755	127-18-59.04165
9	GCP9	447376.600	228057.500	64.165	36-37-27.30081	127-18-59.76747
10	SS	447376.890	227969.661	64.881	36-37-27.31951	127-18-56.23189
11	CP1	447401.762	227902.106	64.846	36-37-28.13359	127-18-53.51597
12	CP2	447378.646	227971.888	64.864	36-37-27.37625	127-18-56.32176
13	CP3	447339.065	228000.962	64.312	36-37-26.08901	127-18-57.48683

드론 촬영 이미지의 해상도 : 지상표본거리(GSD), 시각적 해상도(GRD), 영상의 선명도 (Sharpness)

지상표본거리(GSD), 시각적 해상도(GRD), 영상의 선명도(Sharpness)와 관련된 자세한 내용은 이 책의 3장, 3절 "드론 매핑을 위한 해상도"에서 자세히 설명하였으므로 참고바란다.

최근 드론을 활용한 사진측량 기술이 급속도로 발전하고 있다. 드론은 광범위한 지역을 신속하게 촬영할 수 있어 토지 측량, 지도 제작, 구조물 검사 등 다양한 분야에서 활용되고 있다. 그러나 정확한 데이터를 얻기 위해서는 촬영된 영상의 해상도와 선명도 등이 중요하며, 이를 평가하는 주요 지표가 바로 지상표본거리(GSD, Ground Sample Distance), 시각적 해상도(GRD, Ground Resolved Distance), 그리고 영상의 선명도(Sharpness, c)이다.

1. 지상표본거리(GSD, Ground Sample Distance)

지상표본거리(GSD)는 촬영된 이미지에서 한 픽셀(Pixel)이 실제 지상에서 나타내는 거리를 의미한다. 쉽게 말해, 드론이 하늘에서 촬영한 사진 속 한 점(픽셀)이 실제 지상에서 얼마나 넓은 영역을 대표하는지를 나타내는 값이다. 예를 들어, GSD가 5cm라면, 이미지의 한 픽셀은 지상에서 5cm × 5cm 크기의 영역을 나타낸다.

GSD는 사진측량의 정밀도를 결정하는 핵심 요소이다. GSD 값이 작을수록 보다 선명한 이미지가 생성되며, 지상에 있는 작은 물체까지 정확하게 식별할 수 있다. 따라서 사진측량이나 고해상도 지도를 제작할 때 낮은 GSD 값을 유지하는 것이 중요하다.

GSD 계산 방법
GSD는 다음 공식으로 계산할 수 있다.

$$GSD = \frac{H \times PS}{f}$$

여기서, H는 촬영 고도(m)이며, PS는 카메라 센서의 픽셀 크기(μm), 는 렌즈의 초점 거리(mm)이다.

2. 시각적 해상도(GRD, Ground Resolved Distance)

시각적 해상도(GRD)는 촬영된 이미지에서 구별 가능한 최소 거리를 의미한다. 즉, 두 개체가 서로 얼마나 가까이 있어야 이미지에서 분리되어 보이는지를 나타내는 값이다. GRD가 작을수록 작은 물체까지 구별할 수 있어, 보다 정밀한 분석이 가능하다. 그러나 GRD는 단순히 GSD에 의해 결정되지 않고, 렌즈의 품질, 대기 상태, 카메라의 센서 성능 등에 따라 달라질 수 있다.

GRD는 일반적으로 Siemens Star 패턴(지멘스 스타)이나 Spoke Target(스포크 타겟)을 이용해 측정되며, 다음과 같이 표현할 수 있다.

$$GRD(l) = f\left[\frac{\text{내부직경}(d)}{\text{외부직경}(D)}\right] = \frac{\pi \times \text{직경비}(\frac{\text{내부직경}(d)}{\text{외부직경}(D)})}{\text{흑백선 수}(n)} \times \text{실제외부직경}$$

여기서, D는 지멘스타가 촬영된 이미지 상의 외부 직경(cm)이며, 는 중심부에서 흐릿해지는 원 내부의 직경(cm)이다. n은 흑백선의 갯수이다.

예를 들어, GRD =0.5cm이면, 두 개체가 0.5cm 이상 떨어져 있어야 선명하게 구별할 수 있다는 의미이다.

3. 영상의 선명도(Sharpness)

영상의 선명도(Sharpness, c)는 시각적 해상도(GRD)와 지상표본거리(GSD)의 비율로 정의된다. 즉, 촬영된 영상에서 개체의 경계가 얼마나 선명한지를 수치적으로 나타내는 지표이다. 영상의 선명도는 1.1 이하가 되어야 한다. 영상의 선명도가 높을수록 세부 정보가 명확하게 구별되며, 측량 및 분석의 정밀도가 향상된다.

선명도(c)는 다음과 같은 공식으로 계산된다. 즉,

$$c = \frac{\text{시각적 해상도}(l)}{\text{지상표본거리}(GSD)} = \frac{GRD}{GSD}$$

예를 들어, GRD가 0.5cm이고 GSD가 1cm일 경우, c = 0.5이다. 이 경우, 선명도가 0.5이므로 비교적 선명한 영상임을 판단할 수 있다.

4. GSD, GRD, Sharpness의 상호 관계

① GSD와 GRD의 관계

GSD가 작을수록 GRD도 작아지는 경향이 있다. 즉, 비행(촬영) 고도가 낮거나, 해상도가 높은 카메라를 사용할수록 보다 작은 물체까지 구별할 수 있다.

② GRD와 선명도의 관계

GRD가 작고 GSD가 작을수록 선명도(Sharpness, c)는 높아진다. 이는 영상이 보다 깨끗하고 정확하다는 것을 의미한다.

③ GSD와 선명도의 관계

GSD가 작을수록 선명도가 높아진다. 따라서 드론 촬영에서 GSD를 최소화하는 것이 중요하다.

참고 지상표본거리(GSD), 시각적 해상도(GRD), 영상의 선명도(Sharpness)

- GSD(지상표본거리)가 작을수록 정밀한 측량이 가능하다.
- GRD(시각적 해상도)가 작을수록 작은 물체까지 구별할 수 있다.
- Sharpness(선명도)가 높을수록 영상이 더욱 선명하다.

드론 사진측량 자료 처리를 위한 실습용 드론 촬영은 충청북도 청주시 흥덕구 오송읍에 위치한 오송국민체육센터 및 그 주변 지역에서 진행되었다. 오송국민체육센터는 오송생명과학단지(五松生命科學團地) 내에 조성된 체육시설로서, 지역 주민들에게 다양한 체육활동의 기회를 제공하고 생활 체육의 활성화를 도모하기 위해 2024년 5월 1일 공식 개장된 공간이다.

드론 사진측량 실습을 위한 촬영은 비행고도는 80m로 설정되었다. 촬영 방식으로는 격자(Grid) 비행을 적용하여, 일정한 간격으로 항공 영상을 수집하는 방식을 활용하였다. 드론 촬영은 자료 처리에 소요되는 시간을 최대한 단축하면서도, 촬영 대상 요소를 가능한 한 많이 포함할 수 있도록 신중하게 계획되었으며, 그 결과 총 108장의 이미지가 획득되었다. 또한, 촬영 지역 내에는 지상기준점(GCP: Ground Control Point)과 검사점(CP: Check Point)을 설치하였다. 이는 드론으로 촬영된 영상의 좌표계를 지도 좌표계로 변환하고, 드론 영상의 정확도를 검증하기 위한 목적으로 배치되었다. 아울러, 영상의 해상도를 측정하기 위해 지멘스타(Siemens Star) 패턴을 설치하였으며, 이를 활용하여 촬영된 영상을 정밀하게 분석하였다.

[그림] 드론 이미지 상의 Siemens Star

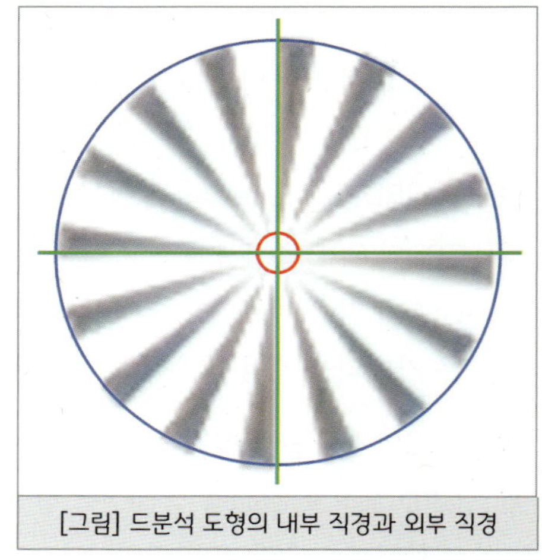

[그림] 드분석 도형의 내부 직경과 외부 직경

드론 사진측량 자료 처리를 위한 촬영 과정에서 분석 도형인 지멘스타(Siemens Star)는 다수의 이미지에 포함되어 촬영되었다. 시각적 해상도(GRD, Ground Resolved Distance) 및 영상의 선명도(Sharpness, c)를 분석하기 위해, 촬영된 이미지를 확대하여 이미지 상의 지멘스타 패턴의 전체 직경(*D*)과 중심부에서 흐릿해지는 경계 부분까지의 직경(*d*)을 실측하고, 이를 바탕으로 비율을 산출하였다. 해당 분석을 통해 영상의 선명도를 정량적으로 평가하였으며, 관련 결과는 다음의 표를 통해 정리하였다.

연번	분석 도형 촬영 영상	실제 외부 직경 (m)	흑백 선수	내부 직경 (d)	외부직경 (D)	직경비 (d/D)	시각적 해상도[25] (cm)
1		2	32	0.5 0.7	9.2	0.05 0.07	1.4
n	-	-	-	-	-	-	-
평균 시각적 해상도 (cm)							1.4
지상표본거리(*GSD*) (cm)							2.1
평균 영상의 선명도 (l/GSD)							0.8

본 실습의 목적에 따라 분석 도형인 지멘스타(Siemens Star) 패턴이 촬영된 여러 장의 이미지 중 한 장을 선택하여 분석을 수행하였다. 분석 결과, 영상의 선명도 값은 0.8로 나타났으며, 이는 기준값인 1.1보다 낮은 수준이다. 따라서 비교적 선명한 이미지가 취득되었음을 확인할 수 있었다.

25) 시각적 해상도(l)= $\dfrac{\pi \times \text{직경비}(\dfrac{\text{내부직경}(d)}{\text{외부직경}(D)})}{\text{흑백선 수}(n)} \times \text{실제외부직경}$

Chapter 5
드론 사진측량 소프트웨어 소개 및 자료처리

드론 사진측량 소프트웨어 소개 및 자료처리

드론 사진측량 소프트웨어는 건설, 농업, 광산, 측량 등 다양한 산업에서 폭넓게 활용되며, 촬영된 이미지를 기반으로 고정밀 2D 지도와 3D 모델을 제작하는 데 중요한 역할을 한다. 사진측량 자료처리 과정은 일반적으로 세 단계로 구분되며, 소프트웨어에 따라 워크플로우(Workflow)의 명칭이나 세부 절차가 다를 수 있지만, 대개 다음과 같은 단계로 진행된다.

첫 번째 단계는 초기 처리(Initial Processing)로서, 드론 촬영 이미지, GPS 정보, 지상 기준점(GCP) 데이터를 이용해 이미지의 고유 특징점을 추출하고, 여러 이미지 간의 매칭을 통해 자동 연결점을 생성한다. 이 과정에서 카메라의 내부 및 외부 파라미터를 최적화하며, 항공삼각측량 기법을 적용해 모델을 실제 지리적 좌표에 정렬한다.

두 번째 단계는 고밀도 점군(Point Cloud) 생성 및 3D 메쉬 제작이다. 초기 처리 단계에서 생성된 자동 연결점을 기반으로 정밀한 고밀도 점군을 생성하고, 이를 활용해 3D 텍스처 메쉬를 제작함으로써 구조물의 외형을 사실적으로 구현한다.

세 번째 단계는 수치표면모델(DSM)과 정사영상(Orthomosaic) 등의 생성으로서, 완성된 3D 모델을 토대로 지형의 높이 정보와 평면 영상을 생성해 다양한 분석 및 의사결정에 활용할 수 있는 응용 데이터를 제공한다.

• 무인비행장치 측량을 위한 작업순서

「무인비행장치 측량 작업규정」 제7조(작업순서) 무인비행장치를 이용한 작업절차는 다음과 같으며, 측량시행자가 지시 또는 승인한 경우에는 순서를 변경하거나 일부를 생략할 수 있다.

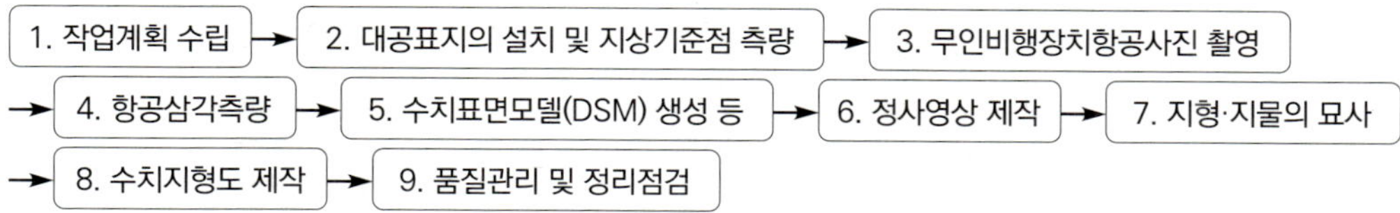

• 드론을 활용한 지적측량의 작업순서

「드론지적측량규정」 제4조(작업순서) 드론을 활용한 지적측량의 작업순서는 다음과 같다.

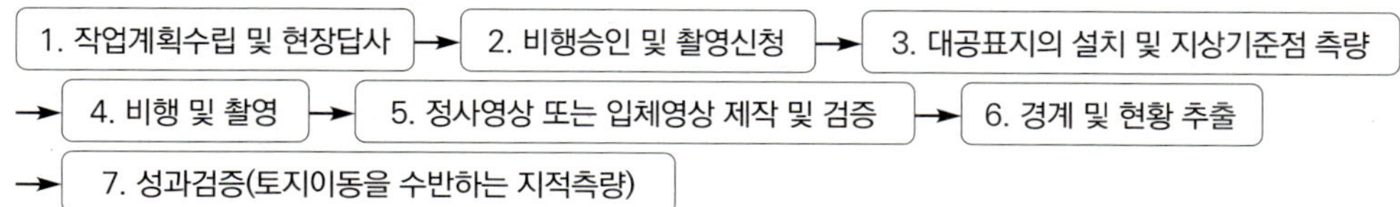

이 책에서는 이러한 과정에서 활용할 수 있는 대표적인 사진측량 소프트웨어인 Pix4Dmapper, Pix4Dmatic, DJI Terra, iTwin Capture Modeler(구 ContextCapture), Agisoft Metashape 등을 소개하고, 각 소프트웨어를 활용한 실습 자료 처리 과정을 상세히 다룬다. 이러한 자료처리 과정 설명과 실습을 통해 독자들은 드론 사진측량의 기본 개념과 워크플로우, 소프트웨어 활용법을 익히며 실질적인 프로젝트 수행 능력을 키울 수 있을 것이다.

사진측량 자료처리 소프트웨어를 효과적으로 활용하기 위해서는 몇 가지 공통적인 기본 지식을 숙지하는 것이 중요합니다. 본서에서는 이러한 기본기를 익히는 데 가장 적합한 입문 소프트웨어로 Pix4Dmapper를 우선적으로 다루었습니다. 비록 Pix4Dmapper는 현재 후속 소프트웨어인 Pix4Dmatic 개발에 집중함에 따라 업데이트가 중단된 상태이고, 알고리즘 성능이나 처리 속도 면에서 최신 소프트웨어에 비해 다소 느릴 수 있습니다. 그럼에도 불구하고 Pix4Dmapper는 사진측량 처리 과정의 핵심 흐름과 원리를 이해하는 데 매우 유용한 구조를 가지고 있어, 다른 소프트웨어로 확장하여 활용할 때도 큰 도움이 됩니다.

이러한 이유로, 사진측량 소프트웨어 사용법을 설명하는 본문에서는 Pix4Dmapper의 처리 단계를 중심으로 설명을 시작하였으며, 이 과정에서 필요한 기초 개념들도 함께 기술하였습니다. 특히, 소프트웨어 사용 과정 중 반드시 이해해야 할 개념들은 본문과 별도로 "**참고**" 항목으로 정리해 두었습니다. 따라서, 특정 소프트웨어에만 관심이 있더라도, 전체적인 이해를 위해 "**참고**" 내용은 반드시 읽어보기를 권장합니다.

한편, "5-3. iTwin Capture Modeler 시작에 앞서" 항목에서는 지오이드(Geoid)와 관련된 지리좌표계 및 기준면 설정에 대한 핵심 개념을 다루고 있으므로, 사진측량 자료처리 소프트웨어를 사용할 때 좌표와 고도를 올바르게 이해하고 활용하기 위해서는 이 부분을 숙지하는 것이 바람직합니다.

1. Pix4D

1-1 Pix4D 제품 소개

Pix4D는 2011년 스위스 로잔 연방공과대학교(École Polytechnique Fédérale de Lausanne, EPFL)의 컴퓨터 비전 연구소에서 스핀오프(spin-off) 형태로 설립된 혁신적인 소프트웨어 기업이다. 이 회사는 지상 및 드론 기반 사진측량(Photogrammetry) 및 3D 매핑 소프트웨어를 전문적으로 개발하며, DSLR, 어안(fisheye), RGB, 열화상(thermal), 다분광(multi-spectral) 이미지 등을 고도화된 사진측량 및 컴퓨터 비전 알고리즘을 통해 2D 지도와 3D 모델로 처리하는 기술을 제공하고 있다. Pix4D의 본사는 스위스 로잔에 위치해 있으며, 전 세계 7개의 지사를 운영하며, 글로벌 시장에서 활발히 활동하고 있다.

Pix4D는 드론 및 이미지 기반 3D 모델링 소프트웨어 분야에서 세계적인 리더로 자리 잡았으며, 현재 220개국 이상에서 77,000개가 넘는 고객사를 보유한 글로벌 기업이다. 이 회사는 측량 및 지도 제작(Surveying & Mapping), 건축·엔지니어링 및 건설(AEC, Architecture, Engineering, Construction), 정밀 농업(Precision Agriculture), 에너지·유틸리티 및 인프라(Energy, Utilities & Infrastructure), 법의학 및 공공 안전(Forensics & Public Safety) 등 다양한 산업 분야에서 활용 가능한 혁신적인 솔루션을 제공하고 있다.

Pix4D의 주요 소프트웨어 제품군과 각 제품의 기능은 다음과 같다.

Mapping and 3D modeling	Cloud solutions	Digital surveying	Data Capture Applications
PIX4Dmatic PIX4Dmapper PIX4Dfields PIX4Dreact PIX4Dengine	PIX4Dcloud	PIX4Dsurvey	PIX4Dcapture Pro PIX4Dcatch

- PIX4Dmapper : 드론 및 지상 이미지를 고정밀 2D 지도와 3D 모델로 변환하는 핵심 소프트웨어. 측량, 건설, 환경 모니터링 등 다양한 분야에서 활용된다.
- Pix4Dmatic : 대규모 프로젝트를 위한 고성능 소프트웨어로, 대용량 데이터를 효율적으로 처리하여 정밀한 3D 모델을 생성한다.
- PIX4Dsurvey : 측량 데이터를 CAD 형식으로 변환하여 건설 및 인프라 프로젝트에 활용할 수 있도록 지원한다.

- PIX4Dfields : 정밀 농업을 위한 소프트웨어로, 작물 건강 분석, 수확량 예측, 필드 모니터링 등을 지원한다.
- PIX4Dcloud : 클라우드 기반의 협업 플랫폼으로, 팀원들과 실시간으로 3D 모델과 지도를 공유하고 분석할 수 있다.
- PIX4Dreact : 재난 대응 및 공공 안전을 위한 소프트웨어로, 긴급 상황에서 빠르게 3D 모델을 생성하여 신속한 의사결정을 지원한다.
- PIX4Dcatch : 스마트폰이나 태블릿을 사용하여 손쉽게 3D 모델을 생성할 수 있는 모바일 애플리케이션이다.
- PIX4Dcapture Pro : 드론 비행 계획 및 데이터 수집을 최적화하는 소프트웨어로, 고품질의 이미지 캡처를 지원한다.
- PIX4Dengine : 개발자 및 기업을 위한 맞춤형 솔루션으로, Pix4D의 핵심 알고리즘을 활용하여 자체 애플리케이션에 통합할 수 있다.

I. PIX4Dmapper

Pix4Dmapper는 Pix4D가 최초로 출시한 전문 사진측량 소프트웨어로, 다양한 산업군에서 널리 사용되고 있다. 이 소프트웨어는 건설, 농업, 광산, 측량 등 여러 분야에서 촬영된 이미지를 고정밀 2D 지도 및 3D 모델로 변환하는 데 특화되어 있다. Pix4Dmapper는 꾸준한 업데이트를 통해 정확도를 지속적으로 개선하며, 출력 형식과 워크플로우의 다양성을 확장해 왔다.

PIX4Dmapper는 드론 매핑과 사진측량(Photogrammetry) 분야에서 오랜 기간 신뢰받아 온 고급 소프트웨어로서, 다양한 산업에서 정밀하고 고해상도의 3D 지도와 모델을 생성하는 데 널리 사용되고 있다. PIX4Dmapper는 드론, 또는 지상 카메라로 촬영된 이미지를 활용하여 센티미터(cm) 단위의 높은 정확도를 제공한다. 특히 X 및 Y 방향에서는 1-2픽셀 수준의 GSD(Ground Sample Distance, 지상 표본 거리), Z 방향에서는 1-3픽셀 수준의 정밀도를 달성하여 신뢰할 수 있는 지리공간 데이터를 제공한다. 이러한 정밀도는 대규모 프로젝트와 세부적인 공간 분석 모두에서 중요한 자산이다.

PIX4Dmapper는 직관적이면서도 사용자 친화적인 인터페이스(UI)를 제공하여 초보자도 쉽게 접근할 수 있도록 설계되었다. 한편, 전문가가 필요로 하는 고급 기능과 설정 옵션을 모두 갖추고 있어 다양한 사용자 계층의 요구를 충족시키고 있다.

주요 기능으로는 자동 점군 분류(Automatic Point Cloud Classification), 디지털 표면 평탄화(Flatten & Smoothen Digital Surfaces), 그리고 면적, 체적, 거리 측정(Measurement of Surface, Distance & Volume) 등이 있다. 이러한 기능은 사용자가 복잡한 데이터 분석과 모델링 작업을 보다 효율적으로 수행할 수 있도록 한다.

PIX4Dmapper는 농업, 건설, 도시 계획, 환경 모니터링, 문화재 보존 등 다양한 산업 분야에서 필수적인 도구로 자리 잡고 있다. 이 소프트웨어는 정밀하고 신뢰성 높은 공간 데이터를 제공하여 보다 정확한 의사결정을 지원하며, 다양한 프로젝트에서 핵심적인 역할을 수행하고 있다. 또한, 데이터 처리 속도와 품질 면에서 탁월한 성능을 발휘하여 사용자가 요구하는 높은 수준의 작업 효율성을 충족시키고 있다. 이러한 장점 덕분에 PIX4Dmapper는 3D 매핑과 지리공간 데이터 생성 분야에서 가장 유용하고 신뢰할 수 있는 솔루션 중 하나로 널리 인정받고 있다.

다양한 입력 데이터 지원

PIX4Dmapper는 다양한 형태의 입력 데이터를 지원한다는 점에서 뛰어난 유연성을 자랑한다. 일반적인 RGB 이미지 외에도 열화상(Thermal), 다중분광(Multispectral), 어안 렌즈(Fisheye), 360° 카메라로 촬영된 이미지까지 폭넓게 다룰 수 있다. 또한, 비디오 파일까지 지원되기 때문에 다양한 형태의 데이터를 통합적으로 활용할 수 있다. 이러한 기능 덕분에 농업, 건설, 재난 관리, 환경 모니터링 등 여러 산업 분야의 다양한 프로젝트에 효과적으로 적용할 수 있다.

고정밀 3D 모델링

PIX4Dmapper는 항공 및 지상에서 촬영된 이미지를 활용하여 고정밀의 정사영상, 디지털 지도, 3D 모델을 생성하는 데 특화된 소프트웨어다. 이를 통해 cm 수준의 높은 정확도를 갖춘 점군(Point Cloud), 수치표면모델(DSM, Digital Surface Model), 정사영상(Orthomosaic) 등을 제작할 수 있으며, 이를 바탕으로 정교하고 세부적인 데이터 분석이 가능해진다. 또한, 사용자는 관심 영역(AOI, Area of Interest)을 설정하거나 지상기준점(GCP, Ground Control Points)을 추가하여 데이터의 정확도를 더욱 향상시킬 수 있다. 이렇게 생성된 데이터는 포인트 클라우드, DSM, 메쉬(Mesh), 정사영상 등의 형태로 편집할 수 있어 프로젝트의 최적화와 수정이 자유롭다.

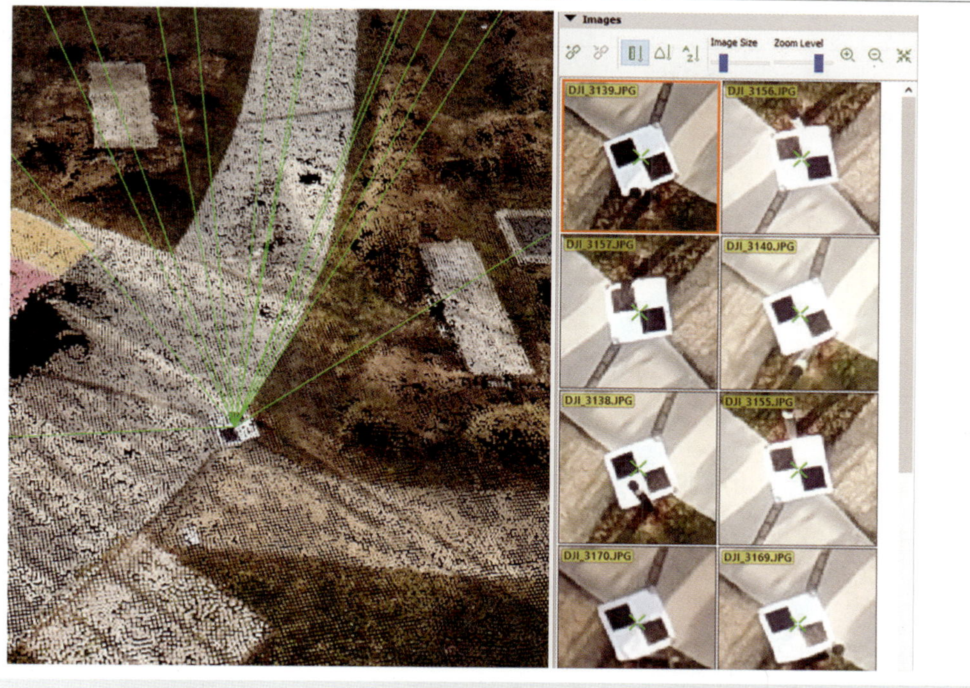

[그림] 정확도 제어

2D 3D GCP(지상기준점), CP(검사점), MTP 등을 원본 이미지와 위치 정보를 사용하여 정확도를 향상 시킨다.

작업 효율성을 높이는 자동화 기능

PIX4Dmapper는 작업의 효율성을 극대화할 수 있도록 다양한 자동화 기능을 제공한다. 기본 제공되는 템플릿을 활용하면 프로젝트를 신속하게 처리할 수 있으며, 필요에 따라 사용자 정의 설정을 통해 세부적인 맞춤형 작업이 가능하다. 이러한 기능은 초보 사용자에게는 진입 장벽을 낮추고, 전문가에게는 더 높은 생산성과 정밀도를 제공한다.

PIX4Dmapper는 작업의 효율성을 극대화할 수 있도록 다양한 자동화 기능을 제공한다. 기본 제공되는 템플릿을 활용하면 프로젝트를 신속하게 처리할 수 있으며, 필요에 따라 사용자 정의 설정을 통해 세부적인 맞춤형 작업이 가능하다. 이러한 기능은 초보 사용자에게는 진입 장벽을 낮추고, 전문가에게는 더 높은 생산성과 정밀도를 제공한다.

rayCloud™ 기술

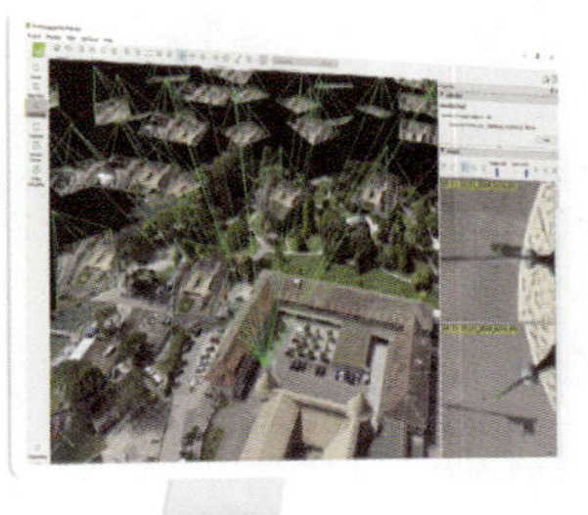

PIX4Dmapper의 핵심 기능 중 하나인 rayCloud™ 환경은 원본 이미지와 3D 재구성 모델을 직관적으로 연결시켜 정확도를 시각적으로 검증하고 조정할 수 있도록 돕는다. 사용자는 모델의 특정 지점을 선택한 후 원본 이미지와 비교하면서 정확도 문제를 실시간으로 확인하고 수정할 수 있다. 이러한 기능은 특히 높은 수준의 정확도가 요구되는 산업 분야에서 매우 유용하게 활용된다.

다양한 출력 형식과 뛰어난 호환성

PIX4Dmapper는 프로젝트 결과물을 다양한 산업 표준 형식으로 내보낼 수 있어 다른 소프트웨어와 시스템과의 호환성이 뛰어나다. 대표적인 출력 형식은 다음과 같다.

- 컬러 포인트 클라우드 : .las, .laz, .ply, .xyz
- 정사영상(Orthomosaic) : GeoTiff, .kml
- 수치표면모델(DSM) : GeoTiff, .xyz, .las, .laz
- 3D 텍스처 메쉬(Texture Mesh) : .ply, .fbx, .dxf, .obj, .pdf
- 인덱스 맵(Index Map) : GeoTiff, .shp
- 열화상 지도(Thermal Maps) : GeoTiff

[그림] 컬러 점군(Full-color point cloud)
.las, .laz, .ply, .xyz

[그림] 정사영상(Orthomosaic)
GeoTiff (.tif), .kml

[그림] 수치표면모델(DSM)
GeoTiff (.tif), .xyz, .las, .laz

[그림] 3D 텍스처 메쉬(Texture Mesh)
.ply, .fbx, .dxf, .obj, .pdf

[그림] 인덱스 맵(Index Map)
GeoTiff (.tif), .shp

[그림] 열화상 지도(Thermal Maps)
GeoTiff (.tif)

이처럼 다양한 출력 형식은 측량, 건설, 문화유산, 농업, 광업, 재난 관리 등 여러 산업 분야에서 생성된 결과물을 다른 분석 도구와 연동하거나 심화 분석하는 데 큰 장점이 있다.

다양한 산업 분야에서의 활용

PIX4Dmapper는 여러 산업 분야에서 정밀한 데이터 분석과 시각화가 요구되는 프로젝트에 폭넓게 활용되고 있다.

- 측량(Surveying) : 지형, 건물, 구조물 등을 정밀하게 측정하고 3D 모델링하는 데 사용된다.
- 건설(Construction) : 건설 현장의 계획 수립, 진행 상황 모니터링, 체적 계산 등을 통해 프로젝트의 효율성을 높인다.
- 농업(Agriculture) : 다중분광 및 열화상 데이터를 활용해 작물의 생육 상태를 모니터링하고 수확량을 예측할 수 있다.
- 재난 관리(Disaster Management) : 재난 발생 시 신속하게 상황을 분석하고 대응하기 위해 피해 지역의 지도를 빠르게 생성한다.
- 문화유산 보존(Cultural Heritage) : 유적지와 문화재를 디지털로 기록하고 보존하는 데 기여한다.

PIX4Dmapper는 정밀도와 유연성을 동시에 갖춘 종합적인 사진측량 솔루션으로서, 다양한 입력 데이터를 처리하여 고해상도의 3D 모델과 지리공간 데이터를 생성할 수 있다. 또한, 혁신적인 기능과 자동화된 작업 흐름을 통해 정확도를 검증하고 최적화할 수 있어 드론 매핑과 지리공간 분석 분야에서 필수적인 도구로 자리매김하고 있다.

참고 Pix4Dmapper의 업그레이드가 지체되고 있는 이유

Pix4Dmapper의 업그레이드는 2023년 12월 14일 발표된 v4.9.0 이후로 새로운 버전이 출시되지 않고 있다. 이로 인해 최근 Pix4Dmapper의 업그레이드 지연에 대한 우려가 커지고 있으며, 개발이 중단된 것이 아닌지에 대한 관심이 높아지고 있다. 이와 관련하여, 이 책의 저자 중 한 분이 Pix4D에 질의를 한 결과, 2025년 1월 8일, Pix4D의 공식 입장은 다음과 같이 정리할 수 있다.

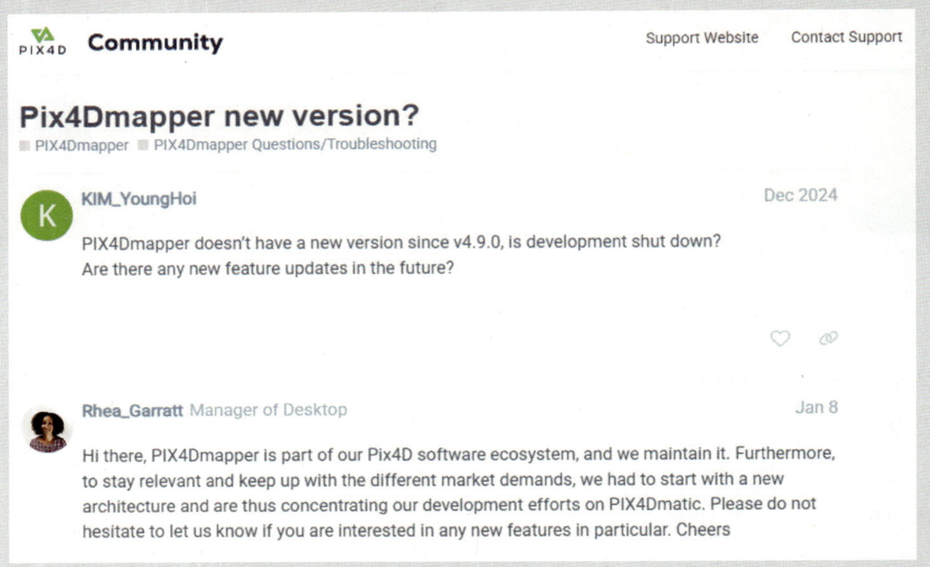

Pix4Dmapper의 개발이 완전히 중단된 것은 아니지만, 개발 속도가 다소 느려진 것은 사실이다.
그 이유는 다음과 같다.

1. Pix4D는 새로운 아키텍처를 기반으로 한 PIX4Dmatic 개발에 집중하고 있다.
2. Pix4Dmapper는 여전히 Pix4D 소프트웨어 생태계의 일부로 유지되고 있지만, 주요 기능 개발은 PIX4Dmatic으로 이전되고 있다.
3. Pix4Dmapper의 업데이트는 주로 버그 수정과 새로운 카메라 지원 추가에 중점을 두고 있다.

Pix4D는 현재 새로운 아키텍처를 채택한 PIX4Dmatic에 보다 많은 기술과 인력을 투입하고 있다. 따라서, Pix4Dmapper는 당분간 큰 성능 업데이트가 이루어질 가능성이 낮을 것으로 보인다.

II. PIX4Dmatic

Pix4Dmatic은 Pix4Dmapper의 후속 제품으로서, 대규모 프로젝트를 더욱 효율적으로 처리하기 위해 설계된 혁신적인 소프트웨어다. PIX4Dmatic은 대규모 매핑 프로젝트에서 정확도와 처리 속도를 극대화할 수 있도록 최적화되어 있으며, 정밀한 매핑과 3D 모델링을 위한 솔루션이다.

주요 특징

1. 대용량 데이터 처리 능력

PIX4Dmatic은 수천 장의 이미지를 효과적으로 처리하도록 설계되었으며, 이미지 수와 크기에 제한이 없다. 특히 5,000장 이상의 이미지를 포함하는 대규모 데이터셋도 빠르게 처리할 수 있다. 이를 통해 사용자는 대규모 드론 사진측량(Aerial Photogrammetry) 및 토목공학 프로젝트 등에서 효율적으로 작업할 수 있다.

2. 높은 정확도와 빠른 처리 속도

PIX4Dmatic은 측량 등급의 높은 정확도를 유지하면서도 혁신적인 처리 속도를 제공한다.

- 처리 속도 비교 : PIX4Dmatic은 DSM(Digital Surface Model; 수치표면모델) 및 정사영상(Orthomosaic)을 생성할 때, PIX4Dmapper 대비 82% 빠른 처리 속도를 보여주고 있다.
- 데이터셋 처리 성능 : 5,294장의 이미지 데이터를 처리하는 데 걸리는 전체 시간이 PIX4D mapper에 비해 약 70% 단축된다.

이처럼 빠른 처리 속도와 높은 효율성은 대규모 프로젝트에서 생산성을 크게 향상시키는 중요한 요소이다.

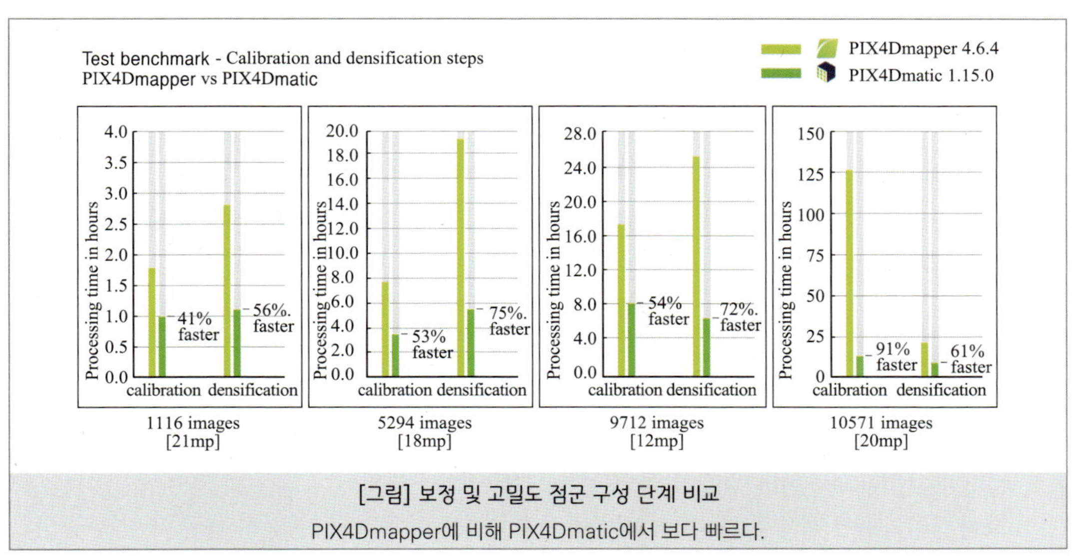

[그림] 보정 및 고밀도 점군 구성 단계 비교
PIX4Dmapper에 비해 PIX4Dmatic에서 보다 빠르다.

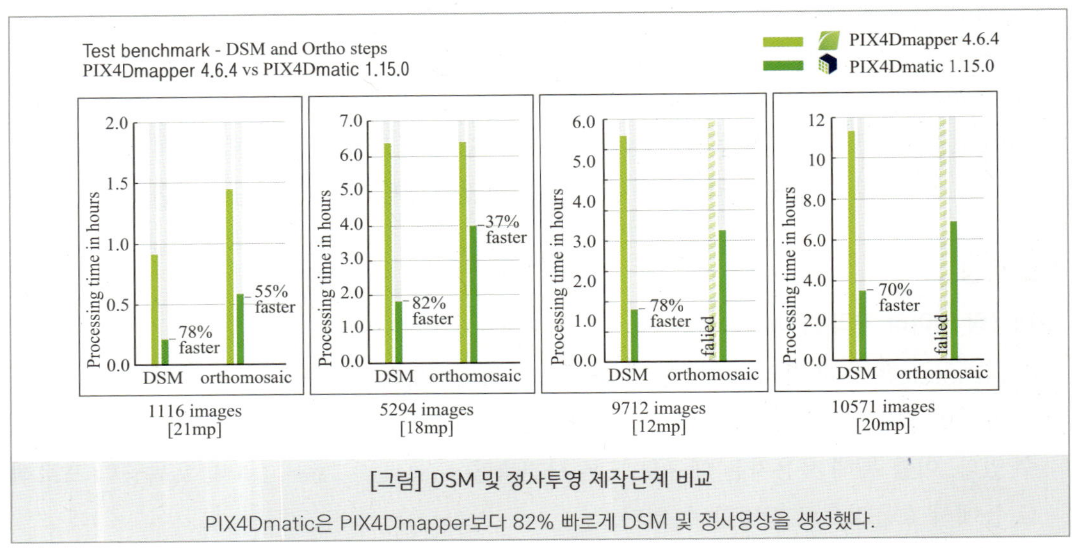

[그림] DSM 및 정사투영 제작단계 비교

PIX4Dmatic은 PIX4Dmapper보다 82% 빠르게 DSM 및 정사영상을 생성했다.

3. 다양한 입력 데이터 지원

PIX4Dmatic은 다양한 유형의 입력 데이터를 효율적으로 처리할 수 있는 강력한 기능을 제공한다.

- RGB 이미지 : 카메라로 촬영된 고해상도 이미지를 정밀하게 처리하여 우수한 품질의 결과물을 생성한다.
- LiDAR 데이터 : LiDAR 점군(Point Cloud) 데이터를 RGB 이미지와 결합하여 보다 정밀하고 사실적인 3D 모델을 생성할 수 있다. 단, LiDAR 데이터는 Pix4Dcatch를 통해 처리된 데이터만 지원된다. Pix4Dcatch는 모바일 기기(예: 스마트폰)로 캡처한 이미지를 기반으로 측정 가능한 점군(Point Cloud)과 3D 모델을 생성하는 앱이다. 이 앱에서 생성된 LiDAR 데이터는 PIX4Dmatic으로 내보내져 추가적인 처리와 가공을 통해 고품질의 3D 모델로 완성된다.

4. 확장 가능한 표준 보정 파이프라인(Scalable Standard Calibration Pipeline)

PIX4Dmatic의 "확장 가능한 표준 보정 파이프라인"은 대규모 데이터 처리와 작업 효율성을 극대화하기 위해 설계된 기술이다.

① 대규모 데이터셋 처리 최적화 : 5,000장 이상의 이미지를 효율적으로 순차 처리하여 대규모 프로젝트에서도 안정적이고 뛰어난 성능을 제공한다.

② 빠른 처리 속도 : 내부 및 외부 보정(Calibration)과 고밀도 점군 생성(Densification) 과정에서 기존 PIX4Dmapper보다 훨씬 빠른 속도로 데이터를 처리한다.

③ 측량 등급의 높은 정확도 : 처리 속도가 빨라졌음에도 불구하고, 여전히 높은 측량 등급의

정확도를 유지하여 신뢰성 있는 결과를 제공한다.

④ 유연한 매개변수 조정 : 사용자는 이미지 스케일(Image Scale), 특징점(Key Points), 내부 신뢰도(Internal Reliability) 등 다양한 매개변수를 세부적으로 조정하여 프로젝트 요구에 맞는 최적화된 결과를 얻을 수 있다.

⑤ 고해상도 이미지 지원 : 12MP, 21MP, 42MP 등 다양한 해상도의 RGB 카메라 데이터를 효과적으로 처리하여 고품질의 정사영상(Orthomosaic)과 3D 모델을 생성할 수 있다.

참고 PIX4Dmatic의 확장형 표준 보정 파이프라인

보정 파이프라인(Calibration Pipeline)은 카메라의 내부 및 외부 파라미터를 최적화하는 과정으로서, PIX4Dmatic은 다양한 작업 환경과 데이터 특성에 따라 선택할 수 있는 여러 파이프라인을 제공하고 있다.

1. 확장형 표준(Scalable Standard, 기본값)

이 파이프라인은 대규모 데이터셋을 다룰 때 효율적으로 설계되었다.

- 특징 : 이미지를 순차적으로 보정하여 빠른 처리 속도를 제공하면서도 결과의 정확성을 유지한다.
- 적용 사례 : 대규모 항공 사진측량이나 복잡한 3D 매핑 프로젝트에 적합하다.

2. 표준(Standard)

이 파이프라인은 확장형 표준과 유사한 방식으로 작동하지만, 보다 세밀하고 안정적인 보정을 제공한다.

- 특징 : 처리 속도보다는 결과물의 세부적인 정확성과 안정성을 우선한다.
- 적용 사례 : 데이터의 품질이 높고 정밀도가 중요한 프로젝트에 적합하다.

3. 저(低)텍스처 평면(Low Texture Planar)

이 파이프라인은 평탄하고 특징이 적은 지형의 이미지 처리에 최적화되어 있다.

- 특징 : 균일하거나 반복적인 패턴이 많은 환경에서 이미지 품질을 높이고 보정 정확도를 향상시킨다.
- 적용 사례 : 농경지, 도로, 눈 덮인 지형 등 텍스처가 낮은 지역에서 활용된다.

4. 신뢰할 수 있는 위치 및 방향(Trusted Location and Orientation)

이 파이프라인은 카메라의 초기 위치와 방향 데이터(IMU)를 활용하여 보정을 수행한다.

- 특징 : 정확한 위치 및 방향 정보가 포함된 데이터를 기반으로 보정을 진행하며, 결과의 신뢰성과 정확성을 극대화한다.
- 적용 사례 – PIX4Dcatch를 이용해 실내외에서 촬영한 이미지
  – RTK(실시간 이동 측위) 또는 PPK(후처리 측위) 기능이 탑재된 드론이나 장치로 얻은 이미지
- 주의 : 이 방식은 카메라의 초기 위치와 방향 정보가 필수적으로 포함된 데이터에서만 사용할 수 있다.

PIX4Dmatic 성과물

PIX4Dmatic은 최신 사진측량(Photogrammetry) 및 매핑 기술을 기반으로 정밀한 공간 데이터를 효율적으로 처리하는 도구이다. 작업 시간을 단축하면서도 다양한 데이터 유형에서 정밀한 결과물을 생성하며, 실무에서 높은 활용도를 가진다. PIX4Dmatic은 고성능 처리와 다양한 성과물 생성 기능을 바탕으로, 공간 데이터 분석과 매핑 프로젝트의 핵심 도구로 자리 잡고 있다.

① 점군(Point Cloud)

PIX4Dmatic은 고밀도 점군 데이터를 생성하며, 프로젝트 특성에 따라 깊이(Point Depth) 정보와 융합해 최상의 재구성을 구현한다. 점군 데이터는 복잡한 지형과 구조물을 세밀하게 표현할 수 있으며, .laz, .las(1.2 및 1.4), .xyz 형식으로 출력된다. 이를 통해 다양한 공간정보 솔루션과의 호환성을 확보한다.

② 정사 영상(Orthomosaic)

촬영된 이미지를 기하학적으로 보정하여 축척이 균일한 고품질 영상을 제공한다. 색상이 현장감을 살리고 이미지 품질이 균형 잡혀 있어 다양한 프로젝트에서 활용도가 높다. 정사 영상은 GeoTIFF(.tiff), 지리정보가 포함된 .jpg, .tfw, .prj 형식으로 출력되며, 지도 제작 및 공간분석 등 여러 작업에서 유용하게 사용된다.

③ 수치표면모델(DSM: Digital Surface Model)

DSM은 매핑된 영역 내 모든 객체를 디지털화하여 건축물과 같은 인공 구조물은 물론, 자연 지형까지 정밀하게 반영하는 데이터를 제공한다. DSM은 GeoTIFF(.tiff), .tfw, .prj 형식으로 출력되어 다른 공간정보 소프트웨어와의 높은 호환성을 가진다.

④ 3D 메쉬(Mesh)

PIX4Dmatic은 사용자가 텍스처 크기와 밀도를 자유롭게 조정할 수 있는 3D 텍스처 메쉬를 생성한다. 이 데이터는 시각적으로 직관적인 3D 모델을 제공하며, 텍스처 모드와 입체 모드를 모두 지원한다. 출력 형식으로는 .obj, .slpk, .laz, cesium 3Dtile 등이 제공되어 다양한 플랫폼에서 활용할 수 있다.

⑤ Pix4Dsurvey와의 호환성

PIX4Dmatic에서 처리된 프로젝트는 Pix4Dsurvey로 쉽게 불러올 수 있으며, 이를 통해 현황선 도출, 수치도화, 물량 산출 등의 CAD 작업이 가능하다. PIX4D의 고유 파일 형식인 bPC는 대용량 점군 데이터를 빠르게 로딩하고 원활하게 조작할 수 있도록 최적화되어 있어, 대규모 프로젝트에서도 높은 작업 효율성을 제공한다.

PIX4Dmatic은 이러한 고정밀 성과물과 뛰어난 호환성을 바탕으로 다양한 산업군에서 활용되고 있다. 건설, 도시 계획, 환경 모니터링 등 공간 데이터가 중요한 모든 분야에서 더욱 정확하고 효율적인 의사결정을 지원하는 핵심 도구로 자리 잡아가고 있다.

[그림] 점군(Point Cloud) 데이터

[그림] 정사 영상

[그림] 수치표면모델(DSM)

[그림] 3D 메쉬(Mesh)

참고 bpc 파일 형식

PIX4D의 고유 파일 형식인 .bpc는 점군(Point Cloud) 데이터를 효율적으로 처리하기 위해 특별히 설계된 데이터 형식입니다. 이 형식의 주요 특징과 장점은 아래와 같다.

1. 최적화된 성능

.bpc 파일은 대용량 점군 데이터를 신속하고 효율적으로 처리하도록 설계되었다.

- 빠른 로딩 속도 : 대규모 프로젝트에서도 점군 데이터를 빠르게 불러올 수 있다.
- 효율적인 작업 : 대용량 점군 데이터를 PIX4Dmatic에서 원활하게 작업할 수 있어 생산성이 높아진다.

2. 데이터 처리 및 저장

.bpc 파일은 PIX4D 소프트웨어의 데이터 처리 과정에서 중요한 역할을 한다.

- 자동 생성 : 고밀도 점군 생성(Densification) 단계에서 자동으로 생성된다.
- 저장 위치 : 일반적으로 프로젝트 폴더의 "densification" 하위 디렉터리에 저장된다.

3. 호환성 및 워크플로우 지원

.bpc 형식은 PIX4D 생태계 내에서 워크플로우를 단순화하고 호환성을 제공한다.

- Pix4Dsurvey와의 호환성 : 처리된 프로젝트는 Pix4Dsurvey로 쉽게 내보낼 수 있으며, 점군 데이터를 CAD 데이터로 변환하는 데 유용하다.
- 원활한 통합 : 프로젝트 간 데이터 이동과 작업이 원활하게 이루어져 사용자 경험을 개선한다.

시스템 요구사항(System Requirements)

1. 최소 사양(Minimum Specifications)

- 운영체제 : Windows 10/11 (64-bit)
- CPU : Intel i5 (쿼드코어 또는 헥사코어)
- GPU : OpenGL 4.1 지원 NVIDIA, Intel, AMD GPU
- RAM : 32GB(2,000-5,000개의 20MP 이미지 처리 시),
  64GB(5,000-10,000개의 20MP 이미지 처리 시)
- 저장 공간 : SSD 150GB - 300GB (2,000-5,000개의 20MP 이미지 처리 시),
  SSD 300GB - 450GB (5,000-10,000개의 20MP 이미지 처리 시)

2. 권장 사양(Recommended Specifications)

- CPU : Intel i7, i9 또는 AMD Threadripper
- GPU : NVIDIA GeForce GTX 10 시리즈 또는 RTX 시리즈
- RAM : 64GB (2,000-5,000개의 20MP 이미지 처리 시),
  128GB (5,000-10,000개의 20MP 이미지 처리 시)
- 저장 공간 : SSD 250GB - 400GB (2,000-5,000개의 20MP 이미지 처리 시),
  SSD 400GB - 550GB (5,000-10,000개의 20MP 이미지 처리 시)

참고 Pix4Dmatic: 업그레이드를 통해 이미지 처리 한계 극복

Pix4Dmatic은 업그레이드를 통해 이미지 처리 한계를 뛰어넘었다. Pix4D가 Reddit에 게시한 글에 따르면, 기존의 이미지 수 제한이 제거되었다고 밝혔다. 이는 대규모 데이터셋을 처리하는 능력을 크게 향상시켜, 복잡한 프로젝트에서도 높은 효율성을 제공한다.

한 사용자는 Pix4Dmatic으로 24코어 i9 프로세서, 128GB RAM, NVIDIA 3090 그래픽 카드를 장착한 고성능 시스템에서 42MP 해상도를 가진 14,000장의 Wingtra 이미지를 단 12시간 만에 성공적으로 처리했다고 밝혔다. 이는 기존 소프트웨어와 비교해 놀라운 속도와 성능 향상을 보여준다. 또 다른 사용자는 21,789장의 이미지를 Pix4Dmatic으로 처리한 경험을 공유하며, 이러한 대규모 데이터셋 처리가 이전의 Pix4Dmapper에서는 사실상 불가능했다고 언급했다. 이처럼 Pix4Dmatic은 업그레이드를 통해 이미지 처리 능력을 크게 확장하며, 대형 프로젝트를 보다 원활하게 수행할 수 있는 도구로 자리 잡고 있다.

PIX4Dmatic은 고정밀 성과물과 뛰어난 호환성을 바탕으로 다양한 산업 분야에서 널리 활용되고 있다. 건설, 도시 계획, 환경 모니터링과 같은 공간 데이터가 중요한 분야는 물론, 농업, 토목공학, 문화재 보존 및 재난 관리에 이르기까지 그 적용 범위가 점차 확대되고 있다. 이러한 성과물은 정확한 3D 모델과 공간 데이터를 제공하여 사용자들이 더욱 신뢰할 수 있는 분석과 결과를 얻도록 돕는다.

PIX4Dmatic은 특히 대규모 데이터 처리와 정밀한 매핑을 통해 효율성을 극대화함으로써, 프로젝트 진행 시간을 단축시키고 자원의 낭비를 줄일 수 있다. 이로 인해 사용자는 빠르고 정확한 데이터 기반의 의사결정을 내릴 수 있으며, 이를 통해 프로젝트의 성공률을 높이고 비용을 절감할 수 있다. 고급 기능과 유연한 워크플로우를 갖춘 PIX4Dmatic은 다양한 요구에 적응할 수 있는 핵심 도구로 자리 잡으며, 현대 산업 환경에서 점점 더 필수적인 솔루션으로 평가받고 있다.

III. Pix4Dmapper와 Pix4Dmatic

다음의 Pix4Dmapper와 Pix4Dmatic에 관한 내용은 Pix4D의 홈페이지 등에서 발췌한 것으로서, 일부 차이가 있을 수 있다.

Pix4Dmapper

Pix4Dmapper는 Pix4D가 최초로 출시한 전문 사진측량 소프트웨어로, 다양한 산업군에서 널리 사용되고 있다. 이 소프트웨어는 건설, 농업, 광산, 측량 등 여러 분야에서 촬영된 이미지를 고정밀 2D 지도 및 3D 모델로 변환하는 데 특화되어 있다. Pix4Dmapper는 꾸준한 업데이트를 통해 정확도를 지속적으로 개선하며, 출력 형식과 워크플로우의 다양성을 확장해왔다.

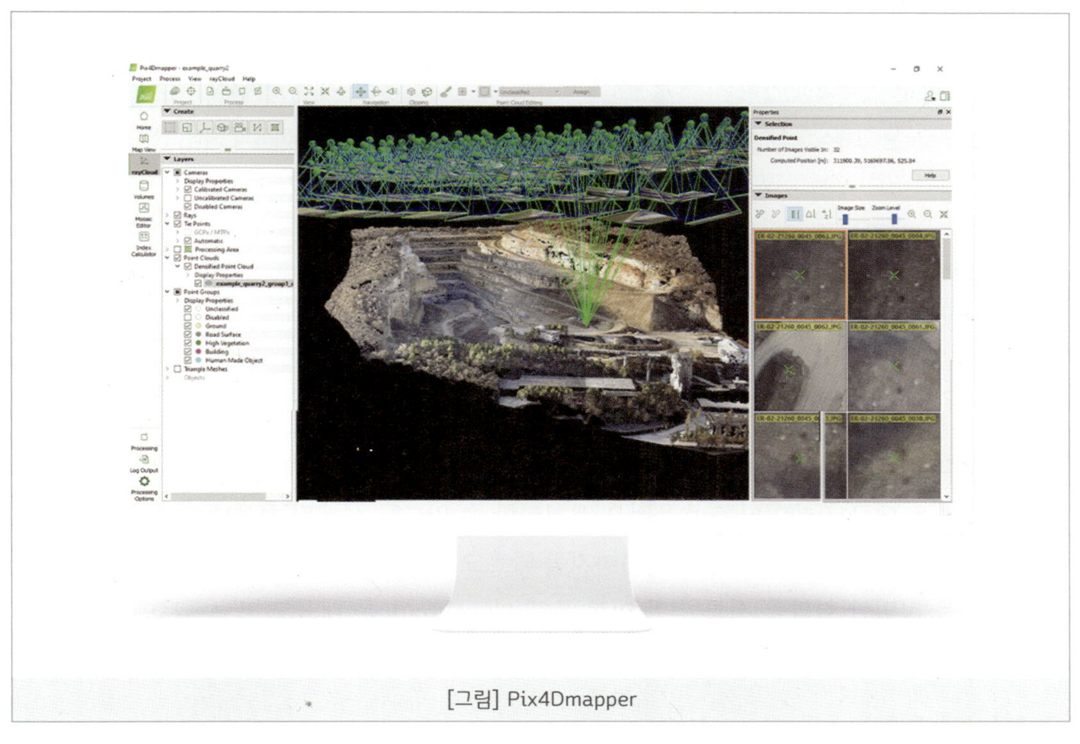

[그림] Pix4Dmapper

- 장점
  1. 높은 정확도 : 측량 등급의 고정밀 결과물을 제공하여 다양한 전문 분야에서 신뢰받는 소프트웨어로 자리매김했다.
  2. 다양한 출력 : 정사영상(Orthomosaic), 점군(點群, Point-Cloud), DSM(Digital Surface Model), 3D 메쉬(Mesh) 등 여러 형식의 결과물을 생성할 수 있어 활용도가 높다.
  3. 사용자 친화적 인터페이스 : 직관적이고 단계적인 워크플로우를 통해 사용자가 쉽고 빠르게 프로젝트를 진행할 수 있다.
  4. 광범위한 호환성 : 다양한 드론과 카메라에서 촬영한 이미지 데이터를 완벽하게 지원하여 작업 유연성을 제공한다.

- 단점
  1. 학습 곡선 : 소프트웨어가 제공하는 기능이 많아 초보자가 완전히 익히는 데, 다소 시간이 걸릴 수 있다.
  2. 고비용 : Pix4Dmapper는 고성능 소프트웨어로, 상대적으로 높은 초기 투자 비용이 필요하므로, 소규모 프로젝트에 부담이 될 수 있다.
  3. 화소수 한계 : 이미지 해상도가 최대 66MP까지만 처리 가능하다[1]. 66MP 이상의 해상도를 처리하려면 추가 비용이 드는 "대형 프레임 애드온"(Large Frame Add-on)이 필요하다.

참고 PIX4Dmapper는 이미지 해상도 한계

PIX4Dmapper는 고해상도 대형 프레임 이미지를 처리할 수 있다. 그러나 66MP 이상의 해상도를 처리하려면 "대형 프레임 애드온"(Large Frame Add-on)을 구매해야 한다.

"대형 프레임 애드온"(Large Frame Add-on)이 없는 경우

- PIX4Dmapper 버전 4.9.0 이상 : 이미지 해상도는 최대 66MP로 제한
- PIX4Dmapper 버전 4.8.3~4.8.4 : 이미지 해상도는 최대 65MP로 제한
- PIX4Dmapper 버전 4.8.2 이하 : 이미지 해상도는 최대 55MP로 제한

Pix4Dmatic

Pix4Dmatic은 대규모 데이터를 효율적으로 처리할 수 있도록 설계된 차세대 사진측량 소프트웨어이다. 이 소프트웨어는 수천 장의 이미지를 빠르고 정확하게 처리하며, LiDAR 데이터를 결합하여 더욱 정밀한 결과를 제공한다. 이를 통해 Pix4Dmatic은 대규모 프로젝트에 적합한 고성능 솔루션으로 자리매김하고 있다.

1) https://support.pix4d.com/hc/en-us/articles/217114046

• 장점

1. 빠른 처리 속도 : 기존 Pix4Dmapper 대비 최대 50% 빠른 속도를 제공하여 시간 효율성을 극대화한다.
2. 대용량 데이터 처리 : 수천 장에 이르는 대규모 이미지를 원활하게 처리할 수 있는 능력을 갖추고 있다.
3. 자동화된 워크플로우 : 단 몇 번의 클릭만으로 프로젝트를 완성할 수 있어 사용자 편의성을 제공한다.
4. LiDAR 통합 : LiDAR 데이터를 활용하여 더욱 정밀한 결과를 도출하며, 복잡한 지형 데이터를 정확히 표현할 수 있다.
5. 무제한 이미지 해상도 : 이미지의 크기나 해상도에 제한 없이 처리 가능하여 대형 프로젝트에서도 제한 없이 활용할 수 있다. 한편, PIX4Dmatic은 필요한 EXIF/XMP(메타데이터) 태그를 포함하고 있는 이미지라면 거의 모든 카메라로 촬영된 이미지를 처리할 수 있다.

• 단점

1. 높은 시스템 요구사항 : 대용량 데이터와 복잡한 처리를 위해 고성능 하드웨어가 필요하며, 이로 인해 초기 설치 비용이 증가할 수 있다.
2. 비용 부담 : Pix4Dmatic 역시 고성능 소프트웨어로, 소규모 프로젝트에는 부담이 될 수 있는 가격대이다.

[그림] Pix4Dmatic

[표] Pix4Dmapper와 Pix4Dmatic의 성능 비교

항목	Pix4Dmapper	Pix4Dmatic
처리 속도	보통	최대 50% 향상
처리 가능한 데이터량	중소규모 프로젝트	대규모 프로젝트에 적합
이미지 화소 수(數) 한계	최대 66MP	제한 없음
LiDAR 데이터	미지원	지원[2]
사용자 인터페이스	직관적 워크플로우	자동화된 워크플로우
호환성	다양한 드론 및 카메라와 호환	거의 모든 카메라 이미지 처리 가능
시스템 요구사항	중간 수준의 하드웨어	고성능 하드웨어 필요
가격	상대적으로 고가	상대적으로 고가

Pix4Dmapper와 Pix4Dmatic은 각각의 특성과 장점을 가지고 있어 프로젝트 규모와 요구사항에 따라 적합한 소프트웨어를 선택할 수 있다. Pix4Dmapper는 다양한 출력 형식과 광범위한 호환성을 제공하며, Pix4Dmatic은 대규모 데이터와 빠른 처리를 요구하는 프로젝트에 최적화되어 있다.

IV. Pix4Dsurvey

드론 기술의 빠른 발전과 함께 방대한 양의 공간 데이터를 효과적으로 처리할 수 있는 소프트웨어의 중요성이 점점 더 커지고 있다. 이러한 흐름에 맞춰 PIX4D사는 고밀도 점군(點群, Point Cloud) 데이터와 사진 데이터를 신속하고 효율적으로 벡터화하여 엔지니어링 및 설계 작업에 최적화된 소프트웨어인 Pix4Dsurvey를 개발했다. 이 프로그램은 사진측량(Photogrammetry)과 CAD(Computer-Aided Design) 간의 격차를 메우며, 보다 효율적이고 직관적인 작업흐름과 뛰어난 데이터 처리 성능을 제공하여 다양한 산업 분야에서 활용도를 높이고 있다.

Pix4Dsurvey는 대규모 점군(Point Cloud) 데이터를 손쉽게 벡터화하여 설계와 엔지니어링 작업에 직접 활용할 수 있도록 돕는 강력한 소프트웨어이다. 사용자는 직관적이고 실시간으로 조작 가능한 3D 뷰를 통해 원본 이미지와 점군(Point Cloud) 데이터에 쉽게 접근할 수 있다. 이 소프트웨어는 점(Point), 폴리라인(Polyline), 폴리곤(Polygon) 등의 객체를 몇 번의 클릭만으로 정확하게 추출하고, 이를 다양한 엔지니어링 작업에 적합한 형식으로 벡터화할 수 있다. 특히, Pix4Dsurvey는 복잡한 데이터 처리 과정을 자동화함으로써 작업 시간을 대폭 단축시킬 뿐 아니라, 여러 데이터 소스와의 우수한 호환성을 통해 공간 데이터를 훨씬 효율적이고 다채롭게 활용할 수 있다.

2) Pix4Dmatic의 라이다 데이터 입력은 현재 Pix4catch 어플의 지원모바일 기기 중, 유일하게 기기에 라이다가 장착되어 있는 제품으로서 iPhone 및 ipad만 해당

Pix4Dsurvey의 주요 활용 목적

- 점군(Point Cloud) 세분화 : 점군 데이터를 지형과 비지형으로 세분화하여 더욱 정밀한 분석을 수행하고 다양한 활용이 가능하도록 지원한다.
- 필요 요소 추출 및 벡터화 : 점군(Point Cloud)에서 필요한 요소를 식별하고 추출하여 CAD나 GIS 소프트웨어에서 바로 사용할 수 있는 포맷으로 변환하여 내보낼 수 있다.
- 사용자 생성 데이터와의 비교 : 사용자가 생성한 설계 도면이나 BIM(Building Information Modeling, 건설정보모델) 데이터와 점군(Point Cloud)을 비교 분석하여 프로젝트의 정확성을 높이고, 설계의 신뢰도를 향상시킬 수 있다.

Pix4Dsurvey와 다른 Pix4D 제품군 비교

PIX4Dmapper는 항공 사진 데이터를 처리하여 정밀한 점군(Point Cloud)과 3D 모델을 생성하는 데 중점을 둔 소프트웨어이다. 반면, PIX4Dmatic은 대규모 프로젝트에 적합하도록 설계되어 대량의 데이터를 빠르게 처리하며, 정밀하고 일관성 있는 결과를 제공한다.

Pix4Dsurvey는 이러한 점군 데이터를 벡터화하여 설계와 엔지니어링 작업에 활용할 수 있는 최종 결과물로 변환하는 데 주력한다. 예를 들어, PIX4Dmapper로 생성된 점군을 Pix4Dsurvey로 가져오면, 사용자는 필요에 따라 특정 요소를 추출하고 이를 CAD 소프트웨어에 최적화된 데이터로 변환할 수 있어 전체 워크플로우의 생산성을 극대화할 수 있다.

Pix4Dsurvey의 핵심 기능

- 벡터화 도구 : 점(Point), 폴리라인(Polyline), 폴리곤(Polygon) 등의 객체를 간단한 클릭만으로 손쉽게 벡터화하여 다양한 형식의 데이터를 추출할 수 있다.
- 볼륨 측정 : 몇 단계의 간단한 과정을 거쳐 모든 물체의 부피를 손쉽게 측정할 수 있어 효율적인 공간 데이터 분석이 가능하다.
- 표면 생성 : 불규칙 삼각망(TIN, Triangulated Irregular Network)을 생성하여 지형 표면을 정밀하고 상세하게 모델링할 수 있다.
- 이미지 데이터 활용 : Pix4D 제품군과의 연계를 통해 원본 이미지와 3D 점군 데이터를 동시에 활용할 수 있어 데이터 처리의 유연성을 제공한다.
- 스케일 업 : 수십억 개의 포인트(Point)를 처리할 수 있을 뿐만 아니라 여러 개의 점군(Point Cloud)을 하나의 프로젝트로 병합하여 작업 효율성을 극대화할 수 있다.
- 쉬운 내보내기 : dxf, shp, geojson 등 다양한 포맷으로 데이터를 내보내 GIS 및 CAD 소프트웨어와 완벽히 연동되도록 지원한다.

1. 벡터화 도구	2. 볼륨측정	3. 표면생성
 몇 번의 클릭으로 점, 폴리라인, 다각형, 곡선 등을 사용하여 프로젝트를 벡터화	 간단한 단계를 거쳐 모든물체나 공간의 부피를 측정	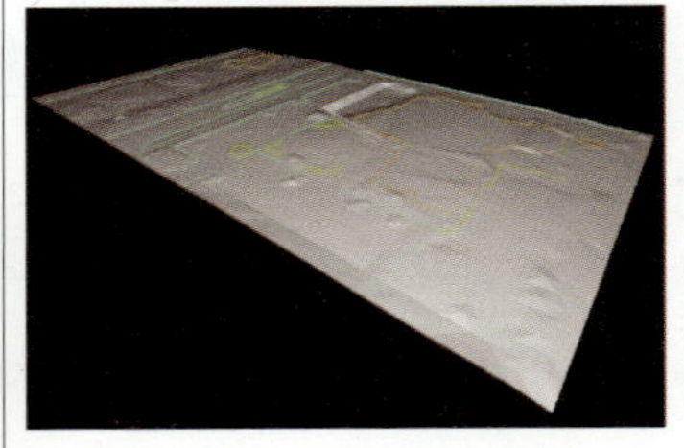 프로젝트의 지형을 나타내기 위해 점과 선에서 TIN(불규칙 삼각망)으로 지면을 모델링
4. 이미지 데이터의 활용	**5. 스케일업**	**6. 쉬운 내보내기**
 • 포인트클라우드 외에 Pix4D의 ray Cloud를 사용하여 원본 이미지와 3D 포인트클라우드에 동시에 엑세스. • 3D로 벡터화하고 2D이미지에서 편집가능. 이미지에서만 볼 수 있는 복잡한 객체를 선택하고 벡터화.	 Pix4Dsurvey는 수십억개의 포인트를 처리할 수 있으며, LAS를 포함하여 동일한 프로젝트에서 원하는 만큼의 포인트클라우드(Point Cloud)를 추가하여 작업이 가능	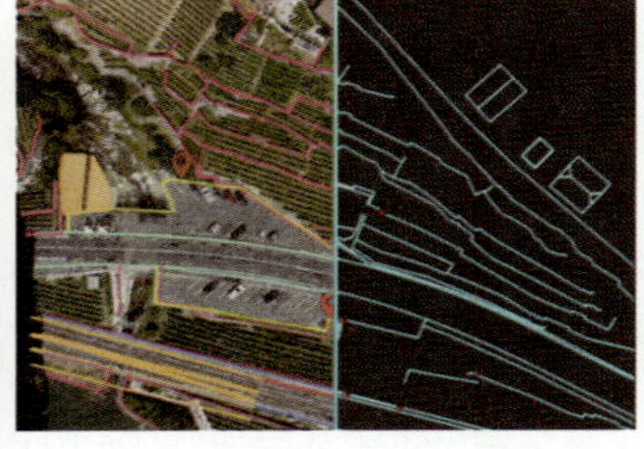 모든 벡터화된 개체는 레이어에 할당되고 편집할 수 있다. 레이어는 선호하는 CAD 또는 GIS 소프트웨어로 원할하게 전환하기 위해 개별적으로 또는 함께 내보내기 가능하다.

Pix4Dsurvey의 작업 흐름

- 데이터 입력 : 점군 데이터(.las, .laz 등)를 가져와 프로젝트에 필요한 기초 데이터를 준비한다.
- 지형 필터링 : 가져온 점군 데이터를 세밀하게 분석하여 지형 데이터와 비지형 데이터를 분류한다.
- 벡터화 : 분류된 데이터를 기반으로 자동화 도구 및 편집 기능을 활용해 필요한 벡터 객체를 생성한다.
- TIN 생성 : 세밀한 설정을 통해 정밀한 지형 표면 모델을 생성하며, 이를 DTM(Digital Terrain Model) 형태로 출력한다.

• 내보내기 : 생성된 결과물을 CAD 또는 GIS 소프트웨어에서 활용할 수 있도록 다양한 포맷으로 내보낼 수 있다.

Pix4Dsurvey와 CAD 소프트웨어의 차이점

Pix4Dsurvey는 단순한 설계 도구가 아니라 방대한 양의 점군 데이터를 정밀하게 처리하고 이를 벡터화하는 데 최적화된 전문 소프트웨어이다. CAD 소프트웨어가 주로 설계와 모델링 작업을 위해 개발된 반면, Pix4Dsurvey는 대규모 데이터 세트와 복잡한 점군을 효율적으로 분류하고 분석하여 엔지니어링과 설계 작업을 더욱 정교하고 빠르게 진행할 수 있도록 한다. 이를 통해 사용자는 공간 데이터를 설계 프로세스에 seamlessly 통합함으로써 작업의 효율성과 정확성을 크게 향상시킬 수 있다.

Pix4Dsurvey는 사진측량 데이터를 기반으로 지형 분석과 벡터화 작업을 간편하면서도 정밀하게 처리할 수 있는 매우 유용한 도구로서, 건축, 토목, 환경 공학 등 여러 산업 분야에서 탁월한 효율성을 발휘하는 도구로 자리 잡고 있다. 이 소프트웨어는 기존의 복잡하고 많은 시간이 소요되던 데이터 처리 과정을 간소화하여 작업 속도를 크게 향상시키는 동시에 프로젝트의 정확도를 한층 더 높일 수 있다. 예를 들어, 건설 현장에서 얻은 지형 데이터를 세밀하고 정밀하게 분석하여 설계 단계에서 바로 활용 가능한 CAD 데이터를 생성함으로써 작업 과정에서 발생할 수 있는 시간과 비용을 상당히 절감할 수 있다.

2. PIX4Dmapper

2-1 사진측량 소프트웨어 PIX4Dmapper의 데이터 처리 3단계[1)]

사진측량 소프트웨어 PIX4Dmapper는 드론과 사진측량 기술의 발전을 기반으로 정밀한 3D 모델링과 지형 분석을 가능하게 하는 핵심 도구로 자리매김하고 있다. 다양한 분야에서 폭넓게 활용되는 이 소프트웨어는 사진 데이터를 고도화된 3D 데이터로 변환하는 체계적인 데이터 처리 과정을 통해 사용자에게 정밀한 분석과 시각화를 제공하고 있다.

PIX4Dmapper의 데이터 처리는 크게 세 단계로 구성되며, 각 단계에서 이루어지는 주요 작업은 다음과 같다.

1단계: 초기 처리(Initial Processing)

첫 번째 단계는 사진 데이터와 추가 입력 데이터를 기반으로 초기 작업을 수행하는 과정이다. 여기에는 드론 사진, GPS 정보, 지상기준점(Ground Control Points, GCP) 데이터 등이 포함된다. 주요 작업은 다음과 같다.

- 특징점 추출(Keypoints Extraction) : 사진 이미지에서 고유하고 반복적으로 나타나는 특징적인 지점을 식별한다. 이 특징점은 후속 처리단계의 기초 데이터로 사용된다.
- 특징점 매칭(Keypoints Matching) : 서로 다른 사진에서 동일한 특징점을 찾아내 연결하며, 이를 통해 이미지 간의 관계를 설정한다. 이 작업은 사진 정렬과 정밀한 3D 모델링의 기반이 된다.
- 카메라 모델 최적화(Camera Model Optimization) : 카메라의 내부 파라미터(초점 거리, 렌즈 왜곡 등)와 외부 파라미터(카메라 위치 및 방향)를 분석하고 보정하여 더욱 정확한 모델을 생성한다.
- 항공삼각측량(Geolocation GPS/GCP) : GPS 및 GCP 데이터를 사용해 모델을 지리적으로 정확히 배치하여, 실제 지리적 좌표와 일치하도록 설정한다.

이 과정의 결과로 자동 연결점(Automatic Tie Points), 즉 특징점이 생성되며, 이 데이터는 다음 단계의 고밀도 점군 생성(Point Densification) 및 메쉬 제작(Mesh Generation) 작업의 기반이 된다.

---

1) Pix4D 사이트의 Pix4D Documentation 중 Processing steps – PIX4Dmapper를 요약, 정리하였음.
https://support.pix4d.com/hc/en-us/articles/115002472186

2단계: 고밀도 점군 생성 및 3D 메쉬 제작(Point Cloud and Mesh)

두 번째 단계는 초기 처리 단계에서 생성된 연결점(Tie Points), 즉 특징점을 바탕으로 고밀도 데이터를 생성하는 과정이다. 이는 3D 모델링에 필수적인 작업들로 구성된다.

- 고밀도 점군 생성 : 자동 연결점을 기반으로 세밀한 점 데이터를 추가하여 고밀도 점군(Densified Point Cloud)을 생성한다. 이를 통해 모델의 정밀도가 크게 향상되며, 건축, 도시 계획, 토목 공학 등 다양한 산업에서 활용 가능한 데이터를 제공한다.
- 3D 텍스처 메쉬(3D Textured Mesh) : 고밀도 점군 데이터를 기반으로 3D 표면을 생성한 뒤, 텍스처 데이터를 덮어 사실적인 3D 모델을 완성한다. 이 3D 텍스처 메쉬는 구조물의 외형을 정확히 재현하며, 시각화 및 분석에 매우 유용하다.

3단계: 수치표면모델, 정사영상 및 인덱스 맵 생성(DSM, Orthomosaic, and Index)

마지막 단계는 고밀도 점군과 3D 메쉬 데이터를 활용하여 다양한 응용 데이터를 생성하는 과정이다.

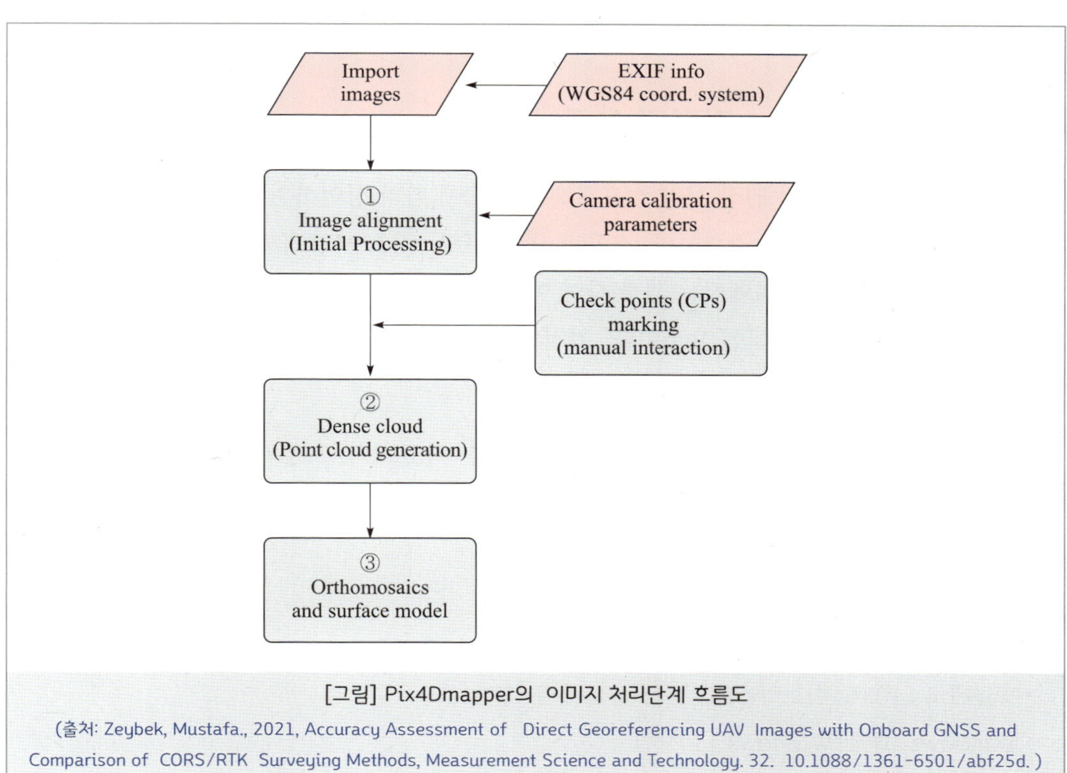

[그림] Pix4Dmapper의 이미지 처리단계 흐름도

(출처: Zeybek, Mustafa., 2021, Accuracy Assessment of Direct Georeferencing UAV Images with Onboard GNSS and Comparison of CORS/RTK Surveying Methods, Measurement Science and Technology. 32. 10.1088/1361-6501/abf25d.)

- 수치표면모델(Digital Surface Model, DSM) : 지형의 표면 높이 데이터를 포함한 모델을 생성하며, 부피 계산, 홍수 시뮬레이션, 지형 분석 등 다양한 용도로 활용된다.
- 정사영상(Orthomosaic) : 드론 사진의 원근감을 제거하고 지형 왜곡을 보정하여 평면 영상을 생성하며, 지도 제작, 농업, 환경 모니터링 등 다양한 산업에 사용된다.
- 반사율 맵(Reflectance Map) : 다분광(Multi- spectral) 카메라로 촬영된 이미지의 각 픽셀에서 물체의 반사율을 계산하여 맵을 생성한다. 이 데이터는 농업에서 작물의 건강 상태 분석, 환경 연구에서 반사율 변화를 모니터링하는 데 활용된다.
- 인덱스 맵(Index Map) : 반사율 맵의 여러 밴드 데이터를 수식으로 결합하여 각 픽셀 값을 나타낸다. 예를 들어, NDVI(정규식생지수)를 통해 작물의 성장 상태를 평가하거나 숲의 건강 상태를 분석할 수 있다.

PIX4Dmapper는 이처럼 체계적인 세 단계의 데이터 처리 과정을 통해 정밀하고 활용도 높은 3D 데이터를 생성한다. 이는 지리정보시스템(GIS), 건설, 농업, 환경 연구 등 다양한 산업 분야에서 필수적인 도구로 자리 잡고 있으며, 정밀한 지형 분석과 3D 시각화가 필요한 영역에서 특히 유용하게 사용되고 있다.

2-2 PIX4Dmapper 컴퓨터 요구 사양

PIX4Dmapper의 최소 및 권장 사양은 프로젝트 규모에 따라 상이하며, 효율적인 작업 수행을 위해 적합한 시스템 구성이 중요하다. 소규모 프로젝트는 최소 사양에서도 무난히 실행이 가능하지만, 중대형 규모의 작업에서는 권장 사양 이상의 시스템을 준비하는 것이 안정적이고 원활한 작업 환경을 확보하는 핵심 요소이다. 최적의 성능을 유지하고 문제를 최소화하기 위해 권장 사양을 따르는 것이 이상적이다.

다음은 PIX4Dmapper의 최소 및 권장 사양을 정리한 자료로서, 프로젝트 요구사항에 적합한 시스템 구성에 참고할 수 있다.

최소 사양(Minimum Requirements)

1. 운영 체제(OS)
   - Windows 10, 64비트 (PC 또는 Boot Camp를 사용하는 Mac)
   - Windows 10 및 Windows 11 지원

2. CPU(프로세서)
   - Intel I5, I7 또는 Ryzen 7

3. GPU(그래픽카드)

• OpenGL 3.2 호환 GPU (예: Intel HD 4000 이상의 통합 그래픽 카드)

4. 프로젝트 크기별 요구 사양

프로젝트 크기	RAM	HDD 여유 공간
작은 프로젝트(100장 미만, 14MP 기준)	4GB	10GB
중간 프로젝트(100~500장, 14MP 기준)	8GB	20GB
큰 프로젝트(500~1000장, 14MP 기준)	16GB	40GB
매우 큰 프로젝트(1000~2000장, 14MP 기준)	32GB	80GB
2,000장 이상 대형 프로젝트	PIX4Dmatic 사용 권장	

[참고] NVIDIA Quadro GPU를 사용하는 경우, 제어판 설정 문제로 인해 비정상적으로 긴 처리시간이 발생할 수 있다.

권장 사양(Recommended Requirements)

1. 운영 체제(OS)

• Windows 10 이상, 64비트 (Windows 11 지원)

2. CPU(프로세서)

• 쿼드코어 또는 헥사코어(6코어) Intel I9, Threadripper, Ryzen 9 이상

3. GPU(그래픽카드)

• OpenGL 3.2 호환 GeForce GTX GPU 및 2GB VRAM 이상

4. 저장 장치

• SSD(Solid State Drive고속 저장 장치)

5. 프로젝트 크기별 요구 사양

프로젝트 크기	RAM	SSD 여유 공간
작은 프로젝트(100장 미만, 14MP 기준)	8GB	15GB
중간 프로젝트(100~500장, 14MP 기준)	16GB	30GB
큰 프로젝트(500~1000장, 14MP 기준)	32GB	60GB
매우 큰 프로젝트(1000~2000장, 14MP 기준)	62GB	120GB
2,000장 이상 대형 프로젝트	PIX4Dmatic 사용 권장	

[참고] 2,000장 이상의 대형 프로젝트를 처리하려면 PIX4Dmatic을 사용하는 것이 가장 적합하다.

이와 같은 요구 사항을 바탕으로 작업 환경에 최적화된 시스템을 구성하면, 효율성과 안정성을 동시에 확보할 수 있다.

2-3 PIX4Dmapper를 활용한 사진측량 자료처리

I. 실행 및 프로젝트 생성

실행하기

컴퓨터 모니터 바탕화면에 위치한 Pix4Dmapper 아이콘(Icon)을 클릭하여 실행하면 아래 그림과 같은 화면이 나타난다. 이 화면은 총 네 개의 섹션으로 구성되어 있으며, 각 섹션은 다음과 같다. 즉, 1. 메뉴 바(Menu Bar), 2. 도구 모음(Toolbar), 3. 보기 도구 모음(View Toolbar), 4. 작업 창(Primary Workspace) 등이다.

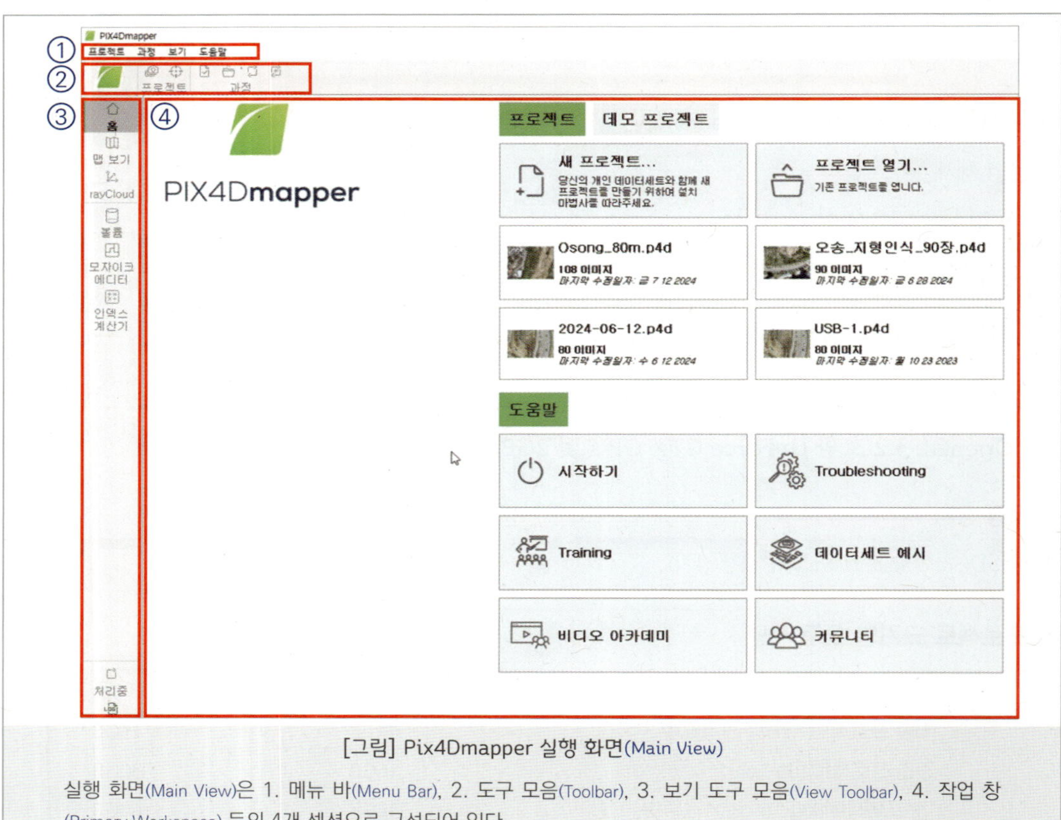

[그림] Pix4Dmapper 실행 화면(Main View)

실행 화면(Main View)은 1. 메뉴 바(Menu Bar), 2. 도구 모음(Toolbar), 3. 보기 도구 모음(View Toolbar), 4. 작업 창(Primary Workspace) 등의 4개 섹션으로 구성되어 있다.

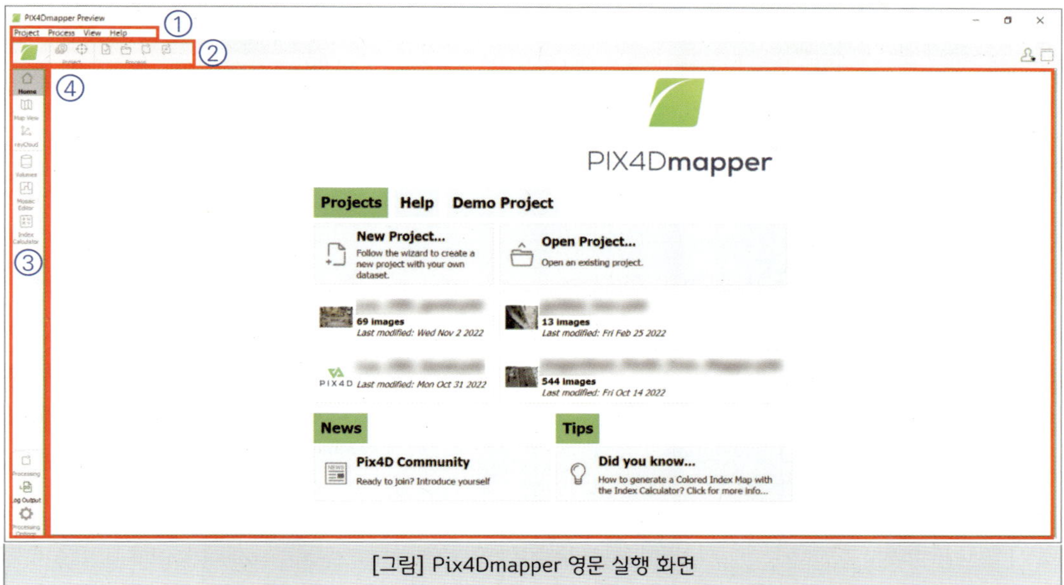

[그림] Pix4Dmapper 영문 실행 화면

참고 메뉴 바(Menu Bar)

다음의 네 가지 항목으로 구성되어 있다. 메뉴 바의 항목에 포함된 다양한 옵션은 프로젝트의 상태와 선택 옵션에 따라 활성화되거나 비활성화(회색으로 표시)될 수 있다.

1. **프로젝트(Project)** : 프로젝트를 생성(Create), 열기(Open), 닫기(Close), 저장(Save), 분할(Split)할 수 있다. 또한, 프로젝트를 PIX4Dcloud에 업로드할 수 있다. 이미지, GCP(지상기준점), 출력 좌표계의 속성(Properties)을 확인하거나 정의할 수 있다.

2. **과정(Process)** : 모든 처리 옵션과 작업에 접근할 수 있다.

3. **보기(View)** : 소프트웨어의 다양한 보기(View)에 접근할 수 있다. 선택한 보기에 따라 맵(Map), rayCloud, 볼륨(Volumes), 모자이크 편집기(Mosaic Editor) 또는 인덱스 계산기(Index Calculator)와 같은 새로운 항목이 메뉴 바에 추가된다.

4. **도움말(Help)** : 매뉴얼(Manual), 지원 사이트(Support Site), 커뮤니티 페이지(Community Page)에 접근할 수 있다. 프록시(proxy), 카메라 모델 데이터베이스, 언어(Language)와 같은 설정을 변경할 수 있으며, 설치된 버전 정보를 확인할 수 있다.

참고 도구 모음(Toolbar)

도구 모음에 있는 다양한 버튼은 프로젝트의 상태 및 선택된 옵션에 따라 활성화되거나 비활성화(회색으로 표시)될 수 있다. 각 버튼의 동작은 메뉴 바(Menu Bar)를 통해서도 접근할 수 있다. 도구 모음 버튼은 다음과 같다.

1. 프로젝트(Project)

	Image Properties Editor...
	GCP/MTP Manager...

2. 과정(Process)

	Quality Report		Open Results Folder
	Reoptimize		Rematch and Optimize

참고 보기 도구 모음(View Toolbar)

메인 창(Main Window)의 왼쪽에 표시되며, 다음의 작업을 수행한다.

	홈(Welcome)		맵 보기(Map View)
	rayCloud		볼륨(Volumes)
	모자이크 에디터(Mosaic Editor)		엔덱스 계산기(Index Calculator)
	처리 중(Processing)		Log Output

새 프로젝트 만들기

작업 창(Primary Workspace)에서 프로젝트 메뉴(Project Menu)를 선택한 뒤, 아래 그림과 같이 "새 프로젝트(New Project)"를 클릭한다. 그러면 팝업 창이 나타나며, 프로젝트 이름과 저장 위치를 입력할 수 있는 옵션이 제공된다. 입력을 완료한 후 "다음(Next)" 버튼을 눌러 다음 단계로 이동한다.

참고 실습데이터 다운로드

부록 1 실습자료 다운로드 방법을 기술하였으며, 지상기준점(GCP) 및 검사점(CP)의 점의 조서는 부록 1 및 부록 2을 참고하기 바란다.

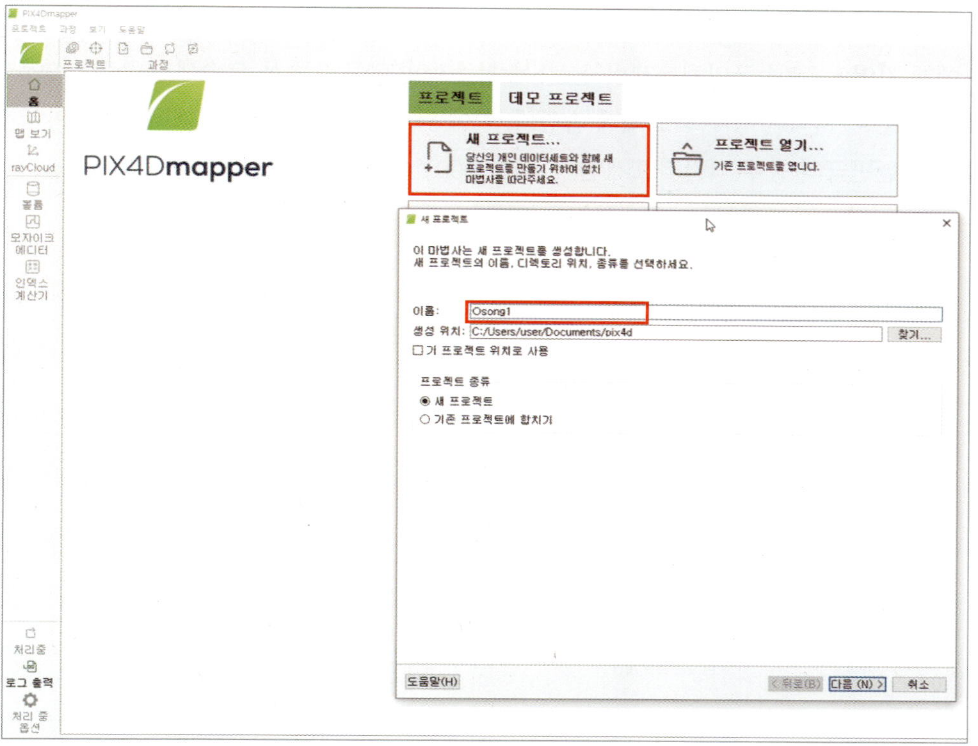

II. 이미지 데이터 가져오기

이미지 가져오기

드론으로 촬영된 사진, 즉 이미지를 개별적으로 불러오거나, 이미지가 저장된 폴더(디렉토리, Directory) 또는 비디오 파일을 업로드(Upload)할 수 있다. 이 예시에서는 "디렉토리 추가하기(Add Directory)" 옵션을 사용하여 드론 촬영 이미지를 불러왔다. 모든 이미지를 성공적으로 불러온 후, "다음(Next)" 버튼을 클릭하여 다음 단계로 진행한다.

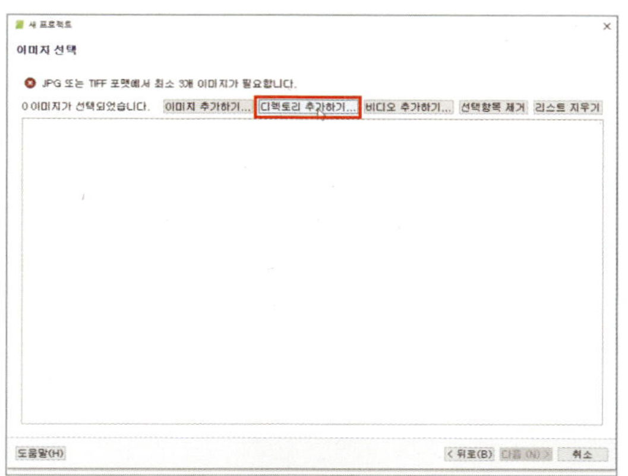

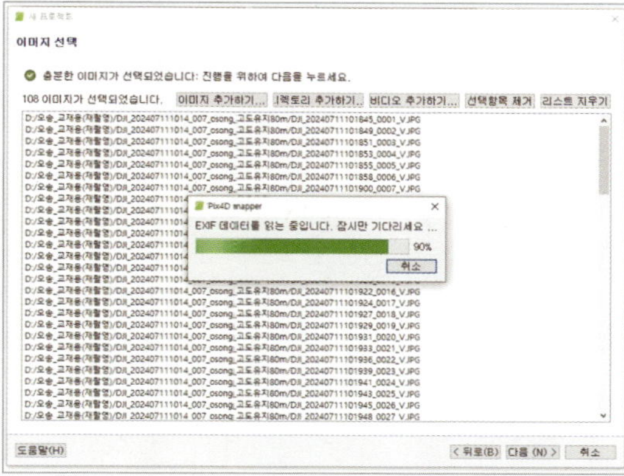

좌표계 선택

실습 예제 지역인 "오송국민체육센터"는 충북 청주시 흥덕구 오송읍 오송생명12로 130에 위치하고 있으며, 이 지역은 중부 좌표계에 속한다. 이에 따라, "출력 좌표계 선택" 창에서 아래 그림과 같이 대한민국의 중부 직각좌표계인 "Korea 2000 / Central Belt 2010"을 선택한다.

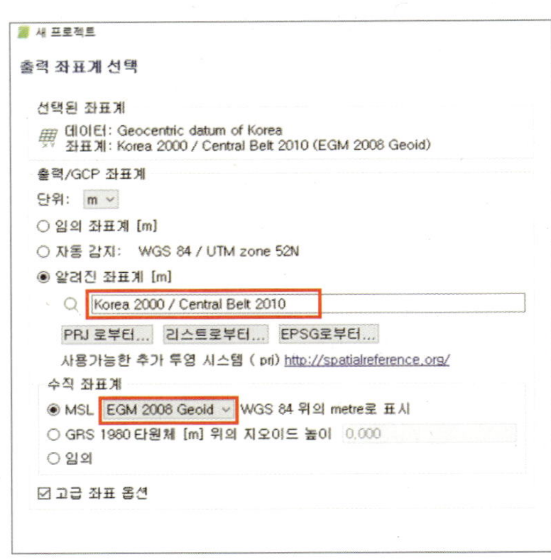

한편, 수직 좌표계는 높이의 기준으로 사용되며, 본 실습에서는 "EGM 2008 Geoid" 모델을 적용한다. 이는 정확한 지형 분석과 모델링을 위한 중요한 요소로서, 지형의 수직 정보를 신뢰성 있게 제공할 수 있도록 한다.

참고 대한민국, 세계 측지계 'Korea 2000'

우리나라는 2000년에 새로운 측지계인 'Korea 2000'을 도입하며 국가 지도 제작과 공간정보 관리 체계에 획기적인 변화를 가져왔다. Korea 2000은 기존의 지역(Local) 좌표계였던 동경측지계(Tokyo Datum)를 대체하며, 국제 표준인 ITRF(International Terrestrial Reference Frame) 기반으로 설계된 세계측지계(Global Geodetic System)를 채택하였다.

Korea 2000 체계는 횡단 머케이터(Transverse Mercator, TM) 영법을 기반으로 TM 평면 직각좌표계를 구성하였다. 대한민국은 국토의 중심 경도를 기준으로 다음 네 개의 벨트(Belt)로 구분하여 TM 좌표계를 운영하고 있다.
대한민국은 국토의 중심 경도를 기준으로 서부(West), 중부(Central), 동부(East), 동해(East Sea)의 네 개의 좌표계로 구분해 TM 좌표계를 운영하고 있다. 각 좌표계의 원점 좌표는 (600,000, 200,000)이다.

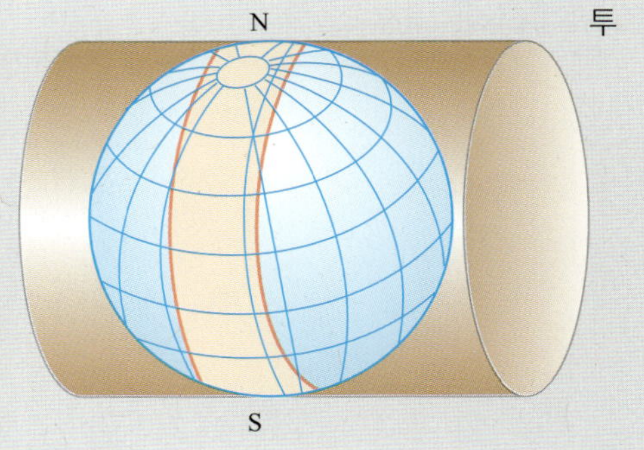

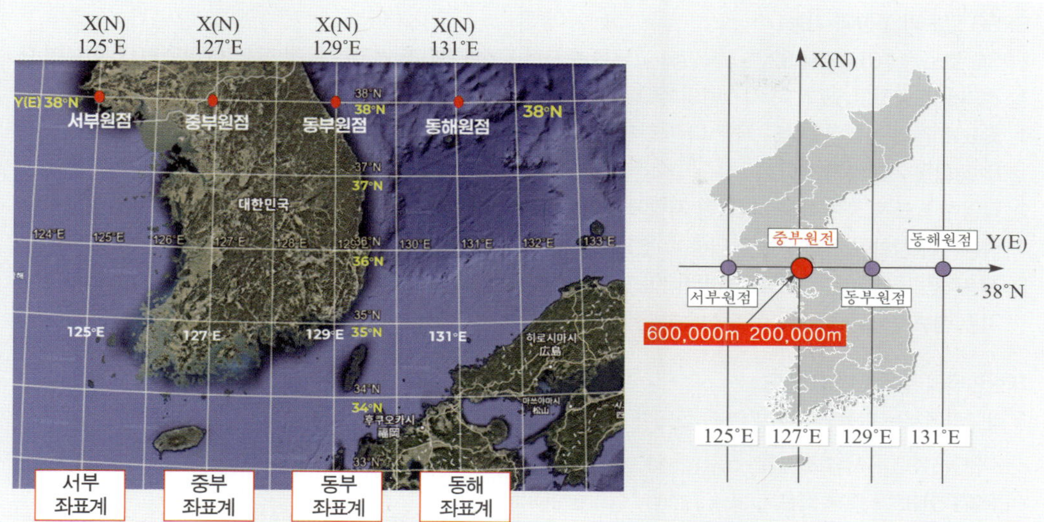

1. 서부 좌표계(West Belt)
   - 중심 경도 : 125°
   - 적용 범위 : 경도 124도~126도
   - 명칭 : Korea 2000/West Belt 2010
   - EPSG 코드 : 5185

2. 중부 좌표계(Central Belt)
   - 중심 경도 : 127°
   - 적용 범위 : 경도 126도~128도
   - 명칭 : Korea 2000/Central Belt 2010
   - EPSG 코드 : 5186

3. 동부 좌표계(East Belt)
   - 중심 경도 : 129°
   - 적용 범위 : 경도 128도~130도
   - 명칭 : Korea 2000/East Belt 2010
   - EPSG 코드 : 5187

4. 동해 좌표계(East Sea Belt)
   - 중심 경도 : 131°
   - 적용 범위 : 경도 130도~132도
   - 명칭 : Korea 2000/East Sea Belt 2010
   - EPSG 코드 : 5188

참고 EPSG 코드 시스템

EPSG 코드 시스템(EPSG Code System)은 전 세계의 좌표계, 데이텀(Datum), 투영법 등을 표준화하여 관리하기 위해 고유한 숫자를 부여하는 국제적인 표준 체계로서, 공간 데이터의 정확성과 일관성을 유지하기 위해 필수적인 도구로 자리 잡았다. 이 시스템은 GIS 소프트웨어와 매핑 애플리케이션에서 폭넓게 활용되며, 지도 제작, 공간 분석, 원격 탐사, 항법 시스템 등 다양한 분야에서 중요한 역할을 한다.

EPSG 코드 시스템의 역사

EPSG 코드 시스템은 1985년 유럽 석유탐사협회(European Petroleum Survey Group, EPSG)의 Jean-Patrick Girbig에 의해 처음 도입되었다. 초기에는 석유 및 가스 탐사 산업에서 좌표계와 투영법의 표준화를 목적으로 설계되었으나, 그 유용성과 중요성이 점차 확대되면서 현재는 전 세계 모든 공간정보 분야에서 사용되고 있다.

현재 EPSG 코드 시스템은 IOGP(International Association of Oil & Gas Producers) 산하 Geomatics Committee에서 관리하고 있으며, 공간정보 표준화의 핵심 도구로 발전했다.

EPSG 코드의 구성과 기능

EPSG 코드는 1024에서 32767 사이의 고유한 숫자로 구성되며, 각 숫자는 특정 좌표계, 투영법, 데이텀에 대한 정의를 포함하고 있다. 이 시스템의 주요 기능은 다음과 같다.

1. 좌표계 간의 정확한 변환 : 서로 다른 좌표계와 투영법 간의 차이를 극복하며, 전 세계에서 일관성 있는 데이터 통합을 가능하게 한다.
2. 다양한 좌표계 정보 제공 : 다양한 지역에서 사용되는 수많은 좌표계와 투영법에 대한 상세 정보를 담고 있어 사용자가 정확한 지리 정보를 다룰 수 있도록 한다.
3. 지속적인 업데이트 : EPSG 데이터베이스는 무료로 공개되어 있으며, 새로운 좌표계나 투영법이 도입되거나 기존 정보가 수정될 경우 이를 신속히 반영한다.

대한민국의 주요 EPSG 코드

우리나라에서는 다음과 같은 EPSG 코드가 사용된다.

- EPSG:5185 – 서부 좌표계 (Korea 2000 / West Belt 2010)
- EPSG:5186 – 중부 좌표계 (Korea 2000 / Central Belt 2010)
- EPSG:5187 – 동부 좌표계 (Korea 2000 / East Belt 2010)
- EPSG:5188 – 동해 좌표계 (Korea 2000 / East Sea Belt 2010)

처리 옵션 선택

처리 옵션에는 표준(Standard), 빠른(Fast), 고급(Advanced) 등이 있으며, 이는 처리 속도와 성과물의 품질에 직접적인 영향을 미친다. 예를 들어, 3D 지도 제작을 위한 처리 옵션으로 "표준(Standard)"을 선택하면 처리 속도는 느리지만 높은 품질의 결과물을 얻을 수 있다. 반면, "빠른(Fast)" 옵션을 선택하면 처리 속도는 매우 빠르지만 낮은 품질의 결과물을 생성하게 된다. 일반적으로 "빠른" 옵션은 현장에서 드론 사진의 누락 여부 확인, 이미지 블러링(Blurring) 문제 점검, 비행경로 검토, 처리 결과의 사전 확인 등의 목적으로 사용된다.

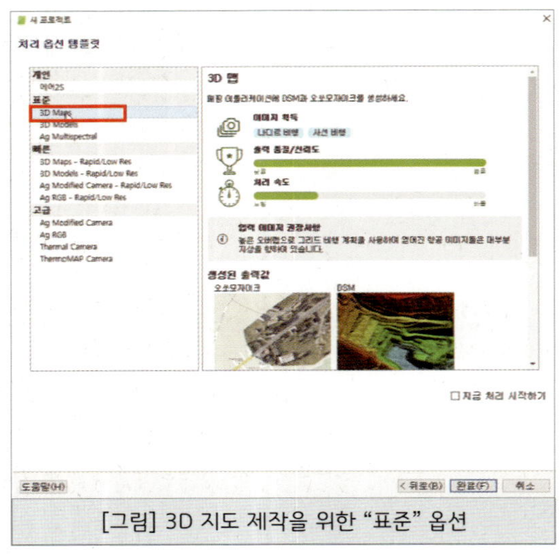

[그림] 3D 지도 제작을 위한 "표준" 옵션

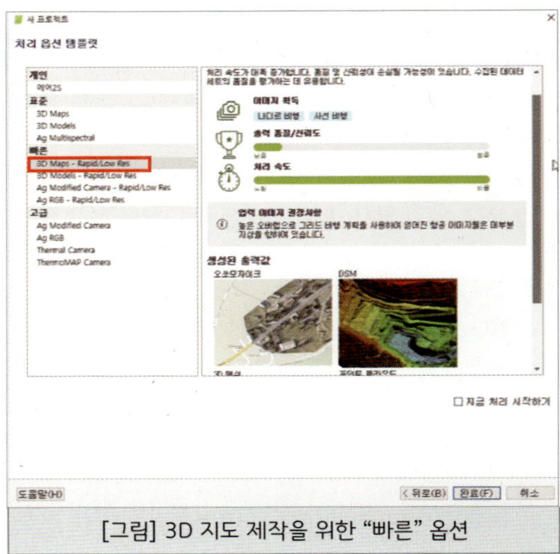

[그림] 3D 지도 제작을 위한 "빠른" 옵션

이 실습에서는 점군(Point Cloud), 3D 텍스처 메쉬(3D Textured Mesh), 수치표면모델(DSM), 정사영상(Orthomosaic) 등의 고품질 출력물을 생성하기 위해 위의 그림과 같이 표준 모드(Standard Mode)의 "3D Maps" 옵션을 선택한다. 선택을 완료한 후, 아래 그림과 같이 "완료(Finish)" 버튼을 클릭하여 설정을 마무리한다.

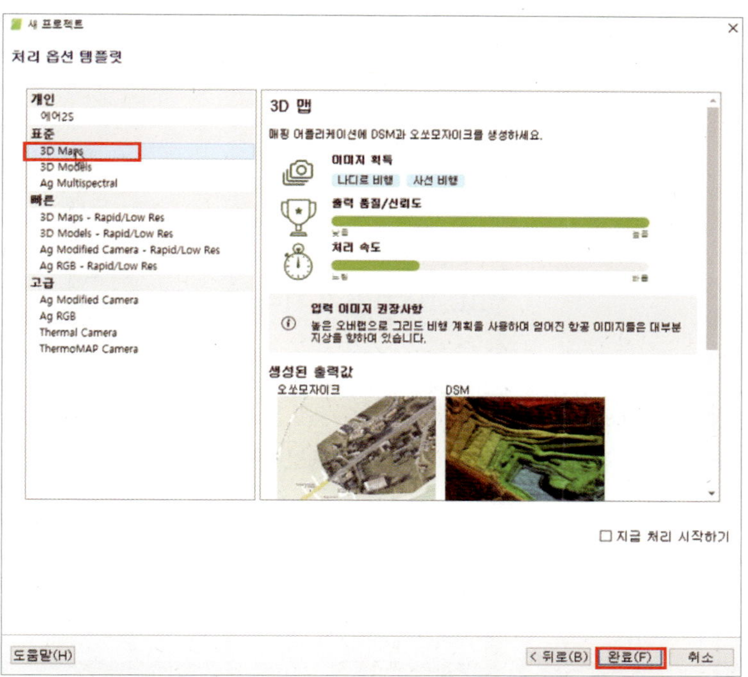

참고 표준 모드 옵션

1. "3D Maps" 옵션

   표준 모드의 "3D Maps" 옵션은 일반적으로 격자 촬영계획(Grid Flight Plan)에 따라 드론으로 촬영된 항공 이미지를 처리하여 다양한 3D 맵 데이터를 생성하는 데 사용된다. "3D Maps" 옵션은 높은 품질과 신뢰성을 보장하지만, 정밀한 데이터 처리를 위해 상대적으로 긴 처리시간이 소요된다는 특징이 있다. 이 옵션은 다음과 같은 고품질의 출력물을 제공한다.

   - 점군(Point Cloud)
   - 3D 텍스처 메쉬(3D Textured Mesh)
   - 수치표면모델(DSM, Digital Surface Model)
   - 정사영상(Orthomosaic)

2. "3D Models" 옵션

   "3D Models" 옵션은 높은 중복도를 가진 드론 경사(Oblique) 이미지나 지상(Ground) 이미지를 사용하여, 고품질의 3D 모델을 생성하는 데 초점을 맞추고 있다. 이 옵션은 정밀하고 상세한 3D 시각화를 가능하게 하며, 품질과 신뢰성이 매우 높은 결과물을 제공한다. 그러나 처리 속도가 느리기 때문에 시간적 여유가 있는 고품질 프로젝트에 적합하다. 생성 출력물은 다음과 같다.

- 점군(Point Cloud)
- 3D 텍스처 메쉬(3D Textured Mesh)

3. "Ag Multispectral" 옵션

   "Ag Multispectral" 옵션은 다중분광(Multispectral) 카메라로 촬영된 드론 수직촬영(Nadir) 이미지를 처리하여 다음과 같은 데이터를 생성한다. 이 옵션은 정밀 농업(Precision Agriculture) 분야에서 활용되며, 작물 상태 분석 및 농업용 지도 생성에 필수적인 데이터를 제공한다. 높은 품질과 신뢰성을 특징으로 하지만, 고도의 데이터 처리로 인해 처리 속도가 느린 경향이 있다.

   - 반사율(Reflectance)
   - 식생 지수(NDVI)
   - 식생 분류(Classification)

III. 1단계 초기 처리

1단계 자료 처리

위 단계를 완료하면, 아래 그림과 같이 위성 영상 위에 드론이 비행하며 촬영한 위치가 빨간색 점으로 표시된다. 빨간색 점들 중에서 노란색 화살표로 가리켜진, 크기가 약간 큰 빨간색 점은 촬영이 시작된 위치를 나타낸다. 만약 위성 영상이 보이지 않는 경우, 보기 메뉴(View Menu)에서 위성(Satellite) 옵션을 선택하여 화면에 표시할 수 있다.

빨간색 점은 드론의 촬영 위치를 의미하며, 각 점을 클릭하면 해당 위치에서 촬영된 사진을 확인할 수 있다.

Pix4Dmapper를 이용하여 자료 처리를 실행하면, 기본적으로 촬영된 모든 이미지가 처리 대상에 포함된다. 그러나 특정 영역만을 처리 대상으로 지정하려는 경우, "관심 지역"(Region of Interest, ROI)을 설정할 수 있다. 특별한 설정 없이 처리 작업을 진행하면 불필요한 지역까지 포함되어 처리 시간이 증가할 수 있으므로, 관심 지역 설정은 효율적인 자료 처리를 위해 유용하다.

관심 지역을 설정하려면, 사전에 준비된 KML 파일을 불러와 ROI를 정의할 수 있다. 이 과정을 통해 지정된 영역만을 처리 대상으로 설정할 수 있으며, 작업의 효율성을 극대화할 수 있다. ROI 설정이 필요하지 않은 경우, 이 단계를 건너뛸 수도 있다.

관심 지역(ROI) 설정

관심 지역 설정을 위해, "맵 보기(Map View)" 메뉴에서 "처리 영역"의 "가져오기(Import)" 옵션을 선택한 후, 예제 파일인 Osong_촬영영역.kml 파일을 불러온다.

관심 지역(ROI)을 설정한 KML 파일이 불러와지면, 아래의 그림과 같이 화면에 빨간색 다각형으로 관심 지역이 표시된다. 이후의 자료 처리는 이 영역에 국한되어 수행된다.

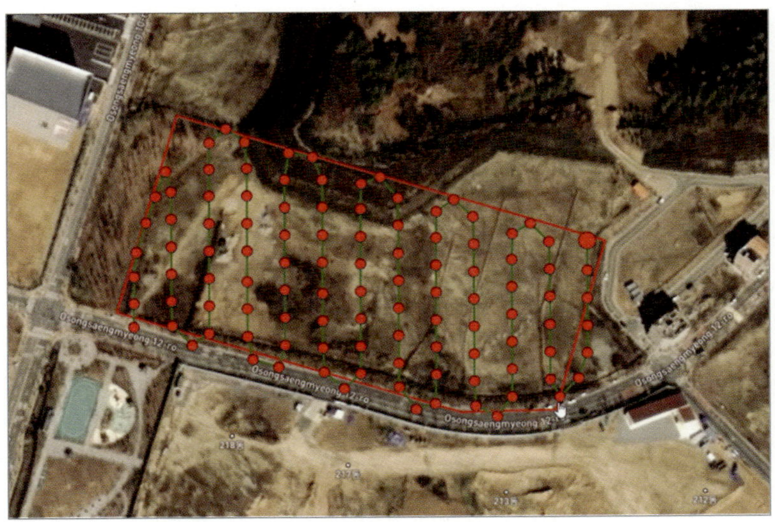

화면 좌측 하단의 "처리 중 옵션" 버튼을 클릭하면, "처리 옵션" 팝업 창이 나타난다. 여기서 "고급(Advanced)"을 표시하면, 고급 옵션 사양을 검토할 수 있다.

현재는 처리 1단계이므로, "1. 초기 처리(Initial Processing)"를 선택한 후, 일반(General) 메뉴로 이동한다.

1단계 초기 처리 : 일반 옵션 설정

여기서는 정밀한 지형 분석을 수행하기 위해 아래의 그림과 같이 "최대(Full)"를 선택하고, 품질 보고서 생성을 위해 ☑ 체크를 한다.

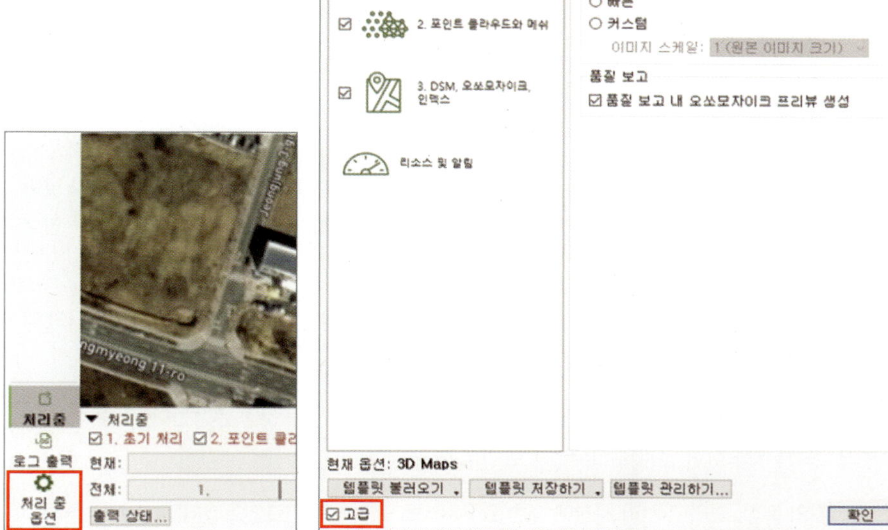

참고 키포인트 이미지 스케일 옵션

"키포인트 이미지 스케일"(Keypoint Image Scale) 옵션은 이미지에서 키포인트, 즉 특징점을 추출할 때 사용하는 이미지 크기를 정의하며, 사용자가 선택할 수 있는 세 가지 주요 설정으로 구성되어 있다. 즉, 최대(Full), 빠른(Rapid), 커스텀(Custom) 등이다.

- 최대(Full)

  최대(Full) 옵션은 원본 이미지의 전체 크기를 그대로 사용하여 키포인트(특징점)를 추출한다. 이는 정밀한 결과를 제공하지만, 그만큼 처리 시간이 오래 걸리는 단점이 있다. 특히 대규모 프로젝트에서 시간 제약이 없는 경우, 최상의 결과를 위해 최대 설정을 고려할 수 있다.

• 빠른(Rapid)

빠른(Rapid) 옵션은 이미지의 크기를 자동으로 낮추어 키포인트를 추출한다. 이 설정은 빠른 결과를 제공하지만, 정확도가 다소 낮아질 수 있다. 시간 제약이 있는 프로젝트나 결과물의 정확도가 비교적 덜 중요한 작업에 적합한 옵션이다.

• 커스텀(Custom)

커스텀(Custom) 옵션은 사용자가 직접 이미지 스케일을 선택할 수 있는 기능을 제공한다. 이를 통해 프로젝트의 특성과 요구사항에 맞춰 최적의 설정을 선택할 수 있다. 예를 들어, 고해상도 이미지에서는 높은 스케일을, 저해상도 이미지에서는 낮은 스케일을 적용할 수 있다.

커스텀 설정에서 사용 가능한 이미지 스케일

커스텀 설정을 선택할 경우, 사용자는 아래와 같은 다양한 이미지 스케일 옵션 중에서 선택할 수 있다.
각 옵션은 원본 이미지의 크기를 기준으로 정의된다.

- 1/8 (0.125) : 원본 이미지 크기의 1/8
- 1/4 (0.25) : 원본 이미지 크기의 1/4
- 1/2 (0.5) : 원본 이미지 크기의 1/2
- (1.0) : 원본 이미지 크기 그대로
- 2 (2.0) : 원본 이미지 크기의 2배

이미지 스케일이 낮을수록 처리 속도는 빨라지지만, 추출되는 키포인트의 수가 줄어들어 결과의 정확도가 낮아질 가능성이 있다. 반대로, 이미지 스케일을 높이면 보다 많은 키포인트를 추출할 수 있어 결과의 정확도는 향상되지만, 처리 시간은 더 오래 걸린다.

20MP 이상의 고해상도 이미지 경우, 기본적으로 1/2 스케일이 자동으로 적용된다. 이는 고해상도 이미지의 디테일을 적절히 활용하면서 처리 시간을 단축하는 균형 잡힌 선택일 수 있다.

한편, 저해상도 이미지(예: 640x320 픽셀)의 경우, 2배 이미지 크기(2.0)를 설정하는 것이 권장된다. 이는 작은 이미지에서 충분한 키포인트를 확보하여 결과의 신뢰성을 높이는 데 유리하다.

프로젝트의 특성, 이미지의 품질, 그리고 처리 시간에 대한 요구사항을 고려하여 키포인트 이미지 스케일을 선택하는 것이 중요하다. 예를 들어, 정밀한 지형 분석을 수행하는 경우 최대(Full) 또는 1.0 스케일을, 빠르게 대략적인 결과가 필요한 경우 빠른(Rapid) 또는 1/4스케일을 선택할 수 있다.

1단계 초기 처리 : 매칭 및 칼리브레이션 옵션 설정

1단계 초기 처리의 "매칭" 설정에서는 격자 촬영 패턴(Grid Flight Pattern)으로 촬영된 드론 이미지를 처리하기 위해 "대기 그리드 및 공중 회랑(Aerial Grid and Corridor)" 옵션을 선택한다. 한편, 조사 지역에는 반복적인 구조물이 존재하지 않으므로 "매칭 전략(Matching Strategy)"은 선택하지 않는다.

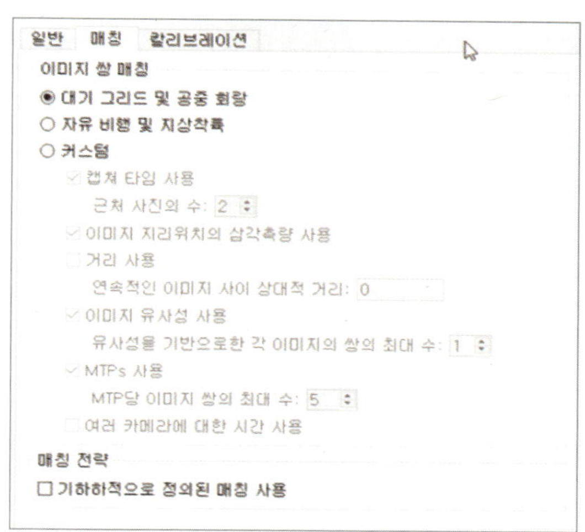

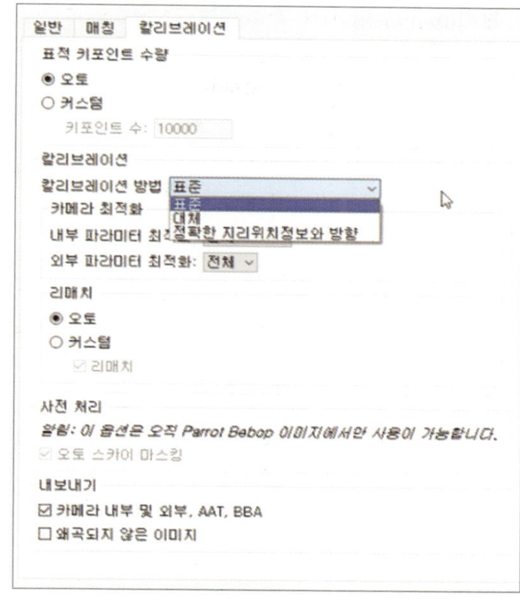

표적 키포인트 수량(Target Keypoints) 옵션

"오토(Auto)"를 선택한다. 이 설정은 소프트웨어가 사용자 개입 없이 자동으로 최적의 키포인트와 특징점 수를 결정하도록 하는 것으로서, 대부분의 프로젝트에서 기본적으로 적합한 설정이다.

칼리브레이션(Calibration) 옵션

본 실습에서는 "표준(Standard)"을 선택한. 이 옵션은 일반적인 드론 이미지와 지상 촬영 이미지에서 효과적으로 작동하며, 균형 잡힌 결과를 제공하므로 대부분의 프로젝트에 적합한 기본 설정이다

카메라 최적화의 내부 파라미터 최적화와 외부 파라미터 최적화

- 내부 파라미터 최적화(Internal Parameter Optimization) : 카메라의 초점 거리, 주점 오프셋, 렌즈 왜곡 등 내부 파라미터를 자동으로 조정하여 3D 모델의 정확성을 높인다.
- 외부 파라미터 최적화(External Parameter Optimization) : 카메라의 위치와 방향을 조정하여 3D 모델의 정밀도를 향상시킨다.

두 옵션 모두 "전체(Full)"를 선택하는 것이 바람직하다.

리매치(Rematch)

"오토(Auto)" 옵션을 선택한다. 이는 이미지 매칭 과정을 반복 수행하여 기존 매칭 결과를 개선하거나 추가적으로 키포인트를 매칭하여 데이터의 정밀도를 높이는 데 사용된다. "오토" 설정은 소프트웨어가 자동으로 리매치 여부를 결정하도록 하며, 대부분의 프로젝트에서 적합한 선택이다.

"내보내기" 옵션에서는 "카메라 내부 및 외부, AAT, BBA"를 선택하여 카메라의 내부 및 외부 파라미터, 자동 항공 삼각측량(AAT), 번들 블록 조정(BBA) 결과를 포함하는 파일을 생성한다. 이는 추가 데이터 분석과 검토를 위해 유용하다.

내보내기(Export) 설정

내보내기 옵션에서는 "카메라 내부 및 외부, AAT, BBA"를 선택한다. 이를 통해 카메라의 내부 및 외부 파라미터, 자동 항공 삼각측량(AAT, Automatic Aerial Triangulation), 번들 블록 조정(BBA, Bundle Block Adjustment) 결과를 포함하는 파일을 생성할 수 있다. 이 설정은 추가적인 데이터 분석과 검토를 위해 매우 유용하다.

참고 매칭 - 이미지 쌍 매칭 옵션의 유형

이미지 쌍 매칭 옵션

1. 대기 그리드 및 공중 회랑(Aerial Grid or Corridor)

   규칙적인 패턴으로 촬영된 항공 이미지에 적합하다. 주로 일반적인 매핑 프로젝트나 도로, 철도 등 회랑(Corridor), 즉 선형 형태의 지역을 촬영한 데이터에 사용된다. 이러한 매칭 전략은 균일한 데이터 캡처와 안정적인 결과를 확보할 수 있다.

2. 자유 비행 및 지상(Free Flight or Terrestrial)

   불규칙한 비행 경로나 지상에서 촬영된 이미지에 최적화된 옵션이다. 건물 주변을 회전하거나 조각상과 같은 특정 대상물을 다각도로 촬영한 경우에도 유용하다. 복잡한 환경에서 정확한 매칭 결과를 얻고자 할 때 이상적인 선택이다.

3. 커스텀(Custom)

   고급 사용자를 위한 이 옵션은 프로젝트의 특성과 요구사항에 따라 매칭 매개변수를 세부적으로 조정할 수 있다. 독특한 데이터 세트나 비정형적인 프로젝트에서 유용하게 활용될 수 있다.

커스텀 옵션의 세부 설정

커스텀 옵션은 사용자가 직접 매칭 매개변수를 조정할 수 있는 기능을 제공하고 있다.

- 캡처 타임 사용 - 근처 사진의 수

  사용자는 0에서 50 사이의 정수값을 설정하여, 연속적인 이미지들 간에 매칭을 시도할 이미지 수를 조정할 수 있다. 이는 시간적으로 가까운 이미지 간의 매칭을 선호하는 프로젝트에 적합하다.

- 이미지 지리위치의 삼각측량 사용
  true 또는 false 값을 설정하여, 이미지의 지리적 위치를 이용한 삼각측량 방식을 적용할지 여부를 결정한다. 지리적 메타데이터를 활용하면 매칭의 정확성을 높일 수 있다.

- 거리 사용 – 연속적인 이미지 간 상대적 거리
  이 설정은 연속적인 이미지 간 거리를 기준으로 매칭을 조정한다. 음수 값은 상대적 거리를, 양수 값은 절대적 거리를 나타내며, 0으로 설정하면 거리를 사용하지 않는다.

- 이미지 유사성 사용 – 유사성을 기반으로 한 각 이미지 쌍의 최대 수
  0에서 100 사이의 정수값을 설정하여 이미지 내용의 유사성을 기반으로 매칭할 최대 이미지 쌍 수를 지정한다. 이는 유사한 구조나 패턴을 가진 이미지 간의 적절한 매칭을 확보할 수 있다.

- MTPs 사용 – MTP당 이미지 쌍의 최대 수
  수동 타이 포인트(MTP)당 매칭할 최대 이미지 쌍 수를 1에서 50 사이의 값으로 지정할 수 있다. 이 설정은 수동으로 정의된 키포인트, 즉 특징점을 기반으로 한 매칭을 정밀하게 조정한다.

- 여러 카메라에 대한 시간 사용
  서로 다른 카메라로 촬영된 이미지들을 시간 정보를 이용해 매칭한다. 선택하지 않으면, 시간을 사용하지 않으며, ☑ 선택하면 시간 정보를 매칭 과정에 반영한다. 이는 멀티 카메라 환경에서 촬영된 이미지 처리에 유용하다.

참고 매칭 – 매칭 전략

매칭 전략 – 기하학적으로 검증된 매칭 사용
이 옵션은 매칭의 견고성을 향상시키는 데 중점을 둔다. 반복적인 구조물(예: 건물의 창문)이 포함된 이미지에서 잘못된 매칭을 제거하는 데 특히 효과적이다. ☑ 선택하면, 검증 과정을 활성화하며, 선택하지 않으면, 이를 비활성화한다.

참고 칼리브레이션 – 표적 키포인트(특징점) 수량

- 오토(Automatic)
  "표적 키포인트 수량" 옵션에서 "오토" 설정은 소프트웨어가 자동으로 최적의 키포인트, 특징점 수를 결정하도록 한다. 대부분의 프로젝트에서 기본적으로 적합한 설정으로서, 사용자 개입 없이 최적의 결과를 제공한다.

- 커스텀(Custom)
  "커스텀" 옵션은 사용자가 직접 추출할 키포인트의 수를 지정할 수 있다. 이 설정은 100에서 1,000,000 사이의 정수값을 허용하며, 특정 프로젝트의 특수한 요구사항에 맞춰 키포인트 수를 조정할 수 있다. 예를 들어, 고해상도 이미지 처리나 복잡한 구조물의 3D 모델링이 필요한 경우 커스텀 옵션을 통해 보다 정밀한 결과를 얻을 수 있다.

참고 칼리브레이션 – 칼리브레이션 방법

- 표준(Standard)

  대부분의 프로젝트에 적합한 기본 설정이다. 표준 칼리브레이션은 일반적인 항공 이미지 및 지상 촬영 이미지에서 효과적으로 작동하며, 균형 잡힌 결과를 제공한다.

- 대체(Alternative)

  이 옵션은 농업 분야와 같이 평평한 지형이나 텍스처가 부족한 영역에서 보다 나은 성능을 발휘한다. 표준 방식보다 정확한 결과를 제공할 수 있어, 텍스처가 적은 농작물이나 평야를 촬영한 경우에 추천된다.

- 정확한 지리위치정보와 방향(Accurate Geolocation and Orientation)

  RTK 드론이나 고정밀 GPS 데이터를 사용하는 경우에 적합하다. 또한 IMU 데이터를 활용하여 매우 정확한 좌표와 오메가(omega), 파이(phi), 카파(kappa) 각도를 기반으로 한 정밀한 결과를 생성한다.

참고 칼리브레이션 – 카메라 최적화

- 내부 파라미터 최적화

  카메라의 초점 거리, 주점 오프셋, 렌즈 왜곡 등 내부 파라미터를 조정한다. 이를 통해 이미지 품질이 향상되고, 모델링 결과의 신뢰성이 높아진다.

- 외부 파라미터 최적화

  카메라의 위치와 방향을 조정하여 3D 모델의 정확성을 향상시킨다. 특히 대규모 프로젝트나 복잡한 환경에서 필수적인 옵션으로 간주된다.

참고 칼리브레이션 – 리매치(Rematch)

이미지 매칭 과정의 반복 수행을 의미한다. 이 과정은 기존 매칭 결과를 개선하거나 추가적으로 키포인트를 매칭하여 데이터의 정밀도를 높이는 데 사용된다.

- 오토(Auto)

  리매치 설정에서 "오토" 옵션은 소프트웨어가 자동으로 리매치 여부를 결정하도록 한다. 대부분의 프로젝트에 적합하며, 사용자가 설정을 변경하지 않아도 안정적인 결과를 제공한다.

- 커스텀(Custom)

  커스텀 옵션을 통해 사용자는 리매치 여부를 직접 설정할 수 있다. ☑, 즉 선택을 하면 이미지를 리매치하고, 선택하지 않으면 리매치를 수행하지 않는다.

참고 칼리브레이션 – 내보내기

- 카메라 내부 및 외부, AAT, BBA

  카메라의 내부 및 외부 파라미터, 자동 항공 삼각측량(AAT), 번들 블록 조정(BBA) 결과를 포함하는 파일을 생성한다. 생성된 파일은 프로젝트 폴더 내 'params' 폴더에 저장되며, 추가적인 데이터 분석과 검토에 유용하다.

- 왜곡되지 않은 이미지

  최적화된 왜곡 파라미터를 사용하여 각 원본 이미지의 왜곡을 제거한 복사본을 생성한다. 이 옵션은 기본적으로 비활성화되어 있으며, 필요에 따라 활성화할 수 있다.

1단계 초기 처리 실행

1단계 초기 처리를 실행하려면, 설정을 완료한 후, 아래의 그림과 같이 화면 하단의 처리 옵션에서 "1. 초기 처리" 항목만 ☑ 선택한 상태로 시작 버튼을 클릭한다. 이로써 1단계 자료 처리, 즉 초기 처리가 실행된다.

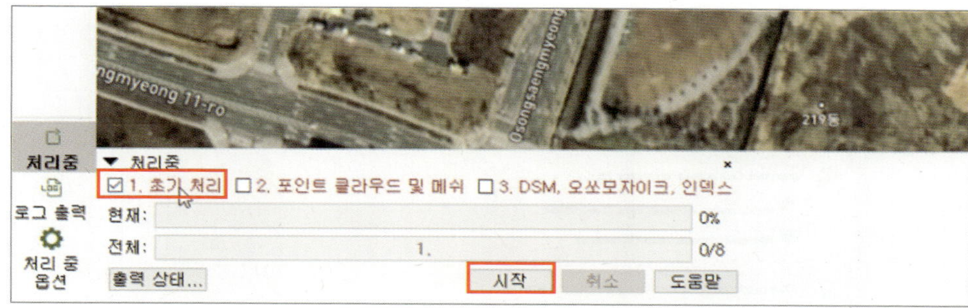

1단계 자료처리가 진행되는 동안, 화면 하단에는 처리 과정과 진행률(%)이 표시된다. 동시에 작업창에서는 노란색 화살표로 표시된 빨간색 드론 촬영 지점이 점차 녹색과 파란색으로 변화하는 것을 확인할 수 있다. 또한, 윈도우의 작업 관리자(Task Manager)를 열어 현재 컴퓨터 자원(Resource) 사용량을 모니터링할 수도 있다.

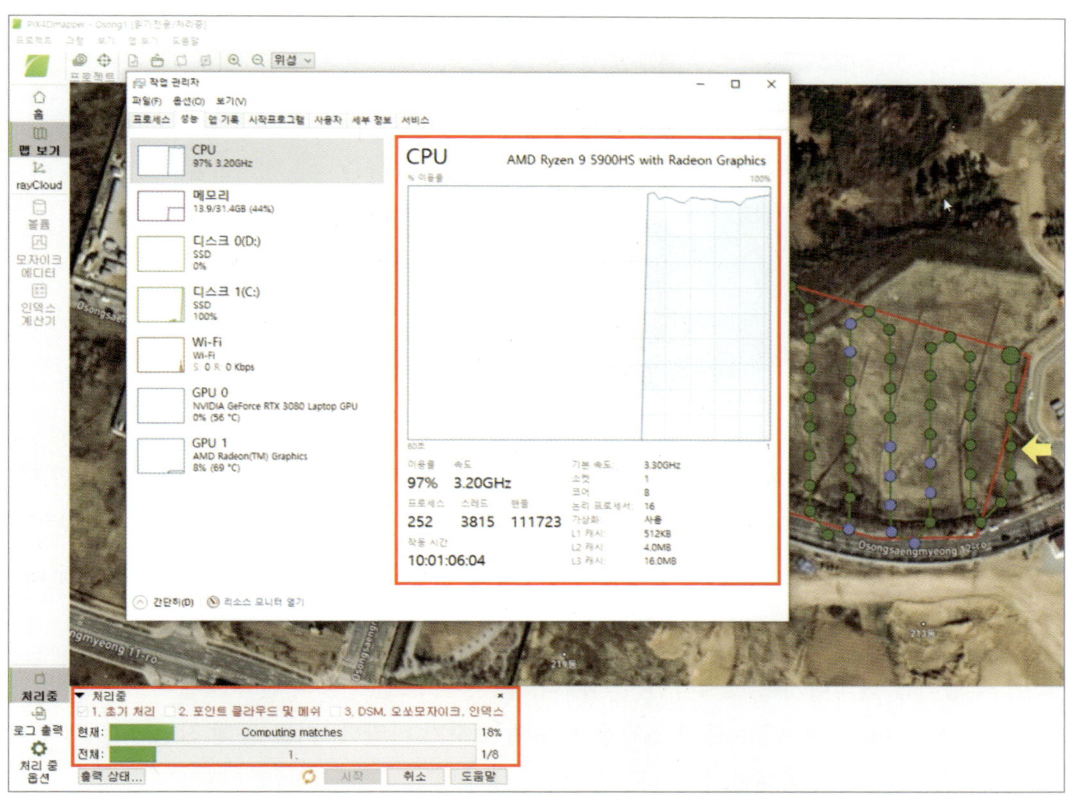

1단계 초기 처리 완료 및 품질보고서 생성

1단계 자료처리가 완료되면, 다음 단계로 품질보고서가 생성된다. 이 보고서를 통해 수집된 이미지의 품질과 1단계 자료 처리의 성과를 평가할 수 있다. 실습 예제를 기준으로, 총 108장의 이미지를 사용하였으며, 여기에는 지상표본거리(GSD) 2.24cm, 1단계 정사영상, 수치표면모형(DSM) 등이 포함된다.

작업을 더욱 심화하기 위해 화면 좌측의 "보기 도구"(View Toolbar)에서 "rayCloud"를 선택한다. 이후 카메라, 선(Line), 타이 포인트(Tie Point, 특징점) 등의 항목을 선택하면 1단계에서 생성된 점군(Point Cloud)과 카메라 위치 등을 시각적으로 확인할 수 있다. 참고로, 이 점군은 저밀도(Sparse) 점군이다.

또한, 각 항목을 선택하거나 해제하면서 카메라, 선, 타이 포인트 등의 변화를 살펴보고, 마우스를 활용하여 확대, 회전, 이동 등의 조작을 시도해 보시기 바란다. 이를 통해 작업 공간의 구성과 데이터를 더욱 깊이 이해할 수 있다.

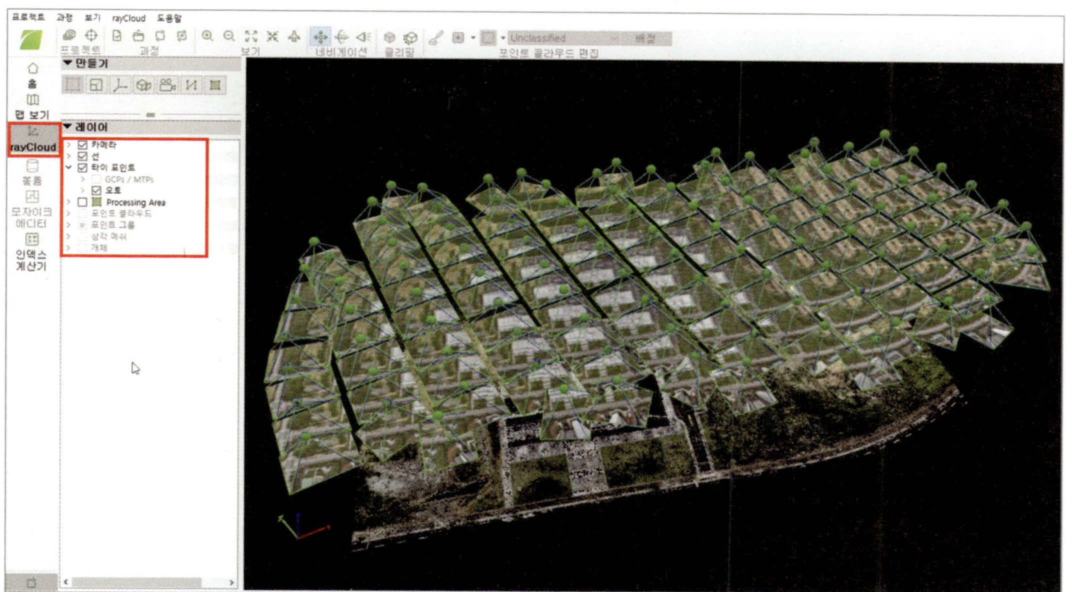

참고 Pix4Dmapper에서 3D View를 위한 마우스 및 키보드 조작법

Pix4Dmapper의 rayCloud와 Volumes View에서 3D 뷰를 조작할 때 사용하는 방법은 Navigation Mode(네비게이션 모드) 설정에 따라 달라진다. 여기서는 Pix4D의 기본 네비게이션 모드인 Standard(표준) 모드를 기준으로 설명한다.

1. 마우스를 사용한 조작

- Pan(이동) : 마우스 왼쪽 버튼을 클릭한 상태에서 드래그(Drag)한다. 이때 초록색 십자가가 나타나며, 이동의 초점 지점을 표시한다.
- Zoom-in(확대) : 스크롤 휠(Scroll Wheel)을 앞으로 밀거나, 오른쪽 버튼을 클릭한 상태에서 마우스를 앞으로 이동한다. 초록색 선이 나타나며 확대의 초점 지점을 나타낸다.
- Zoom-out(축소) : 스크롤 휠을 뒤로 당기거나, 오른쪽 버튼을 클릭한 상태에서 마우스를 뒤로 이동한다.
- Rotate(회전) : 스크롤 휠을 클릭한 상태에서 드래그하거나, 마우스 왼쪽과 오른쪽 버튼을 동시에 클릭한 상태에서 드래그한다. 초록색 원이 나타나며, 회전의 중심 지점을 표시한다.

2. 키보드를 사용한 조작

Ctrl 키를 누른 상태에서 다음 키 조합을 사용하여 이동, 확대, 축소 및 회전을 빠르게 수행할 수 있다.

- Pan(이동) : 화살표 키를 사용해 프로젝트 평면에서 앞, 뒤, 오른쪽, 왼쪽으로 이동한다.
- Zoom-in(확대) : "+" 키를 눌러 3D 뷰를 확대한다.
- Zoom-out(축소) : "−" 키를 눌러 3D 뷰를 축소한다.
- Rotate(회전)
  - "4" : 왼쪽으로 회전
  - "6" : 오른쪽으로 회전
  - "8" : 위쪽으로 회전
  - "2" : 아래쪽으로 회전

(출처 : https://support.pix4d.com/hc/en-us/articles/205360675)

2단계는 고밀도 점군 생성 및 3D 메쉬 제작을 위한 과정으로서, 첫 번째 단계에서 생성된 특징점(Tie Points)을 기반으로 보다 정밀한 데이터, 즉 고밀도 점군(Densified Point Cloud)을 생성한다. 생성된 고밀도 점군 데이터를 활용하여 3D 표면을 제작하는 작업이 이 단계의 주요 목적이다.

지상기준점 입력

지상기준점(Ground Control Point, GCP)을 입력하려면 다음 단계를 따라 하기 바란다. 화면 상단 툴바(Tool Bar)에서 GCP/MTP 관리자 아이콘 을 클릭하거나, 메뉴 바에서 "프로젝트" 〉 "GCP/MTP 매니저"를 선택한다. 이 작업을 통해 GCP 입력 작업을 시작할 수 있다.

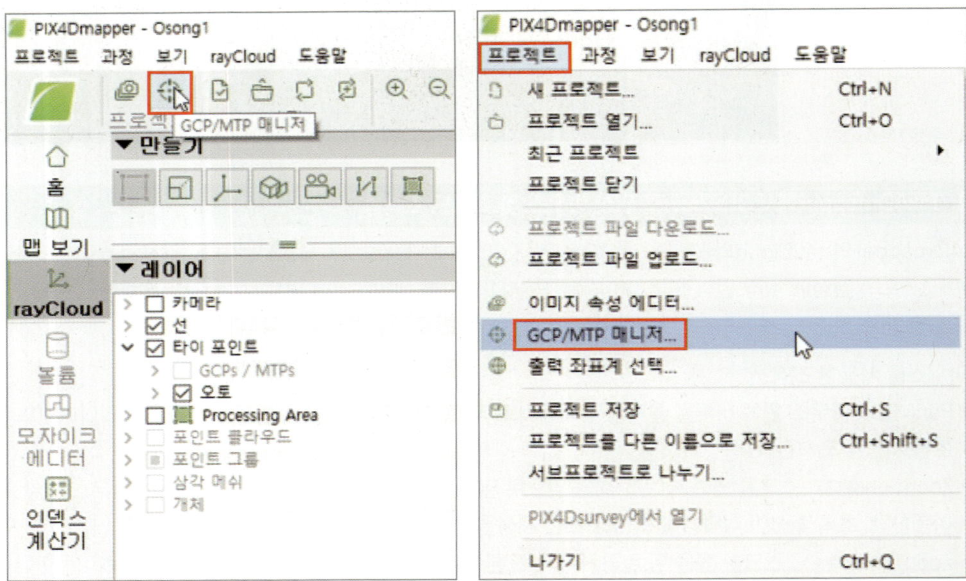

GCP 파일 가져오기

GCP 파일을 가져오려면 "GCPs 가져오기" 버튼을 클릭한다. 입력 창이 나타나면 좌표 순서와 GCP 파일 이름을 입력한 뒤 "확인"을 클릭한다. 우리나라는 TM(Transverse Mercator) 좌표계를 사용하므로 좌표 순서는 Y, X, Z로 설정해야 한다.

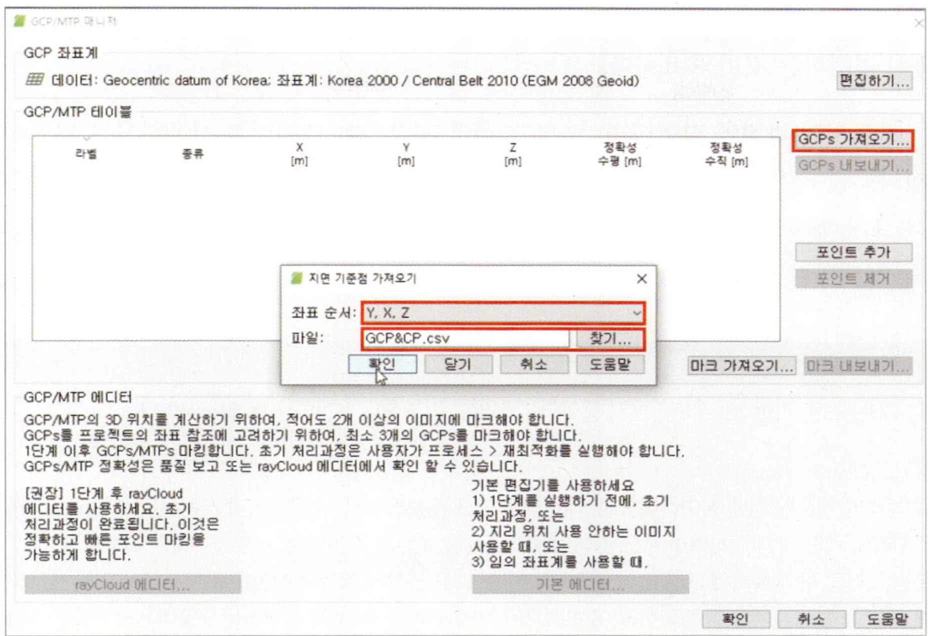

아래의 그림은 GCP 파일을 가져온 후 “GCP/MTP 매니저” 창의 구성을 보여주고 있다. 지상기준점(Ground Control Point, GCP)은 항공삼각측량(AT, Aerial Triangulation)을 통해 드론 이미지 데이터를 정밀하게 정렬하고, 실제 지상의 위치로 보정하는 데 핵심적인 역할을 수행한다. 이에 반해, 검사점(Check Point, CP)은 생성된 3D 모델의 정확성을 검증하는 데 사용되는 기준점으로, 데이터 품질과 모델링 신뢰도를 평가하는 데 중요한 지표로 활용된다.

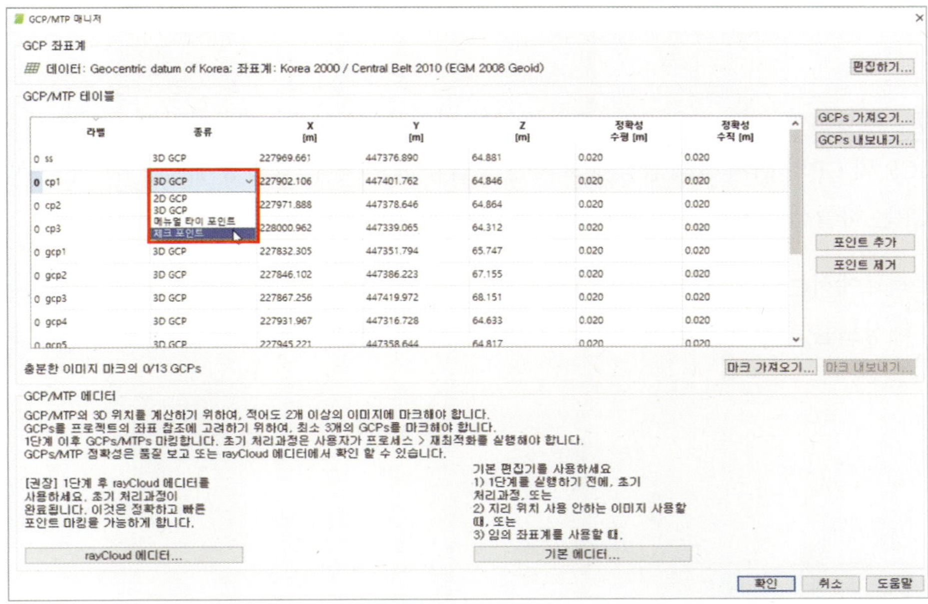

GCP와 CP는 서로 다른 역할을 수행하므로, "GCP/MTP 매니저"의 "종류" 항목에서 각 기준점을 정확히 설정하는 것이 중요하다.

- GCP : 자료처리 과정에 참여하며, X, Y, Z 좌표를 포함한 데이터를 사용하므로 "3D GCP"를 선택한다.
- CP : 자료처리 과정에 참여하지 않으면서, 검사점의 역할을 수행하므로, "체크 포인트"(Check Point)를 선택한다.

참고 지상기준점(GCP) 및 검사점(CP)

GCP와 CP는 드론 기반 3D 모델링에서 데이터의 정밀도와 품질을 보장하는 데 필수적이다.

- 지상기준점(Ground Control Point, GCP)
  자료 처리의 계산 과정에 참여하여 드론 데이터의 좌표를 보정하고 정렬하는 데 사용된다. 항공삼각측량(AT) 자료처리의 계산 과정에 참여하여 드론 데이터의 좌표를 보정하고 정렬하는 데 필수적인 역할을 한다. 이러한 기준점은 작업 구역 내외에 고르게 설치되어야 하며, 드론 영상의 품질과 정밀도를 보장하기 위해 프로젝트 면적에 따라 최소 설치 수량이 정해진다. 일반적으로 작업 구역이 1km^{2}인 경우에는 9점 이상의 지상기준점을 설치하는 것이 권장된다.

- 검사점(Check Point, CP)
  생성된 3D 모델의 정확성을 검증하기 위해 사용되는 기준점이다. 자료 처리 계산에는 직접적으로 참여하지 않지만, 계산된 좌표와 GNSS 측량값 간의 오차를 측정하는 데 활용된다.
  검사점은 작업 구역 내에 고르게 분포되어야 하며, 지상기준점과 중복되지 않게 설치해야 한다. 최소 1점 이상의 검사점 설치가 필요하며, 지상기준점 수량의 3분의 1 이상을 확보하는 것이 권장된다. 검사점은 모델링 과정에서 발생할 수 있는 오차를 조기에 파악하고 보정하는 데 중요한 역할을 하며, 최종 결과의 신뢰도를 높이는 데 기여한다.

다음 그림은 GCP(지상기준점)와 CP(검사점) 좌표를 가져온 후, 1단계 자료처리 과정에서 생성된 점군과 GCP 및 CP의 위치가 작업창에 표시된 모습을 보여준다. 작업창에서는 GCP는 파란색 원으로, CP는 하늘색 원으로 시각화된다.

본 프로젝트에서는 총 9개의 GCP와 4개의 CP가 설치되었다. 참고로, SS(Siemens Star)는 본래 이미지의 해상도를 측정하기 위해 설치된 지점이지만, 이번 프로젝트에서는 검사점(CP)으로도 활용되었다.

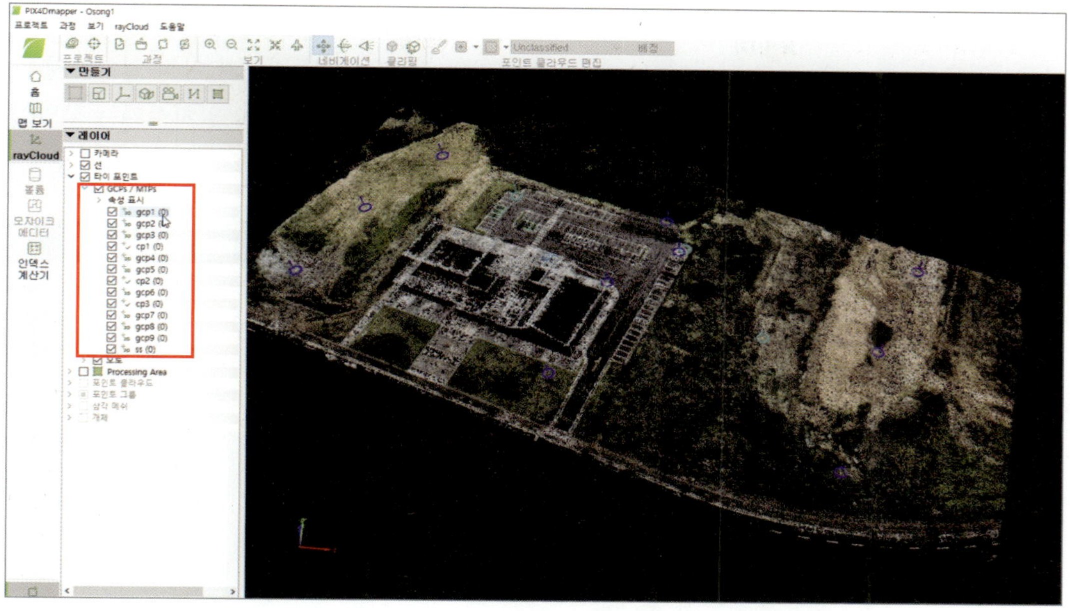

작업창에서는 GCP가 파란색 원으로, CP가 하늘색 원으로 표시된다. 그러나, 색상이나 크기가 명확하게 식별되지 않는 경우가 발생할 수 있다. 이럴 때는 다음 그림과 같이 GCP와 CP의 색상 및 크기를 조정하여 보다 쉽게 구분할 수 있다.

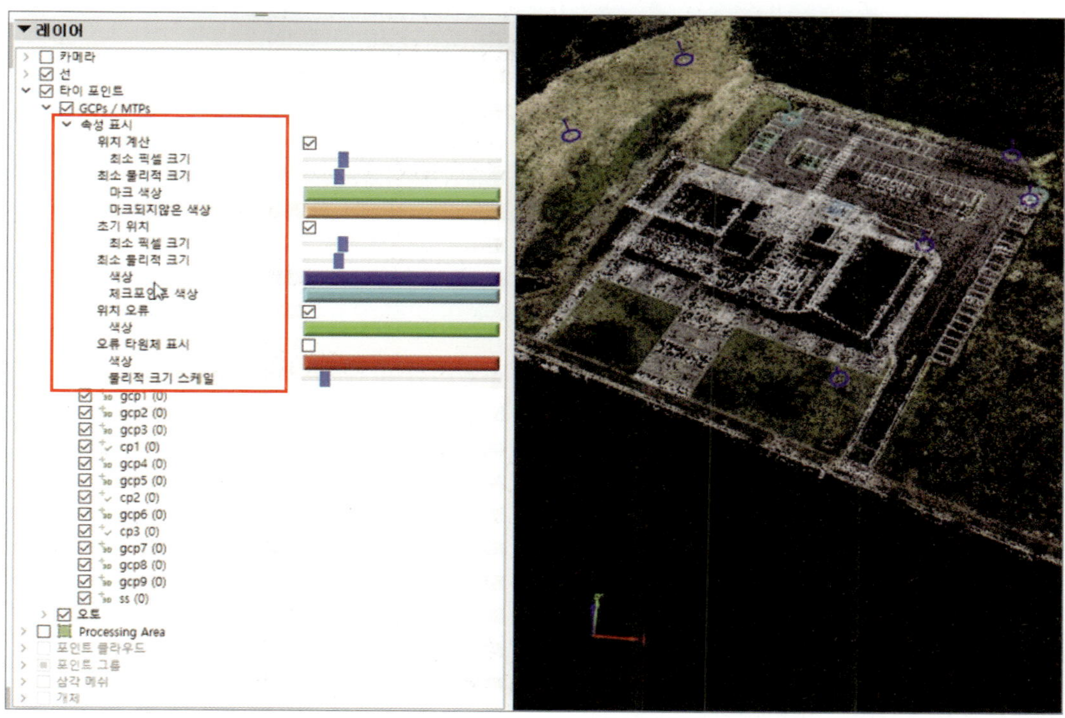

GCP/CP 마킹하기

항공삼각측량(AT) 수행 전(前) 단계에서는 드론 이미지의 좌표와 지상 좌표가 아직 일치하지 않으므로, GCP와 CP가 촬영된 대공표지점(마커)의 중심점에 GNSS 측량값을 일치시키는 작업이 필수적이다.

참고 항공삼각측량(AT, Aerotriangulation) 정의

- 항공삼각측량 : 지상기준점(GCP) 등의 성과를 기준으로 사진좌표를 지상좌표로 전환시키는 작업을 말한다. (「무인비행장치 측량 작업규정」 제2조 제6호)

다음 그림은 이전 그림의 좌측과 우측을 각각 확대하여 나타낸 모습이다. 우측 그림에서 GCP1을 선택하면, 작업창에서 노란색 화살표가 가리키는 GCP1의 색상이 변하는 것을 확인할 수 있다. 또한, 화면 우측에는 GCP1에 입력된 GNSS 좌표값과 GCP1이 촬영된 이미지들이 화면 하단에 나열되어 표시된다.

이제, 표시된 이미지에서 GCP 대공표지의 중심점을 마킹하는 작업을 진행한다. 이러한 마킹 작업은 드론 이미지와 지상기준점의 좌표를 정확히 연결하여, 모델링의 정밀도를 확보하는 데 매우 중요한 과정이다.

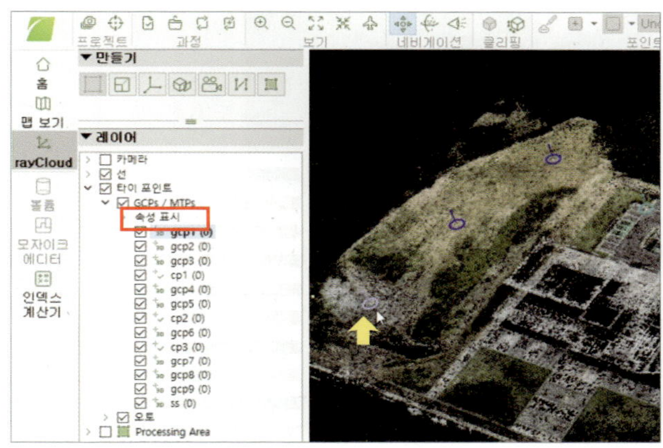

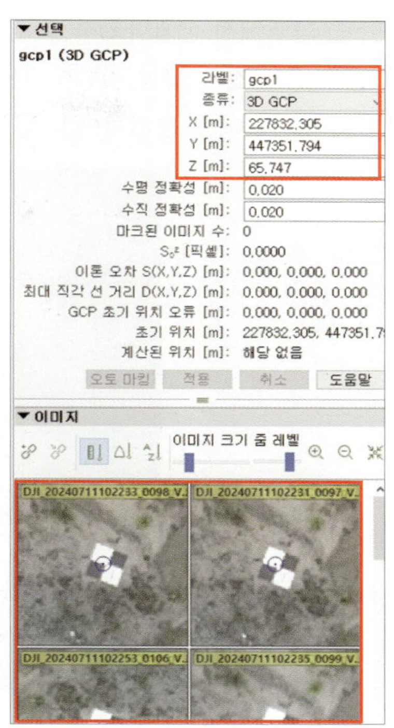

우측 하단에는 GCP1이 촬영된 여러 이미지들이 표시되며, 각 이미지에서 대공표지점(마커)을 확대하여 확인하려면, 다음 그림의 좌측과 같이 "이미지 크기" 및 "줌 레벨"을 조절하여 작업할 수 있다. "이미지 크기"는 사진의 크기를 조정하는 기능이고, "줌 레벨"은 이미지를 확대(Zoom-in)하거나 축소(Zoom-out)하는 기능이다.

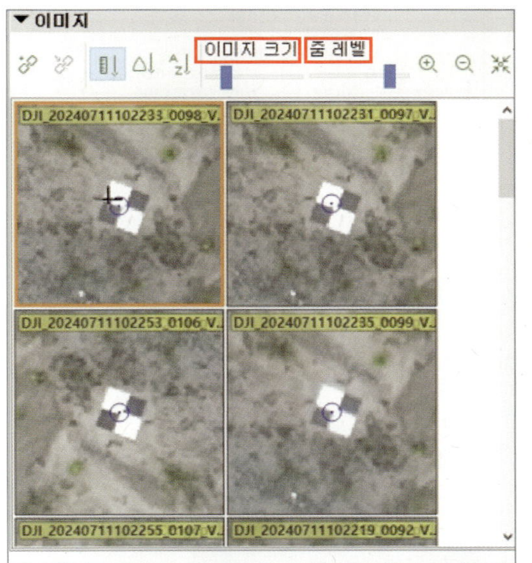

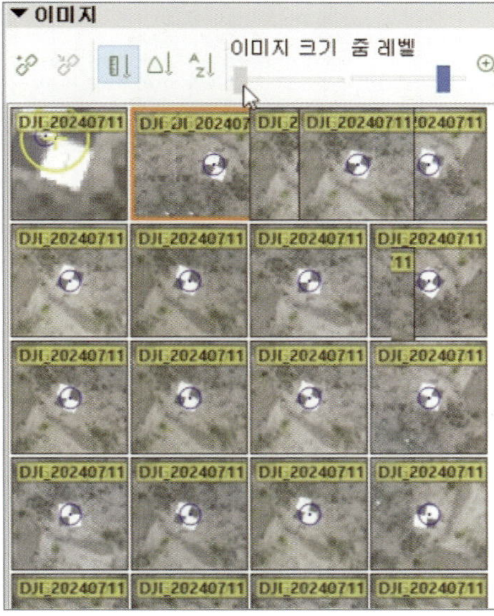

보다 큰 화면에서 작업하고자 할 경우, 해당 사진 위에 마우스를 위치시킨 뒤, 스페이스 바(Space bar)를 누르면 전체 화면으로 확대된 이미지를 확인할 수 있다. 이 상태에서 마우스로 대공표지점(마커)의 중심점을 클릭하여 마킹 작업을 진행하면 된다.

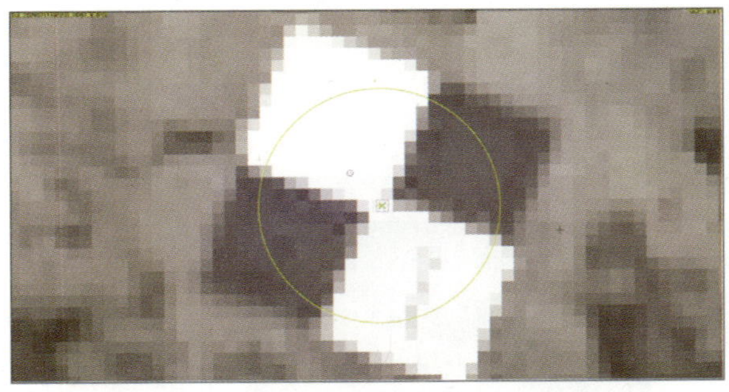

처음 마킹을 시작할 때, 소프트웨어가 자동으로 찾은 마커의 위치와 실제 마커 위치 사이에 차이가 있을 수 있다. 이 경우, 약 3개 이상의 이미지에서 마커를 수동으로 표시한 뒤, 오토마킹(Auto Marking) 기능을 실행하면 소프트웨어가 마커 위치를 보다 근접하게 찾아 준다. 이는 중앙점 위치를 정밀하게 마킹하는 데 매우 유용하다.마킹은 약 10개 이상의 이미지에서 수행하는 것을 권장한다. 본 예제에서는, GCP1이 촬영된 21장의 이미지를 모두 마킹하였으며, 이를 통해 GCP1의 위치와 오차가 성공적으로 조정된 것을 확인할 수 있다.

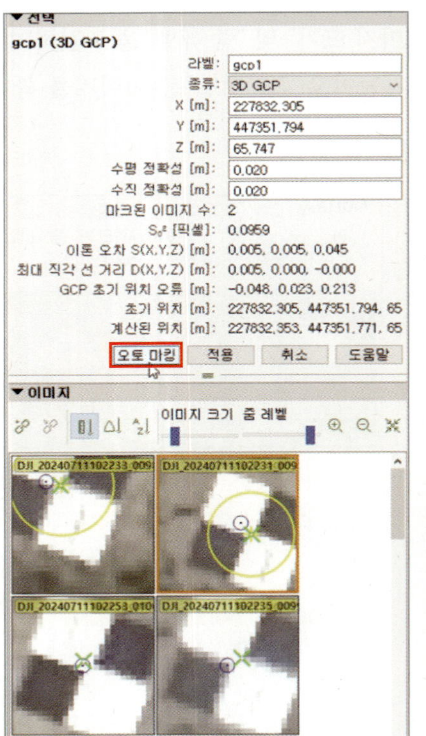

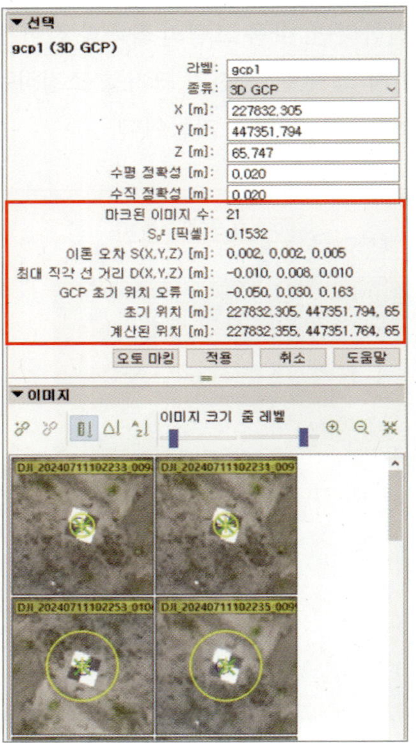

2단계 : 점군(Point Cloud)과 메쉬 작업을 위한 옵션 설정

이제 첫 번째 단계에서 생성된 연결점(Tie Points)을 기반으로 보다 정밀한 고밀도 점군(Densified Point Cloud)과 3D 텍스처 메쉬(3D Textured Mesh)를 생성하는 2단계 자료 처리를 수행한다. 또한, 이 단계에서 생성된 고밀도 점군과 3D 메쉬 데이터를 활용하여 수치표면모델(Digital Surface Model, DSM), 정사영상(Orthomosaic), 반사율 맵(Reflectance Map), 인덱스 맵(Index Map) 등을 생성하는 3단계 자료 처리도 병행하여 진행할 수 있다.

본 예제에서는 2단계 포인트 클라우드와 메쉬 작업에서 "포인트 클라우드" 항목의 옵션을 다음과 같이 설정하였다.

1. 포인트 클라우드 고밀도화

- 이미지 스케일(Image Scale) : 고밀도 포인트 클라우드 생성 시 사용되는 이미지 해상도를 결정하는 옵션으로서, 기본값(Default)인 "1/2 이미지 크기"를 선택하였다.
- 포인트 밀도(Point Density) : 생성되는 포인트 클라우드의 밀도를 설정하는 옵션으로, 기본값인 "최적"을 선택하였다.
- 최소 매치 수량(Minimum Number of Matches) : 하나의 포인트를 생성하기 위해 필요한 최소 매칭 이미지 수를 설정하는 옵션으로, 기본값인 "3"을 선택하였다.

2. 포인트 클라우드 분류하기

이 옵션은 생성된 포인트 클라우드(점군) 데이터를 Pix4Dmapper의 머신러닝 알고리즘을 통해 분석하여 각 포인트의 특성을 분류한다. 결과적으로 지면(Ground), 식생(Vegetation), 건물(Buildings) 등으로 분류되며, 이는 수치지면모형(DEM) 생성, 건물 모델링, 수목 분석 등의 후속 작업에 매우 유용하게 활용된다.

3. 하나의 파일에 타일 합치기

Pix4Dmapper는 대규모 데이터 세트를 처리할 때 포인트 클라우드(점군)를 여러 개의 타일로 나누어 저장한다. "하나의 파일에 타일 합치기" 옵션은 이러한 분리된 타일들을 하나의 포괄적인 파일로 결합하여 저장함으로써 처리 및 관리 효율성을 극대화한다. 이 옵션은 주로 LAS 또는 LAZ 형식으로 데이터를 내보낼 때 사용된다.

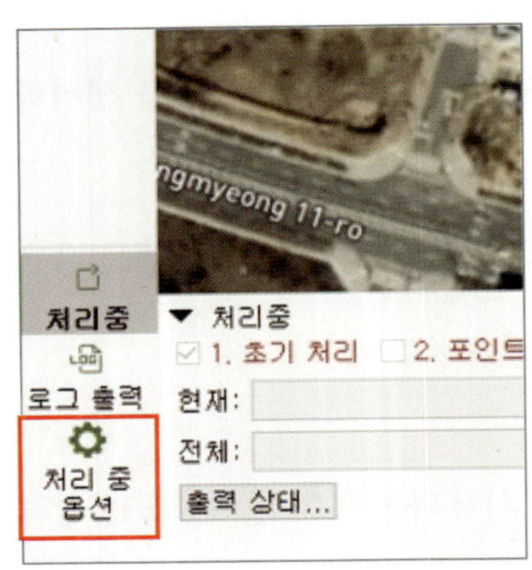

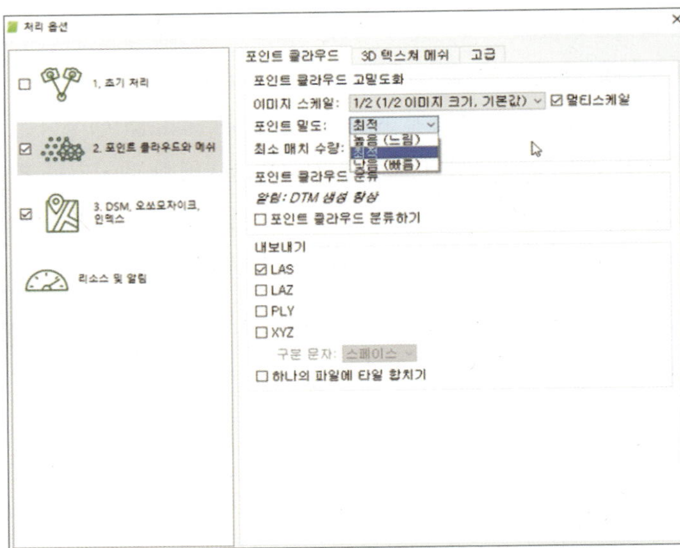

참고 2. 포인트 클라우드와 메쉬 – 포인트 클라우드 – 포인트 클라우드 고밀도화

- **이미지 스케일**(Image Scale) : 고밀도 포인트 클라우드 생성 시 사용되는 이미지 해상도를 결정한다.
  - 1/2(Default) : 원본 이미지의 절반 해상도를 사용하여 속도와 품질의 균형을 맞춘다.
  - 1(Full Resolution) : 원본 해상도를 사용하여 높은 품질의 포인트 클라우드를 생성하지만 처리 시간이 길어질 수 있다.
  - 1/4(Quarter Resolution) : 원본 해상도의 1/4 크기로 속도를 중시할 때 적합하다.
- **포인트 밀도**(Point Density) : 생성되는 포인트 클라우드의 밀도를 설정하는 옵션이다.
  - 낮음(Low) : 포인트 간격이 넓어지고 처리 속도가 빠르다.
  - 최적(Optimal, Default) : 품질과 처리 시간 간의 균형을 맞춘다.
  - 높음(High) : 포인트 간격이 좁아져 매우 자세한 데이터를 생성할 수 있지만, 처리 시간이 증가한다.
- **최소 매치 수량**(Minimum Number of Matches) : 한 포인트를 유효하게 생성하기 위해 필요한 최소 매칭 이미지 수를 설정한다. 기본값은 3으로 설정되어 있으며, 높은 값을 설정하면 보다 정확한 포인트 클라우드를 생성할 수 있지만, 생성되는 포인트의 수는 줄어들 수 있다.

참고 포인트 클라우드 데이터 내보내기 파일 형식

- LAS(LASer) : LiDAR 데이터의 표준 파일 형식으로, 3D 포인트 데이터를 효율적으로 저장한다. 구조화된 데이터로 속성이 포함되며, 포인트 클라우드 데이터 공유 시 많이 사용된다.
- LAZ : LAS 파일의 압축 버전으로, 동일한 데이터를 훨씬 작은 파일 크기로 저장한다. 대용량 데이터 처리나 전송이 필요할 때 효율적이다.
- PLY(Polygon File Format) : 3D 포인트와 다각형(mesh) 데이터를 저장할 수 있는 파일 형식이다. 주로 컴퓨터 그래픽스 및 3D 모델링 소프트웨어에서 사용된다.
- XYZ : 점군의 단순 텍스트 형식으로, 각각의 포인트 좌표를 X, Y, Z 값으로 저장한다. 파일 크기가 크고 속성 정보가 포함되지 않아 기본적인 데이터 공유 및 확인용으로 적합하다.

2단계 : 점군(Point Cloud)과 메쉬 - 3D 텍스처 메쉬 및 고급 옵션 설정

"3D 텍스처 메쉬" 항목 설정에서는 다음의 좌측 그림과 같이 기본값(Default)으로 설정하였다. 또한, 내보내기(출력) 옵션에서는 FBX와 OBJ 파일 형식을 선택하였는데, 이는 두 형식 모두 텍스처 정보를 포함하여 시각적으로 정교한 모델을 생성할 수 있다는 점에서 유리하다.

점군 고밀도화(Point Cloud Densification)

점군 고밀도화 단계에서는 픽셀 매칭에 사용되는 검색 윈도우 크기(Search Window Size)를 결정한다. 본 예제에서는 "7×7 pixels" 옵션을 선택하였다.

- 7×7 pixels : 작은 검색 윈도우를 사용하여 매칭을 수행하며, 세밀한 객체나 복잡한 표면을 정밀하게 표현할 수 있다. 이 설정은 처리 시간이 짧고 메모리 사용량이 적다는 장점이 있다.
- 9×9 pixels : 큰 검색 윈도우를 사용하여 매칭을 수행하며, 넓은 영역에서 안정적인 매칭을 제공하는 데 유리하다. 노이즈 감소에도 효과적이지만, 많은 처리 시간과 메모리 사용량이 요구된다.

점군 필터(Point Cloud Filter)

점군 필터는 데이터 처리의 효율성을 높이고, 불필요한 데이터를 제거하는 데 사용된다.

- 처리 영역 사용 : 사용자가 정의한 처리 영역 내에서만 포인트 클라우드를 생성한다. 이를 통해 불필요한 외부 데이터를 제거하고 처리 효율성을 극대화할 수 있다.
- 주석 사용 : 사용자가 설정한 주석(Annotations)을 기반으로 특정 영역의 데이터를 포함하거나 제외할 수 있다. 복잡한 프로젝트에서 원하는 영역만 선택적으로 처리할 수 있는 유용한 옵션이다.
- 카메라 깊이 자동 제한 : 카메라의 깊이(Depth)를 자동으로 조정하여 지나치게 멀거나 가까운 포인트를 제거한다. 이는 이상치(Outlier) 제거와 노이즈 감소에 효과적이다.

3D 텍스처 메쉬 설정 - 표본 밀도 장치(Sampling Density)

3D 메쉬의 표본 밀도를 결정하며, 소프트웨어는 프로젝트 크기와 데이터의 특성에 따라 적절한 표본 밀도를 자동으로 계산한다. 본 예제에서는 기본값(Default)을 선택하였다.

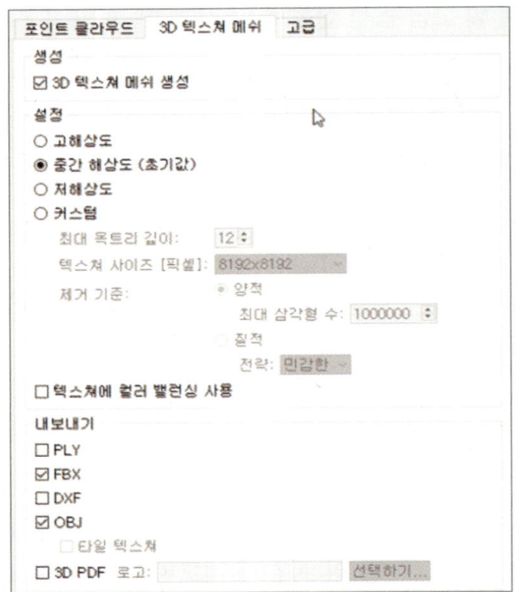

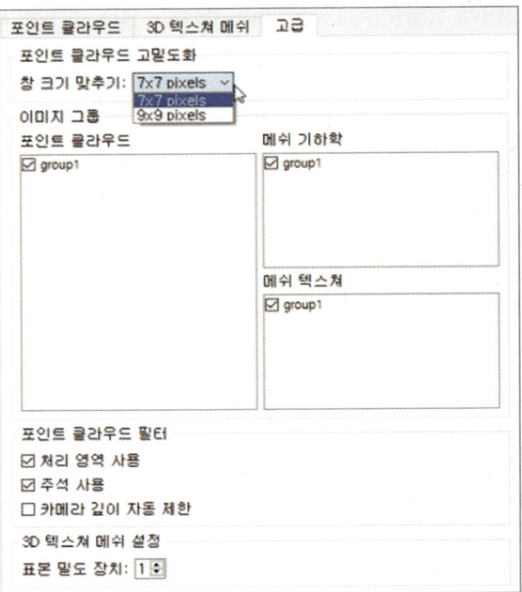

참고 3D 메쉬(3D Mesh) 내보내기(출력) 파일 형식

- PLY(Polygon File Format) : 3D 포인트와 다각형(메쉬) 데이터를 저장하는 파일 형식이다. 주로 포인트 클라우드 데이터 또는 메쉬를 색상, 법선 벡터 등의 속성과 함께 저장한다. 간단하면서도 다양한 3D 정보를 포함할 수 있다. 주로 컴퓨터 그래픽스, 3D 스캔 데이터 처리, 연구 및 분석용으로 사용된다.

- FBX(Filmbox) : Autodesk가 개발한 형식으로, 3D 모델의 기하학, 텍스처, 애니메이션 정보를 포함할 수 있다. 다양한 3D 모델링 및 애니메이션 소프트웨어 간 호환성이 우수하다. 텍스처와 재질 정보까지 포함하여 정교한 모델을 유지할 수 있다. 애니메이션 데이터까지 저장 가능해, 게임 개발 및 영화 제작에 널리 사용되고 있다.

- DXF(Drawing Exchange Format) : AutoCAD 및 CAD 소프트웨어에서 사용되는 파일 형식으로, 벡터 데이터를 주로 다룬다. 3D 메쉬를 선과 면으로 저장하여 CAD 설계에 적합하다. 건축, 엔지니어링 설계 등 기술적 작업에서 활용되며, 복잡한 구조물을 설계하거나 분석할 때 유용하다.

- OBJ(Wavefront Object) : 가장 널리 사용되는 3D 모델 파일 형식으로, 기하학적 데이터와 텍스처 좌표를 포함한다. 텍스처와 재질 정보가 .MTL(Material Template Library) 파일로 함께 저장된다. 단순하고 범용적인 구조로 다양한 3D 소프트웨어에서 쉽게 사용할 수 있다. 텍스처 및 재질 정보를 유지하며, 정밀한 렌더링이 가능하다.

FBX와 OBJ는 텍스처 정보를 포함해 시각적으로 정교한 모델을 생성할수 있으며, DXF는 설계 작업 및 기술적 모델링 등의 CAD 작업에 적합하다. PLY는 간단한 구조로 데이터를 분석하거나 연구할 때 효과적이다.

V. 3단계 : 수치표면모델, 정사영상 및 인덱스 맵 생성

3단계 : DSM, 오쏘모자이크, 인텍스 작업을 위한 옵션 설정

이 단계에서는 수치표면모델(DSM), 정사영상(Orthomosaic), 그리고 인덱스(Index)를 생성하기 위해 다양한 옵션을 설정한다.

해상도(Resolution)

- 오토(Auto) : 해상도가 프로젝트의 GSD(Ground Sampling Distance, 지상표본거리)와 동일하게 설정된다. 이는 원본 데이터의 정확도를 유지하며, 디테일한 표현이 가능하게 한다. 또한 처리 속도와 메모리 사용량이 GSD에 따라 자동으로 최적화된다.
- 커스텀(Custom) : 사용자가 원하는 해상도를 직접 설정하는 옵션이다. 낮은 해상도를 선택하면 처리 속도가 빨라지고 파일 크기가 작아지지만, 세부 디테일이 손실될 수 있다.

DSM 필터(DSM Filter)

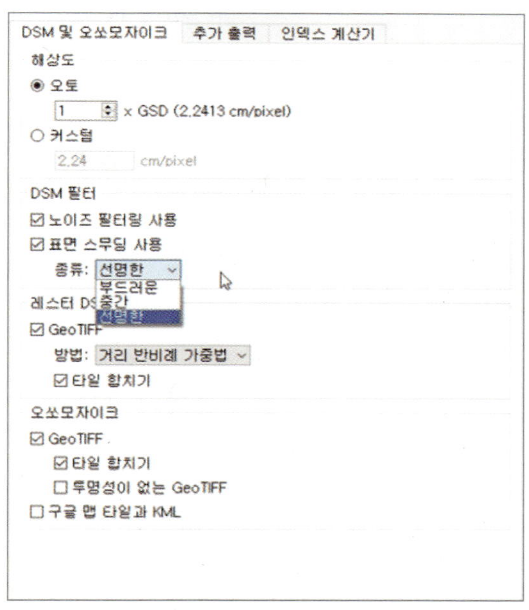

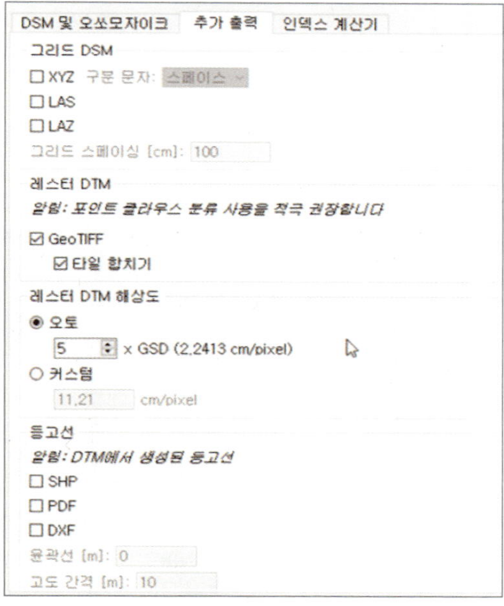

- 노이즈 필터링 사용 : 불필요한 노이즈를 제거하여 데이터 품질을 개선한다. 이는 작은 이상치(outlier)나 데이터 오류로 인한 왜곡을 최소화하며, 적용 시 DSM 표면이 더욱 매끄럽고 자연스러워진다.
- 표면 스무딩 사용 : DSM 표면의 매끄러움을 조정하여 노이즈와 표면 거칠기를 제어한다.

- 선명한(Sharp) : 표면 디테일을 최대한 유지하며, 건물과 같은 선명한 가장자리가 중요한 데이터에 적합하다.
- 중간(Medium) : 디테일과 매끄러움의 균형을 유지하며, 자연 지형과 건축물이 혼재된 데이터에 적합하다.
- 부드러운(Smooth) : 표면을 매우 매끄럽게 처리하며, 나무나 숲 등 자연 지형의 노이즈를 줄이는 데 적합하다. 그러나, 건축물 디테일은 감소할 수 있다.

2단계 및 3단계 자료처리

2단계와 3단계의 처리 옵션을 설정한 후, 2단계와 3단계를 선택(☑)한 다음, "시작(Start)" 버튼을 클릭하여 자료처리를 수행한다.

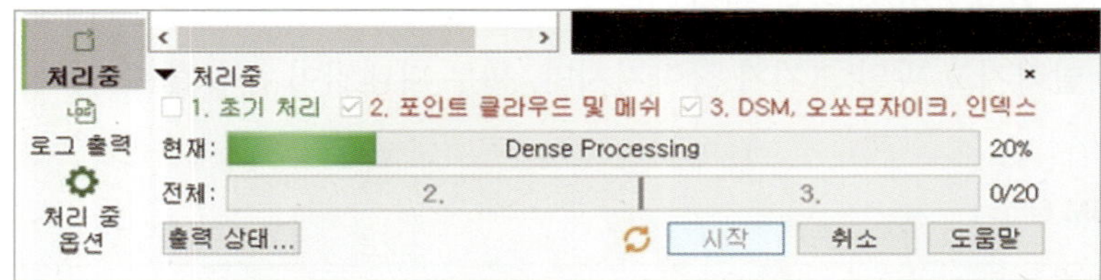

결과물 확인

2단계와 3단계 자료처리가 완료되면, 작업창에서 3D 모델을 마우스로 회전하거나 확대하여 성과물의 품질을 확인할 수 있다.

작업 결과는 "모자이크 에디터"를 통해 "모자이크"(정사영상, Orthomosaic) 및 "DSM"(수치표면모델) 등을 확인할 수 있다.

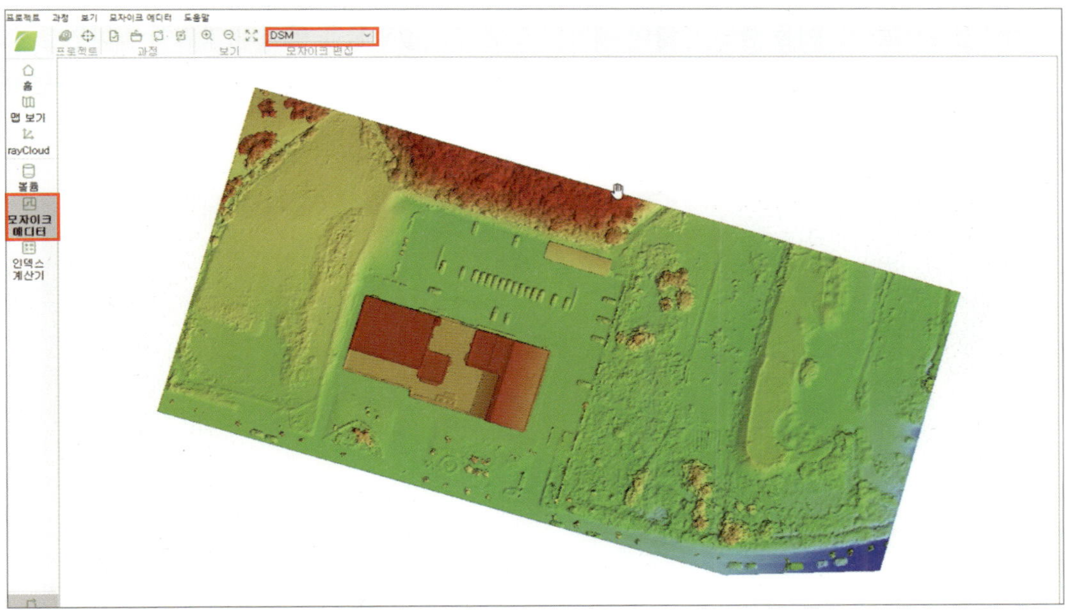

이미지 편집

드론 촬영 중 이동 중인 차량과 같은 불필요한 요소를 제거하려면, 다음의 그림에서 좌측의 "모자이크 에디터(Mosaic Editor)"를 선택한 뒤, 노란색 화살표로 표시된 대로 해당 영역을 그린다. 그러면 해당 영역이 포함된 이미지들이 우측에 나타나며, 이들 중 차량이 없는 이미지를 선택할 수 있다. 예를 들어, 파란색 화살표로 표시된 차량이 없는 이미지를 클릭하면 된다.

이 작업을 완료하면, 이동 중인 차량이 제거되고 편집된 결과물을 아래의 그림에서 확인할 수 있다. 이를 통해 지면을 복원하거나 도로를 촬영할 때 이동한 차량을 제거하여 노면만 복원하는 데 활용할 수 있다.

측량

1. 점의 좌표

“rayCloud”에서 작업창의 노란색 화살표가 가리키는 임의의 점을 클릭하면 해당 지점의 좌표가 화면 우측에 표시된다. 예를 들어, 임의의 점을 촬영한 이미지가 28장이고, 위치 좌표는 (227890.89m, 447329.26m, 64.73m)로 표시된다.

2. 거리 측정

“rayCloud”에서 주차선의 길이를 선택하면, 우측에 선의 시점과 종점이 촬영된 이미지가 표시된다. 해당 이미지에서 시점과 종점의 위치를 조정하여 보다 정확한 길이를 측정할 수 있다. 예제에서는 주차선의 “지형 3D 길이”와 “투영된 2D 길이”가 모두 4.74m로 표시되었으며, 이를 통해 도로가 거의 수평임을 확인할 수 있다.

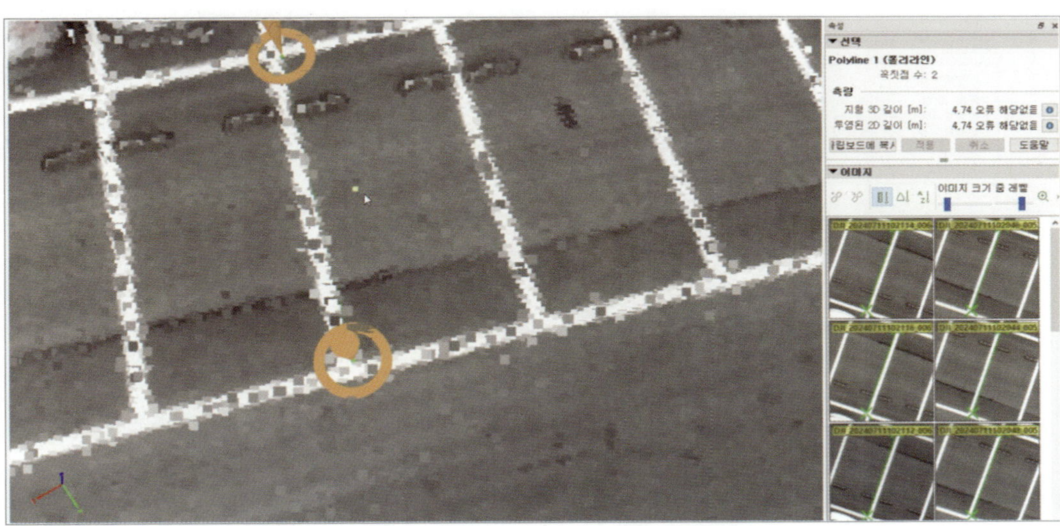

3. 면적 측정

"rayCloud"에서 장애인 주차구역의 면적을 선택하면, 4개의 꼭짓점이 촬영된 이미지가 나타난다. 이를 조정하여 보다 정확한 면적을 측정할 수 있다. 예제에서는 주차 면적의 "지형 3D 둘레길이"가 23.50m, "투영된 2D 둘레길이"가 23.48m이며, 면적은 각각 33.82m²(3D), 33.74m²(2D)로 계산되었다.

4.부피 측정

우측의 "볼륨(Volume)" 메뉴에서 성토량을 측정할 영역을 설정한다. 영역 설정은 성토 둘레를 따라 점을 찍어 "측정 지점"을 정의하고, 이를 연결하여 "기초 표면(Base Surface)"을 생성한다.

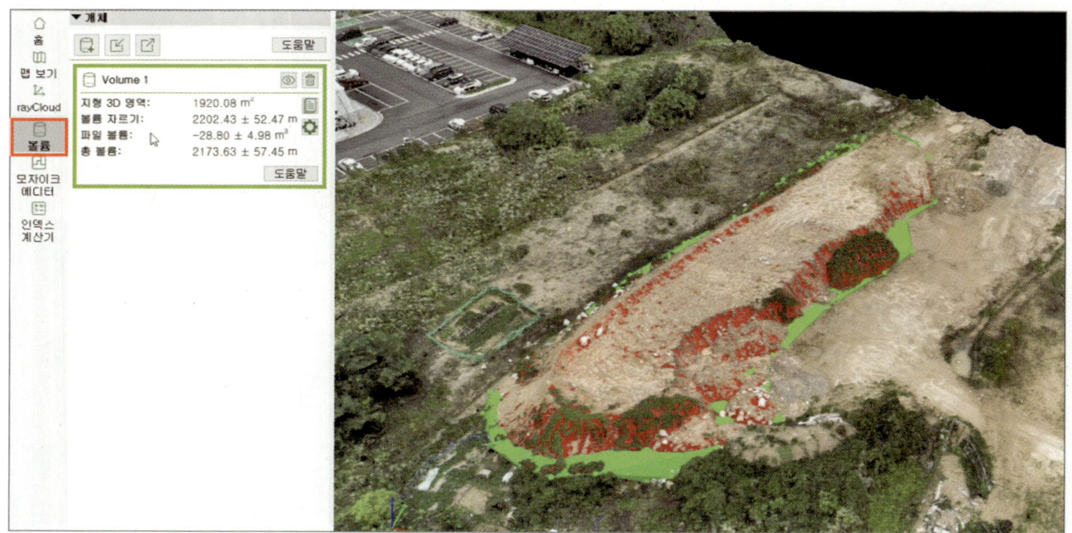

참고 기초 표면(Base Surface)

- **삼각 측량**(Triangulated) [기본값] : 각 측정 지점을 연결하여 삼각형 네트워크로 구성된 표면을 생성한다. 복잡한 지형에 적합하며, 지형의 자연스러운 기복을 반영한다.
- **평균 고도로 정렬** : 측정 지점의 평균 고도를 기준으로 평평한 표면을 생성한다. 기복이 적은 지역에 적합하다.
- **가장 낮은 포인트로 정렬** : 가장 낮은 고도를 기준으로 평면 기초 표면을 생성한다. 하부 기준점이 필요한 경우 사용된다.
- **가장 높은 포인트로 정렬** : 가장 높은 고도를 기준으로 표면을 생성한다. 상단 기준점이 중요한 경우 적합하다.
- **사용자 고도**(Custom Altitude) : 특정 고도를 입력하여 표면을 생성한다. 특정 기준 고도에 맞춘 측정을 수행할 때 유용하다.

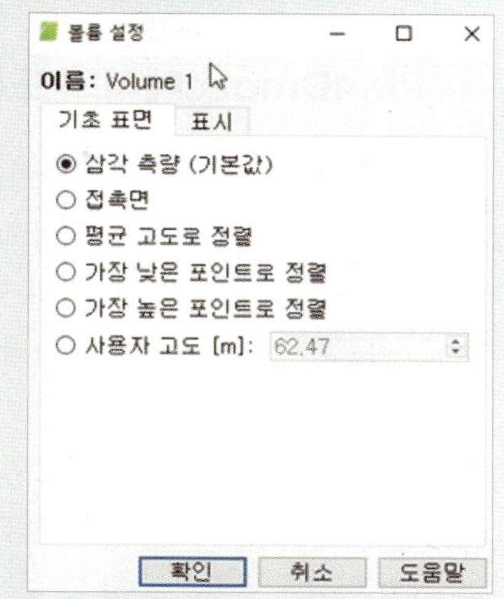

참고 부피 측정

부피 측량을 수행하면 위의 그림과 같은 결과가 도출된다. "기초 표면(Base Surface)" 설정에 따른 부피 측정 방법에는 다음과 같은 것들이 있다. 즉,

- **지형 3D 영역**(Terrain 3D Area) : 실제 측정된 3D 공간의 총 표면적이다. 지형의 기복과 모든 지점을 포함한 전체 면적을 측정한다.
- **자르기 부피**(Volume Cutting/Cut Volume) : 기초 표면 아래로 자른 영역의 부피를 나타낸다. 이는 채워야 할 공간(예: 채석장 바닥)이나 하부 데이터에 집중해야 할 때 유용하다.
- **채우기 부피**(Fill Volume) : 기초 표면 위로 채워진 영역의 부피를 나타낸다. 예를 들어, 쌓여 있는 흙이나 모래 등의 부피를 측정한다.
- **총 볼륨**(Total Volume) : 볼륨 자르기와 파일 볼륨의 종합으로서, 전체 체적 차이를 평가한다. 일반적으로 프로젝트 전체 부피를 평가하는 데 사용된다.

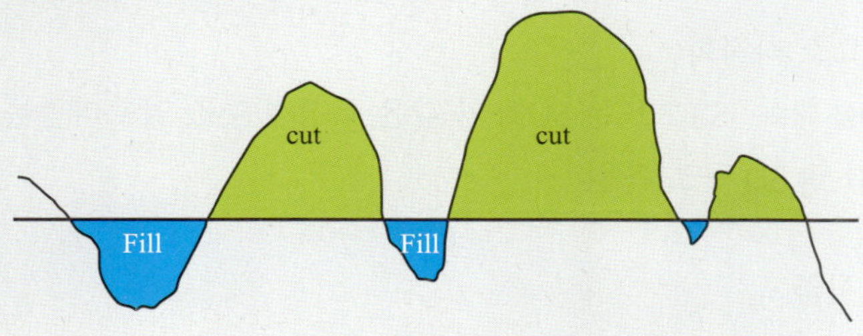

3. PIX4Dmatic

3-1 PIX4Dmatic에서의 드론 사진측량 작업순서(Work-flow)

드론 매핑 기술이 나날이 진화하는 가운데, Pix4D의 데스크톱 기반 소프트웨어인 PIX4Dmatic은 수천 장의 이미지를 신속하고 효율적으로 처리하여 고품질의 2D 및 3D 모델을 생성할 수 있는 강력한 도구로 자리 잡고 있다. PIX4Dmatic의 작업 과정은 아래와 같이 단계적으로 구성된다.

1. 프로젝트 생성 단계

프로젝트 생성은 작업 환경 설정의 첫 단계를 이루며, 프로젝트 이름과 저장 위치를 지정하고, 작업 현장에 적합한 수평 및 수직 좌표계를 설정한다. 이 과정은 후속 데이터 처리의 기초를 확립하는 중요한 작업으로, 프로젝트의 정확성과 일관성을 보장하는 핵심적인 시작점이 된다.

2. 이미지 불러오기 및 카메라 보정

드론으로 촬영한 이미지는 프로그램에 드래그 앤 드롭 방식으로 간편하게 불러올 수 있다. 이후, 카메라 보정(Camera Calibration) 과정이 이루어지며, 이는 카메라의 내부 표정요소(초점 거리, 주점 좌표, 렌즈 왜곡 계수)와 외부 표정요소(카메라 위치 및 자세)를 포함한다.

- 초기 번들 조정(Bundle Adjustment) 알고리즘의 주요 단계
  - (1) 이미지 왜곡 보정 : 방사왜곡 및 접선왜곡을 제거하여 각 이미지가 동일한 기하학적 기준을 따르도록 조정
  - (2) 카메라 매트릭스 최적화 : 이미지 간 상관관계를 기반으로 카메라의 위치 및 자세를 추정하고 내부 요소 최적화
  - (3) 데이터 일관성 확보 : SIFT 또는 SURF와 같은 특징점 추출 알고리즘을 사용해 이미지 간 대응점 연결 및 3D 구조 복원

3. 지상기준점(GCP) 작업

지상기준점(Ground Control Points, GCP)은 드론 매핑의 정확도를 결정짓는 핵심 요소이다. GCP 데이터를 입력하고, 촬영된 이미지에서 정확히 표시한 후 충분한 수의 이미지에서 타겟을 마킹하여 정밀한 3D 모델 재구성을 수행한다. 항공삼각측량(Aerial Triangulation) 과정에서는 번들 조정 알고리즘을 활용하여 GCP와 드론 이미지 간의 기하학적 일관성을 일치시키며, 검사

점(Check Points)을 통해 결과의 정확도를 평가한다.

PIX4Dmatic에서의 GCP 처리는 측량된 좌표 데이터를 입력하는 것으로 시작된다. CSV 파일 형식으로 일괄 입력하거나 수동으로 입력이 가능하며, 이때 정확한 좌표계 설정이 필수적이다. 입력된 GCP는 촬영된 이미지에서 정확히 식별되어야 하며, 각 GCP는 최소 3장 이상의 이미지에서 마킹 작업을 수행해야 한다. 소프트웨어의 자동 마킹 기능과 확대/축소 기능을 활용하여 작업의 효율성과 정밀도를 동시에 높일 수 있다.

항공삼각측량 과정은 이미지 간 연결점을 자동으로 추출하고, SIFT나 SURF와 같은 특징점 추출 알고리즘을 활용하여 이미지 간의 특징점을 매칭한다. 이어서 번들 조정을 수행하여 카메라 위치와 자세를 정밀하게 계산하고, GCP 좌표를 기반으로 절대표정을 수행한다. 이 과정에서 반복적 최소제곱법을 적용하여 오차를 최소화하며, 카메라 칼리브레이션 매개변수도 최적화된다.

정확도 검증은 전체 GCP의 약 20~30%를 검사점(Check Points)으로 설정하여 독립적인 정확도 평가를 수행하는 방식으로 이루어진다. 각 GCP의 잔차를 분석하고, RMSE(Root Mean Square Error)를 계산하여 전체적인 정확도를 평가한다. 만약 문제가 있는 GCP가 발견될 경우, 이를 재마킹하거나 제외하며, 카메라 칼리브레이션 매개변수를 미세 조정하는 등의 최적화 과정을 거친다.

최종적으로 GCP 네트워크의 형상과 분포도, 각 GCP별 잔차 통계, 검사점 정확도 분석 결과를 포함하는 상세한 정확도 보고서가 생성된다. 이러한 체계적인 GCP 작업을 통해 확보된 높은 수준의 정확도는 후속 단계인 고밀도 점군 생성과 정사영상 제작의 품질을 결정짓는 핵심 기초가 된다. 특히, GCP 작업의 정밀도는 최종 산출물의 위치 정확도에 직접적인 영향을 미치므로, 각 단계가 신중하고 정밀하게 수행되어야 한다.

4. 고밀도 점군화 과정

PIX4Dmatic은 GCP 작업과 항공삼각측량으로 생성된 초기 점군 데이터를 바탕으로 고밀도 점군화(Dense Point Cloud) 과정을 수행한다. 이 과정에서 다음과 같은 결과물을 생성한다.

(1) 고밀도 점군(Dense Point Cloud) : Semi-Global Matching(SGM) 알고리즘을 활용하여 이미지 간 기하학적 관계를 기반으로 고해상도의 3D 데이터를 구축한다. 이는 3D 모델링의 기본이 되는 점군 데이터를 제공한다.

(2) 수치표면모델(DSM) : 고밀도 점군 데이터를 이용해 지표면의 높이 정보를 포함하는 3D 지형 모델을 생성한다. DSM은 보간법을 통해 격자형 래스터 데이터로 변환되며, 이를 기반으

로 지형 분석, 체적 계산 등의 다양한 응용이 가능하다.

(3) 정사영상(Orthomosaic) : DSM을 기반으로 항공사진의 기하학적 왜곡을 보정하여 정사투영된 영상을 생성한다. 이 영상은 각 픽셀이 정확한 지리좌표를 가지며, 면적 측정이나 지도 제작과 같은 작업에 활용될 수 있다.

5. 품질 관리

모든 데이터는 최종적으로 품질보고서(Quality Report)를 통해 검증된다. 보고서에서는 다음과 같은 주요 지표를 제공하며, 이를 통해 결과물의 정확성과 신뢰성을 객관적으로 평가할 수 있다.

- 이미지 보정 상태 및 중복도
- 지상표본거리(Ground Sampling Distance, GSD)
- GCP 평균 제곱근 오차(RMSE)
- 카메라 칼리브레이션 파라미터
- 점군 밀도 및 커버리지

PIX4Dsurvey와의 연동으로 작업 효율 극대화

PIX4Dmatic의 강점 중 하나는 PIX4Dsurvey와의 원활한 연동 기능이다. PIX4Dmatic에서 생성된 결과물은 다음과 같은 방식으로 활용될 수 있다.

- PIX4Dsurvey에서의 추가 분석 및 정보 추출
- AutoCAD, Civil 3D 등 CAD 소프트웨어로 데이터 내보내기
- ArcGIS, QGIS 등 GIS 소프트웨어와의 호환
- LAS, LAZ 등 표준 점군 포맷으로 내보내기

PIX4Dmatic은 측량, 건설, 광산, 농업 등 다양한 산업 분야에서 유용하게 활용될 수 있는 강력한 도구이다. 특히 대규모 현장에서의 3D 모델링 작업에 최적화되어 있으며, 효율성과 정확성을 동시에 추구하는 전문가들에게 적합하다. GPU 가속 처리 기능과 자동화된 워크플로우를 통해 대용량 데이터도 신속히 처리할 수 있으며, 직관적인 사용자 인터페이스로 작업 접근성을 높였다. 더불어 클라우드 백업 기능을 통해 데이터의 안전한 보관과 공유가 가능하며, 팀 프로젝트에서도 효과적으로 활용될 수 있다.

3-2 PIX4Dmatic을 활용한 사진측량 자료처리

I. 실행, 이미지 가져오기 및 프로젝트 생성

실행하기

Pix4Dmatic 애플리케이션은 아래 그림의 애플리케이션 아이콘을 클릭하여 실행할 수 있다.

Pix4Dmatic 실행 후 가장 먼저 나타나는 홈(Home) 화면은 새로운 프로젝트를 생성하거나 기존 프로젝트를 열 수 있는 출발점이다. 홈 화면은 작업 중 언제든지 상단의 홈 아이콘 을 클릭하여 다시 접근할 수 있다. 홈 화면은 다음과 같은 주요 요소로 구성되어 있다.

홈 화면의 구성 요소는 다음과 같다.

- 드래그 앤 드롭(Drag and drop) : 이미지를 빠르게 가져오거나, 이미지가 포함된 폴더를 불러올 수 있다.
- 최근 프로젝트(Recent projects) : 최근에 생성 및 저장된 프로젝트를 표시한다.
- 도움말 섹션(Help) : 지원 페이지(Support) 및 커뮤니티 페이지(Community)로 연결되는 링크를 제공한다.
- 소프트웨어 버전: 현재 사용 중인 소프트웨어의 버전을 표시한다.

홈 화면의 프로젝트 썸네일은 프로젝트의 3D 보기(3D view) 스냅샷을 포함하고 있다. 썸네일을 변경하려면 뷰(view)를 원하는 상태로 조정한 후 프로젝트를 저장하면 된다.

참고 실습데이터 다운로드

부록 1 실습자료 다운로드 방법을 기술하였으며, 지상기준점(GCP) 및 검사점(CP)의 점의 조서는 부록 1 및 부록 2을 참고하기 바란다.

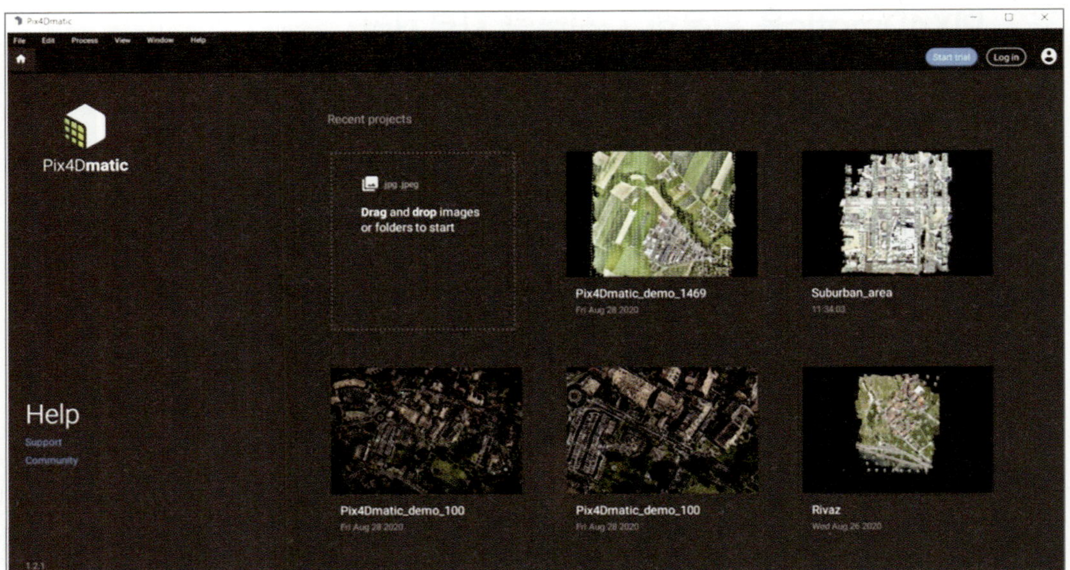

이미지 가져오기

실습 자료(부록 참조)는 구글 드라이브를 통해 제공되며, 이 자료를 다운로드하여 컴퓨터에 저장한 후 사용할 수 있다. 드론으로 촬영한 이미지가 포함된 폴더 또는 이미지를 다음의 그림과 같이 Pix4Dmatic 작업창의 지정된 위치로 드래그 앤 드롭(Drag and drop)하면, 해당 이미지가 소프트웨어에 로드된다.

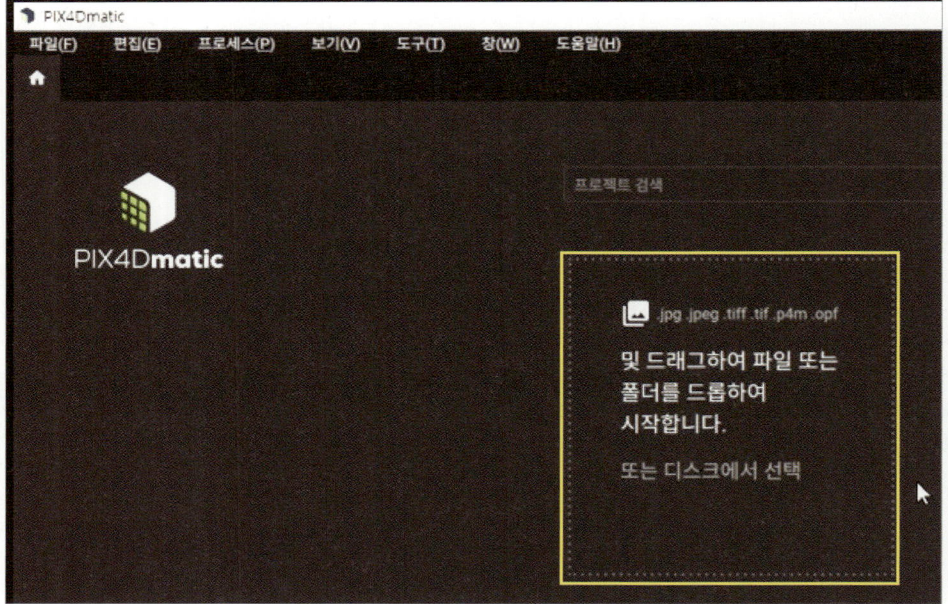

프로젝트 이름 작성

이미지를 입력한 후, 프로젝트 이름 작성을 위한 팝업창이 나타난다. 실습 자료의 경우, 108장의 RGB 이미지가 입력되었음을 확인할 수 있다. 팝업창에서 프로젝트 이름과 자료처리 결과가 저장될 경로(Path)를 지정한다. 이 예시에서는 자동 생성된 경로를 그대로 사용하였다.

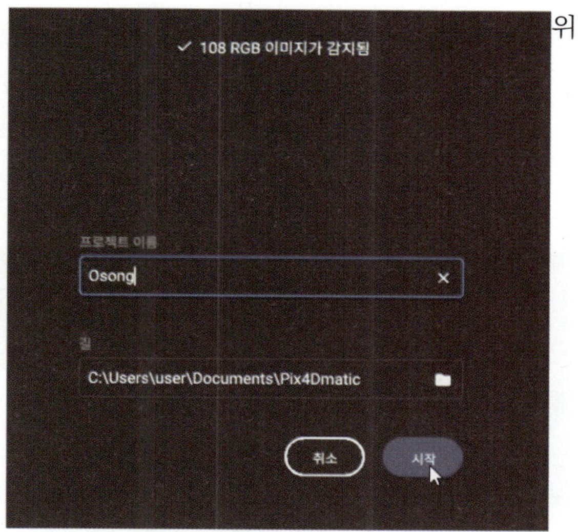

비행경로와 이미지 확인

프로젝트 이름과 이미지를 입력하면 다음의 그림과 같이 작업창에 이미지가 촬영된 비행경로가 나타나며, 우측에는 입력된 이미지들이 목록 형태로 표시된다.

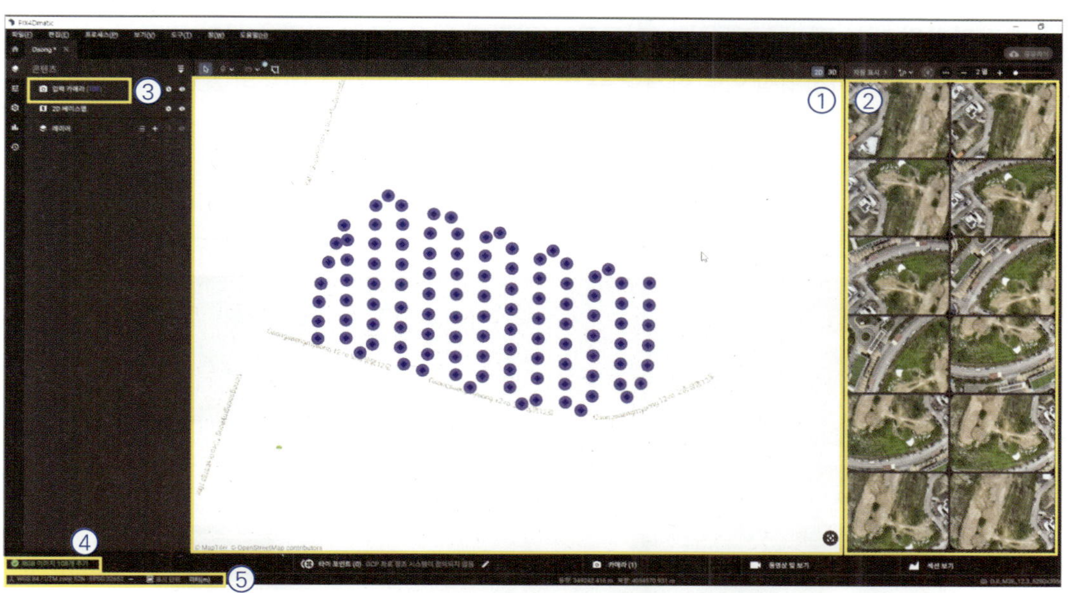

Pix4Dmapper에서는 촬영이 시작된 점이 다른 점들보다 조금 큰 원으로 표시되는 반면, Pix4Dmatic에서는 특별한 차이가 없는 것으로 확인된다.

작업창의 "콘텐츠(Contents)" 메뉴에서 입력된 카메라와 이미지 정보를 확인할 수 있다.

1. 입력 카메라에는 드론 카메라로 촬영된 108장의 이미지가 포함되어 있음을 표시한다.
2. RGB 이미지 108개가 추가되었음을 보여준다.
3. 입력된 이미지에는 위치정보가 포함되어 있으며, 이 좌표계는 드론의 GPS와 연계되어 WGS 84 / UTM zone 52N - EPSG:32652로 설정된다. 표시 단위는 미터(m)로 나타난다.

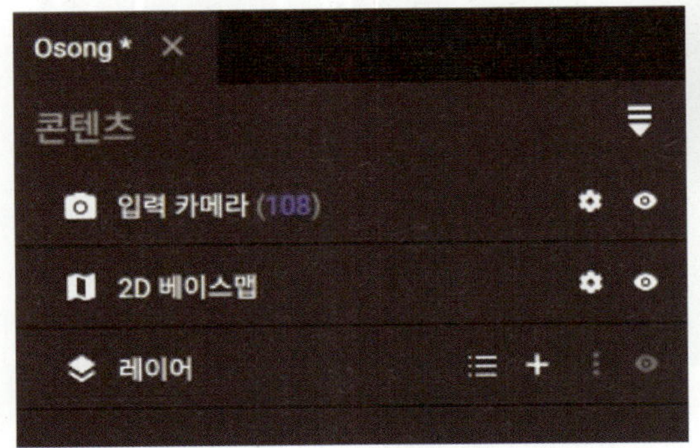

베이스 맵 변경하기

현재 작업창의 기본 베이스 맵은 2D 지도로 설정되어 있다. 조사 지역을 보다 명확히 파악하기 위해, 베이스 맵을 위성영상으로 변경할 수 있다. 이를 위해, 콘텐츠 메뉴의 2D 베이스맵(2D Base Map) 설정에서 "위성(Satellite)"을 선택한다. 베이스 맵을 "위성"으로 변경한 후의 작업창 모습은 보다 명확하고 직관적으로 조사 지역을 시각화할 수 있도록 한다.

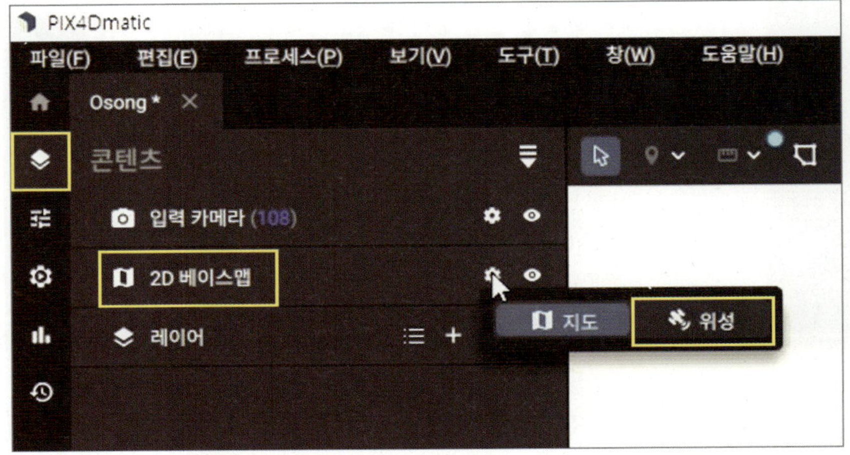

"2D 베이스맵"을 "위성"으로 선택, 변경한 작업창의 모습은 다음과 같다.

II. 1단계 자료처리

설정

Pix4Dmatic의 기본 설정은 작업 환경을 최적화하는 중요한 단계이다. 다음의 좌측 그림과 같이 편집(Edit) 메뉴의 "기본 설정(Preferences)"을 선택한 후, 우측 그림과 같이 "일반(General)" 세팅에서 원하는 "언어"(예: 한국어)를 설정할 수 있다. 또한, 3D 뷰어, 2D 뷰어, 및 GPU 설정을 활성화하여 데이터 시각화와 처리 성능을 극대화한다.

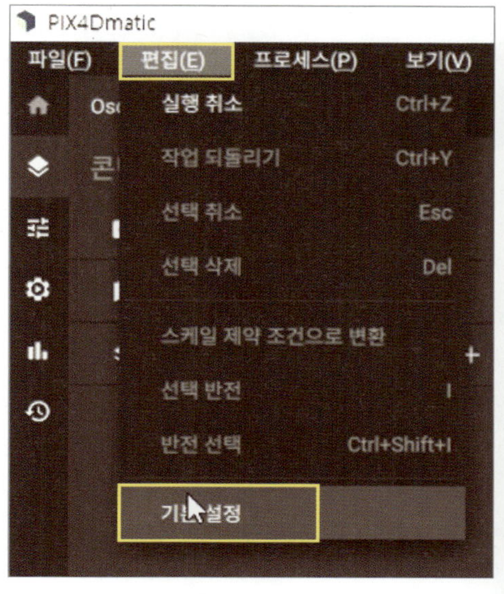

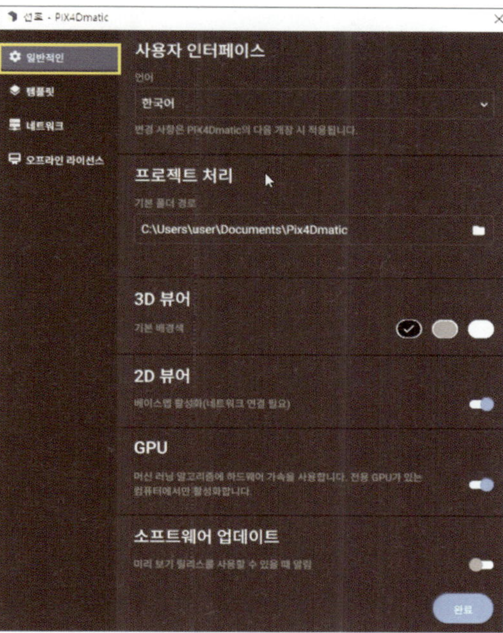

관심 지역 설정

Pix4Dmatic는 기본적으로 촬영된 모든 이미지를 처리 대상으로 포함한다. 그러나, 특정 지역만을 선택적으로 처리해야 할 경우, "관심 지역"(Region of Interest, ROI)을 설정할 수 있다. ROI를 설정하지 않으면 전체 이미지가 처리 대상에 포함되며, 이는 불필요한 영역까지 포함해 처리 시간이 증가하는 원인이 될 수 있다.

특정 관심 지역만 처리하고자 한다면, KML 파일을 이용해 ROI를 설정할 수 있다. 이를 통해 필요한 영역에만 집중함으로써 처리의 효율성과 속도를 크게 향상시킬 수 있다. ROI 설정은 필수는 아니며, 필요하지 않은 경우 생략 가능하다.

이 책에서는 ROI 실습을 위해 미리 준비된 KML 파일을 사용한다. ROI를 설정하는 방법은 아래 단계를 따른다.

1. "파일" 메뉴 선택 : Pix4Dmatic 상단 메뉴에서 "파일(File)"을 선택한 후, 하위 메뉴에서 "가져오기(Import)"를 클릭한다.
2. KML 파일 가져오기 : "관심 지역(Region of Interest)"을 선택한 뒤, 준비된 KML 파일 "Osong_촬영영역.kml"을 가져온다.

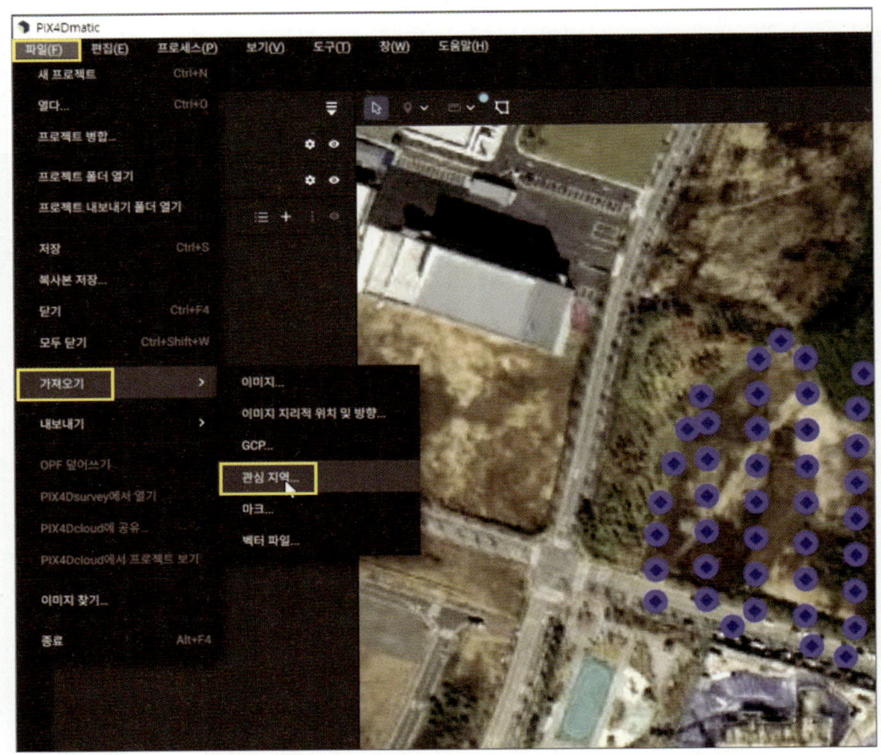

관심 지역(ROI) 시각화

KML 파일을 불러온 뒤, 좌측 도구 모음의 "콘텐츠(Contents)" 메뉴에서 다음 단계를 실행한다.

1. 관심 지역 보기 아이콘 활성화 : "관심 지역(Region of Interest)" 옆에 있는 눈(eye) 모양의 아이콘을 클릭하여 ROI를 활성화한다.
2. 입력 카메라 보기 아이콘 비활성화 : "입력 카메라(Input Camera)"의 보기 아이콘을 비활성화하여 ROI만 작업 창에 표시되도록 설정한다.

작업 창에는 ROI가 투명한 노란 바탕색으로 표시되며, 이를 통해 설정된 관심 지역만 명확히 확인할 수 있다.

> 작업 창에서 "관심 지역" 옆에 나타나는 "투자 수익(ROI: Return on Investment)"은 자동 번역 과정에서 발생한 오류로서, ROI의 원래 의미인 Region of Interest(관심 지역)으로 이해해야 한다. 이는 한글 자동 번역 과정에서 생긴 잘못된 표현으로 보인다.

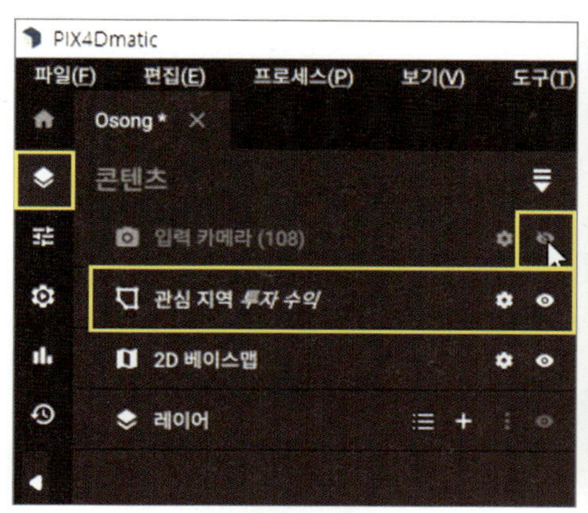

참고 PIX4Dmatic의 ROI(관심 영역)

PIX4Dmatic은 효율적이고 고품질의 결과물을 생성하는 데 특화된 도구이다. ROI(Region of Interest, 관심 영역)는 사용자가 프로젝트 처리 범위를 줄이거나 특정 영역의 품질을 개선하는 데 핵심적인 역할을 한다.

ROI

ROI는 프로젝트에서 출력 결과를 생성할 때 지정할 수 있는 경계 영역을 의미한다. 관심 영역을 지정함으로써, 프로젝트 전반에 걸쳐 모든 데이터를 처리하는 대신, 필요한 부분에만 집중할 수 있다. 이를 통해 처리 시간을 단축하고 저장 공간을 절약하며, 하드웨어 요구 사항을 낮출 수 있다.

※ 한 프로젝트당 하나의 ROI만 적용할 수 있다.

※ 중복도(Overlap)가 낮게 촬영된 영역은 결과에 영향을 미칠 수 있으므로 ROI 설정 시 제외하는 것이 좋다.

ROI의 주요 효과

ROI는 여러 면에서 프로젝트 처리 효율성과 결과물의 품질을 향상시킬 수 있다. 다음은 ROI의 주요 효과이다.

- 저장 공간 최적화(Storage Optimization) : 프로젝트 범위를 축소함으로써 필요 없는 데이터 처리와 저장을 방지하여 저장 공간 요구를 최소화할 수 있다.
- 처리 속도 향상(Processing Speed) : ROI를 설정하면 처리 대상 데이터를 줄이기 때문에 전체적인 처리 속도가 크게 향상된다.
- 하드웨어 요구사항 감소(Reduced Hardware Requirements) : ROI를 활용하면 고사양 하드웨어 없이도 프로젝트를 원활히 진행할 수 있다.
- 고품질 결과물 생성(Sharper Outputs) : ROI는 경계 영역을 더 세밀하고 명확하게 처리할 수 있도록 도와주어 최종 결과물의 품질을 높일 수 있다. 특히 경사 이미지(Oblique Imagery)를 포함하는 데이터에서 불필요한 주변 영역을 제외함으로써 원하는 특정 영역의 결과를 더욱 선명하게 얻을 수 있다.

※ ROI 설정 팁

1. 프로젝트 전체 범위를 포함하려면 프로젝트 영역보다 큰 ROI를 설정한다.
2. ROI를 설정할 때는 프로젝트 목적에 맞게 범위를 적절히 좁히거나 넓히는 것이 중요하다.

도구 모음에서 "콘텐츠" - "관심 지역"과 "입력 카메라"의 눈(eye) 모양의 보기 아이콘을 모두 활성화하면, 다음 그림과 같은 작업 창이 나타난다. 촬영 위치는 파란색 원으로 표시되었으며, 관심지역은 노란 바탕색으로 나타난다. 노란색의 화살표가 가리키는 임의의 촬영 위치를 클릭하면, 우측의 촬영 이미지들 중에 바탕이 약간 밝게 해당 이미지가 표시된다.

처리 옵션 설정

프로젝트의 자료처리를 위해서는 처리 옵션(Processing Options)을 적절히 설정하여 최적화된 결과를 얻어야 한다. 이를 위해 화면의 좌측 도구 모음의 톱니바퀴 모양의 설정 아이콘을 클릭하고, 아래 단계에 따라 설정을 진행한다.

1. 처리 템플릿(Processing Template) 선택

- 처리 템플릿은 프로젝트 요구사항에 따라 최적화된 결과를 생성할 수 있도록 다양한 옵션을 제공한다.
- 제공되는 템플릿에는 "Nadir"(수직 촬영), "Oblique"(경사 촬영), "PIX4Dcatch", 및 "사용자 지정(Custom)" 등이 있다.
- 이 예시에서는 드론 카메라를 수직 방향으로 설정하여 촬영한 데이터를 사용하므로, "Nadir"를 선택한다.

2. 템플릿 세부 설정

다양한 템플릿 옵션 중에서, Pix4Dmatic은 최근 드론 기술의 발전과 다양한 산업 분야의 요구를 충족하기 위해 아래와 같은 칼리브레이션 템플릿을 제공한다.

- 대규모 및 복도(Large Scale and Corridor) : 대규모 지역 또는 복도형 데이터 처리에 적합.
- 평면 장면 낮은 질감(Planar Scene Low Texture) : 단조롭고 질감이 부족한 표면에 적합.
- 지도(Map) : 정사영상(Orthomosaic) 및 수치표면모형(DSM) 제작에 최적화.
- 모델(Model) : 3D 모델링에 적합.
- PIX4Dcatch : 모바일 장치로 촬영된 데이터를 처리.
- 실내 장면(Indoor Scene) : 실내 데이터 처리에 최적화.

이 프로젝트에서는 드론 촬영 데이터를 기반으로 정사영상(Orthomosaic)과 수치표면모형(DSM) 등을 제작하는 것이 목적이므로, "지도(Map)" 옵션을 선택한다.

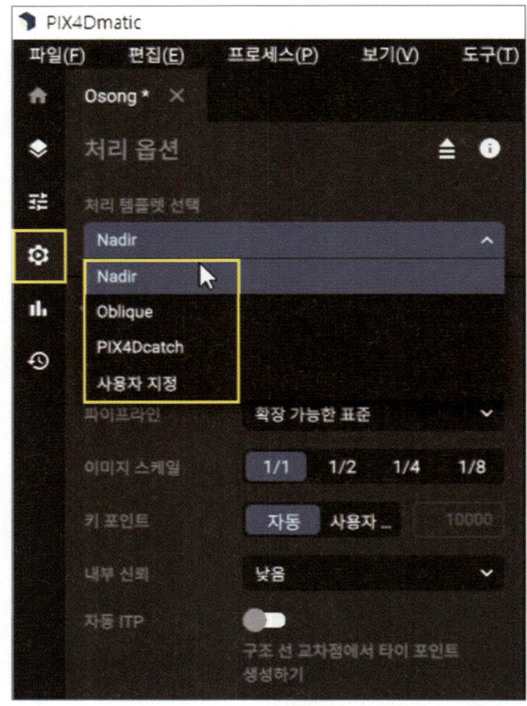

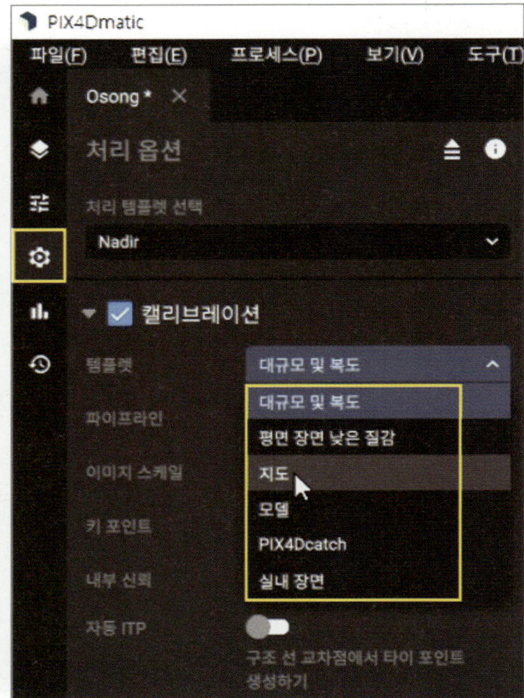

참고 PIX4Dmatic의 "처리 템플렛 선택"

최근 드론 기술이 다양한 산업 분야에서 주목받으면서, 이를 활용한 매핑 및 3D 모델링의 중요성이 커지고 있다. 이러한 요구를 충족하기 위해 PIX4Dmatic은 Nadir, Oblique, PIX4Dcatch, 그리고 사용자가 프로젝트 요구 사항에 맞는 최적화된 결과를 얻을 수 있게 지원하고 있다.

- Nadir(수직 촬영)
  'Nadir' 옵션은 드론이 지면을 향해 수직으로 촬영한 이미지를 처리하는 데 최적화되어 있다.
  평면 지형 매핑 및 정사영상(Orthomosaic) 생성에 이상적이다.
  균일한 지상 해상도와 정확한 수직 측정이 가능하다.
  주요 활용 분야 : 토지 측량, 농업 모니터링, 환경 매핑 등
- Oblique(경사 촬영)
  'Oblique' 옵션은 드론이 경사 촬영한 이미지를 처리하는 데 특화되어 있다.
  건물의 측면 및 수직 구조물을 선명하게 포착하여 3D 모델링에 적합하다.
  복잡한 구조물이나 도시 환경의 매핑에 강점을 보인다.
  주요 활용 분야 : 건축 설계, 도시 계획, 문화유산(Cultural Heritage) 기록 등
- PIX4Dcatch
  'PIX4Dcatch' 옵션은 스마트폰 앱인 PIX4Dcatch를 통해 캡처한 데이터를 처리하는 데 최적화되어 있다.
  스마트폰 이미지와 LiDAR 데이터를 결합하여 처리 가능하다.
  실내 공간이나 소규모 외부 구조물의 스캔에 특화되어 있다.
  주요 활용 분야 : 건설 현장 문서화, 지하시설물(Utility Mapping) 매핑, 포렌식 현장 기록

• 사용자 지정

'사용자' 지정 옵션은 고급 사용자가 프로젝트의 특성에 따라 처리 매개변수를 직접 설정할 수 있다. 점군(Point Cloud) 밀도, 메쉬(Mesh) 생성 설정, 색상 보정 등 다양한 세부 사항을 제어 가능하다. 복잡한 환경이나 특수한 촬영 조건에서 최적의 결과를 얻는 데 도움을 준다.

주요 활용 분야 : 특수 산업 프로젝트, 연구 개발, 비표준 매핑 작업 등

참고 PIX4Dmatic의 "템플렛"

최근 드론 기술이 다양한 산업 분야에서 주목받으면서, 이를 활용한 매핑 및 3D 모델링의 중요성이 커지고 있습니다. 이러한 요구를 충족하기 위해 PIX4Dmatic는 다양한 칼리브레이션 템플릿(Calibration Templates)을 제공하여, "대규모 및 복도", "평면 장면 낮은 질감", "지도", "모델", "PIX4Dcatch", "실내 장면" 등의 다양한 프로젝트 요구사항에 맞는 최적화된 결과를 얻을 수 있게 지원하고 있다.

• **대규모 및 복도**(Large Scale and Corridor)

"대규모 및 복도" 옵션은 넓은 지역이나 긴 선형형태의 데이터를 처리하는 데 최적화되어 있다.

- 도로, 철도, 송전선 등 연속적인 구조물의 매핑에 이상적입니다.
- 데이터를 효율적으로 처리하여 대규모 프로젝트에서도 시간과 자원을 절약할 수 있다.
- 주요 활용 분야 : 인프라 설계, 재난 복구 등

• **평면 장면 낮은 질감**(Planar Scenes Low Texture)

이 옵션은 질감이 낮거나 균일한 표면의 이미지를 처리하는 데 특화되어 있다.

- 건물의 외벽이나 평평한 지형 등 질감이 부족한 장면에서 뛰어난 정확도를 보입니다.
- 텍스처 복원 기술을 통해 추가적인 디테일 확보가 가능합니다.
- 주요 활용 분야 : 건축 모델링, 공장 설비 관리 등

• **지도**(Maps)

지도 옵션은 드론 촬영 데이터를 기반으로 고해상도 지도를 생성하는 데 사용된다.

- 정사영상(Orthomosaic) 및 수치표면모형(Digital Surface Model, DSM) 생성에 최적화되어 있다.
- 주요 활용 분야 : 농업 모니터링, 환경 보존, 토지 관리 등

• **모델**(Model)

모델 옵션은 건물, 구조물, 또는 복잡한 형태의 객체를 고품질 3D로 재구성하는 데 적합하다.

- 세밀한 메쉬(Mesh) 생성과 색상 정보를 기반으로 한 사실적인 모델링을 지원합니다.
- 주요 활용 분야 : 문화유산 보존, 도시 개발 등

• PIX4Dcatch

"PIX4Dcatch" 옵션은 스마트폰과 LiDAR 데이터를 활용하여 소규모 프로젝트를 처리하는 데 최적화되어 있다.

- 실내 공간 및 소규모 구조물의 정밀 모델링이 가능하다.
- 주요 활용 분야 : 포렌식 문서화, 설비 관리 등

• **실내 장면**(Indoor Scenes)

실내 장면 옵션은 폐쇄된 공간이나 복잡한 실내 환경에서 데이터를 처리하는 데 최적화되어 있다.

- 다양한 조명 조건에서도 우수한 결과를 제공한다.
- 주요 활용 분야 : 실내 디자인, 건설 프로젝트 계획 등

3. 파이프라인(Pipeline) 옵션 설정

Pix4Dmatic의 파이프라인 옵션은 카메라의 내부 및 외부 매개변수를 최적화하는 방법을 정의하며, 프로젝트 특성과 요구사항에 따라 최적의 처리 방식을 선택할 수 있도록 설계되었다. Pix4Dmatic은 다음과 같은 다양한 파이프라인 옵션을 제공한다.

- 확장 가능한 표준(Scalable Standard) : 대규모 프로젝트에 적합하며, 기본적으로 권장되는 옵션이다.
- 표준(Standard) : 일반적인 프로젝트에서 안정적으로 사용 가능하다.
- 낮은 텍스처 평면(Low Texture Planar) : 질감이 부족한 평면 장면에 적합하다.
- 신뢰할 수 있는 위치 및 방향(Reliable Position and Orientation) : 정밀한 카메라 위치 정보가 필요한 특수한 촬영 환경에서 사용된다.

확장 가능한 표준(Scalable Standard) 옵션은 대규모 프로젝트에서 최적의 성능을 제공하며, 특수한 촬영 환경이나 정밀한 결과가 필요한 경우에는 다른 옵션을 고려하는 것이 좋다.

4. 칼리브레이션(Calibration) 항목 설정

Pix4Dmatic의 칼리브레이션 항목은 데이터 처리의 정확성과 효율성을 좌우하는 중요한 요소이다. 이 항목은 아래와 같은 주요 옵션을 포함하고 있다:

(1) 이미지 스케일(Image Scale)

이미지 스케일은 키포인트(Keypoint, 특징점)를 추출할 때 사용되는 이미지의 크기를 정의하며, 처리 속도와 정확성에 영향을 미친다.

- 1/1 (원본 이미지 크기) : 권장되는 기본 설정으로, 가장 높은 정확도를 제공한다.
- 1/2 (절반 이미지 크기) : 처리 속도를 높이고, 높은 해상도 카메라 사용 시 적합하다.
- 1/4 및 1/8 : 처리 속도를 극대화하기 위해 더 작은 이미지 크기로 설정 가능하다.

이미지 스케일을 낮추면 처리 속도는 빨라지지만 결과의 정확도가 감소할 수 있으며, 반대로 높은 스케일은 보다 정밀한 결과를 제공하지만 처리 시간이 길어진다.

(2) 키포인트(Keypoint)

키포인트 옵션은 이미지 간의 정렬과 3D 복원에 사용되는 특징점의 수를 제어한다.

- 자동(Auto) : Pix4Dmatic이 이미지당 최대 10,000개의 키포인트를 최적화하여 자동 설정한다.
- 사용자 정의(Custom) : 사용자가 직접 키포인트 수를 설정할 수 있다.

키포인트 수를 늘리면 이미지 정렬 문제가 개선될 수 있으나, 처리 시간이 길어질 수 있다.

(3) 내부 신뢰(Internal Trust)

내부 신뢰 옵션은 프로젝트 칼리브레이션 과정에서 카메라 매개변수가 재계산 및 조정되는 정도를 결정한다.

- 낮음(Low) : 모든 내부 카메라 매개변수를 최적화한다.
- 높음(High) : 내부 매개변수의 최적화를 제한하여 드리프트를 줄이고 안정성을 높인다.

카메라 내부 매개변수를 신뢰할 수 있는 경우, "높음(High)"으로 설정하면 칼리브레이션 문제를 최소화할 수 있다.

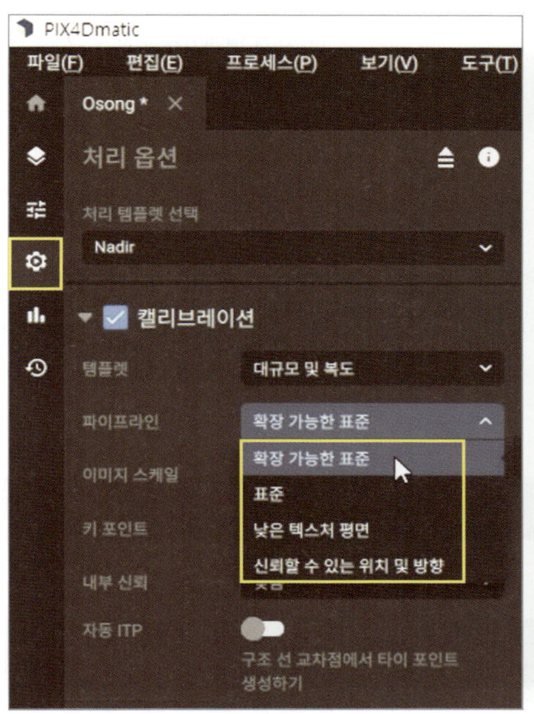

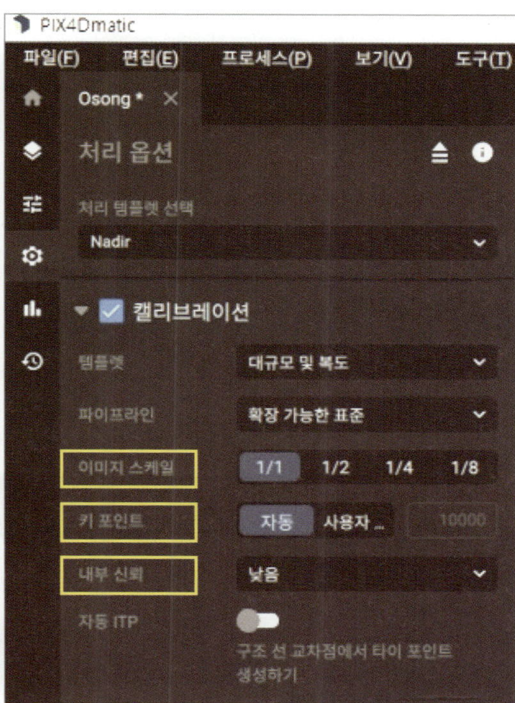

참고 Pix4Dmatic의 파이프라인(Pipeline) 옵션

카메라의 내부 및 외부 매개변수를 최적화하는 방법을 정의하며, 사용자는 프로젝트의 특성과 요구 사항에 따라 최적의 처리 방법을 선택할 수 있다.

1. 확장 가능한 표준(Scalable Standard)
   - 기본 옵션(Default)으로서, 순차적인 칼리브레이션 파이프라인을 한다.
   - 대규모 프로젝트와 긴 선형 형태(Corridor) 매핑에 최적화되어 있으며, 처리 시간을 최대 50% 감소시키면서 측량급 정확도(survey-grade accuracy)를 유지한다.
   - 대규모 데이터를 효율적으로 처리할 수 있어, 대규모 건축물, 도시 모델링, 인프라 프로젝트 등에서 유리하다.

2. **표준**(Standard)
  - 일반적인 프로젝트에 적합한 옵션이다.
  - 정확도와 처리 시간 사이에서 균형을 제공한다.
  - 중간 규모 프로젝트에 적합하며, 품질과 속도의 타협이 필요한 경우에 사용된다.

3. **낮은 텍스처 평면**(Low Texture Planar)
  - 도로(roads), 벽(walls), 지붕(roofs) 등 질감이 낮거나 균일한 이미지에 대해 보다 나은 결과를 제공할 수 있다.
  - 텍스처가 부족한 평면적인 환경에서 촬영된 이미지의 경우, 높은 정확도와 효율적인 결과를 얻을 수 있다.

4. **신뢰할 수 있는 위치 및 방향**(Reliable Position and Orientation)
  - 카메라 위치와 방향 데이터가 매우 정확한경우에 사용된다.
  - 이 옵션을 선택하면 카메라 내부 매개변수(internal parameters)만 최적화되며, 외부 매개변수의 변경 없이 데이터의 정확성을 극대화할 수 있다.
  - 정밀한 위치 정보를 가진 데이터에서 최상의 결과를 제공한다.

1단계 자료처리: 처리 옵션 실행

처리 옵션을 세팅한 후, 다음의 좌측 그림과 같이 "시작(Start)" 버튼을 클릭하면 처리 과정이 실행된다. "칼리브레이션 생성(Calibration Generation)" 단계가 시작되며, 이 과정에서는 사용자가 이전에 설정한 칼리브레이션 옵션에 따라 내부 및 외부 매개변수를 최적화하게 된다.

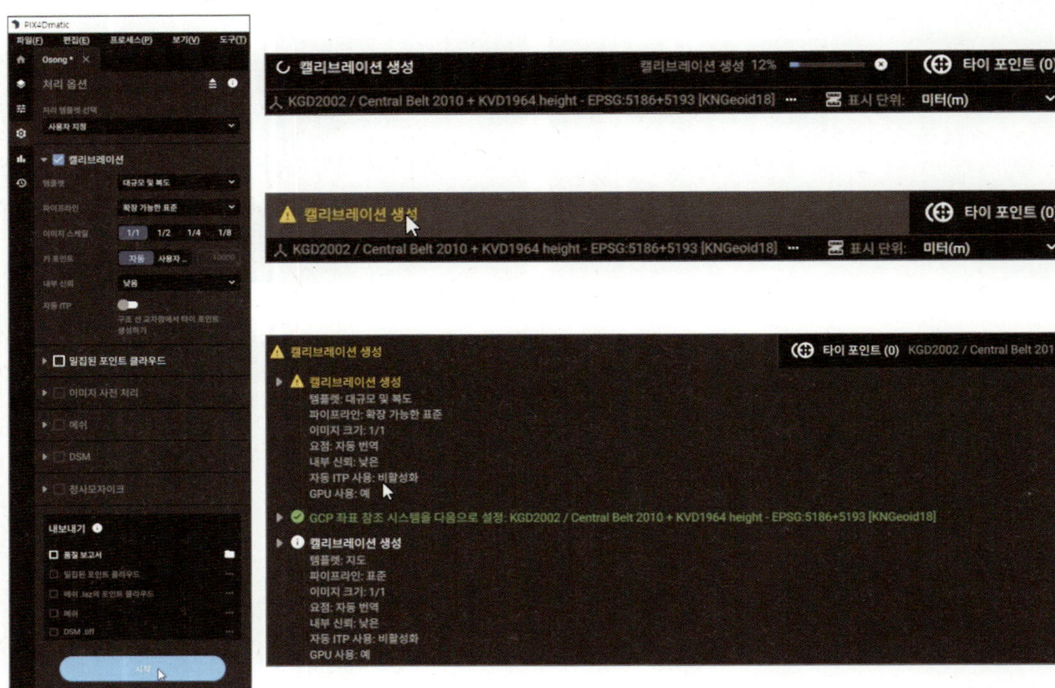

우측 그림과 같이 칼리브레이션 실행이 완료되면 결과 요약이 표시되며, 사용자가 선택한 옵션과 처리 과정의 요약을 확인할 수 있다. 이 요약은 처리 설정의 적합성을 검토하는 데 중요한 참고 자료로 활용된다.

III. 2단계 자료처리

카메라 내부 및 외부 표정 결정 확인

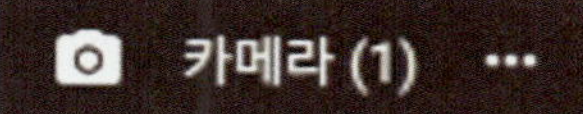

칼리브레이션 생성이 완료된 후, 화면 하단부의 "카메라(Camera)" 메뉴를 클릭하면, 각 이미지에 대해 보정된 카메라의 위치와 방향 결과값을 확인할 수 있다. 이 정보는 카메라 내부 및 외부 표정 요소의 정확성을 평가하고, 향후 처리 단계를 위한 기초 자료로 활용된다.

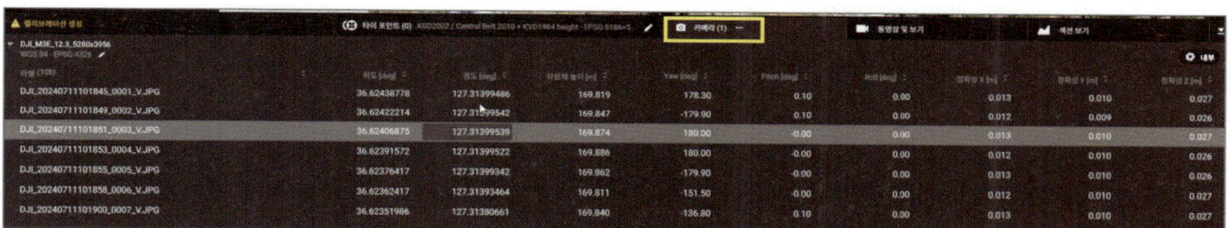

GCP 및 CP 좌표 파일 가져오기

지상기준점(GCP, Ground Control Point)과 검사점(CP, Check Point)의 좌표 데이터를 가져오는 과정은 다음과 같은 단계로 진행된다.

1. "타이 포인트(Tie Points)" 메뉴 선택
   - 다음의 그림과 같이 화면 하단부의 "타이 포인트"를 클릭한다.
   - 타이 포인트 메뉴 창에서 "…" 아이콘을 클릭한 후, "GCP 가져오기(Import GCP)"를 선택한다.

(1)

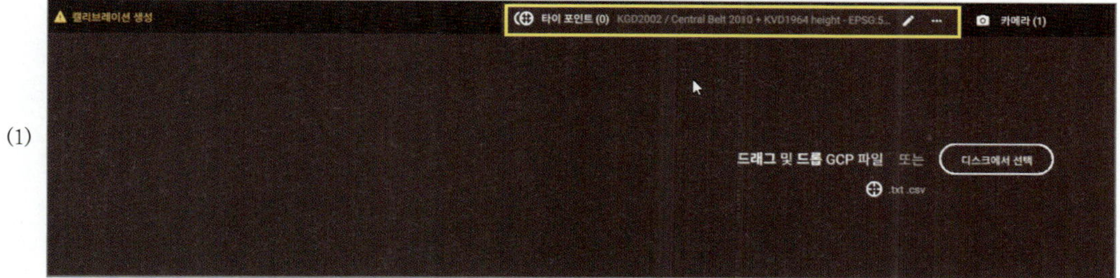

(2)

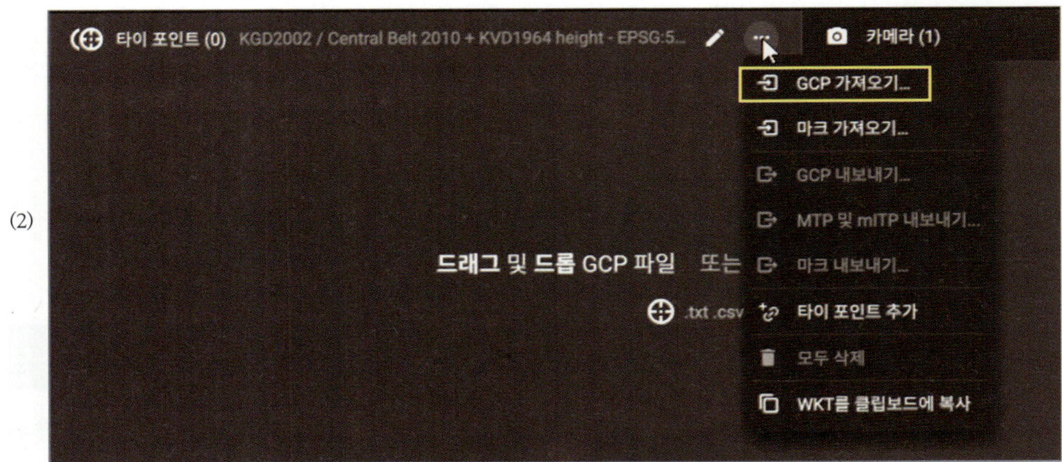

2. GCP 파일 가져오기

- 파일을 불러오면 아래의 그림과 같이 "GCP 파일 형식 정의" 팝업창이 나타난다.
- 일반적으로 다음과 같은 형식으로 설정한다.
  - 열 구분자(Delimiter) : 쉼표(,)
  - 소수점 구분 기호(Decimal Separator) : 기간(.)
  - 건너뛴 행(Skip Rows) : 1
  - 열 형식(Column Format) : PNEZ (Point Name, Easting, Northing, Elevation)

> 소수점 구분 기호의 "기간"은 Period의 잘못된 자동 번역 결과이다.

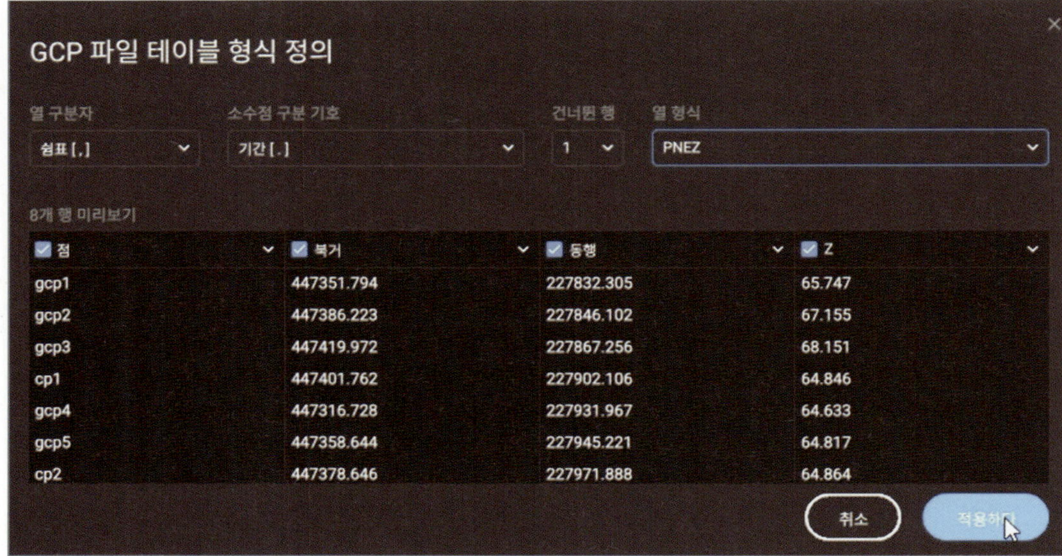

참고 GCP 파일 형식 정의

GCP 데이터를 정확하게 불러오기 위해서는 GCP 파일의 형식을 올바르게 정의해야 한다.

1. 열 구분자

열 구분자는 파일의 각 데이터를 나누는 데 사용되는 기호이다. 올바른 열 구분자를 설정하면 파일 내 데이터가 잘 정렬되고, 각 속성이 적절한 헤더와 연결된다. 이는 데이터의 정확성과 일관성을 유지하는 데 매우 중요하다.

지원되는 열 구분자 : 쉼표[,], 세미콜론[;], 파이프[|], 공백[ ], 탭[\t]

2. 소수점 구분 기호

소수점 구분 기호는 좌표값에서 정수 부분과 소수 부분을 나누는 데 사용된다.
데이터의 형식에 따라 올바른 구분 기호를 선택해야 한다.
지원되는 소수점 구분 기호 : 마침표[.], 쉼표[,]

3. 건너뛴 행(Skip Lines)

파일의 시작 부분에 필요 없는 정보를 무시하려면, 몇 행을 건너뛸지 설정해야 한다.
이는 파일에 헤더(예: 설명, 타이틀)가 포함된 경우 유용하다.
설정 범위 : 0 ~ 11

4. 열 형식(Column Format)

열 형식은 GCP 파일에서 각 데이터 열의 역할을 정의한다.

- PNEZ 형식
  - P: Point (포인트 이름 또는 라벨)
    N: Northing (북쪽 좌표)
    E: Easting (동쪽 좌표)
    Z: Elevation (고도)
  - 특징 : 북쪽 좌표(Northing)가 동쪽 좌표(Easting)보다 먼저 온다.
    주로 UTM 좌표계나 일부 투영 좌표계에서 사용된다.
- PENZ 형식
  - P: Point (포인트 이름 또는 ID)
    E: Easting (동쪽 좌표)
    N: Northing (북쪽 좌표)
    Z: Elevation (고도)
  - 특징 : 동쪽 좌표(Easting)가 북쪽 좌표(Northing)보다 먼저 온다.
    일반적으로 경위도 좌표계(위도, 경도)에서 사용된다.

GCP와 CP 구분 및 설정

GCP(지상기준점) 파일을 가져온 후 작업 창에는 보라색 원형점으로 GCP 위치가 표시되지만, 초기 상태에서는 GCP와 CP(검사점)가 구분되어 표시되지 않는다. 이를 구분하기 위해 아래와 같은 단계를 진행한다.

1. GCP 파일 목록 확인 : 화면 하단부의 GCP 파일 목록에서 레벨(이름)을 확인한다. GCP와 CP는 파일 작성 시 구분된 이름으로 작성되었으므로, 이를 통해 구분할 수 있다.
   (자세한 내용은 부록 "점의 조서-지상기준점 및 검사점"을 참고할 것.)
2. CP 클릭 : GCP 파일 목록에서 CP 이름을 찾아 클릭한다. 예를 들어, CP1을 클릭하면, 작업 창에서 해당 점이 핑크색으로 변하는 것을 확인할 수 있다. 동시에 화면 우측에는 CP1이 포함된 이미지가 나타난다.
3. CP 유형 변경 : 작업 창에서 CP1의 "유형(Type)" 항목 우측에 있는 ∨ 화살표를 클릭한 후, 유형을 "체크포인트(Check Point)"로 변경한다.

GCP 및 CP 확인

작업창에서는 입력된 타이 포인트(GCP 및 CP)의 총 개수가 표시되며, 예를 들어 13개의 점이 입력된 것을 확인할 수 있다. 각 점의 유형이 올바르게 설정되었는지 확인한 후, 다음 단계로 진행한다.

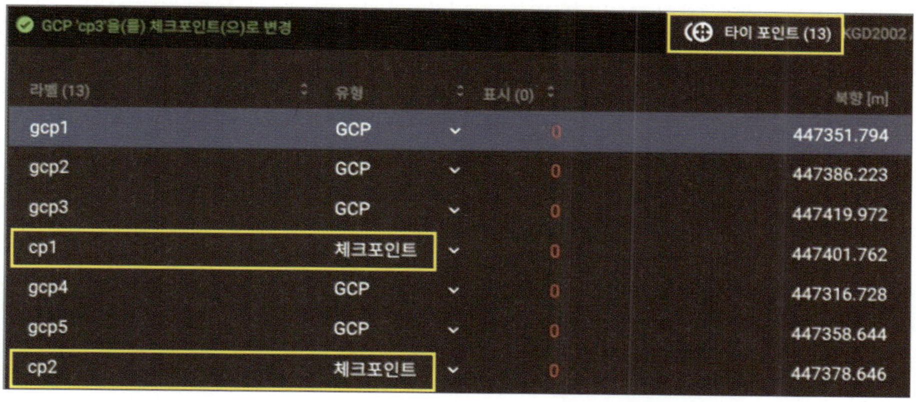

GCP 'cp3'을(를) 체크포인트(으)로 변경　　타이 포인트 (13)　KGD2002

라벨 (13)	유형	표시 (0)	북향 [m]
gcp1	GCP	0	447351.794
gcp2	GCP	0	447386.223
gcp3	GCP	0	447419.972
cp1	체크포인트	0	447401.762
gcp4	GCP	0	447316.728
gcp5	GCP	0	447358.644
cp2	체크포인트	0	447378.646

참고 지상기준점(GCP) 및 검사점(CP)

지상기준점과 검사점은 드론 기반 3D 모델링에서 데이터의 정밀도와 품질을 보장하기 위해 반드시 필요한 핵심 구성 요소이다.

- **지상기준점**(Ground Control Point, GCP)

  자료 처리의 계산 과정에 참여하여 드론 데이터의 좌표를 보정하고 정렬하는 데 사용된다.
  항공삼각측량(AT)자료 처리의 계산 과정에 참여하여 드론 데이터의 좌표를 보정하고 정렬하는 데 필수적인 역할을 한다. 이러한 기준점은 작업 구역 내외에 고르게 설치되어야 하며, 드론 영상의 품질과 정밀도를 보장하기 위해 프로젝트 면적에 따라 최소 설치 수량이 정해진다. 일반적으로 작업 구역이 1km^{2}인 경우에는 9점 이상의 지상기준점을 설치하는 것이 권장된다.

- **검사점**(Check Point, CP)

  생성된 3D 모델의 정확성을 검증하기 위해 사용되는 기준점이다. 자료 처리 계산에는 직접적으로 참여하지 않지만, 계산된 좌표와 GNSS 측량값 간의 오차를 측정하는 데 활용된다.
  검사점은 작업 구역 내에 고르게 분포되어야 하며, 지상기준점과 중복되지 않게 설치해야 한다. 최소 1점 이상의 검사점 설치가 필요하며, 지상기준점 수량의 3분의 1 이상을 확보하는 것이 권장된다. 검사점은 모델링 과정에서 발생할 수 있는 오차를 조기에 파악하고 보정하는 데 중요한 역할을 하며, 최종 결과의 신뢰도를 높이는 데 기여한다.

GCP 및 CP 마커 중심점 마킹

GCP(지상기준점) 및 CP(검사점)의 대공표지점(마커) 중심점과 GNSS 측량값을 일치시키기 위해, 작업 창에서 각 GCP와 CP의 마커 중심점을 정확히 마킹하는 과정을 진행한다.

1. GCP/CP 선택
   화면 하단의 GCP 목록에서 GCP나 CP를 하나씩 선택한다. 예를 들어, GCP1을 클릭하면, 작업 창 우측에 GCP1이 촬영된 이미지들이 표시된다.

2. 마커 중심점 마킹
   표시된 이미지에서 마우스를 마커 위에 위치시킨 후, 이미지를 확대하여 대공표지점(마커)의 중심점을 정확히 찾고 이를 마킹한다.

> **참고 항공삼각측량(AT, Aerotriangulation) 정의**
>
> • **항공삼각측량** : 지상기준점(GCP) 등의 성과를 기준으로 사진좌표를 지상좌표로 전환시키는 작업을 말한다. (「무인비행장치 측량 작업규정」 제2조 제6호)

키보드의 스페이스 바(Space bar)를 눌러 이미지를 전체 화면으로 전환하면 마커의 세부 위치를 보다 명확히 확인할 수 있다.

재최적화(Optimization)

1. 재최적화 실행

- 작업 창의 "처리 옵션(Processing Options)"에서 "재최적화(Reoptimize)"를 선택한다.
- 이후, 다음의 우측과 같이 "시작(Start)" 버튼을 클릭하여 재최적화를 실행한다.

2. 위치 오차 확인

- 재최적화 과정이 완료되면, 다음의 좌측 아래 그림과 같이 각각의 GCP 및 CP에 대한 위치 오차 값이 표시된다.
- 이를 통해 대공표지점 중심점의 마킹 정확성을 검증하고, 필요한 경우 추가적인 조정 작업을 수행할 수 있다.

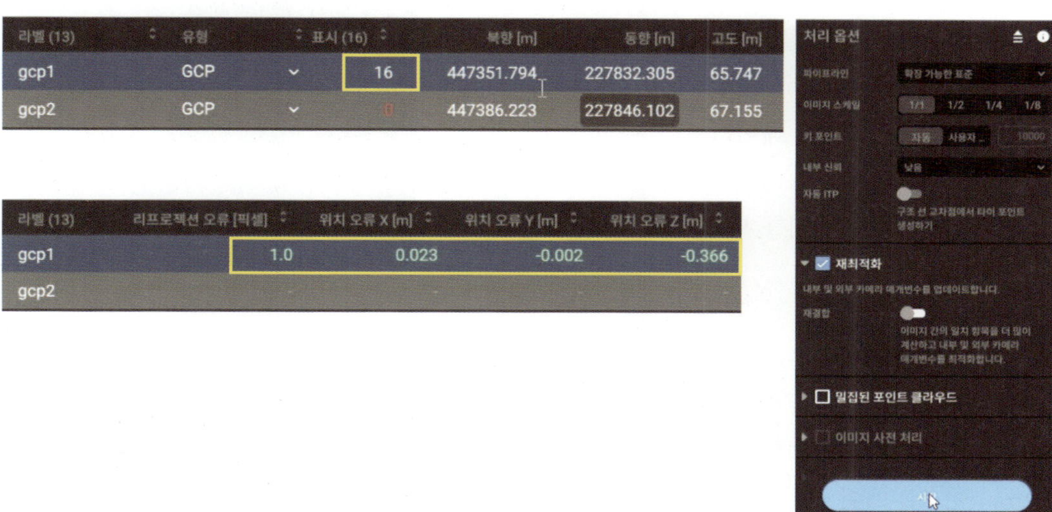

GCP와 CP에 대해 정확한 마커 중심점을 마킹하고, 재최적화를 통해 위치 오차를 최소화하는 과정은 전체 프로젝트의 정밀도를 결정짓는 핵심 단계이다. 이 과정은 데이터의 신뢰성을 높이고, 최종 결과물의 품질을 향상시키는 데 필수적이다.

IV. 3단계 자료처리

3단계 고밀도 점군 및 3D 메쉬 구성

1. 밀집된 포인트 클라우드

3단계는 저밀도(Sparse) 점군 데이터를 기반으로 고밀도 점군(Dense Point Cloud, 밀집된 포인트 클라우드)을 구성하는 과정으로서, GPU를 활용하여 처리 속도를 향상시킬 수 있다. 이 단계에서 사용자 설정에 따라 다양한 옵션을 조정할 수 있다.

- 알고리즘(Algorithm) : GPU를 활용해 처리 효율성을 높이는 알고리즘을 적용
- 이미지 크기(Image Size) : 포인트 클라우드 생성 시 사용하는 이미지의 해상도를 조절하는 옵션
- 밀도(Density) : 생성되는 3D 포인트의 개수를 결정하며, 프로젝트의 요구 사항에 따라 조정
- 최소 매치 수(Minimum Matches) : 한 점을 생성하는 데 필요한 최소 이미지의 수를 지정
하여 포인트의 신뢰도 관리
- 노이즈 필터(Noise Filter) : 노이즈를 제거하여 깨끗하고 정제된 포인트 클라우드 생성
- 스카이 필터(Sky Filter) : 하늘에서 발생하는 불필요한 포인트를 제거하여 데이터 품질 향상
- 마스크 인식(Mask Recognition) : 고밀도 포인트 클라우드에서 특정 개체를 제거하는 기능으로, 선택적으로 활성화 가능

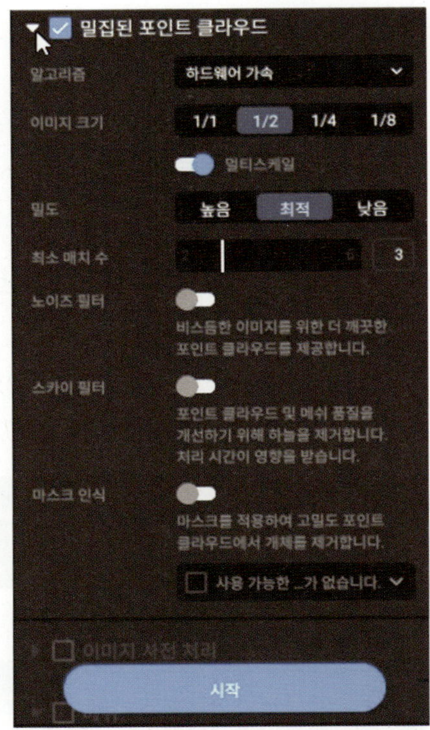

2. 메쉬(Mesh)

3D 메쉬는 객체를 삼각형 폴리곤으로 표현하여 객체의 표면을 기하학적으로 나타내는 구조이다. Pix4Dmatic은 3D 메쉬 구성 시 다양한 옵션을 제공한다.

- 템플릿(Template) : 특정 프로젝트에 최적화된 메쉬 생성 템플릿 선택
- 텍스처(Texture) : 메쉬 표면의 디테일을 시각적으로 향상시키기 위한 텍스처 적용
- 텍스처 크기(Texture Size) : 텍스처의 해상도를 조절하여 품질과 처리 속도 간의 균형 조정
- 디고스팅(Deghosting) : 텍스처 이미지 간 중복으로 발생할 수 있는 오류 최소화
- 데시메이션(Decimation) : 메쉬의 복잡성을 줄여 처리 속도를 높이면서도 품질 손실 최소화
- 평면 인식(Planar Recognition) : 평면 구조를 인식하여

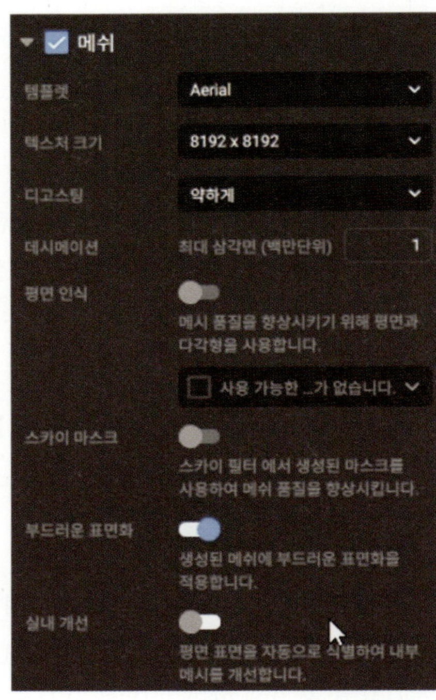

정확도 개선

- 스카이 마스크(Sky Mask) : 하늘 영역의 메쉬를 제거하여 불필요한 데이터 생성 방지
- 부드러운 표면화(Surface Smoothing) : 메쉬 표면을 매끄럽게 하여 시각적 품질 개선
- 실내 개선(Indoor Refinement) : 실내 데이터에 적합한 설정으로 세부 표현 강화

참고 고밀도 점군(Densified Point Cloud) 옵션

Pix4Dmatic의 고밀도 점군(Densified Point Cloud) 구성을 위한 옵션은 고해상도의 3D 모델을 생성하는 데 핵심적인 역할을 한다. 이 옵션을 통해 사용자는 다양한 설정을 조정하여 원하는 품질과 처리 속도를 달성할 수 있다.

- **알고리즘** : 알고리즘 옵션에서는 포인트 클라우드 생성에 사용되는 방법, 즉 "하드웨어 가속" 및 "표준"을 선택할 수 있다. "하드웨어 가속"을 활성화하면 GPU를 활용하여 처리 속도를 향상시킬 수 있다. 이는 대용량 데이터 처리 시 유용하며, GPU의 성능에 따라 처리 시간이 크게 단축될 수 있다.
- **이미지 크기**(Image Scale) : 이미지 크기 옵션은 포인트 클라우드 생성 시 사용되는 이미지의 해상도를 조절합니다. "1/1"(원본) 크기를 사용할 수도 있고, "1/2", "1/4", "1/8" 크기로 축소하여 처리할 수 있다. 이미지 크기를 줄이면 처리 속도는 빨라지지만, 세부 정보의 정확도가 감소할 수 있다. 따라서 프로젝트의 목적과 데이터의 특성에 따라 적절한 크기를 선택하는 것이 중요하다.
- **밀도**(Density) : 포인트 클라우드의 밀도는 생성되는 3D 포인트의 수를 결정한다. "높음"(High)을 선택하면 가장 조밀한 포인트 클라우드가 생성되며, "최적"(Optimal)은 밀도와 처리 시간의 균형을 맞춘다. "낮음"(Low)을 선택하면 덜 조밀하지만 빠른 처리가 가능하다. 밀도가 높을수록 세부 표현이 정확하지만, 처리 시간이 길어지고 많은 메모리가 필요할 수 있다.
- **최소 매치 수**(Minimum Number of Matches) : 한 점을 생성하는 데 필요한 최소 이미지 수를 지정하는 옵션입니다. 기본값은 "3"이며, 값을 높일수록 노이즈가 감소하고 포인트 클라우드의 품질이 향상되지만, 최종 포인트 클라우드에서 계산되는 3D 포인트의 수는 줄어들 수 있다.
- **노이즈 필터**(Noise Filter) : 경사 이미지에서 발생하는 노이즈를 제거하여 보다 깨끗한 포인트 클라우드를 생성한다. 이 필터는 잘못된 매칭으로 인한 불필요한 포인트를 제거하여 전체적인 품질을 향상시킨다. 특히 복잡한 구조물이나 텍스처가 적은 표면을 처리할 때 유용하다.
- **스카이 필터**(Sky Filter) : 포인트 클라우드 및 메쉬 품질을 개선하기 위해 하늘에 해당하는 포인트를 제거한다. 이 필터는 하늘에서 생성되는 불필요한 포인트를 제거하여 정확한 3D 모델을 생성하는 데 도움을 준다. 그러나 처리 시간이 증가할 수 있으므로, 하늘이 많이 포함된 데이터셋에서 사용하는 것이 좋다.
- **마스크 인식**(Mask-aware) : 마스크를 적용하여 고밀도 포인트 클라우드에서 특정 개체를 제거할 수 있는 기능이다. 이를 통해 원하지 않는 요소를 포인트 클라우드에서 제외하여 보다 집중된 결과물을 얻을 수 있다. 예를 들어, 일관되게 나타나는 장애물이나 드론의 랜딩 기어 등을 제거하는 데 활용할 수 있다.

참고 메쉬 옵션

Pix4Dmatic은 메쉬를 생성하는 과정에서 다양한 옵션을 제공하고 있한다. 메쉬(Mesh)는 3D 모델링에서 객체를 나타내는 기하학적인 구조로서, 객체의 표면을 삼각형 폴리곤을 이용해 표현한 것으로서, 3D 공간에서 객체의 표면을 형성한다.

- **템플렛**(Template)
  1. Aerial : "Aerial" 템플릿은 주로 드론을 활용한 촬영 데이터에 적합하며, 대규모 지형, 도시 또는 건물과 같은 광범위한 영역을 모델링할 때 사용된다. 일반적으로 높은 고도에서 촬영된 이미지를 바탕으로 생성되며, 넓은 범위를 빠르고 정밀하게 처리하도록 설계되었다. "Aerial" 템플릿은 지형 모델링, 농업 분석, 도시 계획 등 다양한 대규모 프로젝트에 적합하다. 주요 특징은 다음과 같다.
     - 넓은 범위의 메쉬 생성 : 넓은 지역을 효과적으로 커버할 수 있는 데이터 처리 능력을 갖추고 있다.
     - 빠른 처리 속도 : 대규모 프로젝트에서도 빠르고 효율적인 메쉬 생성을 지원한다.
     - 높은 세부 사항 유지 : 높은 해상도의 세부 사항을 유지하면서도 빠른 속도로 메쉬를 생성할 수 있는 최적화된 구조를 가지고 있다.
  2. PIX4Dcatch : 모바일 장비(Pix4Dcatch 앱)를 사용하여 근거리에서 데이터를 수집하는 경우에 적합한 옵션이다. 이 템플릿은 소형 구조물, 근거리의 작은 객체, 또는 고해상도가 요구되는 세밀한 모델링 작업에 특히 유용하다.
  3. 얇은 구조(Thin Structure) : 교량, 고속도로와 같은 얇고 긴 선형의 구조물을 정밀하게 모델링할 수 있도록 설계되었다. 이 템플릿은 선형성이나 길이가 중요하고 깊이보다는 형상의 연속성이 강조되는 프로젝트에서 최적의 결과를 제공한다.

- **텍스처**(Texture) : "텍스처"는 3D 모델의 표면에 적용되는 이미지로서, 모델의 시각적 디테일을 풍부하게 표현하는 데 매우 중요한 역할을 한다. 텍스처는 색상(Color), 질감(Texture), 그리고 표면의 패턴(Surface Pattern)을 통해 모델의 세부적인 모습을 더욱 현실적으로 재현하며, 이를 통해 3D 모델의 품질과 몰입감을 크게 향상시킬 수 있다.

- **텍스처 크기**(Texture Size) : "텍스처 크기"는 3D 모델의 표면에 적용되는 텍스처 이미지의 해상도를 의미하며, 선택된 해상도에 따라 모델의 품질과 처리 속도에 큰 영향을 미친다. 해상도가 높을수록 보다 세밀한 디테일을 제공하지만, 처리 시간과 파일 크기가 비례하여 증가하기 때문에 프로젝트의 특성과 요구사항에 따라 적절한 크기를 선택하는 것이 중요하다.
  - 1024×1024 : 빠른 처리 속도가 요구되면서도 적당한 품질이 필요한 경우 적합하다.
  - 2048×2048 : 품질과 속도 간의 균형을 유지하며, 중간 수준의 디테일을 제공한다.
  - 4096×4096 : 고해상도가 요구되는 프로젝트에서 세밀하고 선명한 모델링 결과를 얻기 위해 사용된다.
  - 8192×8192 및 16384×16384 : 매우 세밀하고 고해상도의 디테일이 요구되는 고급 프로젝트에서 사용되며, 매우 정교한 표현을 가능하게 한다.

- **디고스팅**(Deghosting) : "디고스팅"은 3D 모델 생성 과정에서 발생할 수 있는 기하학적 왜곡을 의미한다. 이는 모델링 중 생성되는 불완전하거나 왜곡된 폴리곤(삼각형 면)이나 비정상적인 삼각형들로 인해 발생한다. 이러한 삼각형들이 포함될 경우, 모델 표면이 고르지 못하거나 왜곡되어 전체적인 품질이 저하될 수 있으므로 주의가 필요하다.

- **데시메이션**(Decimation) : "데시메이션"은 메쉬의 삼각형 면(Triangle Face) 수를 줄이는 과정을 말하며, 이를 통해 처리 속도를 높이고 파일 크기를 줄일 수 있다.
  - "최대 삼각면"(Maximum Triangles) : 메쉬의 삼각형 면 수를 백만 단위로 제한하여, 지정된 값을 초과하지 않도록 설정할 수 있다. 예를 들어, 1,000,000 삼각형으로 제한할 경우, 파일 크기를 효율적으로 관리하면서도 적절한 수준의 세부 사항을 유지할 수 있다.
- **평면 인식**(Plane Recognition) : "평면 인식"은 메쉬 생성 과정에서 수평면(예: 바닥, 벽, 지붕 등)과 다각형(Polygon)을 자동으로 인식하여 메쉬의 품질을 개선하는 기능이다. 이는 특히 건축물 모델링(Building Modeling)이나 실내 3D 모델링(Indoor 3D Modeling)과 같은 프로젝트에서 중요한 역할을 하며, 보다 정확한 메쉬 결과를 제공한다.
- **스카이 마스크**(Sky Mask) : "스카이 마스크"는 드론 촬영 데이터 처리 시, 하늘 영역을 식별하여 제거함으로써 메쉬 품질을 향상시키는 기능이다. 하늘 영역은 불필요한 데이터로 간주되며, 이를 제거하면 지면과 객체들만을 포함하는 보다 정확한 모델을 생성할 수 있다.
- **부드러운 표면화**(Smooth Surface) : "부드러운 표면화"는 생성된 3D 메쉬에서 거친 표면이나 비정상적인 모서리를 부드럽게 만드는 작업이다. 이를 통해 모델 표면이 더욱 자연스럽고 매끄럽게 표현되어 시각적 품질이 크게 향상시킬 수 있다.
- **실내 개선**(Indoor Improvement) : "실내 개선" 옵션은 실내 환경에서 평면 표면(Flat Surface)을 자동으로 식별하고 처리하여, 내부 메쉬의 품질을 개선하는 데 도움을 준다. 이는 실내 구조물의 정확한 재현이 필요한 프로젝트에서 매우 유용하며, 실내 환경의 디테일을 보다 충실하게 반영할 수 있다.

DSM, 정상영상 생성 옵션 세팅

Pix4Dmatic에서는 "DSM"(수치표면모델, Digital Surface Model)과 "정사모자이크"(정사영상, Orthomosaic)의 출력 옵션을 사용자가 프로젝트 목적에 맞게 세부적으로 설정할 수 있다. 이 과정은 자료처리의 성과물을 결정하는 중요한 단계로, Pix4Dmatic의 맞춤형 옵션과 고성능 하드웨어 활용 기능을 통해 데이터 품질을 극대화할 수 있다.

설정 가능한 주요 옵션은 프로젝트의 목적 및 데이터 특성에 따라 최적화되며, 이를 통해 효율적인 처리와 전문적인 결과물을 도출한다.

처리 옵션 설정을 완료한 후, 아래의 우측 그림과 같이 우측 메뉴에서 "내보내기"(Export) 항목을 통해 프로젝트에 적합한 성과물을 선택한다.

- DSM : 지표면의 높이 정보를 포함한 3D 데이터 출력
- 정사영상 : 정확한 지리 좌표를 가진 항공영상 출력
- 품질보고서 : 처리 결과에 대한 정확도 및 품질 검토 자료

설정과 선택이 완료되면 "시작(Start)" 버튼을 클릭하여 데이터 처리를 실행한다. 이 단계에서 생성된 성과물은 고품질의 전문가용 데이터로, 다양한 산업 및 분석 목적에 활용될 수 있다.

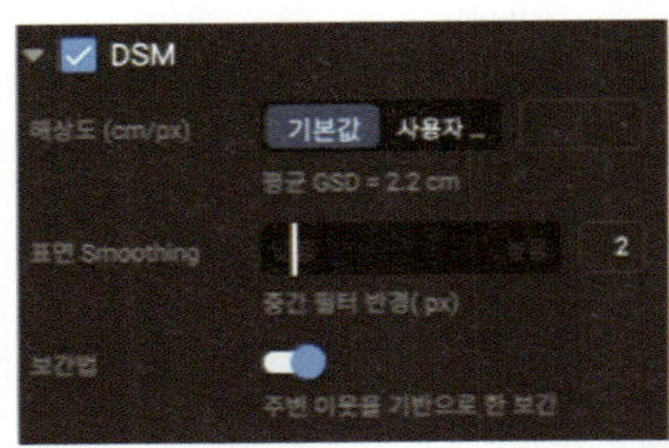

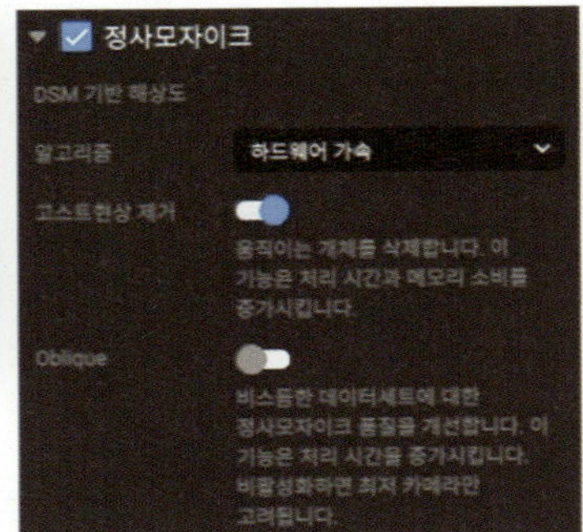

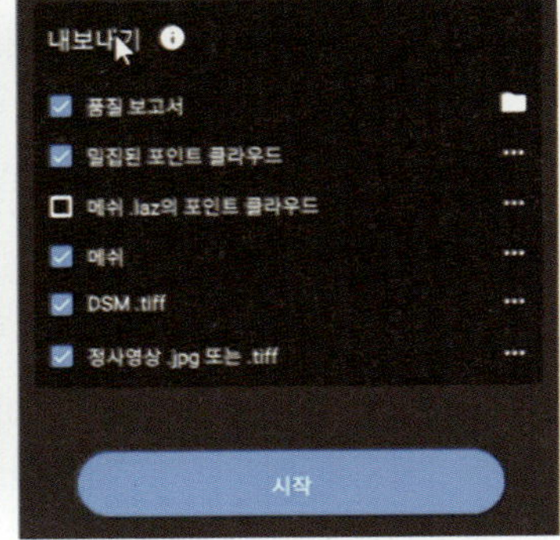

참고 Pix4Dmatic의 DSM 및 정사모자이크 생성 옵션

Pix4Dmatic은 고해상도 수치표면모델(DSM, Digital Surface Model)과 정사영상(Orthomosaic)을 생성하는 데 최적화된 기능을 제공하고 있다. 다음은 DSM 및 정사모자이크(정사영상) 생성 옵션에 관한 것이다.

수치표면모델(DSM) 생성 옵션

1. **해상도** : DSM의 해상도는 지상표본거리(GSD, Ground Sampling Distance)를 기준으로 설정된다. 기본값은 프로젝트의 평균 GSD를 기반으로 자동 계산되며, 사용자가 원하는 값으로 직접 지정할 수도 있다. 해상도는 출력 품질에 큰 영향을 미치므로 프로젝트 요구사항에 맞는 값으로 설정하는 것이 중요하다.

2. **표면 Smoothing** : "표면 smoothing"은 생성된 DSM에 적용되는 후처리 과정이다. 이 옵션에서는 중간 필터 반경(px)을 조절하여 smoothing 정도를 제어할 수 있다. 낮은 값을 사용하면 DSM의 선명한 특징과 모서리가 유지되며, 높은 값을 사용하면 모델이 보다 부드럽게 처리된다. 이러한 조정은 지형의 상세도와 처리 목적에 따라 달라질 수 있다.

3. **보간법**(Interpolation) : 보간법은 생성된 DSM의 완성도에 영향을 미치는 중요한 옵션이다. 이 기능을 활성화하면 주변 이웃 픽셀 데이터를 기반으로 데이터가 없는 영역을 채워 DSM의 빈 공간을 줄일 수 있다. 특히 데이터가 불완전하거나 노이즈가 많은 프로젝트에서 유용하게 활용될 수 있다.

정사모자이크 생성 옵션

정사모자이크는 DSM을 기반으로 생성되며, 일반적으로 DSM과 동일한 해상도를 사용한다. Pix4Dmatic은 정사모자이크 생성 시 다양한 알고리즘과 후처리 옵션을 제공한다.

1. **알고리즘 옵션** : Pix4Dmatic은 "하드웨어 가속" 알고리즘을 지원하여 GPU를 활용한 처리 속도 향상이 가능하다. 이 옵션을 사용하면 대용량 데이터 처리 시간이 크게 단축될 수 있다.

2. **고스트현상 제거**(Ghosting Artifact Removal) : 고스트 현상 제거 옵션은 움직이는 객체가 포함된 이미지에서 발생하는 고스트 아티팩트[1]를 줄이기 위해 제공된다. 이 기능은 처리 시간과 메모리 사용량을 증가시키는

---

1) 고스트 아티팩트(Ghosting Artifact) : 동일한 장면에서 움직이는 객체가 여러 위치에서 나타나 생기는 왜곡 현상을 말한다. 이는 움직이는 자동차, 사람, 동물 등의 움직임이 드론 또는 항공 촬영 중 중복으로 기록되면서 발생한다.

반면, 품질이 개선된 결과물을 얻을 수 있다.

3. **Oblique 옵션** : Oblique 옵션은 경사 이미지를 처리하여 정사모자이크 품질을 개선하는 데 사용된다. 이 옵션을 활성화하면 다양한 각도의 이미지 데이터를 통합하여 보다 정확한 결과물을 생성할 수 있으나, 처리 시간이 증가할 수 있다. 비활성화된 경우 최저 각도의 이미지만 고려된다.

2단계 자료처리를 통해 계산된 "자동 타이 포인트[2](ATP, Automatic Tie Points)"는 사진측량 자료처리 소프트웨어에서 중요한 개념으로서, 사진들 간의 연관 관계를 식별하고 일치시키는 역할을 한다. 즉, 여러 이미지에서 공통된 점(특징점)을 찾아 이를 연결하고, 3D 공간에서 동일한 위치를 나타내도록 정렬하는 과정에서 사용된다. 이 과정에서 ATP는 여러 이미지의 공통된 특징점을 자동으로 식별하여 이미지들 간의 관계를 정렬하고 3D 좌표로 변환하며, 3D 메쉬 구축에 필요한 연결점으로 활용된다. 이번 사례에서는 "자동 타이 포인트 ATP(554,889)"가 계산되어, 554,889개의 저밀도 점군, 즉 특징점이 생성되었음을 의미한다.

또한, "밀집된 포인트 클라우드(8,653,363)"는 3단계 자료처리 과정을 통해 고밀도 점군 처리로 계산된 8,653,363개의 점군을 나타낸다. 이 과정에서 "지상 기준 지점 GCP(10)"는 지상기준점(GCP) 10개를, "검사점 CP(3)"는 검사점(CP) 3개를 적용한 결과를 보여준다. 성과물로는 3D 메쉬(Mesh), 수치표면모델(DSM), 정사영상(정사모자이크) 등이 생성되었다.

2) 자동 타이 포인트(ATP, Automatic Tie Points) : Pix4Dmatic과 같은 사진측량 자료처리 소프트웨어에서 중요한 역할을 하는 개념으로서, 사진들 간의 연관 관계를 식별하고 일치시키는 점(point)이다. 즉, 여러 이미지를 기반으로 공통된 점, 즉 "특징점"들을 찾아 연결하고, 이 점들이 3D 공간에서 동일한 위치를 나타내도록 맞추는 과정에서 사용된다.
ATP는 여러 개의 이미지에서 공통된 특징점을 자동으로 식별하여, 이미지들 간의 관계를 맞추고 정렬한다. 여러 이미지에서 동일한 점들이 일치하는지 확인하고, 이를 3D 좌표로 변환하며, 이 점들이 자동적으로 연결되어, 3D 메쉬를 구축하는 데 필요한 연결점으로 사용된다.

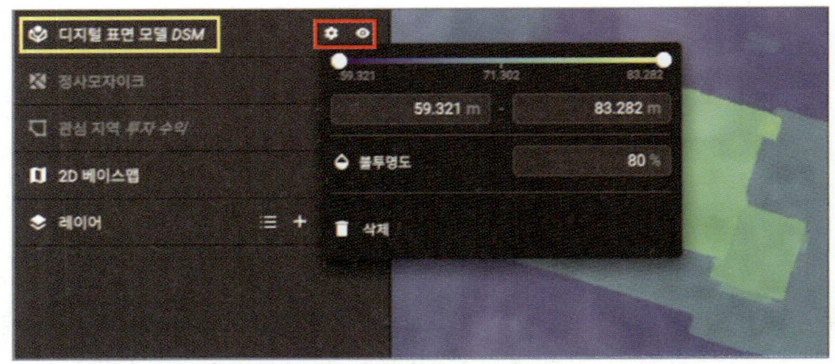

작업창 좌측의 "디지털 표면 모델 DSM" 항목의 눈 모양 보기 아이콘을 활성화한 뒤, 톱니바퀴 모양의 세팅 아이콘을 클릭하여 DSM의 스케일 등을 설정하면, 수치표면모델(DSM)을 확인할 수 있다.

작업창 좌측의 "정사모자이크" 항목의 눈 모양 보기 아이콘을 활성화하면, 정사영상(Orthomosaic)을 확인할 수 있다.

측량

1. 점의 좌표

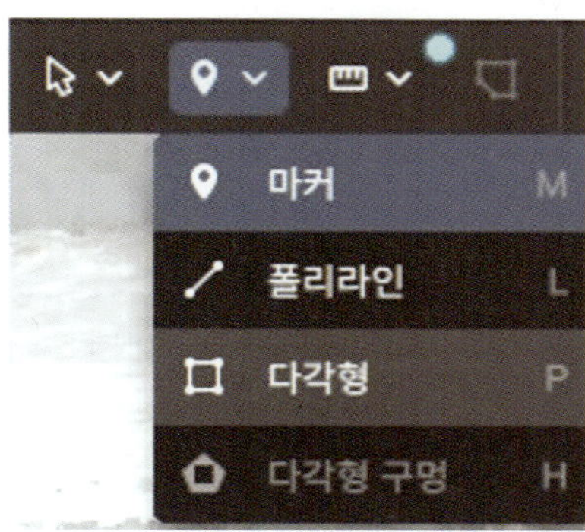

위의 좌측 그림과 같이 작업창 위의 위치 모양 아이콘을 클릭하고 "마커(M)"를 선택한 후, 작업창에서 측정하고자 하는 지점을 클릭하면 해당 측점의 좌표가 작업창의 우측에 표시된다. 예를 들어, 이 사례에서는 X(N) 447,329.385m, Y(E) 227,891.061m, Z 64.770m임을 확인할 수 있다.

2. 길이 측정

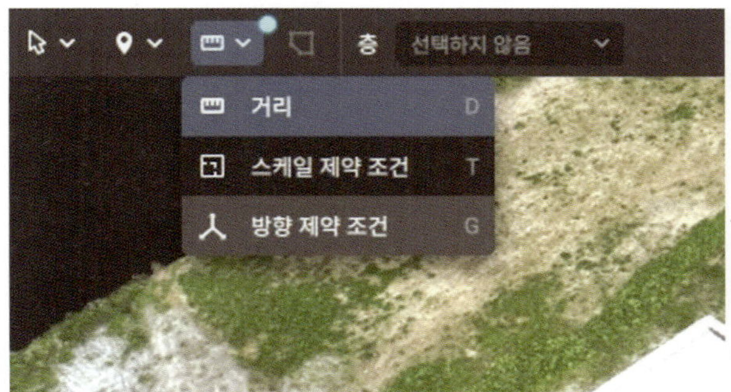

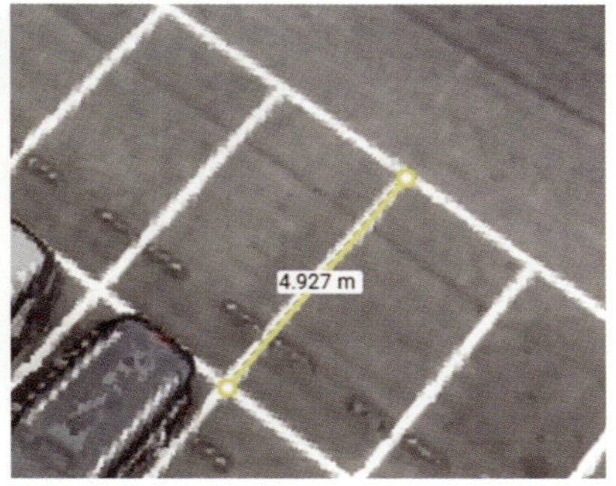

위의 좌측 그림과 같이 작업창 위 도구에서 자(Ruler) 모양을 클릭하고 "거리(D)"를 선택한 후, 측정하려는 대상체의 시점과 종점을 각각 클릭하면, 거리 정보가 작업창에 나타난다. 이 사례에서는 2D 길이와 3D 길이가 모두 4.927m이며, 시작점과 종점의 최소 고도는 65.041m, 최대 고도는 65.094m로, 고도 차이는 0.053m, 경사는 0.6°로 나타난다.

측량	
2D 길이 [m]	4.927
3D 길이 [m]	4.927
최소 고도 [m]	65.041
최대 고도 [m]	65.094
고도 차이 [m]	0.053
경사 ° %	0.6

> **참고 2D 길이와 3D 길이**
>
> - **투영된 2D 길이** : 이는 Z 좌표를 제외하고 X와 Y 좌표만을 고려한 선의 길이로서, 꼭짓점 사이의 각 선분의 2D 길이로 계산된다.
> - **지형 3D 길이** : 대상체 3차원 표면상의 길이로서, 선의 꼭짓점의 세 좌표(X, Y, Z) 모두를 고려한다. 두 꼭짓점으로 정의된 각 부분 선의 3D 길이를 합산하여 계산된다.

3. 면적 측정

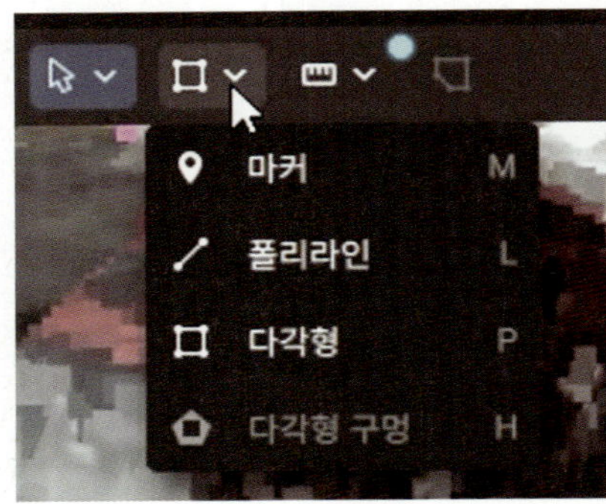

작업창 위 사각형 모양 아이콘을 클릭하고 "다각형(P)"을 선택한 후, 측정하려는 대상체의 꼭짓점들을 순차적으로 클릭하면, 면적 정보가 작업창 우측에 표시된다. 예를 들어, 이 사례에서는 3D 경계 길이는 23.012m, 3D 영역 면적은 32.452m²이며, 최소 고도는 64.920m, 최대 고도는 64.940m로, 고도 차이는 0.020m임을 확인할 수 있다.

4. DJI Terra

4-1 DJI Terra: 디지털 자산으로 세상을 재구성

DJI가 개발한 3D 모델링 소프트웨어 DJI Terra는 사진측량(Photogrammetry) 기술을 기반으로 한 데이터 처리 도구로서, 다양한 산업 분야에서 디지털 자산(Asset) 창출에 핵심적인 역할을 수행하고 있다. 2019년 3월 첫 출시 이후 지속적으로 발전해 온 DJI Terra는, 최신 버전인 4.4.0(2025년 1월 기준)을 통해 보다 효율적이고 정확한 2D 및 3D 재구성을 지원하고 있다.

DJI 드론과의 완벽한 호환성을 바탕으로 DJI Terra는 데이터 수집에서 처리까지 전체 워크플로우(Workflow)를 원활하게 통합하여 건설 현장 관리, 재난 분석, 정밀 농업 등 다양한 산업 분야에서 필수적인 솔루션으로 자리 잡았다.

주요 특징

1. DJI 드론과의 완벽한 통합성 : DJI 드론과의 호환성을 통해 데이터 수집부터 처리까지 원활한 워크플로우를 제공한다.
2. 빠른 데이터 처리 : 혁신적인 알고리즘 업데이트로 데이터 처리 속도가 400% 향상되었다.
   - 고효율 처리 : 기존 소프트웨어 대비 3~5배 빠른 재구성 속도를 가진다.
   - 대규모 데이터 처리 : 단일 컴퓨터에서 최대 30,000장의 이미지를 3일 이내에 처리할 수 있다.
   - 2D 및 3D 재구성 : 정확한 2D 정사영상 지도와 고해상도 3D 모델을 생성한다.
   - 실시간 매핑 : 비행 중 실시간으로 2D 매핑 기능을 제공하여 빠르게 정보를 확보할 수 있다.
3. 사용자 친화적인 인터페이스 : 직관적이고 간편한 사용자 경험을 제공한다.
4. 오프라인 작업 가능 : 인터넷 연결 없이도 작업이 가능하여 데이터 보안성을 강화한다.
5. 다양한 미션 계획 유형 : 구역(Area), 웨이포인트(Waypoint), 경사(Oblique), 회랑(Corridor) 등 여러 자동 비행 계획 옵션을 지원한다.
6. 정밀도 향상 : DJI Phantom 4 RTK의 경우, 상대 수직 정확도 2cm, 상대 수평 정확도 1.2cm에 달하는 정밀도를 제공한다.
7. 다양한 출력 형식 지원 : 2D 정사영상, 3D 모델, 고밀도 점군(Point Cloud) 등 다양한 형태의 결과물을 생성할 수 있다.

주요 기능

DJI Terra는 드론 데이터를 수집하고 처리하며 분석까지 원활하게 연결하는 워크플로우를 제공하여 산업 현장에서의 효율성과 정확성을 크게 향상시킨다. 주요 기능은 다음과 같다.

1. 촬영(미션) 계획
   - 구역(Area) 미션 : 다각형 형태의 비행 구역을 설정하여 특정 지역을 정밀하게 촬영한다.
   - 웨이포인트(Waypoint) 미션 : 세부적인 경로 및 카메라 각도를 설정하여 정교한 촬영 계획을 수립한다.
   - 경사(Oblique) 미션 : 다양한 각도에서 대상을 촬영하여 더욱 정밀한 3D 모델을 생성한다.
   - 3D 비행 시각화 : 기존 3D 모델을 활용하여 복잡한 미션을 설계하고 시뮬레이션할 수 있다.

2. 데이터 처리 및 재구성
   - 관심 영역(ROI) 기능 : 특정 영역에 집중하여 이미지를 재구성함으로써 처리 시간을 단축한다.
   - 2D 지도 재구성 : 고정밀 정사영상 지도를 제작한다.
   - 3D 모델 재구성 : 고해상도의 정밀한 3D 모델을 생성한다.
   - 실시간 2D 매핑 : 비행 중 실시간으로 2D 지도를 생성하여 즉각적인 정보 활용이 가능하다.
   - LiDAR 데이터 처리 : 포인트 클라우드 데이터를 효율적으로 처리하고 분석할 수 있다.

3. 분석 도구
   - 다양한 측정 도구 : 거리, 면적, 체적 등 다양한 데이터를 측정할 수 있다.
   - 식생 지수 맵 생성 : NDVI 및 NDRE와 같은 식생 지수 맵을 제작하여 농업 및 환경 분석에 활용한다.
   - GCP(Ground Control Point, 지상기준점) 관리 : 정밀도를 검증하고 향상시키는 데 필수적인 GCP 관리를 포함한다.

4. 데이터 출력 및 호환성
   - 다양한 출력 형식 : TIFF, LAS, B3DM, OSGB, OBJ, DXF, SHP 등 다양한 파일 형식을 지원한다.
   - 광범위한 좌표계 지원 : 8,500개 이상의 좌표계를 제공하여 글로벌 활용도를 높인다.
   - 소프트웨어 호환성 : GIS, CAD 등 전문 소프트웨어와 연동 가능하다.

DJI Terra는 이와 같은 탁월한 기능들을 바탕으로 측량, 건설, 농업, 인프라 점검 등 다양한 산업 분야에서 활용할 수 있는 통합적인 드론 데이터 처리 솔루션을 제공한다.

컴퓨터 시스템 사양

DJI Terra는 64비트 Windows 10 이상의 운영체제에서 작동하며, 최적의 성능을 발휘하기 위해 고사양의 컴퓨터 환경이 요구된다. 특히 대규모 데이터 처리 작업에는 아래 사양을 갖춘 시스템 구성이 권장된다.

구분	권장 사양
운영 체제	Windows 10 이상(64비트)
RAM	최소 32GB 이상, 권장 64GB 이상 • RAM 용량은 항공삼각측량(AT) 처리 가능 이미지 수와 밀접한 관련이 있다. • 1GB RAM으로 약 400장의 이미지를 처리할 수 있으나, 이는 프로젝트 조건에 따라 변동될 수 있다.
그래픽 카드	NVIDIA GeForce GTX 2070 이상 • AMD 그래픽 카드는 호환되지 않는다.
CPU	Intel Core I7/I9 및 AMD Ryzen 시리즈 권장 • 다중 코어와 높은 주파수를 가진 CPU가 빠른 재구성 속도를 확보할 수 있다.
저장 장치	기본적으로 1TB의 기계식 하드 디스크, 추가 SSD 권장. • 데이터 저장은 디스크 배열 서버(Disk Array Server)를 활용 가능
네트워크	10Gbps 유선 연결 사용 권장

참고로 단독 PC에서 RAM 용량에 따른 최대 이미지 처리량(Max Processing Quantity)은 다음과 같다.

RAM	최대 이미지(사진) 처리 양
32GB	12,800
48GB	19,200
64GB	25,600
128GB	51,200

DJI Terra는 강력한 기능과 뛰어난 성능을 바탕으로 측량, 건설, 농업, 인프라 점검 등 다양한 산업 분야에서 활용 가능한 통합적인 드론 데이터 처리 솔루션으로 자리 잡고 있다.

DJI Terra의 드론 사진측량 자료처리 워크플로우

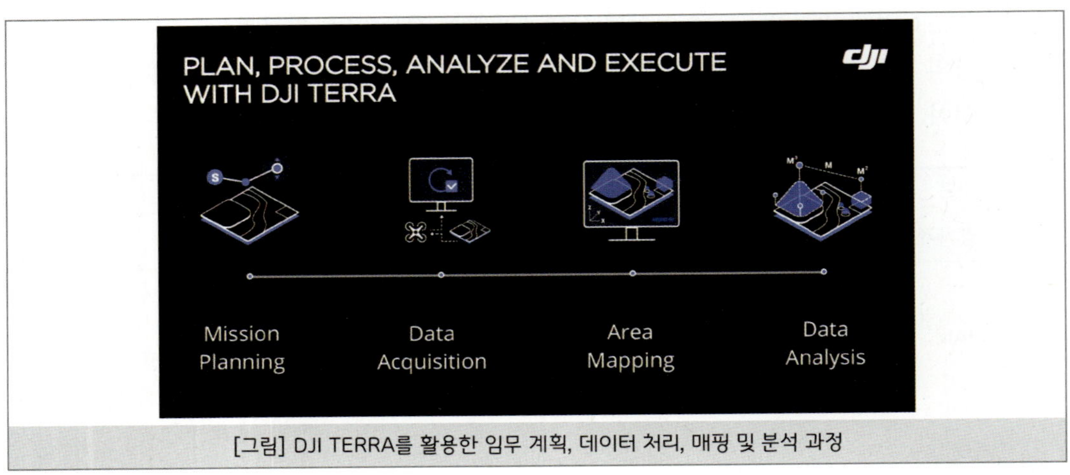

[그림] DJI TERRA를 활용한 임무 계획, 데이터 처리, 매핑 및 분석 과정

DJI Terra는 드론으로 촬영한 이미지를 처리하여 2D 및 3D 모델을 생성하는 데 최적화된 강력한 사진측량 소프트웨어이다. DJI Terra를 활용한 일반적인 워크플로우(Work-flow)는 다음과 같다.

1. 비행계획 수립, 데이터 수집 및 가져오기
   - 촬영 대상 지역을 설정하고 비행고도 및 중복도 등 주요 촬영 매개변수를 세부적으로 구성한다.
   - 설정한 계획에 따라 자동비행으로 항공사진을 촬영한다.
   - 촬영한 이미지를 기반으로 DJI Terra에서 새 프로젝트를 생성한 후 데이터를 가져온다.

2. 영상접합 및 항공삼각측량(Aerotriangulation)
   - 수집된 이미지에서 특징점을 추출하고 이를 매칭하여 정밀한 영상접합을 수행한다.
   - 항공삼각측량을 통해 저밀도 점군(Sparse Point Cloud)을 생성한다.

3. 지상기준점(GCP) 추가 및 최적화
   - 필요에 따라 지상기준점(GCP, Ground Control Point)을 추가하여 모델의 공간적 정확도를 향상시킨다.
   - GCP를 기반으로 모델의 정밀도를 최적화한다.

4. 2D/3D 재구성
   - 고밀도 점군(Dense Point Cloud)을 생성하고, 이를 기반으로 다양한 형태의 재구성을 진행한다.
   - 2D 재구성 : 정사영상(Orthomosaic)을 생성하여 평면 지도를 제작한다.

- 3D 재구성 : 포인트 클라우드, 메쉬, 텍스처 모델 등을 포함한 3차원 모델을 생성한다.

5. 결과물 생성 및 내보내기
   - 필요한 출력 형식(LAS, OBJ 등)을 선택하여 최종 결과물을 생성한다.
   - 완성된 2D 및 3D 모델은 다양한 소프트웨어 및 플랫폼에서 활용할 수 있도록 내보낸다.

6. 분석 및 측정
   - 생성된 모델을 활용하여 거리, 면적, 부피 등을 측정하며, 필요 시 주석을 추가해 정보를 보강한다.

이 워크플로우는 일반적인 사진측량 작업에 적용되며, 프로젝트의 특성에 따라 일부 단계가 추가되거나 변경될 수 있다. 예를 들어, LiDAR 데이터 처리나 다중분광 이미지 처리와 같은 특수한 작업에는 보다 정교한 절차가 요구될 수 있다.

4-2 DJI Terra를 활용한 사진측량 자료처리

I. 실행 및 프로젝트 생성

DJI Terra 실행하기

모니터 화면의 DJI Terra 단축 아이콘을 클릭하면 프로그램이 실행된다. 실행 후에는 우측 그림과 같은 초기 실행 단계 화면이 나타난다.

새 프로젝트 시작하기

프로그램 실행 후, 화면 좌측 상단의 "재구성 임무" 탭을 선택한다. 이를 클릭하면 이전에 작업했던 임무 목록이 표시된다. 만약 DJI Terra를 처음 실행한 경우, 목록에는 아무것도 나타나지 않는다.

새로운 임무 작업을 시작하려면 화면 좌측 하단의 "새 임무" 버튼을 클릭한다. 이후 "임무 유형" 창이 열리며, 다음 세 가지 옵션이 표시된다.

- "가시광" : RGB 광학 카메라로 촬영한 데이터를 처리할 때 사용한다.
- "2D 다중 스펙트럼 지도" : 다중분광(Multi-spectral) 카메라로 촬영한 데이터를 활용하여 식생 분석 등에 사용한다.
- "LiDAR 포인트 클라우드" : LiDAR를 이용한 점군(Point Cloud) 데이터 처리 시 선택한다.

본 예제에서는 드론에 탑재된 RGB 카메라로 정사영상 및 3D 모델을 제작할 것이므로, "가시광"을 선택한다.

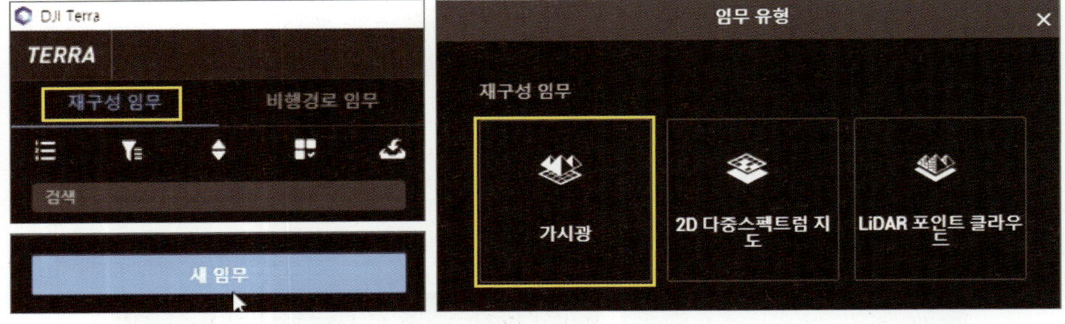

다음 그림과 같이, "임무 이름" 창이 나타나면 해당 프로젝트의 작업명을 입력한 후 "확인" 버튼을 클릭한다.

입력이 완료되면, 우측 그림과 같이, 화면 우측에 작업 순서를 나타내는 메뉴가 표시된다. 해당 메뉴는 "사진", "항공삼각 측량", "2D 지도", "3D 모델" 순서로 구성되어 있으며, 일반적인 작업 프로세스를 따른다. 만약 입력한 임무 이름을 수정하고자 할 경우, 우측 상단의 연필 모양 아이콘을 클릭하여 수정이 가능하다.

이미지 가져오기

정사영상 및 3D 모델 제작을 위한 첫 단계는 드론으로 촬영한 이미지를 가져오는 작업이다. 이를 위해, 위의 우측 그림과 같이, 폴더를 선택하여 이미지를 불러온다. 이미지를 가져오면 다음의 그림과 같이, 작업창에는 드론 촬영 지점이 원형의 회색 점으로 표시되며, 가져온 사진의 수가 화면에 나타난다(예: 108장의 사진).

참고 실습데이터 다운로드

부록 1 실습자료 다운로드 방법을 기술하였으며, 지상기준점(GCP) 및 검사점(CP)의 점의 조서는 부록 1 및 부록 2을 참고하기 바란다.

다음의 좌측 사진과 같이, 사진 항목 옆의 " 〉" 아이콘을 클릭하면, 이미지 파일 목록이 나타난다. 특정 이미지를 선택하면 해당 파일명이 파란색으로 변하며, 작업창의 촬영 위치 표시가 갈색으로 변해 선택된 이미지를 명확히 확인할 수 있다.

한편, 선택한 이미지의 파일명을 다시 클릭하면 촬영된 이미지를 상세히 확인할 수 있는 창이 열린다.

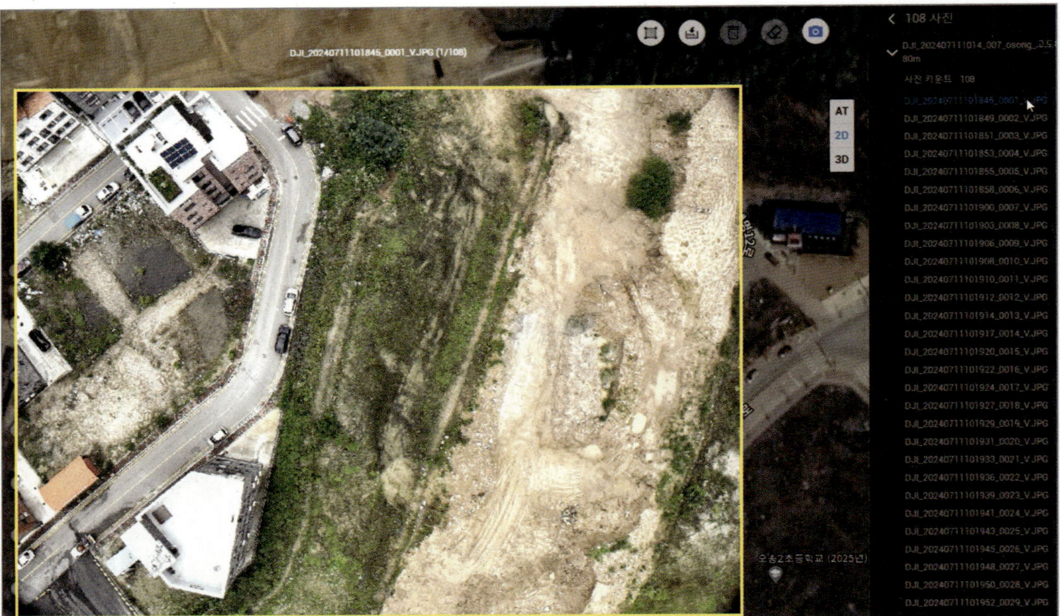

POS 데이터 확인 및 편집

"사진" 메뉴의 "이미지 POS 데이터" 항목에는 POS 데이터 가져오기, 내보내기, 보기 아이콘이 포함되어 있다. "보기" 아이콘(눈 모양)을 클릭하면 POS 데이터 창이 열리며, 각 이미지의 위도, 경도, 고도, 촬영 각도 등의 데이터를 확인할 수 있다.

POS 데이터를 편집할 수 있는 기능이 제공되지만, 드론으로 촬영한 이미지의 경우 기본 데이터를 활용하는 것이 일반적이다. 특별히 편집할 필요가 없을 경우 그대로 진행하면 된다.

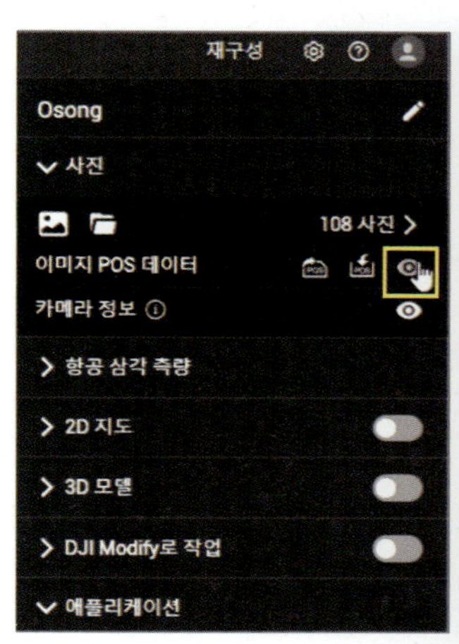

사진 이름	위도	경도	고도	Yaw	Pitch	Roll	수평 정확도	수직 정확도
D:/오송_교재...	36.624387796	127.3139948...	169.819	178.3	-89.9	0	0.03	0.06
D:/오송_교재...	36.624222141	127.3139954...	169.847	-179.9	-89.9	0	0.03	0.06
D:/오송_교재...	36.624068759	127.3139953...	169.874	0	-90	180	0.03	0.06
D:/오송_교재...	36.623915746	127.3139952...	169.886	0	-90	180	0.03	0.06
D:/오송_교재...	36.62376418	127.3139934...	169.862	0.1	-90	180	0.03	0.06
D:/오송_교재...	36.623624173	127.3139346...	169.811	28.5	-90	180	0.03	0.06
D:/오송_교재...	36.623519864	127.3138066...	169.84	-136.8	-89.9	0	0.03	0.06
D:/오송_교재...	36.623616103	127.3137426...	169.771	-0.5	-89.9	0	0.03	0.06
D:/오송_교재...	36.623770911	127.31374133	169.832	180	-90	180	0.03	0.06
D:/오송_교재...	36.623923463	127.3137415...	169.843	0	-89.9	0	0.03	0.06
D:/오송_교재...	36.624078099	127.3137411...	169.832	0	-89.9	0	0.03	0.06
D:/오송_교재...	36.624229815	127.3137406...	169.835	180	-90	180	0.03	0.06
D:/오송_교재...	36.624381967	127.3137361...	169.88	-0.1	-89.9	0	0.03	0.06
D:/오송_교재...	36.62448374	127.3136127...	169.778	-69.2	-89.9	0	0.03	0.06
D:/오송_교재...	36.624426881	127.3134905...	169.82	-173.6	-89.9	0	0.03	0.06
D:/오송_교재...	36.624284141	127.3134870...	169.857	179.9	-89.9	0	0.03	0.06

참고 이미지 POS 데이터

DJI Terra 소프트웨어는 드론을 이용한 3D 모델링 및 매핑 작업에서 중요한 역할을 하는 이미지 POS(Position and Orientation System, 사진 위치 및 자세) 데이터를 제공한다. 이 데이터는 드론 촬영 이미지의 정확한 지리적 위치와 자세, 그리고 기타 위치 정보를 기록하며, 고해상도 3D 모델을 생성하는 데 필수적인 요소이다.

이미지 POS 데이터의 주요 구성 요소

DJI Terra에서 제공하는 이미지 POS 데이터는 크게 세 가지 주요 구성 요소로 나눌 수 있다.

(1) 위치 정보 : 사진이 촬영된 정확한 위치를 나타내는 위도, 경도, 고도 좌표를 포함한다.

(2) 자세[1)] 정보 : 드론의 자세를 나타내는 오일러 각도(ω/Yaw, φ/Pitch, κ/Roll)를 포함하여, 이미지 촬영 당시 드론의 기울기와 회전 정보를 제공한다.

- Pitch(피치) : 드론의앞뒤 기울기를 나타내는 X축을 중심으로 한 회전.
- Yaw(요) : 드론의 좌우 방향을 나타내는 Y축을 중심으로 한 회전.
- Roll(롤) : 드론의 좌우 기울기를 나타내는 Z축을 중심으로 한 회전.

(3) 정확도 정보 : 수평 정확도와 수직 정확도 값이 포함되어, 이미지 위치 및 자세의 신뢰도 평가에 도움을 준다.

---

1) 1. Pitch (수평 방향 회전) : X축, 즉 비행 방향을 기준으로 하는 회전축; 마치 고개를 끄덕이는 것과 같은 방향으로 회전한다.
2. Yaw (횡 방향 회전) : Y축을 기준으로 하는 회전축; 마치 고개를 도리질 하는 것과 같은 방향으로 회전한다.

카메라 정보 확인

다음의 그림과 같이, "카메라 정보" 항목의 눈 모양 보기 아이콘을 클릭하면 드론 촬영에 사용된 카메라의 세부 정보가 표시된다. 여기에는 카메라 이름, 카메라 일련번호(SN), 환산 초점 거리, 사진 해상도, 렌즈 유형, 카메라 매개변수 고정 여부 등 중요한 정보가 표시된다.

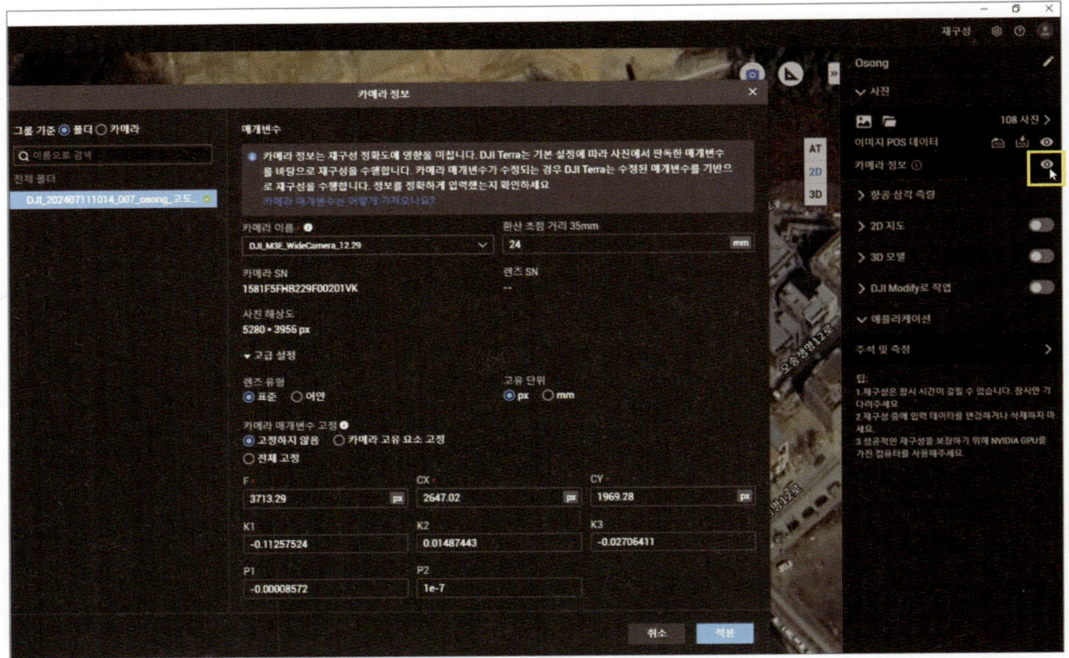

본 책에서는 샘플 데이터 수집을 위해 DJI Mavic 3 RTK 드론에 장착된 카메라를 사용하였다. 이러한 카메라 정보는 드론 촬영 데이터의 정확성을 보장하고, 후속 처리 단계에서 효율적으로 활용하기 위해 중요하게 다뤄진다.

II. 영상 정합

항공 삼각 측량의 옵션 설정

드론 사진측량(Drone Photogrammetry)은 고정밀 공간정보의 획득과 각종 모니터링 목적으로 활용되며, 이를 위해서는 프로젝트 설계와 항공삼각측량(Aerotriangulation)이 필수적이다.

항공삼각측량의 핵심 목적은 드론 사진의 외부표정요소를 결정하는 데 있다. 이는 중복 촬영된 드론 사진들 간의 기하학적 관계를 수학적으로 설정하는 작업으로서, 이를 통해 정확한 3D 점군(Point Cloud) 구성이 가능해진다. 한편, 항공삼각측량은 드론으로 촬영한 사진 좌표를 실제 지

3. Roll (종 방향 회전) : Z축을 기준으로 하는 회전축, 마치 고개를 갸웃이는것과 같은 방향으로 회전한다.

형의 지상좌표로 변환하는 과정이다. 이를 통해 드론 촬영 데이터와 실제 지형 간의 좌표체계를 일치시켜 정밀한 데이터 처리가 가능해진다.

참고 항공삼각측량(AT, Aerotriangulation) 정의

- **항공삼각측량** : 지상기준점(GCP) 등의 성과를 기준으로 사진좌표를 지상좌표로 전환시키는 작업을 말한다. (「무인비행장치 측량 작업규정」 제2조 제6호)

DJI Terra에서의 항공삼각측량 옵션

DJI Terra 소프트웨어에서는 "항공 삼각 측량" 옵션 설정 시, 다음과 같은 주요 항목을 다룬다.

1. 장면(Scenes)
   - 장면 옵션은 드론이 현장에서 촬영하는 방식을 결정한다.
2. 계산 방법
   - 단독 계산 : 한 대의 컴퓨터(PC)로 모든 연산을 수행하는 방식이다.
   - 클러스터 계산 : 클라우드나 분산처리 기술을 활용하여 연산을 수행하는 방식이다.

다음의 그림과 같이, 본 프로젝트는 기본적인 격자 비행(Grid Flight) 방식으로 진행된 드론 사진측량 작업이므로, 장면 옵션에서 "일반"을 선택한다. 또한, 한 대의 PC를 사용하므로 계산 방법으로 "단독 계산"을 선택하여 작업을 수행한다.

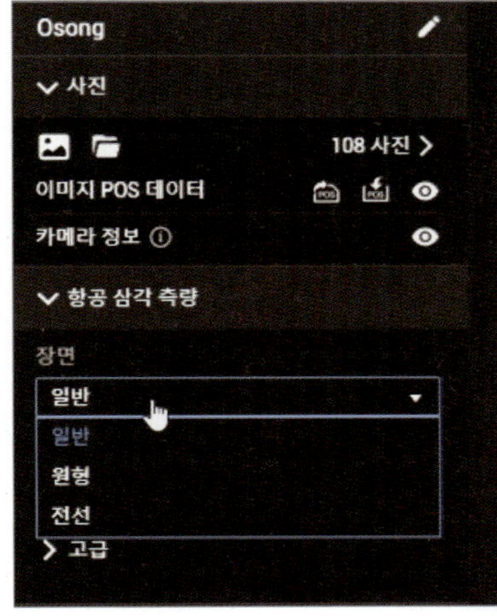

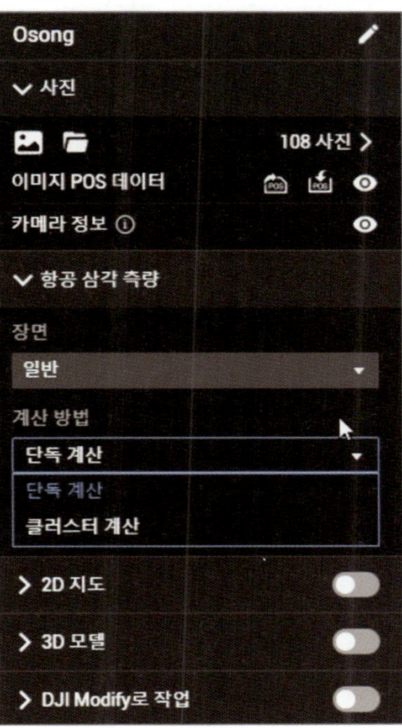

참고 항공삼각측량의 장면(Scenes) 옵션

DJI Terra소프트웨어에서 항공삼각측량을 수행할 때, 사용자에게 제공되는 몇 가지 주요 옵션이 있다. 각 옵션은 촬영 환경과 필요한 정확도에 따라 선택할 수 있으며, 다음과 같은 옵션들이 있다.

1. **일반**(General)
   기본적인 항공삼각측량을 수행하는 설정으로서, 대부분의 경우 사용되는 표준 모드이다. 경사 사진 및 정사영상을 비롯해 대부분의 시나리오에 적합하다.

2. **원형**(Circular)
   드론이 원형 경로를 따라 비행하면서 촬영한 이미지를 사용할 때, 이 옵션을 선택하면, 드론의 비행 궤적을 고려하여 이미지 간의 관계를 보다 정확하게 파악할 수 있다. 원주 비행, 특히 기지국, 타워 및 풍력 발전기와 같이 수직의 대상체 재구성에 적합하다.

3. **전선**(Lines)
   드론이 일정한 선형 경로를 따라 비행할 때 이미지 간의 관계를 정확하게 처리할 수 있도록 설계되었다.

참고 항공삼각측량의 계산 방법 옵션

항공 삼각 측량(Aerial Triangulation) 단계에서 "계산 방법"에는 "단독 계산"과 "클러스터 계산" 옵션이 있다.

1. **단독 계산**(Single Calculation)
   항공 삼각 측량을 단일 시스템, 즉 하나의 컴퓨터에서 모든 이미지 데이터를 처리하고 계산을 수행하는 방식이다.
   - 하나의 시스템에서 처리 : 모든 계산이 단일 컴퓨터에서 처리되므로, 여러 대의 컴퓨터를 연결할 필요가 없다. 비교적 소규모의 작업에서 적합하다.
   - 작업 용량이 적을 때 적합 : 이미지 수가 적거나, 비교적 작은 영역에 대한 3D 모델링 작업에 적합하다.
   - 처리 속도 : 이미지가 적거나 데이터 양이 많지 않은 경우 빠르게 작업을 완료할 수 있다. 그러나 이미지의 수가 많아지거나 데이터 양이 커질 경우 처리 속도가 느려질 수 있다.

2. **클러스터 계산**(Cluster Calculation)
   여러 대의 컴퓨터를 연결하여 계산 작업을 분산 처리하는 방식으로서, 보다 빠르고 효율적으로 대규모 데이터 세트를 처리할 수 있다.
   - 분산 처리 : 여러 대의 컴퓨터를 클러스터(cluster)로 구성하여 계산 작업을 나누어 처리한다. 이 방식은 계산 작업을 병렬로 실행하기 때문에, 대규모 데이터나 복잡한 작업에서 보다 빠르고 효율적으로 처리할 수 있다.
   - 대규모 데이터 처리 : 이미지 수가 많거나, 고해상도의 큰 영역을 처리해야 할 경우 적합하다.
   - 고성능 컴퓨터 환경 : 클러스터 계산은 여러 컴퓨터와 서버를 동시에 사용하는 환경에서 이루어지므로, 고성능의 하드웨어가 요구된다. 이는 보다 빠른 처리 속도를 제공하며, 대규모 프로젝트에서 필수적이다.
   - 효율성 향상 : 대규모 프로젝트에서 계산 시간을 단축시키고, 높은 정확도를 유지하면서도 효율적으로 작업을 처리할 수 있다.

항목	단독 계산	클러스터 계산
처리 방식	하나의 컴퓨터에서 처리	여러 대의 컴퓨터가 분산 처리
적합한 환경	소규모 프로젝트, 적은 수의 이미지	대규모 프로젝트, 많은 수의 이미지
처리 속도	데이터가 적으면 빠르나, 데이터가 많으면 느려짐	대규모 데이터 처리 시 속도 향상, 효율적 처리
하드웨어 요구 사항	일반적인 컴퓨터에서 처리 가능	고성능 서버 및 여러 대의 컴퓨터 필요
설정 복잡도	상대적으로 간단	고급 설정 및 클러스터 환경 구성 필요

III. GCP 및 CP 좌표 가져오기 및 마킹

항공삼각측량과 지상기준점(GCP)의 역할

항공삼각측량(Aerotriangulation)의 주요 목적은 사진좌표를 지상좌표로 변환하는 데 있다. 이 과정은 드론 사진의 외부표정요소를 결정하고, 중첩된 사진들 간의 기하학적 관계를 수학적으로 설정하여 정확한 3D 점 측정을 가능하게 한다.

DJI Terra 소프트웨어에서는 이러한 과정을 지원하기 위해 다음의 좌측 그림과 같이, "항공 삼각 측량" 메뉴에서 다양한 옵션을 제공하고 있다. 우측 그림과 같이, "고급" 항목의 "GCP 관리" 탭에서 " 〉 " 아이콘을 클릭하면, 사용자 정의 좌표계를 설정할 수 있는 창이 열린다.

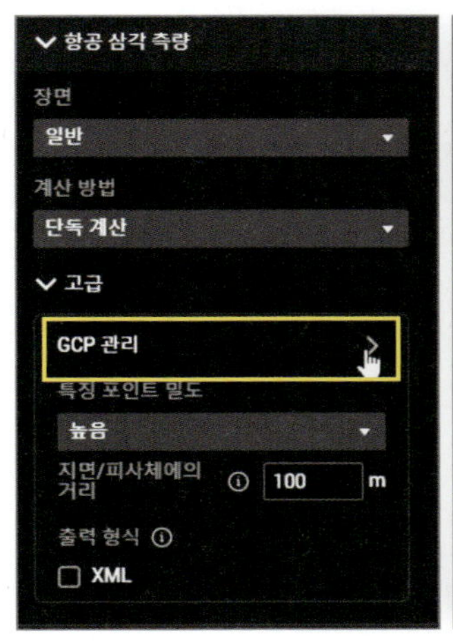

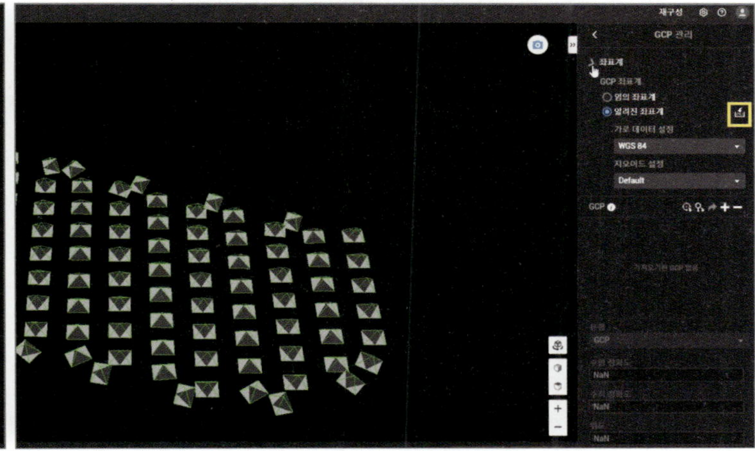

좌표계 설정 및 적용

다음 단계는 다음의 그림과 같이 알려진 좌표계를 기반으로 작업하는 것이다.

1. 가로 데이터 설정
   - 작업 지역에 적합한 TM 좌표계를 선택해야 한다. 본 예제는 충북 청주시 흥덕구 오송읍 오송생명12로 130 인근, 오송국민체육센터 지역의 드론 촬영 데이터를 처리하고 있으므로, 중부 좌표계(Korea 2000 / Central Belt 2010, EPSG:5186)를 선택한다.

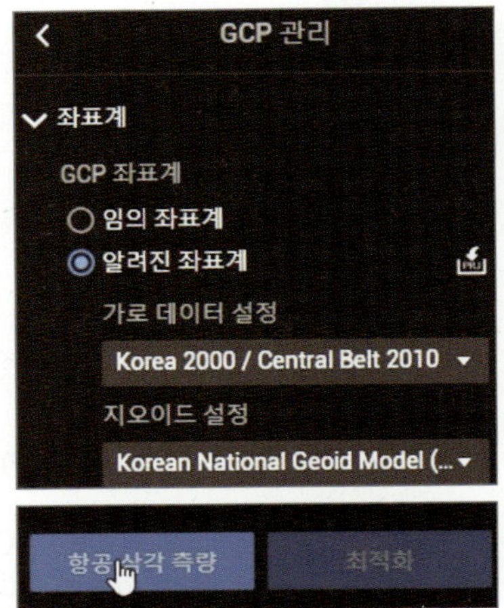

2. 높이 기준(지오이드 설정)
   - 높이 데이터는 정확성을 위해 지오이드 기반의 값을 사용한다. 여기에서는 "Korean National Geoid Model (KNGeoid18)"(EPSG:9999)를 설정한다. 이 설정은 지역적 특성과 지형의 높이 기준을 정확히 반영하는 데 필수적이다.

참고 우리나라의 TM 좌표계

- 서부 좌표계 : Korea 2000 / West Belt 2010 (EPSG:5185)
- 중부 좌표계 : Korea 2000 / Central Belt 2010 (EPSG:5186)
- 동부 좌표계 : Korea 2000 / East Belt 2010 (EPSG:5187)
- 동해 좌표계 : Korea 2000 / East Sea Belt 2010 (EPSG:5188)

참고 항공삼각측량

항공삼각측량(Aerotriangulation, AT)은 2D 및 3D 재구성의 필수적인 단계로, 드론으로 중복(Overlap) 촬영된 이미지에서 특징점(Feature Point / Key Point)을 식별하고 이를 바탕으로 각 점의 정확한 3D 위치좌표를 계산한다. 이 과정에서 생성된 저밀도(Sparse) 점군(Point Cloud)은 최종 결과물의 기초 데이터이다.

항공삼각측량 주요 단계(과정)

(1) 이미지 가져오기 : 드론으로 촬영한 이미지를 소프트웨어에 업로드한다.
(2) 카메라 정보 설정 : 드론 카메라의 기하학적 정보를 입력한다.
(3) 항공삼각측량 실행 : 소프트웨어가 이미지 간 특징점을 분석하여 3D 좌표를 생성한다.

항공삼각측량 및 결과 확인

항공삼각측량 옵션이 설정되면, DJI Terra는 데이터를 처리하여 사진좌표를 지상좌표로 변환하는 과정을 실행한다. 작업이 완료되면 "재구성" 결과를 확인할 수 있으며, 다음 그림과 같이 화면에는 항공삼각측량 결과가 시각적으로 표시된다.

이 결과는 좌표계를 기반으로 촬영 데이터와 지형 간의 정합성을 확인할 수 있으며, 이후 작업(2D 및 3D 모델 생성)에서 정확도를 보장하는 중요한 기초 자료가 된다.

항공삼각측량의 본질적인 목적은 사진좌표를 지상좌표로 변환하는 것이다. 이를 통해 드론으로 촬영한 사진의 정보를 실제 지형의 좌표체계와 일치시킬 수 있다. 이 과정은 정확한 3D 모델 구축 및 지리적 데이터 분석의 기초가 된다.

정확한 항공삼각측량을 위해, 지상기준점(GCP)을 프로젝트 시작 시, 지상에 설치하고, GNSS 측량을 수행한다.

- 지상기준점(GCP: Ground Control Point)는 좌표 변환 과정에서 필수적인 기준점으로 활용되며, 이를 통해 사진 좌표와 지형 좌표의 일치도를 확보한다.
- 검사점(CP: Check Point)은 항공삼각측량의 오차를 검증하는 데 사용된다. CP 역시 GNSS 측량을 통해 설정하며, 작업 결과의 정확성을 평가하고 필요에 따라 조정하는 기준으로 작용한다.

GCP와 CP 좌표 가져오기

다음은 GCP와 CP의 GNSS 측량 데이터를 소프트웨어로 가져오는 단계이다.

1. GCP 가져오기
   - GCP 정보 항목에서 “GCP 가져오기” 아이콘을 클릭한다.
   - 현장에서 측정한 GCP와 CP의 GNSS 측량 결과가 저장된 CSV 파일을 선택하여 가져온다.

2. CSV 파일의 형식 설정

   CSV 파일을 가져온 후, 우측의 “파일 형식” 설정 창에서 다음과 같은 항목을 확인하고 지정한다.
   - “맨 위로부터 건너뛸 라인” : 0으로 설정
   - “소수점 구분자” : 마침표(.) 선택
   - “열 구분자” : 쉼표(,) 선택
   - “결합된 구분자를 하나로 처리합니다” : ☑ 선택

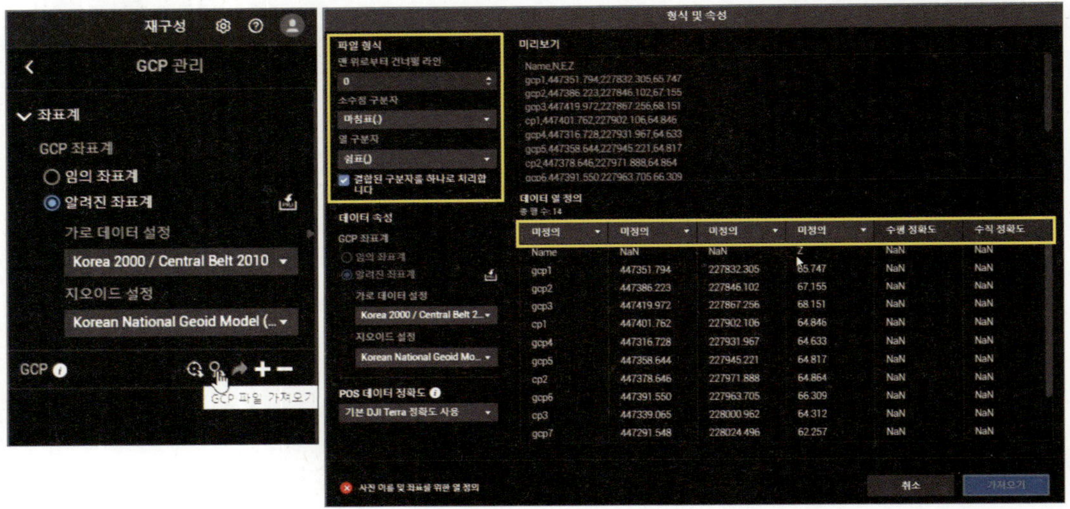

이후, 데이터 열의 정의가 아직 설정되지 않았음을 확인할 수 있다. 이는 소프트웨어에서 데이터를 제대로 해석할 수 있도록 다음 단계에서 열 정의를 설정해야 함을 의미한다.

데이터 열 정의 설정

GCP와 CP의 GNSS 측량 결과를 정확히 처리하기 위해, 데이터 열의 정의를 설정하는 단계는 필수적이다. "데이터 열"의 각 항목에서 ▼ 아이콘을 클릭하여 다음 그림과 같이 설정한 후, "가져오기"를 클릭하여 GCP와 CP의 GNSS 측량 결과를 자료처리 단계로 가져온다.

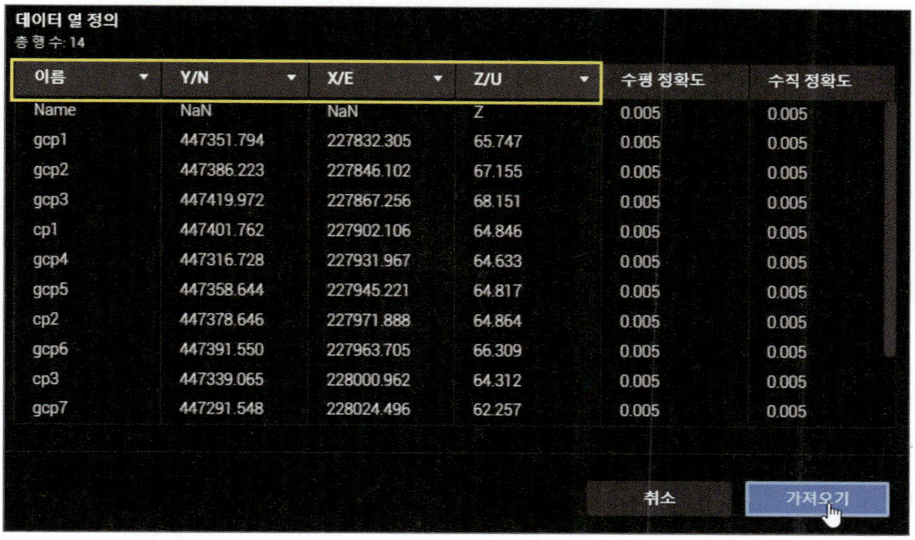

데이터 열 정의

총 행 수: 14

이름 ▾	Y/N ▾	X/E ▾	Z/U ▾	수평 정확도	수직 정확도
Name	NaN	NaN	Z	0.005	0.005
gcp1	447351.794	227832.305	65.747	0.005	0.005
gcp2	447386.223	227846.102	67.155	0.005	0.005
gcp3	447419.972	227867.256	68.151	0.005	0.005
cp1	447401.762	227902.106	64.846	0.005	0.005
gcp4	447316.728	227931.967	64.633	0.005	0.005
gcp5	447358.644	227945.221	64.817	0.005	0.005
cp2	447378.646	227971.888	64.864	0.005	0.005
gcp6	447391.550	227963.705	66.309	0.005	0.005
cp3	447339.065	228000.962	64.312	0.005	0.005
gcp7	447291.548	228024.496	62.257	0.005	0.005

취소 가져오기

참고 [참고] GCP와 CP의 역할

항공삼각측량 이후, GCP와 CP 설정은 필수적이다.

- GCP(Ground Control Points, 지상기준점) : 지상의 정확한 위치 정보를 제공하여 항공삼각측량 계산 과정에서 데이터의 정확도를 높이는 역할을 한다. GCP는 항공삼각측량 계산에 직접 참여하며 이미지의 기하학적 보정을 통해 정확한 3D 위치를 산출하는 데 기여한다.
- CP(Check Points, 검사점)는 계산 결과를 검증하고 품질을 확인하는 데 사용된다. CP는 계산에 직접 참여하지 않으며, 계산 결과에 대한 독립적인 검증 지표로 작용하여 전체 모델의 신뢰도를 평가하는 데 중요한 역할을 한다.

GCP와 CP의 GNSS 측량 데이터를 가져오면, 다음 그림과 같이 해당 지점들의 위치가 작업창에 표시된다. 또한 작업창 우측에는 GCP와 CP 목록이 나타나며, 각각의 점에 대한 세부 정보를 확인할 수 있다.

그러나 작업창에서 GCP와 CP의 유형 구분이 명확히 설정되지 않은 경우, 노란색 박스로 강조된 것처럼 GCP와 CP가 혼합되어 표시될 수 있다. 이때, 유형 구분을 수동으로 지정하거나 데이터를 수정하여 이를 해결해야 한다.

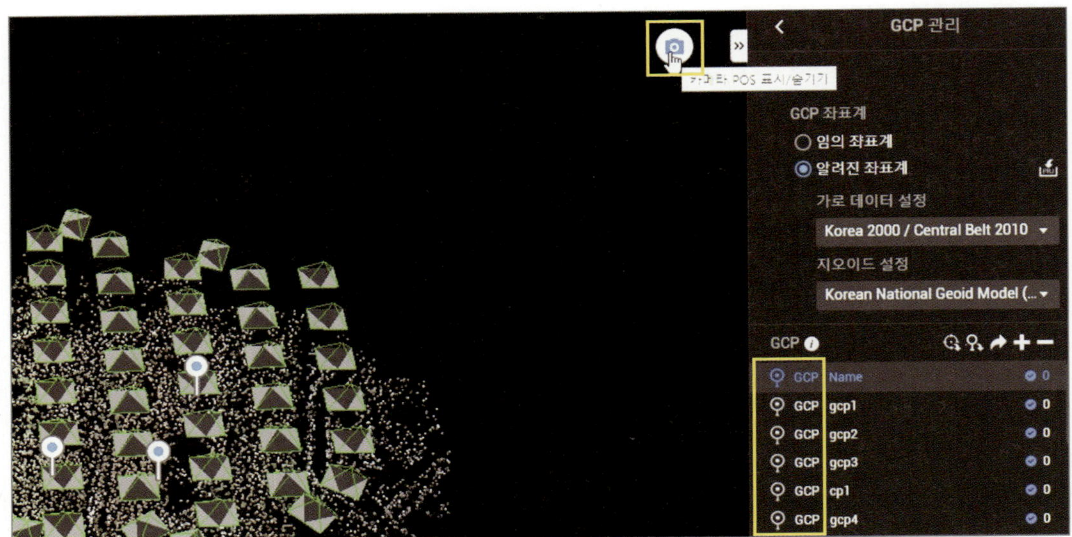

작업창에서 카메라 표시 숨기기 기능

작업창의 기본 상태에서는 드론 촬영 지점을 나타내는 카메라 아이콘들이 함께 표시된다. 그러나 카메라 아이콘이 많아 GCP와 CP의 위치를 정확히 파악하기 어려운 경우, "카메라 POS 표시/숨기기" 기능을 사용하여 작업창의 시각적 혼란을 줄일 수 있다.

1. 카메라 아이콘 숨기기

작업창 우측 상단의 카메라 아이콘을 클릭하면, 작업창에서 카메라 위치 표시가 숨겨진다. 이를 통해 GCP와 CP의 위치를 보다 명확히 확인할 수 있다.

2. 카메라 아이콘 다시 표시

동일한 아이콘을 다시 클릭하면, 숨겨졌던 카메라 위치 표시가 작업창에 다시 나타난다. 이 기능은 GCP 및 CP 작업과 카메라 위치 검토를 번갈아 가며 수행할 때 유용하다.

GCP 및 CP 마킹 작업

대공표지[2]는 드론 촬영 이전에 현장에서 설치되며, 이후 GNSS 측량을 통해 정확한 위치 정보를 수집한다. 대공표지란 지상기준점(GCP)의 위치를 항공사진 상에 명확히 나타내기 위해 해당 지점에 설치하는 표지이다. 앞 단계에서 GCP와 CP의 GNSS 측량 데이터를 입력했다면, 이제 드론 이미지 상에서 대공표지점의 중심점과 GNSS 측량 결과를 일치시키는 작업을 진행한다.

1. GCP 선택 및 사진 확인

- 화면 우측의 GCP/CP 목록에서 마킹할 GCP를 선택한다. 예를 들어 GCP1을 클릭하면, 작업창 중앙에 GCP1의 위치가 파란색으로 표시된다.
- 동시에, 화면 하단의 "사진 갤러리"에는 GCP1이 촬영된 드론 이미지들이 모두 표시된다.
- 사진 갤러리에서 임의의 이미지를 선택하면, 해당 이미지가 화면 좌측에 확대되어 나타난다.

다음 그림의 화면 하단의 "사진 갤러리 1/21"은 드론으로 촬영된 108장의 이미지 중에서, GCP1이 21장의 사진에 촬영되었으며, 선택한 사진은 21장의 사진 중 첫번째 사진임을 의미한다.

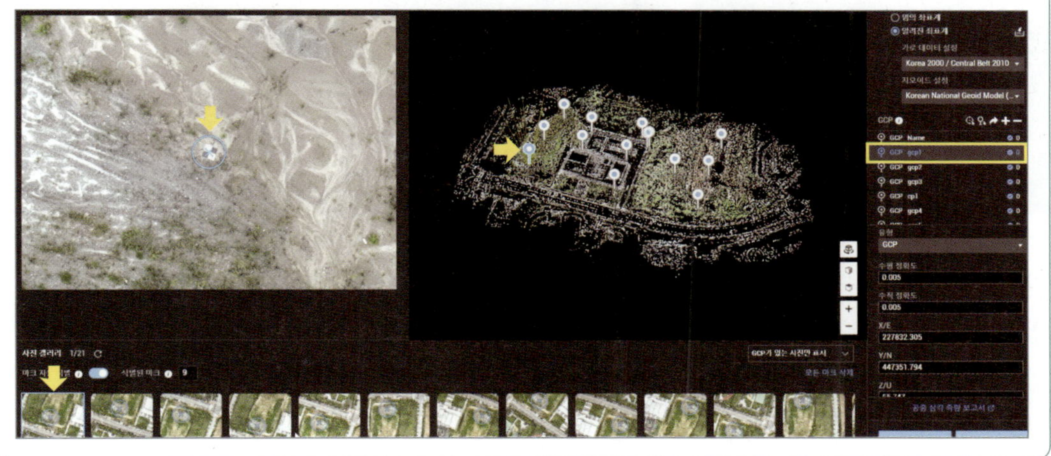

2) 대공표지 : 지상기준점(GCP) 측량 작업에 필요한 지점의 위치를 항공사진상에 나타나게 하도록 그 점에 설치하는 표지를 말한다(「드론지적측량규정」 제2조 제4호).

2. 대공표지점의 마킹

- 확대된 이미지에서 대공표지점의 중심을 찾는다.
- 드론으로 촬영된 이미지에서 대공표지점이 명확히 표시된 경우, "마크 자동 식별" 기능을 활성화하여 중심점 식별을 쉽게 할 수 있다.
- 대공표지점 마킹은 정확성을 높이기 위해 각 GCP 및 CP에서 최소 10개 이상의 마킹을 권장한다.

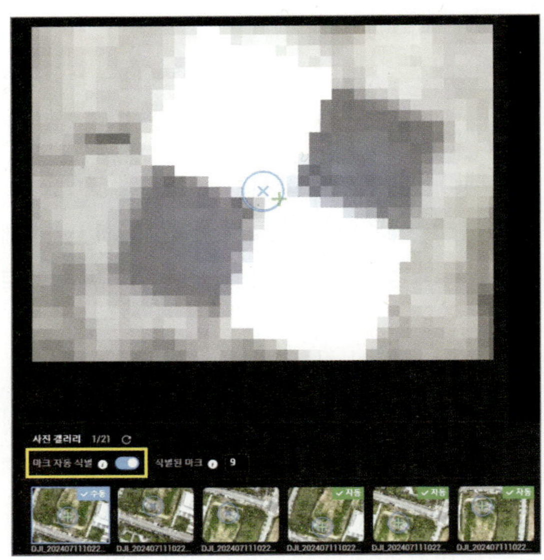

3. CP 유형 설정

- 작업창 우측의 GCP/CP 목록에서는 기본적으로 모든 지점이 GCP로 분류되어 있다.
- CP(Check Point, 검사점)인 경우, 해당 지점을 클릭하여 "유형"을 "체크 포인트"로 변경한다.
- 변경 후, 작업창에서 해당 CP의 아이콘 색상과 모양이 변하여 다른 GCP와 구분된다.

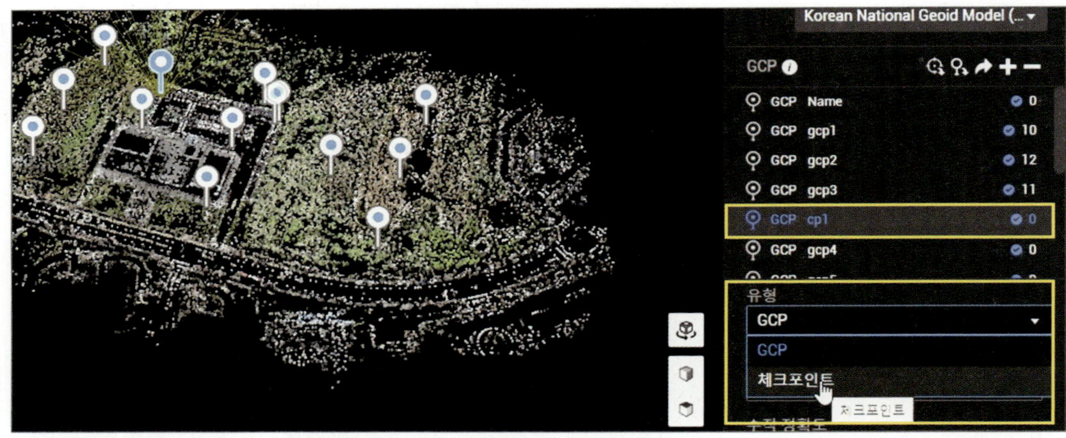

다음 그림은 CP1의 유형을 "체크 포인트(Check Point)"로 변경한 후 작업창의 변화를 보여주고 있다. 노란색 화살표가 가리키는 것처럼, CP1의 아이콘 색상과 모양이 변경되었음을 확인할 수 있다. 이는 CP1이 검사점으로 구분되었음을 명확히 나타내며, 다른 GCP와 시각적으로 구별된다. 변경된 CP1에 대해서도 GCP와 동일하게, 드론 이미지 상에서 대공표지점의 중심점을 찾아 마킹 작업을 수행해야 한다.

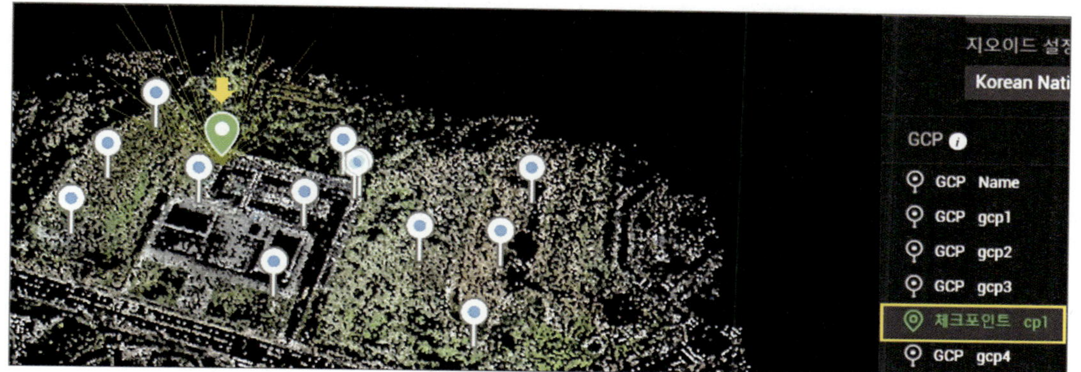

모든 GCP와 CP에 대해 대공표지점의 중심점을 드론 이미지에서 찾아 마킹을 완료한 후, 작업을 최적화 단계로 진행한다. 작업창 상단에 있는 "최적화" 버튼을 클릭하여 최적화를 실행한다.

- 최적화는 이전 단계에서 이미 수행된 항공삼각측량 1단계 결과를 기반으로, 새롭게 입력된 GCP 및 CP 데이터를 반영하여 모델의 정확도를 향상시키는 작업이다.
- 이 과정은 사진 좌표와 지상 좌표 간의 불일치를 정밀하게 보정하며, 이후 데이터 처리 및 모델링의 정확도를 확보한다.

최적화가 완료되면, 항공삼각측량의 전체 과정이 더욱 정교해져 이후 작업(예: 2D 지도 및 3D 모델 생성)의 신뢰성이 높아진다.

참고 DJI Terra의 항공삼각측량과 최적화

DJI Terra 소프트웨어는 항공삼각측량(Aerotriangulation)과 최적화(Optimization) 과정을 통해 고품질 데이터를 생성한다. 항공삼각측량은 2D 및 3D 재구성의 필수적인 단계로서, 드론으로 중복 촬영한 이미지에서 특징점(Feature Point / Key Point)을 식별하고 이를 바탕으로 각 점의 3D 좌표를 계산한다. 이 과정에서 생성된 점군(Point Cloud)은 최종 결과물의 기초 데이터가 된다.
항공삼각측량 이후, GCP(Ground Control Points, 지상기준점)와 CP(Check Points, 검사점)의 설정은 필수적이다. GCP는 지상의 정확한 위치 정보를 제공해 데이터의 정밀도를 높이고, CP는 결과의 품질 검증에 사용된다.

최적화(Optimization) 과정
최적화는 GCP와 CP를 기반으로 항공삼각측량 결과를 조정하는 단계다. 이 과정을 통해 최종 데이터의 정밀도가 더욱 향상된다.

(1) 최적화 실행 : 소프트웨어의 '최적화'(Optimize) 버튼을 클릭해 최적화를 시작한다.
(2) 재조 정: GCP 정보를 바탕으로 항공삼각측량 데이터를 재조정한다.
(3) 오류 확인 : 최적화 이후 재투영 오류(Reprojection Error)와 3D 오류를 점검하여 품질을 평가한다.

※ 최적화 후 3D 포인트 오류가 클 경우, GCP 마킹을 재확인하고 수정해야 한다.
※ GCP 수와 분포: GCP의 분포가 데이터 정확도에 큰 영향을 미치므로 균등하게 배치하는 것이 중요하다.

최적화 실행 및 재구성 과정

최적화를 실행하면, 좌측 그림과 같이 재구성 과정이 시작된다. 재구성이 완료되면, 우측 그림처럼 재조정된 "정확도"와 "오류"(오차) 정보가 화면에 표시된다. 최적화 단계에서 DJI Terra는 지상기준점(GCP) 정보를 활용하여 기존 항공삼각측량 결과를 재조정한다. 이 과정을 통해 모델의 전반적인 정확도가 향상되며, 생성된 데이터의 신뢰성이 크게 높아진다.

1. 재투영 오류(Reprojection Error)

   재투영 오류는 3D 공간의 점을 2D 이미지에 투영하는 과정에서 발생하는 오차를 나타낸다. 1 픽셀(Px) 미만의 재투영 오류는 양호한 품질로 간주된다. 만약 오류가 이를 초과할 경우, 대공표지점(GCP 및 CP)의 마킹 정확성을 다시 확인하고 필요 시 수정해야 한다.

2. 3D 포인트 오류(3D Point Error)

   3D 포인트 오류는 3D 모델의 각 점이 실제 위치와 얼마나 차이가 나는지를 측정하는 지표로, 모델의 상대적 정확도를 나타낸다. 오류가 크다면, 해당 지점의 GCP 마킹을 재검토 및 조정하여 정확도를 보완해야 한다.

   3D 포인트 오류에 대한 기준은 다음과 같으며, 기준은 작업의 목적과 정밀도 요구 사항에 따라 달라질 수 있다.

   - 1cm 미만 : 일반적으로 허용 가능한 수준
   - 5mm 미만 : 고정밀 작업에서 목표로 하는 수준
   - 1-2mm 미만 : 초고정밀 작업에서 요구되는 수준

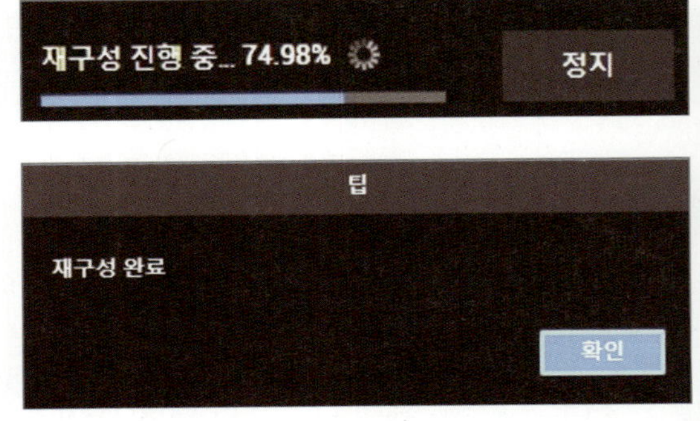

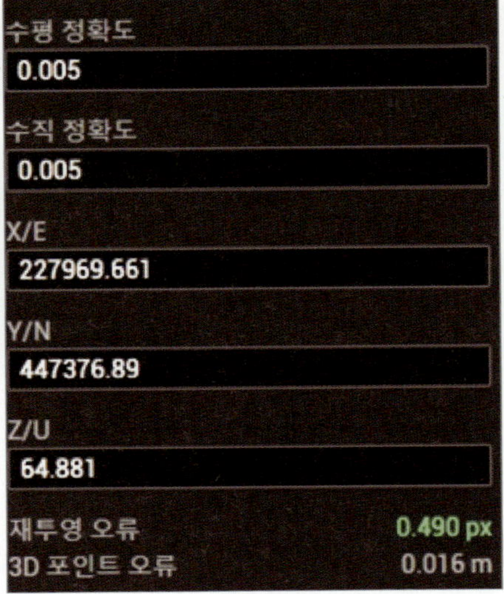

정사영상 생성 옵션

1. 해상도 옵션

다음의 좌측 그림과 같이, DJI Terra의 "2D 지도" 생성 과정에서 "해상도" 옵션은 결과물의 정밀도와 처리 속도에 직접적인 영향을 미친다. 프로젝트의 목표와 가용 자원을 고려하여 적절한 해상도를 선택하는 것이 중요하다.

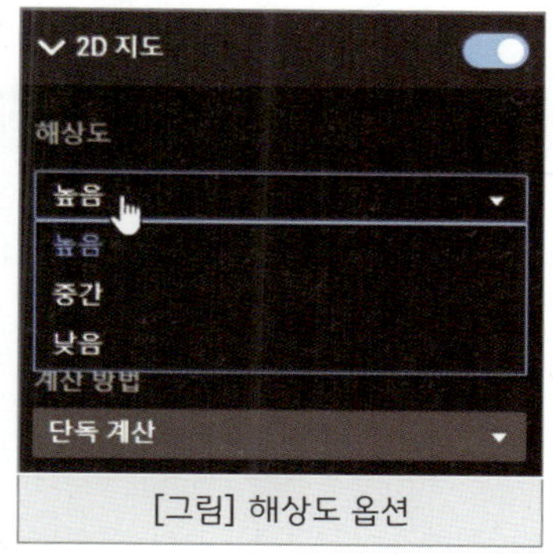

[그림] 해상도 옵션

- "높음"(High) : 가장 높은 수준의 정밀도를 제공하며, 세부 정보가 풍부하여 정확한 측정과 분석이 가능하다. 그러나 처리 시간이 길어질 수 있다.
- "중간"(Medium) : 정밀도와 처리 속도 간 균형을 제공한다.
- "낮음"(Low) : 처리 속도가 빠르지만, 세부 정보가 부족하여 정확도 면에서 제한적일 수 있다.

2. 장면(Scene) 옵션

다음의 가운데 그림과 같이, 장면(Scene) 옵션은 매핑 대상 지역의 특성에 따라 최적의 알고리즘을 적용하여 2D 지도를 생성한다. 다음은 주요 장면 옵션이다. 사용자는 매핑 지역의 특성과 요구사항을 분석하여 적절한 장면 옵션을 선택해야 한다.

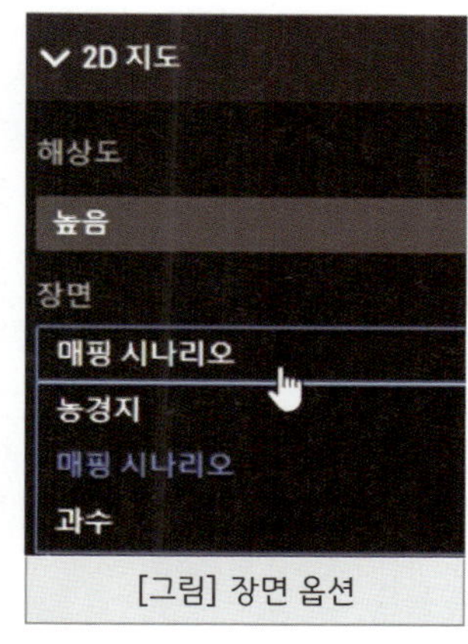

[그림] 장면 옵션

- 농경지(Field) : 대규모 농작물 지역의 효율적 매핑에 적합하다.
- 도시(Urban) : 건축물과 복잡한 지형이 많은 지역에 적합한 결과를 제공한다.
- 과수(Fruit tree) : 나무가 많은 지역에 대해 보다 정확한 매핑 결과를 제공한다.

3. 계산 방법

다음의 우측 그림과 같이, 정사영상 생성 시 "계산 방법"에는 두 가지 옵션이 있다. 사용자는 프로젝트의 규모, 처리 속도 요구사항, 하드웨어 자원 등을 고려하여 최적의 계산 방법을 선택해야 한다.

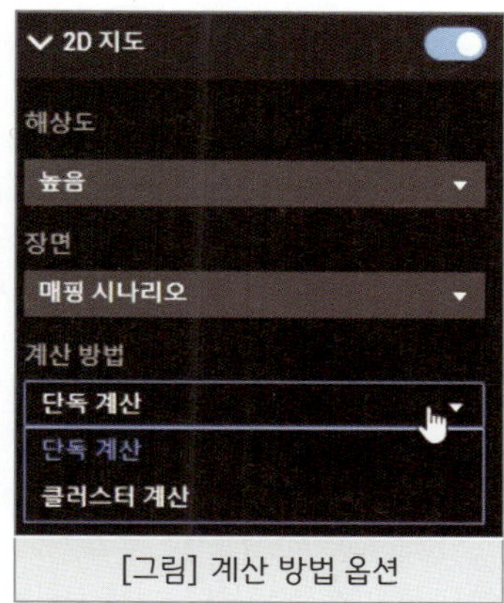

[그림] 계산 방법 옵션

- 단독 계산(Single Machine Calculation): 한 대의 컴퓨터로 작업을 처리하며, 소규모 프로젝트에 적합하다.
- 클러스터 계산(Cluster Calculation) : 여러 대의 컴퓨터를 활용하여 대규모 데이터셋을 빠르게 처리할 수 있는 방법이다.

참고 "2D 지도" 생성을 위한 "해상도" 옵션

DJI Terra의 "2D 지도" 생성을 위한 "해상도" 옵션은 결과물의 정밀도와 처리 속도에 직접적인 영향을 미친다. 이 옵션은 다음과 같이 세 가지로 나눌 수 있다. 해상도 선택 시 프로젝트의 요구사항, 가용 시간, 하드웨어 성능을 고려해야 한다.

- **높음**(High)
  - 가장 높은 수준의 세부 정보를 제공한다.
  - 입력된 이미지의 원본 GSD(Ground Sample Distance)에 가까운 수준으로 처리된다.
  - 처리 시간이 상대적으로 오래 걸리며, 높은 하드웨어 사양이 요구된다.
  - 정밀한 측정과 분석이 필요한 프로젝트에 적합하다.

- **중간**(Medium)
  - 품질과 처리 속도 사이에서 적절한 균형을 유지하며 고품질 데이터를 생성한다.
  - 원본 데이터보다 약간 낮은 해상도로 출력되지만, 대부분의 용도에 충분한 품질을 제공한다.
  - 처리 시간은 '높음' 옵션보다 빠르고 '낮음' 옵션보다는 느리다.
  - 일반적인 매핑 프로젝트에 권장되는 설정이다.

- **낮음**(Low)
  - 빠른 처리 속도를 목표로 한다.
  - 출력 이미지의 세부 정보가 원본보다 훨씬 낮지만, 신속한 결과 확인이 필요할 때 유용하다.
  - 처리 시간이 가장 빠르며, 최소한의 컴퓨팅 리소스를 사용한다.
  - 초기 결과 확인이나 대략적인 지형 파악이 필요한 경우에 적합하다.

높은 해상도는 더 정확한 측정과 분석을 가능하게 하지만, 처리 시간이 길어진다. 반면, 낮은 해상도는 빠른 결과를 제공하지만 세부 정보가 부족할 수 있다. 따라서 프로젝트의 목적과 상황에 맞는 적절한 해상도를 선택하는 것이 중요하다.

참고 "2D 지도" 생성을 위한 "장면" 옵션

DJI Terra 소프트웨어에서 "2D 지도" 생성 시 "장면" 옵션은 다양한 사용 시나리오에 따라 알고리즘을 최적화하여 결과의 정확성과 효율성을 향상시킨다. 주요 옵션은 농경지, 도시, 과수로 구성되어 있다.

1. **농경지**(Field)
   - 넓은 평지 또는 작물이 심어진 농경지를 분석하는 데 최적화되어 있다.
   - 논이나 밭과 같이 상대적으로 균일한 고도를 가진 지역에 적합하다.
   - 작물 상태 모니터링, 수확량 예측, 농지의 배수 상태 및 토질 분석 등에 적합하다.
   - 균일한 지역에서 데이터 처리가 빠르며 효율적이다.

2. 도시(Urban)

- 일반적인 지형 및 도시 매핑에 최적화된 옵션이다.
- 건물, 도로, 기타 도시 구조물 등 다양한 표면 특성을 정밀하게 표현한다.
- 복잡한 도시 환경에서도 우수한 처리 성능을 제공한다.
- 도시 계획, 인프라 관리, 건설 현장 모니터링 등에 적합하다.

3. 과수(Fruit tree)

- 주로 나무가 위치한 과수원 및 복잡한 식물 구조를 분석하는 데 최적화되어 있다.
- 개별 나무의 식생 지수와 구조를 세부적으로 분석할 수 있도록 설계되었다.
- 과수원 관리, 수확량 예측, 병해충 모니터링 등에 적합하다.
- 고도 변화가 큰 지역에서도 정확한 결과를 제공한다.

DJI Terra는 각 환경에 맞는 최적의 알고리즘을 적용하여 더욱 정확하고 효율적인 2D 지도를 생성할 수 있다. 사용자는 매핑 대상 지역의 특성에 따라 적절한 옵션을 선택하여 최상의 결과를 얻을 수 있다.

참고 "2D 지도" 생성을 위한 "계산 방법" 옵션

DJI Terra 소프트웨어에서 "2D 지도" 생성 시 "계산 방법"에는 단독 계산과 클러스터 계산 두 가지 옵션이 있다. 사용자는 프로젝트의 규모, 처리 속도 요구사항, 가용 하드웨어 등을 고려하여 적절한 계산 방법을 선택해야 한다.

• 단독 계산

- 단일 컴퓨터(PC)에서 처리하는 방식이다.
- 단일 컴퓨터의 성능에 의존하므로 확장성에 제한이 있다.
- 일반적으로 대부분의 사용자들이 선택하는 옵션이다.
- 컴퓨터 한 대로 처리하기 때문에 처리 속도가 상대적으로 느릴 수 있다.
- 최소 32GB RAM, 4GB 그래픽 RAM이 필요하다. 권장 사양은 64GB RAM 이상, NVIDIA 2070 그래픽 카드 이상이다.

• 클러스터 계산

- 여러 대의 컴퓨터를 사용하여 처리하는 방식이다.
- 필요에 따라 컴퓨터를 추가하여 처리 능력을 확장할 수 있다.
- 동일한 로컬 네트워크에 있는 여러 기기를 사용해 재구성을 수행할 수 있다.
- 처리 속도가 단독 계산에 비해 훨씬 빠르다.
- 클러스터 계산을 사용하려면 별도의 클러스터 라이선스를 구매해야 한다.
- 여러 대의 컴퓨터를 네트워크로 연결해야 하며, 각 컴퓨터의 사양은 단독 계산과 유사하거나 더 높아야 한다.

• 선택 시 고려사항

- 처리할 이미지의 양과 컴퓨터의 사양에 따라 적절한 방법을 선택해야 한다.
- 대규모 프로젝트나 빠른 처리가 필요한 경우 클러스터 계산이 유리할 수 있다.
- 일반적인 소규모 프로젝트의 경우 단독 계산으로도 충분할 수 있다.

정사영상 생성을 위한 추가 옵션

정사영상(Orthomosaic) 생성 과정에서는 “고급” 설정을 통해 추가적인 옵션을 조정할 수 있다. 이는 촬영 환경과 프로젝트 목적에 따라 정밀한 결과물을 얻는 데 중요한 역할을 한다. 고급 설정 옵션은 사용자가 촬영 환경의 제약을 극복하고, 데이터 품질을 최대화하는 데 기여한다. 프로젝트의 특성과 요구 사항에 따라 적절히 활용함으로써 최상의 정사영상 결과물을 얻을 수 있다.

1. 격자 지도(Grid Map) : 격자 지도 옵션은 생성된 2D 지도를 격자 형태로 분할하여 관리 및 분석에 용이하게 만든다. 대규모 프로젝트나 세부 분석이 필요한 작업에서 활용도가 높다.

2. 조명 균일성(Lighting Uniformity) : 조명 균일성 옵션은 촬영된 이미지 간의 밝기와 색조 차이를 보정하여 지도 전체의 시각적 일관성을 제공한다. 다양한 조명 조건에서 촬영된 데이터를 활용할 때 유용하다.

3. 연무 감소(Haze Removal) : 연무 감소 옵션은 이미지에서 대기 중 연무로 인해 발생하는 흐릿함을 제거하여 보다 선명한 결과를 제공한다. 대기 상태가 영향을 미치는 야외 촬영에서 특히 효과적이다

참고 “2D 지도” 생성을 위한 추가 옵션

DJI Terra 소프트웨어에서 2D 지도 생성을 위한 고급 설정에는 “격자 지도”, “조명 균일성”, “연무 감소” 등의 옵션이 있다. 이러한 기능들은 2D 지도의 품질을 향상시키고 특정 상황에 맞게 최적화할 수 있도록 한다.

- **격자 지도**(Grid Map)

  격자 지도 기능을 활성화하면 출력된 2D 지도 데이터를 일정한 격자 단위로 구분하여 저장하거나 분석할 수 있다. 사용자는 필요에 따라 격자의 크기와 간격을 조정할 수 있다. 이 옵션을 선택하면 정사영상(Orthophoto), 수치표면모델(DSM, Digital Surface Model)이 격자화되어 출력된다.

- **조명 균일성**(Lighting Uniformity)

  조명 균일성 기능은 입력된 이미지들 간의 명암, 밝기 차이에 의한 조명 조건을 균일하게 보정하여 2D 지도에 통합한다. 이 기능은 다음과 같은 상황에서 특히 유용하다.
  - 농경지나 작물 캐노피와 같이 강한 조명 환경에서 광택 있는 표면으로 인해 발생하는 거울 반사 효과
  - 한쪽에는 밝고 다른 쪽에는 어두운 그림자가 생기는 경우
  - 재구성된 출력물에 그라데이션이 있는 줄무늬가 나타나는 경우

  단, 이러한 상황 외에 조명 균일성을 활성화하면 재구성된 출력물에서 색상 왜곡이 발생할 수 있으므로 적절한 상황에서만 사용해야 한다.

- **연무 감소**(Haze Removal)

  연무 감소 기능은 공중에서 촬영한 데이터에 포함된 연무, 먼지, 안개 등의 영향을 제거하여 더욱 선명한 이미지를 생성한다. 이 기능은 연무가 있는 장면의 재구성 효과를 향상시키는 데 도움이 된다. 주의할 점은 다

음과 같다.
- 연무가 없는 장면에서 이 기능을 활성화하면 재구성된 출력물에서 색상 왜곡이 발생할 수 있다.
- 연무 감소 기능이 활성화되면 조명 균일성 기능은 사용할 수 없다.

이러한 고급 기능들은 DJI Terra가 제공하는 추가적인 도구로서, 재구성된 출력물의 품질을 보장하고 향상시키는 데 도움을 준다. 사용자는 촬영 환경과 목적에 따라 이러한 기능들을 적절히 활용하여 최상의 2D 지도 결과물을 얻을 수 있다.

정사영상 생성을 위한 관심지역 설정

DJI Terra 소프트웨어에서 2D 지도 생성 시, "고급" 항목에 포함된 "관심 지역"(ROI, Region of Interest) 옵션은 특정 영역을 지정하여 작업 효율성과 결과물의 품질을 높이는 데 사용된다.

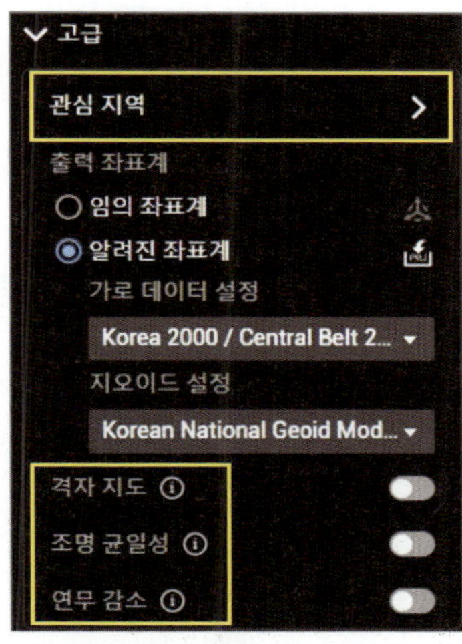

관심 지역 옵션을 활용하면, 사용자가 2D 지도 재구성 시 처리할 특정 영역을 지정할 수 있다. 이를 통해 불필요한 영역을 제외하고 목표 영역만 처리하여 시간과 컴퓨터 리소스를 절약할 수 있다. 또한, 촬영 지역 가장자리의 불필요한 부분을 제거하여 더욱 정밀하고 깔끔한 2D 지도를 생성할 수 있다.

1. 관심 지역 옵션 활성화

   우측 위의 그림과 같이 작업창에서 "관심 지역"을 클릭하면, 우측 아래 그림과 같이 메뉴창이 나타난다.

2. 경계 파일 가져오기

   우측 아래 그림과 같이, "구획 경계"에 관심 지역의 경계선을 포함한 KML 파일을 가져온다. 한편, 메뉴창 아래의 "구획 재설정"에서 "자동"을 선택하면 DJI Terra가 캡처한 핵심 부분을 자동으로 선택하게 되고, "최대 구획"을 선책하면 모든 캡처된 영역을 포함하게 된다.

   여기서는 구글어스에서 관심 지역의 경계선을 따라서 만든 "Osong_촬영영역.kml" 파일을 가져온다.

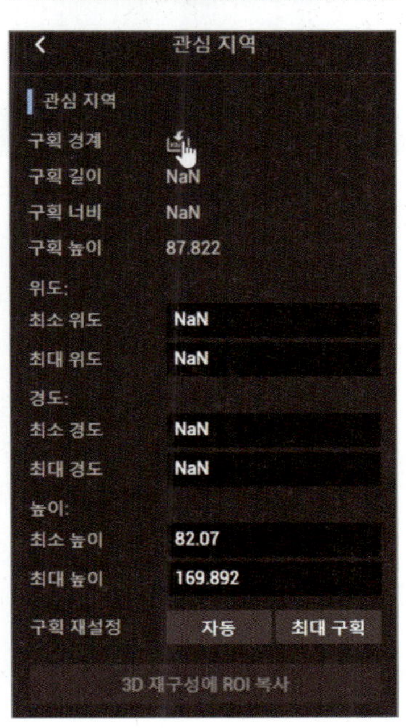

3. 구획 재설정 옵션

다음 그림은 "관심 지역" 옵션 아래의 "블록 분할 옵션"에 관한 것이다. "블록 분할 옵션"은 대규모 데이터 처리를 최적화하기 위해 데이터를 작은 블록으로 나누는 데 사용되며, 처리 효율성을 높이고 메모리 및 컴퓨팅 리소스를 효율적으로 활용하기 위해 중요하다. 다음의 좌측 그림과 같이 일반적으로 "자동"으로 설정하며, 소프트웨어가 데이터의 크기와 복잡성을 기반으로 자동으로 블록 크기와 분할 방식을 결정한다.

다음의 가운데 그림은 "맞춤 설정 크기(Custom Size)" 옵션으로서, 사용자가 블록의 크기를 수동으로 설정할 수 있는 옵션이다. 블록 크기는 주어진 평면 또는 부피 단위로 설정된다. 특정 하드웨어 성능이나 프로젝트 요구사항에 따라 정밀하게 블록 크기를 조정 가능하다.

우측 그림은 "맞춤 설정 측면 길이(Custom Side Length)" 옵션으로서, 블록의 각 측면 길이를 사용자가 직접 지정하는 방식이다. 사용자는 측면 길이를 미터(m) 등의 단위로 지정하며, 정사각형 또는 직사각형 모양의 블록으로 데이터를 분할하는 데 유리하다.

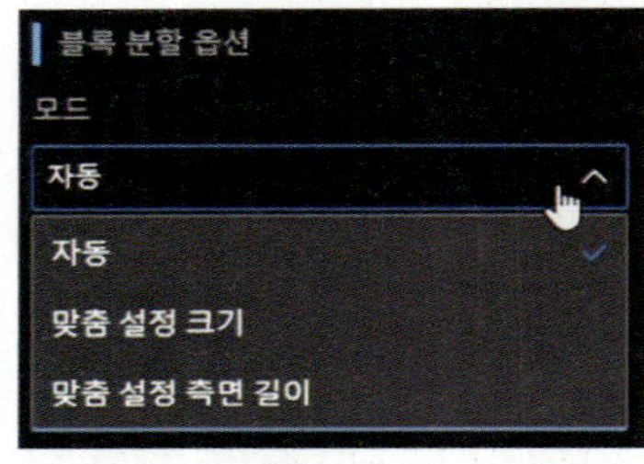

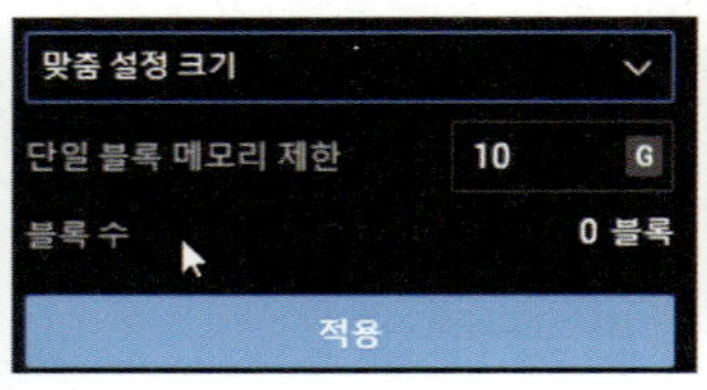

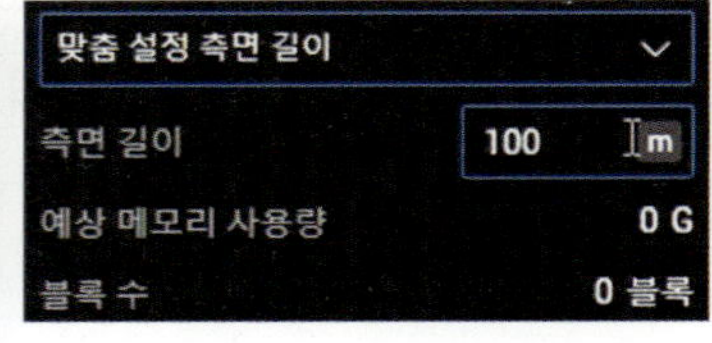

참고 블록 분할 옵션

DJI Terra의 블록 분할 옵션은 대규모 데이터 처리를 최적화하기 위해 데이터를 작은 블록으로 나누는 데 사용된다. 이는 처리 효율성을 높이고 메모리 및 컴퓨팅 리소스를 효율적으로 활용하기 위해 중요하다.

1. **자동**(Automatic) : 소프트웨어가 데이터의 크기와 복잡성을 기반으로 자동으로 블록 크기와 분할 방식을 결정한다. 따라서 사용자가 세부 설정을 조정할 필요 없이 빠르고 편리하게 설정 가능하다.

2. **맞춤 설정 크기**(Custom Size) : 사용자가 블록의 크기를 수동으로 설정할 수 있는 옵션으로서, 블록 크기는 주어진 평면 또는 부피 단위로 설정된다. 특정 하드웨어 성능이나 프로젝트 요구사항에 따라 정밀하게 블록 크기를 조정 가능하다. 하드웨어 메모리 용량이 제한적이거나 데이터가 불규칙적으로 분포된 경우에 적합하다.

3. **맞춤 설정 측면 길이**(Custom Side Length) : 블록의 각 측면 길이를 사용자가 직접 지정하는 방식이다. 사용자는 측면 길이를 단위(예: 미터)로 지정하며, 정사각형 또는 직사각형 모양의 블록으로 데이터를 분할하는 데 유리하다.

관심 지역 설정이 완료되면, 다음의 그림과 같이 작업창에는 선택된 영역이 명확히 표시된다. 이 과정은 불필요한 데이터를 배제하고, 목표 영역에 초점을 맞추어 고품질 2D 지도를 생성하는 데 있어 매우 효과적이다.

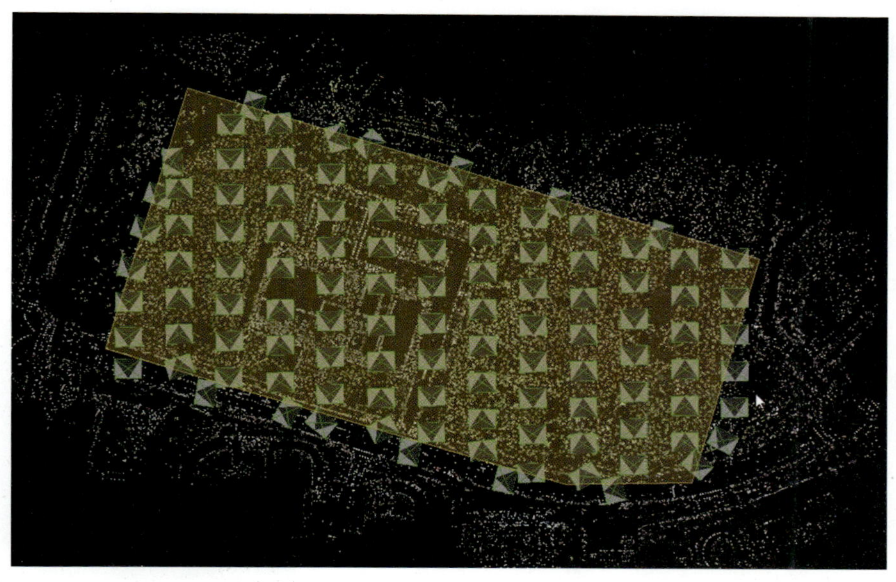

출력 형식

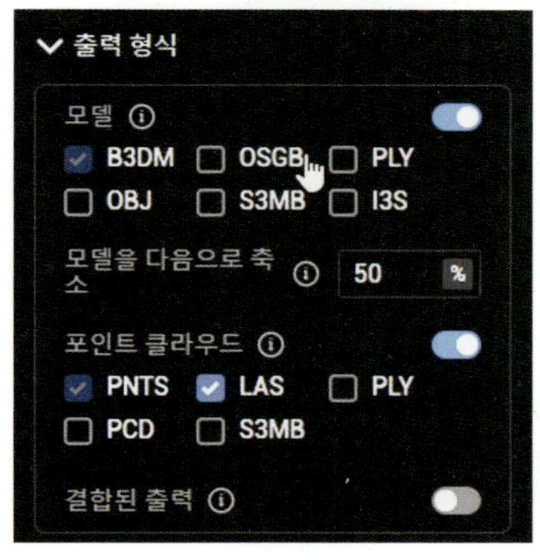

다음의 좌측 그림과 같이, DJI Terra 소프트웨어에서는 3D 모델과 점군(Point Cloud) 데이터를 다양한 형식으로 출력할 수 있는 옵션을 제공한다. 이와 같은 출력 형식은 사용 목적과 소프트웨어의 호환성에 따라 적합한 형식을 선택할 수 있으며, 작업의 효율성을 극대화할 수 있다.

- 3D 모델의 출력 형식 : B3DM, OSGB, PLY, OBJ, S3MB, I3S 등 다양한 형식을 지원한다.
- 포인트 클라우드의 출력 형식 : PNTS, LAS, PLY, PCD, S3MB 등의 형식으로 데이터를 변환할 수 있다.

1. 모델 축소 옵션

"모델을 다음으로 축소(Reduce model to)" 옵션은 3D 모델의 복잡성을 줄이는 역할을 한다. 삼각형 수를 설정된 비율로 감소시켜 파일 크기를 줄이고, 처리 속도를 개선한다. 이를 통해 모델은 온라인 공유나 편집 등 후속 작업에서 보다 간단하게 다룰 수 있다. 그러나, 삼각형 수를 지나치게 줄이면 세부 정보가 손실될 수 있으므로, 최소 20%의 삼각형을 유지하는 것이 권장된다.

2. 결합된 출력 옵션

"결합된 출력(Merged Outputs)" 옵션은 여러 비행 데이터를 하나로 통합하는 기능을 수행한다. 이 기능은 특히 넓은 지역을 매핑할 때 유용하며, 여러 비행의 포인트 클라우드 데이터를 일관된 하나의 모델로 합칠 수 있다. 이를 통해 전체 지역의 완전한 뷰를 제공하며, 재구성 과정 전이나 후에도 활성화할 수 있는 유연성을 가진다.

DJI Modify로 작업

다음의 우측 그림에서 "DJI Modify로 작업" 옵션을 활성화하면, DJI Modify에서 3D 모델 출력 형식을 사용할 수 있으며, DJI Modify용 프로젝트 파일이 자동으로 생성된다. DJI Modify는 DJI의 인텔리전트 3D 모델 편집 소프트웨어로 다음과 같은 기능이 있다.

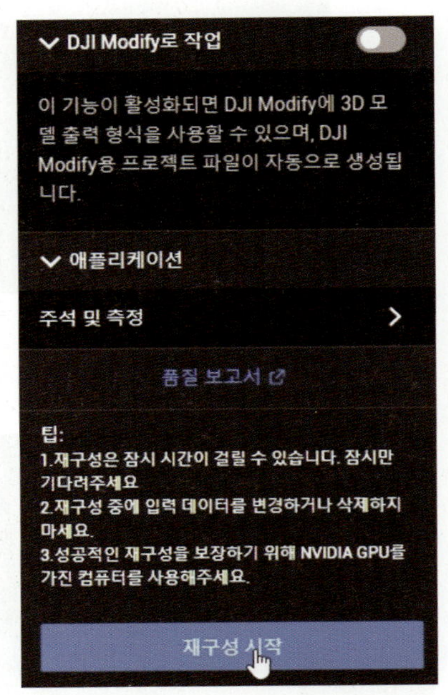

- 자동 텍스처 수정
- 차량 일괄 평탄화
- 플로팅 부분 제거
- 구멍 채우기

DJI Modify는 DJI Terra와 완벽히 연동되며, DJI Terra에서 원클릭으로 실행하여 모델 편집 작업을 진행할 수 있다. 또한, B3DM, OSGB, PLY, OBJ, S3MB, I3S 등 여러 형식의 모델 파일을 빠르게 호환 및 변환할 수 있어, DJI Terra 및 타사 소프트웨어와 함께 원활히 사용할 수 있다.

참고 3D 모델의 출력 형식

- B3DM(Batched 3D Model) : DJI Terra에서표시하기 위한 기본 형식으로서, LOD 모델 형식이며, Cesium에서 표시하기에 가장 적절하다. glTF를 기반으로 한 3D 타일 형식으로, 대규모 3D 데이터를 효율적으로 처리하고 스트리밍하기 위해 설계되었다. 이 형식은 3D 타일셋 내의 여러 객체를 하나의 배치(batch)로 묶어 전송하며, 건물이나 도시 데이터와 같은 대규모 지리정보 데이터를 스트리밍하는 데 적합하다. 주로 CesiumJS, FME와 같은 소프트웨어에서 사용된다.
- OSGB(OpenSceneGraph Binary) : LOD 모델 형식이다. OpenSceneGraph에서 사용되는 고유의 바이너리 형식으로, 대규모 3D 데이터를 효율적으로 저장하고 렌더링하기 위해 설계되었다. 이 형식은 대규모 장면

데이터를 빠르게 로드하고 렌더링하며, 텍스처와 지형 정보 등 광범위한 데이터를 포함할 수 있어 시뮬레이션, 군사 및 항공 훈련 시스템, 지리정보 응용 분야에서 활용된다.

- PLY(Polygon File Format) : 비-LOD 모델 형식이다. 3D 스캐닝 시스템에서 생성된 데이터를 저장하기 위해 개발된 형식으로, 객체의 기하학적 데이터뿐만 아니라 색상, 투명도, 법선 벡터 등 다양한 속성을 저장할 수 있다. 이 형식은 의료 이미지 처리, 연구 및 분석에 주로 사용되며 MeshLab, Blender, CloudCompare 등에서 지원된다.
- OBJ(Wavefront Object) : 비-LOD 모델 형식이다. Wavefront Technologies에서 개발된 개방형 3D 모델 형식으로, 기하학적 데이터와 텍스처 좌표를 저장한다. 별도의 .MTL 파일을 통해 재질과 텍스처 정보를 연결할 수 있으며, 단순한 구조와 높은 호환성 덕분에 게임 디자인, 영화 제작, 3D 인쇄 등 다양한 분야에서 널리 사용된다.
- S3MB(Spatial 3D Model Bundle) : LOD 모델 형식이다. SuperMap에서 개발한 경량 3D 모델 형식으로, 대규모 공간 데이터의 효율적인 관리를 위해 설계되었다. 이 형식은 파일 크기를 최소화하면서도 텍스처와 지리 좌표 데이터를 포함할 수 있어 GIS, 스마트 시티, 대규모 공간 데이터 시각화에 적합하며, SuperMap GIS 소프트웨어에서 주로 사용된다.
- I3S(Indexed 3D Scene Layer) : 비-LOD 모델 형식이다. ESRI에서 개발한 3D 데이터 표준 형식으로, 대규모 3D 공간 데이터를 저장하고 전송하기 위한 규격이다. 점군, 건물, 지형 등 다양한 데이터 유형을 지원하며, 클라우드 기반 3D 데이터 스트리밍에 최적화되어 있다. 이 형식은 주로 ArcGIS와 같은 GIS 플랫폼이나 ESRI 기반 애플리케이션에서 사용된다.

참고 점군(Point Cloud) 출력 형식

- PTS(Points) : DJI Terra에서 표시하기 위한 기본 형식이다. LOD 포인트 클라우드 형식이며, Cesium에서 표시하기에 가장 적절하다. 3D 스캐닝 장비에서 생성된 점군 데이터를 저장하는 형식으로, 각 점의 좌표와 색상 정보를 포함한다. 이 형식은 간단한 텍스트 기반 구조로 되어 있어 사람이 읽고 수정할 수 있다. 주로 스캐닝 데이터의 초기 저장과 전처리에 사용된다.
- LAS(LiDAR Data) : ASPRS Laser, 3D 포인트 클라우드 형식이다. LiDAR 데이터의 저장을 위한 산업 표준 바이너리 형식이다. 이 형식은 공간 데이터를 고정밀로 저장할 수 있도록 설계되었으며, 좌표, 반사 강도, 클래스 코드 등의 정보를 포함한다. 지형 측량 및 지리정보시스템(GIS) 분야에서 가장 널리 사용되는 점군 데이터 형식이다.
- PLY(Polygon) : 비-LOD 포인트 클라우드 형식이다. Stanford University에서 개발된 파일 형식으로, 3D 객체의 기하학적 데이터를 저장하기 위한 목적을 가지고 설계되었다. 이 형식은 3D 스캐닝 시스템에서 흔히 사용되며, 객체 표면의 정보를 저장하는 데 최적화되어 있다.
- PCD(Point Cloud Data) : 비-LOD 포인트 클라우드 형식이다. Point Cloud Library(PCL)에서 사용되는 점군 데이터 형식으로, 3D 점군 데이터의 저장과 처리를 위해 개발되었다. PCD는 텍스트와 바이너리 형식을 모두 지원하며, 각 점에 대해 좌표, 색상, 법선 벡터 등 다양한 정보를 포함할 수 있어 연구 및 개발 환경에서 많이 활용된다.
- S3MB(Spatial 3D Model Bundle) : GIS LOD 포인트 클라우드 형식이다. SuperMap에서 개발한 대규모 3D 데이터의 저장 및 전송을 위한 파일 형식으로서, 효율성과 경량화를 목표로 설계되어, 공간 데이터의 시각화 및 분석에 적합하다. GIS 환경에서 복잡한 공간 데이터를 신속하게 처리할 수 있도록 설계되었다.

V. 성과물

1. 정사영상

다음 그림은 2D 재구성이 완료된 정사영상(Orthomosaic) 결과를 보여준다. 이 정사영상은 인공위성 영상을 기반으로 한 베이스 맵(Base Map) 위에 본 프로젝트에서 생성된 데이터를 중첩한 형태로 나타난다.

작업창 상단의 카메라 아이콘을 클릭하여 비활성화하면, 카메라 위치가 삭제된 상태의 정사영상을 확인할 수 있다. 이 과정은 작업창을 보다 깔끔하게 정리하여 주요 데이터에 집중할 수 있게 해준다.

2. 3D 재구성 결과: 3D 모델

다음 그림은 3D 재구성이 완료된 3D 모델의 모습이다. 생성된 모델은 매우 정밀하며, 프로젝트 영역의 세부 사항을 상세히 표현하고 있다.

3. 항공삼각측량(AT, Aerotriangulation) 결과

작업창 우측의 "AT" 메뉴를 클릭하면, 항공삼각측량을 통해 생성된 저밀도 점군(Sparse Point Cloud)을 확인할 수 있다.

4. 정사영상(Orthomosaic)

작업창 우측의 “2D” 메뉴를 클릭하면, 고밀도 점군 생성과 함께 완성된 정사영상을 확인할 수 있다.

5. 3D 모델

작업창 우측의 “3D” 메뉴를 선택한 상태에서 하단의 “모델”을 클릭하면, 고밀도 점군을 기반으로 생성된 3D 모델을 볼 수 있다. 이 모델은 마우스를 사용하여 회전시킬 수 있으며, 세부사항을 다양한 각도에서 확인할 수 있다.

6. 포인트 클라우드 + RGB 텍스처

작업창 우측의 “3D” 메뉴에서 하단의 “포인트 클라우드”를 선택한 후 “RGB”를 클릭하면, 색상 텍스처가 적용된 고밀도 점군(Point Cloud)을 확인할 수 있다.

7. DSM(Digital Surface Model, 수치표면모델)

작업창 우측의 “3D” 메뉴에서 하단의 “포인트 클라우드”를 선택한 후 “높이”를 클릭하면, 높이를 컬러 스케일로 표현한 고밀도 점군을 확인할 수 있다.

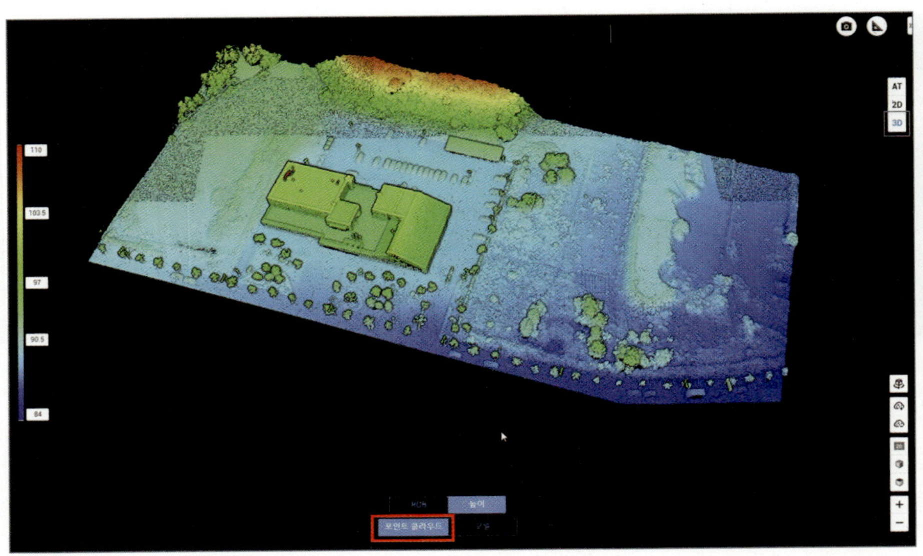

측정 기능

1. 점의 좌표 확인

작업창 우측의 "3D" 메뉴를 선택한 상태에서 하단의 "모델"을 클릭한다. 작업창 우측 상단의 삼각자 모양 아이콘을 클릭한 후 원형 점(◉)을 선택하여, 작업창에서 임의의 점을 클릭하면 해당 점의 좌표를 확인할 수 있다.

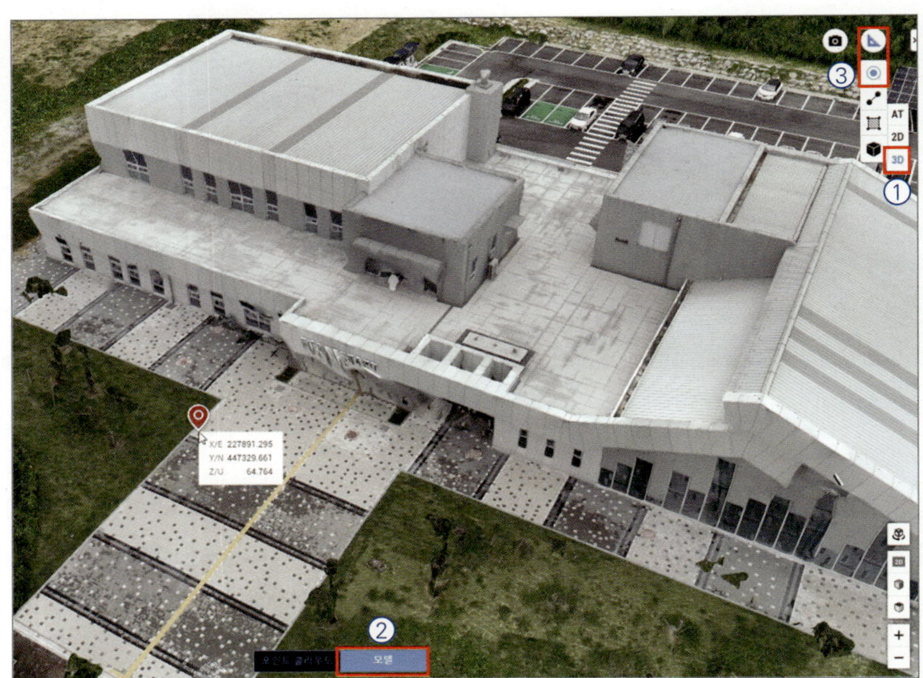

2. 길이 측정

작업창 우측의 "3D" 메뉴에서 "모델"을 선택한 후, 삼각자 모양 아이콘에서 "선(Line)"을 선택한다. 작업창에서 두 점(시점과 종점)을 클릭하면 수평 거리, 직선 거리, 수직 거리 및 경사를 확인할 수 있다. 예를 들어, 다음 사례에서는 수평 거리 4.72m, 직선 거리 4.72m, 수직 거리 0.06m, 경사 0.8°로 측정되었다.

참고 길이 요소

- 수평 거리 : 동일 고도 상의 두 점 간의 거리
- 직선 거리 : 두 점 간의 최단 거리
- 수직 거리 : 점 간의 높이 차

3. 면적 측정

작업창 우측의 "3D" 메뉴에서 "모델"을 선택한 후, 삼각자 모양 아이콘에서 "면적(Area)"을 선택한다. 작업창에서 3점 이상의 꼭지점을 클릭하면 면적을 측정할 수 있다. 예를 들어, 장애인 주차장의 면적은 투영 지역(Projected Area)이 33.1539m², 적합한 영역(True Area)이 33.1642m²로 측정되었다.

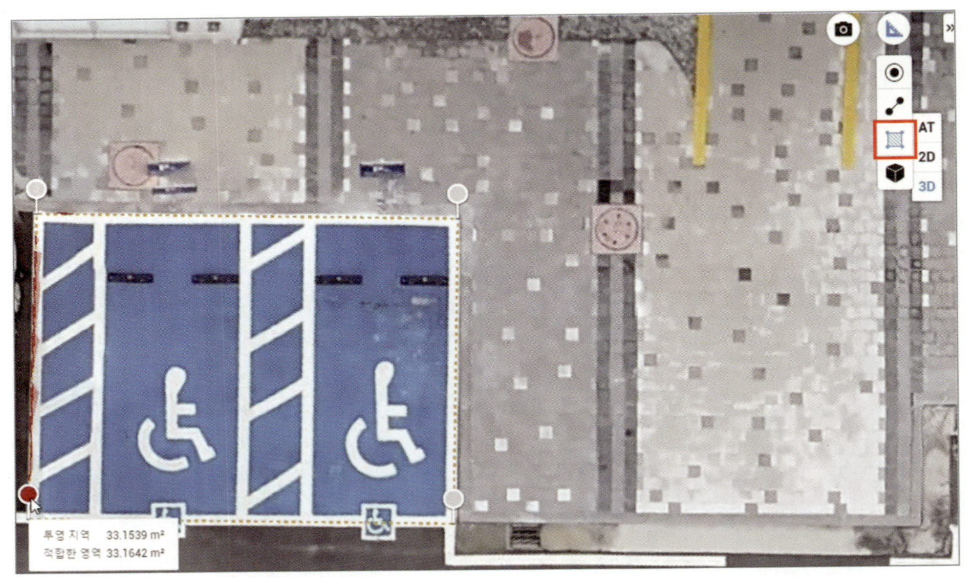

참고 면적 요소

- **투영 지역**(Projected Area) : 3D 데이터를 특정 평면에 투영하여 계산한 면적. 3D 지형을 위에서 내려다본 평면상의 면적으로서, 주로 지적측량과 같은 작업에 적합하다.
- **적합한 영역**(True Area or Rea lSurface Area) : 실제 지형의 표면적을 반영한 면적. 경사와 지형의 굴곡을 고려하여 계산되며, 현실적인 표면적을 반영한 것이다.

4. 부피 측정

작업창 우측의 "3D" 메뉴에서 "모델"을 선택한 후, 삼각자 모양 아이콘에서 "부피(Volume)"를 선택한다. 작업창에서 임의의 꼭지점들을 클릭하면 부피를 측정할 수 있다. 예를 들어, 공사 예정 부지에 쌓인 토사량은 기저 평면을 "최저 포인트"로 설정한 상태에서 4,232.7㎥로 측정되었다.

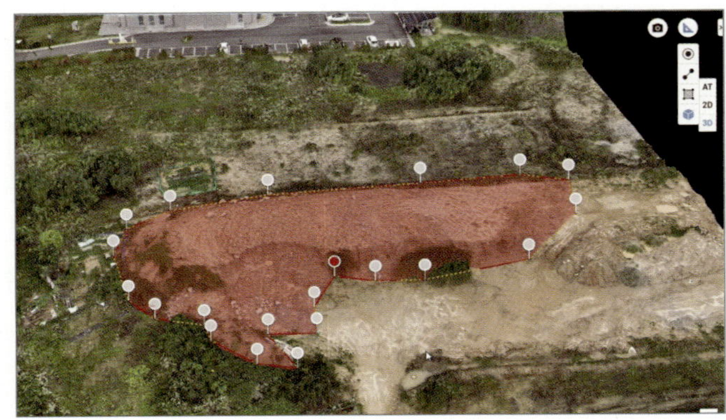

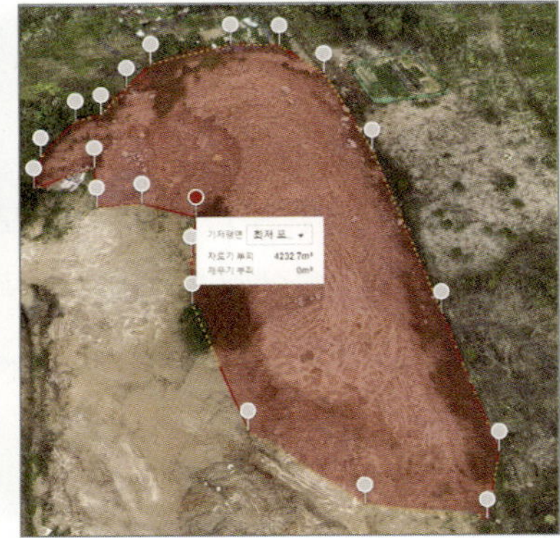

참고 부피 종류

DJI Terra의 부피 측정 기능은 지정된 영역의 부피를 계산하는 데 사용되며, 기저 평면(Base Plane) 설정과 결과값인 자르기 부피(Cut Volume) 및 채우기 부피(Fill Volume)의 개념을 이해하는 것이 중요하다.

부피의 종류

1. 자르기 부피(Cut Volume) : 기저 평면보다 위쪽에 있는 영역의 부피를 나타낸다. 예를 들어, 산을 깎아 평지를 만드는 작업에서 제거해야 할 흙의 부피를 계산할 때 사용된다.
2. 채우기 부피(Fill Volume) : 기저 평면보다 아래쪽에 있는 영역의 부피를 나타낸다. 예를 들어, 땅을 평평하게 만들기 위해 낮은 지역을 메우는 작업에서 필요한 흙의 부피를 계산할 때 사용된다.

기저 평면(Base Plane) 옵션

1. 평균 평면(Average Plane) : 선택한 영역 경계에 있는 모든 포인트의 평균 높이를 기준으로 기저 평면을 설정한다. 지형이 비교적 평탄하거나 경계 높이의 균형이 중요한 경우에 적합하다.
2. 최저 포인트(Lowest Point) : 선택한 영역 내에서 가장 낮은 높이의 포인트를 기준으로 기저 평면을 설정한다. 특정 최저점을 기준으로 부피를 계산할 때 유리하며, 일반적으로 채우기 작업(예: 웅덩이 메우기)에 사용된다.

프로젝트 파일 저장

프로젝트를 DJI Terra로 자료 처리를 진행하면, 아래 좌측 그림과 같이 화면 좌측 상단의 "재구성 임무"에 프로젝트 이름이 표시되며, "AT", "2D", "3D" 메뉴에 성과물이 생성된다. 파일 아이콘(🗀)을 클릭하면, 우측 그림과 같이 파일 폴더가 표시된다. 이 파일 폴더에는 DJI Terra 자료 처리 결과로 생성된 다양한 성과물이 저장되어 있다.

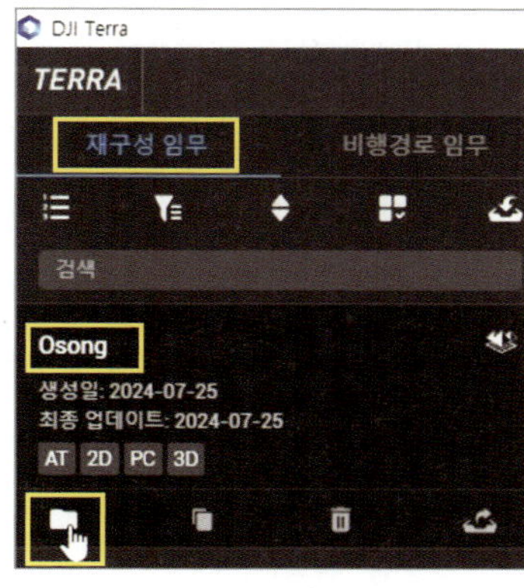

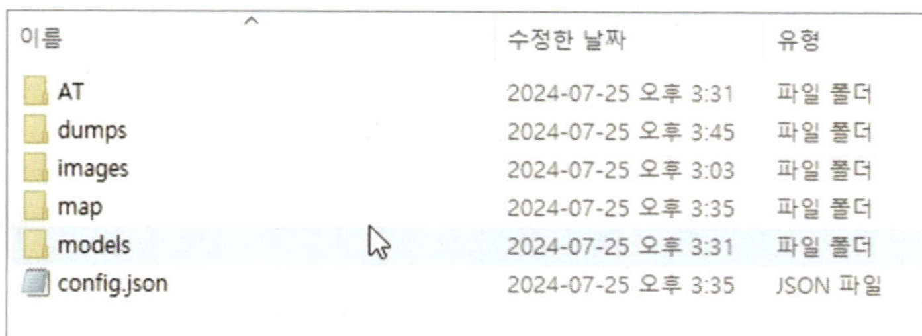

5. iTwin Capture Modeler(구 Context Capture)

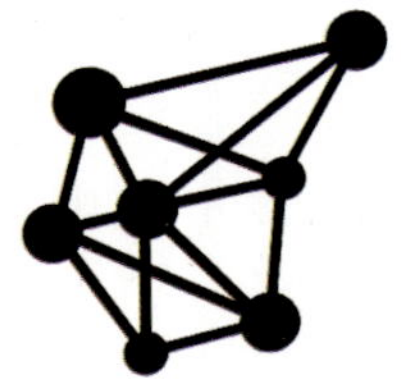

벤틀리 시스템즈(Bentley Systems)는 2023년 6월, 기존 ContextCapture 소프트웨어의 명칭을 "iTwin Capture Modeler"로 변경한다고 공식 발표하였다. 이러한 변화는 디지털 트윈 기술의 중요성을 부각하며, iTwin Capture Modeler가 디지털 트윈 제작에 특화된 도구임을 강조하기 위해 이루어졌다.

명칭은 변경되었으나, 프로그램의 기본적인 기능과 인터페이스는 이전 ContextCapture와 거의 동일하게 유지되고 있다. 새로운 명칭인 iTwin Capture Modeler는 현실 데이터를 생성하는 데 집중하며, 엔지니어링 작업에 바로 활용할 수 있는 현실(Reality) 데이터를 제공하는 데스크톱 애플리케이션임을 강조하고 있다. 이번 명칭 변경은 단순한 리브랜딩[1](rebranding)을 넘어 벤틀리 시스템즈의 현실 데이터 생성, 관리, 전달 기능을 단일 브랜드로 통합하려는 전략의 일환으로 진행되었다. 이는 디지털 트윈과의 연계를 강화하고, 사용자 경험을 보다 향상시키기 위한 의도에서도 비롯되었다.

iTwin Capture Modeler는 설계, 엔지니어링, 건설 및 운영 워크플로우에 적합한 디지털 컨텍스트[2](Context)를 제공하며, 현실 데이터를 생성하는 데 있어 최고의 충실도와 다양한 기능을 제공하고 있다.

현실 데이터 생성 및 향상

iTwin Capture Modeler는 다양한 현실 데이터를 수집하여 이를 활용할 수 있는 워크플로우를 활성화한다. 디지털 카메라, 3D 스캐너, 모바일 매핑 장치(MMS)와 같은 장비를 통해 현실 매쉬, 포인트 클라우드, 실감 정사영상과 같은 엔지니어링 데이터를 효율적으로 생성할 수 있도록 설계되었다.

한편, 현실 데이터를 더욱 세밀하게 다듬기 위해 마스크 처리, 물체 제한 설정, 고급 리터칭 기능 등을 포함하고 있으며, 처리 단계마다 지상 기준점, 비행 메타데이터, 카메라 보정 관리 등의 요소를 활용하여 현실 매쉬(Reality Mesh)의 정밀도를 극대화할 수 있다. 생성된 현실 매쉬는 이미지나 포인트 클라우드의 품질에 따라 세부적으로 표현되며, 높은 수준의 표현력을 선보인다.

---

1) 리브랜딩(rebranding) : 브랜드 이미지 재구축

2) 디지털 컨텍스트(Digital Context) : 디지털 기술을 활용하여 현실 세계의 데이터를 통합, 분석, 시각화하는 디지털 환경을 의미한다. 이는 설계, 엔지니어링, 건설 및 운영 등 다양한 워크플로우에서 실질적인 맥락을 제공하며, 물리적 자산과 관련된 정보를 디지털화하여 활용할 수 있는 토대를 마련한다. 즉, 디지털 컨텍스트는 물리적 환경과 디지털 환경을 유기적으로 연결하여 사용자에게 보다 직관적이고 효율적인 워크플로우를 제공하는 역할을 한다. 특히, iTwin Capture Modeler와 같은 도구를 통해 생성된 디지털 컨텍스트는 다음과 같은 특징을 가진다.

확장성 및 병렬 컴퓨팅

iTwin Capture Modeler는 뛰어난 확장성을 자랑하며, 센티미터 단위의 작은 물체부터 대규모 도시 프로젝트에 이르기까지 폭넓은 규모의 프로젝트에 적합하다. 하드웨어 성능을 최대한 활용할 수 있도록 설계되어, 강력한 그래픽 처리 장치와 병렬 컴퓨팅 기술을 통해 도시 단위의 장면(Scene)을 효율적으로 처리한다. 이러한 기술적 우수성은 대규모 프로젝트를 며칠 안에 완료할 수 있는 능력을 갖추고 있다.

데스크톱 솔루션 및 iTwin과의 상호 운용성

iTwin Capture Modeler를 통해 생성된 현실 매쉬, 포인트 클라우드, 정사영상은 다운스트림 워크플로우[3](Downstream Workflow)에서 간편하게 활용할 수 있도록 설계되었다. 다운스트림 워크플로우는 초기 데이터 수집 이후의 후속 작업, 즉 데이터를 활용하여 최종 결과를 도출하는 과정을 뜻한다. 이 애플리케이션은 데스크톱과 웹 환경 모두에서 원활히 작동하며, 사용자가 선호하는 설계, 엔지니어링, 건설 및 운영 응용 프로그램과 호환 가능한 다양한 형식으로 데이터를 내보낼 수 있다. 각 내보내기 형식은 고유한 세부 수준 기술을 포함하고 있어 현실 매쉬의 탐색과 활용이 한층 더 편리하다.

3) 다운스트림 워크플로우(Downstream Workflow) : 데이터나 정보가 발생된 후, 그 데이터를 기반으로 진행되는 후속 작업들을 의미한다. 보통 '업스트림(Upstream)'이 원자료나 초기 데이터 생성 단계라면, 다운스트림은 그 데이터를 활용하여 실제 최종 결과를 도출하는 과정이다. 즉, 다운스트림 워크플로우는 데이터가 수집되고 처리된 후, 그것을 실제 활용 가능한 형태로 변환하여, 최종적인 프로젝트 목표를 달성하는 과정이다.

현실 캡처의 간소화

모든 디지털 트윈의 핵심은 사용자가 워크플로우 전반에 걸쳐 실질적인 인사이트[4)](Insight)에 즉시 접근할 수 있도록 하는 것이다. iTwin Capture Modeler는 현실 캡처 작업을 일상적인 과정으로 간소화하며, 이를 통해 3D 단일 정보 소스(Single Source)를 생성할 수 있는 종합적이고 경제적인 솔루션을 제공한다. 한편, 실행 가능한 데이터를 효과적으로 생성하여, 이해관계자가 적시에 정확한 정보를 확보하고 프로젝트 수명 주기 전반에 걸쳐 적절한 의사 결정을 내릴 수 있도록 한다.

iTwin Capture Modeler의 주요 작업 지원

기능	iTwin Capture Modeler
프로젝트 당 이미지 데이터 세트 크기	무제한
프로젝트 당 스캔된 포인트 클라우드 제한	무제한
메쉬 내보내기 형식 (3MX/3SM/DGN/13S/OBJ/FBX/STL/DAE/OSGB/Cesium)	◆
컬러 포인트 클라우드 내보내기 (LAS/OPC/POD)	◆
실감 정사 영상 / 2.5D 수치표고모델(DSM) (TIFF/GEOTIFF/KML)	◆
지리 참조(Georeferencing)	◆
SDK 지원	◆
무제한 확장성을 위한 병렬(다중 클러스터) 처리	엔진 2개까지
여러 개의 작업을 병렬로 처리	엔진 2개까지
인공지능(AI) 기능 이용한 특성(Features) 추출	◆

※ ◆ : 가능

4) 인사이트(Insight) : 직관적 이해, 통찰력

- 레이저 스캐닝과 사진측량을 기반으로 최고 속도로 최상의 현실 매쉬 제작
- 데스크톱 환경에서 모든 현실 모델링 기술과 데이터 유형을 통합하여 사용
- 프로젝트 이해 관계자 간의 원활한 협업을 위한 정확한 지리적 등록 유지
- 여러 보고서와 통찰력 제공으로 작업의 정확성 평가
- 다른 iTwin 응용 프로그램에서 원활하게 탐색되는 웹 지원 현실 매쉬 생성
- 연결된 환경에 결과물을 공유하여 데이터 수집 워크플로우 활성화

5-1 iTwin Capture 소프트웨어를 이용한 3D 현실 모델링 제작

iTwin Capture는 드론(Drone), DSLR 카메라 등 다양한 촬영 기기로부터 얻은 사진 데이터를 활용하여 현실과 동일한 고품질의 3D 모델을 자동으로 생성하는 소프트웨어이다. 직관적이고 간단한 사용법으로 누구나 쉽게 접근할 수 있으며, 작은 물체부터 도시 전체와 같은 대규모 프로젝트에 이르기까지 크기와 상관없이 정확하고 신속한 3D 현실 모델 제작이 가능하다.

1. 다중 해상도 지원 및 고품질 3D 모델 제작

iTwin Capture는 단일 3D 메쉬 모델(mesh model)에서 여러 해상도를 효과적으로 지원한다. 핵심 지역은 고품질 데이터로 처리하고, 기타 지역은 저품질 데이터로 간소화하여 처리 시간과 비용을 절감할 수 있다. 한편, 동종 기술 대비 최고 수준의 고품질 3D 모델 제작 능력을 선보이며, 세부적인 디테일까지 정밀하게 표현할 수 있도록 설계되었다.

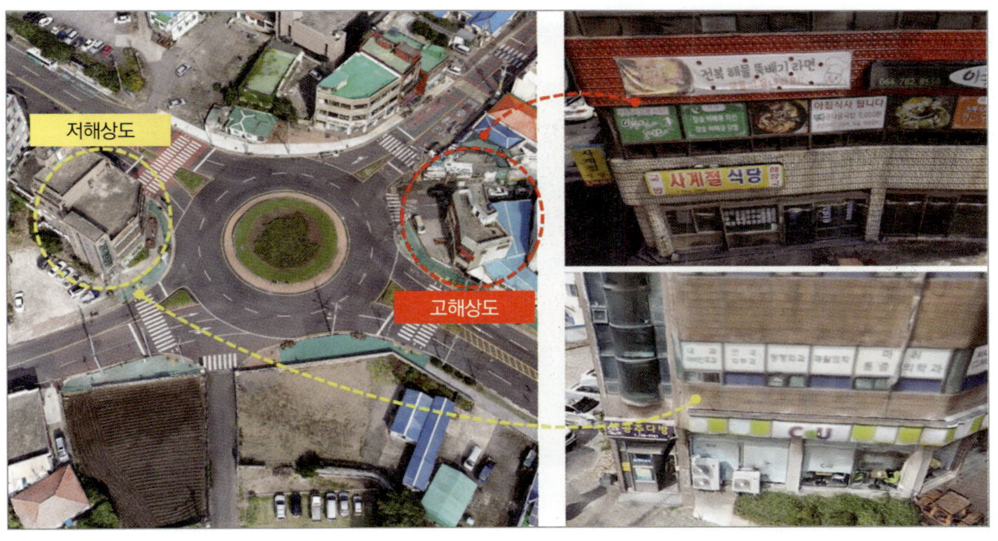

(출처 : https://www.basis.co.kr/bbs/board.php?bo_table=product&wr_id=20&cate=BIM)

2. 프로젝트 규모에 제약 없는 3D 타일링 기능

대규모 데이터 처리 시 컴퓨터 성능의 제약으로 결과물의 품질이 저하되는 경우가 있을 수 있다. iTwin Capture는 타일링[5](Tiling) 기능을 활용하여 컴퓨터의 메모리(RAM)을 최적화함으로써, 대량의 사진 데이터를 입력할 때에도 고품질의 3D 메쉬 모델 제작을 가능하게 한다. 이는 프로젝트 규모에 관계없이 일관된 품질의 결과물을 확보하는 데 중요한 역할을 한다.

3. 오류 데이터 필터링을 통한 품질 개선

자동화된 자료처리 과정에서는 불필요한 오류 지역이 결과물에 포함될 가능성이 있다. iTwin Capture는 독자적으로 개발된 최적화 기술을 통해 오류 지역을 자동으로 탐지하고 제거하며, 사용자의 편의를 고려한 수동 편집 기능도 제공한다. 이를 통해 더욱 정밀한 결과물을 도출할 수 있으며, 최종 모델의 품질을 한층 향상시킬 수 있다.

5) 타일링(Tiling) 기능 : 대규모 데이터 처리 및 3D 모델 제작 시 컴퓨터의 성능을 최적화하고 작업의 효율성을 극대화하기 위해 고안된 기술로서, 대량의 사진 데이터나 복잡한 3D 모델을 처리할 때, 전체 데이터를 작은 단위의 타일(Tile)로 분할하여 작업을 진행한다. 이를 통해 프로젝트의 규모가 커지더라도 안정적이고 고품질의 결과물을 생성할 수 있다.

4. 경제적이고 사용자 친화적인 설계

iTwin Capture는 복잡한 교육 과정을 요구하지 않으며, 간단한 학습만으로 정밀한 3D 현실 모델 제작이 가능하도록 설계되었다. 이를 통해 시간과 자원을 절약할 수 있으며, 디지털 트윈(Digital Twin) 기술의 활용을 보다 대중화하여 누구나 쉽게 접근할 수 있도록 한다.

5. 다양한 워크플로우에서 모델 활용

iTwin Capture는 Cesium 3D Tile, OBJ, KML 등 16종 이상의 3D 모델 포맷을 지원한다. 이를 통해 정확한 위치 정보, 거리, 면적, 체적 측정 등 다양한 데이터 분석이 가능하며, 3차원 정보 및 현실 모델이 요구되는 모든 작업에서 유연하게 활용할 수 있다. 이 소프트웨어는 특히 설계, 엔지니어링, 건설 및 운영 등 다양한 워크플로우에 완벽히 통합될 수 있는 실용성을 제공한다.

iTwin Capture Modeler 소프트웨어의 기술 사양[6)]

Technical Specifications of Bentley's iTwin Capture Modeler Software

번호	사양	설명
1	처리가능한 사진 수	소프트웨어는 사진 수 제한 없이 2,000장 이상의 사진을 처리 가능하며, 타일링(Tiling) 메커니즘으로 대량 처리가능.
2	지원 이미지 형식 Image formats	표준 이미지 형식(JPG, TIFF, GeoTIFF)을 지원
		CSV 파일을 통해 사진 목록, 경로, 메타데이터(EXIF 포함)를 가져올 수 있음.
3	자동 항공삼각측량 Automatic Aerial Triangulation	드론 또는 지상 플랫폼에서 다양한 각도의 이미지를 자동으로 삼각 측량 가능.
4	GCP(지상기준점) 가져오기 및 편집 GCP import and editing	GCP를 가져오고 편집하여 프로젝트의 절대 정확도 향상 가능.
5	다중 카메라/센서 지원 Multi camera/sensor support	여러 카메라의 이미지를 동일 프로젝트에서 처리 가능하며, RGB 및 다중분광 이미지를 처리할 수 있음.
6	고밀도 점군(Point Cloud) 생성 Dense point cloud generation and classification	3D 고밀도 포인트 클라우드를 자동으로 생성하고 분류 가능.
7	DSM/DTM/DEM 생성 DSM/DTM/DEM from standard 2D photographs	2D 사진으로부터 DSM, DTM, DEM 데이터를 자동 생성 가능.
8	등고선 생성 Generation of contour lines	DEM/DSM 데이터를 기반으로 등고선을 자동으로 생성 가능.
9	3D 모델링 및 텍스처링 3D modeling with texturing	2D 사진으로부터 사실적인 3D 텍스처링 모델을 자동 생성하며, 이를 소프트웨어 내에서 시각화, 측정, 분석 가능.
10	정사영상(Orthomosaic)	단일 지오레퍼런스된 정사영상을 생성하며, 경계선 편집 및 타일로 분할 가능. 이동하는 요소를 제거할 수 있는 기능 포함.
11	측정 도구	좌표, 거리, 면적, 부피 등 2D/3D 측정을 위한 강력한 도구 제공.
12	분산/네트워크 처리	대규모 프로젝트를 분할하거나 여러 CPU에서 네트워크를 통한 병렬 처리 가능.
13	지원 데이터 형식	.shp, .dgn, .dxf, .kml 등 표준 데이터 형식을 지원.
14	결과물 Output Results	파노라마 스티칭(Sphere-shaped panorama stitching)
		GeoTIFF 형식의 정사영상
		DSM/DTM (GeoTIFF)
		3D PDF
		.obj, .ply, .dxf, .fbx 형식의 3D 텍스처 메쉬
		.las, .xyz, .ply 형식의 포인트 클라우드
		등고선(.shp, .dxf, .pdf)

6) Technical Specifications of Bentley's iTwin Capture Modeler Software, File No. HARSAC-010001/27/2024-Forestry/Ecology-HARSAC, Haryana Space Applications Centre (HARSAC), 30/10/2024

iTwin Capture Modeler 하드웨어 요구사항[7)]

항목	최소 요구사항	낮은 예산 (Low Budget)	중간 예산 (Medium Budget)	높은 예산 (High Budget)
CPU	Intel/AMD 프로세서 1.0GHz	Intel Core i5-13400AMD Ryzen 5 7600X	Intel Core i7-13700KAMD Ryzen 9 7900X	Intel Core i9-13900KAMD Ryzen 9 7950X 이상
GPU	OpenGL 3.2 호환 가능한 Nvidia, AMD, Intel GPU	Nvidia GeForce RTX 4060 Ti	Nvidia GeForce RTX 4070	Nvidia RTX 4080 이상
RAM	8GB	32GB(1600MHz)	64GB(2200MHz)	-64GB(i9 CPU) -128GB(Xeon CPU)
저장 공간	2GB SATA 드라이브	500GB SATA 드라이브	데이터용 3TB SATA 소프트웨어용 128GB SSD	데이터 및 소프트웨어용 10TB SSD 드라이브
네트워크	필요 없음	1Gb	5Gb	10Gb
운영 체제	Windows 10	Windows 11	Windows 11	Windows 11

부품별 세부 권장 사항

1. CPU(중앙 처리 장치)

- 가능한 한 높은 코어 수와 주파수를 가진 Intel 또는 AMD 프로세서를 선택
- 병렬 처리 단계(예: AT: AeroTriangulation)에서는 코어 수가 유용하지만, 단일 스레드 처리 단계에서는 높은 주파수가 중요
- 18코어 이상 사용 시 성능 저하 문제가 발생할 수 있음.

2. GPU(그래픽 처리 장치)

- GPU는 OpenGL 지원 필수. Nvidia를 사용하는 것이 권장되며, 향후 비Nvidia GPU 지원이 중단될 가능성이 있음
- 멀티 GPU 구성은 더 이상 지원하지 않음
- 권장 GPU
  - 저(低) 예산 : Nvidia GeForce RTX 4060 Ti
  - 중간 예산 : Nvidia GeForce RTX 4070
  - 고(高) 예산 : Nvidia RTX 4080 이상

3. RAM

- 최소 32GB 권장, 대규모 프로젝트의 경우 64GB 이상 필요
- 사진 정렬(AT 단계) 및 대형 타일 처리(Reconstruction 단계)에 중요한 역할을 함

7) 출처 : iTwin Capture Modeler | Hardware Recommendations, Bentley, January 2024

5-2 iTwin Capture Modeler의 기본 워크플로우

iTwin Capture Modeler는 ContextCapture의 강력한 기능을 기반으로 성능과 사용자 경험을 한층 더 향상시킨 소프트웨어로서, 벤틀리 시스템즈(Bentley Systems)가 디지털 트윈(Digital Twin) 생태계를 더욱 견고하게 구축하고자 하는 노력의 일환으로, 명칭을 ContextCapture에서 iTwin Capture Modeler로 변경하였다. 새로운 명칭은 이 소프트웨어가 iTwin 플랫폼과 깊이 통합되었음을 강조하며, 이를 통해 사용자들은 다양한 작업 환경에서 더욱 효과적으로 3D 모델링을 수행할 수 있게 되었다. 주요 개선 사항은 다음과 같다.

1. 향상된 하드웨어 최적화 : 최신 GPU와 CPU의 성능을 최적화하여 데이터 처리 속도를 획기적으로 향상시켰다. 이를 통해 복잡하고 대규모의 데이터도 효율적으로 다룰 수 있다.
2. 통합된 워크플로우 : iTwin 플랫폼과의 긴밀한 통합을 통해 데이터 공유와 협업이 원활해졌다. 이는 다수의 사용자가 동시에 작업하는 환경에서 더욱 유용하게 작용한다.
3. 확장된 출력 형식 지원 : Cesium, Esri i3S, OBJ 등 다양한 출력 형식을 지원함으로써 건설, GIS, 게임 개발 등 다양한 산업 분야에서의 활용 가능성이 크게 향상되었다.

기본 워크플로우

iTwin Capture Modeler의 워크플로우는 간결하면서도 높은 성능을 자랑한다. 사용자는 데이터를 준비한 뒤, 다음의 4단계를 따라 작업을 진행하게 된다.

1. 프로젝트 생성(Create a Project)
   - 새로운 프로젝트를 생성한 후, 사진, 동영상, 점군 데이터 등 다양한 형식의 데이터를 입력한다.
   - 드론 촬영 이미지 데이터를 포함하여, 여러 종류의 데이터를 손쉽게 추가할 수 있다.
   - 이 단계에서 데이터의 품질을 확인하고, 필요한 경우 이를 수정한다. 데이터 품질은 모델의 정확성과 직결된다.

2. 항공삼각측량(AT, Aerial Triangulation)
   - 가져온 데이터를 정렬하여 각 사진의 위치를 3D 공간에서 결정하며, 연속된 사진들의 특징점(Feature Point/Key-Point/Tie Point)을 추출하여 저밀도(Sparse) 점군을 생성한다.
   - GNSS-RTK 데이터를 활용하면, 보다 정밀한 위치 정보를 반영할 수 있다.
   - 지상기준점(GCP, Ground Control Point)의 성과를 활용하여 사진 좌표를 지상 좌표로 변환하는 작업을 진행하며, 이를 통해 모델의 스케일과 위치를 조정할 수 있다. 항공삼각측량의 핵심은 지상기준점 성과를 기반으로 사진좌표를 지상좌표로 변환하는 과정에 있다(「무인비행장치 측량 작업규정」 제2조 제6호).

참고 초기 처리단계

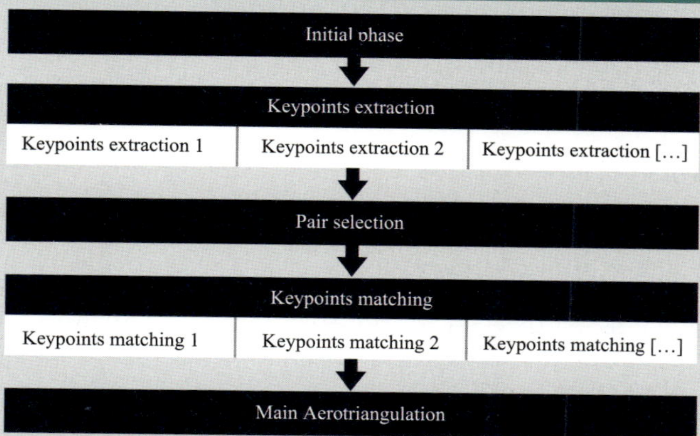

1. **특징점 추출**(Keypoints Extraction)
   - 사진 데이터를 분석하여 2D 평면에서 특징점을 감지하고, 이후의 분석을 위해 해당 점들의 좌표를 저장한다.
   - 프로젝트의 크기에 따라 작업이 미리 설정된 시간 동안 특징점을 검색하는 과정으로 구분된다. 프로젝트 규모가 클수록 작업의 양이 증가한다.
   - 작업을 작은 블록으로 나누면 여러 컴퓨터에서 병렬 처리가 가능하다.
   - 이 과정은 CPU를 사용하며, 32개 이상의 프로세서 스레드를 활용하더라도 처리 속도는 더 이상 크게 향상되지 않는다.
   - RAM 용량은 64GB 이상이 권장된다.
   - 특징점은 한 번 발견되면 프로젝트 메모리에 저장된다. 설정을 변경하지 않는 한 동일한 사진을 다시 불러올 때, 이 단계를 건너뛰어 후속 처리 속도를 높일 수 있다.

2. **사진 쌍 선택**(Pair Selection)
   - 공통 특징점을 가진 사진 쌍을 찾아낸다. 이 단계에서는 속도 향상이 크게 이루어지지 않으며, 분할 처리 없이 메인 컴퓨터에서 실행된다. 최소/최대 시야 거리, 기본/순차 데이터 구조 변경 등의 옵션을 조정하는 것이 중요하다.
   - 위치 메타데이터가 없는 수천 장의 사진이 있는 경우, 병렬 처리를 고려해 프로젝트를 작은 블록으로 나누는 것이 필요할 수 있다.
   - "Exhaustive" 옵션을 사용할 경우, 반드시 최소/최대 시야 거리를 설정해야 한다. 그렇지 않으면 지나치게 많은 사진을 분석하려 하여 처리에 어려움이 발생할 수 있다.
   - 이 단계에서도 CPU와 RAM이 중요한 역할을 한다.

3. **특징점 매칭**(Keypoints Matching)
   - 프로그램이 공통 특징점을 가진 사진 그룹을 식별한 후, 계산을 작은 하위 그룹으로 나누어 특징점들의 위치를 찾아낸다.
   - 특징점 선택 단계와 유사하게, iTwin Capture Modeler는 작업량을 추정하여 하위 작업으로 나누어 처리할 수 있다.
   - 여러 컴퓨터에서 병렬 처리하여 속도를 높일 수 있다.
   - 이 단계에서도 CPU와 RAM이 처리에 사용된다.

3. 3D 재구성(Reconstruction)

- 항공삼각측량을 통해 생성된 저밀도 점군을 기반으로, 고밀도 점군(Dense Point Cloud)을 생성한다. 이 과정에서 보다 세밀한 3D 모델의 기반이 마련된다.
- 고밀도 점군은 객체의 표면을 더욱 정교하게 표현하며, 후속 단계에서의 텍스처 매핑 및 모델링 작업에 중요한 역할을 한다.
- 이 과정에서 모델의 범위를 설정하여 불필요한 데이터를 제외하거나, 타일링(Tiling)을 통해 메모리 사용량을 최적화할 수 있다. 타일링은 대규모 데이터 처리 시 특히 유용하며, 데이터 구조를 효율적으로 관리하는 데 도움이 된다.

4. 3D 모델 생성 및 텍스처 매핑

- 고밀도 점군을 기반으로 3D 메쉬(Mesh)를 생성하고, 이를 통해 실물과 유사한 3D 모델을 완성한다.
- 텍스처 매핑(Texture Mapping)을 통해 모델에 실질적인 색상과 질감을 부여하여, 최종적으로 현실감 있는 3D 모델을 얻을 수 있다.
- 다양한 형식으로 3D 모델을 출력할 수 있다. 3MX(Bentley 형식), Cesium Tiles, Esri i3S, FBX, OBJ 등 다양한 출력 형식을 선택할 수 있으며, 출력 형식과 품질을 프로젝트의 요구사항에 맞게 조정할 수 있다.

입력 데이터 파일

iTwin Capture Modeler는 사진과 점군(點群, Point Cloud) 데이터를 처리할 수 있는 소프트웨어로서, 다양한 입력 데이터 파일 형식을 지원하여 작업 효율성을 높인다. iTwin Capture Modeler는 사진, 비디오, 점군 데이터를 효과적으로 처리하고 통합할 수 있는 기능을 제공하며, 이를 통해 정밀하고 고품질의 3D 모델을 생성할 수 있다. 이러한 특징 덕분에 iTwin Capture Modeler는 건축, 토목, 도시 계획 등 다양한 분야에서 3D 모델링과 데이터 분석 작업을 신속하고 정확하게 수행하는 데 널리 활용되고 있다.

1. 사진 파일 형식

iTwin Capture Modeler는 JPEG와 TIFF 형식의 사진 파일을 기본적으로 지원하며, 일부 일반적인 RAW 파일 형식도 읽을 수 있다. 특히 Exif 메타데이터가 포함된 경우 이를 활용하여 보다 정밀한 작업이 가능하다. 지원되는 사진 파일 형식은 다음과 같다.

- JPEG
- TIFF(Tag Image File Format)
- 파나소닉(Panasonic) RAW : RW2
- 캐논(Canon) RAW : CRW, CR2

- 니콘(Nikon) RAW : NEF
- 소니(Sony) RAW : ARW
- 하셀블라드(Hasselblad) : 3FR
- Adobe 디지털 네거티브 : DNG
- JPEG 2000
- ECW
- PNG

JPEG 2000 형식의 파일은 처리 시간이 다른 형식보다 오래 걸릴 수 있다.

2. 비디오 파일 형식

iTwin Capture Modeler는 비디오 파일에서 프레임(Frame)을 추출하여 작업에 사용할 수 있다. 지원되는 비디오 파일 형식은 다음과 같다.

- AVI (Audio Video Interleave)
- MPG (MPEG-1/MPEG-2)
- MP4 (MPEG-4)
- WMV (Windows Media Video)
- MOV (QuickTime)

3. 점군(點群, Point Cloud) 데이터 파일 형식 지원

점군 데이터는 3D 모델링의 중요한 요소로서, iTwin Capture Modeler는 다음의 두 가지 주요 점군 파일 형식을 지원한다

- ASTM E57 파일 형식 : .e57
- Cyclone 점군 데이터 내보내기 형식 : .ptx

참고 E57 파일

E57 파일은 레이저 스캐너, 3D 이미징 시스템 및 관련 장비에서 생성되는 점군(Point Cloud), 이미지, 메타데이터를 저장하기 위한 간결하고 범용적인 파일 형식으로서, ASTM(American Society for Testing and Materials, 미국재료시험협회)에서 개발했으며, ASTM E2807에 정의되어 있다. E57 파일의 주요 특징은 다음과 같다.

1. **범용성** : E57 형식은 특정 회사나 장비에 얽매이지 않는 벤더 중립적(vendor-neutral) 형식으로 설계되었다. 이는 다양한 소프트웨어와 장비에서 사용할 수 있어, 어떤 브랜드나 시스템을 사용하더라도 파일을 열고 사용할 수 있다.
2. **데이터 통합** : E57 파일에는 3D 점군 데이터, 2D 이미지, 그리고 관련 메타데이터가 통합되어 저장된다. 이를 통해 스캐닝 장비로부터 생성된 모든 정보를 손실 없이 유지할 수 있다.
3. **표준화** : ASTM E2807에 기반하여 일관된 데이터 구조를 제공하며, 이는 데이터 공유와 워크플로를 간소화한다.
4. **효율성** : XML 기반의 계층적 트리 구조와 압축된 이진(binary) 형식을 결합하여 대용량 데이터를 효율적으로 저장한다. 이로 인해 파일 크기가 작아지고 데이터 입출력 속도가 향상된다.
5. **대용량 지원** : 최대 9엑사바이트(exabytes)의 크기를 지원하여 대규모 3D 스캔 프로젝트에 적합하다.

참고 PTX 파일

PTX 파일은 3D 레이저 스캐닝 시스템에서 생성되는 점군(Point Cloud) 데이터를 저장하기 위한 형식으로서, 일반적으로 스캔 데이터와 함께 스캐너의 위치 및 방향 정보를 포함한다. 주로 스캐닝 장비 제조업체들이 사용하는 포맷이며, 스캔 데이터를 다른 소프트웨어로 전송하거나 처리하는 데 사용된다. 주요 특징은 다음과 같다.

1. **스캔 데이터 구조화**(Structured Scan Data) : PTX 파일은 스캔 데이터를 행과 열의 격자(grid) 형식으로 저장한다.
2. **스캐너 위치 및 자세 정보** : PTX 파일에는 레이저 스캐너가 데이터를 수집한 시점의 위치와 방향이 기록된다. 이를 통해 여러 스캔 데이터를 쉽게 정렬하고 정합(Registration, 결합)할 수 있다.
3. **텍스트 기반 파일 형식** : 텍스트 형식으로 저장되며, 사람이 읽을 수 있는 구조로 되어 있다. 이를 통해 사용자는 직접 파일을 열어 데이터를 확인하거나 편집할 수 있다.
4. **데이터 호환성** : PTX 파일은 여러 3D 스캐닝 소프트웨어와 호환되며, 데이터를 E57, LAS 등 다른 형식(Format)으로 변환하는 데 자주 사용된다.

5-3 iTwin Capture Modeler 시작에 앞서

I. 지오이드

정표고(Orthometric Height)

정표고는 지오이드(Geoid)를 기준으로 한 지표면의 높이를 나타내며, 일반적으로 "해발고도"로 알려져 있다. 이는 지형의 물리적 특성을 반영한 실제 고도를 의미하며, 지구의 중력을 기준으로 정의된 높이로 지형의 실제 물리적 특성을 정밀하게 표현한다. 정표고는 지도 제작, 토목 공사, 수문학 등의 분야에서 중요한 역할을 한다.

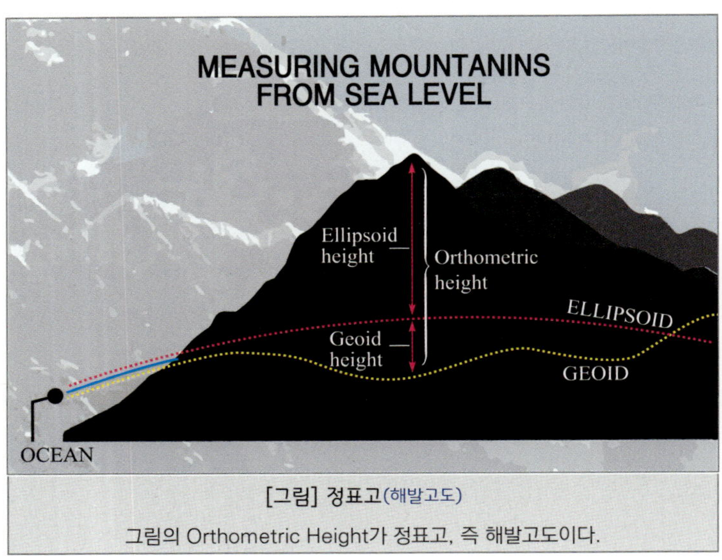

[그림] 정표고(해발고도)

그림의 Orthometric Height가 정표고, 즉 해발고도이다.

정표고는 단순히 타원체(Ellipsoid)를 기준으로 한 타원체고(Ellipsoidal Height, h)와는 다르다. 타원체고는 지구의 기하학적 모델을 기준으로 하지만, 정표고는 지구의 실제 중력 분포를 고려하여 계산되기 때문에 실질적인 높이를 나타낸다. 이는 지구의 질량 분포가 균일하지 않아 지역마다 중력장의 차이가 발생한다는 사실을 반영한다.

정표고는 지오이드로부터 지표면까지의 수직 거리를 의미한다. 지오이드는 평균 해수면과 가장 가까운 등포텐셜면(Equipotential Surface)으로 정의되며, 중력을 기준으로 계산된 지구의 자연적 형태를 나타낸다.

• 정표고의 측정 방법

(1) 수준측량(Leveling) : 수준측량은 전통적으로 정표고를 측정하는 데 사용되며, 중력 방향을 기준으로 지표면의 고도 차이를 측정한다. 장점으로는 고도의 정확성을 확보할 수 있다는 점이 있으며, 단점으로는 대규모 지역의 측량에는 시간과 비용이 많이 소요된다.

(2) GNSS 기반 간접수준측량(Indirect Leveling) : 위성기술을 활용하여 GNSS를 이용한 타원체고와 지오이드고를 조합하여 정표고를 계산하는 방식이다. 빠르고 넓은 범위에서 데이터를 수집할 수 있는 장점이 있으나, GNSS 및 지오이드 모델의 품질에 따라 정확도가 달라질 수 있는 단점이 있다.

지오이드(Geoid)

지오이드는 지구의 중력장을 반영하여 정의된 가상의 해수면 표면으로서, 중력 퍼텐셜이 일정한 등포텐셜면(equipotential surface)이다. 이 표면은 지구 내부 질량 분포의 불균형으로 인해 형성된 울퉁불퉁한(undulated) 3차원 형상을 가지며, 실제 해수면의 평균적 모습을 가장 근접하게 나타낸다. 지오이드는 지표면의 중력을 기준으로 형성된 등포텐셜면으로, 물리적으로 실재하는 면은 아니지만, 높이와 중력 분포 연구에 있어 매우 중요한 기준이 된다.

• 지오이드의 주요 특징

(1) 등포텐셜면 : 지오이드는 중력 포텐셜이 일정한 등포텐셜면으로, 이는 지표면 어느 위치에서나 동일한 중력 에너지를 가진다는 것을 의미한다.

(2) 중력 방향과 수직 : 지오이드 면은 어느 위치에서나 중력 방향과 수직을 이룬다. 이러한 특징은 중력의 영향을 정밀하게 반영할 수 있도록 한다.

(3) 불규칙한 형태 : 지오이드의 형상은 지구 내부 질량 분포의 비균일성으로 인해 불규칙적이다. 이는 대륙과 해양 간의 밀도 차이, 그리고 지하 암석 구조의 변화 등에서 비롯된다.

(4) 평균 해수면과의 일치 : 바다에서는 지오이드가 평균 해수면과 일치한다고 간주되며, 육지에서는 가상의 수로를 통해 지오이드 면이 연장된 것으로 정의된다.

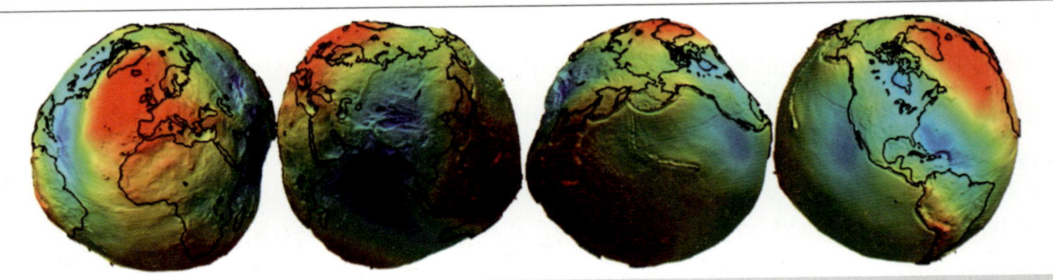

[그림] 지오이드 형상

지구는 완벽한 구형(Sphere)이 아니다. 지구의 불규칙한 지형과 질량 분포는 '지오이드'로 설명할 수 있다. 정확한 지오이드 개발은 지도 작성과 내비게이션 등에 필수적이다. (출처 : National Geospatial-Intelligence Agency)

지오이드는 해발고도를 측정하는 기준면으로 사용되며, 중력의 영향을 반영한 실제 고도를 측정하는 데 중요한 역할을 한다. 위성 관측, 중력 측정, 그리고 해수면 데이터를 결합하여 지오이드의 형상을 정밀하게 모델링할 수 있다. 이를 통해 지구의 중력장을 보다 정확하게 이해할 수 있으며, 이는 다양한 과학적 및 실용적 응용에 필수적이다.

참고 지오이드 특징

- **중력 기반 면** : 지오이드는 일정한 위치에너지(Potential Energy)로 형성된 표면으로서, 이론적으로 물이 정지해 있을 때의 해수면을 확장하여 육지까지 연장한 것이다.
- **타원체와의 차이** : 지오이드는 타원체보다 복잡한 형태를 가지며, 이는 지구 내부의 질량 분포에 따른 중력장의 변화 때문이다.
- **정표고의 기준** : 모든 정표고 계산에서 지오이드는 기준면 역할을 한다. 예를 들어, 고도 H는 타원체고(h)와 지오이드고(Geoid Height, N)의 차이로 나타낼 수 있다. 즉

$$H = h - N$$

여기서, h는 GPS로 측정된 기하학적 높이이며, N은 지오이드와 타원체 간의 높이 차이다.

특히, 유럽우주국[8](ESA)의 GOCE(Gravity Field and Steady-State Ocean Circulation Explorer) 위성은 지구

---

8) GOCE(Gravity Field and Steady-State Ocean Circulation Explorer) : 유럽우주국(ESA)이 개발한 지구 관측 위성으로, 지구의 중력장과 해양 순환을 연구하기 위해 설계되었다. 2009년 3월 17일에 발사된 GOCE는 지구의 중력장을 고정밀도로 측정하고, 이를 통해 지구의 내부 구조와 해양 순환을 이해하는 데 중요한 데이터를 제공했다. GOCE는 2013년 11월 11일 임무를 종료했다. 임무 종료 후, GOCE는 대기권으로 재진입하여 소멸되었지만, 그동안 수집한 데이터는 지구 과학 분야에 지속적으로 활용되고 있다.
- GOCE의 과학적 성과
  1. 고정밀 중력장 지도 : GOCE는 지구의 중력장을 1cm 수준의 정밀도로 측정하여, 지구 과학 분야에 혁신적인 데이터를 제공했다. 이 데이터는 지진, 화산 활동, 빙하 변화 등 다양한 지구물리 현상 연구에 활용되었다.
  2. 지오이드 모델 개선 : GOCE는 지오이드의 정밀한 모델을 제공하여, 높이 측정 및 지구 시스템 연구에 필수적인 기준을 마련했다. 이 모델은 GPS 측량, 해양학, 기후 연구 등 다양한 분야에서 활용되었다.
  3. 해양 순환 이해 : GOCE의 중력장 데이터는 해양의 지형류를 계산하는 데 사용되어, 해양의 열과 염분 분포, 해양 순환과 기후 변화의 관계를 더 깊이 이해할 수 있었다.

의 중력장과 지오이드를 정밀하게 연구하기 위해 설계되었으며, 고정밀 중력 데이터를 제공한다. 이를 기반으로 전 지구적인 지오이드 모델이 구축되었으며, 이는 지구 시스템 연구와 관련된 다양한 분야에서 중요한 기여를 하고 있다.

유럽우주국(ESA)의 GOCE(Gravity Field and Steady-State Ocean Circulation Explorer) 위성은 지구의 중력장과 지오이드를 정밀하게 연구하기 위해 설계되었으며, 고정밀 중력 데이터를 제공하였다. 이를 기반으로 전 지구적인 지오이드 모델이 구축되었으며, 이는 지구 시스템 연구와 관련된 다양한 분야에서 중요한 기여를 하고 있다.

지오이드고(Geoid Height)

지구 타원체(Ellipsoid)와 지오이드(Geoid) 사이의 높이 차이를 나타내며, GNSS 데이터를 기반으로 정표고를 계산하는 데 필수적인 역할을 한다. 이 값은 지역 중력장의 영향을 반영하여 각기 다르게 나타난다. GNSS 측정만으로는 중력의 영향을 반영한 실제 지형의 높이를 알 수 없으므로, 지오이드고를 활용하여 이러한 한계를 극복할 수 있다.

지오이드 모델(Geoid Model)

지오이드 모델은 평균 해수면과 GNSS 기준 타원체고(Ellipsoidal Height) 간의 차이를 전 지구적으로 연속적으로 표현한 모델로서, 지표면의 높이를 정밀하게 나타내는 데 중요한 역할을 한다. 이는 다양한 데이터를 결합하여 지구의 중력장과 질량 분포를 반영한 정확한 형상을 제공하며, 측량과 GIS 등 여러 응용 분야에서 필수적인 기준으로 활용된다.

최신 지오이드 모델은 약 2-3cm 정도의 높은 정밀도를 가지고 있으며, 이러한 수준의 정밀도는 GPS 데이터와 결합하여 고도 정보를 더욱 신뢰성 있게 제공한다. 지상에서 측정된 중력 데이터, 위성을 통한 중력 관측, 그리고 해수면 변화 데이터를 포함한 다양한 데이터 소스를 결합하여 제작된다. 이러한 데이터는 서로 보완적으로 사용되어 보다 정확한 모델링이 가능하다.

지구 전체를 아우르는 전지구적 모델 외에도, 각 국가나 지역의 고유한 중력 특성과 지형 조건을 반영한 지역별 특화 지오이드 모델이 개발되어 사용된다. 예를 들어, 한국에서는 KNGEOID와 같은 지오이드 모델이 활용된다. 이러한 모델들은 국내의 정밀한 중력 데이터와 지형 정보를 기반으로 제작되어, 한국의 특정 지형 조건과 중력 특성을 보다 잘 반영한다. 이를 통해 한국 내에서의 측량과 설계 작업이 더욱 정밀하게 수행될 수 있으며, 각 모델은 데이터와 기술의 발전에 따라 점진적으로 개선되고 있다.

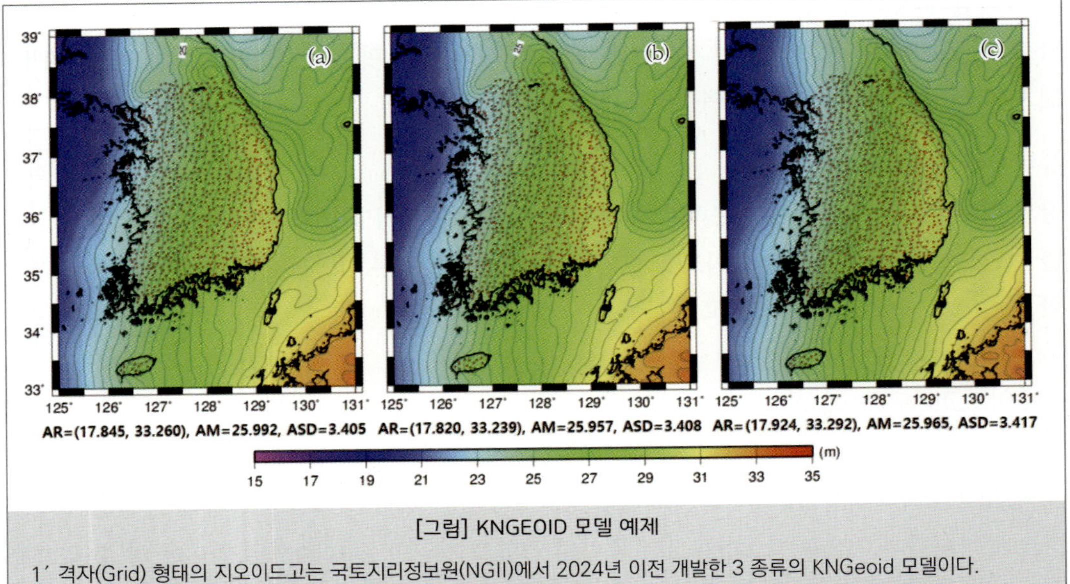

[그림] KNGEOID 모델 예제

1′ 격자(Grid) 형태의 지오이드고는 국토지리정보원(NGII)에서 2024년 이전 개발한 3 종류의 KNGeoid 모델이다. (a) KNGeoid13, (b) KNGeoid14, (c) KNGeoid18. 빨간점은 GNSS/수준측량 통합 제어점(UCP) 위치를 나타낸다.

(출처 : Kim, K.B., et. al., 2020, Accuracy Evaluation of Geoid Heights in the National Control Points of South Korea Using High-Degree Geopotential Model, ppl. Sci. 2020, 10(4), 1466)

타원체고

타원체고(Ellipsoidal Height)는 지구를 이상적인 수학적 타원체로 간주하여, 타원체 기준면에서 지표면까지의 수직 거리를 나타낸다. 이 개념은 지구 표면의 위치를 기하학적으로 표현하는 데 있어 중요한 요소로서, 특히 GPS 기반 측정에서 핵심적인 역할을 한다.

타원체고는 GNSS(Global Navigation Satellite System)를 이용하여 직접 관측할 수 있는 높이로서, 타원체 기준면에서 실제 지표면까지의 수직 거리를 나타낸다. 이 높이는 지구의 평균적인 타원체 형상을 기준으로 측정되며, 일반적으로 WGS84(World Geodetic System 1984) 또는 GRS80(Geodetic Reference System 1980)과 같은 표준 타원체 모델을 기준으로 한다. 이러한 표준 타원체 모델은 전 세계적으로 통용되며, 측정의 일관성을 확보하는 데 기여한다.

타원체고는 순수히 기하학적인 기준에 따라 정의된 높이로, 중력의 영향을 전혀 고려하지 않는다. 따라서, 지구의 실제 중력 분포를 반영하는 정표고(Orthometric Height)와는 명확히 구분된다. 타원체고는 동일한 기준을 사용하여 전 세계적으로 측정되기 때문에 지역적 차이가 거의 없으며, 이는 글로벌 위치 결정 시스템에서 정확한 좌표를 제공하는 데 매우 중요한 역할을 한다.

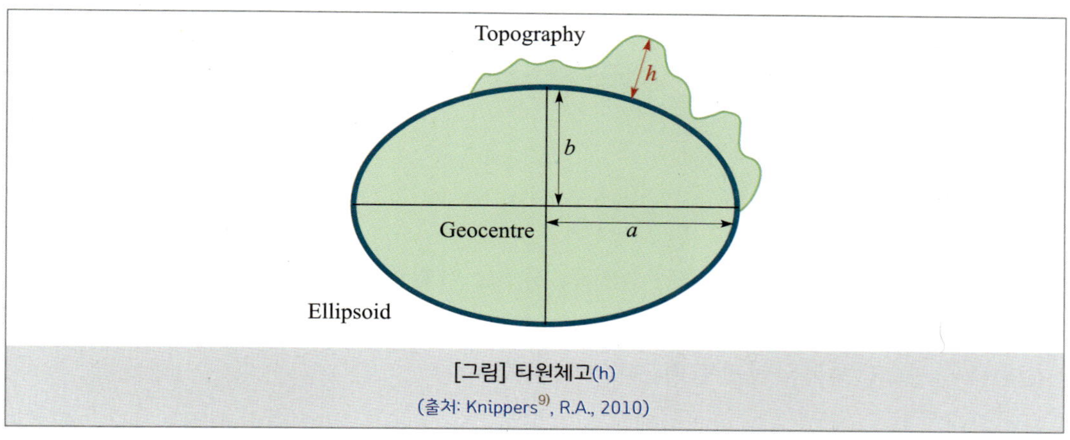

[그림] 타원체고(h)

(출처: Knippers[9], R.A., 2010)

한편, 타원체고는 정표고를 계산하기 위한 기초 데이터로 활용된다. 정표고는 타원체고에서 지오이드고(Geoid Height)를 차감하는 방식으로 산출되므로, 정확한 타원체고의 측정은 정표고 계산의 필수 요소다.

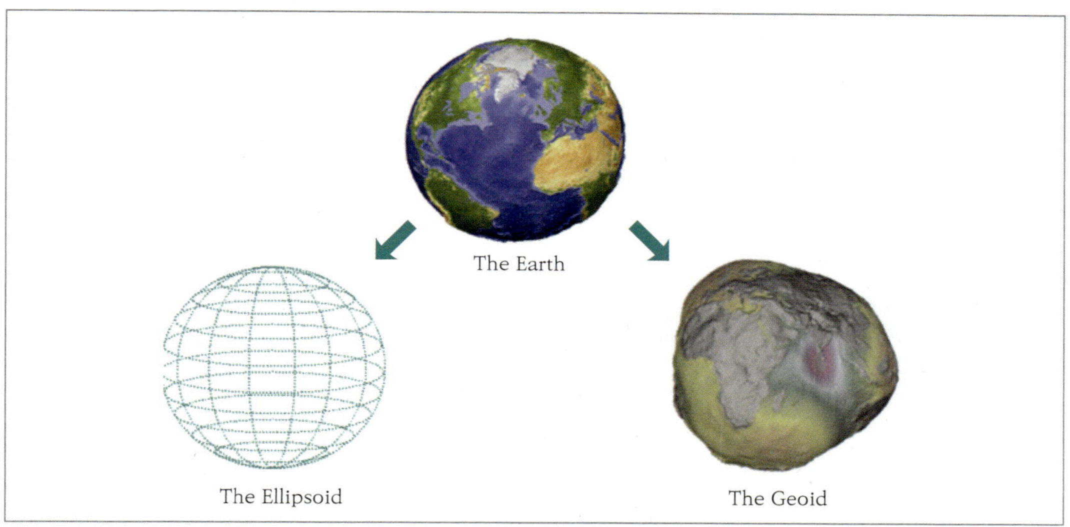

9) Knippers, R.A., 2010, Geometric Aspects of Mapping: Lecture Notes., ITC, Faculty of Geo-Information Science and Earth Observation, University of Twente, Enschede, The Netherlands. Knippers가 2010년에 작성한 강의 노트로, 지도 제작 및 지리정보 시스템(GIS)에서 사용되는 기하학적 개념, 특히 타원체고(Ellipsoidal Height)와 관련된 내용을 다루고 있다. 이 자료는 지구의 기하학적 모델과 측량 기술에 대한 이론적 배경을 제공하며, 타원체고와 같은 개념을 명확히 설명하고 있다.

지오이드고, 타원체고, 정표고의 관계

지오이드고(N), 타원체고(h), 정표고(H) 사이에는 다음과 같은 중요한 관계식이 성립한다.

$$h = H + N$$

여기서, 각 높이는 다음과 같이 정의된다.

- 타원체고(h) : GPS 측량에서 관측된 높이로, 지구를 타원체(Ellipsoid)로 가정했을 때 기준면에서 실제 지표면까지의 수직 거리를 나타낸다. 이는 GPS를 통해 직접 관측할 수 있으며, 위성 기반 측위 시스템에서 얻어지는 기본적인 높이 값이다.
- 정표고(H) : 지오이드(Geoid) 기준면에서 지표면까지의 거리를 의미하며, 일반적으로 "해발고도"로 알려져 있다. 이는 중력의 영향을 반영하여 지구의 실제 물리적 높이를 나타낸다.
- 지오이드고(N) : 타원체와 지오이드 간의 높이 차이를 뜻한다. 이는 타원체에서 지오이드까지의 거리를 나타내며, 중력 데이터를 활용해 계산된다. 지구 내부 질량 분포와 중력의 불균일성을 반영하기 때문에 지역마다 다른 값을 갖는다.

GPS로 측정된 타원체고(h)는 정표고(H)로 변환하기 위해 지오이드고(N)가 필요하다. 이러한 변환은 토목공학, 건설, 지리정보시스템(GIS) 등에서 정밀한 높이 데이터를 제공하는 데 필수적이다. 특히, 지도 제작 과정에서 정표고를 기준으로 지형 정보를 표현하기 때문에 타원체고에서 정표고로의 변환 과정은 매우 중요한 역할을 한다.

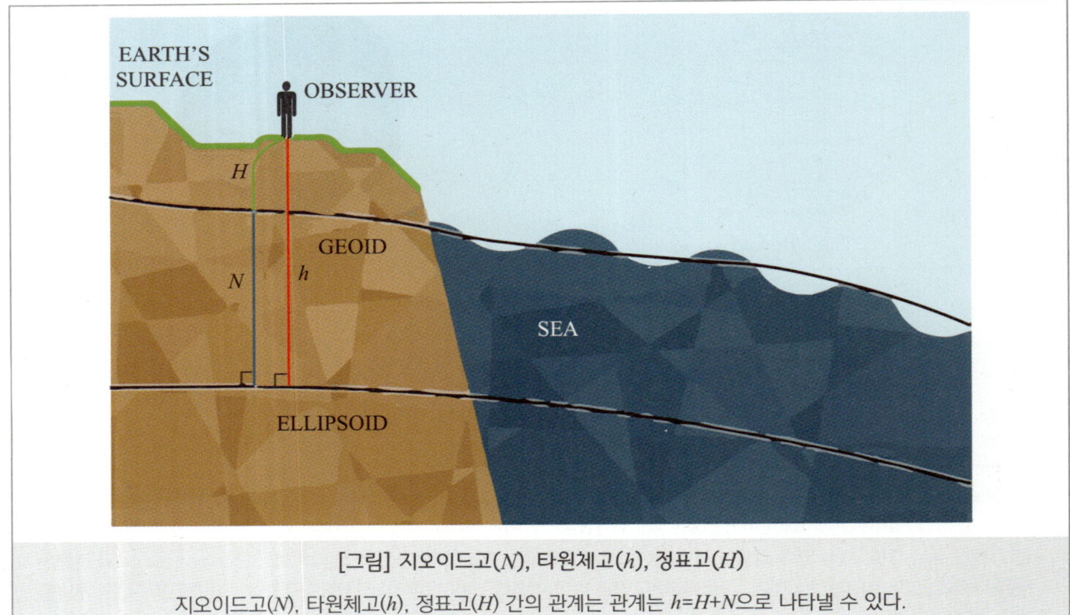

[그림] 지오이드고(N), 타원체고(h), 정표고(H)

지오이드고(N), 타원체고(h), 정표고(H) 간의 관계는 관계는 $h=H+N$으로 나타낼 수 있다.

II. 2024 국가 지오이드 모델(KNGeoid24) 다운로드 받기

국토교통부 국토지리정보원이 2024년 10월 16일부터 국내 측량 기술과 위치기반 산업의 정확도를 획기적으로 높일 수 있는 최신 국가 지오이드 모델 'KNGeoid24'를 새롭게 제공한다고 다음의 그림(보도자료)과 같이 발표하였다. 이번 모델은 기존의 'KNGeoid18'을 대폭 개선한 것으로서, 국내 지형의 정밀한 높이 데이터를 기반으로 하여 건설, 토목 등 다양한 산업에서 활용도가 더욱 커질 것으로 기대되고 있다.

보도자료

다시 대한민국! 새로운 국민의 나라

보도시점 : 2024. 10. 16.(수) 06:00 이후(10. 16.(수) 석간) / 배포 : 2024. 10. 15.(화)

정밀도 높인 '2024 국가 지오이드모델' 공개

- 10월 16일부터 국토정보플랫폼에서 제공… GNSS 위성 활용 측량 지원

□ **지면 높이**를 측정하는 **기준** 중 하나인 **지오이드**의 국내 모델 **정밀도**가 한층 **높아진다**. 앞으로 **건설, 토목현장의 측량작업** 등 다양한 곳에서 지오이드 **활용도가 높아질 전망**이다.

□ **국토교통부**(장관 박상우) **국토지리정보원**(원장 조우석)은 국토의 최신 정밀 높이를 반영한 **국가 지오이드모델(KNGeoid24)**을 10월 16일부터 새롭게 제공한다.

지오이드(Geoid)는 지구 중력을 기준으로 한 평균 해수면과 같은 가상의 표면으로서, 이를 기준으로 한 지오이드 모델은 땅의 높이를 측정하는 데 필수적이다. 국토지리정보원은 최신 국가기준점 데이터와 정밀 측량 데이터를 활용하여 이번 모델의 정밀도를 한층 강화했다.

KNGeoid24는 전국 평균 정밀도가 기존 2.33cm에서 2.30cm로 향상되었으며, 특히 도심지와 평지에서의 정밀도는 2.15cm에서 2.03cm로 크게 개선되었다. 이러한 수준의 정밀도는 공공측량에서 요구되는 3급(3cm) 및 4급(5cm) 공공수준측량 기준을 모두 충족하며, 대규모 공사 현장에서의 신뢰성을 더욱 높일 것으로 보인다.

정밀도의 향상은 최신 국가기준점의 표고 데이터와 GNSS 수신기 기술의 개선을 통해 이루어졌다. 또한, KNGeoid24는 측량기준점 성과를 기존 4,492점에서 5,398점으로 대폭 확대하여, 기준점이 부족했던 지역에서도 높은 정확도를 유지할 수 있도록 개선되었다.

2024 국가 지오이드 모델(KNGeoid24)

새로운 KNGeoid24 지오이드 모델은 2023년 11월부터 2024년 8월까지의 정밀 계산 결과를 반영하였으며, 국내 전역(위도 33° ~ 39°, 경도 124° ~ 132°)에 걸쳐 균질한 정밀도를 확보했다. 특히, 최신 국가기준점 데이터(2023년 7월 7일 기준)를 기반으로 업데이트가 이루어졌으며, 이로 인해 도심 지역뿐 아니라 농촌, 산악 지역 등에서도 정밀도가 크게 향상되었다.

이전 모델에서 일부 지역에서 발생했던 국지적 정확도 저하 현상을 개선하기 위해, 보다 많은 측량기준점을 활용해 데이터의 신뢰성을 높였다. 이러한 개선은 전국 어디서나 균질한 높이 정보를 제공할 수 있게 하여, 측량 현장의 작업 효율성을 높이는 데 기여할 것으로 보인다.

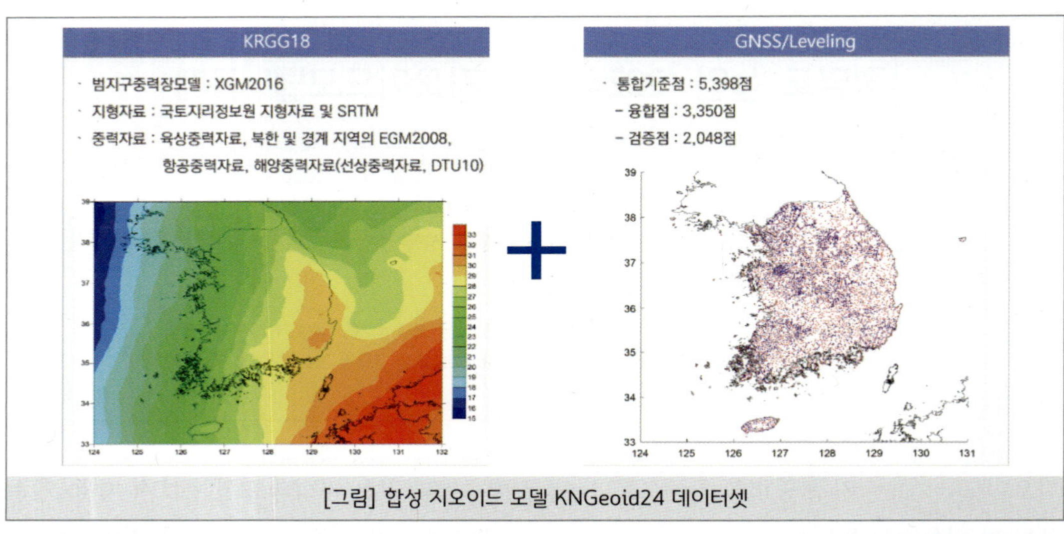

[그림] 합성 지오이드 모델 KNGeoid24 데이터셋

구분	KNGeoid18	KNGeoid24
측량기준점 분포	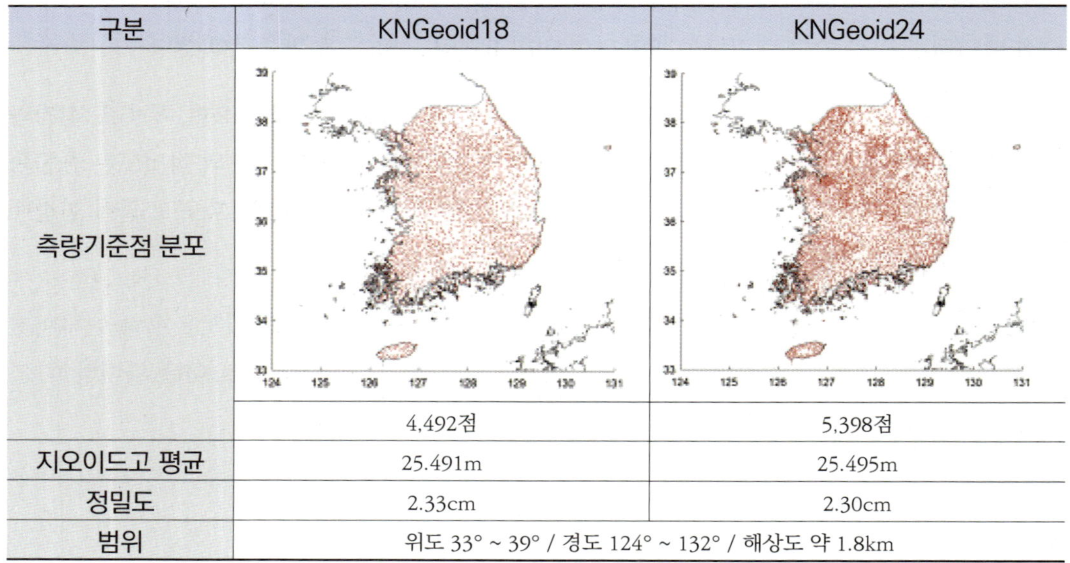	
	4,492점	5,398점
지오이드고 평균	25.491m	25.495m
정밀도	2.33cm	2.30cm
범위	위도 33° ~ 39° / 경도 124° ~ 132° / 해상도 약 1.8km	

KNGeoid24는 건설 및 토목 분야를 넘어 드론(Drone), 자율주행차(Autonomous Vehicles), 도시 항공 모빌리티(UAM, Urban Air Mobility) 등 첨단 기술 산업에서도 폭넓게 활용될 것으로 기대된다. 정밀한 높이 데이터는 자율주행차의 정확한 경로 설정과 도심항공교통(UAM) 운영의 핵심 기술로 자리 잡고 있으며, 이번 모델은 이러한 첨단 분야의 발전에 기여할 전망이다.

이번 KNGeoid24 모델은 실시간 GNSS 높이 측량에 폭넓게 활용될 수 있도록 설계되어 있으며, 특히 공사 현장에서 사용되는 드론이나 건설장비 등에 탑재되어 작업의 효율성과 정확도를 극대화함으로써 국가 경쟁력을 높이는 데 기여할 것으로 기대된다. KNGeoid24는 국토지리정보원의 공식 웹사이트인 국토정보플랫폼에서 무료로 다운로드할 수 있다.

다음의 그림과 같이, 국토정보플랫폼(https://map.ngii.go.kr/) 홈페이지 상단의 ① "공간정보" 메뉴를 클릭한 후, 좌측의 "공간정보" 메뉴창으로 이동한다. ② "국가수직기준연계" 메뉴에서 "+"를 클릭하면 세부 메뉴가 나타나는데, 이 중 ③ "수직기준변환"을 선택한다. 화면 중앙의 "모델/소프트웨어 다운로드"를 클릭한 후, ④ "KNGeoid18" 및 최신 모델인 "KNGeoid24"를 다운로드 받는다.

III. iTwin Capture Modeler에 한국형 지오이드 모델 입력하기

iTwin Capture Modeler는 우리나라의 서부, 중부, 동부 및 동해 TM 직각좌표계를 포함하고 있으나, 높이의 기준은 일반적으로 EGM 모델을 적용하도록 설정되어 있다. 따라서, 보다 정밀한 고도 기준을 적용하기 위해서는 한국형 지오이드 모델인 KNGeoid 모델을 적용할 필요가 있다.

부록 1에는 이 책에서 사용된 실습 자료 목록과 구글 드라이브에서 이를 다운로드받는 방법이 상세히 설명되어 있다. 이들 자료 중 "Geoid Model" 폴더에는 앞서 언급한 지오이드 모델인 KNGeoid18 및 KNGeoid24의 gtx 변환 파일과 iTwin Capture Modeler와 연결시켜주기 위한 csv 파일이 포함되어 있다.

이 "Geoid Model" 폴더 내의 파일들을 iTwin Capture Modeler가 설치되어 있는 Program Files 하위 폴더인 C:\ProgramFiles\Bentley\iTwinCaptureModeler\data\gdal 폴더에 저장하면, iTwin Capture Modeler에서 한국형 지오이드 모델을 손쉽게 적용할 수 있다. 이를 통해 사용자는 보다 정밀한 고도 데이터를 활용하여 프로젝트의 정확성과 신뢰성을 높일 수 있다.

5-4 iTwin Capture Modeler를 활용한 자료처리

I. iTwin Capture Modeler 소프트웨어 실행하기

iTwin Capture Modeler 실행하기

iTwin Capture Modeler를 설치하면, 다음의 그림과 같이 Modeler Master, Modeler Engine, Desktop Viewer와 같은 프로그램들이 컴퓨터 화면에 나타난다. 이 세 가지 프로그램은 상호 작용하며, 현실 캡처 데이터를 고품질의 3D 디지털 트윈 모델로 변환하는 완벽한 워크플로우를 제공한다. 참고로, "osong" 파일 폴더는 실습자료가 포함된 폴더다.

참고 Modeler Master, Modeler Engine, Desktop Viewer

- Modeler Master : iTwin Capture Modeler의 핵심 인터페이스로서, 주요 기능과 역할은 다음과 같다.
  - 프로젝트 관리 및 워크플로우 조정
  - 데이터 가져오기 및 내보내기
  - 모델링 작업 설정 및 구성
  - 품질 관리 및 보고서 생성

• Modeler Engine : 실제 3D 모델링 작업을 수행하는 백엔드[10](Back-end) 프로세서로서, 주요 기능은 다음과 같다.
  - 포인트 클라우드 및 이미지 데이터 처리
  - 자동화된 3D 모델 생성
  - 메쉬 최적화 및 텍스처 매핑
  - 고성능 계산 수행

• Desktop Viewer : 생성된 3D 모델을 시각화하고 검토하기 위한 도구로서, 주요 기능은 다음과 같다.
  - 3D 모델 탐색 및 조작
  - 측정 및 주석 도구 제공
  - 단면 뷰 및 클리핑 플레인 생성
  - 렌더링 설정 조정

참고 Modeler Master와 Modeler Engine의 주요 차이점

1. 기능과 목적
   • Modeler Master
     - 모델링 작업을 위한 사용자 인터페이스를 제공한다.
     - 모델 설계, 편집, 시각화 등의 기능을 담당한다.
     - 사용자가 직접 상호작용하는 프론트엔드[11](Front-end) 부분이다.
   • Modeler Engine
     - 실제 모델링 로직과 계산을 처리한다.
     - 모델의 실행, 시뮬레이션, 분석 등을 수행한다.
     - 백엔드에서 작동하는 핵심 엔진 부분이다.

2. 사용 환경
   • Modeler Master
     - 주로 데스크톱 애플리케이션이나 웹 인터페이스로 제공된다.
     - 사용자 친화적인 GUI를 갖추고 있다.
   • Modeler Engine
     - 서버나 클라우드 환경에서 실행되는 경우가 많다.
     - API를 통해 다른 시스템과 통합될 수 있다.

3. 확장성
   • Modeler Master : 사용자 인터페이스 커스터마이징에 초점을 맞추고 있다.
   • Modeler Engine : 새로운 알고리즘이나 모델링 기법 추가 등 기능적 확장에 중점을 둔다.

---

10) 백엔드(Back-end) : 서버 측(server-side) 개발을 의미하며, 사용자에게 직접 보이지 않는 부분을 담당한다. 데이터 저장, 보안, 서버 로직 등을 처리한다.
11) 프론트엔드(Front-end) : 사용자가 직접 상호작용하는 애플리케이션의 클라이언트 측(client-side) 부분을 말한다. 이는 사용자 인터페이스(User Interface, UI)와 사용자 경험(User Experience, UX)을 포함한다.

Modeler Master를 실행하기에 앞서, 3D 모델링 작업 등을 수행하는 백엔드(Back-end) 프로세서인 Modeler Engine을 먼저 실행시키는 것이 바람직하다. PC 화면에서 Modeler Engine 바로가기를 클릭하면 된다. 우측의 그림은 Modeler Engine 설치 중의 화면을 보여준다.

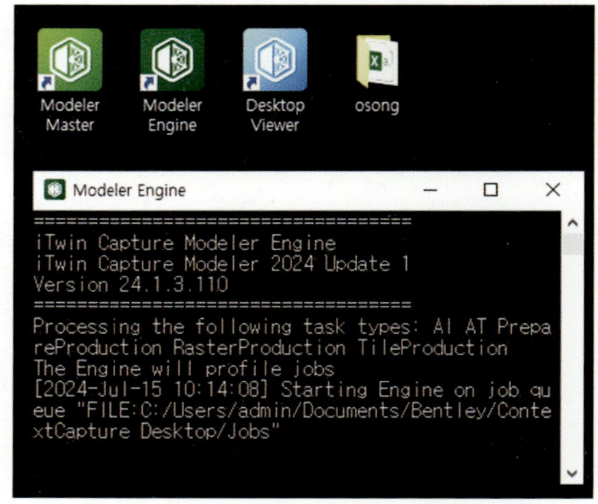

II. 프로젝트 생성

프로젝트 생성

Modeler Engine 설치 후, PC 화면에서 Modeler Master 바로가기를 클릭하여 실행하면, 다음의 좌측 그림과 같이 iTwin Capture Modeler가 시작된다.

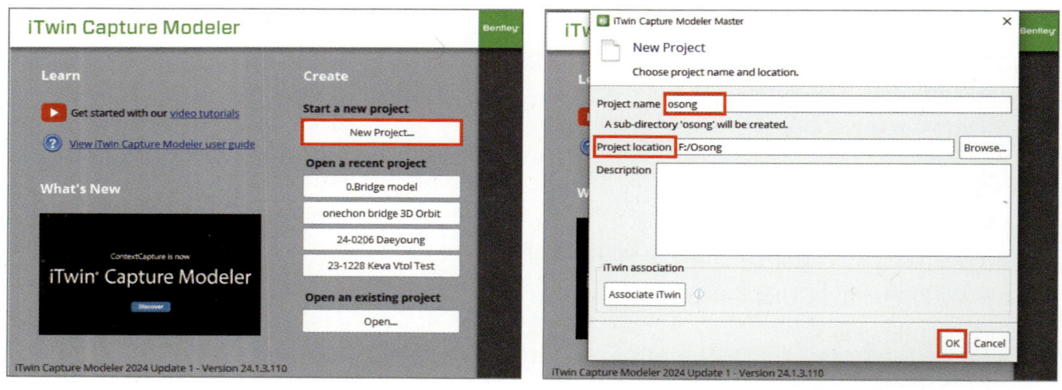

iTwin Capture Modeler가 실행된 후, 좌측 그림과 같이 "New Project"를 클릭하면, 우측 그림과 같이 "프로젝트 이름"(Project name) 및 프로젝트 생성 파일 저장 폴더 위치(Project location) 등을 입력할 수 있는 창이 나타난다. 이후, "OK"를 클릭하여 프로젝트를 생성한다.

프로젝트가 시작되면, 화면에 다음과 같은 iTwin Capture Modeler 기본 인터페이스가 표시된다. 화면 좌측의 진한 파란색으로 표시된 창은 "프로젝트 트리 뷰"(Project Tree View)이다. 화면 좌측의 빨간색으로 표시된 창은 "프로젝트 항목 뷰"(Project Item View)이며, 화면 우측 상단의 밝은 파란색으로 표시된 버튼에서는 워크플로우 동작을 통해 블럭을 생성하고 관리할 수 있다.

빨간색으로 표시된 "프로젝트 항목"에서는 iTwin Capture Modeler에서 처리되는 단계와 관련된 모든 데이터를 관리한다. 또한, "일반"(General) 탭을 통해 프로젝트 블럭 목록을 관리할 수 있으며, "옵션"(Option) 탭에서는 작업에 필요한 옵션을 설정할 수 있다.

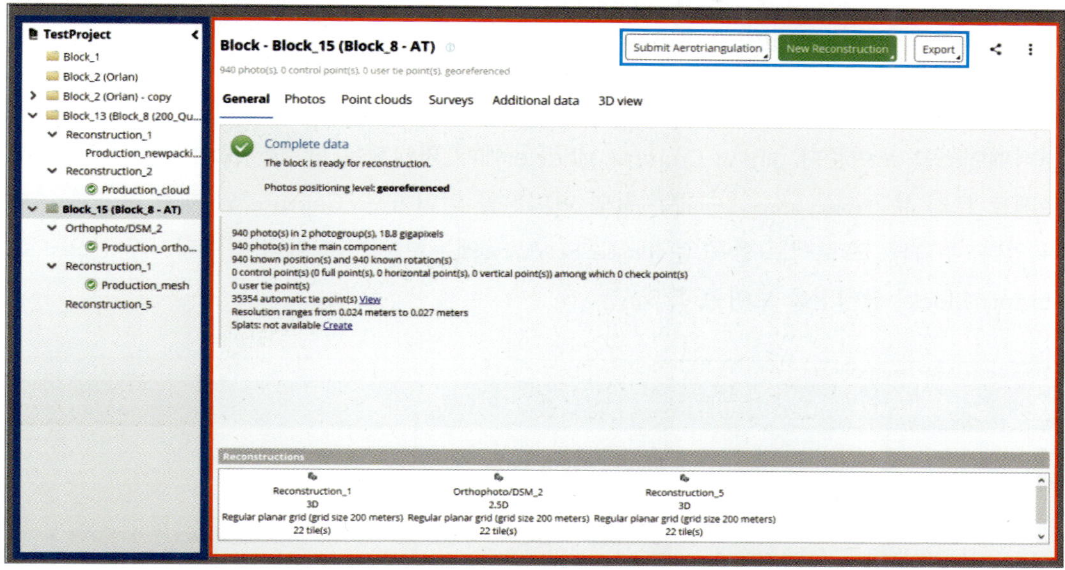

참고 프로젝트 트리 뷰(Project Tree View)

iTwin Capture Modeler 인터페이스의 왼쪽에 위치하며, 프로젝트의 전체 구조를 계층적으로 보여준다. 이 뷰에서는 다음과 같은 기능을 제공한다.

- 프로젝트 내의 모든 요소를 트리 형태로 표시
- 폴더, 하위 폴더, 파일 등의 구조를 쉽게 파악 가능
- 요소들을 드래그 앤 드롭(Drag and Drop)으로 재구성 가능
- 우클릭 메뉴를 통해 새 요소 추가, 삭제, 이름 변경 등의 작업 수행

참고 프로젝트 항목 뷰(Project Item View)

인터페이스의 중앙 또는 오른쪽에 위치하며, 현재 선택된 프로젝트 요소의 상세 정보와 속성을 표시한다. 주요 특징은 다음과 같다.

- 선택된 항목의 미리보기 제공
- 항목의 속성 및 메타데이터 표시
- 편집 가능한 필드를 통해 항목 정보 수정
- 관련된 작업 도구 및 옵션 제공

참고 실습데이터 다운로드

부록 1 실습자료 다운로드 방법을 기술하였으며, 지상기준점(GCP) 및 검사점(CP)의 점의 조서는 부록 1 및 부록 2을 참고하기 바란다.

III. 이미지 가져오기

이미지 가져오기

이 책에서는 드론으로 촬영한 실습 자료를 가져와 자료를 처리하고자 한다. 실습 자료에 대한 자세한 내용은 부록을 참고하기 바란다.

다음 그림은 프로젝트를 생성한 후, 이미지 데이터를 가져오기 전의 iTwin Capture Modeler 인터페이스를 보여준다. iTwin Capture Modeler에서 처리되는 단계를 보여주는 좌측의 "프로젝트 트리 뷰"(Project Tree View)에는 촬영 이미지를 의미하는 "Capture"의 계층 구조가 나타나 있다. 우측의 "프로젝트 항목 뷰"(Project Item View)에는 이미지가 아직 입력되지 않았으므로, "Empty Block" 상태임을 보여준다.

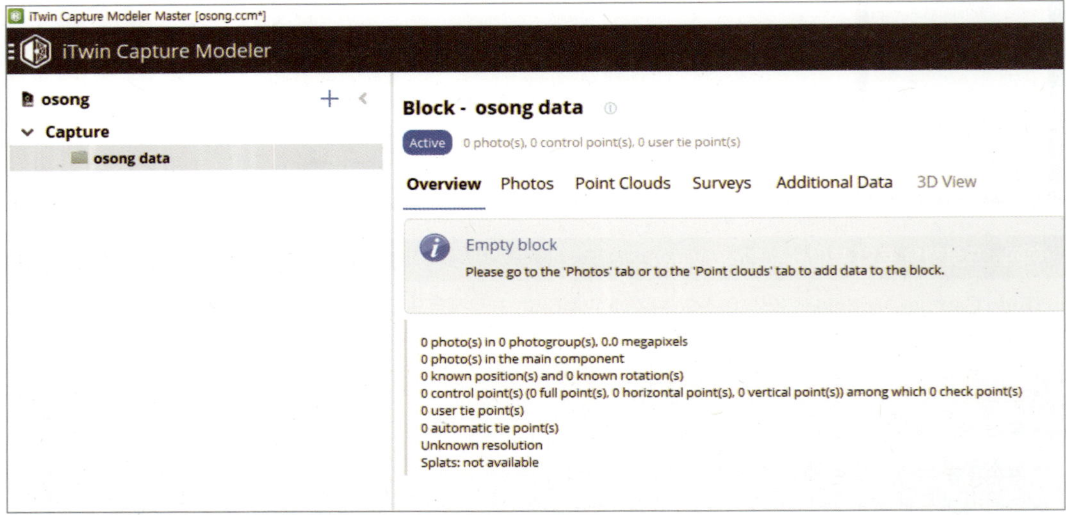

앞서 살펴본 바와 같이 "프로젝트 항목 뷰"에서는 관련된 작업 도구 및 옵션이 제공된다. "Photos"를 선택한 후, "Add Photos"를 클릭하여 이미지 또는 이미지가 포함된 폴더를 가져온다. 다음 그림은 이미지를 가져온 후의 "프로젝트 항목 뷰"의 모습이다.

"108장의 사진"(Photos)을 가진 "Photogroup 1"에 대한 카메라 제원이 표시되며, 하단에는 이미지 목록이 나타난다. 이 목록에서 오렌지색 화살표가 가리키는 것처럼, 임의의 사진을 클릭하면 우측에 해당 이미지와 관련된 정보 및 위치 좌표가 표시된다.

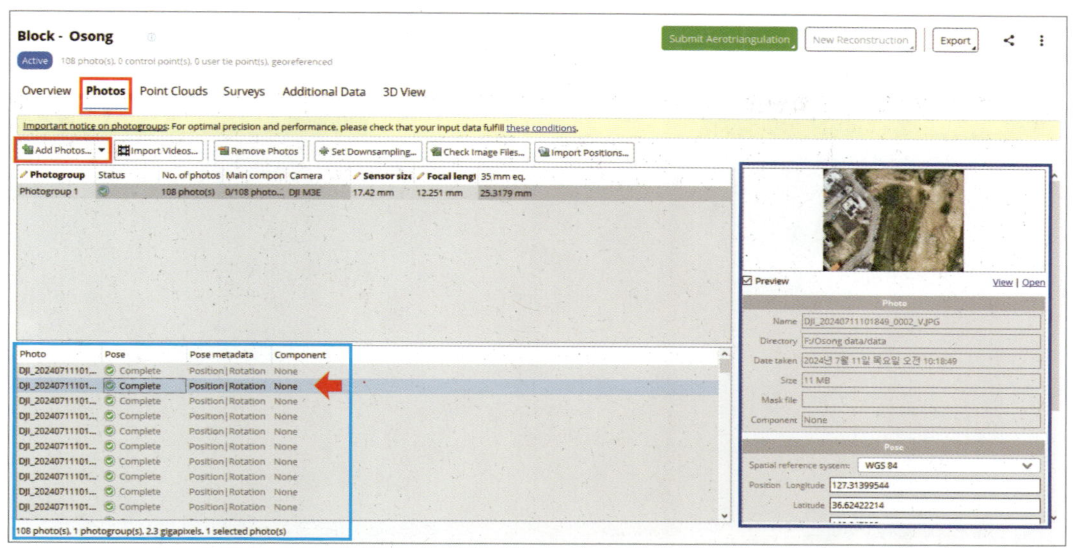

다음 그림과 같이 "3D View"를 클릭하면, 촬영된 위치 표시는 물론, 하단의 이미지 갤러리에는 촬영된 이미지가 나타난다.

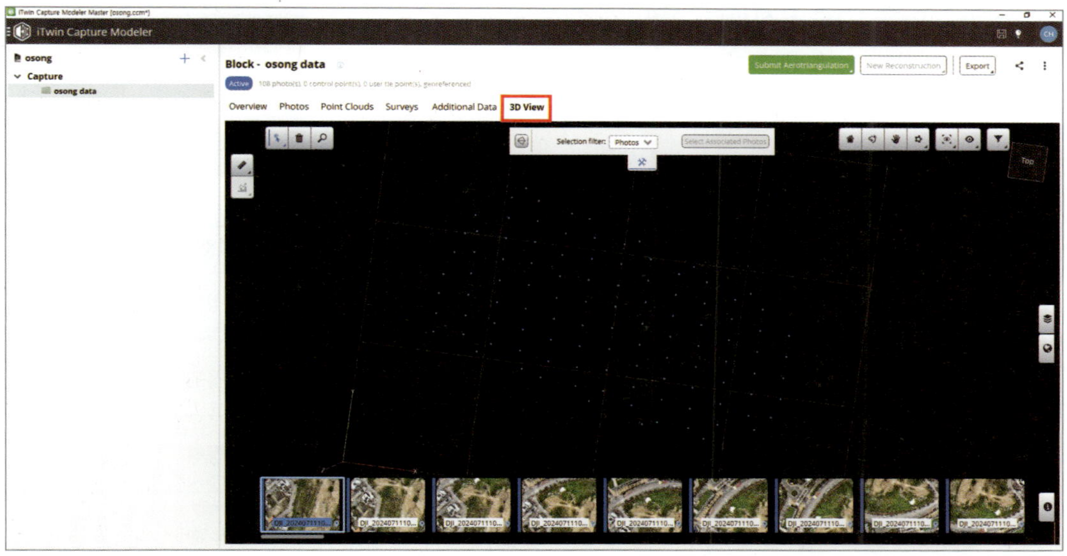

다음 그림은 촬영 카메라의 위치는 물론 자세까지 표현한 것이다. 노란색 화살표가 가리키는 임의의 카메라를 클릭하면, 하단의 이미지 갤러리에서 이미지의 밝기가 약간 밝게 표현되어 해당 이미지를 직접 확인할 수 있다.

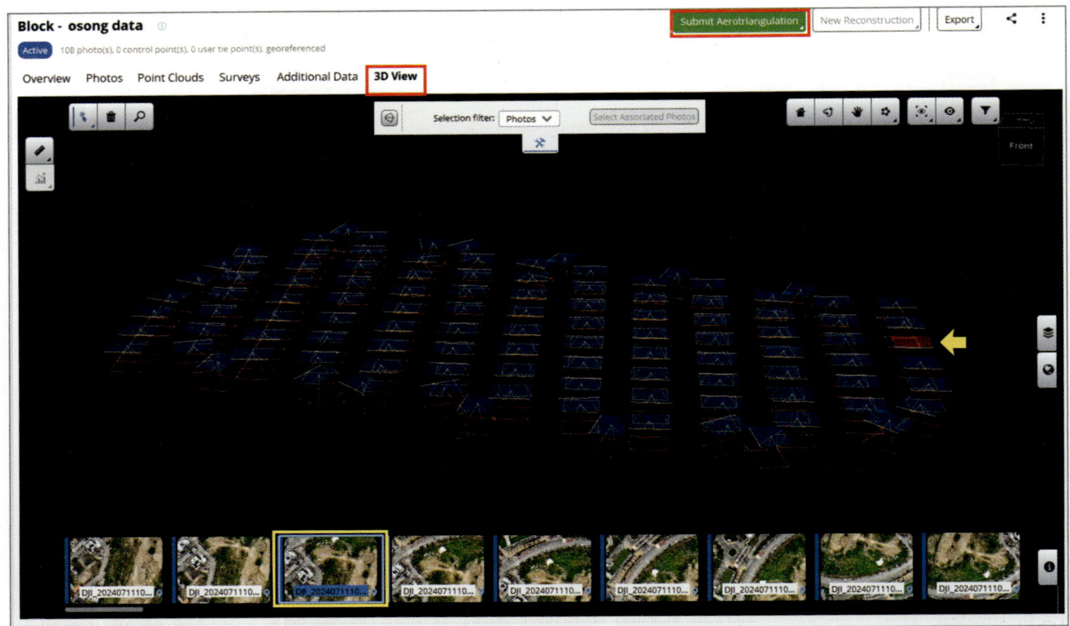

위의 그림에서 사진 위치와 자세가 알려진 사진만 "3D View"에 대략적인 시야를 3D로 표시한다. 한편, 사진은 보정 상태 및 접합점 재투영 오차(RMS)에 따라 다음 표와 같이 컬러가 지정된다.

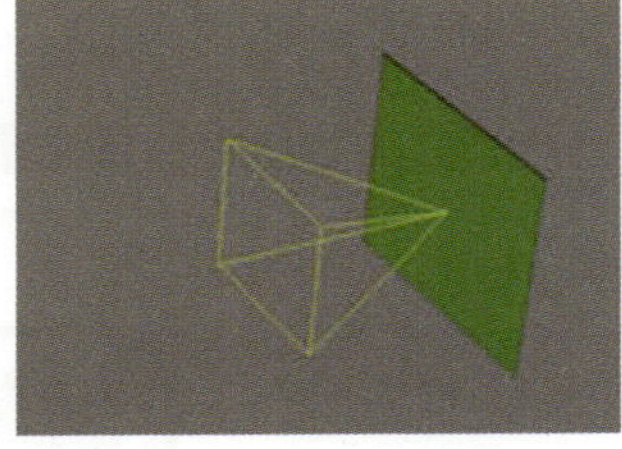

[표] 보정 상태 및 접합점 재투영 오차(RMS)에 따른 카메라의 색상

컬러	재투영 오차(px)	보정 상태
	1 px 미만	보정됨
	1 px ~ 3 px	보정됨
	3 px 이상	보정됨
	알 수 없음	보정되지 않음(보정되지 않은 블럭)
	알 수 없음	보정되지 않음(보정된 블럭)
	알 수 없음	보정됨*

* : 접합점이 없는 사진에서 발생할 수 있다.

참고 네비게이션 도구 및 모드

"3D View" 우측 상단에는 다음과 같은 네비게이션 도구 및 동작이 제공된다. 각 네비게이션 도구의 기능은 다음과 같다.

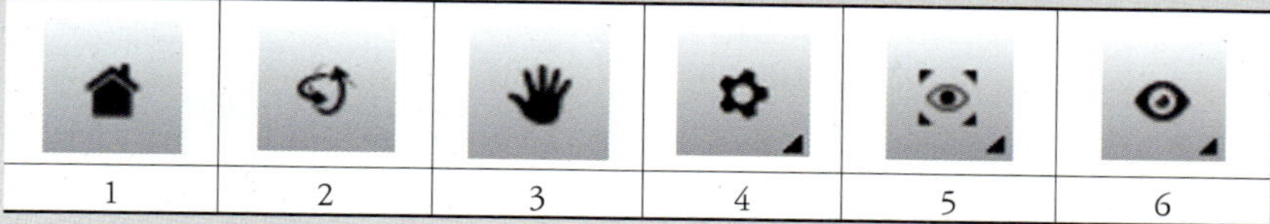

1. 홈 버튼(Home Button) : 현재 작업 중인 창을 초기 상태로 되돌리거나 기본 보기로 돌아가는 역할을 한다. 홈 위치는 Ctrl+Shift+Home으로 설정할 수 있다.
2. 궤도 도구 버튼(Orbit Tool Button) : 작업 공간에서 3D 모델을 중심축으로 회전(궤도 이동)할 수 있도록 해준다. 모델의 다양한 각도에서 검토 및 수정이 필요할 때 사용된다. 기본 모드를 궤도로 설정하고 도구를 1회 활성화한다.
3. 팬 도구 버튼(Pan Tool Button) : 현재 화면에서 3D 모델이나 작업 공간을 평면 방향으로 이동시킬 수 있다. 세부적인 영역으로 이동하여 작업할 때 편리하다. 기본 모드를 팬으로 설정하고 도구를 1회 활성화한다.
4. 설정 아이콘(Settings Icon) : 작업 스타일에 맞게 환경을 커스터마이징하거나 프로젝트에 맞는 설정을 변경할 때 사용한다.
5. 사진 잠금(Photo Lock) : 특정 사진을 고정하여 다른 사진이나 모델로의 변경 없이 현재 선택한 사진을 계속 확인할 수 있게 한다. 작업 중 참조할 사진을 고정해 두고 싶을 때 유용하다.
6. 사진 네비게이션 도구(Photo Navigation Tool) : 여러 장의 사진에서 필요한 정보를 빠르게 탐색할 때 사용된다.

[표] 마우스 네비게이션 단축 동작

왼쪽 마우스	(모드에 따라) 궤도 또는 팬
중간 마우스	팬
오른쪽 마우스	줌
마우스 휠	줌
Ctrl + 왼쪽 마우스	Orbit360: 보기 카메라 회전
Shift + 왼쪽 마우스	모드에 따라 궤도/팬 전환
마우스 두 번 클릭	마우스 대상을 다시 중심으로 가져와 확대

참고 사진 잠금

이 모드는 선택한 사진을 통해 장면의 몰입형 뷰를 활성화한다. 사진 및 사진 그룹 매개 변수(포즈 및 광학 속성)를 통해 장면에서 사진이 정렬된다. 사진 뷰포인트에서 네비게이션이 잠긴다(Lock). 사진 오버레이 설정을 사용하면 이미지 평면 심도 및 불투명도를 변경할 수 있다. 사진 잠금은 동일한 공간에 3D 객체와 사진을 동시에 표시한다. 3D 모델에 정렬된 사진을 사용하면 3D 데이터와 참조 데이터(품질 관리 등)를 교차 비교하고 신뢰할 수 있는 컨텍스트 및 세부사항으로 3D 뷰를 개선할 수 있다.

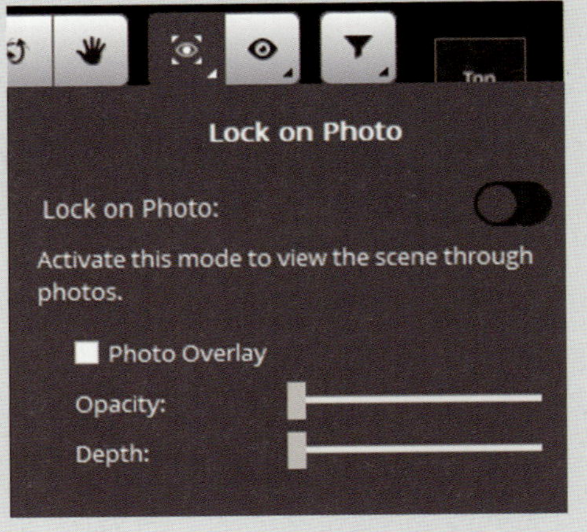

[활용 예]
- 획득/장면을 파악한다.
- 사진과의 3D 데이터 정렬을 확인한다.
- 현실 매쉬의 잘못된 구성을 식별/파악한다.

참고 사진 네비게이션 도구

사진 네비게이션 도구를 활성화하려면, 해당 도구 버튼을 눌러 해당 기능을 활성화한다. 이 모드를 사용하면 3D 모델 및 사진을 연결할 수 있다. 사진을 탐색하고 3D 모델에서 해당 뷰포인트에 맞춤을 확인할 수 있다.
보다 나은 사용자 경험을 위해 View Layout 메뉴에서 사진 패널을 활성화한다. 3D 모델 또는 사진 패널을 클릭하여 대상 점을 지정하고, 하단 리본에서 이 점이 보이는 최상의 사진을 얻은 다음 3D 모델과 사진에서 동시에 대상을 찾는다. 오른쪽에서 선택된 사진이 3D 뷰에서 선택된 대상에 맞춰진다. 자동 동기화 사진 패널 모드를 사용하면 대상이 3D 뷰에서 이동할 때 사진을 동기화할 수 있다. 3D 뷰의 뷰포인트가 사진에서 선택된 대상에 맞춰진다.

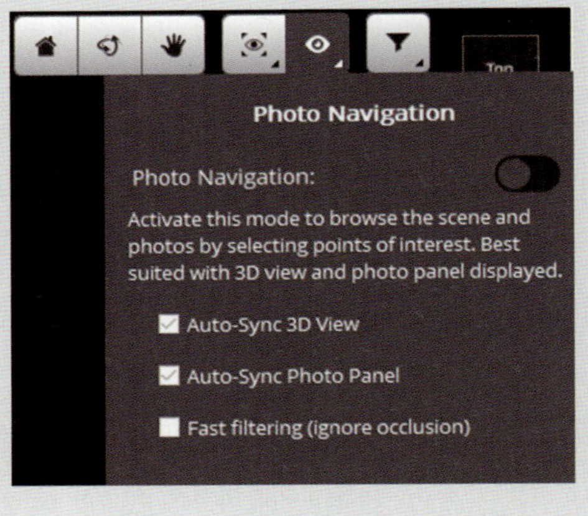

IV. 이미지 정렬 및 특징점 추출

항공삼각측량(AT, Aerotriangulation) 옵션 설정

이미지를 가져온 후, 첫 번째 단계로 위의 그림에서 녹색 바탕의 "Submit Aerotriangulation" 버튼을 클릭하여 항공삼각측량(AT, Aerotriangulation) 작업을 시작한다. 이 과정에서는 "Aerotriangulation Definition"(항공삼각측량의 정의)에서 작업에 필요한 매개변수를 설정해야 한다. 아래 좌측 그림은 항공삼각측량 수행으로 생성될 블록(Block)의 이름을 정의하는 "Output Block Name" 메뉴창을 나타내며, 우측 그림은 이미지 조정 및 정렬 방식을 선택하기 위한 "Positioning/Georeferencing" 설정 메뉴창을 보여준다.

참고 블록(Block)

iTwin Capture Modeler는 대규모 3D 데이터 세트를 관리하고 처리하기 위해 처리 단계에서 Block(블록)을 생성하며, 각 단계는 데이터의 정리, 처리, 정합 및 최적화를 포함한다. Block은 프로젝트 작업의 기본 단위로서, 데이터를 구성하고 처리 효율성을 높이는 데 필수적이다.

Output Block Name

아래의 좌측 그림과 같이 항공삼각측량 정의 단계에서 생성될 블록의 이름은 "Output Block Name" 메뉴에서 설정한다. 일반적으로 작업 단계를 쉽게 파악하기 위해 프로젝트 이름 뒤에 "AT"를 추가하는 방식을 추천한다. 설정 후 "Next" 버튼을 클릭하여 다음 단계로 진행한다.

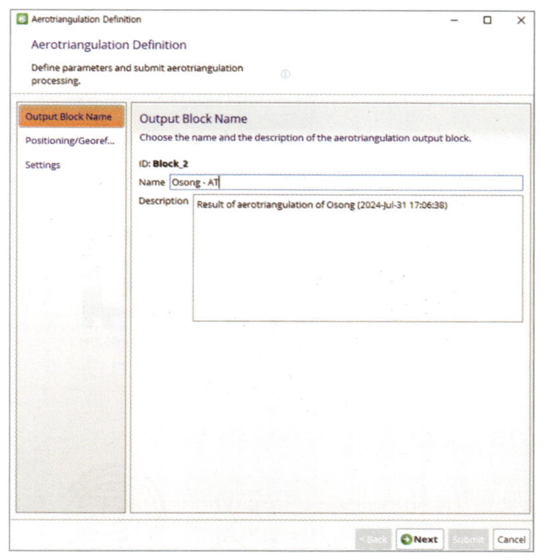

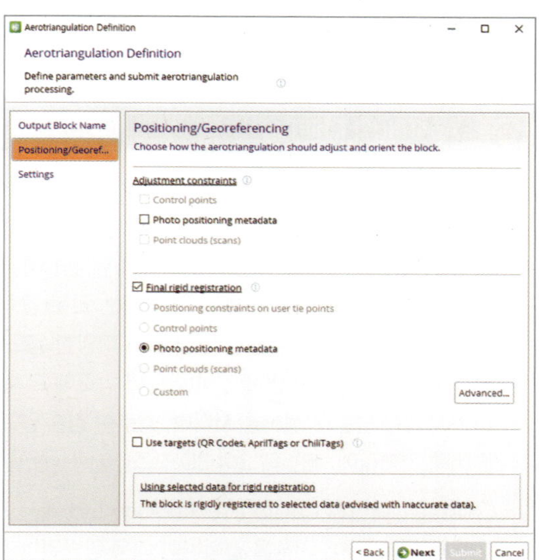

Positioning/Georeferencing

위에 제시된 우측 그림의 "Positioning/Georeferencing" 메뉴는 항공삼각측량 과정에서 블록의 조정 및 정렬 방식을 선택하는 데 있어 핵심적인 설정이다. 이는 모델의 정확도와 정렬 품질에 중대한 영향을 미치며, 사용자가 보유한 데이터와 프로젝트의 목표에 따라 다양한 옵션을 유연하게 선택할 수 있도록 설계되었다.

참고 Positioning/Georeferencing 옵션

1. Adjustment Constraints(조정 제약조건) : 초기 사진 위치 및 기타 데이터를 기반으로 블록을 정렬하고 조정한다.
   - Control Points(기준점) : 지상기준점(GCP)과 같은 측량 위치 데이터를 사용하여 모델의 절대 위치를 정의한다.
   - Photo Positioning Metadata(사진 위치 메타데이터) : GPS 또는 IMU 데이터와 같은 사진의 메타 데이터를 활용해 초기 블록 정렬을 수행하며, 최종 정렬은 사용자의 요구에 맞게 조정한다. 이 과정에서 모델의 상대적인 형태는 유지되며, 평행 이동, 회전과 같은 강체 변환이 적용된다.
   - Point Clouds(Scans) (포인트 클라우드/스캔) : LiDAR(라이다)와 같은 3D 스캔 데이터를 참조하여 블록을 정렬한다.

2. Final Rigid Registration(최종 강체 정합) : 사용자가 지정한 결합점(Tie Points)을 기반으로 블록의 위치를 고정한다.
   - Control Points(기준점) : 측량 기준점을 활용해 최종 정렬을 수행한다.
   - Photo Positioning Metadata(사진 위치 메타데이터) : 사진 메타데이터를 기반으로 정렬을 완료한다.
   - Point Clouds (Scans) (포인트 클라우드/스캔) : LiDAR(라이다) 데이터를 참조하여 블록 정합을 진행한다.
   - Custom(사용자 정의) : 특정 타겟(Target)을 기반으로 사용자 맞춤형 정렬 및 조정을 수행한다.

3. Use Targets(QR Codes, AprilTags, or ChiliTags) : QR 코드, AprilTag, 또는 ChiliTag와 같은 타겟을 활용하여 정렬을 수행한다. 이 방법은 정밀한 현장 기준점을 제공하며, 자동 검출 및 정렬 작업에 적합하다.

참고 AprilTag와 ChiliTag

AprilTag와 ChiliTag는 모두 컴퓨터 비전 및 로봇 공학 분야에서 널리 활용되는 시각적 마커이다.

- AprilTag : 미시간 대학교에서 개발된 오픈 소스 시각적 마커로서, 정사각형 형태를 가지며, 검은색 테두리와 내부 패턴을 통해 고유 ID를 인코딩한다. 이 마커는 로봇 공학에서 위치 추정, 카메라 보정, 증강 현실 등의 다양한 용도에 활용된다. AprilTag는 조명 조건이나 촬영 각도에 크게 영향을 받지 않는 높은 안정성을 지니며, 강력한 검출 알고리즘을 통해 카메라에 대한 태그의 3D 포즈(위치와 방향)를 정확히 추정할 수 있다.

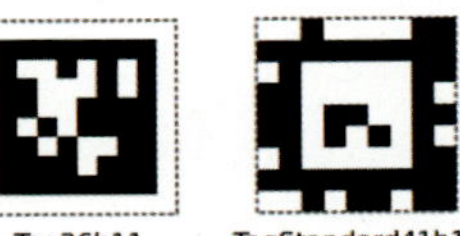

[그림] AprilTag

- ChiliTag : 대만의 Chilitag Technology Ltd.에서 개발된 마커로서, 시각적 마커뿐만 아니라 RFID와 NFC 기술을 결합하여 더욱 광범위한 응용성을 제공한다. 이 마커는 위조 방지, 자산 추적, 스마트 패키징 솔루션 등 산업 및 상업적 응용에 초점을 맞추고 있으며, 기술적 융합을 통해 다양한 환경에서 활용될 수 있도록 설계되었다.

[그림] ChiliTag

Settings(설정)

iTwin Capture Modeler의 Aerotriangulation(AT) 설정은 드론 이미지로부터 고품질 3D 모델을 생성하는 데 필수적인 역할을 담당한다. 아래의 그림은 항공삼각측량(AT)의 "Settings"(설정) 옵션 메뉴 창을 예시로 보여주고 있다. 설정을 적절히 활용하면 iTwin Capture Modeler를 통해 효율적으로 고품질 3D 모델을 제작할 수 있다. 각 프로젝트의 특성과 데이터 품질에 따라 최적의 설정을 선택하는 것이 성공적인 결과를 도출하는 핵심이다.

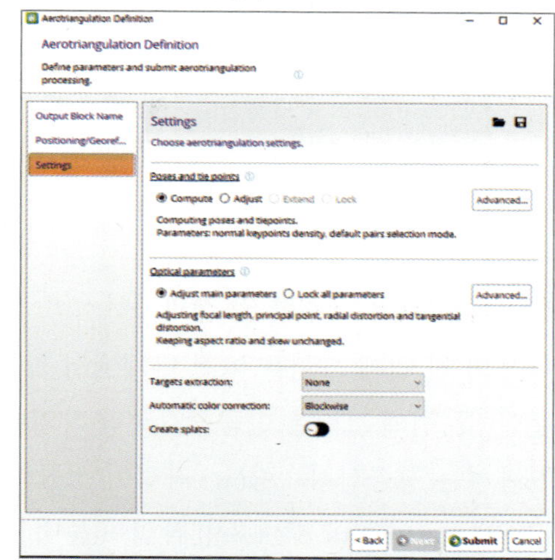

참고 Aerotriangulation(AT) 설정 옵션

1. Pose and Tie Points(카메라 위치와 타이포인트 설정)

   이미지 데이터를 처리할 때, 카메라의 위치와 방향(poses) 및 특징점(타이포인트, tie points) 계산 방식은 결과물의 정밀도에 결정적인 영향을 미친다. 다음과 같은 옵션이 있다.

   - Compute(계산) : 카메라 위치와 타이포인트를 처음부터 새롭게 계산한다. 이는 포즈 정보가 없거나 신뢰할 수 없을 때 활용한다.
   - Adjust(조정) : 기존 포즈 정보를 기반으로 세부 조정을 수행한다. 초기 포즈 정보가 정확한 경우, 특히 유용하다.
   - Extend(확장) : 기존 결과를 유지하며 새로운 이미지를 추가한다. 이는 기존 AT 결과에 이미지를 보완하거나 분리된 컴포넌트를 병합할 때 적합하다.
   - Lock(고정) : 현재 포즈와 타이포인트를 변경하지 않고 그대로 유지한다. 결과에 만족하고 추가적인 변경이 필요 없는 경우에 선택한다.

2. Optical Parameters(광학 매개변수 조정)

   카메라의 광학적 특성을 세밀히 조정함으로써 모델의 정확도를 한층 더 향상시킬 수 있다. 주요 매개변수는 다음과 같다.

   - 초점 거리(Focal Length)
   - 주점(Principal Point)
   - 방사 왜곡(Radial Distortion)
   - 접선 왜곡(Tangential Distortion)

   이러한 매개변수를 정밀하게 설정하는 것은 모델의 품질에 직접적으로 영향을 미치므로, 각 요소에 대한 심도 있는 검토가 필수적이다.

3. 추가 기능

   AT 과정에서는 다음과 같은 추가 옵션을 통해 작업 속도와 결과물의 품질을 동시에 개선할 수 있다.

- Targets Extraction(타겟 추출) : QR 코드, AprilTags, ChiliTags 등 타겟을 자동으로 감지하고 처리한다.
- Automatic Color Correction(자동 색상 보정) : 이미지 간 색상 일관성을 유지하기 위해 자동으로 보정을 수행한다.
- Create Splats(스플랫 생성) : 접합점의 3D 표현을 생성하여 블록의 3D 뷰를 더욱 풍부하고 직관적으로 시각화한다. 스플랫(Splats)은 점 데이터를 기반으로 한 3D 표현방식으로서, 3D 블록 모델의 시각적 명료성을 높인다.

항공삼각측량(AT) 수행 및 결과

다음의 첫 번째 그림은 이전 단계에서 항공삼각측량 옵션 설정을 완료한 후, 실행 과정을 보여준다. 두 번째 그림은 항공삼각측량 작업이 종료된 후의 모습을 담고 있다. 화면 우측 상단 메뉴 창에서는 항공삼각측량(AT) 작업이 성공적으로 완료되었음을 나타내며, 초록색 배경으로 표시된 "Reconstruction"(재구성) 작업이 준비 상태임을 확인할 수 있다.

"Overview" 탭에서는 항공삼각측량(AT) 작업 결과를 한눈에 확인할 수 있다. 본 예제에서는, 촬영된 사진이 위치 좌표를 기반으로 지리참조(Georeferenced)되어 있다. 총 108장의 사진과 2.3 기가픽셀(gigapixels)의 이미지를 처리하여 36,442개의 저밀도 점군(Tie Points)이 생성되었음을 보여준다.

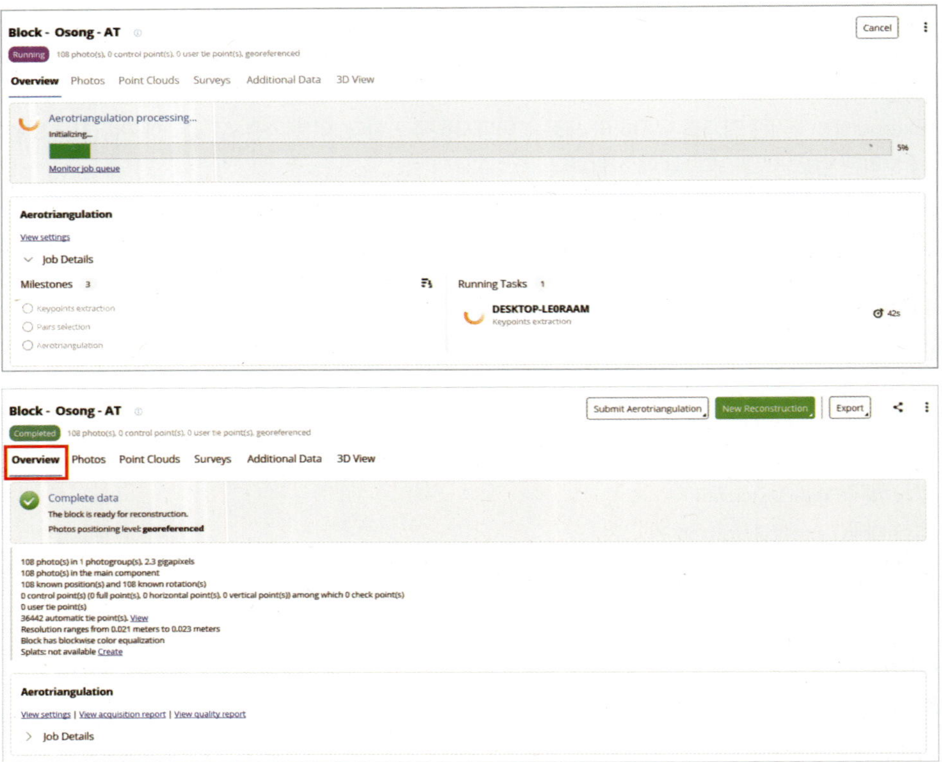

아래 그림은 항공삼각측량(AT)의 "3D View" 화면으로서, 이미지 정렬 및 특징점 검출 과정을 통해 생성된 저밀도 점군(Sparse Point Cloud)을 시각적으로 표현하고 있다.

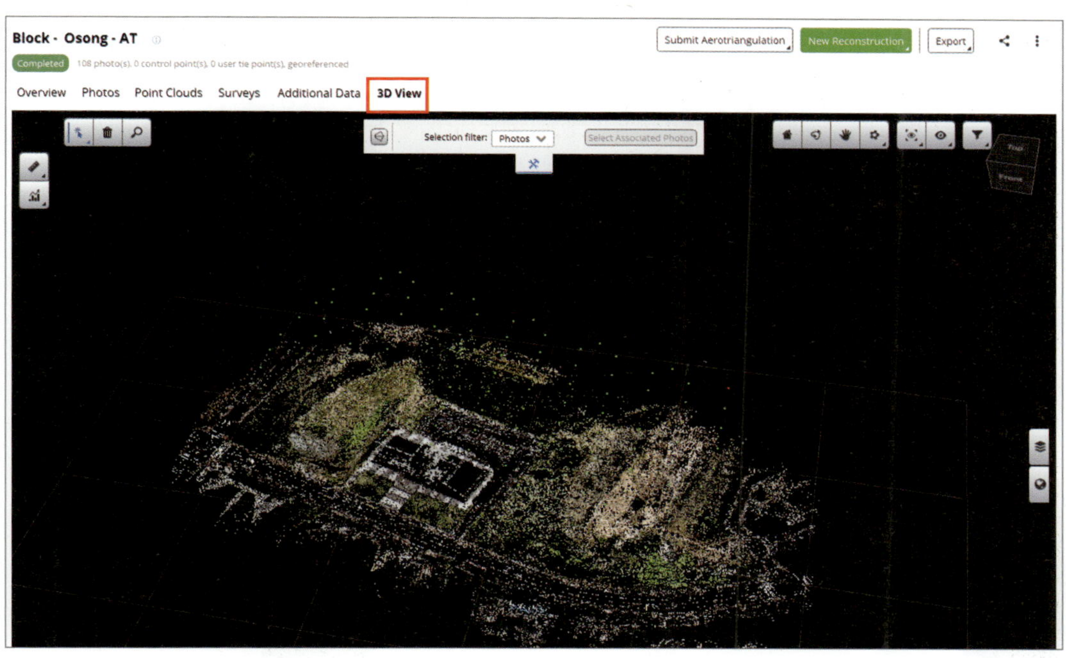

V. GCP 및 CP 입력

GCP/CP 측량성과 가져오기

항공삼각측량의 본래 주요 목적은 사진좌표를 지상좌표로 변환하는 데 있다. 이를 통해 드론으로 촬영한 사진 데이터를 실제 지형의 좌표체계와 정확히 일치시킬 수 있다. 이를 실현하기 위해 지상기준점(GCP, Ground Control Point)을 현장에 설치하고, GNSS 측량을 프로젝트 시작과 동시에 수행한다. 또한, 항공삼각측량의 정확도를 검증하기 위해 검사점(CP, Check Point)을 함께 설치하며, 이 역시 GNSS 측량을 통해 데이터를 확보한다.

참고 항공삼각측량(AT, Aerotriangulation) 정의

- **항공삼각측량** : 지상기준점(GCP) 등의 성과를 기준으로 사진좌표를 지상좌표로 전환시키는 작업을 말한다. (「무인비행장치 측량 작업규정」 제2조 제6호)

아래의 그림은 현장에서 측정된 GCP와 CP의 GNSS 측량 결과를 가져오는 과정을 보여주고 있다. 작업창에서 "Surveys"를 클릭한 뒤, "Control points import wizard" 팝업 메뉴 창을 연다. 메뉴 창 좌측에서 "Input File"을 선택하고, GCP와 CP의 GNSS 측량 결과가 저장된 CSV 파일

이름을 입력한다. 본 예제에서는"osong_GCP_CP.csv"를 입력한 뒤, 메뉴 창 하단의 "Next"(다음)를 클릭한다.

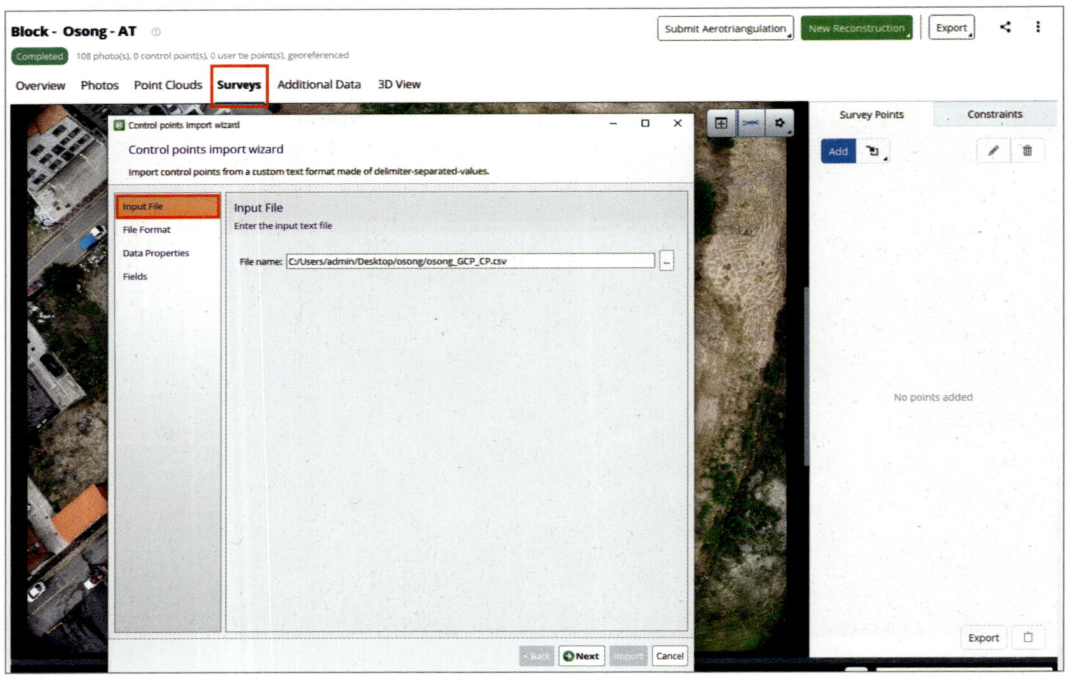

파일 형식 설정

다음 그림은 "Control points import wizard" 팝업 메뉴 창의 좌측에서 "File Format"을 선택하여, GCP와 CP의 GNSS 측량 결과가 저장된 CSV 파일의 열 구분을 정의하는 과정을 보여주고 있다. 먼저 구분 기호를 정의한다. 입력 파일에서 사용된 필드 구분자를 쉼표(,), 탭(Tab) 등으로 지정하여 데이터가 정확히 열로 분리되도록 설정한다. 파일 상단에 헤더나 주석이 포함된 경우, 처리하지 않을 행 수를 설정하여 데이터가 시작되는 행부터 불러올 수 있도록 한다.

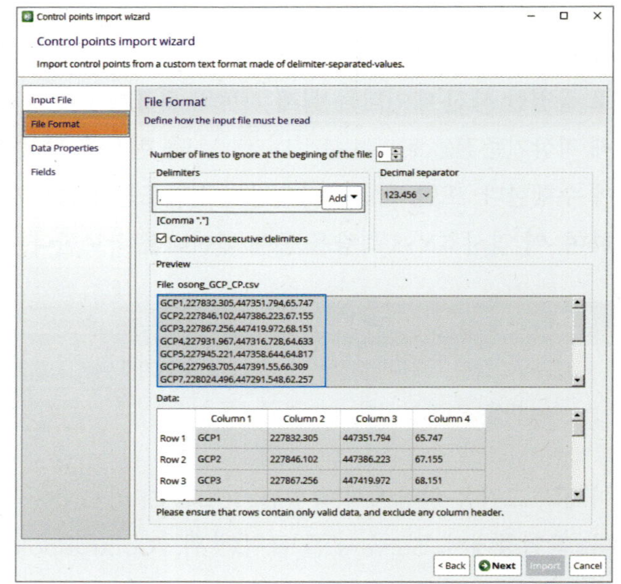

우측의 "파일 형식"을 선택한 후, 여기서는 "Number of lines to ignore at the begining of the file"(맨 위로부터 건너뛸 라인)은 "0", "Delimiters"(소수점 구분자)는 "마침표(.)", "열 구분자"는 "쉼표(,)"로 선택한다. 그리고 "Combine consecutive delimiters"(결합된 구분자를 하나로 처리합니다)를 ☑ 선택한다. 입력 후, 메뉴창 하단의 "Next"(다음)를 클릭한다.

공간좌표계 설정

다음 그림은 "Control points import wizard" 팝업 메뉴 창에서 좌측의 "Data Properties"를 선택하여 GCP와 CP의 GNSS 측량 결과의 공간좌표계를 정의하는 과정을 보여주고 있다. 공간 참조 시스템은 입력된 좌표 데이터가 사용된 좌표계를 기반으로 설정하며, 이는 정확한 지리적 위치 지정을 위해 필수적이다.

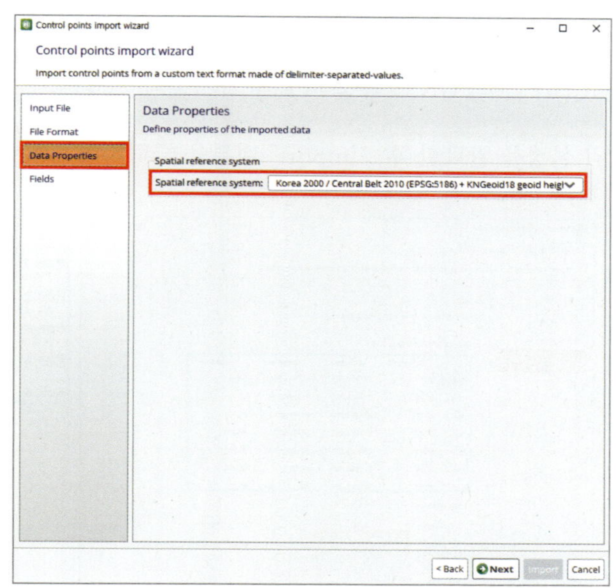

메뉴 창의 "Spatial reference system"(공간좌표계)에서 조사지역에 해당하는 우리나라 TM좌표계를 불러온다. 본 예제에서는 오송국민체육센터, 즉 충북 청주시 흥덕구 오송읍 오송생명12로 130 인근을 드론으로 촬영한 이미지를 처리하는 프로젝트를 수행 중이며, 중부 좌표계에 해당한다. 따라서 다음과 같이 설정한다.

- Korea2000 / Central Belt 2010 (EPSG:5186)
- 높이 기준: KNGeoid18 geoid height 또는 KNGeoid24 geoid height

최종적으로 "Korea2000 / Central Belt 2010 (EPSG:5186) + KNGeoid18 geoid height" 또는 "Korea2000 / Central Belt 2010 (EPSG:5186) + KNGeoid24 geoid height"를 입력한다.

참고 우리나라의 TM 좌표계

- 서부 좌표계 : Korea 2000 / West Belt 2010 (EPSG:5185)
- 중부 좌표계 : Korea 2000 / Central Belt 2010 (EPSG:5186)
- 동부 좌표계 : Korea 2000 / East Belt 2010 (EPSG:5187)
- 동해 좌표계 : Korea 2000 / East Sea Belt 2010 (EPSG:5188)

다음의 좌측 그림은 "Control points import wizard" 팝업 메뉴 창에서 좌측의 "Fields"를 선택한 모습을 보여주고 있다. "Fields"는 각 데이터 열(Column)의 "역할"(Role)을 지정하여, 소프트웨어가 각 열의 데이터를 정확히 해석할 수 있도록 설정하는 단계이다.

현재 소프트웨어에서 GCP및 CP는 우측 그림과 같은 표로서만 받아들여진 상태이다. 즉, 각 "Column"(열,列)의 역할이 없는 상태이다. 따라서 좌측 그림의 하단에서 각 "Column"의 역할을 정의해 준다. 여기서는, "Column 1"을 "Name"(이름), "Column 2"는 "X"(X축), "Column 3"은 "Y"(Y축),"Column 4"는 "Z"(X축)으로 정의하였다. 위의 설정을 마친 후, Import"를 클릭하여 GCP와 CP의 GNSS 측량 파일을 가져온다.

위 설정을 완료한 후, "Import" 버튼을 클릭하여 GCP 및 CP의 GNSS 측량 데이터를 가져온다.

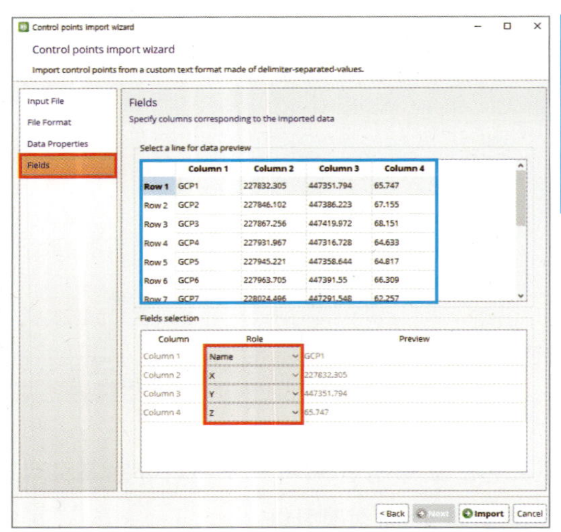

	Column 1	Column 2	Column 3	Column 4
Row 1	GCP1	227832.305	447351.794	65.747
Row 2	GCP2	227846.102	447386.223	67.155
Row 3	GCP3	227867.256	447419.972	68.151
Row 4	GCP4	227931.967	447316.728	64.633
Row 5	GCP5	227945.221	447358.644	64.817

GCP 및 CP 마킹하기

다음 그림은 위의 설정을 통해 GCP 및 CP의 측량 좌표를 가져온 후의 "Surveys" 메뉴 모습을 보여주고 있다. 현재, 소프트웨어는 이미지상의 GCP 및 CP의 대공표지점과 측량 좌표를 일치시키지 못한 상태이다. 따라서 대공표지점과 측량 좌표를 일치시키기 위한 마킹 작업을 수행해야 하며, 이는 주로 수작업으로 진행된다. 일부 자동 마킹 기능을 활용할 수 있으나, 높은 정확도를 보장하기 위해서는 수작업이 필수적이다.

한편, 소프트웨어는 GCP 및 CP의 유형을 구분하지 않은 상태이다. GCP(Ground Control Points, 지상기준점)와 CP(Check Points, 검사점)의 구분은 매우 중요하다.

• GCP는 지상의 정확한 위치 정보를 제공하여 항공삼각측량 계산 과정에서 데이터 정확도를

높이는 핵심적인 역할을 한다. GCP는 항공삼각측량 계산에 직접적으로 참여하며, 이미지의 기하학적 보정을 통해 정확한 3D 위치 산출에 기여한다.

- CP는 계산 결과를 독립적으로 검증하고 품질을 평가하는 데 사용된다. CP는 항공삼각측량 계산 과정에 직접 참여하지 않으며, 결과의 정확성을 검증하는 데 활용된다.

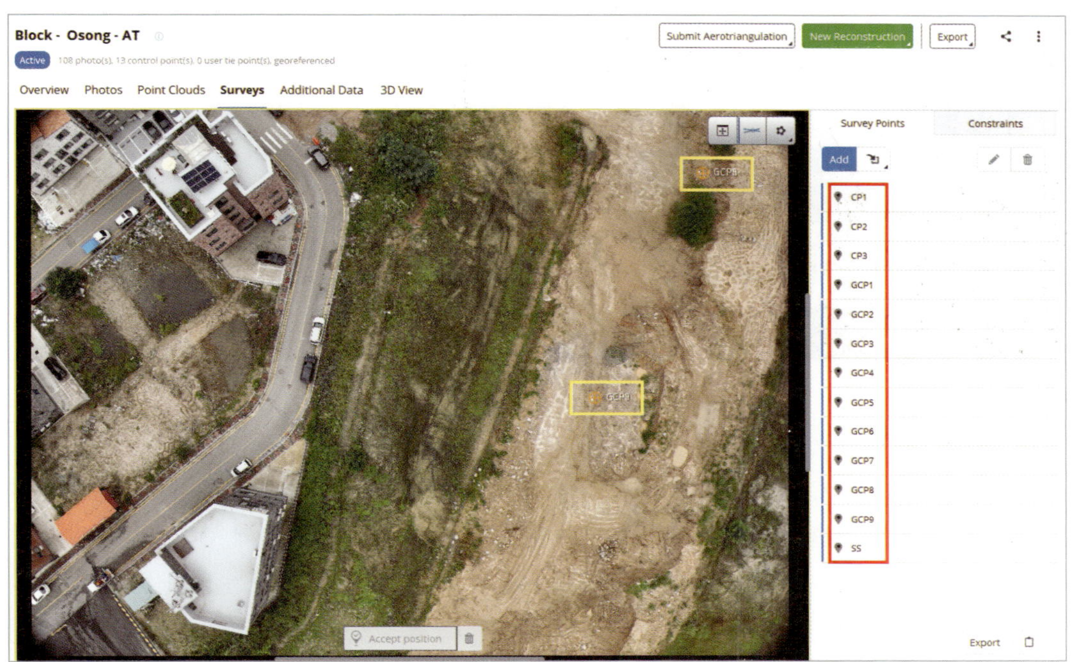

GCP 및 CP의 대공표지점 마킹

"Surveys" 메뉴에서 GCP 및 CP의 이미지상의 대공표지점 중심을 마킹하는 작업을 수행한다. 예를 들어, CP1을 선택하면, 소프트웨어는 여전히 GCP와 CP의 유형 구분이 없는 상태이다. 이 경우, 우측 그림과 같이 "Type"(유형) 항목에서 "Control Point"(기준점)을 선택한 뒤, 아래의 "Control Point"(검사점)를 ☑ 선택한다.

이 예제에서는 드론으로 촬영된 총 108장의 이미지 중, CP1이 포함된 이미지는 25장이다. 그림 하단의 이미지 갤러리에서 CP1이 촬영된 이미지를 순차적으로 선택한 후, CP1의 대공표지점을 찾아 중심점을 마킹한다. 이를 통해 CP1의 이미지 중심점과 GNSS 측량성과를 일치시킬 수 있다. 일반적으로 10개 이상의 이미지를 마킹하는 것이 추천된다.

이미지 갤러리는 CP1과 드론의 촬영 위치가 가까운 순서대로 정렬되어 있다. 그러나, 전반적인 촬영 위치에 따른 중심점 마킹이 더 효과적이므로, 일부 이미지를 건너뛰며 마킹하는 방법도 유용하다.

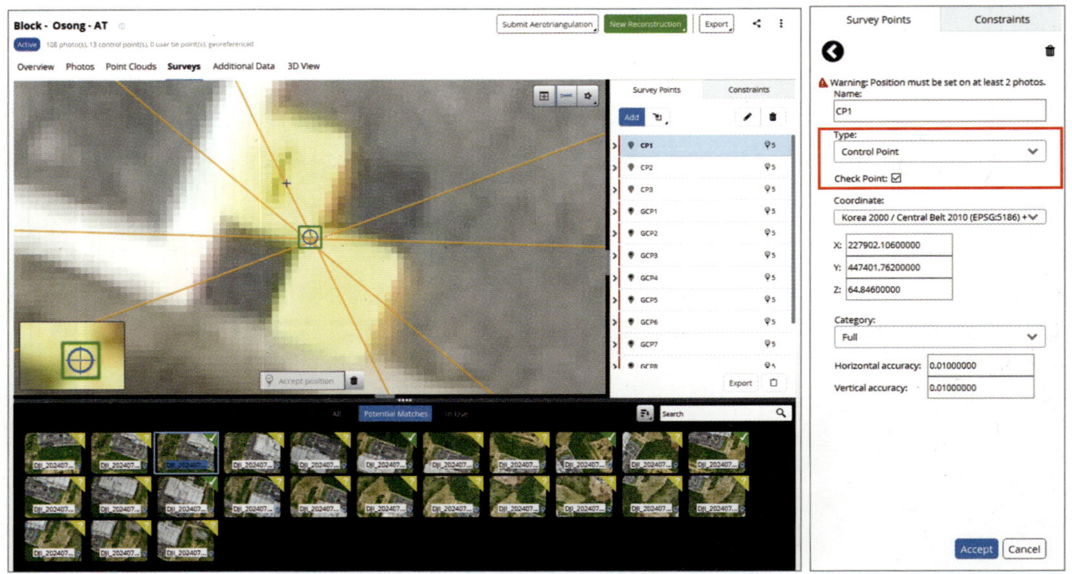

마킹 완료 후 화면

다음 그림은 GCP 및 CP의 대공표지점 마킹 작업을 완료한 상태를 보여준다. 작업창에는 이미지 정렬 및 특징점 추출 과정을 거쳐 생성된 저밀도 점군(Point Cloud)과 함께, GCP 및 CP의 위치가 표시된다. 자세히 살펴보면, GCP와 CP의 아이콘 모양이 서로 다르다는 점을 확인할 수 있다. 이는 GCP와 CP의 구분을 직관적으로 확인할 수 있도록 해준다.

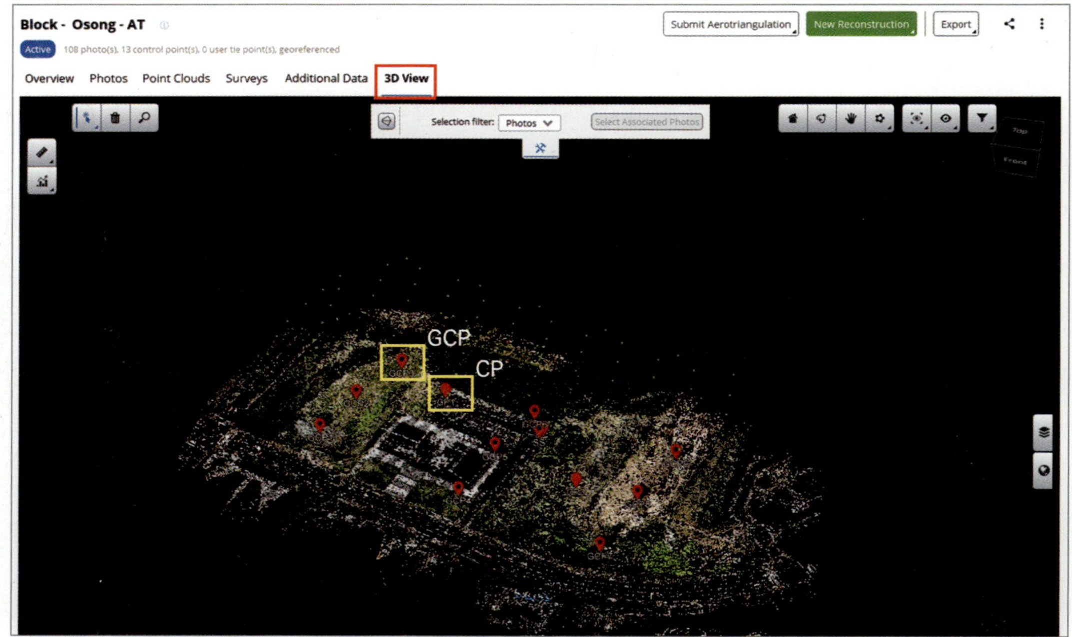

VI. 고밀도 점군 생성

GCP 및 CP의 대공표지점 마킹이 완료되었으므로, 이제 GCP 및 CP의 이미지 중심점과 GNSS 측량성과를 일치시키는 작업을 진행할 차례이다. 다음 그림은 "New Reconstruction" (재구성)을 위한 새로운 처리 단계, 즉 블록의 이름 등을 정의하는 과정을 보여준다.

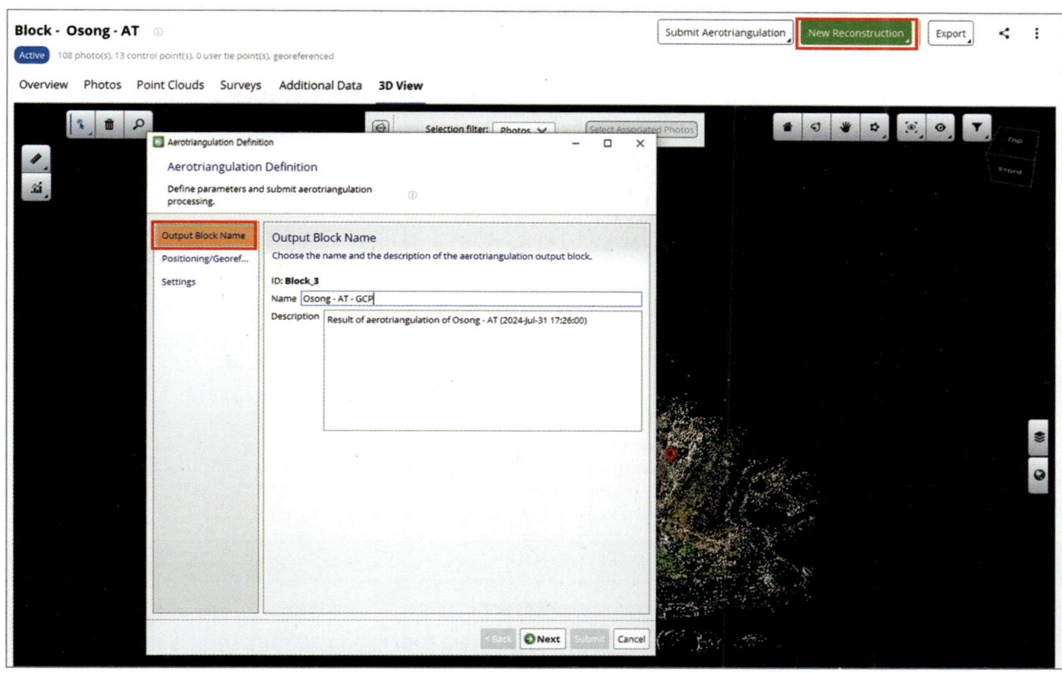

다음의 그림에서 보듯, 항공삼각측량에 GCP를 활용하므로 프로젝트 이름에 GCP를 포함시켜 처리 단계를 명확히 구분하는 것이 바람직하다. 이는 GCP를 기준으로 사진 좌표를 지상좌표로 변환하는 과정을 보다 명확히 표현하기 위함이다.

우측 그림과 같이, "Positioning/Georeferencing" 메뉴에서 "Adjustment constraints" 항목의 "Control points"를 ☑ 선택하여, GCP를 기준점으로 활용하도록 설정한다.

참고 항공삼각측량(AT, Aerotriangulation) 정의

- **항공삼각측량** : 지상기준점(GCP) 등의 성과를 기준으로 사진좌표를 지상좌표로 전환시키는 작업을 말한다. (「무인비행장치 측량 작업규정」 제2조 제6호)

우측 그림은 iTwin Capture Modeler의 항공삼각측량(Aerotriangulation) 설정 옵션을 보여주며, 사용자가 작업 과정을 세부적으로 제어할 수 있도록 설계되었다. 이러한 설정은 작업의 정밀도와 품질을 높이는 데 기여하며, 최종 결과물의 정확성을 확보할 수 있다.

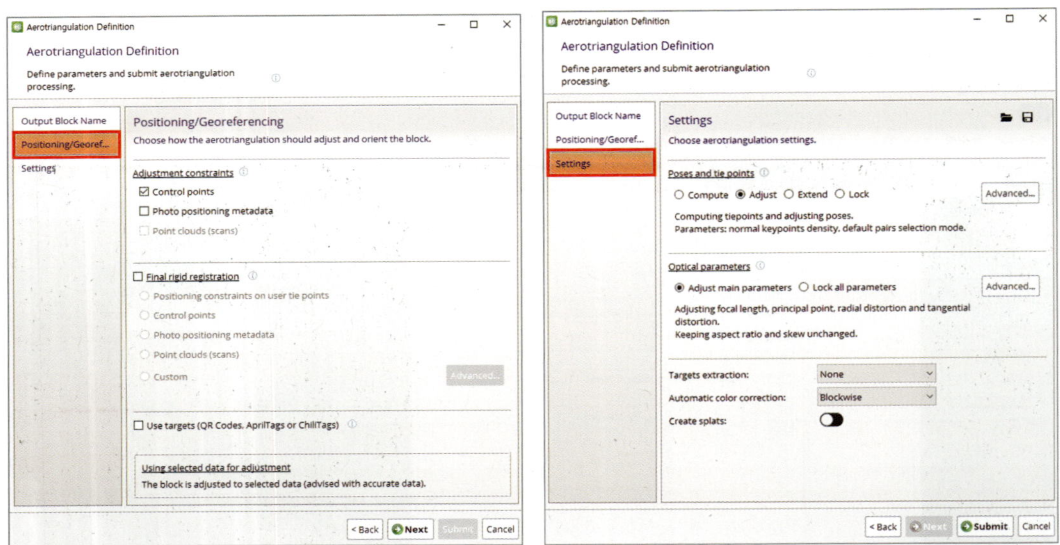

참고 Poses and Tie Points 옵션

1. Compute(계산) : 이 옵션은 새로운 자세(Poses)와 접합점(Tie Points), 즉 특징점을 계산하는 기능이다. 카메라의 위치와 방향, 그리고 서로 다른 사진들 간의 특징점을 자동으로 탐지하고 계산한다. 이를 통해 초기 모델링의 기초를 구축하며, 특히 새로운 프로젝트를 시작할 때 필수적으로 사용된다.
2. Adjust(조정) : 기존에 계산된 자세와 접합점을 미세하게 조정할 때 활용하는 옵션이다. 예를 들어, 지상기준점(Ground Control Points, GCP)을 추가하여 모델의 정확도를 높이거나, 기존 데이터에 불일치가 발견될 경우 수정 작업에 유용하다.
3. Extend(확장) : 기존의 항공 삼각 측량 결과에 새로운 이미지를 추가해야 할 때 사용된다. 새로 추가된 이미지의 포즈를 계산한 후,기존 결과와 통합한다. 이는 프로젝트가 확장되거나 추가 데이터를 확보했을 때, 기존 데이터를 폐기하지 않고 활용할 수 있게 해주는 도구이다.
4. Lock(잠금) : 현재의 자세와 접합점을 변경하지 않고 그대로 유지하는 옵션이다. 이미 높은 정확도의 결과를 얻었거나 특정 영역을 고정하고 싶을 때 적합하다. 이 기능은 불필요한 변경으로 인해 기존 데이터가 손상되는 것을 방지하기 위한 것이다.

참고 카메라의 광학 매개변수(Optical Parameters) 옵션

1. Adjust Main Parameters(매개변수 조정) : 이 옵션은 카메라의 주요 광학 매개변수를 조정한다. 이미지 정합(Image Alignment)이 정확하지 않을 때, 이 옵션을 통해 개선 가능하다. 여기서, “매개변수”는 일반적으로 초점거리(Focal Length), 주점 이동(Principal Point Offset), 렌즈 왜곡(Lens Distortion) 등이다.

2. Lock All Parameters(매개변수 잠금) : 이 옵션은 카메라의 모든 광학 매개변수를 고정(lock)하여, 변경되지 않도록 설정한다. 주로 사전 칼리브레이션(calibration)이 완료된 데이터에 사용된다. 즉, 광학 매개변수가 이미 정확하다고 판단될 경우, 이후의 계산 과정에서 매개변수가 변경되는 것을 방지한다.

Adjust Main Parameters는 광학 매개변수를 수정 및 최적화하는 데 유용하며, Lock All Parameters는 이미 신뢰할 수 있는 매개변수를 고정하여 데이터의 안정성을 확보하는 데 적합하다.

참고 추가 옵션

1. Targets Extraction(타깃 추출) : 소프트웨어가 자동으로 사진 속의 특징점(타깃)을 인식하고 추출하도록 하는 기능이다. 이 옵션을 활성화하면, 소프트웨어는 사진에서 반복적으로 나타나는 패턴이나 고유한 형태를 식별하여 정렬 및 매칭 작업에 활용한다. 특히, 이 기능은 구조물의 디테일이 많은 프로젝트나 복잡한 환경에서도 정확도를 확보할 수 있다.
2. Automatic Color Correction(자동 색상 보정) : 촬영 환경에 따라 각 사진의 조명 조건이나 색상이 달라질 수 있다. Automatic color correction 옵션은 이러한 차이를 자동으로 보정하여 사진들 간의 색상 일관성을 확보해 준다. 이 옵션을 활성화하면, 최종 3D 모델에서 색상 차이가 줄어들고 더욱 자연스러운 결과물을 얻을 수 있다. 특히, 다양한 조도 조건에서 촬영된 데이터로 작업한 경우, 예를 들어 하루 종일 드론촬영을 하여 조도 조건이 계속 변한 경우, 이 기능은 매우 유용하다.
3. Create Splats(스플랫 생성) : 점군(Point Cloud) 생성 과정에서 사진으로부터 텍스처화된 작은 점들인 "스플랫(Splat)"을 생성하는 기능이다. 이 옵션은 3D 모델을 시각적으로 더욱 풍부하고 현실감 있게 만든다.

다음 그림은 위의 설정에 따라 수행된 항공삼각측량 작업의 결과를 보여준다. 이 작업에서는 이미지 정렬, 특징점 추출, 그리고 GCP 입력을 통해 지상좌표와 이미지좌표를 일치시켰다. 작업의 결과는 "Overview"를 선택하여 일반적인 정보를 확인할 수 있다. 이제 고밀도 점군, 정사영상(Orthophoto), 및 DSM(수치표면모델)을 생성하기 위해 "New Reconstruction"을 클릭한다.

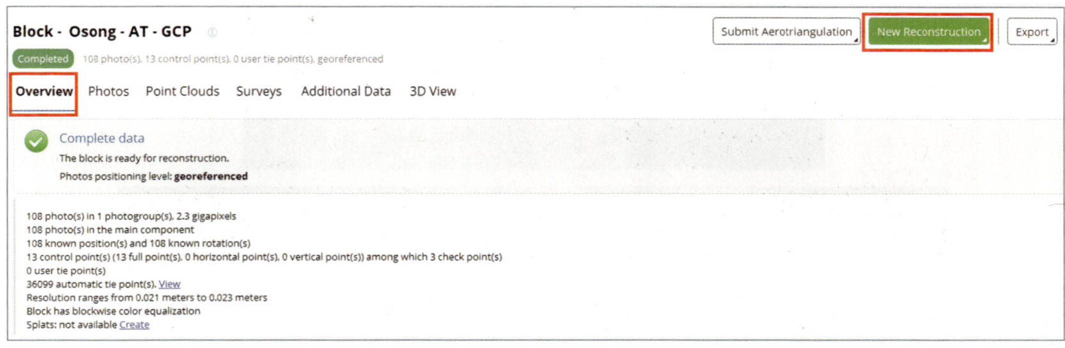

정사영상(Orthophoto)과 DSM 생성을 위한 설정

다음 그림은 정사영상과 DSM 생성을 위한 설정 과정을 보여준다. 각 단계는 데이터의 정밀도와 품질을 결정하는 데 핵심적인 역할을 하며, 최종 결과물의 정확도를 확보한다.

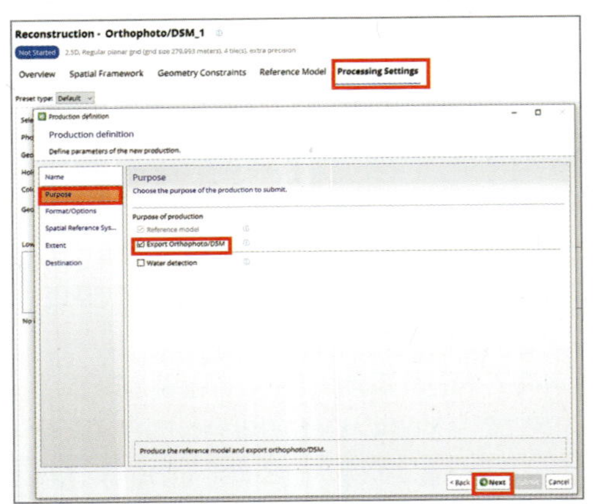

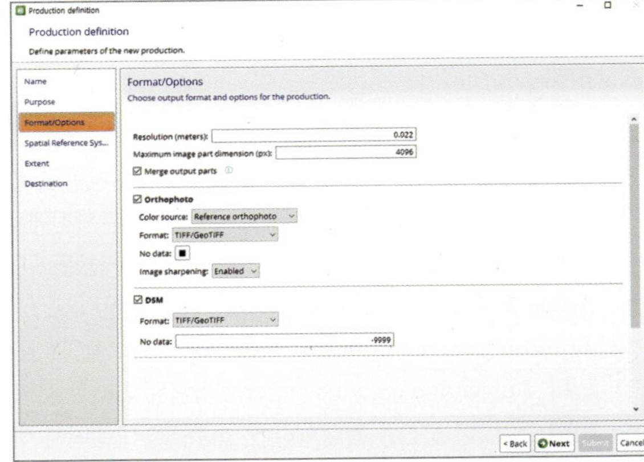

결과물

마지막으로 생성된 결과물은 정사영상과 3D 모델이다. 이러한 결과물은 지리적 정합성과 기하학적 정확성을 기반으로, 다양한 응용 분야에서 활용될 수 있는 고품질 데이터를 제공한다.

6. Agisoft Metashape

Agisoft Metashape는 정밀한 사진측량(Photogrammetry)을 통해 3D 모델링과 지리공간 데이터를 생성하도록 설계된 고급 소프트웨어로, 러시아 기반의 Agisoft LLC에서 개발하였다. 본 소프트웨어는 원래 2010년 "Photoscan"이라는 명칭으로 처음 출시되었으며, 이후 기술적 발전과 기능 확장을 반영하여 2018년 "Metashape"로 명칭이 변경되었다.

Photoscan은 당시 사진측량 기술을 활용한 고품질 3D 재구성 및 정사영상(Orthomosaic) 생성 도구로서 전문가 및 연구자들 사이에서 널리 각광받았다. Metashape는 이러한 기술적 기반을 계승하면서도 보다 다양한 데이터 입력 형식을 지원하며, 정밀하고 효율적인 처리 과정을 통해 3D 모델, 수치표고모델(DEM), 정사영상 등 다양한 결과물을 생성할 수 있다. Metashape는 직관적인 인터페이스와 높은 사용자 정의 가능성을 갖추고 있으며, 자동화된 처리 기능과 고급 데이터 편집 도구를 제공하여 사용자의 편의성과 작업 효율성을 극대화한다.

참고 Metashape과 PhotoScan 비교

1. 깊이 맵(Depth Map)을 기반으로 한 고도로 정밀한 메쉬 생성

   고밀도 스테레오 정합[1](Dense Stereo Matching) 과정에서 개선된 필터링은 장면(Scene) 내 얇은 구조물을 보존하면서, 최종 표면의 노이즈를 줄여준다. 깊이 맵(Depth Map) 기반 메쉬 생성 방식은 깊이 맵 데이터를 직접 활용하여 매우 세밀한 지오메트리를 재구성할 수 있다. 모든 가용 정보를 활용하기 때문에 가능한 결과이다. GPU 가속 지원은 처리 속도를 대폭 향상시키며, 아웃 오브 코어[2](Out-of-Core) 구현은 이전 버전과 비교하여 메모리 소비를 크게 줄여준다.

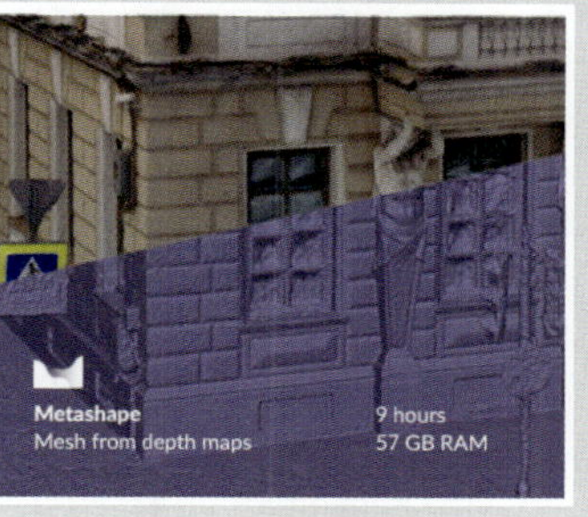

1) 스테레오 정합(Stereo matching) : 스테레오 비전 시스템에서 가장 중요한 과정 중 하나로서, 두 개의 서로 다른 시점(카메라)에서 얻은 이미지를 비교하여 동일한 물체의 대응점을 찾는 과정이다. 이러한 대응점을 찾음으로써 각 지점의 깊이 정보를 추정할 수 있다.

2) Out-of-Core : 컴퓨터의 메인 메모리에 맞지 않을 정도로 큰 데이터를 처리하는 것을 의미한다.

2. 자동 다중 클래스 밀집 포인트 클라우드 분류

Agisoft Metashape는 스캔 데이터를 더 높은 수준에서 해석하기 위한 중요한 작업을 해결하기 위해 머신 러닝 기술을 적용했다. 의미적 분류(Semantic Classification) 기능은 포토그래메트리 포인트를 자동으로 지면(Ground), 식생(Vegetation), 건물(Building), 도로(Road), 차량(Car), 인공 구조물(Man-made)로 그룹화한다.

3. 클라우드 처리 옵션

Metashape는 다중 코어 CPU와 다중 GPU 시스템에 최적화되어 있어 빠른 결과 생성을 한다. 고성능 컴퓨팅(HPC) 클러스터에서의 분산 처리는 대규모 데이터 세트에 대한 계산을 보다 빠르게 처리할 수 있게 한다.

Processing options	Metashape	PhotoScan
Local processing	⊕	⊕
Network processing for large projects	⊕	⊕
Cloud processing	⊕	

(출처 : Agisoft Metashape & Agisoft PhotoScan comparison, Agisoft)

Agisoft Metashape 컴퓨터 하드웨어 사양

구분	최소 사양	권장 사양
운영 체제 (Operating System)	Windows 7 SP1 이상(64비트)	Windows 7 SP1 이상(64비트)
CPU (Processor)	Intel Core 2 Duo 이상	Intel Core i7 또는 AMD Ryzen 7 이상
RAM (메모리)	8 GB	32 GB
GPU (그래픽카드)	• NVIDIA GeForce GTX 7xx 시리즈 이상, Quadro M4000 이상(CUDA 지원) • AMD Radeon R9 시리즈 이상, Radeon Pro WX 7100 이상(OpenCL 1.2 지원)	• NVIDIA GeForce GTX 8xx 시리즈 이상 (Vulkan 지원) • AMD Radeon R9 29x 시리즈 이상 (Vulkan 지원)
VRAM (비디오 메모리)	4 GB 이상	4 GB 이상
기타	사진 한 장의 해상도가 약 10 MP인 경우, 최소 4 GB RAM으로 30~50장의 사진 처리 가능	16 GB RAM 사용 시 300~500장의 사진 처리 가능

※ GPU 성능은 NVIDIA의 CUDA 코어 수 및 AMD의 셰이더 프로세서 유닛 수에 주로 영향을 받는다. GPU 가속이 필요한 작업 시, 독립형 GPU를 권장하며, 통합형 또는 모바일 GPU 사용은 권장하지 않는다.

6-1 Agisoft Metashape의 기본 워크플로우

Metashape 소프트웨어에서 수행되는 기본적인 데이터 처리 과정은 다음과 같은 단계로 구성된다. 다만, 본 워크플로우(Workflow)에는 GCP 좌표 입력 및 대공표지점 마킹 과정은 포함되지 않았다.

1. 사진 정합(Photo Alignment) : 초기 데이터 정합 단계로서, 후속 처리의 정확도를 결정하는 핵심적인 작업이다.
   - 여러 이미지에서 특징점 탐지 및 매칭(Matching) 수행
   - 카메라의 위치와 방향(Camera Position and Orientation) 추정
   - 저밀도 점군(Sparse Point Cloud) 생성
2. 고밀도 점군 생성(Dense Point Cloud Generation) : 후속 메쉬 및 텍스처 생성의 기초 데이터를 제공하는 단계이다.
   - 추정된 카메라 위치를 기반으로 고해상도의 고밀도 점군(Dense Point Cloud)을 생성
   - 장면의 지오메트리(Geometry)를 높은 세부 수준으로 표현
3. 메쉬 생성(Mesh Construction) : 객체나 지형의 형태를 보다 구체적으로 표현하는 단계이다.
   - 점군(Point Cloud) 기반의 다각형 메쉬(Polygonal Mesh) 생성
   - 3D 표면(Surface Representation) 형성
4. 텍스처 생성(Texture Generation) : 시각적 표현과 데이터 분석의 정밀도를 높이는 과정이다.
   - 3D 모델에 색상 정보를 적용하여 시각적 품질과 사실성 향상
5. 수치표고모델(DEM) 생성 : 지형 분석 및 토지 조사에 필수적인 데이터를 출력하는 단계이다.
   - 장면의 높이값을 표현하는 DEM(Digital Elevation Model, 수치표고모델) 생성
6. 정사영상(Orthomosaic) 생성 : 정밀한 지도 제작 및 공간 분석을 위해 활용되는 최종 단계이다.
   - 고해상도의 기하학적으로 보정된 정사영상 생성

6-2 Agisoft Metashape을 활용한 사진측량 자료처리

드론을 이용한 항공 사진측량이 다양한 산업 분야에서 활발히 활용됨에 따라, 보다 정밀하고 효율적인 데이터 처리가 가능한 소프트웨어가 주목받고 있다. 그중에서도 Agisoft Metashape은 뛰어난 정밀도와 유연한 설정 옵션을 제공하며, 사진측량 분야에서 대표적인 도구로 자리 잡고 있다. 여기서는 Agisoft Metashape을 활용한 사진측량 과정과 핵심적인 설정 방법을 단계별로 설명하고자 한다.

I. 실행 및 설정

> 본 과정은 Metashape의 설치 및 기본 화면 구성을 위한 설정을 다루는 단계로서, 이미 소프트웨어가 설치되어 있거나 별도의 설정이 필요하지 않은 경우, "II. 이미지 가져오기" 단계로 바로 넘어가도 무방하다.

설치하기

30일 무료 체험판 다운로드 또는 Metashape 소프트웨어 활성화(Activate)를 위해 다음의 좌측그림과 같이 https://www.agisoft.com/downloads/installer에서 우선, Professional Edition 또는 Standard Edition 중에서 선택한 후, 사용 시스템에 따라 Windows, macOS 및 Linux를 선택한다. 다운로드된 실행파일을 다음의 우측 그림과 같이 설치한다.

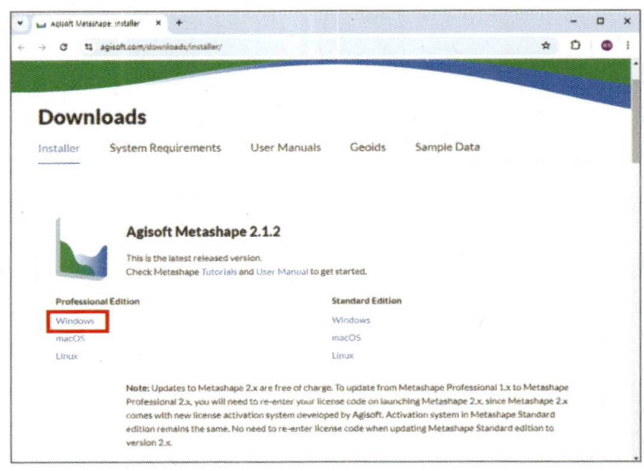

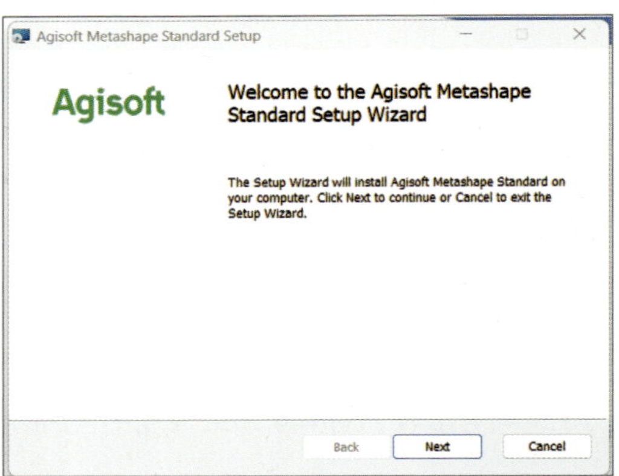

Agisoft Metashape은 30일 무료 체험판(Free 30-day Trial)을 제공하며, 이를 다운로드하여 사용하거나, 정식 라이선스를 구매한 후 소프트웨어 활성화(Activate)를 진행할 수 있다.
소프트웨어를 다운로드하려면, 그림과 같이 진행한다.

• Agisoft 공식 웹사이트, https://www.agisoft.com/downloads/installer 에 접속한다.
• 원하는 버전을 선택한다. Metashape은 Professional Edition과 Standard Edition 두 가지 버전으로 제공되며, 필요에 따라 적합한 버전을 선택한다.
• 사용 중인 운영 체제(Windows, macOS, Linux)에 맞는 설치 파일을 다운로드한다.
• 다운로드된 실행 파일을 실행하여 설치를 진행한다.
• 설치가 완료되면, Metashape을 실행하여 기본적인 화면 구성을 확인하고, 이후의 데이터 처리 단계를 준비할 수 있다.

설치가 완료되면, 다음의 좌측 그림과 같이 설치 과정이 마무리되며, 우측 그림과 같이 컴퓨터 바탕화면에 Metashape의 실행 파일 바로가기 아이콘이 생성된다. 이를 더블 클릭하면 Metashape이 실행되며, 기본적인 사용자 인터페이스(UI, User Interface)가 나타난다.

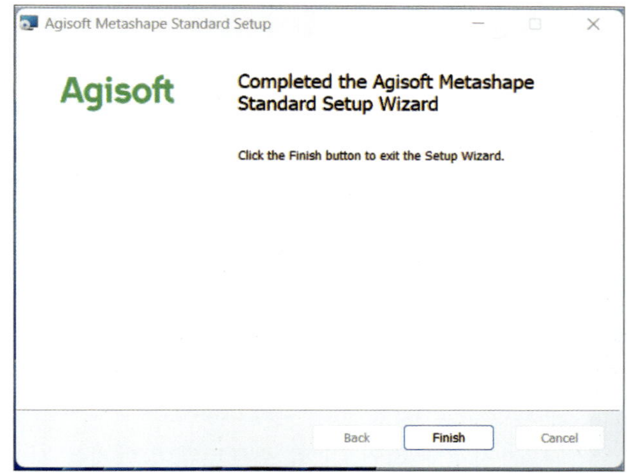

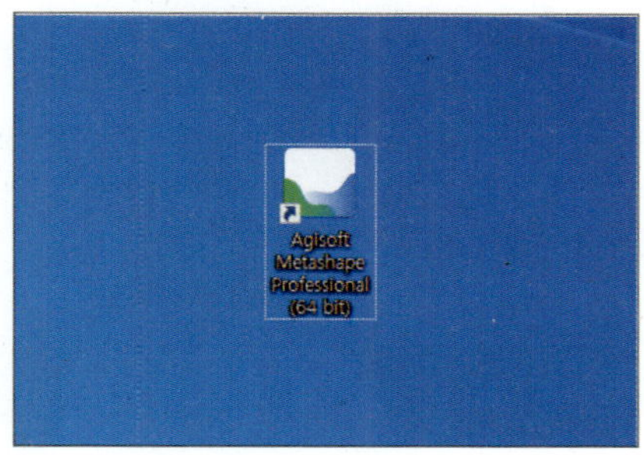

Metashape을 실행하면 기본적으로 사용자 인터페이스(UI)가 영어(English)로 표시된다. 만약 한국어(Korean)로 변경하려면, 다음의 단계를 수행하면 된다.
• 화면 상단의 메뉴 바(Menu Bar)에서 "Tools"을 클릭한다.
• 드롭다운 메뉴에서 "Preferences"를 선택하여 설정 창을 연다.

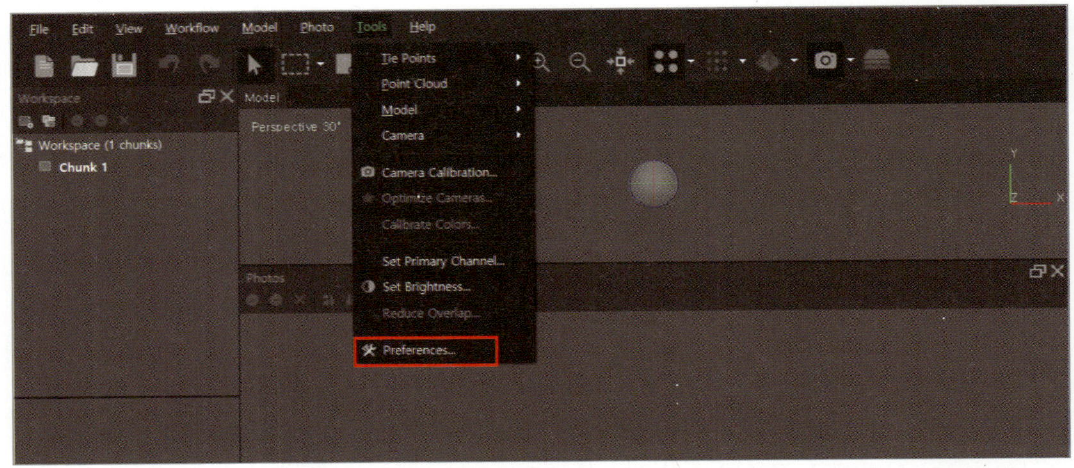

이제 Preferences(환경 설정) 창이 열리며, 기본적으로 "General"(일반) 탭이 활성화된다.

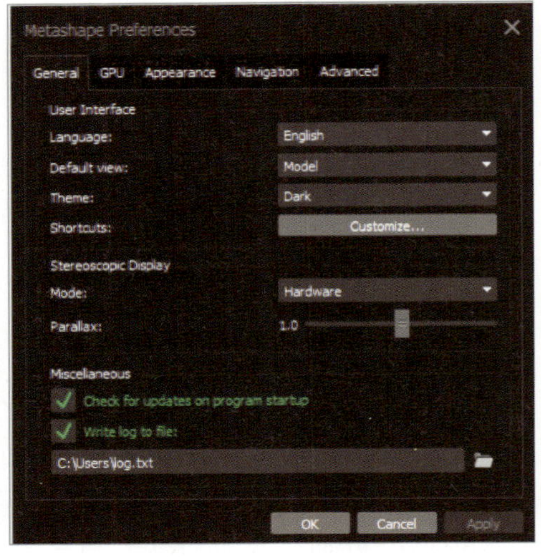

좌측의 그림에서 환경설정을 위한 Metashape Preferences(환경설정) 메뉴창의 General(일반) 항목에서, 일반적으로 Language(언어)는 Korean을, Default view(기본 화면)는 Model(모델)을, Theme(테마)은 Light(밝음), Shortcuts(바로 가기)은 Customize(커스토마이즈) 등의 사용자 인터페이스(User Interface)를 선택한다.

Preferences(환경 설정) – General(일반) 탭에서는 여러 가지 기본적인 UI 및 소프트웨어 환경을 사용자에 맞게 조정할 수 있다. 주요 항목과 설정 방법은 다음과 같다.

- Language(언어 설정) : 사용 가능한 언어 목록에서 원하는 GUI 언어를 선택할 수 있다. 한국어(Korean)로 설정하면 이후 모든 인터페이스가 한국어로 표시된다.

- Default View(기본 화면 설정) : 프로젝트를 열 때 처음으로 표시되는 보기 모드를 선택할 수 있다. 선택 가능한 옵션은 다음과 같다.
  - Tie Points(결합점)
  - Point Cloud(점군)
  - Model(모델) (기본 선택 옵션)

- Theme(테마 설정) : 소프트웨어의 GUI 테마, 즉 화면 배경 스타일을 설정할 수 있다.
  - Dark(어두운 테마)
  - Light(밝은 테마)
  - Classic(클래식 테마) (전통적인 인터페이스 스타일)
- Stereoscopic Mode(스테레오 모드) : 3D 시각화 지원 장치에서 3D 보기를 활성화하는 옵션으로서, 스테레오 디스플레이 환경에서 보다 정교한 입체적 데이터를 시각화하는 데 사용된다.

이러한 설정을 완료한 후, "OK" 버튼을 클릭하면 변경된 환경이 적용되며, Metashape의 UI가 보다 사용자 친화적인 형태로 최적화된다.

참고 "Preferences"(환경) 설정 메뉴창

- General(일반) 탭
  - Language: 사용 가능한 언어 목록에서 GUI 언어를 선택할 수 있다.
  - Default View(기본화면) : 보기 모드로서, Tie Points, Point Cloud, Model이 있다.
  - Theme(테마) : 바탕화면을 선택한다. Dark, Light, Classic 옵션이 있다.
  - Stereoscopic Display(스테레오 모드) : 3D 시각화 지원 장치에서 3D 보기 제공을 위해 사용
- GPU 탭
  - GPU Acceleration(GPU 가속) : GPU를 활성화하면 처리 속도가 향상된다.
  - Use CPU(CPU 사용) : GPU를 사용할 수 없거나 CPU만 사용하는 경우, CPU 옵션을 선택할 수 있다.

  GPU가 활성화되면 Use CPU when performing GPU accelerated processing 옵션을 비활성화하여 성능을 최적화하는 것이 좋다.
- Appearance 탭
  - Interface Customization(인터페이스 사용자화) : 인터페이스의 색상, 두께 등을 설정할 수 있다. 예를 들어, 모델 보기에서 배경 색상과 경계 상자(Bounding Box) 설정, 정사영상 보기에서 이음선(Seamlines)의 색상 및 두께, 사진 보기에서 마스크 표시(Mask Display) 설정 등을 조정할 수 있다.
- Navigation 탭
  - 3D Controller Settings(3D 컨트롤러 설정) : 3D 내비게이션 컨트롤러의 동작을 설정할 수 있다.
- Advanced(고급) 탭
  - Load Camera Data : XMP 메타데이터에서 추가 카메라 교정 정보를 업로드하려면 관련 옵션을 활성화한다.
  - Keep Depth Maps(깊이 맵 저장) : 초기 생성 후 포인트 클라우드를 재구성할 때, 처리 시간을 절약하기 위해 깊이 맵을 저장하는 옵션을 활성화할 수 있다.
  - Fine-level Task Subdivision(세분화 작업 분할) : 큰 데이터셋을 처리할 때 메모리 소비를 줄이기 위해 작업을 세부 서브 작업으로 나누는 옵션이다. 분할을 지원하는 작업은 이미지 매칭, 이미지 정렬, 깊이 맵 생성, 포인트 클라우드 생성 등이 있다.

UI(사용자 인터페이스) 구성

다음 그림은 Agisoft Metashape의 일반적인 화면 구성을 보여준다. Metashape의 UI는 다섯 개의 주요 요소로 구성되어 있으며, 각각의 역할은 다음과 같다.

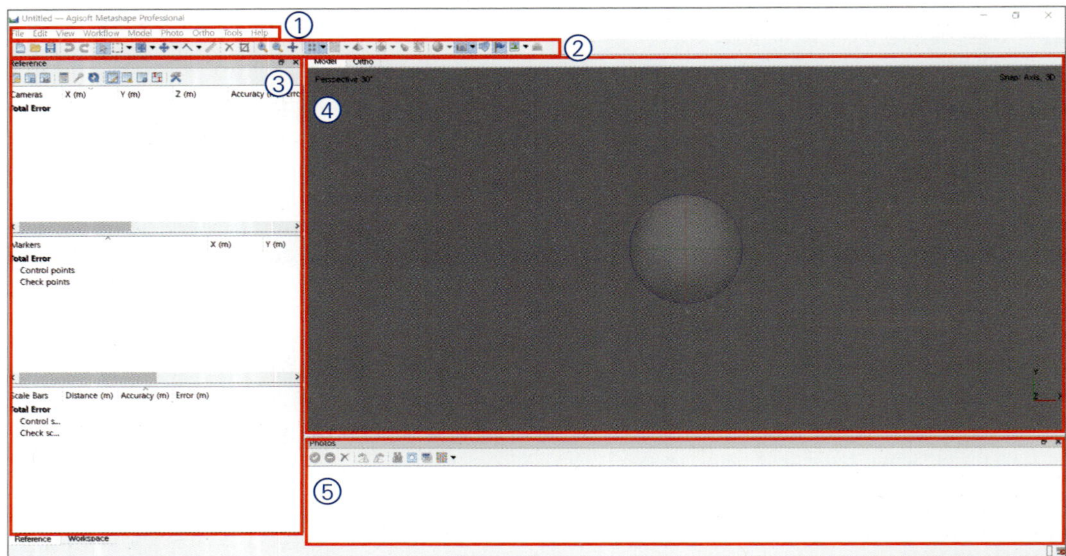

1. 메뉴 바(Menu Bar) : 화면 상단에 위치하며, File, Edit, View 등의 주요 메뉴를 포함한다. 사용자는 여기서 프로젝트 파일을 관리하거나, 다양한 설정 및 보기 옵션을 조정할 수 있다.

2. 툴 바(Tool Bar) : 메뉴 바 바로 아래 위치하며, 자주 사용하는 기능들이 아이콘 형태로 배치되어 있어 빠른 작업 수행이 가능하다.

3. 워크스페이스(Workspace) : 화면 좌측에 위치하며, 프로젝트의 구성 요소들이 트리(Tree) 구조로 표시된다. 이를 통해 사용자는 프로젝트의 각 단계와 데이터를 체계적으로 관리할 수 있다.

4. 메인 뷰포트(Main Viewport) : 화면 중앙에 배치되며, 3D 모델, 포인트 클라우드(Point Cloud) 등을 시각적으로 표시하는 핵심 영역이다.

5. 사진 패널(Photo Panel) : 화면 하단에 위치하며, 프로젝트에 추가된 이미지들이 표시된다. 사용자는 이 패널을 통해 개별 사진을 확인하고, 이미지 품질을 검토하며, 필요한 경우 특정 이미지를 선택하여 편집할 수 있다.

이미지 가져오기

사진측량 데이터 처리의 첫 단계는 촬영한 이미지 파일을 Metashape 프로젝트에 불러오는 것이다. 사용자는 개별 이미지 파일을 직접 추가할 수도 있으며, 모든 촬영 데이터가 포함된 폴더 단위로 업로드할 수도 있다.

실습 예제에서는 좌측 그림과 같이 파일 탐색기에서 드론 촬영 이미지 파일을 선택하여 프로젝트에 업로드하였다.

이미지를 추가하는 과정에서, 우측 그림과 같이 다음의 두 가지 옵션 중 하나를 선택해야 한다.

(1) Single Scene(단일 장면)

- 하나의 촬영 세션에서 수집된 정적(Static) 이미지 데이터
- 일반적인 드론 항공 촬영 데이터 처리에 적합
- 동일한 촬영 조건에서 획득된 이미지에 사용

(2) Dynamic Scene(동적 장면)

- 시간이 흐르면서 변화하는 장면을 다루는 경우
- 비디오 프레임 추출 데이터 또는 시간 경과에 따른 이미지 분석에 적합

대부분의 드론 촬영 데이터는 하나의 비행에서 촬영된 정적 이미지로 구성되므로, 일반적인 작업에서는 'Single Scene(단일 장면)' 옵션을 선택하는 것이 적절하다.

이 단계를 완료하면, Metashape이 선택한 이미지들을 불러와 프로젝트에 추가하며, 이후 사진 정합(Photo Alignment) 단계로 진행할 준비가 완료된다.

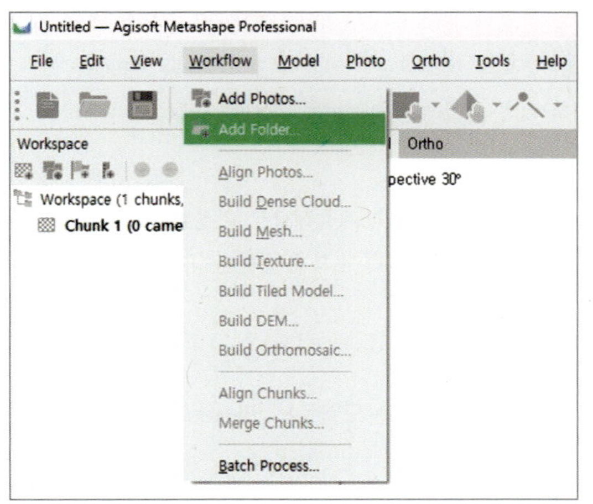

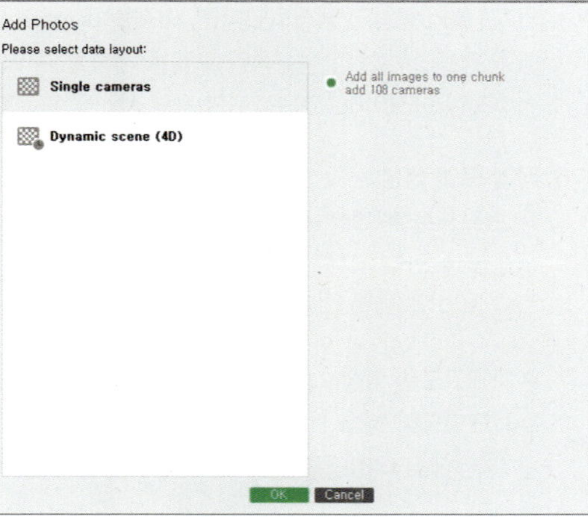

참고 Agisoft Metashape 워크플로우

Metashape에서 제공하는 '워크플로우(Workflow)' 메뉴는 사용자가 사진측량(Photogrammetry) 프로세스를 단계별로 쉽게 따라갈 수 있도록 구성되어 있어, 높은 품질의 결과물을 효율적으로 생성할 수 있다. 다음은 Metashape의 주요 워크플로우 단계와 각각의 역할에 대한 설명이다.

1. **사진 추가**(Add Photos...) **및 폴더 추가**(Add Folder...)

   Metashape의 작업을 시작하려면 원본 사진 데이터를 불러오는 과정이 필요하다. 사용자는 개별 사진을 선택하여 추가할 수도 있고, '폴더 추가(Add Folder...)' 옵션을 활용하여 하나의 폴더 내에 있는 모든 사진을 한 번에 가져올 수도 있다. 이렇게 사진을 프로젝트에 추가하는 단계는 후속 처리 과정의 기초가 되므로, 이미지의 품질과 촬영 조건을 신중하게 검토하는 것이 중요하다.

2. **사진 정렬**(Align Photos...)

   추가된 사진들은 Align Photos(사진 정렬) 단계에서 각각의 상대적인 위치와 방향을 자동으로 분석하여 정렬된다. 이 과정에서 Metashape는 사진들 사이의 특징점을 인식하고, 이를 기반으로 저밀도 점군(sparse point cloud)을 생성한다. 이러한 점군 데이터는 3D 모델링의 기초가 되는 매우 중요한 요소로서, 사진 정렬이 정확할수록 이후의 3D 모델 품질도 향상된다.

3. **고밀도 점군 생성**(Build Dense Cloud...)

   사진 정렬이 완료되면, Build Dense Cloud(고밀도 점군 생성) 단계로 이동하여 보다 정밀한 점군 데이터를 구축할 수 있다. 이 과정에서는 저밀도 점군보다 훨씬 많은 데이터 포인트를 사용하여, 보다 세밀한 형태의 점군을 생성하게 된다. 결과적으로, 고밀도 점군을 기반으로 생성되는 3D 모델은 높은 수준의 디테일을 유지할 수 있다.

4. **메쉬 생성**(Build Mesh...)

   점군 데이터가 생성된 이후에는 Build Mesh(메쉬 생성) 단계를 거쳐 3D 폴리곤 메쉬를 구축하게 된다. 이 과정에서 점군 데이터는 구조적으로 정리된 표면 형태로 변환되며, 모델의 형태가 보다 명확하게 된다. 메쉬 생성은 3D 모델링에서 핵심적인 단계 중 하나로서, 정밀한 재현이 요구되는 프로젝트에서는 이 단계의 설정을 세밀하게 조정할 필요가 있다.

5. **텍스처 생성**(Build Texture...)

   3D 모델의 형상이 생성되었다면, 이제는 Build Texture(텍스처 생성) 단계를 통해 원본 사진의 색상 및 표면 질감을 적용하여 보다 현실적인 모델을 제작할 수 있다. 이 과정은 시각적으로 정밀한 3D 모델을 제작하는 데 필수적인 단계이며, 고해상도의 원본 사진을 활용할 경우 더욱 사실적인 결과물을 얻을 수 있다.

6. **타일 모델 생성**(Build Tiled Model...)

   대규모 프로젝트에서는 Build Tiled Model(타일 모델 생성) 기능을 활용하여 계층적으로 구조화된 3D 모델을 생성할 수 있다. 이 기능은 특히 대규모 지형 모델링, 도시 계획, 스마트시티 구축과 같은 분야에서 중요한 역할을 하며, 거대한 데이터셋을 보다 효율적으로 처리할 수 있다.

7. **수치표고모델 생성**(Build DEM...)

   수치표고모델(DEM, Digital Elevation Model)은 지형의 고도 정보를 표현하는 모델로서, Metashape에서는 점군 또는 메쉬 데이터를 바탕으로 DEM을 생성할 수 있다.

8. 정사영상 생성(Build Orthomosaic...)

정사영상(Orthomosaic)은 여러 장의 항공사진이나 드론 사진을 정확한 지리적 기준에 맞추어 보정한 모자이크 이미지로서, 지도 제작이나 지형 분석 등에 사용된다.

9. 청크 정렬(Align Chunks...) 및 청크 병합(Merge Chunks...)

복잡한 프로젝트에서는 여러 개의 작업 단위(청크, Chunks)를 개별적으로 처리한 후, 이를 정렬하거나 병합하여 하나의 완성된 모델을 구축할 수 있다. 이 기능은 대규모 3D 모델링 작업에서 매우 유용하다.

10. 일괄 처리(Batch Process...)

Metashape는 Batch Process(일괄 처리) 기능을 통해 여러 작업 단계를 자동으로 연속 실행할 수 있다. 이를 활용하면 대량의 데이터를 보다 효율적으로 처리할 수 있으며, 사용자의 개입을 최소화하면서도 높은 품질의 결과물을 얻을 수 있다.

참고 AddPhotos 에서 제공하는 Single cameras와Dynamic scene(4D) 옵션

Agisoft Metashape의 AddPhotos 기능에서 제공하는 Single cameras와 Dynamic scene(4D) 옵션은 다음과 같은 특징을 가지고 있다.

1. Single cameras : 일반적인 3D 모델링 작업에 사용된다.
   - 각 이미지가 대상 객체의 단일 사진을 나타낸다.
   - 정지 영상이나 객체를 촬영한 경우에 적합하다.
   - 서로 다른 위치와 각도에서 촬영된 여러 장의 사진을 처리할 때 사용한다.

2, Dynamic scene(4D) : 동적인 장면을 재구성하는 데 사용된다.
   - 고정된 위치에 설치된 여러 대의 동기화된 카메라로 촬영한 장면을 처리할 때 적합하다.
   - 각 카메라 위치에 대해 서로 다른 시간에 촬영된 여러 프레임의 이미지를 로드할수 있다.
   - 시간에 따라 변화하는 장면을 캡처하고 재구성하는 데 유용하다.

※ Dynamicscene(4D) 옵션을 사용할 때는 다음과 같은 데이터 구조를 활용할 수 있다.
1. 각 카메라의 모든 프레임을 별도의 하위 폴더에 저장
2. 모든 카메라의 해당 프레임을 별도의 하위 폴더에 저장
3. 각 카메라의 모든 프레임을 별도의 다중 레이어 이미지로 저장
4. 모든 카메라의 해당 프레임을 별도의 다중 레이어 이미지로 저장

※ 이 옵션을 선택하면 Timeline 창을 통해 프레임 시퀀스를 탐색할 수 있다[.

※ Dynamicscene(4D) 기능은 영화 예술, 비디오 게임 산업 등 창의적인 프로젝트에서 멀티카메라 리그 데이터를 처리하는 데 유용하며, 다양한 시각 효과의 기반이 될 수 있다.

사진을 성공적으로 입력한 후, 다음의 그림과 같이 상단의 카메라 아이콘을 활성화하여 이미지가 올바른 위치에 배치되었는지 확인한다. 이 과정은 초기 데이터 정합의 정확성을 높이는 중요한 단계이다.

또한, 뷰(View)를 기울여 살펴보면서 모든 이미지가 동일한 고도에서 촬영되었는지 점검하는 것을 권장한다. 이러한 일관성은 최종 결과물의 품질을 향상시키는 데 기여하지만, 반드시 동일한

고도를 유지해야 하는 것은 아니다. 다만, 고도 차이가 클 경우 추가적인 보정 과정이 필요할 수 있으므로, 사전에 이를 확인하는 것이 바람직하다.

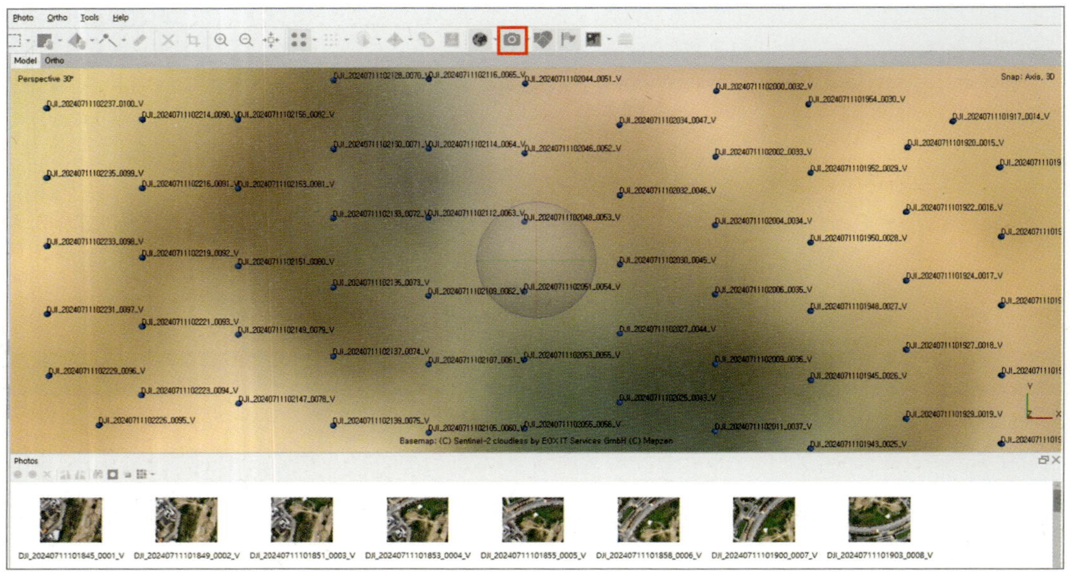

이미지 정렬(Aligning Images)

이미지 정렬은 사진측량(Photogrammetry) 프로젝트의 정밀도를 결정하는 핵심적인 과정이다. 정렬 과정의 정확성에 따라 후속 데이터 처리의 품질이 크게 좌우되므로, 신중한 설정이 필요하다.

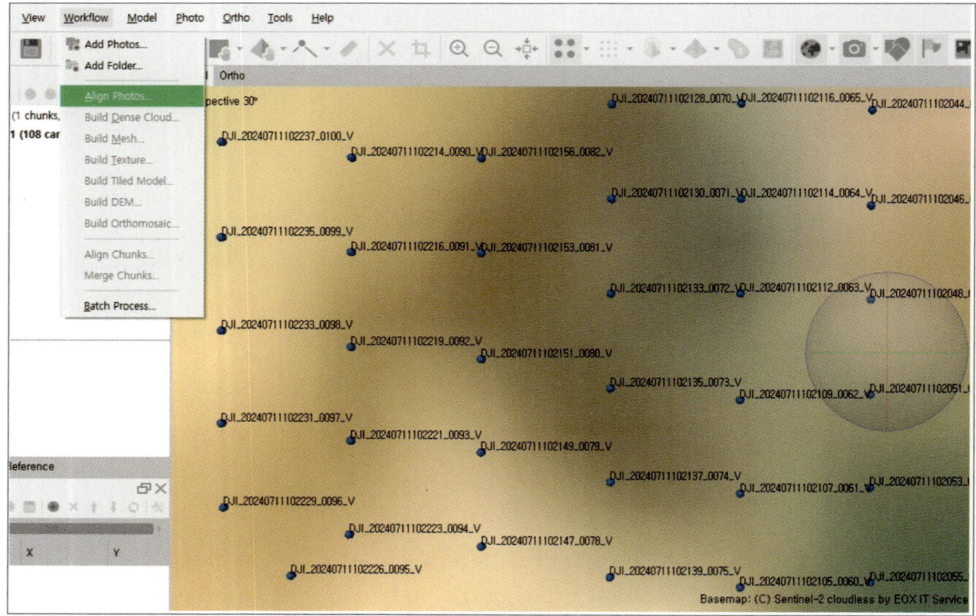

이미지를 정렬하기 위해, 메뉴 바(Menu Bar)에서 Workflow(워크플로우) → Align Photos(사진 정렬)을 선택한다.

Metashape에서는 Lowest(최저)에서 Highest(최고)까지 여러 수준의 정렬 옵션을 제공하며, 일반적으로 보다 높은 정밀도를 위해 "High(고품질)" 설정을 선택하는 것이 권장된다.

정렬 옵션 설정(Alignment Options)

(1) Reference Preselection 설정

- Source(원본 데이터)로 설정하면 불필요한 위치 추정을 방지하여 처리 속도를 향상시킬 수 있다.
- 이 설정을 활성화하면 Metashape이 위치 정보가 있는 이미지들 간의 연관성을 자동으로 분석하여, 보다 효율적인 정렬을 수행할 수 있도록 한다.

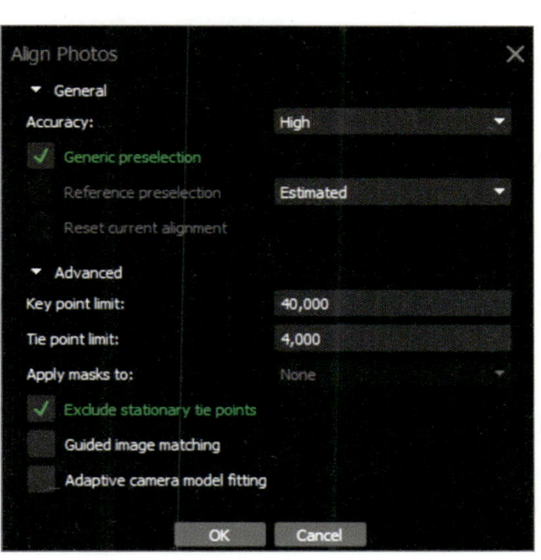

(2) Advanced Settings(고급 설정)

- 기본적으로 제공되는 설정값을 유지하는 것이 가장 안정적인 결과를 얻는 데 유리하다.
- 필요에 따라 특정 매개변수를 조정할 수도 있지만, 기본 설정만으로도 대부분의 프로젝트에서 충분한 정밀도를 확보할 수 있다.

이미지 정렬이 완료되면, 카메라 아이콘을 다시 비활성화하고 타이 포인트(Tie Points), 즉 특징점(Feature Points)으로 이루어진 저밀도 점군(Sparse Point Cloud) 데이터를 확인한다. 타이 포인트는 Metashape이 각 이미지 간의 특징점들을 탐지하여 생성한 점 데이터로서, 프로젝트의 전체적인 정확도를 결정하는 핵심 요소이다.

정렬이 올바르게 수행되었는지 검토한 후, 불필요하거나 잘못된 타이 포인트를 제거하는 정제 작업을 진행해야 한다. 이러한 불필요한 점을 제거하는 과정은 데이터의 신뢰도를 높이고 후속 단계에서 보다 정밀한 3D 모델을 생성하는 데 필수적이다. 이 단계를 완료하면, 보다 정밀한 점군 데이터를 확보한 상태에서 고밀도 점군(Dense Point Cloud) 생성 단계로 넘어갈 준비가 완료된다.

참고 Image Alignment(이미지 정렬) 옵션

드론 매핑과 3D 모델링을 위한 이미지 정렬(Image Alignment) 과정은 정확도를 높이고 처리 시간을 최적화하는 다양한 설정을 통해 조정할 수 있다.

1. **정확도(Accuracy) 설정**

   정확도 설정은 카메라 위치 추정의 정밀도에 직접적인 영향을 미친다. 높은 정확도(High Accuracy) 설정을 사용할수록 보다 정교한 카메라 위치를 얻을 수 있지만, 처리 시간이 길어진다. 반면, 낮은 정확도(Low Accuracy) 설정을 사용하면 빠르게 대략적인 위치를 산출할 수 있다. 각 정확도 설정에 따른 이미지 크기 조정은 다음과 같다.

   - High Accuracy : 원본 이미지 크기 사용
   - Medium Accuracy : 가로 및 세로 2배씩 축소 (전체 크기 1/4)
   - Low Accuracy : 가로 및 세로 4배씩 축소 (전체 크기 1/16)
   - Lowest Accuracy : Low 설정보다 추가로 4배 축소
   - Highest Accuracy : 원본 대비 4배 확대

   Highest Accuracy(최고 정확도) 설정은 타이 포인트(Tie Points)의 정밀한 위치를 결정하는 데 유리하지만, 이미지가 선명해야 효과가 있으며, 처리 시간이 상당히 길어지므로 연구 목적에 적합하다.

2. **이미지 사전 선택**(Image Preselection) **기능** : 수천 장의 이미지가 포함된 대형 데이터셋을 정렬할 경우, 이미지 간 특징점 매칭 과정이 상당한 시간을 소요할 수 있다. 이를 최적화하기 위해 Metashape는 이미지 사전 선택 기능을 제공한다.

   (1) Generic Preselection(일반 사전 선택) : 낮은 정확도로 사진을 우선 정렬한 후, 겹치는 이미지 쌍을 선택하여 최종 정렬을 진행하는 방식이다. 이 과정은 처리 속도를 향상시키는 데 유용하다.

   (2) Reference Preselection(기준 사전 선택)

   - Estimated Mode : 이전 정렬에서 계산된 외부 표정(Exterior Orientation Parameters)을 반영하여 정렬 속도를 높인다.
   - Sequential Mode : 사진 촬영 순서(Sequence Number)를 기준으로 이미지 간 대응점을 찾으며, 촬영 첫 번째 이미지와 마지막 이미지도 비교 대상으로 포함된다.

3. Reset Current Alignment(정렬 재설정) : 옵션을 활성화하면 기존에 생성된 모든 Tie Points(타이 포인트), Key Points(키 포인트), Matching Points(매칭 포인트)가 삭제되며, 정렬이 처음부터 다시 수행된다. 이는 기존 정렬의 품질이 낮거나 새로운 설정을 적용할 필요가 있을 때 유용하다.

4. Advanced Parameters(고급 매개변수) **조정** : 정렬 품질을 더욱 세부적으로 조정하기 위해 다음과 같은 고급 설정을 활용할 수 있다.

   (1) 키 포인트 제한(Key Point Limit) : 한 이미지에서 검색할 특징점의 최대 개수를 지정하는 값이다. 0으로 설정하면 최대한 많은 키 포인트를 검색하지만, 그만큼 신뢰성이 낮은 포인트도 포함될 수 있다.

   (2) 타이 포인트 제한(Tie Point Limit) : 한 이미지에서 매칭될 포인트의 최대 개수를 지정한다. 0으로 설정하면 필터링이 적용되지 않아 많은 매칭 포인트를 포함할 수 있다.

타이 포인트 필터링 및 최적화

타이 포인트(Tie Points) 필터링은 사진측량 프로젝트의 정밀도를 향상시키는 핵심적인 과정이다. 많은 사용자들이 이 단계를 생략하고 곧바로 고밀도 점군(Dense Point Cloud)이나 3D 모델(Model) 생성으로 넘어가려 하지만, 타이 포인트를 효과적으로 정리하지 않으면 이후 처리 과정에서 오류가 발생할 가능성이 크다. 따라서 필터링과 최적화 작업을 통해 데이터 품질을 개선하는 것이 필수적이다.

타이 포인트를 필터링하기 위해 Model(모델) 탭에서 Gradual Selection(점진적 선택)을 선택한다. 여기에는 네 가지 옵션이 있으며, Reconstruction Uncertainty(재구성 불확실성)부터 시작하여 포인트를 분석하는 것이 일반적이다.

타이 포인트를 필터링하려면 Model(모델) 탭에서 Gradual Selection(점진적 선택) 기능을 활용한다. Gradual Selection은 네 가지 옵션을 제공하며, 보통 Reconstruction Uncertainty(재구성 불확실성)부터 시작하여 점들을 분석하는 것이 일반적이다.

(1) Reconstruction Uncertainty(재구성 불확실성)

- 슬라이더 바를 조정하여 정확도가 낮은 포인트를 자동으로 선택할 수 있다.
- 일반적으로 20 이하의 값을 설정하면, 불필요한 점들을 효과적으로 제거할 수 있다.

(2) Projection Accuracy(투영 정확도)

- 카메라 투영 정확도가 낮은 점들을 필터링하여 정렬 정밀도를 개선한다.

(3) Reprojection Error(재투영 오류)

- 모델의 전반적인 정확도에 영향을 주는 불필요한 점들을 제거한다.

(4) Image Count(이미지 개수 기준 선택)

- 특정 포인트가 너무 적은 수의 이미지에서만 감지되었을 경우 제거한다.

필터링을 통해 선택된 포인트들은 Delete 키를 눌러 삭제하고, 이후 Optimize Camera Alignment(카메라 정렬 최적화) 기능을 실행한다. 이를 통해 전체적인 점 정렬을 더욱 정밀하게 조정할 수 있다.

최적화 과정이 완료된 후, 다시 카메라 아이콘을 비활성화하고 타이 포인트(Tie Points)를 확인한다. 이 과정에서 표면 아래에 존재하는 노이즈 점(Noise Points)이나 비정상적인 점군을 검토해야 한다. 불필요한 점들이 존재하는 경우, 추가적인 필터링을 진행하여 정확도가 높은 점군만 유지하도록 한다.

데이터 저장 및 프로젝트 보호

사진측량 작업을 수행할 때 가장 중요한 요소 중 하나는 주기적인 프로젝트 저장이다.

- 복잡한 데이터 처리 과정에서 소프트웨어가 갑자기 종료되거나, 컴퓨터가 충돌하는 경우 작업 중이던 데이터가 손실될 위험이 있다.
- 이러한 문제를 방지하기 위해, 각 주요 단계가 완료될 때마다 "Save Project(프로젝트 저장)" 기능을 활용하는 습관을 들이는 것이 필수적이다.

저장된 프로젝트는 향후 데이터 복구 및 추가적인 수정 작업이 필요할 때 매우 유용하게 활용될 수 있다.

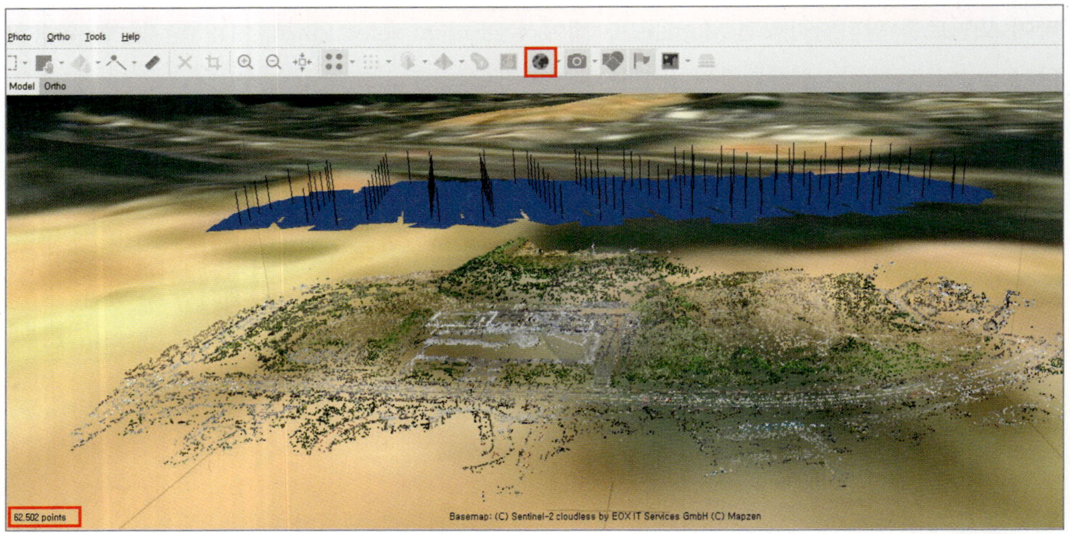

Metashape에서는 전체 데이터를 처리하는 것이 아니라 특정 관심 지역(Region of Interest, ROI)에 대해서만 데이터 처리를 수행할 수 있다. 위의 그림에서 지구 모양의 아이콘을 클릭하여, 관심 지역의 KML 파일을 가져온다.

- 다음 그림 하단에서는, 이미지 정렬을 통해 총 62,502개의 저밀도 점군(Sparse Point Cloud)이 생성되었음을 확인할 수 있다.
- 그러나 프로젝트의 목적에 따라 전체 데이터가 아닌 특정 관심 지역만 처리하는 것이 필요할 수 있다.
- 이를 위해 KML 파일을 불러와 관심 지역을 설정한 후 재처리를 수행한 결과, 다음의 그림과 같이 점군 개수가 62,502개에서 40,351개로 감소하며 불필요한 점들이 효과적으로 제거되었

음을 확인할 수 있다.

이처럼 관심 지역을 설정하면 불필요한 데이터 처리를 줄이고 연산 속도를 향상시킬 수 있으며, 최종적으로 보다 정확하고 효율적인 결과를 도출할 수 있다.

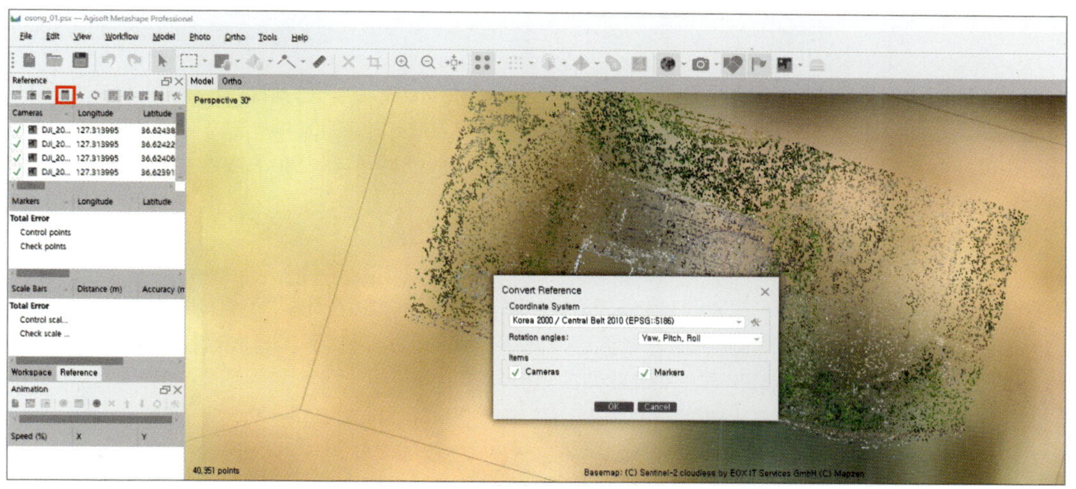

III. 지상기준점 좌표 입력 및 마킹하기

좌표계 설정

먼저, 좌측 워크스페이스(Workspace) 패널에서 "Reference" 탭을 확인한 후, 네 번째 아이콘 "Convert Reference"을 클릭하여 Convert Reference(좌표 변환) 메뉴를 실행한다.

이 메뉴 창에서 해당 프로젝트에 적합한 좌표계를 선택하고 입력해야 한다. 이번 프로젝트에서는 충북 청주시 흥덕구 오송읍 오송생명12로 130 (충북 청주시 흥덕구 오송읍 봉산리 770) 소재 오송국민체육센터 인근을 촬영한 데이터이므로, 우리나라의 TM 중부좌표계인 "Korea 2000/Central Belt 2010 (EPSG :: 5186)"를 선택한다. 또한, Rotation angles(회전 각도) 항목에서 Yaw, Pitch, Roll을 선택하고, Items(항목 선택)에서는 Cameras(카메라)와 Markers(마커)를 모두 활성화한다. 이러한 설정을 통해, 카메라의 위치 및 방향과 함께 GCP(지상기준점) 데이터를 효과적으로 적용할 수 있도록 한다.

참고 'Convert Reference' 메뉴창

'Convert Reference' 메뉴는 프로젝트의 좌표계 및 방향 설정을 조정하는 역할을 한다. 'Convert Reference'는 프로젝트의 참조 시스템을 변환하거나 조정할 때 사용되는 기능이다. 이 메뉴를 통해 사용자는 좌표계를 변경하거나, 모델의 방향을 조정하거나, 특정 객체(예: 카메라, 마커)의 위치 정보를 업데이트할 수 있다. 데이터의 정확성을 높이고, 다양한 소프트웨어나 플랫폼 간의 호환성을 확보하는 데 필수적이다.

1. Coordinate System(좌표계) 설정

   좌표계는 3D 공간에서 객체의 위치를 정의하는 기준이 된다. Metashape에서는 세계 좌표계(World Coordinate System) 또는 사용자 정의 좌표계를 선택할 수 있다. 설정은 프로젝트의 목적에 따라 달라지며, 특히 지도 제작이나 대규모 측량 작업에서 중요한 역할을 한다. 좌표계를 변환할 때는 원본 데이터와 목표 좌표계 간의 변환 파라미터를 정확히 입력해야 한다.

2. Rotation angles(회전각)

   Rotation angles 설정은 3D 모델의 방향을 조정하는 데 사용된다. 즉, 회전각을 조정함으로써 사용자는 3D 모델의 방향을 정밀하게 제어할 수 있다. 예를 들어, 드론으로 촬영한 사진 데이터를 처리할 때, 초기 설정이 잘못된 경우 이 기능을 통해 올바른 방향으로 재조정할 수 있다.

   이는 항공기나 드론의 자세를 설명할 때 사용되는 용어와 동일하며, 각각의 의미는 다음과 같다.

   - Yaw(요) : 수직축을 기준으로 좌우로 회전하는 각도. 일반적으로 북쪽을 기준으로 방위각을 설정할 때 사용된다.
   - Pitch(피치) : 수평축을 기준으로 위아래로 기울이는 각도를 조정할 때 사용된다.
   - Roll(롤) : 전후축을 기준으로 회전하는 각도를 조정할 때 사용된다.

3. Items(아이템) 설정 : 카메라(Cameras)와 마커(Markers)

   'Convert Reference' 메뉴에서는 특정 객체에 대한 참조 정보를 업데이트할 수 있다. 이때 선택할 수 있는 아이템은 주로 카메라(Cameras)와 마커(Markers)이다.

   - Cameras(카메라) : 프로젝트에 사용된 모든 카메라의 위치와 방향 정보를 업데이트할 수 있다.
   - Markers(마커) : 3D 공간에서 특정 지점을 표시하는 마커의 위치 정보를 조정할 수 있다. 마커는 측량 지점이나 지상기준점으로 사용되며, 정확한 위치 설정은 전체 프로젝트의 정밀도를 결정짓는 중요한 요소이다.

GCP 좌표 파일 가져오기 및 GCP 마킹

지상기준점(GCP) 좌표 데이터를 Metashape 프로젝트에 입력하려면, 다음과 같은 절차를 따른다.

1. 다음의 좌측 그림과 같이 메뉴 바(Menu Bar)에서 "File"을 클릭한 후,
2. 우측 그림과 같이 드롭다운(Sub-menu)에서 "Import Reference(참조 데이터 가져오기)"를 선택한다.

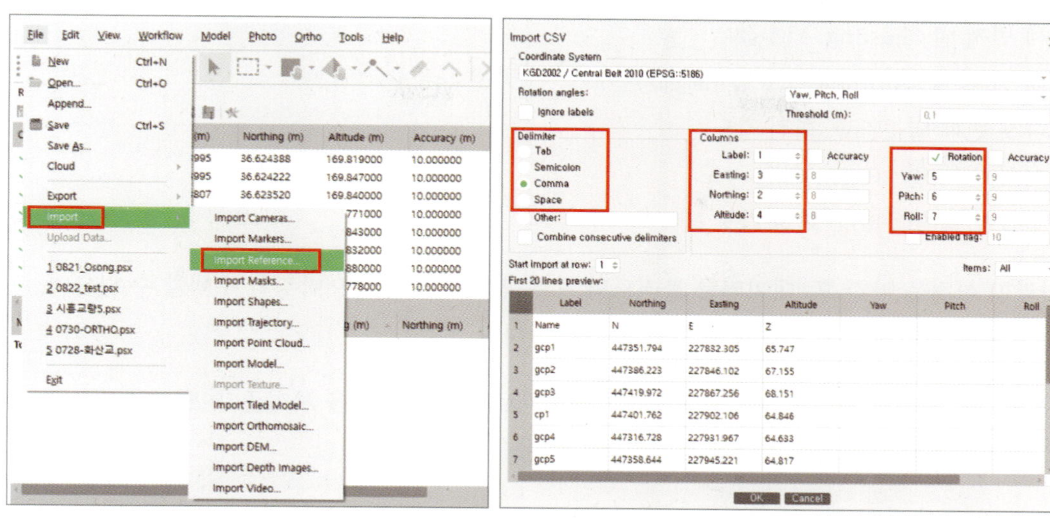

그러면 "Import CSV" 팝업 창이 나타나며, 여기에서 Coordinate System(좌표 시스템)을 확인하고 설정해야 한다.

(1) Coordinate System(좌표 시스템)

- 기존에 설정한 "Korea 2000/Central Belt 2010 (EPSG :: 5186)"가 올바르게 선택되었는지 확인한다.
- 만약 좌표계가 틀리거나 표시되지 않는 경우, 올바른 좌표계를 다시 입력하여 적용한다.

(2) Rotation angles(회전 각도)

- Yaw, Pitch, Roll을 선택하여 카메라 및 GCP 데이터의 방향을 올바르게 설정한다.

CSV 파일 설정 및 열(Column) 매핑

지상기준점(GCP) 좌표 데이터를 가져올 때, CSV 파일의 구분자(Delimiter)를 올바르게 선택하는 것이 중요하다.

- Metashape에서는 Tab(탭), Semicolon(세미콜론), Comma(쉼표), Space(공백) 등의 구분자 옵션을 지원하며,
- 이번 프로젝트에서는 Comma(",")를 구분자로 선택한다.

또한, CSV 파일의 각 열(Column)에 대한 속성을 올바르게 지정해야 한다.

- 첫 번째 열 : Label, 각 GCP의 명칭(이름)
- 두 번째 열 : Northing, X(N) 값

- 세 번째 열 : Easting, Y(E) 값
- 네 번째 열 : Altitude, 고도값(Height)
- 다섯 번째 열 : Yaw, 회전 각도
- 여섯 번째 열 : Pitch, 회전 각도
- 일곱 번째 열 : Roll, 회전 각도

이러한 설정을 마친 후, 데이터를 불러오면 프로젝트 내에서 GCP 마킹을 수행할 수 있으며, 이를 통해 지리적 정확도를 한층 향상시킬 수 있다.

다음 그림은 좌표계 설정 및 GCP 좌표 입력을 완료한 후의 화면을 보여준다. 빨간색 박스로 강조된 영역에서 GCP 좌표가 올바르게 입력되었음을 확인할 수 있다.

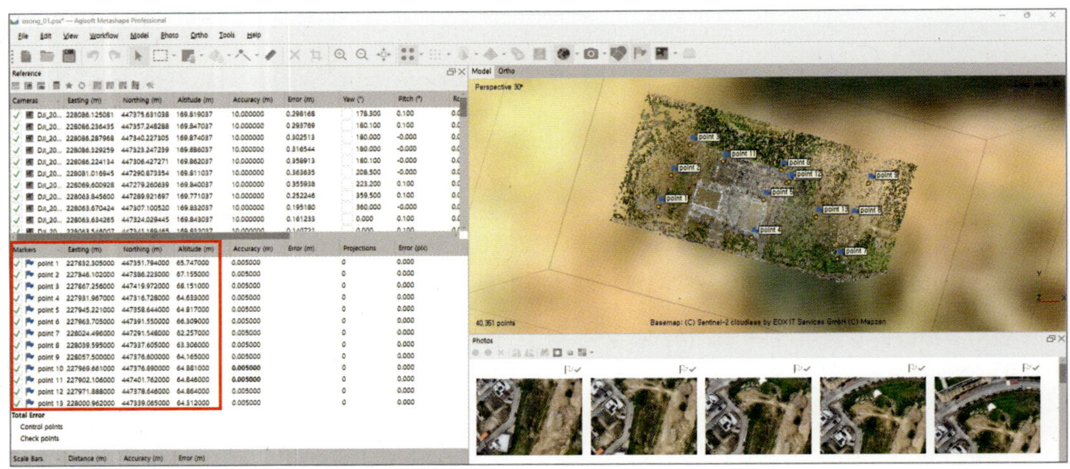

현재 단계에서는 좌표만 입력된 상태이므로, 우측 패널에 표시되는 정확도(Accuracy) 및 오차(Error) 값이 아직 계산되지 않은 상태임을 알 수 있다. 이러한 값들은 GCP가 이미지와 정확히 매칭되고, 최적화 과정이 진행된 후 반영된다.

또한, 메인 뷰포트(Main Viewport)에서 GCP가 저밀도 점군(Sparse Point Cloud) 사이에 정확히 배치된 모습을 확인할 수 있다. 이를 통해 입력된 GCP가 3D 공간 내에서 적절한 위치에 배치되었는지 시각적으로 검토할 수 있다.

GCP 마킹

다음 그림은 GCP 좌표와 이미지 상의 GCP, 즉 대공표지점 또는 마커의 중심점을 일치시키는 과정을 보여준다. GCP 마킹은 수작업으로 진행되며, 이미지 내에서 GCP의 정확한 위치를 표시하는 과정이다. 이 작업을 수행하기 위해 다음의 단계를 따른다.

GCP 목록에서 "Point 1"을 선택하거나, 마우스 오른쪽 버튼을 클릭하여 "Filter Photos by Markers(마커 기준으로 사진 필터링)"을 선택한다.

이 작업을 수행하면, 메인 뷰포트(Main Viewport) 창 하단의 Photos 갤러리 창에서 "Point 1"이 포함된 모든 사진들이 자동으로 표시된다. 이를 통해 각 이미지에서 GCP의 위치를 정밀하게 조정하고, 중심점과 일치시키는 작업을 수행할 수 있다.

GCP 마킹 과정에서는, 입력된 GCP 좌표와 이미지 상의 대공표지점(마커) 중심을 정확히 일치시키는 작업을 수행한다. 이를 통해 GPS 오차를 보정하고, 전체 모델의 정밀도를 향상시킬 수 있다.

1. Photos 갤러리 창에서 첫 번째 사진을 더블 클릭하여 선택한다.
2. 메인 뷰포트(Main Viewport)에서 해당 GCP, 즉 Point 1의 깃발을 확인한다.
3. GPS 위치 오차로 인해, GCP 마커(깃발)가 대공표지점에서 몇 미터 정도 떨어져 있을 가능성이 크므로, 화면을 확대하여 보다 정밀하게 조정한다.
4. 마커를 올바른 위치에 배치하기 위해, 마우스 왼쪽 버튼으로 깃발을 클릭한 후 드래그하여 대공표지점(마커)의 중심으로 정확히 이동시킨다.

각 GCP는 최소 10개 이상의 사진에서 마킹하는 것이 권장된다. 이를 통해 데이터 정합성을 높이고, 모델의 정확도를 개선할 수 있다. 또한, 마킹을 진행하면서 메인 화면 우측 패널에서 빨간색 박스로 표시된 오차 값이 계산되는 것을 확인할 수 있다. 이러한 오차 값은 마킹이 진행될수록 실시간으로 업데이트되며, 이를 참고하여 보다 정밀한 위치 조정을 수행하는 것이 바람직하다.

정확한 마킹을 위해서는 오차 값을 지속적으로 확인하면서, 대공표지점의 중심과 일치하도록 조정하는 것이 중요하다. 이를 반복적으로 수행하면, 프로젝트의 정밀도를 극대화하고, 이후 처리 과정에서 발생할 수 있는 오류를 최소화할 수 있다.

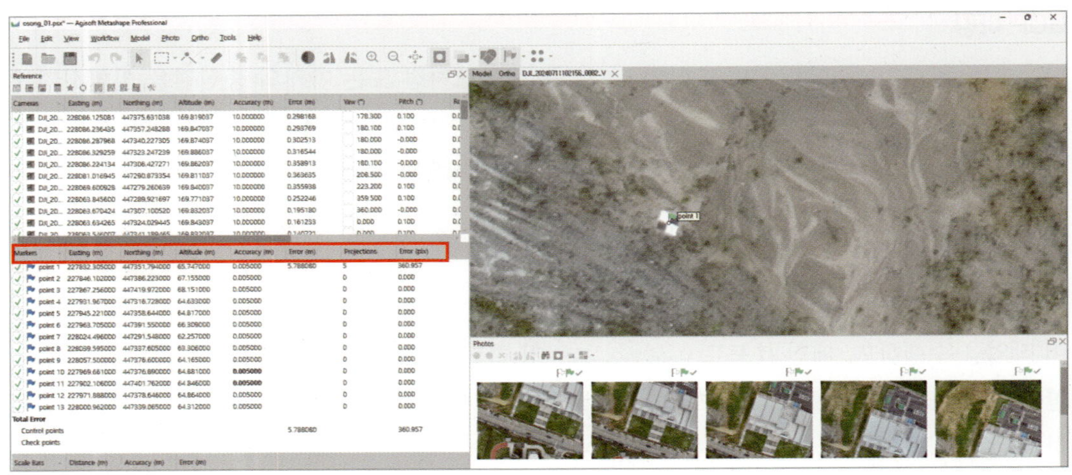

GCP(Ground Control Points)를 입력하고 이미지 상에 마킹을 완료한 후, 다음의 그림과 같이 Optimize Camera Alignment를 수행하려면 다음과 같은 단계를 따르는 것이 좋다.

1. Reference Pane에서 GCP 확인
   - GCP가 올바르게 입력되었는지 재확인한다.
   - GCP 좌표와 이미지 상의 마킹이 정확한지 확인한다.

2. Tools 메뉴 선택
   - 상단 메뉴에서 Tools를 클릭한다.

3. Optimize Cameras 선택
   - Tools 메뉴에서 Optimize Cameras를 선택한다.
   - 이 옵션은 카메라 위치와 GCP를 기반으로 정렬을 최적화한다.

4. Optimize Camera Alignment 설정
   - 다음의 그림과 같이 Optimize Cameras 대화 상자가 열리면, 최적화할 파라미터를 선택한다.
   - 일반적으로 F, CX, CY, B1, B2, K1-K4, P1, P2 등의 카메라 보정 파라미터를 선택한다.
   - 필요에 따라 Adaptive Camera Model Fitting을 활성화할 수도 있다.

5. OK 클릭
   - 설정을 확인한 후 OK를 클릭하여 최적화를 시작한다.

6. 결과 확인

- 최적화가 완료되면, Reference Pane에서 GCP의 재투영 오차(reprojectionerror)를 확인하여 정확도를 평가한다.
- 오차가 크면, GCP 마킹을 다시 검토하거나 추가 최적화를 수행할 수 있다.

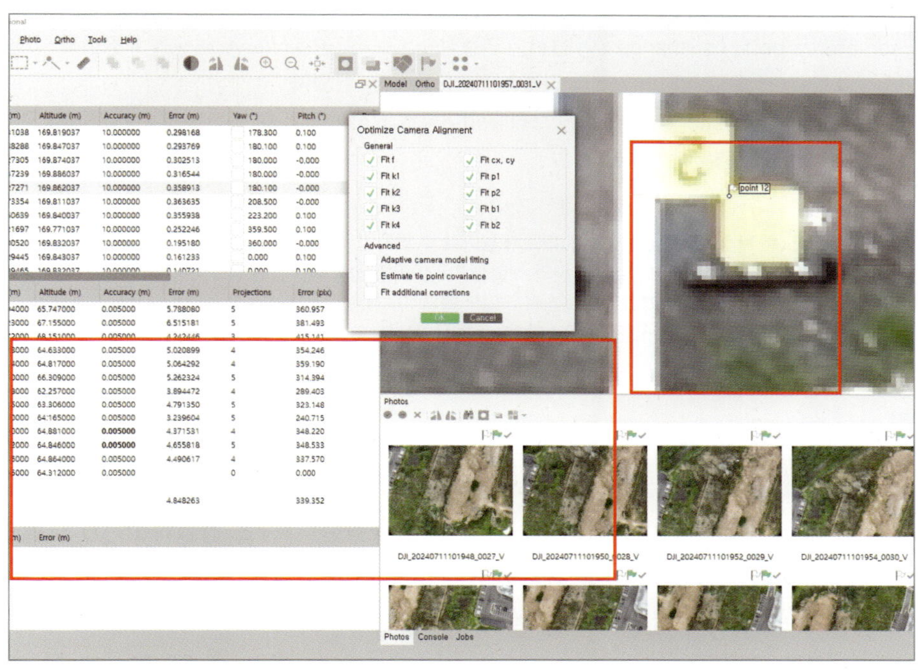

참고 Optimize Camera Alignment 옵션

Metashape에서 Optimize Camera Alignment 기능은 카메라 정렬 과정에서 발생할 수 있는 오차를 최소화하고, 정확도를 높이기 위해 사용된다. 이 기능은 카메라의 내부 및 외부 파라미터를 최적화하여 더 정밀한 3D 모델을 생성하는 데 도움을 줍니다.

- **카메라 파라미터 최적화** : 카메라의 내부 파라미터(초점 거리, 왜곡 계수 등)와 외부 파라미터(위치, 방향)를 조정하여 정렬 정확도를 높인다.
- **렌즈 왜곡 보정** : 방사 왜곡 및 접선 왜곡을 보정하여 이미지의 기하학적 정확도를 개선한다.

1. General 옵션 항목

① Fit f (초점 거리) : 카메라의 초점 거리(focal length)를 최적화한다. 이 옵션을 선택하면, 카메라의 초점 거리가 조정되어 이미지 간의 정렬 정확도가 향상됩니다.

② Fit k1, k2, k4 (방사 왜곡 계수) : 카메라 렌즈의 방사 왜곡(radial distortion)을 보정하는 파라미터이다. 이 옵션을 선택하면 렌즈 왜곡이 보정되어 이미지의 가장자리 부분이 보다 정확하게 정렬된다.

③ Fit cx, cy (주점) : 카메라 이미지의 주점(principal point)을 최적화한다. 주점은 이미지 센터에서 약간 벗어날 수 있으며, 이 옵션을 선택하면 주점의 위치가 조정된다.

④ Fit p1, p2 (접선 왜곡 계수) : 카메라 렌즈의 접선 왜곡(tangential distortion)을 보정하는 파라미터이다.

⑤ Fit b1, b2 (비대칭 왜곡 계수) : 비대칭 렌즈 왜곡을 보정하는 파라미터이다. 특수한 렌즈 모델에서 사용되며, 일반적인 경우에는 사용되지 않는다.

2. Advanced 옵션 항목

① Adaptive camera model fitting : 이 옵션을 선택하면 Metashape이 카메라 모델을 자동으로 조정하여 최적의 파라미터를 찾는다. 이는 다양한 카메라 모델과 렌즈 왜곡을 유연하게 처리할 수 있도록 한다.

② Estimate tie point covariance : 이 옵션은 연결점(tie point)의 공분산(covariance)을 추정한다. 이를 통해 연결점의 불확실성을 고려하여 카메라 정렬의 정확도를 높일 수 있다.

③ Fit additional corrections : 추가적인 보정 파라미터를 최적화한다. 이 옵션은 특수한 카메라 모델이나 고급 보정이 필요한 경우에 사용된다.

※ 사용 시 고려사항

- Fit 옵션 선택 : 모든 파라미터를 선택하면 정확도가 높아질 수 있지만, 계산 시간이 길어지고 과적합(overfitting) 문제가 발생할 수 있다. 따라서 프로젝트의 필요에 따라 적절한 파라미터를 선택하는 것이 중요하다.
- 초기 정렬 결과 확인 : 초기 정렬 결과가 만족스럽지 않은 경우, 이 기능을 사용하여 추가적인 최적화를 수행할 수 있다. 옵션들을 적절히 활용하면 Metashape에서 더 정확하고 신뢰할 수 있는 3D 모델을 생성할 수 있다.

지상 기준점(GCP, Ground Control Points)의 설치 및 정밀 측량은 고해상도 드론 사진측량(Drone Aerial Surveying)에서 필수적인 절차로, GNSS-RTK(Real-Time Kinematic) 측량을 통해 고정밀 좌표 데이터를 획득하는 과정을 의미한다. GCP는 드론이 촬영한 사진을 정렬하고 3D 모델을 생성하는 과정에서 발생할 수 있는 오차를 최소화하는 핵심 역할을 하며, 궁극적으로 보다 정확하고 신뢰할 수 있는 측량 결과를 도출하는 데 결정적인 영향을 미친다.

이러한 중요성 때문에, GCP의 설치 및 측량 과정은 드론 사진측량의 성패를 좌우하는 핵심 요소로 간주된다. 따라서 GCP를 효율적으로 배치하고 정밀하게 측량하는 것은 정확한 공간 데이터 구축을 위한 필수적인 단계이다.

GCP를 설치하는 첫 번째 단계는 측량 대상 지역의 지형적 특성과 환경을 면밀히 분석하는 것이다. 이를 위해 지형 구조, 식생 분포, 인공 구조물의 위치, 가시성(Visibility) 및 GNSS 신호 수신 환경 등을 종합적으로 고려해야 한다. 이러한 분석을 바탕으로, GCP를 최적의 위치에 전략적으로 배치하는 것이 중요하다.

- 일반적으로, GCP는 측량 대상 지역을 균등하게 커버할 수 있도록 고르게 분포되어야 하며,
- 특히 지형적으로 중요한 영역(예: 급격한 경사가 있는 지역, 지형 변화가 많은 지역, 구조물이 밀집한 지역 등)에 집중적으로 배치하는 것이 권장된다.
- 또한, GNSS 신호 수신이 원활한 개방된 공간(Open Area)에 설치하는 것이 바람직하며,
- 수풀이나 높은 건물에 의해 신호가 차단될 가능성이 있는 지역은 피하는 것이 좋다.

올바른 GCP 배치는 드론이 촬영한 영상과 실제 지형 간의 정확한 정합을 가능하게 하며, 3D 모델의 왜곡을 최소화하는 데 중요한 역할을 한다.

GCP의 설치가 완료되면, GNSS-RTK를 활용하여 각 기준점의 정확한 위치를 측량해야 한다. 이 과정에서는 cm 단위의 정밀도를 확보하는 것이 목표이며, 이를 위해 정지 측량(Static Survey) 또는 실시간 이동 측량(RTK Survey) 기법을 활용하여 정밀한 측정값을 수집한다. 측량이 완료된 GCP 좌표 데이터는 데이터베이스(Database) 형태로 저장되며, 이후 진행되는 항공삼각측량(Aerial Triangulation, AT) 과정에서 정확한 좌표 기준으로 활용된다.

GCP의 정확한 좌표를 확보한 후에는, 이를 드론 촬영 이미지에서 올바르게 식별하고 마킹(Marking)하는 과정이 필수적으로 수행되어야 한다. 이 단계에서는 드론이 촬영한 이미지에서 각 GCP의 위치를 찾아 픽셀 좌표를 정확하게 지정해야 한다.

- 자동화된 알고리즘(Auto-Detection Algorithm)을 활용할 수도 있지만,
- 일반적으로 수동으로 세밀하게 조정하는 과정이 필요하다.

특히, 그림자(Shadow), 반사(Reflection), 식생(Vegetation) 등의 요인으로 인해 GCP의 가시성이 저하될 수 있으므로, 각 이미지에서 직접 검토하고 정밀한 마킹을 수행해야 한다. GCP 좌표와 드론 촬영 이미지에서의 마킹 위치가 정확하게 일치해야만 항공삼각측량의 정밀도가 극대화되며, 이는 최종적으로 생성되는 3D 모델의 정확도를 결정하는 핵심 요소가 된다.

항공삼각측량(Aerial Triangulation, AT)은 드론이 촬영한 이미지들의 좌표를 실제 지상 좌표계로 변환하는 과정으로, GCP의 정확한 위치 정보를 활용하여 전체 모델을 지형에 맞게 정렬하는 역할을 한다. 따라서, GCP를 체계적으로 설치하고 GNSS-RTK 측량을 철저히 수행한 후, 이를 기반으로 정확한 항공삼각측량을 진행하는 것이 필수적이다. 이러한 과정을 거치면, 대규모 프로젝트에서도 신뢰할 수 있는 3D 모델을 효과적으로 생성할 수 있으며, 측량 결과의 활용도를 극대화할 수 있다.

정확한 GCP 설치 및 측량 과정을 거쳐 생성된 고정밀 3D 모델은 건설 및 인프라 구축, 환경 모니터링, 도시 계획, 토목 및 측량 등 다양한 분야에서 활용될 수 있다. 특히, 고정밀 3D 모델이 요구되는 프로젝트에서는 GCP 기반의 드론 사진측량이 필수적인 요소로 자리 잡고 있다. 따라서, GCP를 올바르게 설치하고 측량하는 것은 드론 사진측량의 핵심 절차이며, 이 과정을 정밀하게 수행함으로써 보다 신뢰할 수 있는 측량 결과를 확보하고, 다양한 분야에서 활용할 수 있는 고품질 공간 데이터를 구축할 수 있다.

후속 처리 및 성과물 생성

이전 단계의 작업이 완료되면, 고밀도 점군(Dense Point Cloud), 디지털표면모델(DSM, Digital Surface Model), 정사영상(Orthomosaic) 등 핵심적인 성과물을 생성할 수 있다. 이 과정은 최종적인 3D 모델 및 지리공간 데이터의 품질을 결정하는 중요한 단계이며, 데이터의 정밀도와 활용성을 극대화하는 데 필수적이다.

우선, Workflow 메뉴에서 "Build Dense Cloud(고밀도 점군 생성)" 옵션을 선택하여 고밀도 점군을 생성할 수 있다.

- 좌측 그림에서 보듯이, 저밀도 점군(Sparse Point Cloud) 단계에서는 총 40,351개의 점군이 생성되었으나,
- 우측 그림에서 확인할 수 있듯이, 고밀도 점군을 생성한 결과 7,938,863개의 점군, 즉 약 790만 개의 고밀도 점군이 생성되었다.

이는 저밀도 점군 대비 비약적으로 증가한 데이터 밀도를 보여주며, 보다 정밀한 3D 모델과 지형 데이터를 생성하기 위한 기초 자료로 활용될 수 있다.

Build Dense Cloud(고밀도 점군 생성) 단계는 3D 모델의 세부적인 형상을 더욱 정밀하게 구축하는 과정이다.

- Metashape에서는 촬영된 이미지의 픽셀 정보를 분석하여, 보다 높은 밀도의 점군 데이터를 생성하며,
- 이렇게 생성된 고밀도 점군은 DSM(Digital Surface Model) 및 DTM(Digital Terrain Model) 제작의 기

초 데이터가 된다.

고밀도 점군이 완성된 후, DSM을 생성하기 위해 "Build DEM(디지털표면모델 생성)" 옵션을 선택하면,

- 지표면과 구조물의 높이 정보가 포함된 디지털표면모델이 생성된다.
- 이 모델은 도시 계획, 환경 분석, 토목 공학 등 다양한 분야에서 지형 분석을 수행하는 데 활용될 수 있다.

정사영상(Orthomosaic)은 지형의 왜곡을 제거하고, 모든 이미지가 동일한 스케일로 정렬된 고해상도 항공지도를 의미한다. DSM이 생성된 후, "Build Orthomosaic(정사영상 생성)" 기능을 실행하면,

- 드론으로 촬영한 개별 이미지들을 지리적으로 정렬하고 왜곡을 보정하여
- 정확한 측량이 가능한 정사영상이 생성된다.

이러한 정사영상은 GIS(지리정보시스템), 도시 개발, 농업 모니터링, 인프라 관리 등 다양한 산업 분야에서 활용될 수 있다.

고밀도 점군, DSM, 정사영상 생성은 3D 모델링과 공간 데이터 분석의 정밀도를 결정하는 핵심 단계이다. 각 단계에서 정확한 데이터 처리와 검토가 이루어져야 하며, 이를 통해 최종 성과물의 품질을 극대화하고 다양한 실무 분야에 효과적으로 적용할 수 있다.

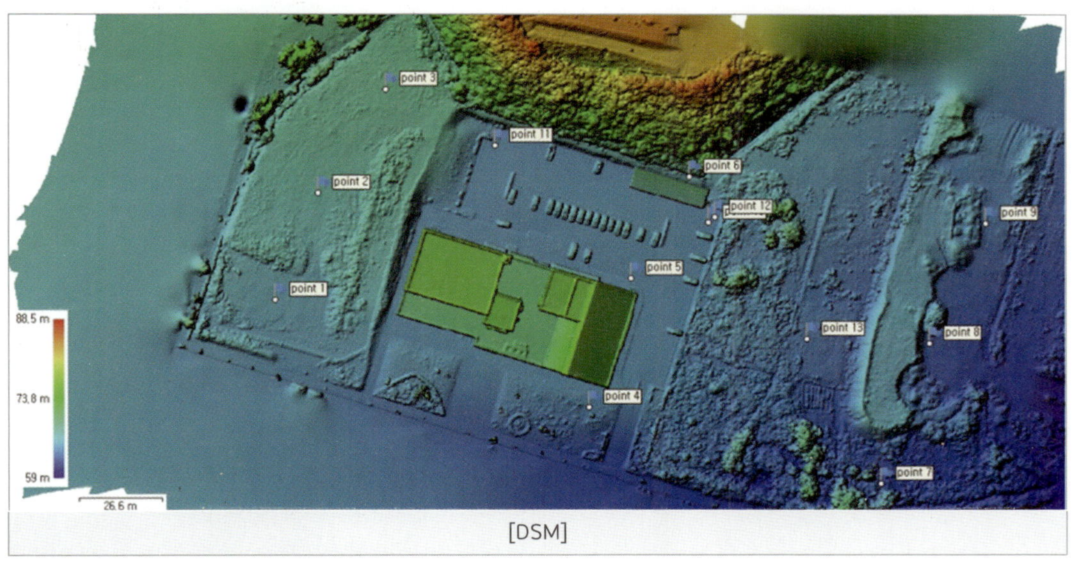

[DSM]

point 3
point 11
point 6
point 2
point 12
point 9
point 5
point 1
point 13
point 8
point 4
point 7
26.6 m

[정사영상]

Basemap: (C) Sentinel-2 cloudless by EOX IT Services GmbH (C) Mapzen

[3D Mode]

7. 인프라 유지 관리의 새로운 패러다임: 드론과 AI를 활용한 교량 결함 탐지

최근 국내외 건설·교통 분야에서 드론(Drone)과 인공지능(AI)을 결합한 교량의 결함 탐지 기술에 큰 발전을 보이고 있다. 전통적인 검사 방식은 숙련된 인력이 높은 교각이나 복잡한 구조물을 직접 육안 점검해야 했으나, 이 기술이 적용되면서 안전사고의 위험 부담이 줄고, 정확도와 효율성이 높아진다는 평가가 잇따르고 있다. 특히, 교량의 안정성은 도로 교통 전체의 안전과 직결되기에, 드론과 AI 기술의 도입이 전 세계적으로 가속화되고 있다.

드론 검사 활용 방식

드론을 이용한 교량 검사는 일반적으로 데이터 수집(Data Collection), 경로 계획(Route Planning), 데이터 처리(Data Processing), AI 기반 결함 탐지(AIBased Defect Detection) 등 크게 네 단계를 거쳐 이루어진다.

1. 데이터 수집(Data Collection)

고해상도 광학 카메라(High-resolution Optical Camera), 적외선 열화상 카메라(Infrared Thermal Camera), 라이다(LiDAR, Light Detection and Ranging), 다중 스펙트럼(Multi-pectral) 및 초분광 센서(Hyper-spectral Sensors) 등이 탑재된 드론이 교량 표면과 내부 상태를 측정한다.

예를 들어, 고해상도 광학 카메라로는 균열(Crack), 박리(Spalling), 백태[1](Efflorescence), 철근 노출[2](Rebar Exposure) 및 강재 부식(Corrosion) 등을 포착하고, 적외선 열화상 카메라로는 교량 내부의 공동(Void)이나 수분 침투(Water Infiltration) 등을 감지할 수 있다. 라이다를 통해 3차원 구조 변형(Structural Deformation)을 파악함으로써, 보다 정밀한 분석도 가능하다.

---

1) 백태 : 콘크리트 표면에서 발생하는 백색의 가루 또는 얼룩 현상으로, 수분이 콘크리트 내부의 염분(Salt)과 반응하면서 표면에 석회질 성분이 침전되면서 나타난다. 이는 미관을 해칠 뿐만 아니라, 장기적으로 콘크리트 구조물의 내구성 저하를 초래할 수 있다. 주요 원인은 다음과 같다.
- 콘크리트 내 잔류 수분의 이동
- 건조와 습윤의 반복으로 인한 석회 침전
- 혼합재료(시멘트, 골재) 중 염분 포함

백태를 방지하기 위해서는 방수제(Coating) 도포, 표면 실런트(Sealant) 처리 및 배수 시스템 개선이 필요하다.

2) 철근 노출 : 콘크리트가 박리되거나 균열이 진행되면서 내부의 철근이 외부로 드러나는 현상이다. 이는 부식(Corrosion)의 주요 원인이 되며, 교량과 같은 구조물의 강도를 심각하게 저하시킬 수 있다. 철근 노출의 주요 원인은 다음과 같다.
- 콘크리트의 탄산화(Carbonation)로 인한 알칼리 보호막 손상
- 수분 및 염화물 침투로 인한 철근 부식
- 초기 타설 시 강도 부족 또는 시공 불량

철근 노출이 발생하면 빠른 보수 조치가 필요하며, 에폭시 코팅(Epoxy Coating), 폴리머 모르타르(Polymer Mortar) 보강, 방청제(Rust Inhibitor) 처리가 일반적인 해결책으로 사용된다.

[그림] 시설물 점검용 전문 고해성도 카메라 Riebo SF10

2. 경로 계획(Route Planning)

교량은 구조물 형태가 복잡하고 교통량이 많은 환경에 노출되므로, 자율 비행(Self-navigating Flight)과 장애물 회피(Obstacle Avoidance) 기능이 중요해진다. 비행 중인 드론이 교량 하부나 케이블 주변을 효율적으로 촬영할 수 있도록 다각도 촬영(Multi-Angle Imaging), 중복도(Overlap Ratio) 조정 등을 통해 데이터를 놓치지 않고 수집한다.

[그림] 시설물 점검을 위한 비행경로 설계
(출처 : Riebo의 시설물 점검을 위한 Aero-Route)

3. 데이터 처리(Data Processing)

수집된 이미지나 센서 데이터는 이미지 전처리(Image Preprocessing) 과정을 거쳐 노이즈를 제거하고(Noise Removal), 조명 균등화(Lighting Equalization)를 통해 교량 결함이 더욱 선명하게 드러나도록 만든다. 이후 드론에서 획득한 점군(Point Cloud) 데이터를 기반으로 3D 재구성(3D Reconstruction)을 수행하며, 이를 통해 교량 구조 전반을 입체적으로 분석한다.

균열이나 부식 등의 레이블(Label)을 달아 데이터 주석(Data Annotation) 작업을 거친 후, 결함 부위별 특징이 담긴 학습용 데이터 셋(Data Set)을 구성한다.

4. AI 기반 결함 탐지(AI-based Defect Detection)

결함 탐지 알고리즘은 주로 머신 러닝(Machine Learning)과 딥 러닝(Deep Learning) 기법을 활용한다. 객체 탐지(Object Detection) 분야에서 잘 알려진 YOLO(You Only Look Once), Faster RCN-N(Region-based Convolutional Neural Network) 등의 알고리즘을 이용해 결함 영역을 찾고, U-Net, Mask RCNN 같은 의미론적 분할(Semantic Segmentation) 모델을 통해 픽셀 단위로 결함을 분류한다.

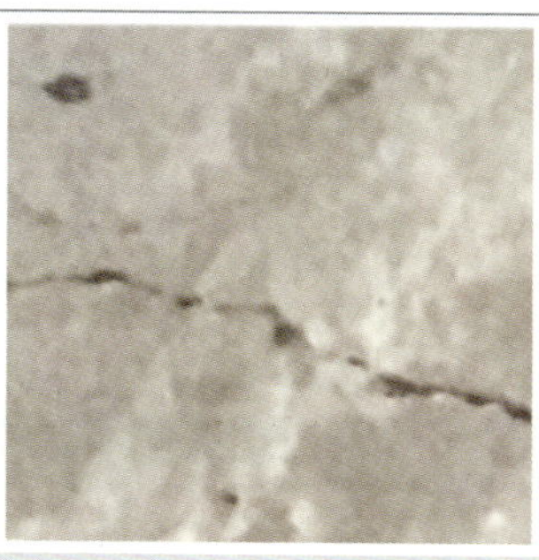
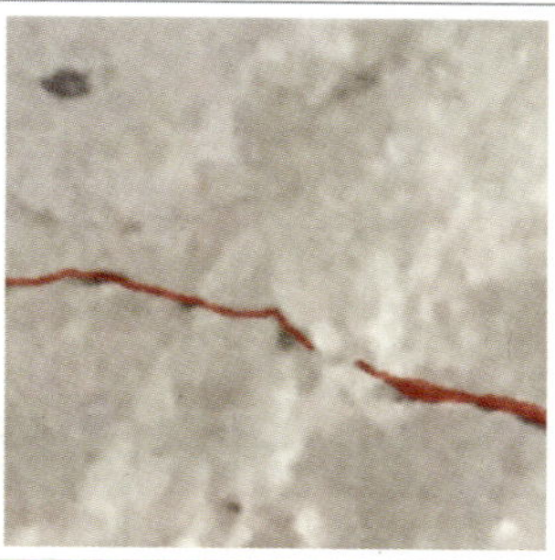

[그림] 균열 AI 감지

한편, 광학, 적외선, 라이더 데이터를 결합하는 다중 모달 융합(Multi-modal Fusion) 기법을 쓰면 결함 인식의 정확도가 한층 높아진다. 드론 자체에서 실시간 분석을 수행해야 할 경우에는 Mobile-Net, Shuffle-Net 같은 경량 모델(Lightweight Model)을 적용해 연산 부담을 줄이는 방식도 활용된다.

참고 멀티 모달 분석(Multi-Modal Analysis)

멀티 모달 분석은 서로 다른 유형의 데이터를 통합하여 보다 정확하고 정밀한 분석을 수행하는 기법이다. 교량 검사에서는 가시광선 이미지, 적외선 영상, LiDAR 데이터, 초분광 이미지 등의 다양한 센서 데이터를 융합하여 결함을 더욱 정확하게 탐지할 수 있다. 멀티 모달 분석 기법을 적용하면 드론이 수집한 다양한 데이터를 더욱 효과적으로 활용하여 교량의 구조적 결함을 더욱 정밀하게 평가할 수 있다.

1. 멀티 모달 분석의 장점
   - 정확도 향상 : 서로 다른 데이터 소스의 정보를 결합하여 단일 센서 기반 분석보다 높은 신뢰도를 제공
   - 복합 결함탐지 : 특정 센서로 감지할 수 없는 문제(예: 내부 균열, 수분 침투)를 다중 센서를 활용하여 분석 가능
   - 환경적 영향 보완 : 조명 변화, 그림자, 표면 얼룩 등 단일 모달에서 발생할 수 있는 오류를 줄일 수 있음
2. 멀티 모달 분석 적용 방법
   - 초기 융합(Early Fusion) : 원시 데이터 단계에서 다중 데이터를 결합하여 하나의 입력 데이터로 통합 후 분석 수행
   - 중간 융합(Mid-Level Fusion) : 각 모달에서 특징을 추출한 후 결합하여 분석 수행
   - 후기 융합(Late Fusion) : 각 모달별 분석 결과를 개별적으로 도출한 후, 최종적으로 결합하여 결론 도출

해결 과제와 적용 사례

1. 데이터 부족과 다양성

교량 결함 검출 AI를 완성도 높게 개발하려면 다양한 환경과 기후에서 얻은 데이터가 필요하다. 그러나 이 과정은 많은 비용과 인력이 투입돼야 하며, 결함 자체가 흔히 일어나는 현상이 아니므로 방대한 '정답 데이터'를 수집하기 쉽지 않다.

이를 극복하기 위해 데이터 증강(Data Augmentation) 기법을 사용해 촬영 이미지를 회전(Rotation), 대칭(Flip), 노이즈 추가(Noise Injection) 등으로 변형해 데이터 셋을 풍부하게 만든다. 또한 강화학습인 GAN(Generative Adversarial Networks)으로 결함 이미지를 인공적으로 생성해 학습에 활용하고, 기존에 학습된 모델에서 지식을 이어받는 전이 학습(Transfer Learning) 기법도 유용하게 쓰인다.

참고 GAN(Generative Adversarial Networks, 생성적 적대 신경망)

GAN은 데이터 생성에 활용되는 강력한 딥러닝 기법으로서, 2014년 이안 굿펠로우와 그의 동료들이 처음 소개한 이 기술은 데이터를 생성하는 능력으로 인해 큰 관심을 받고 있다. 두 개의 신경망인 생성자(Generator)와 판별자(Discriminator)가 서로 경쟁하며 학습하는 구조를 갖는다. GAN을 활용하면 기존의 데이터 부족 문제를 해결할 수 있으며, 교량 유지 관리 및 시설물 결함 탐지의 정확도를 높이는 데 기여할 수 있다.

1. GAN의 원리

GAN은 두 개의 신경망으로 구성된다

- 생성자(Generator) : 무작위 노이즈로부터 가짜 데이터를 생성한다.
- 판별자(Discriminator) : 입력된 데이터가 진짜인지 가짜인지 구분한다.

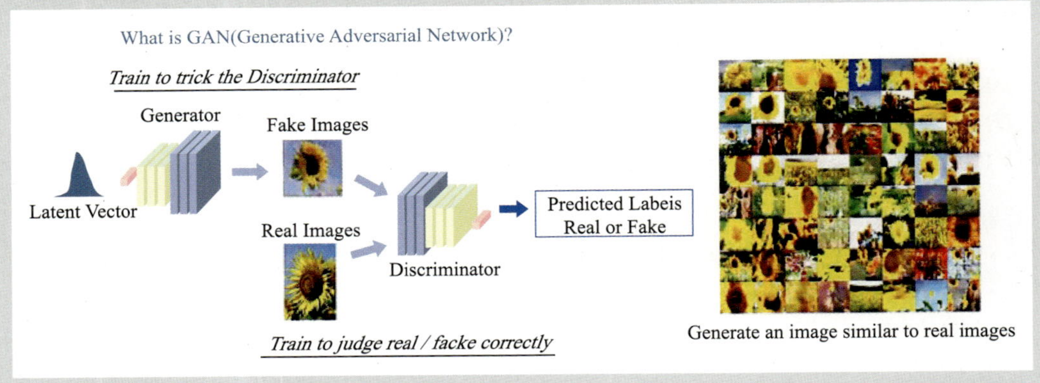

이 두 네트워크는 서로 경쟁하며 학습한다. 생성자는 판별자를 속이기 위해 점점 더 진짜 같은 데이터를 만들어내고, 판별자는 진짜와 가짜를 보다 정확히 구분하려고 노력한다.

2. GAN의 활용 분야
- 데이터 증강(Data Augmentation) : 교량 결함 탐지에서 부족한 결함 데이터를 인공적으로 생성하여 AI 모델 학습에 활용
- 이미지 복원(Image Restoration) : 손상된 이미지나 저해상도 이미지를 고해상도로 변환하는 데 사용
- 시뮬레이션 기반 데이터 생성 : 실제 촬영이 어려운 환경을 가정한 교량 결함 이미지 생성 및 학습

2. 복잡한 배경 간섭

교량 표면에 있는 얼룩이나 음영, 이물질 등이 결함으로 잘못 인식되는 것을 막기 위해, Transformer나 CBAM(Convolutional Block Attention Module) 같은 주의 메커니즘(Attention Mechanism)을 적용한다. 주의 메커니즘을 통해 모델이 진짜 결함 부위에 집중하도록 유도할 수 있으며, 교량의 구조적 특성과 결함의 전형적 패턴을 학습하게 만들어 오탐(False Positive)을 줄인다.

참고 주의 메커니즘(Attention Mechanism)

Attention Mechanism은 인공지능과 기계학습 분야에서 혁신적인 기술로, 모델이 입력 데이터의 가장 관련성 높은 부분에 집중할 수 있게 해주는 기법으로서, 인공지능 모델의 성능을 크게 향상시킨다. 이는 모델이 인간의 집중 능력을 모방하여 복잡한 데이터를 더 효과적으로 처리할 수 있게 해주는 핵심 기술이다.

1. 주요 특징
- 선택적 집중 : 모델이 입력 데이터의 특정 부분에 더 많은 '주의'를 기울이도록 한다.
- 가중치 계산 : 입력 요소마다 중요도를 나타내는 가중치를 계산한다.
- 동적 초점 이동 : 데이터 처리 과정에서 지속적으로 주의 가중치를 업데이트한다.

2. 작동 원리

Attention Mechanism은 주로 세 가지 요소로 구성된다.

① Query : 현재 모델의 초점이나 맥락을 나타낸다.
② Key : 입력 데이터의 요소나 특징을 나타낸다.
③ Value : 요소나 특징과 연관된 값을 나타낸다.

Attention Mechanism은 Query와 Key의 유사성을 측정하여 주의 가중치를 계산하고, 이를 Value에 적용하여 최종 출력을 생성한다.

3. 실시간 처리와 제한된 컴퓨팅 자원

드론은 기체 크기에 따라 탑재 가능한 컴퓨팅 파워가 제한적이므로, 모든 데이터를 즉각 분석하기 쉽지 않다. 이를 해결하려면 엣지 클라우드 협업(Edge-Cloud Collaborative Computing) 방식을 사용해, 드론에서는 가벼운 모델로 기본 결함 탐지를 수행하고, 세밀한 분석은 클라우드 서버나 지상 스테이션에서 처리하는 구조를 갖춘다. 동시에 Knowledge Distillation 등의

기법을 활용해 무거운 딥러닝 모델을 경량화하면, 드론 현장에서 빠른 속도로 결함 부위를 분류할 수 있다.

기대 효과

- 검사 효율성 향상
  기존에는 교량 점검 인력이 밧줄을 타고 내려가거나, 대형 특수 차량을 동원해야 했다. 드론으로 교량 전 구역을 육안점검에 소요되는 시간과 비용을 대폭 절감할 수 있다.

- 안전성 제고
  고위험 지역 검사를 위해 인력이 교량 외곽부나 케이블 부근에 접근해야 하는 사례가 줄어들어, 작업자의 안전이 한층 강화된다.

- 장기적 모니터링과 유지보수
  드론으로 꾸준히 동일 구간을 반복 촬영해 데이터를 축적하면, 결함이 언제 발생했고 어떤 속도로 진행 중인지 명확히 파악할 수 있다. 이를 통해 유지보수 작업을 사전에 계획하고 예산을 효율적으로 할당 가능하다.

- 디지털 트윈(Digital Twin)과 결합
  실시간으로 취합된 드론 데이터를 교량의 가상 모델과 연동해, 결함 진행 상황을 시뮬레이션하고 구조적 안전성을 예측하는 방식으로 발전할 전망이다. 향후에는 적응학습(Self-Supervised Learning) 기법이 접목돼, 레이블 작업 부담도 크게 줄어들 것으로 보

7-1 iTwin Capture Modeler의 AI 기능을 활용한 시설물 균열 점검

벤틀리 시스템즈(Bentley Systems)의 iTwin Capture Modeler는 인공지능(AI) 기능인 'Insight'를 활용하여 시설물 점검, 특히 균열 검사 과정을 보다 간편하고 효과적으로 개선하고 있다. 이 기술은 드론으로 촬영한 영상을 3D Mesh로 변환한 후, AI를 통해 균열을 자동으로 탐지함으로써 기존의 육안 점검보다 훨씬 빠르고 정밀한 분석을 가능하게 한다.

iTwin Capture Modeler의 Insight 기능은 디지털 트윈(Digital Twin)과 AI를 결합하여 인프라 유지관리 방식에 혁신적인 변화를 가져오고 있다. 이 기술은 건설, 에너지, 교통 등 다양한 산업 분야에서 광범위하게 활용될 잠재력을 지니며, 인프라 프로젝트의 설계, 엔지니어링, 시공 및 운영 전반에 걸쳐 데이터 기반의 의사결정을 지원하는 역할을 한다.

Insight 기능을 사용하기 전, GPU 지원 여부를 확인하는 것이 중요하다. iTwin Capture Modeler의 설정에서 'GPU AI Compatibility' 항목을 확인하여 'Your computer can run AI jobs'라는 메시지가 표시되는지 확인할 수 있다. 이 기능을 원활하게 사용하려면 최소 6GB 이상의 GPU 메모리가 필요하며, NVIDIA 또는 AMD 그래픽 카드를 사용하는 것이 권장된다.

iTwin Capture Modeler는 뛰어난 확장성을 자랑하며, 작은 물체부터 도시 규모의 대형 프로젝트까지 폭넓게 적용할 수 있다. 강력한 그래픽 처리 성능과 병렬 컴퓨팅 기술을 활용하여 대규모 데이터도 신속하게 처리할 수 있어 프로젝트 진행 속도를 크게 향상시키는 데 기여한다.

또한, iTwin Capture Modeler는 현실 데이터를 더욱 정교하게 다듬을 수 있도록 마스킹, 물 영역 제한, 고급 리터칭 기능 등을 제공한다. 지상 기준점, 비행 메타데이터, 카메라 보정 기능 등을 활용하면 보다 정확한 현실 메쉬(Mesh)를 생성할 수 있으며, 최종 결과물의 품질은 입력 데이터(이미지 또는 포인트 클라우드)의 품질에 따라 결정된다.

iTwin Capture Modeler로 생성된 현실 메쉬(Mesh), 포인트 클라우드, 정사 사진 등은 데스크톱(PC)과 웹 애플리케이션에서 손쉽게 활용할 수 있다. 또한, 다양한 파일 형식으로 내보낼 수 있어 기존의 설계, 엔지니어링, 건설 및 운영 소프트웨어와도 자연스럽게 연동이 가능하다.

이처럼 iTwin Capture Modeler는 인프라 유지관리의 효율성을 극대화하고, 다양한 산업 분야에서 보다 유용하게 활용될 것으로 기대된다.

Insight를 활용한 시설물 균열 점검을 위한 3단계 작업 과정

1. 1단계: 3D 모델 제작

- 드론 촬영 : 본 사례에서는 Matrice 300 RTK 드론에 Riebo R10P 중형(Medium) 포맷 드론 카메라(102MP 센서)를 탑재하여 430장의 고해상도 이미지를 촬영하였다.
- 항공삼각측량(Aerotriangulation, AT) : 촬영된 이미지를 iTwin Capture Modeler에서 AT 작업을 수행한다.
- 3D 메쉬 생성 : 고밀도 점군(Point Cloud) 데이터를 기반으로 고해상도 3D 모델을 생성하며, 결과물은 3SM, 3MX 등의 형식으로 저장된다.

2. 2단계: 주석(Annotation)을 활용한 균열 탐지

- AI 모델 적용 : Object Detectors에서 'Crack' 관련 AI 설정 파일을 다운로드한 후, 분석을 실행한다.
- 2D 이미지 분석 : AI가 자동으로 균열 영역을 탐지하여 바운딩 박스(Bounding Box) 또는 세그

멘테이션(Segmentation)으로 표시한다.

- 정확도 검증 : 탐지 결과를 3D 뷰어에서 층별로 오버레이(Overlay)하여 오류를 수정할 수 있다.

3. 3단계: 3D 메쉬에 균열 정보 통합

- 세그먼트 메쉬(Segmented Mesh) 생성 : 균열이 탐지된 영역을 별도의 메쉬로 분할하여 CAD 프로그램에서 추가 분석이 가능하도록 한다.

참고 Insight를 활용한 균열 탐지

기대 효과
- 비용 절감: 데이터 처리 시간을 30% 단축하여 비용을 감소시킨다.
- 안전성 향상: 작업자의 위험 구역 접근을 최소화한다.
- 표준화 가능: AI 모델 학습 데이터셋(AI-Hub) 구축을 통해 검사 기준을 통일할 수 있다.

고려 사항
- GPU 성능 : 복잡한 3D 모델을 처리할 때는 RTX 3080 이상의 고사양 GPU를 사용하는 것이 좋다.
- 데이터 품질 : 균열 탐지 정확도를 높이기 위해서는 이미지 중복도를 80% 이상 유지하는 것이 중요하다.

iTwin Capture Modeler를 활용한 시설물 균열 점검

앞서 살펴본 Insight 기능을 활용한 균열 탐지 작업의 전체적인 과정은 다음과 같이 구성된다. 즉, 1단계 : 3D 모델 제작, 2단계 : Annotations 기능을 활용한 분석, 3단계 : Segmented Mesh를 활용한 추가 분석의 세 가지 단계로 이루어진다.

첫 번째 단계에서는 3D 모델을 제작하는 과정이다. 앞서 설명한 바와 같이, 드론을 활용하여 고해상도 이미지를 촬영한 후 이를 바탕으로 항공삼각측량(Aerotriangulation, AT)을 수행한 뒤, 최종적으로 3D 메쉬(Mesh)를 생성한다. 이 과정에서는 촬영된 이미지 데이터를 iTwin Capture Modeler에 가져와서 AT 처리를 진행하며, 이를 통해 개별 이미지 간의 공간적 관계를 정확하게 보정하고 카메라 보정 작업을 수행한다. 이후, AT 결과를 기반으로 고해상도의 3D 모델을 재구성(Reconstruction)하는 과정이 진행되며, 결과물은 3SM 또는 3MX 등의 형식으로 저장된다.

두 번째 단계에서는 Annotations 기능을 활용한 균열 탐지 분석을 수행한다. 이는 2D 이미지에서 균열을 자동으로 탐지하는 기능으로, AI 기반 분석을 통해 손쉽게 균열을 확인할 수 있도록 한다. 이 작업을 수행하기 위해서는 Object Detectors에서 사전에 학습된 Crack(균열) 탐지 AI 모델을 다운로드한 후, Annotations 옵션에서 해당 모델을 불러와 적용해야 한다. 이를 실행하면 AI가 2D 이미지에서 균열을 자동으로 탐지하며, 탐지된 균열 영역은 Bounding Box(BB) 또는 Segmentation(세그멘테이션) 형식으로 표시된다. 분석이 완료된 후, 3D 뷰어에서 탐지 결과를 층별로 확인하며 필요에 따라 수동으로 수정하는 과정이 진행될 수 있다. 이를 통해 데이터의 신뢰성을 향상시키고, 검출된 균열이 실제 구조물의 상태를 보다 정확하게 반영할 수 있도록 조정할 수 있다.

세 번째 단계에서는 Segmented Mesh를 활용한 추가 분석을 진행할 수 있으며, 이는 선택적으로 수행할 수 있는 작업이다. 즉, 기존의 3D 모델에 균열 정보를 보다 명확하게 추가하고자 하는 경우 이 단계를 진행하면 된다. Segmented Mesh 분석을 수행하면, AI가 탐지한 균열 영역을 기존 메쉬에서 분리하여 개별적으로 처리할 수 있도록 한다. 이를 통해 균열이 발생한 부위를 독립적인 메쉬로 생성하여, 추가적인 CAD 분석 또는 구조적 평가가 가능해진다.

이와 같은 3단계 작업 과정을 거치면, iTwin Capture Modeler의 Insight 기능을 활용하여 시설물의 균열을 더욱 정밀하고 체계적으로 분석할 수 있다. 특히, 2D 이미지 분석과 3D 모델 분석을 연계함으로써 균열의 위치와 크기를 직관적으로 파악할 수 있으며, 이를 통해 유지보수 계획을 보다 효과적으로 수립할 수 있다. 3D View 탭에서 최종 결과를 확인하면, 기존의 2D 이미지뿐만 아니라 3D 모델에서도 균열이 정확하게 시각화되는 것을 확인할 수 있다. 이를 통해 단순한 균열 탐지를 넘어 디지털 트윈(Digital Twin) 기반의 유지보수 시스템을 구축하는 데에도 활용할 수 있다.

7-2 드론을 활용한 교량 구조물의 정밀 촬영 및 3D 모델링을 통한 균열 탐지

교량 구조물의 유지관리 및 결함 검출은 안전성과 내구성을 확보하기 위한 필수적인 과정이다. 특히, 노후화된 교량의 경우 정기적인 점검과 정밀한 분석이 요구되며, 이에 따른 체계적인 유지관리 전략이 필수적으로 마련되어야 한다. 최근에는 드론과 3D 모델링 기술, 그리고 인공지능(AI) 기반의 Insight 기능을 활용한 균열 탐지 기술이 주목받고 있다. 이러한 기술은 기존의 육안 점검 방식에 비해 훨씬 빠르고 정확한 결과를 제공하며, 작업자의 안전을 보장하고 비용을 절감할 수 있는 혁신적인 방법으로 평가받고 있다.

본 사례 연구에서는 대전육교를 대상으로 드론을 활용한 정밀 촬영 및 3D 모델 제작 과정, 그리고 AI 기반의 균열 탐지 기술을 적용한 프로세스를 살펴보고자 한다. 이를 통해 현장에서의 적용 가능성과 기술적 효과를 검증하고, 향후 교량 유지관리 분야에 있어 새로운 가능성을 모색해 보고자 한다.

[그림] 대전육교 위치

대전육교는 1968년 착공되어 1970년 준공된 대한민국 최초의 철근콘크리트 아치형 교량(Reinforced Concrete Arch Bridge)으로, 국내 교량 건설 역사에서 중요한 이정표를 형성한 구조물이다. 본 교량은 총 연장 201m, 폭 21.4m, 최대 높이 35m의 규모로, 상 · 하행선이 각각 분리된 2개소로 구성되어 있다. 1970년 경부고속도로 개통과 함께 운영되었으나, 이후 고속도로 선형 개선 작업이 진행됨에 따라 1999년 사용이 중단되었다. 이 교량은 당시의 첨단 공학 기술을 집약하여 건설되었으며, 그 독특한 아치형 구조와 견고한 설계는 현대 교량 공학의 발전에 있어 중요한 초석을 마련한 것으로 평가받고 있다. 또한, 대전육교는 단순한 교통 시설을 넘어 한국의 근대화와 산업화를 상징하는 문화적, 역사적 가치를 지닌 유산으로도 자리 잡고 있다.

1968

1969

1970

대전육교는 대전광역시 동구 대전로 579에 위치하고 있으며, 대전역에서 동쪽으로 약 2km 거리에 자리하여 도심과의 접근성이 뛰어나다. 과거 경부고속도로의 일부로 기능하였으나, 이후 고속도로 선형이 개선되면서 노선이 변경되었고, 현재는 폐쇄된 상태이다. 그럼에도 불구하고, 대전육교는 대한민국 산업화 시대를 대표하는 구조물 중 하나로서, 경부고속도로 초기 시설물이라는 점에서 깊은 역사적 가치를 지닌다.

특히, 대전육교는 국내에서 당시 가장 높고 긴 철근콘크리트 아치형 교량으로 건설되었으며, 이는 1970년대 한국 토목 기술의 비약적인 발전을 상징하는 기념비적 사례로 평가된다. 거대한 반원형 3연속 아치 구조는 단순한 기능적 역할을 넘어 조형미와 구조적 완성도를 갖춘 작품으로서, 미학적 가치 또한 높이 인정받고 있다.

이러한 역사적 가치와 건축적 중요성이 점차 조명되면서, 2020년 문화재청은 대전육교의 보존 필요성을 공식적으로 검토하였고, 면밀한 역사적 고증을 거쳐 이를 국가등록문화재로 지정하였다. 이는 단순한 교량의 보존을 넘어 대한민국 근대 토목 기술의 발전 과정을 재조명하고, 후대에 전승할 가치를 인정받은 결과라 할 수 있다.

[그림] 대전육교(교량 국가등록문화재 1호)

본 사례에서는 Matrice 300 RTK 드론에 시설물 점검을 위한 중형(medium) 포맷 카메라인 Riebo R10P(102MP 센서)를 탑재하여 촬영을 진행하였으며, 총 430장의 고해상도 이미지를 수집하여 이를 분석에 활용하였다. 이와 같은 고해상도 데이터는 정밀한 3D 모델을 구축하고, 이후 균열 탐지 및 구조물 분석과 같은 다양한 응용에 활용될 수 있도록 한다.

이미지 데이터 가져오기 및 항공삼각측량(AT) 수행

촬영된 이미지 데이터는 다음의 그림과 같이 우선 iTwin Capture Modeler에 가져와 항공삼각측량(Aerotriangulation, AT) 과정을 수행하게 된다.

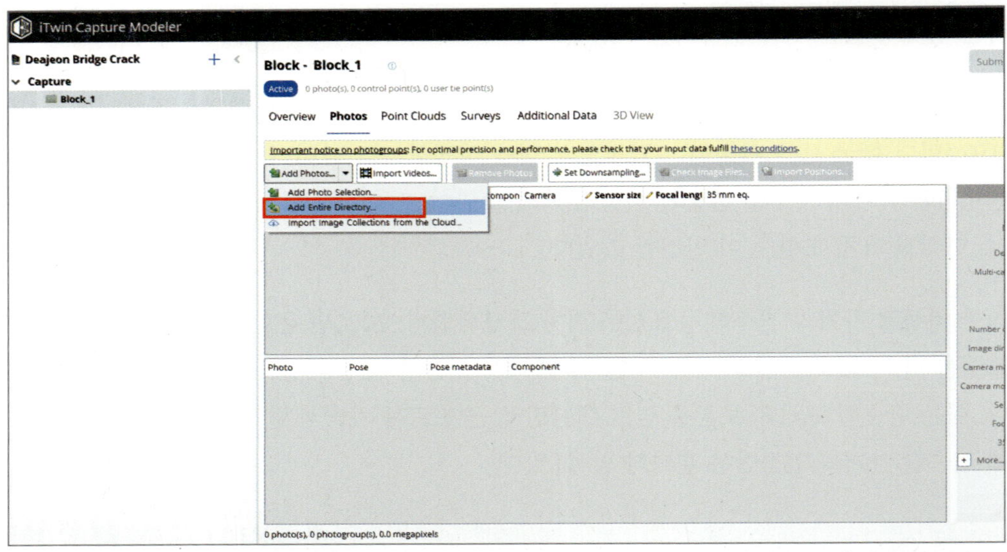

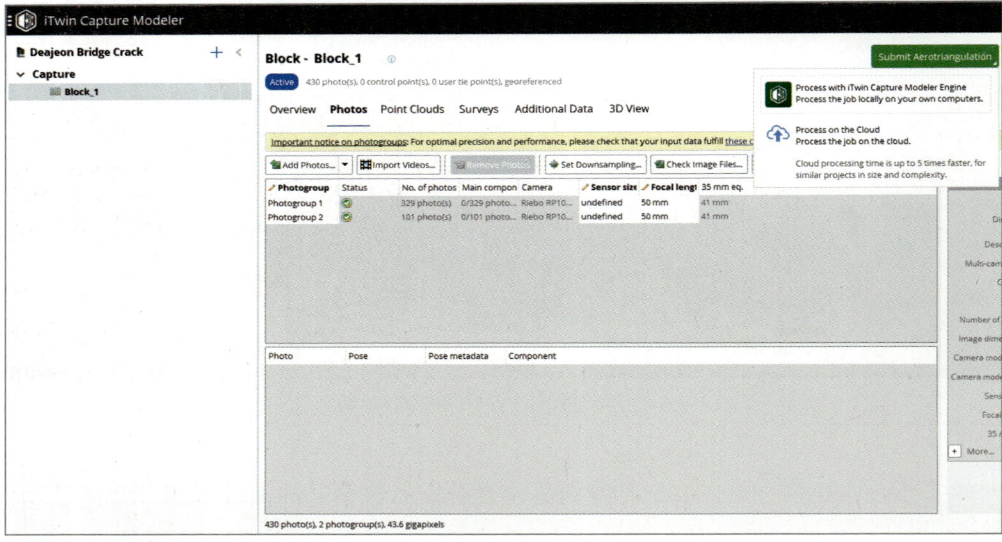

AT 작업은 개별 이미지 간의 공간적 관계를 정밀하게 설정하는 동시에, 카메라 보정을 통해 보다 정확한 3D 모델을 생성하기 위한 핵심적인 절차이다. 다음의 그림에서 볼 수 있듯이, 본 사례에서 수행된 AT 과정에서는 62,473개의 저밀도 점군(Sparse Point Cloud)이 생성된 것을 확인할 수 있으며, 이는 전체 모델링 과정의 기초 데이터를 제공하는 역할을 한다.

3D 재구성(Reconstruction) 및 관심영역(ROI) 설정

AT 결과를 바탕으로 다음의 그림과 같이 3D 재구성(Reconstruction) 작업을 수행하며, 이를 통해 보다 고해상도의 3D 메쉬(Mesh)를 생성하게 된다.

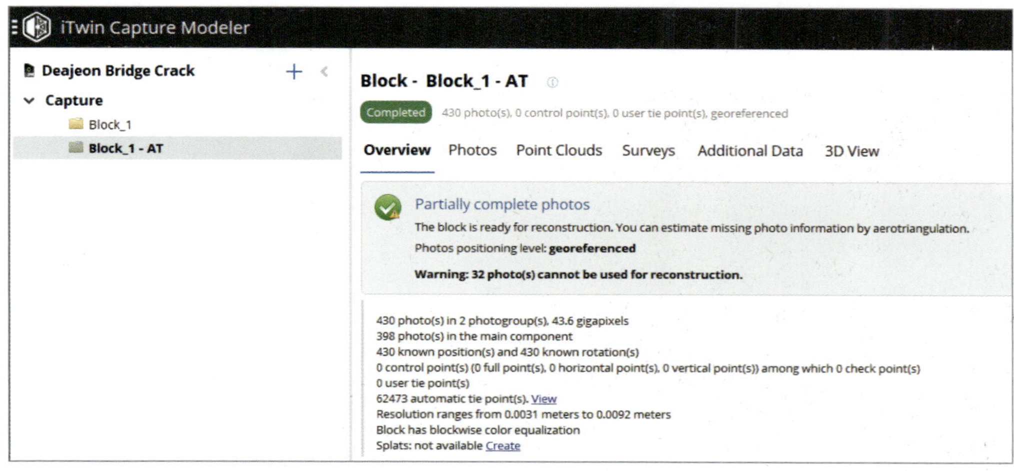

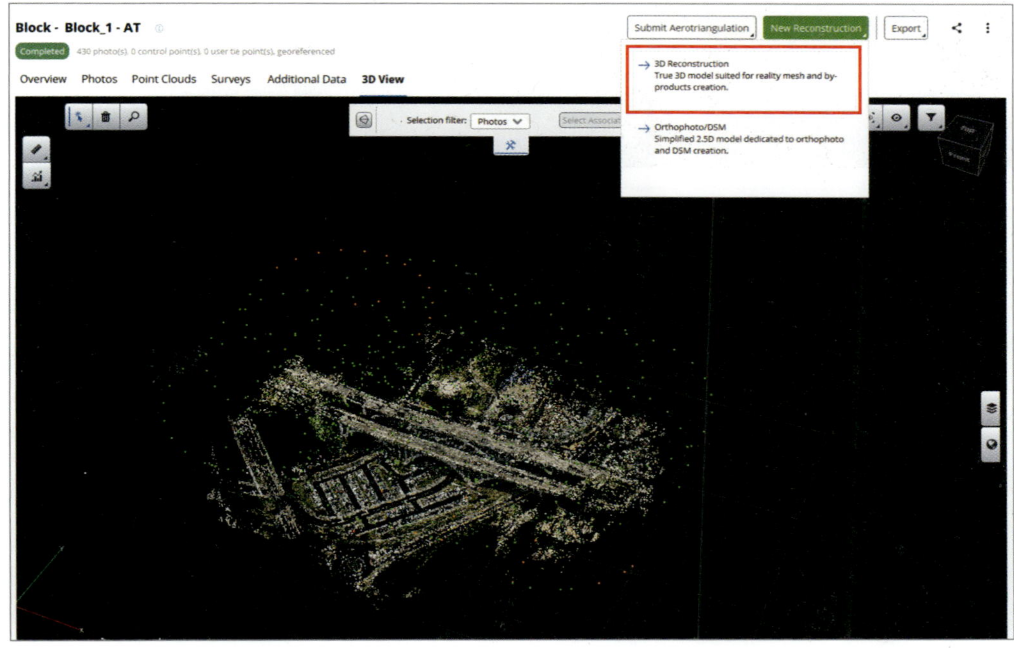

드론 촬영이 대전육교 및 그 주변 지역을 포함하여 진행되었으므로, 필요하지 않은 점군(Point Cloud)이 포함될 가능성이 있다. 이를 보정하고 분석의 정확성을 높이고 처리 시간을 단축시키기 위해, 다음의 그림과 같이 재구성 단계의 "Spatial Framework"에서 관심영역(ROI, Region of Interest)을 설정한다. 이렇게 설정된 ROI를 바탕으로 불필요한 데이터가 제거되면서, 최종적으

로 더욱 정밀하고 목적에 맞는 3D 모델을 확보할 수 있다. 이 과정에서 생성된 3D 메쉬 모델은 3SM, 3MX 등의 형식으로 저장되며, 이후 균열 탐지 및 다양한 분석을 위한 기초 데이터로 활용된다.

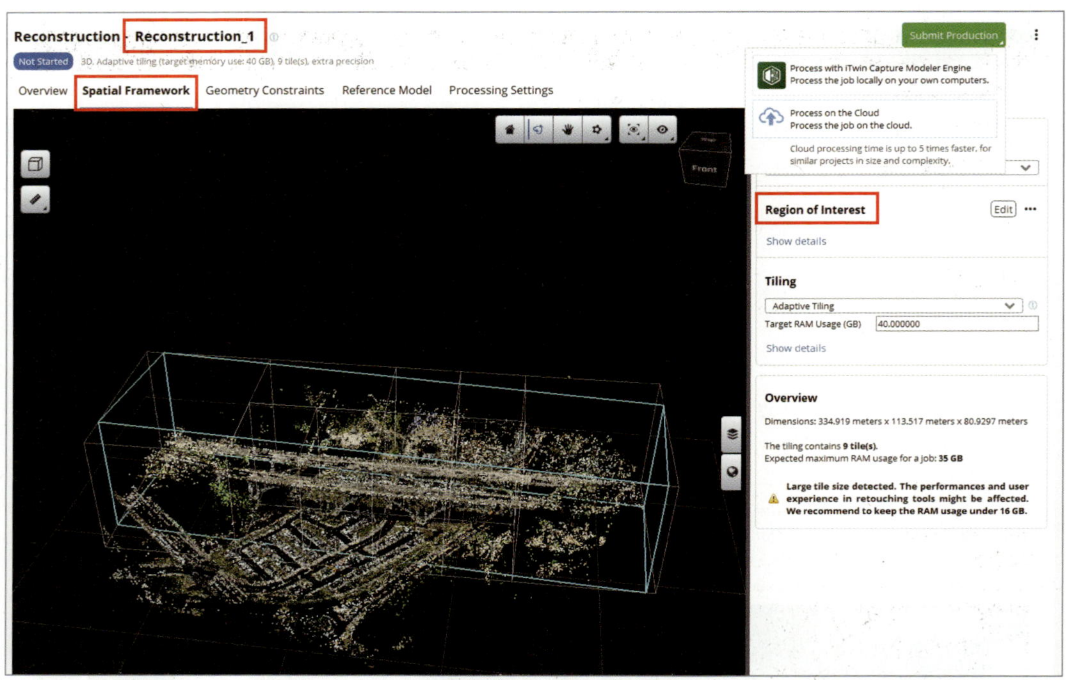

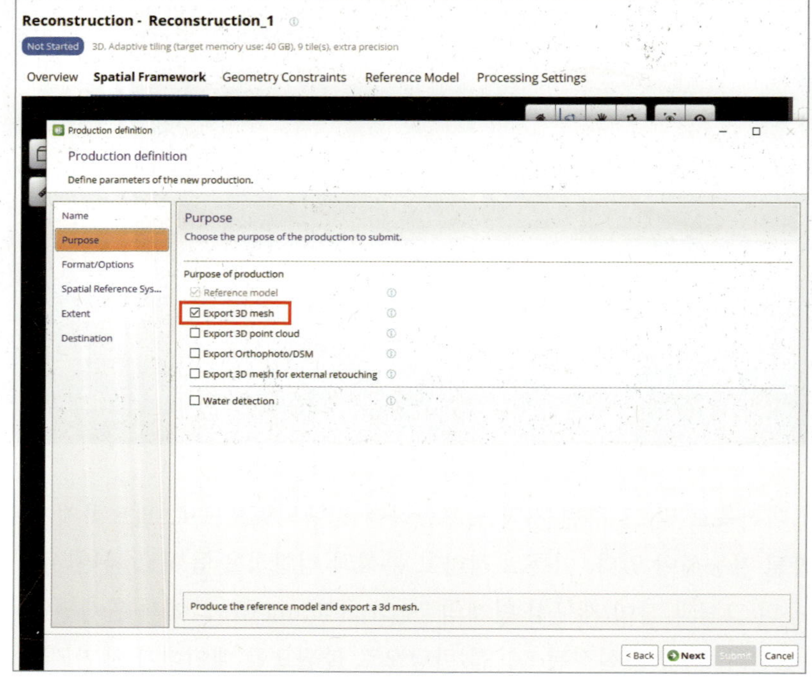

균열 탐지(Defect Detection) 및 3D 모델 분석

3D 모델이 완성된 후에는 Insight 기능의 Annotations 옵션을 활용한 균열 탐지 분석이 진행된다. 다음 그림과 같이 좌측 메뉴창에서 “New Analysis”(새 분석)를 클릭하고 “Extract Features”(특징 추출)를 선택한다. 한편, 작업창에서 고해상도의 3D 메쉬(Mesh)가 생성된 것을 확인할 수 있다.

3D 모델이 완성된 후에는 iTwin Capture Modeler의 Insight 기능 중 Annotations 옵션을 활용하여 균열 탐지 분석을 진행한다. 다음 그림의 좌측 메뉴 창에서 “New Analysis”(새 분석)를 선택한 후, “Extract Features”(특징 추출) 기능을 선택한다. 작업창에서 고해상도의 3D 메쉬(Mesh)가 생성된 것을 확인할 수 있다.

다음의 좌측 그림은 “Extract Features” 팝업창을 나타내며, 균열 검출을 위해 “3D from 2D segmentation” 옵션을 선택하는 과정을 보여주고 있다. 이는 2D 이미지에서 탐지된 균열 정보를 3D 모델에 반영하여 보다 정밀한 분석을 수행하기 위함이다. 한편, 우측 그림에서는 분석을 위한 3D 메쉬(Mesh) 파일로 앞서 생성된 3SM 파일을 사용하는 모습을 확인할 수 있다.

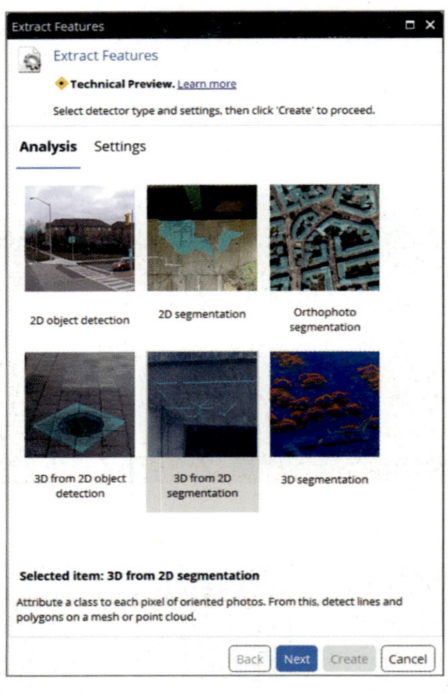

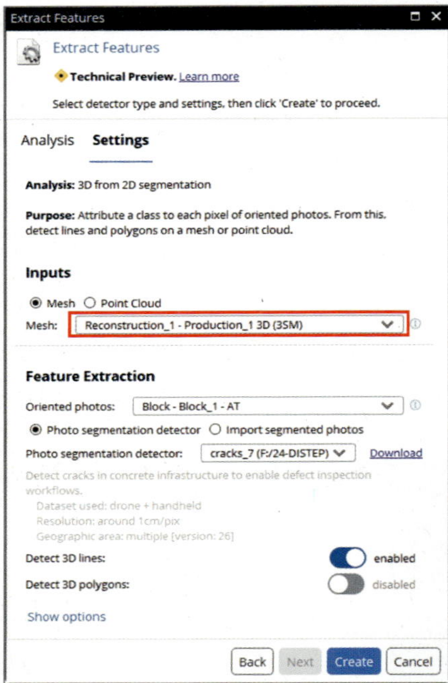

참고 3sm(3D Scalable Mesh) 형식(Format)

3D 분석 작업에서 핵심적인 역할을 하는 3SM(3D Scalable Mesh) 형식은 iTwin Capture Modeler에서 생성된 3차원 모델을 저장하는 전용 포맷으로서, 대규모 3D 모델을 효율적으로 관리하고 저장할 수 있도록 설계된 고품질의 형식이다.

3sm 형식의 특징

1. Bentley Systems에서 개발된 전용 포맷
   3sm 포맷은 Bentley Systems에서만 사용되며, 대규모 모델을 효율적으로 저장하고 관리할 수 있도록 설계되었다.
2. 3차원 모델의 기하학적 정보와 속성 정보 저장
   3SM 형식은 점(Point), 면(Face), 선(Line), 곡선(Curve) 등 모델의 기하학적 정보뿐만 아니라, 재질(Material), 텍스처(Texture), 색상(Color) 등의 속성 정보까지 포함하고 있다.
3. 디테일 수준(LOD: levelof Detail) 지원
   디테일 수준(LOD)을 지원하여 다양한 거리에서 최적화된 모델을 확인할 수 있으며, 이를 통해 렌더링 성능을 최적화하고 하드웨어의 부하를 줄일 수 있다.

※ 디테일 수준(LOD) : LOD는 렌더링 최적화 기법으로, 카메라와의 거리에 따라 모델을 렌더링하는 데 사용되는 삼각형 수를 조절하는 방식이다. 객체가 멀어질수록 삼각형 수를 줄여 하드웨어 부담을 낮추고 렌더링 성능을 극대화할 수 있다.

3D View 탭을 통해 분석 결과를 확인하면, 균열이 단순히 2D 이미지 상에서 마킹되는 것에 그치는 것이 아니라, 3D 모델에서도 정밀하게 시각화되어 표현됨을 확인할 수 있다. 이러한 기능은 교량이나 건축 구조물과 같은 시설물의 균열 상태를 보다 입체적으로 분석할 수 있도록 하

며, 이를 바탕으로 유지보수 및 보강 계획을 수립하는 과정에서 더욱 신뢰도 높은 데이터를 제공하는 역할을 한다.

본 사례에서 수행된 3D 모델링 및 균열 분석 과정은 시설물 점검의 정밀도를 극대화할 수 있는 기술적 기반을 제공하며, 특히 교량 및 건축 구조물과 같은 대상에 대한 입체적이고 신뢰성 높은 데이터 분석을 가능하게 한다. 고해상도 이미지 데이터를 바탕으로 생성된 3D 모델은 단순 시각화 도구를 넘어 구조적 결함을 정확하게 진단하고, 보수 및 보강 계획을 체계적으로 수립하는 데 중요한 역할을 수행한다.

Chapter 6

디지털 트윈 및 3D 현실 세계 구현을 위한 소프트웨어

디지털 트윈 및 3D 현실 세계 구현을 위한 소프트웨어

건설산업은 4차 산업혁명의 급속한 기술 발전에도 불구하고 디지털화의 속도가 현저히 더디다. 2017년 맥킨지(McKinsey) 보고서에 따르면, 농업의 디지털화율이 10%, 제조업이 28%에 이르는 데 반해 건설업은 고작 6%에 머물러 있는 실정이다. 이는 오랜 기간 전통적 공법과 관행에 의존해 온 구조적 문제에서 비롯된 것으로서, 결과적으로 건설업 전반의 경쟁력을 심각하게 저하시킨 주된 요인으로 지목된다.

더불어 인구구조 변화와 숙련 인력의 급격한 감소 문제 역시 건설산업에 중대한 도전 과제로 작용하고 있다. 근로자공제회 자료에 따르면, 지난 20년간 50대 이상 근로자의 비율은 27%에서 61%로 급증한 반면, 같은 기간 30대 미만 근로자의 비율은 39%에서 17%로 크게 감소했다. 이러한 변화는 단순한 인력 부족을 넘어, 생산성 저하와 품질 관리의 어려움으로 직결될 수 있는 심각한 위기를 예고하고 있다. 2022년 기준, 약 3.5만 명에 달하는 숙련 인력의 부족은 이미 건설산업의 지속 가능성을 심각하게 위협하는 요인으로 작용하고 있다.

이러한 복합적 문제를 해결하기 위한 대안으로 스마트 건설(Smart Construction)이 주목받고 있으며, 그중에서도 디지털 트윈(Digital Twin) 기술은 핵심적인 역할을 담당하고 있다. 디지털 트윈은 3D 현실 세계를 가상으로 정밀하게 구현함으로써 건설 전 과정을 시뮬레이션하고 최적화할 수 있는 첨단 기술이다. 이 기술은 BIM(Building Information Modeling), 드론, 로봇, 자동화 시스템 등과 결합하여 건설업의 생산성과 안전성을 획기적으로 향상시킬 잠재력을 지니고 있다. 실제로 글로벌 시장에서도 스마트 건설의 성장은 눈부시다. 2019년 5,400억 달러 규모였던 이 시장은 2025년까지 연평균 26%의 성장률을 기록하며 약 15,700억 달러에 이를 것으로 전망된다.

6장에서는 건설산업이 디지털 전환 과정에서 직면한 한계를 극복하기 위해 지속 가능한 발전, 혁신적 안전성 확보, 생산성 향상을 목표로 반드시 도입되어야 할 디지털 트윈과 3D 현실 세계 구현 기술의 중요성을 설명하고자 한다. 이를 위해 Unreal Engine, Unity Engine, Twinmotion과 같은 대표적인 소프트웨어를 심도 있게 소개하며, 이러한 도구들을 활용해 데이터를 효율적으로 처리하고 시각화하는 기본적인 과정을 구체적 사례와 함께 다룬다.

1. 스마트 건설과 디지털 트윈

I. BIM: 건설 산업의 미래

건설 산업은 오랜 기간 생산성 문제로 어려움을 겪어왔으며, 이는 제조업의 꾸준한 성장과 뚜렷한 대조를 보이고 있다. 1995년부터 2014년까지 제조업의 생산성은 연평균 3.6% 성장한 반면, 건설업은 겨우 1% 성장에 그쳤다. 이것은 이자가 매년 누적되는 복리(複利; compound interest) 효과를 고려했을 때 단순한 성장률 차이 이상의 중대한 차이를 의미한다. 복리 효과란 이전 해의 결과를 기반으로 한 성장이 지속적으로 누적되면서 시간에 따라 차이가 기하급수적으로 커지는 현상이다. 예를 들어, 매년 3.6%씩 성장하는 제조업과 1% 성장에 그치는 건설업 사이의 이러한 차이는, 수십 년 후에는 두 산업의 총 생산성 격차를 엄청난 정도로 크게 벌리게 된다. 즉, 수치 이상의 엄청난 차이를 의미한다.

건설 산업에서의 이러한 격차는 비효율적인 의사소통, 기술적 자동화 부족, 그리고 전통적이고 구식인 관행에서 비롯된 근본적인 문제를 드러낸다. 이러한 상황에서 BIM(Building Information Modeling, 건설정보모델링)은 건설 산업의 생산성과 효율성을 획기적으로 향상시킬 수 있는 혁신적인 솔루션으로 주목받고 있다. BIM은 단순한 도구가 아니라, 설계부터 시공, 유지보수에 이르는 전체 생애주기를 통합적으로 관리할 수 있는 플랫폼으로, 업계의 전반적인 변화를 이끄는 중심축이 되고 있다.

참고 BIM

국토교통부의 「건설산업 BIM 시행지침」 (2022.07)에서 BIM(Building Information Modeling)을 "건설정보모델링"으로 번역하고 있으며, 다음과 같이 정의하고 있다.

- **BIM**(건설정보모델링, Building Information Modeling) : 시설물의 생애주기 동안 발생하는 모든 정보를 3차원 모델 기반으로 통합하여 건설정보와 절차를 표준화된 방식으로 상호 연계하고 디지털 협업이 가능하도록 하는 디지털 전환(Digital Transformation) 체계를 의미한다.
- **BIM 설계** : 설계·시공 등 건설사업의 각종 업무수행에서 활용할 목적으로, BIM 저작도구를 통해 BIM 모델을 작성하고 도면 등 그 외 필요한 설계도서는 BIM 모델로부터 생성하는 것을 의미한다.
- **BIM 데이터** : 시설물의 3차원 형상과 속성을 포함하는 디지털 데이터를 의미한다.

참고 생산성 혁명을 통한 건설산업의 재창조

다음은 McKinsey Global Institute의 2017년 보고서 "생산성 혁명을 통한 건설 산업의 재창조[1]"(Reinventing construction through a productivity revolution)를 요약한 것으로서, 건설업의 생산성이 지난 수십 년간 다른 산업에 비해 크게 뒤처져 있다는 점을 지적하며, 이를 극복하기 위한 전략을 제안하고 있다.

건설업 생산성 문제와 개선 방안

현재 매년 약 10조 달러의 건설 관련 지출이 이루어지고 있으며, 이는 전 세계 GDP의 13%에 해당한다. 건설업은 전 세계 노동 인구의 7%를 고용하고, 우리가 생활하고 일하는 공간, 에너지와 재료를 생산하는 구조물, 그리고 이동을 위한 기반을 제공함으로써 그 자체를 넘어서는 큰 영향을 미친다. 그러나 건설업은 수십 년 동안 다른 산업에 비해 생산성 향상이 매우 저조했다.

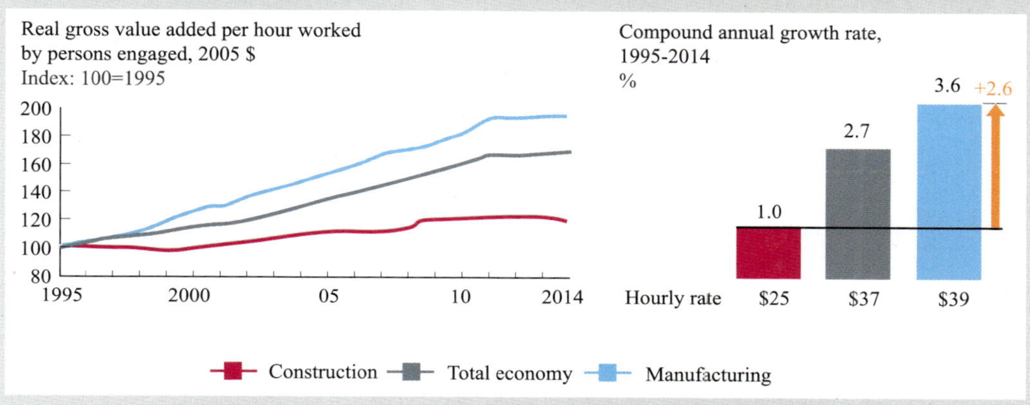

[그림] 세계 생산성 성장 추세

다른 산업에서는 생산성을 획기적으로 높였다. 예를 들어, 소매업에서는 과거 소규모 매장이 Aldi와 Walmart 같은 대형 유통업체로 대체되었고, 제조업에서는 린[2](lean) 원칙과 자동화가 혁신을 이끌었다. 반면, 건설업은 여전히 더딘 속도로 진화하고 있다. 지난 20년간 전 세계 건설업 노동 생산성은 연평균 1% 증가하는 데 그쳤다. 이는 세계 경제 성장률 2.8%, 제조업 성장률 3.6%에 비해 현저히 낮은 수준이다.

미국의 사례를 보면, 농업과 제조업 등의 생산성은 1950년대 이후 10배에서 15배 증가했지만, 건설업은 80년 전과 같은 수준에 머물러 있다. 1960년대 후반부터는 오히려 생산성이 하락했다. 건설업의 생산성이 다른 산업 수준으로 오르게 되면 매년 1.6조 달러의 추가 가치를 창출할 수 있을 것이다. 이는 캐나다의 GDP와 같으며, 세계 GDP를 2% 증가시키는 효과가 있다.

---

1) Barbosa, F., et. al., 2017, Reinventing construction through a productivity revolution, McKinsey Global Institute, Feb. 2017, McKinsey & Company.

2) 린(Lean) 원칙은 효율성을 극대화하고 낭비를 최소화하여 가치를 창출하는 방법론이다. 이는 주로 제조업에서 시작되었으나, 현재는 소프트웨어 개발, 건설, 헬스케어 등 다양한 분야에 적용되고 있다. 린 원칙의 핵심은 고객에게 가치를 제공하는 활동에만 집중하고, 나머지 비효율적인 과정을 제거하는 것이다.
린 원칙의 5가지 핵심 요소
※ 건설업에서의 "린 건설(Lean Construction)"은 프로젝트 낭비를 줄이고 효율성을 높이기 위해 협력 기반의 의사소통과 계획을 중시한다.

건설업의 생산성 문제·원인

건설업의 낮은 생산성은 여러 요인에서 비롯된다. 업계 내 "이해관계자 간 인센티브 불일치[3)]", 시장의 세분화, 불투명성 등이 주요 문제로 꼽힌다. 또한, "장기 자본"(patient capital)에서 "분기별 실적"(quarterly earnings) 중심의 투자 문화로의 변화가 산업 자체에 대한 투자 여력을 약화시켰다.

몇몇 국가에서는 이러한 문제를 해결하기 위해 디지털 기술(digital technologies)과 신소재(new materials)를 통해 생산성을 높이려는 움직임이 나타나고 있다. 특히, 건설 프로젝트의 주요 부분을 공장에서 제조된 표준화된 구성 요소로 대체하는 방식이 생산성을 대폭 향상시킬 수 있다.

지역별 생산성 차이

건설업 생산성은 지역별로 차이가 크다. 미국은 1968년 이후 생산성이 감소했으며, 전 세계 생산성 향상 기회 중 3분의 1을 차지한다. 유럽은 생산성이 정체 상태에 있으며, 중국과 남아프리카는 낮은 기반에서 빠르게 성장하고 있다. 반면, 브라질과 사우디아라비아는 생산성이 계속 악화되고 있다. 오스트레일리아, 벨기에, 이스라엘 등 일부 국가는 높은 생산성과 빠른 성장을 동시에 이루고 있다.

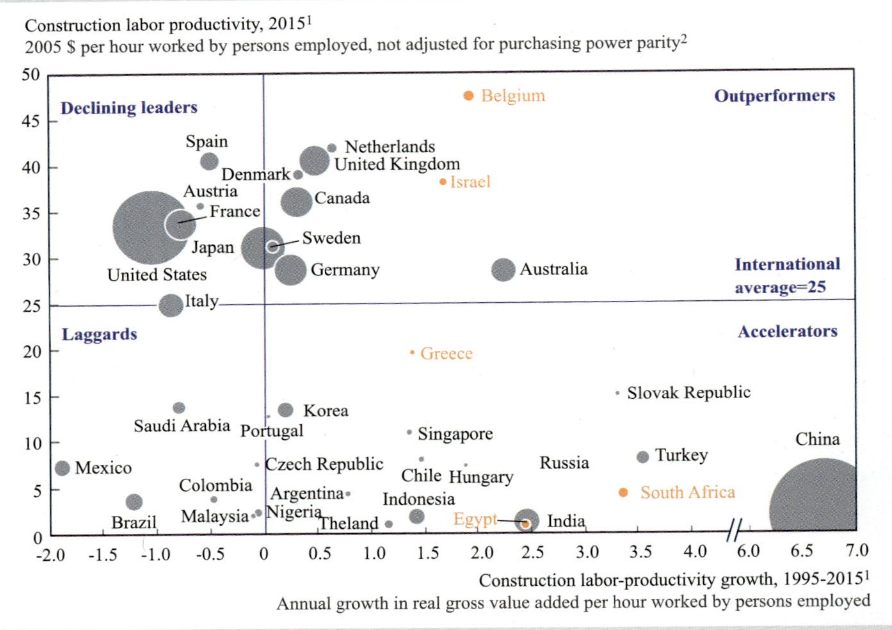

건설업의 생산성을 높이면 같은 자원을 활용해 50% 가까이 많은 가치를 창출할 수 있다. 이를 위해 기존의 프로젝트 중심 시스템에서 벗어나 전반적인 프로젝트 운영 체계로의 전환이 필요하다. 계획 수행, 작업 흐름, 재고 관리를 철저히 관리하는 것이 중요하다. 또한, 어떤 부문이 혁신에 적합한지 평가하고, 각 이해관계자가 변화에 기여할 수 있는 구체적 조치를 마련해야 한다.

3) 이해관계자 간 인센티브 불일치 : 건설 프로젝트에 참여하는 다양한 사람들이 목표나 이익을 달성하려는 방향이 서로 다르다는 뜻임.

스마트 건설: 4차 산업혁명의 새로운 패러다임

4차 산업혁명 기술이 빠르게 발전하며 다양한 산업에 변화를 몰고 왔지만, 건설산업은 여전히 디지털화에서 심각한 지체 현상을 보이고 있다. 2017년 맥킨지(McKinsey) 보고서에 따르면, 농업이 10%, 제조업이 28%의 디지털화율을 기록한 반면, 건설업은 불과 6%에 머물러 있어 변화의 속도에 한참 뒤처진 실정이다. 이는 전통적 공법과 관행에 의존하는 구조적 문제에서 비롯된 것으로, 건설업 전반의 경쟁력 약화를 초래하고 있다.

인구구조 변화와 숙련 인력 부족 문제도 건설산업의 발목을 잡고 있다. 근로자공제회 자료에 따르면, 지난 20년간 50대 이상 근로자의 비율은 27%에서 61%로 급증했으며, 같은 기간 30대 미만 근로자의 비율은 39%에서 17%로 급격히 줄어들었다. 특히 2022년 기준, 약 3.5만 명에 달하는 숙련 인력의 부족은 건설산업의 지속가능성을 크게 위협하고 있다. 이러한 인력난은 단순한 인원 감소를 넘어 생산성 저하와 품질 문제로 직결될 가능성이 크다.

건설현장의 특성상 안전과 환경 문제는 여전히 심각한 수준이다. 매년 약 400명에 달하는 건설업 종사자들이 산업재해로 목숨을 잃고 있으며, 이는 전체 산업재해의 절반에 달하는 높은 수치다. 또한 건설 폐기물은 국내 전체 폐기물의 46%를 차지하며, 소음과 진동으로 인한 민원도 끊임없이 제기되고 있어 건설산업이 환경에 미치는 부정적 영향을 보여준다. 지속가능한 발전과 사회적 책임을 위해 이러한 문제를 해결할 필요성이 더욱 강조되고 있다.

이러한 복합적 도전 속에서 스마트 건설(Smart Construction)이 새로운 대안으로 떠오르고 있다. BIM, ICT 기반 자동화, 드론, 로봇 등 첨단 기술을 활용한 스마트 건설은 기존 건설업의 한계를 극복하고 생산성과 안전성을 획기적으로 높일 잠재력을 지닌다. 글로벌 시장에서도 스마트 건설의 성장은 주목할 만하다. 2019년 약 5,400억 달러(약 7,724조원) 규모였던 시장은 2025년까지 연평균 26% 성장하며 15,700억 달러(약 22,460조원)에 이를 것으로 전망된다.

주요 선진국들은 스마트 건설 기술을 적극적으로 도입하며 산업 혁신을 이끌고 있다. 영국은 'Construction 2025' 전략을 통해 디지털화와 생산성 향상에 중점을 두고 있으며, 일본은 'I-Construction' 프로그램을 통해 첨단 기술과 자동화를 결합한 공법을 도입했다. 싱가포르는 2010년부터 BIM과 OSC(Off-Site Construction)의 의무화를 통해 매년 2~3%의 생산성 향상을 이루며, 성공적인 사례로 꼽히고 있다. 이러한 국가들의 선례는 기술적, 제도적 혁신이 건설산업의 변화를 가속화할 수 있음을 보여준다.

참고 Off-Site Construction(탈현장 건설)

OSC(Off-Site Construction; 탈현장 건설) : 건축물의 주요 구조물, 부재, 부품 등을 건설 현장이 아닌 외부의 공장에서 사전에 제작한 후, 이를 현장으로 운반하여 조립하는 방식이다. 이러한 방식은 기존의 현장 중심의 건설 방식에서 벗어나, 효율성과 안전성을 높이는 데 중점을 두고 있다.

• OSC의 특징

1. 사전 제작 : 건축물의 구조체나 부품을 공장에서 미리 제작
2. 현장 조립 : 제작된 부재를 현장으로 운반하여 조립. 이 과정은 마치 레고 블록을 조립하는 것과 유사.
3. 공사 기간 단축 : OSC는 공장에서 구조물을 동시에 제작할 수 있어, 전체 공사 기간을 크게 단축할 수 있다. 예를 들어, 모듈러 공법을 사용하면 기존 철근콘크리트 공법보다 약 50% 빠르게 시공할 수 있다

BIM 정의

BIM, 즉 Building Information Modeling, "건설 정보 모델링"은 자재·제원정보 등 공사정보를 포함한 3차원 입체 모델로, 기획부터 시작해서 설계, 엔지니어링, 시공, 유지 및 관리, 그리고 폐기까지 모든 건설 프로세스를 3D로 통합, 관리하는 정보 관리 기법으로서, 건설 프로젝트의 효율성과 정확성을 혁신적으로 향상시키고 있다.

많은 사람들이 BIM을 단순히 건축 도면을 3D로 시각화하는 도구로 오해하는 경우가 많다. 물론 3차원 설계를 시각적으로 표현할 수 있는 기능은 BIM의 중요한 특징 중 하나이지만, 이것은 BIM이 가진 방대한 잠재력 중 아주 작은 부분에 불과하다.

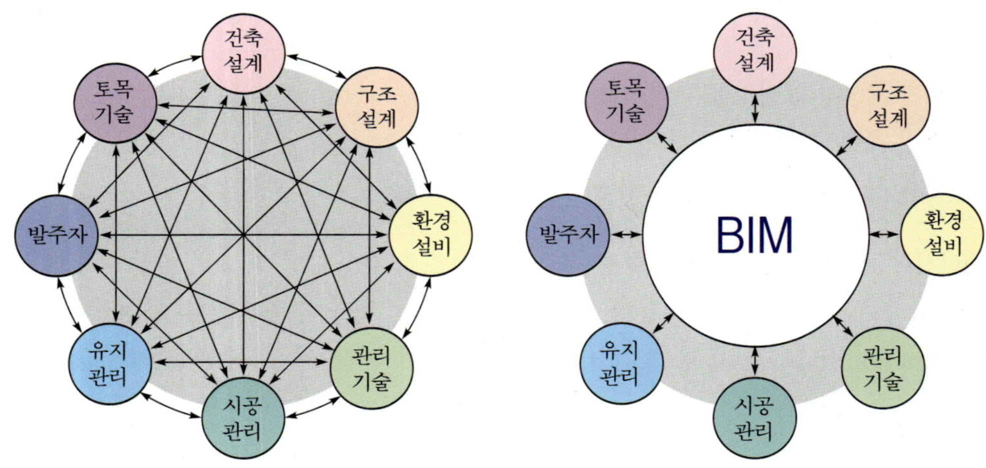

[그림] 2D 기반의 사업/설계/시공 개념 [그림] BIM을 통한 사업/설계/시공 개념

BIM은 건물의 설계, 시공, 유지보수 과정을 하나의 통합된 디지털 모델에서 관리할 수 있도록 설계된 혁신적인 프로세스이다. 이러한 디지털 모델은 건축, 구조, 전기, 기계 등 다양한 전문

설계 분야의 데이터를 통합하여, 모든 관련 분야 전문가들이 원활히 협력할 수 있는 환경을 제공한다. 즉, BIM은 단순히 도면을 작성하는 단계를 넘어, 데이터 중심의 관리와 분석을 통해 프로젝트 전반에 걸쳐 보다 나은 의사결정을 가능하게 하며, 설계와 시공 간의 모든 불일치를 사전에 식별하고 해결하는 데 필수적인 역할을 한다.

의사소통의 격차 해소

건설 프로젝트는 일반적으로 토지 매입, 설계, 시공, 준공, 유지보수 등 여러 단계를 거친다. 각 단계는 엔지니어, 시공사, 기타 이해관계자 간의 세밀한 조정을 필요로 한다. 전통적으로 이러한 과정은 2D 도면에 의존했으며, 이는 종종 의사소통의 오류와 설계변경 등으로 인한 추가 비용 발생 등으로 이어졌다. 예를 들어, 좁은 공간에서 배관, 전기 배선, HVAC(Heating, Ventilation, and Air Conditioning, 냉난방공조) 시스템을 통합하는 과정에서 충돌이 발생하여 현장에서의 조정이 필요해지기도 한다. 이는 프로젝트의 지연과 비용 증가로 이어진다.

BIM은 모든 이해관계자가 동일한 디지털 플랫폼에서 협업할 수 있는 단일 통합 모델을 제공하여 전통적인 건설 과정에서 발생하는 다양한 문제를 효과적으로 해결할 수 있다. 예를 들어, 천장 높이가 배관(Piping)이나 덕트(Duct) 시스템을 설치하기에 충분하지 않은 경우와 같은 설계 충돌 문제가 발생할 수 있는데, 이러한 문제는 BIM을 통해 실제 시공에 들어가기 전에 디지털 환경에서 미리 시뮬레이션되고 식별할 수 있다. BIM은 이처럼 사전 예방적 접근 방식(Proactive Approach)을 통해 설계 오류를 최소화할 뿐만 아니라, 자원의 효율적 배분(Resource Allocation)과 공정 최적화(Process Optimization)를 가능하게 한다. 그 결과, 현장에서 발생할 수 있는 재작업과 지연을 방지하며, 전반적인 생산성과 수익성을 크게 향상시킬 수 있다.

(기존) 2D도면(평면)	(개선) 3D모델(입체) + 공사정보(속성)	
	코드	F01-S000-E000
	물량	○○○㎥
	재료	철근콘크리트
	공정	교각
	비용	○○○원

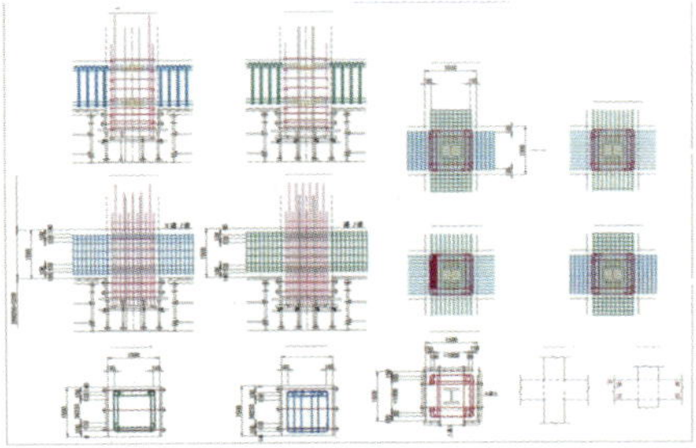

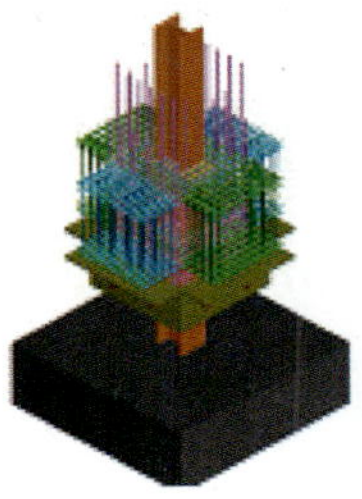

(출처 : 국토교통부, 2022.7.20, 스마트 건설 활성화 방안)

BIM의 주요 장점

1. 향상된 시각화 및 분석

BIM은 기존의 2D 도면을 상세한 3D 모델로 변환하여 비전문가를 포함한 모든 이해관계자가 프로젝트를 보다 명확하게 이해할 수 있도록 한다. 복잡한 구조물을 다룰 때 3D 모델링은 설계 의도를 명확히 하고, 최종 결과물을 직관적으로 보여주는 강력한 도구이다. 예를 들어, 서울의 동대문 디자인 플라자(DDP)와 같은 독창적인 건축물은 곡선과 독특한 형태가 많아 기존 2D 도면으로는 설계와 시공을 명확히 이해하기 어렵다. 그러나 BIM을 활용하면 이런 복잡한 구조물의 설계와 시공 과정을 직관적으로 시각화할 수 있어 설계 품질과 작업 효율성이 크게 향상된다. 즉, 시각화된 데이터는 이해도를 높이고, 변화하는 요구 사항이나 조건에 보다 빠르고 효과적으로 대응할 수 있게 한다.

[그림] 세계 최대 비정형 건축물인 동대문디자인플라자 DDP 모습 및 BIM 3D 도면

2. 도면 전반에 걸친 자동 업데이트

BIM 모델에서 발생하는 설계 변경 사항은 평면도, 입면도, 단면도 등 모든 관련 도면에 자동으로 반영된다. 이는 기존의 수작업 방식에서 흔히 발생했던 일관성 문제와 인적 오류를 방지할 수 있게 한다. 예를 들어, 설계 도중 평면도에서 문 폭을 50mm 줄였을 때, BIM을 사용하면 관련된 모든 도면이 자동으로 업데이트되어 수정 시간을 줄이고 오류를 최소화할 수 있다. 이러한 자동화된 시스템은 작업의 효율성을 극대화할 뿐 아니라, 프로젝트 완료 시점을

앞당기는 데 중요한 역할을 한다.

3. 종합적인 정보 통합

BIM 모델은 단순히 구조나 디자인 정보를 담는 데 그치지 않고, 각 구성 요소에 대한 광범위한 메타데이터(metadata)를 가지고 있다. 예를 들어, 모델에서 특정 벽을 클릭하면 해당 벽의 재료 구성(예: 특정 철근 사양을 가진 철근 콘크리트), 설치 세부사항, 제조사 정보, 유지보수 이력까지 확인할 수 있다. 이러한 종합적이고 세부적인 정보 통합은 건설 과정에서의 신속한 의사결정을 지원하며, 준공 후에는 유지보수 관리의 효율성을 극대화할 수 있다.

4. 통합 검증 및 선제적 문제 해결

BIM은 3D 모델 안에 설계, 시공 방안, 공정 순서 등의 정보를 모두 포함하고 있어, 각 분야 간의 통합적인 검증이 가능하다. 이러한 검증 과정을 통해 설계나 시공 과정에서 발생할 수 있는 잠재적인 문제를 사전에 파악할 수 있으며, 이를 통해 불필요한 재시공을 방지하여 시간과 비용을 절약할 수 있다.

5. 실시간 협업

BIM은 모든 프로젝트 팀원이 동일한 플랫폼에서 실시간으로 협업할 수 있도록 지원한다. 예를 들어, 건축 팀이 천장 높이를 조정하면, 구조와 기계 설계 팀도 즉시 해당 변경 사항을 확인하고 그에 맞는 설계를 조정할 수 있다. 이러한 실시간 협업 환경은 팀 간의 의사소통을 원활하게 하고, 중복 작업과 혼선을 방지하며, 프로젝트의 전반적인 생산성을 향상시킬 수 있다. BIM의 협업 기능은 특히 대규모 프로젝트에서 큰 효과를 발휘하여 모든 팀이 하나의 목표를 향해 같은 정보를 실시간으로 공유하고 활용함으로써 업무 흐름이 한층 더 개선되어 효율적으로 작업할 수 있도록 한다.

II. Scan-to-BIM: 공간을 디지털로 재창조하는 기술

오늘날 AEC(Architecture, Engineering, Construction: 건축, 엔지니어링, 건설) 산업에서는 "Scan-to-BIM"(스캔 투 빔) 용어를 흔히 접할 수 있다. 이 용어는 물리적 공간이나 현장을 3D 레이저 스캐닝(3D Laser Scanning), 즉 라이다(LiDAR) 기술로 디지털화하여, 이를 정확하고 세밀한 디지털 모델로 변환하는 과정을 뜻한다. 이렇게 생성된 디지털 데이터는 설계 작업을 지원하거나 진행 상황을 평가하고, 프로젝트 옵션을 비교하는 데 활용될 수 있다. 특히, 설계 및 시공 과정의 효율성을 높이는 데 있어 매우 중요한 역할을 한다.

Scan-to-BIM 과정

Scan-to-BIM 과정을 이해하기 위해서는 먼저 디지털 데이터를 생성하려는 목적을 명확히 설정하는 것이 중요한다. 사용 목적에 따라 수집해야 할 데이터의 종류와 품질이 결정되기 때문이다. 예를 들어, 한국의 유서 깊은 정원인 전라남도 담양군 소재 소쇄원[4](瀟灑園)을 스캔한다고 가정해 보겠다. 소쇄원은 조선 시대의 전통 정원으로, 그 자체가 자연과 인간의 조화를 상징하는 문화유산으로서, 스캔 작업을 통해 소쇄원의 구조적 특성과 배치, 그리고 시간이 지나면서 변화된 모습을 디지털 데이터로 보존할 수 있다. 이 데이터를 활용하면 건축학적 가치와 문화유산적 의미를 더욱 깊이 이해하고, 미래의 복원 및 보존 작업에 중요한 자료로 사용할 수 있다.

1. 현장 스캐닝 준비

3D 레이저 스캐닝은 이론적으로 한 명의 작업자가 수행할 수 있지만, 이는 현장의 특성과 위험 평가에 따라 달라질 수 있다. 삼각대에 스캐너를 장착하고, 스캐너의 위치와 각도를 조정하여 작업 목적에 맞는 데이터 수집을 준비한다.

2. 스캐닝 과정

스캐너 내부의 레이저가 고속으로 회전하며 공간 내의 객체나 재료 표면에서 반사되어 수신되면, 반사된 위치를 디지털 데이터로 기록한다. 이 데이터를 "포인트(point)"라고 부르며, 다수의 포인트가 모여 "점군"(點群, Point Cloud)을 구성하며, 위치정보를 가진 정밀한 3D 디지털 이미지를 형성한다.

스캔 해상도(Resolution)는 데이터의 정밀도를 결정하는 중요한 요소이다. 고해상도 데이터를 통해 더 세밀한 분석과 활용이 가능하지만, 작업 목적에 따라 적절한 해상도를 선택하는 것이 효율적이다. 스캐너는 작업 공간의 범위와 조건에 따라 회전 각도와 스캔 속도를 조정하여 데이터를 수집한다.

3. 스캔 데이터의 처리

스캔이 완료되면 데이터를 컴퓨터로 전송하고, 소프트웨어를 사용해 데이터 보정, 정합 등의

---

4) 소쇄원은 조선 중기 학자 양산보(梁山甫, 1503~1557)가 자연과 인공을 조화시켜 조성한 대표적인 정원이다. 스승인 조광조(趙光祖, 1482~1519)가 유배되자 세상의 뜻을 버리고 고향으로 내려와 정원을 지었으며, 면앙정 송순(宋純, 1493~1583)이 '맑고 깨끗하다'는 뜻의 '소쇄(瀟灑)'라는 이름을 지어주었다.

소쇄원은 4,060m^{2}의 면적을 가지고 있으며, 계곡을 중심으로 하는 사다리꼴 형태로 되어 있다. 정원 내에는 대나무, 소나무, 느티나무, 단풍나무들로 된 숲이 있으며, 주위에는 흙과 돌로 쌓은 자연스러운 담이 있다.

소쇄원은 자연에 대한 인간의 경외와 순응, 도가적 삶을 산 조선시대 선비들의 만남과 교류의 장으로서 ,경관의 아름다움이 가장 탁월하게 드러난 문화유산의 보배로 평가받고 있다. 또한, 한국 민간원림의 원형을 간직하고 있어 명승 제40호로 지정되었다.

과정을 거쳐 최종적인 3D 모델을 생성한다. 이러한 데이터는 BIM(Building Information Modelling) 환경에서 활용하거나 프로젝트의 다양한 이해관계자들과 공유할 수 있도록 준비된다.

Scan-to-BIM의 장점

1. 정확성과 속도 : 스캐닝 기술은 전통적인 측량 방식에 비해 인적 오류(human error)를 최소화하면서, 짧은 시간 안에 방대한 데이터를 수집할 수 있는 장점을 지니고 있다. 특히 복잡한 구조물이나 넓은 영역에서도 정밀한 측량이 가능해 작업 효율성을 크게 향상시킨다.

2. 다양한 용도 : 건설 설계와 시공 검증은 물론, 자산 관리, 범죄 현장 및 사고 분석, 문화유산 디지털화와 같은 다양한 분야에 활용되고 있다. 이를 통해 데이터 기반 의사결정이 가능해져 프로젝트의 전반적인 품질이 향상된다.

3. 안전성 : 3D 레이저 스캐닝은 비접촉 방식으로 작동하기 때문에 사람, 동물, 그리고 건축물에 물리적 영향을 미치지 않는다. 이는 특히 섬세한 문화유산 및 보존이 필요한 건축물에서 안전하고 신뢰할 수 있는 기술이다.

4. 현실감 있는 데이터 : 고해상도 카메라를 통해 수집된 이미지를 기반으로 스캔 데이터를 색상화하여, 현실감 있고 직관적인 3D 모델을 생성할 수 있다. 이를 통해 설계자와 이해관계자 간의 소통을 원활하게 하고, 시각화된 데이터를 활용해 프로젝트 진행 상황을 효과적으로 공유할 수 있으며, 다양한 산업에서 활용 가치를 더욱 높일 수 있다.

디지털 시대에 Scan-to-BIM은 공간 데이터를 처리하고 활용하는 데 있어 필수적인 기술로 주목받고 있다. 이 기술은 정밀한 설계와 자원 활용의 효율성을 높이며, 건축 및 건설뿐 아니라 다양한 산업에서 혁신을 이끌고 있다. 특히, 건설 프로젝트에서는 공정 검토와 기존 건물 상태를 신속히 파악하는 데 있어 강력한 도구로 자리 잡고 있다. 이를 통해 설계 변경 사항을 신속히 적용하거나, 공정의 지연을 최소화하는 등 효율성을 극대화할 수 있다.

[그림] 소쇄원 전경
(출처 : 위프코(주) 제공)

[그림] 소쇄원 모습

[그림] 소쇄원 3D 제작

[그림] 지형, 식생이 없는 3D 형상

[그림] 주변 지형, 식생을 반영한 3D 형상

BIM은 단순한 3D 모델링 기술을 넘어, 건설 프로젝트의 설계, 시공, 유지관리에 이르는 전 과정을 통합적으로 관리하는 혁신적인 기술이다. BIM은 협업과 의사소통을 강화하고, 오류를 줄이며, 프로세스를 간소화함으로써 건설 산업이 노동 집약적인 분야에서 고생산성 부문으로 진화하도록 한다. 이해관계자들에게 BIM 도입은 선택이 아닌 지속 가능하고 효율적인 필수적인 단계이다. 이러한 기조를 바탕으로 국토교통부는 2025년부터 건설 프로젝트에서 BIM 사용을 의무화했다. 이러한 조치는 표준화된 관행을 촉진하고 효율성을 높이며 업계의 경쟁력을 향상시키기 위한 것이다.

BIM(Building Information Modeling)과 LOD(Level of Development)

최근 건설 산업에서는 디지털 기술이 빠르게 발전하며, 기존의 전통적인 공정 방식에서 벗어나 더 효율적이고 정확한 방법을 모색하고 있다. 이러한 디지털 혁신의 중심에는 BIM(Building Information Modeling, 건설정보모델링)과 LOD(Level of Development, 상세 수준)가 있다. 두 개념은 서로 밀접한 관계를 가지며 건설 프로젝트의 설계, 시공, 유지관리에 이르기까지 전 과정에 걸쳐 큰 영향을 미친다.

BIM은 건축, 엔지니어링, 건설(AEC) 산업에서 건물과 인프라를 디지털 방식으로 모델링하고 관리하는 플랫폼이다. BIM은 단순히 3D 모델링을 넘어, 건축물의 형상과 속성 정보를 포함하여 프로젝트 전 과정에서 활용될 수 있는 종합적인 데이터 시스템을 제공한다. 주요 특징은 다음과 같다.

1. 설계와 시공 간의 협업 : BIM은 여러 공종 간 간섭을 사전에 검토하고, 시공 중 발생할 수 있는 리스크를 줄이는 데 유용하다. 이는 설계 변경으로 인한 비용 손실을 줄이고, 프로젝트 일정을 효율적으로 관리할 수 있도록 한다.

2. 수명 주기 전반의 관리 : BIM은 설계와 시공뿐만 아니라 유지보수 단계에서도 활용된다. 예를

들어, 건물 유지보수를 위한 시설 정보를 디지털화하여 효율성을 극대화할 수 있다.

3. 다차원적 분석 가능 : BIM은 3D 모델링 외에도 시간(4D), 비용(5D), 에너지 효율(6D) 등 다양한 차원에서 데이터를 통합적으로 분석하고 활용할 수 있다.

LOD: BIM 모델의 상세 수준을 정의하는 기준

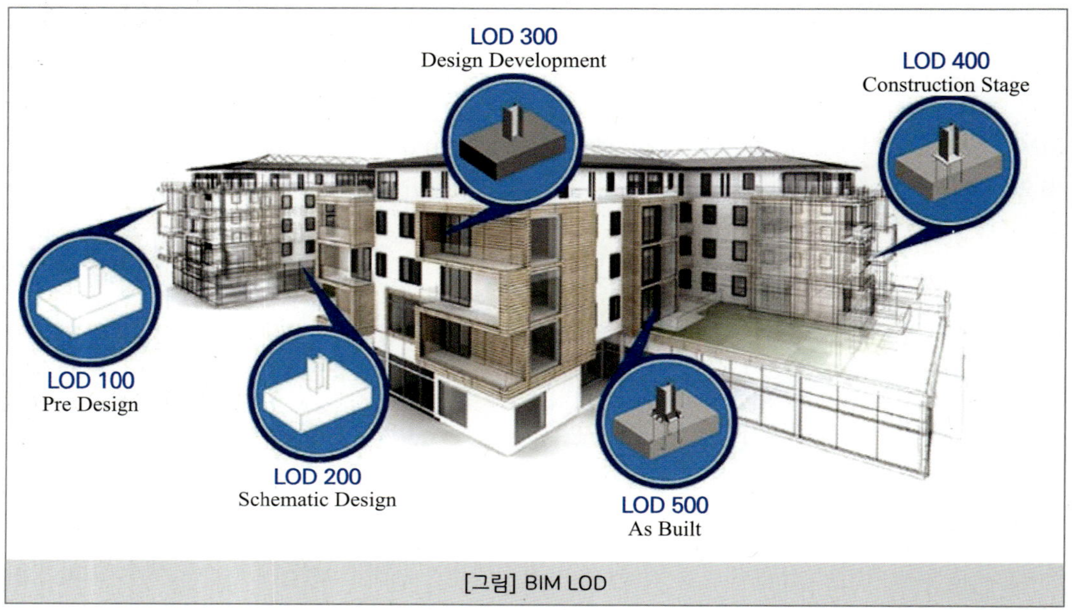

[그림] BIM LOD

LOD(Level of Development)는 BIM 모델에서 정보를 얼마나 상세하게 표현할 것인지를 규정하는 표준이다. LOD는 프로젝트의 각 단계에서 필요한 정보를 효율적으로 관리하고, 모델의 신뢰성을 높이는 데 중요한 역할을 한다. LOD는 100부터 500까지 5단계로 나뉘며, 단계별로 다음과 같은 특징을 가진다.

- LOD 100 : 초기 설계 단계로, 기본적인 형태와 개념적 볼륨만 포함된다.
- LOD 200 : 대략적인 크기, 형태, 위치를 포함하며 일반적인 시스템이 정의된다.
- LOD 300 : 설계 문서에 사용될 수 있을 정도로 세부 정보가 포함된다.
- LOD 350 : 빌딩 시스템 간의 인터페이스 정보를 포함된다.
- LOD 400 : 제작 및 조립 단계에서 사용할 수 있는 수준의 세부 정보가 포함된다.
- LOD 500 : 준공 후 실제 조건을 반영하여 유지보수와 설비 관리에 사용된다.

구분	개념도	형상 수준(LOD)
LOD 100		[개념모델] • LOD 200을 만족하지 못하는 수준의 그래픽 표현만 가능한 수준 • 기초가 다른 모델 요소에 포함되거나 형태나 재료가 판별되지 않는 수준에서의 개념적 요소로 표현
LOD 200		[개략형상 모델] • 개략적인 수량, 크기, 형상, 위치를 갖고 모델이 구성되는 수준 • 일반적인 벽식 기초 표현
LOD 300		[정밀형상 모델] • 치수와 관련한 주요 사항이 모두 반영되는 수준으로 그래픽 정보 이외의 정보가 연계될 수 있음 • 전체적인 크기와 기초요소의 형상 • 콘크리트 강도 및 철근 강도
LOD 350		[정밀 형상과 연계정보 모델] • LOD 300 수준에 타 시스템과의 연계 정보가 추가된 모델 수준 • 슬리브 이음의 위치 • 철근 상세 모델

[그림] LOD 수준 별 개념도 사례

BIM과 LOD는 건설 프로젝트의 성공적인 관리를 위해 함께 사용된다. BIM이 건설 프로젝트의 전반적인 디지털화를 목표로 한다면, LOD는 BIM 모델 내에서 정보의 수준을 명확히 정의하여 효율적인 협업을 가능하게 한다. 이를 통해 건설 프로젝트의 효율성과 품질이 크게 향상된다.

디지털 트윈(Digital Twin)은 물리적 객체나 프로세스의 가상 표현으로, 실시간 데이터를 활용하여 실제 세계와 동기화된다. 디지털 트윈에서도 LOD는 중요한 역할을 한다. LOD를 통해 디지털 트윈 모델의 세부 수준을 정의함으로써, 각 사용 사례에 맞는 적합한 정보 수준을 제공한다. 예를 들어, 도시가스 네트워크의 디지털 트윈을 구축할 때 BIM의 LOD 400~500 수준의 상세 모델이 사용되어 실제 설비와 동일한 수준의 데이터를 제공한다.

BIM과 디지털 트윈

NIBS[5)](National Institute of Building Sciences)는 BIM을 "시설의 물리적 및 기능적 특성을 디지털 방식으로 표현한 것으로서, 건물 계획부터 수명주기 동안 의사결정을 위한 신뢰할 수 있는 기반을 형성하는 자산에 대한 정보를 공유하는 지식정보 역할을 한다"고 정의하였다.

BIM과 디지털 트윈은 건설 산업에서 디지털화와 효율성을 극대화하기 위해 서로 보완적으로 작용하는 두 가지 중요한 기술이다. BIM은 주로 설계와 시공 단계에서 사용되는 정적 데이터의 생성 및 관리를 통해 디지털 트윈 구축의 기반을 제공한다. 디지털 트윈은 BIM 데이터에 실시간 데이터를 추가하여 운영과 유지보수 단계에서의 활용 가능성을 높인다.

1. 데이터 특성 : BIM은 정적인 설계 및 시공 데이터를 다루며, 디지털 트윈은 IoT 및 센서를 통해 수집된 실시간 동적 데이터를 추가적으로 활용한다.
2. 주요 활용 단계 : BIM은 주로 설계와 시공 단계에서, 디지털 트윈은 운영 및 유지보수 단계에서 주로 사용된다.
3. 목적 : BIM은 시공 오류를 줄이고 협업을 강화하는 데 초점을 맞추며, 디지털 트윈은 시스템의 성능을 실시간으로 모니터링하고 최적화하는 데 중점을 둔다.

즉, BIM은 디지털 트윈의 기반 역할을 하며, 디지털 트윈은 BIM의 데이터를 활용하여 설계, 시공에서부터 유지관리까지 건설 산업의 디지털 전환을 완성한다.

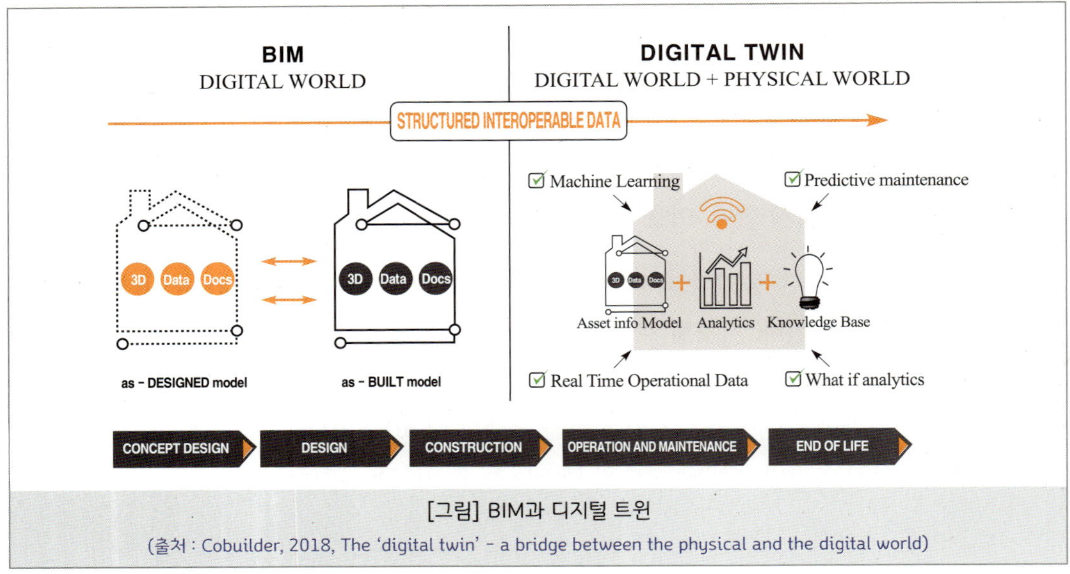

[그림] BIM과 디지털 트윈

(출처 : Cobuilder, 2018, The 'digital twin' - a bridge between the physical and the digital world)

5) National Institute of Building Sciences(NIBS) https://www.nibs.org/

III. 디지털 트윈의 시대

현대 사회는 데이터가 모든 분야에서 중심이 되는 디지털 혁명의 시대에 접어들고 있다. 이러한 변화의 핵심에는 "디지털 트윈(Digital Twin)"이라는 개념이 자리하고 있다. 디지털 트윈이란 물리적 세계의 객체나 환경을 디지털 공간에서 정확히 복제하여 이를 통해 데이터를 수집하고 분석하며, 현실의 문제를 해결하거나 효율적인 의사결정을 내릴 수 있도록 돕는 기술을 말한다. 즉, 디지털 트윈은 물리적 세계에서 수집된 데이터를 기반으로 가상의 공간에서 이를 정밀하게 복제한 시스템이다. 이렇게 만들어진 디지털 복제본을 활용하면, 다양한 분석과 시뮬레이션을 통해 현실 세계의 문제를 더 효율적으로 해결할 수 있다.

쉽게 말해, 공장에서 사용하는 터빈과 같은 장치를 디지털 트윈으로 구현한다고 가정해보면, 터빈의 상태를 실시간으로 모니터링하고, 가상의 환경에서 최적의 작동 방식이나 개선 방안을 실험할 수 있다. 이 과정에서 얻은 데이터를 다시 현실에 반영하여 보다 나은 성능과 효율을 구현할 수 있다.

디지털 트윈이란 다음의 세 가지 주요 단계를 통해 작동한다. 즉,

1. 현실 데이터의 디지털화 : 현실 세계의 객체나 환경에서 필요한 데이터를 수집하여 디지털 공간에서 복제한다. 예를 들어, 건물의 구조나 터빈의 작동 상태 같은 정보를 디지털로 전환해 가상 공간에 저장한다. 이 단계는 현실 세계와 디지털 트윈을 연결하는 첫 단계이다.

2. 시뮬레이션과 분석 : 디지털로 복제된 데이터를 활용하여 다양한 시뮬레이션과 분석을 수행한다. 예를 들어, 터빈의 작동 방식이나 건물의 안전성을 가상 환경에서 실험 및 시뮬레이션해 볼 수 있다. 이러한 분석은 현실 세계에서 테스트하기 어려운 상황들을 예측하고 개선 방향을 제시한다.

3. 현실 세계로의 피드백 : 시뮬레이션과 분석을 통해 얻은 결과를 현실 세계에 적용한다. 예를 들어, 터빈의 최적화된 작동 방식을 도입하거나 건물의 구조를 보완하는 방식으로 현실 문제를 해결하고 성능을 개선할 수 있다. 이 과정은 가상에서 얻은 정보를 다시 현실에 반영해 보다 나은 결과를 만들어 낸다.

디지털 트윈은 제조업, 건설업, 스마트 시티(Smart City), 에너지 관리, 수자원 관리 등 다양한 분야에서 활용되고 있다. 특히, 최근에는 디지털 트윈 기술이 메타버스(Metaverse)와 결합하면서 가상 공간의 활용도가 한층 더 확장되고 있다. 디지털 트윈은 메타버스 내에서 현실 세계의 데이터를 바탕으로 더욱 정밀하고 실제감 있는 가상 환경을 구현한다. 이를 통해 기업은 가상 회의와 프로젝트 관리 같은 비즈니스 활동뿐만 아니라, 공연, 교육, 게임과 같은 엔터테인먼트 활동

까지 다양한 방식으로 메타버스를 활용하고 있다. 이러한 결합은 단순한 시뮬레이션을 넘어 현실과 가상을 통합하는 새로운 패러다임을 열어가고 있다.

제조업에서는 디지털 트윈을 통해 공정 효율성을 높이고, 오류를 사전에 감지하며, 유지보수 비용을 절감할 수 있다. 예를 들어, 자동차 생산 라인에서 로봇과 기계의 동작 상태를 실시간으로 모니터링하고 분석하여 최적화할 수 있다.

스마트 시티는 도시 전체를 디지털 트윈으로 구현하여 교통, 에너지, 환경 데이터를 분석한다. 이를 통해 교통 체증을 줄이고, 에너지 사용을 최적화하며, 시민들에게 보다 나은 생활 환경을 제공할 수 있다.

디지털 트윈 기술이 계속해서 발전하고 있지만, 이 기술을 제대로 활용하기 위해서는 아직 해결해야 할 몇 가지 주요 과제가 남아 있다.

- 데이터 통합과 표준화 : 디지털 트윈이 효과적으로 작동하려면, 다양한 출처에서 수집된 데이터를 일관되게 연결하고 분석할 수 있는 표준 체계를 마련해야 한다. 이는 서로 다른 형식으로 제공되는 데이터를 통합하여, 하나의 통일된 시스템에서 활용할 수 있도록 만드는 작업이다.
- 방대한 데이터 처리 : 디지털 트윈은 현실 세계를 복제하기 때문에 방대한 양의 데이터가 필요하다. 그러나 이러한 데이터를 처리하고 분석하기 위해서는 높은 수준의 컴퓨팅 기술이 필수적이다. 이를 위해 클라우드 컴퓨팅, 빅데이터(Big Data) 처리 기술, 그리고 인공지능(AI) 기반의 분석 도구들이 더욱 발전해야 한다.
- 보안과 개인정보 보호 : 디지털 트윈은 현실 세계와 연결되어 있으므로, 해킹과 같은 보안 위협에 노출될 가능성이 높다. 또한, 이 과정에서 수집되는 민감한 개인정보를 보호하기 위해 강력한 보안 시스템과 관련 법률 및 정책이 필요하다. 데이터 암호화, 접근 제어, 그리고 지속적인 보안 점검 등이 중요한 요소이다.

디지털 트윈 기술은 앞으로도 다양한 분야에서 혁신을 가져올 것으로 기대된다. 특히 인공지능(AI), 사물인터넷(IoT), 5G와 같은 기술과 결합하여 더욱 정교한 시뮬레이션과 예측을 가능하게 할 것이다. 또한, 지속 가능한 사회를 구현하기 위한 핵심 기술로 자리잡을 것이다.

디지털 트윈: 현실과 가상의 융합

미국 반도체 기업 엔비디아(NVIDIA)는 2024년 3월, 지구 전체를 가상 세계로 복제한 혁신적인 플랫폼 '어스2(Earth-2)'를 공개하며 학계와 산업계의 큰 관심을 끌었다. 이 플랫폼은 첨단 인공지능(AI) 기술을 활용해 지구의 물리적 특성을 그대로 반영하며, 기상 이변이나 기후 변화와 같은 복잡한 현상을 실시간으로 예측할 수 있다. 어스2는 가상의 지구를 통해 실제 세계에서 발생하는 문제를 효과적으로 시뮬레이션하고, 예측 가능성을 극대화하기 위해 '디지털 트윈(Digital Twin)' 기술을 기반으로 설계되었다.

디지털 트윈은 실제 사물이나 시스템의 물리적 특성을 가상(virtual) 세계에 동일하게 반영하여 마치 쌍둥이처럼 3차원 모델로 구현하는 기술이다. 이를 통해 현실과 가상 공간을 실시간으로 동기화하여 관제, 분석, 예측 등 다양한 의사결정에 활용할 수 있다.

이 개념은 미시간 대학의 마이클 그리브스(Michael Grieves) 교수 연구팀이 처음 제안했다. 그리브스 교수는 2002년, '제품 수명주기 관리'(PLM, Product Lifecycle Management)를 위한 개념적 모델인 'Conceptual Ideal for PLM'을 발표했다. 이후 2011년에는 이를 확장한 'Virtual Perfect'를 제시하며 디지털 트윈의 이론적 기틀을 다졌다. 초기에는 'Information Mirroring Model'이라는 용어가 사용되었으나, 점차 디지털 트윈이라는 용어로 통일되었다. 이 모델은 현실과 가상 세계 간의 데이터 흐름을 핵심 요소로 삼았으며, 이는 오늘날 디지털 트윈 기술의 근간을 이룬다.

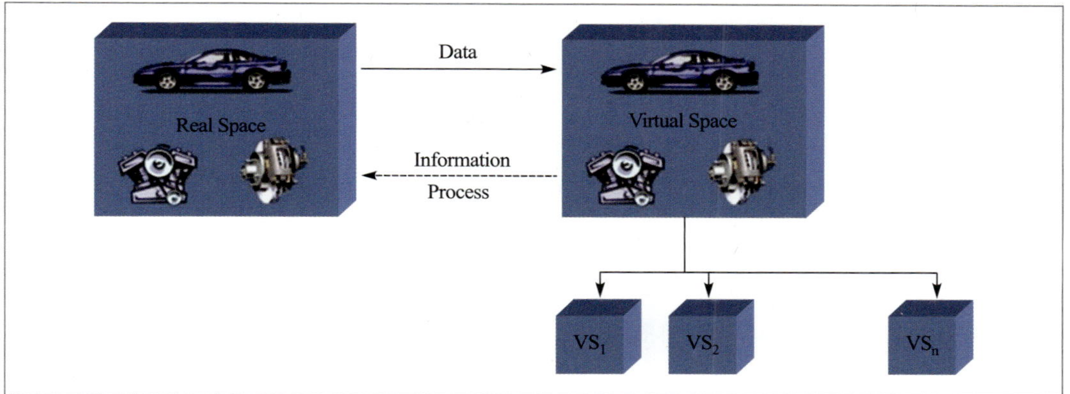

[그림] PLM(제품 수명주기 관리)에 대한 개념도[6]

디지털 트윈(Digital Twin) 개념은 2002.12.03 미시간대학교에서 산업계를 대상으로 한 제품 수명주기 관리(PLM) 센터 설립을 위한 발표에서 시작되었다. 발표 자료의 제목은 "PLM에 대한 개념(Conceptual Ideal for PLM)" 있었다. 발표자료의 그림은 디지털 트윈의 모든 요소를 포함하고 있다. 즉, 실제 공간(real space), 가상 공간(virtual space), 실제 공간에서 가상 공간으로의 데이터 흐름을 위한 연결(link), 가상 공간에서 실제 공간으로의 정보 흐름을 위한 연결(link), 그리고 가상 하위 공간(virtual sub-spaces)이 그 요소들이다.
이 모델의 기본 전제는 각 시스템이 두 가지 시스템으로 구성된다는 것이다. 즉, 물리적 시스템(physical system)과 물리적 시스템에 대한 모든 정보를 포함하는 가상 시스템(virtual system)이다. 이는 실제 공간에 존재하는 시스템과 가상 공간에 존재하는 시스템 간에 상호 반영 또는 쌍둥이(twin) 관계가 있음을 의미한다.

6) Grieves, M., Vickers, J., 2017, Digital Twin: Mitigating Unpredictable, Undesirable Emergent Behavior in Complex Systems. In: Kahlen, J., Flumerfelt, S., Alves, A. (eds) Transdisciplinary Perspectives on Complex Systems. Springer

비록 마이클 그리브스(Michael Grieves)가 처음 사용했던 용어는 시간이 지나면서 변화했지만, 물리적 공간과 가상 공간을 통합하는 디지털 트윈의 본질적인 개념은 유지되었다. 디지털 트윈 기술 초기에는 센서 기술, 통신 기술, 컴퓨팅 파워, 데이터 처리 능력의 부족으로 인해 구현이 어려웠으며, 머신러닝(Machine Learning, 기계학습) 기술의 미비로 인해 예측 및 최적화 성능도 제한적이었다. 그러나 시간이 지나면서 이러한 기술적 제약이 점차 해결되었고, 이에 따라 디지털 트윈에 대한 관심과 연구도 폭발적으로 증가하게 되었다.

디지털 트윈이라는 용어는 NASA에서도 사용되고 있으며, 기술적 발전을 위한 주요 개념으로 자리 잡았다. NASA는 2010년 로드맵에서 디지털 트윈을 다음과 같이 정의했다.

> *An integrated multi-physics, multi-scale, probabilistic simulation of a vehicle or system that uses the best available physical models, sensor updates, fleet history, etc., to mirror the life of its flying twin.*
>
> *비행체 트윈의 생애주기를 복제하기 위한 최상의 물리적 모델, 센서 업데이트, 비행 기록 등을 통합한 다중 물리학(multi-physics), 멀티 스케일(multi-scale), 확률론적 시뮬레이션*

이는 현실의 시스템이나 장치를 가상 모델로 완벽하게 재현함으로써 운영 상태를 시뮬레이션하고 최적화할 수 있는 기술로 설명된다. 이후 미 공군은 디지털 트윈을 활용해 전투기의 피로나 균열을 예측하고 이를 기반으로 기체의 남은 수명을 연장하는 데 성공적으로 적용했다. 이러한 사례는 디지털 트윈 기술이 산업 전반에 걸쳐 얼마나 강력하고 실질적인 영향을 미칠 수 있는지를 보여준다. 현재 디지털 트윈은 제조, 건설, 의료, 에너지 등 다양한 산업 분야에서 현실과 가상을 연결해 혁신적인 솔루션을 제공하는 핵심 기술로 자리 잡고 있다.

디지털 트윈(Digital Twin)의 역사와 현대적 활용 사례

디지털 트윈(Digital Twin) 개념은 오늘날 다양한 산업 분야에서 광범위하게 활용되고 있으며, 그 시작은 수십 년 전으로 거슬러 올라간다. 대표적인 초기 사례로는 1970년 4월 11일 발사된 NASA의 아폴로 13호 달 탐사 임무를 들 수 있다.

아폴로 13호는 1970년 4월 13일, 지구로부터 약 321,860km 떨어진 위치에서 산소 탱크 폭발로 심각한 위기를 맞았다. 2번 산소 탱크의 폭발로 주요 시스템이 손상되었고, 전력 공급 및 생명 유지 시스템에 중대한 문제가 발생했다.

아폴로 13호의 전력 공급 시스템은 연료 전지(Fuel Cell)에 크게 의존하고 있었다. 연료 전지는 산소와 수소를 결합해 전기를 생산하는 방식으로 작동했지만, 산소 탱크의 폭발로 인해 연료 전지에 산소 공급이 중단되었다. 이로 인해 전력 생산이 불가능해지면서 필수 시스템의 작동이 위협받았다.

이 위기 상황에서 NASA는 지상에 구축된 탐사선과 동일한 조건의 시뮬레이션 환경을 활용했다. 지상의 엔지니어들은 시뮬레이터(Simulator)를 사용해 탐사선의 상태를 재현하고, 다양한 가상 실험을 통해 문제를 분석하며 해결 방법을 모색했다. 이러한 시뮬레이션으로 제한된 자원을 최대한 활용해 우주선의 기능을 복구하는 데 성공했다.

결국, 아폴로 13호는 1970년 4월 17일, 승무원 전원이 무사히 지구로 귀환하는 성과를 이뤘다. 이 사례는 현대적 디지털 트윈 기술의 선구적인 사례로 평가받으며, 위험 상황을 극복하고 안전한 복귀를 가능케 한 핵심적인 역할을 했다. 이를 통해 디지털 트윈 개념의 가능성을 보여주었으며, 이후 기술적 발전의 토대를 마련했다.

2016년, 제너럴 일렉트릭[7](GE)은 디지털 트윈 개념을 실질적인 산업 프로젝트에 도입하며 전 세계의 주목을 받았다. GE는 항공 엔진, 터빈, 발전 설비와 같은 산업 자산에 디지털 트윈 기술을 적용해 실시간 모니터링과 예측 유지보수(Predictive Maintenance)를 구현했다.

디지털 트윈을 활용해 GE는 항공 엔진이나 터빈의 상태를 지속적으로 파악하고, 문제가 발생하기 전에 사전 유지·보수 계획을 수립할 수 있었다. 이를 통해 다음과 같은 장점을 실현했다.

- 장비 고장의 예방
- 유지보수 비용 절감
- 자산의 가동 시간 극대화

특히, 항공기 엔진에서는 이러한 예측 유지보수 방식이 안전성을 크게 향상시켰으며, 항공 산업 전반의 효율성 증대에 기여했다. GE의 프로젝트는 디지털 트윈이 단순한 개념을 넘어 실제 산업에서 실질적인 가치를 창출하고, 운영 효율성을 획기적으로 개선할 수 있음을 입증한 대표적인 사례로 자리 잡았다.

AI(인공지능), XR(확장현실), 5G와 같은 첨단 기술의 발전은 디지털 트윈의 구현을 가속화하고 있다. 디지털 트윈은 단순히 물리적 공간과 가상 공간을 통합하는 기술을 넘어, 산업 혁신과 효율

7) 제너럴 일렉트릭(General Electric Company, GE) : 1878년 토머스 에디슨(Thomas A. Edison)이 설립한 전기조명 회사를 모태로 성장한 세계 최대의 글로벌 인프라 기업이다. GE는 전력, 항공, 헬스케어, 운송 등 다양한 분야에서 사업을 영위하며, 중전기기(重電機器)와 가정용 전기기구를 시작으로 원자연료, 제트엔진, 원자력 발전 설비까지 제조 영역을 확장해왔다. GE는 세계 각국에 자회사와 계열회사를 두고 있으며, 글로벌 인프라 및 기술 혁신의 선두주자로 자리 잡았다. 그러나 최근의 사업 재편 과정에서, GE는 2024년 4월 2일자로 기존 구조를 해체하고 GE 에어로스페이스(GE Aerospace), GE 헬스케어(GE HealthCare), GE 버노바(GE Vernova)로 분사하였다. 이러한 분사는 각각의 독립된 사업 부문에 집중해 전문성을 강화하고, 효율성과 성장 잠재력을 극대화하기 위한 전략으로 평가된다.

성을 이끄는 핵심 동력으로 자리매김하고 있다. 이와 같은 기술적 융합은 디지털 트윈의 잠재력을 더욱 확장시키며, 다양한 산업 분야에서 새로운 혁신의 기회를 창출하고 있다.

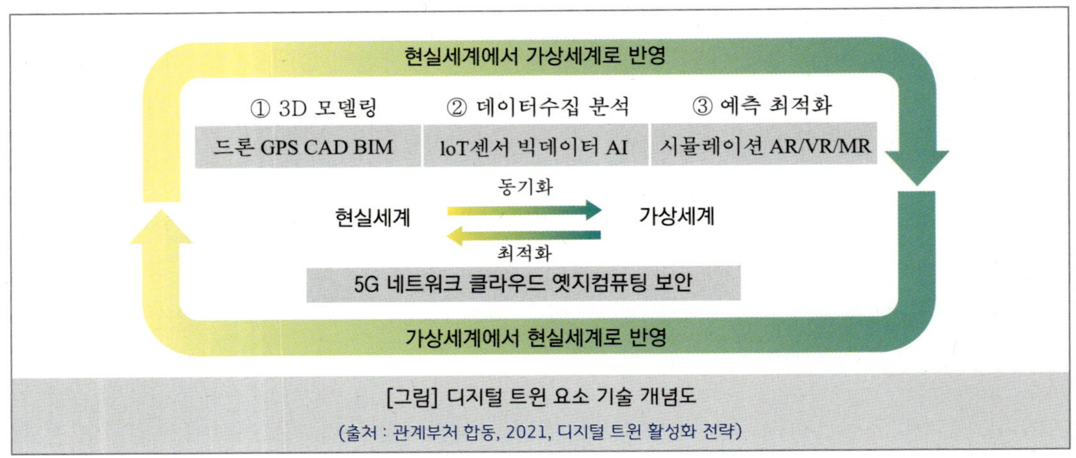

[그림] 디지털 트윈 요소 기술 개념도
(출처 : 관계부처 합동, 2021, 디지털 트윈 활성화 전략)

디지털 트윈, 미래의 기술 혁신을 이끄는 열쇠

디지털 트윈(Digital Twin) 기술은 현실에서 비용이나 환경적인 이유로 수행하기 어려운 실험을 가상 시뮬레이션을 통해 가능하게 하여, 시간과 비용을 크게 절감할 수 있는 혁신적인 솔루션으로 자리매김하고 있다. 이 기술은 실제 실험과 유사한 결과를 도출함으로써 경제적일 뿐만 아니라, 실험 과정에서 발생할 수 있는 위험이나 사고를 미리 방지할 수 있는 안전한 대안으로 각광받고 있다. 더 나아가, 디지털 트윈은 현실에 존재하는 거의 모든 대상에 적용될 수 있어 그 적용 범위가 무궁무진하다. 개별적인 기계나 장치뿐만 아니라 이를 연결한 공장 전체, 혹은 도시 전체의 운영 효율성을 개선하는 데에도 활용할 수 있다. 이러한 점에서 기업 및 정부 기관의 중요한 의사결정 과정에도 도입되어 더욱 합리적이고 효율적인 결과를 도출할 수 있다.

디지털 트윈 기술은 단순히 개념적인 혁신을 넘어 실제 다양한 산업 분야에서 중요한 역할을 하고 있다. 예를 들어, 제조업에서는 생산설비의 가상 복제본을 통해 유지보수 및 공정 최적화를 실현하고, 스마트시티(Smart City) 프로젝트에서는 도시 인프라의 효율적 운영 및 환경 변화에 대한 빠른 대응을 가능하게 하고 있다. 헬스케어(Healthcare) 분야에서는 개별 환자의 신체 데이터를 바탕으로 맞춤형 치료 시뮬레이션을 통해 치료 효과를 극대화하는 데 활용된다. 이처럼 디지털 트윈은 산업 전반에 걸쳐 그 가능성을 인정받으며 다양한 형태로 적용되고 있다.

글로벌 시장조사 업체 가트너(Gartner)는 이러한 디지털 트윈의 잠재력을 높이 평가하여, 2017년부터 2019년까지 연속으로 디지털 트윈을 '10대 전략 기술' 중 하나로 선정했다. 당시 디지털 트윈 기술은 선도 기업들의 성공사례와 기술의 성숙도 등으로 인해 하이프사이클(Hype Cycle) 상의 '기대 정점(Peak of Inflated Expectations)'에 위치했으며, 향후 10년 이내에 본격적인 시장 확산이 기대되었다. 그러나 기술의 도입 초기에는 여러 기업에서 실패 사례가 다수 등장할 수 있는 위험이 존재한다. 이 경우, 기술에 대한 기대감이 실망으로 바뀌며 투자와 수요가 급감하는 '환멸기(Trough of Disillusionment)'에 진입할 가능성도 있다.

가트너(Gartner)는 글로벌 시장 조사 및 자문 회사로서, IT 및 기술 분야의 최신 트렌드와 전략을 분석하여 기업이 보다 나은 의사결정을 할 수 있도록 자문을 하고 있다. 매년 다양한 기술 분야에서의 전망을 제시하며 기술 발전의 방향성을 분석하고 있다. 이번 보고서에서는 30개 기술 분야 중 특히 주목할 만한 다섯 가지를 선정해 '혼합형 인프라 스트럭처'(Hybrid Infrastructure, 혼합형 IT 인프라)와 디지털 트윈에 대한 깊이 있는 분석과 전망을 제시했다

2020년은 디지털 트윈 기술의 중요한 전환점으로 기록되었다. 가트너는 2020년을 디지털 트윈을 "기술 촉발 단계"로 처음 소개하며, 향후 5~10년 내에 상업적 안정화와 시장 성숙이 이루어질 것이라고 예측했다. 이 중 '시민(Citizen) 디지털 트윈'과 '개인(Personal) 디지털 트윈'은 기술 혁신의 핵심 사례로 꼽힌다. 해당 기술은 도시 관리와 맞춤형 헬스케어를 포함한 다양한 분야에서 활용될 가능성이 높아 기대를 모으고 있다. 특히, 실시간 헬스 시스템은 2020년에 처음 기술 촉발 단계에 진입했으며, 안정화까지 10년 이상이 소요될 것으로 전망된다. 이는 의료 데이터를 실시간으로 수집하고 분석하여 맞춤형 건강 관리 서비스를 제공하는 시스템으로서, 의료 혁신의 큰 축이 될 것으로 보인다.

'혼합형 인프라 스트럭처'(Hybrid Infrastructure, 혼합형 IT 인프라)는 디지털 전환 시대의 핵심 기술로 평가받는다. 가트너의 분석에 따르면, 이 기술은 2020년 초반 일부 실망감을 안겨주었으나, 이후 2~5년 내 안정화 단계에 진입할 것으로 보인다. '혼합형 인프라 스트럭처'는 클라우드[8](Cloud)와 온프레미스[9](on-premises) 환경의 유연한 조합을 통해 기업의 IT 비용 효율성과 확장성을 극대화하는 데 기여할 것으로 기대된다.

가트너가 제시한 기술 전망 그래프는 이러한 기술의 도입부터 안정화까지의 단계를 직관적으로 보여준다. 디지털 트윈과 같은 신기술은 초기에는 높은 기대를 받지만, 이후 기술의 실제 가능성과 한계가 드러나면서 일시적인 실망감을 겪기도 한다. 그러나 기술이 지속적으로 발전하면서 결국 상업화와 안정화 단계에 도달하게 된다. 2020년을 기점으로 시작된 디지털 트윈의 발전은 앞으로 10년간 지속적인 주목을 받을 것이며, 특히 스마트시티와 맞춤 서비스 영역에서 큰 변화를 가져올 것이다.

---

8) 클라우드(Cloud) : 인터넷 기반의 데이터 저장 및 컴퓨팅 서비스, 물리적 서버 대신 네트워크를 통해 데이터와 애플리케이션을 관리

9) 온프레미스(on-premises) : 기업 내부에 물리적으로 설치된 IT 시스템

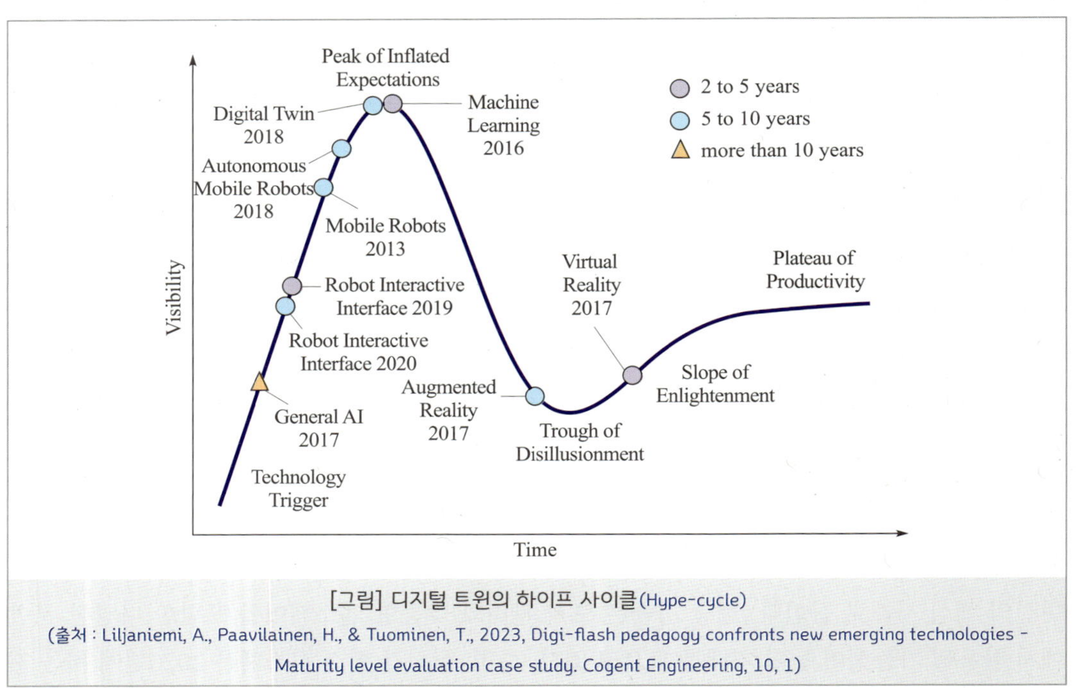

[그림] 디지털 트윈의 하이프 사이클(Hype-cycle)

(출처 : Liljaniemi, A., Paavilainen, H., & Tuominen, T., 2023, Digi-flash pedagogy confronts new emerging technologies - Maturity level evaluation case study. Cogent Engineering, 10, 1)

[표] 디지털 트윈 포함 기술 분야의 Gartner 기술 예측(2020년)

디지털 트윈 포함 기술 분야	기술 촉발	기대 정점	실망 단계	이해 단계	안정 단계	안정 단계 도달 기간
Hybrid Infrastructures			2020			2-5년
Services Data and Analytics			2019	2020		2-5년
Governance and Master Data Management			2019	2020		2-5년
IoT			2019	2020		2-5년
Real-Time Health Systems	2020					10년 이상
2020 Emerging Technologies	•Citizen DT •Persona DT					5-10년

정부는 이러한 기술의 굴곡을 최소화하고, 시장에 안정적으로 안착시킬 수 있도록 선제적으로 역할을 수행할 필요가 있다. 구체적으로, 디지털 트윈 기술을 다양한 분야에 접목하여 성공사례를 발굴하고, 이를 통해 기업들의 적극적인 투자를 유도하는 것이 중요하다. 예를 들어 스마트 제조, 스마트 건설, 에너지 관리 등 디지털 트윈이 기여할 수 있는 다양한 분야에서 성공적인 사례를 창출함으로써, 산업 전반의 디지털 전환을 가속화하고 기술의 가치를 극대화할 수 있다.

디지털 트윈의 향후 과제는 기술의 적용 분야를 확장하는 것뿐만 아니라, 기술의 신뢰성을 높이고 실제 산업현장에서의 적용성을 강화하는 것이다. 이를 위해 정부와 산업계는 지속적인 협업을 통해 기술 개발 및 테스트베드 구축에 투자해야 하며, 이를 기반으로 더 많은 기업들이 디지털 트윈을 도입하고 활용할 수 있는 환경을 조성해야 할 것이다. 디지털 트윈은 단순한 기술적 혁신을 넘어서, 향후 우리 사회의 경제적, 환경적 과제를 해결하는 중요한 열쇠가 될 수 있다.

우리나라의 디지털 트윈 동향

2020년, 우리나라는 경제 및 사회구조 변화에 선제적으로 대응하기 위해 '한국판 뉴딜 종합계획'을 발표하였다. 2021년에는 '한국판 뉴딜 2.0 추진계획'을 마련하여 디지털 트윈을 국가 주요 과제로 삼았으며, 디지털 트윈은 한국판 뉴딜의 10대 대표 과제와 '디지털 초혁신 프로젝트'에 포함되었다.

한국판 뉴딜 정책은 2020년 7월, 디지털 경제로의 전환을 가속화하기 위해 발표된 국가적 프로젝트로, 10대 핵심 기술 중 하나로 디지털 트윈이 선정되며 큰 주목을 받았다. 이후 2021년 7월 업그레이드된 한국판 뉴딜 2.0이 발표되며, 디지털 트윈은 '디지털 초혁신' 분야에 포함되어 미래 성장의 중심축으로 자리 잡았다.

2020년, 우리나라는 급변하는 경제 및 사회 구조의 변화에 선제적으로 대응하고자 하는 목표를 가지고 '한국판 뉴딜 종합계획'이라는 대규모 국가 프로젝트를 발표하였다. 이 계획은 디지털 경제로의 전환을 가속화하고, 지속 가능한 경제성장을 도모하며, 미래를 대비하는 국가 차원의 전략을 수립하는 데 중점을 두고 있다.

이후 2021년에는 기존의 계획을 더욱 발전시키고 보완한 '한국판 뉴딜 2.0 추진계획'이 발표되었으며, 이를 통해 디지털 트윈 기술이 국가 주요 과제 중 하나로 선정되었다. 디지털 트윈은 단순히 하나의 기술을 넘어, 한국판 뉴딜의 10대 대표 과제와 '디지털 초혁신 프로젝트'에 포함되며 미래 성장 동력을 확보하기 위한 핵심 요소로 자리 잡았다.

특히 한국판 뉴딜 정책은 디지털 경제와 4차 산업혁명 시대를 대비하기 위해 2020년 7월에 처음 발표되었으며, 이 과정에서 디지털 트윈 기술은 10대 핵심 기술 중 하나로 선정되어 큰 주목을 받았다. 이어서 2021년 7월에는 기존의 뉴딜 계획을 업그레이드한 '한국판 뉴딜 2.0'이 발표되었고, 이 과정에서 디지털 트윈 기술은 '디지털 초혁신' 분야의 핵심 축으로 자리매김하며 미래 성장의 중심적인 역할을 담당하게 되었다.

참고 한국판 뉴딜의 10대 대표 과제

① 데이터 댐	② 지능형 정부	③ 스마트 의료	④ 스마트 스쿨	⑤ 디지털 트윈
⑥ 국민안전 SOC	⑦ 스마트 그린 산단	⑧ 그린 리모델링	⑨ 그린 에너지	⑩ 미래 모빌리티

이에 따라 체계적인 발전 계획이 필요하다는 판단 하에 정부는 관계 부처들과 협의를 지속하며 디지털 트윈 활성화 전략을 수립하였다. 2021년 9월, 관계 부처 합동으로 '디지털 트윈 활성화 전략'을 발표하여 디지털 전환을 선도하기 위한 발판을 마련하였다.

[표] '디지털 트윈 활성화 전략' 비전 및 목표[10)]

비전	디지털 뉴딜 2.0과 함께, 대한민국 대전환을 선도하는 '디지털 트윈 초혁신 프로젝트'		
목표	활용기반 구축 AI 학습用 3D 객체 데이터 50,000건 구축·개방	산업 생태계 조성 요소기술·솔루션 기업 100개 전환	기술 경쟁력 확보 선도국 대비 기술 수준 95% 달성
추진방향	공통 활용기반 마련을 통한 신시장 창출 및 산업생태계 조성	범부처·민간 데이터 연계 및 상호운용성 확보	
추진 전략 및 과제	1. 디지털 트윈 산업 성장기반 조성	① 3D 객체 데이터 구축·개방 ② 시뮬레이션 SaaS 개발·실증 ③ 3차원 공간정보 구축 및 활용	
	2. 대규모 선도시장 창출	① 주력산업 경쟁력 향상 ② 국민 안전 강화 ③ 탄소중립 사회 전환	
	3. 기술 경쟁력 강화	① 기술개발 로드맵 수립 ② 핵심 기술·다부처 협력기술 개발	
	4. 표준화·제도 개선	① 상호운용성을 위한 기술 표준화 ② 법·제도 정비 ③ 범부처 민-관 협업 거버넌스 구축	

출처 : 제14차 정보통신전략위원회, 2021, "한국판 뉴딜 2.0, 초연결 신산업분야의 핵심" 「디지털 트윈 활성화 전략」, 관계부처 합동, 2021. 9. 6.

10) 출처 : 제14차 정보통신전략위원회, 2021, "한국판 뉴딜 2.0, 초연결 신산업분야의 핵심" 「디지털 트윈 활성화 전략」, 관계부처 합동, 2021. 9. 6.

글로벌 디지털 트윈 시장

글로벌 디지털 트윈 시장은 다양한 핵심 기술 요소들의 발전에 힘입어 빠르게 성장하고 있으며, 이에 따라 향후 상당한 시장 확대가 예상되고 있다. 시장 조사 전문 기관인 Precedence Research에 따르면, 글로벌 디지털 트윈 시장은 사물인터넷(IoT), 인공지능(AI), 빅데이터(Big Data), 클라우드(Cloud), 5G, 증강현실(AR), 가상현실(VR) 등의 기술 발전에 의해 본격적인 성장을 이루고 있다. 이러한 발전에 힘입어, 글로벌 디지털 트윈 시장 규모는 2022년에 약 102억 5천만 달러(약 13조 7천억 원)에서 2032년에는 약 2,691억 달러(약 360조 원) 규모로 확대될 전망이다. 이는 향후 10년 동안 연평균 38.7%에 달하는 성장을 기록할 것으로 예상되며, 이러한 급격한 성장률은 관련 기술의 발전이 시장에 미치는 영향을 잘 보여주고 있다.

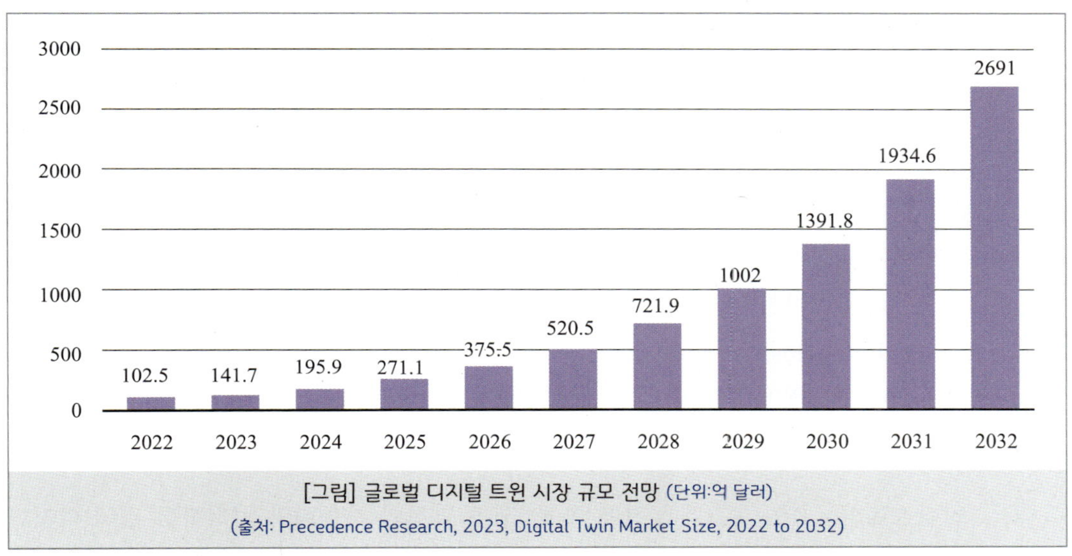

[그림] 글로벌 디지털 트윈 시장 규모 전망 (단위:억 달러)
(출처: Precedence Research, 2023, Digital Twin Market Size, 2022 to 2032)

최근 10년 동안 미국이 디지털 트윈 분야에서 특허 출원을 선도하고 있으며, 한국은 연평균 성장률에서 가장 빠르게 증가하고 있는 것으로 나타났다. 특허청이 2023년에 발표한 주요국 특허청(IP5: 한국, 미국, 중국, 유럽연합, 일본)의 디지털 트윈 관련 특허 분석에 따르면, 2011년부터 2020년까지 미국이 전체 출원의 29.9%를 차지하며 가장 많은 특허를 출원한 것으로 조사되었다. 그 뒤를 이어 중국이 21.7%, 일본이 18.0%, 한국이 10.4%의 비중을 기록하며 뒤따랐다.

이와 함께, 최근 5년간(2016년~2020년) 주요국의 디지털 트윈 관련 특허 연평균 성장률을 살펴본 결과, 한국이 42.8%로 가장 높은 성장세를 보인 반면, 중국은 30.0%, 미국은 23.9%, 일본은 14.1%로 나타나 한국의 급격한 기술 발전을 확인할 수 있었다. 특히 한국의 이러한 성장은 디지털 트윈 기술 분야에서의 국제적 위상 강화를 의미하며, 국내 기업 및 연구기관들의 혁신적인 기술 개발 노력이 성과로 이어지고 있음을 보여준다.

디지털 트윈 기술은 현실 세계의 물리적 사물이나 시스템을 가상으로 복제해 실시간 데이터를 반영하고 분석하는 혁신적인 기술로, 제조, 의료, 도시 관리 등 다양한 산업 분야에서 폭넓게 응용되고 있다. 각국의 특허 출원 현황은 이 기술이 미래 산업의 핵심으로 자리 잡고 있음을 시사하며, 국가 간 경쟁이 더욱 치열해지고 있는 상황이다. 한국의 가파른 성장세는 향후 디지털 트윈 시장에서 중요한 경쟁력으로 작용할 가능성이 커, 관련 산업의 동향에 더욱 주목할 필요가 있다.

세계 디지털 트윈 산업의 동향

디지털 트윈(Digital Twin) 기술이 글로벌 산업 경쟁력을 확보하는 중요한 수단으로 자리 잡으면서, 주요 국가들이 각자의 전략을 바탕으로 활용을 확대하고 있다. 디지털 트윈은 현실의 물리적 대상이나 시스템을 가상 공간에 복제해 시뮬레이션하고, 데이터를 분석함으로써 효율성을 극대화하는 기술이다. 현재 미국, 독일, 영국, 중국, 일본 등 주요 국가들은 이 기술을 통해 자국의 산업 혁신을 도모하고 있으며, 그 동향이 주목받고 있다.

미국은 대기업과 주요 도시의 지방 정부를 중심으로 디지털 트윈의 활용이 확산되고 있으며, 다양한 민·관 협력체를 통해 디지털 트윈 관련 솔루션을 공유하고 있다. 2014년에는 AT&T, Cisco, GE, IBM, Intel 등이 참여한 '미국 산업인터넷 컨소시엄(IIC)'이 설립되었으며, 이후 2020년에는 Ansys, Dell Technologies, Microsoft 등의 주도로 '디지털 트윈 컨소시엄(DTC)'이 설립되었다. 이 두 조직은 2024년 1월에 통합되어, 현재는 DTC가 디지털 트윈 기술에 대한 인식 제고와 상호 운용성 촉진을 위한 활동을 이어가고 있다.

독일은 '인더스트리 4.0(Industry 4.0)' 전략 하에, 제조 과정의 자동화와 최적화를 위해 디지털 트윈 기술을 심도 있게 도입하고 있으며, 스마트 제조의 실효성을 강화하기 위해 'Plattform Industrie 4.0'을 출범시켜 디지털 트윈 기술을 적극 활용하고 있다. 2020년 이후 독일은 '디지털 전략 2025(Digitale Strategie 2025)'를 통해 국가 전반의 디지털화를 촉진하고 있으며, 이를 통해 제조업의 개인 맞춤형 생산을 지원하고 스마트 제조의 혁신을 가속화하고 있다. 또한, 독일 연방정부는 '스마트시티 헌장(Smart-City Charta)'을 발표하여 스마트시티 시범사업을 추진하고 있으며, 디지털 트윈 기술을 도시 교통, 물류, 공공서비스 등 다양한 분야에 적용하고 있다.

영국은 '국가 디지털 트윈(National Digital Twin)'을 구축하는 것을 주요 목표로 삼고 있다. 2017년 영국 국가인프라위원회는 데이터 공유와 디지털 트윈의 중요성을 강조하는 권고를 발표했으며, 이를 구체적으로 실현하기 위해 2018년 케임브리지 대학에 '디지털 빌트 브리튼 센터(CDDB)'를 설립하였다. CDDB는 '국가 디지털 트윈 프로그램(National Digital Twin Program)'을 통해 국가 차원의 디지털 트윈 적용 전략을 연구하고 있으며, 이해관계자 간 네트워크인 '디지털 트윈 허브(Digital Twin Hub)'를 구축하여 디지털 트윈의 핵심 개념과 방향을 공유하고 있다. 2021년, 영국 고속도로 관리기관인 National Highways는 'Digital Roads' 계획을 수립하여 2025년까지 고속도로 인프라의 설계, 건설, 운영, 유지보수 전반에 디지털 전환을 목표로 하고 있다. 또한, 2022년에는 '디지털 전략 2022'를 발표하여 디지털 기반, 연구개발, 인력양성, 창업 자금지원, 국내 디지털 확산, 글로벌 선도 등 6대 정책 영역을 통해 디지털 기업의 창업과 성장을 지원하고 있다. 이러한 정책들은 영국이 디지털 트윈 기술을 활용하여 국가 인프라의 효율성과 지속가능성을 향상시키는 데 중점을 두고 있음을 보여준다.

핵심개념	요소		
목적성	**공공성** 영구적으로 진정한 공공의 이익을 제공하기 위해 사용할 것	**가치 창출** 가치 창출과 성능향상을 실현할 것	**통찰력** 구축된 환경에 대한 확실한 통찰력을 제공할 것
신뢰성	**보안성** 보안을 활성화하고 스스로 안전할 것	**개방성** 가능한 개방되어 있을 것	**품질** 적절한 품질 데이터를 기반으로 구출할 것
기능성	**연합** 표준 연결 환경에 기초할 것	**선별** 명확한 소유권, 통치권 규정이 있을 것	**진화** 기술과 사회의 발전에 따라 적용할 수 있을 것

[그림] 쌍둥이 원칙(The Gemini Principles)
(출처 : CDDB, 2018, The Gemini Principles)

중국은 강력한 디지털화 전략을 통해 국가 차원에서 디지털 트윈 기술을 적극적으로 도입하고 있다. 2015년에 발표된 '중국제조 2025(Made in China 2025)' 전략을 통해 스마트 제조업 추진을 주요 방향으로 설정하고 있으며, 2022년 '디지털 중국 건설규획'을 통해 디지털 인프라와 도시 관리를 포함한 다양한 분야에서 디지털 트윈을 확대 도입하고 있다. 이러한 전략적 움직임을 통해 중국은 글로벌 경쟁력을 높이는 것을 목표로 하고 있다. 디지털 트윈 기술은 도시 관리의 효율성 향상, 스마트 제조의 최적화, 그리고 도시의 지속 가능성 강화 등 국가 발전에 여러 방면에서 기여하고 있다. 예를 들어, 디지털 트윈을 통해 도시의 실시간 데이터를 수집·분석하여 교통 혼잡을 줄이고, 자연재해에 대한 대응력을 높이며, 공공 서비스의 질을 향상시키고 있다. 이러한 기술적 진보는 중국이 글로벌 기술 경쟁에서 우위를 확보하고 경제적 성장을 가속화하는 데 큰 도움을 주고 있다.

일본은 장기간의 경기침체 속에서 새로운 성장동력 확보를 위한 디지털 기술육성정책을 추진하고, 첨단 디지털 기술 육성을 목표로 하는 정책들을 지속적으로 발표하였다. 일본은 Society

5.0의 구현을 위해 디지털 트윈의 필요성을 강조하며, 관련 정책을 적극적으로 확대하고 있다. Society 5.0은 인공지능, 사물인터넷, 빅데이터 등의 첨단 기술을 활용해 사람과 기술이 조화를 이루는 초스마트 사회를 의미한다. 2016년 일본 정부는 '제5기 과학기술 기본계획'을 통해 Society 5.0 개념을 공식화하였으며, 2017년 '미래투자전략'에서 초스마트사회를 실현하기 위한 구체적인 목표를 제시하였다. 일본은 이를 실현하기 위해 교통, 제조, 의료 등 다양한 산업에 디지털 트윈을 도입하여, 고령화와 인구 감소 등 사회적 문제를 해결하고자 한다. 특히 2020년 이후 국토교통성이 주도한 '플래토(PLATEAU)' 프로젝트를 통해 전국의 3D 도시 모델을 구축하고 이를 도시 계획, 정비, 방재, 도시 서비스 시뮬레이션 등에 활용하고 있다. 2021년 11월 기준으로 56개 도시가 이 프로젝트에 참여하고 있으며, 민간 사업자의 참여를 통한 유스케이스 개발도 계획하고 있다. 또한 일본 정부는 디지털 인프라 구축과 디지털 산업 기반 강화를 위해 포스트 5G 기술 개발을 지원하고 있으며, 이를 통해 제조업, 스마트 모빌리티, 인프라, 물류 등 다양한 산업 분야의 디지털 전환을 촉진하고 있다.

우리나라도 디지털 트윈 기술의 발전을 위한 정책적 노력을 이어가고 있다. 정부는 도시와 인프라의 디지털화, 제조업의 스마트화 등을 위한 다양한 시범 사업을 추진하고 있으며, 이를 통해 디지털 트윈 기술의 가능성을 확인하고 실용화를 위한 기반을 마련하고 있다. 이러한 노력은 우리나라가 4차 산업혁명 시대의 디지털 선도국으로 자리매김하는 데 중요한 역할을 할 것으로 기대된다.

IV. 디지털 트윈 시스템

현대 사회에서는 복잡한 시스템을 정확히 이해하고 이를 재현하거나 모방(Replication)하는 것이 점점 더 중요해지고 있다. 디지털 트윈(Digital Twin)은 바로 이러한 필요성을 충족시키는 혁신적인 기술로 주목받고 있다.

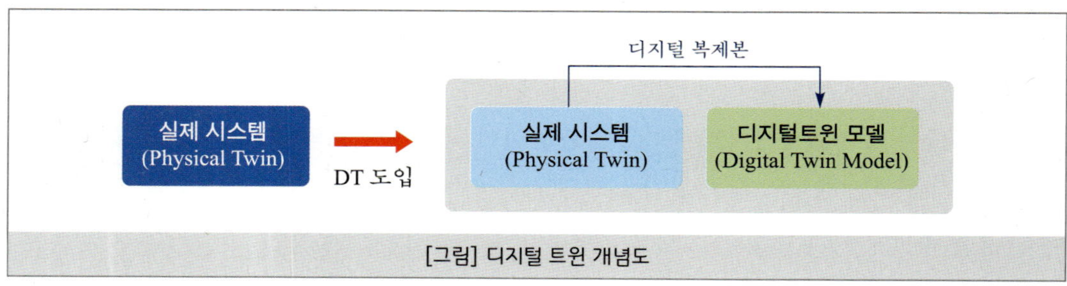

[그림] 디지털 트윈 개념도

디지털 트윈

디지털 트윈(Digital Twin)은 현실 세계에 존재하는 다양한 시스템, 프로세스, 장치 등을 디지털 공간에서 정확히 재현하는 기술이다. 이를 통해 실제 시스템의 구조와 동작을 복제(Replica)할 수 있으며, 이를 기반으로 다양한 시뮬레이션(Simulation)을 수행하여 시스템의 효율성을 높이거나 잠재적인 문제를 사전에 예측하고 해결할 수 있다.

시스템(System)의 정의

디지털 트윈을 이해하려면 먼저 시스템에 대해 정의할 필요가 있다. 국제전기전자학회(IEEE)에서는 시스템을 "여러 구성 요소의 조합으로, 개별 요소만으로는 불가능한 기능을 실현하는 조합(집합체)[11]"라고 정의한다. 예를 들어, 자동차는 엔진, 브레이크, 바퀴 등 다양한 구성 요소들이 결합해 하나의 시스템을 이루는 대표적인 사례이다.

특히, 현대의 복합 시스템(SoS; System of Systems)은 더욱 복잡한 구조를 가진다. 복합시스템(SoS)은 시스템 정의에서 시스템을 구성하는 구성 요소들이 독립적인 역할을 수행하는 시스템인 경우 이들의 조합으로 정의 된다. 예를 들어 스마트 시티(Smart City)는 자동차, 건물, 사람 등 독립적으로 동작 가능한 여러 시스템의 집합체이다. 이러한 복합 시스템을 디지털 트윈으로 재현하려면 구성 요소를 정확히 이해하고 모델링해야 한다.

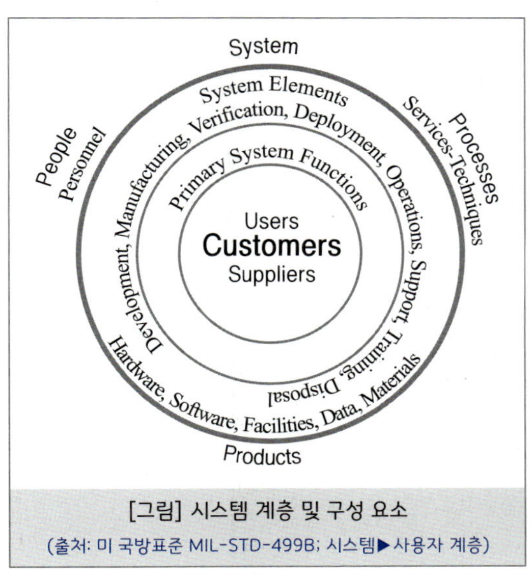

[그림] 시스템 계층 및 구성 요소
(출처: 미 국방표준 MIL-STD-499B; 시스템▶사용자 계층)

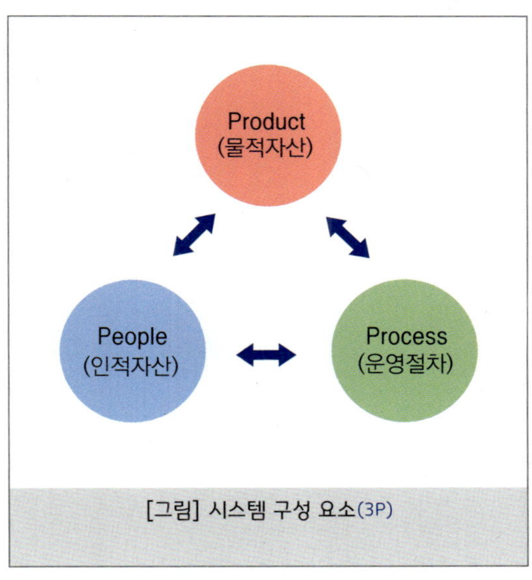

[그림] 시스템 구성 요소(3P)

11) 시스템(체계) 정의 : A combination of components that act together to perform a function not possible with any of the individual parts. (출처: IEEE Standard Dictionary)

디지털 트윈의 구성 요소

디지털 트윈은 주로 시스템의 주요 구성 요소를 기반으로 설계되며, 이 구성 요소들은 시스템의 전반적인 동작과 기능을 재현하기 위해 반드시 고려해야 할 핵심적인 부분이다. 주요 구성 요소는 3P, 즉 Product(물적 자산), People(인적 자산), Process(운영 절차)로 나뉘며, 시스템에서 이들 구성 요소가 어떤 역할을 하는지 구체적으로 이해하는 것이 중요하다.

- 물적 자산(Product) : 시스템에서 물리적으로 존재하는 모든 장비, 하드웨어, 소프트웨어, 데이터, 자료/재료/기구 등을 포함한다. 예를 들어, 자동차의 경우 엔진, 브레이크, 소프트웨어 시스템과 같은 요소들이 이에 해당하며, 이들 각각은 시스템의 기능을 실현하는 데 중요한 역할을 한다.
- 인적 자산(People) : 시스템을 직접적으로 운영하거나 관리하는 사람들로 구성된다. 즉, 운용자. 관리자. 의사결정자 등을 포함한다. 이들은 예를 들어, 자동차 시스템에서는 운전자와 차량 정비사, 공장의 경우 관리자와 운영자를 포함하며, 시스템의 효율성과 안전성을 유지하는 데 핵심적이다.
- 운영 절차(Process) : 시스템이 제공하는 서비스와 운영 방식을 나타내며, 이는 시스템의 사용 목적과 기능을 구체화한다. 즉, 서비스 운용 기술을 포함한다. 등 예를 들어, 대학교 시스템의 경우 교과 과정과 학사 규정, 교통 시스템의 경우 도로 주행 규칙 등이 여기에 해당한다.

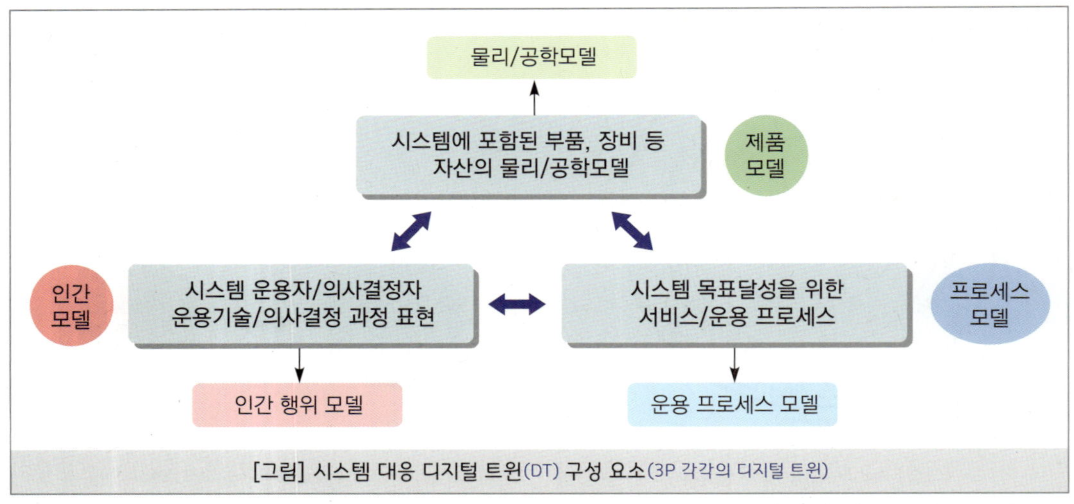

[그림] 시스템 대응 디지털 트윈(DT) 구성 요소(3P 각각의 디지털 트윈)

대상 시스템이 주어진 경우, 디지털 트윈(DT)은 대상 시스템의 구성 요소들과 1:1로 대응되는 구성 요소 디지털 트윈들의 결합체로 정의할 수 있다.

목적 지향적 디지털 트윈 구축

디지털 트윈을 구축할 때, 단순히 모든 것을 복제하는 것은 비효율적일 뿐만 아니라 실질적으로 불가능한 경우가 많다. 따라서 디지털 트윈을 구축하기 전에 '목적'(Purpose)을 명확히 정의해야 한다. 목적에 따라 디지털 트윈의 형태, 포함할 데이터, 기능이 달라지기 때문이다.

- 형태와 구조의 결정 : 디지털 트윈의 구성 요소 중 어떤 것을 반영할지 결정한다.
- 데이터 선택 : 대상 시스템에서 어떤 데이터를 사용할 것인지 선정한다.
- 기능 정의 : 디지털 트윈이 수행할 동작과 기능을 설계한다.

목적 지향적 디지털 트윈의 사례를 살펴보면, 목적에 따라 디지털 트윈의 구조와 데이터가 어떻게 달라지는지 알 수 있다.

- 일조권 분석 : 건물의 그림자와 태양의 경로를 분석하기 위한 디지털 트윈은 주로 태양의 움직임과 건축물의 위치 및 구조를 중점적으로 모델링한다.
- 차량 진입로 분석 : 차량의 이동 경로와 주차 공간 활용을 분석하기 위해 설계된 디지털 트윈은 교통 흐름과 차량 배치에 초점을 맞춘다.
- 재난 대비 : 긴급 상황에서의 대피 경로와 기반시설(SOC, 인프라) 안정성을 평가하기 위해 설계된 디지털 트윈은 대피 시간, 경로 혼잡도, 구조물의 안정성을 시뮬레이션한다.

디지털 트윈의 데이터 설계 사례

탁구 게임을 예로 들면, 디지털 트윈 구축 목적에 따라 수집해야 하는 데이터가 달라진다. 훈련을 목적으로 할 경우, 선수의 팔 각도와 타점 데이터를 분석해 기술 향상을 도모한다. 장비 개발 목적에서는 라켓의 회전력과 탄성을 측정하여 성능 개선에 활용한다. 반면, 전략 개발 목적에서는 상대방의 공격 성공률과 방향 데이터를 수집하여 경기 전술을 강화한다.

이처럼 목적에 따라 디지털 트윈에 포함되는 데이터와 기능이 다르게 설계되며, 다양한 목적을 동시에 충족하기 위해 효율적인 데이터 통합이 필요하다.

디지털 트윈은 현실 세계의 복잡한 시스템을 효율적으로 분석하고 개선하기 위한 강력한 도구이다. 그러나 모든 것을 단순히 복제하는 대신, 명확한 목적을 바탕으로 필요 요소를 선택하고 설계해야 한다. 이를 통해 보다 효과적으로 문제를 해결하고 새로운 가능성을 탐색할 수 있다.

시스템의 종류: 정적 시스템과 동적 시스템

우리가 디지털 트윈을 적용할 시스템은 동적 시스템(Dynamic System)으로, 시간이 흐르면서 상태가 변화하는 시스템을 의미한다. 반대로 시간이 지나도 상태가 변하지 않는 시스템은 정적 시스템(Static System)이라고 한다. 예를 들어, 정적 시스템에서는 입력값만으로 출력값을 계산할 수 있다. 즉, 시스템 내부에 정보(상태) 기억 기능이 없다. 그러나, 동적 시스템은 과거 데이터와 현재 상태를 함께 고려해야 정확한 출력값을 예측할 수 있다. 즉, 시스템 내부에 정보(상태) 기억 기능이 있다.

동적 시스템의 핵심은 상태 변수(State Variable)로서, 시스템의 현재 상태와 미래 상태를 결정하는 데 필요한 최소한의 정보를 뜻한다. 동적 시스템을 간단히 표현하면, 입력값을 X, 출력값을 Y, 그리고 시스템 내부의 상태를 나타내는 상태 변수를 Q로 정의할 수 있다. 이 상태 변수 Q는 시스템의 특성을 나타내며, 시스템 동작에 중요한 역할을 한다. 예를 들어, 교통 시스템에서 사람의 수, 차량 수나 신호등 상태는 이러한 상태 변수에 해당하며, 이를 통해 시스템의 동작 원리를 추적하고 분석할 수 있다.

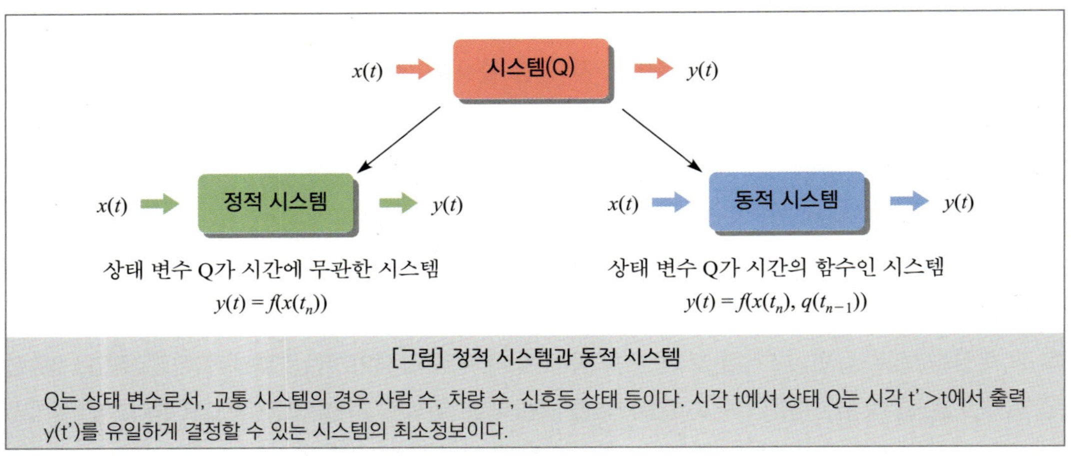

[그림] 정적 시스템과 동적 시스템

Q는 상태 변수로서, 교통 시스템의 경우 사람 수, 차량 수, 신호등 상태 등이다. 시각 t에서 상태 Q는 시각 t' >t에서 출력 y(t')를 유일하게 결정할 수 있는 시스템의 최소정보이다.

디지털 트윈을 통해 시스템 문제를 해결하기 위해서는 먼저 모델(Model)을 만들어야 한다. 이 모델은 접근 방식에 따라 '데이터 기반 모델'과 '시뮬레이션 모델'로 나눌 수 있다.

- 데이터 기반 모델(Data-driven Model) : 실제 시스템에서 데이터를 수집한 뒤, 이를 바탕으로 기계학습(Machine Learning)을 통해 생성된다. 이 방식은 빅데이터(Big Data)와 AI(인공지능) 기술을 활용하여 시스템에서 새로운 패턴이나 규칙을 발견하는 데 효과적이다.

- 시뮬레이션 모델(Simulation Model) : 물리적 법칙과 시스템의 작동 원리를 기반으로 구성된다. 예를 들어, 자동차의 속도와 가속도를 물리 법칙으로 계산하여 교통 흐름을 분석하거나, 특정 조건에서 시스템의 동작을 예측하는 것이 이에 해당한다. 이 방식은 데이터가 부족한 상황에서도 물리적 원리를 활용해 시스템의 동작을 모델링할 수 있는 장점이 있다.

모델 기반 시스템

현대 기술의 발달과 함께 시스템 연구는 다양한 형태로 발전하고 있다. 시스템 연구의 기본적인 모델은 입력(Input), 출력(Output), 그리고 시스템(System) 등 세 가지 요소로 나뉘며, 이 중 두 가지를 알면 나머지 하나를 유추할 수 있다. 즉, 모델 기반 시스템 연구는 입력, 출력, 시스템 3개 중 2개를 알 때 나머지 1개를 구하는 문제로서 시스템 분석(System Analysis), 시스템 설계(System Design), 그리고 시스템 최적화(System Optimization)의 세 가지 모델로 구분할 수 있다.

1. 시스템 분석(예측): 입력을 통해 출력을 예측
   시스템 분석 문제는 시스템 모델과 입력값이 주어졌을 때 출력값을 예측하는 과정이다. 즉, 시스템에 주어진 입력을 인가하면 어떤 결과가 나오는지에 대한 예측으로 주로 시스템의 기능 검증이나 성능 분석(예측)에 활용된다. 최근에는 이를 확장하여 시스템의 건강 상태와 수명 예측을 위한 고장 진단(Fault Diagnosis)과 수명 예측(Life Prediction)에도 적용하고 있다. 이를 통해 시스템의 상태를 보다 정밀하게 파악하고, 유지보수 전략을 개선할 수 있다.

2. 시스템 설계 : 입력과 출력을 기반으로 시스템 구축
   시스템 설계 문제는 입력과 출력이 주어졌을 때 해당 조건을 만족하는 시스템을 설계하는 것이다. 이는 특히 '시뮬레이션 기반 설계'(SBD, Simulation-Based Design)와 같은 방식으로 구현된다. 국방 분야에서는 '시뮬레이션 기반 획득'(SBA, Simulation-Based Acquisition)이 널리 활용된다. 이를 통해 무기체계의 성능을 사전에 검증하고 최적의 설계를 도출함으로써 개발 비용과 시간을 줄일 수 있다.

3. 시스템 최적화 : 원하는 출력을 위한 입력 설계
   시스템 최적화 문제는 원하는 출력을 얻기 위해 입력값을 설계하는 과정으로, 정적 최적화(Static Optimization)와 동적 최적화(Dynamic Optimization)로 나뉜다.
   정적 최적화는 파라메터 최적화로서 시스템 상태와 무관하게 고정된 입력값을 통해 최적의 결과를 얻는 방법이다. 동적 최적화는 시스템 상태에 따라 최적화된 정책이 달라지는 방법으로, 대표적인 사례로 제어 최적화 및 강화학습(Reinforcement Learning)을 들 수 있다.

시스템 연구의 목표는 모델을 기반으로 문제를 해결하는 것이다. 최근에는 이러한 모델을 디지털 트윈으로 대체하여 보다 정밀하고 현실적인 분석을 수행하고 있다. 디지털 트윈은 시스템의 가상 복제본(replica)으로, 실제 시스템의 데이터와 상호작용하여 문제 해결에 새로운 가능성을 열어주고 있다. 시스템 모델을 구축하기 위해 사용하는 방법은 크게 데이터 모델(Data Model)과 시뮬레이션 모델(Simulation Model)로 나뉜다.

- 데이터 모델은 주로 기계학습(Machine Learning)을 기반으로 하며, 최근 빅데이터(Big Data)와 결합하여 널리 활용되고 있다. 데이터를 수집한 후 이를 분석하거나 지도학습(Supervised Learning) 및 비지도학습(Unsupervised Learning) 등을 통해 정교한 모델을 구축할 수 있다.
- 시뮬레이션 모델은 물리학이나 공학에 기반한 전통적인 방법으로, 특정 시스템의 동작을 모사하여 성능을 예측하고 검증한다.

순번	모델		내용
1	입력 Input → 시스템 System	시스템 분석 (예측)문제	시스템에 주어진 입력을 인가하면 어떤 결과가 나오는지 분석 → 기능 검증, 성능 분석(예측) 등 예: 시스템의 건강 상태와 수명 → 고장진단, 수명 예측 등
2	입력 Input → 시스템 System → 출력 Output	시스템 (설계)문제	주어진 입력과 대응 출력값을 만족시키는 시스템 설계 예 : SBD(Simulation Based Design) SBA(SB Acquisition)
3	시스템 System → 출력 Output	시스템 최적화 (제어)문제	주어진 체계에서 주어진 출력 값을 내기 위한 입력값 제어 → 정적 최적화(파라미터 최적화) → 동적 최적화(제어 최적화 및 강화학습)

[그림] 모델 기반 시스템 형태

모델 기반 시스템은 입력, 출력, 시스템 3개 중 2개를 알 때 나머지 1개를 구하는 문제이다.

시스템 연구는 데이터와 시뮬레이션을 통합하여 보다 효율적이고 정확한 문제 해결 방식을 제공한다. 데이터 모델은 현실 데이터를 기반으로 실시간 분석을 가능하게 하고, 시뮬레이션 모델은 설계 단계에서의 오류를 최소화한다. 이를 통해 현대 사회의 복잡한 문제를 해결하는 데 도움을 줄 수 있다.

참고 디지털 트윈, 시뮬레이션, 최적화

디지털 트윈 기술은 제조업과 스마트 도시를 비롯한 다양한 산업 분야에서 빠르게 발전하고 있다. 여기서는 디지털 트윈과 기존의 시뮬레이션 및 최적화 기법 간의 차이점을 분석하고, 이들 기술이 디지털 트윈과 어떻게 융합될 수 있는지, 그리고 이러한 융합의 장점을 살펴 보고자 한다.

시뮬레이션(Simulation) : 설계 검증을 위한 단방향 접근

시뮬레이션은 특정 조건이나 상황을 가상 환경에서 재현하여 설계와 운영의 결과를 확인하고 예측하는 데 사용되는 기술이다. 예를 들어 자동차 설계에서는 가상 운전을 통해 차량 구조의 안정성을 테스트하거나, 제조 공정에서는 가상의 시운전을 통해 잠재적인 문제를 사전에 발견할 수 있다. 그러나 이러한 시뮬레이션은 설계 시점에서 수집된 데이터와 가정에 기반하므로, 실제 환경에서 발생하는 변화에 실시간으로 대응하는 데 한계가 있다.

최적화(Optimization) : 명확한 목표와 데이터 분석의 중요성

최적화는 주어진 목표를 달성하기 위해 관련 변수와 프로세스를 체계적으로 분석하고 조정하는 과정이다. 예를 들어, 생산성을 높이려면 공정 데이터를 정밀하게 분석하고 필요한 부분을 개선하거나, 교통 혼잡도를 줄이기 위해 도시의 신호 체계를 재설계하는 방식으로 적용된다. 그러나 이러한 최적화는 대개 단일 시점의 데이터에 의존하기 때문에 실시간으로 변화하는 상황에 효과적으로 대응하기 어렵고, 이에 따라 실제 운영 환경에서 그 효과가 제한될 수 있다.

[표] 기존 시뮬레이션과 디지털 트윈 분석 비교

구분	기존 시뮬레이션 Conventional Simulation	디지털 트윈 분석 Digital Twin Analysis
적용	예상 환경 및 조건에서의 거동 예측	제 객체의 미래 현상 및 상태 변화 예측
활용 예제	• 기술 연구 및 개발 • 제품 설계	사용 중 최적 운영 및 유지보수

(출처 : Murata, 2022, A Closer Look at Digital Twins, Virtual Factory Models that Expand the Potential of Their Real Counterpart, Murata Article 07/22/2022)

시뮬레이션과 디지털 트윈의 통합

디지털 트윈은 기존 시뮬레이션의 제한점을 보완하며, 설계 단계에서 운영 단계까지의 전 과정을 긴밀하게 연결할 수 있는 능력을 갖추고 있다. 이를 통해 설계 과정에서 생성된 데이터를 실시간으로 운영 환경에 적용할 수 있으며, 변화하는 조건에 맞춰 신속하고 정확하게 대응할 수 있도록 예측 및 의사결정을 지원한다. 이러한 특성은 디지털 트윈이 다양한 산업에서 시스템의 연속성과 운영 효율성을 동시에 개선하는 데 기여하는 중요한 이유가 된다.

최적화와 디지털 트윈의 시너지

디지털 트윈은 실시간 데이터를 활용함으로써 기존 최적화 방식보다 훨씬 높은 정확성과 신뢰성을 제공한다. 이 기술은 복잡한 문제를 체계적으로 분석하고 해결하며, 최적의 결과를 도출할 수 있는 강력한 도구로서 작용한다. 예를 들어, 교통 관리 분야에서는 도로 구조, 차량 이동 패턴, 신호 체계 등 다양한 요소를 종합적으로 반영하여 실시간 데이터를 기반으로 최적의 해결책을 설계할 수 있다. 이를 통해 교통 체증을 효과적으로 완화하고, 도시의 전반적인 이동 효율성을 크게 향상시킬 수 있다.

디지털 트윈은 기존의 시뮬레이션과 최적화가 가지는 한계를 효과적으로 극복하며, 설계, 운영, 유지 관리의 모든 단계를 아우르는 혁신적인 솔루션을 제공한다. 특히, 실시간 데이터를 활용해 가상 시스템과 물리적 시스템을 상호 연결함으로써, 다양한 산업에서 생산성과 효율성을 향상시키는 데 핵심적인 역할을 수행한다. 이러한 기술은 산업 전반에 걸쳐 지속 가능한 성과를 창출하며 미래 지향적인 운영 모델을 가능하게 한다.

교통 시스템에서의 디지털 트윈 활용 사례

교통 신호등 시스템은 디지털 트윈을 활용하여 교통 흐름을 개선하는 데 효과적으로 사용될 수 있는 대표적인 사례이다. 이를 실현하기 위한 다음과 같은 다양한 접근 방식이 활용되고 있다.

1. 시뮬레이션 모델링 : 교통 흐름을 분석하고 최적의 신호등 주기를 계산할 수 있다. 실제 차량의 도착 시간 간격과 보행자의 이동 패턴을 시뮬레이션으로 재현하여, 차량이 교차로를 최대한 원활히 통과할 수 있도록 신호등의 빨간불과 초록불 시간 간격을 조정한다. 이를 통해 교통 체증을 완화하고 이동 시간을 효과적으로 줄이는 결과를 얻을 수 있다.

2. 데이터 기반 분석 : 실시간으로 수집된 데이터를 활용하여 교통 상황을 평가하는 방법으로서, 센서를 통해 차량의 이동 경로, 보행자의 이동 패턴, 그리고 교통량과 대기 시간과 같은 정보를 기록한다. 이러한 데이터를 빅데이터(Big Data) 분석 기법으로 처리하면, 도로의 혼잡 구간을 파악하거나 특정 시간대에 발생하는 문제를 정확히 이해할 수 있다.

3. 최적화(Optimization) 기술 : 수집된 데이터를 바탕으로 가장 효율적인 교통신호 주기를 설정할 수 있다. 최적화 알고리즘을 활용해 차량과 보행자가 모두 만족할 수 있는 신호 체계를 설계하며, 이를 통해 불필요한 대기 시간을 줄이고 전체적인 교통 흐름을 향상시킬 수 있다. 이러한 접근 방식은 궁극적으로 교통 혼잡을 줄이고 시민들의 이동 효율성을 높이는 데 도움을 준다.

데이터 범위와 예측 정확도

디지털 트윈(DT)의 중요한 특징 중 하나는 데이터의 범위와 이를 기반으로 한 예측 가능성이다. 디지털 트윈을 활용한 예측은 사용되는 데이터의 종류와 범위에 따라 크게 달라질 수 있다.

1. 시뮬레이션 데이터(Simulation Data) : 가장 넓은 데이터 범위를 갖는다. 이는 가상의 상황까지 포함할 수 있기 때문에, 현실에서 발생할 가능성이 있는 다양한 조건과 시나리오를 분석하고 예측하는 데 매우 유용하다. 예를 들어, 특정 교통 체계에서 실제로 발생하지 않았던 상황을 시뮬레이션 데이터로 재현하여 그 결과를 분석하고 대비할 수 있다.

2. 운용 데이터(Operational Data) : 실제 시스템에서 센서와 같은 장치를 통해 수집된 데이터로, 시뮬레이션 데이터에 비해 범위가 좁다. 운용 데이터는 현재 시스템이 작동 중인 환경과 조건을 반영하지만, 수집된 데이터가 실제 시스템의 특정 상황에만 국한되어 있기 때문에 예측 범위에 한계가 있을 수 있다.

3. 학습 데이터(Training Data) : 기계학습(ML; Machine Learning)을 위해 활용되는 데이터로서, 데이터

범위가 가장 제한적이다. 학습 데이터는 주로 과거에 수집된 데이터를 기반으로 모델을 훈련시키기 때문에, 훈련 과정에서 포함되지 않은 상황이나 변수에 대해 예측 정확도가 떨어질 수 있다. 예를 들어, 학습 데이터가 특정 시간대의 교통량만 포함하고 있다면, 다른 시간대나 새로운 교통 패턴에 대한 예측은 제대로 이루어지지 않을 가능성이 높다.

이러한 데이터의 범위 차이는 디지털 트윈의 분석과 예측 능력에 직접적인 영향을 미친다. 학습 모델만을 사용한 경우, 데이터가 제한적이기 때문에 예측할 수 없는 상황이 발생할 가능성이 높다. 그러나 시뮬레이션 모델은 가상의 데이터와 다양한 시나리오를 포함하여 포괄적으로 분석할 수 있으므로, 보다 넓은 범위에서 예측하고 시스템의 잠재적 문제를 미리 발견할 수 있다. 이러한 차이로 인해, 디지털 트윈 활용 시에는 데이터의 범위를 고려하여 예측 및 최적화 전략을 세우는 것이 매우 중요하다.

디지털 트윈과 데이터 과학의 차이점

디지털 트윈(Digital Twin, DT)과 데이터 과학(Data Science)은 문제를 해결하는 접근 방식에서 중요한 차이점이 있다. 이 두 가지 방식은 데이터 활용의 기본 철학과 적용 방법에서 큰 차이를 보이며, 각각의 강점과 한계가 있다.

1. 데이터 과학(Data Science) : 귀납적 방법(Inductive Approach)을 사용한다. 이 접근 방식은 실제로 수집된 데이터를 기반으로 시스템의 동작 원리와 패턴을 발견하는 데 중점을 둔다. 과거 데이터를 분석하여 이를 통해 규칙성을 찾아내고, 이를 바탕으로 새로운 예측이나 문제해결에 적용한다. 예를 들어, 교통 데이터 분석에서는 차량의 이동 경로, 교통량, 대기 시간과 같은 데이터를 분석해 특정 시간대의 혼잡 구간이나 교통 문제의 원인을 파악할 수 있다. 그러나 귀납적 방법은 기존의 데이터에 의존하기 때문에, 과거 데이터에 포함되지 않은 새로운 상황이나 예상치 못한 변수가 발생했을 때는 정확한 예측이 어려울 수 있다. 데이터가 충분히 수집되지 않았거나, 특정 조건을 포함하지 않는다면, 분석 및 해결 방안 도출에 한계가 있을 수 있다.

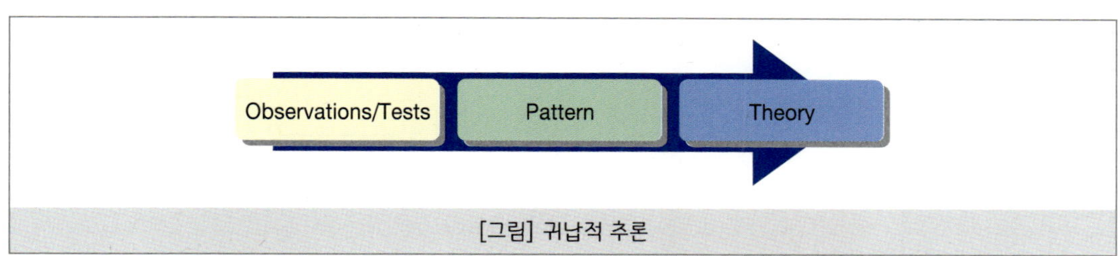

[그림] 귀납적 추론

2. 디지털 트윈 : 연역적 방법(Deductive Approach)을 사용한다. 이 방식은 이론적 지식과 물리 법칙을 바탕으로 가상의 데이터를 생성하고, 이를 활용하여 문제를 해결하는 데 초점을 둔다. 디지털 트윈은 가상의 시스템을 시뮬레이션하여 현실에서 발생하지 않았거나 데이터를 수집하기 어려운 상황까지 포함하여 분석할 수 있다. 예를 들어, 건설 현장에서 새로운 구조물 설계를 도입하기 전에 디지털 트윈을 활용해 가상의 시뮬레이션을 실행하면, 구조물이 다양한 환경에서 어떻게 작동할지 예측할 수 있다. 이 과정에서 현실 세계의 데이터를 사용하지 않아도 이론과 시뮬레이션을 통해 다양한 시나리오를 테스트하고 분석할 수 있다는 점이 큰 장점이다.

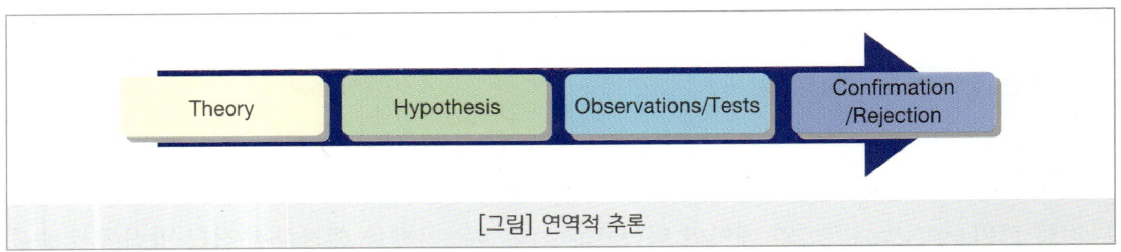

[그림] 연역적 추론

결론적으로, 귀납적 방법을 사용하는 데이터 과학은 과거 데이터를 기반으로 시스템의 동작 원리를 발견하고 이를 활용하는 데 강점이 있다. 그러나 데이터가 충분하지 않거나 예상치 못한 상황에서는 한계가 있을 수 있다. 반면, 연역적 방법을 사용하는 디지털 트윈은 물리 법칙과 가상의 데이터를 활용하여 새로운 문제나 다양한 시나리오를 분석할 수 있어, 데이터 부족의 한계를 극복하고 더욱 유연한 예측과 대안 제시가 가능하다.

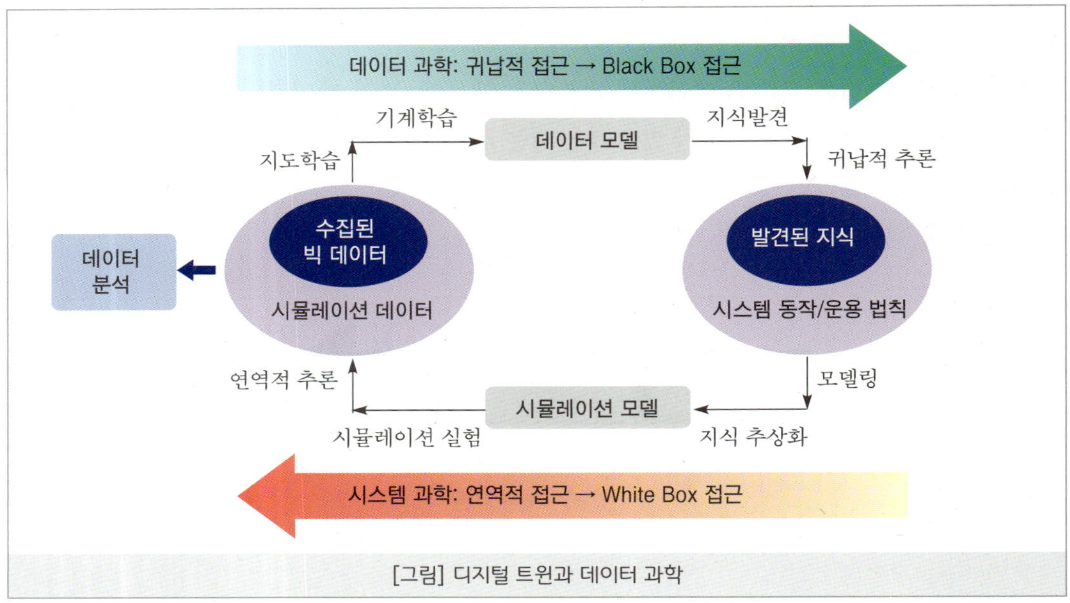

[그림] 디지털 트윈과 데이터 과학

디지털 트윈은 단순히 현재의 문제를 해결하는 데 그치지 않고, 미래를 예측하거나 최적화하는 데 활용될 수 있다. 예를 들어, 재생 에너지 분야에서 해상 풍력 발전소의 데이터를 활용해 최적의 운영 방안을 시뮬레이션하고, 이를 실제 환경에 적용할 수 있다. 이처럼 디지털 트윈은 현실과 가상의 경계를 허물며, 보다 나은 결과를 도출하는 데 기여할 수 있다.

AI 기반 디지털 트윈과 시뮬레이션 기반 디지털 트윈

앞서 살펴본 바와 같이 디지털 트윈은 물리적 환경을 가상 환경에 복제하여 시뮬레이션하고 분석함으로써 의사 결정을 지원하는 기술이다. 특히, AI(Artificial Intelligence, 인공지능)와 시뮬레이션 기반의 접근 방식이 디지털 트윈 구현에 있어 각각의 독특한 강점과 한계를 보여주고 있다.

1. AI 기반 디지털 트윈의 접근 방식

AI 기반 디지털 트윈은 빅 데이터(Big Data)를 학습하여 과거의 데이터를 분석하고 패턴을 찾아 미래를 예측하는 데 초점을 맞추고 있다. AI의 핵심은 방대한 데이터로부터 통계적 상관관계를 학습해 예측 모델을 생성하는 것이다. 예를 들어, 반도체 제조 공정에서 AI 기반 디지털 트윈은 생산 과정에서 생성된 데이터를 바탕으로 생산량과 품질을 예측할 수 있다. AI 접근 방식의 주요 장점은 다음과 같다.

① 데이터 중심의 학습 : 물리적 원리에 대한 깊은 이해 없이도, 충분한 데이터만 있다면 효율적인 예측이 가능하다.

② 자동화와 빠른 적응 : 새로운 데이터를 학습하고 이를 바탕으로 모델을 개선하여 빠르게 변화하는 환경에 적응할 수 있다.

그러나 AI 기반 디지털 트윈은 신제품이나 신기술에 대해 기존 데이터가 부족한 경우, 예측의 정확도가 떨어질 수 있다는 단점이 있으며, 데이터가 전무하거나 데이터의 품질이 낮을 경우, 학습 모델은 왜곡된 결과를 도출할 위험이 있다.

2. 시뮬레이션 기반 디지털 트윈의 접근 방식

시뮬레이션 기반 디지털 트윈은 물리적 현상과 공학적 원리를 수학적으로 모델링하여 작동한다. 이는 물리학, 역학(Mechanics), 화학 등 도메인 지식(Domain Knowledge)을 바탕으로 정교한 수식을 만들어내는 것이 핵심이다. 예를 들어, 자동차 제조 공정에서는 각 부품의 물리적 특성과 상호작용을 모델링하여 전체 시스템의 동작을 예측할 수 있다. 시뮬레이션 기반 접근 방식의 강점은 다음과 같다.

① 원리 기반의 정확성 : 물리적 원리에 기반하여 모델링하기 대문에 신뢰성이 높다.

② 데이터 독립성 : 데이터가 부족하더라도 물리적 이해를 바탕으로 예측이 가능하다.

시뮬레이션 기반 방식은 도메인 지식과 기술적 역량에 크게 의존하기 때문에 초기 구축 비용이 높고 시간도 많이 소요될 수 있다. 또한, 복잡한 시스템일수록 모델링 과정에서의 한계와 제약이 발생할 수 있다.

디지털 트윈 구현에 있어 AI와 시뮬레이션 기반 접근 방식은 상호 보완적인 관계를 형성할 수 있다. AI는 데이터를 통해 패턴을 발견하고 예측하는 데 강점을 가지며, 시뮬레이션은 물리적 원리를 기반으로 새로운 시나리오를 검증하는 데 효과적이다. 예를 들어, AI 기반으로 생성된 예측 모델을 시뮬레이션으로 검증함으로써 모델의 신뢰성을 높이고, 시뮬레이션에서 도출된 결과를 AI 모델의 학습 데이터로 활용할 수 있다.

참고 XAI(eXplainable AI: 설명 가능한 AI)

최근 AI(인공지능)는 급속히 발전하며 다양한 분야에서 혁신을 이끌어 내고 있다. 그러나 AI의 의사결정 과정이 복잡하고 불투명하다는 문제는 여전히 해결해야 할 과제로 남아 있다. 이 문제를 해결하기 위해 등장한 것이 바로 '설명 가능한 AI(eXplainable AI, XAI)'이다. XAI는 AI 모델의 판단 과정을 인간이 이해할 수 있는 방식으로 설명함으로써, AI의 투명성을 높이고, 사용자 신뢰를 확보하려는 기술이다.

AI 개발 역사와 XAI의 필요성

(1) 규칙 기반(Rule-based) 전문가 시스템의 시대

1970년대부터 1990년대까지, MYCIN, GUIDON, SOPHIE 같은 대표적인 규칙 기반 '전문가 시스템'들이 등장했다. 예를 들어, 1970년대 초 개발된 MYCIN은 균혈증(菌血症, bacteremia) 진단에 사용되었으며, 특정 규칙이 진단 결과에 어떻게 기여했는지를 사람이 명확히 이해할 수 있었다. 이들 시스템은 미리 프로그래밍된 규칙과 지식을 바탕으로 논리 연산을 수행하며, 의사결정 과정을 상세히 설명할 수 있었다. 실제로 이런 설명 기능은 사용자 신뢰를 증대시키고 활용도를 높이는 데 기여했다. 1992년에 발표된 REX는 추론 과정을 이야기 형식으로 표현하여 긍정적인 평가를 받았다.

(2) 블랙박스(Black-Box) 모델의 부상

1990년대 후반, 인공신경망 연구가 부활하면서 규칙 기반 시스템과는 다른 철학을 가진 블랙박스 모델이 등장했다. 방대한 데이터를 학습해 스스로 규칙을 찾아내는 인공신경망은 이전에는 불가능했던 문제를 해결할 수 있는 강력한 도구로 자리 잡았다. 그러나, 블랙박스 모델은 인간이 그 작동 방식을 이해하기 어렵다는 한계를 가지고 있다.

(3) XAI의 필요성 증대

2010년대 후반으로 접어들며 블랙박스 AI의 불투명성이 중요한 문제로 부각되었다. 그러나 과거와 달리 사용자들은 AI의 추론 과정을 추적할 수 없었다. 현대 딥러닝의 단초가 된 퍼셉트론(Perceptron)을 만든 프랭크 로젠블랫(1928~19971)은 인공신경망을 '블랙박스'라고 부른 바 있다.

이것은 AI가 사람의 의도와는 다른 기준으로 학습하거나, 데이터를 잘못 해석해 의사결정을 내릴 가능성이 드러났기 때문이다. 예를 들어, 2017년 한 연구에서는 두 개의 AI 모델이 말(horse)을 인식하는 방식을 분석한 결과, 한 모델은 말의 특징에 초점을 맞췄지만, 다른 모델은 이미지의 특정 픽셀(저작권 태그)을 기준으로 판단하는 것으로 밝혀졌다. AI의 판단 기준을 인간이 추적하지 못하면, 심각한 오류가 발생할 가능성이 있음을 보여주는

사례이다. 의료, 자율주행차, 금융처럼 인간의 삶에 큰 영향을 미치는 분야에서는 특히 이러한 문제 해결이 절실하다.

학습 방법론 중에서 학습 성능이 가장 좋다고 평가받는 것은 딥러닝이다. 그러나 딥러닝은 설명력이 부족한 '블랙박스'로 알려져 있다. 블랙박스라고 부르는 이유는 특정 결론에 이르는 과정이 불투명하고, 이유를 알기 어렵기 때문이다. 딥러닝은 특징 추출부터 판단까지 전부 딥러닝 네트워크가 알아서 하므로 어떤 과정을 통해서 답을 추론했는지 알 수 없다.

미국 방위고등연구계획국(DARPA)은 2017년 'XAI 프로젝트'를 시작하며, AI 투명성을 높이기 위한 본격적인 연구에 착수했다. DARPA는 AI 시스템이 높은 성능을 유지하면서도 인간에게 의사결정 과정을 설명할 수 있는 '유리 상자'(Glass Box) 모델 개발을 목표로 했다. 이는 내부 과정을 알 수 없는 블랙박스와 대비되는 개념이다. DARPA의 XAI 개발 전략은 크게 두 가지로 나뉜다.

① 설명 가능 모델 : 기존 머신러닝 기술을 변형하거나 새로운 기술을 개발하여, 고차원의 학습 능력을 유지하면서 설명 가능성을 강화하는 연구가 진행되고 있다. 심층설명학습(Deep Explanation), 해석 가능한 모델(Interpretable Models), 모델 귀납(Model Induction) 같은 기술이 그 예이다.

② 설명 인터페이스 : HCI(Human-Computer Interaction)를 활용하여, AI의 의사결정을 사람이 이해할 수 있는 방식으로 전달하는 인터페이스를 개발하고 있다. 이 인터페이스는 설명 가능성과 정정 가능성이라는 두 가지 원칙을 충족해야 한다. 즉, 사용자는 AI의 설명을 이해하고, 필요하면 AI의 판단을 수정할 수 있어야 한다.

설명 가능한 AI는 단순히 AI의 성능 향상을 넘어, 인간과 AI가 더 나은 협력을 이루는 기반을 제공하는 것으로서, XAI 기술의 발전은 투명성과 신뢰의 새로운 기준을 제시하며, AI의 사회적 수용성을 높이는 데 기여할 것이다.

참고 '블랙 박스'(Black-Box) AI와 '화이트 박스'(White-Box) AI

인공지능(AI)의 발전 속도는 혁명적이라 할 만큼 빠르다. 이러한 흐름 속에서 '블랙 박스 AI'와 '화이트 박스 AI'라는 개념이 AI 기술의 핵심 화두로 떠오르고 있다. 이 두 용어는 AI 시스템의 투명성과 해석 가능성을 기준으로 구분된다.

'블랙 박스' 용어는 1940년대 항공우주 산업에서 비행기의 비행 기록 장치를 설명할 때 처음 사용되었다. AI 분야에서는 2010년대 이후 딥러닝과 같은 고성능 머신러닝 모델이 등장하면서 이 용어가 본격적으로 주목받기 시작했다. 반면, 화이트박스 AI는 '설명 가능한 AI'(XAI, Explainable AI)의 등장과 함께 윤리적이고 신뢰할 수 있는 AI 시스템 개발의 중요성을 강조하며 발전해 왔다.

많은 학습 방법론 중에서 학습 성능이 가장 좋다고 평가받는 것은 딥 러닝이다. 그러나 딥러닝은 설명력이 부족한 '블랙박스'로 알려져 있다. 블랙박스라고 부르는 이유는 특정 결론에 이르는 과정이 불투명하고, 이유를 알기 어렵기 때문이다. 딥러닝은 특징 추출부터 판단까지 전부 딥 러닝 네트워크가 알아서 하므로 어떤 과정을 통해서 답을 추론했는지 알 수 없다.

결정 트리(decision tree)는 의사결정 분석 목표에 가장 가까운 결과를 낼 수 있는 방법론이다. 이는 학습 성능이 떨어지지만, 결과를 어떻게 도출했는지 논리적으로 설명할 수 있다. 결정 트리를 포함한 대부분 과거 머신러닝 방법론들은 2~3개의 계층으로 구성된 기존의 인공신경망 구조인 쉘로우 러닝(Shallow Learning)에 속하는데, 사람의 로직이 들어가 있기에 도출한 결과에 관해 설명이 가능한 것이다.

최근 의료, 금융, 법률 등 민감한 의사결정을 지원하는 AI의 활용이 늘어나면서, AI의 판단 과정을 명확히 이해하고 검증하는 것이 필수가 되었다. 즉, "설명 가능성과 신뢰성"은 미래 AI 기술의 핵심이다. 블랙박스 AI와 화이트박스 AI는 각자의 장단점이 있어 서로 대체하기보다는 상호 보완적으로 활용될 가능성이 크다. 향후 AI 기술은 높은 성능과 더불어 설명 가능성과 신뢰성을 동시에 갖춘 하이브리드 모델로 발전할 것으로 보인다.

(1) 블랙박스 AI

블랙박스(Black-Box) AI는 내부 작동 방식이 불투명한 인공지능 시스템을 의미한다. 사용자는 AI가 어떻게 결론에 도달했는지 명확히 알 수 없다. 이는 특히 딥러닝과 같은 복잡한 AI 기술에서 두드러진다. 이 모델들은 대규모 데이터를 분석해 뛰어난 예측 성능을 보여주지만, 결과 도출 과정은 마치 비행기의 블랙박스처럼 '보이지 않는' 영역으로 남아 있다.

- 장점 : 복잡하고 대규모 데이터를 처리해 높은 성능을 발휘한다.
- 단점 : 결과를 해석하기 어려워 신뢰성과 투명성이 떨어진다.

(2) 화이트박스 AI

화이트박스(White-Box) AI는 의사결정 과정이 투명하고 명확하게 드러나는 시스템을 의미한다. 사용자가 AI의 판단 근거를 쉽게 이해할 수 있어 결과를 검증하거나 설명하는 데 용이하다. 주로 단순한 알고리즘 구조를 기반으로 하며, 사용자가 시스템의 내부 로직을 파악할 수 있다.

- 장점 : 판단 근거가 명확해 AI의 결과를 신뢰할 수 있다.
- 단점 : 복잡한 문제에서는 성능이 낮을 수 있다.

디지털 트윈의 구성 요소

디지털 트윈(Digital Twin)은 앞서 언급한 바와 같이 물리적 실체(Physical Entity)의 모든 데이터를 가상 세계에 복제하여, 이를 기반으로 분석, 예측, 제어, 최적화와 같은 다양한 작업을 수행할 수 있도록 하는 첨단 기술이다. 구체적으로, 디지털 트윈은 실제 시스템이나 환경에서 생성되는 데이터를 포함하여 물리적 형상, 공간 정보, 그리고 해당 실체계의 기능적 행위까지도 정확하게 모델화하는 것을 목표로 한다. 이러한 기술은 제조, 교통, 의료, 국방 등 여러 산업 분야에서 점점 더 중요하게 여겨지고 있으며, 효율성 증대와 새로운 서비스 창출에 기여하고 있다. 여기서는 디지털 트윈이 무엇을 복제하고 모델화하는지, 이를 활용한 다양한 사례와 기술적 연동의 중요성, 그리고 한계점에 대해 알아보겠다.

디지털 트윈은 복제와 모델화를 통해 세 가지 주요 핵심 요소를 중심으로 구성된다. 이 요소들은 각각 물리적 실체의 특정 부분을 재현하여 다양한 목적에 활용된다.

1. 데이터 기반 디지털 트윈(Big Data-based Digital Twin)

물리적 실체(Physical System)에서 생성되는 모든 데이터를 복제하여 디지털 공간에 저장하고 이를 바탕으로 분석, 예측, 제어 작업을 한다. 예를 들어, 공장의 기계에서 나오는 센서 데이터를 디지털 트윈으로 옮기면, 기계의 작동 상태를 실시간으로 분석하거나 미래의 문제를 예측할 수 있다.

2. 공간 정보 기반 디지털 트윈(Geospatial Information-based Digital Twin)
물리적 실체의 지형, 공간, 형상 등의 정보를 복제하여 이를 가상 세계에 재현한다. 예를 들어, 도시의 도로 구조와 건물 위치를 복제한 디지털 트윈을 통해 도시 계획을 세우거나 교통 흐름을 분석할 수 있다. 이러한 시각화는 복잡한 데이터를 쉽게 이해할 수 있게 한다.

3. 시뮬레이션 기반 디지털 트윈(Simulation-based Digital Twin)
물리적 실체의 기능과 행위를 복제하여, 가상 환경에서 "실 체계"가 어떻게 작동할지를 시뮬레이션한다. 예를 들어, 자동차의 엔진 성능을 시뮬레이션하여 최적화된 설계를 구현하거나, 예상되는 문제를 미리 확인할 수 있다.

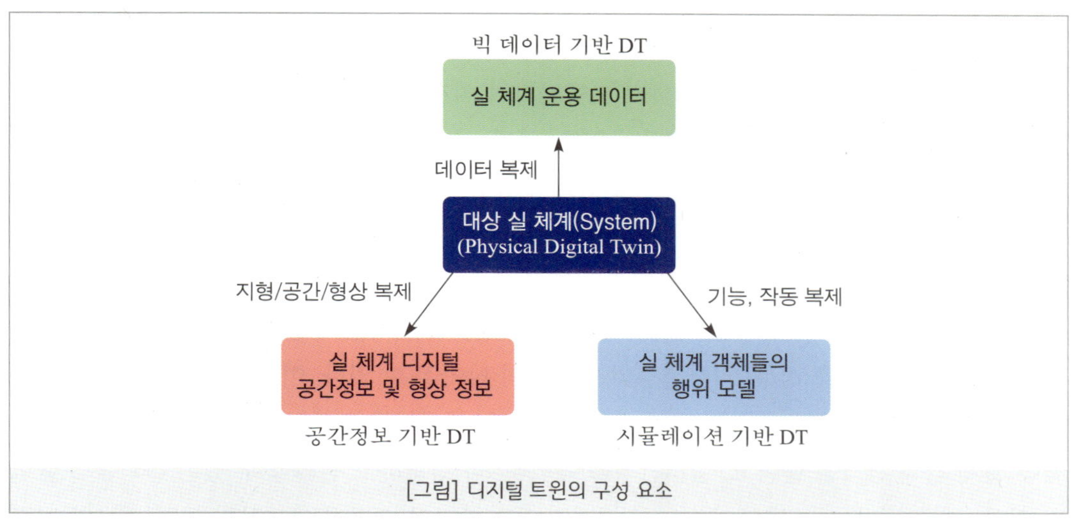

[그림] 디지털 트윈의 구성 요소

이 세 가지 요소는 각각 독립적으로 사용될 수도 있지만, 대개는 서로 결합하여 더 큰 효과를 발휘한다. 예를 들어, 데이터 기반 디지털 트윈만을 사용할 경우, 복제된 데이터가 공간 정보나 시뮬레이션과 연계되지 않아 한계가 발생할 수 있다. 따라서 디지털 트윈 간의 연동 구조를 통해 이러한 문제를 해결할 수 있다.

디지털 트윈의 연동 구조(PT-DT 연동구조)는 물리적 실체와 이를 가상으로 복제한 디지털 모델을 연결하여 다양한 방식으로 활용될 수 있도록 한다. 이러한 구조는 디지털 트윈이 단순히 물리적 데이터를 복제하는 것을 넘어, 실 체계와의 상호작용을 통해 실시간 데이터 분석과 시뮬레이션을 가능하게 한다. 따라서 이러한 연동은 스마트 시티, 자율주행 자동차, 재난 관리와 같은 분야에서 필수적인 역할을 하며, 제조, 생산, 물류 등의 산업, 교통, 교육, 금융 등의 공공 분야, 진단,

가상 수술 등의 의료분야, 안전 점검, 피해 분석, 대피 훈련 등의 재난 분야, 군사 훈련, 국방 분석, 무기 획득 등의 국방분야 등 다양한 산업분야에 활용 가능하다.

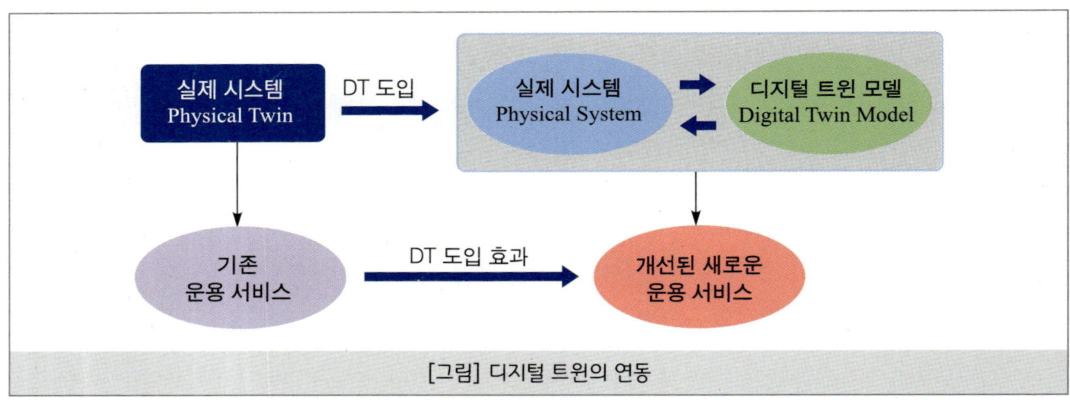

[그림] 디지털 트윈의 연동

디지털 트윈은 물리적 실체를 복제하고 모델화하여 여러 가능성을 제공하는 혁신적인 기술이지만, 완벽하지 않으며 몇 가지 한계점이 있다. 첫째, 공간 정보 기반 디지털 트윈은 실체계에서 발생하는 움직임이나 변화를 실시간으로 정확히 반영하지 못하는 경우가 있다. 이는 실시간 데이터를 처리하고 디지털 트윈으로 즉시 반영하는 데 있어 기술적 제한이 있기 때문이다. 둘째, 시뮬레이션 기반 디지털 트윈은 가상의 환경에서 예측이나 테스트를 수행할 수 있지만, 실제 데이터를 완전히 반영하지 못하는 한계가 있다. 예를 들어, 예측된 시뮬레이션 결과가 실체계의 실제 작동 조건과 다를 경우, 의사결정의 신뢰성이 낮아질 수 있다. 이러한 문제를 해결하려면 디지털 트윈 간의 데이터 연동 및 통합이 필수적이다. 데이터를 통합함으로써 디지털 트윈과 물리적 실체 간의 간극을 줄이고, 실시간성을 높이며, 더 정확하고 신뢰할 수 있는 결과를 도출할 수 있다. 예를 들어, IoT 센서 데이터를 실시간으로 디지털 트윈에 연결하면 공간 정보와 시뮬레이션 데이터를 효과적으로 통합하여 문제를 해결할 수 있다.

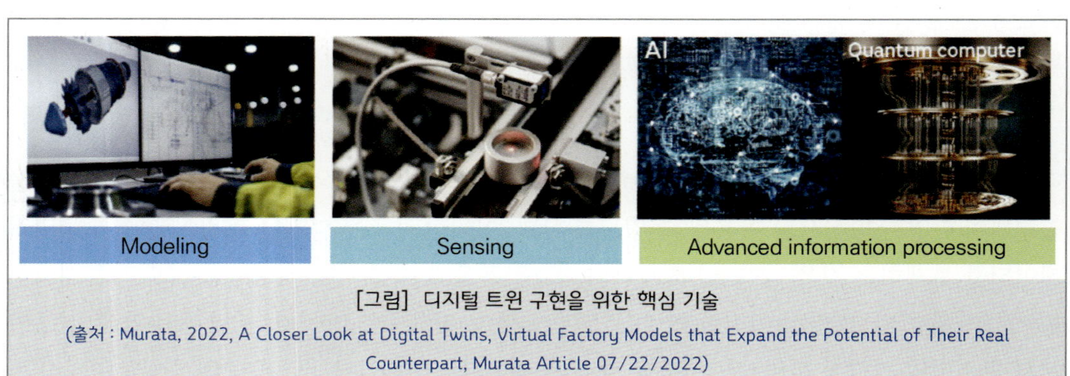

[그림] 디지털 트윈 구현을 위한 핵심 기술

(출처 : Murata, 2022, A Closer Look at Digital Twins, Virtual Factory Models that Expand the Potential of Their Real Counterpart, Murata Article 07/22/2022)

디지털 트윈은 단순히 실체계를 복제하는 것을 넘어, 다양한 데이터를 활용해 새로운 서비스를 창출하는 데 중요한 역할을 하고 있다. 디지털 트윈 기술은 IoT, AI, 빅데이터 등의 기술과 결합되어 점점 더 정교하고 실용적인 방식으로 발전하고 있다. 이러한 발전은 건설, 교통, 에너지, 환경 관리 등 공공 분야뿐만 아니라, 제조, 의료와 같은 민간 분야에서도 지속적인 혁신을 가능하게 할 것이다.

참고 CPS(사이버-물리 시스템)와 디지털 트윈

CPS(사이버-물리 시스템)의 정의

"사이버-물리 시스템"(Cyber-Physical Systems, CPS)은 임베디드 시스템의 광범위한 응용에서 발전했으며, 2006년에 처음 등장했다. "Cyber-Physical Systems"(사이버-물리 시스템)이라는 용어는 점점 더 복잡해지는 시스템을 기존 IT 용어로는 설명할 수 없다는 점에서, 미국 국립과학재단(NSF)의 헬렌 길(Helen Gill)에 의해 만들어졌다. 에드워드 리(Edward Lee) 교수가 제조 분야의 CPS 연구를 시작하면서, 연구 결과를 발표한 시점이 2013~2015년 경이며, 2017년 이후 CPS에 관한 많은 연구가 진행됐다. 이는 '4차 산업혁명'이라는 키워드가 핵심으로 떠오르는 시점과도 맞물린다. 4차 산업혁명의 물결이 시작된 시점에 국가와 기업 차원에서 산업과 제조 현장에 활용할 수 있는 CPS에 대한 투자와 연구가 시작된 것이다.

에드워드 리 교수는 CPS를 다음과 같이 정의하였다. "CPS는 물리적 프로세스와 계산의 통합(Integration)이다. 임베디드 컴퓨터와 네트워크는 물리적 프로세스가 계산에 영향을 주는 피드백 루프를 통해 물리적 프로세스를 모니터링하고 제어한다." 즉, CPS는 현실 세계의 물리적 설비, 기계와 ERP를 비롯한 여러 소프트웨어와의 결합을 통해 생산 현장의 새로운 부가가치를 창출하는 것이다.

그러나 현재 연구는 CPS의 개념, 아키텍처, 기술, 도전 과제에 집중되어 있으며, 실무 적용은 초기 단계에 머물러 있다. CPS는 임베디드 시스템, IoT, 센서와 비교해 매우 근본적이며, 특정 구현 방식이나 응용 사례를 직접 다루지 않는다. 따라서 CPS는 과학적 범주에 가깝다고 평가받고 있다. NSF는 CPS 연구를 통해 새로운 과학적 기반과 기술을 찾는 것을 목표로 한다고 발표한 바 있다.

DT(디지털 트윈)의 정의

디지털 트윈(Digital Twin, DT) 개념은 2003년 미시간 대학교에서 마이클 그리브스(Michael Grieves)가 "제품 수명 주기 관리"(product lifecycle management, PLM)에 관한 발표에서 처음 제시했다. 당시 기술이 미성숙해 관련 연구와 응용은 거의 없었으나, 이후 NASA와 미 공군은 DT를 항공우주 차량의 상태 유지와 잔여 수명 예측에 활용했다.

디지털 트윈 기술은 현실에서 존재하는 다양한 물리적 사물 또는 프로세스를 가상으로 구현함으로써 최적화를 위한 시뮬레이션이 가능하도록 진화했다. 디지털 트윈을 지원하는 기술은 계속 확대돼 지금은 빌딩이나 공장, 도시 등 거대한 사물과 환경까지도 구현의 대상이 되고 있다. 뿐만 아니라 사람이나 프로세스도 디지털 트윈으로 재현하는 방향으로 계속해서 확장하고 있다.

디지털 트윈의 대표 사례는 스마트 팩토리와 스마트 시티이다. 디지털 트윈 기술을 통해 실제 공정을 모니터링/제어할 수 있는 가상의 공장을 구축할 수 있다. 공장에서 실제로 어떤 일이 일어나고 있는지를 실시간으로 전달하는 디지털 공장을 구현한다. 수백, 수천 개의 센서는 생산 과정 전반에 걸쳐 종합적으로 데이터를 수집하고 이를 분석해 프로세스의 최적화를 이뤄낸다.

현재 새로운 정보기술(IT)의 발전으로 DT는 빠르게 성장 중이다. 물리적 활동을 가상 세계와 동기화하는 방식 덕분에 DT는 연구와 산업에서 큰 주목을 받고 있다. 최근 DT는 제품 설계, 생산 라인 설계, 작업 현장 관리, 생산 최적화, 예지 및 상태 관리 등 다양한 산업 분야에 도입되고 있다. General Electric, Siemens, PTC, Dassault Systems, Tesla와 같은 대기업들도 DT를 사용해 제품 성능, 제조 유연성, 경쟁력을 강화하고 있다. 이러한 응용 사례로 볼 때 DT는 공학적 범주에 더 가깝다고 볼 수 있다.

CPS와 디지털 트윈의 비교

CPS와 DT는 새로운 정보기술(IT) 발전을 기반으로 거의 동시에 등장했다. 두 기술 모두 사이버-물리(Cyber-Physical) 통합을 실현하는 효과적인 수단으로 연구자와 산업계의 주목을 받고 있다. 그러나 CPS는 과학적 범주에, DT는 공학적 범주에 가깝다. 특히 산업 실무에서 DT는 공학 시스템의 정밀도와 관리 수준을 향상시키는 데 기여하고 있다.

CPS(사이버-물리 시스템)와 DT(디지털 트윈)는 비슷한 시기에 제안되었지만, DT는 2003년 제안된 이후 2012년까지 큰 주목을 받지 못했다. 이후 NASA와 미 공군이 DT 개념을 사용하기 시작하면서 주목받기 시작했다. 반면, CPS는 2006년 Gill에 의해 제안된 이후 학계와 정부의 관심을 받았고, Industry 4.0에서도 CPS를 핵심 요소로 삼았다. 그러나 몇 년의 발전 끝에 DT도 널리 인기를 얻게 되었다. CPS는 과학적 범주에 가깝다면, DT는 공학적 범주에 보다 가깝다.

구성 측면에서 CPS와 DT는 모두 물리 세계와 사이버 세계를 포함한다. 사이버-물리 상호작용과 제어를 통해 두 기술은 물리 세계를 더 정밀하고 효과적으로 관리 및 운영할 수 있게 한다. 그러나 사이버 세계에 대한 강조점은 다르다. DT는 가상 모델을 중심으로 하며, 일대일 대응(one-to-one correspondence)을 가능하게 한다. 반면, CPS는 3C(Cognition·인지, Communication·통신, Control·제어) 능력을 강조하며, 이는 일대다 대응을 이끌어 낸다.

CPS와 DT의 기능 구현 측면에서는 센서와 액추에이터가 물리 세계와 사이버 세계 간의 데이터 및 제어 교환을 가능하게 한다. DT에서는 다양한 데이터를 바탕으로 물리 세계의 행동을 해석하고 예측하는 데 모델이 중요한 역할을 한다. 따라서 CPS에서는 센서와 액추에이터가 핵심 요소로 간주되는 반면, DT에서는 모델과 데이터가 핵심 요소로 간주된다.

계층적 관점에서 CPS와 DT 모두 단위 수준(Unit Level), 시스템 수준(System Level), 그리고 시스템 간 시스템 수준(System-of-Systems Level)으로 나눌 수 있다. 그러나 각각의 기본적인 강조점이 다르기 때문에, 각 수준에서 구성 요소가 다르게 나타난다.

CPS가 가상과 현실의 데이터를 공유하고 이를 시스템상으로 구현 가능한 개념적 기술이라면, 디지털 트윈은 CPS에서 더 나아가서 현실에서 받은 데이터를 가상으로 똑같이 구현하는 기술이다. CPS와 디지털 트윈의 관계에 대한 정답은 없다고 볼 수 있으며, 수많은 연구자와 관계자는 각기 다른 해석을 내놓고 있는 상황이다.

[표] CPS[사이버-물리 시스템]와 DT[디지털 트윈]의 비교[12)]

구분	CPS [사이버-물리 시스템]	DT [디지털 트윈]
기원 Origin	2006년경 NSF의 헬렌 길(Helen Gill)에 의해 명명됨	2003년 제품 수명 주기 관리(PLM)에 대한 발표에서 마이클 그리브스(Michael Grieves)가 제시
발전 Development	Industry 4.0은 CPS를 핵심으로 선정	2012년까지 DT에 대한 주목이 크지 않았음
범주 Category	과학적 범주에 가까움	공학적 범주에 가까움
구성 Composition	물리 세계와 사이버 세계를 포함하며, CPS는 강력한 3C(인지, 통신, 제어) 기능에 초점을 둠	물리 세계와 사이버 세계를 포함하며, DT는 가상 모델에 초점을 둠
사이버-물리 매핑 Cyber-physical mapping	일대다 대응	일대일 대응
핵심 요소 Core elements	CPS는 센서와 액추에이터를 강조	DT는 모델과 데이터를 강조
제어 Control	물리적 자산이나 프로세스가 사이버 표현에 영향을 미치고, 사이버 표현이 물리적 자산이나 프로세스를 제어	물리적 자산이나 프로세스가 사이버 표현에 영향을 미치고, 사이버 표현이 물리적 자산이나 프로세스를 제어
계층 구조 Hierarchy	단위 수준(Unit Level), 시스템 수준(System Level), 시스템 간 시스템 수준(SoS Level)으로 구성. 스마트 생산 라인, 작업 현장, 공장은 시스템 수준의 CPS와 DT 예시이며, 서비스 플랫폼은 SoS 수준 CPS에 해당	단위 수준(Unit Level), 시스템 수준(System Level), 시스템 간 시스템 수준(SoS Level)으로 구성. 복잡한 제품은 시스템 수준 DT로 간주될 수 있으며, SoS 수준 DT는 제품 수명 주기를 포괄
새로운 정보기술(IT)과의 통합 Integration with new IT	새로운 정보 기술(IT)과 불가분의 관계	새로운 정보 기술(IT)과 불가분의 관계. DT는 CPS에 비해 새로운 IT와의 통합이 더 쉽고 빠름

참고 메타버스(Metaverse)와 디지털 트윈

메타버스의 정의

메타버스(Metaverse)는 현실과 가상의 세계가 융합된 진보된 인터넷 환경을 의미한다. 이는 인터넷의 다음 단계로, 시간과 공간의 제약을 넘어서 사람들이 연결되고 소통하며 협력할 수 있는 새로운 세상이다.

메타버스라는 용어는 1992년 닐 스티븐슨(Neal Stephenson)의 SF 소설 "스노우 크래쉬"(Snow Crash)에서 처음 등장했다. 이 소설에서 메타버스는 사용자들이 아바타(Avatar)를 통해 가상 세계에 접속하고 상호작용하는 공간으로 묘사되었다. 스노우 크래쉬는 메타버스의 개념을 대중화한 작품으로, 오늘날의 메타버스 기술의 비전과도 밀접한 관련이 있다.

12) Fei Tao et. al., 2019, Digital Twins and Cyber-Physical Systems toward Smart Manufacturing and Industry 4.0: Correlation and Comparison, Engineering, 5(4), 653-661.

기술적인 정의에 따르면, 메타버스는 가상현실(Virtual Reality, VR)과 증강현실(Augmented Reality, AR)의 결합으로 구성된다. 특히 2007년 독일의 AS[13](Augmented Spaces)는 메타버스의 개념을 구체화하며, 이를 네 가지 주요 컴포넌트로 정의한 바 있다. AS는 현실과 가상이 융합되어 새로운 가능성을 창출할 수 있는 공간을 강조하며, 메타버스의 기반 기술 및 철학을 제시했다. 주요 컴포넌트는 다음과 같다.

1. **증강현실**(Augmented Reality) : 현실 세계 위에 가상 정보를 추가하여 사용자가 확장된 경험을 누릴 수 있도록 하는 기술. 이는 스마트폰 앱부터 안경형 디스플레이 장치까지 다양한 기기를 통해 구현된다.
2. **라이프로깅**[14](Lifelogging) : 현실에서의 모든 활동과 데이터를 디지털 방식으로 기록하고 저장하는 기술. 이는 개인의 기억을 보조하거나 일상을 체계적으로 관리하는 데 활용된다.
3. **거울 세계**(Mirror World) : 현실의 환경, 구조, 데이터를 디지털 공간에 복제하여 미래의 상황을 예측하거나 문제를 시뮬레이션할 수 있도록 돕는 기술. 이는 스마트 도시(Smart City) 개발에 중요한 역할을 한다.
4. **가상 세계**(Virtual World) : 사용자들이 아바타를 통해 상호작용하며 협력하고 커뮤니케이션할 수 있는 완전히 디지털화된 공간. 이 공간은 게임, 교육, 엔터테인먼트 등 다양한 분야에서 활용된다.

AS의 이러한 정의는 메타버스가 단순한 가상현실에 머무르지 않고 현실과의 긴밀한 연결을 통해 실질적인 가치를 제공하는 데 초점을 맞추고 있음을 보여준다.

메타버스와 디지털 트윈

디지털 트윈(Digital Twin)은 메타버스 기술의 핵심 구성 요소 중 하나로, 현실 세계의 사물, 시스템, 환경 등을 디지털로 복제한 것이다. 이를 통해 현실에서 발생할 수 있는 문제를 가상 환경에서 시뮬레이션하고 예측하며, 최적의 해결책을 찾아낼 수 있다. 예를 들어, 도시의 교통 체증 문제를 디지털 트윈 기술을 활용해 분석하면, 교통 흐름을 개선하거나 사고를 예방하기 위한 효과적인 전략을 수립할 수 있다. 이와 같은 디지털 트윈은 가상 공간에서 실시간으로 데이터를 시각화하고 조정할 수 있어, 도시 계획, 제조 공정, 건축 설계 등 다양한 분야에서 활용되고 있다.

메타버스와 디지털 트윈의 관계는 상호보완적이다. 메타버스는 디지털 트윈을 통해 현실과의 연결성을 강화하며, 사용자에게 몰입형 경험을 제공한다. 반대로, 디지털 트윈은 메타버스의 데이터 기반 운영을 지원하며, 가상 환경에서 실시간 데이터와 분석 결과를 활용할 수 있게 한다. 예를 들어, 스마트 도시(Smart City) 프로젝트에서 메타버스는 사용자들이 도시 운영에 직접 참여하거나 개선 아이디어를 제안하는 플랫폼을 제공하고, 디지털 트윈은 도시의 물리적 상태를 정확히 반영하여 이러한 제안이 실현 가능한지를 평가한다.

---

13) https://augmented-spaces.com/

14) 라이프로기(Life-logging) : 자신의 삶에 관한 다양한 경험과 정보를 기록하여 저장하고 때로는 공유하는 활동. 라이프로깅에 참가하는 사람은 크게 두 가지 역할을 한다.

1. 자신의 삶에 관한 다양한 경험과 정보를 수집하여 기록하기
   - 학습, 일, 일상생활 등 자신이 살아가는 다양한 모습, 자신에게 일어나는 모든 순간을 텍스트, 이미지, 동영상 등으로 기록하고, 이를 온라인 플랫폼에 저장한다.
   - 자신에게 일어난 상황들을 기록하기 위해 자신의 기억에 의지하거나, 스마트폰 카메라를 사용하거나, 몸에 입거나 착용하는 웨어러블 디바이스를 통해 정보를 수집한다.
2. 다른 사용자가 올려둔 라이프로깅 저장물에 대한 생각과 감정을 남기거나 공유하기
   - 다른 사용자가 올려둔 라이프로깅 저장물을 보고, 그에 관한 자신의 생각을 텍스트로 남기거나, 이모티콘으로 감정을 표시한다.
   - 다른 사용자가 올려둔 라이프로깅 저장물을 나중에 다시 보거나 공유하기 위해서 자신의 라이프로깅 사이트에 가져온다.

한편, 디지털 트윈은 메타버스 내에서 더욱 생동감 있고 정밀한 가상 세계를 구축하는 데 기여한다. 공장의 디지털 트윈 모델을 메타버스에 통합하면, 직원들이 가상 공간에서 안전한 환경 속에서 복잡한 작업을 훈련하거나 공정을 최적화할 수 있다. 이는 생산성 향상뿐만 아니라 비용 절감과 위험 감소에도 기여할 수 있다. 이렇게 메타버스와 디지털 트윈의 결합은 현실과 가상을 통합한 새로운 차원의 융합 환경을 제공하며, 미래의 기술적 발전을 가속화할 것이다.

메타버스의 주요 활용 사례

1. **교육** : 메타버스는 학생들에게 가상 교실, 실험실, 또는 역사적 장소를 탐색할 수 있는 몰입형 학습환경을 제공한다. 학생들은 아바타를 통해 실시간으로 선생님 및 친구들과 상호작용하며, 복잡한 과학 실험을 가상 환경에서 안전하게 시도하거나 고대 유적지를 가상으로 방문하는 경험을 할 수 있다. 이러한 학습은 전통적인 교실 수업보다 높은 몰입도를 제공하며, 다양한 학습 스타일에 맞춰진 맞춤형 교육을 가능하게 한다.

2. **산업 및 제조** : 디지털 트윈 기술과 결합된 메타버스는 공장 운영 및 제조 공정을 혁신적으로 변화시키고 있다. 예를 들어, 기업은 디지털 트윈을 활용해 공장의 실제 운영을 가상으로 복제한 후 시뮬레이션을 통해 문제를 미리 발견하고 해결할 수 있다. 새로운 제품의 설계 및 테스트도 물리적 시제품 제작 없이 메타버스 내에서 이루어질 수 있어 비용 절감과 생산성 향상을 동시에 이룰 수 있다. 이를 통해 전 세계의 전문가들이 한 공간에 모이지 않고도 협력할 수 있는 환경을 조성할 수 있다.

3. **엔터테인먼트** : 메타버스는 게임과 엔터테인먼트 분야에서도 큰 변화를 가져오고 있다. 로블록스(Roblox)와 같은 플랫폼은 사용자가 간단한 프로그래밍 도구를 통해 자신만의 게임과 경험을 제작하고 이를 다른 사용자들과 공유할 수 있게 한다. 이러한 참여형 콘텐츠 제작은 사용자들의 창의력을 자극하며, 단순히 소비자가 아니라 콘텐츠 제작자로서의 역할을 부여한다. 가상 콘서트나 전시회와 같은 대규모 이벤트도 메타버스에서 가능하며, 글로벌 관객들이 동일한 시간에 같은 이벤트를 경험할 수 있는 새로운 형태의 엔터테인먼트를 제공한다.

로블록스

로블록스[15](Roblox)는 사용자가 손쉽게 콘텐츠를 제작하고 이를 공유할 수 있는 환경을 제공함으로써 메타버스의 초기 모델로 자리 잡았다. 이 플랫폼은 단순한 게임 플랫폼이 아니라 사용자들이 가상 세계에서 창의력을 발휘할 수 있는 공간이다. 특히, 간단한 프로그래밍 도구인 "로블록스 스튜디오(Roblox Studio)"를 제공하여 누구나 자신만의 게임, 가상 공간, 그리고 스토리를 제작할 수 있도록 한다. 이렇게 제작된 콘텐츠는 전 세계 사용자들과 공유되며, 동시다발적으로 즐길 수 있는 멀티플레이어 환경을 형성한다.

로블록스가 제공하는 이러한 창작 과정은 단순히 재미를 넘어 사용자들이 직접 생산자 역할을 하게끔 만들어 준다. 특히, 제작자들이 콘텐츠로 수익을 창출할 수 있는 경제 시스템이 통합되어 있어, 로블록스는 메타버스 경제의 초기 형태를 보여주는 플랫폼으로도 평가받고 있다. 예를 들어, 일부 사용자는 자신이 제작한 콘텐츠로 매년 수백만 달러를 벌어들이며, 이를 통해 로블록스는 창작과 경제활동이 융합된 독특한 메타버스 모델을 제공하고

15) 로블록스(Roblox, https://www.roblox.com/)는 사용자가 게임을 프로그래밍하고, 다른 사용자가 만든 게임을 즐길 수 있는 온라인 게임 플랫폼 및 게임 제작 시스템이다. 데이비드 바수츠키(David Baszucki)와 에릭 카셀(Erik Cassel)이 2004년에 설립하고 2006년에 출시한 이 플랫폼은 루아(Lua) 프로그래밍 언어로 코딩된 여러 장르의 사용자 제작 게임을 호스팅한다. 로블록스는 사용자가 자체 게임 엔진인 "로블록스 스튜디오(Roblox Studio)"를 사용하여 자신만의 게임을 만들고 자신이 만든 게임을 다른 사용자가 플레이할 수 있도록 한다.

있다. 이러한 특징은 로블록스를 단순한 놀이 공간이 아닌, 새로운 형태의 사회적, 경제적 상호작용의 장으로 발전시켰으며, 메타버스가 미래에 어떤 가능성을 지닐 수 있는지 보여주는 대표 사례로 자리 잡았다.

첨단 산업국가의 XR 투자 동향

확장현실(XR, Extended Reality)은 가상현실(VR), 증강현실(AR), 혼합현실(MR)을 포함하는 기술로서, 메타버스의 기반 기술 중 하나이다. XR 기술은 현실과 가상의 경계를 허물며 다양한 산업 분야에 혁신을 가져다주고 있으며, 여러 선진국들이 이 기술에 적극적으로 투자하는 이유는 다음과 같다.

1. **경제적 가치 창출** : XR 기술은 새로운 시장과 직업을 창출하며, 국가 경제의 지속적인 성장을 가능하게 한다. 예를 들어, 가상 쇼핑, 원격 근무 솔루션, 가상 부동산 시장 등 XR 기반의 새로운 비즈니스 모델이 등장하며, 이를 통해 글로벌 경쟁력을 확보할 수 있다.

2. **사회 문제 해결** : XR은 복잡한 사회 문제를 가상 시뮬레이션으로 분석하고 해결책을 제시하는 데 활용된다. 예를 들어, 도시 교통 체증 문제를 XR로 시뮬레이션하여 최적의 교통 흐름을 설계하거나, 재난 상황에서 대피 시뮬레이션을 통해 위험을 줄이는 등 공공 서비스와 사회적 효율성을 높이는 데 기여하고 있다.

3. **국방 및 안전** : XR 기술은 군사훈련과 재난대응 훈련에서 필수적인 역할을 하고 있다. 가상 전장에서의 군사 작전 훈련은 실제 환경에서 발생할 수 있는 위험을 최소화하며, 긴급 구조 시뮬레이션은 생명을 구하는 데 중요한 정보를 제공한다. 이러한 기술은 비용을 절감하는 동시에 효과적인 준비 태세를 구축하게 해준다.

4. **교육과 연구** : XR 기반의 몰입형 학습 환경은 학생들이 복잡한 개념을 쉽게 이해할 수 있도록 해준다. 의료 분야에서는 해부학 수업을 XR로 재현하여 학생들이 직접 체험하듯 학습할 수 있고, 공학 분야에서는 복잡한 기계 설계나 공정을 XR로 시뮬레이션하여 실험을 할수 있게 해준다. 이러한 기술은 연구자들에게 보다 나은 도구를 제공하며, 혁신적인 발견을 할 수 있도록 해준다.

XR 기술은 메타버스와 디지털 트윈과 같은 고급 기술의 기반이 되며, 이를 통해 현실 세계와 가상 세계를 더욱 유기적으로 연결한다. 이러한 이유로, 선진국들은 XR에 적극적으로 투자하여 미래의 산업 생태계를 구축하고 있다.

메타버스의 미래 전망

메타버스는 단순히 가상의 공간이 아니라, 사람들이 직접 콘텐츠를 제작하고 이를 통해 경제적 가치를 창출할 수 있는 플랫폼으로 발전하고 있다. 미래에는 경량화된 안경형 디스플레이와 생성형 AI(Generative AI, GAI) 기술이 메타버스에 결합되어 사용자들에게 더욱 직관적이고 편리한 접근 방식을 제공할 것이다. 예를 들어, 사용자는 이러한 디스플레이를 착용함으로써 물리적 환경과 가상 세계 간의 경계를 자유롭게 넘나들며, 가상 쇼핑, 원격 근무, 게임 등 다양한 활동을 실시간으로 수행할 수 있게 된다.

한편, 메타버스는 도시를 보다 스마트하게 변화시키는 핵심 도구로 자리잡아 가고 있다. 이를 스마트 도시(Smart Cities)라고 하며, 가상 환경에서 얻은 데이터를 실제 도시 운영에 반영하여 효율성과 삶의 질을 향상시킬 수 있다. 예를 들어, 메타버스를 활용해 교통 상황을 실시간으로 분석하거나 에너지 소비를 최적화하는 시스템을 구축할 수 있다. 이러한 기술은 도시 문제를 예측하고 해결하는 데 필요한 중요한 정보를 제공하며, 시민들에게는 맞춤형 서비스를 지원할 수 있게 해준다. 이처럼 메타버스는 개별 사용자와 도시 전체를 연결하는 중추적 역할을 담당하며, 가상 공간에서 창출된 혁신이 현실 세계로 확장되는 시대를 열어갈 것이다.

V. 문화유산과 디지털 트윈

2024년 5월 17일, 「국가유산기본법」의 시행과 함께 기존 문화재청이 새로운 비전 아래 '국가유산청'으로 출범하게 되었으며, 이번 개편은 1962년 「문화재보호법」 제정 이래 약 60여 년간 지속되어 온 문화재 정책이 지닌 여러 한계를 근본적으로 극복하고 변화된 정책 환경 및 유네스코를 비롯한 국제 기준에 부합하는 중요한 전환점으로 평가받고 있는데, 특히 기존에 '문화재(財)'라는 명칭이 내포한 재화적, 물질적 성격을 탈피하고 보다 포괄적이며 현대적인 '유산(遺産, Heritage)'의 개념을 새롭게 도입함으로써 '국가유산'이라는 혁신적인 틀을 마련한 점이 앞으로 문화유산 보존 및 활용 분야에 있어서 획기적인 혁신을 불러올 것으로 기대되고 있다.

국가유산청	보도 자료	다시 대한민국! 새로운 국민의 나라

보도시점 배포 즉시 보도 가능 배포 2024.5.16.(목) 09:00

미래가치 품은 국가유산 시대 개막, '국가유산청' 출범(5.17.)

- 60여 년 간의 문화재 정책 한계 극복하고, 국제기준과 시대 흐름 반영한 '국가유산' 체계로 전환
- 문화·자연·무형유산 특성 고려해 조직개편… 국민의 삶의 질 향상시킬 다양한 국가유산 정책 적극 추진

문화재청(청장 최응천)이 5월 17일 「국가유산기본법」 시행과 함께 '국가유산청'으로 새롭게 출범한다.

국가유산청은, 1962년 「문화재보호법」 제정 이래로 60여 년 간 유지해 온 문화재 정책의 한계를 극복하고, 변화된 정책 환경과 유네스코 등 국제기준과 연계하기 위해 '유산'(遺産, heritage) 개념을 도입하여 재화적 성격이 강한 '문화재(財)' 명칭을 '국가유산'으로 바꾸고, '국가유산' 내 분류를 '문화유산', '자연유산', '무형유산'으로 나누어 각 유산별 특성에 맞는 지속가능하고 미래지향적인 관리체계를 구축하여 행정조직의 대대적인 개편과 국민이 체감할 수 있는 다양한 정책들을 추진할 예정이다.

[그림] 국가유산청 출범 보도자료

국가유산청은 '국가유산'을 '문화유산', '자연유산', '무형유산'의 세 부문으로 세분화하여 각 유산이 지니고 있는 고유의 특성과 본질적 속성을 철저히 반영할 수 있도록 하면서도, 이를 지속 가능하고 미래지향적인 관리 체계 아래 체계적으로 운영할 수 있는 기반을 마련하고, 아울러 행정 조직의 개편 및 다양한 정책들을 종합적으로 추진하는 한편 단순한 명칭 변경을 넘어 디지털 기술의 눈부신 발전과 글로벌 트렌드에 발맞춘 혁신적인 접근법을 선보이는 데 큰 의미를 두고 있다.

이와 같이 변화된 정책 환경과 혁신적인 행정 전략은 문화유산이 지닌 본연의 가치와 역사적 의미를 새롭게 재조명할 뿐만 아니라, 디지털 전환 시대의 다양한 요구에 부응하여 보다 효율적이고 체계적인 관리 및 활용 방안을 모색하는 데 주안점을 두고 있으며, 이를 통해 국가유산의 대내외적 위상이 한층 강화되고 미래 세대에게 문화유산의 풍부한 역사와 가치를 온전히 전달

할 수 있을 것으로 기대된다.

이런 가운데 디지털 전환의 핵심 기술 중 하나로 자리잡은 디지털 트윈은 단순히 첨단 기술의 도입에 그치지 않고, 현존하는 문화유산의 세밀한 상태를 정밀하게 기록하며 분석하는 동시에 미래를 대비한 지속 가능한 보존 체계를 마련하는 데 있어서 결정적인 중추적 역할을 수행함으로써 문화유산 보존 및 관리의 새로운 도약을 위한 중요한 축으로 자리매김하고 있다.

참고 국가유산기본법 상 국가유산 및 유형의 정의

1. **국가유산** : 인위적이거나 자연적으로 형성된 국가적 · 민족적 또는 세계적 유산으로서 역사적 · 예술적 · 학술적 또는 경관적 가치가 큰 문화유산 · 자연유산 · 무형유산을 말한다.
2. **문화유산** : 우리 역사와 전통의 산물로서 문화의 고유성, 겨레의 정체성 및 국민생활의 변화를 나타내는 유형의 문화적 유산을 말한다.
3. **자연유산** : 동물 · 식물 · 지형 · 지질 등의 자연물 또는 자연환경과의 상호작용으로 조성된 문화적 유산을 말한다.
4. **무형유산** : 여러 세대에 걸쳐 전승되어, 공동체 · 집단과 역사 · 환경의 상호작용으로 끊임없이 재창조된 무형의 문화적 유산을 말한다.

[표] 국가유산 체계 전환 및 명칭변경

<table>
<tr><th colspan="3">변경 전</th></tr>
<tr><td rowspan="5">문화재
「문화재
보호법」</td><td colspan="2">유형문화재</td></tr>
<tr><td colspan="2">민속문화재</td></tr>
<tr><td rowspan="2">기념물</td><td>사적지 등</td></tr>
<tr><td>명승, 천연기념물 등</td></tr>
<tr><td colspan="2">무형문화재(전통공연, 공예 등)</td></tr>
</table>

➡

<table>
<tr><th colspan="3">변경 후(2024.5.17.부터)</th></tr>
<tr><td rowspan="3">국가유산
「국가유산
기본법」</td><td>문화유산
「문화유산법」(개정)</td><td>유형문화유산
민속문화유산
기념물(사적지 등)</td></tr>
<tr><td>자연유산
「자연유산법」(제정)</td><td>명승, 천연기념물 등</td></tr>
<tr><td>무형유산
「무형유산법」(개정)</td><td>전통공연, 공예 등</td></tr>
</table>

<table>
<tr><th colspan="2">구분</th><th colspan="3">국가유산</th></tr>
<tr><td colspan="2">분류</td><td>문화유산</td><td>무형유산</td><td>자연유산</td></tr>
<tr><td colspan="2">유형별</td><td>유형문화유산(건조물, 전적, 서적, 고문서, 회화, 고고자료)
기념물(사적지, 시설물)
민속문화유산</td><td>전통공연·예술, 전통기술, 전통지식, 구전전통, 전통생활관습, 민간신앙의식 등</td><td>동물, 식물, 지형, 지질(화석암석), 천연보호구역, 자연경관, 역사문화경관, 복합경관 등</td></tr>
<tr><td rowspan="2">지정</td><td>국가</td><td>국보, 보물, 국가민속문화유산, 사적</td><td>국가무형유산</td><td>천연기념물, 명승</td></tr>
<tr><td>시도</td><td>유형문화유산, 민속문화유산,
기념물, 문화유산자료</td><td>형유산</td><td>자연유산
자연유산자료</td></tr>
<tr><td rowspan="2">등록</td><td>국가</td><td>국가등록(문화)유산</td><td>-</td><td>-</td></tr>
<tr><td>시도</td><td>등록(문화)유산</td><td>-</td><td>-</td></tr>
<tr><td colspan="2">포괄적
관리</td><td colspan="3">향토 · 지역(문화/무형/자연)유산 / 미래유산 /
역사문화자원 / 예비문화유산 등</td></tr>
</table>

(출처 : 「국가유산기본법」 제3조)

디지털 트윈을 통한 문화유산 보존 및 관리의 새로운 도약

디지털 전환(Digital Transformation, DX)은 단순히 최신 기술을 도입하는 데 국한되지 않고 기존 조직의 운영 방식과 사고방식을 근본적으로 변화시킴과 동시에 문화유산이 급변하는 디지털 시대의 다양한 도전에 능동적으로 대응하며 지속적으로 발전할 수 있도록 지원하는 중요한 전략적 접근법으로 자리잡고 있는 반면, 디지털 트윈은 이러한 변화의 핵심 요소로서 단순히 과거의 유산을 단순 복원하는 수준에 머무르지 않고 현존하는 문화유산의 세밀한 상태를 정밀하게 기록하고, 이를 토대로 미래의 예상치 못한 손상이나 변화에 대비하여 지속 가능한 보존 체계를 마련하는 데 결정적인 역할을 수행하고 있다.

여러 국가들이 문화유산을 디지털 방식으로 새롭게 발견하고 활용하기 위해 인프라를 강화하고 데이터 상호 운용성(Interoperability)을 개선하며 방대한 콜렉션의 공유와 관객 참여 확대 등 다양한 분야에서 디지털 전환의 긍정적인 효과를 실감하고 있는데, 이는 단순히 기술의 도입에만 국한되지 않고 각 개인의 사고방식과 역량의 전환을 통해 문화유산 분야에 새로운 가능성을 열어주는 전략적 변화로 이어지고 있다.

디지털 타임머신: 과거와 현재를 잇는 기술

과거로 돌아갈 수 있는 방법으로 가장 먼저 떠오르는 것은 공상과학 소설 속에서 등장하는 '타임머신'일 것이다. 그러나 오늘날 우리의 기술력으로는 이를 실현하는 것이 불가능하다. 그럼에도 불구하고, IT 기술(Information Technology)과 고고학, 인류학, 역사학이 결합된 새로운 접근법이 등장하였으니, 바로 '디지털 타임머신'이다. 이는 문화유산의 디지털화와 보존을 위한 혁신적인 방법론으로, 우리가 일상적으로 접하는 정보 기술을 문화유산의 맥락에 맞춰 적용한 IT 문화유산 기술(IT Culture Technology)이라 할 수 있다.

이를 통해 우리는 물리적 한계를 넘어, 역사와 문화를 더욱 깊이 이해하고, 보존하며, 이를 지속적으로 활용할 수 있는 새로운 길을 열어갈 수 있다. 디지털 타임머신, 즉 디지털 트윈(Digital Twin)은 단순히 과거의 재현을 넘어서, 현재와 미래를 연결하는 중요한 기술적 도약을 의미하며, 문화유산의 전승과 활용에 있어 한층 더 진일보한 가능성을 제시한다.

디지털 복원: 미래를 위한 소중한 기록

디지털 복원은 과거를 재현하는 과거적인 측면의 성격이라면, 디지털 재현은 현존하는 것을 미래에 보존하기 위한 일종의 디지털 보험 같은 성격이기도 하다. 디지털 미디어 기반의 문화 유산인 Digital Heritage는 유럽이나 미국 같은 선진국에서 먼저 시작된 기술이지만 한국 역시 빠르게 발전하고 있다. 특히, 해외 문화유산 복원 프로젝트까지 진행하며 세계 디지털 복원을 이끄는 선진국이 될 것이다. 문화유산 디지털 복원에는 다음과 같이 크게 세 가지의 유형이 있다.

문화유산의 디지털 복원에는 크게 세 가지 유형이 있다.

첫째, 복원 대상 문화유산이 완전히 사라진 경우로, 이는 과거에 존재했으나 현재는 볼 수 없는 문화유산을 디지털로 되살리는 작업이다. 역사적 기록과 유물을 바탕으로 정교한 디지털 모델을 생성하여 과거의 모습을 재현하는 이 과정은 단순한 복원을 넘어, 문화유산의 역사적 맥락과 가치를 현대 사회에 전달하는 데 중요한 역할을 한다. 이와 같은 디지털 복원은 역사적 기억을 되살리고, 그 가치가 시대를 초월하여 전달될 수 있도록 돕는다.

둘째, 문화유산이 현재도 여전히 존재하는 경우, 즉 경복궁, 첨성대, 석굴암과 같은 문화유산을 디지털로 재현하여 보존하고 활용하는 것이다. 이는 문화유산의 현재 상태를 정확하게 기록하는 작업으로서, 미래에 손상되거나 변화될 가능성에 대비한 디지털 보험의 역할을 한다. 디지털 기술을 통해 문화유산의 접근성을 높이고, 다양한 관객층에게 그 가치를 전달하는 동시에, 보존과 교육의 역할을 충실히 수행할 수 있다.

셋째, 문화유산의 일부가 훼손된 채로 남아있는 경우, 디지털 기술을 활용하여 훼손된 부분을 복원하고, 완전한 모습으로 재현하는 작업이다. 이 과정은 단순히 복원하는 데 그치지 않고, 학문적 연구와 기술적 접근을 통해 훼손된 부분을 합리적으로 추론하고, 그 결과물에 완성도를 높여 원형을 최대한 보존하려는 노력을 포함한다. 이를 통해 불완전한 형태로 남아 있는 문화유산을 디지털로 복원하여, 과거의 모습과 가치를 후세에 전달하는 중요한 역할을 한다.

이와 같은 디지털 복원의 예로는 숭례문(남대문), 석굴암, 첨성대, 소쇄원 등 여러 사례가 있다. 이들 문화유산은 디지털 기술을 통해 과거의 모습을 재현하고, 향후 미래 세대들이 이를 통해 우리 문화유산의 깊이와 가치를 이해하고 보존할 수 있도록 돕고 있다. 디지털 복원은 단순히 문화유산을 보존하는 데 그치지 않고, 이를 미래로 이어주는 소중한 기록으로서 중요한 의미를 지닌다.

우리가 현재 접할 수 있는 문화유산보다 오히려 오래전에 존재했지만 지금은 사라져버린 것들에 대해 더욱 깊은 관심을 갖게 되는 경우가 많다. 이는 결국 "볼 수 없는 것이기에" 생기는 아쉬움이라고도 할 수 있다. 사라진 문화유산에 대한 이러한 안타까움 속에서, 디지털 복원 기술은 전 세계적으로 그 가치를 인정받으며 발전하고 있으며, 유네스코 또한 이에 대한 중요성을 높이 평가하고 있다.

특히, 유네스코는 세계유산협약 이행을 위한 운영지침(Operational Guidelines for the Implementation of the World Heritage Convention)의 II.E 완전성 및/또는 진정성(Integrity and/or Authenticity) 장(章, Chapter) 제86조[16]에서 문화유산 복원의 원칙을 명확히 규정하고 있다. 해당 조항에서는 "진정성과 관련하여, 고고학적 유구나 역사적 건축물 또는 지구의 복원은 예외적인 경우에 한해서만 정당화될 수 있다. 또한, 복원은 완전하고 상세한 기록을 근거로 이루어져야 하며, 어떠한 경우에도 추측에 기반해서는 안 된다."라고 명시하고 있다.

즉, 유네스코는 복원 과정에서 역사적 진실성을 철저히 유지해야 하며, 불완전한 정보나 단순한 가정에 근거한 복원이 이루어져서는 안 된다는 점을 강조하고 있다. 이는 단순한 원형 재현이 아니라, 문화유산의 본래 가치를 존중하고, 이를 정확한 기록과 검증된 자료를 바탕으로 복원하는 것이 필수적이라는 의미를 내포하고 있다.

문화유산의 가치를 지키는 디지털 트윈(Digital Twin)

디지털 트윈이 완벽하게 작동하기 위해서는 몇 가지 필수적인 요소들이 뒷받침되어야 한다. 이는 단순한 기술적 구현을 넘어, 문화유산의 본질과 가치를 보존하면서도 후대에 온전히 전달할 수 있도록 하는 중요한 과정이다.

첫째, 디지털 복원 및 재현 과정에 대한 학문적 연구가 반드시 수반되어야 한다. 디지털 복원이 단순한 시각적 재현에 그치지 않고 역사적 진정성을 유지하기 위해서는 고고학, 미술사학 등 다양한 학문과의 융합 연구가 필수적이다. 이러한 학문적 접근은 고증 오류를 줄이고, 보다 합리적인 추론을 가능하게 하며, 디지털 복원의 정확성과 신뢰성을 높이는 데 중요한 역할을 한다. 결과적으로, 문화유산의 원형을 최대한 충실히 재현하는 데 기여하며, 복원이 단순한 상상이나 추측이 아닌 철저한 학문적 근거를 바탕으로 이루어질 수 있도록 한다.

둘째, 방대한 양의 디지털 데이터 확보가 필요하다. 현재 물리적으로 존재하는 문화유산에 대해서는 가능한 한 정확한 디지털 기록을 남겨야 하며, 이러한 데이터는 향후 문화유산의 보존 및 복원 과정에서 핵심적인 기초 자료로 활용될 수 있다. 특히, 정밀한 3D 스캐닝, 사진 및 영상 자료, 레이저 스캔, 역사적 문헌 등의 기록을 통해 문화유산의 현재 상태를 정밀하게 보존하는 것이 중요하다. 이는 단순한 보존을 넘어, 미래의 복원 작업을 위한 귀중한 자산이 될 뿐만 아니라, 후대에 문화유산을 전달할 수 있는 중요한 방법이기도 하다.

16) In relation to authenticity, the reconstruction of archaeological remains or historic buildings or districts is justi able only in exceptional circumstances. Reconstruction is acceptable only on the basis of complete and detailed documentation and to no extent on conjecture.

셋째, 인공지능(AI) 기술의 적극적인 활용이 필요하다. 디지털 복원 과정에서 종종 직면하는 문제 중 하나는 데이터 부족이며, 이를 보완하는 데 인공지능 기술이 중요한 역할을 한다. 사진, 영상, 문헌 등의 방대한 자료를 분석하고, 데이터 간의 연관성을 찾아 부족한 부분을 보완할 수 있는 인공지능 알고리즘은 디지털 복원의 정밀성과 효율성을 높이는 데 필수적이다. 특히, 기계 학습을 활용하면 기존의 단편적인 데이터에서 숨겨진 패턴을 찾아내고, 복원 작업의 신뢰도를 한층 끌어올릴 수 있다.

디지털 트윈(DT, Digital Twin)은 문화유산 보존 및 관리의 패러다임을 변화시키며, 나아가 문화유산의 가치와 의미를 미래 세대에게 더욱 생생하게 전달하는 중요한 역할을 수행한다. 이는 단순한 기술적 진보를 넘어, 시간과 공간을 초월하여 문화유산을 지속 가능한 방식으로 전승할 수 있도록 하는 혁신적인 접근 방식이다. 디지털 기술을 통해 우리는 과거와 현재를 연결하고, 미래를 위한 소중한 기록을 남길 수 있다. 이러한 노력은 단순히 문화재를 보존하는 차원을 넘어, 인류가 공유하는 역사적 기억과 문화적 유산을 보다 풍부하고 지속 가능하게 만드는 데 기여할 것이다.

2. 디지털 트윈(Digital Twin)과 3D 현실 세계 구현

I. 디지털 트윈(DT) 개념

디지털 트윈[1](Digital Twin, DT)은 물리적 자산, 프로세스, 시스템 또는 환경의 디지털 복제본을 의미한다. 즉, 다양한 센서 데이터를 통해 실시간으로 물리적 자산의 상태를 반영한다. 이를 통해 시뮬레이션, 분석, 예측을 수행하여 최적화 및 의사결정을 지원할 수 있다. 디지털 트윈은 단순한 3D 모델링을 넘어, 물리적 자산의 동적 특성을 실시간으로 모니터링하고, 미래의 상태를 예측하며, 다양한 시나리오를 시뮬레이션할 수 있는 고도화된 디지털 표현을 포함한다. 이러한 특성으로 인해 디지털 트윈은 제조업, 스마트 시티, 헬스케어, 에너지, 국방 등 다양한 산업 분야에서 활용되며, 다음과 같은 특성을 지니고 있다.

- 실시간 모니터링 및 예측 유지보수(Real-time Monitoring and Predictive Maintenance) : 물리적 자산의 상태를 실시간으로 파악하여 고장 예측 및 예방 정비를 가능하게 한다.
- 효율성 향상 : 프로세스 최적화와 자원 관리 개선을 통해 운영 효율성을 향상시킨다.
- 혁신 촉진 : 새로운 설계나 운영 방식을 시뮬레이션하여 위험(risk) 요소를 줄이고 혁신을 가속화한다.
- 비용 절감 : 유지보수 비용 절감, 생산성 향상 등을 통해 전반적인 비용을 절감할 수 있다.

디지털 트윈은 단순한 기술적 도구를 넘어, 현실 세계와 디지털 세계를 연결하는 핵심적인 역할을 수행하며, 산업 전반에 걸쳐 혁신과 효율성을 동시에 추구하는 데 기여하고 있다.

디지털 트윈의 역사

디지털 트윈(Digital Twin)의 역사는 2002년 NASA의 Dr. Michael Grieves에 의해 처음 제안[2]되면서 시작되었다. 그는 복잡한 우주 시스템의 효율적인 관리를 위해 물리적 시스템과 그에 상응하는 디지털 모델 간의 상호작용이 필요하다고 주장하였다. 초기에는 주로 제조업(Manufacturing)에서 제품의 설계(Design)와 유지보수(Maintenance)를 목적으로 활용되었으나, 기술의 발전과 함께 다양한 산업 분야로 확산되었다.

2010년대에 들어서면서 사물인터넷(Internet of Things, IoT), 빅데이터(Big Data), 인공지능(Artificial

1) Grieves, M. (2014). Digital Twin: Manufacturing Excellence through Virtual Factory Replication. White Paper.
2) Grieves, M., & Vickers, J. (2017). Digital Twin: Mitigating Unpredictable, Undesirable Emergent Behavior in Complex Systems. In F.-J. Kahlen, S. Flumerfelt, & A. Alves (Eds.), Transdisciplinary Perspectives on Complex Systems: New Findings and Approaches. Springer.

Intelligence, AI) 등의 기술 발전은 디지털 트윈의 실시간 데이터 연동(Data Integration)과 예측 분석(Predictive Analytics) 기능을 강화시켰다[3]. 특히, GE(General Electric)는 디지털 트윈 개념을 산업용 IoT와 결합하여 제조업뿐만 아니라 에너지(Energy), 헬스케어(Healthcare) 등 다양한 분야에서 활용되기 시작했다[4].

최근에는 스마트 시티(Smart City), 헬스케어(Healthcare), 항공우주(Aerospace), 건설(Construction) 등 광범위한 분야에서 디지털 트윈이 핵심 기술로 자리 잡고 있으며, 5G와 클라우드 컴퓨팅(Cloud Computing)의 발전은 디지털 트윈의 실시간 데이터 처리와 확장성(Scalability)을 더욱 향상시키고 있다. 이러한 기술적 진보는 디지털 트윈이 단순한 개념에서 벗어나 현실 세계와 디지털 세계를 유기적으로 연결하는 핵심 도구로 자리매김하는 데 기여하고 있다.

디지털 트윈의 3D 가시화

디지털 트윈(Digital Twin)의 효과적인 활용을 위해서는 복잡한 데이터를 직관적으로 이해할 수 있는 시각화(Visualization)가 필수적이다. 즉, 3D 가시화(Visualization)는 디지털 트윈의 데이터와 정보를 보다 직관적이고 실감 나게 표현함으로써, 사용자들이 보다 효과적으로 의사결정을 내릴 수 있도록 지원한다. 이를 구체적으로 살펴보면 다음과 같다.

- 상태 모니터링(Status Monitoring) : 물리적 자산의 현재 상태를 3차원(3D)으로 시각화하여 사용자가 쉽게 이해할 수 있도록 도와준다.
- 시뮬레이션 및 분석(Simulation and Analysis) : 다양한 시나리오를 3D 환경에서 시뮬레이션하여 결과를 시각적으로 분석할 수 있다.
- 의사소통 도구(Communication Tool): 이해관계자 간의 효과적인 커뮤니케이션을 위해 복잡한 정보를 시각적으로 전달한다.
- 인터랙티브 인터페이스(Interactive Interface): 사용자가 직접 3D 모델과 상호작용하며 데이터를 탐색할 수 있는 인터페이스를 제공한다.

3D 가시화는 단순히 데이터를 시각적으로 표현하는 것을 넘어, 사용자에게 직관적이고 실시간적인 정보 제공을 가능하게 함으로써 디지털 트윈의 가치를 극대화하는 데 핵심적인 역할을 수행한다. 이를 통해 복잡한 시스템의 이해와 운영이 보다 효율적이고 정교하게 이루어질 수 있다.

---

3) Tao, F., Qi, Q., Liu, A., & Kusiak, A. (2018). Data-driven smart manufacturing. Journal of Manufacturing Systems, 48, 157-169.

4) Lee, J., Bagheri, B., & Kao, H.-A. (2015). A cyber-physical systems architecture for industry 4.0-based manufacturing systems. Manufacturing Letters, 3, 18-23.

II. 디지털 트윈 구현을 위한 주요 소프트웨어

디지털 트윈을 효과적으로 구현하기 위해 다양한 소프트웨어가 여러 산업 분야에서 활용되고 있다. 산업별 요구사항과 공정의 특성에 따라 다양한 솔루션이 사용되지만, 시장에서 널리 채택되고 있는 대표적인 소프트웨어로는 Unreal Engine, Unity, Cesium, Siemens' Digital Twin Solutions, 그리고 PTC's ThingWorx 등이 있다.

각 소프트웨어는 특정 용도와 요구사항에 따라 선택될 수 있으며, 디지털 트윈의 구축과 3D 가시화에 있어 폭넓은 가능성을 제공한다. 따라서 프로젝트의 특성과 목표에 부합하는 최적의 도구를 선정하는 것이 중요하다. 이를 위해 제작사의 기술 지원 수준, 사용자 커뮤니티의 활성화 정도, 소프트웨어 업데이트 빈도 등을 종합적으로 고려해야 한다. 궁극적으로, 이러한 요소를 신중히 검토함으로써 디지털 트윈의 가치를 극대화하고 실질적인 성과를 도출할 수 있을 것이다.

1. Unreal Engine

Epic Games[5]는 1991년에 설립된 미국의 비디오 게임 및 소프트웨어 개발 회사로, Unreal Engine의 개발사로 널리 알려져 있다. 이 엔진은 게임 산업을 넘어 영화, 건축, 자동차 등 다양한 분야에서 실시간 3D 기술을 제공하며, 포트나이트(Fortnite)와 같은 인기 게임을 개발하여 글로벌 게임 시장에서 강력한 영향력을 행사하고 있다.

특히, Epic Games는 2021년 3월 9일 RealityCapture를 인수하였으며, 2024년 4월 말부터 이를 무료로 제공하기 시작했다. RealityCapture는 이미지 및 LiDAR 데이터를 활용하여 가상 현실(VR), 3D 메쉬(mesh), 정사영상(orthophoto) 등을 자동으로 생성하는 사진측량(photogrammetry) 소프트웨어로서, 건축 시각화, 문화유산 복원, 토목 공사 등 다양한 분야에서 활용되고 있다.

[그림] Epic Games의 RealityCapture 입수합병[6]

5) About Epic Games. https://www.epicgames.com/site/en-US/about
6) https://www.epicgames.com/site/en-US/news/capturing-reality-is-now-part-of-epic-games

Epic Games는 이러한 기술력을 바탕으로 실시간 3D 제작과 시뮬레이션의 선두주자로 자리매김하고 있으며, Unreal Engine은 다음과 같은 특징을 갖추고 있다.

- 고품질 그래픽 : 사실적인 그래픽과 광원 효과를 제공하여 시각적으로 뛰어난 결과물을 생성할 수 있다.
- 블루프린트(Blueprint) 시스템 : 프로그래밍 지식이 없는 사용자도 시각적 스크립팅을 통해 복잡한 기능을 구현할 수 있다.
- 강력한 물리 엔진 : 현실적인 물리 효과를 적용하여 보다 생동감 있는 시뮬레이션을 구현할 수 있다.
- 커뮤니티 및 지원 : 전 세계적으로 활발한 사용자 커뮤니티와 풍부한 학습 자료를 보유하고 있어, 문제 해결과 학습이 용이하다.

(1) 구성 언어

- C++[7]: Unreal Engine의 핵심 언어로, 고성능 게임 및 애플리케이션 개발에 적합하다.
- Blueprint[8] : Unreal Engine에서 제공하는 비주얼 스크립팅[9](Visual Scripting) 시스템으로서, 프로그래밍 지식이 부족한 사용자도 직관적으로 로직을 설계할 수 있도록 돕는다.

(2) 플랫폼 지원

- PC : Windows, macOS, Linux 등 주요 데스크톱 운영체제를 지원한다.
- 콘솔 : PlayStation, Xbox, Nintendo 등 주요 콘솔 플랫폼과 호환된다.
- 모바일 : iOS 및 Android 플랫폼을 지원한다.
- VR/AR : 가상현실(VR) 및 증강현실(AR) 기기와의 통합이 용이하다.

---

7) 2024.2.26, 미국 백악관 국가사이버책임자실(ONCD; Office of the National Cyber Director)은 개발자들에게 메모리 안전 취약점이 없는 프로그래밍 언어를 사용하여 사이버 공격의 위험을 줄여야 한다고 발표했다. 메모리 안전 프로그래밍 언어는 버퍼 오버플로, 범위를 벗어난 읽기, 메모리 누수 등 메모리 액세스와 관련된 소프트웨어 버그 및 취약성으로부터 안전한 프로그래밍 언어를 의미한다. 마이크로소프트와 구글의 최근 연구에 따르면 전체 보안 취약점의 약 70%가 메모리 안전 문제로 인해 발생하는 것으로 나타났다. 메모리 안전 취약점이 있는 프로그래밍 언어로는 C, C++이며, 메모리 안전성이 있는 프로그래밍 언어는 Rust, #, Go, Java, Swift 등이 있다.(출처: www.whitehouse.gov/oncd/briefing-room/2024/02/26/memory-safety-statements-of-support)

8) Blueprint : Unreal Engine에서 제공하는 비주얼 스크립팅 언어로서, 전통적인 텍스트 기반 프로그래밍 언어와는 달리 Blueprint는 그래픽 인터페이스를 통해 게임 로직을 설계할 수 있도록 도와준다.
- 특징
  (1) 노드 기반 : 함수, 변수, 이벤트 등을 노드 형태로 배치하고 연결하여 로직을 구성한다.
  (2) 실시간 피드백 : Blueprint에서 변경한 내용이 즉시 에디터에 반영되어, 실시간으로 결과를 확인할 수 있다.
  (3) 사용자 친화적 : 프로그래밍 경험이 적은 사용자도 직관적으로 사용할 수 있도록 설계되었다.
  (4) 확장성 : C++와의 통합이 가능하여, 복잡한 기능이나 성능 최적화가 필요할 경우 C++ 코드와 연동하여 사용할 수 있다.

9) 비주얼 스크립팅 시스템 : 코딩 지식이 많지 않은 사용자도 시각적인 인터페이스를 통해 프로그래밍 논리를 설계하고 구현할 수 있도록 도와주는 도구이다. Unreal Engine의 Blueprints와 Unity의 Bolt 등이 대표적인 비주얼 스크립팅 시스템이다.
사용자는 노드(Node)를 연결하여 게임 로직, 이벤트 처리, 데이터 흐름 등을 시각적으로 설계할 수 있으며, 이를 통해 프로그래밍 언어를 직접 작성하지 않고도 복잡한 기능을 구현할 수 있다.

- 웹 : 기기본적으로 웹 브라우저에서 직접 실행되지는 않지만, 클라우드 스트리밍 기술을 통해 웹에서도 활용할 수 있다.

(3) 특징

- 고품질 그래픽과 실시간 렌더링 지원 : AAA[10] 게임(Triple-A Game) 개발에 최적화되어 있으며, 사실적인 그래픽 구현이 가능하다.
- 풍부한 리소스 활용 가능 : 방대한 커뮤니티와 에셋 스토어(Asset Store)를 통해 다양한 리소스를 활용할 수 있다.
- 학습 곡선이 가파름 : 강력한 기능을 활용하기 위해서는 상당한 학습 시간이 필요하며, 초급 사용자가 익숙해지는 데 시간이 걸릴 수 있다.
- 높은 하드웨어 사양 요구 : 고품질 그래픽을 구현하기 위해서는 고사양 하드웨어가 필요하며, 최적화를 고려해야 한다.

2. Unity

Unity Technologies[11]는 2004년 덴마크에서 설립된 소프트웨어 회사로서, Unity 엔진을 개발한 기업이다. Unity는 게임 개발을 중심으로 시작되었으나, 현재는 AR/VR, 영화, 자동차, 건축 등 다양한 산업 분야로 활용 범위를 확장하며, 실시간 3D 기술을 선도하는 다목적 플랫폼으로 자리 잡았다.

Unity는 강력한 확장성과 높은 접근성을 바탕으로 실시간 3D 개발 환경을 제공하며, 초보자부터 전문가까지 폭넓게 활용할 수 있는 유연한 엔진이다. 그러나 그래픽 품질이 기본적으로 Unreal Engine에 비해 다소 낮을 수 있으며, 고사양 프로젝트에서는 최적화 작업이 필수적이다. 이를 보완하기 위해 다양한 에셋과 플러그인을 활용할 수 있으며, 멀티플랫폼 개발 및 배포가 용이하다는 점에서 강력한 경쟁력을 갖춘 엔진이라 할 수 있다.

Unity는 접근성이 뛰어난 개발 도구와 광범위한 플랫폼 지원을 강점으로 하며, 다음과 같은 주요 특징을 갖추고 있다.

- 멀티플랫폼 지원 : PC, 모바일, 콘솔, VR/AR 기기 등 다양한 플랫폼으로 손쉽게 배포할 수 있다.
- 사용자 친화적 인터페이스 : 직관적인 에디터와 강력한 툴셋을 제공하여 개발 생산성을 극대화할 수 있다.

---

10) AAA(Triple-A) 게임 : 최고 수준의 품질, 대규모 예산, 광범위한 마케팅, 그리고 방대한 개발 자원을 투입한 게임을 지칭하는 등급 또는 분류이다. 따라서 AAA는 공식적인 약어보다는 표현적인 용어로 사용되고 있다.

11) About Unity Technologies. https://unity.com/company

- 광범위한 에셋 스토어(Asset Store) : 다양한 에셋과 플러그인을 활용하여 개발 시간을 단축하고, 손쉽게 기능을 확장할 수 있다.
- 유연한 스크립팅 시스템 : C#을 기반으로 한 강력한 스크립팅 기능을 제공하여 복잡한 로직 구현이 가능하다.

그러나 Unity는 기본적으로 Unreal Engine에 비해 제공되는 그래픽 품질이 다소 낮을 수 있으며, 고사양 프로젝트의 경우 퍼포먼스 최적화가 필요할 수 있다. 그러나 추가적인 설정과 최적화를 통해 그래픽 품질을 개선할 수 있다.

(1) 구성 언어

- C# : Unity의 주력 스크립팅 언어로, 간결한 문법과 강력한 기능을 제공한다.
- UnityScript : 과거에는 JavaScript와 유사한 UnityScript를 지원했으나, 현재는 C#이 주류 언어로 자리 잡았다.

(2) 플랫폼 지원

- PC : Windows, macOS, Linux 등 주요 데스크톱 운영체제에서 실행 가능하다.
- 콘솔 : PlayStation, Xbox, Nintendo 등 다양한 게임 콘솔과 호환된다.
- 모바일 : iOS, Android를 포함한 모든 주요 모바일 플랫폼을 지원한다.
- 웹 : WebGL[12)]을 통해 웹 브라우저에서 직접 실행할 수 있다.
- VR/AR : 다양한 VR 및 AR 기기와의 호환성을 갖추고 있다.
- 기타 : 스마트 TV, 웨어러블 디바이스 등 다양한 플랫폼으로의 배포가 가능하다.

(3) 특징

- 사용자 친화적인 인터페이스 : 초보자부터 전문가까지 폭넓게 활용할 수 있도록 직관적인 GUI(그래픽 사용자 인터페이스)와 유연한 에디터를 제공한다.
- 풍부한 에셋 스토어와 플러그인 지원 : 다양한 무료 및 유료 에셋을 활용하여 개발 시간을 단축할 수 있으며, 플러그인을 통해 원하는 기능을 손쉽게 확장할 수 있다.
- 2D 및 3D 개발 모두 지원 : 2D 및 3D 게임 개발에 최적화되어 있으며, 다양한 장르의 프로젝트에서 활용할 수 있다.

---

12) WebGL(Web Graphics Library) : 웹 브라우저 내에서 인터랙티브한 3D 및 2D 그래픽을 렌더링할 수 있도록 하는 JavaScript API이다. WebGL은 OpenGL ES(Embedded Systems)의 하위 집합을 기반으로 하며, HTML5와 캔버스(Canvas) 요소와 함께 사용된다.
- 주요 특징
  (1) 하드웨어 가속 : GPU를 활용하여 고성능 그래픽을 렌더링할 수 있다.
  (2) 크로스 플랫폼 : 대부분의 현대 웹 브라우저(Chrome, Firefox, Safari, Edge 등)에서 지원되며, 운영체제에 구애받지 않는다.
  (3) 실시간 렌더링 : 실시간으로 그래픽을 생성하고 업데이트할 수 있어, 게임, 데이터 시각화, 시뮬레이션 등에 적합하다.
  (4) 확장성 : 쉐이더(Shaders)를 사용하여 사용자 정의 그래픽 효과를 구현할 수 있다.

3. Cesium

Bentley Systems에 합병된 Cesium은 지리 공간 데이터 시각화에 특화된 플랫폼으로, 지리공간 3D 매핑(3D geospatial mapping)과 실시간 지리정보 시스템(GIS, Geographic Information System)을 전문적으로 다룬다.

특히, 오픈 소스 플랫폼인 CesiumJS를 통해 대규모 지리 데이터를 웹에서 실시간으로 시각화할 수 있는 강력한 도구를 제공하며, 스마트 시티, 도시 계획, 항공우주, 군사 시뮬레이션 등 다양한 분야에서 광범위하게 활용되고 있다. 특징은 다음과 같이 요약할 수 있다.

- 지리공간 데이터 지원 : 위성 이미지, 지형 데이터, 건물 모델 등 다양한 지리공간 데이터를 효율적으로 처리하고 시각화할 수 있다.
- 웹 기반 : CesiumJS를 기반으로 하여 웹 브라우저에서 손쉽게 접근하고 배포할 수 있다.
- 확장성 : 대규모 데이터셋을 원활하게 처리할 수 있는 높은 확장성을 제공한다.
- 오픈 소스 : 커뮤니티 중심의 개발이 가능하며, 사용자 맞춤형 기능 구현이 용이하다.

(1) 구성 언어

- CesiumJS : JavaScript 기반으로, 웹 브라우저에서 3D 지리 공간 데이터(Geospatial Data)를 실시간으로 시각화하는 데 사용된다.
- Cesium for Unreal & Cesium for Unity: Unreal Engine 및 Unity와의 통합을 통해 각각 C++ 및 C#을 활용하여 더욱 정교한 지리 공간 시각화를 구현할 수 있다.

(2) 플랫폼 지원

- 웹(Web) : CesiumJS는 WebGL을 기반으로 하여 모든 주요 웹 브라우저에서 원활하게 동작한다.
- PC : Cesium for Unreal 및 Cesium for Unity를 활용하여 PC 기반 애플리케이션에서 고성능 지리 공간 시각화를 구현할 수 있다.
- 모바일 : 웹 브라우저를 통해 모바일에서도 접근 가능하며, Unity와의 통합을 통해 모바일 애플리케이션으로도 배포할 수 있다.

(3) 추가 특징 및 고려 사항

- 고해상도 지리 공간 시각화(Geospatial Visualization) : 고해상도의 3D 지구본(Globe)과 위성 데이터를 실시간으로 렌더링할 수 있어 정밀한 지리 공간 분석이 가능하다.
- 오픈 소스 기반 : CesiumJS는 오픈 소스(Open-source)로 제공되므로, 커스터마이징과 확장이 용이하며, 다양한 프로젝트에 맞게 최적화할 수 있다.
- 데이터 통합 및 실시간 스트리밍 지원 : 다양한 GIS 데이터 형식과 호환되며, 실시간 데이터 스트리밍 기능을 제공하여 동적 데이터 업데이트가 가능하다.

- 엔진 통합(Engine Integration) : Unreal Engine 및 Unity와의 통합을 통해 게임 및 시뮬레이션 환경에서도 고급 지리 공간 데이터를 활용할 수 있다.

그러나, Unreal Engine이나 Unity에 비해 고급 그래픽 기능이 다소 제한적일 수 있으며, 지리 공간 데이터 처리 및 웹 개발에 대한 전문 지식이 요구될 수 있다.

4. Siemens' Digital Twin Solutions[13]

Siemens AG는 1847년에 독일에서 베르너 폰 지멘스(Werner von Siemens)에 의해 설립된 다국적 기업이다. 본사는 독일 뮌헨에 있으며, 현재 유럽에서 가장 큰 산업 제조 회사 중 하나로 자리매김하고 있다. Siemens는 전기 공학과 전자 공학을 기반으로 다양한 산업 분야에서 혁신적인 솔루션을 제공해 왔다.

Siemens는 주로 산업 자동화, 에너지 관리, 헬스케어, 인프라 및 도시 개발 등 다양한 분야에서 활동하고 있다. 특히 디지털 트윈 솔루션, 스마트 그리드, 의료 영상 장비, 고속 철도 시스템 등 첨단 기술을 활용한 제품과 서비스를 제공하고 있다. 즉, Product Engineering[14](제품 엔지니어링), Lifecycle Management[15](수명 주기 관리), Manufacturing[16](제조) 등의 분야에서 수많은 응용 디지털 트윈 소프트웨어를 제공한다.예를 들어 Lifecycle Management 분야의 Teamcenter PLM software는 제품 수명 주기 관리(PLM)와 통합되어 설계부터 생산까지의 전 과정을 디지털 트윈으로 구성한다. 장점은 다음과 같이 정리할 수 있다.

- 통합된 PLM 기능 : 제품 개발의 모든 단계를 통합 관리
- 산업 현장 최적화 : 제조 및 엔지니어링에 특화된 기능 제공
- 강력한 데이터 관리 : 대규모 데이터의 효율적 관리 및 분석

단점으로는 높은 초기 도입 비용으로 인해 중소기업에게는 비용부담이 될 수 있으며, 복잡한 시스템으로 인한 사용자 교육이 필요하다.

5. PTC's ThingWorx

PTC Inc.[17]는 1985년에 미국 매사추세츠주 보스턴에서 설립된 소프트웨어 및 서비스 회사로서, Parametric Technology Corporation으로 불리었다. 주로 CAD 소프트웨어로 시작했으

13) https://www.sw.siemens.com/en•US/digital•twin/
14) 제품 엔지니어링 : 제품의 설계, 개발, 생산 공정을 포함한 전반적인 엔지니어링 활동. 제품의 기능성, 품질, 비용 효율성을 최적화하기 위해 다양한 엔지니어링 기법을 적용.
15) 수명 주기 관리 : 제품이나 서비스의 초기 기획부터 개발, 출시, 유지보수, 폐기까지 전체 수명 주기를 관리하는 프로세스로서, 제품의 가치를 극대화하고, 효율성을 향상시키며, 비용을 절감할 수 있다.
16) 제조 : 원재료를 가공하여 최종 제품을 생산하는 과정. 제조는 생산 계획, 공정 관리, 품질 관리, 물류 등 다양한 요소를 포함.
17) https://www.ptc.com/

며, 현재 PTC는 제품 수명 주기 관리(PLM), 사물인터넷(IoT), 증강 현실(AR) 등 다양한 분야에서 솔루션을 제공하고 있다.

PTC는 제조업체들이 제품 설계, 제조, 서비스, 운영을 효율적으로 관리할 수 있도록 지원하는 다양한 소프트웨어 솔루션을 제공하고 있다. 주요 제품으로는 Creo(3D CAD 소프트웨어), Windchill(PLM 소프트웨어), ThingWorx(IoT 플랫폼), Vuforia(AR 플랫폼) 등이 있으며, 통합 플랫폼을 통해 사용자에게 높은 유연성과 확장성을 제공하고 있어, 스마트 제조, 에너지 관리, 헬스케어, 건물 관리, 물류 등 다양한 분야에서 활용되고 있다.

ThingWorx의 특징은 사물인터넷(IoT)과 연계된 디지털 트윈 플랫폼으로서, 실시간 데이터 수집 및 분석을 통해 운영 효율성을 향상시킨다. 산업 현장에서의 모니터링과 예측, 유지보수에 강점이 있다. 장점은 다양한 IoT 기기와의 높은 호환성, 실시간 모니터링 및 데이터 시각화, 다양한 산업 요구에 맞춘 확장 가능한 아키텍처 등이 있으나, 범용적인 기능으로 특정 산업에 최적화되지 않을 수 있으며, 복잡한 초기 설정 및 유지 관리가 단점이라 할 수 있다.

참고 벤틀리 시스템즈(Bentley Systems)[18]의 Cesium 인수

2024년 9월 6일, 인프라 엔지니어링 소프트웨어 회사인 벤틀리 시스템즈[19](Bentley Systems)가 3D 공간정보 기업 Cesium을 인수했다. Cesium[20]은 다양한 3D 공간 프로그램을 만들 수 있는 오픈 플랫폼으로 인정받고 있으며, "3D Tile"이라는 개방형 표준은 전세계 주요 기업, 정부, 그리고 많은 개발자들이 널리 사용하고 있다. Cesium의 클라우드 서비스인 Cesium ion은 매달 100만 대 이상의 PC에서 3D 공간 경험을 제공하고 있으며, Cesium의 오픈 소스 제품은 1,000만 번 이상 다운로드되고 있다.

Cesium은 플랫폼이 널리 사용되는 것 외에도, 대규모 3D 지리 데이터를 시각화하기 위한 "3D Tile"과 같은 개방형 표준을 선도하고 있는데, "3D Tile"는 2019년에 전 세계 지리정보 기술을 관리하는 조직인 '개방형 지리공간 컨소시엄[21]'(OGC; Open Geospatial Consortium)에서 공식 채택하였다.

18) Nasdaq: BSY

19) Bentley Systems : 인프라 엔지니어링 소프트웨어 회사로서, 인프라 관리를 위한 소프트웨어를 제공하고 있다. 즉, 도로, 철도, 수도, 공공 시설, 건물, 광산 등 다양한 분야의 설계, 건설, 운영에 사용되는 소프트웨어 솔루션을 제공하고 있다. iTwin 플랫폼을 기반으로 한 MicroStation, Seequent, Bentley Infrastructure Cloud 등의 제품을 보유하고 있다. 5,200명의 직원이 194개국에서 연간 10억 달러 이상의 매출을 올리고 있다.

20) Cesium : 3D 지리공간 오픈 플랫폼이다. 대규모 3D 지리공간 데이터셋을 스트리밍하기 위한 개방형 표준인 3D Tiles를 개발했다. Cesium Ion을 통해 데이터를 최적화하고, 호스팅하며, 전 세계 3D 콘텐츠와 결합하여 모든 기기에 스트리밍할 수 있다. 3D 지리정보와 컴퓨터 그래픽을 융합한 독자적인 기술력을 갖추고 있으며, 개방형 표준과 시스템 간 호환성 확보에 노력을 기울이고 있다. 원래 항공우주 분야를 위해 만들어졌지만, 현재는 국방, 건축, 엔지니어링, 건설, 부동산, 도시 계획 등 다양한 산업 분야에서 수많은 애플리케이션을 구동하는 데 사용되고 있다.

21) OGC는 지리정보 시스템(GIS)과 관련된 오픈 표준을 개발하고, 공간 데이터와 지리 정보의 상호 운용성을 증진시키기 위해 설립된 국제적인 비영리 조직이다. OGC는 다양한 산업 분야에서 지리공간 데이터를 효율적으로 사용하고 공유할 수 있도록 돕기 위해 표준을 제정하고 있다.

Bentley Software Industries Digital Twins Support Company Shop

CESIUM CESIUM IS NOW A PART OF BENTLEY SYSTEMS | LEARN MORE >

[그림] Cesium 인수, 합병을 알리는 벤틀리 시스템즈 홈페이지 초기화면 (https://www.bentley.com/)

벤틀리의 iTwin 플랫폼은 인프라를 설계하고, 구축・관리하는 데 사용하는 디지털 복제 솔루션을 지원하고 있다. Cesium과 iTwin이 결합됨으로써 개발자들은 3D 지리 데이터를 엔지니어링, 지반, 사물인터넷(IoT) 등의 데이터와 쉽게 통합할 수 있게 되었으며, 육지, 공중, 해양, 우주 공간은 물론 지구 내부까지 방대한 인프라 네트워크를 상세하게 시각화하는 가상 모델을 구축할 수 있게 되었다. 이를 통해 사용자는 개별 시설의 매우 정밀한 세부 정보를 확인할 수 있는 뛰어난 디지털 복제(replica)를 만들 수 있게 되었다.

이번 인수를 통해 벤틀리는 건축과 자연환경 분야를 위한 선도적인 오픈 플랫폼과 개발자 커뮤니티를 하나로 통합하게 되었다. 벤틀리의 CEO인 Nicholas Cummins는 "3D Geospatial Viewer"가 인프라 네트워크와 자산 정보를 쉽게 찾고 시각화할 수 있는 가장 직관적인 방법이라고 말했으며, Cesium과 iTwin이 결합된 기능 덕분에 인프라 전문가들은 하나의 환경에서 전체 3D 지리 데이터를 활용하여 보다 정확한 의사 결정을 내릴 수 있게 되었다고 덧붙였다. 한편, Cesium의 창립자이자, 현재 벤틀리 시스템즈 '최고 플랫폼 책임자'(CPO; Chief Platform Officer)인 패트릭 코지(Patrick Cozzi)는 "Cesium이 벤틀리에 합병한 것은 중요한 이정표가 될 것이다. Cesium 플랫폼은 개방형 표준과 오픈소스 기술을 기반으로 하여 현실감 있는 3D 시각화와 모델링을 위한 우수한 개발자 도구를 제공한다. 이번 Cesium과 iTwin의 합병을 통해 새로운 성장 기회가 열릴 것이며, 스타트업부터 글로벌 기업에 이르기까지 다양한 개발자 생태계에 더 큰 가치를 창출할 것이다."라고 밝혔다.

Cesium과 iTwin의 결합으로 개발자들은 3D 지리 공간 데이터와 엔지니어링, 지하, IoT, 현실, 기업 데이터 등을 통합하여, 광범위한 인프라 네트워크부터 밀리미터 단위의 개별 자산 세부사항까지 디지털 트윈을 생성할 수 있다. 이를 통해 지상, 하늘, 바다, 우주, 지하 심부까지 다양한 시각에서 디지털 트윈을 볼 수 있게 된다.

[그림] Cesium과 iTwin의 결합

III. 에픽게임즈, 통합 마켓플레이스 'Fab' 출시

에픽게임즈가 디지털 에셋을 검색, 구매, 판매, 그리고 공유할 수 있는 원스톱 마켓플레이스 'Fab'을 선보였다. 언리얼 엔진 마켓플레이스(Unreal Engine Marketplace)[22], 스케치팹 스토어(Sketchfab Store), 퀵셀(Quixel) 등 자사의 다양한 자산 스토어를 하나로 통합하며, 디지털 콘텐츠의

22) Market Place는 디지털 자산 거래소, 디지털 콘텐츠 시장, 온라인 콘텐츠 플랫폼, 자산 마켓, 또는 콘텐츠 유통 플랫폼 등으로 번역할 수 있다.

새로운 지평을 여는 디지털 콘텐츠 시장인 마켓플레이스가 탄생한 것이다.

[그림] Fab(https://www.fab.com/)의 초기 화면 일부

Fab은 언리얼 엔진 마켓플레이스와 스케치팹 스토어의 결합과 함께 퀵셀[23] 메가스캔(Quixel Megascans)까지 제공하는 방식으로 진화했다. 이 오픈 마켓플레이스는 특정 도구에 국한되지 않고, 언리얼 엔진(Unreal Engine), Unity 3D, 포트나이트 언리얼 에디터(UEFN) 및 기타 디지털 콘텐츠 제작 툴과 연동이 가능하다. 언리얼 엔진 개발자들은 언리얼 엔진 5 에디터 내에서 Fab을 직접 활용할 수 있으며, 포트나이트 크리에이터들은 UEFN을 통해 포트나이트에 적합한 에셋을 쉽게 탐색할 수 있다.

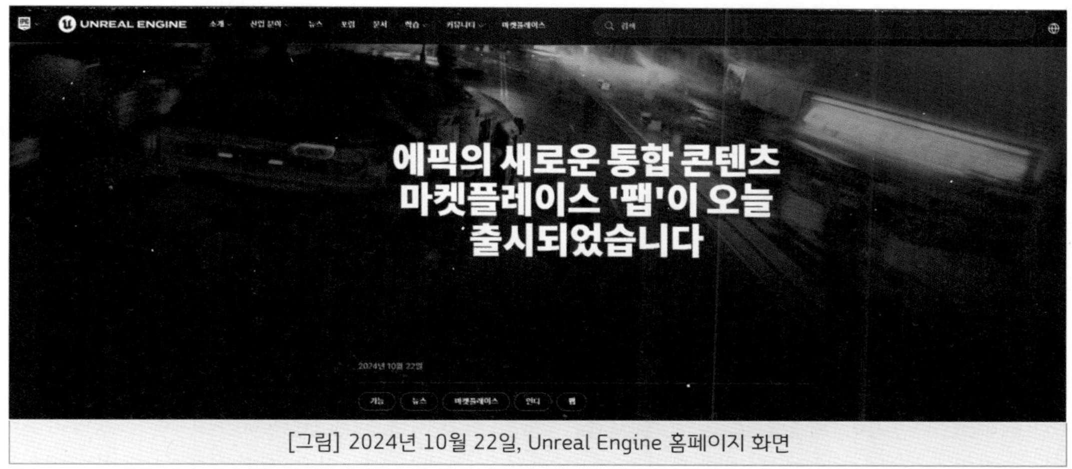

[그림] 2024년 10월 22일, Unreal Engine 홈페이지 화면

Fab은 2023년 GDC(Game Developers Conference)에서 그 윤곽이 처음 드러났다. 에픽게임즈는 이 프로젝트를 통해 3D 모델 및 자산 관련 스토어들을 단일 플랫폼으로 집약하면서 개발자들의 효율성을 높이고, 향후 아트스테이션(ArtStation) 마켓플레이스까지 통합할 계획을 밝힌 바 있다.

Fab 플랫폼을 통해 개발자들은 방대한 양의 게임 에셋과 3D 환경, 시각 효과, 음악, 음향 효과, 캐릭터 모델, 애니메이션 등을 손쉽게 탐색하고 구매할 수 있다. 에셋들은 체계적인 카테

23) Quixel : 2011년 스웨덴에서 Teddy Bergsman과 Waqar Azim이 끝없이 확장되는 3d 에셋 라이브러리란 컨셉의 메가스캔이란 서비스를 시작하면서 본격적으로 등장한 벤처 기업이다. 2019년 11월 에픽게임즈에 인수합병 되었다.

고리 구성을 통해 사용자 편의성을 극대화했으며, 언리얼 엔진뿐만 아니라 Unity, 포트나이트, Godot[24](고도) 엔진과 같은 다양한 엔진에 맞춘 상품을 선별할 수 있는 필터링 기능도 제공된다. 뿐만 아니라, Roblox(로블록스)와 Minecraft(마인크래프트) 같은 UGC(User-Generated Content) 기반 게임에서도 활용할 수 있는 에셋들이 준비되어 있다.특히, 실시간 3D 뷰어 기능이 돋보인다. 개발자들은 구매 전 에셋을 세밀히 살펴볼 수 있으며, 언리얼 엔진 플러그인을 통해 프로젝트에 즉시 통합할 수 있어 더욱 유연한 제작 환경을 기대할 수 있다.

그러나 이러한 혁신적 시도에도 불구하고 일부 커뮤니티에서는 불안감과 우려의 목소리도 나오고 있다. Sketchfab[25] 사용자들은 기존 Sketchfab Store의 폐쇄 및 데이터 이전 과정에서 발생할 수 있는 문제들에 대한 우려를 제기하고 있으며, Reddit을 비롯한 여러 플랫폼에서 이에 대한 논의가 활발히 진행 중이다. 콘텐츠 삭제 가능성과 Fab의 일부 제한된 기능에 대한 불만이 주된 내용이다.

이에 에픽게임즈는 Sketchfab의 주요 기능은 그대로 유지되며, Fab으로의 통합은 단순히 스토어 구조의 변화일 뿐이라며 우려를 진정시키고 있다. Sketchfab은 여전히 3D 모델을 업로드하고 공유할 수 있는 플랫폼으로서 그 역할을 이어갈 예정이며, 기능적 측면에서 더욱 강화될 것이라고 밝혔다.

2025년에는 ArtStation 마켓플레이스도 Fab으로 편입될 예정이다. 다만 ArtStation 자체는 디지털 아티스트들의 포트폴리오 관리와 취업 지원의 핵심 플랫폼으로 남아, Fab과의 양방향 연결을 통해 더 풍부한 기회를 창출할 것으로 보인다.

Fab은 단일 플랫폼에서 모든 디지털 자산을 한눈에 확인하고 구매 및 판매할 수 있는 새로운 디지털 자산 시장으로 자리 잡았다. 에픽게임즈는 이를 통해 콘텐츠 크리에이터와 소비자 모두가 새로운 가치와 기회를 누릴 수 있을 것이라고 기대하며, 게임 개발을 넘어 자동차, 건축, 디지털 광고, 영화·TV 가상 제작 등 다양한 산업 분야에서 활용도가 더욱 확대될 것으로 전망하고 있다. 나아가 2025년 이후에도 지속적인 투자와 개선을 통해 Fab을 더욱 진화시켜 나갈 방침이다.

---

24) 아르헨티나의 개발자인 후안 리니에츠키(Juan Linietsky)와 아리엘 만수르(Ariel Manzur)가 개발한 게임 엔진이다. 본래 인하우스 툴로 사용하던 게임 엔진을 MIT 라이선스하에 오픈소스로 배포하는 엔진이 현재의 고도 엔진(Godot Engine)이다. IDE를 포함한 대부분의 요소가 아무리 커도 150MB 정도로 매우 컴팩트하며 별도의 설치도 필요 없을 정도로 가볍다. 또한 추가적인 설치를 필요로 하는 요소 또한 없기 때문에, 엔진을 설치하고 준비하는 과정이 그렇게 길지 않다는 것 또한 장점이다.

25) Sketchfab : 미국 뉴욕에 있는 인공지능 스타트업이며 가상 현실(VR), 증강 현실(AR) 콘텐츠를 공유하고 탐색할 수 있는 플랫폼을 제공하고 있다. 본사는 프랑스의 파리와 미국의 뉴욕시에 있으나 Remote Work 기업이다.
2021년 7월 21일, 미국의 3대 게임사 중 한 곳인 에픽게임즈가 Sketchfab을 인수했다. 인수 후에는 3D모델링을 통한 생성형 AI 시스템을 구축해 애니메이션과 특수효과 기술에 해당 툴을 제공하고 있다. 픽사, 월트디즈니, 라이즈들이 대표적인 고객사이다. 아우디, 보잉, 필립스 등 실시간 모델링을 필요로 하는 제조사들도 Sketchfab의 고객사이다. 2024년 기준으로 사용자 1억명을 돌파하며, 수십억 데이터베이스를 구축해 증강 현실 기업 중 가장 많은 데이터를 보유하고 있다.

3. Unreal Engine

EPIC 게임즈

1991년 설립된 Epic Games는 CEO인 팀 스위니(Tim Sweeney)가 설립한 미국 기업이다. 미국 노스캐롤라이나주 캐리(Cary)에 본사를 두고 있으며, 전 세계에 수십 개의 지사를 운영하고 있다. Epic은 선도적인 인터랙티브[1](interactive) 엔터테인먼트 기업이자 3D 엔진 기술 제공업체이다.

Epic은 세계에서 가장 큰 규모의 게임 중 하나인 포트나이트(Fortnite)를 운영하고 있으며, 이는 Fortnite Battle Royale, LEGO®Fortnite, Rocket Racing, Fortnite Festival과 같은 자체 제작 게임은 물론 크리에이터가 제작한 다양한 경험을 아우르는 소셜 엔터테인먼트 생태계이다. Epic은 Fortnite, Fall Guys, Rocket League, Epic Games Store를 통해 8억 개 이상의 계정과 60억 개 이상의 연결망을 보유하고 있다.

또한, Epic은 수많은 세계적인 게임들의 기반이 되는 Unreal Engine을 개발하고 있으며, 이는 영화와 텔레비전, 방송과 라이브 이벤트, 건축, 자동차, 시뮬레이션 등 다양한 산업 분야에서도 활용되고 있다. Epic은 Fortnite, Unreal Engine, Epic Games Store, Epic Online Services를 통해 개발자와 크리에이터들이 게임과 기타 콘텐츠를 제작, 배포, 운영할 수 있는 엔드-투-엔드 디지털 생태계(end-to-end digital ecosystem)를 제공하고 있다.

(출처 : About Epic Games, https://www.epicgames.com/site/en-US/about)

EPIC Games는 최근 메타버스와 가상현실(VR), 증강현실(AR) 분야에서도 큰 관심을 보이며, 언리얼 엔진을 통해 다양한 산업과의 융합을 추구하고 있다. 또한, EPIC Games Store를 통해 스팀(Steam)과 경쟁하며, 개발자들에게 더 나은 수익 분배 모델을 제공하고 있다.

참고 스팀(Steam)

스팀(Steam)은 미국의 게임 개발사 밸브 코퍼레이션(Valve Corporation)이 2003년에 출시한 디지털 게임 배급 플랫폼이다. 스팀은 PC 게임, 소프트웨어, 영화, 음악 등 다양한 디지털 콘텐츠를 판매하고 배급하는 서비스로, 전 세계적으로 가장 큰 규모의 게임 플랫폼 중 하나이다.

스팀은 디지털 게임 배급 플랫폼의 선구자로서, 다양한 기능과 방대한 게임 라이브러리를 통해 전 세계 게이머들에게 사랑받고 있다. 그러나 EPIC Games Store와 같은 경쟁 플랫폼의 등장으로, 개발자와 소비자에게 더 나은 조건을 제공하기 위한 경쟁이 치열해지고 있다.

---

1) Interactive Entertainment는 '상호작용형 엔터테인먼트' 또는 '양방향 엔터테인먼트'로 번역할 수 있다. 이는 사용자가 단순히 콘텐츠를 수동적으로 받아들이는 것이 아니라, 콘텐츠와 적극적으로 상호작용하며 즐기는 형태의 엔터테인먼트를 의미한다. 비디오 게임이 대표적인 예인데, 플레이어의 입력과 선택에 따라 게임이 반응하고 진행되는 방식이다.

스팀의 주요 특징

1. 광범위한 게임 라이브러리 : 스팀은 수천 개의 인디 게임부터 AAA 타이틀까지 다양한 게임을 제공한다.
2. 자동 업데이트 : 게임의 업데이트를 자동으로 다운로드하고 설치할 수 있다.
3. 커뮤니티 기능 : 친구 추가, 채팅, 스크린샷 및 영상 공유, 포럼 활동 등 소셜 기능을 제공한다.
4. 워크샵(Workshop) : 사용자가 만든 모드(MOD)를 쉽게 공유하고 다운로드할 수 있는 플랫폼이다.
5. 빅 피처(Big Picture) : TV에서 게임을 즐길 수 있도록 최적화된 모드다.
6. 스팀 데크(Steam Deck) : 휴대용 게임기로, PC 게임을 이동 중에도 즐길 수 있다.

스팀의 수익 분배 모델

스팀은 기본적으로 개발자들에게 게임 판매 수익의 70%를 제공하며, 나머지 30%는 플랫폼 수수료로 차감된다. 일정 판매량을 달성하면 수수료 비율이 감소하는 계층적 수익 분배 모델을 적용한다.

EPIC Games Store와의 차이점

EPIC Games Store는 스팀과 달리 개발자들에게 88%의 수익 분배율을 제공하며, 이는 스팀보다 높은 비율이며, 무료 게임 배포와 독점 게임 출시 전략을 통해 스팀과 경쟁하고 있다.

EPIC Games의 주요 프로그램

1. 언리얼 엔진(Unreal Engine)

   게임 개발을 위한 최고의 엔진 중 하나로, 고품질 그래픽과 물리 엔진, 블루프린트[2](Blueprint) 시스템 등을 제공한다. 최신 버전인 언리얼 엔진 5(Unreal Engine 5)는 나나이트(Nanite)와 루멘(Lumen) 기술을 도입해 실시간 고품질 렌더링을 가능하게 했다.

2. 포트나이트(Fortnite)

   전 세계적으로 사랑받는 배틀 로얄 게임으로, 크로스플랫폼 지원과 메타버스 요소를 결합한 독특한 게임 플레이로 유명하다.

3. EPIC Games Store

   디지털 게임 배급 플랫폼으로, 개발자들에게 88%의 수익 분배율을 제공하며, 무료 게임 배포로도 유명하다.

4. 메타휴먼(MetaHuman)

   고품질 디지털 인간 캐릭터를 빠르게 생성할 수 있는 툴로, 게임, 영화, 가상현실 등 다양한 분야에서 활용된다.

언리얼 엔진의 기능

1. 나나이트(Nanite) : 고해상도 3D 모델을 실시간으로 렌더링할 수 있는 기술로서, 기존의 폴리

2) 블루프린트(Blueprint) : 코딩 없이도 시각적 스크립팅을 통해 게임 로직을 구현할 수 있는 시스템이다.

곤 제한을 극복했다.

2. 루멘(Lumen) : 실시간 글로벌 일루미네이션(Global Illumination) 기술로서, 빛의 반사와 굴절을 자연스럽게 표현한다.
3. 블루프린트(Blueprint) : 코딩 없이도 시각적 스크립팅을 통해 게임 로직을 구현할 수 있는 시스템이다.
4. 메타휴먼 크리에이터(MetaHuman Creator) : 고품질 디지털 인간 캐릭터를 빠르게 생성할 수 있는 툴이다.
5. 크로스플랫폼 지원 : PC, 콘솔, 모바일, VR 등 다양한 플랫폼에서 동일한 품질의 콘텐츠를 제공할 수 있다.

3-1 디지털 트윈을 위한 언리얼 엔진

디지털 트윈(Digital Twin)은 현실 세계의 물리적 객체나 시스템을 가상 세계에 동일하게 복제하고, 이를 통해 실시간 데이터를 분석하고 시뮬레이션하는 기술이다. 이 기술은 스마트 시티, 스마트 팩토리, 자율주행차, 항공, 해양 등 다양한 산업에서 활용되고 있다. 최근 들어, 디지털 트윈 기술은 다양한 산업 분야에서 점점 더 중요해지고 있으며, 언리얼 엔진은 그 기술을 실현하는 데 중요한 역할을 하고 있다.

디지털 트윈은 현실 세계의 데이터를 기반으로 가상 세계에 동일한 환경을 구축하는 기술이다. 이를 통해 물리적 세계와 디지털 세계 간의 실시간 양방향 통신이 가능해지며, 현실에서 하기 어려웠던 시뮬레이션과 분석을 쉽게 수행할 수 있다. 예를 들어, 자율주행 차량(self-driving cars)이나 스마트 팩토리(Smart Factory), 스마트 빌딩(Smart Building) 등의 시스템에서는 물리적 세계의 복잡한 데이터를 시뮬레이션하고 예측하는 데 디지털 트윈이 필수적이다. 특히, 언리얼 엔진은 이러한 디지털 트윈을 높은 퀄리티의 3D 시각화 및 실시간 렌더링 기능을 통해 구현할 수 있다.

디지털 트윈 구현은 다양한 수준의 발전 단계를 거친다. 첫 번째 단계인 레벨 1 [Level 1]에서는 현실 세계의 데이터를 가상 세계로 그대로 복제하여 모니터링하는 시스템이 구축된다. 이를 통해 사용자는 실시간으로 센서 데이터를 받아볼 수 있고, 각종 시뮬레이션을 통해 현재 상태를 분석할 수 있다. 예를 들어, 스마트 시티(Smart City)에서는 교통량과 같은 도시 데이터를 실시간으로 분석하여 교통 흐름을 개선할 수 있다. 레벨 1의 디지털 트윈은 주로 점군(Point Cloud) 데이터, BIM(Building Information Modeling, 건설정보모델링) 데이터, GIS(Geographic Information Systems) 데이터를 활용하여 구성된다.

레벨 2 [Level 2]에서는 단방향 모니터링을 넘어서 양방향 상호작용이 가능해진다. 이 단계에서는 실시간 데이터와 시스템 간의 상호작용을 통해 더 정교한 제어와 분석이 가능하다. 예를 들어, 스마트 빌딩에서는 냉난방 공조 시스템(HVAC 시스템)과 같은 센서 데이터를 통해 건물 내의 온도와 습도를 실시간으로 모니터링하고 제어할 수 있다. 또한, 각 층에 있는 인원 수를 분석하여 더 효율적인 에너지 사용을 유도할 수 있다. 이 단계는 스마트 팩토리나 스마트 빌딩처럼 다수의 IoT(Internet of Things, 사물인터넷) 센서가 연결된 시스템에서 중요한 역할을 한다.

레벨 3 [Level 3]에서는 AI(Artificial Intelligence)와 딥 러닝(Deep Learning)을 적용하여 더 고급의 분석 및 예측을 수행한다. 예를 들어, 스마트 시티에서는 교통량 예측, 전력 수요 예측 등을 통해 도시의 주요 인프라가 최적화되도록 지원할 수 있다. 또한, 이러한 기술은 스마트 팩토리에서 생산성 향상과 설비의 효율성을 극대화하는 데 중요한 역할을 한다. 이 단계에서는 디지털 트윈이 단순히 데이터를 복제하고 모니터링하는 것을 넘어, 향후 상황을 예측하고 최적화하는 데 활용된다.

디지털 트윈의 구현에 있어 중요한 요소 중 하나는 바로 개방성과 확장성이다. 지속적으로 발전하는 디지털 트윈 플랫폼을 지원하려면, 데이터와 기술의 유연한 통합이 가능해야 한다. 언리얼 엔진은 이러한 요구를 충족시키는 뛰어난 개방성과 확장성을 제공한다. 언리얼 엔진은 다양한 툴셋과 API[3](Application Programming Interface)를 제공하여 디지털 트윈을 구현하는 데 필요한 모든 기능을 지원한다. 이와 같은 개방적 개발 환경은 프로젝트의 발전에 중요한 기반이 된다.

언리얼 엔진을 사용하면 디지털 트윈을 구현하는 데 있어 고퀄리티의 실시간 렌더링 기능을 쉽게 활용할 수 있다. 이를 통해 실제 환경과 유사한 3D 시각화를 구현할 수 있으며, 다양한 환경 요소(날씨 변화, 시간의 흐름 등)도 손쉽게 시뮬레이션할 수 있다. 이러한 기능은 특히 건축, 도시 계획, 교통 시뮬레이션 등에서 매우 유용하게 활용된다. 또한, 언리얼 엔진은 양방향 상호작용을 지원하여 사용자가 디지털 트윈 환경 내에서 직접 데이터를 조작하고 분석할 수 있는 유연성을 제공한다.

언리얼 엔진은 협업에 강점을 가진 플랫폼으로, 여러 명의 사용자가 동시에 디지털 트윈을 개발하고 관리할 수 있도록 다양한 협업 도구를 제공한다. 이를 통해 여러 이해관계자들이 동일한 플랫폼에서 실시간으로 데이터를 확인하고, 의견을 교환하며, 문제를 해결할 수 있다. 또한, 언

3) API: Application Programming Interface(애플리케이션 프로그램 인터페이스). 애플리케이션이라는 단어는 고유한 기능을 가진 모든 소프트웨어를 나타낸다. 인터페이스는 두 애플리케이션 간의 서비스 계약이라고 할 수 있다. 이 계약은 요청과 응답을 사용하여 두 애플리케이션이 서로 통신하는 방법을 정의한다. API 문서에는 개발자가 이러한 요청과 응답을 구성하는 방법에 대한 정보가 들어 있다.예를 들어, 기상청의 소프트웨어 시스템에는 일일 기상 데이터가 들어 있다. 휴대폰의 날씨 앱은 API를 통해 이 시스템과 '대화'하여 휴대폰에 매일 최신 날씨 정보를 표시한다.

리얼 엔진은 프로그래밍 없이도 다양한 상호작용을 설정할 수 있는 툴셋을 제공하여, 비전문가도 디지털 트윈을 구현할 수 있도록 한다.

디지털 트윈 플랫폼을 개발할 때 중요한 점은 반복되는 모델링 변경이나 데이터 업데이트에 신속하게 대응할 수 있어야 한다는 것이다. 언리얼 엔진은 빠른 실시간 렌더링 속도와 업데이트 기능을 제공하여, 데이터 변화가 있을 때 즉시 반영할 수 있다. 또한, 사용자가 시뮬레이션을 실행하면서도 고퀄리티의 결과물을 유지할 수 있도록 최적화된 툴을 제공한다. 이는 디지털 트윈의 실시간 운영에 필수적인 요소이다.

디지털 트윈 플랫폼을 구축할 때는 여러 단계에서 발생할 수 있는 재작업을 줄이는 것이 중요하다. 언리얼 엔진은 하나의 3D 모델을 지속적으로 발전시킬 수 있는 잠재력을 유지하도록 설계되었다. 이를 통해 반복적인 작업을 줄이고, 이해관계자들이 프로젝트의 목적과 의도를 명확히 이해할 수 있게 한다. 또한, BIM(Building Information Modeling) 프로세스를 디지털 트윈과 통합하여 설계, 엔지니어링, 건설, 시설 관리까지 이어지는 효율적인 작업 흐름을 지원한다.

언리얼 엔진을 사용한 디지털 트윈 구현 사례로는 여러 가지가 있다. 호주 애들레이드 시티의 디지털 트윈은 헬리콥터 촬영 데이터로 3D 모델을 구현하고, 이를 트윈모션(Twinmotion) 툴을 사용하여 실시간으로 시각화한 사례이다. 트윈 모션은 고퀄리티의 세트를 제공하여 빠르고 쉽게 시각화를 할 수 있도록 한다. 이후, 언리얼 엔진을 활용해 더 복잡한 상호작용과 시뮬레이션을 구현할 수 있다.

또한, 핀란드 헬싱키 공항과 핀에어 항공기의 디지털 트윈을 기반으로 한 훈련 시스템은 항공기가 공항에 도착했을 때의 절차를 시뮬레이션하는 디지털 트윈 콘텐츠이다. 이러한 시스템은 항공기 정비와 같은 고위험 분야에서 훈련 비용을 절감하고, 안전성을 높이는 데 중요한 역할을 한다.

디지털 트윈은 이제 도시 개발과 같은 분야에서도 활발하게 사용되고 있다. 새로운 건축물이 기존 도시에 미치는 영향을 분석하고, 교통 흐름이나 에너지 소비 변화를 예측할 수 있다. 이를 통해 도시의 미래를 보다 효율적으로 설계할 수 있다. 스마트 시티(Smart City)에서는 실시간 데이터를 통합하여 도시 내의 교통, 환경, 건강, 안전 등을 종합적으로 관리할 수 있다.

자율주행 기술을 위한 디지털 트윈 사례도 있다. 자율주행 트럭이 실제 도로 데이터를 바탕으로 리스크를 줄이고, 도로 환경에 대한 학습을 진행할 수 있도록 지원한다. 이를 통해 자율주행 시스템의 안전성과 효율성을 크게 향상시킬 수 있다. 또한, 해양 플랜트와 같은 특수 환경에서도 언리얼 엔진을 활용한 디지털 트윈이 중요한 역할을 한다. 해저 작업 시 시야가 제한된 환경에서 디지털 트윈을 활용하면 더 정확한 판단을 내릴 수 있다.

언리얼 엔진은 이처럼 다양한 산업 분야에서 디지털 트윈을 구현하는 데 필요한 모든 기능을 제공하며, 지속적으로 발전하는 기술을 지원한다. 데이터 스미스[4](DataSmith)와 같은 툴을 통해 3D 모델 데이터, BIM 데이터, 포인트 클라우드 데이터를 손쉽게 통합하고, 다양한 플랫폼에서 활용할 수 있는 디지털 트윈 시스템을 구축할 수 있다. 이러한 통합 능력은 언리얼 엔진이 디지털 트윈 구현에 있어 매우 강력한 플랫폼임을 입증한다.

디지털 트윈 구현에 있어 언리얼 엔진의 가장 큰 장점은 그 개방성과 고퀄리티 렌더링 기능이다. 다양한 플랫폼에 맞는 콘텐츠를 지원하며, 멀티 플랫폼 대응성이 뛰어나기 때문에, 어떤 환경에서도 디지털 트윈을 효율적으로 구축하고 운영할 수 있다.

3-2 언리얼 엔진의 사용자 인터페이스(User Interface)

언리얼 엔진(Unreal Engine)은 게임 개발자와 크리에이터들에게 강력한 도구를 제공하는 세계적인 게임 엔진이다. 특히, 언리얼 엔진의 사용자 인터페이스(User Interface, UI)는 직관적이고 효율적으로 설계되어 있어, 초보자부터 전문가까지 쉽게 활용할 수 있다.

언리얼 에디터는 게임 개발을 위한 통합 개발 환경(IDE)으로, 다양한 툴과 패널을 통해 사용자가 레벨을 디자인하고, 에셋을 관리하며, 게임 로직을 구현할 수 있도록 지원한다. 주요 인터페이스 요소는 다음과 같다.

1. 메뉴 바(Menu Bar)
   - 메뉴 바는 언리얼 에디터 창의 상단에 위치하며, 파일(File), 편집(Edit), 창(Window), 도움말(Help) 등의 메뉴를 포함하다.
   - 파일 메뉴에서는 프로젝트를 열고, 저장하고, 새로 만드는 등의 기본 작업을 수행할 수 있다.
   - 창 메뉴에서는 다양한 에디터 창을 열거나 레이아웃을 조정할 수 있다.

2. 메인 툴바(Main Toolbar)
   - 메인 툴바는 가장 자주 사용하는 툴과 명령에 대한 빠른 접근을 제공한다.
   - 주요 기능으로는 저장(Save), 모드 선택(Mode Selection), 콘텐츠 추가(Create Content), 플레이 모드 컨트롤(Play Mode Controls), 플랫폼 메뉴(Platform Menu), 설정(Settings) 등이 있다.

---

4) 데이터스미스(DataSmith) : 사전 생성된 씬과 다양한 산업의 표준 설계 애플리케이션으로 제작된 에셋 전체를 언리얼 엔진으로 가져올 수 있는 툴 및 플러그인 모음이다.

[그림] 언리얼 엔진의 언리얼 에디터 인터페이스

1. 메뉴 바, 2. 메인 툴바, 3. 레벨 뷰포트, 4. 콘텐츠 드로어(Content Drawer) 버튼, 5. 하단 툴바, 6. 아웃라이너(Outliner), 7. 디테일(Details) 패널

(출처 : https://dev.epicgames.com/documentation/ko-kr/unreal-engine/unreal-editor-interface)

- 예를 들어, 플레이 모드 컨트롤을 통해 에디터 내에서 게임을 실행하거나 중지할 수 있으며, 플랫폼 메뉴를 통해 다양한 플랫폼으로 프로젝트를 배포(Deploy)할 수 있다.

3. 레벨 뷰포트(Level Viewport)

- 레벨 뷰포트는 언리얼 엔진의 핵심 작업 공간으로, 카메라, 액터[5](Actor), 스태틱 메쉬[6](Static Mesh) 등 레벨 콘텐츠를 시각적으로 표시한다.
- 사용자는 뷰포트에서 오브젝트를 배치하고, 이동하며, 회전시킬 수 있다.

4. 콘텐츠 드로어(Content Drawer) 및 콘텐츠 브라우저(Content Browser)

- 콘텐츠 드로어 버튼을 클릭하면 콘텐츠 브라우저가 열린다.
- 콘텐츠 브라우저는 프로젝트의 모든 에셋(Asset), 블루프린트[7](Blueprint), 파일을 탐색하고 관리할 수 있는 파일 탐색기 역할을 한다.

---

5) 액터(Actor) : 레벨에 배치할 수 있는 모든 오브젝트
6) 스태틱 메쉬(Static Mesh) : 3D 모델 에셋
7) 블루프린트(Blueprint) : 시각적 스크립팅 시스템

• 사용자는 여기서 에셋을 레벨로 드래그 앤 드롭하거나, 프로젝트 간 에셋을 이동할 수 있다.

5. 하단 툴바(Lower Toolbar)

• 하단 툴바에는 명령 콘솔(Command Console), 출력 로그(Output Log), 파생 데이터[8](Derived Data) 기능의 단축키가 포함되어 있다.
• 또한, 소스 컨트롤(Source Control) 상태를 표시하여 팀 프로젝트에서의 협업을 지원한다.

6. 아웃라이너(Outliner)

• 아웃라이너는 레벨의 모든 콘텐츠를 계층 구조로 표시하는 패널이다.
• 사용자는 여기서 특정 오브젝트를 빠르게 찾고, 선택하며, 그룹화할 수 있다.
• 최대 4개의 아웃라이너를 동시에 사용할 수 있으며, 각각의 레이아웃과 필터 설정을 커스터마이징할 수 있다.

7. 디테일 패널(Details Panel)

• 디테일 패널은 레벨 뷰포트에서 선택한 액터의 속성(Property)을 표시한다.
• 트랜스폼[9](Transform), 스태틱 메쉬, 머티리얼(Material), 물리 설정(Physics Settings) 등을 조정할 수 있다.
• 이 패널은 선택한 오브젝트에 따라 동적으로 내용이 변경된다.

메뉴 바(Menu bar)

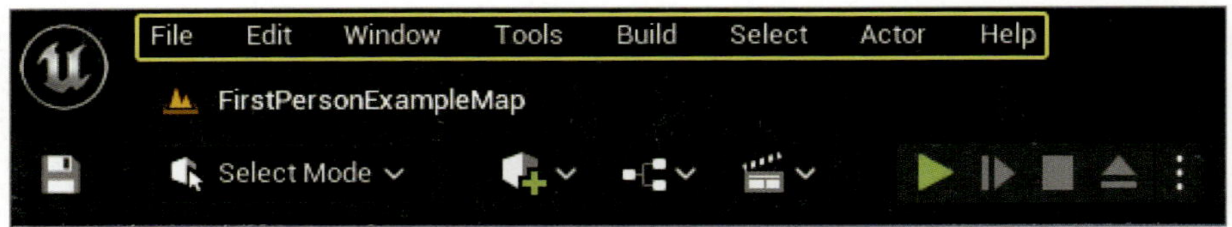

언리얼 엔진의 각 에디터에는 에디터 창의 우측 상단(Windows)에 메뉴 바 가 있다. 파일(File), 창(Window), 도움말(Help)과 같은 일부 메뉴는 레벨 에디터뿐만 아니라 모든 에디터 창에 표시된다.

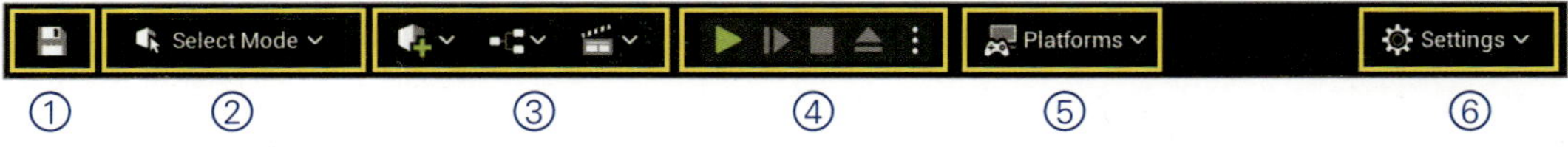

메인 툴바는 언리얼 에디터에서 가장 많이 사용되는 일부 툴과 명령을 위한 단축 키를 포함하고 있다. 메인 툴바는 다음 영역으로 나눌수 있다.

---

8) 파생 데이터(Derived Data) : 에셋의 최적화된 버전
9) 트랜스폼(Transform) : 오브젝트의 위치, 회전, 크기 정보

1. 저장 버튼(Save Button)
   - 현재 열려 있는 레벨을 저장한다.
   - 프로젝트 작업 중 자주 사용하는 기능으로, 데이터 손실을 방지하기 위해 주기적으로 저장하는 것이 중요하다.
2. 모드 선택(Mode Selection)
   - 레벨 편집을 위한 다양한 모드를 제공한다.
   - 주요 모드로는 선택 편집(Select Editing), 랜드스케이프 편집(Landscape Editing), 폴리지 편집(Foliage Editing), 메쉬 페인팅(Mesh Painting), 프랙처 편집(Fracture Editing), 브러시 편집(Brush Editing) 등이 있다.
3. 콘텐츠 단축키(Content Shortcuts)
   - 레벨에 에셋을 빠르게 추가하거나 블루프린트를 생성할 수 있다.
   - 액터 배치(Place Actors) 패널을 통해 다양한 오브젝트를 레벨에 배치할 수 있다.
4. 플레이 모드 컨트롤(Play Mode Controls)
   - 에디터 내에서 게임을 실행하거나 중지할 수 있는 버튼을 제공한다.
   - 플레이(Play), 건너뛰기(Step), 중지(Stop), 탈출(Eject) 등의 기능이 포함된다.
5. 플랫폼 메뉴(Platform Menu)
   - 프로젝트를 다양한 플랫폼(데스크톱, 모바일, 콘솔 등)에 배포하기 위한 설정을 제공한다.
6. 설정(Settings)
   - 언리얼 에디터와 게임의 다양한 설정을 조정할 수 있다.

콘텐츠 드로어 및 콘텐츠 브라우저

콘텐츠 브라우저는 프로젝트의 모든 에셋을 탐색하고 관리할 수 있는 중앙 허브 역할을 한다. 이 창을 사용하여 콘텐츠를 탐색하고, 레벨에 에셋을 드래그하고, 프로젝트 간에 에셋을 이동하는 등의 동작을 할 수 있다.

아웃라이너

레벨의 모든 오브젝트를 계층적으로 표시하여, 복잡한 레벨에서도 쉽게 오브젝트를 찾고 관리할 수 있도록 도와준다. 언리얼 에디터 창의 우측 상단에 디폴트로 위치한다. 각각 고유한 열 레이아웃과 필터 환경설정이 있는 최대 4개의 서로 다른 아웃라이너를 사용할 수 있다.

디테일 패널

레벨 뷰포트에서 액터를 선택하면 디테일 패널에서 선택한 액터에게 영향을 미치는 세팅 및 프로퍼티를 표시한다. 월드 아웃라이너(World Outliner) 패널의 언리얼 에디터 창 우측에 디폴트로 위치한다.

3-3 Unreal Engine을 활용한 3D 현실 세계 구현 : 가시화와 모델링

언리얼 엔진(Unreal Engine)은 단순한 게임 개발 도구를 넘어 영화, 건축, 자동차, 메타버스 등 다양한 산업 분야에서 활용될 수 있는 강력한 기술이다. EPIC Games는 지속적인 업데이트와 혁신적인 기능 개선을 통해 언리얼 엔진의 활용 가능성을 확장하고 있으며, 이는 디지털 콘텐츠 제작의 미래를 변화시키는 중요한 역할을 하고 있다.

설치 및 초기 설정

언리얼 엔진을 사용하기 위해서는 먼저 EPIC Games Launcher를 다운로드하여 설치해야 한다. 이후, 프로그램을 실행한 뒤 제공되는 인터페이스에서 다음의 그림과 같이 언리얼 엔진 5(Unreal Engine 5)를 선택하여 설치를 진행한다.

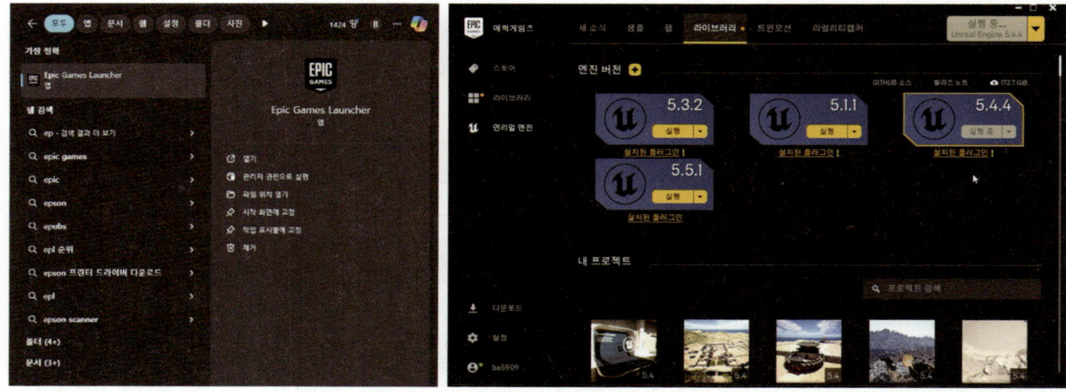

프로젝트를 생성할 때는 원하는 개발 방향에 따라 설정을 조정할 수 있으며, 일반적인 경우 아래그림과 같은 설정을 적용한다. 먼저, 프로젝트 유형으로 게임(Game)을 선택하고, 기본 템플릿으로 기본(Default) 옵션을 지정한다. 프로그래밍 방식은 블루프린트(Blueprint)를 선택하며, 개발 환경은 데스크탑(Desktop) 플랫폼을 기준으로 설정한다.

또한, 프로젝트 생성 시 스타터 콘텐츠(Starter Content)를 포함하면 기본적인 에셋(Asset)들을 활용할 수 있어 보다 직관적인 개발이 가능하다. 이를 통해 다양한 모델, 머터리얼(Material), 라이팅(Lighting) 설정 등을 손쉽게 적용할 수 있으며, 프로젝트의 초기 구성을 보다 효율적으로 진행할 수 있다.

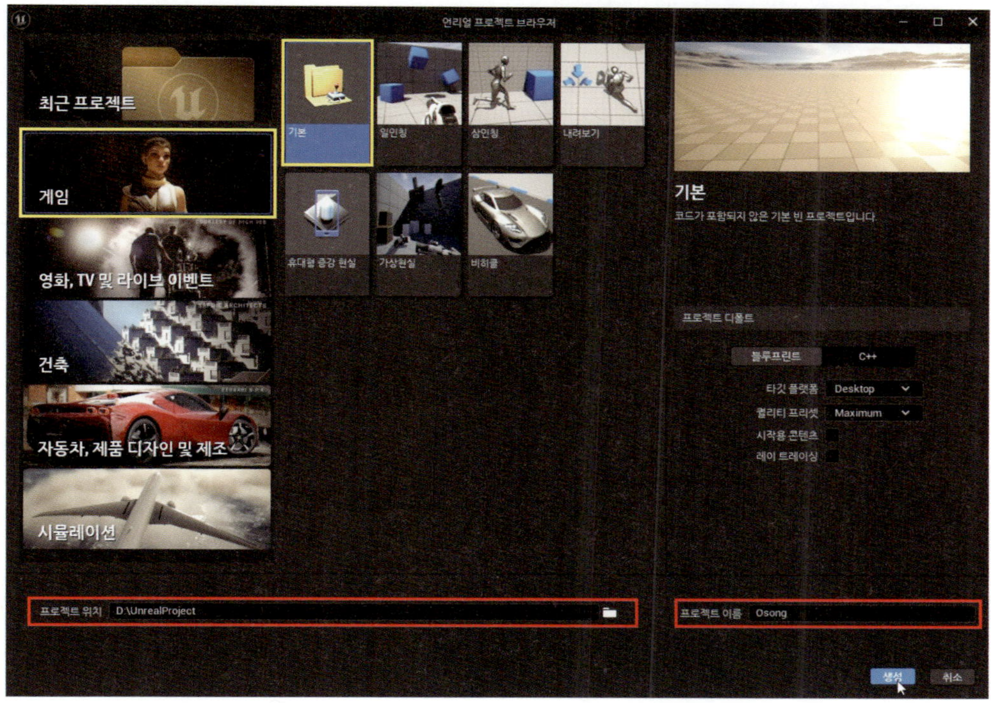

참고 언리얼 프로젝트 브라우저(UnrealProject Browser)와 템플릿

1. **언리얼 프로젝트 브라우저**(Unreal Project Browser)를 통해 개발자들은 보다 직관적이고 효율적으로 프로젝트를 시작할 수 있다. 즉, 다양한 산업 분야별 템플릿을 제공하고 있다. 언리얼 프로젝트 브라우저는 크게 다섯 가지 카테고리로 나눌 수 있다.

   ① 게임(Games)
   ② 영화, TV 및 라이브 이벤트(Film, TV and Live Events)
   ③ 건축(Architecture)
   ④ 자동차, 제품 디자인 및 제조(Automotive, ProductDesignand Manufacturing)
   ⑤ 시뮬레이션(Simulation)

   이러한 구분을 통해 개발자들은 자신의 프로젝트 성격에 맞는 최적화된 환경에서 작업을 시작할 수 있다.

2. **템플릿**(Template) : 언리얼엔진은 다음과 같은 세부 템플릿을 제공한다

   ① 기본(Blank) : 완전히 빈 프로젝트로 시작하고자 하는 개발자를 위한 옵션
   ② 일인칭(First Person) : 주인공의 시점으로 게임을 진행하는 FPS 등의 장르에 적합
   ③ 삼인칭(Third Person) : 캐릭터를 외부에서 조종하는 방식의 게임에 적합
   ④ 내려보기(Top Down) : 위에서 내려다보는 시점의 게임 개발에 최적화
   ⑤ 휴대형 증강 현실(Handheld AR) : 모바일 기기를 이용한 AR 게임 개발에 특화
   ⑥ 가상현실(Virtual Reality) : VR 기기를 위한 게임 개발 환경 제공
   ⑦ 비히클(Vehicle) : 자동차나 비행기 등 탑승물중심의 게임 개발에 적합

   언리얼 엔진의 이러한 옵션은 개발자들이 보다 빠르고 효율적으로 프로젝트를 시작할 수 있게 하며, 각 분야의 특성에 맞는 최적화된 환경을 제공함으로써 개발 시간을 단축하고 퀄리티를 높일 수 있다. 이러한 다양한 옵션은 게임 개발뿐만아니라 영화 제작, 건축 설계, 자동차 디자인, 각종 시뮬레이션 등 다양한 산업 분야에서 언리얼 엔진의 활용도를 더욱 높이고 있다.

사용자 인터페이스(UI) 이해

언리얼 엔진의 사용자 인터페이스(UI, User Interface)는 직관적인 디자인과 강력한 기능을 갖추고 있어, 다양한 요소를 효율적으로 관리하고 편집할 수 있도록 구성되어 있다. 주요 패널들은 각각의 역할을 수행하며, 프로젝트의 원활한 진행을 돕는다.

- 뷰포트(Viewport) : 3D 공간에서 오브젝트를 배치하고 편집할 수 있는 화면이다. 이곳에서 카메라를 이동하거나 오브젝트를 조작하며 실시간으로 씬(Scene)을 구성할 수 있다. 다양한 뷰(View) 옵션을 제공하여 원하는 각도에서 작업할 수 있으며, 라이팅(Lighting) 및 머티리얼(Material) 적용 상태도 즉시 확인할 수 있다.

- 아웃라이너(Outliner) : 현재 레벨에 배치된 모든 오브젝트의 목록을 한눈에 확인할 수 있는 패널이다. 각 오브젝트는 계층적으로 정리되어 있으며, 이름을 변경하거나 특정 오브젝트를 선택

하여 편집할 수도 있다. 이를 통해 복잡한 씬에서도 원하는 요소를 빠르게 찾고, 논리적인 구조로 정리할 수 있다.

- 디테일 패널(Details Panel) : 선택한 오브젝트의 속성을 상세히 확인하고 수정할 수 있는 공간이다. 위치, 회전, 크기 등의 변형(transform) 속성뿐만 아니라 머티리얼(Material), 물리(Physics), 충돌(Collision) 설정 등 다양한 요소를 조정할 수 있어 세밀한 오브젝트 커스터마이징이 가능하다.
- 콘텐츠 브라우저(Content Browser) : 프로젝트에서 사용할 모든 에셋(Asset)을 관리하는 패널이다. 모델링, 텍스처, 사운드, 애니메이션 등의 리소스를 손쉽게 검색하고 정리할 수 있으며, 필요할 경우 새로운 에셋을 추가할 수도 있다. 이를 통해 프로젝트의 자원을 효과적으로 정리하고, 원하는 요소를 빠르게 불러올 수 있다.

[그림] 언리얼 엔진의 기본 인터페이스 구성

1.탭 바(Tab Bar) 및 메뉴 바(Menu Bar), 2.툴바(Tool Bar), 3.하단 툴바, 4.모드(Modes), 5.뷰포트(Viewport), 6.콘텐츠 브라우저/콘텐츠 드로어, 7.아웃라이너(Outliner), 8.디테일(Detail)

(출처 : https://dev.epicgames.com/documentation/ko-kr/unreal-engine/level-editor-in-unreal-engine#%ED%83%AD%EB%B0%94)

참고 언리얼 엔진의 기본 인터페이스

1. 탭바(Tab Var), 메뉴 바(Menu Bar)
   - 탭바 : 레벨 에디터 상단에는 현재 레벨 이름이 적힌 탭이 있다. 다른 에디터 창의 탭을 이 탭 옆에 도킹하여 빠르고 쉽게 탐색할 수도 있다. 웹 브라우저의 탭과 비슷한 방식으로 사용할 수 있다.

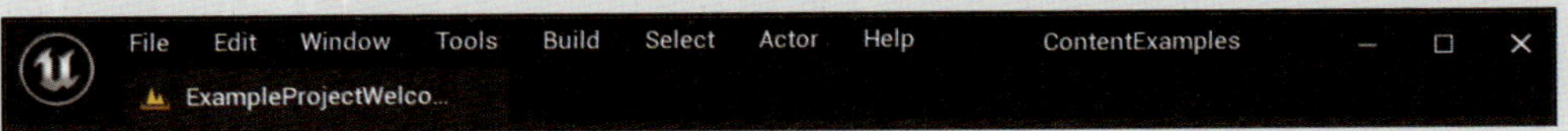

   - 메뉴 바 : 에디터의 메뉴 바는 에디터에서 레벨을 작업할 때 사용하는 일반 툴과 명령어를 여기서 이용할 수 있다.

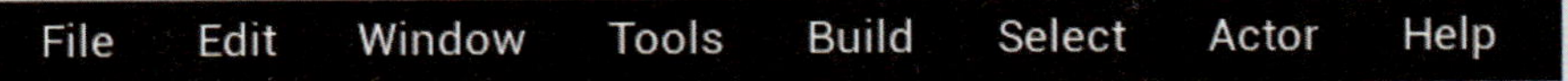

2. 툴바(Toolbar) : 툴바 패널에는 명령 그룹이 표시되어 자주 사용하는 툴과 작업에 빠르게 액세스할 수 있다.

3. 하단 툴바 : 명령 콘솔(Command Console), 출력 로그(Output Log), 파생 데이터(Derived Data) 기능의 단축키가 있다. 소스 컨트롤 상태도 표시된다.

4. 모드(Modes) : 레벨 에디터(Level Editor)는 다른 편집 모드로 전환하여 특정 유형의 액터나 지오메트리 편집에 특화된 편집 인터페이스와 워크플로를 활성화할 수 있다.
   모드 선택 목록을 표시하려면 레벨 에디터 툴바에서 모드(Modes) 드롭다운을 연다. Modes(모드) 패널에는 에디터의 다양한 툴 모드 모음이 들어있다. 레벨 에디터의 주 목적을 특수한 작업에 맞게 바꿔주는 것이다.

5. 뷰 포트(Viewport) : 뷰포트 패널은 언리얼 엔진에서 제작 중인 월드를 보여주는 창이다. 이 패널에는 여러 가지 뷰포트가 있으며, 각 뷰포트를 최대로 펼쳐 전체 패널을 채울 수도 있다. 또한, 세 가지 직교 뷰 중 하나(상단, 측면, 정면)를 선택하거나 무엇을 어떻게 볼지 완전히 제어할 수 있는 원근 뷰를 선택하여 월드를 볼 수도 있다.

6. 콘텐츠 브라우저/콘텐츠 드로어
   - 콘텐츠 브라우저(Content Browser)는 언리얼 프로젝트 내의 콘텐츠 에셋을 생성, 임포트, 구성, 확인 및 관리하는 언리얼 에디터의 주요 영역으로서, 콘텐츠 폴더를 관리하고 특정 에셋작업을 수행할 수 있다.
   - 콘텐츠 드로어는 콘텐츠 브라우저의 특수 인스턴스이다.

7. 아웃라이너(Outliner) : 씬(Scene, 장면) 내, 모든 액터를 계층형 트리 뷰로 표시한다. 아웃라이너 에서 바로 액터를 선택하고 수정할 수 있다. 정보(Info) 드롭다운 메뉴를 사용하면 레벨, 레이어, ID 이름을 보여주는 추가 열을 표시할 수 있다.

8. 디테일(Detail) : 뷰포트의 현재 선택한 항목에 대한 정보와 유틸리티, 기능이 포함되어 있다. 여기에는 액터의 이동, 회전, 스케일 조절을 위한 트랜스폼 편집 박스가 포함되며, 선택한 액터의 편집 가능 프로퍼티(Property, 속성)가 전부 표시되고, 뷰 포트에서 선택한 액터 유형에 맞는 추가 편집 기능을 쉽게 이용할 수 있다.

새 레벨 만들기

언리얼 엔진에서 새로운 레벨을 생성하려면, 다음의 그림과 같이 상단 메뉴바에서 파일(File)을 클릭한 후, 드롭다운 메뉴에서 새 레벨(New Level)을 선택한다. 이를 통해 새로운 환경을 구성할 수 있으며, 프로젝트의 요구 사항에 따라 적절한 레벨 유형을 선택할 수 있다.

다음 그림과 같이 새 레벨을 생성할 때는 4가지 옵션이 제공된다. 즉,

- Open World(오픈 월드) : 광활한 오픈 월드 환경을 제작할 때 적합한 옵션이다.
- 빈 오픈 월드(Empty Open World) : 오픈 월드 기반이지만 기본 설정 없이 완전히 빈 상태에서 시작하는 레벨이다.
- Basic(기본) : 간단한 씬 구성 및 테스트용으로 적합한 기본적인 환경을 제공한다.
- 빈 레벨(Empty Level) : 오브젝트나 라이팅이 없는 완전히 빈 상태의 레벨로, 처음부터 모든 요소를 직접 설정해야 한다.

여기서는 Open World(오픈 월드)를 선택하여 넓은 월드 맵을 구성할 것이다.

참고 새 레벨 옵션

언리얼 엔진의 새 레벨 생성 시 선택할 수 있는 4가지 옵션은 다음과 같다.

1. Open World(오픈 월드) : 월드 파티션(World Partition) 기능을 활용하여 대규모의 스트리밍 가능한 오픈 월드를 생성할 수 있는 템플릿이다. 이 옵션은 샘플 콘텐츠가 함께 제공되어 대규모 오픈 월드 게임 제작에 적합하다.
2. **빈 오픈 월드**(Empty Open World) : 월드 파티션 기능은 포함되어 있지만 어떠한 콘텐츠도 제공되지 않는 빈 레벨이다. 처음부터 자신만의 오픈 월드를 구축하고자 할 때 적합한 옵션이다.
3. Basic(기본) : 평면(바닥), 기본 라이팅(Lighting, 조명), 애트머스피어(Atmosphere), 익스포넨셜 포그 등이 미리 설정된 레벨이다.
4. **빈 레벨**(Empty Level) : 완전히 비어있는 레벨로서, 어떠한 기본 요소도 포함되어 있지 않다. 처음부터 모든 것을 직접 설정하고 싶을 때 사용하며, 환경 라이트 믹서를 통해 기본적인 레벨 환경을 설정할 수 있다.

※ 선택 시 고려사항

- 대규모 프로젝트 : 오픈 월드나 빈 오픈 월드 옵션이 적합하다.
- 소규모 프로젝트 : Basic이나 빈 레벨이 적합하다.
- 초보자 : Basic 옵션이 기본 요소들이 이미 설정되어 있어 시작하기 좋다.
- 숙련자 : 프로젝트의 특성에 따라 빈 레벨이나 빈 오픈 월드를 선택하여 처음부터 커스터마이징하는 것이 유리할 수 있다.

새로운 레벨이 생성된 후, 다음의 그림과 같이 좌측의 World Outliner(월드 아웃라이너) 패널에서 World Partition(월드 파티션)을 선택한다.

기존의 언리얼 엔진에서는 대규모 맵을 제작할 때 개발자가 직접 맵을 여러 개의 서브 레벨로 나눈 뒤, 레벨 스트리밍 시스템을 사용하여 플레이어가 랜드스케이프(Landscape)를 이동할 때마다 로딩(Loading)과 언로딩(Unloading)을 수동으로 관리해야 했다. 그러나 이러한 방식은 다수의 개발자가 협업하는 환경에서 파일을 공유할 때 여러 가지 문제가 발생할 수 있으며, 전체 월드의 컨텍스트를 파악하는 것도 쉽지 않았다.

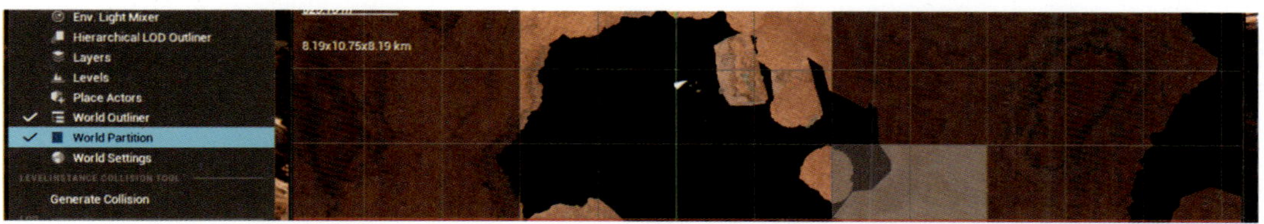

월드 파티션(World Partition)은 이러한 문제를 해결하는 자동 데이터 관리 및 거리 기반 레벨 스트리밍 시스템으로, 대규모 월드를 효과적으로 관리할 수 있는 강력한 솔루션이다. 기존의 서브 레벨 시스템과 달리, 그리드(Grid, 격자) 셀을 기반으로 단일 퍼시스턴트 레벨(Persistent Level)에 월드를 저장하며, 플레이어와의 거리 및 스트리밍 소스의 위치에 따라 특정 그리드 셀을 자동으로 로드(Load)하거나 언로드(Unload)하는 방식으로 작동한다. 이를 통해 개발자는 더 유연하고 효율적인 방식으로 대규모 환경을 제작하고 최적화할 수 있다.

참고 월드 파티션 활성화 방법

언리얼 엔진에서 월드 파티션을 활성화하는 방법에는 다음 세 가지가 있다.

- 게임 카테고리에 있는 템플릿에서 새 프로젝트 생성
- 오픈 월드 템플릿을 사용하여 새 레벨 생성
- 월드 파티션을 사용할 수 있도록 기존의 레벨 변환

새 프로젝트를 생성할 때 복잡성을 줄이고 확장 가능한 솔루션을 제공하려는 경우, 월드 세팅(World Settings)에 있는 스트리밍 활성화(Enable Streaming) 옵션을 사용하여 그리드 셀 스트리밍을 활성화하거나 비활성화할 수 있다.

다음 그림은 새 레벨을 생성한 후의 뷰 포트(Viewport) 화면이다.

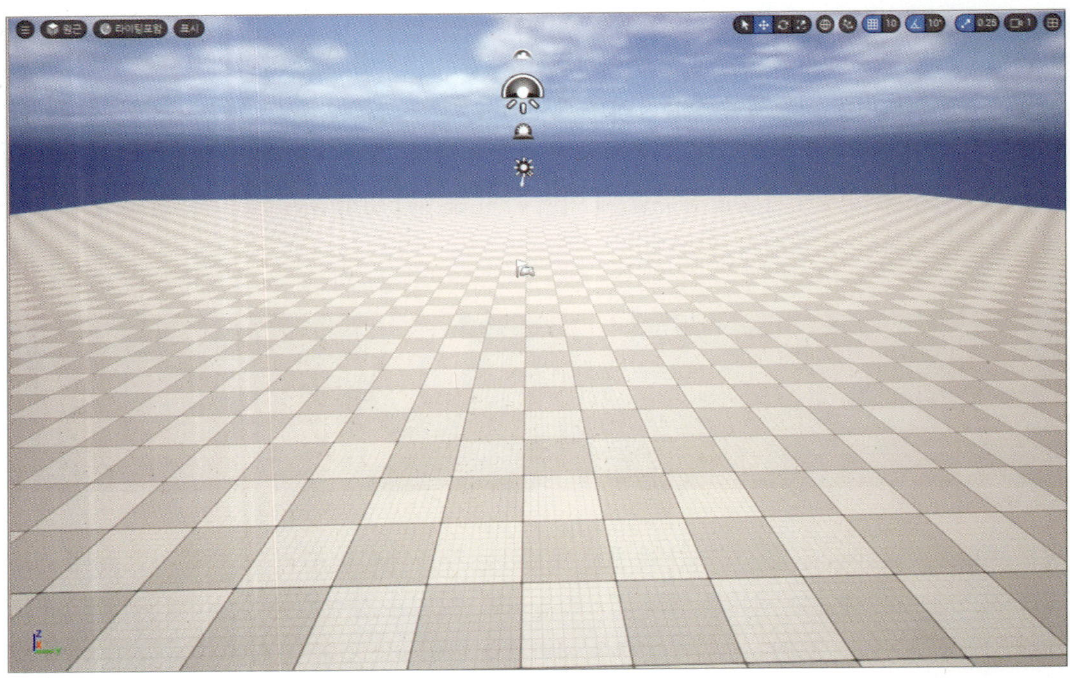

3D 모델 가져오기

새로운 레벨을 생성한 후, 뷰포트(Viewport)에서 3D 모델을 추가하여 환경을 구성할 수 있다. 이 책에서는 앞서 사진측량(Photogrammetry) 자료처리를 통해 충북 청주시 오송국민체육센터 [10]인근의 3D 모델(Model), 정사영상(Orthomosaic), 그리고 수치표면모델(DSM, Digital Surface Model) 등을 생성한 바 있다. 이를 언리얼 엔진으로 가져와 실제 환경을 재현하는 과정이 진행된다.

먼저, 다음의 그림과 같이 뷰 포트(Viewport) 창 하단의 콘텐츠 브라우저(Content Browser)에서 "추가(Add)" 버튼을 클릭하여 원하는 3D 모델을 불러온다. 여기서는 오송국민체육센터의 3D 모델, 즉 OBJ 파일을 가져온다. 해당 파일의 다운로드 방법에 대한 자세한 내용은 **부록 1**에서 확인할 수 있다.

10) 오송국민체육센터, 충북 청주시 흥덕구 오송읍 오송생명12로 130

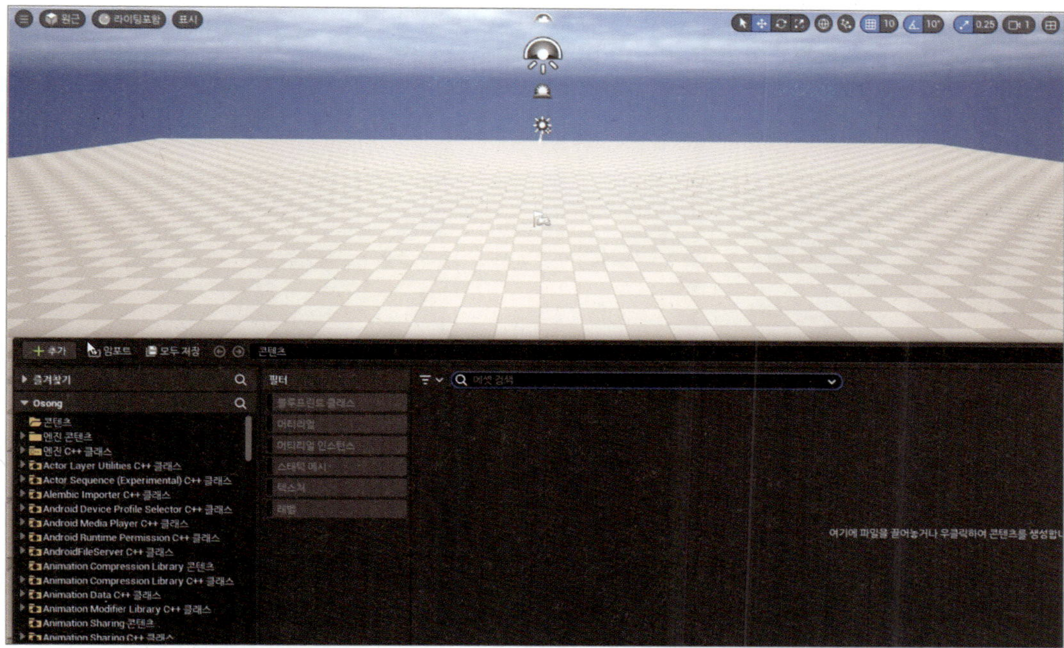

다음 그림과 같이 3D 모델을 불러온 후, 피봇(Pivot)의 중심과 모델의 위치가 일치하지 않을 수 있으므로 피봇을 조정하여 올바르게 정렬하는 것이 중요하다. 피봇을 적절히 활용하면 보다 정밀한 배치가 가능하며, 이후의 모델 조작이 원활해진다.

3D 모델을 불러오는 과정에서는 모델과 함께 머티리얼(Material, 재질)이 자동으로 생성될 수도 있다. 다음 그림은 이러한 머티리얼을 적용하는 과정과 머티리얼 에디터(Material Editor)의 구성을 보여준다.

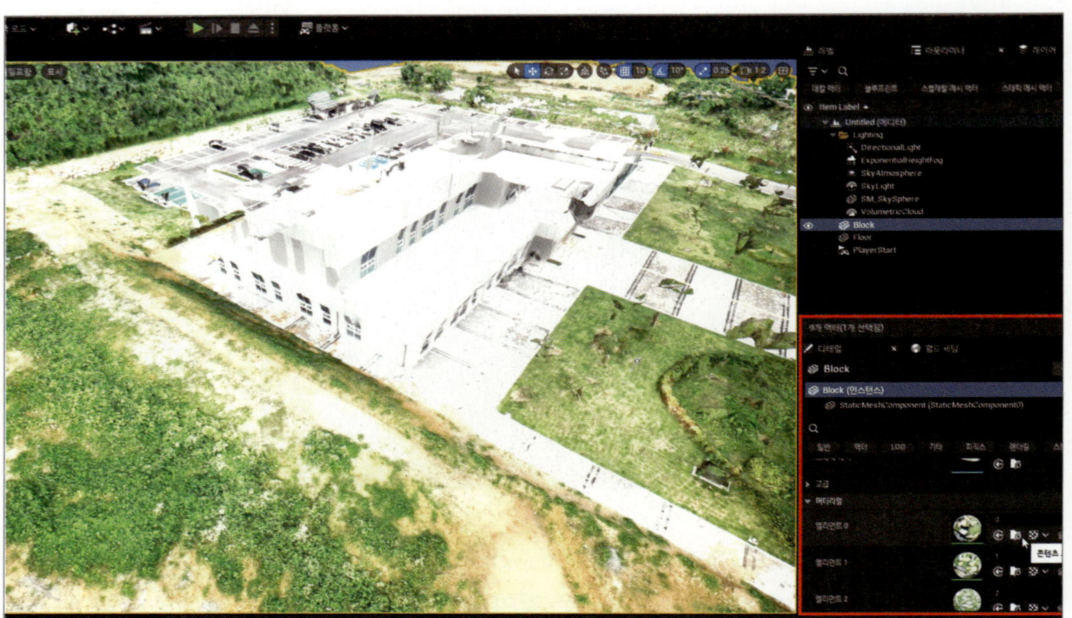

오브젝트 조작

언리얼 엔진에서 오브젝트를 조작하는 기본적인 방법은 피봇(Pivot)을 중심으로 이동, 회전, 스케일 조정을 수행하는 것이다.

- 이동(Translation) : 단축키 W를 사용하여 오브젝트를 X, Y, Z 축 방향으로 이동할 수 있다.
- 회전(Rotation) : 단축키 E를 사용하여 오브젝트를 특정 축을 기준으로 회전시킬 수 있다.
- 스케일(Scale) : 단축키 R을 사용하여 오브젝트의 크기를 조정할 수 있다.

또한, 스냅(Snap) 기능을 활용하면 특정 간격으로 정밀한 위치 조정이 가능하다. 이 기능을 사용하면 모델을 보다 정확한 좌표에 배치할 수 있으며, 특히 여러 개의 오브젝트를 정렬할 때 유용하다.

다음 그림과 같이 머티리얼(Material) 에디터를 사용하여 가져온 3D 모델의 표면에 다양한 재질을 적용할 수 있다. 머티리얼 에디터를 활용하면 색상, 반사율, 질감(Texture) 등을 자유롭게 조정하여 보다 현실적인 모델링이 가능하다.

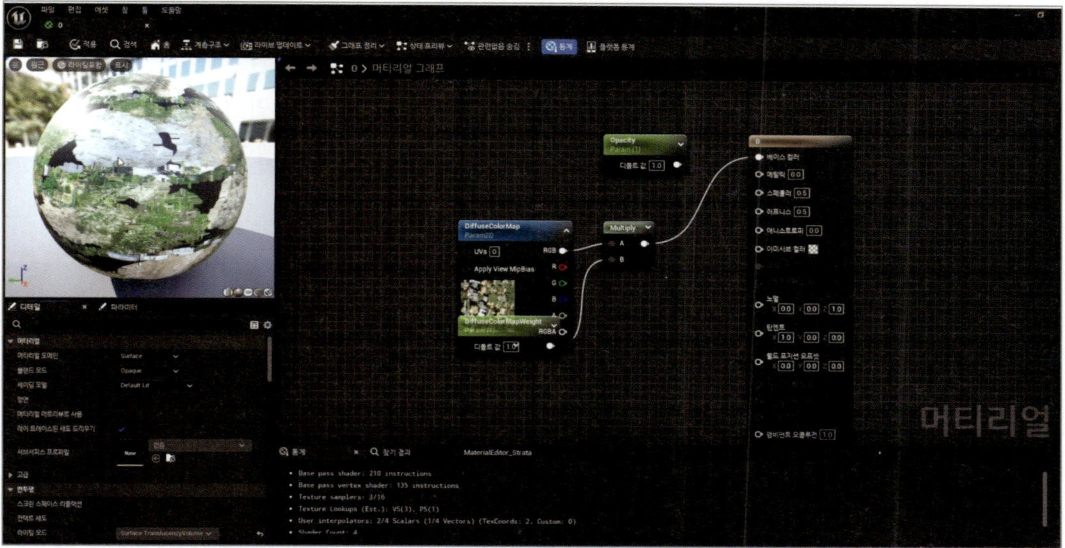

참고 머티리얼 에디터 인터페이스(UI) 구성

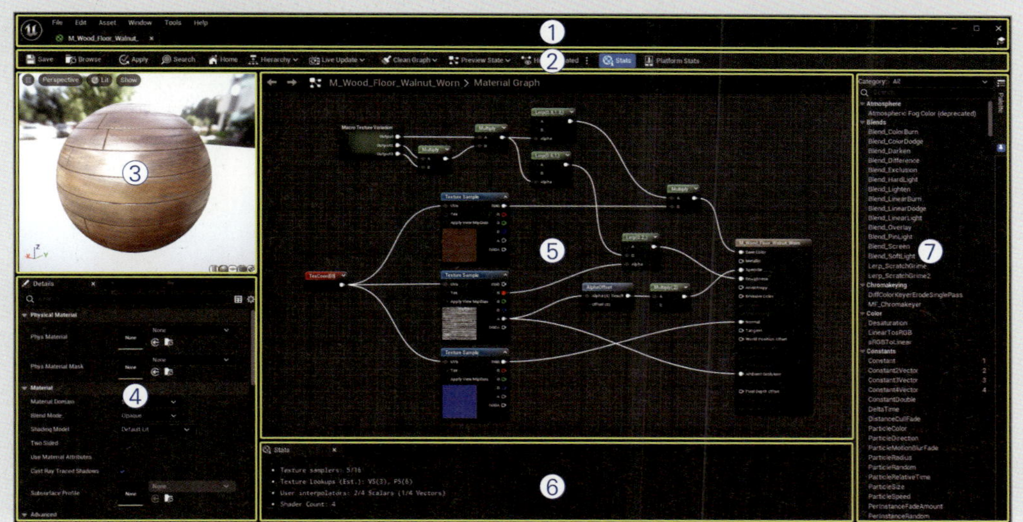

1. 메뉴 바, 2. 툴바, 3. 뷰포트패널, 4. 디테일 패널, 5. 머티리얼 그래프 패널, 6. 통계 패널, 7. 팔레트 패널

• 포트 패널에는 현재 편집 중인 머티리얼이 표시된다.
다음 표의 옵션을 사용하여 뷰포트 패널을 탐색할 수 있다.

동작	설명
좌클릭 드래그	메쉬(Mesh) 회전
가운데 마우스 버튼으로 드래그	패닝(Panning)
우클릭 드래그	줌(Zoom)
L 키를 누른 상태에서 왼쪽 마우스 버튼으로 드래그	라이트 방향 회전

(출처 : https://dev.epicgames.com/documentation/ko-kr/unreal-engine/unreal-engine-material-editor-ui)

3D 모델 검토 및 광원 조정

가져온 3D 모델, 즉 오브젝트(Object)는 뷰포트(Viewport)에서 자유롭게 회전시키며 품질을 면밀히 검토할 수 있다. 다음 그림과 같이 모델을 다양한 각도에서 살펴보면서 디테일, 표면 품질, 텍스처 적용 상태 등을 확인하는 과정은 매우 중요하다. 이를 통해 모델이 원하는 기준에 부합하는지 점검하고, 필요한 경우 수정할 수 있다.

참고 Unreal Engine의 Directional Light 옵션

Unreal Engine에서 Directional Light는 태양과 같은 먼 거리에서 오는 평행 광원을 시뮬레이션하는 데 사용된다. 이 조명은 장면 전체에 균일한 빛을 제공하며, 특히 야외 환경에서 중요한 역할을 한다.

- 조명의 방향, 색상, 강도, 그림자 등 다양한 설정을 통해 현실적인 라이팅(Lighting, 조명) 구현 가능
- 색온도(Temperature) 및 소스 각도(Source Angle) 등 적용

1. **피직스**(Physics) : Directional Light는 물리 기반 렌더링(Physically Based Rendering, PBR)을 지원한다. 이 옵션은 조명이 현실 세계의 물리 법칙을 따르도록 설정한다. 예를 들어, 빛의 강도와 색상이 물리적으로 정확하게 계산된다.

2. **감도**(Intensity) : 조명의 밝기를 조절하는 옵션이다. 값이 높을수록 빛이 더 강해지며, 낮을수록 어두워진다. 야외 장면에서는 태양 빛의 강도를 조절할 때 유용하다.

3. **라이트 컬러**(Light Color) : 조명의 색상을 설정한다. 기본값은 흰색이지만, 사용자가 원하는 색상으로 변경할 수 있다. 예를 들어, 석양 효과를 내기 위해 주황색이나 붉은색으로 설정할 수 있다.

4. **소스 각도**(Source Angle) : Directional Light는 평행 광원이지만, 소스 각도를 조절하여 빛이 퍼지는 정도를 시뮬레이션할 수 있다. 이 옵션은 태양의 크기를 조절하는 것과 유사하다. 값이 클수록 빛이 보다 부드럽게 퍼진다.

5. **소스 소프트 각도**(Source Soft Angle) : 소스 각도와 유사하지만, 빛의 가장자리가 보다 부드럽게 처리된다. 이를 통해 더 자연스러운 그림자와 빛의 경계를 만들 수 있다.

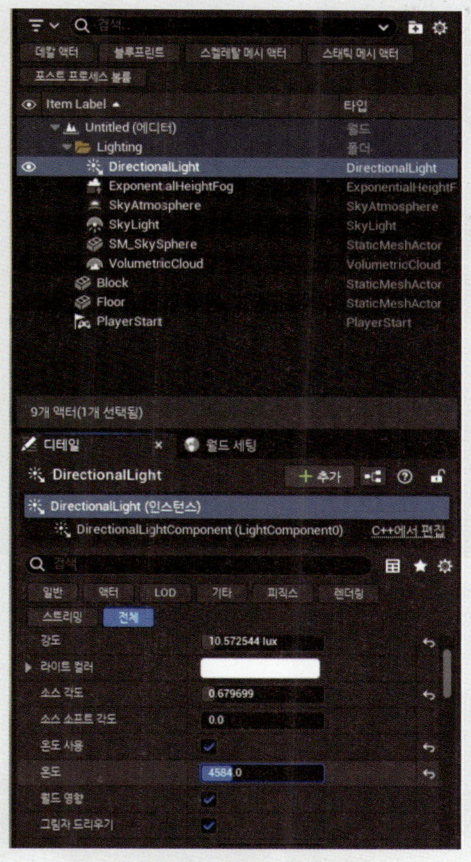

6. **온도 사용**(Use Temperature) : 이 옵션을 활성화하면 조명의 색상을 색온도(Temperature)로 설정할 수 있다. 색온도는 켈빈(Kelvin, K) 단위로 표현되며, 값에 따라 빛의 색상이 달라진다.
   - 낮은 색온도(예: 2000K) : 따뜻한 주황색 빛 (백열등 효과)
   - 중간 색온도(예: 5500K) : 순백색 빛 (태양광 효과)
   - 높은 색온도(예: 10000K) : 차가운 푸른색 빛 (흐린 날 효과)

7. **그림자 드리우기**(Cast Shadows) : 이 옵션은 조명이 오브젝트에 그림자를 드리우는지 여부를 결정한다. 그림자는 장면의 깊이와 현실감을 더하는 데 중요하다. 그림자 품질은 프로젝트 설정에서 추가로 조정할 수 있다.

한편, 광원 조정을 통해 모델이 조명에 따라 어떻게 변화하는지를 테스트할 수 있다. 광원(Light Source)의 종류와 배치에 따라 오브젝트의 명암, 반사율, 색감 등이 달라질 수 있으며, 이는 최종적인 씬(Scene)의 분위기에 큰 영향을 미친다. 다음 그림은 조명 설정에 따라 오브젝트가 어떻게 변화하는지를 시각적으로 보여준다.

렌더링 및 출력

- 시퀀서(Sequencer)

 언리얼 엔진에서 시퀀서[11](Sequencer)는 애니메이션 및 시네마틱 콘텐츠 제작을 위한 강력한 도구이다. 이를 활용하면 카메라 액터(Camera Actor)를 추가하고, 특정 장면에서의 움직임을 연출할 수 있다. 사용자는 키프레임(Keyframe)을 설정하여 카메라의 이동 경로와 시점을 정밀하게 조정할 수 있으며, 이를 통해 영화와 같은 고품질의 연출이 가능하다.

- 무비 렌더 큐(Movie Render Queue)

 고화질 이미지 및 동영상을 출력할 때는 무비 렌더 큐[12](Movie Render Queue)를 활용한다. 기존의 기본 렌더링 방식보다 높은 품질의 출력을 지원하며, 반사(Reflection), 글로벌 일루미네이션(Global Illumination), 안티앨리어싱(Anti-Aliasing) 등의 고급 렌더링 옵션을 설정할 수 있다. 이를 통해 사실적인 영상 제작이 가능하며, 게임 시네마틱, 건축 시각화, 애니메이션 프로젝트 등 다양한 분야에서 활용된다.

11) 시퀀서(Sequencer) : 애니메이션 및 시네마틱 제작 툴
12) 고화질 렌더링 출력 툴

4. Unity Engine

유니티 엔진(Unity Engine)은 현재 게임 산업에서 가장 널리 사용되는 게임 엔진 중 하나로, 직관적인 개발 환경과 강력한 기능을 통해 전 세계 개발자들에게 필수적인 도구로 자리 잡았다. 이 엔진은 2004년, 덴마크 출신 개발자인 데이비드 헬가슨(David Helgason), 니콜라스 프란시스(Nicholas Francis), 요아킴 안트(Joachim Ante)가 공동으로 설립한 유니티 테크놀로지스(Unity Technologies)에서 개발하였다. 초창기에는 3D 웹 미디어 제작 도구로 시작했으나, 점차 강력한 게임 개발 엔진으로 발전하며 다양한 산업에 걸쳐 폭넓게 활용되고 있다.

유니티 엔진의 역사와 발전

유니티 엔진은 2005년 6월 8일, Mac OS 전용으로 공식 출시되었으며, 애플의 월드와이드 개발자 컨퍼런스(WWDC, WorldWide Developers Conference)에서 처음 소개되었다. 당시만 해도 3D 게임 및 인터랙티브 콘텐츠 제작 도구로서 새로운 가능성을 제시하며 많은 주목을 받았다. 이후 유니티는 지속적인 업데이트를 거듭하며 점진적으로 발전해왔으며, 현재는 단순한 게임 개발 도구를 넘어 가상현실(VR, Virtual Reality), 증강현실(AR, Augmented Reality), 애니메이션, 영화, 자동차 산업, 건축 시뮬레이션 등 다양한 산업에서 활용되고 있다.

유니티 엔진의 기술 혁신

2030년까지 전 세계 가상 공간의 70%를 유니티 엔진으로 구축하는 것을 목표로, 유니티는 단순한 개발 도구를 넘어 현실과 디지털 세계를 잇는 핵심 사회 인프라로의 도약을 지향하고 있다.

1. 기술 혁신의 진화

유니티의 기술 혁신은 "한 번의 개발로 모든 플랫폼에 대응"이라는 모토에서 시작되었다. 2005년 맥OS 버전 출시 당시, 개발자들은 DirectX, OpenGL, Metal과 같은 다양한 그래픽 API(Application Programming Interface)를 개별적으로 학습해야 했다. 그러나 유니티의 플랫폼 추상화 레이어(Platform Abstraction Layer)는 이러한 하드웨어 차이를 자동으로 흡수하여, PlayStation부터 iOS까지의 멀티 플랫폼 개발을 가능하게 했다.

2019년 도입된 DOTS(DataOriented Technology Stack)는 이 혁신을 한층 더 발전시켜 멀티코어 CPU의 성능을 90% 이상 활용할 수 있도록 했다. 이를 통해 닌텐도 스위치에서도 4K 해상도, 60FPS의 원활한 실행이 가능해지는 기술적 비약을 이뤄냈다.

비주얼 기술의 발전 또한 눈부시다. 2018년 도입된 HD Render Pipeline(HDRP)은 실시간 레이 트레이싱(Ray Tracing)을 지원하며 물리 기반 렌더링(PBR) 기술의 정확도를 극대화했다. 이는 영화 '스파이더맨: 노 웨이 홈'의 VFX 작업에도 활용되며, 게임과 영화의 경계를 허물었다. 또한 2021년 업데이트된 유니버설 렌더 파이프라인(URP)은 모바일에서도 고품질 그래픽을 실현시켰다. 더불어 2023년 도입된 AI 기반 데니서(Denoiser) 기술은 광선 추적 렌더링 시간을 70% 단축시키며, 언리얼 엔진 5의 루멘(Lumen) 기술과의 경쟁에서 확실한 우위를 점하는 계기가 되었다.

2. 개발자 생태계 구축

유니티의 성공은 단순한 기술적 진보에 머무르지 않는다. 개발자 생태계를 구축하고 지원하는 전략이 그 중심에 있다. 2010년 출시된 에셋 스토어(Asset Store)는 150만 개 이상의 3D 모델, 텍스처, 게임 템플릿을 제공하며, 개발 기간을 평균 40% 단축하는 효과를 거두고 있다. 동시에 1만 2천 명 이상의 개인 창작자들에게 새로운 수익 모델을 제공하고 있다.

2022년 인수한 Ziva Dynamics의 머신러닝 기반 캐릭터 애니메이션 기술은 3일이 걸리던 정밀한 표정 애니메이션 작업을 3분 만에 완성할 수 있도록 하여 3D 산업 전반에 혁신을 불러왔다. 또한, 유니티는 3,200개 교육기관과 협력하여 "유니티 공인 교육 프로그램"을 운영하고 있으며, 이 프로그램을 통해 2023년 한 해 동안 12만 명의 학생들이 AR/VR 개발과 AI 알고리즘 설계를 학습했다.

개발자 커뮤니티인 유니티 커넥트(Unity Connect) 또한 급성장했다. 현재 800만 명의 회원이 활동 중이며, 매월 5만 건 이상의 기술 질의가 실시간으로 오가는 지식 공유의 장으로 자리 잡았다.

3. 작업 흐름 혁신

유니티 허브(Unity Hub)의 AI 프로젝트 설정 어시스턴트는 개발자가 "멀티플레이어 FPS", "저사양 모바일 퍼즐"과 같은 키워드만 입력하면 최적의 렌더링 파이프라인, 물리 엔진 설정, 권장 에셋 패키지를 자동으로 추천한다. 2023년 도입된 이 기능은 초보 개발자의 진입 장벽을 60% 이상 낮추는 데 기여했다.

에디터의 씬 뷰(Scene View) 컨트롤 패널은 개발자들의 작업 효율성을 극대화하도록 설계되었다. QWERT 키로 이동, 회전, 스케일 도구를 빠르게 전환할 수 있으며, Ctrl+드래그 기능을 통해 0.25 단위로 정밀한 오브젝트 배치가 가능하다. 또한, 물리 디버거(Physics Debugger)와 프로파일러(Profiler) 창을 통해 CPU/GPU 사용량을 색깔 코드로 시각화하여 최적화 포인트를 쉽게 파악할 수 있도록 지원한다.

카메라 시스템의 핵심인 시네머신(Cinemachine)은 14종의 가상 카메라를 제공하며, 특히 AI가 자동으로 샷 구성을 조정하는 클리어샷(ClearShot)은 경쟁 엔진과 차별화되는 기능이다. 영화 '듄' 제작진은 이 시스템을 활용해 모래폭풍 장면의 카메라 워크를 200개 이상의 앵글에서 실시간 테스트했다.

4. 산업별 적용

유니티의 기술은 게임 개발을 넘어 자동차, 건축, 의료 등 다양한 산업에 혁신을 가져오고 있다.

BMW는 유니티 기반 가상 테스트 드라이브 시뮬레이터를 활용하여 72개의 차량 센서 데이터를 실시간 연동하며, 눈길 주행 시뮬레이션을 통해 개발 기간을 8개월 단축했다. 의료 분야에서는 Surgical Theater의 VR 기반 수술 훈련 시스템이 도입되었다. 두개골 절개술 시뮬레이션의 정확도를 92%까지 향상시키며, 미국 외과의사 협회에서 공식 교육 프로그램으로 채택되었다.

5. 미래 전망

유니티는 2025년 출시 예정인 유니티 6을 통해 양자 컴퓨팅 기반 광원 계산과 뉴로모픽 칩셋 최적화를 선보일 계획이다. 또한, 유니티 센티(Sentis) 엔진은 GPT4 수준의 자연어 처리(NLP) 모델을 직접 임베딩하여 NPC와의 대화를 보다 현실적으로 구현할 예정이다. 동시에 GAN(Generative Adversarial Network)을 활용해 게임 환경을 실시간으로 변화시키는 기능도 연구 중이다.

유니티 엔진의 핵심 특징

1. 다양한 플랫폼 지원 및 접근성

유니티 엔진은 Windows, macOS, Linux, iOS, Android, PlayStation, Xbox, Nintendo Switch 등 다양한 운영체제 및 콘솔에서 동작하는 게임을 개발할 수 있도록 지원한다. 이러한 멀티플랫폼 지원 덕분에 개발자들은 한 번의 개발로 여러 플랫폼에 게임을 배포할 수 있어, 시간과 비용을 절약할 수 있다. 또한, 개인 개발자 및 학생을 위해 무료 버전(Unity Personal)을 제공하며, 상업적 이용을 원하는 개발자는 일정 수익 기준을 초과하기 전까지는 무료로 사용할 수 있다. 이러한 정책은 초보 개발자부터 숙련된 전문가까지 모두 쉽게 접근할 수 있도록 하며, 유니티의 개방성과 확장성을 잘 보여준다.

2. 직관적인 GUI(Graphical User Interface)와 개발 환경

유니티 엔진은 직관적인 그래픽 사용자 인터페이스(GUI)를 제공하여, 프로그래밍 경험이 부족한 개발자도 쉽게 프로젝트를 진행할 수 있도록 돕는다. 드래그 앤 드롭(Drag and Drop) 방식의 인터페이스를 통해, 코드 작성 없이도 게임 오브젝트를 배치하고 조작할 수 있으며, 엔진 내부의 다양한 기능을 손쉽게 활용할 수 있다.

유니티의 핵심 개발 환경은 유니티 에디터(Unity Editor)를 중심으로 구성되며, 유니티 허브(Unity Hub)를 통해 프로젝트와 엔진 버전을 쉽게 관리할 수 있다. 또한, 코드 작성이 필요한 경우에는 C을 기본 스크립팅 언어로 사용하며, Visual Studio와 같은 외부 코드 편집기와의 연동도 지원한다.

3. 강력한 물리 엔진(Physics Engine)

유니티에는 내장된 물리 엔진(Physics Engine)이 탑재되어 있어, 개발자가 별도로 물리 계산을 하지 않아도 중력, 충돌, 마찰, 반동 등의 요소를 사실적으로 구현할 수 있다. 대표적인 물리 엔진으로는 NVIDIA PhysX가 있으며, 이를 활용하여 보다 정교한 물리 기반 시뮬레이션을 구현할 수 있다.

4. 고품질 그래픽과 렌더링(Rendering) 기능

유니티는 2D 및 3D 그래픽 렌더링을 모두 지원하며, 현실적인 비주얼을 구현할 수 있도록 다양한 기능을 제공한다.

- 조명(Lighting) : 현실적인 조명 효과를 구현할 수 있으며, 전역 조명(Global Illumination, GI)을 활용하여 자연스러운 광원 효과를 연출할 수 있다.
- 쉐이더(Shader) : 그래픽 품질을 높이기 위해 커스텀 쉐이더를 작성할 수 있으며, Shader Graph를 이용해 노드 기반으로 쉽게 제작 가능하다.
- 후처리(Post Processing) : 블룸(Bloom), 모션 블러(Motion Blur), 색보정(Color Correction) 등의 효과를 적용하여 게임의 시각적 퀄리티를 높일 수 있다.

4-1 디지털 트윈과 Unity Engine

디지털 트윈(Digital Twin)

디지털 트윈은 현실 세계의 물리적 개체나 시스템을 가상 환경에서 동일하게 구현한 디지털 모델을 의미한다. 이는 단순한 3D 모델링이 아니라, 실제 데이터를 활용하여 실시간으로 변화하고 최적화할 수 있는 정교한 시뮬레이션 기술이다. 디지털 트윈은 제조, 건설, 스마트시티, 의료, 자동차, 항공 등 다양한 산업에서 활용되며, 제품 개발 및 유지보수, 공정 최적화, 예측 분석 등의 목적으로 사용된다.

디지털 트윈은 크게 세 가지 요소로 구성된다. 첫째, 물리적 개체(Physical Object)로, 실제 세계에서 존재하는 장비, 인프라, 혹은 공정이다. 둘째, 가상 모델(Virtual Model)로, 물리적 개체를 디지털 공간에서 정확하게 재현한 데이터 기반의 시뮬레이션 모델이다. 마지막으로 연결된 데이터(Connected Data)로, IoT(사물인터넷) 센서, 카메라, 드론, 머신러닝 등의 기술을 통해 실시간 데이터를 수집하고 이를 분석하여 가상 모델을 지속적으로 업데이트한다.

디지털 트윈의 가장 큰 장점은 현실 세계의 실험과 테스트를 가상 환경에서 시뮬레이션하여 리스크를 최소화하고 비용을 절감할 수 있다는 점이다. 이를 통해 산업별로 다양한 응용이 가능하다.

1. 스마트 공장(Smart Factory)
   - 공장의 생산 공정을 디지털 트윈으로 모델링하여 실시간 모니터링 및 문제 발생 시 신속한 대응이 가능하다.
   - 설비 고장을 예측하여 사전에 유지보수 계획을 수립할 수 있다.
2. 스마트 시티(Smart City)
   - 도시 교통 흐름을 분석하여 최적의 신호체계를 설계하고, 환경 오염을 모니터링하여 대응 방안을 마련할 수 있다.
   - 건물과 인프라의 에너지 소비 패턴을 분석하여 효율적인 에너지 관리가 가능하다.
3. 의료 및 헬스케어(Medical & Healthcare)
   - 개인의 건강 데이터를 기반으로 디지털 트윈을 생성하여 맞춤형 치료 및 예방 의료를 지원한다.
   - 신약 개발과 임상시험 과정에서 가상 환자를 활용하여 개발 비용과 시간을 절감할 수 있다.
4. 항공 및 자동차 산업(Aerospace & Automotive)
   - 비행기의 엔진을 디지털 트윈으로 구현하여 정비 및 운영 효율성을 극대화할 수 있다.
   - 자동차의 자율주행 알고리즘을 가상 환경에서 반복적으로 테스트하여 안전성을 검증할 수 있다.

디지털 트윈과 Unity Engine

디지털 트윈을 구현하는 데 있어 강력한 3D 엔진이 필수적이며, 그중에서도 Unity Engine이 중요한 역할을 한다. Unity는 원래 게임 엔진으로 개발되었지만, 강력한 3D 렌더링, 실시간 시뮬레이션, 몰입형 경험을 제공하는 기능 덕분에 디지털 트윈 분야에서도 활발히 사용되고 있다.

1. 실시간 렌더링(Realtime Rendering)

- Unity는 고품질의 그래픽을 실시간으로 렌더링할 수 있어, 가상 환경을 더욱 현실감 있게 표현할 수 있다.
- 물리적 개체와 유사한 디지털 모델을 구현하고, 데이터 변화에 따라 즉각적으로 반응하도록 만들 수 있다.

2. 다양한 플랫폼 지원(Multiplatform Support)

- Unity는 PC, 모바일, 웹, VR/AR 등 다양한 플랫폼을 지원하므로, 디지털 트윈 모델을 여러 환경에서 활용할 수 있다.
- 기업들은 특정 하드웨어에 종속되지 않고 자유롭게 시스템을 구축할 수 있다.

3. 물리 엔진 및 시뮬레이션(Physics Engine & Simulation)

- Unity는 강력한 물리 엔진을 제공하여 중력, 충돌, 유체 역학 등 복잡한 시뮬레이션을 효과적으로 구현할 수 있다.
- 이를 활용하면 실제 환경과 동일한 조건에서 테스트를 진행할 수 있다.

4. AI 및 머신러닝 통합(AI & Machine Learning Integration)

- Unity는 AI 및 머신러닝 모델을 적용하여 보다 지능적인 디지털 트윈을 구축할 수 있다.
- 예를 들어, 자율주행차 시뮬레이션에서 AI 알고리즘을 반복적으로 학습시켜 최적의 주행 경로를 설계할 수 있다.

5. VR/AR 확장 가능성(VR/AR Integration)

- Unity는 증강현실(AR) 및 가상현실(VR) 기술과 결합하여, 몰입형 경험을 제공할 수 있다.
- 건축, 교육, 의료 분야에서는 디지털 트윈을 VR/AR로 구현하여 보다 직관적으로 데이터를 분석하고 활용할 수 있다.

디지털 트윈 기술은 빠르게 발전하고 있으며, AI, IoT, 클라우드 컴퓨팅 등의 신기술과 결합하면서 더욱 정교해지고 있다. 앞으로는 디지털 트윈이 단순한 모니터링 도구를 넘어 자율적인 의사결정을 수행하는 스마트 시스템으로 발전할 가능성이 크다. 또한, Unity의 지속적인 기술 개선으로 보다 정밀하고 몰입감 있는 디지털 트윈 환경이 구축될 것이다. 디지털 트윈과 Unity Engine의 결합은 현실과 가상을 잇는 혁신적인 기술로서, 산업 전반에 걸쳐 새로운 가능성을 열어가고 있다.

4-2 UI 사용자 인터페이스(UI)

유니티 엔진(Unity Engine)은 개발자들이 보다 직관적이고 효율적으로 사용자 인터페이스(UI)를 디자인할 수 있도록 UI 빌더(UI Builder)를 제공한다. 이 도구는 UI 문서(UXML)와 스타일 시트(USS)를 시각적으로 편집할 수 있는 환경을 제공하며, 다양한 패널을 통해 UI 요소를 쉽게 관리하고 수정할 수 있다. 이를 통해 게임 및 애플리케이션의 사용자 경험(UX)을 한층 더 향상시킬 수 있다.

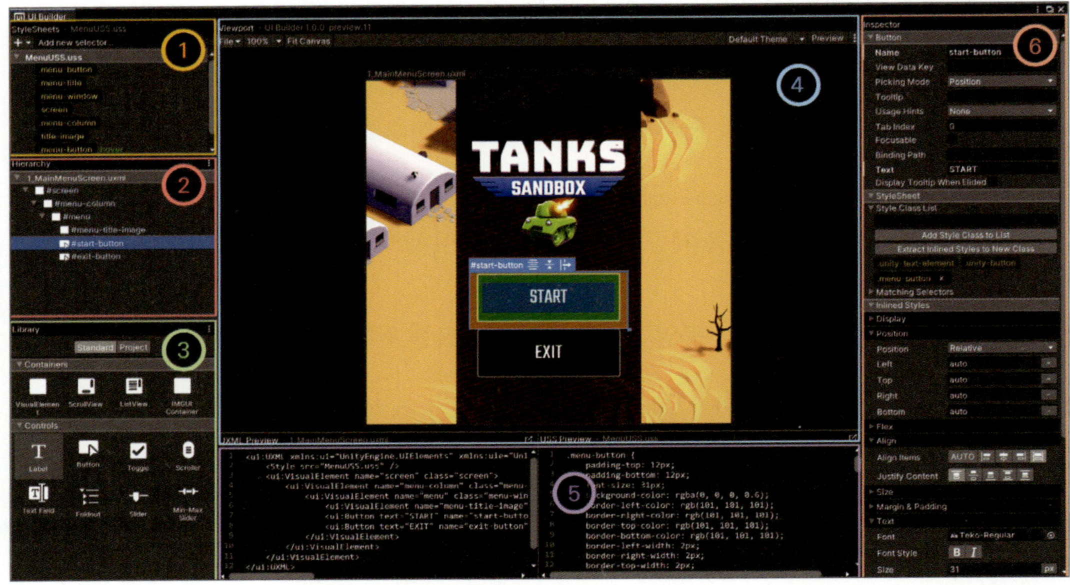

1. 스타일 시트(Style Sheets) 패널

   스타일 시트는 UI 툴킷(UI Toolkit)에서 여러 요소와 UI 문서(UXML)에 걸쳐 스타일을 공유하고 적용하는 데 사용된다. 스타일 시트 패널에서는 다음과 같은 작업을 수행할 수 있다.

   - 현재 UI 문서(UXML)에 스타일 시트(USS)를 추가, 재정렬 또는 제거
   - 스타일 시트 내에서 USS 선택자(Selectors)를 생성, 재정렬, 복사 또는 제거하여 여러 요소에 스타일을 공유

2. 계층 구조(Hierarchy) 패널

   계층 구조 패널은 현재 문서의 요소 계층 구조를 트리 뷰로 표시한다. 이 패널은 UXML 텍스트 표현보다 더 포괄적인 정보를 제공하며, 동적으로 생성된 요소나 UI 런타임에서만 존재하는 요소도 포함한다. 예를 들어, 템플릿 인스턴스(Template Instance)의 요소도 이 패널에서 확인할 수 있다. 주요 기능은 다음과 같다.

- 요소 선택 검사 및 편집
- 요소 잘라내기, 복사, 삭제 또는 재정렬
- 템플릿 문서를 서브 문서로 열어 컨텍스트 내에서 편집
- 요소의 스타일 클래스 목록, 이름 속성, 로컬 스타일 시트를 한 번에 확인

3. 라이브러리(Library) 패널

라이브러리 패널은 유니티 에디터의 프로젝트 창(Project Window)과 유사하다. 이 패널은 사용 가능한 UI 요소를 나열하며, 표준(Standard) 탭에서는 유니티가 제공하는 기본 요소를 확인할 수 있다. 또한 프로젝트(Project) 탭에서는 커스텀 UXML 자산과 Visual Element를 상속한 C 요소를 확인할 수 있다. 요소를 인스턴스화하려면,

- 요소를 계층 구조(Hierarchy) 패널이나 캔버스(Canvas)로 드래그
- 요소를 더블클릭하여 현재 선택된 요소의 형제로 추가

4. 뷰포트(Viewport) 패널

뷰포트 패널은 UI 문서(UXML)의 출력을 편집 가능한 캔버스(Canvas)에 표시한다. 캔버스 헤더에는 현재 로드된 UI 문서의 이름이 표시되며, 변경 사항이 저장되지 않았을 경우 별표 가 나타난다. 뷰포트에서는 다음과 같은 작업을 수행할 수 있다:

- UI 문서를 편집, 미리보기 및 상호작용
- 캔버스 설정을 조정하여 UI 디자인 환경을 최적화

5. 코드 미리보기(Code Previews)

UI를 구축하는 동안 UI 빌더는 자동으로 UXML 및 USS 텍스트를 생성하며, 이를 UXML 미리보기(UXML Preview) 및 USS 미리보기(USS Preview) 패널에 표시한다. 이를 통해 개발자는 코드를 직접 작성하지 않고도 UI의 구조와 스타일을 실시간으로 확인할 수 있다.

6. 인스펙터(Inspector) 패널

인스펙터 패널은 유니티의 인스펙터 창과 유사하다. 선택한 객체의 유형에 따라 다음과 같은 정보를 제공한다.

- 요소(Element): UXML 속성, 스타일 클래스 할당, 인라인 스타일 편집
- USS 선택자(Selectors): 선택자 쿼리 문자열 변경 및 스타일 속성 편집
- 캔버스(Canvas): 캔버스 크기 조정, 배경 설정, 문서별 편집 설정

뷰포트 내 네비게이션

뷰포트 내에서 패닝(Pan) 및 줌(Zoom) 기능을 사용하여 UI를 탐색할 수 있다. UI 빌더는 각 UI 문서의 패닝 및 줌 상태를 저장하며, 창을 다시 로드하거나 문서를 재열 때 이 상태를 복원한다. 새로운 문서를 생성하면 패닝 및 줌 상태가 초기화된다. 주요 네비게이션 방법은 다음과 같다.

- 패닝(Pan) : 마우스 휠 버튼을 누르고 드래그하거나, Ctrl/Cmd + Alt/Option 키를 누른 상태에서 드래그
- 줌(Zoom) : 마우스 휠을 회전하거나, Alt/Option 키를 누른 상태에서 오른쪽 마우스 버튼으로 드래그

4-3 Unity Engine을 활용한 3D 현실 세계 구현 : 가시화와 모델링

실행 및 새 프로젝트(New Project) 생성 절차

Unity Engine을 활용한 3D 오브젝트 가시화와 모델링을 시작하려면, 먼저 Unity Hub를 실행해야 한다. 다음의 좌측 그림과 같이 컴퓨터(PC)에 설치된 Unity Hub 아이콘을 클릭하여 프로그램을 실행한 후, Projects 메뉴로 이동한다. 여기서, 우측 그림과 같이 "New project"(새 프로젝트) 버튼을 클릭하여 새 프로젝트를 생성할 준비를 한다.

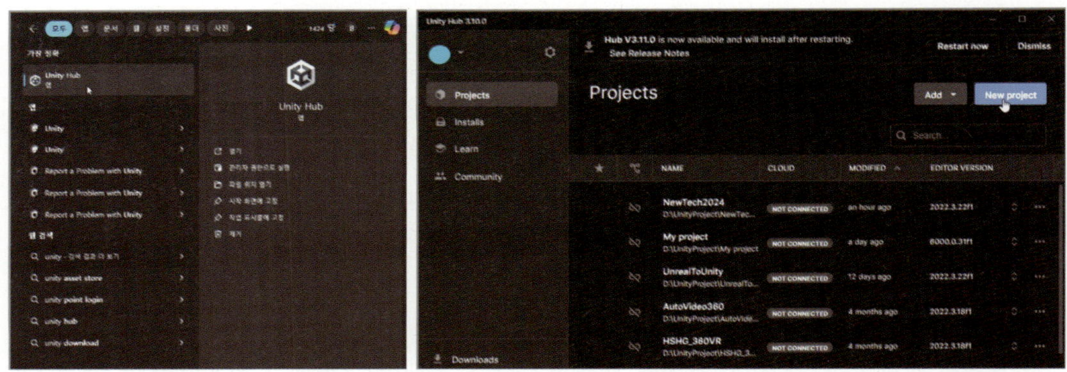

3D 오브젝트를 구현하기 위한 프로젝트이므로, 프로젝트 템플릿 선택 과정에서 "Universal 3D"를 선택하는 것이 중요하다. 이 템플릿은 현실감 있는 3D 오브젝트와 씬(Scene)을 구성할 때 최적화된 환경을 제공한다. 선택이 완료되면 담의 그림과 같이 아래 항목들을 입력해야 한다.

- Project name(프로젝트 이름) : 해당 프로젝트의 고유 이름을 지정한다. 프로젝트 이름은 이후 프로젝트 관리 및 파일 구분 시, 중요한 기준이 된다.

- Location(위치) : 프로젝트 파일이 저장될 경로를 선택한다. 일반적으로 로컬 디스크 내 작업 폴더를 지정하며, 프로젝트 파일이 쉽게 접근 가능한 위치에 저장되도록 한다.
- Unity Organization(Unity 조직) : Unity 프로젝트를 특정 조직이나 계정에 귀속시키기 위해 필요한 정보이다. 개인 프로젝트인 경우 기본 개인 계정이 자동으로 선택되며, 별도의 조직 계정을 사용할 수도 있다.

필수 항목 입력을 완료한 후, Create Project 버튼을 클릭하면, Unity가 새 프로젝트 환경을 생성한다. 프로젝트 생성이 완료되면 본격적으로 3D 모델링과 가시화 작업을 시작할 수 있다.

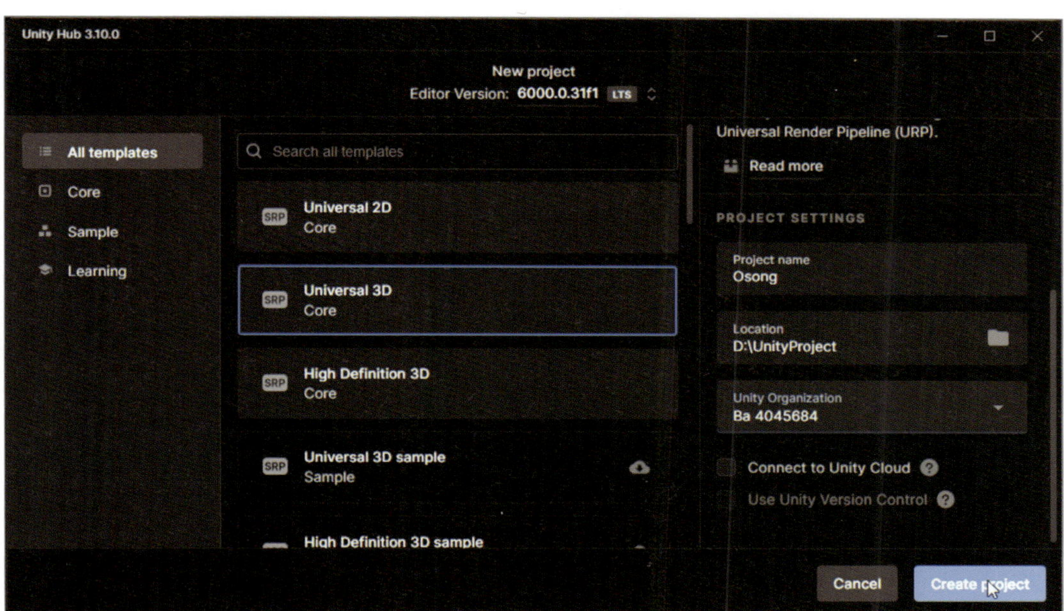

참고 Unity의 프로젝트 설정 옵션

1. Project name(프로젝트 이름)
   - 새로 만들 프로젝트의 이름을 입력하는 란이다.
   - 프로젝트를 쉽게 식별할 수 있는 의미 있는 이름을 사용하는 것이 좋다.

2. Location(위치)
   - 프로젝트 파일이 저장될 컴퓨터 내 폴더 경로를 지정한다.
   - 프로젝트 관리를 위해 전용 폴더를 만들어 사용하는 것이 좋다.

3. Unity Organization(Unity 조직)
   - Unity 계정과 연결된 조직을 선택하는 옵션이다.
   - 여러 팀원과 협업하는 경우 공통된 조직을 선택해야 한다.
   - 개인 프로젝트라면 개인 계정의 기본 조직을 사용할 수 있다.

4. Connectto Unity Cloud(Unity클라우드에 연결)

- Unity클라우드 서비스와 프로젝트를 연동할지 선택하는 옵션이다.
- 클라우드 연결을 통해 프로젝트 백업, 팀원 간 공유, 원격 협업 등의 기능을 사용할 수 있다.
- 팀 프로젝트의 경우 이 옵션을 활성화하는 것이 좋다.

5. Use Unity Version Control(Unity버전 관리 사용)

- Unity의 버전 관리 시스템을 프로젝트에 적용할지 선택하는 옵션이다.
- 버전 관리를 사용하면 프로젝트의 변경 사항을 추적하고, 이전 버전으로 되돌리거나 여러 버전을 비교할 수 있다.
- 복잡한 프로젝트나 팀 작업의 경우 이 기능을 활성화하는 것이 매우 유용하다.

새로운 이름으로 프로젝트가 성공적으로 생성되면, 다음의 좌측 그림과 같이 해당 프로젝트가 Unity Hub의 프로젝트 목록에 추가된다. 이후 프로젝트를 클릭하여 열면, 우측 그림과 같이 Unity Engine의 사용자 인터페이스(UI, User Interface)가 화면에 나타난다.

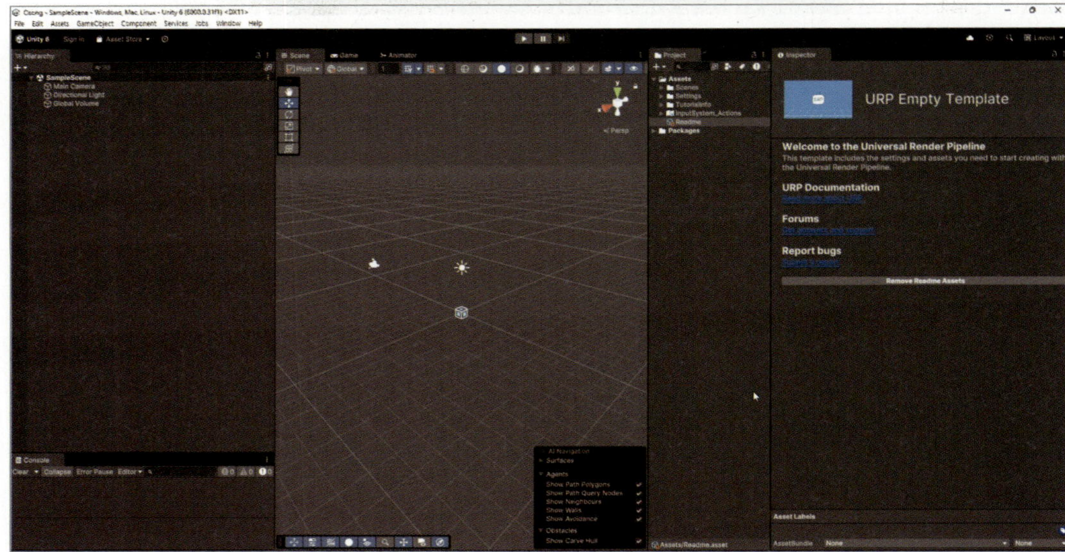

Unity Engine의 사용자 인터페이스는 3D 오브젝트를 제작하고 현실 세계를 구현하기 위한 다양한 도구와 창으로 구성되어 있다. 기본 인터페이스는 뷰포트(Viewport) 패널, 라이브러리(Library) 패널, 계층 구조(Hierarchy) 패널 등으로 이루어져 있으며, 각 창은 개발 과정에서 중요한 역할을 한다. 이러한 인터페이스를 통해 사용자는 3D 모델링, 애니메이션, 스크립트 작성, 그리고 실시간 가시화 작업을 유기적으로 수행할 수 있다.

참고 Unity Engine의 사용자 인터페이스(UI)

유니티 엔진(Unity Engine)은 개발자들이 보다 직관적이고 효율적으로 사용자 인터페이스(UI)를 디자인할 수 있도록 UI 빌더(UI Builder)를 제공한다. 이 도구는 UI 문서(UXML)와 스타일 시트(USS)를 시각적으로 편집할 수 있는 환경을 제공하며, 다양한 패널을 통해 UI 요소를 쉽게 관리하고 수정할 수 있다. 이를 통해 게임 및 애플리케이션의 사용자 경험(UX)을 한층 더 향상시킬 수 있다.

1. **스타일 시트(Style Sheets) 패널** : 스타일 시트는 UI 툴킷(UI Toolkit)에서 여러 요소와 UI 문서(UXML)에 걸쳐 스타일을 공유하고 적용하는 데 사용된다. 스타일 시트 패널에서는 다음과 같은 작업을 수행할 수 있다.
   - 현재 UI 문서(UXML)에 스타일 시트(USS)를 추가, 재정렬 또는 제거
   - 스타일 시트 내에서 USS 선택자(Selectors)를 생성, 재정렬, 복사 또는 제거하여 여러 요소에 스타일을 공유

2. **계층 구조(Hierarchy) 패널** : 계층 구조 패널은 현재 문서의 요소 계층 구조를 트리 뷰로 표시한다. 이 패널은 UXML 텍스트 표현보다 더 포괄적인 정보를 제공하며, 동적으로 생성된 요소나 UI 런타임에서만 존재하는 요소도 포함한다. 예를 들어, 템플릿 인스턴스(Template Instance)의 요소도 이 패널에서 확인할 수 있다. 주요 기능은 다음과 같다.
   - 요소 선택 검사 및 편집
   - 요소 잘라내기, 복사, 삭제 또는 재정렬
   - 템플릿 문서를 서브 문서로 열어 컨텍스트 내에서 편집
   - 요소의 스타일 클래스 목록, 이름 속성, 로컬 스타일 시트를 한 번에 확인

3. **라이브러리**(Library) **패널** : 라이브러리 패널은 유니티 에디터의 프로젝트 창(Project Window)과 유사하다. 이 패널은 사용 가능한 UI 요소를 나열하며, 표준(Standard) 탭에서는 유니티가 제공하는 기본 요소를 확인할 수 있다. 또한 프로젝트(Project) 탭에서는 커스텀 UXML 자산과 Visual Element를 상속한 C 요소를 확인할 수 있다. 요소를 인스턴스화하려면,
   - 요소를 계층 구조(Hierarchy) 패널이나 캔버스(Canvas)로 드래그
   - 요소를 더블클릭하여 현재 선택된 요소의 형제로 추가

4. **뷰포트**(Viewport) **패널** : 뷰포트 패널은 UI 문서(UXML)의 출력을 편집 가능한 캔버스(Canvas)에 표시한다. 캔버스 헤더에는 현재 로드된 UI 문서의 이름이 표시되며, 변경 사항이 저장되지 않았을 경우 별표 가 나타난다. 뷰포트에서는 다음과 같은 작업을 수행할 수 있다.
   - UI 문서를 편집, 미리보기 및 상호작용
   - 캔버스 설정을 조정하여 UI 디자인 환경을 최적화

5. **코드 미리보기**(Code Previews) : UI를 구축하는 동안 UI 빌더는 자동으로 UXML 및 USS 텍스트를 생성하며, 이를 UXML 미리보기(UXML Preview) 및 USS 미리보기(USS Preview) 패널에 표시한다. 이를 통해 개발자는 코드를 직접 작성하지 않고도 UI의 구조와 스타일을 실시간으로 확인할 수 있다.

6. **인스펙터**(Inspector) **패널** : 인스펙터 패널은 유니티의 인스펙터 창과 유사하다. 선택한 객체의 유형에 따라 다음과 같은 정보를 제공한다.
   - 요소(Element) : UXML 속성, 스타일 클래스 할당, 인라인 스타일 편집
   - USS 선택자(Selectors) : 선택자 쿼리 문자열 변경 및 스타일 속성 편집
   - 캔버스(Canvas) : 캔버스 크기 조정, 배경 설정, 문서별 편집 설정

3D 모델 가져오기

이 책에서는 앞서 충북 청주시 소재 오송국민체육센터[1] 인근 지역의 3D 모델(Model), 정사영상(Orthomosaic), 수치표면모델(DSM, Digital Surface Model) 등을 사진측량(Photogrammetry) 자료처리를 통해 생성한 바 있다. 이러한 데이터를 Unity 프로젝트에 통합하기 위해서는 3D 모델 파일을 Asset으로 가져오는 과정이 필요하다.

우선, 다음의 그림과 같이 Project 메뉴창에서 Asset을 클릭한 후, 서브(Sub) 메뉴에서 "Create"를 선택하고 다시 "Folder"를 클릭한다. 생성된 폴더에 원하는 이름을 지정한 후, 해당 폴더에 오송국민체육센터 3D Asset, 즉 .obj 파일을 가져온다. OBJ 파일의 다운로드 방법은 **부록 1**에 자세히 설명되어 있으니, 필요 시 참고하시기 바란다.

1) 오송국민체육센터, 충북 청주시 흥덕구 오송읍 오송생명12로 130

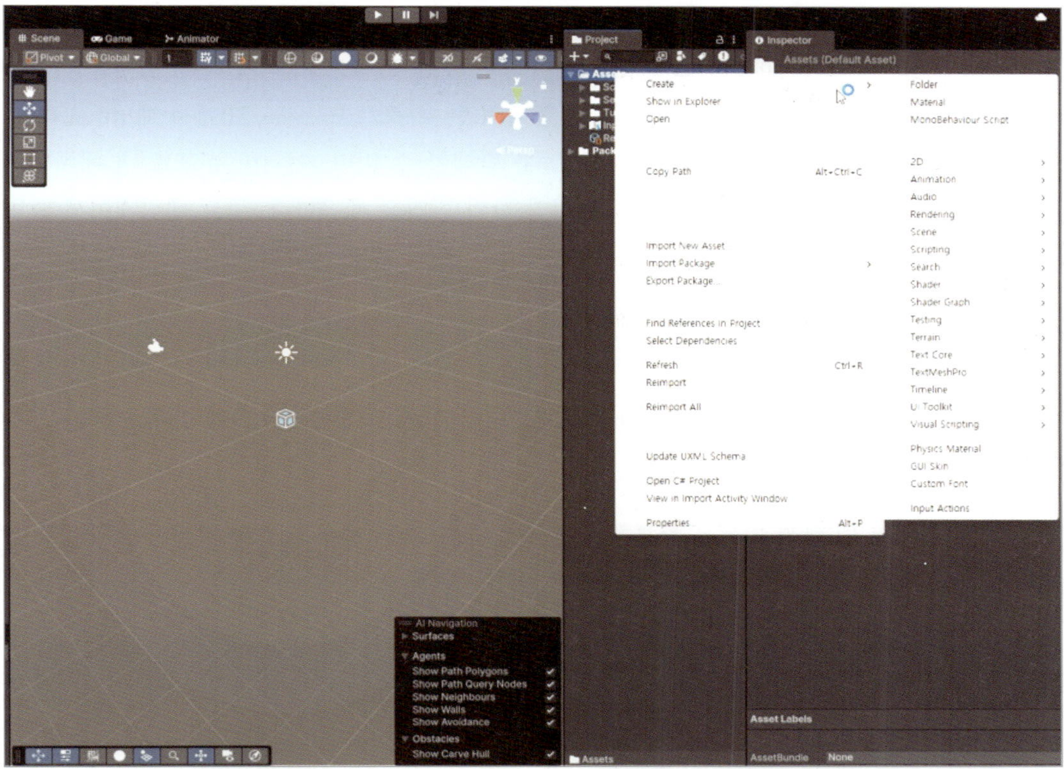
Scene
Game
Animator
Project
Inspector
Assets (Default Asset)
Create
Show in Explorer
Open
Copy Path
Alt+Ctrl+C
Import New Asset
Import Package
Export Package...
Find References In Project
Select Dependencies
Refresh
Ctrl+R
Reimport
Reimport All
Update UXML Schema
Open C# Project
View in Import Activity Window
Properties
Alt+P
Folder
Material
MonoBehaviour Script
2D
Animation
Audio
Rendering
Scene
Scripting
Search
Shader
Shader Graph
Testing
Terrain
Text Core
TextMeshPro
Timeline
UI Toolkit
Visual Scripting
Physics Material
GUI Skin
Custom Font
Input Actions
AI Navigation
Surfaces
Agents
Show Path Polygons
Show Path Query Nodes
Show Neighbours
Show Walls
Show Avoidance
Obstacles
Show Carve Hull
Asset Labels
AssetBundle
None
Assets

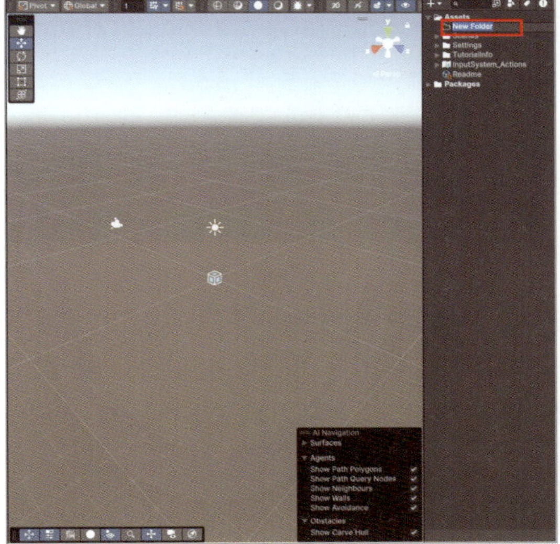
New Folder
Settings
TutorialInfo
InputSystem_Actions
Readme
Packages

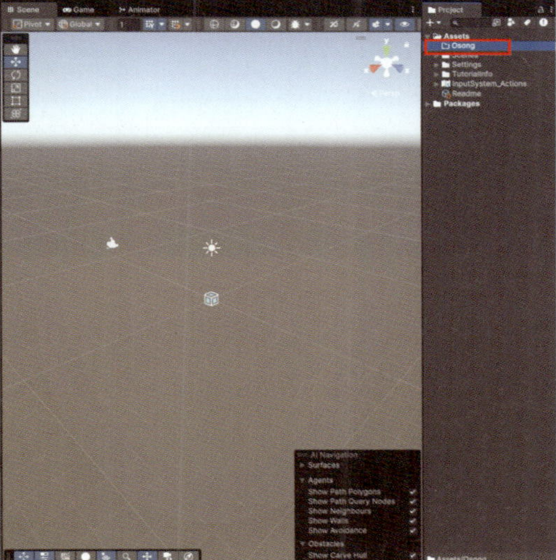
Assets
Osong
Settings
TutorialInfo
InputSystem_Actions
Readme
Packages
Assets/Osong

다음 그림은 이전 단계에서 3D 모델, 즉 Asset을 성공적으로 가져온 후의 모습을 보여주고 있다. 이때 피봇(Pivot)의 중심과 3D 모델이 일치하지 않을 수 있으므로, 피봇(Pivot) 위치를 적절히 조정하여 정확한 모델링 작업이 가능하도록 한다.또한, 뷰포트(Viewport) 내에서 패닝(Pan)과 줌(Zoom) 기능을 사용하여 사용자 인터페이스(UI)를 탐색할 수 있다. 이러한 뷰포트 내 네비게이션(Navigation) 기능은 모델링 과정에서 효율적인 작업 환경을 제공한다. 주요 네비게이션 방법은 다음과 같다.

- 패닝(Pan) : 마우스 휠 버튼을 누른 상태에서 드래그하거나, Ctrl/Cmd + Alt/Option 키를 누른 상태에서 드래그
- 줌(Zoom) : 마우스 휠을 회전하거나, Alt/Option 키를 누른 상태에서 오른쪽 마우스 버튼을 드래그

이와 같은 뷰포트 내 탐색 기능을 충분히 활용하면 3D 모델의 세부 요소를 정밀하게 확인할 수 있다.

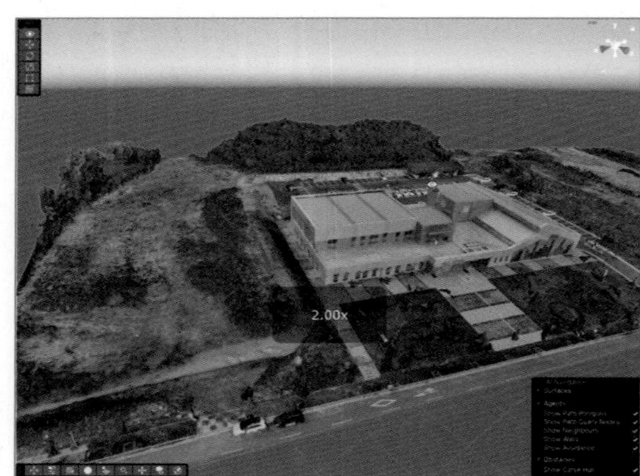

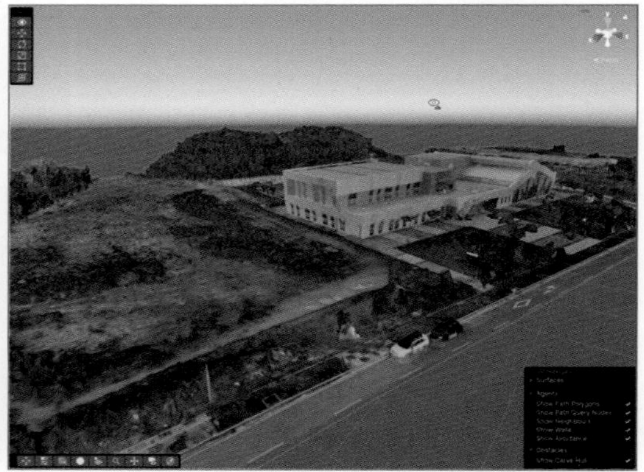

다음의 그림과 같이 조명을 조정하여 3D 모델의 시각적 완성도를 더욱 높일 수 있다. 조명의 방향, 강도, 색온도 등을 조정함으로써, 오브젝트를 보다 현실감 있게 표현할 수 있다. 이러한 조명 설정은 모델의 질감을 더욱 돋보이게 하며, 전체적인 씬(Scene) 분위기를 조절하는 데 중요한 역할을 한다.

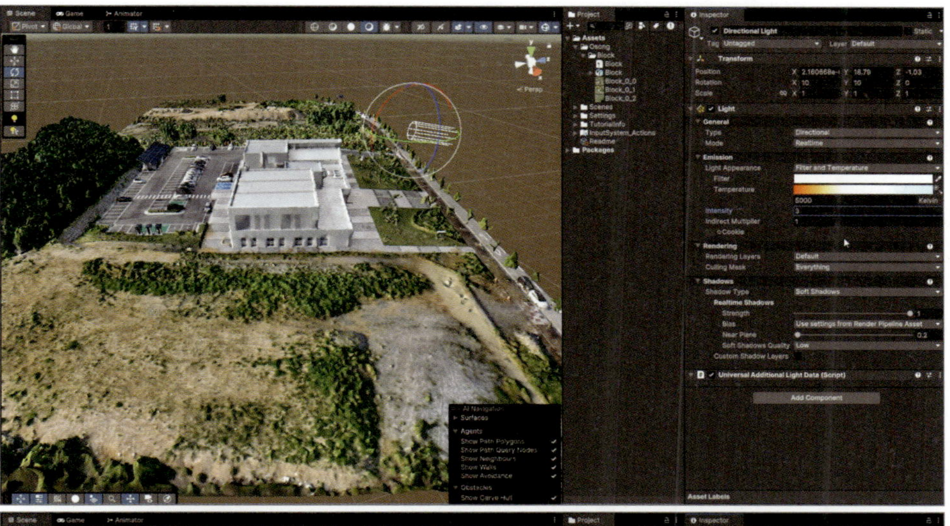

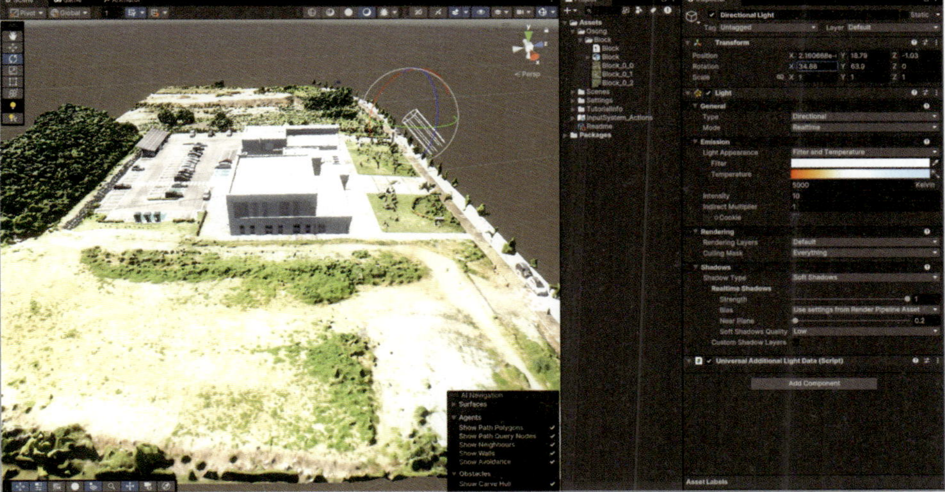

참고 Unity Engine의 다양한 Lighting(조명) 옵션

Unity 엔진에서 Directional Light는 주로 태양과 같은 먼 거리에서 오는 평행한 빛을 시뮬레이션할 때 사용된다. 각 설정을 적절히 조절하여 원하는 조명과 그림자 효과를 얻을 수 있으며, 선택 가능한 옵션들을 통해 더욱 세밀한 조정이 가능하다.

1. General(일반 설정)
   (1) Type : 빛의 유형을 설정한다. 선택 가능한 옵션은 다음과 같다.
   - Directional(방향성 빛) : 평행한 빛을 생성한다. 모든 씬(Scene)에 균일하게 영향을 미치는 평행한 빛이다. 주로 태양광을 표현할 때 사용된다.
   - Point(점 광원) : 한 점에서 사방으로 퍼지는 빛이다.
   - Spot(스포트라이트) : 원뿔 형태로 퍼지는 빛이다.
   - Area(면적 광원) : 특정 면적에서 발산되는 빛이다.

   (2) Mode : 빛의 계산 방식을 설정한다. 선택 가능한 옵션은 다음과 같다.
   - Realtime(실시간) : 실시간으로 빛을 계산하며, 런타임 중에 변경이 가능하다.
   - Baked(베이크드) : 미리 계산된 빛으로, 런타임 중에는 변경할 수 없지만 성능이 우수하다.
   - Mixed(혼합) : 실시간과 베이크된 빛의 혼합으로, 일부는 실시간으로 계산되고 일부는 미리 계산된다.

2. Emission(발광 설정)
   (1) Light Appearance(빛의 외관) : 빛의 색상을 설정한다. RGB 값을 조정하거나 Temperature를 사용하여 색온도를 조절할 수 있다.
   - Filter(필터) : 빛에 색상 필터를 적용하여 특정 색조를 추가할 수 있다.
   - Temperature(색온도) : 빛의 색온도를 조절한다. 단위는 켈빈(K)이며, 낮은 값은 따뜻한 색(붉은색), 높은 값은 차가운 색(푸른색)을 나타낸다. 기본값은 약 6500K로, 자연광에 가까운 색온도를 제공한다.

   (2) Intensity(강도) : 빛의 밝기를 설정한다. 값이 높을수록 빛이 더 밝아진다. 단위는 Lux 또는 Lumen이다. 기본값은 일반적으로 1로 설정된다.

   (3) Indirect Multiplier(간접광 배율) : 빛이 다른 표면에 반사되어 발생하는 간접광의 강도를 조절한다. 값이 높을수록 간접광이 강해진다. 기본값은 일반적으로 1로 설정된다.

3. Rendering(렌더링 설정)
   (1) Rendering Layers(렌더링 레이어)
   빛이 영향을 미치는 렌더링 레이어를 지정한다. 특정 레이어만 선택적으로 빛을 적용할 수 있다. 기본값은 모든 레이어에 빛을 적용한다.
   (2) Culling Mask(컬링 마스크) : 빛이 영향을 미치는 오브젝트를 레이어별로 필터링한다. 특정 레이어의 오브젝트만 빛을 받도록 설정할 수 있다. 선택 가능한 옵션은 다음과 같다.
   - Everything : 모든 레이어의 오브젝트에 빛을 적용한다.
   - Nothing : 빛을 적용하지 않는다.
   - Custom Layers(사용자 정의 레이어) : 특정 레이어만 선택하여 빛을 적용한다.

4. Shadows(그림자 설정)

(1) Shadow Type(그림자 유형) : 그림자의 유형을 설정한다. 선택 가능한 옵션은 다음과 같다.

- No Shadows : 그림자를 생성하지 않는다.
- Hard Shadows : 선명한 경계의 그림자를 생성한다.
- Soft Shadows : 부드러운 경계의 그림자를 생성한다.

(2) Realtime Shadows(실시간 그림자) : 실시간으로 계산되는 그림자 설정이다.

- Strength(강도) : 그림자의 어두운 정도를 조절한다. 값이 높을수록 그림자가 더 진해진다.
- Bias(편향) : 그림자 아티팩트(artifact)를 줄이기 위해 사용된다. 값이 너무 높으면 그림자가 오브젝트에서 떨어져 보일 수 있다.
- Near Plane(근거리 평면) : 그림자 계산이 시작되는 거리를 설정한다. 값이 너무 낮으면 그림자가 잘리거나 깨질 수 있다. 기본값은 일반적으로 0.1로 설정된다.
- Soft Shadows : 부드러운 그림자의 품질을 설정한다. 선택 가능한 옵션은 다음과 같다.
  - Low : 성능에 최적화된 낮은 품질의 부드러운 그림자이다.
  - Medium : 중간 품질의 부드러운 그림자이다.
  - High : 고품질의 부드러운 그림자이다.

5. Twinmotion

Twinmotion은 2005년 프랑스의 소프트웨어 개발사 Abvent에 의해 처음 출시된 실시간 3D 시각화(Visualization) 소프트웨어로서, 건축 및 디자인 분야에서 직관적인 렌더링 솔루션을 제공하는 것을 목표로 개발되었다. 이후 2019년, 세계적인 게임 개발사 에픽게임즈(Epic Games)에 인수되면서 언리얼 엔진(Unreal Engine)의 혁신적인 기술력과 결합되어 더욱 정교하고 발전된 형태로 제공되고 있다.

에픽게임즈는 대표작인 포트나이트(Fortnite)와 자사의 언리얼 엔진을 통해 탁월한 그래픽 및 렌더링 기술을 선보이며 전 세계적으로 높은 평가를 받고 있는 기업이다. Twinmotion 역시 이러한 기술적 우위를 바탕으로 강력한 실시간 렌더링 기능과 직관적인 사용자 인터페이스(UI)를 갖추었으며, 다양한 CAD 및 BIM 소프트웨어와의 높은 호환성을 제공함으로써 3D 시각화 분야에서 독보적인 입지를 다지고 있다.

현대 디자인 산업에서 3D 가시화(Visualization)는 더 이상 선택이 아닌 필수적인 요소로 자리 잡았다. 건축 및 도시 계획을 비롯하여 제품 디자인, 패션, 교육 등 다양한 산업에서 시각적 표현과 실시간 상호작용은 아이디어를 효과적으로 전달하는 핵심 도구로 활용되고 있다. 이러한 흐름 속에서 언리얼 엔진을 기반으로 하는 Twinmotion은 빠르고 강력한 시각화 솔루션을 제공하며, 사용자의 경험을 극대화하는 직관적인 인터페이스와 우수한 기능을 통해 폭넓은 분야에서 각광받고 있다.

특히, 최근 건축, 제품 디자인, 교육 등 여러 산업에서 3D 시각화 도구로서 Twinmotion의 활용이 더욱 두드러지고 있으며, 실시간 렌더링 기능과 사용자 친화적인 인터페이스를 갖춘 이 소프트웨어는 전문가뿐만 아니라 비전문가들도 쉽게 접근할 수 있도록 설계되어 있다. 이러한 특징 덕분에 Twinmotion은 다양한 분야에서 혁신적인 변화를 주도하며, 3D 시각화 시장에서 새로운 반향을 일으키고 있다.

Twinmotion

Twinmotion은 실시간 3D 가시화(Visualization) 소프트웨어로, 건축가, 도시 계획 전문가, 조경 디자이너뿐만 아니라 소비재, 운송, 패션 등 다양한 산업 분야의 전문가들이 폭넓게 활용할 수 있도록 설계되었다. 이 소프트웨어를 사용하면 고품질의 이미지와 파노라마, 표준 및 360도 VR 동영상뿐만 아니라 상호작용이 가능한 프레젠테이션까지 손쉽고 빠르게 제작할 수 있다. 무엇보다 복잡한 기술적 지식이 없어도 누구나 직관적으로 활용할 수 있다는 점이 Twinmotion의 가장 큰 강점으로 꼽힌다.

Twinmotion이 지닌 가장 큰 장점은 사용자 친화적인 인터페이스와 빠른 결과물 도출 능력에 있다. 이를 통해 건축가, 도시 계획자, 조경 전문가뿐만 아니라 제품 디자이너, 운송 및 패션 업계의 전문가들까지도 3D 시각화 작업을 보다 효율적으로 수행할 수 있다. 특히, CAD 및 BIM 소프트웨어와의 원활한 연동 기능은 작업 속도를 극적으로 향상시키며, 프로젝트 진행 과정에서 보다 효과적인 워크플로우를 가능하게 한다.

Twinmotion의 주요 용도

Twinmotion은 다양한 산업 분야에서 실시간으로 고품질의 비주얼을 제공하며, 몰입감 있는 경험을 구현할 수 있도록 돕는다. 주요 적용 분야는 다음과 같다.

1. 건축

Twinmotion은 CAD 및 BIM 소프트웨어로 설계된 데이터를 실시간으로 불러와 즉각적으로 고해상도 스틸 이미지와 영화 품질의 동영상, 그리고 몰입감 있는 가상 경험으로 변환할 수 있다. 복잡한 모델도 단 몇 분 만에 시각적으로 표현할 수 있어, 건축 시각화 분야에서 필수적인 도구로 자리 잡고 있다. 이를 통해 건축가는 클라이언트에게 보다 효과적으로 디자인을 설명하고, 실시간으로 다양한 조명, 재질, 환경 요소를 테스트하며 최적의 시각적 표현을 구현할 수 있다.

2. 자동차 및 운송

자동차 및 운송 산업에서도 Twinmotion은 설계를 보다 빠르고 효과적으로 전달하는 데 중요한 역할을 한다. 실시간 렌더링을 통해 클라이언트가 기대하는 수준의 시각적 품질을 즉각적으로 구현할 수 있으며, 디자인 검토 및 피드백 과정을 더욱 원활하게 진행할 수 있도록 돕는다. 이를 통해 자동차 외관뿐만 아니라 조명, 반사광, 재질 등 다양한 요소를 실시간으로 조정하며 보다 정밀한 설계가 가능해진다.

3. 패션

Twinmotion은 실시간으로 창의적인 아이디어를 실험하고, 이를 포토리얼리즘(Photo-realism) 수준의 품질로 시각화할 수 있는 강력한 도구로, 패션 업계에서도 그 활용 범위를 넓혀가고 있다. 의상의 디테일과 원단의 질감부터 전체적인 디자인 콘셉트까지 생생하게 구현할 수 있으며, 조명과 환경을 조정해 실제 촬영과 유사한 장면을 연출할 수도 있다. 이를 통해 디자이너들은 컬렉션을 발표하기 전에 더욱 효과적으로 디자인을 검토하고 수정할 수 있는 환경을 구축할 수 있다.

4. 제품 디자인

제품 디자인 과정에서도 Twinmotion은 빠르고 직관적인 솔루션을 제공한다. 아이디어를 실시간으로 시각화하고, 최종 결과물을 제작하는 과정에서 유연한 작업 환경을 제공하기 때문에, 디자인 초기 단계부터 마무리까지 신속하고 효과적인 표현이 가능하다. 특히, 실시간으로 모델을 조정하고 다양한 렌더링 설정을 실험할 수 있어, 디자이너가 의도한 바를 더욱 명확하게 전달할 수 있도록 한다.

이처럼 Twinmotion은 건축, 운송, 패션, 제품 디자인 등 다양한 산업에서 3D 시각화의 수준을 한층 높이며, 보다 효율적이고 직관적인 디자인 프로세스를 가능하게 하는 강력한 도구로 자리 잡고 있다.

Twinmotion의 장점

Twinmotion은 매끄러운 통합, 실시간 렌더링, 방대한 자산(Asset) 라이브러리, 강력한 스토리텔링 도구, 그리고 간편한 내보내기 기능을 통해 설계 시각화 과정을 보다 직관적이고 효율적으로 만든다. 특히, 연간 총매출이 $1,000,000 미만인 기업은 상업적 용도로도 Twinmotion을 무료로 사용할 수 있으며, 학생, 교육자, 개인 사용자 또한 기존과 동일하게 무료로 이용할 수 있다.

1. 매끄러운 통합

Twinmotion은 주요 CAD 및 BIM 솔루션(Allplan, Archicad, Revit, Rhino, SketchUp Pro 등)과의 강력한 호환성을 제공하며, 단 한 번의 클릭으로 데이터를 가져올 수 있는 간편한 동기화 기능을 지원한다. 이를 통해 설계 데이터를 실시간으로 불러오고 세부 사항을 손실 없이 즉각적으로 조정할 수 있다. 또한, 언리얼 엔진(Unreal Engine)과의 연결을 통해 기본적인 설계를 더욱 정교하고 사실적인 표현으로 발전시킬 수 있어, 사용자들은 보다 깊이 있는 비주얼을 구현할 수 있다.

2. 실시간 환경

Twinmotion의 강력한 실시간 렌더링 기능은 사용자가 작업하는 동안 모든 변경 사항을 즉각적으로 반영하여 실시간으로 결과를 확인할 수 있도록 한다. 렌더링이 완료될 때까지 기다릴 필요 없이 즉각적인 시각적 피드백을 제공하며, 이를 통해 더욱 효율적인 작업 흐름을 구축할 수 있다. 또한, VR 모드를 활용하면 실제 크기의 공간에서 디자인을 체험할 수 있어, 보다 직관적이고 몰입감 있는 설계 검토가 가능하다.

3. 고품질 자산 라이브러리

Twinmotion은 10,000개 이상의 고품질 3D 자산(Asset)을 기본적으로 제공하며, 사용자는 이를 직관적인 드래그 앤 드롭(Drag and Drop) 방식으로 장면에 추가할 수 있다. 또한, Quixel Megascans 및 Sketchfab과 같은 외부 플랫폼과의 통합을 통해 더욱 풍부한 모델과 텍스처를 활용할 수 있으며, 이를 통해 사실적인 장면을 빠르고 쉽게 구성할 수 있다.

4. 강력한 스토리텔링 도구

Twinmotion은 단순한 시각화를 넘어, 프로젝트의 스토리를 효과적으로 전달할 수 있도록 다양한 기능을 제공한다. 사용자는 시간, 계절, 날씨 등을 간단히 조정할 수 있으며, 프로젝트의 진행 단계나 나무 성장 과정과 같은 동적인 변화를 시각적으로 표현할 수도 있다. 또한, 화이트 모델(White Model) 또는 X-레이(X-ray) 모드와 같은 특수 렌더링 스타일을 적용함으로써, 설계 의도를 보다 명확하게 전달할 수 있다.

5. 강력한 내보내기 및 공유 기능

Twinmotion Cloud를 활용하면 어디서나 프로젝트를 공유할 수 있으며, 클라이언트는 별도의 소프트웨어 설치 없이 웹 브라우저만으로 설계를 확인할 수 있다. 또한, 360도 파노라마 비디오 및 VR 모드 지원을 통해 더욱 몰입감 있는 프레젠테이션이 가능하다. 높은 품질의 최종 결과물을 내보낼 수 있도록 Path Tracer와 HDRI 스카이 조명 기능도 내장되어 있어, 사실적인 조명 환경과 정밀한 렌더링을 구현할 수 있다.

연간 총매출이 $1,000,000 미만인 기업은 상업적 용도로도 Twinmotion을 무료로 사용할 수 있으며, 학생, 교육자, 개인 사용자 또한 기존과 동일하게 무료로 이용할 수 있다. 기존의 교육용 에디션과 커뮤니티 에디션은 폐지되었으며, 이제 모든 무료 사용자는 동일한 버전을 사용할 수 있도록 변경되었다. 해당 버전은 에픽게임즈 런처(Epic Games Launcher)를 통해 다운로드할 수 있다.

무료 버전과 유료 시트 간의 기능 차이는 전혀 없으며, 렌더링 해상도 제한이나 워터마크 없이 Twinmotion을 사용할 수 있다. 다만, Twinmotion Cloud는 유료 시트 구매 시에만 제공된다.

한편, 에픽게임즈는 Twinmotion, 언리얼 엔진(Unreal Engine), 그리고 리얼리티캡처(RealityCapture)를 통합하여 새로운 언리얼 구독 플랜(Unreal Subscription Plan)을 출시할 계획이며, 향후 Twinmotion과 RealityCapture를 언리얼 엔진에 완전히 통합할 예정이라고 밝혔다. 이를 통해 3D 시각화, 설계, 그리고 디지털 트윈(Digital Twin) 기술이 더욱 발전된 형태로 제공될 것이다.

5-1 Twinmotion을 활용한 3D 현실 세계 구현 : 가시화와 모델링

최근 건축 및 시각화 분야에서 3D 모델링 소프트웨어는 필수적인 도구로 자리 잡고 있다. 그중에서도 Twinmotion은 직관적인 사용자 인터페이스와 강력한 실시간 렌더링 성능으로 주목받고 있는 프로그램으로서, 전문가뿐만 아니라 초보 사용자까지도 손쉽게 접근할 수 있도록 설계되어 있다. 여기서는 오송국민체육센터의 3D 모델을 예제로 활용하여 Twinmotion의 기본적인 시각화 방법을 살펴보고자 한다.

Twinmotion 다운로드 및 설치

Twinmotion을 설치하려면 에픽게임즈 런처(Epic Games Launcher)가 필요하다. Twinmotion 설치 파일의 용량은 약 17~20GB에 이르기 때문에 충분한 저장 공간을 확보해야 한다. 다만, 설치와 제거 과정은 비교적 간단하며, 에픽게임즈 런처를 통해 손쉽게 관리할 수 있어 사용자의 편의성을 높인다.

또한, 에픽게임즈 런처는 Twinmotion뿐만 아니라 언리얼 엔진(Unreal Engine)과 마켓플레이스(Marketplace)에서 제공하는 다양한 에셋(asset)을 다운로드하여 사용할 수 있도록 지원한다. 이를 통해 보다 풍부한 시각적 표현과 창의적인 작업이 가능해져 Twinmotion의 활용도가 한층 더 확장된다.

Twinmotion 시작하기

다음의 좌측 그림과 같이 컴퓨터에 설치된 Epic Games Launcher 아이콘을 더블 클릭하여 실행하면, 우측 그림과 같이 메인 화면에 Twinmotion, 리얼리티캡처(RealityCapture), 언리얼 엔진(Unreal Engine) 등의 주요 소프트웨어 선택 창이 표시된다. 여기서, Twinmotion을 선택하면 프로그램이 실행된다. Twinmotion의 메인 화면이 로드되며, 직관적이고 깔끔한 인터페이스를 통해 사용자에게 최적의 작업 환경을 제공한다.

이와 같이 Twinmotion은 설치부터 시작까지의 과정이 간단하면서도 체계적이어서 초보 사용자도 무리 없이 사용할 수 있다. 앞으로의 단계에서는 오송국민체육센터 3D 모델을 사용해 Twinmotion의 다양한 시각화 기법과 기능들을 자세히 알아보고자 한다.

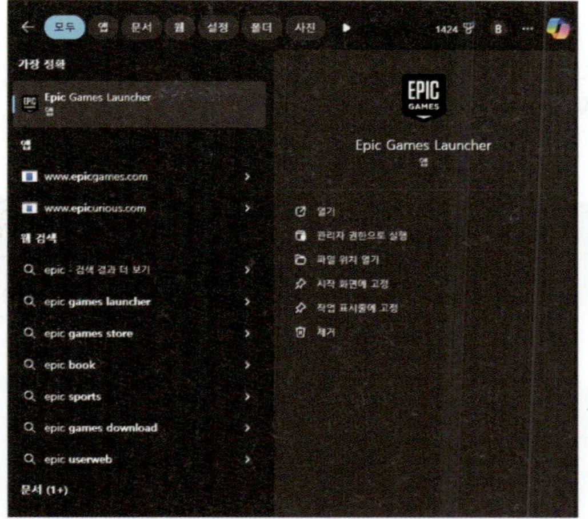
모두
앱
문서
웹
설정
폴더
사진
가장 정확
Epic Games Launcher
앱
www.epicgames.com
www.epicurious.com
웹 검색
epic - 검색 결과 더 보기
epic games launcher
epic games store
epic book
epic sports
epic games download
epic userweb
문서 (1+)
EPIC GAMES
Epic Games Launcher
앱
열기
관리자 권한으로 실행
파일 위치 열기
시작 화면에 고정
작업 표시줄에 고정
제거

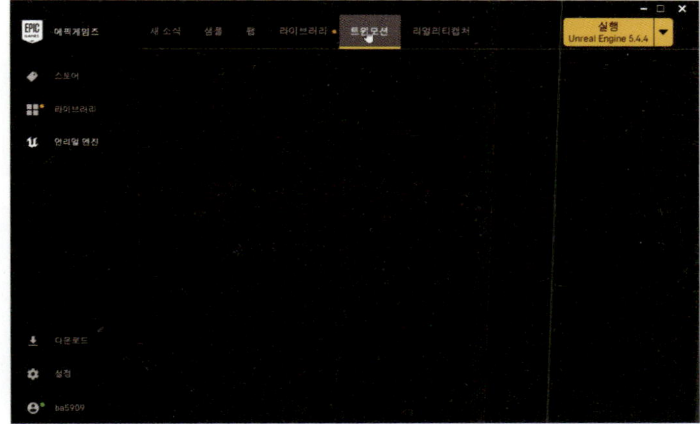
에픽게임즈
새 소식
샵
라이브러리
트윈모션
리얼리티캡처
실행
Unreal Engine 5.4.4
스토어
라이브러리
언리얼 엔진
다운로드
설정

Twinmotion
MOTEL
TWINMOTION 2024.1.2

새 프로젝트 생성 및 3D 모델 가져오기

Twinmotion에서 새 프로젝트를 생성하려면 “New scene” 버튼을 선택한다. 좌측 패널에서 New scene을 클릭하면, 즉시 새로운 프로젝트가 생성되며, 빈 작업 공간이 준비된다.

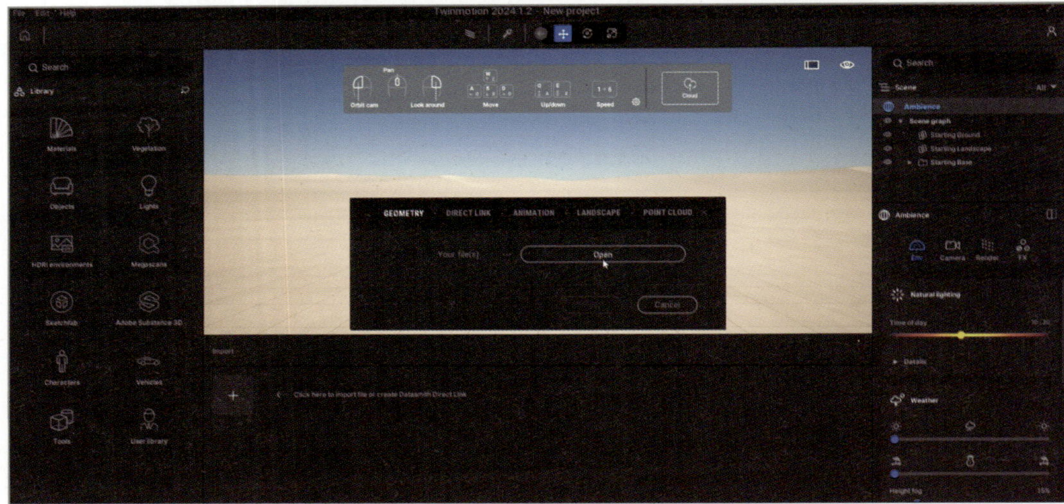

이 책에서는 앞서 충북 청주시 오송국민체육센터[1] 인근의 3D 모델(Model), 정사영상(Orthomosaic), 수치표면모델(DSM, Digital Surface Model) 등을 사진측량(Photogrammetry) 기법을 통해 생성한 바 있다. 이 데이터들은 실제 지형과 건축물의 형태를 정밀하게 구현한 결과물로서, Twinmotion에 가져와 시각화할 수 있다.새 프로젝트가 생성된 후, 다음 그림의 중앙에 있는 “Your file(s)” 항목에서 “Open” 버튼을 클릭하여 오송국민체육센터의 3D 모델(obj 파일 폴더)을

1) 오송국민체육센터, 충북 청주시 흥덕구 오송읍 오송생명12로 130

불러온다. 이 파일은 미리 준비된 데이터로서, 해당 파일의 다운로드 및 준비 방법에 대한 자세한 내용은 **부록 1**을 참고하면 된다.

참고 트윈모션유저 인터페이스(UI)

트윈모션유저 인터페이스의 주요 구성은 다음과 같다. 즉, 1. 상단 바(Top Bar), 2. 헤더(Header), 3. 뷰포트(Viewport), 4. 패널(Panels), 5. 도크(Dock), 6. 푸터(Footer) 등으로 이루어져 있다.

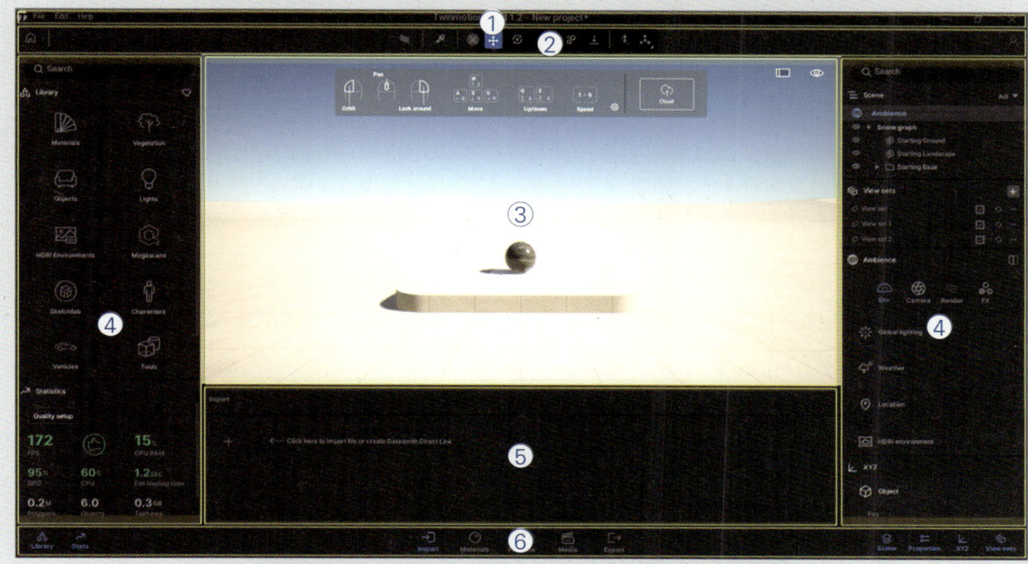

1. **상단 바**(Top Bar) : 화면 최상단에 위치하며, 주요 메뉴와 기능에 빠르게 접근할 수 있는 영역이다. 여기에는 파일 관리, 편집 도구, 설정 등의 옵션이 있다.
2. **헤더**(Header) : 헤더는 상단 바 아래에 위치하며, 현재 작업 중인 프로젝트의 이름과 기본 도구들을 표시한다. 여기에는 이동(Move), 회전(Rotate), 크기 조절(Scale) 등의 기본 변형 도구가 있다.
3. **뷰포트**(Viewport) : 인터페이스의 중앙에 위치한 가장 큰 영역으로서, 3D 씬(Scene)을 표시하고 편집하는 주요 작업 공간이다. 여기서 프로젝트를 시각화하고 네비게이션할 수 있다.
4. **패널**(Panels) : 인터페이스의 양쪽에 위치하며, 주로 다음과 같은 요소들을 포함한다.
   - 라이브러리(Library) : 왼쪽에 위치하며, 재질, 식물, 오브젝트 등의 에셋을 포함한다.
   - 씬 그래프(Scene Graph) : 오른쪽에 위치하며, 씬의계층 구조를 보여준다.
   - 프로퍼티 패널(Property Panel) : 선택한 오브젝트의 속성을 표시하고 편집할 수 있다.
5. **도크**(Dock) : 화면 하단에 위치하며, 주요 작업 도구에 접근할 수 있는 영역이다. 여기에는 입력(Import), 컨텍스트(Context), 설정(Settings), 미디어(Media), 출력(Export) 등의 도구가 있다.
6. **푸터**(Footer) : 화면 최하단에 위치하며, 프로젝트의 성능 정보(FPS, GPU/CPU 사용량 등)와 같은 추가적인 정보를 표시한다.

(출처: https://dev.epicgames.com/documentation/ko-kr/twinmotion/overview-of-the-twinmotion-user-interface)

참고 뷰포트(Viewport)

뷰포트는 입력하거나 가져온 3D 씬(Scene)이 표시되는 영역이다. 기본적으로 뷰포트에는 Starting ground, Starting landscape, Starting base가 있다. 또한 내비게이션(Navigation) 패널도 포함되어 있으며, 프리젠터(Presenter) 모드에서 트윈모션을 사용하는 링크 및 뷰(View) 메뉴를 여는 링크도 제공한다.

참고 라이브러리(Library) 패널

라이브러리(Library) 패널을 통해 씬에 추가할 수 있는 다양한 3D 에셋 컬렉션에 액세스할 수 있다. 여기에는 트윈모션의 기본 에셋, 퀵셀 메가스캔 및 스케치 팹 에셋, Adobe Substance 3D 머티리얼 등이 포함된다.

한편, 섹션 큐브(Section cubes), 리플렉션 프로브(Reflection probes), 사이클로라마(Cycloramas), 버추얼프로덕션용 LED 월(LED wall), 애니메이터(Animators)와 같이 씬을 향상할 수 있는 다양한 툴(Tools)도 있다.

라이브러리에서는 커스텀 및 가져온 에셋을 사용자 라이브러리(User library)에 저장하여 다른 트윈모션 사용자들과 공유할 수 있다.

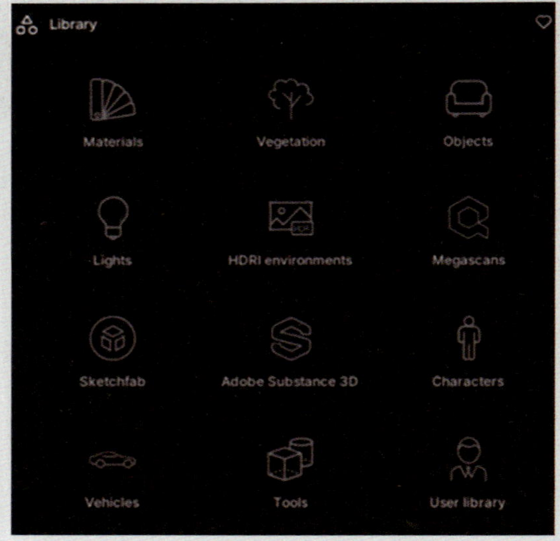

참고 앰비언스(Ambience) 패널

앰비언스 패널의 다운 탭(Down-Tab)에서 씬(Scene)의 모든 비주얼 세팅을 보면서, 수정할 수 있다.

- 환경(Env) : 글로벌 라이팅의 미세 조정, 날씨 선택, 지리적 위치 선택, HDRI 환경, 지평선이나 바다 또는 강 등의 배경 이미지를 추가할 수 있다.
- 카메라(Camera) : 카메라의 필드 오브 뷰, 초점 길이, 뎁스 오브 필드 및 다양한 카메라 세팅을 조정한다.

• 렌더(Render) : 리얼타임 또는 패스 트레이서 렌더링 모드를 선택하고 SSR(스크린 스페이스 리플렉션)을 추가한다.
• 이펙트(FX) : 대비와 채도를 조정하고, 컬러 그레이디언트 또는 필터를 추가하거나 클레이 렌더링을 활성화한다.

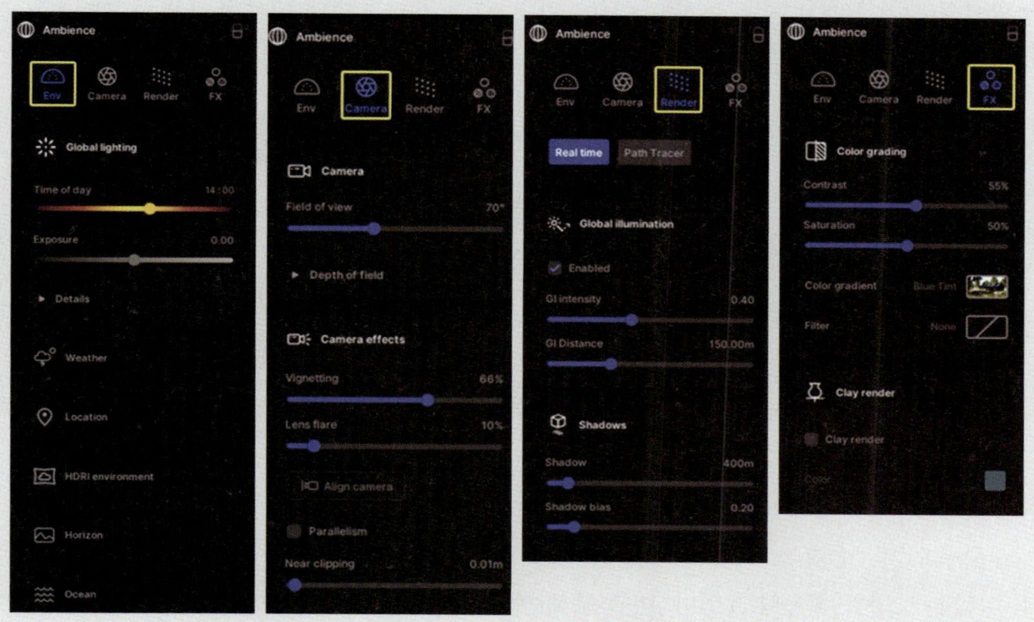

참고 기본 조작법

Twinmotion은 초보자도 손쉽게 사용할 수 있도록 설계된 직관적인 인터페이스를 갖추고 있으며, 기본적인 조작법은 다음과 같다.

1. 뷰(View) 조작
   • 좌클릭 드래그(Drag) : 선택한 오브젝트를 중심으로 회전(Orbit)
   • 우클릭 드래그(Drag) : 카메라 시점을 이동(Look Around)
   • W, A, S, D 키(Key) : 키보드를 이용한 화면 내 위치 이동
   • Q, E 키(Key) : 각각 위/아래 이동

2. 오브젝트 추가 및 조정
   • 좌측 바(Library)에서 오브젝트 또는 재질(Material)을 불러와 배치할 수 있다.
   • 선택한 오브젝트의 위치, 크기, 회전 값을 조정 가능
   • 스포이드(T) 기능을 활용해 재질을 가져와 수정할 수 있으며, 메탈릭(Metallic) 및 러프니스(Roughness, 거칠기) 값을 조정하여 질감을 세밀하게 조절할 수 있다.

3. 렌더링 및 출력
   • 미디어(Media) 탭에서 이미지 및 동영상 렌더링 설정 가능
   • 설정한 카메라 씬(Scene) 별로 조명, 날씨 등의 환경 설정을 적용하여 독특한 결과물을 제작할 수 있다.
   • 최종 이미지 및 비디오 파일 내보내기(Export) 기능 지원

3D 모델이 성공적으로 가져와지면, 오송국민체육센터의 전반적인 모습을 다음의 그림과 같이 작업 공간에서 확인할 수 있다. 회전, 확대/축소, 이동 등의 기본 조작을 통해 모델의 세부 구조와 공간적 배치를 자유롭게 탐색할 수 있으며, 이를 바탕으로 향후 시각적 표현의 디테일을 더욱 풍부하게 구현할 수 있다.

환경 설정 및 자연 요소 추가

Twinmotion은 HDRI 스카이(HDRI Sky) 기능을 활용해 장면의 조명과 분위기를 정밀하게 조정할 수 있는 도구를 제공하고 있다. 이를 통해 사실적이고 생동감 넘치는 시각적 표현이 가능해진다.

Library 패널에서 원하는 HDRI 스카이를 선택한 후, 드래그 앤 드롭(Drag & Drop) 방식으로 간편하게 적용할 수 있다. 예를 들어 'Noon Cloudy 04'를 적용하면 약간 흐린 날씨 분위기를 연출할 수 있으며, 배경 요소의 회전 및 조정을 통해 장면의 공간감과 깊이감을 더욱 극대화할 수 있다. 이러한 조정은 단순한 장면 연출을 넘어 프로젝트의 전반적인 분위기를 완성하는 데 중요한 역할을 한다.

또한, 장면에 잔디와 나무를 추가하면 더욱 생동감 있는 자연 환경을 구현할 수 있다. 'Foliage Paint' 도구를 사용하면 원하는 잔디 종류를 선택한 뒤, 브러시 크기와 밀도를 조절해 자연스러운 형태로 배치할 수 있다. 나무(Tree)와 관목(Shrub)은 개별적으로 배치하거나 드래그 앤 드롭 방식을 통해 손쉽게 배치할 수 있으며, 적절한 밀도와 배치를 통해 현실적인 자연 경관을 연출할 수 있다.

다음 그림은 Library의 Vegetation(식생) 〉 Tree(나무) 항목에서, 임의의 나무를 선택해 모델에 배치하고 시뮬레이션(Simulation)한 모습을 보여주고 있다.

시간 조정 기능도 Twinmotion의 중요한 요소 중 하나이다. 시간(Time) 슬라이더를 조정하면, 태양의 방향과 빛의 양(광량, 光量)이 실시간으로 변하며, 이를 통해 특정 시간대의 조명을 정밀하게 시뮬레이션할 수 있다. 시간과 조명 설정의 조화는 모델에 더욱 사실적이고 매력적인 시각적 효과를 부여한다.

다음의 좌측 그림은 나무(Wood) 재질로 시각화한 것이며, 우측 그림은 금속(Metal) 재질로 시각화한 모습이다. Twinmotion은 다양한 시각화 스타일을 제공하여 사용자들이 원하는 연출 효과에 맞게 자유롭게 활용할 수 있다.

1. Flat Outline(플랫 아웃라인) : 객체(Object)의 외곽선만 강조된 2D 스타일의 시각화로서, 디자인 초기 단계에서 형태와 구조를 명확하게 표현할 때 유용하다. 복잡한 디테일을 배제하고 간결하게 연출할 수 있어 빠른 아이디어 전달과 개념 구상 과정에 적합하다.

2. Shaded Outline(쉐이디드 아웃라인) : 외곽선과 더불어 기본적인 음영(shading)이 추가된 시각화 스타일로, 형태와 깊이감을 동시에 표현할 수 있다. Flat Outline보다 입체적이며, 객체의 윤곽과 볼륨을 시각적으로 더욱 분명하게 전달할 때 효과적이다.

3. Plaster(플라스터, 회반죽) : 객체가 플라스터(Plaster, 회반죽)로 덮인 듯한 질감으로 표현된다. 재료의 디테일을 생략하고, 형태와 공간감을 강조할 때 주로 사용된다. 깔끔하고 미니멀(minimal)한 시각적 효과를 연출할 수 있으며, 전체적인 분위기를 단순하고 세련되게 만든다.

4. Wood(우드) : 객체를 나무 질감(Wood Texture)으로 시각화하여, 목재를 사용한 디자인이나 인테리어 시각화에 적합하다. 따뜻하고 자연스러운 목재 고유의 색감과 질감을 살릴 수 있어 공간을 보다 친근하고 안정적인 느낌으로 연출할 수 있다.

5. Metal(메탈) : 객체를 금속 질감(Metal Texture)으로 표현하여, 산업적 디자인이나 현대적 연출에 사용된다. 차갑고 세련된 느낌을 부여할 수 있으며, 기계적이거나 공학적인 디자인 요소와도 잘 어우러진다.

6. Foam(폼) : 거품(Foam)처럼 부드럽고 가벼운 질감을 표현하는 스타일로서, 형태와 공간감을 유연하게 나타내며 친근한 분위기를 연출할 수 있다. 부드러운 곡선형 디자인이나 독특한 시각적 실험에 유용하다.

7. Default(기본) : 객체의 실제 재료와 텍스처를 충실히 반영하는 사실적인 시각화 스타일이다. 최종 결과물을 현실적이고 정밀하게 표현할 때 사용되며, Twinmotion의 기본 렌더링 모드이기도 하다.

Flat Outline과 Shaded Outline은 형태와 구조를 간단하게 시각화할 때 유용하며, 디자인 초기 단계나 개념 구상 시 사용된다. 반면, Plaster, Wood, Metal, Foam은 특정 재료의 질감과 느낌을 강조하는 연출에 효과적이다. 이와 같은 시각화 스타일의 적절한 조합은 프로젝트의 목적과 상황에 맞춘 더욱 정교하고 창의적인 시각적 결과물을 만들어낸다.

5-2 식물 추가하기

Twinmotion의 식생 도구(Vegetation Tool)를 활용하면 건축물 주변의 풍경을 빠르고 현실적으로 완성할 수 있다. 이 도구는 프로젝트에 생동감을 불어넣는 데 필수적인 역할을 하며, 다양한 식물과 나무를 손쉽게 추가할 수 있게 해준다. 특히, Twinmotion에서 제공하는 다양한 종류의 3D 모델링된 식물들은 현실적인 디테일과 질감을 갖추고 있어, 자연환경을 실감 나게 재현할 수 있다.

식물(Plants)과 나무(Trees)를 추가하는 방법은 매우 직관적이다. 먼저, 라이브러리(Library)에서 원하는 식물 카테고리를 선택한 후, 드래그 앤 드롭(Drag and Drop) 방식으로 장면(Scene)에 배치할 수 있다. 그 후, 식물의 크기(Size), 회전(Rotation), 밀도(Density) 등을 조정하여 특정 환경에 맞게 최적화할 수 있다. 또한, 다양한 계절과 날씨 설정을 통해 식물의 외형과 분위기를 변화시킬 수 있어, 프로젝트에 더욱 자연스러운 변화를 줄 수 있다.

이러한 식생 도구를 사용하면, 도시나 정원, 공원 등 다양한 외부 공간에서 식물들이 어떻게 상호작용하는지, 햇빛과 그림자 속에서 어떻게 변화하는지를 세밀하게 조정할 수 있어, 프로젝트에 더욱 몰입감과 깊이를 추가하는 데 큰 도움이 된다. 프로젝트에 생동감을 불어넣는 식물과 나무를 추가하는 방법은 다음과 같다.

1. 기본적인 나무 추가하기

(1) 드래그 앤 드롭(Drag & Drop)

- 라이브러리 활용 : 다음의 좌측 그림과 같이 Vegetation 폴더 → Trees에서 원하는 나무를 선택한 후, 뷰포트로 드래그 앤 드롭(Drag & Drop)한다.
- 간편 배치 : 마우스 클릭 한 번으로, 다음의 우측 그림과 같이 나무를 배치할 수 있으며, 연속 클릭 시 여러 개를 빠르게 추가할 수 있다.

(2) 멀티 드롭(Multi-Drop)

- 다중 선택 : Ctrl 키를 누른 상태로 여러 나무를 선택한 후, 뷰포트를 클릭하면 랜덤으로 배치된다.
- 변화 주기: 서로 다른 종류의 나무를 혼합해 자연스러운 숲 효과를 연출할 수 있다.

2. 나무의 연령과 계절 조절

(1) 나이 설정(Age)

- Property 패널 : 선택한 나무의 Age 슬라이더를 조절해 다음의 그림과 같이 어린 나무(Young), 중간(Medium), 성체(Adult)로 변화시킬 수 있다.

- 실제 성장 모사 : 나이에 따라 가지 구조와 잎의 밀도가 달라진다(예: 성체 나무는 하단 가지가 적음).

(2) 계절 변화(Season)

- 세부 설정 : 잎 색상(Tint), 수피(Bark) 색상, 바람 효과(Wind)를 개별적으로 조절할 수 있다.
- Summer(잎), Autumn(낙엽), Winter(눈 덮인 상태)로 변경 가능하다. 다음 그림은 사과나무 예시로서, Summer(열매), Autumn(낙엽), Winter(나무 가지)로 변경한 것이다.

3. CAD 파일과 연동: 플레이스홀더 교체

(1) CAD에서 정의한 위치 사용

- 플레이스 홀더 선택 : Scene Organizer에서 Tree Placeholder 폴더 선택 → 우클릭 → Replace Object 실행.
- 나무 교체 : 라이브러리에서 원하는 나무를 드래그 → Start Replacement로 일괄 교체한다.
- 자동 변형: 교체 시 랜덤 스케일과 색상 변형이 적용되어 단조로움을 방지한다.

4. 대규모 식생 추가: 페인트 & 스캐터 도구

(1) 페인트 도구(Paint Tool)

- 레이어 생성 : Populate → Foliage → Painter에서 나무/덤불을 드롭박스에 추가한 후, 브러시로 영역을 칠한다.
- 세부 조정 : 각 종류별 밀도(Density), 스케일(Scale)을 조절해 자연스러운 분포를 만들 수 있다.
- 아이비(Ivy) 적용 : 벽면에 Brushable Ivy를 선택한 후, 작은 브러시로 직접 그려넣어 실감나는 장면을 연출할 수 있다.

(2) 스캐터 도구(Scatter Tool)

- 특정 지형에 집중 : 메쉬(Geometry)를 선택한 후, Scatter 도구로 나무/풀을 특정 영역에만 뿌린다.
- 제거 기능 : Eraser 툴로 원하지 않는 부분을 지울 수 있다(예: 길 위에 우연히 추가된 나무).

5. 식물 성장과 바람 효과

(1) 전체 성장 조절(Vegetation Growth)

- Ambience 설정 : Weather → Vegetation Growth 슬라이더로 프로젝트 내 모든 식물의

성장 단계를 한 번에 제어할 수 있다.

- 미래 예측 : 10~20년 후의 숲 모습을 시뮬레이션할 때 유용하다.

(2) **바람 애니메이션**(Wind Effect)

- 로테이터(Rotator) 활용 : Tools → Animators → Rotator를 나무 줄기 중앙에 배치한 후, X축을 90도로 설정한다.
- 세부 설정: Animation Speed(0.005), Angle(2~4도)로 자연스러운 흔들림 효과를 추가한 후, Ping-Pong 모드로 반복 운동을 적용한다.

> **[사용자 팁]**
> - 단축키 G : 식생 레이어의 초록색 마커를 토글해 시야를 방해하지 않도록 관리한다.
> - 밀도 조절 : Paint Tool에서 같은 종을 여러 번 드롭박스에 추가해 밀도를 높인다.
> - 현실감 UP : 바위, 마른 풀(Dry Grass)을 섞어 지형의 디테일을 강화할 수 있다.

6. 3D Gaussian Splatting

2023년, 3D 가우시안 스플래팅(3D Gaussian Splatting) 기술[1]이 공개되면서, 3차원 공간이나 모델을 빠르게 재현하고 렌더링할 수 있는 새로운 컴퓨터 그래픽 기법으로 많은 관심을 모으기 시작했다. 이 기술은 다양한 각도에서 촬영한 이미지나 영상을 활용해, 신경망을 통해 3D 공간과 모델을 만들어내는 여러 방식 중 하나로 자리매김하고 있다. 이와 유사한 기술로 2020년에 발표된 NeRF[2](Neural Radiance Fields)가 있으며, 3D 가우시안 스플래팅은 학습과 렌더링 속도 면에서 보다 뛰어난 성능을 보이는 것으로 평가받고 있다. 이러한 기술적 장점 때문에, 컴퓨터 그래픽 분야에서 매우 높은 가능성을 가진 것으로 평가받고 있으며[3], 그래픽 분야의 새로운 전환점이 될 것으로 평가받고 있다[4].

현재 이 기술은 영상과 미디어 분야를 넘어, 건축 시각화(architectural visualization), 도시계획(urban planning), 디지털 보존(digital archiving, 디지털 자료 관리) 등 다양한 분야로 확장되고 있다[5]. 특히, 2023년 가우시안 스플래팅 기술이 발표된 이후, 이를 활용한 후속 연구들이 빠르게 늘고 있다. 발표 당시 34편에 불과하던 관련 논문은 2024년 들어 390편에 달할 정도로 증가하였는데, 이는 3D 가우시안 스플래팅이 단순한 제안을 넘어, 현재 그래픽스 연구의 중심 주제로 떠오르고 있음을 보여준다. 현재 진행 중인 많은 연구는 이 기술의 초기 알고리즘을 좀 더 정교하게 다듬거나[6], 렌더링 효율을 높이고 처리 속도를 개선하기 위한 기술적 접근을 시도하고 있다[7].

여기서는 현실 세계를 3차원 디지털 형식으로 정밀하게 복원하는 기술들과 관련하여, 최근 가장 주목받고 있는 최신 기술인 3D 가우시안 스플래팅(3D Gaussian Splatting)을 중심으로 기존 기술

---

1) Kerbl, B., Kopanas, G., Leimkuehler, T., & Drettakis G. (2023). 3D Gaussian Splatting for Real-Time Radiance Field Rendering. ACM Trans. Graph, 42(4), 1-14.

2) Mildenhall, B., Srinivasan, P. P., Tancik, M., Barron, J. T., Ramamoorthi, R., & Ng, R. (2021). Nerf: Representing scenes as neural radiance fields for view synthesis. Communications of the ACM, 65(1), 99-106.

3) Fei, B., Xu, J., Zhang, R., Zhou, Q., Yang, W., & He, Y. (2024). 3D Gaussian Splatting as New Era: A Survey. IEEE Transactions On Visualization And Computer Graphics, 1-20.

4) Guikun, C., & Wenguan, W. (2024). A Survey on 3D Gaussian Splatting. arXiv.

5) Basso, A., Condorelli, F., Giordano, A., Morena, S., & Perticarini, M. (2024). Evolution of Rendering Based on Radiance Fields. The Palermo Case Study for a Comparison Between Nerf and Gaussian Splatting. The International Archives of the Photogrammetry, Remote Sensing and Spatial Information Sciences, 48, 57-64.

6) Niedermayr, S., Stumpfegger, J., & Westermann, R. (2024). Compressed 3D Gaussian Splatting for Accelerated Novel View Synthesis. Proceedings of The IEEE/CVF Conference On Computer Vision And Pattern Recognition (CVPR), 10349-10358.

7) Li, Z., Zheng, Z., Wang, L., & Liu, Y. (2024). Animatable Gaussians: Learning Pose-Dependent Gaussian Maps for High-fidelity Human Avatar Modeling. Proceedings Of The IEEE/CVF Conference On Computer Vision And Pattern Recognition, 19711-19722.

들과의 차이를 비교해 가며 설명하고자 한다.

본문의 내용은 기술적 깊이가 다소 있는 편이므로, 렌더링(rendering) 기술에 관심 있는 일반 사용자라면 다음에 이어지는 "I. 들어가면서: Photogrammetry, NeRF 그리고 Gaussian Splatting" 섹션(Section)만 이해하더라도 전체 맥락을 이해하는 데에는 충분할 것으로 판단된다.

I. 들어가면서 : Photogrammetry, NeRF 그리고 Gaussian Splatting

참고

다음은 The Famous Group의 "최고 혁신 책임자(Chief Innovation Officer, CIC)"인 Greg Harvey가 LinkedIn에 게시한 3D 가우시안 스플래팅(3D Gaussian Splatting) 관련 글[8]이다. 내용은 짧지만, 가우시안 스플래팅 기술이 지닌 주요 강점을 간결하면서도 정확하게 짚어내고 있다는 점에서 주목할 만하기에, 가우시안 스플래팅(Gaussian Splatting)의 기술적 논의에 들어가기에 앞서, Greg Harvey의 게시글을 소개한다.

> 업데이트된 Luma AI에 적용된 3D 가우시안 스플래팅(3D Gaussian Splatting) 기반의 렌더링은 유리, 플라스틱, 금속과 같은 다양한 재질의 표면 특성을 "실제와 유사하게(높은 수준의 시각적 충실도로)" 표현해 낸다. 특히, 창문을 통해 내부 구조가 보일 정도로 세부 묘사가 정밀하게 이루어진다.
>
> 3D 가우시안 스플래팅은 3차원 장면을 수백만 개의 3D 가우시안(3D Gaussians)으로 구성된 점 기반 표현 방식이다. 각 3D 가우시안은 위치(Position), 방향(Orientation), 크기(Scale) 외에도 불투명도(Opacity)와 "시점에 따라 달라지는 색상(View-dependent Color)" 정보를 포함한다. 이러한 입자들은 2차원 이미지 평면으로 투영되어 '스플랫(Splat)'되며, 이후 빠른 렌더링을 위해 Z-정렬(Z-sorting)[9]및 공간 구조 최적화 과정을 거친다. 이 방식은 기존의 메쉬(Mesh) 기반 렌더링이나 NeRF(Neural Radiance Fields) 방식보다 빠르게 처리할 수 있고, 실제 물체에 가까운 시각적 표현을 구현하는 데 효과적이다.

메타버스(Metaverse), 증강현실(AR: Augmented Reality), 가상현실(VR: Virtual Reality), 확장현실(XR: Extended Reality), 그리고 디지털 트윈(DT, Digital Twin) 등 실감형 콘텐츠(Immersive Content) 기술 분야에서 고품질 3차원 에셋(Asset) 생성을 위한 3차원 딥러닝(Deep Learning) 기술이 기술적 중요성과 활용 가능성 측면에서 최근 주목받고 있다.

---

8) https://www.linkedin.com/posts/greglharvey_playing-with-the-updated-luma-ai-with-3d-activity-7117972264771342336-iwrM/

9) Z-정렬(Z-sorting) : 3차원 공간상의 객체나 픽셀 데이터를 카메라로부터의 거리(Z값)를 기준으로 정렬하는 과정을 의미한다. 'Z'는 카메라 시점에서 앞뒤 방향(depth)을 나타내는 좌표축을 의미한다.
Z-정렬의 주된 목적은 반투명 객체나 입자 기반 렌더링에서 올바른 시각적 중첩을 표현하기 위함이다. 특히, 가우시안 스플래팅(3D Gaussian Splatting)처럼 여러 반투명 입자들이 겹쳐 있는 장면에서는, 뒤에 있는 입자를 먼저 그리고 앞에 있는 입자를 나중에 그리는 것이 필수적이다. 이를 통해 정확한 색상 누적과 깊이 효과가 구현된다.

참고 에셋(Asset)

3D 콘텐츠, 게임, 영화, 가상현실(VR) 등 다양한 디지털 환경을 제작할 때, 기본적으로 활용되는 가장 중요한 단위가 에셋(Asset)이다. 에셋은 디지털 환경을 구성하는 개별적인 요소나 자산을 의미하며, 전체 장면(scene)이나 가상 공간을 구축하는 데 핵심적인 역할을 한다. 에셋의 품질과 정밀도는 최종 결과물의 몰입감, 사실성, 그리고 사용자 경험 전반에 직접적인 영향을 미친다.

에셋은 다양한 형태로 구분할 수 있는데, 가장 대표적인 것은 모델(Model)이다. 모델은 3D 공간 안에서 물체나 캐릭터와 같은 실체적인 형태를 입체적으로 표현하는 구조물을 말한다. 여기에 텍스처(Texture)를 입히면 표면의 재질감, 색상, 세부 묘사가 추가되어, 단순한 형상에 시각적 풍부함을 부여할 수 있다. 텍스처는 대상의 현실감을 크게 좌우하는 요소로, 사실적인 표현을 위해 고해상도 텍스처가 자주 사용된다.

또한, 애니메이션(Animation)은 모델에 움직임이나 동적인 변화를 부여하는 역할을 한다. 시간의 흐름에 따라 모델이 이동하거나 변형되는 과정을 정의하며, 자연스러운 동작을 구현하는 데 필수적이다. 여기에 사운드(Sound)가 결합되면, 시청각적 몰입감이 크게 향상된다. 사운드는 음향 효과나 배경 음악(background music) 형태로 삽입되어, 장면에 감정적 깊이를 더하고 사용자 경험을 풍부하게 만든다.

한편, 이펙트(Effect)는 폭발, 연기, 불꽃, 물방울 튀김 등과 같은 특수 시각 효과를 생성하는 요소이다. 이펙트는 장면에 생동감과 극적인 연출을 추가하며, 특히 게임이나 영화, 가상현실 콘텐츠에서 강렬한 몰입감을 유도하는 데 중요한 역할을 한다.

이처럼 다양한 형태의 에셋들은 각각 독립적으로 제작되지만, 최종적으로는 유기적으로 결합되어 하나의 통합된 디지털 세계를 구성하게 된다. 따라서 고품질 콘텐츠 제작을 위해서는 개별 에셋의 완성도뿐만 아니라, 이들 간의 조화와 최적화 역시 매우 중요한 과제가 된다.

2020년에 소개된 '신경 방사장(Neural Radiance Fields, NeRF)' 기술은 3D 공간을 표현하는 방식에 혁신을 가져왔다. 이 기술은 복잡한 3D 모델링 과정 없이도, 단순히 여러 각도에서 찍은 사진들만으로 놀라울 정도로 사실적인 3차원 장면을 만들어 낼 수 있다. 기존의 사진측량(Photogrammetry)에서 3D 모델링은 주로 '메쉬(Mesh)'라 불리는 표면 구조를 사용했는데, NeRF는 이와 달리 공간 전체를 '볼륨(Volume)' 개념으로 다룬다. 마치 공간의 각 지점마다 물체가 얼마나 존재하는지(밀도)와 어떤 색깔인지(색상)를 기록하는 방식이다.

이렇게 만들어진 3D 모델은 어느 각도에서든 자유롭게 볼 수 있어 '자유 시점(free-viewpoint)[10]' 기능을 제공한다. 이는 마치 그 공간 안에 실제로 들어가 카메라를 들고 돌아다니는 것처럼 다양한 각도에서 장면을 감상할 수 있게 해준다. NeRF의 등장으로 영화, 게임, 가상현실 등 다양

10) 자유시점(free-viewpoint) : 관찰자가 임의로 시점을 이동하거나 회전할 수 있어, 고정된 카메라 위치가 아닌 원하는 위치와 방향에서 3차원 장면을 자유롭게 볼 수 있도록 하는 기술 또는 개념을 말한다. 전통적인 영상에서는 촬영된 카메라 위치에 따라 시야가 고정되지만, 자유시점 기술은 장면 전체를 3차원적으로 재구성하고, 사용자가 가상 카메라를 움직이듯 새로운 시점을 선택할 수 있도록 지원한다. 이 기술은 가상현실(VR), 증강현실(AR), 메타버스(Metaverse) 등의 실감형 콘텐츠 분야에서 핵심적으로 활용되며, 몰입감과 사실감을 극대화하는 데 중요한 역할을 한다.

한 분야에서 더욱 사실적인 3D 콘텐츠를 쉽게 만들 수 있게 되었다.

한편, 2023년에 발표된 '3차원 가우시안 스플래팅(3D Gaussian Splatting, 3DGS)' 기술은 신경망(Neural Network) 학습 과정을 거치지 않고, 3차원 공간상에 다수의 가우시안 분포(Gaussian Distribution)를 배치하여 방사장(放射場, Radiance Field)을 직접 구성하는 새로운 접근법을 제시하였다. 이를 통해 NeRF 대비 훈련(training) 및 렌더링(rendering) 속도를 크게 향상시키며, 임의 시점에서의 장면 생성을 더욱 빠르고 효율적으로 수행할 수 있음을 보여주었다.

이러한 기술들은 방사장(Radiance Fields)[11] 기반 3차원 에셋(asset) 생성의 현장 도입을 가속화하고 있으며, 차세대 실감형 콘텐츠 제작을 위한 핵심 기반 기술로 자리잡고 있다. 가우시안 스플래팅(Gaussian Splatting, GS)은 3차원 장면을 다수의 3D 가우시안 분포로 '명시적으로 표현(Explicit Representation)'하고, 이를 2D 이미지 평면에 투영해 렌더링하는 방식이다. 기존 NeRF(Neural Radiance Fields)가 신경망을 통해, 장면 내부 방사 특성을 '암묵적으로 학습하는 방식(비명시적 표현/내재적 표현/Implicit Representation)'을 채택한 것과 달리, 가우시안 스플래팅(GS)은 직관적이고 계산 효율이 높은 접근을 통해 빠르고 정밀한 3D 구조화를 실현한다. 이 기술은 실시간 렌더링, 빠른 최적화, 높은 시각적 충실도(Visual Fidelity)를 동시에 구현하며, 3D 콘텐츠 제작과 활용 방식에 새로운 방향성을 제시하고 있다.

현실 세계를 3차원 디지털 형태로 정밀하게 복원하는 기술은 오랜 시간 동안 컴퓨터 비전(Computer Vision)[12]과 컴퓨터 그래픽스(Computer Graphics)[13] 분야에서 핵심적인 연구 과제로 다루어져 왔다. 그중에서도 전통적인 사진측량(Photogrammetry)[14]은 여러 방향에서 촬영된 다수의 2D 이미지를 바탕으로 대상 물체의 3차원 형상을 수학적으로 추론해내는 방식으로, 높은 신뢰성과 실용성을 바탕으로 지금까지도 널리 활용되고 있는 대표적인 기법이다.

기존의 3D 장면 표현 방식에는 다양한 기술들이 존재한다. 전통적으로 3D 오브젝트는 '메쉬

11) 방사장(Radiance Fields) : 3차원 공간의 각 지점에서 특정 방향으로 방출되거나 반사되는 빛의 세기와 색상(radiance)을 수학적으로 표현한 것이다. 방사장은 위치(position)와 방향(direction)을 입력으로 받아, 해당 방향으로 나아가는 빛의 물리적 특성(예: 밝기, 색상)을 출력한다. 3D 장면을 사실적으로 재구성하거나 렌더링할 때 필수적으로 활용되는 개념으로서, 특히 NeRF(Neural Radiance Fields)와 같은 최신 3D 딥러닝 기술에서 핵심 역할을 한다.

12) 컴퓨터 비전(Computer Vision) : 컴퓨터가 이미지나 비디오 속에 담긴 정보를 '이해'하고 '해석'할 수 있도록 만드는 기술 분야이다. 예를 들어, 사진 속 얼굴을 인식하거나, 자율주행차가 신호등과 차선을 구분하는 기능 등이 여기에 포함된다. 사람이 눈으로 보고 판단하는 것을 컴퓨터가 흉내 내도록 하는 것이 핵심이다.

13) 컴퓨터 그래픽스(Computer Graphics) : 컴퓨터를 이용해 2D 또는 3D 이미지를 생성, 조작, 렌더링하는 기술이다. 영화의 CG, 게임 속 캐릭터, 제품 디자인의 3D 모델링 등 모두 컴퓨터 그래픽스의 결과물이다. 즉, 보이는 것을 '만드는' 기술이라 할 수 있다.

14) 사진측량(Photogrammetry) : 여러 장의 사진을 분석하여, 실제 공간의 3차원 정보를 복원하는 기술이다. 최근 드론이나 항공기에서 촬영한 사진을 바탕으로 지형, 건축물, 구조물의 3D 모델을 만드는 데 널리 사용되고 있다. '사진을 이용한 측량'이라는 개념에서 시작된 만큼, 정확한 위치나 거리 계산이 중요하다.

(mesh)' 라는 다각형, 주로 삼각형들의 집합으로 표현되었다. 그러나 이러한 방식에는 여러 문제점들이 따른다. 먼저, 고해상도의 3D 모델을 구현하기 위해서는 대규모의 폴리곤(삼각형)이 요구되어 데이터 양이 크게 증가한다. 또한 정확한 텍스처 매핑, 조명 계산, 섀도우 처리 등 다양한 후처리 과정이 필요한 복잡한 파이프라인을 거쳐야 한다. 이로 인해 특히 실시간 렌더링이나 VR/AR 환경에서는 모든 요소를 매끄럽게 표현하는 것이 점점 더 어려워지며, 렌더링 속도가 저하되는 문제가 발생하게 된다.

즉, 메쉬 기반(mesh-based) 3차원 에셋(asset)은 일반적으로 형상을 표현하는 메쉬(mesh)와 외관을 표현하는 텍스처(texture), 그리고 실감성을 부여하는 재질(material) 및 조명(light) 등의 각 구성 요소로부터 렌더링 파이프라인(rendering pipeline)을 통해 생성된다. 따라서 메쉬 기반 3차원 에셋은 이러한 국소적으로 분리된 정보를 기반으로 자유로운 편집이 가능하다는 장점을 지닌다. 그러나 메쉬 기반 3차원 에셋을 보다 사실적이고 정교하게 생성하거나 편집하기 위해서는 3DS Max, Maya와 같은 전문적인 소프트웨어나 편집 도구를 활용해야 하므로, 작업에는 높은 수준의 전문성과 함께 사실성에 비례하여 상당한 비용이 요구되는 한계가 있다.

이러한 흐름 속에서, 보다 단순하면서도 효율적인 3D 표현 방식에 대한 요구가 점차 커지게 되었고, 그 대안 중 하나로 'Gaussian Splatting' 기법이 주목받기 시작하였다. 최근 딥러닝 및 신경망 기반 렌더링(Neural Rendering) 분야의 눈부신 발전과 맞물려, 단순히 3D 공간상의 "점(point)"만을 사용하는 방식에서 나아가, 각 점 주변에 가우시안 형태의 블롭(blob; 확산 영역/Diffused region)[15)]을 할당함으로써, 보다 부드럽고 자연스러운 3차원 장면의 표현이 가능해졌다. 특히, 이 기법은 렌더링 속도가 빠르고, 구현이 비교적 용이하며, 메모리 사용 측면에서도 효율적이라는 점에서 다양한 응용 분야에서 점차 그 가능성과 실용성을 인정받고 있다.

최근 들어서는 인공신경망 기반 기술의 눈부신 발전과 함께, 신경 방사장(Neural Radiance Field, NeRF)[16)]과 같은 딥러닝 기반의 새로운 방법론이 부상하면서, 비교적 적은 양의 입력 데이터만으로도 매우 정밀한 3차원 장면의 복원이 가능해지고 있다. 특히, 2020년에 발표된 NeRF[17)]는 신

15) 블롭(blob) : 형태가 명확하지 않고 부드럽게 퍼진 덩어리나 흐릿하고 둥근 형태의 부피 요소를 뜻한다. 3D 그래픽스나 컴퓨터 비전, 신경망 렌더링 분야에서는 작은 구체 형태 또는 볼륨(volume) 단위로 쓰이며, 점(point) 자체가 아닌 점 주변의 영향을 퍼뜨리는 확산 형태로 이해할 수 있다.

16) 신경 방사장(Neural Radiance Field, NeRF) : 장면의 3D 구조(형상)와 색상 정보를 신경망(neural network)을 통해 학습하여, 원하는 시점에서의 이미지를 생성해내는 최신 기술이다. 기존 3D 모델이 겉모습만 표현한다면, NeRF는 빛의 방향과 투과도까지 고려하여 보다 사실적인 이미지를 생성한다. 특히, 고정된 카메라 위치에서 여러 장의 이미지를 학습한 뒤, 다른 각도에서의 이미지를 예측하는 데 강점을 가진다.

17) Mildenhall, Ben, et. al., 2020, "NeRF: Representing Scenes as Neural Radiance Fields for View Synthesis". In Vedaldi, Andrea; Bischof, Horst; Brox, Thomas; Frahm, Jan-Michael (eds.). Computer Vision – ECCV 2020. Lecture Notes in Computer Science. Vol. 12346. Cham: Springer International Publishing. pp. 405–421.

경망을 통해 장면 내 모든 지점에서의 방사량(Radiance)[18]을 학습함으로써, 임의의 새로운 시점에서 바라본 이미지를 사실적으로 합성할 수 있다는 점에서 학계와 산업계로부터 큰 주목을 받았다. 여기서 방사량이란, 공간상의 특정 위치와 관측 방향에 따라 달라지는 색상과 밀도 값을 의미하며, 이 정보를 통해 시각적으로 일관된 이미지를 생성하는 것이 가능해진다.

이러한 기술적 흐름 속에서 2023년, 새로운 방식의 3D 장면 재구성 기법으로 3D 가우시안 스플래팅(Gaussian Splatting)[19]이 제안되었으며, 이는 발표 직후부터 컴퓨터 그래픽스 및 비전 분야에서 폭발적인 반향을 일으켰다. 이 기술은 기존의 NeRF가 지니고 있던 주요한 한계, 특히 실시간 렌더링이 어렵다는 문제를 본질적으로 극복하면서도, 동등한 수준의 시각적 품질을 유지할 수 있다는 점에서 기술적 전환점으로 평가되고 있다. 2023년 ACM SIGGRAPH[20] 학회에서 처음 공식 발표된 이후, 이 방식은 학술적 관심을 넘어 실제 산업 응용 가능성까지 보여주며, 실시간(real-time) 렌더링에 대한 실용적 요구를 충족할 수 있는 강력한 대안으로 부상하였다.

Gaussian Splatting(가우시안 스플래팅)은 3차원 장면을 수많은 가우시안 볼륨(Gaussian blob)[21]으로 구성하여 표현하는 방식이다. 이는 곧, 3D 공간상의 하나의 점을 중심으로 부드럽고 타원형 형태로 퍼져 있는 분포체를 나타내는 것이다. 여기서, 'Splatting(스플래팅)[22]'이라는 용어는 본래, 액체나 물체가 표면에 충돌하여 퍼지거나 튀는 모습을 묘사할 때 쓰이며, 예컨대 물감이 캔버스에 흩뿌려질 때 나는 소리 또는 그 시각적 효과를 연상시키는 단어이다.

이러한 의미에서, Gaussian Splatting(GS)은 마치 3D 공간에 존재하는 수많은 가우시안 볼륨들을 2차원 화면 위에 흩뿌려 투영하여 장면을 구성하는 기술로 이해할 수 있으며, 그 표현 방식은 부드럽고 연속적인 형태감을 부여함으로써 자연스럽고 사실적인 시각적 재현을 가능하게 한다.

---

18) 방사장(Radiance Field) : 한 지점에서 어떤 방향으로 빛이 얼마나 강하게 나아가는지를 수학적으로 표현한 개념이다. 즉, 공간의 한 점에서 빛이 어떻게 분포되는지 나타내는 함수이다. NeRF나 Gaussian Splatting 같은 기술은 이 개념을 기반으로 3차원 장면을 구성한다.

19) Kerbl, Bernhard, et al. "3d gaussian splatting for real-time radiance field rendering." ACM Trans. Graph. 42.4 (2023): 139-1.

20) ACM SIGGRAPH : 컴퓨터 그래픽스와 인터랙티브(Interactive, 상호작용) 기술의 발전을 이끄는 세계적인 학회로서, 전 세계 수천 명의 회원을 보유하고 있으며, 연구원, 예술인, 개발자, 영화 제작자, 과학자, 비즈니스 전문가 등 다양한 분야의 전문가들로 구성되어 있으며, 디지털 아트와 인터랙티브 디자인의 미래를 함께 만들어가고 있다.

21) 가우시안 볼륨/블롭(blob) : 경계가 뚜렷하지 않고 둥글며, 공간상에서 연속적으로 퍼진 부드러운 볼륨(volume)으로서, 가우시안 분포처럼, 중심을 기준으로 점점 옅어지는 밀도 분포를 갖는 시각 요소를 의미한다.

22) splat : (adverb) in a way that makes the sound of something wet hitting a surface or of something hitting the surface of a liquid.

[그림] Gaussian Splatting의 개념도

(출처 : Youtube, xoft, [Paper Review] The introduction of 3D Gaussian Splatting, https://www.youtube.com/watch?v=cLkP2J97SOo)

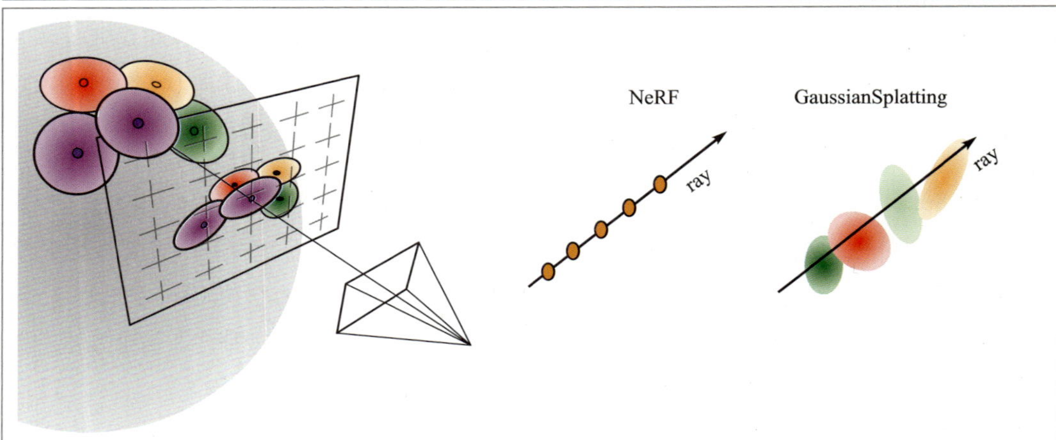

[그림] 가우시안 스플래팅(Gaussian Splatting)의 표현

3D Gaussian Splatting은 3차원 장면을 수많은 타원형 가우시안(3D Gaussian)으로 구성하여 표현하는 기술로서, 각 가우시안은 위치, 크기, 방향, 색상, 불투명도 등의 속성을 지니며, 이미지 기반 최적화를 통해 이러한 파라미터를 학습한다. 이러한 방식은 GPU의 래스터화 기반 렌더링과 결합되어 실시간 성능을 달성할 수 있다.

특히, 3D Gaussian Splatting에서는 각 가우시안이 단순한 단일 색상을 갖는 것이 아니라, 관측 방향에 따라 달라지는 색 분포를 표현하기 위해 구면 조화 함수(Spherical Harmonics, SH)[23]를 활용한다. SH는 구의 표면 위에서 정의되는 특수한 함수 집합으로서, 복잡한 조명 효과나 반사광 표현에 효과적으로 사용된다. 이를 통해 거울처럼 반짝이는 물체나 표면에 따라 색이 달라지는 물체를 보다 현실감 있게 표현할 수 있다.

(출처 : Huang, L. et al., 2024, Optimal Projection for 3D Gaussian Splatting,. arXiv:2402.00752v2)

---

23) 구면 조화 함수(Spherical Harmonics, SH) : 3차원 구면 위에서 정의되는 특수한 함수 집합으로서, 구(球, Shere)의 표면 위에 있는 데이터를 수학적으로 표현하고 분석할 수 있도록 해주는 도구이다. 즉, 구면 조화 함수는 마치 푸리에 변환(Fourier Transform)이 1차원 신호를 주파수 성분으로 나누는 것처럼, 구의 표면 위에 있는 복잡한 형태나 빛의 분포를 단순한 주파수 성분들로 분해해 주는 역할을 한다. 구면 조화 함수는 다음과 같은 특징을 가진다.

- 구 위에서 방향에 따른 값(예: 빛의 세기, 색상 등)을 표현할 수 있음
- 복잡한 조명 효과나 반사광 표현에 많이 사용됨(예: 전역 조명 global illumination, 실시간 렌더링 등)
- NeRF나 Gaussian Splatting에서는 각 가우시안의 색상이 보는 방향에 따라 달라질 수 있도록 표현할 때 사용됨

예를 들어, 거울처럼 반짝이는 물체나 표면에 따라 색이 달라지는 물체를 표현하려면 단순한 RGB 색상만으로는 부족하다. 이때 구면 조화 함수를 이용하면 관측 방향에 따라 색이 달라지는 현상(view-dependent color)을 효과적으로 표현할 수 있다. 보통은 0차(기본 색), 1차(방향성 반사), 2차 이상(좀 더 세밀한 효과)까지 확장되며, NeRF와 Gaussian Splatting에서는 3차까지의 SH 계수를 사용해 자연스럽고 복잡한 색상 변화를 재현한다.

3D Gaussian Splatting[24)]은 NeRF와 유사한 수준의 고화질 시각적 재현 능력을 보장하면서도, 현저하게 향상된 연산 효율을 바탕으로 실시간에 가까운 속도로 장면을 재구성할 수 있다는 점에서 특히 주목할 만하다. 이러한 성능적 장점은 대규모 환경의 3D 재현이나 실시간 시각화가 요구되는 디지털 트윈(Digital Twin), 가상현실(VR), 증강현실(AR) 응용 등의 다양한 산업 분야에서 실질적인 도입 가능성을 높이는 결정적 요인으로 작용하고 있다.

앞서 언급한 바와 같이, 방사장(Radiance Field) 기반 3차원 에셋은 메쉬(Mesh) 기반 3차원 에셋처럼 국소적으로 분리된 정보를 별도로 가공하는 작업 없이도, 다수 시점에서 촬영된 컬러 영상만을 활용하여 3차원 임의 시점의 장면을 생성할 수 있다. 이에 따라 사실감 대비 적은 비용으로 고품질의 3차원 에셋 표현이 가능하다.

예를 들어, 신경 방사장(Neural Radiance Field, NeRF) 기술에서는 촬영된 컬러 영상의 각 픽셀이 대응하는 3차원 광선(ray)을 따라 임의 공간 상의 컬러와 밀도(density)를 누적한 값이 되도록 신경망을 학습시키며, 이를 통해 3차원 공간상의 임의 좌표와 방향에 대한 컬러와 밀도를 추론하는 방식으로 3차원 에셋을 표현할 수 있다. 또한, 3차원 가우시안 스플래팅(3D Gaussian Splatting) 기술에서는 3차원 위치(position), 크기(size), 컬러(color), 투명도(opacity) 등의 속성을 지닌 가우시안(Gaussian) 집합을 구성하고, 이들이 중첩되어 생성하는 값이 촬영된 장면과 일치하도록 학습함으로써, 가우시안들의 속성을 추론하는 방식으로 3차원 에셋을 표현한다.

한편, 방사장 기반 3차원 에셋은 저비용, 고품질이라는 장점에도 불구하고, 기존 3차원 에셋 제작 환경을 대체하거나 연계하여 활용하기에는 여전히 다양한 기술적 한계가 존재한다. 특히, 실감형 콘텐츠 제작에 필수적인 편집 자유도가 크게 제한되며, 3차원 공간의 표현 방식 자체가 전통적인 메쉬 기반과 다르기 때문에, 이를 보완하기 위한 새로운 형태의 편집 기술 개발이 요구된다.

여기서는 3차원 장면 복원을 위한 대표적인 세 가지 접근 방식, 즉 사진측량(Photogrammetry), 신경 방사장 기반의 NeRF, 그리고 최신 기술인 3D Gaussian Splatting의 기본 개념과 이론 등을 살펴보고자 한다. 각 기법이 기반으로 삼고 있는 알고리즘의 절차 및 구현 방식은 물론, 특히 NeRF와 Gaussian Splatting을 중심으로 재현 정확도(Visual Fidelity), 렌더링 속도(Performance Efficiency), 그리고 데이터 표현 구조(Representation Scheme) 등의 핵심 요소들을 다각도에서 비교·분석함으로써, 이들 기술의 특징과 차별성 등을 살펴보고자 한다.

24) 가우시안 스플래팅(Gaussian Splatting) : 3D 공간 상에 위치한 수많은 점(point), 즉 점군(Point Cloud)을 가우시안 형태로 실시간으로 퍼뜨려서, 이미지를 렌더링하는 기술이다. NeRF보다 훨씬 빠르며, 훈련과 렌더링 모두에 있어 속도와 효율성이 높아 산업 적용에 유리하다. 각 점은 위치, 크기, 색상, 투명도 등 다양한 속성을 가지며, 이 점들이 뭉쳐서 장면을 형성한다.

II. 3D 재구성 방법의 기본 개념

사진측량

사진측량(Photogrammetry)은 19세기 중반에 처음 등장하여, 오늘날까지 지속적으로 발전해온 전통적인 3차원 재구성(3D Reconstruction) 기술이다. 이 방법은 서로 다른 각도에서 중복 촬영된 다수의 2차원 이미지(Images)를 바탕으로, 대상 물체나 장면의 3차원 구조를 복원하는 방식이다. 기본 원리는 항공삼각측량(Aerial Triangulation, AT) 기법에 기반하며, 서로 다른 시점에서 촬영된 이미지들 간의 시차(視差, Parallax)를 분석하여 피사체까지의 거리를 계산한다. 이는 인간이 양 눈을 통해 거리와 깊이를 인식하는 입체 시각(Stereopsis) 원리와 유사하다.

사진측량은 주로 대상체를 다양한 각도에서 촬영한 여러 장의 중복(Overlapped) 촬영된 사진을 이용한다. 촬영된 이미지 속 특징점(Feature Points)을 탐지하고, 대응점을 매칭(Matching)한 뒤, 광학 및 투영 기하학을 적용하여 각 특징점의 3차원 위치 좌표와 색상(Color) 정보를 계산한다. 이를 통해 고해상도 사진을 기반으로 정밀한 3D 모델을 생성할 수 있다.

최근에는 드론(Drone)이나 DSLR 카메라 등으로 획득한 고해상도 이미지를 활용하여 대규모 지역이나 복잡한 구조물의 3차원 데이터 추출이 활발히 이루어지고 있다. 특히, 2D 이미지(image)만으로 3D 데이터를 생성할 수 있다는 점은 장비 활용의 용이성과 작업 효율성 측면에서 큰 장점이다. 다만, 사진측량은 조명 변화, 재질(Material) 특성, 반사(Reflection) 등 외부 요인에 의해 왜곡(Distortion)이 발생할 수 있으며, 고해상도의 수많은 이미지를 처리할 경우, 대규모 연산 자원과 시간이 소요되는 한계가 있다.

현대의 사진측량은 컴퓨터 비전 기반의 자동화된 알고리즘을 통해 크게 두 가지 단계로 구성된다. 첫째, SfM(Structure-from-Motion) 단계에서는 여러 장의 이미지로부터 카메라의 위치 및 방향을 추정하고, 이를 바탕으로 저밀도 3D 점군(sparse point cloud)을 생성한다. 둘째, MVS(Multi-View Stereo) 단계에서는 복수의 사진에서 동일 지점의 깊이 정보로부터 고밀도의 점군(dense point cloud)을 복원한다.

기술적으로 사진측량의 첫 단계는 각 이미지로부터 특징점(feature points)을 추출하고, 이들을 서로 매칭하는 과정이다. SIFT(Scale-Invariant Feature Transform), SURF(Speeded-Up Robust Features), ORB(Oriented FAST and Rotated BRIEF) 등과 같은 알고리즘이 널리 사용되며, 특징점의 위치뿐 아니라 그 주변 영역의 특성까지 정량화한 서술자(descriptor)를 함께 계산하여 대응점을 찾는다. 이후 RANSAC(Random Sample Consensus) 기법과 같은 방법으로 잘못된 대응점(outlier)을 걸러내고, 에피폴라 기하(Epipolar Geometry)의 제약 조건을 이용하여 정확한 대응 쌍만을 남긴다.

이러한 특징점 대응을 기반으로, 카메라 간 관계를 나타내는 기본 행렬(Fundamental Matrix) 혹은 필수 행렬(Essential Matrix)을 계산하여 각 이미지의 카메라 자세, 즉 위치(position)와 방향(orientation) 등을 추정한다. 처음 두 장의 이미지로부터 초기 저밀도 점군(sparse point cloud)을 삼각측량으로 복원한 후, 나머지 이미지들을 순차적으로 추가하면서 새로운 3D 점들을 생성하고, 번들 조정(Bundle Adjustment) 최적화를 반복 수행함으로써 카메라 파라미터와 3D 위치 값을 동시 최적화하여 전체 모델의 정확도를 높여나간다.

기하학적 모델링의 수학적 기반은 핀홀 카메라(pinhole camera) 모델을 중심으로 한다. 3차원 공간상의 점 $\boldsymbol{X} = (X, Y, Z, 1)^T$ 는 카메라의 내부 파라미터(intrinsic parameters)와 외부 파라미터(extrinsic parameters)를 포함하는 투영 행렬 $\mu \in R^{3\times4}$ 을 통해, 이미지 평면상의 점 $\boldsymbol{x} = (u, v, 1)^T$로 투영된다. 이 관계는 다음과 같이 표현된다.

$$\boldsymbol{x} = P \times X$$

이와 같은 투영 방정식을 각 이미지별로 구성한 뒤, 공통된 특징점 간의 대응 관계를 기반으로 3D 위치와 카메라 파라미터를 동시에 풀어내는 것이 사진측량의 핵심 절차다.

고밀도 재구성을 위한 다음 단계에서는 MVS(Multi-View Stereo, 다중 뷰 스테레오) 기법이 적용된다. 이는 복수의 시점에서 같은 지점을 바라본 이미지를 바탕으로, 각 점의 깊이(depth)를 추정하거나, 텍스처 기반의 패치를 활용해 정밀한 점 위치를 보완하는 방식이다. 결과적으로 수만에서 수백만 개의 점으로 이루어진 고밀도 점군(high density point cloud)이 생성되며, 이를 바탕으로 메쉬(mesh)[25]를 구성하고 텍스처 매핑(texture mapping)을 추가하면 시각적으로 사실적인 3D 모델이 완성된다.

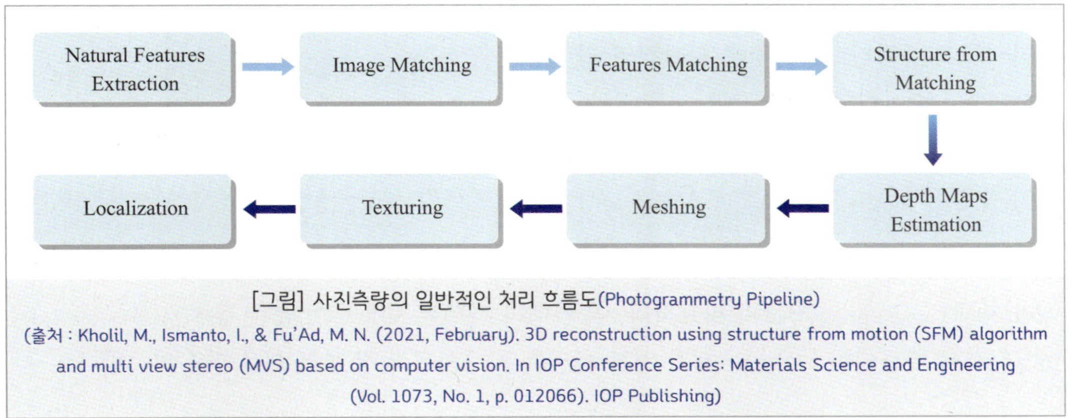

[그림] 사진측량의 일반적인 처리 흐름도(Photogrammetry Pipeline)
(출처 : Kholil, M., Ismanto, I., & Fu'Ad, M. N. (2021, February). 3D reconstruction using structure from motion (SFM) algorithm and multi view stereo (MVS) based on computer vision. In IOP Conference Series: Materials Science and Engineering (Vol. 1073, No. 1, p. 012066). IOP Publishing)

25) Mesh : 3D 공간을 2D 다각형이 서로 연결된 형태로 표현하는 방법이다. 꼭짓점(vertex), 엣지(edge), 면(face)으로 구성돼 있다.

이와 같이 복원된 3D 모델은 문화유산의 디지털 보존, 건설현장의 정밀 측량, 영화나 게임의 배경 모델링 등 다양한 분야에서 널리 활용된다. 사진측량의 가장 큰 장점은 일반 카메라만으로도 구현이 가능하다는 점과 결과물이 곧바로 3D 메쉬(mesh)로 변환될 수 있어 직관적이며 시각적으로 이해하기 쉽다는 데 있다. 다만, 복잡한 장면의 경우 많은 수의 사진(이미지)이 요구되고, 반사면이나 투명체와 같은 물체는 특징점 추출이 어려워 정밀한 복원이 어렵다는 한계도 존재한다.

신경 방사장(Neural Radiance Field)

신경 방사장(Neural Radiance Field, NeRF)은 2020년 Mildenhall 등[26]의 연구진에 의해 처음 소개된 혁신적인 딥러닝 기반 3차원 표현 방법으로서, 여러 장의 2차원 이미지로부터 장면의 3차원 정보를 학습하여 새로운 시점의 이미지를 사실적으로 합성할 수 있는 기술이다. 사진측량(Photogrammetry)이 특징점 추출과 기하학 계산을 통해 3D 좌표를 복원하는 반면, NeRF는 장면 전체를 연속적인 5차원 방사장 함수(radiance field)로 모형화하여 학습하는 것이 핵심 개념이다.

여기서, NeRF가 학습하는 방사장 함수는 특정한 공간상의 위치(x, y, z)와 관측 방향(θ, φ)을 입력받아, 그 지점에서 해당 방향으로 방출되는 색상(Color)과 밀도(Density)를 출력한다. 여기서, 밀도는 해당 지점의 불투명도, 즉 광선을 얼마나 흡수하거나 통과시키는지를 나타내는 값으로서, 물체의 존재 여부를 판별하는 데 활용된다.

NeRF는 이 5차원 함수 전체를 다층 퍼셉트론(MLP, Multi-Layer Perceptron)을 통해 근사함으로써, 장면 내의 모든 점에 대해 색상과 밀도 정보를 연속적으로 표현한다. 그리고 이 함수의 출력을 실제 이미지의 픽셀 값과 일치하도록 신경망의 파라미터를 학습한다. 이 과정은 일반적인 딥러닝 모델과는 달리, 의도적인 과적합(overfitting)을 통해 입력 장면에 특화된 3D 표현 모델을 만드는 것이 특징이다.

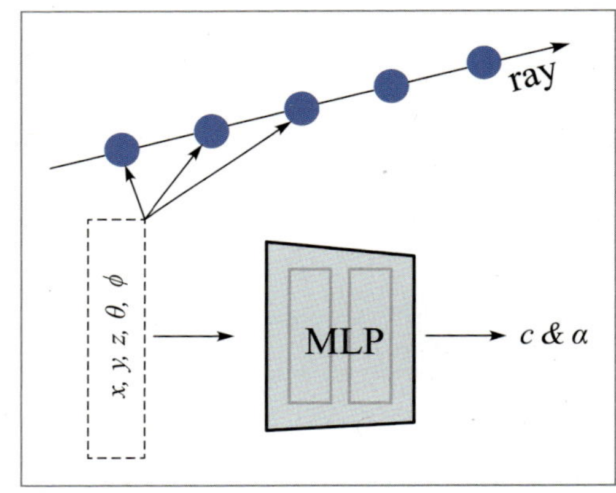

NeRF를 학습시키기 위해서는 다양한 시점에서 촬영된 이미지들과 각 이미지에 대응되는 카메라 자세(camera pose) 정보가 필요하다. 이 카메라 자세는 보통 COLMAP 등 SfM(Structure-from-Motion)으로 계산되며, 이는 NeRF가 전통 사진측량 기술에 일정 부분 의존함을 의미한다.

26) Mildenhall, Ben, et. al., 2020, "NeRF: Representing Scenes as Neural Radiance Fields for View Synthesis". In Vedaldi, Andrea; Bischof, Horst; Brox, Thomas; Frahm, Jan-Michael (eds.). Computer Vision – ECCV 2020. Lecture Notes in Computer Science. Vol. 12346. Cham: Springer International Publishing. pp. 405–421.

학습 단계에서는 각 카메라에서 수많은 가상 광선(ray)을 화면의 픽셀마다 발사하고, 이 광선을 따라 장면 공간의 위치들을 일정 간격으로 샘플링(sampled 3D points) 한다. 각 샘플 지점의 좌표와 광선 방향을 MLP 신경망에 입력하면, 해당 지점에서의 색상과 밀도가 출력된다. 이 일련의 샘플링 결과는 부피 렌더링(volume rendering) 적분 공식을 통해 하나의 픽셀 색상으로 합성된다.

이때 각 광선 $r(t) = O + t \cdot d$는 카메라 위치 O에서 시작하여 방향 d로 뻗어나가며, 거리 t에 따라 점 $x(t)$를 따라간다. 신경망은 각 점에서의 밀도 $\sigma(r(t))$와 색상 $c(x(t)), d)$를 예측하고, 이를 바탕으로 누적 투과율 $T(t)$을 계산하여 다음과 같은 방식으로 픽셀 색상 $C(r)$을 구한다.

$$C(r) = \int_{t_n}^{t_f} T(t) \cdot \sigma(x(t)) \cdot c(x(t), d) \cdot dt$$

이 식은 실질적으로 광선이 물체를 통과하면서 마주치는 여러 지점의 색상 및 밀도 정보를 종합하여, 최종적으로 어떤 밝기와 색상이 그 픽셀에 나타날지를 결정한다. NeRF는 이 적분식을 샘플 지점의 유한 합으로 근사하고, 실제 이미지와의 픽셀 차이를 손실 함수(loss function)로 정의하여 경사하강법(Gradient Descent)으로 신경망의 가중치를 학습한다.

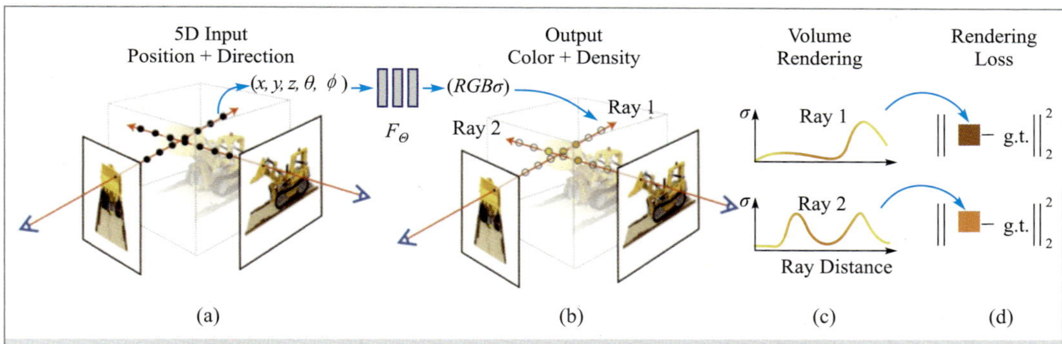

[그림] NeRF 자료처리 흐름도

(a) 먼저, 입력 이미지로부터 각 픽셀을 통과하는 카메라 광선(camera ray)을 발사하고, 해당 광선이 지나가는 경로를 따라 일정 간격으로 3차원 점들(sampled set of 3D points)을 샘플링한다. 이후, 이 점들 각각의 위치 정보(position)인 (x, y, z)와 카메라가 바라보는 관측 방향(direction) 정보를 함께 구한다. 이 정보들은 신경망의 입력값이 되며, 모델은 이를 5차원 좌표$(x, y, z, \theta, \varphi)$로 처리한다.

(b) 이렇게 수집된 위치 및 방향 정보를 신경망, 즉 다층 퍼셉트론(MLP, Multi-Layer Perceptron)에 입력하면, 그 출력으로 해당 점의 RGB 색상 값과 부피 밀도(volume density) 값을 얻을 수 있다. 다시 말해, 모델의 출력은 (R, G, B, σ) 형태로 표현된다.

(c) 다음으로는, 부피 렌더링(Volume Rendering) 기법을 적용하여, 광선 상의 각 점에서 얻은 색상과 밀도 값을 누적함으로써 하나의 픽셀 색상으로 합성한다. 이 과정은 NeRF에서 3차원 장면을 2차원 이미지로 재투영하는 핵심 단계에 해당한다.

(d) 마지막으로, 이 전체 과정은 수학적으로 미분 가능하기 때문에, 생성된 예측 이미지와 실제 이미지(ground truth) 간의 차이에서 계산된 손실 함수(loss)를 최소화하도록, 경사하강법(Gradient Descent)을 사용하여 신경망의 파라미터를 지속적으로 최적화한다.

결과적으로 학습된 NeRF 모델은 수십 장의 고해상도 사진을 직접 저장하는 대신, 수 메가바이트(MB) 수준의 파라미터만으로 장면 전체를 압축된 형태로 표현할 수 있다. 학습이 완료되면 NeRF는 이전에 학습되지 않은 새로운 카메라 시점에서도 현실감 있는 이미지를 합성할 수 있으며, 그 품질은 실제 사진과 거의 구분이 어려울 정도로 정밀하다.

NeRF의 등장은 기존 사진측량이나 레이저 스캔 기술이 시점에 따라 달라지는 물체의 외관 변화를 표현하는 데 한계가 있었던 점을 뛰어넘었다는 점에서 특히 주목받았다. 예를 들어 유리나 금속과 같이 반사 특성이 강한 물체는 관측 시점에 따라 시각적 정보가 크게 달라지는데, NeRF는 이러한 '시점 의존적 효과(view-dependent effects)'를 신경망의 입력에 방향 벡터를 포함함으로써 자연스럽게 모델링할 수 있다.

그러나 NeRF는 실용화를 위한 몇 가지 기술적 제약도 지니고 있다. 첫째, 원본 NeRF는 학습에 수 시간에서 수십 시간이 소요되며, 새로운 이미지를 합성하는 데도 각 픽셀마다 수백 번의 신경망 연산이 필요해 실시간 렌더링에는 적합하지 않다. 이러한 한계를 보완하기 위해 등장한 Instant NeRF, Plenoxels, Mip-NeRF 등 후속 연구들은 하이브리드 해시 인코딩(Hybrid Hash Encoding)[27], 기하학 초기화(Geometric Initialization)[28], 고차원 샘플링(High-Dimensional Sampling) [29]등 다양한 최적화 기술을 통해 학습과 렌더링 속도를 비약적으로 향상시켰다.

그럼에도 불구하고, NeRF의 결과물은 신경망 내부 파라미터 형태로 표현되므로, 게임 엔진, CAD 소프트웨어 등의 범용 3D 그래픽 파이프라인에서 사용하는 삼각형 메쉬(mesh) 형태로 직접 변환하기 어렵다는 구조적 한계가 있다. 따라서 NeRF 모델을 실질적인 응용에 활용하려면 추가적인 메쉬 변환, 네트워크 압축, 텍스처 추출 등 후처리 과정이 필수적으로 요구되며, 이는 현재까지도 활발한 연구 주제로 이어지고 있다.

3D 가우시안 스플래팅(Gaussian Splatting)

3D 가우시안 스플래팅(Gaussian Splatting)은 2023년 SIGGRAPH에서 발표[30]된 최신 3차원 재구성 및 렌더링 기법으로, 앞서 설명한 NeRF(Neural Radiance Field)와는 달리 신경망을 사용하지 않고도 연속적인 방사장(radiance field) 표현을 실현한 획기적인 방법이다.

---

27) Hybrid Hash Encoding : NeRF 가속화를 위한 Instant-NGP 등의 방법에서 사용되며, 좌표 정보를 효율적으로 표현하기 위해 다중 해시 테이블 구조를 사용하는 방식이다.

28) Geometric Initialization : 신경망 학습 시, 초기 파라미터 값을 단순 무작위가 아니라, 장면의 기하학적 구조나 카메라 배치에 기반하여 설정하는 방식입니다. 학습 수렴 속도와 안정성을 크게 향상시킨다.

29) High-Dimensional Sampling : 3D 공간 좌표 외에 방향 정보 등 여러 차원을 포함한 입력 공간에서 효율적인 샘플링을 수행하여, 보다 복잡한 방사장 함수나 신호를 표현할 수 있도록 하는 방식이다.

30) Kerbl, Bernhard, et al. "3d gaussian splatting for real-time radiance field rendering." ACM Trans. Graph. 42.4 (2023): 139-1.

이 기술의 핵심 아이디어는 장면을 수많은 3D 가우시안 분포(Gaussian distributions)의 집합으로 모델링하는 데 있다. 각 가우시안은 다음과 같은 구성 요소를 갖는다.

- 위치(Position, μ) : 입자의 중심 위치로, 가우시안이 3D 공간 어디에 위치하는지를 나타낸다.
- 크기 및 방향(Size and Orientation, 공분산 행렬 Σ) : 해당 입자가 어느 방향으로 얼마나 퍼져 있는지를 정의한다. 공분산 행렬[31] Σ는 $RS^2 R^T$ 형태로 분해되어, R은 가우시안이 얼마나 기울어져 있는지 나타내는 회전행렬, S는 Scale matrix로서, 가우시안의 크기를 나타내며, 축 방향의 표준편차를 담은 대각행렬로써, 가우시안의 비등방성(anisotropy) 특성을 정밀하게 조절할 수 있게 해준다.
- 불투명도(Opacity, α) : 해당 입자가 광선을 얼마나 차단하는지를 나타내며, NeRF에서의 밀도(σ)와 유사한 역할을 수행한다.
- 색상(Color) : 단일 RGB 값이 아닌 구면 조화 함수(Spherical Harmonics, SH) 계수로 표현되며, 이는 관측 시점에 따라(view-dependent appearance) 달라지는 색의 방향 의존성을 모델링할 수 있게 한다.

즉, 3D 가우시안 스플래팅은 장면(scene)을 수천 개의 3차원 가우시안(3D Gaussian)으로 표현한다. 각 가우시안은 위치(position), 크기(scale), 방향(orientation), 색상(color), 투명도(opacity) 정보를 갖고 있으며, 이를 통해 표면을 직접 만들지 않고도 실시간으로 고품질 이미지를 생성할 수 있다.

이러한 가우시안 입자들은 마치 공중에 퍼져 있는 안개처럼 서로 겹치며, 전체 장면을 연속적이고 부드럽게 구성한다. 이로 인해 표현된 장면은 계단지거나 단절되지 않고, 실제 세계에서 관찰되는 것처럼 자연스럽고 물리적으로 타당한 부피감(volume)을 갖는다. 특히 각 가우시안은 빛의 입자처럼 역할하여, 시점 변화에 따른 색상의 반응 또한 사실적으로 재현된다.

3D Gaussian Splatting에서 핵심적인 프로세스는 3D 가우시안들을 2D 이미지 평면에 투영(projection)하는 과정, 즉 스플래팅(Splatting)[32]이다. 이는 마치 반투명한 물감 방울을 유리창에 던졌을 때 남는 타원형 얼룩과 유사하다. 각 가우시안은 이미지 평면상에 타원형으로 퍼지며, 그

---

31) 공분산 행렬(Σ) : Gaussian Splatting에서 사용하는 3차원 가우시안의 공분산 행렬(Σ)은 입자의 형태(shape)와 방향성(orientation)을 동시에 제어하는 핵심 파라미터다. 이 행렬을 다음과 같이 분해할 수 있다.

$$\Sigma = RS^2 R^T$$

여기서, R : 회전 행렬(Rotation matrix) – 가우시안이 공간에서 어떤 방향으로 정렬될지를 결정
S : 스케일 행렬(Diagonal of standard deviations) – 가우시안이 각 축(x, y, z)으로 얼마나 퍼져 있는지를 제어
공분산 분해는 가우시안의 형태와 방향을 물리적으로 해석 가능한 파라미터로 나누어, 최적화와 렌더링 제어를 동시에 단순화할 수 있다.

32) Splatting(스플래팅) : 데이터를 공간적으로 확산시키는 기술이다. 따라서 3D Gaussian Splatting은 어떤 공간 상에서 3D Gaussian들이 분포되어 있는 형식을 뜻한다.

중심부에서 색의 기여도가 크고 가장자리로 갈수록 점차 희미해지는 전형적인 가우시안 분포 형태를 따른다.

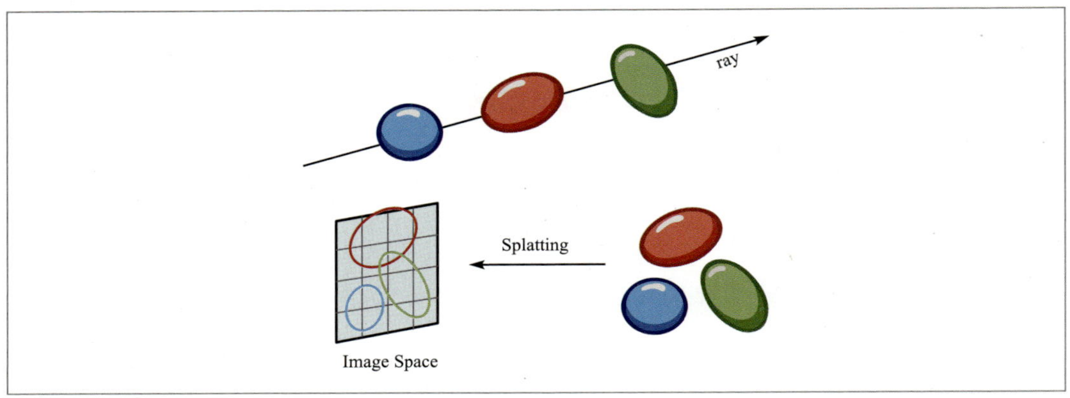

이 과정은 고전적인 렌더링 방식인 EWA Splatting(Elliptical Weighted Average)에서 착안한 것으로, 안티앨리어싱(Anti-Aliasing)[33] 및 부드러운 시각 표현을 위해 개발되었다. Gaussian Splatting은 여기에 더해, 각 가우시안의 파라미터(위치, 크기, 방향, 색상 등)를 학습 및 최적화하여 장면 재구성과 렌더링을 동시에 수행할 수 있도록 개선하였다. 특히, 타일 기반의 병렬화된 래스터화(rasterization) 알고리즘을 적용하여, 수만 개의 가우시안이라도 실시간(real-time)에 가깝게 렌더링할 수 있도록 처리 효율을 극대화하였다. 예를 들어, 1080p 해상도에서 초당 100프레임 이상을 처리할 수 있을 만큼 높은 성능을 달성한 것이 대표적인 성과다.

Gaussian Splatting은 학습을 완전히 무작위에서 시작하지 않는다. 오히려, 전통적인 사진측량의 핵심 기법인 Structure-from-Motion(SfM)을 사전 처리 단계로 활용하여 카메라 자세(camera pose)와 저밀도 점군(sparse point cloud)을 추출하고, 이를 기반으로 각 가우시안의 초기 위치(μ)를 설정한다. 또한 이웃 점들 간의 평균 거리 등을 기반으로 공분산 행렬 Σ의 초기값을 설정함으로써, 공간 밀도에 따른 스케일 조절이 가능하도록 설계된다.

가우시안의 색상은 원본 이미지로부터 추출하거나, SfM 단계에서 이미 추정된 색 정보를 이용하여 부트스트랩(bootstrap)[34] 형태로 초기화할 수 있다. 구면 조화 계수는 각 가우시안이 관측된

33) 안티앨리어싱(Anti-Aliasing) : 본문 내용의 안티앨리어싱은 "경계 부드럽게 처리하기"를 의미한다. 즉, 디지털 이미지나 그래픽에서 계단현상(aliasing)이란, 대각선이나 곡선처럼 비정수 방향의 선을 표현할 때 계단처럼 울퉁불퉁하게 보이는 시각적 왜곡을 말한다. 이는 픽셀이 격자(grid) 구조로 배열되어 있어 생기는 현상이다. 안티앨리어싱은 이러한 계단 모양의 경계선이 부자연스럽게 보이는 문제를 줄이기 위한 기법으로서, 경계 주변 픽셀의 색을 주변 배경과 섞어 자연스럽고 부드러운(Smoothing) 경계선을 만들어낸다. 주로 게임 그래픽, 텍스트 렌더링, 3D 모델 표현 등에서 이미지 품질을 향상시키기 위해 사용된다.

34) 부트스트랩(Bootstrap) : 원래 통계학에서 데이터를 반복적으로 샘플링하여 추정치를 얻는 방법을 의미하지만, 컴퓨터 비전이나 머신러닝에서는 초기값을 기존 데이터로부터 추정하여 모델의 학습을 시작하거나 안정화하는 과정을 의미한다.예를 들어

이미지 시점에서의 색상 변화를 반영하도록 설정되며, 이는 NeRF의 방향 기반 색상 표현과 유사한 기능을 수행한다.

이렇게 구성된 초기 가우시안 세트는 학습을 위한 강력한 출발점으로 작용하며, NeRF처럼 복잡한 구조를 처음부터 신경망으로 학습해야 하는 부담을 상당 부분 줄여준다. 다시 말해, Gaussian Splatting은 사진측량(Photommetry)으로부터 기하학적 '뼈대'를 물려받아 빠르고 안정적으로 장면을 재구성할 수 있는 것이다.

Gaussian Splatting은 단순히 점군을 뿌리는 것이 아니라, 시점 변화에 따른 광학적 특성까지 정밀하게 반영하는 "사실적인 방사장 표현(radiance field representation)"을 실현하였다. 각 가우시안은 작지만 독립적인 색상/방사 정보 단위로서 동작하며, 이들이 조합되어 하나의 장면 전체를 형성한다. 이 구조는 특히 반사면이나 광택이 있는 재질의 표현에 효과적이며, 가우시안이 "반짝이며 색을 바꾸는(sparkling)" 것처럼 보이도록 만든다. 이 기술은 점 기반의 명시적 표현(explicit representation)과 연속적인 부피 기반 표현(volumetric representation)의 장점을 결합하였으며, NeRF가 지닌 높은 품질은 유지하면서도 속도, 호환성, 실시간성 등 실용적 요소에서는 현저히 우위를 점한다.

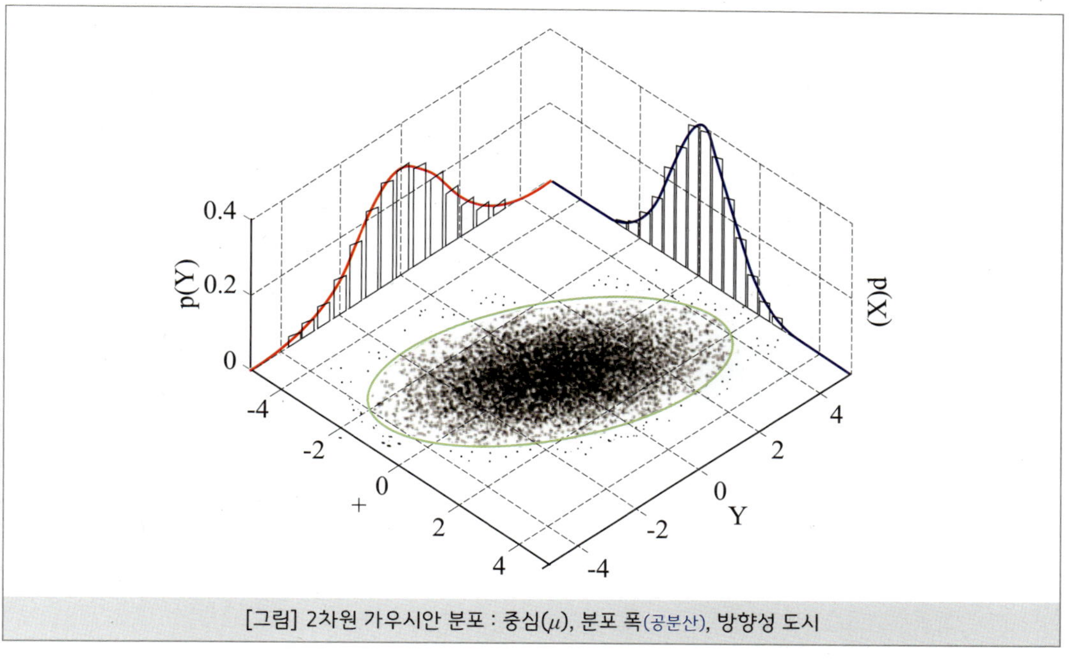

[그림] 2차원 가우시안 분포 : 중심(μ), 분포 폭(공분산), 방향성 도시

Gaussian Splatting에서는 SfM으로 얻은 점 위치나 색상을 이용해 가우시안의 초기 위치와 색상 정보를 미리 설정하는 것을 '부트스트랩'이라고 표현한다. 이는 무작위 초기화보다 학습 속도와 정확도를 향상시킬 수 있는 중요한 기법이다.

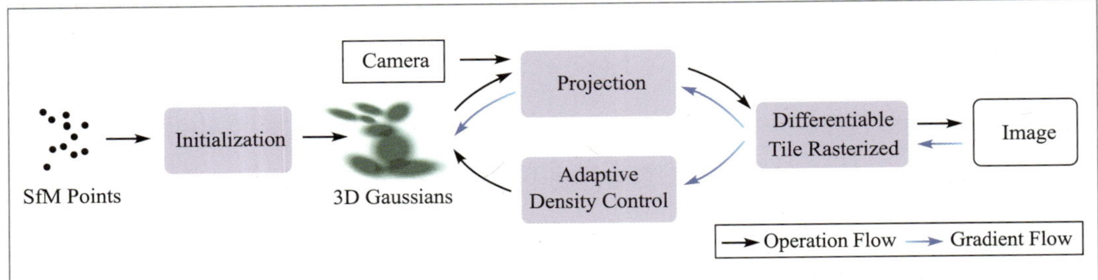

[그림] 3D Gaussian Splatting 자료처리 흐름도

① 초기화(Initialization) : Structure-from-Motion(SfM) 알고리즘인 COLMAP 등을 활용하여, 각 카메라의 자세(Camera Pose)뿐만 아니라 장면을 구성하는 3차원 점군(Point Cloud) 정보를 동시에 추출한다. 이 점군은 3D Gaussian Splatting의 초기 Gaussian 파라미터(위치, 방향성, 크기 등)를 설정하는 데 사용된다.

② 투영 단계(Projection) : 3D Gaussian들은 카메라 좌표계에서 이미지 평면(Image Plane, 보통 z=1 평면)으로 투영되며, 이때 2D Gaussian 형태로 나타나게 된다. 이러한 투영은 실제 입력 이미지(Ground Truth, GT)와의 비교를 통해 각 Gaussian의 파라미터를 정밀하게 조정하는 기반이 된다.

③ 미분 가능한 타일 기반 래스터라이저(Differentiable Tile Rasterizer) : 투영된 2D Gaussian들은 타일 단위로 정렬되어 래스터화(rasterization)되며, 이 과정은 미분 가능한 형태로 설계되어 있어 네트워크의 학습이 가능하게 된다. 이를 통해 최종적으로 하나의 연속적인 이미지로 재구성된다.

④ 그레디언트 흐름(Gradient Flow) : 생성된 이미지와 실제 이미지(Ground Truth, GT) 간의 차이를 기반으로 손실 함수(Loss Function)를 계산하고, 이로부터 역전파(Back propagation)를 통해 경사(기울기, gradient)를 전달한다. 이 흐름은 각 Gaussian의 위치, 형태, 색상 등을 조정하는 데 핵심적인 역할을 한다.

⑤ 적응적 밀도 조절(Adaptive Density Control, 밀도 최적화 조정) : 전달된 경사(기울기)를 분석하여, 정보량이 부족하거나 불필요한 Gaussian을 제거하거나 새로운 Gaussian을 추가하는 방식으로 밀도를 조절, 즉 밀도 최적화를 조정한다. 이 적응적 최적화는 전체 모델의 표현력을 높이고 계산 효율을 향상시킨다.

[그림] 실제 사진(Ground Truth, 좌)과 Gaussian Splatting으로 생성한 렌더 이미지(우) 비교

(출처. https://repo-sam.inria.fr/fungraph/3d-gaussian-splatting/)

즉, 3D Gaussian Splatting은 "명시적 점군(explicit point cloud)[35] + 연속 가우시안 분포(continuous Gaussian volumes)"라는 이중 구조를 통해 NeRF 수준의 고화질 시각적 재현을 실시간에 가깝게 제공할 수 있는 기술로 평가된다. 기존의 딥러닝 기반 모델과 비교할 때 더욱 빠른 렌더링 속도, 간단한 구조, 그리고 범용 3D 파이프라인과의 호환성을 갖추고 있어, 향후 다양한 산업 분야에서 실용적 대안으로 널리 확산될 가능성이 크다.

참고 점 기반 렌더링과 메쉬 기반 렌더링 그리고 Gaussian Splatting

점 기반 렌더링(point-based rendering)은 복잡한 3D 메쉬를 생성하지 않고도 빠르게 장면을 시각화할 수 있기 때문에, 주로 점군(point cloud) 데이터를 빠르게 렌더링하거나 실시간 처리가 필요한 환경에서 유리하다. 특히, 드론 매핑이나 라이다(LiDAR) 스캔처럼 메쉬 생성이 까다로운 원시 데이터를 시각화할 때 효율적이다. 반면, 메쉬 기반 렌더링(mesh-based rendering)은 명확한 표면 구조와 정밀한 질감 표현이 필요한 건축 설계, 영화 CG, CAD 등 분야에 적합하다. 물리 기반 조명 효과나 충돌 등 정밀한 표현이 요구될 때는 삼각망 메쉬(triangle mesh) 구조가 표면을 연속적으로 덮는 구조이기 때문에, 곡면이나 모서리(edge) 같은 미세한 기하학적 디테일을 정확하게 표현할 수 있기 때문에 유리하다.

점 기반 렌더링에서는 점과 점 사이의 간격이 넓거나 불균일하면 시각적으로 구멍처럼 보이거나 표면이 거칠게 표현되는 문제가 생길 수 있다. 이를 해결하기 위한 보완 기술로는, 먼저 점의 밀도를 주변 구조의 복잡도에 따라 조절하는 적응적 샘플링(adaptive point sampling)이 있다. 또한, 점 하나를 단순한 좌표가 아닌 부드러운 확산 분포(Gaussian 등)로 처리하여 자연스럽게 겹치도록 하는 가우시안 블렌딩(Gaussian blending) 기법도 널리 사용된다. 여기에 더해, 추후 메쉬로의 변환이 필요한 경우에는 포아송 재구성(Poisson surface reconstruction)과 같은 표면 추정 기법을 통해 보다 정교한 3D 모델로 보완할 수 있다. 그리고, EWA 스플래팅(Elliptical Weighted Average Splatting)과 같은 고급 렌더링 기법을 적용하면 안티 앨리어싱 효과를 통해 시각적 품질도 크게 향상시킬 수 있다.

Gaussian Splatting은 기존 점 기반 렌더링의 단점을 극복하기 위해 점 하나 하나를 단순한 좌표가 아닌 3차원 가우시안 분포로 확장하였다. 이 방식은 각 점이 부피를 가진 '입자(cloud particle)'처럼 작용하도록 하여, 서로 겹치는 가우시안들이 자연스럽게 표면을 메우도록 만들어 구멍이 생기지 않는다. 나아가, 각 가우시안은 공분산 행렬(covariance matrix)을 통해 표면의 방향이나 형상을 반영할 수 있어, 점이 단순히 구 형태가 아니라 실제 장면의 기하 구조에 맞춰 늘어나거나 회전된 형태로 최적화된다. 또한, 색상 표현 측면에서는 NeRF처럼 관측 방향에 따라 색이 바뀌는 시점 의존(view-dependent), 즉 보는 각도에 따라 달라지는 효과를 구현하기 위해 구면 조화 함수(Spherical Harmonics)를 사용한다, 이로써 단순한 색상 RGB 값만을 사용하는 것이 아니라, 방향성 있는 반사 특성까지 표현할 수 있어 보다 현실적인 시각 품질을 구현한다. 한편, Gaussian Splatting은 GPU에 최적화된 병렬적인 래스터화(rasterization) 방식으로 빠른 렌더링을 가능하게 해, 실시간 응용까지 감당할 수 있는 성능을 보여준다. 요컨대, 이 기법은 점 기반 렌더링의 빠른 속도라는 장점은 유지하면서도, 품질, 표현력, 실시간성에서 한 단계 진보한 방식이다.

35) 명시적 점군(Explicit Point Cloud) : 3D 공간상에 존재하는 수많은 점들의 좌표 정보를 직접적으로 저장하고 사용하는 방식을 의미한다. 각 점은 위치(Position)뿐 아니라 색상(Color), 밀도(Density) 등의 속성을 가질 수 있으며, 메쉬나 볼륨처럼 추가 가공 없이도 바로 시각화가 가능하다. 즉, 신경망 등으로 함축적으로 표현하는 방식과 달리, 데이터 자체가 장면의 구조를 그대로 드러내는 '직접적(explicit)' 표현 방식이다.

III. 알고리즘 절차 및 구현 방식

여기서는 Photogrammetry, NeRF, Gaussian Splatting 등, 각 알고리즘이 어떤 단계로 이루어지는지 수행 과정(Pipeline)을 요약하고, 어떤 방식으로 동작하는지 살펴보고자 한다.

사진측량(Photogrammetry)

사진측량(Photogrammetry)의 전체 파이프라인은 다음과 같은 일련의 절차로 구성된다. 즉, ① 입력 이미지 → ② 특징 추출 및 매칭 → ③ 카메라 위치 추정(SfM: Structure-from-Motion) → ④ 고밀도 복원(MVS: Multi-View Stereo) → ⑤ 3D 모델 생성 및 텍스처링.

1. 특징 추출 및 매칭

우선 동일한 장면을 중복(overlap) 촬영한 다수의 이미지를 입력으로 사용한다. 각 이미지에서 코너(corner), 에지(edge) 등 고유한 특징점(feature point)을 추출하기 위해 SIFT, ORB 등의 특징 검출 알고리즘이 사용되며, 이들은 이미지 내의 작은 패치(patch)를 특징 벡터(feature descriptor)로 기술(describe)한다.

이 특징 벡터들을 바탕으로 서로 다른 이미지 간의 최근접 이웃 매칭(Nearest Neighbor Matching)을 수행하여, 같은 물리 지점에 해당하는 후보 점 쌍들을 찾는다. 그러나 이 과정에서 잘못된 매칭도 다수 발생하기 때문에, Lowe의 비율 테스트(Lowe's Ratio Test) 등을 통해 모호한 대응은 제거하고, RANSAC(Random Sample Consensus) 알고리즘을 활용해 기본 행렬(Fundamental Matrix)을 추정하여 잔존 오매칭(outlier)을 정제한다. 이러한 정제 과정을 거치면 각 이미지 쌍에서 수백 개 이상의 신뢰도 높은 대응점이 확보되며, 이는 이후의 3D 재구성의 핵심 기초가 된다.

2. Structure-from-Motion(SfM)

앞 단계에서 확보된 특징점 매칭 정보를 기반으로, 각 카메라의 내부 파라미터(intrinsics) 및 외부 파라미터(extrinsics: 위치와 방향)와 더불어, 대응되는 3D 점들의 공간 좌표를 동시에 추정한다. 일반적으로 두 장의 초기 이미지 쌍을 선택하여, 그 상대 위치를 계산한 뒤 항공삼각측량(Aerial Triangulation, AT)으로 초기 3D 점군을 생성한다. 이후 나머지 이미지를 한 장씩 추가하며, 복원된 3D 점들과 새로운 이미지의 2D 특징점을 바탕으로 PnP(Perspective-n-Point) [36] 문제를 풀어 카메라의 위치와 방향을 계산하고, 그 결과를 이용해 새로운 3D 점들도 계속해서 복원해 나간다.

---

36) PnP(Perspective-n-Point) : PnP는 "이미 알고 있는 3D 점과 이미지상의 2D 점 대응 관계"를 이용해서 카메라의 정확한 시점을 계산하는 알고리즘이며, 이 정보는 전체 장면을 정확하게 복원하기 위해 반드시 필요한 요소입니다.

참고 PnP(Perspective-n-Point)

PnP는 Perspective-n-Point의 약자로, "카메라의 시점(perspective) 아래, n개의 3D 점"이라는 의미를 갖는다. 이 문제는 다음과 같은 조건에서 해결해야 할 수학적 과제를 말한다. 즉, 입력된 (1)3차원 공간상의 점 좌표들(SfM으로 복원된 3D 점들), (2) 그 점들이 실제 사진(이미지)에서 어디에 찍혀 있는지에 대한 2D 위치들(픽셀 좌표) 들로부터, 이러한 3D-2D 대응 관계를 이용해서, 그 사진을 찍은 카메라의 위치(Position)와 방향(Orientation), 즉 카메라의 외부 파라미터(Extrinsic Parameters)를 정확히 계산하는 것을 말한다. PnP는 SfM(Structure-from-Motion)에서 새로운 이미지를 추가할 때 해당 이미지의 카메라 자세를 결정하는 핵심 수단이다. 한 장의 사진이 어떤 위치에서 어떤 방향으로 촬영되었는지를 정확히 알아야, 해당 이미지에 나오는 2D 특징점들과 기존의 3D 점들을 일치시켜 새로운 점들을 재구성(Reconstruction)할 수 있기 때문이다.

이러한 방식으로 전체 카메라의 위치와 방향을 점진적으로 구축한 뒤, 모든 3D 점들과 카메라 파라미터를 대상으로 번들 조정(Bundle Adjustment)[37]을 수행한다. 이 과정은 재투영 오차(Reprojection Error)[38]를 최소화하는 비선형 최적화이며, 일반적으로 Levenberg-Marquardt 알고리즘이 사용된다. 최종적으로는 평균 수 픽셀 이하의 정렬 정확도를 가지는 저밀도 점군(Sparse Point Cloud)과 정확한 카메라 자세 정보가 확보된다. 이 결과는 COLMAP과 같은 오픈소스 도구에서 NeRF, Gaussian Splatting 등 최신 알고리즘의 입력으로도 활용된다.

3. Multi-View Stereo(MVS)

SfM 단계에서 얻어진 카메라 파라미터를 고정한 상태에서, 장면 전체의 표면을 채우는 '고밀도 점군(Dense Point Cloud)'을 복원하는 단계이다. 이 과정에서는 각 이미지에 대해 깊이 맵(Depth Map)을 추정하고, 여러 시점에서의 깊이 정보를 융합하여 조밀한 3D 점들을 생성한다. 대표적인 MVS 알고리즘으로는 PMVS(Patch-based Multi-View Stereo), Gipuma, COLMAP-MVS 등이 있으며, 이들은 SfM에서 얻은 저밀도 점군(Sparse Point Cloud)들을 가이드로 삼아 픽셀 단위로 3D 위치를 추정한다.

복수의 이미지에서 동일한 지점을 바라보는 색상의 일관성을 평가하여, 그 위치에 3D 점을 추가하고, 퍼짐(diffusion)이나 확산 기반 필터링을 통해 빈 공간을 메운다. 이 단계는 연산량이 많지만, 최신 알고리즘들은 GPU 병렬화를 통해 효율적으로 처리할 수 있다.

37) Bundle Adjustment(번들 조정) : '번들(bundle)'은 광선 묶음(ray bundle)을 의미한다. 여러 카메라에서 한 점을 바라보는 광선들의 교차 지점이 바로 그 3D 점이 되는 원리에서 비롯된 명칭이다. 즉, 이 광선 묶음 전체를 정렬하는 최적화이기 때문에 'Bundle Adjustment'라고 한다. 즉. 3D 점들과 이미지의 2D 특징점 사이의 대응 관계를 바탕으로, 모든 카메라의 위치와 방향(외부 파라미터, extrinsics) 및 모든 카메라의 내부 파라미터(intrinsics) 그리고 모든 3D 점의 좌표를 함께 조정하여, 2D 이미지 상에서 각 3D 점이 실제로 찍힌 위치와 예측 위치의 차이(재투영 오차, reprojection error)를 최소화하는 비선형 최적화 문제이다.

38) 재투영 오차(Reprojection Error) : 실제 이미지에서 어떤 점이 있는 위치와 3D 점을 현재 추정된 카메라 파라미터로 투영했을 때 나오는 위치 간의 차이이다. 이 오차가 작을수록, 현재 모델이 현실을 잘 설명하고 있다는 뜻이다.

4. 모델 생성 및 텍스처링

MVS로 복원한 점군은 위치 정보만 갖고 있어, 실제 사용을 위해서는 표면 재구성(surface reconstruction)이 필요하다. 이를 위해 다음과 같은 알고리즘이 사용된다.

- 볼록 껍질(Convex Hull)[39] : 점군의 외곽을 감싸는 가장 작은 볼록 다면체를 생성
- 포아송 표면 복원(Poisson Surface Reconstruction)[40] : 각 점의 법선 벡터(normals)를 활용해, 매끄러운 연속적 표면을 수학적으로 복원하는 방식

이러한 과정을 메쉬화(Meshing)라 하며, 결과로 얻어진 삼각형 메쉬(Triangle Mesh, 삼각망)는 OBJ, PLY, glTF 등 다양한 3D 포맷으로 저장 가능하다. 이후 원본 이미지의 픽셀 색을 참조하여 메쉬에 텍스처(Texture)를 입히면, 실사에 가까운 3D 디지털 모델이 완성된다. 이러한 모델은 문화유산 보존, 건축 시뮬레이션, 영화·게임 그래픽, 디지털 트윈(Digital Twin) 등 다양한 분야에서 폭넓게 활용되고 있다.

사진측량(Photogrammetry)은 위와 같이 SfM + MVS + 메쉬 생성 + 텍스처링의 단계로 구성되며, 각 단계는 복잡하지만 COLMAP, Regard3D, Meshroom과 같은 오픈소스 도구를 통해 쉽게 구현할 수 있다. 사진측량 방식은 완전히 기하학 기반(Geometry-Based)이므로, 실제 측정값에 가까운 정밀한 3D 데이터를 생성할 수 있다는 장점을 갖는다. 이는 단순한 시각화에 그치지 않고, 측정, 기록, 설계, 분석 등 정량적 활용이 가능한 고정밀 모델을 제공한다는 점에서, 오늘날까지도 산업적·학술적으로 매우 중요한 기술로 자리하고 있다.

NeRF 알고리즘 흐름

NeRF(Neural Radiance Fields, 신경 방사장)는 여러 장의 이미지로부터 기존에 존재하지 않았던 새로운 시점의 이미지를 사실적으로 합성해 내는 3차원 장면 복원 기법이다. NeRF의 핵심은 '시점 전환 이미지 생성(novel view synthesis)'이라는 렌더링 작업을 신경망 학습 과정 자체에 포함시켰다는 점에 있으며, 이는 기존의 사진측량 기반 기법들과 근본적으로 다른 접근 방식을 보여준다. 전체 알고리즘 파이프라인[41]은 다음과 같은 3가지 주요 단계로 구성되어 있

39) 볼록 껍질(Convex Hull) : 여러 개의 점으로 구성된 점군(point cloud)에서, 그 가장 바깥쪽에 위치한 점들만을 연결하여 만든 가장 작은 볼록한 다면체(3D 형태)를 의미한다. 2D에서는 고무줄로 점들을 감싸듯이 만들어지는 가장자리 경계선, 3D에서는 그 점군을 감싸는 껍질(shell) 형태의 외곽 표면이라고 이해하면 쉽다. 주로 대략적인 외곽 형태를 빠르게 파악하거나, 계산량이 적은 초기 모델을 만들 때 사용된다.

40) 포아송 표면 복원(Poisson Surface Reconstruction) : 점군과 각 점에 대한 법선 벡터(normal vector, 점이 바라보는 방향) 정보를 활용하여, 그 점군 전체를 부드럽고 자연스러운 표면으로 연결하는 알고리즘이다. 수학적으로는 포아송 방정식(Poisson Equation)을 이용하여, 점과 점 사이를 메우는 연속적인 3D 표면을 계산한다. 특히, 점 사이의 간격이 불균일하거나 일부 영역에 데이터가 없더라도, 부드러운 형상을 추정해 메우는 데 강점이 있다.

41) 출처; Zhou, K., et al. Nerflix: High-quality neural view synthesis by learning a degradation-driven inter-viewpoint mixer. In: Proceedings of the IEEE/CVF Conference on Computer Vision and Pattern Recognition. 2023. p. 12363-12374.

다. 즉, (1) 광선 생성(ray shooting), (2) 광선 진행(ray marching), 그리고 (3) 빛 정보 누적(radiance accumulation)이다.

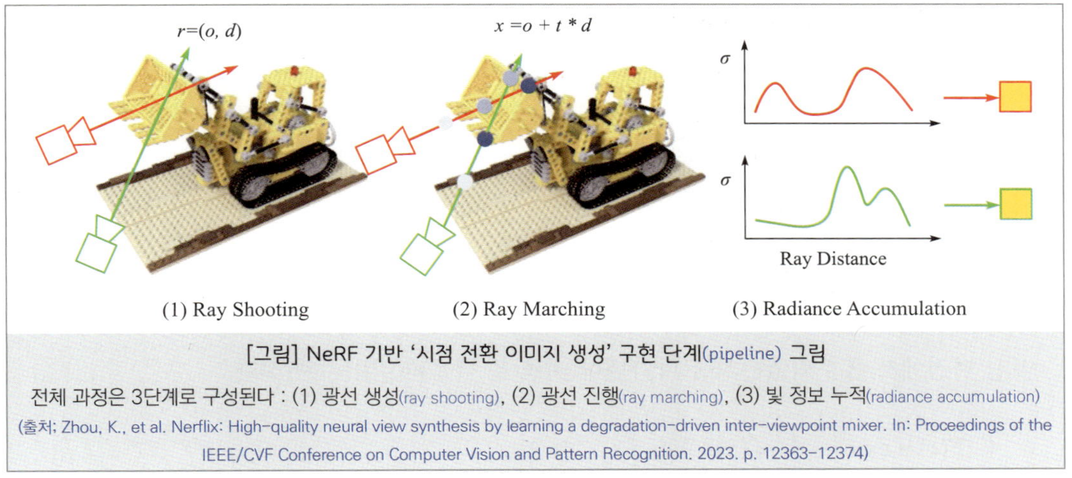

[그림] NeRF 기반 '시점 전환 이미지 생성' 구현 단계(pipeline) 그림

전체 과정은 3단계로 구성된다 : (1) 광선 생성(ray shooting), (2) 광선 진행(ray marching), (3) 빛 정보 누적(radiance accumulation)

(출처; Zhou, K., et al. Nerflix: High-quality neural view synthesis by learning a degradation-driven inter-viewpoint mixer. In: Proceedings of the IEEE/CVF Conference on Computer Vision and Pattern Recognition. 2023. p. 12363-12374)

1. 광선 생성/발사(Ray Shooting)

NeRF는 새로운 시점에서의 이미지를 생성할 때, 카메라의 내부 파라미터(intrinsics)를 이용하여 화면의 각 픽셀을 통과하는 광선(ray)을 정의한다. 이 광선은 수학적으로 다음과 같은 선형 방정식으로 표현된다.

$$r(t) = O + t \cdot d$$

여기서, O는 카메라의 중심 좌표(즉, 광선이 시작되는 위치)를 의미하고, d는 픽셀 방향을 나타내는 단위 벡터로서, 이 방향을 따라 광선이 3차원 공간을 진행한다. 매개변수 t는 광선의 시작점으로부터의 거리로서, 광선 위의 특정 지점을 가리키는 역할을 한다. 이렇게 생성된 광선은 이후 단계를 통해 샘플링되고, 해당 지점의 색상과 밀도 정보가 계산된다.

2. 광선 진행(Ray Marching)

NeRF는 광선 $r(t)$을 따라 일정한 간격으로 지점을 선택하여, 해당 위치에 존재하는 색상과 밀도 정보를 추정한다. 이러한 샘플링 과정은 장면의 3차원 구조와 외관을 추정하는 데 핵심적인 역할을 하며, NeRF는 이를 위해 하나의 신경망(Multi-Layer Perceptron, MLP)을 사용한다. 샘플 지점의 3차원 좌표와 광선 방향은 신경망의 입력으로 들어가고, 출력으로는 그 지점의 밀도(density)와 관측 방향(view direction)에 따른 색상(color)이 주어진다. 이때, 단순한 위치 정보만으로는 고해상도 구조를 제대로 학습하기 어렵기 때문에, NeRF는 입력 좌표에 고주파 정보를 추가하는 '위치 인코딩(Positional Encoding)'을 적용한다. 이는 사인 함수와 코사인 함수를 이용한 함수 확장으로, 공간상의 세부 구조를 보다 정밀하게 표현할 수 있도록 신경망의 표현 능력을 보강하는 기법이다.

3. **빛 정보 누적**(Radiance Accumulation)

샘플링된 각 지점에서 얻은 색상과 밀도 값은, 최종적으로 하나의 픽셀 색상으로 결합되어야 한다. 이 과정은 볼륨 렌더링(Volume Rendering)[42] 방식으로 수행되며, 물리적 기반의 광선 누적 모델을 따른다. 주요 수식은 다음과 같다:

$$C(r) = \int_{t_n}^{t_f} T(t) \cdot \sigma(x(t)) \cdot c(x(t), d) \cdot dt$$

$T(t)$는 누적 투과율(transmittance)로 정의되며, 광선이 t 까지 진행되는 동안 얼마나 많은 빛이 앞선 지점에서 흡수되었는지를 나타낸다. 수식은 다음과 같이 주어진다.

$$T(t) = \exp\left(-\int_{t_n}^{t} \sigma(x(s))\, ds\right)$$

여기서, $\sigma(x)$는 해당 지점의 밀도이며, 광선 상의 누적 흡수를 지수 함수 형태로 표현하여 앞쪽 물체가 뒤쪽 물체의 빛을 차단하는 양상을 자연스럽게 모사한다. 이 적분을 통해 각 지점의 기여도(visibility)[43]가 계산되고, 최종적으로는 하나의 픽셀 색상으로 누적된다.

NeRF의 전체 알고리즘은 크게 학습 단계(training phase)와 렌더링 또는 추론 단계(rendering/inference phase)로 나뉜다. 이 두 단계는 구조는 같지만, 목적과 수행 방식에 있어 중요한 차이를 가진다.

(1) **학습 단계**(Training Phase)

① 입력 준비

먼저 다양한 각도에서 촬영한 N 장의 이미지와 각 이미지에 해당하는 카메라의 내부 및 외부 파라미터(intrinsics와 extrinsics)를 준비한다. 이때 카메라 파라미터는 COLMAP 등의 사진측량 알고리즘을 통해 계산하거나, 가상 환경에서 정확히 알고 있는 경우 그대로 사용할 수 있다.

---

42) 볼륨 렌더링(Volume Rendering) : 3차원 공간에 존재하는 밀도(density)와 색상(color) 정보를 가진 점들을 따라 빛의 세기를 누적하여 2D 이미지로 표현하는 기법. 표면이 아닌 내부 데이터까지 시각화할 수 있어, CT나 MRI 같은 의학 영상, 과학 시뮬레이션, NeRF 같은 신경 렌더링에서 자주 사용된다.

43) 기여도(visibility) : 광선(ray)이 지나가는 여러 샘플 지점들 중에서 각 지점이 최종 픽셀 색상에 얼마나 영향을 미치는지를 수치적으로 표현한 것이다. 즉, 광선이 어떤 점을 지나갈 때, 그 점의 색상과 밀도가 얼마나 눈에 띄게 보이느냐, 또는 얼마나 강하게 그 픽셀에 영향을 미치느냐를 나타내는 값이다.

② 광선 생성 및 샘플링

학습 반복(iteration)마다 하나의 이미지 또는 일부 이미지 패치에서 무작위로 픽셀을 선택하고, 각 픽셀에 대해 광선을 생성한다. 생성된 광선은 일정 간격으로 샘플링되어 3D 공간상의 지점을 정의하게 된다.

③ 신경망 처리(Neural Network Inference)

샘플링된 지점의 위치 정보와 광선 방향을 입력으로 하여 MLP 신경망에 통과시키면, 출력으로 해당 지점의 밀도 σ 와 색상 c이 얻어진다. 앞서 언급한 '위치 인코딩[44)]'을 통해 공간의 세부 구조를 보다 정확하게 모델링한다.

④ 색상 통합(Volume Rendering Integration)

예측된 색상 및 밀도를 기반으로, 볼륨 렌더링 수식을 통해 하나의 픽셀 색상을 계산한다. 이때 앞서 설명한 누적 투과율과 밀도 값을 기반으로 가중 평균이 이루어진다.

⑤ 손실 계산 및 역전파(Loss and Backpropagation)

예측된 픽셀 색상 C_{pred} 과 실제 이미지에서의 참값(Ground Truth) C_{gt} 사이의 오차를 '손실 함수(loss function)'로 계산한다. 일반적으로 MSE(Mean Squared Error) 손실을 사용한다.

$$\text{Loss} = \sum_{i=1}^{N} \left\| C_{pred}^{(i)} - C_{gt}^{(i)} \right\|^2$$

계산된 오차에 대해 기울기(gradient)를 계산하고, 역전파(Back-propagation)를 통해 신경망 가중치를 조정한다.

⑥ 신경망 갱신 및 반복

옵티마이저(예: Adam)를 통해 신경망의 파라미터를 업데이트하고, 이러한 반복을 수만~수백만 번 수행하여 모델이 점차 정확한 장면 복원을 학습하도록 한다. 최근에는 Instant-NGP(Neural Graphics Primitives)와 같은 가속 기법을 통해 수 분 내 학습이 가능한 고속 구현도 등장하였다. 그러나 원리는 동일하다.

(2) **시점 전환 이미지 생성**(Rendering Phase)학습이 완료된 후, 사용자는 새로운 카메라 위치와 방향을 설정함으로써 기존에 존재하지 않았던 새로운 시점의 이미지를 생성할 수 있다. 이때는 다음의 절차를 따른다.

① 새로운 카메라 파라미터 설정

사용자는 원하는 위치와 관측 방향을 설정한다. 이는 입력 이미지 사이를 보간한 지점일 수도 있고, 완전히 새로운 위치일 수도 있다.

---

44) 포지셔널 인코딩(Positional Encoding) : 입력되는 좌표 값(예: 위치나 방향 등)을 고주파 신호로 변환하여 신경망이 공간적 세부 정보를 더 잘 학습할 수 있도록 도와주는 기법. 보통 사인(sin), 코사인(cosine) 함수의 조합으로 구성되며, 복잡한 구조나 미세한 경계 표현에 효과적이다. NeRF에서 각 위치와 방향을 표현할 때 사용된다.

② 렌더링 수행

설정된 카메라로부터 각 픽셀을 기준으로 광선을 쏘고, 학습된 NeRF 신경망을 통해 해당 광선에 대한 색상을 예측한다. 모든 픽셀에 대해 이 연산을 수행해야 하므로 계산량이 크지만, GPU 병렬 처리로 상당한 속도 개선이 가능하다.

③ 최종 이미지 생성

각 픽셀의 색상이 모두 결정되면, 하나의 완성된 이미지가 생성된다. 이 이미지는 사용자가 설정한 새로운 시점에서의 장면을 사실적으로 재현한 것이다.

NeRF의 핵심 기법 중 하나는 계층적 샘플링(Hierarchical Sampling)으로서, NeRF는 초기에는 균일한 간격으로 샘플을 생성하지만, 이후 밀도 분포를 기반으로 확률 분포 함수(PDF)를 생성하여, 고밀도 구간에 추가 샘플을 집중적으로 배치하는 계층적 샘플링 전략을 사용한다. 이 방식은 동일한 수의 샘플로도 더욱 정확한 색상 누적을 가능하게 한다.

NeRF는 3D 장면을 신경망이 학습한 연속 함수로 모델링하고, 물리 기반의 광선 누적 방식으로 이미지를 생성하는 혁신적인 접근이다. 이 방식은 기존의 사진측량 기법들과 달리, 정교한 반사광 표현, 부드러운 시점 전환, 고해상도 질감 복원 등에서 탁월한 성능을 보여주며, 이는 신경망이 학습한 함축적 표현(implicit representation)[45]의 강점을 잘 보여준다.

3D Gaussian Splatting 알고리즘 흐름

3D Gaussian Splatting(GS) 알고리즘은 NeRF(Neural Radiance Field, 신경 방사장)와 마찬가지로 학습(최적화) 단계와 렌더링 단계로 구성되지만, 내부 구조는 매우 상이한 특징을 갖는다. 여기서는 GS 알고리즘의 전체적인 절차를 정리하고, 각 단계를 이해할 수 있도록 설명한다.

1. SfM을 통한 입력 점군 추출

GS는 다양한 시점에서 촬영된 정지 영상을 입력으로 받는다. 원(original) 논문에서는 이를 'in-the-wild NeRF'라는 표현으로 지칭하며, 복잡한 환경에서도 적용 가능하다는 점을 암시한다. 입력 영상에 대해 Structure-from-Motion(SfM) 알고리즘을 수행하여 카메라의 외부 파라미터(위치 및 방향)와 저밀도 3D 점군(sparse point cloud)을 추출한다. 이 점군은 장면의 기초적인 구조를 나타내며, 각 점에는 관측된 영상으로부터 색상 정보도 부여된다. GS는 이러한 점군을 기반으로 명시적인 초기화 과정을 수행한다는 점에서, NeRF의 무작위 초기화와 차별성

45) 함축적 표현(Implicit Representation) : 3D 장면이나 물체의 형태, 색상 등을 신경망의 파라미터(가중치)에 간접적으로 저장하는 방식. 점이나 메쉬처럼 명시적인(Explicit) 구조 대신, MLP(Multi-Layer Perceptron) 등으로 연속적인 함수 형태로 장면을 표현한다. NeRF는 이러한 방식으로 장면 전체를 하나의 연산 함수로 모델링한다.

을 가진다.

2. 가우시안 초기 생성 단계

추출된 저밀도 점군 각각에 대해 하나의 3D 가우시안 분포(Gaussian distribution)를 생성한다. 각 가우시안은 중심 위치(mean vector), 공분산 행렬(covariance matrix), 색상(color), 불투명도(opacity) 등의 파라미터를 가지며, 초기에는 등방성(isotropic) 공 모양으로 설정되며 공분산 행렬 형식으로 단순화된다. 색상은 해당 점이 관측된 이미지에서의 평균 RGB 값을 사용하는 것이 일반적이다. 초기 상태의 이 가우시안 점군은 아직 낮은 품질의 장면만을 재현하지만, 이는 곧 이어질 최적화의 출발점이 된다.

3. 반복적 최적화 단계

이 단계에서는 입력 이미지들과의 비교를 통해 각 가우시안의 파라미터를 반복적으로 수정한다. 이 과정을 통해 입력 이미지들을 최대한 정확히 재현할 수 있도록 최적화된다.

- 가상 렌더링 : 주어진 카메라 뷰에서 현재 가우시안 점군을 렌더링하여 예측 이미지 I_{pred}를 생성한다. 이때는 '타일 기반 래스터라이제이션(tile-based rasterization)' 방식이 사용된다.
- 손실 계산 : 예측 이미지와 실제 입력 이미지 I_{gt} 간의 차이를 손실 함수(예: MSE, SSIM 등)로 계산한다.
- 경사(gradient) 계산 : 각 가우시안 파라미터에 대해 오차의 기울기(gradient)를 계산한다. 구체적으로는 위치 μ, 공분산 Σ, 색상(color), 불투명도 α 에 대해 연쇄 미분(chain rule)을 적용한다.
- 파라미터 업데이트 : 경사하강법(gradient descent)을 사용하여 파라미터를 갱신한다. 일반적으로는 $\theta \leftarrow \theta - \eta \nabla L$ 형태의 업데이트가 이루어진다.

이 과정을 반복하면서 모델은 점점 더 정확한 장면 복원이 가능하게 된다. 보통 수만 회의 반복(iteration)을 통해 손실이 수렴하며, 학습 시간은 약 1시간 이내(GPU 기준)로 NeRF에 비해 빠르다.

4. 적응적 구조 조절 단계(Adaptive Structure Control)

모델 품질 향상을 위해 가우시안의 개수와 분포를 동적으로 조정한다. 다음과 같은 연산이 포함된다.

- 복제(Clone) : 특정 영역에 정보가 부족하면 가우시안을 복제하여 그 밀도를 높인다.
- 분할(Split) : 너무 넓은 가우시안은 두 개로 분할하여 더 세밀한 표현이 가능하도록 한다.
- 제거(Remove) : 거의 투명하거나 기여도가 낮은 가우시안은 제거하여 연산 효율을 높인다.

이러한 적응적 조절(adaptive control) 덕분에, 처음 SfM 점군 개수에서 시작한 가우시안 수가 최적화 중에 조금 변할 수 있다. 예컨대 초기에 50만개였던 가우시안이 최종적으로 60만개가 될 수도 있고, 반대로 40만개로 줄 수도 있다. 자료에 따르면 최종 약 30만~50만 개 수준의 가우시안으로 장면을 표현했다고 한다. 이 숫자는 NeRF의 수백만 매개변수 MLP와 비교하면 적지만, Photogrammetry의 수백만 점과는 비슷한 규모이다.

5. 실시간 렌더링 단계

최적화가 완료된 후에는 학습된 3D 가우시안 모델을 사용해 임의의 카메라 뷰에서 이미지를 실시간으로 생성할 수 있다. GPU에 적합하게 구성된 타일 기반 병렬 렌더링 알고리즘을 활용하며, 이 방식은 포인트 스프라이트(point sprite)[46] 렌더링과 유사하다. 실험에 따르면 일반적인 GPU에서 1920×1080 해상도의 이미지를 초당 100 프레임 이상 생성할 수 있어, NeRF 대비 압도적인 속도를 자랑한다.

전체적으로 볼 때, 3D Gaussian Splatting은 초기화 단계에서의 SfM 접근(Photogrammetry), 학습 단계에서의 최적화 기반 접근(NeRF 방식), 그리고 렌더링 단계에서의 그래픽스(Graphics) 기반 최적화 방식을 결합한 하이브리드 방식의 알고리즘이다. 신경망을 사용하지 않으면서도 고품질의 장면 복원을 실시간으로 가능케 하는 이 방식은 실용성과 효율성 면에서 매우 높은 평가를 받고 있다.

IV. NeRF와 3D Gaussian Splatting의 기술 비교

아래 그림은 NeRF 기반 기술인 Mip-NeRF360과 3D Gaussian Splatting으로 동일한 장면을 렌더링한 결과를 보여주며, 양쪽 모두 높은 시각적 품질을 달성했음을 시사한다. 특히, Gaussian Splatting은 이와 같은 품질을 유지하면서도 렌더링 속도에서는 실시간(real-time) 수준의 압도적인 성능을 보여주는 것으로 평가된다.

---

46) • 스프라이트(Sprite)는 컴퓨터 그래픽스에서 화면에 독립적으로 그려질 수 있는 2D 이미지 또는 애니메이션 객체이다. 즉, 스프라이트는 마치 스티커처럼 배경과는 별도로 움직이거나 회전할 수 있는 이미지 조각으로서, 게임에서 캐릭터, 아이템, 총알, UI 버튼 등 거의 모든 시각 요소가 스프라이트로 표현된다. 일반적으로는 2D 텍스처 이미지 하나를 말하며, 렌더링 시 사각형 형태의 평면 위에 붙여서 출력된다.

• 포인트 스프라이트(Point Sprite) 렌더링 : 3차원 공간상의 하나의 점(point)을 2차원 이미지(sprite)처럼 화면에 평면으로 확대하여 표현하는 그래픽스 기법이다. 이때 각 점은 단순한 픽셀이 아니라, 일반적으로 원형 또는 텍스처가 입혀진 작은 사각형 이미지(타일)로 시각화된다. 이 기법은 개별 물체의 정확한 형태보다는 위치와 광량이 중요한 효과, 예를 들어 불꽃, 먼지, 별빛과 같은 입자 효과(Particle Effects)를 표현할 때 자주 활용된다. GPU가 각 점을 자동으로 작은 평면 사각형(quad)으로 변환하여 렌더링하기 때문에, 성능이 뛰어나고 실시간 처리에 매우 적합하다.

[그림] Mip-NeRF360(좌)과 3D Gaussian Splatting(우)의 렌더링(Rendering) 결과 비교

두 방식 모두 정밀한 품질을 보여주나, Gaussian Splatting은 훈련 및 렌더링 속도에서 훨씬 우수하다.

여기서는 NeRF(Neural Radiance Fields)와 3D Gaussian Splatting(GS) 기법을 중심으로, 양자의 특성과 차이를 다각도로 비교하고자 한다. 필요에 따라 사진측량(Photogrammetry)과의 차이도 함께 언급하며, 주요 비교 항목으로는 모델 표현 방식, 재현 품질, 렌더링 속도, 학습 시간, 메모리 효율성, 응용 편의성 등을 설정하였다.

[표] NeRF와 3D Gaussian Splatting의 비교

구분 항목	Neural Radiance Fields(NeRF)	3D Gaussian Splatting
데이터 표현 방식 (Data Representation)	연속적 밀도 필드와 색상(RGB)을 MLP 기반의 방사장(Radiance Field)으로 추정	3D 공간상의 불연속적 가우시안 분포를 직접 모델링
렌더링 원리 (Rendering Principle)	광선 생성/투사를 기반으로 한 볼륨 샘플링(ray marching)과 누적 합산(accumulation)	2D 이미지 평면으로의 가우시안 투영 후, 타일 기반 래스터화(Tiled Rasterization) 방식 사용
최적화 접근법 (Optimization Strategy)	역전파(Back-propagation)를 통한 신경망 학습	가우시안 중심, 분산, 방향성 등을 직접 최적화하는 매개변수 기반 방식
초기화 방법 (Initialization Method)	단순 초기값 또는 SfM 결과 활용	SfM 기반의 카메라 포즈 및 저밀도 점군(Sparse Point Cloud)을 초기 가우시안으로 설정
렌더링 속도 및 효율 (Rendering Speed & Efficiency)	높은 품질을 보장하지만, 실시간 렌더링은 어려움	GPU 병렬화가 용이하며 실시간 혹은 고속 렌더링이 가능
동적 장면 처리 (Dynamic Scene Capability)	기본 NeRF는 정적 장면에 최적화됨. 변형에는 Deformable NeRF, D-NeRF 등이 사용됨	Temporal Gaussian Splatting[47]을 통해 시간축 기반의 동적 처리 가능

47) Temporal Gaussian Splatting(시간 기반 가우시안 스플래팅) : 시간에 따라 변화하는 장면(dynamic scene)을 효과적으로 모델링하고 렌더링하기 위해 3D Gaussian Splatting 기법을 시간 축(temporal domain)으로 확장한 기술이다. 이는 기존 정적 장면을 대상으로 하는 Gaussian Splatting이 가진 한계를 넘어서, 움직임이 있는 객체나 카메라 이동이 포함된 영상 시퀀스에서도 자연스럽고 일관된 시각 재구성을 가능하게 한다.
즉, Temporal Gaussian Splatting은 시간에 따라 변하는 장면에서, 각 프레임(frame)의 가우시안 파라미터를 독립적으로 추정하는 대신, 시간 연속성(temporal coherence)을 유지하며, 가우시안의 위치, 방향, 스케일, 밀도 등의 속성을 시간에 따라 연속적으로 변화시키는 방식이다. 프레임마다 새로 학습하는 것이 아니라, 한 개의 동적 방사장(dynamic radiance field) 안에서 가우시안들의 속성이 시간 t에 따라 부드럽게 변하도록 한다.

계산 자원 소모 (Computational Overhead)	긴 학습 시간과 고성능 GPU 자원 요구	상대적으로 학습 시간이 짧고, 실시간 처리에 적합한 구조
적용 분야 (Application Domain)	고정 시점 기반 3D 재구성, 고화질 합성	빠른 재구성과 대화형 환경, 산업용 3D 디지털 트윈 등에 적합

① 모델 표현 방식(Representation Model)

NeRF는 장면 정보를 신경망 내부의 가중치(weight)에 암호화하듯 내재화(implicit)한다. 이 방식은 장면 전체를 하나의 수학 함수처럼 다루는 것으로, 직관적인 편집이 어렵고 모델 구조도 '블랙박스(Black Box)'에 가깝다. 반면, GS는 공간에 분포한 수십만 개의 3차원 가우시안(3D Gaussian primitive)을 이용해 장면을 구성한다. 각 가우시안은 위치, 공분산, 색상 등의 정보를 갖고 있어 시각적 직관성과 편집 가능성이 높다.

② 시각적 품질(Rendering Quality)

GS는 최신 NeRF 계열인 Mip-NeRF 360에 필적하는 수준의 품질을 보이며, PSNR, SSIM 등 정량 지표에서도 유사한 결과를 보인다. NeRF는 종종 블러(Blur)나 노이즈(Noise)와 같은 아티팩트(artifact)[48]가 발생하는 반면, GS는 Mip-Splatting 등 후속 연구를 통해 aliasing 문제를 개선하였다. 사진측량(Photogrammetry)은 높은 정밀도의 형상과 질감을 제공하지만, 시점 의존적 효과는 구현하지 못한다는 한계가 있다.

③ 렌더링 속도 및 학습 시간

NeRF의 주된 단점은 지연된 렌더링으로, 고해상도 이미지를 얻기 위해 수백만 번의 신경망 질의가 필요하다. GS는 GPU의 '래스터화 파이프라인(rasterization pipeline)'과 잘 맞아 100fps 이상의 실시간 렌더링이 가능하며, 이는 AR/VR과 같은 응용에 특히 유리하다. 학습 시간은 NeRF가 수 시간수일 소요되는 반면, GS는 수십 분1시간 내외이다. 사진측량(Photogrammetry)은 모델 구성 시간은 길지만, 일단 완성된 후 렌더링은 매우 빠르다.

④ 메모리 및 저장 효율

NeRF는 수 MB 단위의 신경망 파라미터만 저장하면 되므로 용량이 작다. 반면, GS는 각 가우시안에 대해 수십 개의 수치 정보(위치, 공분산, 색상, 불투명도 등)를 저장하므로, 전체 용량은 NeRF보다 크다. 사진측량(Photogrammetry) 메쉬는 수백만 폴리곤 기준 수백 MB까지 확장되지만, LOD(Level of Detail)[49]로 관리가 용이하다.

---

48) 아티팩트(artifact) : 시각적 출력에서 의도하지 않은 왜곡이나 오류

49) LOD(Level of Detail) : 3D 컴퓨터 그래픽스와 실시간 렌더링 분야에서 장면의 복잡도(디테일)를 뷰어의 시점, 거리, 성능 요구에 따라 자동으로 조절하는 기술이다. 특히 게임 엔진, 가상현실(VR), 시뮬레이션, CAD, GIS 등에서 성능 최적화를 위해 널리 사용된다. 즉, LO는 객체의 거리나 화면 내 크기에 따라 그 형상(geometry), 텍스처(texture), 쉐이딩(shading) 등을 다르게 표현함으로써 불필요한 연산을 줄이고 프레임 속도를 향상시키는 기법이다.

⑤ 활용 편의성

NeRF는 내부가 함수 형태이므로, 거리 추정이나 충돌 판정 등 추가 계산 과정이 필요하다. 반면 GS는 각 요소가 위치 정보를 가지므로 점군 기반 응용에 적합하고, 메쉬로의 변환도 비교적 간단하다. 특히 GS는 포인트 클라우드 기반 응용이나 시뮬레이션에 직접 사용될 수 있다. 사진측량(Photogrammetry)은 텍스처 기반 메쉬를 제공하므로, 게임 엔진 및 메타버스에 바로 연동 가능하다는 실용적 장점이 있다.

⑥ 기술적 한계

두 기법 모두 현재는 정적 장면(static scene)에 최적화되어 있으며, 동적 장면 표현을 위해서는 확장이 필요하다. NeRF 계열에서는 Dynamic NeRF나 NeRF in the Wild와 같은 연구가 진행 중이며, GS에서도 HeadGaS와 같은 시간 기반 확장 기법(Temporal Gaussian Splatting)이 발표되었다. 사진측량(Photogrammetry)은 여러 시점을 동기화한 영상 배열이 필요하나, 이를 통해 4D 재구성도 가능하다.

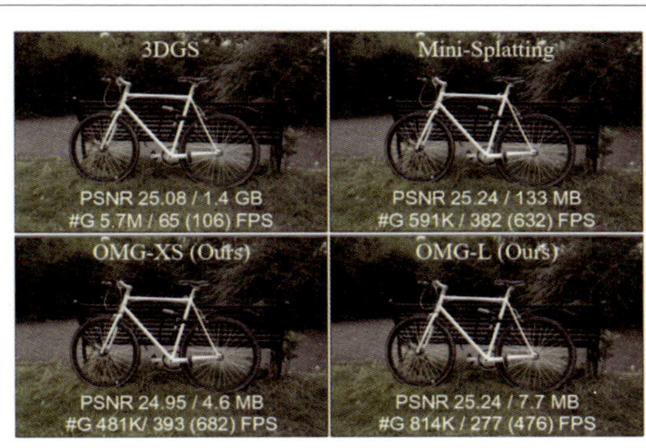

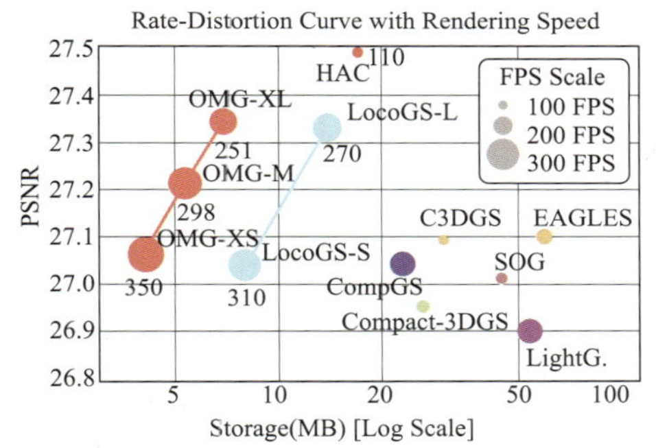

[그림] 가우시안 스플래팅(Gaussian Splatting, GS)의 렌더링 속도

일반적인 하드웨어 환경에서 3D Gaussian Splatting(3DGS)은 1080p 해상도를 기준으로 초당 50~100프레임(FPS)의 안정적인 렌더링 성능을 구현할 수 있다. 이는 고품질의 시각적 경험을 실시간으로 제공하기에 충분한 수준이며, 사용자 상호작용이 중요한 응용 환경에서도 원활한 구현이 가능함을 의미한다. 특히 3DGS는 NeRF(Neural Radiance Fields)에 비해 약 100배 이상 빠른 렌더링 속도를 자랑한다. 이는 NeRF가 복잡한 신경망 연산에 기반하여 볼륨 데이터를 처리하는 반면, 3DGS는 래스터화 기반(rasterization-based)의 효율적인 접근 방식을 채택함으로써 가능해진 성과다.

이러한 성능은 GPU의 병렬 처리(parallel processing) 능력을 효과적으로 활용함으로써 실현된다. 3DGS는 GPU에 최적화된 래스터화 렌더링 파이프라인을 구축하여, 복잡하고 대규모의 장면도 빠르게 처리할 수 있으며, 실시간 애플리케이션에 특히 적합한 기술로 평가된다. 더불어, 3DGS는 적응형 LOD(Level of Detail) 기법을 적용함으로써, 대규모 장면에서도 높은 렌더링 효율을 유지한다. 이는 관측자의 시점에 따라 가시성이 높고 중요도가 높은 가우시안만을 선택적으로 렌더링함으로써, 불필요한 계산을 줄이고 전체적인 성능을 극대화하는 방식이다. 이와 같은 기술적 구성은 3DGS가 기존의 복잡한 신경망 렌더링보다 더 직관적이고 실용적인 실시간 3D 렌더링 솔루션으로서 주목받는 배경이 된다. 참고로 그림의 OMG(Optimized Minimal Gaussians)는 저장공간을 줄이면서 최소한의 가우시안 원시체(Gaussian primitives)를 사용하여 장면을 표현하는 방법이다.

(출처 : Lee, J. C., Ko, J. H., & Park, E., 2025, Optimized Minimal 3D Gaussian Splatting. arXiv preprint arXiv:2503.16924)

앞서 언급한 바와 같이 3차원 가우시안 스플래팅(3D Gaussian Splatting, 3DGS) 기술은 기존 신경망(Neural Network) 기반 접근법과는 달리, 다수의 3D 가우시안 분포를 직접 구성함으로써 방사 장(Radiance Field)을 재현하는 방식을 채택한다. 이러한 접근은 NeRF(Neural Radiance Fields)처럼 복잡한 신경망 학습 과정을 거치지 않으면서도 임의 시점의 장면을 신속하게 생성할 수 있는 능력을 뚜렷하게 보여주었으며, 결과적으로 3D 방사 필드를 활용한 에셋 생성 및 영상 합성의 효율성을 획기적으로 향상 시키는데 크게 기여하고 있다.

Unreal Engine을 위한 3D Gaussian Splatting 플러그인

3DGS 기술을 실질적으로 응용하려면, 3D 그래픽 소프트웨어나 3D 엔진에 이를 지원하는 플러그인(Plugin)이 필요하다. 특히 Epic Games의 Unreal Engine을 위한 3DGS 플러그인으로는 무료로 제공되는 Xverse 플러그인과, 유료 판매되고 있는 Akiya Research Institute 플러그인이 대표적이다.

이들 플러그인은 3D 가우시안 스플래팅을 활용한 고속 렌더링 기능을 제공하며, PLY(Point Cloud Data) 포맷을 입력으로 받아 Unreal Engine의 에셋 형태로 변환하여 관리할 수 있다. 기본적인 조명 효과는 지원되지만, 법선 벡터(Normal Vector)가 제공되지 않기 때문에 빛의 방향에 따라 다르게 반응하는 고급 조명 연산은 지원되지 않는다. 아울러, 일부 플러그인은 간단한 편집 기능으로서 장면 내 특정 영역을 잘라내는 크로핑(cropping) 기능을 함께 제공하여 사용자의 기본적인 편집 수요를 충족시키고 있다. 현재로서는 이 플러그인들이 주로 렌더링 중심 기능에 초점을 맞추고 있지만, 향후 인터랙티브 편집이나 동적 변형 기능까지 포함하는 플러그인의 발전 가능성도 기대되고 있다.

Gaussian Splat & Unreal Engine

Download the plugin from here to get started
Use Luma Field file to import the capture inside Unreal Engine
Docs: https://lumalabs.ai/ue5

Plugin **Gaussian Splat** **Luma Field**

클라우드 기반 3DGS 플랫폼: Luma AI와 Polycam

최근, 고사양의 장비나 복잡한 소프트웨어 설치 없이도, 인터넷 기반의 클라우드 플랫폼을 통해 3D Gaussian Splatting(3DGS) 기술을 손쉽게 활용할 수 있게 되면서, 이 분야의 대중화가 빠르게 진전되고 있다. 특히 Luma AI와 Polycam은 누구나 손쉽게 3차원 공간 데이터를 캡처하고 활용할 수 있도록 지원하는 대표적인 플랫폼으로 자리매김하였으며, 사용자 친화성과 기술적 완성도 측면 모두에서 높은 평가를 받고 있다(Saucier, N., 2024).[50)]

1. Luma AI

Luma AI는 2021년, 구글(Google) 출신의 임원이었던 아밋 제인(Amit Jain)에 의해 설립되었으며, 미국 캘리포니아주 팔로알토(Palo Alto)에 본사를 두고 있다. 이 회사는 설립 초기부터 Neural Radiance Fields(NeRF) 기반의 3차원 재구성 기술을 선도적으로 상용화하는 데 집중해왔으며, 2023년 중반부터는 3D Gaussian Splatting 기술도 적용된 기능을 제공하고 있다. 사용자는 촬영한 영상이나 이미지를 간단히 업로드하는 방식으로 접근할 수 있어 매우 뛰어난 접근성을 지닌 웹 기반 대중 플랫폼으로 자리잡았다.

Luma AI는 별도의 고가 장비나 복잡한 절차 없이도, 스마트폰 하나만으로 고품질의 3차원 장면 복원 및 자연스러운 카메라 워크를 자동 생성할 수 있도록 설계된 기술을 구현하였다. 사용자가 영상을 웹사이트 또는 모바일 앱에 업로드하면, 클라우드 상에서 SfM (Structure-from-Motion)을 활용하여 점군(point cloud)을 생성하고, 이를 바탕으로 3D Gaussian Splatting 기반 모델을 구성하여 출력할 수 있다. 특히, 3D 모델의 대표 포맷 중 하나인 OBJ로 결과물을 출력할 수 있으며, 이는 단순 점군이 아닌 메쉬(Mesh) 형태의 고정밀 모델로 제공된다. 다만, 플랫폼 자체에서는 생성된 점군에 대한 직접적인 수정이나 편집 기능은 제공되지 않는다. 언리얼 엔진(Unreal Engine)에 Luma AI 전용 플러그인을 설치할 경우, Luma Field 파일을 바로 가져와 활용할 수 있는 점도 큰 특징이다.

모바일 앱 역시 매우 직관적인 사용자 경험(UX)을 제공하도록 설계되어 있어, 복잡한 구조를 가진 장면이라 하더라도 사용자는 단순 촬영만으로 고품질 3D 데이터를 손쉽게 생성할 수 있다. 캡처된 3D 데이터는 클라우드 기반 플랫폼을 통해 체계적으로 관리되며, 고품질 렌더링, 시네마틱 영상 편집, 그리고 장면을 자유롭게 탐색하고 상호작용할 수 있는 '실시간 장면 상호작용(Real-Time Scene Interaction)' 기능을 포함하고 있다. 이외에도 외부 개발자나 서비스와의 연동을 위한 API를 제공함으로써, 확장성 높은 응용 개발이 가능하며, 반사광(reflection)

50) Saucier, N., 2024, Gaussian Splatting: Rapid 3D with AI Tools , web log, https://www.leidenlearninginnovation.org/stories/gaussian-splatting-rapid-3d-with-ai-tools/

이나 투명체(transparency) 등 복잡한 물리적 속성까지 정교하게 구현할 수 있는 고급 3D 출력 기술을 갖추고 있어, 콘텐츠 제작자들에게 있어 강력한 도구로 자리하고 있다.

덧붙여, Luma AI의 모바일 앱에서는 실제 샘플 데이터를 제공하고 있으며, 다음 그림과 같이 해당 데이터를 기반으로 데이터 처리 과정을 동영상 형태로 확인할 수 있다. 사용자는 이를 통해 직접 촬영한 이미지로부터 3차원 장면을 구현해보고, 결과 품질을 검토할 수 있다.

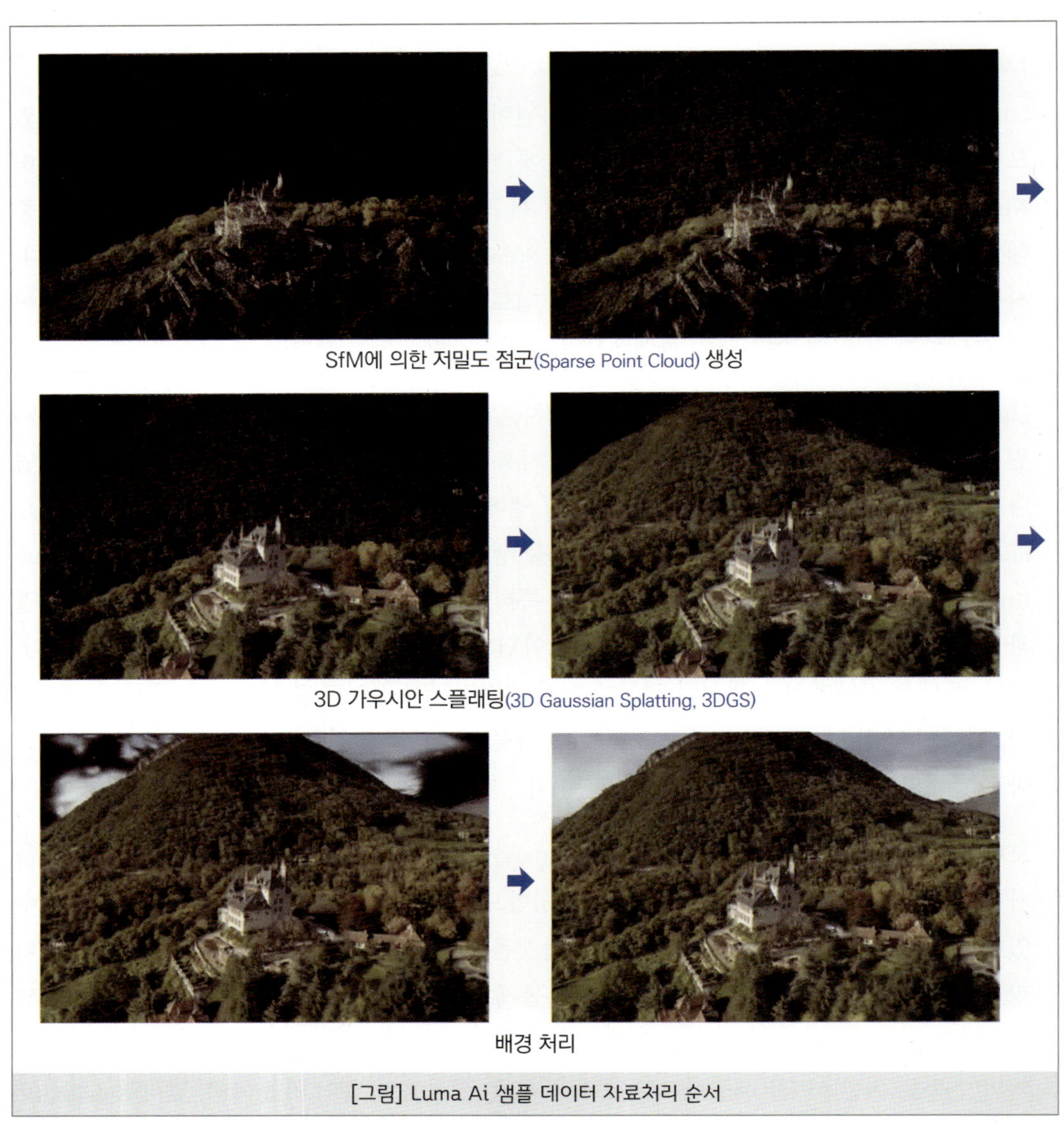

[그림] Luma Ai 샘플 데이터 자료처리 순서

2. Polycam

Polycam Inc.는 2020년, 크리스 하인리히(Chris Heinrich)와 엘리엇 스펠만(Elliott Spelman)에 의해 공동 창업되어, 현재 미국 뉴욕주 뉴욕시에 본사를 두고 있다. 초기에는 애플(Apple) 기기의 LiDAR 센서를 활용하여 고속·고정밀 3D 복원을 지원했고, 동시에 사진측량(Photogrammetry) 기법을 통합하여 다양한 장면 유형에 대응할 수 있는 다기능 캡처 기술을 제공하였다. 이후 NeRF 기술을 도입하여 사진 기반 3D 복원의 품질을 크게 향상시켰으며, 2023년부터 3D 가우시안 스플래팅 기술을 도입하였다. Polycam을 사용하는 제작자들이 3D 가우시안 스플래팅을 사용하여 제작한 콘텐츠를 공유할 수 있는 라이브러리를 형성하고 있어, 다양한 콘텐츠를 받을 수 있다.

Luma AI와 마찬가지로 웹사이트와 앱으로 활용가능하며 촬영한 영상이나 이미지를 기반으로 점군(point cloud)을 생성한다. 3D 모델 포맷인 OBJ와 FBX 파일의 출력이 가능하다. 또한 플랫폼에서 Crop 기능을 활용해 점군(point cloud)의 제한적인 편집을 진행할 수 있다. 출력된 포인트 클라우드 파일은 Playcanvas에서 제공하는 SuperSplat 웹사이트를 통해 포인트 클라우드를 수정하거나 데이터를 엔진에 적합한 포맷으로 변환하여 언리 얼 엔진에서 모델을 확인할 수 있다.

3. Luma AI와 Polycam의 비교

[표] 3D 가우시안 스플래팅(GS)을 기반한 모델링 플랫폼 특징

프로그램	Luma AI	Polycam
PC	웹사이트	웹사이트
앱(모바일)	○	○
수정 및 편집 가능	×	Crop 가능
Export	OBI, GLTF, PLY, Luma Field	OBI, FBX, GLTF, PLY
특징	Luma Field 파일 export	SuperSplat을 활용한 데이터 변환
부가기능	Dream Machine(AI 영상 생성), Genie(AI 3D 모델링)	AI Texture Gen, Lidar Scan(Pro), Room Scan(Pro)

앞서 언급한 바와 같이 최근 방사장(Radiance Fields) 기반 디지털 콘텐츠 제작 방식이 업계에 큰 변화를 일으키고 있다. 특히, 3D 가우시안 스플래팅(3D Gaussian Splatting)은 컴퓨터 그래픽스와 콘텐츠 제작 분야에서 혁신적인 기술로 주목받고 있다. 3D 가우시안 스플래팅은 가우시안 함수를 활용해 점 기반으로 장면을 표현함으로써, 렌더링 속도와 품질 모두를 크게 향상시켰다. 특히,

복잡한 형태나 디테일한 텍스처를 사실적으로 재현하는 데 뛰어난 성능을 보인다.

현재 Luma AI와 Polycam과 같은 플랫폼은 가우시안 스플래팅(Gaussian Splatting) 기술을 적극적으로 활용하고 있으며, 사용자 친화적인 3D 콘텐츠 제작 환경을 제공하고 있다. 특히, Luma AI와 Polycam는 스마트폰으로 촬영한 영상만으로 고품질 3D 에셋을 생성할 수 있게 하여, 전문적인 3D 모델링 지식이 없는 사용자도 쉽게 접근할 수 있도록 설계되었다. 이로 인해 기존에는 수십 시간이 소요되던 모델 제작 작업이 몇 분 만에 완료될 수 있게 되었으며, 제작의 문턱을 크게 낮추었다.

3D 가우시안 스플래팅 기술은 시간과 비용 측면에서 기존 방식보다 매우 높은 효율성을 제공한다. 제작 기간을 대폭 단축할 수 있을 뿐 아니라, 고가 장비나 전문 인력에 대한 의존도를 줄여 전체 제작 비용도 절감할 수 있다. 또한 실제 촬영된 이미지를 기반으로 3D 모델을 생성하기 때문에, 높은 수준의 사실적 표현을 자연스럽게 확보할 수 있다는 점도 중요한 장점이다.

이러한 특성 덕분에 3D 가우시안 스플래팅은 특히 게임이나 영화에서 배경이나 환경 제작을 위한 기술로 각광받고 있다. 광범위한 공간을 짧은 시간 안에 사실적으로 구현할 수 있어, 전체 제작 파이프라인의 효율성을 획기적으로 높일 수 있다. 다만, 3D 가우시안 스플래팅은 기존 3D 모델링 방식을 완전히 대체하기보다는 상호 보완하는 형태로 발전할 가능성이 높다. 복잡한 캐릭터나 정교한 상호작용이 필요한 객체는 여전히 전통적인 수작업 모델링이 필요하지만, 배경이나 정적인 요소는 가우시안 스플래팅으로 보다 빠르고 효율적으로 제작할 수 있다. 현재까지는 정적인 장면 재현에 강점을 보여왔지만, 최근에는 동적 요소를 포함하는 장면도 다룰 수 있도록 기술이 발전하고 있다. 아울러 메모리 사용량과 연산 효율성 측면에서도 지속적인 최적화가 이루어지고 있어, 향후 실시간 응용 프로그램에서의 활용 가능성도 더욱 확대될 전망이다.

이처럼 3D 가우시안 스플래팅은 방사장 기술의 진화된 형태로서 디지털 콘텐츠 제작 산업에 새로운 패러다임을 제시하고 있다. 게임, 영화, 가상현실(VR) 등 다양한 분야에서 제작 과정의 효율성과 접근성을 대폭 향상시키며, 보다 많은 창작자에게 고품질 3D 콘텐츠 제작의 기회를 열어주고 있다.

VI. 향후 발전 방향

여기서는, 사진측량(Photogrammetry), NeRF(Neural Radiance Fields), Gaussian Splatting(GS)을 포함한 주요 3차원 복원 및 렌더링 기술들의 현행 한계점과 그에 대한 기술적 대응, 그리고 장기적인 발전 가능성을 중심으로 살펴보고자 한다.

1. 동적 장면의 재구성 한계

현재 대부분의 3D 재구성 기술은 정적인 장면(static scene)을 전제로 개발되어 있어, 촬영 시 피사체나 카메라의 움직임이 클 경우, 정밀한 복원이 어려운 구조적 한계를 지닌다. 그러나 실제 환경에서는 사람, 차량, 동물 등 다양한 움직이는 객체뿐 아니라, 조명 변화나 기상 조건 등 시간에 따라 달라지는 요소들이 빈번하게 존재한다. 이러한 문제를 해결하고자 최근에는 시간 축을 포함한 Dynamic NeRF 기법이 등장하고 있으며, 이들은 시간 정보(t)를 입력 인자로 포함시키거나 Optical Flow 기반의 움직임 추정을 통해 동적 요소의 시공간 변화까지 포착하고자 시도하고 있다. Gaussian Splatting(GS)의 경우에도 시간에 따라 가우시안의 위치 및 특성을 동적으로 최적화하는 방식이 가능하며, 예컨대 HeadGaS는 영상 기반의 사람 머리 움직임을 다수의 3D 가우시안으로 표현함으로써 실시간 애니메이션 구현에 성공한 대표적인 사례로 주목된다. 향후 과제는 단 한 번의 촬영으로 공간과 시간 정보를 통합한 4D 재구성 모델을 구축하는 것으로, 이는 디지털 트윈이나 동적 시뮬레이션 시스템에서 중요한 기반 기술로 활용될 수 있다.

2. 대규모 장면 및 실시간 업데이트의 어려움

사진측량(Photogrammetry) 기반의 기술은 수 km^2 이상의 광범위한 지역을 대상으로 할 경우 처리 시간이 과도하게 소요되며, 대규모 연산 환경이 필요하다는 한계를 갖는다. NeRF 또한 연산 범위 및 모델 확장성 측면에서 제약이 있었으나, 최근 발표된 Mip-NeRF 360은 무한 공간(unbounded scene) 개념을 도입하여 그 한계를 극복하고자 하였다. Gaussian Splatting(GS)은 각 가우시안의 공분산(Covariance) 파라미터를 조정함으로써 카메라로부터 멀리 떨어진 영역까지 표현 범위를 확장할 수 있다는 점에서 유사한 방향의 확장성을 제공한다. 향후에는 멀티스케일(Multi-Scale) 표현 기법이 통합되어, 하나의 통합 모델에서 건축적 디테일부터 도시 규모 구조물에 이르기까지 다양한 해상도 수준의 객체를 동시에 재현하는 것이 가능해질 것으로 기대된다. 또한 증분 갱신(Incremental Update) 방식은 디지털 트윈이나 시뮬레이션 기반 플랫폼에서 실시간 환경 반영을 위한 핵심 기술로 부상 중이며, 이를 위해 Local Refinement 기반의 부분적 재처리 구조가 도입될 필요가 있다.

3. 명시적 및 암시적 표현의 융합 가능성

NeRF는 복잡한 공간적 속성을 신경망 함수 내부에 암호화하여 표현하는 암시적 표현(Implicit Representation) 방식을 채택하는 반면, Gaussian Splatting(GS)은 위치, 방향, 공분산 등을 갖춘 다수의 가우시안으로 구성되는 명시적 표현(Explicit Representation) 기반 구조를 사용한다. 두 방식은 각각 학습의 유연성과 시각적 직관성 측면에서 장단점을 가지므로, 이를 통합한 하이브리드(hybrid) 모델의 필요성이 지속적으로 제기되고 있다. 예를 들어, 장면의 공간적 형태와 구성은 명시적 요소(Gaussian Primitive)로 구성하되, 조명 변화나 미세한 색상 변화는 경량의 MLP 기반 NeRF 모듈로 보완하는 방식이 가능하며, NeRF 기반의 방사장(Radiance Field) 데이터를 Photogrammetry 기반 메쉬에 텍스처 형태로 융합하는 시도도 유효한 방안으로 평가된다. 향후에는 이질적인 표현 형식을 하나의 파이프라인으로 처리할 수 있는 모델 상호 운용성(interoperability) 확보가 핵심 과제가 될 것이며, 이를 위해 USD(Universal Scene Description), glTF와 같은 산업 표준 포맷에서 방사장 및 가우시안 데이터를 기본 요소로 채택하는 방향의 기술적 표준화도 필요하다.

4. 시각 품질 개선의 지속적 과제

NeRF 기반 방식은 여전히 노이즈(Noise), 블러(Blur), 에일리어싱(Aliasing) 문제를 완전히 해결하지 못하고 있으며, Gaussian Splatting(GS) 역시 초기 버전에서는 멀리 있는 영역에서 디테일 손실이나 왜곡 현상이 발생하는 것으로 보고된 바 있다. 이러한 문제를 해결하기 위해 NeRF 계열에서는 Mip-NeRF, GS 계열에서는 Mip-Splatting 등 다중 해상도 기반의 안티에일리어싱 기법이 적용되고 있으며, 향후에는 슈퍼 해상도(Super-Resolution) 기술과의 결합을 통해 고품질 이미지를 더욱 효율적으로 생성할 수 있을 것으로 기대된다. 또한 유리, 거울, 수면 등 고차원 광학 효과를 정확히 표현하기 위해서는, 경량화된 레이 트레이싱(ray tracing) 기반의 하이브리드 렌더링(hybrid rendering) 기법을 기존 NeRF 구조에 통합하는 방향이 유망하다. Photogrammetry의 경우, 텍스처 해상도와 조명 표현에서 NeRF에 비해 제한적이었으나, 최근에는 딥러닝 기반 Feature Matching, Depth Estimation 기술이 접목되며 품질 개선이 이루어지고 있다.

5. 응용 확장성과 사용자 친화성 제고

기술의 대중화 및 산업적 확산을 위해서는 고성능보다는 접근성과 인터페이스 친화성이 핵심 요소로 작용한다. 현재 NeRF와 GS는 연구자 중심의 오픈소스 생태계에서 개발되고 있으나, Nerfstudio와 같은 플랫폼은 다양한 NeRF 계열 알고리즘을 통합적으로 관리할 수 있는 툴킷을 제공하고 있으며, NVIDIA는 Instant NeRF를 상용 사용자에게도 제공 가능한 형태로 공개한 바 있다. 향후에는 GUI 기반의 GS 툴킷이 등장하여 비전문가도 클릭 몇 번만으로 고품질 결과물을 얻을 수 있는 구조로 진화할 가능성이 크다. 또한 스마트폰의 LiDAR 센서와 RGB 카메라의 융합, 모바일 최적화를 통한 NeRF 실행환경 개발 등이 병행된다면, 누구나 현실을 3D로 즉시 캡처할 수 있는 환경이 조성될 수 있을 것이다.

참고 Nerfstudio (https://docs.nerf.studio/)

Nerfstudio는 NeRF(Neural Radiance Fields)를 손쉽게 다룰 수 있도록 설계된 오픈소스 라이브러리다. 복잡한 NeRF 모델을 쉽게 만들고(train), 학습시키고(learn), 테스트(test)할 수 있는 간단한 API를 제공하며, 전체 과정을 하나의 흐름처럼 이어갈 수 있게 해준다. 특히 각 구성 요소가 잘게 나뉘어 있는 모듈형 구조로 되어 있어, 예를 들어 카메라 파라미터나 광선 샘플링, 신경망 구성 등을 개별적으로 수정하거나 실험하기가 매우 용이하다. 이러한 모듈화는 NeRF의 작동 원리를 이해하려는 초보자에게 특히 유익하며, 구조 파악이나 커스터마이징 측면에서도 효율적이다.

이 프로젝트는 오픈소스 방식으로 운영되며, 공동 개발과 기여를 장려하는 커뮤니티 중심의 생태계를 지향한다. 누구나 코드를 기반으로 새로운 기능을 추가하거나 개선할 수 있으며, 다른 사용자의 작업 위에 자신만의 아이디어를 얹어 발전시킬 수 있다. GitHub 저장소에는 문서화, 코드 예시, 이슈 관리 체계 등이 잘 구축되어 있어 기여가 쉬운 환경을 제공한다.

Nerfstudio는 2022년 10월, 버클리 AI 연구소(BAIR) 소속 KAIR 랩의 학생들에 의해 연구 프로젝트의 일환으로 처음 공개되었으며, 현재는 버클리 학생들과 전 세계 커뮤니티 개발자들이 함께 유지·개발하고 있다. 단순한 도구 제공에 그치지 않고, 학습 자료도 함께 제공하는 것이 이 프로젝트의 특징이다. 입문자를 위한 기초 개념 설명, 설치 가이드, 튜토리얼뿐 아니라, 숙련자를 위한 고급 기능 소개와 문서도 충실히 마련되어 있다. Nerfstudio는 "누구나 NeRF를 쉽게 시작하고 실험할 수 있어야 한다"는 철학 아래 개발되고 있으며, 이러한 기술 민주화를 통해 차세대 3D 재구성 기술이 보다 널리 활용될 수 있도록 돕고 있다.

7. 공간 컴퓨팅

유비쿼터스 컴퓨팅, 앰비언트 컴퓨팅, 공간 컴퓨팅

과거 우리는 컴퓨터를 특정한 장소에 위치한 하나의 기기로 인식하며, 그것을 사용하는 것이 당연하다고 여겼지만, 오늘날 우리가 경험하는 기술 환경은 그러한 기존의 개념을 완전히 뒤바꿔 놓고 있다. 이제는 더 이상 컴퓨터라는 물리적인 기기를 직접 다루지 않더라도, 언제 어디서나 다양한 방식으로 기술과 상호작용할 수 있는 시대가 펼쳐지고 있다.

특히, 스마트폰을 비롯한 각종 웨어러블 디바이스(Wearable Device), 인공지능(AI) 스피커, 사물인터넷(IoT) 기반 스마트홈 기기들이 등장하면서, 기술이 점차 우리 일상의 배경으로 스며들고 있다. 이러한 흐름은 단순한 편의성 증대에 그치지 않고, 우리가 생활하는 공간 자체를 거대한 컴퓨팅 환경으로 변화시키는 방향으로 진화하고 있다.

이러한 거대한 변화의 중심에는 유비쿼터스 컴퓨팅(Ubiquitous Computing), 앰비언트 컴퓨팅(Ambient Computing), 그리고 공간 컴퓨팅(Spatial Computing)이라는 세 가지 핵심 개념이 존재하며, 이들은 서로 밀접하게 연결되어 있으면서도 각각의 특징과 역할이 분명히 구분된다. 즉, 우리가 살고 있는 공간과 기술이 자연스럽게 융합되면서, 사용자는 점점 더 직관적인 방식으로 기술을 활용하고, 궁극적으로는 기술이 보이지 않는 상태에서 최적의 서비스를 제공하는 방향으로 발전하고 있다는 점이 이들 개념이 공유하는 핵심 가치라고 할 수 있다.

유비쿼터스 컴퓨팅: 언제 어디서나 존재하는 보이지 않는 컴퓨팅

유비쿼터스(Ubiquitous)라는 단어는 라틴어에서 유래된 표현으로 '어디에나 존재하는'이라는 뜻을 가지며, 유비쿼터스 컴퓨팅(Ubiquitous Computing)은 이러한 의미를 기반으로 탄생한 개념이다. 이는 사용자가 특정한 장소나 기기에 얽매이지 않고 언제 어디서든 자연스럽게 컴퓨팅 자원을 활용할 수 있도록 하는 기술 환경을 의미한다. 1991년 미국 제록스(Xerox) PARC 연구소의 마크 와이저(Mark Weiser)가 "The Computer for the 21st Century[1]"를 통해 제시한 이 개념은 당시로서는 혁신적인 발상이었으나, 현재 우리가 접하는 다양한 기술과 서비스가 이를 점진적으로 실현시키고 있다.

대표적인 사례로 스마트폰과 스마트워치, 음성인식 스피커와 같은 기기들이 있으며, 이러한 제품들은 사용자가 직접 컴퓨터를 조작하지 않더라도 필요할 때마다 최적의 기능을 제공하는 방

1) Weiser, Mark, 1991, The Computer for the 21st Century, Scientific American, 1991년 9월호, pp. 94-104. https://www.lri.fr/~mbl/Stanford/CS477/papers/Weiser-SciAm.pdf

향으로 발전해 왔다. 예를 들어, 애플 시리(Apple Siri), 구글 어시스턴트(Google Assistant), 아마존 알렉사(Amazon Alexa), 네이버 클로바(Naver Clova), SK텔레콤 누구(SK Telecom NUGU) 등의 AI 음성비서는 단순한 기기 조작을 넘어서 사용자의 생활 패턴을 학습하고, 원하는 정보를 제공하며, 집 안의 스마트 디바이스를 연결하는 역할까지 수행하고 있다. 이처럼 유비쿼터스 컴퓨팅이 실현된 환경에서는 기술이 점점 보이지 않는 형태로 스며들며, 사용자는 기술을 의식하지 않고도 편리한 생활을 누릴 수 있게 된다.

앰비언트 컴퓨팅: 기술이 사용자를 먼저 이해하는 환경

앰비언트(Ambient)라는 단어는 '주변의'라는 뜻을 지니며, 앰비언트 컴퓨팅(Ambient Computing)은 사용자가 직접 조작하지 않아도 주변 환경이 사용자의 상태와 필요를 자동으로 인식하여 적절한 서비스를 제공하는 기술을 의미한다. 이는 유비쿼터스 컴퓨팅의 연장선상에서 기술이 한층 더 정교하게 사용자의 맥락을 파악하고 반응하는 형태로 발전한 개념이라 할 수 있다.

예를 들어, 스마트홈 시스템을 활용하면 집에 들어오는 순간 조명이 자동으로 켜지고, 실내 온도와 습도가 조절되며, 실외 공기 질이 나쁠 경우 공기청정기가 스스로 작동하는 등의 기능이 가능해진다. 이러한 자동화 시스템은 센서 네트워크(Sensor Network), 빅데이터 분석(Big Data Analytics), 고도화된 AI 기반 추론 기술이 결합되어 구현되며, 궁극적으로는 사용자가 어떠한 명령도 내리지 않아도 기술이 사용자 행동을 선제적으로 분석하고 반응하는 방향으로 발전하고 있다.

애플 홈킷(Apple HomeKit), 구글 네스트(Google Nest), 삼성 스마트싱스(Samsung SmartThings)와 같은 스마트홈 플랫폼들은 이러한 앰비언트 컴퓨팅의 핵심을 실현하는 대표적인 사례이며, 향후 센서 기술과 인공지능의 발전에 따라 더욱 정밀하고 직관적인 사용자 경험이 가능해질 것으로 예상된다.

공간 컴퓨팅: 현실과 가상의 경계를 허무는 기술

공간 컴퓨팅(Spatial Computing)은 물리적 공간과 디지털 정보를 자연스럽게 통합하는 기술을 의미하며, 현실 세계 위에 가상의 요소를 결합하는 방식으로 새로운 경험을 창출하는 것이 특징이다. 이는 증강현실(AR), 가상현실(VR), 혼합현실(MR)과 같은 기술과 밀접한 관련이 있으며, 최근 애플 비전 프로(Apple Vision Pro), 메타 퀘스트(Meta Quest), 마이크로소프트 홀로렌즈(Microsoft HoloLens) 등과 같은 제품들이 이러한 개념을 점차 현실화하고 있다.

예를 들어, AR 헤드셋을 착용하면 거실 벽면에 100인치 대형 스크린을 띄워 넷플릭스를 감상할 수 있고, 책상 위에는 디지털 캘린더와 시계가 떠 있으며, 운동을 할 때는 가상의 트레이너가 눈앞에서 동작을 가이드해주는 등의 경험이 가능해진다. 공간 전체가 하나의 인터페이스가 되는 이러한 환경에서는 더 이상 키보드와 마우스를 사용할 필요 없이 자연스럽게 공간 속에서 기술과 소통할 수 있게 된다.

유비쿼터스 컴퓨팅, 앰비언트 컴퓨팅, 공간 컴퓨팅이 함께 발전해 나가면서 우리의 일상은 점점 더 기술과 융합되고 있다. 기술이 인간을 중심으로 맞춰지는 방향으로 발전하면서, 우리는 더 이상 기술을 '사용'하는 것이 아니라, 기술과 '함께 생활하는' 시대를 맞이하고 있다.

특히, 향후에는 인공지능이 더욱 정교하게 발전하면서, 영화 '아이언맨'에 등장하는 자비스(JARVIS)처럼 사용자의 필요를 미리 예측하고 선제적으로 도움을 주는 형태의 기술이 등장할 가능성이 높아지고 있으며, 이를 통해 인간과 기술이 마치 동등한 파트너처럼 협력하는 새로운 패러다임이 형성될 것으로 기대된다.

공간 컴퓨팅의 진화와 미래 : 디지털과 물리적 세계의 융합

애플의 '비전 프로(Vision Pro)'가 등장하기 이전까지 공간 컴퓨팅(Spatial Computing)은 주로 물리적 공간을 인식하고 이를 디지털 환경에 반영하는 기술로 이해되었다. 그러나 비전 프로의 출시 이후, 공간 컴퓨팅의 개념은 기존의 정의를 뛰어넘어 더욱 확장되었으며, 단순히 현실을 디지털로 재현하는 것을 넘어, 데이터와 사물, 사람을 물리적 세계에 투영하고 이를 새로운 방식으로 해석하며, 가상의 공간에서 실시간으로 상호작용하는 3D 기반의 직관적인 인터페이스로 진화하는 과정에 접어들었다.

공간 컴퓨팅의 핵심은 몰입감(Immersion), 현실감(Realism), 그리고 일체감(Seamlessness)의 구현에 있으며, 이를 위해 시각적 몰입을 극대화하는 디스플레이 기술과 음향적 몰입을 심화하는 오디오 기술의 혁신이 필수적이다. 시각적 몰입을 실현하기 위해서는 높은 해상도(Resolution)와 빠른 재생률(Refresh Rate)이 요구되며, 음향적 몰입을 위해서는 3차원 공간에서의 정밀한 음원 위치 구현이 필수적으로 자리 잡고 있다. 이에 따라 '머리 전달 함수[2]'(Head-Related Transfer Function, HRTF; 입체 청각 전달 함수 또는 공간 음향 필터링 함수) 및 외재화[3](Externalization; 입체 음향 투영 기술 또는 음

2) 머리 전달 함수(Head-Related Transfer Function, HRTF) : 사람이 소리를 인식하는 방식과 관련된 신호 처리 기법으로, 개별 청취자의 머리, 귀, 어깨 등의 신체 구조에 따라 음향이 어떻게 변형되는지를 수학적으로 모델링한 것이다. 이는 입체 음향(Spatial Audio) 및 3D 오디오 기술에서 핵심적으로 사용되며, 특정 소리가 어느 방향에서 오는지를 청취자가 인식할 수 있도록 도와준다.
머리 전달 함수(HRTF)는 가상 현실(VR) 및 증강 현실(AR)에서 사용자가 몰입감을 느낄 수 있도록 소리의 방향을 정확하게 조정하며, 게임 및 엔터테인먼트에서 3D 오디오를 활용하여 사실적인 음향 경험을 제공한다.

3) 외재화(Externalization) 기술 : 소리가 단순히 헤드폰 내부에서 재생되는 것이 아니라, 실제 공간 속 특정한 위치에서 발생하는 것처럼 들리도록 조정하는 음향 처리 기법이다. 이는 몰입형 오디오(Immersive Audio)의 중요한 요소로서, VR, AR, 메타버스, 게임, 영화 등의 분야에서 사실적인 공간감을 제공하는 데 필수적이다.

향 현실화 기술) 기술이 더욱 정교하게 발전하고 있다.

입출력 기술의 측면에서도 중요한 변화가 진행 중이다. 사용자가 고정된 위치에서 벗어나 자유롭게 이동하며 디지털 현실을 체감할 수 있도록 몸동작 추적 센서(Motion Tracking Sensor)의 정밀도가 향상되고 있으며, 이를 통해 더욱 높은 자유도(Degree of Freedom, DoF)가 확보되고 있다. 또한, 착용형 기기(Wearable Device)의 경량화와 소형화를 실현하기 위한 '팬케이크 광학 시스템[4)]'(Pancake Optics)의 도입 등은 장시간 착용 시에도 편안함을 유지하는 동시에 시각적 왜곡을 최소화하는 데 기여하고 있다.

콘텐츠 제작의 측면에서는 신체 감각을 정밀하게 추적하는 기술이 적용됨으로써 몰입형 콘텐츠의 정밀성이 한층 더 강화되고 있다. 영화와 같은 고정밀 콘텐츠 제작에는 외부 센서를 활용하는 아웃사이드 인(Outside-In) 방식이 선호되지만, 일반 사용자들의 접근성과 활용성을 높이기 위해 인사이드 아웃(Inside-Out) 방식이 지속적으로 발전하고 있다. 이러한 기술적 진보는 보다 자연스럽고 직관적인 콘텐츠 제작 환경을 제공하며, 이를 통해 디지털 경험의 질이 한층 향상되고 있다.

참고 아웃사이드 인(Outside-In) 방식과 인사이드 아웃(Inside-Out) 방식

- **아웃사이드 인**(Outside-In) **방식** : 외부 환경과 사용자의 요구를 우선적으로 분석한 뒤, 이를 기반으로 내부 전략을 수립하는 접근 방식이다. 시장 조사, 고객 피드백, 경쟁사 분석 등을 통해 외부 요인을 면밀히 파악하고, 이를 내부 시스템, 제품 개발, 서비스 개선 등에 반영한다. 즉, 고객 중심의 사고방식을 바탕으로 시장의 요구에 부합하는 전략을 세우는 것이 핵심이다. 이를 통해 변화하는 시장 환경에 유연하게 대응하고, 경쟁력을 강화할 수 있다.
- **인사이드 아웃**(Inside-Out) **방식** : 기업 내부의 역량과 자원을 먼저 분석하고, 이를 활용해 외부 시장에 접근하는 전략이다. 핵심 기술, 인적 자원, 조직 문화 등의 내부 강점을 기반으로 제품이나 서비스를 개발한 후, 이를 시장에 출시하는 방식이다. 즉, 기업이 보유한 기술력과 혁신성을 중심으로 새로운 제품을 창출하고, 이를 시장에 도입하는 것이다. 이 방식은 차별화된 기술이나 독창적인 아이디어를 바탕으로 시장을 선도하는 데 유리하다.

특히, 현실 속에서 사용자의 시선과 디지털 공간 속 시선을 일치시키는 기술이 눈부신 발전을 거듭하고 있다. 기존의 직접 추적(Direct Tracking) 방식에서 인공지능(AI)을 활용한 시선 추적 기술로 진화하면서, 물리적 현실과 가상의 공간 사이의 경계를 더욱 자연스럽게 허물어가는 중이다.

---

4) 팬케이크 광학 시스템(Pancake Optics) : VR/AR 디스플레이 기술로서, 두꺼운 렌즈 대신 얇은 렌즈와 반사판을 사용하여 시스템을 보다 얇고 가볍게 만든다. 이 기술은 메타(Meta)의 퀘스트 프로(Quest Pro)와 같은 VR 헤드셋에 사용되어 보다 컴팩트한 디자인을 가능하게 한다. 주로 가상현실(VR) 헤드셋에 적용되며, 다음과 같은 특징이 있다.
- 소형화 : 기존 렌즈보다 훨씬 얇아 헤드셋의 크기를 줄일 수 있다.
- 경량화 : 시스템이 가벼워 사용자의 편의성을 높일 수 있다.
- 광학 경로 : 빛이 렌즈와 반사판 사이를 여러 번 반사되며, 이를 통해 더 짧은 거리에서도 초점을 맞출 수 있다.
- 화질: 고화질 이미지를 제공하지만, 빛의 손실로 인해 밝기가 다소 낮을 수 있다.

이러한 변화는 디지털 페르소나(Digital Persona)의 정교한 구현을 가능하게 하며, 가상 세계에서의 개인화된 상호작용이 한층 더 현실감 있게 이루어질 수 있도록 돕고 있다.

확장 현실(eXtended Reality, XR)은 증강 현실(AR), 가상 현실(VR), 혼합 현실(MR)을 포함하는 개념으로서, 향후 디지털 기술이 발전함에 따라 더욱 포괄적인 의미를 지니게 될 전망이다. XR은 2D 기반의 전통적 인터페이스에서 벗어나 보다 직관적이고 몰입감 높은 3D 환경을 구현하며, 차세대 인터페이스로서의 가능성을 극대화하고 있다. 특히, 홀로그램(Hologram) 기술의 발전은 물리적 디스플레이의 한계를 뛰어넘어, 공간 속에서 실시간으로 인터랙티브한 콘텐츠를 구현하는 데 핵심적인 역할을 하고 있다.

한편, 사물인터넷(Internet of Things, IoT)은 신체 내부와 외부로 구분되어 발전하고 있으며, 손은 단순한 조작 도구를 넘어 입력과 출력이 동시에 가능한 정교한 인터페이스로 진화하고 있다. 햅틱(Haptic) 기술의 발전을 통해 압력을 데이터화하고 현실적이며 섬세한 촉각 전달이 가능해지고 있으며, 미각과 후각 또한 전자 혀(Electronic Tongue)와 전자 코(Electronic Nose)를 통해 감지 및 재현할 수 있는 수준으로 발전하고 있다. 더 나아가, 뇌-컴퓨터 인터페이스(Brain-Computer Interface, BCI)는 촉각, 미각, 후각 등 인간의 다양한 감각을 디지털 신호로 변환하여 처리하는 기술로서, 향후 물리적 장애를 극복하고 로봇을 직접 제어하는 시대를 열어갈 것으로 예상된다.

공간 컴퓨팅은 제조, 의료, 엔터테인먼트 등 다양한 산업 분야에서 혁신을 이끌 것으로 기대된다. 제조 산업에서는 XR을 활용하여 가상 공장(Virtual Factory)을 구축하고, 디지털 트윈(Digital Twin) 기술을 통해 개발 비용을 절감하며, 지속 가능한 생산 환경을 조성할 수 있다. 의료 산업에서는 실시간 건강 데이터 확보를 통한 원격 진료와 수술이 가능해지며, 로봇 수술 기술과 디지털 트윈 시뮬레이션이 결합하여 수술의 정밀도가 더욱 향상될 것으로 보인다. 엔터테인먼트 산업에서는 메타버스를 넘어 현실과 가상의 경계를 허물며, 완전히 새로운 방식의 몰입형 콘텐츠 경험을 제공할 것이다.

애플의 비전 프로는 기존의 몰입형 디바이스와는 차별화된 설계를 통해 공간 중심의 인터페이스를 구현하였다. iOS 및 iPadOS 애플리케이션과의 높은 호환성을 유지하면서도 XR의 고유 기능을 적극적으로 반영하였으며, 아이사이트(EyeSight) 기능을 도입하여 헤드셋을 착용한 상태에서도 주변 사람들과의 원활한 소통이 가능하도록 설계되었다. 또한, 12개의 카메라, 5개의 센서, 6개의 마이크를 탑재하여 환경 추적 능력을 극대화하며, 어지럼증 등의 사용자 불편 요소를 최소화하는 데 집중하고 있다. 메타(Meta), 구글(Google), 퀄컴(Qualcomm) 등 글로벌 기업들은 XR 시장의 주도권을 잡기 위해 치열한 경쟁을 벌이고 있으며, 중국의 피코(Pico) 및 삼성전자 또한 XR 시장에 적극적으로 진입하고 있다.

공간 컴퓨팅은 단절된 환경을 연결하는 것을 넘어, 궁극적으로 물리적 세계와 디지털 세계의 일체화를 이루는 방향으로 나아가고 있다. 디지털 트윈 기술과 XR의 결합을 통해 실시간으로 확장되는 가상의 시나리오를 현실과 접목시키며, 공간의 개념이 새롭게 정의되고 있다. 이제 공간은 직접 이동하여 찾아가는 대상이 아니라, 사용자가 원하는 형태로 다가오는 존재로 변화하고 있으며, 이는 공간 컴퓨팅이 단순한 기술 혁신을 넘어 인간과 디지털 세계의 관계를 근본적으로 재구성하는 중요한 패러다임 전환을 이끌어 가고 있음을 의미한다.

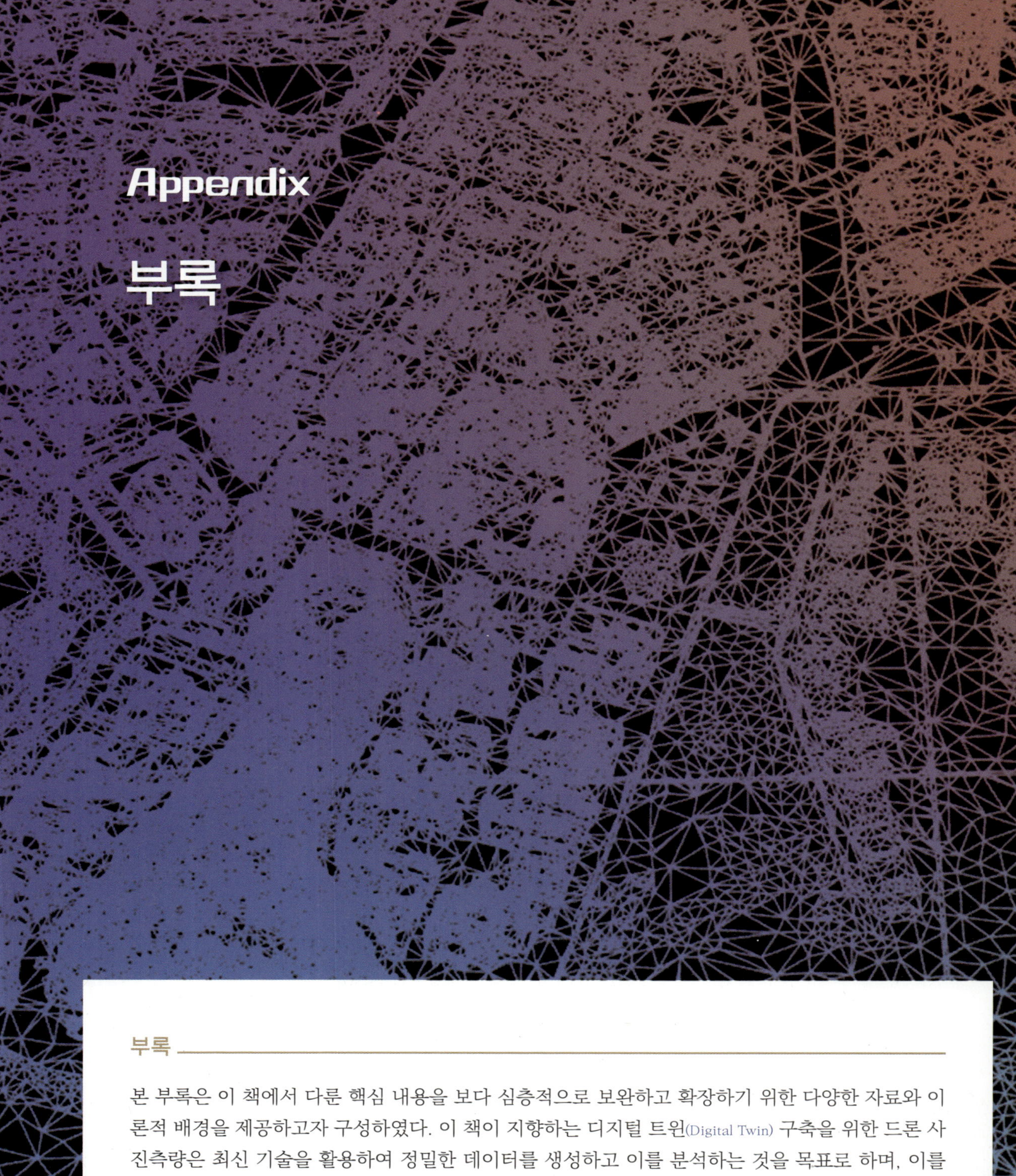

Appendix

부록

부록

본 부록은 이 책에서 다룬 핵심 내용을 보다 심층적으로 보완하고 확장하기 위한 다양한 자료와 이론적 배경을 제공하고자 구성하였다. 이 책이 지향하는 디지털 트윈(Digital Twin) 구축을 위한 드론 사진측량은 최신 기술을 활용하여 정밀한 데이터를 생성하고 이를 분석하는 것을 목표로 하며, 이를 효과적으로 이해하기 위해서는 실습 예제뿐만 아니라 관련 이론과 법규에 대한 폭넓은 이해가 필수적이다. 이러한 필요를 충족하기 위해 부록에서는 실습 데이터의 구성에서부터 관련 법규 및 사진측량의 핵심 이론에 이르기까지 폭넓은 내용을 포괄적으로 다루고 있다. 본 부록은 독자가 실무와 이론을 유기적으로 연계하며, 보다 심도있는 사진측량 기법을 익히는 데 유용한 자료가 될 것이다.

부록 1. 실습자료의 구성

여기서는 이 책에서 다루는 실습 예제에 필요한 데이터들을 소개하고, 해당 데이터를 다운로드하여 실습에 활용하는 방법을 구체적으로 안내한다. 실습자료는 소프트웨어 사용 과정을 체계적으로 익힐 수 있도록 구성되어 있으며, 이를 통해 독자는 실제 데이터를 활용한 사진측량 과정을 직접 경험할 수 있다.

부록 2. 점의 조서

점의 조서는 실습 장소에 설치된 지상기준점(GCP, Ground Control Point)과 검사점(CP, Check Point)의 좌표 및 위치 정보를 체계적으로 정리한 문서이다. 드론 사진측량에서 지상기준점과 검사점은 촬영된 이미지 상에서 정밀한 좌표를 확보하기 위해 필수적으로 요구되며, 정확한 측량 결과를 도출하는 데 중요한 역할을 한다. 일반적으로 점의 조서는 측량점에 대한 상세한 정보를 포함하는 문서로서, 측량 성과뿐만 아니라 측량 시행 시점, 점의 위치 및 주변 환경, 세부적인 특성 등을 기록한 것이다.

부록 3. 무인비행장치 측량 작업규정
부록 4. 드론 지적측량 규정

여기에서는 국내에서 드론을 활용한 사진측량을 수행할 때 반드시 숙지해야 할 법적 기준과 규정을 다룬다. 공공기관이 드론을 이용하여 지적측량 및 공공측량을 수행하는 과정에서 준수해야 할 사항들을 상세히 설명하고 있으며, 법적 기준에 대한 명확한 이해는 실무에서 필수적인 요소이다. 이러한 지침과 규정을 바탕으로 독자는 드론 사진측량의 법적·기술적 요구사항을 보다 깊이 있게 이해할 수 있다.

부록 5. 에피폴라 기하학
부록 6. SIFT
부록 7. SfM

여기서는 드론 사진측량의 이론적 기반을 형성하는 핵심 개념들을 다룬다. 이러한 이론들은 사진측량 기술의 정밀도와 효율성을 높이는 데 필수적인 요소로서, 보다 심도 있는 학습이 이루어질 수 있도록 설명하였다.

- 에피폴라 기하학(Epipolar Geometry)은 입체 시각 및 스테레오 매칭 과정에서 두 이미지 간의 기하학적 관계를 규명하는 이론으로, 이미지 정합(Image Matching) 및 3차원 복원(3D Reconstruction)의 기초를 형성하는 중요한 개념이다.
- SIFT(Scale-Invariant Feature Transform)는 다양한 해상도, 회전, 조명 변화에도 불변하는 특징점을 추출하는 알고리즘으로, 이미지 매칭의 정확도를 크게 향상시킨다. 특히 SfM과 같은 3차원 복원 기술에서 정밀도를 높이는 데 중요한 역할을 한다.
- SfM(Structure from Motion)은 다수의 사진을 기반으로 카메라의 움직임을 추정하고 3차원 공간 정보를 재구성하는 기술로, 드론 사진측량에서 정사영상(Orthophoto) 및 3D 모델을 생성하는 데 필수적으로 활용된다.

부록 1. 실습자료의 구성

이 책에서는 다양한 드론 사진측량(Photogrammetry) 기법과 디지털 트윈(Digital Twin) 기술을 학습할 수 있도록 여러 소프트웨어를 소개하며, 이를 활용해 독자들이 실습자료를 통해 실제 데이터 처리 과정을 체험할 수 있는 기회를 제공하고 있다. 각 소프트웨어에서 제공되는 기능과 실습자료는 사진측량 데이터 처리부터 디지털 트윈 모델 구축에 이르기까지 다양한 실습을 수행할 수 있도록 구성되어 있다.

사진측량 실습 현장

사진측량 실습 및 디지털 트윈 구현을 위한 실습 현장은 충청북도 청주시 오송읍에 위치한 "오송국민체육센터[1)]"를 대상으로 하였다. 이 장소는 적절한 규모와 복잡하지 않은 구조를 가지고 있어 사진측량 실습에 적합한 조건을 가지고 있다. 실습 데이터는 실제 드론 촬영을 통해 확보된 이미지 자료로 구성되었으며, 자료처리 과정에서 사용자가 데이터의 특성과 품질을 직접 확인하며 실습할 수 있도록 설계되었다.

1) 충북 청주시 흥덕구 오송읍 봉산리 770, http://www.oschsu.com/

데이터 수집 과정에서는 촬영된 이미지의 개수를 가능한 한 효율적으로 줄이기 위해 촬영 지역을 제한적으로 선정하였으며, 데이터 처리의 정확성과 속도를 고려해 이미지의 해상도와 화소수를 최적화하였다. 이를 위해 DJI Mavic 3 Enterprise[M3E] RTK 드론을 사용하였는데, M3E 드론은 20MP(메가픽셀)의 광학(RGB) 카메라를 탑재하고 있어 고품질의 이미지 데이터를 수집할 수 있다.

촬영 고도는 약 80m로 설정하여 지상 해상도(GSD, Ground Sampling Distance)를 적절히 확보하였으며, 실습에 필요한 108장의 이미지를 수집하였다. 108장의 이미지는 전체 실습 과정에서 드론 데이터 처리의 기본적인 흐름을 이해하는 데 충분한 데이터를 제공하며, 실습자는 이를 통해 정사영상(Orthomosaic) 생성, 점군 데이터(Point Cloud) 구축, 3D 모델링, 디지털 트윈 제작 등의 전 과정을 체험할 수 있다.

Osong 실습자료의 구성

이 책에서 제공하는 자료처리 실습을 위해 구성된 "Osong 실습자료" 폴더는 각 실습 목적에 맞게 다양한 데이터 형식으로 체계적으로 정리한 하위 폴더(Sub-folder)로 구성되어 있다. 각 폴더에는 실습 과정에서 사용할 다양한 형식의 데이터가 저장되어 있으며, 이를 통해 학습자가 실습 목적에 맞는 데이터를 손쉽게 접근하고 활용할 수 있도록 구성하였다.

1. Osong Image Data_DJI M3E
2. 관심지역(ROI)_KML
3. GCP 및 CP - 위치좌표(csv 파일)
4. GCP 및 CP - 점의조서(pdf 파일)
5. 지오이드 모델(Geoid Model)_KNGeoid
6. 3D 모델
7. 쾰른 대성당

[그림] "Osong 실습자료" 폴더의 하위 폴더 구성

다음은 각 폴더의 구성과 포함된 데이터에 대한 설명으로서 각 폴더는 처리 단계에 맞게 정리되어 있어 실습 과정에서의 활용도를 높였다.

1. Osong Image Data_DJI M3E

이 폴더에는 DJI Mavic 3 Enterprise RTK 드론을 사용하여 오송 국민체육센터를 촬영한 고

해상도 이미지 데이터가 저장되어 있다. 실습자는 이 이미지를 활용해 드론 영상 처리 및 정사영상(Orthomosaic) 생성, 3D 모델링 작업 등을 수행할 수 있다. 이미지 데이터는 각 처리 단계에 맞게 정리되어 있어 실습 과정에서의 활용도가 높다.

2. 관심지역(ROI)_KML

이 폴더에는 오송 국민체육센터를 대상으로 드론 촬영 시 설정된 관심지역(Region of Interest, ROI)의 경계를 나타내는 KML 파일이 저장되어 있다. KML 파일은 드론 촬영 계획 수립 시 촬영 범위를 정확하게 지정하거나, 자료처리 과정에서 분석할 영역을 효율적으로 설정하는 데 사용된다. KML 파일을 활용하면 불필요한 데이터를 제외하고 관심지역 내 데이터만 처리할 수 있어 처리 시간을 단축할 수 있다.

3. GCP 및 CP - 위치좌표(csv 파일)

이 폴더에는 지상기준점(Ground Control Point, GCP)과 검사점(Check Point, CP)의 좌표 정보가 CSV 파일 형식으로 저장되어 있다. 실습자는 이 데이터를 통해 이미지 데이터의 정확도를 보정하고 품질을 검증할 수 있다. 특히, 정확한 항공삼각측량(AT)을 위해 GCP 및 CP 좌표를 정밀하게 활용하는 것이 중요하다.

4. GCP 및 CP - 점의조서(pdf 파일)

이 폴더에는 자료처리 과정에서 사용자가 GCP와 CP의 위치를 정확하게 마킹(Marking)할 수 있도록 돕는 점의조서가 PDF 파일로 제공하고 있다. 점의조서에는 각 GCP 및 CP의 상세한 위치 정보와 설명이 포함되어 있어 실습자가 현장 데이터를 확인하거나 이미지 데이터와의 매칭 작업을 쉽게 수행할 수 있다.

5. 지오이드 모델(Geoid Model)_KNGeoid

이 폴더에는 국토지리정보원이 최근 발표한 한국형 지오이드 모델인 KNGeoid24를 비롯하여 KNGeoid18이 포함되어 있으며, 자료 처리 소프트웨어에 설치할 수 있는 파일도 함께 제공하고 있다. 이러한 자료를 활용함으로써 높이의 기준을 우리나라의 지오이드 모델에 맞춰 적용할 수 있으며, 이를 통해 보다 정밀한 높이값을 측량하는 것이 가능하다.

6. 3D 모델

이 폴더에는 디지털 트윈(Digital Twin) 제작 실습을 위해 생성된 오송 국민체육센터의 3D 모델 파일이 저장되어 있다. 학습자는 이 3D 모델을 활용해 다양한 3D 가시화 및 분석 작업을 수행할 수 있으며, 실제 현장과 유사한 디지털 환경을 경험할 수 있다.

7. 쾰른 대성당

이 폴더에는 독일 쾰른 대성당(Kölner Dom, Cologne Cathedral)을 대상으로 DJI에서 제작한 3D 에셋(Asset) 파일이 포함되어 있다. 해당 3D 모델은 실습자가 고급 3D 데이터 활용법을 익히는데 도움이 된다. 또한, 이 에셋은 Sketchfab 플랫폼에서도 확인 및 다운로드 받을 수 있도록 링크가 제공되어 있으며, 학습자는 이를 통해 실습 외에도 고품질 3D 모델을 직접 확인하고 비교할 수 있다.

Osong 실습자료의 다운로드

실습 자료는 구글 드라이브(Google Drive)에 저장되어 있으며, 아래 주소 또는 좌측의 QR코드를 통해 구글 드라이브 사이트에 접속하여 다운로드 받을 수 있다.

https://drive.google.com/drive/folders/1G-8W_RtOUFuUgGPovfQHLvRi5pVmx_V9?usp=sharing

부록

부록 2. 지상기준점 및 검사점의 점의 조서

드론을 활용한 정밀 측량과 공간정보 구축이 다양한 산업 분야에서 핵심 기술로 자리 잡으면서, 측량의 정확성과 신뢰성을 확보하는 것이 그 어느 때보다 중요해졌다. 이에 따라, 측량성과의 정밀도를 보장하기 위해 반드시 수행해야 하는 과정이 바로 지상기준점[1](Ground Control Point, GCP)과 검사점[2](Check Point, CP)의 설치 및 활용이다.

지상기준점은 항공 촬영된 영상 좌표계를 지도 좌표계와 정확히 일치시키기 위한 기준점으로서, 측량 구역의 내부뿐만 아니라 외부에도 균형 있게 배치된다. 「드론지적측량규정」 제2조 제5호에 따르면, 지상기준점은 좌표 변환식을 도출하는 데 필수적인 요소로 정의된다. 반면, 검사점은 영상 기반 측량 성과의 정확도를 검증하는 독립적인 기준점으로 활용되며, 측량 결과의 신뢰도를 평가하는 핵심적인 역할을 한다(「드론지적측량규정」 제2조 제6호).

이러한 지상기준점과 검사점은 대공표지[3] 형태로 지상의 특정 지점에 설치되며, 항공사진 또는 드론 영상에서 명확하게 식별될 수 있도록 설계된다(「드론지적측량규정」 제2조 제4호). 이는 단순한 표식 이상의 의미를 가지며, 측량 정확도를 결정짓는 중요한 요소로 작용한다.

지상기준점과 검사점의 배치는 무작위로 이루어지는 것이 아니라, 촬영 구역의 형태와 촬영 방향 등을 철저히 고려하여 체계적으로 설계되어야 한다. 「드론지적측량규정」 제9조 제1항에 따르면, 사업지구를 완벽하게 포괄할 수 있도록 지상기준점을 구역의 내부뿐만 아니라 외부에도 균형 있게 배치해야 하며, 이를 통해 측량 데이터의 변형을 최소화하고 정확한 지형 정보를 확보할 수 있다.

특히, 드론을 활용한 측량에서는 촬영 고도와 환경에 따라 영상 좌표계의 왜곡이 발생할 가능성이 있다. 이에 따라, 적절한 위치에 지상기준점과 검사점을 배치함으로써 이러한 왜곡을 효과적으로 보정하고, 정밀한 3차원 공간정보를 구축할 수 있다. 또한, 일정한 규칙에 따라 검사점을 배치하면, 측량 오차를 정량적으로 평가하고 데이터의 신뢰도를 높이는 데에도 기여할 수 있다.

---

1) 지상기준점(GCP, Ground Control Point) : 영상좌표계와 지도좌표계 사이의 좌표변환식을 구하기 위해 지상에 설치한 기준점이다(「드론지적측량규정」제2조 제5호).
2) 검사점(Check Point, CP) : 드론영상의 정확도 검증을 위해 지상에 설치한 표식점이다(「드론지적측량규정」제2조 제5호).
3) 대공표지 : 지상기준점측량 작업에 필요한 지점의 위치를 항공사진상에 나타나게 하도록 그 점에 설치하는 표지다(「드론지적측량규정」제2조 제5호).

참고 지상기준점 및 검사점 설치 요약(「드론지적측량규정」 제9조)

지상기준점은 작업구역의 형태, 촬영방향 등을 고려하여사업지구를 포괄하도록 작업구역 내 · 외에 고르게 설치하여야 한다. 지상기준점은 작업구역 1km^2 당 9점 이상을 설치하여야 한다. 단, 1km^2 미만인 작업구역의 경우 최소 3점 이상, 1km^2 당 9점을 기준으로 면적에 비례하도록 설치하여야 한다. PPK(Post-Processed Kinematic), RTK(Real-Time Kinematic) 등 방식의 정확도 확보가 가능한 드론장비를 사용하는 경우에는 1km^2 당 최소 3점 이상 지상기준점을 설치할 수 있다.

검사점은 작업구역 내에 고르게 설치하되, 지상기준점과 중복되지 않게 설치하여야 한다. 검사점은 최소 1점 이상으로 지상기준점 수량의 3분의 1 이상이 되도록 설치하여야 한다.

작업구역에 명확히 식별되는 고정된 인공지물이 있는 경우 이를 지상기준점 또는 검사점으로 사용할 수 있다. 고정된 인공지물을 지상기준점 또는 검사점으로 사용하는 경우에는 이를 지상기준점 또는 검사점 수에 포함한다.

정밀한 측량 작업을 수행하는 과정에서, 측량 성과의 체계적인 기록과 관리 또한 매우 중요한 요소로 작용한다. 이를 위해, 지상기준점과 검사점의 측량 성과 및 측량 위치 사진을 정리한 점의 조서를 작성하는 것이 필수적이다. 「드론지적측량규정」 별표 5에 따르면, 점의 조서에는 측량 지점의 좌표값, 측량 방식, 측량 환경 등의 정보를 포함해야 하며, 이는 측량 결과의 타당성을 입증하는 중요한 근거 자료로 활용된다.

점의 조서를 작성하면, 측량 데이터를 후속 연구나 실무에서 반복적으로 활용할 수 있으며, 데이터의 일관성과 신뢰성을 유지할 수 있다. 특히, 드론 측량의 경우, 재촬영이 필요한 상황에서 기존 점의 조서를 참고하면 동일한 위치에서 측량을 수행할 수 있어 작업의 효율성을 극대화할 수 있다.

이 책에서는 드론 사진측량 자료처리의 실습 자료를 충북 청주시 흥덕구 오송생명12로 130에 위치한 오송국민체육센터 부지에서 수집하였다. 실제 실습 자료를 수집하기 위해 드론 촬영 이전 단계에서 지상기준점(GCP)과 검사점(CP)을 설치하였으며, 측량성과를 정확히 기록하고 점의 조서를 작성하여, 향후 드론 측량 교육 및 실습에서 활용할 수 있도록 하였다. 이를 통해, 드론 영상 기반 측량의 실효성을 극대화하고, 다양한 측량 환경에서도 일관된 정확도를 확보할 수 있는 기반을 구축하였다.

지상기준점과 검사점은 단순한 측량 보조 수단이 아니라, 정밀한 공간정보 구축을 위한 필수 요소이다. 체계적인 기준점 배치와 측량 성과의 철저한 기록 관리는, 드론을 활용한 측량이 기존 방식보다 더욱 신뢰할 수 있는 결과를 제공할 수 있도록 한다. 따라서, 이러한 과정에 대한 깊은 이해와 철저한 실천이 정밀 측량 및 공간정보 구축의 성공을 좌우하는 핵심적인 요인이 될 것이다.

지상기준점 및 검사점 배치도

<table>
<tr><td>촬영지구</td><td>오송지구</td><td>구 분</td><td colspan="3">지상기준점 및 검사점</td></tr>
<tr><td>소 재 지</td><td>충북 청주시 흥덕구 오송생명12로 130
(봉산리, 오송국민체육센터) 인근</td><td>점 수</td><td colspan="2">지상기준점 : 10</td><td>검사점 : 3</td></tr>
<tr><td>설치일자</td><td>2024. 07</td><td>조사자</td><td colspan="3">김영희, 손호웅</td></tr>
<tr><td>관측일자</td><td>2024. 07</td><td>관측방식</td><td>GNSS
VRS 측량</td><td>원 점</td><td>중부</td></tr>
<tr><td colspan="6">지상기준점 및 검사점 배치도</td></tr>
</table>

210mm×297mm[**백상지**(80g/m^2)]

지상기준점(GCP) 조서

점　명	GCP 1	투영원점	중부원점	관측일자	2024. 07.
점종류	지상기준점(GCP)			관측방법	GNSS VRS 측량
소재지	충북 청주시 흥덕구 오송생명12로 130 (봉산리, 오송국민체육센터) 인근			관측자	김영회, 손호웅
위　치	오송국민체육센터 인근 부지에 위치한다. 체육센터 정문에서 좌측으로 40m 떨어진 지점을 보면 부지 공터가 있다. 이곳에 설치함.				

위도	경도	X(m)	Y(m)	정표고(m)
36-37-26.51977	127-18-50.69988	447351.794	227832.305	65.747

원경

근경

210mm×297mm[백상지(80g/m²)]

지상기준점(GCP) 조서

점 명	GCP 2	투영원점	중부원점	관측일자	2024. 07.
점 종 류	지상기준점(GCP)			관측방법	GNSS VRS 측량
소 재 지	충북 청주시 흥덕구 오송생명12로 130 (봉산리, 오송국민체육센터) 인근			관 측 자	김영회, 손호웅
위 치	오송국민체육센터 인근 부지에 위치한다. 체육센터 뒤쪽은 주차장이 있으며, 주차장 좌측 끝에서 50m 좌측 지점에 설치함.				

위도	경도	X(m)	Y(m)	정표고(m)
36-37-27.63534	127-18-51.25971	447386.223	227846.102	67.155

원경

근경

210mm×297mm[백상지(80g/m²)]

지상기준점(GCP) 조서

점 명	GCP 3	투영원점	중부원점	관측일자	2024. 07.
점종류	지상기준점(GCP)			관측방법	GNSS VRS 측량
소재지	충북 청주시 흥덕구 오송생명12로 130 (봉산리, 오송국민체육센터) 인근			관측자	김영회, 손호웅
위 치	오송국민체육센터 인근 부지에 위치하며, 체육센터 뒤쪽은 주차장이 있으며, 주차장 좌측 끝 상단에서 50m 좌측 지점에 설치함.				

위도	경도	X(m)	Y(m)	정표고(m)
36-37-28.72807	127-18-52.11559	447419.972	227867.256	68.151

원경

근경

210mm×297mm[백상지(80g/m²)]

지상기준점(GCP) 조서

점 명	GCP 4	투영원점	중부원점	관측일자	2024. 07.
점 종 류	지상기준점(GCP)			관측방법	GNSS VRS 측량
소 재 지	충북 청주시 흥덕구 오송생명12로 130 (봉산리, 오송국민체육센터) 인근			관 측 자	김영회, 손호웅
위 치	오송국민체육센터 부지 내에 위치하며, 체육센터 정문에서 우측으로 40m 떨어진 지점을 보면 잔디밭이 있다. 이곳에 설치함.				

위도	경도	X(m)	Y(m)	정표고(m)
36-37-25.37160	127-18-54.70679	447316.728	227931.967	64.633

원경

근경

210mm×297mm[**백상지**(80g/m²)]

지상기준점(GCP) 조서

점 명	GCP 5	투영원점	중부원점	관측일자	2024. 07.
점 종 류	지상기준점(GCP)			관측방법	GNSS VRS 측량
소 재 지	충북 청주시 흥덕구 오송생명12로 130 (봉산리, 오송국민체육센터) 인근			관 측 자	김영회, 손호웅
위 치	오송국민체육센터 우측 주차장에 위치하며, 정문 기준 우측 주차장 주차선 끝에 설치함.				

위도	경도	X(m)	Y(m)	정표고(m)
36-37-26.73012	127-18-55.24576	447358.644	227945.221	64.817

원경

근경

210mm×297mm[백상지(80g/m²)]

지상기준점(GCP) 조서

점 명	GCP 6	투영원점	중부원점	관측일자	2024. 07.
점 종 류	**지상기준점(GCP)**			관측방법	GNSS VRS 측량
소 재 지	충북 청주시 흥덕구 오송생명12로 130 (봉산리, 오송국민체육센터) 인근			관 측 자	김영회, 손호웅
위 치	오송국민체육센터 주차장 뒷편에 태양광 패널을 설치한 곳이 있으며, 태양광 패널 근처 옹벽 위에 설치함.				

위도	경도	X(m)	Y(m)	정표고(m)
36-37-27.79577	127-18-55.99407	447391.550	227963.705	66.309

원경

근경

210mm×297mm[**백상지**(80g/m^2)]

지상기준점(GCP) 조서

점 명	GCP 7	투영원점	중부원점	관측일자	2024. 07.
점종류	**지상기준점(GCP)**			관측방법	GNSS VRS 측량
소재지	충북 청주시 흥덕구 오송생명12로 130 (봉산리, 오송국민체육센터) 인근			관 측 자	김영회, 손호웅
위 치	오송국민체육센터 부지 인근(오송고등학교 예정부지)에 위치하며, 체육센터 정문에서 우측으로 100m 떨어진 지점을 보면 호박 등 채소를 심어 놓은 부지 공터가 있다. 이곳에 설치함.				

위도	경도	X(m)	Y(m)	정표고(m)
36-37-24.54488	127-18-58.42786	447291.548	228024.496	62.257

원경

근경

210mm×297mm[**백상지**(80g/m²)]

부록

지상기준점(GCP) 조서

점 명	GCP 8	투영원점	중부원점	관측일자	2024. 07.
점 종 류	지상기준점(GCP)			관측방법	GNSS VRS 측량
소 재 지	충북 청주시 흥덕구 오송생명12로 130 (봉산리, 오송국민체육센터) 인근			관 측 자	김영회, 손호웅
위 치	오송국민체육센터 부지 인근(오송고등학교 예정부지)에 위치하며, 체육센터 뒤쪽 주차장 우측을 기준으로 우측으로 약 70m 떨어진 지점에 공사중인 공터가 있다. 이곳에 설치함.				

위도	경도	X(m)	Y(m)	정표고(m)
36-37-26.03755	127-18-59.04165	447337.605	228039.595	63.306

원경

근경

210mm×297mm[백상지(80g/m²)]

지상기준점(GCP) 조서

<table>
<tr><td>점 명</td><td colspan="2">GCP 9</td><td>투영원점</td><td>중부원점</td><td>관측일자</td><td colspan="2">2024. 07.</td></tr>
<tr><td>점 종 류</td><td colspan="4">지상기준점(GCP)</td><td>관측방법</td><td colspan="2">GNSS VRS 측량</td></tr>
<tr><td>소 재 지</td><td colspan="4">충북 청주시 흥덕구 오송생명12로 130
(봉산리, 오송국민체육센터) 인근</td><td>관 측 자</td><td colspan="2">김영회, 손호웅</td></tr>
<tr><td>위 치</td><td colspan="7">오송국민체육센터 부지 인근(오송고등학교 예정부지)에 위치하며, 체육센터 뒤쪽 주차장 북쪽 끝 우측을 기준으로 우측으로 약 70m 떨어진 공사 중인 공터가 있다. 이곳에 설치함.</td></tr>
</table>

위도	경도	X(m)	Y(m)	정표고(m)
36-37-27.30081	127-18-59.76747	447376.600	228057.500	64.165

원경

근경

210mm×297mm[백상지(80g/m²)]

지상기준점(GCP) 조서

점 명	SS (Siemens Star)	투영원점	중부원점	관측일자	2024. 07.
점종류	**지상기준점(GCP)**			관측방법	GNSS VRS 측량
소재지	충북 청주시 흥덕구 오송생명12로 130 (봉산리, 오송국민체육센터) 인근			관측자	김영회, 손호웅
위 치	오송국민체육센터 뒤쪽 주차장 우측 끝에 설치함.				

위도	경도	X(m)	Y(m)	정표고(m)
36-37-27.31951	127-18-56.23189	447376.89	227969.661	64.881

원경

근경

검사점(CP) 조서

점 명	CP 1	투영원점	중부원점	관측일자	2024. 07.
점종류	검사점(CP; Check Point)			관측방법	GNSS VRS 측량
소재지	충북 청주시 흥덕구 오송생명12로 130 (봉산리, 오송국민체육센터) 인근			관측자	김영회, 손호웅
위 치	오송국민체육센터 뒤쪽 주차장 좌측 끝에 설치함.				

위도	경도	X(m)	Y(m)	정표고(m)
36-37-28.13359	127-18-53.51597	447401.762	227902.106	64.846

원경

근경

210mm×297mm[백상지(80g/m²)]

검사점(CP) 조서

점 명	CP 2	투영원점	중부원점	관측일자	2024. 07.
점종류	검사점(CP; Check Point)			관측방법	GNSS VRS 측량
소재지	충북 청주시 흥덕구 오송생명12로 130 (봉산리, 오송국민체육센터) 인근			관측자	김영회, 손호웅
위 치	오송국민체육센터 뒤쪽 주차장 우측 끝 SS(Siemens Star) 근처에 설치함.				

위도	경도	X(m)	Y(m)	정표고(m)
36-37-27.37625	127-18-56.32176	447378.646	227971.888	64.864

원경

근경

210mm×297mm[백상지(80g/m²)]

검사점(CP) 조서

점 명	CP 3	투영원점	중부원점	관측일자	2024. 07.
점종류	검사점(CP; Check Point)			관측방법	GNSS VRS 측량
소재지	충북 청주시 흥덕구 오송생명12로 130 (봉산리, 오송국민체육센터) 인근			관측자	김영회, 손호웅
위 치	오송국민체육센터 건물 북쪽 방향 끝 지점과 GCP8 사이에 설치함.				

위도	경도	X(m)	Y(m)	정표고(m)
36-37-26.08901	127-18-57.48683	447339.065	228000.962	64.312

원경

근경

210mm×297mm[백상지(80g/m²)]

부록 3. 무인비행장치 측량 작업규정

[시행 2020. 12. 30.] [국토지리정보원고시 제2020-5670호, 2020. 12. 30., 일부개정.]

제1장 총칙

제1조(목적) 이 고시는 「공간정보의 구축 및 관리 등에 관한 법률」 제12조, 제17조 및 제22조제3항, 같은 법 시행규칙 제8조에 따라 무인비행장치 측량에 필요한 사항을 정하는 것을 목적으로 한다.

제2조(용어의 정의) 이 고시에서 사용하는 용어의 정의는 다음 각 호와 같다.

1. "무인비행장치"란 「항공안전법 시행규칙」제5조제5호에 따른 무인비행장치 중 측량용으로 사용되는 것을 말한다.
2. "무인비행장치 측량"이란 무인비행장치로 촬영된 무인비행장치항공사진 등을 이용하여 정사영상, 수치표면모델 및 수치지형도 등을 제작하는 과정을 말한다.
3. "무인비행장치항공사진"이란 무인비행장치에 탑재된 디지털카메라로부터 촬영된 항공사진을 말한다.
4. "무인비행장치항공사진 촬영"이란 무인비행장치에 탑재된 디지털카메라를 이용한 무인비행장치 항공사진의 촬영을 말한다.
5. "지상기준점측량"이란 항공삼각측량 등에 필요한 기준점의 성과를 얻기 위하여 현지에서 실시하는 지상측량을 말한다.
6. "항공삼각측량"이란 지상기준점 등의 성과를 기준으로 사진좌표를 지상좌표로 전환시키는 작업을 말한다.
7. "수치도화"란 수치도화시스템으로 지형지물을 수치형식으로 측정하여 이를 컴퓨터에 수록하는 작업을 말한다.
8. "벡터화"란 좌표가 있는 영상 등으로부터 점, 선, 면의 벡터데이터를 추출하는 작업을 말한다.
9. "수치표면자료(DSD: Digital Surface Data)"란 기준좌표계에 의한 3차원 좌표 성과를 보유한 자료로서 지면 및 비지면 자료가 모두 포함된 점자료를 말한다.
10. "수치표면모델(DSM: Digital Surface Model)"이란 수치표면자료를 이용하여 격자형태로 제작한 지형모형을 말한다.
11. "수치지면자료(Digital Terrain Data)"라 함은 수치표면자료에서 인공지물 및 식생 등과 같이 표면의 높이가 지면의 높이와 다른 지표 피복물에 해당하는 점자료를 제거한 점자료를 말한다.
12. "수치표고모델(Digital Elevation Model)"이라 함은 수치지면자료(또는 불규칙삼각망자료)를 이용하여 격자형태로 제작한 지표모형를 말한다.

제3조(적용)

① 무인비행장치 측량은 이 고시를 따르는 것을 원칙으로 하며, 고시에 포함되지 않은 사항은 「항공사진측량 작업규정」, 「영상지도제작에 관한 작업규정」, 「항공레이저측량 작업규정」, 「수치지도 작성

작업규칙」, 「수치지형도 작성 작업규정」, 「공공측량 작업규정」등을 준용한다.

② 제1항의 경우에도 불구하고 측량시행자가 지시 또는 승인한 경우에는 정확도 및 양식 등 필요로 하는 내용을 수정하여 적용할 수 있다.

제4조(위치의 기준) 위치의 기준은 「공간정보의 구축 및 관리 등에 관한 법률」 제6조 및 같은 법 시행령 제7조에 의한다.

제5조(사업자 및 조종자 준수사항) 무인비행장치 측량을 수행하려는 사업자 및 조종자는 「항공안전법」 및 「항공사업법」을 준수하여야 한다.

제6조(사용장비 및 성능기준)

① 무인비행장치는 본 고시에 의한 성과품을 안전하게 취득할 수 있도록 다음의 성능을 갖추어야 한다.

1. 무인비행장치는 계획한 노선에 따른 안전한 이·착륙과 자동운항 또는 반자동 운항이 가능하여야 한다.
2. 무인비행장치는 기체의 이상 발생 등 사고의 위험이 있을 때 자동으로 귀환할 수 있어야 한다.
3. 무인비행장치는 운항 중 기체의 상태를 실시간으로 모니터링할 수 있어야 한다.

② 무인비행장치에 탑재된 디지털카메라는 최소한 다음의 성능을 갖추어야 한다.

1. 노출시간, 조리개 개방시간, ISO 감도를 촬영에 적합하도록 설정할 수 있거나, 설정되어 있어야 한다.
2. 초점거리 및 노출시간 등의 정보를 확인할 수 있어야 한다.
3. 카메라의 이미지 센서 크기와 영상의 픽셀 수를 확인할 수 있어야 한다.
4. 카메라의 렌즈는 단초점렌즈의 이용을 원칙으로 한다.

③ 수치지형도 제작을 위한 디지털 카메라는 별도의 카메라 왜곡보정(검정)을 수행한 것을 사용하는 것을 원칙으로 한다. 다만, 측량목적 달성에 지장이 없는 경우 측량시행자와 협의하여 자체검정(Self-Calibration)방법으로 산출된 보정값을 이용할 수 있다.

제7조(작업순서) 무인비행장치를 이용한 작업절차는 다음과 같으며, 측량시행자가 지시 또는 승인한 경우에는 순서를 변경하거나 일부를 생략할 수 있다.

1. 작업계획 수립
2. 대공표지의 설치 및 지상기준점 측량
3. 무인비행장치항공사진 촬영
4. 항공삼각측량
5. 수치표면모델(DSM) 생성 등
6. 정사영상 제작
7. 지형·지물의 묘사
8. 수치지형도 제작
9. 품질관리 및 정리점검

제2장 대공표지 설치 및 지상기준점측량

제8조(대공표지) 대공표지의 설치는 「항공사진측량 작업규정」을 따른다. 다만, 측량목적 달성에 지장

이 없는 경우 측량시행자와 협의하여 형태 및 설치방법을 다르게 할 수 있다.

제9조(지상기준점의 배치)

① 지상기준점은 작업지역의 형태, 코스의 방향, 작업 범위 등을 고려하여 외곽 및 작업지역에 〈별표 1〉과 같이 가능한 고르게 배치하되, 작업지역의 각 모서리와 중앙 부분에는 지상기준점이 배치되도록 하여야 한다.

② 지상기준점의 선점은 사진과 현장에서 명확히 분별될 수 있는 지점으로 되도록 평탄한 장소를 선정한다.

③ 지상기준점의 수량은 1km^{2}당 9점 이상을 원칙으로 한다.

④ 제3항에도 불구하고 측량시행자가 최종성과품에 대한 충분한 정확도를 확보할 수 있다고 인정한 경우에는 기준점의 배치 수량을 변경할 수 있다. 다만, 공공측량 시 기준점의 배치 수량을 변경한 경우에는 작업계획서에 반영하여야 한다.

[별표 1] 지상기준점의 배치

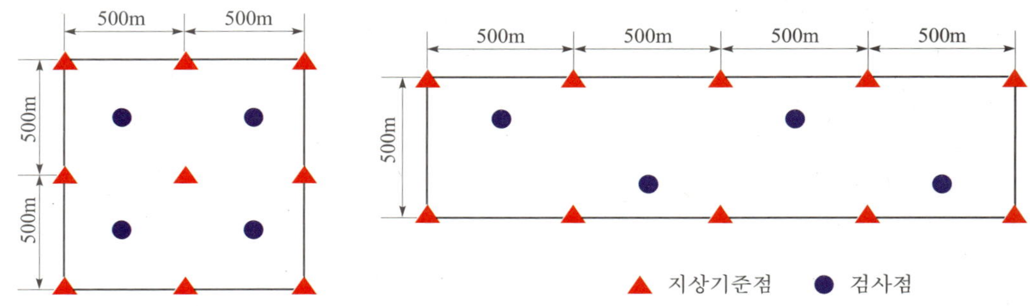

제10조(지상기준점 측량방법)

① 지상기준점 측량방법은 다음 각 호에 따르는 것을 원칙으로 한다.

1. 평면기준점측량은「공공측량 작업규정」의 공공삼각점측량이나 네트워크 RTK 측량 방법 또는「항공사진측량 작업규정」의 지상기준점측량 방법을 준용함을 원칙으로 한다.
2. 표고기준점측량은 「공공측량 작업규정」의 공공수준점측량 방법을 준용함을 원칙으로 한다.

② 측량시행자가 승인한 경우에는 제1항의 측량방법을 변경할 수 있다.

③ 제1항의 평면 및 표고기준점 정확도는「공공측량 작업규정」또는 「항공사진측량 작업규정」에서 정한 바에 따른다.

제11조(검사점 측량방법 등)

① 검사점의 수량은 지상기준점 수량의 최소 1/3 이상으로 하여야 하며, 작업의 난이도에 따라 충분한 수량을 확보하여야 한다. 다만, 검사점의 수량이 3점 이하인 경우에는 3점으로 한다.

② 검사점의 배치는 측량 대상지역에 고르게 분포하되, 지상기준점 인근에 배치하지 않아야 하며, 사진과 현장에서 명확히 분별될 수 있는 지점으로 한다. 정확도가 높은 지점을 선별하여 검사점을 배

치해서는 안 된다.

③ 검사점 측량은 지상기준점과 동일한 방법으로 측량함을 원칙으로 한다. 다만, 필요한 경우 네트워크 RTK 측량 방법으로 평면검사점측량을 수행할 수 있다.

④ 검사점은 데이터 처리 과정에서 점검이나 조정에 사용할 수 없으며, 성과물의 정확도 검증을 위한 검사점으로만 사용되어야 한다.

⑤ 검사점 측량의 정확도는 「공공측량 작업규정」 또는 「항공사진측량 작업규정」에서 정한 바에 따른다.

제12조(성과 등) 측량 결과는 다음 각 호와 같이 정리한다.

1. 관측기록부
2. 계산부(네트워크 RTK 측량은 제외)
3. 관측망도(네트워크 RTK 측량은 제외)
4. 점의조서
5. 지상기준점 및 검사점 성과표 〈별표 2〉
6. 관측데이터
7. 기타 필요한 성과

[별표 2] 지상기준점 및 검사점 성과표

점번호	X(m)	Y(m)	정표고(m)	구분

가. 구분에는 기준점 또는 검사점으로 기입한다.

제3장 무인비행장치항공사진 촬영

제13조(촬영계획)

① 촬영계획은 요구 정밀도, 사용 장비, 지형 형상, 기상여건 등을 고려하여 수립한다.

② 중복도는 촬영 진행방향으로 65% 이상, 인접코스 간에는 60% 이상으로 하며, 지형의 기복이 크거나 고층 건물이 존재하는 경우에는 촬영 진행방향으로 85% 이상, 인접 코스간에는 80% 이상으로 촬영하여야 한다.

구분	평탄한 저지대 지역	매칭점이 부족하거나 높이치가 있는 지역	높이치가 크거나, 고층 건물이 있는 지역
촬영 방향 중복도	65% 이상	75% 이상	85% 이상
인접 코스 중복도	60% 이상	70% 이상	80% 이상

③ 무인비행장치항공사진의 지상표본거리(GSD)는 측량시행자와 협의하여 결정하되, 「항공사진측량 작업규정」의 축척별 지상표본거리 이내 이어야 한다.

④ 촬영대상면적, 촬영고도, 중복도, 비행코스 및 카메라의 기본정보를 무인비행장치 전용 촬영계획 프로그램에 입력하여 이론적인 지상표본거리, 촬영 소요시간, 사진 매수 등의 정보를 확인한다.

⑤ 최종성과물이나 작업 난이도에 따라 측량시행자와 협의하여 중복도를 다르게 할 수 있다. 다만, 공공측량 시 중복도를 다르게 할 경우에는 작업계획서에 반영되어야 한다.

제14조(촬영비행 및 촬영)

① 촬영비행은 다음 각 호에 의한다.

1. 촬영비행은 시계가 양호하고 구름의 그림자가 사진에 나타나지 않는 맑은 날씨에 하는 것을 원칙으로 한다.
2. 촬영비행은 계획촬영고도에서 가급적 일정한 높이로 직선이 되도록 한다.
3. 계획촬영 코스로부터의 수평 또는 수직이탈이 가능한 최소화 되도록 한다.
4. 무인비행장치는 설정된 비행계획에 따라 자동으로 비행함을 원칙으로 한다.

② 촬영은 다음 각 호에 의한다.

1. 노출시간은 촬영계절, 촬영시간대, 기상, 비행속도, 카메라의 진동 등을 감안하여 선명도가 유지되도록 설정하여야 한다.
2. 카메라는 가능한 연직방향으로 향하여 촬영함을 원칙으로 한다.
3. 매 코스의 시점과 종점에서 사진은 최소한 2매 이상 촬영지역 밖에 있어야 하며, 대상지역을 완전히 포함하도록 여유분을 두어 사진을 촬영하여야 한다.

제15조(재촬영)

① 다음 각 호에 해당하는 경우에는 재촬영하여야 한다.

1. 촬영대상지역에 제13조의 중복도로 촬영되지 않은 지역이 존재하여 측량성과의 제작에 지장을 줄 가능성이 있는 경우
2. 촬영 시 노출의 과소, 블러링(Blurring) 등으로 무인비행장치항공사진이 선명하지 못하여 후속작업에 지장이 있는 경우
3. 적설 또는 홍수로 인하여 지형을 구별할 수 없어 수치도화 또는 벡터화에 지장이 있는 경우
4. 기타 후속작업 및 정확도에 지장이 있다고 인정되는 경우

② 재촬영 범위 및 방법은 측량시행자와 협의하여 결정한다.

제16조(성과 등) 무인비행장치항공사진 촬영 결과는 다음 각 호와 같이 정리한다.

1. 무인비행장치항공사진
2. 촬영기록부 〈별표 3〉
3. 촬영코스별 검사표 〈별표 4〉
4. 그밖에 성과 확인에 필요한 자료

[별표 3] 촬영기록부

<table>
<tr><td>사업명</td><td colspan="9"></td></tr>
<tr><td>촬영지구</td><td colspan="9"></td></tr>
<tr><td>작업지역 현황</td><td colspan="2">면적 및 지형</td><td colspan="2">km^2 / OO지역</td><td>기타 특징</td><td colspan="4"></td></tr>
<tr><td rowspan="2">촬영일자</td><td rowspan="2" colspan="2">20 년 월 일</td><td rowspan="2">조종사</td><td>성명(소속)</td><td colspan="3">( )</td><td rowspan="2">이 륙</td><td rowspan="2">시 분</td></tr>
<tr><td>연락처</td><td colspan="3"></td></tr>
<tr><td rowspan="2">기 체</td><td>형식</td><td></td><td rowspan="2">카메라</td><td>센서명</td><td></td><td>센서 크기</td><td>가로 (mm)
세로 (mm)</td><td rowspan="2">착 륙</td><td rowspan="2">시 분</td></tr>
<tr><td>기체명</td><td></td><td>초점거리</td><td></td><td>픽셀 수</td><td>가로 (mm)
세로 (mm)</td></tr>
<tr><td rowspan="2">고 도</td><td colspan="2">ft</td><td rowspan="2">기 상</td><td rowspan="2">맑음</td><td></td><td colspan="2"></td><td>비행 시간</td><td>분</td></tr>
<tr><td colspan="2">m</td><td></td><td colspan="2"></td><td>비행 속도</td><td>m/s</td></tr>
</table>

<table>
<tr><td colspan="2">개시시간</td><td>종료시간</td><td>영상매수</td><td>비 고</td></tr>
<tr><td colspan="2">:</td><td>:</td><td>매</td><td></td></tr>
<tr><td colspan="2"></td><td></td><td></td><td></td></tr>
<tr><td colspan="2"></td><td></td><td></td><td></td></tr>
<tr><td>계</td><td></td><td></td><td></td><td></td></tr>
<tr><td colspan="5">촬영계획도</td></tr>
<tr><td colspan="5"></td></tr>
</table>

[별표 4] 촬영코스별 검사표

<table>
<tr><td>사업명</td><td colspan="5"></td><td>촬영지구</td><td></td><td>작성자</td><td></td></tr>
<tr><td>촬영일자</td><td colspan="2">20 년 월 일</td><td>촬영코스 수</td><td>코스</td><td colspan="2">기체명</td><td></td><td>카메라</td><td></td></tr>
<tr><td rowspan="2">촬영 해상도
(GSD)</td><td>계 획</td><td>cm</td><td rowspan="2">비 행
고 도</td><td colspan="3">계 획</td><td colspan="3">m</td></tr>
<tr><td>실 시</td><td>cm</td><td colspan="3">실 시</td><td colspan="3">m</td></tr>
<tr><td rowspan="2">촬영시간</td><td>시 작</td><td>시 분</td><td rowspan="2">진행방향
중복도
(O.L)</td><td rowspan="2" colspan="2"></td><td rowspan="2">촬영선
중복도
(S.L)</td><td rowspan="2" colspan="3">%</td></tr>
<tr><td>종 료</td><td>시 분</td></tr>
<tr><td rowspan="2">코스번호</td><td rowspan="2">코스별
영상 매수</td><td rowspan="2">코스별 불량
영상 매수</td><td colspan="7">코스별 불량영상</td></tr>
<tr><td>불량영상번호</td><td>보안지역 처리</td><td colspan="2">Blurring</td><td>판독 불가</td><td colspan="2">기 타</td></tr>
<tr><td></td><td></td><td></td><td></td><td></td><td colspan="2"></td><td></td><td colspan="2"></td></tr>
<tr><td></td><td></td><td></td><td></td><td></td><td colspan="2"></td><td></td><td colspan="2"></td></tr>
<tr><td></td><td></td><td></td><td></td><td></td><td colspan="2"></td><td></td><td colspan="2"></td></tr>
</table>

제4장 항공삼각측량

제17조(항공삼각측량 작업방법)

① 항공삼각측량은 자동매칭에 의한 방법으로 수행하여야 하며, 광속조정법(Bundle Adjustment) 및 이에 상당하는 기능을 갖춘 소프트웨어를 사용하여야 한다.

② 사용 소프트웨어는 다음 각 호의 기능을 갖추어야 한다.

1. 결합점의 자동선정 2. 결합점의 3차원 위치계산 3. 영상별 외부표정요소 계산

③ 지상기준점의 성과는 지상기준점이 표시된 모든 무인비행장치항공사진에 반영되어야 한다.

제18조(조정계산 및 오차의 한계) 항공삼각측량의 조정계산방법 및 오차의 한계는 다음 각 호에 의한다.

1. 각 무인비행장치항공사진의 외부표정요소 계산은 광속조정법 등의 조정방법에 의해서 결정한다.
2. 조정계산 결과의 평면위치와 표고의 정확도는 모두「항공사진측량 작업규정」기준 이내이어야 한다.
3. 결합점이 요구되는 정확도를 만족할 때까지 오류점의 재관측 및 추가 관측을 자동 및 수동으로 실시하여 재조정 계산을 실시한다.

제19조(성과 등) 항공삼각측량 결과는 다음 각 호와 같이 정리한다.

1. 항공삼각측량 성과 파일(외부표정요소) 2. 항공삼각측량 전 과정이 포함된 레포트 파일
3. 항공삼각측량 프로젝트 백업파일 4. 그 밖에 성과 확인에 필요한 자료

제5장 수치표고모델 제작

제20조(수치표면자료의 생성)

① 무인비행장치항공사진의 외부표정요소 등을 기반으로 영상매칭방법을 이용하여 고정밀 3차원 좌표를 보유한 점(이하 점자료)으로 구성된 수치표면자료를 생성한다. 다만, 라이다(Lidar)에 의한 경우는 「항공레이저측량 작업규정」의 작업방법에 따라 수행할 수 있다.

② 수치표면자료의 높이는 정표고 성과로 제작하여야 한다.

③ 필요에 따라 보완측량을 실시하여 수치표면자료를 수정할 수 있다.

제21조(수치지면자료의 제작)

① 수치지면자료를 필요로 하는 경우에는 수치표면자료에서 수목, 건물 등의 지표 피복물에 해당하는 점자료를 제거하여 수치지면자료를 제작할 수 있다. 다만, 측량시행자와 협의하여 작업지역의 범위, 지표 피복물 제거 방법 및 제거 대상 등을 변경할 수 있다.

② 필요에 따라 보완측량을 실시하여 수치지면자료를 수정할 수 있다.

제22조(수치표면모델 또는 수치표고모델의 제작) 수치표면모델 또는 수치표고모델의 제작이 필요한 경우에는 다음 각 호에 따라 제작할 수 있다.

1. 수치표면모델은 수치표면자료를 이용하여 다음 각 목과 같이 격자자료로 제작되어야 한다. 다만, 측량시행자가 승인한 경우에는 격자 간격 등을 변경할 수 있다.

가. 정사영상제작에 이용하는 수치표면자료의 격자간격은 영상의 2화소 이내 크기에 해당하는 간격이어야 한다.

나. 격자자료는 사용목적 및 점밀도를 고려하여 성과물의 정확도를 확보할 수 있는 보간방법으로 제작하여야 한다.

2. 수치표고모델의 제작이 필요한 경우에는 수치지면자료를 이용하여 격자자료로 제작할 수 있으며, 격자간격 및 보간 방법은 제1호에 의한다. 다만, 필요에 따라 도로, 철도, 교통시설물, 호안, 제방 및 건물 등의 바닥면이 지형과 일치하도록 1:1,000 수치지도 또는 정사영상 등에서 불연속선(breakline)을 추출하여 수정 및 편집을 수행할 수 있다.

제23조(정확도 점검)

① 수치표면자료 또는 수치지면자료, 수치표면모델 또는 수치표고모델 등의 수직위치 정확도는 다음 각 호와 같다.

1. 정사영상 제작을 위한 수직위치 정확도는 「영상지도 제작에 관한 작업규정」을 준용한다.
2. 수치표면모델 또는 수치표고모델이 최종성과물일 경우에는 「항공레이저측량 작업규정」의 수직위치 정확도를 준용한다.

② 수치표면자료 또는 수치지면자료, 수치표면모델 또는 수치표고모델 등의 정확도 점검방법은 「항공레이저측량 작업규정」을 따르고, 기준은 제1항을 따른다.

제24조(성과 등) 정리하여야 할 성과는 다음 각 호와 같다.

1. 수치표면모델(DSM) 또는 수치표고모델(DEM)
2. 수치표면모델(DSM) 또는 수치표고모델(DEM) 검사표 〈별표 5〉
3. 수치표면모델(DSM) 또는 수치표고모델(DEM) 오류 정정표 〈별표 6〉

[별표 5] 검사표(수치표면자료/수치표면모델, 수치지면자료/수치표고모델 등)

점이름	구분	기준점/검사점 좌표			수치표고모델 정표고(Z)	H-Z (m)
		X	Y	정표고(H)		
분 석		최대				
		최소				
		평균				
		표준편차				
		RMSE				

가. 구분에는 기준점 또는 검사점으로 기입한다.

나. 기준점 또는 검사점의 평면좌표의 높이를 수치표고모델 등에서 계산하여 수치표고모델 등의 정표고에 기입한다.

[별표 6] 오류 정정표(수치표면자료/수치표면모델, 수치지면자료/수치표고모델 등)

지구명		작업자	
오류정정자료		작업일자	
위치	X :	Y :	
오류 내용		조치 내용	
* 오류내용을 서술		* 오류를 정정한 내용을 서술	
* 오류내용이 나타난 그림을 첨부		* 정정한 후의 그림을 첨부	

가. 필요한 경우에는 오류내용 그림 부분에 대상지역의 영상자료를 첨부하여 작성한다.

제6장 정사영상 제작

제25조(정사영상 제작방법)

① 정사영상의 제작은 수치표면모델(또는 수치표면자료) 또는 수치표고모델(또는 수치지면자료)과, 무인비행장치항공사진 및 외부표정요소를 이용하여 소프트웨어에서 자동생성 방식으로 제작하는 것을 원칙으로 한다.

② 정사영상은 모델별 인접 정사영상과 밝기 값의 차이가 나지 않도록 제작하여야 한다.

제26조(영상집성)

① 인접 정사영상 간의 영상집성을 수행하기 전 과정으로 필요 시 영상 간의 밝기 값 차이를 제거하기 위한 색상보정을 실시하여야 한다.

② 중심투영에 의한 영향을 최소화 할 수 있는 범위 내에서 집성하여야 한다.

③ 영상을 집성하기 위한 접합선은 기복변위나 음영의 대조가 심하지 않은 산능선, 하천, 도로 등으로 설정하여 집성된 영상에서 접합선이 보이지 않도록 하고, 인접 영상 간 색상의 연속성을 유지하여야 한다.

④ 영상집성 후 경계부분에서 음영이나 접합선의 이격 등이 없어야 한다.

제27조(보안지역 처리) 일반인의 출입이 통제되는 국가보안시설 및 군사시설은 주변지역의 지형·지물 등을 고려하여 위장처리를 하여야 한다.

제28조(정사영상의 정확도) 정사영상의 정확도 및 점검항목은 「영상지도제작에 관한 작업규정」을 준용한다.

제29조(성과 등) 정리하여야 할 성과는 다음 각 호와 같다.

1. 정사영상 파일
2. 정사영상 검사표 〈별표 7〉

[별표 7] 정사영상 검사표

점이름	구분	기준점/검사점 좌표		정사영상 좌표		X−X′ (m)	Y−Y′ (m)	평면 오차
		X	Y	X′	Y′			
분 석		최대						
		최소						
		평균						
		RMSE						

제7장 지형·지물 묘사

제30조(묘사)

① 무인비행장치항공사진 또는 수치표면모델 및 정사영상 등을 이용하여 수치도화 또는 벡터화 방법 등으로 지형지물을 묘사하며, 묘사 대상은 측량시행자와 협의하여 결정한다.

② 수치도화 방법은 무인비행장치항공사진과 항공삼각측량 성과를 기반으로 수치도화시스템에서 입체시에 의해 3차원으로 지형·지물을 묘사하는 방법이다.

③ 벡터화 방법은 연속정사영상과 수치표면모델(또는 수치표고모델) 기반의 벡터화를 통하여 2차원으로 지형·지물을 묘사하는 방법이다. 다만, 높이 정보가 필요한 경우에는 측량시행자와 협의하여 수치표면모델 또는 수치표고모델로부터 높이 정보를 추출하여 이용할 수 있다.

④ 측량시행자가 승인한 경우에는 제2항 및 제3항 이외의 방법으로 지형·지물을 묘사할 수 있다.

제31조(수치도화에 의한 지형·지물의 묘사)

① 수치도화방법에 의한 지형·지물의 묘사는 「항공사진측량 작업규정」의 방법을 따른다.

② 제1항에도 불구하고, 측량시행자와 협의하여 묘사대상이나 묘사 방법, 표준 코드 등을 보완하여 사용할 수 있다.

제32조(벡터화에 의한 지형·지물의 묘사)

① 벡터화에 의한 지형·지물의 묘사는 「수치지형도 작성 작업규정」을 따르는 것을 원칙으로 한다.

② 공간정보의 분류체계는 「수치지도 작성 작업규칙」을 따르며, 세부 지형·지물의 표준코드는 「수치지형도 작성 작업규정」을 따르는 것을 원칙으로 한다.

③ 벡터화에 의한 지형·지물의 묘사의 허용범위는 「항공사진측량 작업규정」의 평면위치에 대한 기준을 준용함을 원칙으로 한다.

④ 제1항부터 제3항에도 불구하고, 필요에 따라 측량시행자와 협의하여 묘사대상이나 묘사 방법, 표준코드 등을 변경하여 적용할 수 있다.

제33조(성과 등) 묘사 성과는 수치도화 파일 또는 벡터화 파일로 정리하여야 한다.

제8장 수치지형도 제작

제34조(수치지형도 제작)

① 수치지형도의 제작은 「수치지형도 작성 작업규정」을 따른다.

② 측량목적에 따라 측량시행자와 협의하여 제작방법을 다르게할 수 있다. 다만, 공공측량 시 제작방법을 다르게할 경우 작업계획서에 반영하여야 한다.

제9장 응용측량

제35조(노선측량의 종단측량)

① 무인비행장치를 이용한 노선의 종단측량은 수치지면자료 등을 활용하여 종단면도를 작성하는 작업을 말한다.

② 종단측량은 수치지면자료 또는 수치표고모델을 활용하는 것을 원칙으로 하며, 나대지의 경우 수치표면자료 또는 수치표면모델을 활용할 수 있다.

③ 종단면도는 제작대상 종단면 평면위치에 대한 높이값을 수치지면자료 등을 불규칙삼각망 방식으로 보간하여 작성한다.

④ 종단면도 제작대상지에 도로, 철도, 교통시설물, 호안, 제방 등 불연속면이 존재하는 경우 불연속선(breakline)을 설정하여 보간한다.

⑤ 수치표면자료 또는 수치표면모델을 활용하는 경우 식생 등에 의해 지면의 높이를 취득할 수 없는 지역에 대해서는 「공공측량 작업규정」제73조에 따라 종단측량을 병행 실시할 수 있다.

⑥ 종단면도의 축척 및 그 밖의 작성기준은 「공공측량 작업규정」제73조를 준용한다.

제36조(노선측량의 횡단측량)

① 무인비행장치를 이용한 노선의 횡단측량은 수치지면자료 등을 활용하여 횡단면도를 작성하는 작업을 말한다.

② 횡단측량은 수치지면자료 혹은 수치표고모델을 활용하는 것을 원칙으로 하며, 나대지의 경우 수치

표면자료 혹은 수치표면모델을 활용할 수 있다.

③ 횡단면도는 제작대상 횡단면 평면위치에 대한 높이값을 수치지면자료 등을 불규칙삼각망방식으로 보간하여 작성한다.

④ 횡단면도 제작대상지에 도로, 철도, 교통시설물, 호안, 제방 등 불연속면이 존재하는 경우 불연속선(breakline)을 설정하여 보간한다.

⑤ 수치표면자료 혹은 수치표면모델을 활용하는 경우 식생 등에 의해 지면자료를 취득할 수 없는 지역에 대해서는 「공공측량 작업규정」제74조에 따라 횡단측량을 병행 실시할 수 있다.

⑥ 횡단면도의 축척 및 기타 작성기준은 「공공측량 작업규정」제74조를 준용한다.

제37조(토공량 계산)

① 무인비행장치를 이용한 토공량 계산은 수치지면자료 등을 활용하여 토공량을 계산하는 작업을 말한다.

② 토공량 계산은 수치지면자료 또는 수치표고모델을 활용하는 것을 원칙으로 하며, 나대지의 경우 수치표면자료 또는 수치표면모델을 활용할 수 있다.

③ 수치지면자료를 활용하는 경우 절토·성토가 이루어지기 전·후의 수치지면자료를 불규칙삼각망, 크리깅(kriging)보간 또는 공삼차보간 등의 방법으로 보간하여 모델링하고 모델 간 동일평면위치상의 높이 변동값을 계산하여 결정한다.

④ 수치표고모델을 활용하는 경우 격자 한변의 길이는 0.5m 이하여야 하며, 절토·성토가 이루어지기 전·후의 수치표고모델 간 동일평면위치상의 높이 변동값을 계산하여 결정한다.

제10장 품질관리 및 정리점검

제38조(품질관리)

① 수치표면모델(또는 수치표면자료, 수치지면자료, 수치표고모델), 정사영상이 최종성과물인 경우 제23조, 제28조에 의한 정확도를 유지하여야 한다.

② 수치지형도에 대한 품질관리는 「수치지도 작성 작업규칙」에 의한다.

③ 종·횡단면도는 「공공측량 작업규정」제73조, 제74조에 의한 정확도를 유지하여야 한다.

제39조(정리점검) 최종성과물에 따라 납품하여야 할 성과를 정리하여야 한다.

제40조(재검토 기한) 국토지리정보원장은「훈령·예규 등의 발령 및 관리에 관한 규정」에 따라 2021년 1월 1일을 기준으로 매 3년이 되는 시점(매 3년째의 12월 31일까지를 말한다)마다 그 타당성을 검토하여 개선 등의 조치를 하여야 한다.

부칙〈제2018-1075호, 2018. 3. 30.〉

이 고시는 발령한 날부터 시행한다.

부칙〈제2020-5670호, 2020. 12. 30.〉

제1조(시행일) 이 고시는 발령한 날부터 시행한다.

제2조(다른 고시의 개정)

① 「공간정보 구축 및 관리 등에 관한 법률을 적용받지 아니하는 측량」제2조 중 "무인비행장치 이용 공공측량 작업지침"을 "무인비행장치 측량 작업규정"으로 한다.

② 「공공측량 작업규정」제50조의2 중 "무인비행장치 이용 공공측량 작업지침"을 "무인비행장치 측량 작업규정"으로 한다.

부록 4. 드론지적측량규정

[시행 2023. 8. 25.] [국토교통부예규 제371호, 2023. 8. 25., 제정.]

제1장 총칙

제1조(목적) 이 규정은 「지적측량 시행규칙」 제5조제2항 및 「지적재조사에 관한 특별법 시행규칙」 제5조제4항에 따라 드론을 활용하여 지적측량 및 지적재조사측량을 시행하는데 필요한 사항을 규정함을 목적으로 한다.

제2조(용어의 정의) 이 규정에서 사용하는 용어의 정의는 다음과 같다.

1. "드론"이란 조종자가 탑승하지 아니한 상태로 항행할 수 있는 비행체로서 「드론 활용의 촉진 및 기반조성에 관한 법률」 제2조제1호 각목에 해당하는 기기를 말한다.
2. "드론조종자"란 「무인비행장치 조종자의 자격 및 전문교육기관 지정기준」 제4조 및 제5조에 따라 한국교통안전공단이사장이 발급한 1종부터 4종까지 무인비행장치 조종자 증명을 소지한 자를 말한다.
3. "드론영상"이란 드론에 설치된 카메라로 촬영한 영상 또는 사진을 말한다.
4. "대공표지"란 지상기준점측량 작업에 필요한 지점의 위치를 항공사진상에 나타나게 하도록 그 점에 설치하는 표지를 말한다.
5. "지상기준점(GCP, Ground Control Point)"이란 영상좌표계와 지도좌표계 사이의 좌표변환식을 구하기 위해 지상에 설치한 기준점을 말한다.
6. "검사점"이란 드론영상의 정확도 검증을 위해 지상에 설치한 표식점을 말한다.
7. "정사영상"이란 중심투영에 의하여 취득된 영상의 지형ㆍ지물 등에 대한 정사편위수정을 실시한 영상을 말한다.
8. "입체영상"이란 지표면의 표고를 표현하기 위한 일정 간격의 격자점마다 수치로 기록한 모형을 통해 3차원으로 지형ㆍ지물을 확인할 수 있도록 제작한 영상을 말한다.
9. "지상경계 및 현황 추출"이란 정사영상 또는 입체영상을 지적측량에 활용하기 위하여 지상경계, 지형ㆍ지물에 대한 형상 및 위치 정보인 현황을 표현하는 작업을 말한다.
10. "지상표본거리(GSD, Ground Sample Distance)"라 함은 각 화소(Pixel)가 나타내는 X, Y 지상거리를 말한다.

제3조(적용) 드론을 활용한 지적측량 및 지적재조사측량은 별도의 특별한 규정이 있는 경우를 제외하고는 이 규정에서 정하는 바에 따른다.

제2장 작업계획 수립

제4조(작업순서) 드론을 활용한 지적측량의 작업순서는 다음과 같다.

1. 작업계획수립 및 현장답사

2. 비행승인 및 촬영신청
3. 대공표지의 설치 및 지상기준점 측량
4. 비행 및 촬영
5. 정사영상 또는 입체영상 제작 및 검증
6. 경계 및 현황 추출
7. 성과검증(토지이동을 수반하는 지적측량)

제5조(작업계획 수립 등)

① 지적측량 및 지적재조사측량을 위해 드론을 활용하려는 자는 측량대상지역이 포함되도록 작업구역 설정 및 계획을 수립하여야 한다. 다만 비행금지구역 또는 보안규정 등으로 작업구역 전체를 촬영하지 못할 경우에는 그 일부 구역을 촬영할 수 있다.

② 드론조종자는 작업계획을 수립하는 경우 사전에 현장답사 등을 실시하여 다음 각 호의 사항을 확인하여야 한다.

1. 작업구역 내 다른 항공기 및 드론의 운용
2. 산업현장, 화재, 고전압 케이블, 고밀도 무선 전송 등과 관련된 위험요소
3. 장애물(전선, 철탑, 고층건물 등)
4. 사생활 침해 요소
5. 촬영일에 작업구역에서 예정된 단체행사 및 활동 등
6. 군사기지 및 군사시설, 국가보안시설 등 특별제한구역
7. 드론의 이·착륙 및 비상착륙 장소
8. 출입허가가 필요한 토지 및 건물
9. 풍향, 풍속, 온도, 습도, 강수 등 기상조건
10. 그 밖에 현장의 특이사항 등

③ 제1항에 따른 작업계획은 다음 각 호의 사항을 포함한 별지 제1호서식 드론 촬영계획서에 따라 수립하여야 한다.

1. 작업의 목적, 기간, 장소, 이·착륙장소
2. 조종자 및 부조종자의 소속, 직위(직급), 자격, 성명
3. 비행기체 및 카메라의 제원
4. 비행기체의 속도
5. 영상촬영의 고도 및 횟수, 중복도
6. 지상기준점, 검사점의 배치 등

■ 별지 제1호 서식

드론 촬영 계획서

<table>
<tr><td>목 적</td><td></td><td rowspan="3">조
종
자</td><td>구분</td><td>소속</td><td>직위/직급</td><td>자격</td><td colspan="2">성명</td></tr>
<tr><td rowspan="2">일 시</td><td rowspan="2"></td><td>주조종자</td><td></td><td></td><td></td><td colspan="2"></td></tr>
<tr><td>부조종자</td><td></td><td></td><td></td><td colspan="2"></td></tr>
<tr><td>장 소</td><td colspan="3"></td><td>이·착륙 장소</td><td colspan="4"></td></tr>
<tr><td>비행기체
제원</td><td></td><td colspan="3">[ ]고정익 [ ]회전익 [ ]하이브리드</td><td>속도</td><td></td><td>카메라
제원</td><td></td></tr>
<tr><td rowspan="2">촬영고도</td><td rowspan="2">m</td><td colspan="2" rowspan="2">촬영횟수</td><td rowspan="2">회</td><td rowspan="2" colspan="2">중복도</td><td>종</td><td>%</td></tr>
<tr><td>횡</td><td>%</td></tr>
<tr><td colspan="9">지상기준점(GCP) 및 검사점 배치</td></tr>
<tr><td colspan="4">지상기준점</td><td colspan="5">검사점</td></tr>
<tr><td colspan="4"></td><td colspan="5"></td></tr>
<tr><td colspan="9">측량계획 (안)</td></tr>
<tr><td colspan="4">직접 측량지역(T/S 등)</td><td colspan="5">드론 측량지역(현황추출)</td></tr>
<tr><td colspan="4"></td><td colspan="5"></td></tr>
</table>

210mm×297mm[백상지(80g/m^2)]

제6조(비행승인 및 촬영신청) 드론조종자는 「항공안전법」 제127조 및「군사기지 및 군사시설 보호법」 제10조에 따라 관할 지방항공청장과 관할부대장 등에게 비행승인 및 촬영허가를 받아야 한다. 다만, 비행제한 구역이 아닌 개활지 등 촬영금지 시설이 명백하게 없는 곳의 촬영일 경우는 제외한다.

제7조(안전관리)

① 지적측량 및 지적재조사측량에 활용하는 드론은 다음 각 호에 따라 관리하여야 한다.

1. 드론 및 배터리의 보관, 충전, 사용 등 제조사의 주의사항 준수
2. 드론의 위성신호와 지상제어장치에 관여하는 기기 및 소프트웨어, 인증, 통신, 비행, 암호, 자료 보호 등 외부 보안 위협에 관한 대응 및 조치

3. 드론 기체를 정비하였을 경우 별지 제2호서식에 따른 드론 기체 정비일지 작성

② 드론조종자는「항공안전법」 제129조에 따른 초경량비행장치 조종자 등의 준수사항을 지켜야 한다.

③ 드론 비행 중 기체이상, 기상악화 등 돌발 및 비상 상황이 발생할 경우 즉시 비상 착륙하여야 한다.

④ 드론 운영 중에 사고가 발생하였을 때는 인명구호 및 사고수습 등을 위한 조치를 신속히 하고, 「항공안전법」 제129조제3항에 따라 관할 지방항공청장에게 사고 내용을 지체없이 통보하여야 한다.

⑤ 드론조종자는 드론 비행에 따른 안전을 위해 별지 제3호서식 드론 안전점검 체크리스트에 따라 점검을 실시하여야 한다.

⑥ 드론 지적측량 및 지적재조사측량에 사용되는 기체가 「항공안전법 시행규칙」 제305조에 해당 할 경우 「항공안전법」 제124조 및 초경량 비행장치 안전성 인증 업무 운영세칙에 따라 기체의 안전성 정기 인증을 받아야 한다.

■ 별지 제2호 서식

드론 기체 정비일지

드 론 명			
기체기종		기체번호	
정비일자		보유기관	
정 비 자		확 인 자	

확 인 내 용	확 인 유 무
드론 및 배터리의 보관, 충전, 사용 등 제조사의 주의사항 준수 여부	
드론의 위성신호와 지상제어장치에 관여하는 기기 및 소프트웨어, 인증, 통신, 비행, 암호, 자료보호 등 외부 보안 위협에 관한 내용	

정 비 내 용		
정비사유	정비항목	정비내용 요약
[ ] 일반 [ ] 연간정비 [ ] 사고 [ ] 부품결함 [ ] 기타	엔진부	
	기체부	
	배터리	
	수신기	
	기타	
상세내용	- 부 품 명 - 수 량 - 조치사항 - 조치사유	

기 타
- 특이사항 - 후속조치 사항

210mm×297mm[**백상지**(80g/m²)]

■ 별지 제3호 서식

드론 기체 정비일지

영역	항목	내용	결과확인
비행 전 점검	비행공역	관제권(공항 반경 9.3㎞) 등 드론 비행제한공역 확인	[ ]유 [ ]무
	기상확인	강풍 등 악기상 여부 확인(풍향·풍속 등)	[ ]유 [ ]무
	주변 안전 확인	인구밀집장소 상공 회피	[ ]유 [ ]무
		이·착륙 장소 선정	[ ]유 [ ]무
		기체와의 안전거리 10m 이상 이격	[ ]유 [ ]무
		보행자 등 주변 인원 및 장애물 확인	[ ]유 [ ]무
		전파방해요소 점검	[ ]유 [ ]무
		비행 중인 항공기 및 드론 육안 확인	[ ]유 [ ]무
	기체	프로펠러 및 모터의 장착·결속상태와 파손 확인	[ ]유 [ ]무
		부품별 크랙 및 휨, 파손여부 확인	[ ]유 [ ]무
		라디오 모뎀(송수신기) 단자, 케이블 상태 확인	[ ]유 [ ]무
	카메라	카메라 배터리 삽입 및 잔여량 확인	[ ]유 [ ]무
		카메라 렌즈 파손, 균열, 이물질 여부 확인	[ ]유 [ ]무
		카메라 저장매체 상태 확인(SD카드 장착)	[ ]유 [ ]무
		카메라 동작점검 확인	[ ]유 [ ]무
	배터리	배터리 장착·결속상태 확인	[ ]유 [ ]무
		배터리 충전상태 확인	[ ]유 [ ]무
		예비용 배터리 준비 확인	[ ]유 [ ]무
	전원	기체 및 관제시스템 전원 작동 확인	[ ]유 [ ]무
	통신상태	기체와 관제시스템간 통신상태	[ ]유 [ ]무
		GPS 신호 수신상태 확인	[ ]유 [ ]무
	동작점검	조작명령에 따른 모터 및 프로펠러의 정상 동작 확인	[ ]유 [ ]무
	조종자	조종자와 부조종자의 건강상태 확인	[ ]유 [ ]무
		안전 비행 절차 숙지여부	[ ]유 [ ]무
비행 중 점검	비행확인	설정된 경로대로 비행하는지 확인	[ ]유 [ ]무
		관제사(부조종사)와 의사소통을 통해 비행체 상태 확인	[ ]유 [ ]무
	비상절차	비상착륙지 선정	[ ]유 [ ]무
		비행 중 비상상황발생 시 행동요령 숙지	[ ]유 [ ]무
비행 후 점검	기체	프로펠러 및 모터의 파손 확인	[ ]유 [ ]무
		부품별 크랙 및 휨, 파손여부 확인	[ ]유 [ ]무
		기체 점검 및 청소	[ ]유 [ ]무
		로그파일(비행경로, 위치값) 추출	[ ]유 [ ]무
	카메라	비행미션 사진매수와 촬영매수 일치 확인	[ ]유 [ ]무
		촬영파일 추출	[ ]유 [ ]무
	배터리	보관 및 밸런스 모드 확인(개당 전압 25.1~25.2V)	[ ]유 [ ]무
		스웰링(과도하게 부푸는 경우)현상 확인	[ ]유 [ ]무

제3장 대공표지 설치 및 지상기준점 측량

제8조(대공표지 설치)

① 대공표지는 지상기준점, 검사점 및 임시경계점표지 등에 설치하여야 한다. 다만 현지 여건상 필요한 경우 임의의 점에 대공표지를 설치할 수 있다.

② 제1항에도 불구하고 드론영상에서 식별이 가능한 고정된 인공지물을 지상기준점이나 검사점으로 사용하는 경우 대공표지 설치를 생략할 수 있다.

③ 제1항에 따라 설치하는 대공표지의 규격은 별표 3과 같으며 지형의 배색 등을 고려하여 형상, 크기, 색을 변경할 수 있다.

[별표 3]

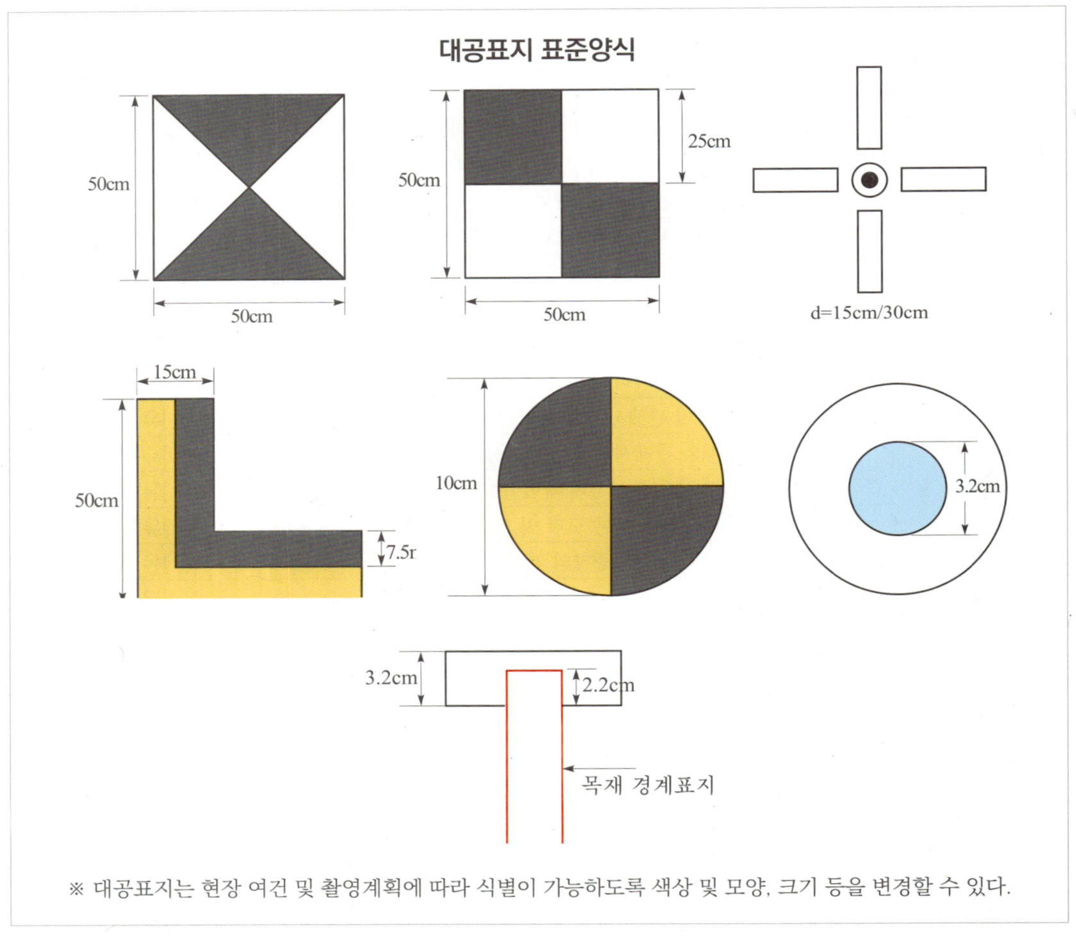

※ 대공표지는 현장 여건 및 촬영계획에 따라 식별이 가능하도록 색상 및 모양, 크기 등을 변경할 수 있다.

제9조(지상기준점 및 검사점 설치)

① 지상기준점은 작업구역의 형태, 촬영방향 등을 고려하여 별표 4와 같이 사업지구를 포괄하도록 작업구역 내·외에 고르게 설치하여야 한다.

② 제1항에 따른 지상기준점은 작업구역 1제곱킬로미터 당 9점 이상을 설치하여야 한다. 단, 1제곱킬로미터 미만인 작업구역의 경우 최소 3점 이상, 1제곱킬로미터 당 9점을 기준으로 면적에 비례하도록 설치하여야 한다.

③ 제2항에도 불구하고 제12조제4항에 따른 PPK(Post-Processed Kinematic), RTK(Real-Time Kinematic) 등 방식의 정확도 확보가 가능한 드론장비를 사용하는 경우에는 1제곱킬로미터 당 최소 3점 이상 지상기준점을 설치할 수 있다.

④ 검사점은 작업구역 내에 고르게 설치하되, 지상기준점과 중복되지 않게 설치하여야 한다.

⑤ 검사점은 최소 1점 이상으로 지상기준점 수량의 3분의 1 이상이 되도록 설치하여야 한다.

⑥ 제1항 및 제4항에도 불구하고 작업구역에 명확히 식별되는 고정된 인공지물이 있는 경우 이를 지상기준점 또는 검사점으로 사용할 수 있다.

⑦ 제6항에 따라 고정된 인공지물을 지상기준점 또는 검사점으로 사용하는 경우에는 이를 제2항 및 제5항에 따른 지상기준점 또는 검사점 수에 포함한다.

[별표 4]

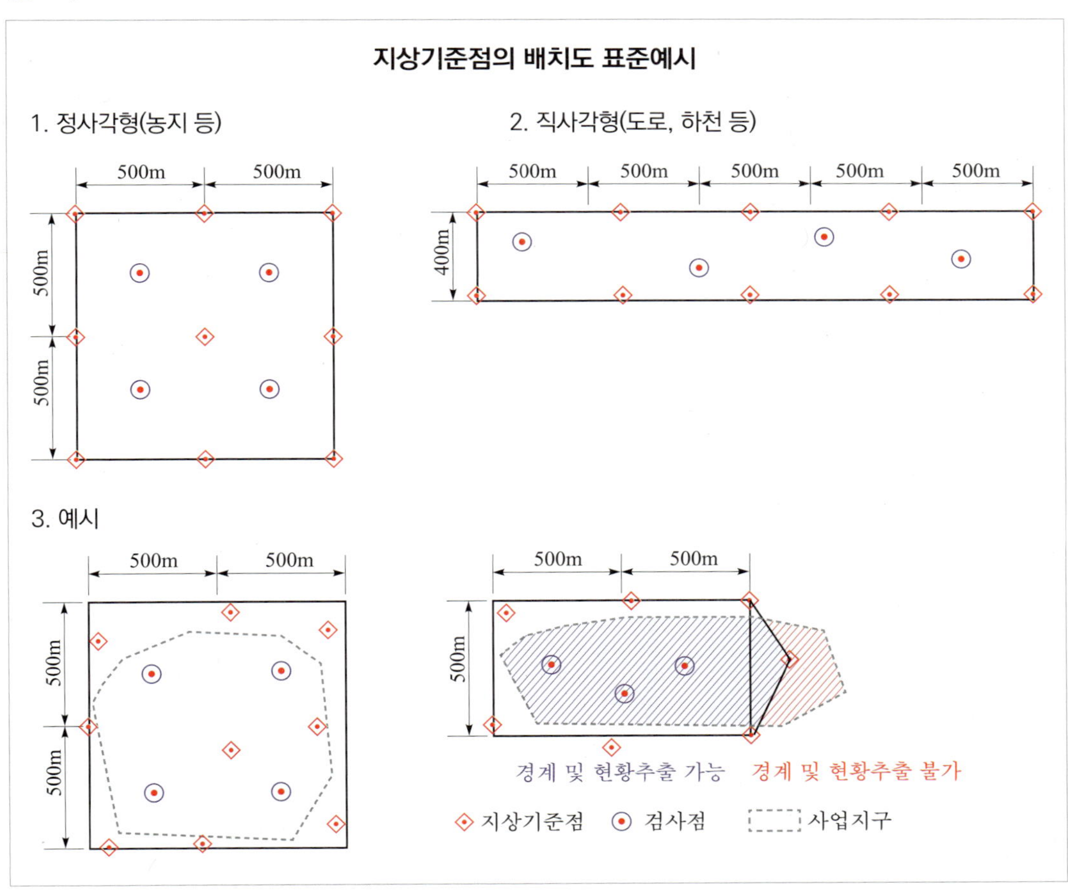

제10조(지상기준점 및 검사점 측량)

① 지상기준점 및 검사점에 대한 측량은 「지적측량 시행규칙」 제7조, 「GNSS에 의한 지적측량규정」 제7조부터 제8조까지,「지적재조사 측량규정」 제4조 및 제7조의 규정을 준용하여 실시하여야 한다. 다만, 현지 여건 등의 사유로 측량이 불가한 경우 지적소관청 또는 지적재조사 책임수행기관과 협의하여 측량방법을 변경할 수 있다.

② 지상기준점 및 검사점 측량을 완료하여 지적기준점으로 등록하여 사용할 경우와 지적재조사측량의 경우 측량성과 검사 요청 시 다음 각호의 결과물을 작성하여 지적소관청에 제출하여야 한다.

1. 별지 제4호서식 지상기준점 및 검사점 배치도
2. 별지 제5호서식 지상기준점 및 검사점 조서
3. 별지 제6호서식 단일/다중 기준국실시간이동측량 관측기록부
4. 별지 제7호서식 단일/다중 기준국실시간이동측량 결과부

③ 지상기준점 및 검사점의 좌표는 0.001미터 단위로 계산하고 0.01미터 단위로 결정한다.

■ 별지 제4호 서식

지상기준점(GCP) 및 검사점 배치도

<table>
<tr><td>촬영지구</td><td></td><td>구 분</td><td>지상기준점</td><td colspan="2">검사점</td></tr>
<tr><td>토지소재</td><td></td><td>점 수</td><td></td><td colspan="2"></td></tr>
<tr><td rowspan="3">설치일자</td><td rowspan="3"></td><td rowspan="3">조사자</td><td>소속</td><td colspan="2"></td></tr>
<tr><td>직급</td><td colspan="2"></td></tr>
<tr><td>성명</td><td colspan="2"></td></tr>
<tr><td>관측일자</td><td></td><td>관측방식</td><td colspan="2"></td><td>원 점</td></tr>
<tr><td colspan="6">지상기준점(GCP) 및 검사점 배치도</td></tr>
<tr><td colspan="6"></td></tr>
</table>

210mm×297mm[백상지(80g/m²)]

■ 별지 제5호 서식

지상기준점(GCP) 및 검사점 조서

점 명		투영원점		관측일자	
점 종 류				관측방법	
사업지구명				관 측 자	
소 재 지					

위도	경도	X	Y	표고

원경
4

근경
4

210mm×297mm[백상지(80g/m²)]

■ 별지 제6호 서식

단일/다중기준국 실시간 이동측량 관측기록부

1. 관측정보

지 구 명	(시·군·구) (읍·면) (동·리) 지구		
관측일자	년 월 일	관 측 자	
지구특성	택지 □ 농경지 □ 임야 □	세 트 명	

2. 측량기정보

수신기명			안테나 명(번호)	
안테나 높이	1세션	m	데이터 수신간격	
	2세션	m		

3. 관측점 정보

점명	세션	관측시간		정밀도(m)		안테나고 (m)	PDOP	위성수	위성고도각
		시작	종료	수평	수직				
	1								
	2								
	1								
	2								

※ 부속 소프트웨어의 출력물이 있을 경우 출력물로 대체 가능

210mm×297mm[**백상지**(80g/m²)]

■ 별지 제7호 서식

단일/다중 기준국실시간이동측량 결과부

1. 관측정보

측 지 계	세계좌표계		
지 구 명	(시·군·구)　(읍·면)　(동·리)　지구(　블럭)		
관측일자	년　월　일	관 측 자	
투영원점		세 트 명	

2. 좌표변환

기지점명	좌표변환 오차성분		평균제곱근오차(RMSE)	
	수평차	수직차	수평차	수직차

3. 측량성과

순번	점명	지적위성좌표			평면직각좌표			비고
		위도	경도	타원체고	X	Y	표고	

※ 지역좌표를 구하고자 하는 경우에는 좌표변환에 적용할 관측 기지점의 오차성분 등을 기록한다.

※ 2회 관측성과가 허용오차 범위내일 경우 1회치 관측성과를 기록한다.

※ 부속 소프트웨어의 출력물이 있을 경우 출력물로 대체 가능

210mm×297mm[**백상지**(80g/m²)]

제4장 영상 촬영 및 성과검증

제11조(드론영상 촬영)

① 드론조종자는 드론영상 전용 프로그램의 지상표본거리를 지적재조사측량의 경우 0.03미터, 그 외 지적측량의 경우 0.05미터 이내로 설정하고, 촬영 소요시간, 사진 매수 등의 정보를 사전에 확인하여야 한다.

② 정사영상의 중복도는 「무인비행장치 측량 작업규정」 제13조제1항 및 제2항에 따른다.

③ 드론영상 촬영시에는 드론조종자 자격과 조종 경험이 있는 2인 이상의 전문인력을 현장에 배치해야 하며, 주요 역할은 다음 각호와 같다.

1. 드론조종 및 제어시스템 운영 등 1명
2. 비행상황 모니터링 및 현장 안전조치 등 1명

④ 드론영상 촬영이 끝나면 별지 제8호서식 드론 촬영 기록부에 따라 그 촬영기록을 작성하여야 한다.

■ 별지 제7호 서식

드론 촬영 기록부

<table>
<tr><td>촬영목적</td><td colspan="3"></td><td>조종자</td><td colspan="3"></td></tr>
<tr><td>촬영장소</td><td colspan="3"></td><td>일 시</td><td colspan="3"></td></tr>
<tr><td>이착륙장소</td><td colspan="3"></td><td></td><td colspan="3"></td></tr>
<tr><td>촬영기체</td><td colspan="3">[ ]고정익 [ ]회전익 [ ]하이브리드</td><td>카메라</td><td></td><td>해상도</td><td></td></tr>
<tr><td>촬영고도</td><td>면적</td><td>위성수</td><td></td><td>중복도</td><td>종
횡</td><td colspan="2"></td></tr>
<tr><td>기상</td><td>풍향</td><td>풍속</td><td></td><td>온도</td><td></td><td>습도</td><td></td></tr>
<tr><td>비행횟수
(회차)</td><td>시작시간</td><td>비행시간
(분)</td><td>비행속도
(m/s)</td><td>사진매수
(매)</td><td>불량매수
(매)</td><td>GSD
(cm)</td><td>촬영방향</td></tr>
<tr><td></td><td></td><td></td><td></td><td></td><td></td><td></td><td></td></tr>
<tr><td></td><td></td><td></td><td></td><td></td><td></td><td></td><td></td></tr>
<tr><td rowspan="2">촬영영상</td><td colspan="7">지상기준점 및 검사점 위치도</td></tr>
<tr><td colspan="7"></td></tr>
</table>

제12조(입체영상 및 정사영상의 제작)

① 입체영상은 최신 지오이드(Geoid) 모델을 기준으로 내·외부 표정요소 등을 기반으로 영상매칭방법을 이용한 격자형태로 제작하여야 한다.

② 정사영상 제작 소프트웨어 기능은 「무인비행장치 측량 작업규정」 제17조 제1항에 따른다.

③ 정사영상의 제작방법 등은 「무인비행장치 측량 작업규정」 제25조 및 제27조에 따른다.

④ 정사영상의 기준점과 지상기준점의 위치 차이는 평면 ±0.05미터 이내이어야 하며, 정사영상 제작 프로그램 결과보고서에서 확인할 수 있어야 한다.

제13조(정사영상의 검증)

① 드론조종자는 토지이동이 수반되는 지적측량 및 지적재조사측량의 경우 측량성과 검사 요청 시 다음 각호의 정사영상 자료를 지적소관청 또는 지적재조사 책임수행기관에 제출하여야 한다. 다만, 제6조 단서에 해당하는 경우에는 제1호 및 제2호의 서류제출을 생략할 수 있다.

1. 「항공안전법 시행규칙」 별지 제122호서식으로 신청한 비행승인서
2. 국방부 항공촬영 지침서 붙임 2호서식에 의해 신청한 촬영허가서
3. 별지 제8호서식 드론촬영 기록부
4. 별지 제9호서식 정사영상 검사표
5. 정사영상 제작 프로그램 결과보고서
6. 정사영상 원본

② 정사영상 또는 입체영상을 제작한 자는 별지 제9호서식 정사영상 검사표에 따라 결과값을 분석하여 다음 각호의 기준에 적합한지 검증하여야 한다.

1. 평면 위치 정확도가 제12조제4항의 기준에 적합할 것
2. 검사점 평면위치의 연결교차 ±0.1미터 이내일 것(단, 지적재조사측량 지역인 경우에는 ±0.07미터 이내)
3. 지상기준점 및 검사점의 배치의 적정성

③ 제1항에 따른 기준에 적합하지 않은 정사영상은 지상경계 및 현황을 추출하는데 사용할 수 없다.

■ 별지 제9호 서식

정사영상 검사표

점이름	구분	기준점/검사점 좌표		정사영상 좌표		X-X′ (m)	Y-Y′ (m)	평면 오차
		X	Y	X′	Y′			
분 석		최대						
		최소						
		평균						
		RMSE						

제14조(재촬영) 정사영상이 다음 각호의 어느 하나에 해당하는 경우에는 다시 촬영하여야 한다.

1. 제11조제2항의 중복도 미만으로 영상이 촬영된 경우
2. 제13조제1항의 검증기준에 적합하지 않은 경우
3. 구름 및 안개, 태양각 등으로 인한 그림자, 카메라 노출의 과소, 흐림(Blurring) 등으로 영상판독이 불가능한 경우
4. 적설 또는 홍수 등 자연재해로 인하여 지형을 구별할 수 없는 경우
5. 기타 영상의 정확도가 떨어지거나 지형・지물의 식별이 불가능하여 다시 촬영하는 것이 타당한 경우

제5장 경계 추출 및 성과검증

제15조(추출기준 등)

① 정사영상 또는 입체영상에서 지상경계, 지상구조물, 토지이용현황 등이 명확히 식별되는 경우 경계 및 현황을 추출할 수 있다.

② 제1항에 따른 경계 및 현황의 추출 종류는 다음 각호와 같다.

1. 도로, 철도, 항만, 공항, 주차장, 하천, 유수지, 학교, 공공청사 등 도시・군계획시설의 경계 및 현황
2. 담장, 옹벽, 석축, 펜스 등 토지의 경계 및 현황
3. 전・답・과수원 등 농지의 경작구분이 가능한 경계 및 현황
4. 시설물, 구조물 등의 현황
5. 임야와 토지의 경계 및 능선 또는 계곡
6. 건물(건물의 외벽, 다만 경계설정 목적의 추출인 경우 건물의 처마)
7. 그 밖에 정사영상에서 명확히 식별되는 현황

제16조(추출방법)

① 경계 및 현황은 도면 편집 소프트웨어를 활용하여 수동 또는 자동방식으로 추출한다.

② 정사영상 또는 입체영상에 지적도, 도시・군 관리계획선 및 측량자료, 수치지형도 등을 중첩하거나 임시 경계점표지를 설치하여 지상경계 및 현황 추출대상을 선정할 수 있다.

③ 수동방식에 의하여 경계 및 현황을 추출하는 경우 정사영상 또는 입체영상을 확대한 후 상하좌우 및 고저를 확인하는 방법으로 경계 및 현황을 추출하며, 예시는 별표 5와 같다.

④ 제1항에 따라 추출한 경계 및 현황은 「지적업무 처리규정」 별표 3에 따른 코드를 적용하여 점과 선 또는 면의 형태로 추출하며, 드론측량 방법임을 알 수 있도록 색상을 다르게 구분하여 표시할 수 있다. 다만, 지적재조사측량의 경우 「지적재조사 측량규정」 별표 5를 적용한다.

⑤ 제15조제2항제6호에 따라 정사영상에서 건물의 외벽을 추출할 수 없어 건물의 처마를 추출하는 경우에는 선의 색상을 달리하여 표시할 수 있다.

제17조(추출성과 작성)

① 추출성과는 측량성과파일 형태로 작성하고, 평면직각종횡선 좌표의 0.01미터 단위로 작성한다.

② 정사영상 또는 입체영상에서 별표 6과 같이 경계 및 현황 식별이 불가능한 경우에는 현지측량을 실시하여 추출성과를 보완 작성할 수 있다.

제18조(추출성과 검증)

① 정사영상 또는 입체영상에서 경계 및 현황을 추출한 자는 추출성과의 정확성에 관한 검증을 제19조제1항에 따라 자체적으로 실시하여야 하며 토지이동을 수반하는 지적측량은 측량성과 검사 요청 시 지적소관청에 검증결과를 제출하여야 한다. 지적재조사측량의 경우에는 「지적재조사에 관한 특별법」 제5조의2에 따른 책임수행기관(이하 "책임수행기관"이라 한다)에게 검증결과를 제출해야 하며, 책임수행기관이 경계 및 현황을 추출하였을 때는 지적소관청에 검증결과를 제출하여야 한다.

② 정사영상 또는 입체영상에서 경계 및 현황을 추출하여 토지이동을 수반하는 지적측량 또는 지적재조사측량을 수행한 자는 다음 각호의 성과물을 지적소관청 및 책임수행기관에 제출하여야 한다.

1. 별지 제10호서식 경계점 관측 및 좌표계산부(지적재조사측량에 한함)
2. 별지 제11호서식 경계 및 현황 추출성과 검증도
3. 별지 제12호서식 경계 및 현황 추출성과 검증표

③ 제1항에 따라 검증을 요청받은 지적소관청 및 책임수행기관은 추출성과를 제출받은 날부터 10일 이내에 검증하여야 한다. 다만 기상여건 등으로 기간 내에 검증이 어려운 경우 10일 이내의 범위에서 기간을 연장할 수 있다.

④ 지적소관청 및 책임수행기관은 추출성과에 대한 검증이 끝나면 검증을 요청한 자에게 그 결과를 통지하여야 한다.

제19조(검증방법)

① 지적소관청 및 책임수행기관은 추출성과에 대해 도시계획시설, 고정된 지형 · 지물, 토지의 경계 및 현황 등을 대상으로 동, 서, 남, 북, 중앙 등 구역별 표본을 지적재조사측량 지역은 5점 이상, 그 외의 지역은 3점 이상 선정하여 검증해야 하며, 세부측량시 「지적업무처리규정」 제20조제14항에 따라 지상경계선과의 부합여부를 확인하여야 한다.

② 제1항에 따른 검증을 위한 현지측량은 「지적측량 시행규칙」 제5조제2항의 지적측량 방법에 따른다. 다만 다음 각호의 경우에는 경계 및 현황추출에 사용된 정사영상 또는 입체영상으로 검증할 수 있다.

1. 사람의 접근이 불가능하거나 위험한 경우
2. 보안 또는 안전상의 이유로 출입이 제한되는 경우

③ 지적측량에 사용할 수 있는 검증성과는 다음 각호와 같으며 이를 초과하는 경우에는 다시 추출하거나 현지측량을 통해 보완하여야 한다.

1. 지적재조사측량 지역 : ±0.07미터 이내
2. 그 밖의 측량지역 : 「지적측량 시행규칙」 제27조제1항제4호에 따를 것

제6장 영상 활용 및 성과 관리

제20조(영상 및 성과의 활용)

① 지적측량수행자는 제12조제4항 및 제19조제3항에 따라 검증이 완료된 영상 및 성과 등을지적측량 및 지적재조사측량에 활용할 수 있다.

② 지적재조사측량 지역 이외의 경우에는 세부측량시 「지적업무 처리규정」제20조제14항에 따라 지상경계선과의 부합여부를 확인 후 성과결정을 하여야 한다.

③ 지적소관청은 제12조제4항 및 제19조제3항의 기준에 적합한 영상 및 성과를 지적측량 및 지적재조사측량 성과검사에 활용할 수 있다.

제21조(영상 및 성과관리 등)

① 지적측량수행자는 제12조제4항 및 제19조제3항에 따른 검증기준에 적합한 정사영상과 성과물을 지적측량파일로 보관하여야 한다.

② 제13조에 따라 지적측량 및 지적재조사측량의 성과물을 제출받은 지적소관청은 다음 각호의 방법에 의하여 정사영상 자료 등을 관리하여야 한다.

1. 지적측량을 수행한 경우, 별지 제13호서식 드론영상 관리대장에 따라 작성하고 관리하여야 한다.
2. 지적재조사측량을 수행한 경우, 영상 및 성과물을 지적재조사행정시스템에 등록하고 별지 제13호서식 드론영상 관리대장에 따라 작성하고 관리하여야 한다.

③ 지적소관청과 지적재조사 책임수행기관은 지적재조사측량을 위해 필요한 경우 영상 및 성과 등을 지적측량수행자 또는 지적재조사대행자에게 제공할 수 있다.

④ 제3항에 따른 영상 및 성과 등은 지적재조사사업 이외의 용도로 사용할 수 없으며, 사용을 완료한 영상 및 성과는 지체없이 파기하는 등「국토교통부 국가공간정보 보안관리규정」을 준수하여 관리하여야 한다.

제22조(재검토기한) 국토교통부장관은 이 규정에 대하여「훈령ㆍ예규 등의 발령 및 관리에 관한 규정」에 따라 2023년 8월 25일 기준으로 매 3년이 되는 시점(매 3년째의 8월 24일까지를 말한다.)마다 그 타당성을 검토하여 개선 등의 조치를 하여야 한다.

부칙〈제371호, 2023. 8. 25.〉

이 예규는 발령한 날부터 시행한다.

부록 5. 에피폴라 기하학(Epipolar Geometry)

> 손호웅 · 이강원의 인터넷 뉴스레터 "드론 뉴스"에서 일부 발췌, 정리한 것임을 밝힌다.

에피폴라 기하학(Epipolar Geometry)을 간단히 표현하면 스테레오 비전(stereo vision)에서의 기하학이라고 할 수 있다. 즉, 동일한 사물에 대한 (사진)영상을 서로 다른 두 지점 또는 시점(視點)에서 획득했을 때, 영상 A와 영상 B의 매칭쌍(Matched Pair)들 사이의 기하학적 관계를 다루는 것이다. 에피폴라 기하는 기본적으로 수치사진측량에서 3차원 입체시를 위해서 필요하다. 또한 수치사진측량에서 자동매칭을 수행하는 경우 에피폴라 기하를 구현하므로, 탐색영역을 최소화하여 매칭의 효율성 및 정확성을 향상시키는 데 사용된다. 한편, VR[1](Virtual Reality, 가상현실), AR[2](Augmented Reality, 증강현실, 혼합현실) 기술이 발전하여 이를 활용한 각종 디스플레이(display)의 비전 장비에 채택되면서 관심을 받고 있는 기술이다.

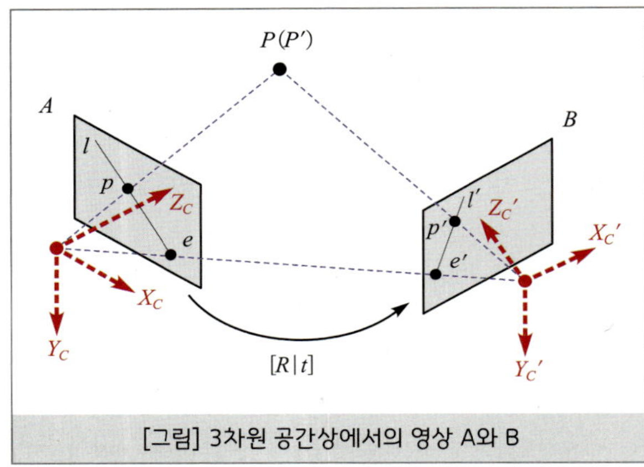

[그림] 3차원 공간상에서의 영상 A와 B

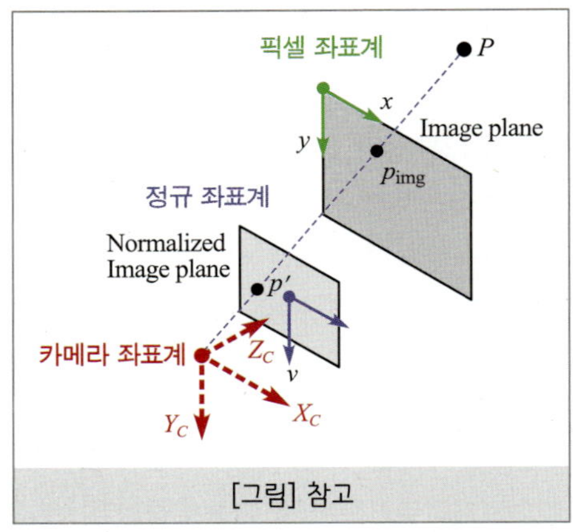

[그림] 참고

1) VR(Virtual Reality, 가상현실): 사용자가 컴퓨터로 생성된 가상의 공간에서 보고, 듣고, 느끼면서 데이터와 상호작용을 하는 것을 말한다. 직접 또는 간접적으로 가상의 공간에서 움직일 수 있다. 어떤 특정한 환경이나 상황을 컴퓨터로 만들어서, 그것을 사용하는 사람이 마치 실제 주변 상황·환경과 상호작용을 하고 있는 것처럼 만들어주는 인간-컴퓨터 사이의 인터페이스를 말한다. 구체적인 활용 사례로는 탱크·항공기의 조종법 훈련, 가구의 배치 설계, 수술 실습, 게임 등 다양하다. 가상현실시스템에서는 인간 참여자와 실제·가상 작업공간이 하드웨어로 상호 연결된다. 가상적인 환경에서 일어나는 일을 참여자가 주로 시각으로 느끼도록 하며, 보조적으로 청각·촉각 등을 사용하기도 한다.

2) AR(Augmented Reality, 증강현실, 혼합현실): 실세계에 3차원의 가상물체를 겹쳐서 보여주는 기술을 활용해 현실과 가상환경을 융합하는 복합형(혼합형) 가상현실이다. 사용자가 눈으로 보는 현실세계에 가상 물체를 겹쳐 보여주는 기술이다. 현실세계에 실시간으로 부가정보를 갖는 가상세계를 합쳐 하나의 영상으로 보여주므로 혼합현실(Mixed Reality, MR)이라고도 한다. 가상현실기술은 가상환경에 사용자를 몰입하게 하여 실제 환경을 볼 수 없지만, 실제 환경과 가상의 객체가 혼합된 증강현실기술은 사용자가 실제 환경을 볼 수 있게 하여 보다 나은 현실감과 부가 정보를 제공한다. 원격의료진단·방송·건축설계·제조공정관리 등에 활용된다. 최근 스마트폰이 널리 보급되면서 본격적인 상업화 단계에 들어섰으며, 게임 및 모바일 솔루션 업계·교육 분야 등에서도 다양한 제품을 개발하고 있다.

앞의 그림과 같이 3차원 공간상의 한 점 P가 영상 A에서는 p에 투영되고, 영상 B에서는 p'에 투영되었을 때, 두 카메라의 원점을 잇는 선과 이미지(영상) 평면이 만나는 점 e, e' 를 epipole 이라 하고, 투영점 p, p' 과 epipole을 잇는 직선 l, l' 를 epiline 또는 epipolar line이라고 한다. Epiline은 3차원의 점 P와 두 카메라 원점을 잇는 평면(epipolar plane)과 이미지 평면과의 교선으로도 볼 수 있다. 한편, 두 카메라의 중심을 이어주는 선을 기준선(base line)이라 한다.

두 카메라 위치 사이의 기하학적 관계 $[R \mid t]$를 알고 있고 영상 A에서의 영상좌표 를 알고 있을 때, 영상 B에서 대응되는 점 p'의 좌표를 구하는 문제를 생각해 보자. 만약 점 P까지의 거리(depth) 정보를 모른다면 영상좌표 로부터 투영되기 전의 3차원 좌표 P를 복원할 수 없다. 따라서 점 P가 영상 B에 투영된 좌표 p' 또한 유일하게 결정할 수 없다. 그러나 점 P는 A 카메라의 원점과 p를 잇는 직선(ray) 상에 존재하므로, 이 직선을 영상 B에 투영시키면 점 p' 는 투영된 직선 위에 있게 된다. 이 투영된 직선이 바로 epiline l' 이다. 즉, A의 영상좌표 p로부터 대응되는 B의 영상좌표 p' 를 유일하게 결정할 수는 없지만, p' 이 지나는 직선인 epiline l' 은 유일하게 결정할 수 있다. 영상좌표로부터 다른 영상에서의 대응되는 epiline을 계산해주는 변환행렬이 Fundamental Matrix, Essential Matrix이다. 즉, 서로 다른 두 시점(視點)에서의 영상좌표들 사이에는 Fundamental Matrix, Essential Matrix를 매개로 하는 변환관계가 성립하는데, 에피폴라 기하학에서는 이러한 변환관계를 바탕으로 여러 기하학적 문제를 해결하게 된다.

(1) Essential Matrix

위의 그림과 같이 3차원 공간상의 한 점 P가 영상 A에서는 p에 투영되고, 영상 B에서는 p' 에 투영되면 두 영상 좌표 p와 p' 사이에는 다음의 관계식을 만족하는 행렬이 항상 존재한다.

$$p'^T EP = 0 \tag{1}$$

$$[u' \; v' \; 1] \, E \begin{bmatrix} u \\ v \\ 1 \end{bmatrix} = 0 \tag{2}$$

임의의 두 시점에서의 영상의 매칭점들은 항상 식 (1)로 표현할 수 있는데, 식 (1)을 epipolar constraint 또는 essential constraint라고 하고, 3×3 행렬 E를 Essential Matrix라고 한다. Essential Matrix 는 항상 존재하는데, 그 이유는 다음과 같다. 임의의 두 카메라 좌표축 사이의 관계는 회전, 평행이동으로 표현할 수 있는데, 두 카메라 좌표축 사이의 3×3 회전행렬을 R, 3×1 평행이동 벡터를 t 라고 하면, 외부 공간상의 한 점을 두 카메라 좌표계에서 봤을 때 다음과 같이 표현할 수 있다. 즉,

$$P' = RP + t \tag{3}$$

Essential matrix E

$$E = [t]_{\times} R \tag{4}$$

로 정의하면

$$P'^{T} E P = 0 \tag{5}$$

을 만족한다. 여기서, 식 (4)의 $[t]_{\times}$는 벡터 t와의 벡터 외적(outer product)을 의미하는데, 이는 R로 우선 회전시킨 후 t와 외적을 시키는 일련의 변환을 의미한다.

$$[x' \; y' \; z'] \; E \begin{bmatrix} x \\ y \\ z \end{bmatrix} = 0 \tag{6}$$

$$\begin{aligned} P'^{T} E P &= P'^{T} [t]_{\times} R P \\ &= P'(t \times (P' - t)) \\ &= P'(t \times P' - t \times t) \\ &= 0 \end{aligned} \tag{7}$$

식 (5)의 카메라 좌표를 정규 이미지 좌표로 바꾸면 식 (1)이 성립한다. 즉,

$$\begin{aligned} &P = zp = z[\frac{x}{z}, \frac{y}{z}, 1]^{T} \\ &P' = z'p' = z'[\frac{x'}{z'}, \frac{y'}{z'}, 1]^{T} \\ &\therefore P'^{T} E P = 0 \Leftrightarrow (z'p')^{T} E \, z \, p = 0 \Leftrightarrow p'^{T} E \, p = 0 \end{aligned} \tag{8}$$

(2) Fundamental Matrix

앞서 설명한 Essential Matrix는 정규화된 이미지 평면에서의 매칭쌍들 사이의 기하학적 관계를 설명하는 행렬로서, 카메라 내부 파라미터(intrinsic parameter) 행렬인 K가 제거된 좌표계에서의 변환관계이다. 반면 Fundamental Matrix는 카메라 내부 파라미터까지 포함한 두 이미지의 실제 픽셀(pixel) 좌표 사이의 기하학적 관계를 표현하는 행렬이다.

임의의 두 이미지 A, B에 대하여 매칭되는 픽셀 좌표 pimg, pimg′ 사이에는 항상 다음과 같은 관계를 만족하는 fundamental matrix F가 존재한다.

$$p_{img}'^{T} F p_{img} = 0 \tag{9}$$

$$[x' \; y' \; 1] \; F \begin{bmatrix} x \\ y \\ 1 \end{bmatrix} = 0 \tag{10}$$

이미지 A에 대한 카메라 내부 파라미터 행렬을 K, 이미지 B에 대한 카메라 행렬을 K', 이미지

A, B 사이의 essential matrix를 E 라 하면 fundamental matrix F 는 다음과 같이 주어진다.

$$E = K'^{T} F K \tag{11}$$

$$F = (K'^{T})^{-1} E K^{-1} \tag{12}$$

만일 이미지 A, B를 동일한 카메라로 촬영했을 경우, 카메라 행렬 K 가 동일하므로 식 (11)과 식 (12)는 다음과 같이 단순화될 수 있다.

$$E = K^{T} F K \tag{13}$$

$$F = (K^{T})^{-1} E K^{-1} \tag{14}$$

컴퓨터 비전에서의 Geometry #1 좌표계에서 설명한 바와 같이 이미지 픽셀좌표 pimg와 normalized 좌표 p 사이에는 camera matrix K 에 대해 다음과 같은 변환관계를 가진다.

$$p_{img} = K p_{img} \tag{15}$$

$$\begin{bmatrix} x \\ y \\ 1 \end{bmatrix} = \begin{bmatrix} f_x & 0 & c_x \\ 0 & f_y & c_y \\ 0 & 0 & 1 \end{bmatrix} \begin{bmatrix} u \\ v \\ 1 \end{bmatrix} \tag{16}$$

이미지 A의 카메라 파라미터 행렬을 K, 이미지 B의 카메라 파라미터 행렬을 K' 라 하면 다음 관계식이 성립한다.

$$p_{img} = K p,\ p_{img}' = K' p' \tag{17}$$

식 (17)을 식 (1)에 대입하면 fundamental matrix를 구할 수 있다.

$$\begin{aligned} &(K'^{-1} P_{img}')^{T} E K^{-1} P_{img} = 0 \\ &P_{img}'^{T} (K'^{T})^{-1} E K^{-1} P_{img} = 0 \\ &\therefore F = (K'^{T})^{-1} E K^{-1} \end{aligned} \tag{18}$$

에피폴라 기하학에서 다루는 것은 크게 두 가지로서, 하나는 epipolar constraint이고 다른 하나는 triangulation이다. Epipolar constraint는 두 이미지 평면 사이의 기하학적 관계에 따른 constraint로서, 식 (1)이 epipolar constraint를 나타낸다. 두 이미지에서 대응되는 매칭 쌍들에서 카메라 내부 파라미터가 알려져 있지 않은 경우 fundametal matrix F 를 구하기 위해서는 최소 7쌍의 매칭점들이 필요하다. 그러나 F 의 스케일(scale)까지는 결정할 수 없다. 스케일을 결정할 수 없다는 것은 물체와 카메라가 존재하는 공간 전체를 확대하거나 축소해도 동일한 이미지를 얻기 때문에 이미지만 가지고는 스케일을 알 수 없다는 것을 의미한다.

카메라 내부 파라미터를 알고 있다면 Essential matrix E 를 구하면 된다. Essential matrix E 를 결정하기 위해서는 일반적으로 5쌍의 매칭점을 필요로 한다. 이것은 E 는 R, t 로 구성되는데, 회전변환 R 이 3 자유도, 스케일을 무시한 평행이동 t 가 2 자유도, 모두 5 자유도이므로 5쌍의 매칭점을 필요로 한다.

한편, triangulation(삼각측량)은 두 이미지 평면 사이의 기하학적 관계인 E 또는 F 가 주어지고, 두 이미지 평면상의 매칭쌍 p, p' 이 주어지면 이로부터 원래의 3D 공간좌표 P 를 결정하는 것을 일컫는다. 즉, 입체시에서 심도(depth)를 구할 때 하는 것을 말한다.

부록 6. SIFT(Scale-Invariant Feature Transform)

손호웅 · 이강원의 인터넷 뉴스레터 "드론 뉴스"에서 일부 발췌, 정리한 것임을 밝힌다.

SIFT

SIFT는 영 상의 변환, 크기, 회전, 노이즈 영향에도 일정한 영상 정합(Matching) 성능을 유지한다. SIFT는 Scale-space theory[1](Lindeberg, 1994)와 영상 스케일 사이의 "특징 구조(feature structure)"를 다루는 'deep structure'를 이론적 배경으로 한다.

SIFT를 이용한 특징 추출과정은 특징점을 찾는 부분과 선택된 특징점의 서술자(Descriptor)를 생성하는 두 단계로 구분할 수 있다. 특징점 추출(Detector) 단계에서는 스케일 공간상의 후보 특징점을 추출하고 후보 특징점의 안정성을 검사하여 안정된 특징점의 위치를 세부 위치로 보정한다. 서술자(Descriptor) 단계에서는 선택된 점들을 중심으로 주변영역의 그레디언트를 통해 방향성분을 얻게 되고, 얻어진 방향성분을 중심으로 관심영역을 재설정하여 서술자를 생성하게 된다.

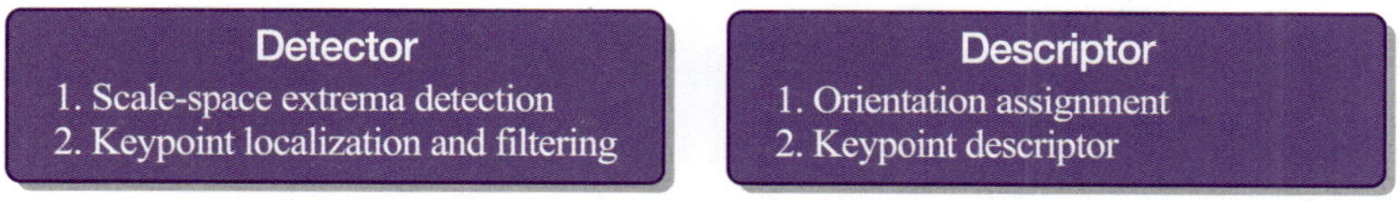

Detector	Descriptor
1. Scale-space extrema detection 2. Keypoint localization and filtering	1. Orientation assignment 2. Keypoint descriptor

[그림] SIFT를 이용한 특징 추출과정

(1) I 단계: 키포인트 탐지(Keypoints Detection)

- Scale-space에서 극점 탐지
- 잡음 극점 제거

(2) II 단계: 서술자 추출(Descriptor Extraction)

- 방향 결정
- 그레디언트 히스토그램 계산

1) Lindeberg, T., 1994, Scale-space theory: A basic tool for analysing structures at different scales, Journal of Applied Statistics, vol. 21, no. 2, pp. 225~270[Supplement Advances in Applied Statistics: Statistics and Images: 2].

SIFT를 개발한 연구자

[그림] David Lowe

SIFT[2]는 로위(David Lowe) 교수가 1999년 발표한 알고리즘으로 영상(images)에서 불변성이 강한 "지역 특징[3](local feature)"을 찾아내어 기술(detect and describe)하기 위한 컴퓨터 시각(Computer Vision) 알고리즘이다.

SIFT는 물체 인식(object recognition), 로봇 매핑 및 항법(robotic mapping and navigation), 영상 정합(image stitching), 3차원 모델링(3D modeling), 행동 인식(gesture recognition) 등 다양한 영역에서 활용되고 있다. SIFT 알고리즘은 미국에서 특허 등록되었으며, 소유권은 캐나다의 브리티쉬 콜롬비아 대학교(University of British Columbia)에 있다.

Harris의 모서리(corner point) 검출

영상에서 물체를 추적하거나 인식할 때, 영상과 영상을 매칭할 때 가장 일반적인 방법은 영상에서 주요 특징점(keypoint)을 뽑아서 매칭하는 것이다. 특징점을 일반적으로 keypoint 또는 interesting point라고 한다.

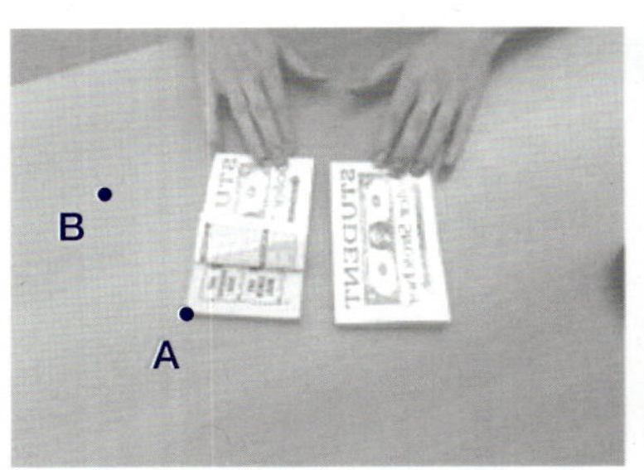

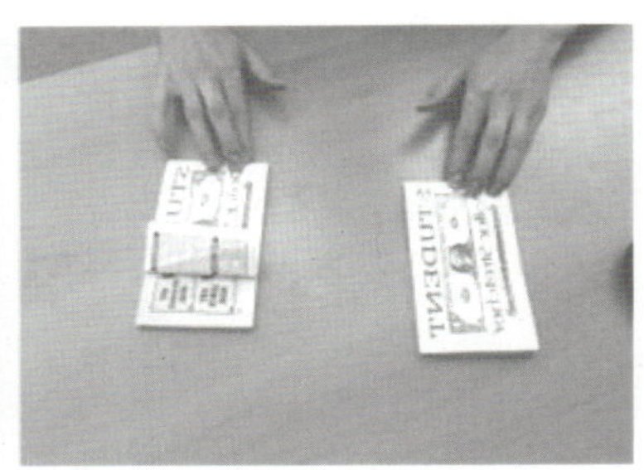

위 그림에서 첫 번째 이미지와 대응되는 지점을 두 번째 이미지에서 찾을 때, A점은 쉽게 찾을 수 있지만, B점은 찾기가 용이하지 않다. 영상을 매칭(Matching)하는데 있어서, A점처럼 주위 배경과 구분되면서 식별이 용이한 지점을 특징점(Keypoint)으로 잡는 것이 유리하다. 좋은 영상 특징점(keypoint)이 되기 위한 조건으로는 (1) 물체의 형태나 크기, 위치가 변해도 쉽게 식별이 가능

2) Lowe, David G.(1999). "Object recognition from local scale-invariant features". Proceedings of the International Conference on Computer Vision. pp. 1150-1157.

3) 지역특징(local feature)의 조건은 (1) 불변성(invariant), (2) 풍부한 정보(rich description), (3) 강한 분별력(distinctiveness), (3) 추출, 매칭을 위한 계산 효율 등이다. 여기서, 중요한 불변성(invariant)은 변화된 환경에서도 반복하여 나타나는 특성, 즉 재현성(repeatability)을 갖는다. 이것은 조명 불변, 크기 불변, 회전 불변, 잡음 불변을 의미한다.

할 것, (2) 카메라의 시점, 조명이 변해도 영상에서 해당 지점을 쉽게 찾아낼 수 있을 것 등이다. 영상에서 이러한 조건을 만족하는 가장 좋은 특징점은 "모퉁이(corner point, 코너점)"이다. 따라서 대부분의 특징점(keypoint) 추출 알고리즘들은 이러한 모퉁이(코너점) 검출을 바탕으로 하고 있다.

영상에서 코너점 특징점(keypoint)을 찾는 가장 대표적인 방법은 Harris[4]의 모퉁이 검출(corner detector)이다. 코너점을 찾는 기본적인 아이디어는 아래 그림과 같이 영상에서 작은 윈도우를 조금씩 이동(shift)시켰을 때, 코너점에서는 모든 방향으로 영상변화가 크다는 점이다.

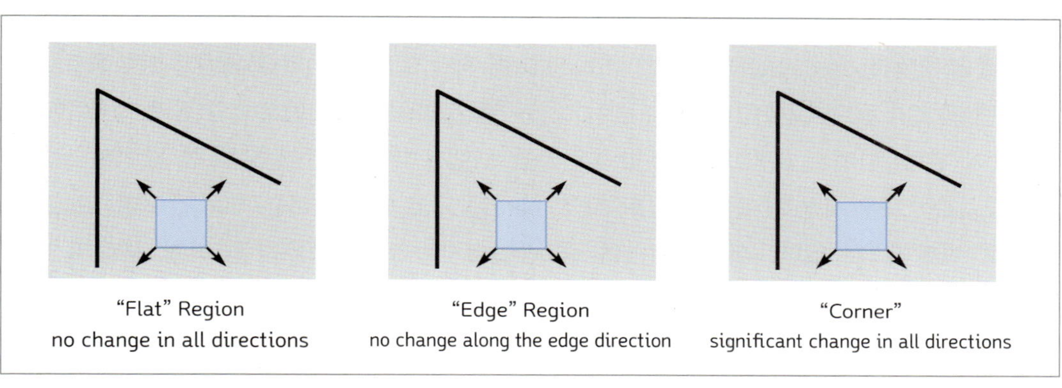

(출처: Matching with Invariant Features, Lecture Notes 2004.)

이러한 알고리즘을 구현하기 위해서는 영상의 각 픽셀 위치에 대해 윈도우를 수직, 수평, 좌대각선, 우대각선 등 4개 방향으로 1픽셀씩 이동시켰을 때 영상의 SSD(sum of squared difference) 변화량 E를 계산한 후, E의 최솟값을 해당 픽셀의 영상변화량값으로 설정, 설정된 min(E) 값이 지역적으로 극대가 되는 지점을 코너점으로 찾는 방법이 기본적인 개념이다. Harris의 corner detector는 다음과 같이 수학적으로 표현할 수 있다. $(\Delta x, \Delta y)$만큼 윈도우를 이동시켰을 때 영상의 SSD(sum of squared difference) 변화량 E는 다음과 같다.

$$E(\triangle x, \triangle y) = \sum_{W} [I(x_j + \triangle x, y_j + \triangle y) - I(x_j, y_j)]^2$$

여기서, W : 로컬 윈도우(local window)이다. 이때, shift값 $(\Delta x, \Delta y)$이 매우 작다고 가정하고 그레디언트(gradient)를 이용하여 I를 선형 근사하면(1차 테일러 근사),

$$I(x_i + \triangle x, y_i + \triangle y) \approx I(x_i, y_i) + [I_x(x_i, y_i) I_y(x_i, y_i)] \begin{bmatrix} \triangle x \\ \triangle y \end{bmatrix}$$

4) Chris Harris & Mike Stephens, 1988, A combined corner and edge detector, Alvey Vision Conference.

$$
\begin{aligned}
E(\triangle x, \triangle y) &= \sum_W \left[I(x_i+\triangle x, y_i+\triangle y) - I(x_i, y_i, y_i)_i)\right]^2 \\
&\approx \sum_W I(x_i, y_i) + \left[I_x(x_i, y_i)\, I_y(x_i, y_i)\right]\begin{bmatrix}\triangle x \\ \triangle y\end{bmatrix} - I(x_i, y_i)]^2 \\
&= [\triangle x\ \triangle y]\begin{bmatrix}\sum_W I_x(x_i, y_i)^2 & \sum_W I_x(x_i, y_i) \\ \sum_W I_x(x_i, y_i) I_y(x_i, y_i) & \sum_W I_y(x_i, y_i)^2\end{bmatrix} \\
&= [\triangle x\ \triangle y]\ M \begin{bmatrix}\triangle x \\ \triangle y\end{bmatrix}
\end{aligned}
$$

이 된다. 2×2 행렬 M의 두 eigenvalue를 λ_1, $\lambda_2(\lambda_1 \geq \lambda_2)$라고 하면, 영상 변화량 E는 윈도우를 λ_1의 고유벡터(eigenvector) 방향으로 shift시킬 때 최대가 되고, λ_2의 고유벡터 방향으로 shift시킬 때 최소가 된다. 고유값(eigenvalue) λ_1, λ_2는 해당 고유벡터 방향으로의 실제 영상 변화량(E) 값이 된다. 따라서 M의 두 고유값 λ_1, λ_2를 구했을 때, 두 값이 모두 큰 값이면 코너점(corner point), 모두 작은 값이면 'flat'한 지역, 하나는 크고 다른 하나는 작은 값이면 'edge' 영역으로 판단할 수 있다. 실제로는 Harris 방법에서는 M의 고유값을 직접 구하지 않고 $\det(M) = \lambda_1\lambda_2$, $tr(M) = \lambda_1 + \lambda_2$ 임을 이용하여 다음 수식의 부호로 코너점 여부를 결정한다. 즉, $R = \det(M) - k^* tr(M)^2$. 따라서 $R > 0$면 코너점, $R < 0$면 edge, $|R|$ 이 매우 작은 값이면 R 부호에 관계없이 flat한 것으로 판단한다. k는 경험적 상수로서 0.04~0.06 사이의 값을 갖는다.

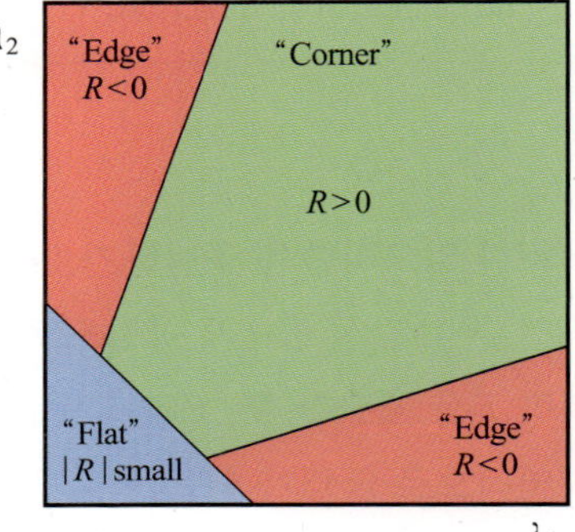

Harris 코너 검출방법의 특징은 영상의 평행이동, 회전변화에는 불변(invariant)이고, affine 변화, 조명(illumination) 변화에도 어느 정도는 강인성을 가지고 있다. 그러나 영상의 크기(scale) 변화에는 영향을 받기 때문에 여러 영상 스케일에서 특징점을 뽑을 필요가 있다.[5)]

SIFT-DoG

SIFT에서 특징점을 추출하는 기본적인 원리는 코너성을 검출하기 위해 Harris 방법과는 달리 Laplacian 함수값을 사용한다. 즉, SIFT에서는 각 영상 스케일마다 Laplacian 값을 계산하되 그 값이 이미지 내에서 뿐만 아니라 스케일 축으로도 극대(또는 극소)인 점들을 특징점으로 선택한다. Laplacian은 이미지의 밝기 변화에 대한 2차 미분값으로서 다음과 같이 계산된다.

5) Mikolajczyk, K. and C. Schmid, C., 2001, Indexing based on scale invariant interest points, ICCV. 여러 영상 스케일에서 Harris 코너를 뽑은 후, 이들 중 스케일 변화에 대해 Laplacian이 극대인 점을 선택하는 방식(Harris-Laplacian 방법) 사용.

$$
\begin{aligned}
L = \nabla^2 I &= \frac{\partial^2 I}{\partial x^2} + \frac{\partial^2 I}{\partial y^2} \\
&= I(x+1y) + I(x-1y) + I(x,y+1) + I(x,y-1) - 4I(x,y)
\end{aligned}
$$

특징은 영상의 밝기 변화가 일정(constant velocity)한 곳에서는 0에 가까운 값, 영역의 경계와 같이 밝기 변화가 급격한 곳에서는 높은 값을 나타낸다. 실제 SIFT에서는 계산·처리 속도 문제로 인해 Laplacian을 직접 계산하지는 않고 DoG(Difference of Gaussian)를 이용하여 각 스케일별 Laplacian을 근사적으로 계산한다. DoG는 입력영상에 Gaussian 필터를 점진적으로 적용하여 블러링(blurring)시킨 이미지들에서 인접 이미지들 간의 차분(subtraction) 영상을 의미하며, 이론적으로는 LoG(Laplacian of Gaussian) 필터를 적용한 것과 거의 동일한 결과를 갖는다. Gaussian 필터를 적용하여 영상을 blurring시키는 것은 영상의 스케일을 확대, 즉 scale space의 의미를 갖는다.

스케일 공간(Scale Space) 구성

SIFT는 "스케일 공간(scale space)"에서 작업함으로써 "크기 불변성(Scale-Invariant)"을 달성하기 위한 알고리즘이다. Harris코너 검출을 기반으로 하는 Harris-Laplace 방법은 조명 변화와 시점 변화에 강한 장점을 가지고 있다. 하지만 스케일 공간(Scale Space)에서 극값을 검출하기 위해 가우시안(Gaussian) 필터링 된 영상에 라플라시안 필터를 적용해야 하기 때문에 연산량이 많다. 이에 비해 "가우시안 차분(Difference of Gaussian, DoG)" 방법은 강한 성능을 유지하면서 가우시안 필터링된 영상의 차영상을 이용하기 때문에 연산량이 상대적으로 적다. 영상의 Hessian 행렬식(determinant)을 이용하여 후보점을 추출하기 위해 스케일 공간 영상 $L(x, y, \sigma)$을 다음의 식 (1)에서처럼 가우시안 함수 $G(x, y, \sigma)$와 입력영상 $I(x, y)$과의 컨벌루션(convolution)으로 구성된다. 즉,

$$L(x, y, \sigma) = G(x, y, \sigma) * I(x, y)$$

$L(x, y, \sigma)$는 다른 레벨의 분산을 갖는 가우시안 함수에 의해 "블러된 영상(Blurred Image)"이다. 이러한 스케일 공간은 모든 가능한 스케일 영상에서 안정적인 점들을 검색하기 때문에 영상의 크기 변화에 대하여 강인한 성능을 보인다.

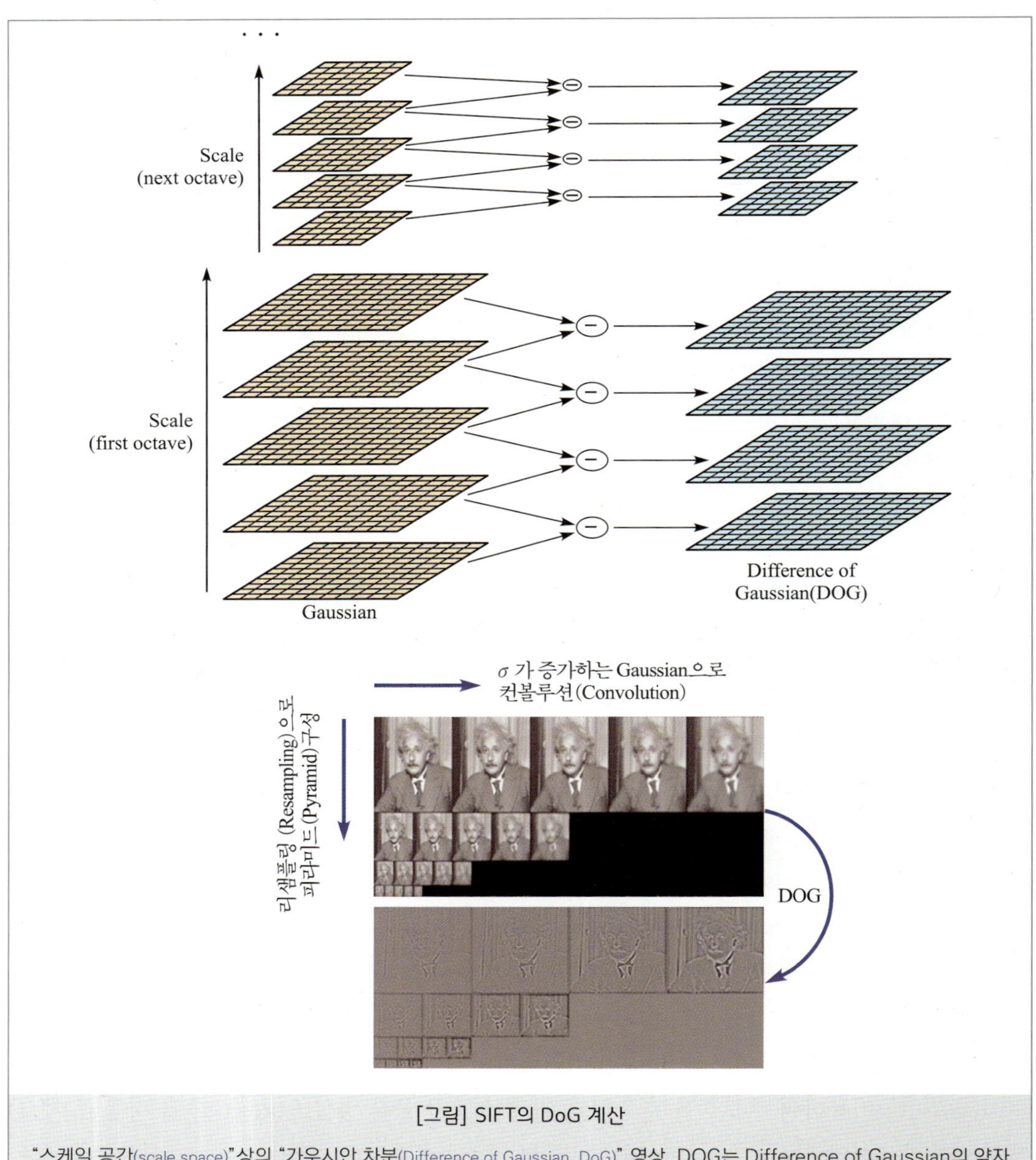

[그림] SIFT의 DoG 계산

"스케일 공간(scale space)"상의 "가우시안 차분(Difference of Gaussian, DoG)" 영상. DOG는 Difference of Gaussian의 약자로서 가우시안 값의 차(差)를 뜻한다. 리샘플링(resampling)은 원래(original)의 샘플링 이미지(sampled image)에서 장소(위치)를 바꾼 샘플점(sample point)의 값을 구하고, 이를 바탕으로 원래 영상의 축소 또는 확대된 이미지를 다시 구축하는 것을 말한다.

SIFT에서 사용한 특징점을 추출하기 위해서는 먼저 스케일에 불변(scale invariant)한 특징점을 추출해야 한다. 이것은 어떤 입력 이미지 *I* 가 있을 때, *I*의 크기를 단계적으로 "가우시안 차분(Difference of Gaussian, DoG)"시키는 과정에서 축소(혹은 블러링·Blurring)된 일련의 축소된 이미지들을 생성할 수 있다. 이렇게 생성된 이미지들의 집합을 보통 이미지 피라미드(pyramid)라고 한다.

각 스케일의 영상마다 코너(Corner)성을 조사해서 코너성이 로컬하게 극대이면서 임계값 이상인 코너점들을 검출(detect)한다. 그러면 각 스케일 이미지마다 코너점들이 검출될 것이고, 대부분의 경우 인접한 여러 영상 스케일에 걸쳐서 동일한 지점이 코너점으로 검출될 것이다. 동일한 지점이 여러 영상 스케일에 걸쳐 코너점으로 검출된 경우, 그 중 스케일 축을 따라서도 코너성이 극대인 점을 찾으면 스케일에 불변인 특징점이 된다.

스케일에 불변인 특징점이란, 입력 이미지의 스케일이 어떻게 주어지더라도 해당 특징점을 찾아낼 수 있다는 의미이다. 서로 다른 스케일의 입력 영상 I_1, I_2가 있을 경우, I_1에서 특징점을 찾을 때 I_1의 입력 스케일에서만 특징점을 찾는 게 아니라 I_1으로부터 이미지 피라미드를 구축한 후에 여러 스케일에 걸쳐서 특징점을 찾는다. I_2에서도 같은 과정을 통해 여러 스케일에 걸쳐 특징점을 찾아낸다. 이렇게 특징점을 찾으면 입력 이미지의 스케일에 관계없이 동일한 특징점을 찾을 수 있게 된다. 또한 해당 특징점이 I_1의 어떤 스케일에서 찾아졌는지와 I_2의 어떤 스케일에서 발견된 것인지는 서로 다를 수 있지만, I_1, I_2에서 계산된 코너성은 거의 동일한 것이다.

가우시안 차분 방법은 영상과 컨볼루션된 가우시안 함수들의 차분에서 극점들을 이용하여 특징점들의 안정적인 위치를 효율적으로 검출하는 방법이며, 다음의 식을 이용하여 구한다.

$$\begin{aligned} D(x, y, \sigma) &= (G(x, y, k\sigma) - G(x, y, \sigma)) * I(x, y) \\ &= L(x, y, k\sigma) - L(x, y, \sigma) \end{aligned}$$

여기서, 상수 k는 일반적으로 $\sqrt{2}$의 승수를 사용하여, 원본 영상의 블러(Blur) 정도를 점진적으로 증가시킨다. 위의 그림과 같이 블러된 영상들의 이웃 영상들을 이용하여 가우시안 차분(DoG)을 구하게 된다.

다음은 생성된 가우시안 차분(DoG) 영상에서 다음의 그림처럼 국부적인 극대, 극소점의 위치로 "스케일 불변(Scale Invariant)" 특징점들을 후보로 선택한다. 국부적인 극대, 극소점은 현재 위치의 화소를 중심으로 이웃한 8개 화소와 인접한 상위, 하위 레벨에서 대응하는 9개 화소, 총 26개 화소와 비교하여 선택하게 된다. 이후 스케일 공간상의 중간 가우시안 영상을 다운 샘플링한 후 위 과정을 반복하여 후보점을 찾아낸다. 이렇게 찾아진 후보점들은 주변 화소들을 이용하여 안정성을 검사하고, 최종 특징점으로 판단되면 세부 위치로 이동하게 된다.

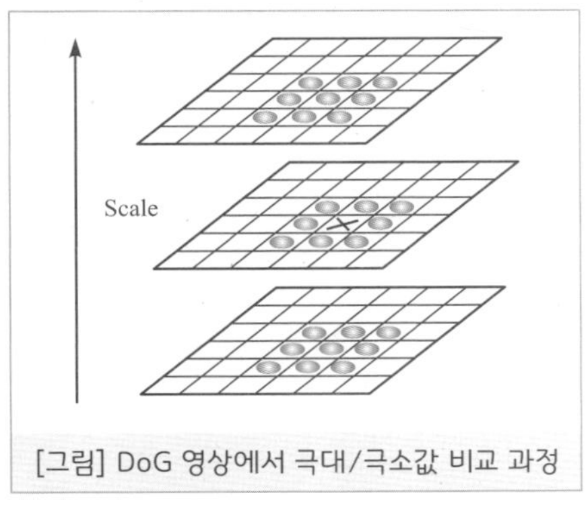

[그림] DoG 영상에서 극대/극소값 비교 과정

특징점 세부 보정(localization)

선택된 후보점들은 불안정한 점들을 포함하고 있기 때문에 다음 식과 같이 테일러급수(Taylor Series)를 적용하여 낮은 대비를 갖는 불안정한 점들을 제거하게 된다.

$$D(\hat{x}) = D + \frac{1}{2}\frac{\partial D^T}{\partial x}\hat{x}$$

여기서, D는 가우시안 차분(DoG) 영상이고, $x = (x, y, \sigma)$으로 3차원 정보를 가지며, $\hat{x}$ 는 다음 식과 같은 미분연산으로 구해진다. 즉,

$$\hat{x} = -\frac{\partial^2 D^{-1}}{\partial x^2}\frac{\partial D}{\partial x}$$

$|D(\hat{x})|$가 일정한 임계값을 넘으면 구해진 후보점들의 세부 위치를 보정하게 된다. 그러나 앞서 제거된 점들 또한 여전히 불안정한 점들이 존재하기 때문에 Hessian Matrix의 Determinant와 trace의 비를 이용하여 주요한 곡률 부분(principle curvature)만 선택하게 된다.

Hessian Matrix는 $H(x, y, \sigma) = \begin{bmatrix} D_{xx}(x,y,\sigma) & D_{xy}(x,y,\sigma) \\ D_{xy}(x,y,\sigma) & D_{yy}(x,y,\sigma) \end{bmatrix}$와 같이 구성되고, Determinant와 trace의 비는 $\frac{Tr(H)}{Det(H)} = \frac{(\alpha+\beta)^2}{\alpha\beta} = \frac{(r+\beta)^2}{r\beta^2} = \frac{(r+1)^2}{r}$와 같이 구한다. 여기서, α와 β는 각각 고유값(eigenvalue)의 크기가 가장 큰 것과 작은 것을 나타내고, r 은 두 값의 비를 나타낸다. 다음 그림은 Determinant와 trace 비를 이용하여 불안정한 점을 제거한 결과 영상을 보여주고 있다.

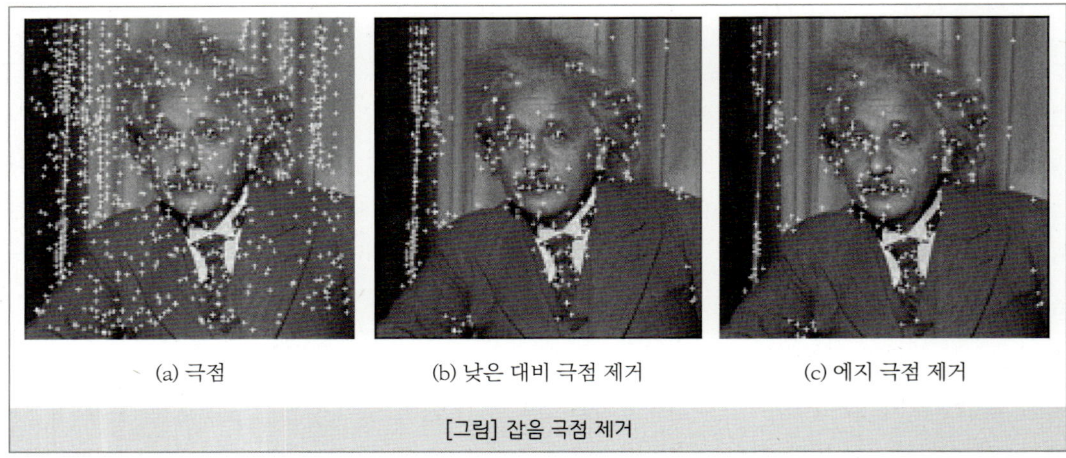

(a) 극점 (b) 낮은 대비 극점 제거 (c) 에지 극점 제거

[그림] 잡음 극점 제거

SIFT 서술자 추출: 방위(Orientation)

최종적으로 선택된 특징점을 중심으로 영상의 회전에 강인하기 위하여 각 점들이 가리키는 방위(Orientation)를 구하게 된다. 특징점을 중심으로 16×16영역에서 다음 식을 이용하여 방위각과 크기를 구하고, 히스토그램을 구성하여 최대가 되는 방위를 찾게 된다.

$$m(x,y) = \sqrt{[L(x+1,y)-L(x-1,y)]^2 + [L(x,y+1)-L(x,y-1)]^2}$$

$$\theta = \tan^{-1}([L(x,y+1)-L(x,y-1)]/[L(x+1,y)-L(x-1,y)])$$

여기서, $m(x,y)$와 $\theta(x,y)$는 주변 화소의 그레디언트(Gradient) 크기를 이용하여 특징점의 크기와 방향을 나타낸다.

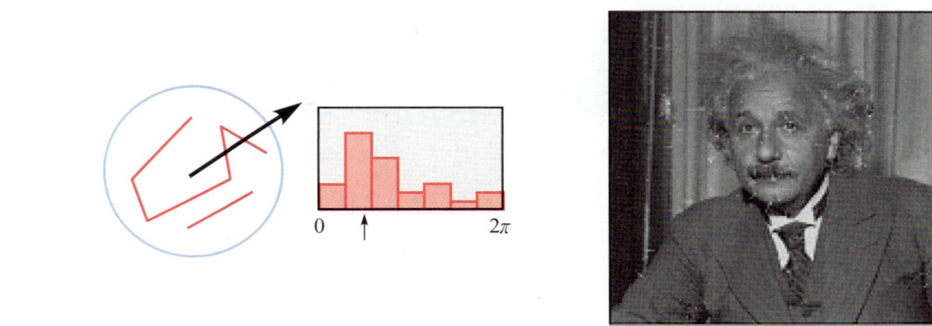

[그림] 방위 히스토그램

키포인트에 대해 방향 히스토그램을 구하고, 가장 강한 방향을 키포인트의 방향으로 결정한다. 가장 강한 것 대비 80% 이내의 방향을 위한 별도의 키포인트 생성한다. 키포인트는 위치, 스케일 및 방향을 가지고 있다. 모든 정보는 이들 값을 기준으로 추출한다(방향 불변성).

위의 그림과 같이 특징점 주위의 원형영역 안의 모든 샘플 점들의 방위각을 구하고, 오른쪽 그림과 같이 방위각을 양자화하여 히스토그램을 작성하고, 히스토그램에서 최대 분포를 갖는 각도를 특징점의 기준 방위로 선택한다. 다음 그림은 기준 방위가 결정된 결과 영상을 보여주고 있다. 이렇게 만들어진 특징 벡터는 영상의 회전이 있더라도 특징점 주변 화소값은 변하지 않기 때문에 영상 회전에 대해서 일정한 방향 성질을 유지할 수 있다. 영상이 회전한 만큼 특징점의 방향도 같이 회전하게 되는 성질은 회전한 강인한 서술자를 만드는 중요한 기준이 된다.

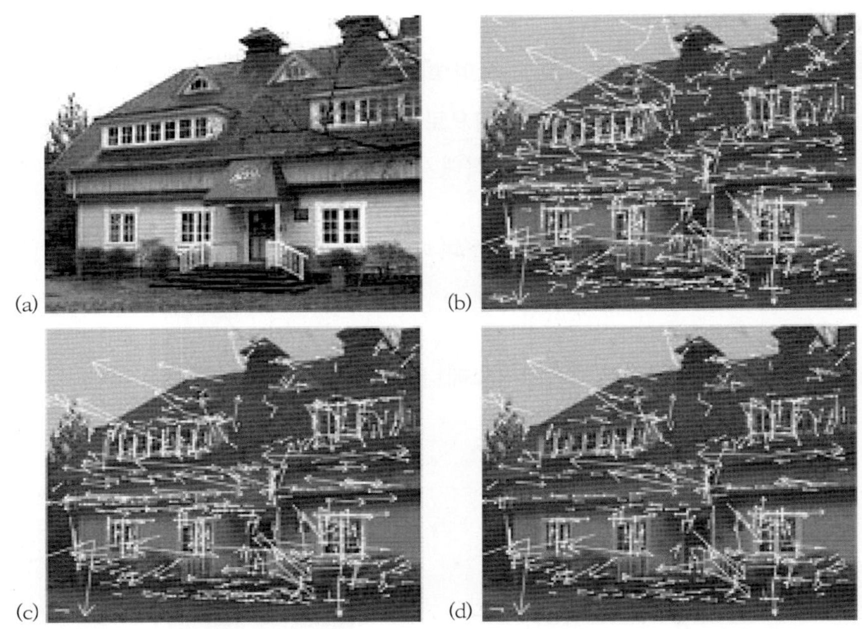

다음은 스케일에 불변한 스케일 공간에서 특징점들을 중심으로 영상 정합하여 파노라마 영상을 구현한 예이다.

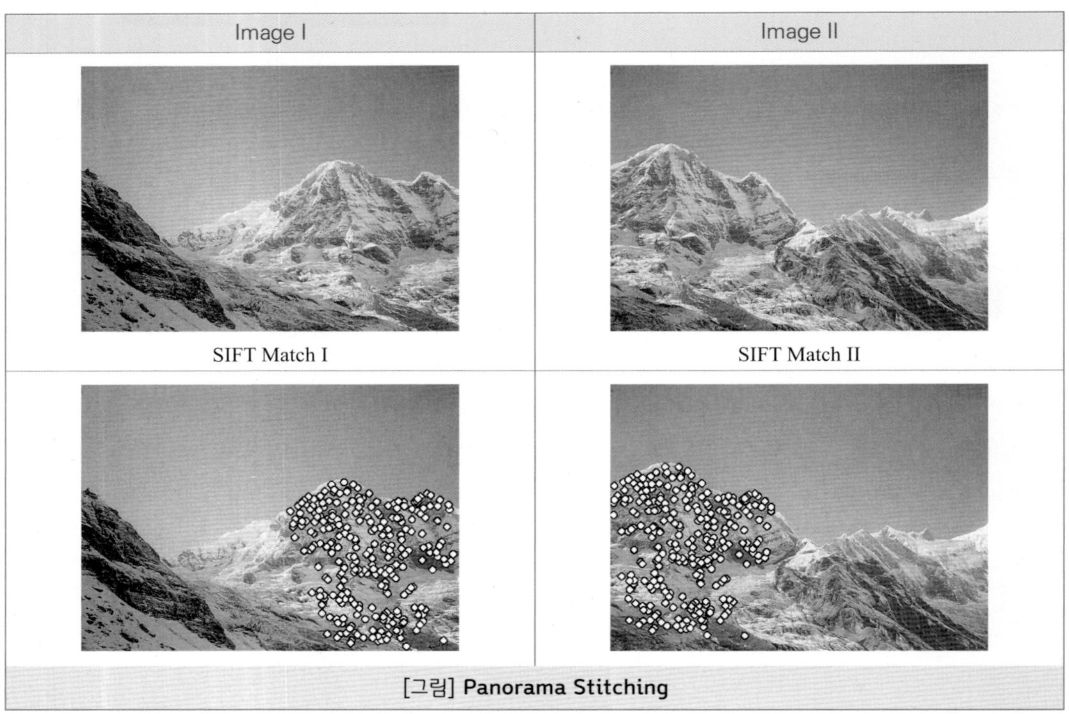

[그림] **Panorama Stitching**

[그림] 이미지의 정합

(출처: Brown, M., Lowe, D. G., 2003, Recognising Panoramas,
Proceedings of the ninth IEEE International Conference on Computer Vision, pp.1218-1225.)

부록 7. SfM(Structure from Motion)

손호웅 · 이강원의 인터넷 뉴스레터 "드론 뉴스"에서 일부 발췌, 정리한 것이며, 무단게재는 허락되지 않음을 밝힌다.

참고 SfM

SfM(Structure from Motion)을 굳이 번역하면 "다시점(多視點) 3차원 구조 · 형상 복원"기술로서, 동영상의 영상열(image sequence)이나 동일 물체(Object)를 대상으로 여러 방향에서 찍은 수많은 영상들(images)로부터 3차원 좌표 데이터(점군, point-clouds)로부터 3차원 형상을 구현하거나 증강현실(Augmented Reality, AR) 등에 활용되고 있는 최신 기술이다.

최근 관광객들이 관광지 및 문화재를 일반 디지털 카메라로 찍어 구글어스(Google Earth)를 비롯하여 페이스북 등 SNS에 올린 수많은 사진들로부터 3차원 형상구현 및 증강현실(AR) 등에 활용되고 있다. 한편, 드론에서 일반 또는 전문가용 디지털 카메라로 찍은 수많은 사진영상으로부터 3차원 점군(點群, pointcloud)을 생성하여 3차원 수치지형도(Digital Elevation Map, DEM)를 생성할 수 있는 기술로 많은 관심과 함께 실제로 적용되고 있다. SIFT 등으로 구현한 영상접합과 결합하여 3차원 형상을 구현할 수 있다.

SfM(Structure from Motion)은 다양한 여러 시점(視點, view points)에서 촬영한 수많은 2D영상으로부터 카메라 포즈(위치 및 방향)를 추정하고, 촬영된 물체나 장면의 3차원 구조(3D structure)를 복원하는 방법이다. 의미에 맞게 굳이 번역하자면 "다시점 3차원 구조(형상) 복원"이라 할 수 있다. 일반적으로 SfM 방법은 먼저 두 영상으로부터 추출한 특징점을 서로 정합(feature matching) 시키고, 서로 대응하는 특징점을 이용하여 에피폴라 지오메트리(epipolar geometry)를 알아낸다. 이로부터 두 카메라의 상대적인 움직임과 물체나 장면의 3차원 구조를 복원하는 방법을 사용한다.

지금까지 SfM 방법을 이용하여 물체나 장면을 복원하는 많은 연구가 진행되어왔고 Fitzgibbon et al.(1998)[1], Pollefeys et al.(2000)[2]은 추가 정보 없이 물체나 장면을 여러 시점에서 촬영한 동영상만을 이용하여 유클리디안(Euclidean) 3차원 구조를 복원하는 시스템을 제안하였다. 한편, Mouragnon et al.(2006)[3]은 동영상으로부터 카메라 내부 파라미터(intrinsic parameter)가 알려진 1대의 카메라를 이용하여 촬영한 동영상에서 카메라의 위치와 장면의 3차원 구조를 빠르게 추정하는 방법을 제안했다. 이 시스템에서는 이 책의 부록 중 STIF를 설명하는 과정에서 언급한 바 있는 Harris[4]의 모퉁이·구석(corner) 추출을 이용하여 2장의 영상으로부터 모퉁이를 특징점으

1) Fitzgibbon, A., Zisserman, A., 1998, Automatic 3D model acquisition and generation of new images from video sequences, European Signal Processing Conference, 311-26.

2) Pollefeys, M., Koch, R., Vergauwen, M., Van Gool, L., 2000, Automated reconstruction of 3D scenes from sequences of images, ISPRS J. Photogrammetry and Remote Sensing, 251-67.

3) Mouragnon, E., Lhuillier, M., Dhome, M., Dekeyser, F., Sayd, P., 2006, Real Time Localization and 3D Reconstruction, IEEE Computer Society Conference on Computer Vision and Pattern Recognition, 363-370.

4) Harris, C., Stephens, M., 1998, A Combined Corner and Edge Detector, Alvey Vision Conference, 147-151.

로 추출(detect)한다. 특징점 추출이 완료되면 두 영상에서 추출한 특징점을 이용하여 정합하고, 이로부터 에피폴라 기하학(Epipolar Geometry)을 추정하여 카메라 사이의 상대적인 위치를 알아낸다. 카메라의 상대적인 움직임을 에피폴라 기하학을 이용하여 정확히 알아내기 위해서는 두 영상의 기선(baseline)이 서로 멀리 떨어져있어야 하므로 정합된 특징점의 수가 일정 개수 이상이면서 두 영상이 가능한 한 서로 멀리 떨어진 키 프레임을 선정한 후, "5 points algorithm[5)]", RANSAC[6)] 등을 이용하여 카메라의 상대적인 움직임을 추정한다.

에피폴라 기하학(Epipolar Geometry)은 이 책의 부록 5를 참고하기 바란다.

다음은 Hartley[7)] 논문의 SfM 알고리즘을 요약한 것이다. SfM의 기본 원리를 다음 그림과 같이 정리할 수 있다. 즉, SfM은 크게 다섯 단계로 이루어진다. 다음의 그림 (a)에서와 같이 카메라가 C_1 위치에서 C_2, C_3를 거쳐 C_4로 이동하면서 3개의 점을 촬영하는 상황을 가정하자.

5) Nister, D., 2003, An efficient solution to the five-point relative pose problem, IEEE Computer Society Conference on Computer Vision and Pattern Recognition, 195-202.

6) Fischler, M., Bolles, R., 1981, Random Sample Consensus:a Paradigm for Model Fitting with Application to Image Analysis ans Automated Cartography, Commun. Assoc. Comp. Mach., 24, 381-395.

7) Hartley, R. I., 1997, Self-calibration of stationary cameras, International Journal of Computer Vision, 22(1), 5-23.
Hartley, R. I. and Hayman, E., 2000, Camera calibration and the search for infinity, IEEE Computer Society Conference on Computer Vision and Pattern Recognition(CVPR 2000), v. 1, 510-517, Hilton Head Island, June 2000.
Hartley, R. I. and Zisserman, 2000, A. Multiple View Geometry in Computer Vision, Cambridge University Press.Hartley, R. I. and Zisserman, 2003, Multiple View Geometry in Computer Vision, 2nd Ed., Cambridge University Press.

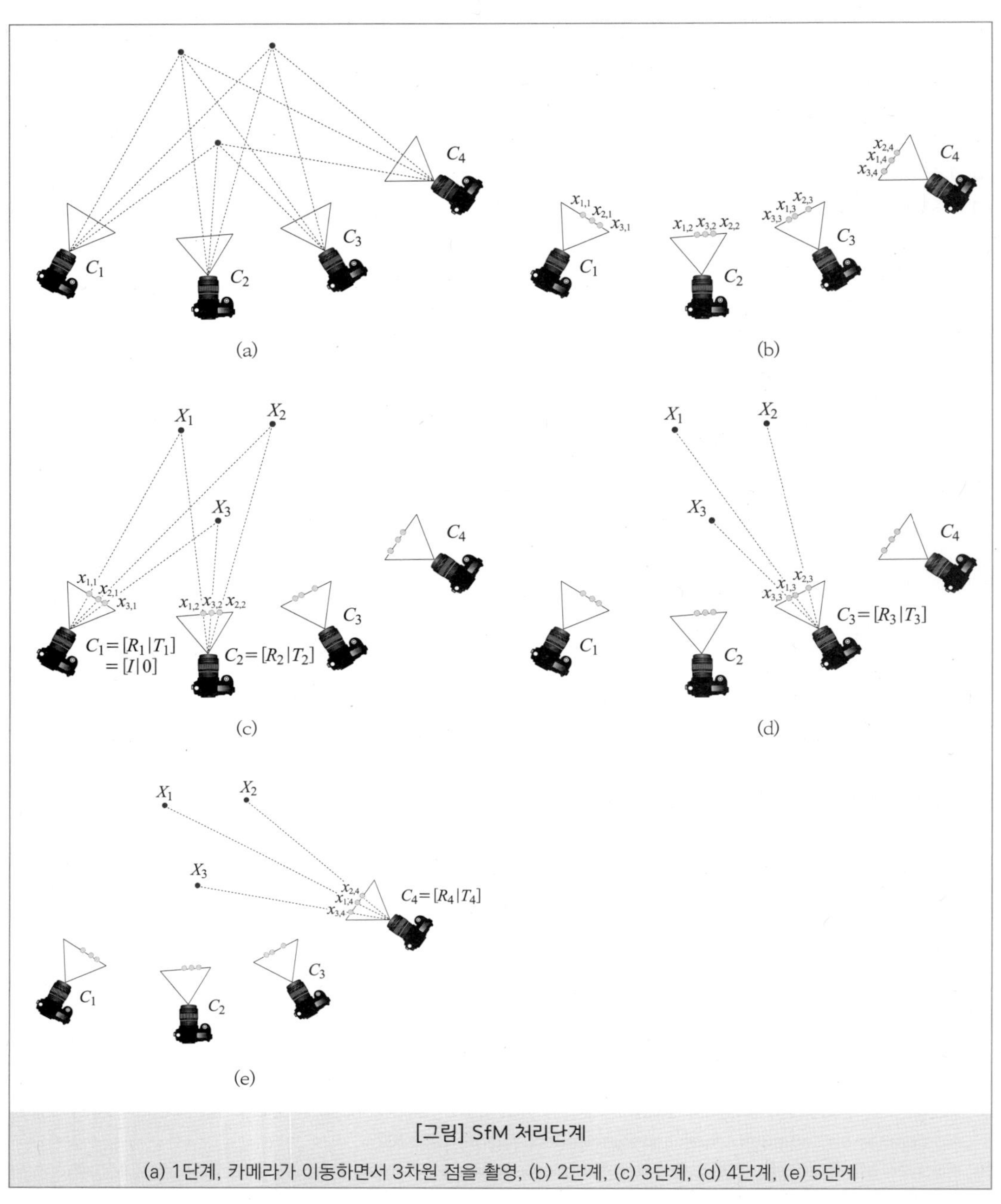

[그림] SfM 처리단계

(a) 1단계, 카메라가 이동하면서 3차원 점을 촬영, (b) 2단계, (c) 3단계, (d) 4단계, (e) 5단계

1단계에서는 위의 그림 (b)와 같이 모든 이미지에서 특징점(feature point)을 검출(detection)하고, 인접한 이미지끼리 검출한 특징점을 매칭(matching)시킨다. 2단계에서는 첫 번째 이미지와 두 번째 이미지 사이에서 매칭된 특징점들로부터 두 이미지 사이의 기하 관계인 에피폴라 기하학을 이용하여, 두 카메라 사이의 상대적인 위치와 방향을 추정하고 이로부터 다시 특징점의 3차원 위

치를 추정한다. 3단계에서는 앞에서 구한 3차원 특징점과 세 번째 이미지에서 이와 대응되는 2차원 특징점 사이의 투영 기하(projective geometry) 관계를 이용하여 세 번째 카메라의 위치와 방향을 추정한다. 4단계에서는 모든 이미지에 대해 3단계를 반복하는 것이다. 끝으로 5단계에서는 추정한 모든 카메라 위치와 방향 그리고 3차원 특징점들을 한꺼번에 최적화하여 추정 정확도를 높인다. 최적화의 기준은 추정한 3차원 특징점을 추정한 카메라 위치와 방향을 바탕으로 다시 재투영한 위치와 첫 번째 단계에서 검출한 2차원 특징점과의 거리 차이를 최소화하는 것이다.

SfM의 근간이 되는 두 이미지 사이의 투영 기하인 에피폴라 기하에 대한 소개와 함께 에피폴라 기하를 이용하여 두 이미지 사이의 운동을 추정하는 방법을 아래와 같이 요약하여 소개한다.
에피폴라 기하를 설명하기 위해서는 카메라 모델부터 정의해야 한다. 카메라 모델이란 3차원 공간상에 존재하는 점이 카메라에 의해 2차원 이미지로 투영되는 것을 모델링한 것이다. 실제로는 여러 카메라 모델이 있을 수 있지만, 문제의 단순화를 위해 가장 기본적이고 이상적인 카메라 모델인 pinhole 카메라 모델을 이용한다. Pinhole 카메라 모델은 다음과 같이 정의된다. 즉,

$$x = PX = K[R \mid t]X \tag{1}$$

여기서, x 와 X는 각각 이미지 상에서의 좌표와 3차원 공간상의 좌표를 homogeneous 형태로 나타낸 벡터로서, $x = (x, y, 1)^T$와 $X = (X, Y, Z, 1)^T$ 같다. 이때 사용되는 이미지 좌표계와 카메라 좌표계는 카메라가 바라보는 방향을 기준으로 왼쪽 방향을 $+x$ 방향, 위쪽 방향을 $+y$, 앞쪽 방향을 $+z$ 방향으로 한다. P는 카메라 행렬을 나타내고, 이것은 K와 R, t의 조합으로 나타내어진다. R은 카메라 좌표계에 대한 전역 좌표계의 상대적인 방향을 나타내는 회전행렬이고, t는 카메라 좌표계에 대한 전역 좌표계 원점의 위치를 나타내는 벡터이다. t는 homogeneous 형태가 아니라 Euclidean 형태로 표현된다. K는 카메라의 특성에 관한 정보를 담고 있는 행렬로서 camera calibration matrix라고 불리며, pinhole 카메라 모델에서는 다음과 같이 표현된다.

$$K = \begin{bmatrix} f & & p_x \\ & f & p_y \\ & & 1 \end{bmatrix} \tag{2}$$

f는 픽셀 단위로 표현된 카메라 초점거리이고, p_x 와 p_y 는 이미지 중심에 대한 픽셀 단위의 좌표이다. 이미지 좌표는 사전에 중심점이 (0, 0)이 되도록 변환 가능하므로 p_x 와 p_y 는 0이라고 가정한다.

3차원 공간상의 한 점이 두 이미지에 투영된 점을 각각 x 와 x' 라고 하면, 이 둘 사이에는 에피폴라 기하에 의해 fundamental matrix라고 불리는 F를 매개로 하여 다음과 같은 관계가 성립한다.

$$x'^{T}Fx = 0 \tag{3}$$

만약 $\hat{x} = K^{-1}x$, $\hat{x'} = K^{-1}x'$ 라고 하면, 위의 식은 essential matrix라고 불리는 E 에 의해 다음과 같이 표현된다.

$$\hat{x'}^{T}E\hat{x} = 0 \tag{4}$$

이때, 첫 번째 카메라가 정방향을 향하고 위치가 0이며, 두 번째 카메라의 방향과 위치가 R 과 t 라고 가정하면, E 는 정의에 의해 다음과 같이 표현될 수 있다.

$$E = [t]_{\times}R \tag{5}$$

따라서 E 를 구하면 두 번째 카메라의 방향과 위치를 추출할 수 있다. 한편 E 는 식 (3)으로부터 다음과 같이 F 로도 표현될 수 있다.

$$E = K'^{T}FK \tag{6}$$

따라서 F 를 알면 카메라의 방향과 위치도 알 수 있다.

두 이미지에서 서로 대응되는 특징점 집합을 $\{x_i \leftrightarrow x'_i\}$ 라고 했을 때, 이로부터 F 를 구하는 방법은 다음과 같다. $x = (x, y, 1)^T$, $x' = (x', y', 1)^T$라고 하고, F 의 각 원소를 f_{jk} 라고 하면, 식 (3)에 의해 다음의 방정식을 세울 수 있다.

$$x'xf_{11} + x'yf_{12} + x'f_{13} + y'xf_{21} + y'yf_{22} + y'f_{23} + xf_{31} + yf_{32} + f_{33} = 0 \tag{7}$$

F 를 행 우선방식으로 벡터 형태로 표현한 것을 f 라고 하면, 위의 식은 다음과 같아진다.

$$(x'x, x'y, x', y'x, y'y, y', x, y, 1)f = 0 \tag{8}$$

위의 식을 개의 대응점에 적용하면 다음과 같은 선형방정식을 얻을 수 있다.

$$Af = \begin{bmatrix} x'_1x_1 & x'_1y_1 & x'_1 & y'_1x_1 & y'_1y_1 & y'_1 & x_1 & y_1 & 1 \\ \cdot & \cdot & \cdot & \cdot & \cdot & \cdot & \cdot & \cdot & \cdot \\ \cdot & \cdot & \cdot & \cdot & \cdot & \cdot & \cdot & \cdot & \cdot \\ \cdot & \cdot & \cdot & \cdot & \cdot & \cdot & \cdot & \cdot & \cdot \\ x'_nx_n & x'_ny_n & x'_n & y'_nx_n & y'_ny_n & y'_n & x_n & y_n & 1 \end{bmatrix} \tag{9}$$

따라서 F 는 식 (9)의 해를 구함으로써 구할 수 있다. 그러나 이 값은 선형대수적인 해일 뿐 기하적으로는 의미가 없는 해이다. 따라서 기하적으로 더 정확한 F 를 구하기 위해서는 다음의 비용 함수를 최소화해야 한다.

$$\sum_i [d(x_i, \hat{x}_i)^2 + d(x'_i, \hat{x'}_i)^2] \tag{10}$$

$\widehat{x_i}$ 와 $\widehat{x'_i}$ 는 추정한 특징점의 3차원 위치를 추정한 카메라 행렬을 이용하여 다시 이미지로 재투영한 좌표를 뜻한다. 이를 위해, 식 (9)로부터 구한 초기로부터 카메라 행렬과 투영 공간상에서의 특징점의 3차원 위치를 구한 후, 이것을 매개변수로 하여 식 (10)을 최소화하는 카메라 행렬과 3차원 특징점을 찾는다. 이렇게 구한 카메라 행렬을 분해하면 기하적으로 최적인 F 를 얻을 수 있다.

한편, $\{x_i \leftrightarrow x'_i\}$ 에는 잘못 검출한 특징점 또는 잘못 대응시킨 특징점이 존재할 수 있는데, 이러한 것을 outlier라고 하며, 이 outlier는 F 의 정확도를, 더 나아가 카메라 위치와 방향의 정확도를 심각하게 떨어트린다. 따라서 정확한 추정을 위해서는 outlier를 제거해야 하는데, 이를 위해 가장 대표적인 알고리즘인 RANSAC(RANdom SAmple Consensus)[8]을 사용한다. RANSAC의 기본 원리는 어떠한 모델을 결정하기 위한 최소 표본을 표본데이터에서 무작위로 선택하여 모델을 결정한 후, 이를 표본데이터에 다시 적용했을 때 일정 오차범위 내에 위치하는 표본의 개수를 점수로 하여, 이 점수가 최대가 될 때까지 이 과정을 반복하는 것이다. RANSAC을 수행하여 이상점(outlier)을 제거한 후에는 좀 더 많은 inlier(대응점)를 찾기 위해 guided matching을 수행한다.

마지막으로, F로부터 추출한 카메라 위치와 방향은 K를 적용하는 과정에서 오차가 발생하기 때문에 K를 적용한 후 식 (10)을 최소화하는 과정을 다시 한 번 수행한다. 이때 특징점의 3차원 위치는 투영 3차원 공간에서의 위치가 아닌 E로부터 얻은 카메라 위치와 방향을 이용하여 구한 유클리드 위치를 사용한다. 최소화 과정에 사용되는 매개변수 또한 카메라 행렬 전체가 아닌 위치와 방향을 사용한다. 한편, 지금까지 언급한 R과 t 는 전역 좌표계를 카메라 지역 좌표계 기준으로 표현한 것으로서, 전역 좌표계에서의 카메라 위치와 방향은 다음과 같이 표현된다.

$$R_{[w]} = R^{-1},\ t_{[w]} = -R^{-1}t \tag{11}$$

또한, 지금까지 언급한 내용에서는 카메라의 초점거리인 f 를 알고 있다고 가정하고 있는데, 본 연구에서는 임의의 영상을 입력으로 하기 때문에, 실제로는 f 를 알 수가 없다. 따라서 f 또한 추정을 해야 하는데, 이처럼 임의의 영상으로부터 f 를 추정하는 것을 self-calibration이라고 한다.

8) RANSAC은 RANdom SAmple Consensus의 약자로서, "무작위로 샘플 데이터들을 뽑은 다음에 최대로 컨센서스가 형성된 것을 선택"한다는 뜻이다. 최소자승법(least square method)은 데이터들과의 $\sum residual^2$ 을 최소화하는 모델을 찾지만, RANSAC은 컨센서스가 최대인, 즉 가장 많은 수의 데이터들로부터 지지를 받는 모델을 선택하는 방법이다. RANSAC의 기준을 사용하면 관측 데이터에 이상점(outlier)이 많더라도 데이터 근사가 가능하다. Outlier(이상점)는 데이터의 분포에서 현저하게 벗어나있는 관측값으로 정의된다.

찾아보기 Index

이강원 공학박사 · 기술사
㈜에스지앤아이 대표이사

손호웅 공학박사 · 기술사 · 드론지도조종자
위프코㈜ 연구소장

김태훈 공학박사 · 기술사 · 드론지도조종자
공간정보품질관리원 품질연구실 실장

김시로 HDAC(Heritage Digital Archive Center·문화유산기록보존연구소) 이사장
위프코㈜ 대표이사

김영회 공학석사 · 드론실기평가조종자 · Pix4D 공인강사 · (사)재난안전드론협회 청주지부장
드론메이드㈜ 대표이사

디지털 트윈을 위한 **드론 사진측량** 정가 47,000원

저 자 : 이강원 · 손호웅 · 김태훈 · 김시로 · 김영회

발행인 : 임정대
발행처 : 도서출판 구미서관

발행 : 2025년 4월 24일

등록 : 1979년 6월 29일 No.9-6호

주소 : 서울시 마포구 신촌로2길 5-15
전화 : 02-333-1101
팩스 : 02-335-2201
http://www.goomibook.com

ISBN 979-11-6257-314-3 (93530)